01 精彩案例欣赏

3.4.6 实战 按照堆叠顺序选择对象

4.1.2 实战：使用【弧形工具】绘制雨伞

4.1.3 实战 使用【螺旋线工具】绘制图案

4.1.4 实战 使用【矩形网格工具】制作课程表

4.2.5 实战 使用【星形工具】制作勋章

4.2.6 实战 制作宣传画册封面和封底

第4章 同步练习：制作几何元素背景素材

5.2.3 实战 制作小面馆菜单

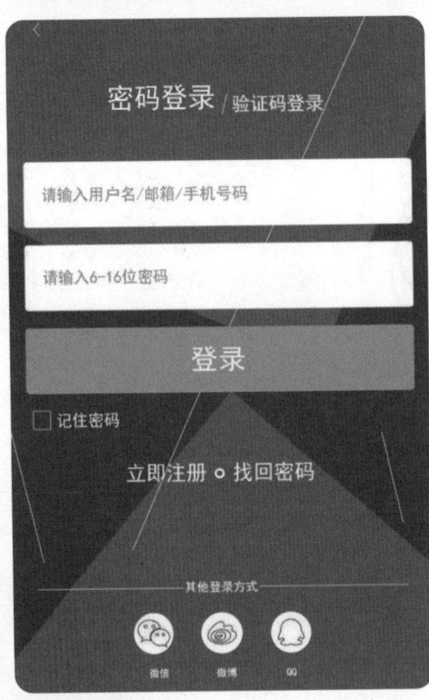

第5章 同步练习：手机 APP 登录界面设计

6.2.5 实战 制作相机图标

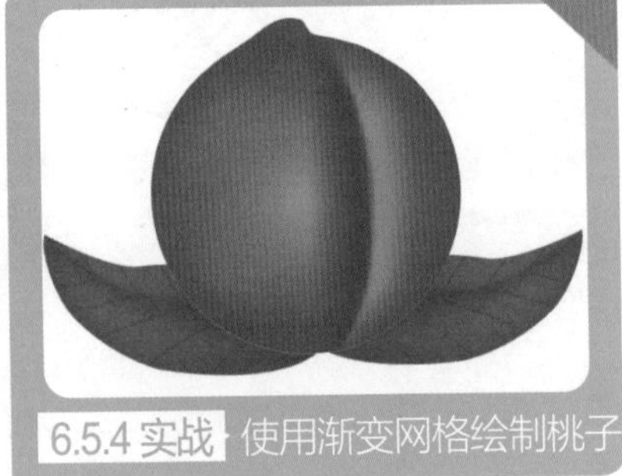

6.5.4 实战 使用渐变网格绘制桃子

6.6.5 实战

绘制卡通蘑菇

第6章

同步练习：制作猫头鹰标识

7.2.4 实战

绘制企鹅

第⑦章 同步练习：绘制切开的西瓜

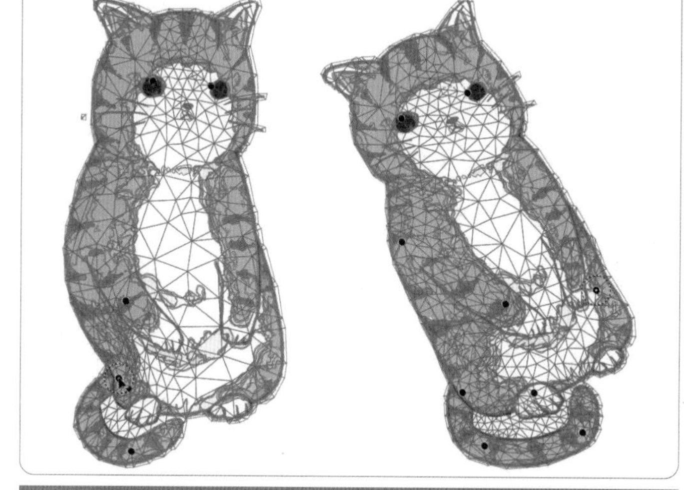

8.1.7 实战：使用【操控变形工具】调整对象姿势

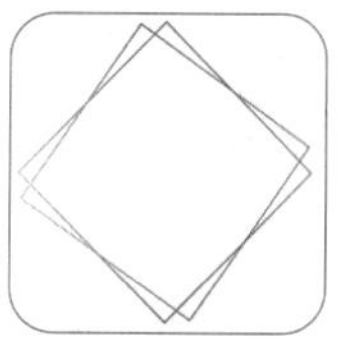

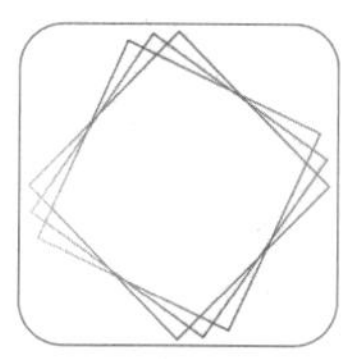

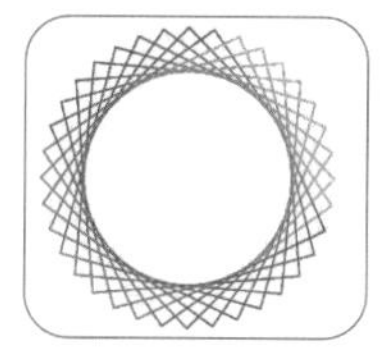

8.2.4 实战：使用【再次变换】命令制作图形

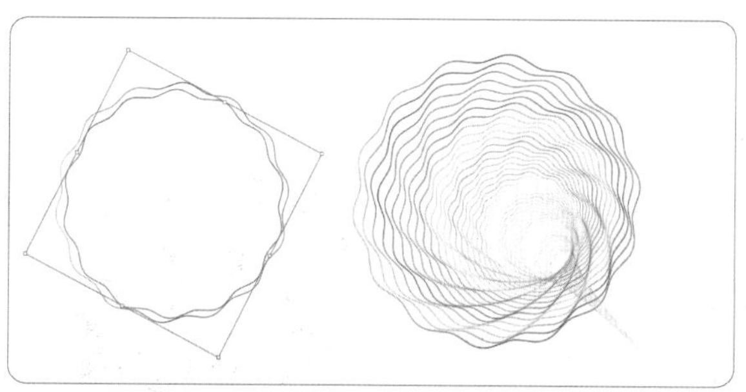

8.2.5 实战：使用【分别变换】命令制作图形

8.4.1 实战：用变形建立封套扭曲

8.5.5 实战：制作几何图形标志

第⑧章 同步练习：设计童趣旋转木马

9.1.4 实战：使用画笔库绘制草地

第9章 同步练习：绘制樱花节海报

10.1.3 实战：创建路径文字

10.2.3 变形文字

第10章 同步练习：制作美食杂志版面

11.1.4 实战 制作倒影效果

11.3.5 实战 制作音乐节海报

第11章
同步练习：儿童识字卡片设计

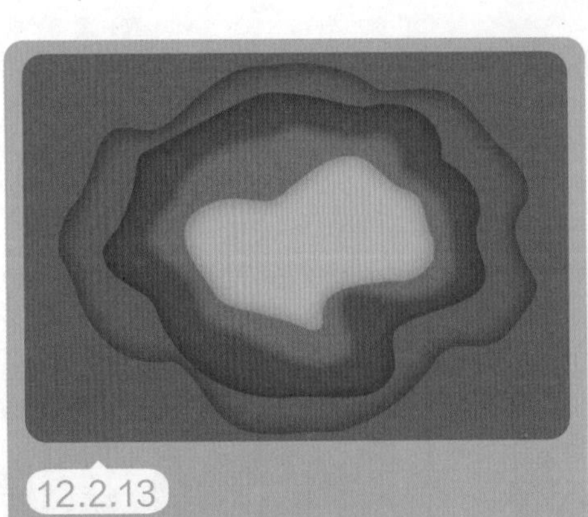

12.2.13
实战：制作剪纸效果

第12章
同步练习：制作趣味立体文字

第13章 同步练习：设计制作优惠券

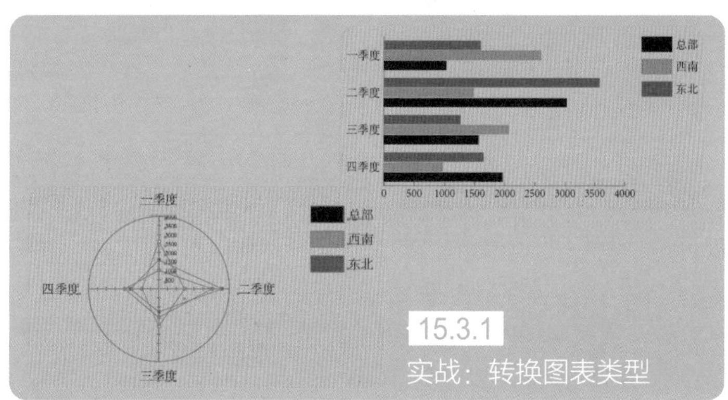

15.3.1
实战：转换图表类型

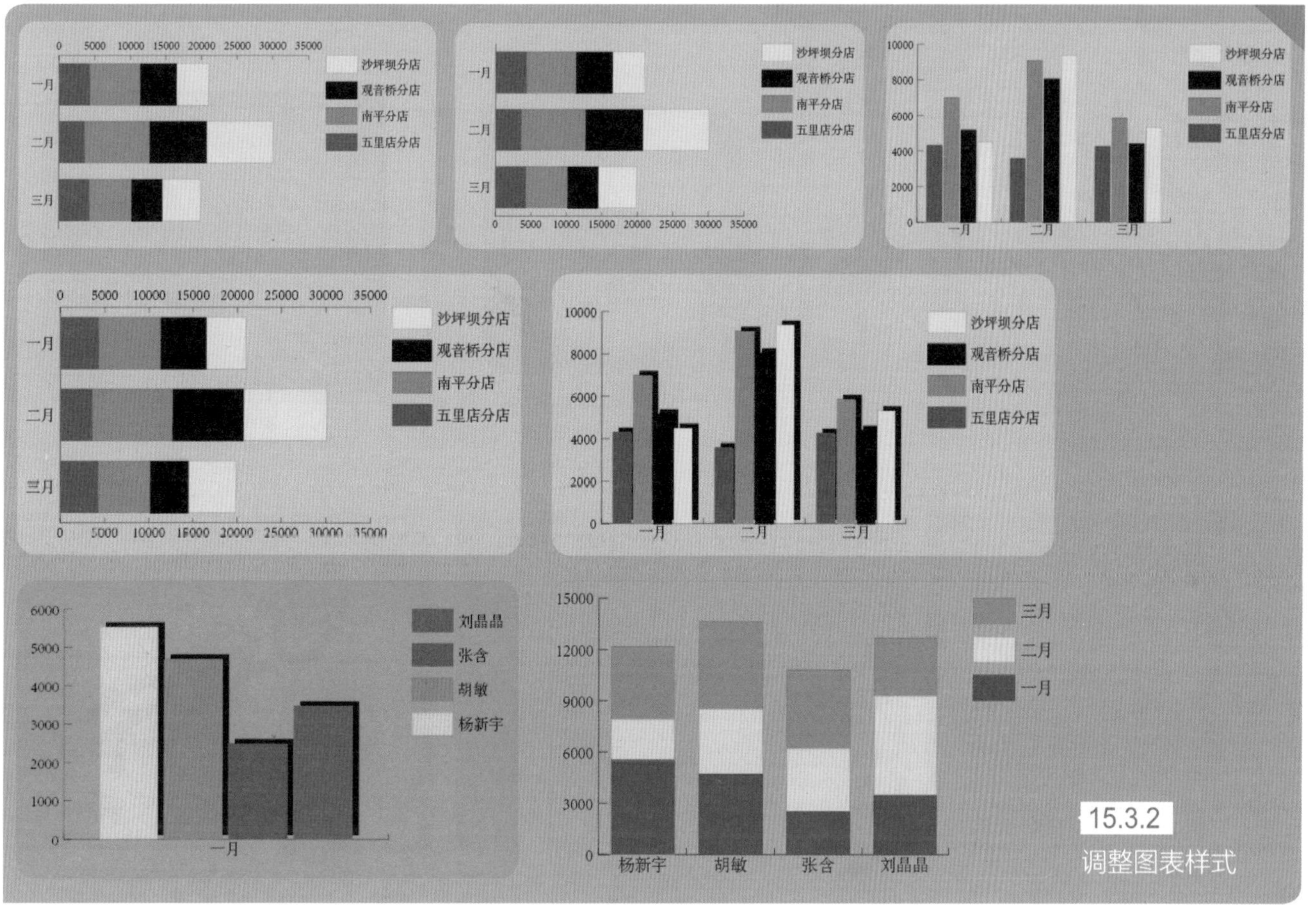

第14章 同步练习：绘制风景插画

沙坪坝分店
观音桥分店
南平分店
五里店分店
一月
二月
三月

刘晶晶
张含
胡敏
杨新宇

15.3.2
调整图表样式

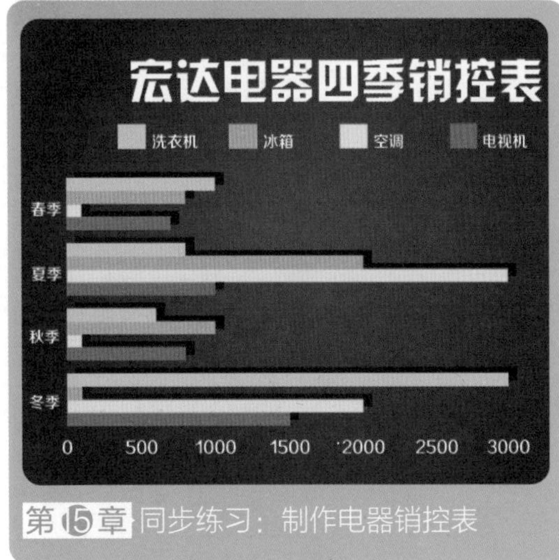

第15章 同步练习：制作电器销控表

18.1 制作手机音乐播放器界面

18.2 制作天气 APP 主界面

第16章 同步练习：将普通图形转换为时尚插画效果

18.3 制作拟物图标

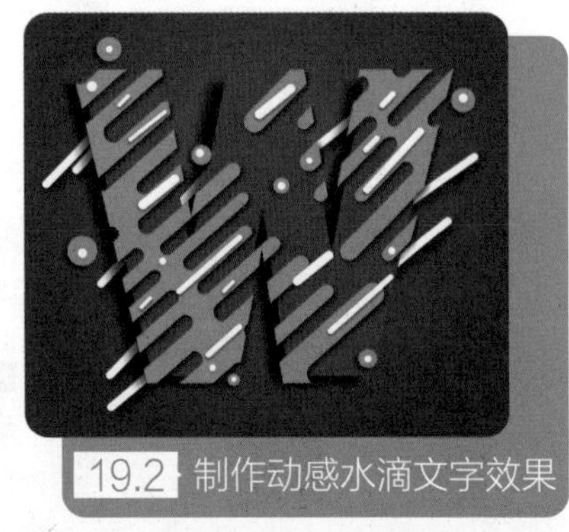

19.2 制作动感水滴文字效果

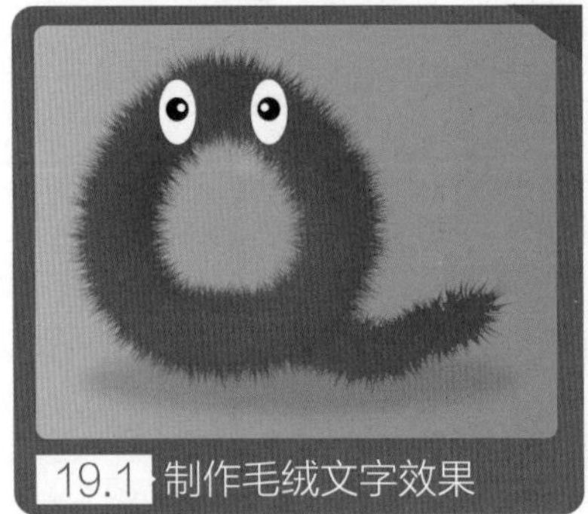

19.1 制作毛绒文字效果

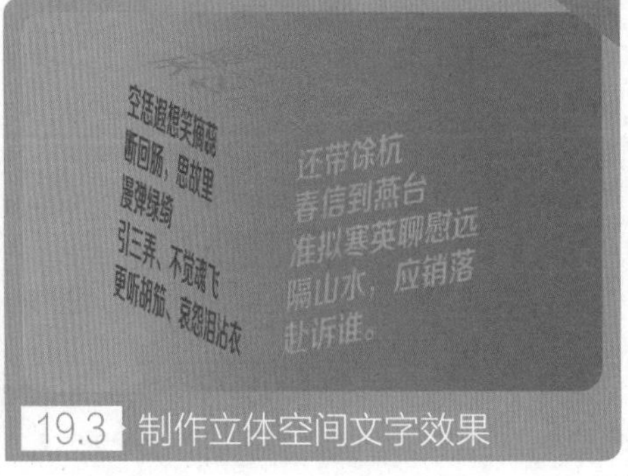

19.3 制作立体空间文字效果

19.4 制作创意阶梯文字效果

19.5 制作扭曲炫酷文字效果

20.1 绘制扁平风格插画

20.2 绘制 MBE 风格厨房插画

20.3 绘制渐变风格插画

21.1 网站 Logo 设计

21.2 商场 Logo 设计

21.3 水果店铺 Logo 设计

22.1 创意名片设计

22.2 苹果汁宣传单页设计

22.3 茶叶包装设计

02 1300 分钟与书同步视频讲解

第 2 章 Illustrator CC 基础操作

第 3 章 图形处理基本操作

第 4 章 简单图形的绘制

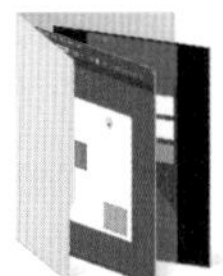
第 5 章 对象的管理

第 6 章 填色与描边

第 7 章 复杂图形的绘制

第 8 章 对象的变换与变形

第 9 章 画笔的使用

第 10 章 文字的创建与编辑

第 11 章 不透明度、混合模式和蒙版

第 12 章 外观与效果

第 13 章 图形样式

第 14 章 符号对象的使用

第 15 章 图表的制作

第 16 章 自动化处理文件的方法

第 17 章 Web 图形与打印输出

第 18 章 UI 设计

第 19 章 特效字体制作

第 20 章 插画绘制

第 21 章 Logo 设计

第 22 章 商业广告设计

03 14 本与设计相关电子书

打牢基础，拓展技能

设计必学，美学修炼

核心功能，技法修炼

广告设计，创意修炼

职场高效，加分修炼

04 2 部实用教学视频

01

5 分钟学会
番茄工作法

02

10 招精通
超级时间整理术

05 颜色设计速查色谱表

1 CMYK 印刷专用精选色谱表

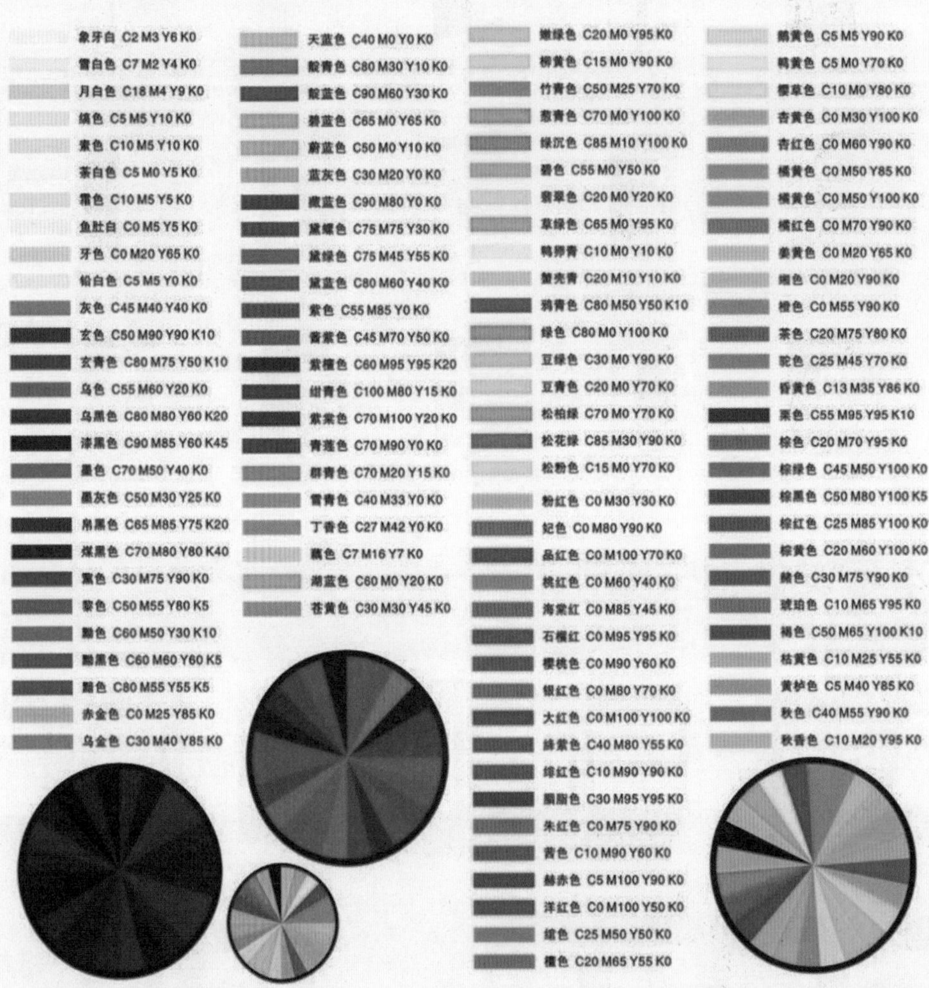

2 常用颜色参数速查表

90%黑	80%黑	70%黑	60%黑	50%黑	40%黑	30%黑	20%黑	10%黑	金
C:0 M:0 Y:0 K:90	C:0 M:0 Y:0 K:80	C:0 M:0 Y:0 K:70	C:0 M:0 Y:0 K:60	C:0 M:0 Y:0 K:50	C:0 M:0 Y:0 K:40	C:0 M:0 Y:0 K:30	C:0 M:0 Y:0 K:20	C:0 M:0 Y:0 K:10	C:0 M:20 Y:60 K:20
黑	白	红	黄	深蓝	浅蓝	电信蓝	天蓝	冰蓝	海水蓝
C:0 M:0 Y:0 K:100	C:000 M:000 Y:000 K:000	C:000 M:100 Y:100 K:000	C:000 M:000 Y:100 K:000	C:100 M:100 Y:000 K:000	C:100 M:000 Y:000 K:000	C:100 M:060 Y:000 K:000	C:100 M:020 Y:000 K:000	C:040 M:000 Y:000 K:000	C:060 M:000 Y:025 K:000
深绿	草绿	浅绿	酒绿	春绿	薄荷绿	橙红	橙	洋红	秋橘红
C:100 M:000 Y:100 K:000	C:080 M:000 Y:100 K:000	C:060 M:000 Y:100 K:000	C:040 M:000 Y:100 K:000	C:060 M:000 Y:060 K:020	C:040 M:000 Y:040 K:000	C:000 M:060 Y:100 K:000	C:005 M:060 Y:100 K:000	C:000 M:100 Y:000 K:000	C:000 M:060 Y:080 K:000

浅橘红	蓝紫	深紫	浅紫	深红	粉红	浅黄	白黄	淡黄	深黄
C:000 M:040 Y:080 K:000	C:050 M:100 Y:000 K:000	C:080 M:100 Y:000 K:000	C:020 M:060 Y:000 K:000	C:020 M:100 Y:100 K:000	C:000 M:040 Y:005 K:000	C:000 M:000 Y:060 K:000	C:000 M:000 Y:040 K:000	C:000 M:000 Y:040 K:000	C:000 M:020 Y:100 K:000
桃黄	柠檬黄	银色	金色	深褐色	浅褐色	褐色	红褐色	咖啡色	深咖啡
C:000 M:040 Y:060 K:000	C:000 M:005 Y:100 K:000	C:020 M:015 Y:014 K:000	C:005 M:015 Y:065 K:000	C:045 M:065 Y:100 K:040	C:020 M:030 Y:050 K:020	C:030 M:045 Y:080 K:030	C:030 M:100 Y:100 K:030	C:040 M:100 Y:100 K:040	C:060 M:100 Y:100 K:060
霓虹粉	霓虹紫	砖红	宝石红	紫	深玫瑰	靛蓝	海绿	月光绿	马丁绿
C:000 M:100 Y:060 K:000	C:020 M:080 Y:000 K:000	C:000 M:060 Y:080 K:020	C:000 M:060 Y:060 K:040	C:020 M:080 Y:000 K:020	C:000 M:060 Y:020 K:020	C:060 M:060 Y:000 K:000	C:060 M:000 Y:020 K:020	C:020 M:000 Y:060 K:000	C:020 M:000 Y:060 K:020

中文版

凤凰高新教育◎编著

Illustrator CC 完全自学教程

北京大学出版社
PEKING UNIVERSITY PRESS

内 容 提 要

本书是一本系统讲解 Illustrator CC 图像处理与设计的自学宝典。全书以"完全精通 Illustrator CC"为出发点，以"用好 Illustrator CC"为目标来安排内容，共 4 篇，分为 22 章，以循序渐进的方式详细讲解了 Illustrator CC 软件的基础功能、核心功能、高级功能，以及在 UI 设计、字体设计、插画绘制、Logo 设计和商业广告设计等常见领域的应用。

第 1 篇：基础功能篇（第 1 ～ 5 章），主要针对完全没有基础的初学者，从零开始讲解，系统全面地介绍了 Illustrator CC 软件的基础功能，包括初识 Illustrator CC、Illustrator CC 基础操作、图形处理基本操作、简单图形的绘制和对象的管理等内容。

第 2 篇：核心功能篇（第 6 ～ 10 章），主要介绍了 Illustrator CC 的核心功能，是学习的重点，包括填色与描边、复杂图形的绘制、对象的变换与变形、画笔的使用和文字的制作等内容。

第 3 篇：高级功能篇（第 11 ～ 17 章），主要介绍了 Illustrator CC 图形处理的扩展功能应用，包括不透明度、混合模式和蒙版，效果与外观，图形样式，符号对象的使用，图表的制作，自动化处理文件的方法，以及 Web 图形与打印输出等内容。

第 4 篇：实战应用篇（第 18 ～ 22 章），主要结合 Illustrator CC 常见的应用领域列举相关案例，综合介绍 Illustrator CC 处理图形的实战技能，包括 UI 设计、特效字体制作、插画绘制、Logo 设计和商业广告设计等。

全书内容由浅入深，语言通俗易懂，实例题材丰富多样，每个操作步骤的介绍都清晰准确，可作为 Illustrator CC 初学者、设计爱好者的学习参考书，也可作为广大职业院校及计算机培训学校相关专业的教材参考用书。同时，也适用于对 Illustrator 有一定基础的读者，作为提升技能的查阅资料。

图书在版编目(CIP)数据

中文版Illustrator CC完全自学教程 / 凤凰高新教育编著. — 北京 : 北京大学出版社，2021.6
ISBN 978-7-301-32115-7

Ⅰ. ①中… Ⅱ. ①凤… Ⅲ. ①图形软件—教材 Ⅳ.①TP391.412

中国版本图书馆CIP数据核字（2021）第059670号

书　　名　中文版Illustrator CC完全自学教程
ZHONGWEN BAN ILLUSTRATOR CC WANQUAN ZIXUE JIAOCHENG
著作责任者　凤凰高新教育　编著
责任编辑　王继伟　刘　云
标准书号　ISBN 978-7-301-32115-7
出版发行　北京大学出版社
地　　址　北京市海淀区成府路205 号　100871
网　　址　http://www. pup. cn　　新浪微博：@ 北京大学出版社
电子信箱　pup7@ pup. cn
电　　话　邮购部010-62752015　发行部010-62750672　编辑部010-62580653
印 刷 者　北京宏伟双华印刷有限公司
经 销 者　新华书店
880毫米×1092毫米　16开本　27印张　839千字
2021年6月第1版　2021年6月第1次印刷
印　　数　1-4000册
定　　价　128.00元

匠心打造 Illustrator 全能宝典

Illustrator CC 是由 Adobe 公司推出的一款矢量图形处理软件，被广泛应用于出版印刷、海报书籍设计、专业插画绘制、UI 界面设计、特效艺术设计、移动交互视觉设计等多个领域。Illustrator CC 版本不仅继承了前期版本的优秀功能，还增加了许多非常实用的新功能。本书以当前市场主流应用版本 Illustrator CC 2019 为蓝本进行编写。

本书适合哪些人学习

- 零基础想学 Illustrator 的爱好者和初学者
- 想提高 Illustrator 应用技能和设计水平的人员
- 从事平面广告设计的人员
- 从事插画绘制的爱好者
- 从事互联网动态设计的人员
- 广大职业院校设计专业相关的毕业生

本书特色和优点

本书是一本系统讲解 Illustrator CC 图像处理与设计的自学宝典，在内容策划与写作上具有以下特色和优点。

（1）内容全面，注重学习规律。本书涵盖 Illustrator CC 几乎所有工具、命令等常用相关功能，内容非常全面，还标识出 Illustrator CC 的相关“新功能”及“重点”知识。全书共 4 篇，前 3 篇通过循序渐进的方式由浅入深地详细讲解 Illustrator CC 常用工具、命令的使用方法，使读者熟悉并掌握 Illustrator CC 的功能；第 4 篇通过具体的实例讲解

Illustrator CC 的实战应用，旨在提高读者对 Illustrator CC 的综合应用能力，也符合基本的学习规律。

（2）案例非常丰富，学习操作性强。本书安排了 79 个“知识实战案例”，15 个“同步练习”，43 个“妙招技法”，17 个“综合设计实战案例”。读者在学习的过程中，结合书中讲解的操作步骤进行练习，既能学会 Illustrator CC 软件工具、命令的操作，又能掌握 Illustrator CC 软件的实战应用技能。

（3）任务驱动 + 图解操作，一看即懂、一学就会。为让读者更易学习和理解，本书采用“任务驱动”的写作方式，将知识点融合到相关案例中进行讲解，并在步骤讲述中以“01、02、03……”的方式分解出小步骤，结合图解操作易于学习掌握。只要按照书中讲述的步骤去操作练习，就可做出与书同步的效果。另外，为解决读者在自学过程中可能遇到的问题，特设置了“技术看板”栏目，解释在讲解中出现的或者操作过程中可能会遇到的一些疑难问题；还添设了“技能拓展”栏目，其目的是采用其他方法来解决同样的问题，从而达到举一反三的作用。

（4）同步视频讲解，学习轻松更高效。本书配备有同步视频讲解，几乎涵盖全书所有案例，方便读者熟悉工具的使用和操作，如同老师在身边手把手教学，学习更轻松、更高效。

（5）完全解析、完全自学、完全实战。本书在编写时采用了“知识点讲解 + 实战应用”结合的方式，易于读者理解理论知识，同时也便于读者动手操作，在模仿中学习增加学习的趣味性。一些章节末还设置有“同步练习”板块，用来巩固所学知识，并进行强化上机训练，加深对工具的印象。通过第 4 篇实战应用篇的相关内容学习，可为将来从事设计工作奠定基础。

除了本书还可以获得什么

本书还配套赠送以下相关学习资源，内容丰富、实用，主要包括同步学习文件、PPT 课件、电子书、视频教程等，让读者花一本书的钱，得到超值而丰富的学习套餐。赠送的具体内容包括以下几个方面。

（1）同步学习文件。提供与本书所有案例相关的同步素材文件及结果文件，方便读者学习和参考。

①素材文件。本书中所有案例的素材文件全部收录在同步学习文件夹中的“\ 素材文件 \ 第 * 章 \”下。读者在学习时，可以参考图书讲解内容，打开对应的素材文件进行同步操作练习。

②结果文件。本书中所有案例的最终效果文件全部收录在同步学习文件夹中的“\ 结果文件 \ 第 * 章 \”下。读者在学习时，可以打开结果文件，查看其案例效果，为自己在学习中的练习操作提供帮助。

（2）同步视频讲解。本书为读者提供了 111 节与本书同步的视频讲解，时间长约 22 小时。

（3）精美的 PPT 课件。赠送与书中内容同步的 PPT 教学课件，非常方便教师教学使用。

（4）14 本与设计相关的电子书。让您快速掌握图像处理与设计中的要领，成为设计界的精英，职场中的领袖。电子书具体包括：《平面 / 立体构图宝典》《文字设计创意宝典》《版式设计创意宝典》《包装设计创意宝典》《色彩构成宝典》《色彩搭配宝典》《网店美工必备配色手册》《商业广告设计印刷必备手册》《PS 抠图技法宝典》《PS 修图技法宝典》《中文版 Photoshop 基础教程》《中文版 CorelDRAW 基础教程》《手机办公 10 招就够》《高效人士效率倍增手册》。

（5）2 部实用的视频教程。通过这些视频教程的学习，不但能让你成为设计高手，还可帮助你成为职场中最高效的人。具体包括：《5 分钟学会番茄工作法》《10 招精通超级时间整理术》。

温馨提示：以上资源，可用微信扫一扫下方任一二维码关注微信公众号（关注右边微信公众号需输入代码 At20865E），或者关注封底“博雅读书社”微信公众号，找到资源下载栏目，根据提示获取。另外，下载资料时，需注意：（1）在输入提取密码时一定要注意字母的大小写；（2）使用个人百度网盘即可下载，无需企业网盘，个人网盘注册是免费的；（3）请单击【保存到网盘】按钮保存到自己的网盘中，然后再启动网盘客户端下载；（4）保存时，因为资料较大，一次性保存容易失败，建议分批次选择文件夹保存并下载；（5）若还有关于图书资源下载或学习等相关问题，可以直接留言，将问题描述清楚，我们会在后台给予回复。

“博雅读书社”
微信公众号

“新精英充电站”
微信公众号

创作者说

本书由凤凰高新教育策划并组织编写。全书案例由 Illustrator CC 设计经验丰富的设计师提供，并由 Illustrator CC 教育专家执笔编写，他们具有丰富的 Illustrator CC 应用技巧和设计实战经验，对于他们的辛勤付出在此表示衷心的感谢。同时，由于计算机技术发展迅速，书中难免会有疏漏和不足之处，敬请广大读者及专家指正。

若您在学习过程中产生疑问或有任何建议，可以通过 E-mail 或 QQ 群与我们联系。

读者信箱：2751801073@qq.com

读者交流 QQ 群：292480556

编　者

目　录

CONTENTS

第1篇　基础功能篇

Illustrator CC 是一款用于绘制矢量图形的软件，广泛应用于印刷出版、海报书籍排版、专业绘制插画、多媒体图像处理和互联网页面制作等多个领域。Illustrator 以其强大的设计功能和体贴的用户界面，成为设计师必备的软件之一。本篇主要介绍 Illustrator CC 的基础功能及基本操作。

第 2 篇　核心功能篇

Illustrator CC 作为一款矢量图形制作软件，填色、图形的绘制和文字的处理是其最核心的功能。通过对 Illustrator CC 核心功能的学习，可以掌握更多复杂图形的绘制方法，提高图形设计制作能力。本篇主要包括填色与描边、复杂图形的绘制、对象的变形与变换、画笔的使用、文字的创建与编辑等内容。

第 3 篇 高级功能篇

高级功能是 Illustrator CC 图形制作的扩展功能，主要包括不透明度、混合模式、剪切蒙版、外观与效果、图形样式、符号对象的使用、图表的制作、自动化处理文件的方法，以及 Web 图形与打印输出。通过对高级功能的学习，不仅可以对绘制的图形对象进行艺术化的处理和添加更多炫酷的效果，还可以掌握符号的使用和图表的制作，以及自动化处理和优化图像的方法。

第 4 篇　实战应用篇

本篇主要结合 Illustrator CC 软件应用的常见领域（主要包括 UI 设计、字体设计、插画设计、Logo 设计和商业广告设计等），列举相关实战案例，帮助读者加深对软件知识与操作技巧的理解。通过本篇内容的学习，可以帮助读者提高对软件的综合运用能力和实战设计水平。

Illustrator CC 是一款用于绘制矢量图形的软件，广泛应用于印刷出版、海报书籍排版、专业绘制插画、多媒体图像处理和互联网页面制作等多个领域。Illustrator 以其强大的设计功能和体贴的用户界面，成为设计师必备的软件之一。本篇主要介绍 Illustrator CC 的基础功能及基本操作。

第 1 章 初识 Illustrator CC

- Illustrator CC 是什么？又能做些什么？
- Illustrator CC 新增了哪些功能？
- 如何安装和卸载 Illustrator CC？

本章将介绍 Illustrator CC 软件相关的基础知识，包括软件的发展历程、应用领域、新功能，以及软件的安装和卸载等内容。通过本章的学习，读者能清楚地认识到 Illustrator CC 软件的功能及基本用途。

1.1 Illustrator CC 概述

在正式学习 Illustrator CC 软件之前，先来了解一下该软件的功能和用途，从而对其有基本的认识，也好为后面的学习奠定基础。下面介绍软件的发展历程和应用领域。

1.1.1 Illustrator CC 是什么

Illustrator CC 全称为 Adobe Illustrator CC，Adobe Illustrator 常被简称为 AI，是 Adobe 公司推出的一款基于矢量的图形制作软件。作为一款专业的图形设计软件，Illustrator 提供了丰富的像素描绘功能及顺畅灵活的矢量图编辑功能，设计师可以利用它创建复杂的设计和图形元素。

该软件最初是 1986 年为苹果公司麦金塔电脑设计开发的。1987 年，Adobe 公司推出了 Adobe Illustrator 1.1 版本。在此之前，它只是 Adobe 内部的字体开发和 PostScript 编辑软件。此后，在 1988 年，Adobe 公司在 Windows 平台上推出了 Adobe Illustrator 2.0 版本，在 Mac 平台上推出了 Illustrator 88 版本，该版本拥有曲线功能，虽然这时的 Illustrator 给人的印象还只是个描图工具，但这也是 Illustrator 真正的起步，1989 年，在 Mac 平台上升级到 Adobe Illustrator 3.0 版本，该版本着重加强了文本排版功能，包括沿曲线排列文本功能。而从 1990 年发布的 Adobe Illustrator 3.0 日文版开始，文字可以转化为曲线，这时，AI 被广泛应用于 Logo 设计。1992 年，发布了最早在 PC 平台上运行的 Adobe Illustrator 4.0 版本，由于该版本使用了 Dan Clark 的 Anti-alias（抗锯齿显示引擎），使得原本一直是锯齿的矢量图形在图形显示上有了质的飞跃。1997 年，同时在 Mac 和 Windows 平台上推出 Adobe Illustrator 7.0 版本，使 Mac 和 Windows 两个平台实现了相同的功能。该版本新增了变形面板、对齐面板和形状工具等功能，并完善了 PostScript 页面描述语言，使得页面中的文字和图形的质量再次得到了飞跃。而从 7.0 版本开始，Illustrator 越来越受到设计师们的青睐。此后，又陆续推出了 Illustrator 8.0、Illustrator 9.0 和 Illustrator 10.0 版本。

2002 年，Adobe 公司发布了 Adobe Illustrator CS 版本。从该版本开始，Illustrator 被纳入 Creative Suite 套装，不再用数字编号，而是改称为 CS 版本，并同时拥有 Mac 和 Windows 视窗操作系统两个版本。CS 版本新增功能有新的文本引擎（对 OpenType 的支持）和 3D 效果等。后面升级的软件依次为 Adobe Illustrator CS2、Adobe Illustrator CS3，一直到 2012 年发布的 Adobe Illustrator CS6，该版本是 CS 系列的最后一个版本。2013 年，Adobe 公司发布了 Adobe Illustrator CC，此后升级的软件都以 Adobe Illustrator CC 加发布年份命名。全新的 CC 版本增加了可变宽度笔触、针对 Web 和移动的改进、多个画板、触摸式创意工具等新特性，使创作设计变得更加容易和有趣。

1.1.2 Illustrator CC 能做什么

Illustrator CC 以其强大的功能和体贴用户的界面，已经成为全球设计师最喜爱的矢量图形编辑软件之一。该软件除了强大的矢量绘图功能以外，还有集成文字处理、上色等功能。在插图制作、印刷制品（如广告宣传单、小册子）设计制作及网页制作等方面被广泛使用。

1. 在插画领域的应用

Illustrator CC 强大的矢量图编辑功能使其可以随心所欲地绘制各种线条，并拥有出色的上色能力。因此，Illustrator CC 是数字插画师常用的绘图软件。使用 Illustrator CC 绘制的插画效果如图 1-1 所示。

图 1-1

2. 在平面广告设计领域的应用

Illustrator CC 也被广泛应用于平面广告设计领域，包括 VI 图标设计、品牌 Logo 设计、包装设计、各种印刷品、海报、宣传单设计等。由于 Illustrator CC 更擅长于处理矢量图形，因此在设计制作平面广告时，通常会先在 Photoshop 等位图软件中处理好图像，再在 Illustrator CC 中进行矢量图部分的处理；又或者先在 Illustrator CC 中绘制好图形，再到其他软件中进行修饰。如图 1-2 所示为 Illustrator CC 结合其他软件制作出的平面广告设计图。

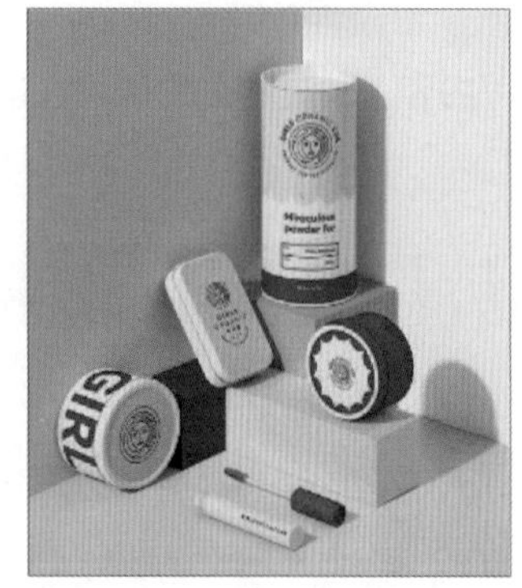

图 1-2

3. 在网页设计中的应用

随着互联网技术的发展，网站页面美化的工作需求量逐年攀升，尤其是随着智能手机的普及，网络购物已经成为大多数人的必然选择。因此，企业也越来越重视线上店铺的装饰美化，随之而来的便是网店美工设计行业的火爆。在 Adobe Illustrator 10.0 版本之后，出于对网络图像的支持，增加了【切片】功能，该功能可以将图形分割成小的 GIF、JPEG 文件，这就极大地方便了使用 Illustrator 设计制作网页，如图 1-3 所示。

图 1-3

图 1-4

4. 在 UI 设计中的应用

近年来，随着 IT 技术的发展，以及智能手机、移动设备的普及，企业越来越重视软件的人机交互和界面美观的整体设计。Illustrator CC 因其强大的矢量绘图能力，并能很好地兼容 Adobe 公司旗下的其他产品，特别是可以与 Photoshop CC 共享一些插件和功能，实现无缝连接，所以在 UI 设计中常被用来绘制图标、设计界面等，如图 1-4 所示。

技能拓展
——什么是矢量图

矢量图也称为面向对象的图像或绘图图像，是计算机图形学中用点、直线或多边形等基于数学方程的几何图元表示的图像，锚点和路径是它的基本单位。矢量图最大的优点是无论放大、缩小或旋转都不会失真，但缺点是难以表现色彩层次丰富的逼真效果。

矢量图只能靠软件生成，如 Illustrator、CorelDraw、FreeHand、CAD 等都是矢量制图软件。

由于矢量图放大后不会失真，因此常用于图案、标志、文字等设计。

1.2 Illustrator CC 新功能介绍

Illustrator CC 版本的推出，标志着 Illustrator 进入了一个全新的发展阶段。全新的 Illustrator CC 可以享用云端同步，快速分享设计，同时也提供了许多其他实用的新功能，如任意形状渐变、实时形状、Shaper 工具等。有了新功能的支持，使用 Illustrator CC 进行图形设计与创作就变得更加容易和有趣。下面就介绍 Illustrator CC 软件的新功能。

★新功能 1.2.1　增强的自由变换工具

使用自由变换工具时会打开一个浮动面板，其中会显示在所选对象上可执行的操作，包括限制、自由变换、透视扭曲和自由扭曲，如图 1-5 所示。

图 1-5

★新功能 1.2.2 任意形状渐变

Illustrator CC 新增了一个任意形状渐变类型，可以在对象的任意位置灵活创建色标，并能随意添加、移动和更改色标颜色，从而创建更加自然、逼真的渐变效果，如图 1-6 所示。

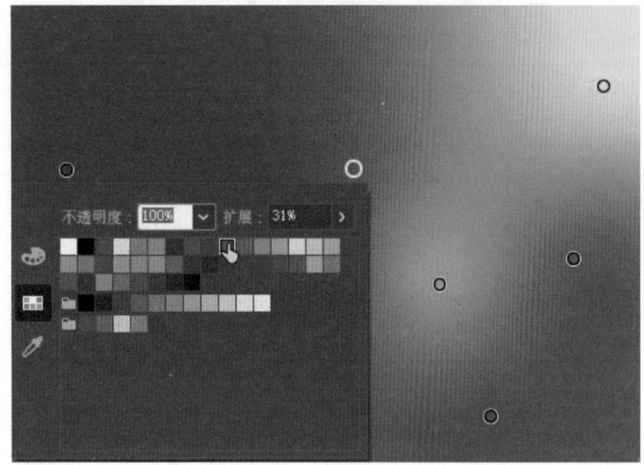

图 1-6

★新功能 1.2.3 可视化字体浏览

使用可视化字体浏览功能可以查找并管理字体。选择【文字工具】后，单击选项栏中【字体系列】的下拉按钮，即可打开【字体】选项卡，如图 1-7 所示。通过该选项卡，可以从 Illustrator 中浏览数千种字体，然后激活并使用它们。

图 1-7

此外，在 Illustrator 中还可以按分类筛选字体，如图 1-8 所示。

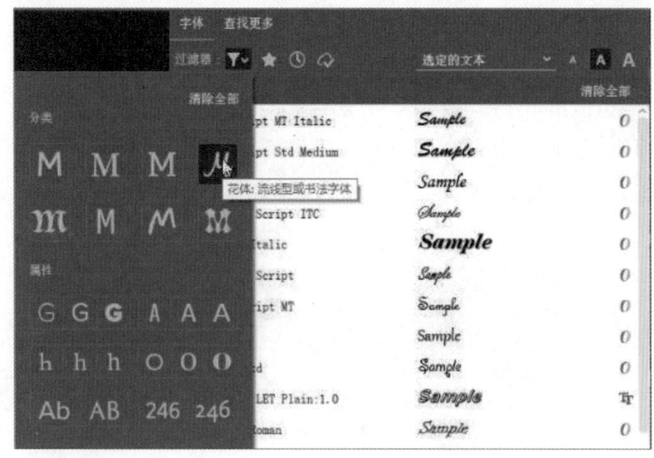

图 1-8

★新功能 1.2.4 可自定义的工具栏

Illustrator CC 提供了基本和高级两个工具栏，默认情况下显示为基本工具栏。基本工具栏中包含了一组在创建插图时常用的工具，如图 1-9 所示。其他工具存放在工具抽屉中，单击基本工具栏下方的展开按钮，即可打开工具抽屉，如图 1-10 所示。

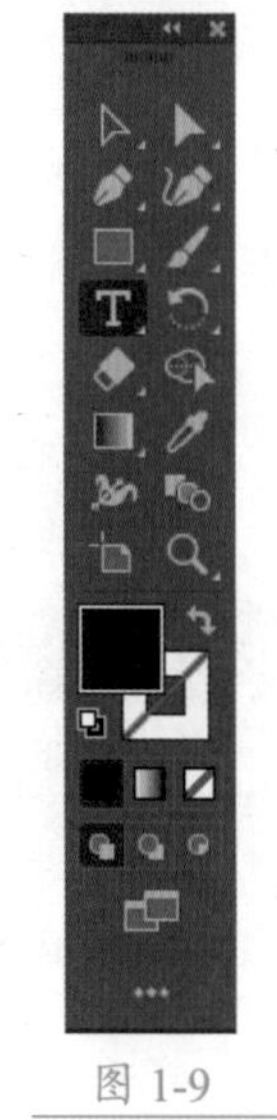

图 1-9

图 1-10

也可以拖动工具抽屉中的工具到基本工具栏中，实现工具栏的自定义效果，如图 1-11 所示。

高级工具栏提供了所有的工具，是一个完整的工具栏。执行【窗口】→【工具栏】→【高级】命令，即可切换到高级工具栏。

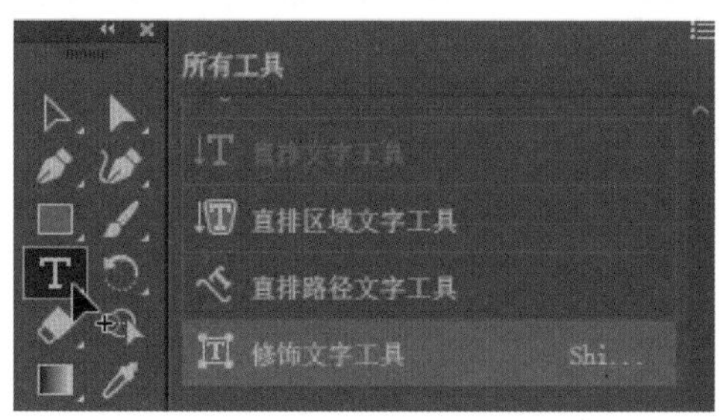

图 1-11

★新功能 1.2.5 演示模式

演示模式功能可以用来展示当前的 Illustrator 文档。单击工具栏中的【更改屏幕模式】图标，然后在下拉列表中选择一种演示模式即可；或者执行【视图】→【演示模式】命令就可以进入演示模式。该模式下，当前 Illustrator 文档的画板会填充整个画面，而应用程序菜单、面板、参考线、网格和所有选定内容都将隐藏起来，只会显示画板上的图稿，如图 1-12 所示。在演示模式中，任何键盘快捷键都是不可用的。如果要退出演示模式，按【Esc】键即可。

图 1-12

★新功能 1.2.6 内容识别裁剪

Illustrator CC 新增了裁剪图像功能。选中图像后，单击选项栏中的【裁剪图像】按钮，Illustrator CC 会识别所选图像上重要的视觉部分，并显示默认裁剪框，如图 1-13 所示。也可以拖动裁剪边框线调整裁剪区域，完成后在【属性】面板中单击【应用】按钮或者按【Enter】键即可裁剪图像。

图 1-13

★新功能 1.2.7 全局编辑

利用全局编辑功能可以查找到类似对象并同时进行编辑。当需要同时修改文档中某个对象的多个副本时，利用全局编辑功能可以轻松实现。选择对象后，在【属性】面板中单击【启动全局编辑】按钮，即可查找相似对象，如图 1-14 所示。

图 1-14

查找到相似对象后，就可以一次性对选中的对象进行编辑，如颜色填充、描边等，如图 1-15 所示为修改对象填充颜色效果。

图 1-15

编辑完成后，单击【停止全局编辑】按钮即可退出全局编辑状态。此外，全局编辑功能不仅可以用来编辑相似的单个对象，还可以用来编辑相似的组。

技能拓展
——全局编辑设置

在启动全局编辑之前，可以设置全局编辑选项以查找需要一起编辑的对象。

◎ *通过设置匹配方式查找：以外观查找具有相似填充和描边的对象；或者以大小查找相同大小的对象。*

◎ *通过设置画板查找：在指定的画板上查找相似对象；或者通过设置画板范围来查找对象。*

★新功能 1.2.8 操控变形工具

使用操控变形工具可以随意添加控制点，并通过移动、旋转控制点将对象变换为不同的形状，如图 1-16 所示。

图 1-16

★新功能 1.2.9 调整锚点、手柄和定界框显示大小

新版的 Illustrator CC 允许控制手柄、锚点和定界框的大小。打开【首选项】面板，在【选择和锚点显示】选项卡下的【锚点、手柄和定界框显示】区域中拖动滑块即可调整锚点、手柄和定界框显示的大小，如图 1-17 所示。

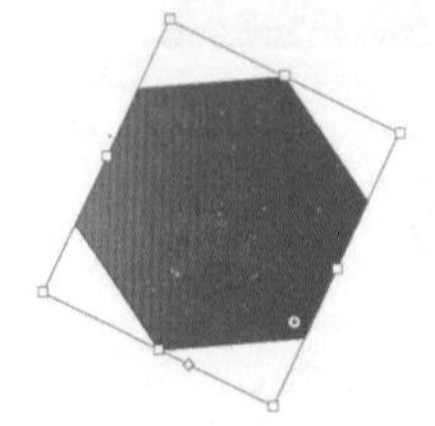

图 1-17

默认情况下，锚点、手柄和定界框大小都设置为最小。在创建复杂图稿时可以利用该功能放大锚点、手柄和定界框的显示，从而更便于调整图像。

★新功能 1.2.10 实时形状

在 Illustrator CS6 中绘制圆角矩形时，如果想要设置圆角角度，需要在绘制前打开【圆角矩形】对话框设置圆角半径值；或者是在绘制完成后通过直接选择工具调整，但这样操作起来非常麻烦。而在 Illustrator CC 中添加了实时形状功能，可以十分容易地调整圆角角度。

任意绘制一个几何图形后，会显示出定界框和圆角构件、边构件，如图 1-18 所示。

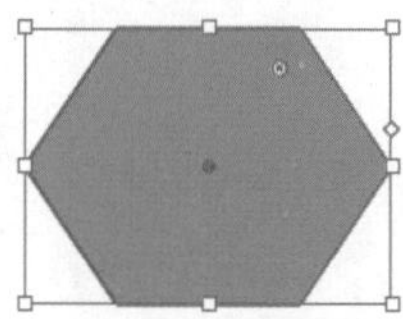

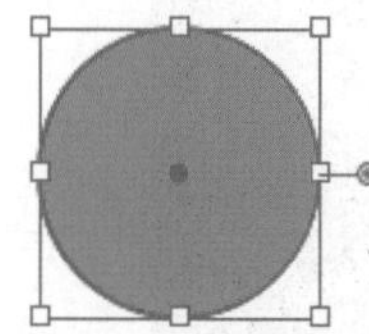

图 1-18

通过拖动定界框上的控制点可以改变图形大小，如图 1-19 所示。

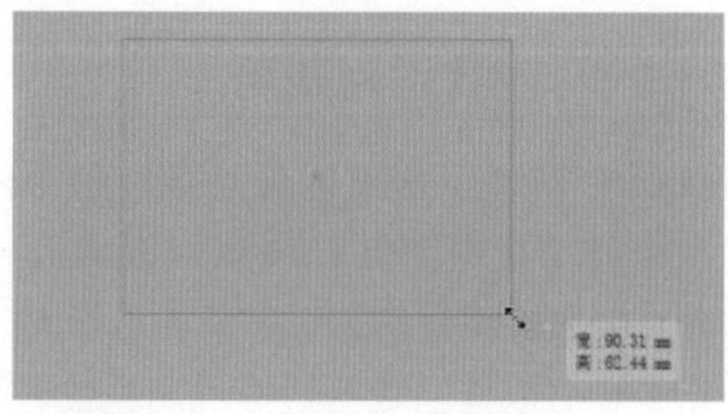

图 1-19

拖动中心点构件可以移动图形位置，如图 1-20 所示。

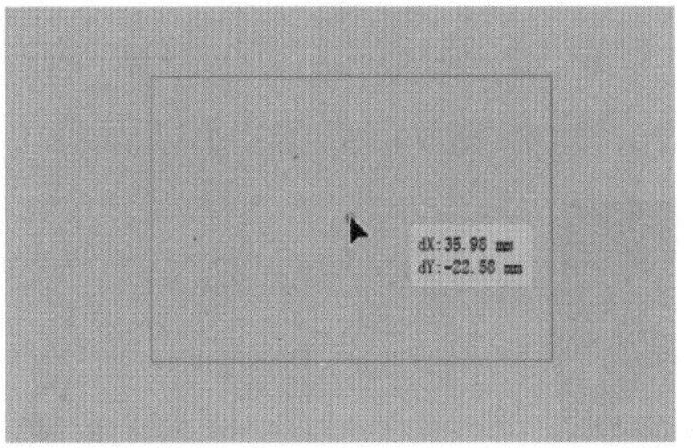

图 1-20

将鼠标光标放置到控制点附近，鼠标光标变换形状后，拖动鼠标可以旋转图形，如图 1-21 所示。

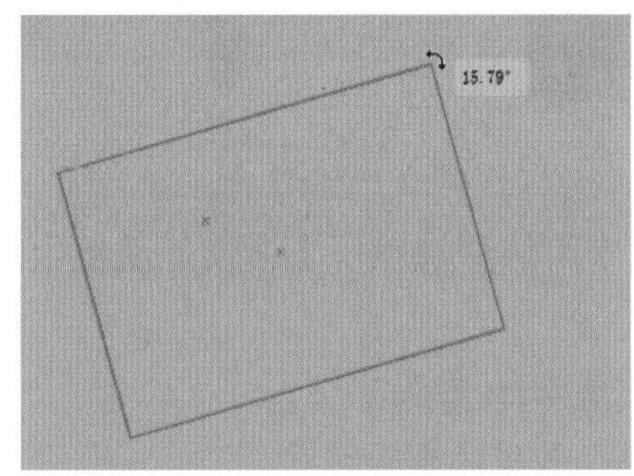

图 1-21

拖动边构件可以改变多边形的边数，如图 1-22 所示。

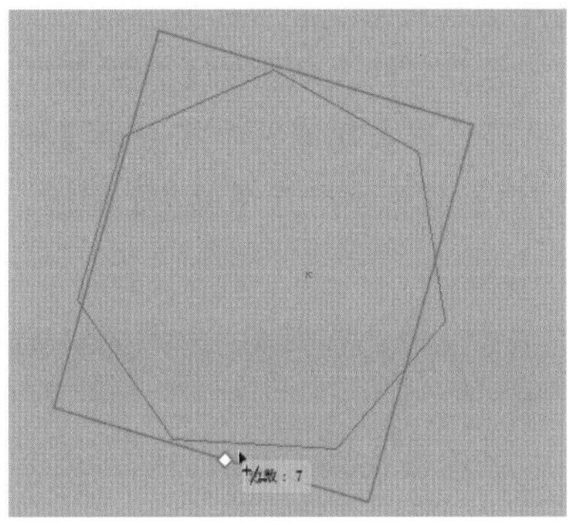

图 1-22

拖动圆角构件可以改变圆角的角度，如图 1-23 所示。

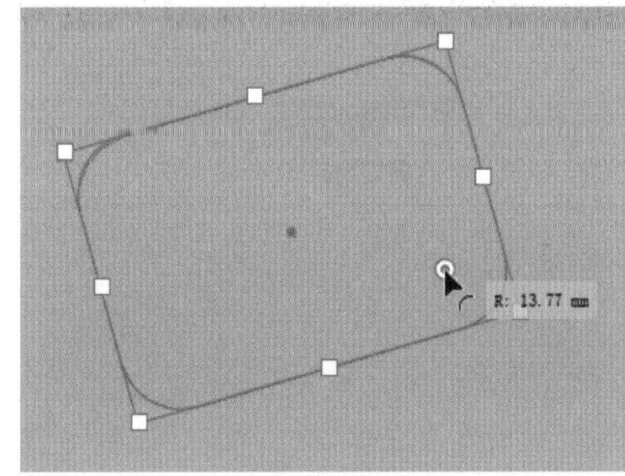

图 1-23

★新功能 1.2.11 曲率工具

曲率工具可以简化路径创建，使绘图变得简单、直观。该工具与钢笔工具相似，但是使用该工具绘制路径时可以预览路径走向，如图 1-24 所示，并可以随时添加、删除、编辑锚点，从而能轻松绘制出平滑、精准的曲线。

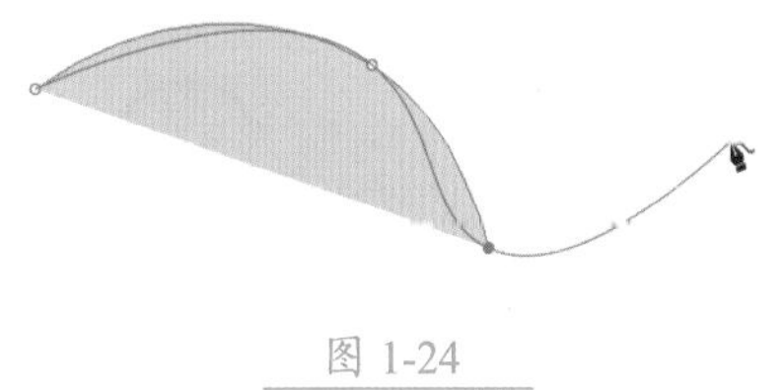

图 1-24

★新功能 1.2.12 修饰文字工具

在 Illustrator 以前的版本中输入一段文字或字母后，如果想要对单个字符进行移动、旋转或缩放等操作，需要先扩展文字路径才能选中单个字符进行调整。但在 Illustrator CC 中利用修饰文字工具就可以轻松调整、移动、旋转和缩放单个字符，如图 1-25 所示。

图 1-25

★新功能 1.2.13 连接工具

在绘制图形时，如果未能按照意愿交叉路径，可以使用连接工具进行修复。连接工具有 3 个作用，分别如图 1-26～图 1-28 所示。

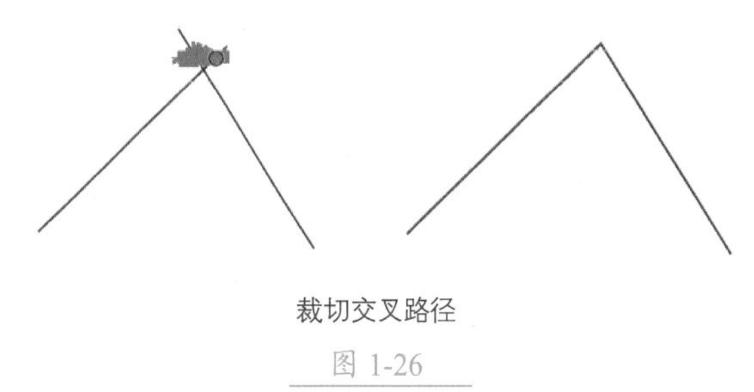

裁切交叉路径

图 1-26

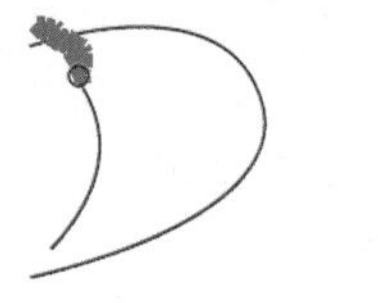

裁切一条路径，扩展另一条路径并连接

图 1-27

扩展并连接路径

图 1-28

★新功能 1.2.14 Shaper 工具

使用 Shaper 工具可将自然形状转换为矢量形状。使用鼠标或者简单易用的触控设备可创建完美的多边形、矩形和圆形，如图 1-29 所示，并且可以像常规图形一样，对它们执行合并、删除、填充和变换等操作。

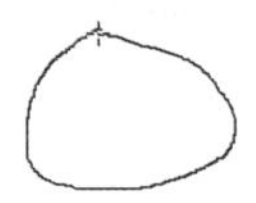
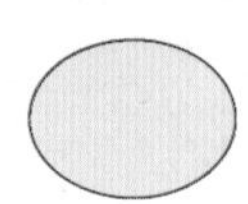
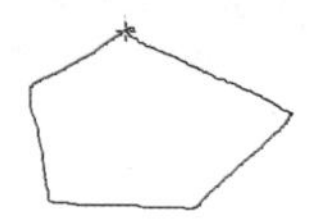
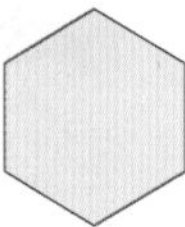

图 1-29

★新功能 1.2.15 【属性】面板

在新的【属性】面板中，可以根据当前任务或工作流程查看相关设置和控件，如图 1-30 所示。

图 1-30

考虑到使用的便捷性，【属性】面板中还新增了以下几个控件。

（1）变量字体选项。

（2）单个效果的删除图标。

（3）用于设置宽度配置文件的宽度配置文件选项。

（4）用于更改锚点的曲线的边角选项。

（5）用于混合对象的混合选项。

（6）用于合并实时上色组的【合并实时上色】按钮。

默认情况下，基本功能区中将提供【属性】面板，也可以在【窗口】菜单中打开【属性】面板。

1.3 Illustrator CC 的安装与卸载

要使用 Illustrator CC 软件，首先需要安装软件。如果不需要使用了，还应该掌握卸载的方法，以便为计算机释放更多运行空间。下面就介绍 Illustrator CC 软件的安装和卸载方法。

1.3.1 安装 Illustrator CC

要安装 Illustrator CC 需要先登录 Creative Cloud，之后才能下载安装 Illustrator CC 软件试用版，试用期为 7 天，试用期之后需付费购买才能继续使用 Illustrator CC 软件。以下步骤只针对 Illustrator CC 试用版的安装。

Step01 登录 Adobe 网站，单击【开始免费试用】按钮，如图 1-31 所示。

图 1-31

Step 02 进入 Creative Cloud 页面，登录 Creative Cloud 账号，如图 1-32 所示。如果没有账号，单击【创建账户】按钮注册 Creative Cloud 会员。

图 1-32

Step 03 登录账户后会自动打开 Creative Cloud 窗口，选择 Illustrator 软件，并单击【试用】按钮，如图 1-33 所示。

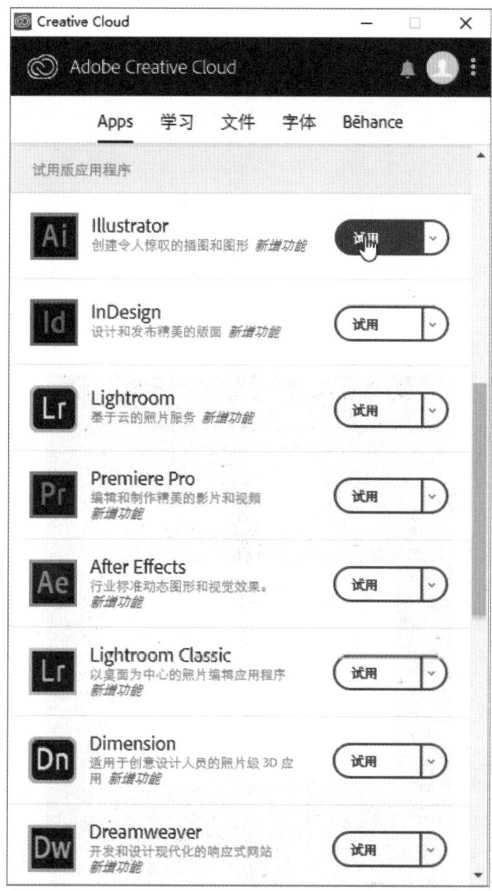

图 1-33

Step 04 开始安装软件，在 Creative Cloud 界面中可以查看软件安装进度，如图 1-34 所示。

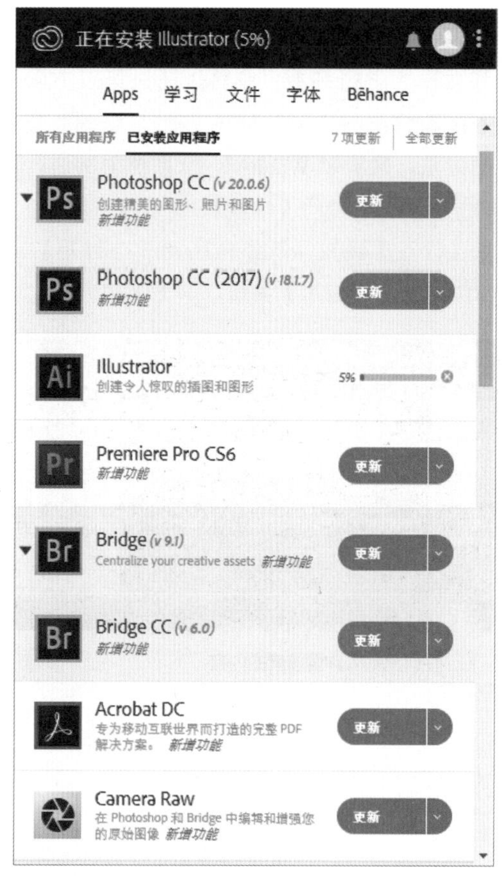

图 1-34

Step 05 软件安装完成后，单击【开始试用】按钮，就可启动并运行 Illustrator CC 软件，如图 1-35 所示为 Illustrator CC 启动画面。

图 1-35

1.3.2 卸载 Illustrator CC

当不再使用 Illustrator CC 软件时，可以将其卸载，以节约磁盘空间。卸载软件时可以利用 Windows 系统自带的卸载程序进行卸载，也可以通过第三方管理软件卸载。下面就介绍利用 Windows 系统自带的卸载程序进行卸载的方法，这里以 Windows 10 系统为例进行介绍。

Step 01 单击屏幕左下角的【开始】按钮，在弹出的下拉菜单中单击【设置】按钮，如图 1-36 所示。打开【Windows 设置】面板，单击【应用】按钮，如图 1-37 所示。

图 1-36

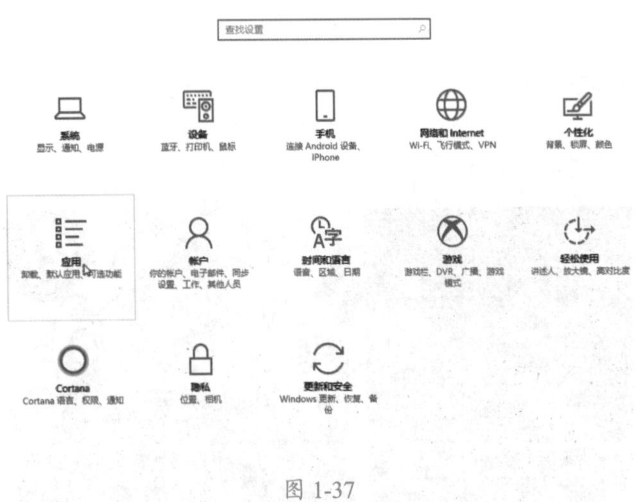

图 1-37

Step 02 进入【应用和功能】界面，单击要卸载的软件，这里选择 Illustrator CC 2019，如图 1-38 所示。

Step 03 单击【卸载】按钮，弹出提示框，单击【卸载】按钮，如图 1-39 所示。

图 1-38

图 1-39

Step 04 弹出卸载程序界面，并提示是否删除 Illustrator CC 首选项，单击【是，确定删除】按钮，如图 1-40 所示。

图 1-40

Step 05 开始卸载软件，并在卸载程序界面顶端显示卸载进度，如图 1-41 所示。

图 1-41

Step 06 完成卸载后，打开卸载完成提示框，单击【关闭】按钮即可，如图 1-42 所示。

图 1-42

本章小结

本章主要介绍了 Illustrator CC 软件的基础知识，包括软件的发展历程、应用领域、新功能和软件的安装与卸载等内容。通过本章的学习，读者能够对 Illustrator CC 软件的性质和用途有基本的认识。其中，新功能和软件的安装与卸载是需要读者重点掌握的内容，特别要熟悉软件的新功能，这样后期在使用 Illustrator CC 设计制作图形时可以起到事半功倍的效果。

Illustrator CC 基础操作

- 面板是什么，有什么作用？
- 如何自定义工作区？
- 怎样查看图稿？
- 如何更改工作界面亮度？

本章将介绍 Illustrator CC 的基础操作，包括 Illustrator CC 工作界面的组成、工作区的设置、辅助工具的使用方法、图稿的查看方法，以及首选项的设置等内容。通过本章的学习能够轻松地解决上述问题。

2.1 Illustrator CC 工作界面

Illustrator CC 的工作界面就像是操控台，上面存放了各种用于绘制图形的命令、工具和面板。因此，在学习使用 Illustrator CC 绘制图形之前需要先熟悉软件的工作界面，才能在绘制图形时做到有条不紊。

2.1.1 工作界面概述

Illustrator CC 默认工作界面包括菜单栏、标题栏、工具面板、文档窗口、面板、控制栏、状态栏等组成部分，如图 2-1 所示。各组成部分的作用如表 2-1 所示。

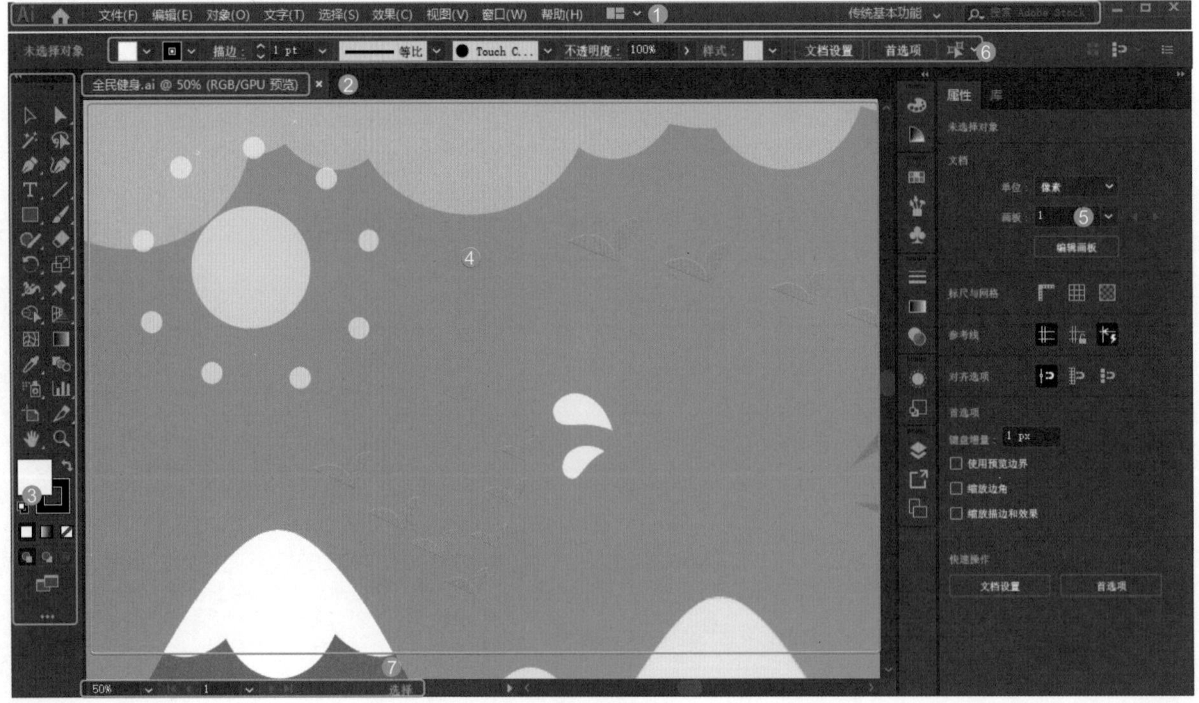

图 2-1

表 2-1　工作界面的组成

项目	功能
❶ 菜单栏	包含可以执行的各种命令，单击菜单名称即可打开相应菜单
❷ 标题栏	显示当前文档的名称、显示比例、颜色模式等信息
❸ 工具面板	包含用于创建和编辑图像、图稿和页面元素的工具
❹ 文档窗口	显示和编辑图像的窗口
❺ 面板	用于配合编辑图稿，设置工具参数选项。面板可以编组、堆叠和停放
❻ 控制栏	用来设置工具的各种选项，它会随着所选工具的不同变换内容
❼ 状态栏	可以显示文档大小、文档尺寸、当前工具和缩放窗口比例等信息

2.1.2 菜单栏

Illustrator CC 的菜单栏中包含有多组菜单命令，单击某一菜单命令，即可弹出相应的下拉菜单，如图 2-2 所示。

在下拉菜单中，如果菜单命令为浅灰色，表示该命令目前处于不能选择的状态；如果菜单命令右侧带有 › 符号，表示该命令下还包含子菜单；如果菜单命令右侧有字母组合，则是该命令的快捷键，如图 2-3 所示。

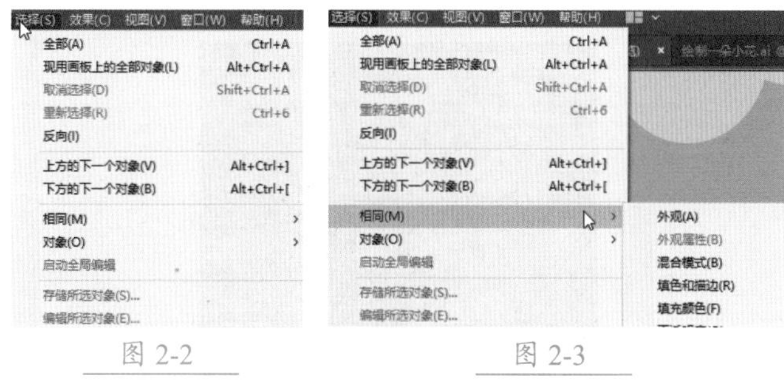

图 2-2　　图 2-3

2.1.3 控制栏

控制栏集合了一些常用的图形设置选项和面板，如填色、描边等。绘制图形后在控制栏中设置参数或者单击带有下划线的文字，可以打开面板进行详细的参数设置，如图 2-4 所示。

此外，在使用不同的工具时，控制栏中的选项也会发生部分的变化，如图 2-5 所示为选择【直线段工具】后的控制栏，图 2-6 所示为选择【文字工具】后的控制栏。在默认情况下，控制栏是没有显示的。执行【窗口】→【控制】命令就可以显示出控制栏。

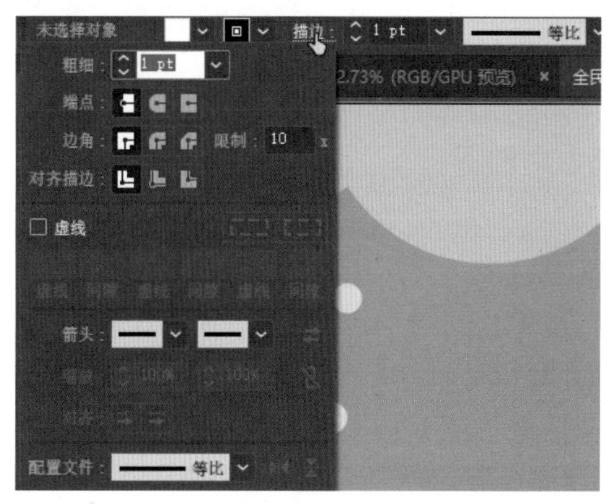

图 2-4

图 2-5

图 2-6

2.1.4 工具栏

工具栏中包含用于创建和编辑图形、图像及页面元素的工具，位于 Illustrator CC 工作界面的左侧。工具栏中的工具都以图标进行显示，并成组出现。单击某个工具图标即可选择该工具，将鼠标光标移动到某个工具上方即可显示该工具的名称，如图 2-7 所示。

在工具图标右下角有 ◢ 符号显示的，表示这是一个工具组，单击该工具图标，并保持左键按下状态稍作停顿即可弹出工具组，如图 2-8 所示。

图 2-7

图 2-8

单击工具组面板右侧的 ▌按钮（见图 2-9），即可将工具组面板设置为浮动面板，效果如图 2-10 所示。单击右上角的 ✖ 按钮，即可关闭浮动工具面板。

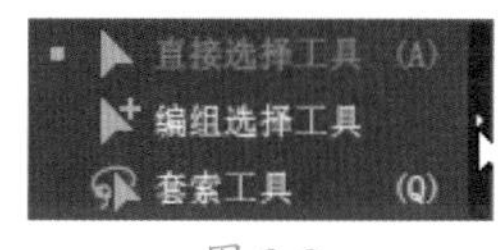

图 2-9

图 2-10

技术看板

使用鼠标右击工具图标也可以打开工具组。

2.1.5 文档窗口

文档窗口是 Illustrator CC 创作的主要区域，画板和从外部导入的素材文件都放置在文档窗口中。

当执行【文件】→【打开】命令随意打开一个素材文件后，Illustrator CC 即可打开文档并创建一个文档窗口，如图 2-11 所示。

图 2-11

当同时打开多个文档时，Illustrator CC 会为每一个文档都创建一个文档窗口。并且窗口都停放在选项卡中，单击相应的文档名称，即可将其设置为当前操作窗口，如图 2-12 所示。

图 2-12

2.1.6 状态栏

状态栏位于 Illustrator CC 工作界面最底部。状态栏主要显示画布的显示比例、当前使用工具等信息。单击状态栏中的 ▶ 按钮，会弹出一个下拉菜单，单击【显示】选项右侧的按钮，可以在弹出的子菜单中设置状态栏显示的具体内容，包括画板名称、当前工具、日期和时间等，如图 2-13 所示。

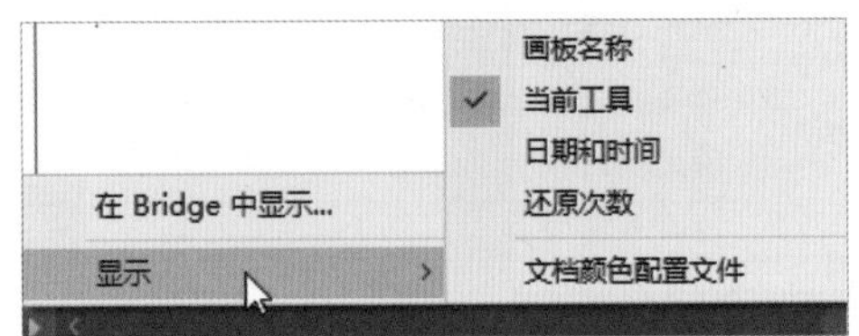

图 2-13

2.1.7 面板

Illustrator CC 提供 30 多个面板，它们的功能各不相同，主要用于配合绘图、颜色设置、对操作进行控制，以及设置参数等。Illustrator CC 中有固定面板和浮动面板两种类型，且二者之间可以相互转换。默认情况下，Illustrator CC 提供了【属性】面板、【图层】面板和【库】面板，固定于工作界面的右侧，如图 2-14 所示。

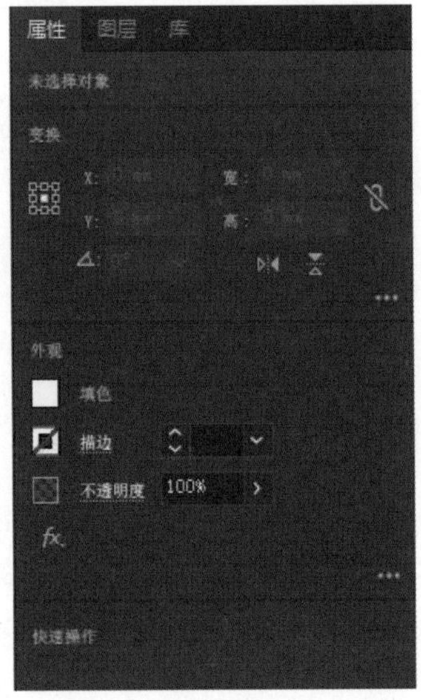

图 2-14

2.2 设置工作区

在 Illustrator 的工作界面中，文档窗口、工具栏、菜单和面板的排列方式统称为工作区。用户可以使用软件提供的预设工作区，也可以根据需要和使用习惯创建自定义工作区。

2.2.1 新建窗口

执行【窗口】→【新建窗口】命令，可以基于当前文档创建一个新的窗口。此时在一个窗口中编辑图形，另一个窗口会同步显示编辑的图形。例如，新建窗口后可以放大一个窗口的显示比例，对图形进行编辑或者细节调整，再通过另一个稍小的窗口可以查看图像编辑的整体效果，如图 2-15 所示。

图 2-15

★ 重点 2.2.2 排列窗口中的文档

如果在 Illustrator CC 中同时打开了多个文档窗口，默认情况下，这些文档都停放在选项卡中。为了便于查看图像，可以通过执行【窗口】→【排列】命令来排列文档，如图 2-16 所示。

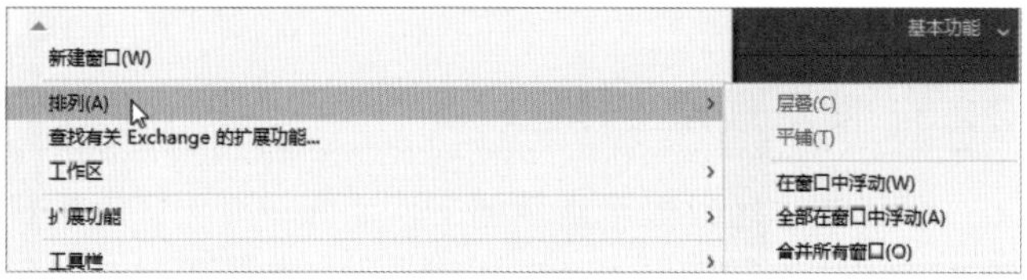

图 2-16

窗口中文档的排列方式主要有以下 5 种。

- 层叠：从屏幕左上角到右下角以堆叠的方式显示未停放的窗口，使用这个排列方式时需要有一个及一个以上的浮动窗口，如图 2-17 所示。

图 2-17

- 平铺：以边对边的方式显示窗口，如图 2-18 所示。关闭一个文档窗口时，其他窗口会自动调整大小，以填满可用的空间。

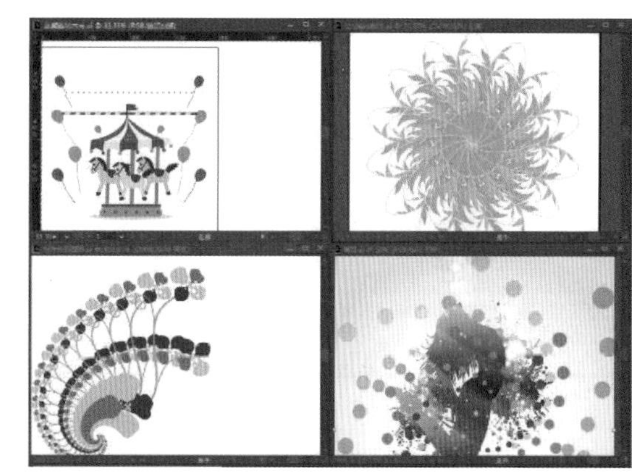

图 2-18

- 在窗口中浮动：将当前窗口设置为浮动窗口，拖动标题栏可移动窗口位置，如图 2-19 所示。

图 2-19

• 全部在窗口中浮动：将所有窗口都设置为浮动窗口，如图 2-20 所示。

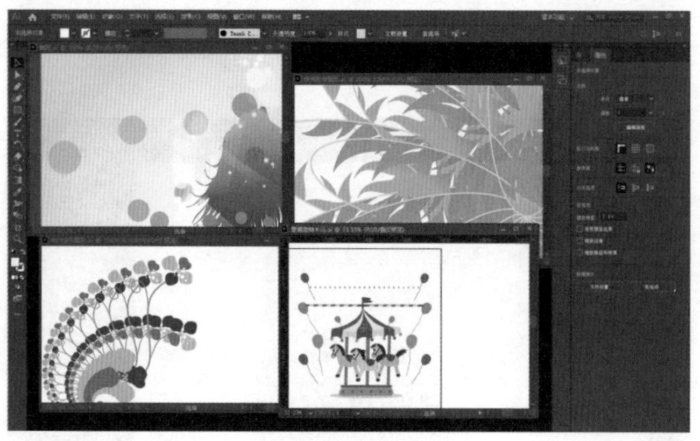

图 2-20

• 合并所有窗口：将所有文档窗口都合并到选项卡中，全屏显示一个文档，其他文档最小化到选项卡中，如图 2-21 所示。

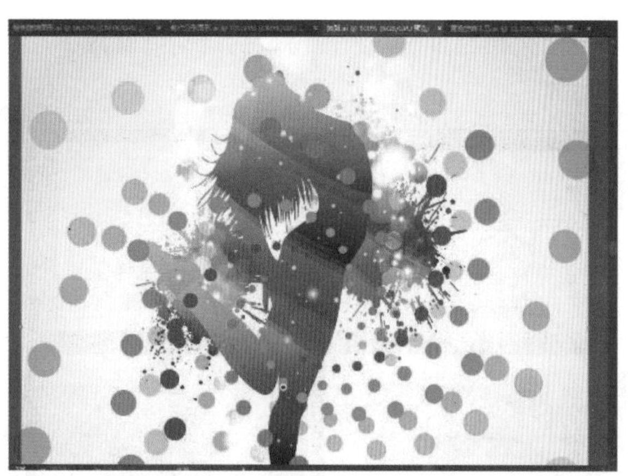

图 2-21

此外，还可以通过排列文档功能来排列文档。在菜单栏中单击【排列文档】右侧的下拉按钮，即可弹出排列文档菜单，如图 2-22 所示。

图 2-22

在排列文档菜单中提供了更多的文档排列方式，如全部垂直拼贴、全部水平拼贴、三联、四联等。如图 2-23 所示为全部垂直拼贴排列方式，如图 2-24 所示为四联排列方式。

图 2-23

图 2-24

2.2.3 使用预设工作区

预设工作区只显示常用的工作面板，简化了工作界面，可以使设计师们专注于创作。为了方便不同领域的设计师使用 Illustrator CC，软件提供了不同的预设工作区。执行【窗口】→【工作区】命令，在弹出的下拉菜单中就可以选择不同的命令预设工作区。

例如，选择【上色】命令区时，工作界面中会显示用于编辑颜色的各个面板，如图 2-25 所示。

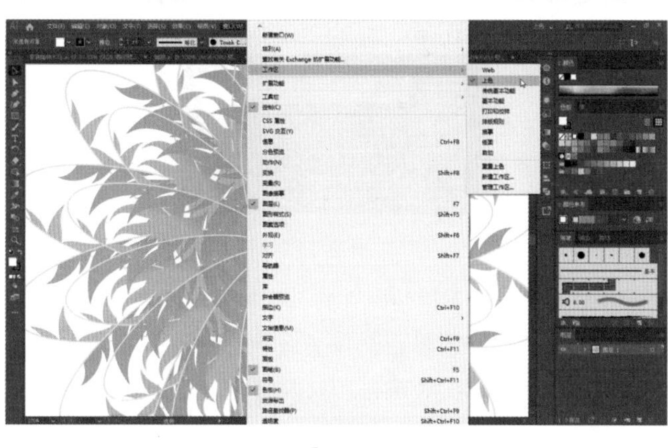

图 2-25

选择【Web】命令区时，工作界面只会显示与 Web 编辑有关的面板，如图 2-26 所示。

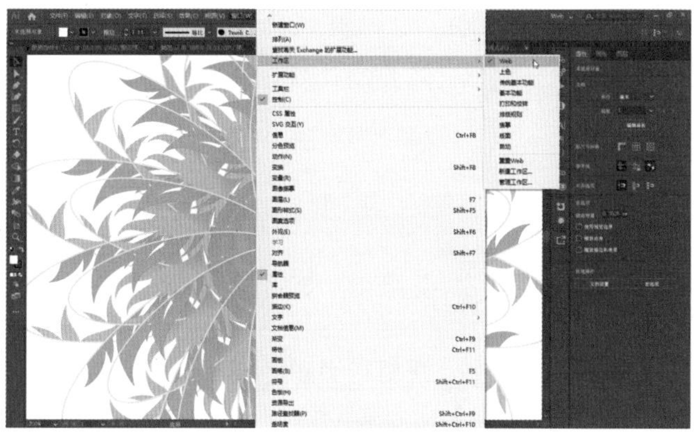

图 2-26

2.2.4 实战：自定义工作区

Illustrator CC 提供的预设工作区并不能满足个性化的需求。但是由于 Illustrator CC 中的面板都可以设置为浮动面板，且能随意调整大小和位置，因此，用户可以根据自己的习惯和需要将这些面板的大小和位置存储为一个新的工作区。存储工作区后，即使移动或关闭了面板，也可以将其恢复。

1. 打开和关闭面板

如果要打开其他面板，在菜单栏中选择【窗口】命令，在弹出的下拉菜单中选择相应的命令即可打开对应的面板。例如，执行【窗口】→【图形样式】命令，即可打开【图形样式】面板，如图 2-27 所示。单击面板右上角的 按钮，或者再次执行【窗口】→【图形样式】命令即可关闭该面板。

图 2-27

2. 设置浮动面板和固定面板

打开的面板都是浮动面板，也可将浮动面板固定到工作界面右侧。拖动【图形样式】面板至工作界面右侧放置面板的位置，直到出现蓝色线条，如图 2-28 所示。

这时释放鼠标，即可看到【图形样式】面板固定在了工作界面右侧，如图 2-29 所示。再将固定面板拖动至其他位置，又可将其设置为浮动面板。

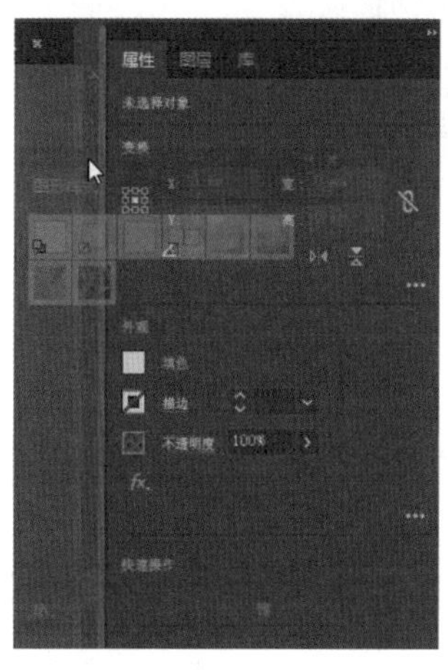

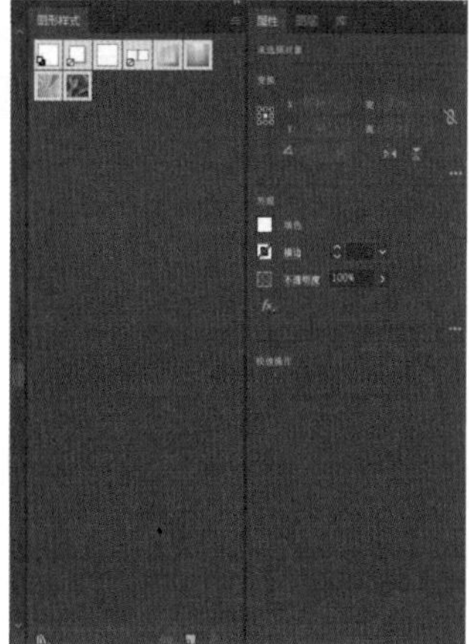

图 2-28　　图 2-29

3. 折叠和展开面板

单击面板右侧的【折叠为图标】按钮 ，可将面板折叠为标签，如图 2-30 所示。反之，单击【展开面板】按钮 ，则可以展开面板。

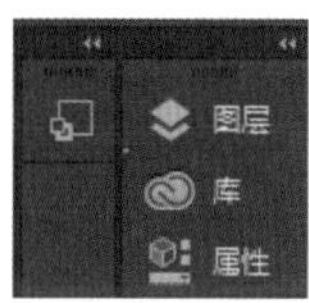

图 2-30

4. 面板设置菜单

在每个面板右上角都有【面板菜单】按钮 ，单击该按钮可以打开面板设置菜单，如图 2-31 所示。

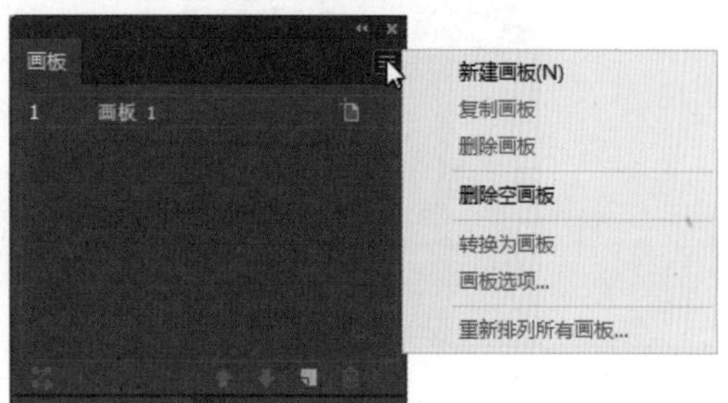

图 2-31

5. 调整面板大小

拖动面板边框（如图 2-32 所示）即可调整面板大小，如图 2-33 所示。

图 2-32

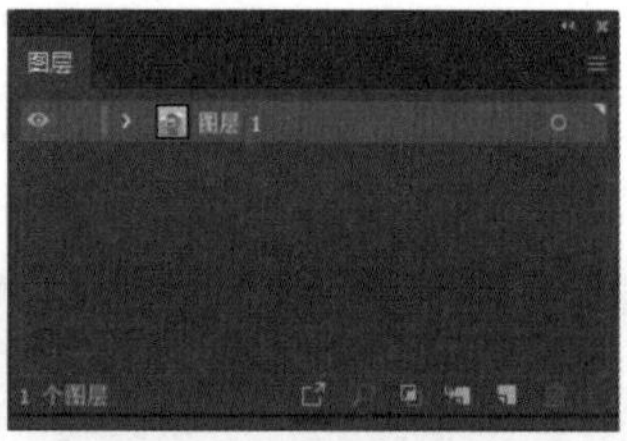

图 2-33

存储自定义工作区的操作步骤如下。

Step01 打开需要经常使用的面板，并调整这些面板的大小和位置，将不需要的面板关闭，如图 2-34 所示。

图 2-34

Step02 执行【窗口】→【工作区】→【新建工作区】命令，打开【新建工作区】对话框，在【名称】栏中设置新建工作区名称，如“绘画”，如图 2-35 所示。

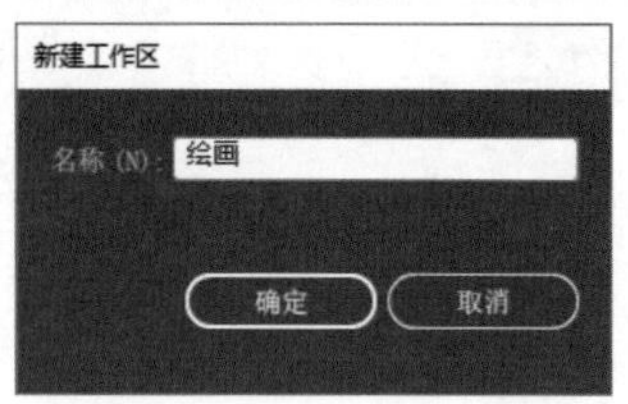

图 2-35

Step03 单击【确定】按钮即可存储工作区。执行【窗口】→【工作区】命令，在弹出的子菜单中即可看到新建的【绘画】命令，如图 2-36 所示。选择【绘画】命令，即可打开自定义的【绘画】工作区。

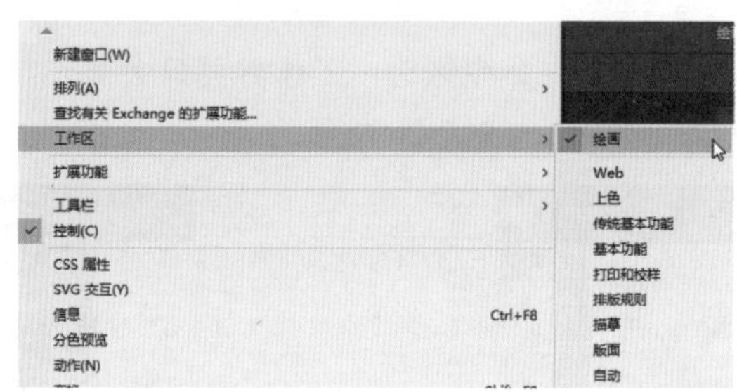

图 2-36

2.2.5 管理工作区

如果要重命名、重置或者删除自定义工作区，可以通过【管理工作区】命令来实现。

1. 重命名工作区

重命名工作区操作步骤如下。

Step01 执行【窗口】→【工作区】→【管理工作区】命令，打开【管理工作区】对话框，如图 2-37 所示。

Step02 选择一个工作区后，它的名称会显示在对话框下面的文本框中，如图 2-38 所示。

图 2-37

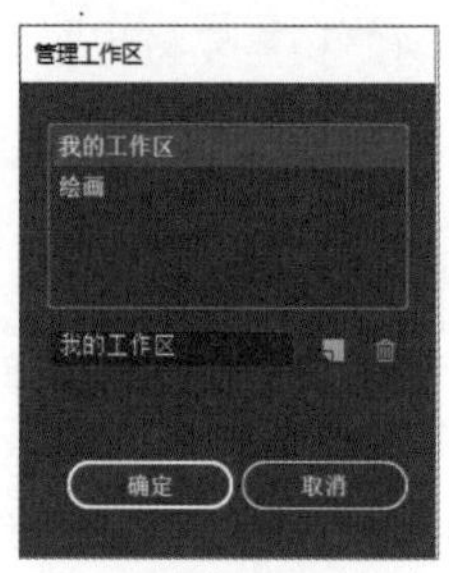

图 2-38

Step03 修改文本框名称，单击【确定】按钮即可重命名工作区，如图 2-39 所示。

图 2-39

2. 删除工作区

删除工作区的操作步骤如下。

Step 01 在打开的【管理工作区】对话框中，选择需要删除的工作区，单击【删除】按钮，如图 2-40 所示。

Step 02 这样即可删除选择的工作区，如图 2-41 所示。

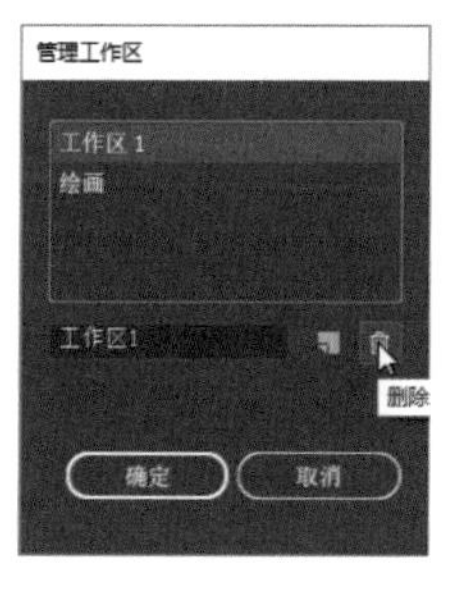

图 2-40　　图 2-41

3. 重置自定义工作区设置

自定义工作区后还可以重新设置工作区，具体操作步骤如下。

Step 01 如果要重置工作区面板，先切换到该工作区，如切换到【绘画】工作区，如图 2-42 所示。

图 2-42

Step 02 重新设置工作区中面板的大小及位置，如图 2-43 所示。

图 2-43

Step 03 执行【窗口】→【工作区】→【管理工作区】命令，打开【管理工作区】对话框，选择【绘画】工作区，单击【新建工作区】按钮，如图 2-44 所示。

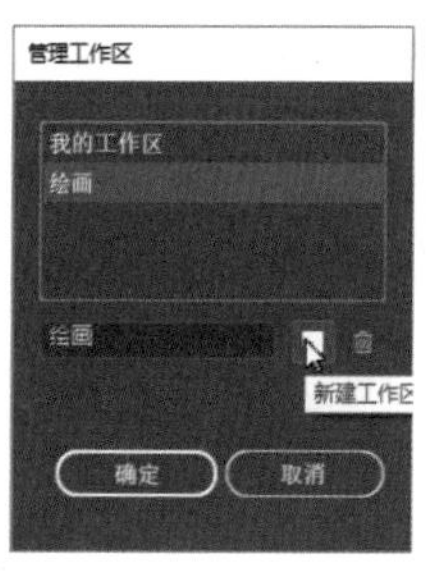

图 2-44

Step 04 单击【确定】按钮，关闭【管理工作区】对话框，再执行【窗口】→【工作区】→【绘画】命令，如图 2-45 所示。这时可以发现【绘画】工作区的面板设置会发生变化。

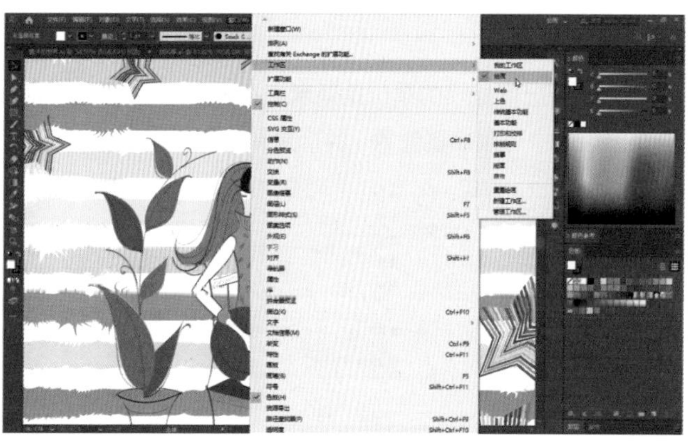

图 2-45

2.3 辅助工具

Illustrator CC 提供了多种非常方便的辅助工具，包括标尺、网格、参考线、智能参考线等。这些工具不能用于编辑图像，但是可以帮助绘制尺度精准的对象和制作排列整齐的版面。

2.3.1 标尺

标尺可以精确地确定图像或元素的位置，利用标尺可以绘制精准的图稿。下面介绍标尺的相关操作。

1. 显示和隐藏标尺

默认情况下，工作界面中并不会显示标尺，执行【视图】→【标尺】→【显示标尺】命令，或按【Ctrl+R】快捷键即可在文档窗口顶部和左侧显示标尺，如图 2-46 所示。如果要隐藏标尺，再次执行【视图】→【标尺】→【显示标尺】命令，或者按【Ctrl+R】快捷键即可。

图 2-46

2. 设置标尺单位

默认情况下标尺的单位是毫米，在标尺上右击，在弹出的快捷菜单中可以设置任意一种标尺单位，如图 2-47 所示。

图 2-47

3. 调整标尺原点位置

在标尺上显示 0 的位置为标尺原点，默认情况下，标尺原点位于文档窗口左上角，如图 2-48 所示。

图 2-48

调整标尺原点位置，可以从对象上的特定点开始进行测量。将鼠标光标放在窗口左上角，单击并拖动鼠标，此时，画面中会显示出十字线，如图 2-49 所示。

释放鼠标后，该处就会成为原点的新位置，如图 2-50 所示。

图 2-49

图 2-50

如果要恢复原点默认位置，双击窗口左上角（水平标尺和垂直标尺交界处的空白位置）即可。

技能拓展
——全局标尺和画板标尺

Illustrator CC 提供了全局标尺和画板标尺两种。全局标尺是整个文档的标尺，标尺原点位于窗口左上角，且不会随着画板的移动而改变位置。画板标尺原点位于当前画板的顶部和左侧，位置会随着画板的移动而改变，如果一个文档中新建了多个画板，那么每个画板都有对应的标尺。

在【视图】下的【标尺】下拉菜单中选择【更改为全局标尺】或【更改为画板标尺】命令可以切换这两种标尺。

2.3.2 网格

网格主要用来对齐对象。在绘制像素画、制作标志时，网格功能十分好用。

打开一个文档后，执行【视图】→【显示网格】命令，即可显示出网格，如图 2-51 所示。

图 2-51

执行【视图】→【对齐网格】命令，移动对象时会自动对齐到网格。如果要隐藏网格，执行【视图】→【隐藏网格】命令即可。

2.3.3 参考线

参考线可以帮助对齐文本和图形对象，在平面设计中尤为适用。下面介绍参考线的创建、移动、删除、锁定与隐藏方法。

1. 创建参考线

如果要创建参考线，需要先显示标尺，再将鼠标光标移动到标尺上，单击并拖动鼠标，即可创建垂直或水平参考线，如图 2-52 所示。

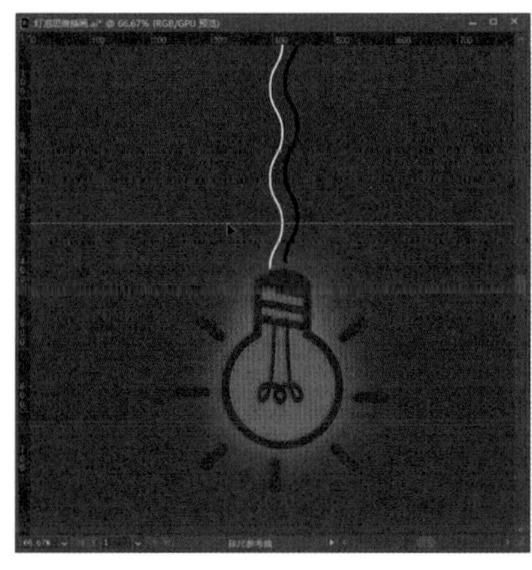

图 2-52

2. 移动和删除参考线

如果要移动参考线，选择工具箱中的【移动工具】，然后将鼠标光标放置在要移动的参考线上，当光标变换为 形状（表示选中了该参考线）时单击，如图 2-53 所示，此时，参考线会变成淡蓝色。

再拖动鼠标即可移动参考线，如图 2-54 所示。

图 2-53

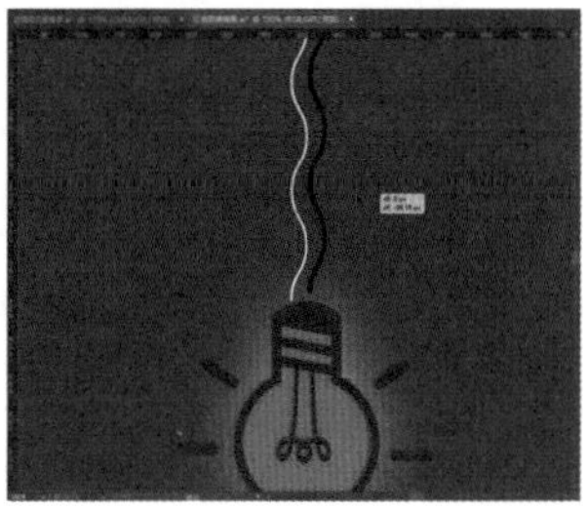

图 2-54

按住【Shift】键后同时选中参考线，参考线会变成淡紫色，如图 2-55 所示。

再按【Delete】键即可删除参考线，如图 2-56 所示。

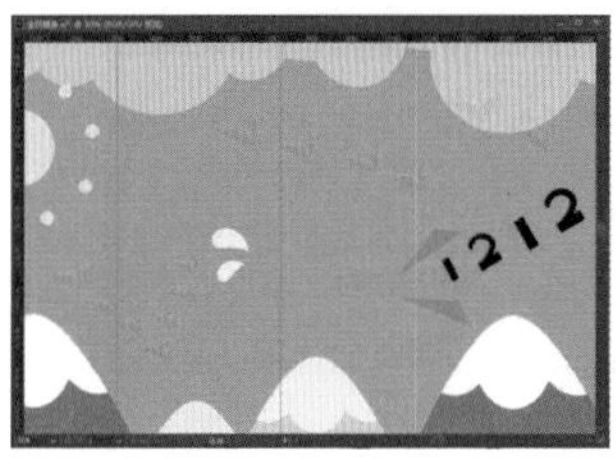

图 2-55

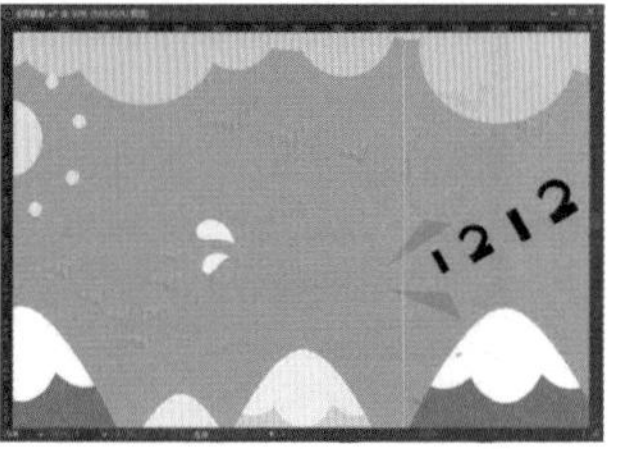

图 2-56

执行【视图】→【参考线】→【清除参考线】命令，可以删除画布上的所有参考线。

3. 锁定与隐藏参考线

创建参考线后，为了保证不会因为误操作而移动参考线位置，可以将其锁定。执行【视图】→【参考线】→【锁定参考线】命令，即可锁定画布上的所有参考线。此时，依然可以创建新的参考线，但是不能移动或按【Delete】键删除已经锁定的参考线了。如果要删除已经锁定的参考线，只能执行【视图】→【参考线】→【清除参考线】命令，删除所有参考线。

如果要解锁参考线，执行【视图】→【参考线】→【解锁参考线】命令即可，或者右击，在弹出的快捷菜单中选择【解锁参考线】命令也可以解锁参考线，如图 2-57 所示。

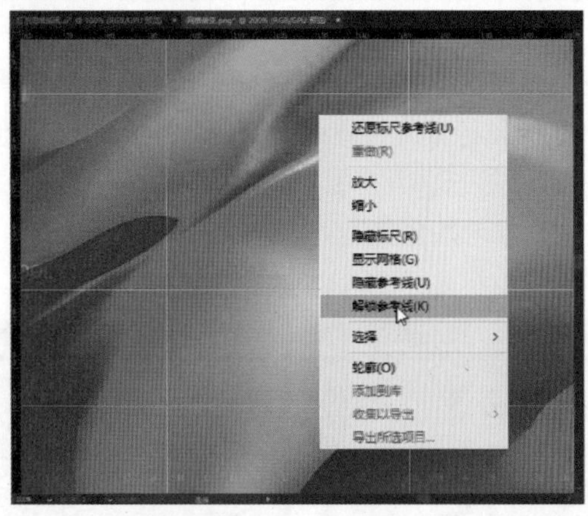

图 2-57

当参考线影响图像预览效果，但又不想清除参考线时，可执行【视图】→【参考线】→【隐藏参考线】命令，或右击鼠标，在弹出的快捷菜单中选择【隐藏参考线】命令将其隐藏起来，如图 2-58 所示。隐藏参考线效果如图 2-59 所示。需要时再将其重新显示即可。

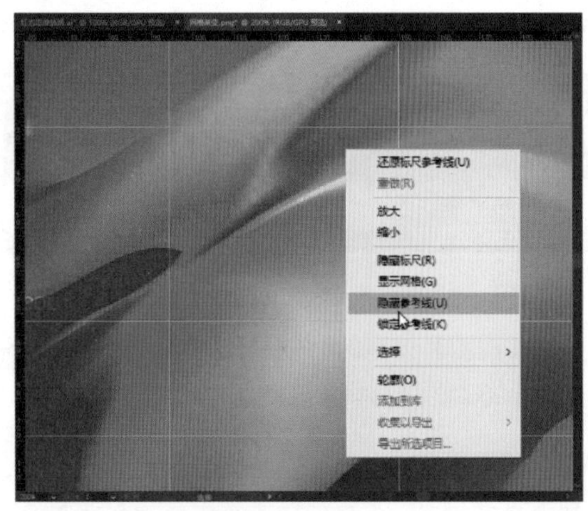

图 2-58

图 2-59

2.3.4 智能参考线

智能参考线是一种智能化的参考线，会在移动、变换、绘制等情况下自动出现，可以帮助用户自动对齐对象。执行【视图】→【智能参考线】命令或者按【Ctrl+U】快捷键即可启用智能参考线功能。

启用智能参考线后，再移动对象，画板上出现的洋红色线条就是智能参考线，如图 2-60 所示。

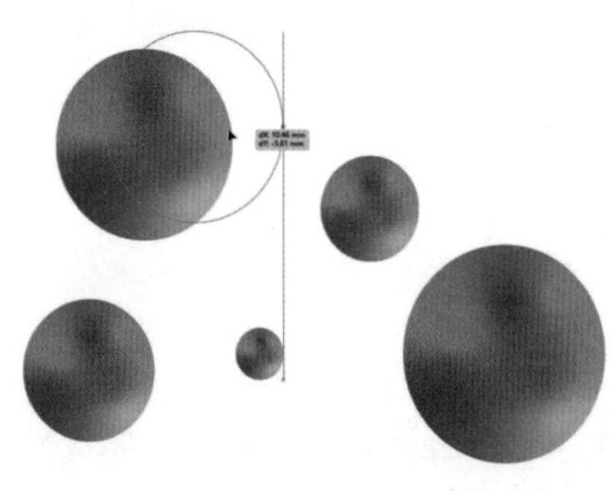

图 2-60

2.4 图像文档的查看

在使用 Illustrator CC 创作的过程中，经常需要通过改变窗口的显示比例，移动画面的显示区域来更好地处理图稿细节和查看图稿整体效果。针对这种情况，Illustrator CC 提供了包括【缩放工具】、【抓手工具】、【导航器】面板，各种缩放命令，以及多种屏幕模式来帮助用户更好地查看图稿。下面就介绍 Illustrator CC 中图像文档的查看方法。

★ 重点 2.4.1 实战：使用缩放工具缩放图像

在创作过程中，经常需要通过放大画板来查看细节，或者通过缩小画板来查看整体效果。而缩放工具就可以调整画板视图大小。

Step 01 打开“素材文件\第 2 章\宇宙 .ai”文件，如图 2-61 所示。

Step 02 选择【缩放工具】，在画板上单击，即可放大画板视图，如图 2-62 所示。

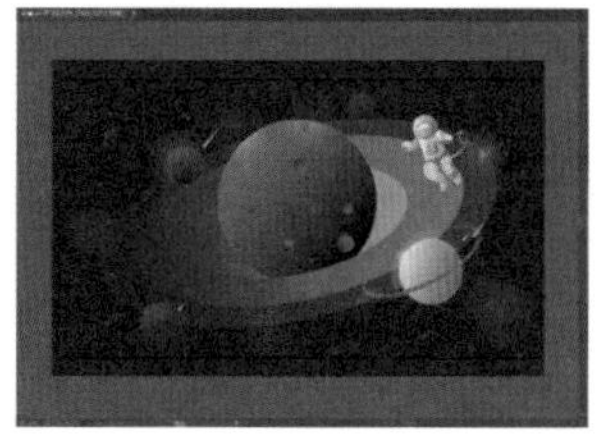

图 2-61

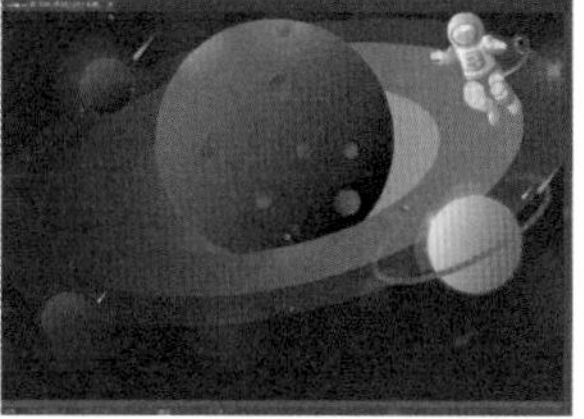

图 2-62

Step03 如果要缩小视图，按住【Alt】键的同时单击鼠标，即可缩小视图，如图 2-63 所示。

图 2-63

技术看板

按住【Alt】键的同时滑动鼠标滚轮也可以缩放视图。

2.4.2 实战：使用【抓手工具】移动视图

【抓手工具】主要用来移动视图，通常情况下会配合【缩放工具】一起使用。下面就介绍使用【抓手工具】移动视图的方法。

Step01 打开"素材文件\第 2 章\人物图标 .ai"文件，如图 2-64 所示。

图 2-64

Step02 使用【缩放工具】放大视图，如图 2-65 所示。

Step03 选择【抓手工具】，在画板上移动鼠标从而移动视图，查看图像，如图 2-66 所示。

图 2-65

图 2-66

技术看板

在创作过程中按【空格】键就可以临时切换到【抓手工具】，再同时拖动鼠标就可以移动视图了。

2.4.3 实战：使用【导航器】面板查看图像

【导航器】面板中包括图像缩览图和各种窗口缩放工具，主要用来定位画面的显示中心。下面就介绍使用【导航器】面板查看图像的方法。

Step01 打开"素材文件\第 2 章\海边度假风景 .ai"文件，如图 2-67 所示。

图 2-67

Step02 使用【缩放工具】放大图像，如图 2-68 所示。

Step03 执行【窗口】→【导航器】命令，打开【导航器】面板，如图 2-69 所示。

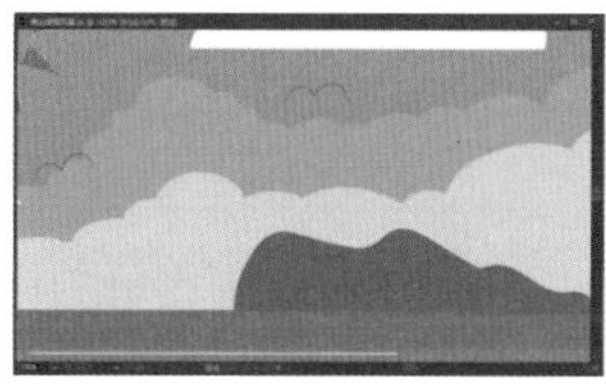

图 2-68

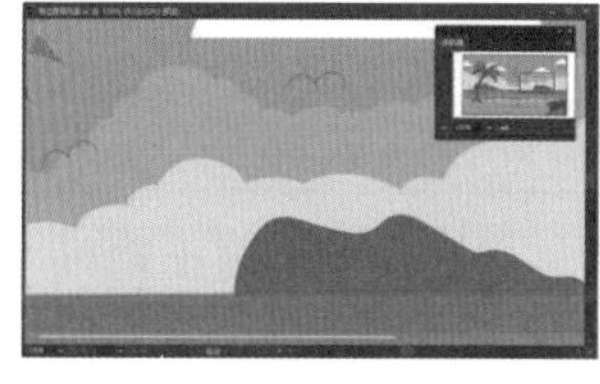

图 2-69

Step04 将鼠标移动至【导航器】面板的【代理预览区域】，拖动红色线框至需要查看图像的地方，如图 2-70 所示。

Step05 此时，【导航器】面板中红色线框框住的图稿就是文档窗口显示的图稿范围，如图 2-71 所示。

图 2-70

图 2-71

Step06 单击【导航器】面板中的【放大】按钮 或【缩小】按钮 ，可以按照预设的倍率放大或缩小视图。如图 2-72 所示为当前视图放大至 200% 的效果。如图 2-73 所示为将当前视图缩小至 50% 的效果。

图 2-72

图 2-73

Step07 在缩放数值输入框 中输入数值，然后按【Enter】键进行确认，便可以按照设置的比例对窗口进行缩放，如图 2-74 所示。

图 2-74

2.4.4 缩放命令

【视图】菜单中提供了一组用于调整视图比例的命令，如图 2-75 所示。

放大(Z)	Ctrl++
缩小(M)	Ctrl+-
画板适合窗口大小(W)	Ctrl+0
全部适合窗口大小(L)	Alt+Ctrl+0
实际大小(E)	Ctrl+1

图 2-75

这些命令都有相应的快捷键，要比直接使用缩放工具更加方便。各命令的介绍如下。

【放大】/【缩小】命令：【放大】/【缩小】命令与缩放工具用途相同。执行【视图】→【放大】命令或者按【Ctrl++】快捷键可以放大窗口视图；执行【视图】→【缩小】命令或按【Ctrl+-】快捷键可以缩小窗口视图。

【画板适合窗口大小】命令：选择该命令，可将选择的画板缩放至适合窗口显示的大小。

【全部适合窗口大小】命令：选择该命令，将完整显示窗口中所有的画板内容。

【实际大小】命令：选择该命令，会以 100% 的显示比例显示图稿。

2.4.5 切换不同的屏幕模式

Illustrator CC 2019 提供了 4 种屏幕模式，分别是【正常屏幕模式】、【带有菜单栏的全屏模式】、【全屏模式】和【演示文稿模式】。单击工具栏底部的【更改屏幕模式】按钮 ，在弹出的下拉菜单中即可设置不同的屏幕模式。

1. 正常屏幕模式

【正常屏幕模式】是默认的屏幕模式，在该模式下，可显示菜单栏、工具栏、面板、标题栏及其他的屏幕元素，如图 2-76 所示。

图 2-76

2. 带有菜单栏的全屏模式

在该屏幕模式下，显示有菜单栏、50% 灰色背景、无标题栏和滚动条的全屏窗口，如图 2-77 所示。

图 2-77

3. 全屏模式

该模式下只显示文档窗口和状态栏，如图 2-78 所示。在这种模式下如果要使用面板、菜单栏、工具栏，可以按【Tab】键进行切换，如图 2-79 所示。按【Esc】键即可退出全屏模式。

图 2-78

图 2-79

技术看板

按【F】键可在【全屏模式】、【带有菜单栏的全屏模式】和【正常屏幕模式】之间切换。

4. 演示文稿模式

该模式下只会显示图稿，如图 2-80 所示。如果文档窗口中创建了多个画板，则只会显示所选择的画板上的图稿。进入演示文稿模式后，按键盘上的方向键【←】或【→】，可以切换显示画板。按【Esc】键可以退出演示文稿模式。

图 2-80

2.5 首选项

在【首选项】面板中，用户可以根据个人的使用习惯更改 Illustrator CC 的默认设置，包括对选择和锚点显示、标尺单位、用户界面、参考线颜色等进行设置。下面就介绍首选项参数的设置。

2.5.1 常规

执行【编辑】→【首选项】→【常规】命令，或者按【Ctrl+K】快捷键，打开【首选项】面板，并切换到【常规】选项卡，如图 2-81 所示，其中常用选项及作用如表 2-2 所示。

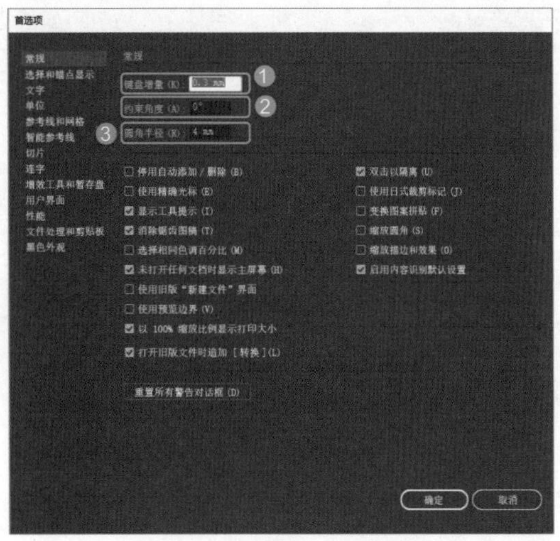

图 2-81

表 2-2 【常规】选项卡中常用选项的作用

选项	作用
❶ 键盘增量	在文本框中输入的数值表示单击键盘上的方向键移动图形的距离
❷ 约束角度	在文本框中输入的数值表示页面坐标的角度。默认设置为 0，表示页面保持水平垂直状态
❸ 圆角半径	表示设置圆角矩形的默认圆角半径

2.5.2 选择和锚点显示

执行【编辑】→【首选项】→【选择和锚点显示】命令，打开【首选项】面板，并切换到【选择和锚点显示】选项卡，如图 2-82 所示，其中常用选项的作用如表 2-3 所示。

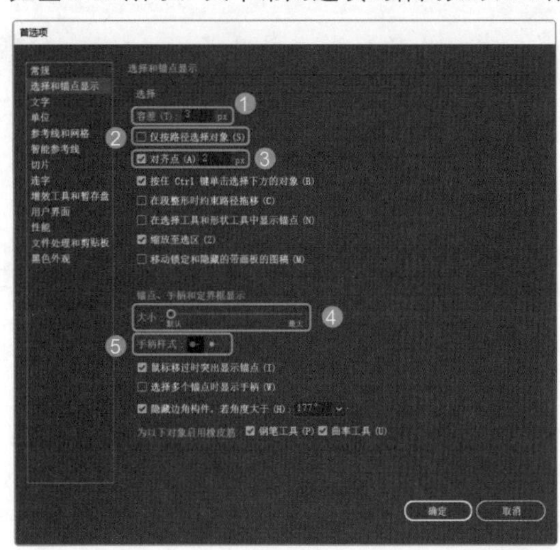

图 2-82

表 2-3 【选择和锚点显示】选项卡中常用选项的作用

选项	作用
❶ 容差	指定用于选择锚点的像素范围。较大的值会增加锚点周围区域的宽度
❷ 仅按路径选择对象	用于指定是通过单击对象中的任意位置来选择填充对象，还是必须单击路径才能选择填充对象
❸ 对齐点	用于将对象对齐到锚点和参考线，可以指定在对齐时，对象与锚点或参考线之间的距离
❹ 大小	用于设置定界框、手柄及锚点的大小
❺ 手柄样式	用于设置手柄的显示样式

2.5.3 文字

执行【编辑】→【首选项】→【文字】命令，打开【首选项】面板，并切换到【文字】选项卡，如图 2-83 所示，其中常用选项的作用如表 2-4 所示。

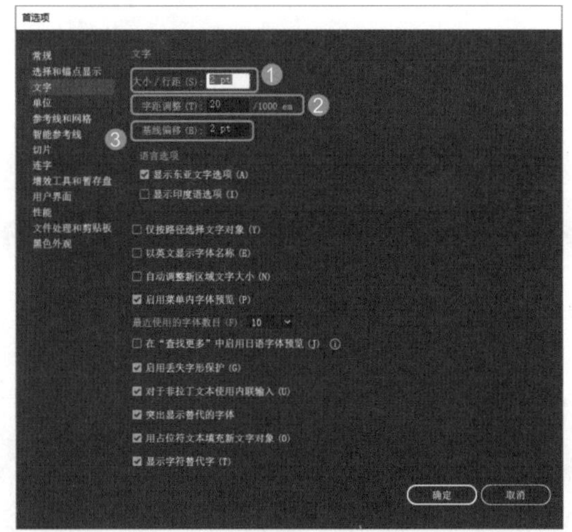

图 2-83

表 2-4 【文字】选项卡中常用选项的作用

选项	作用
❶ 大小 / 行距	在文本框中输入的数值表示单击键盘上的方向键移动图形的距离
❷ 字距调整	在文本框中输入的数值表示页面坐标的角度。默认设置为 0，表示页面保持水平垂直状态
❸ 基线偏移	表示设置圆角矩形的默认圆角半径

2.5.4 单位

执行【编辑】→【首选项】→【单位】命令，打开【首选项】面板，并切换到【单位】选项卡，如图 2-84 所示。

在这里可以设置单位的相关选项，其作用如表 2-5 所示。

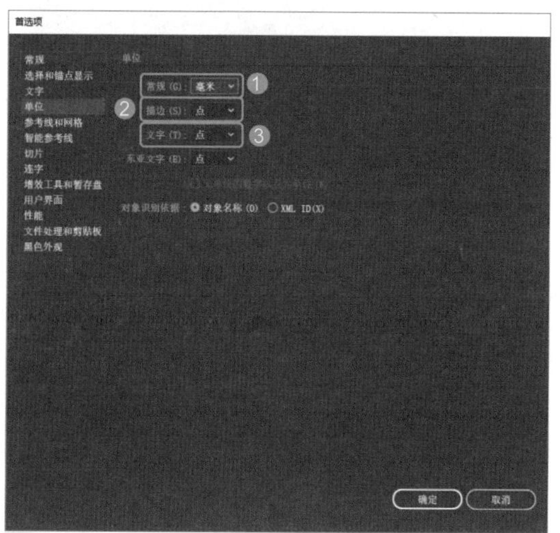

图 2-84

表 2-5 【单位】选项卡中常用选项的作用

选项	作用
❶ 常规	用于设置标尺的度量单位
❷ 描边	用于设置描边宽度的单位
❸ 文字	用于设置文字的度量单位

2.5.5 参考线和网格

执行【编辑】→【首选项】→【参考线和网格】命令，打开【首选项】面板，并切换到【参考线和网格】选项卡，如图 2-85 所示，其中常用选项的作用如表 2-6 所示。

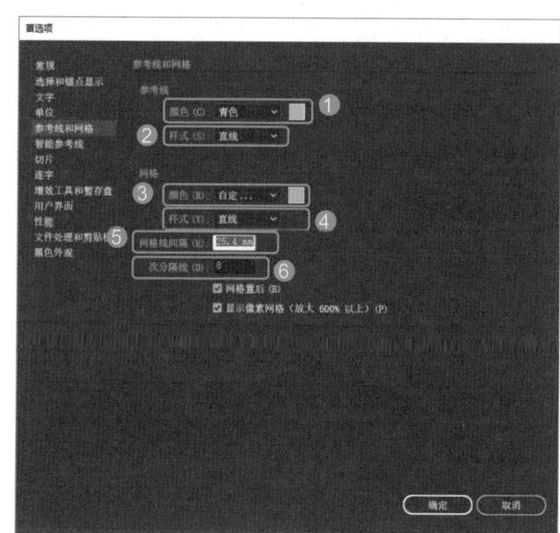

图 2-85

表 2-6 【参考线和网格】选项卡中常用选项的作用

选项	作用
❶ 参考线颜色	用于设置参考线颜色。单击下拉按钮可选择软件预设的颜色进行设置，单击后面的颜色块可打开【颜色】对话框，设置自定义颜色
❷ 参考线样式	用于设置参考线样式是直线还是点线
❸ 网格颜色	用于设置网格颜色。单击下拉按钮可选择软件预设颜色进行设置，单击后面的颜色块，可打开【颜色】对话框，设置自定义颜色
❹ 网格样式	用于设置网格样式是直线还是点线
❺ 网格线间隔	用于设置坐标线之间的距离
❻ 次分隔线	用于设置坐标线之间再分隔的数量

2.5.6 智能参考线

执行【编辑】→【首选项】→【智能参考线】命令，打开【首选项】面板，并切换到【智能参考线】选项卡，如图 2-86 所示。在这里可以设置智能参考线的相关选项，其作用如表 2-7 所示。

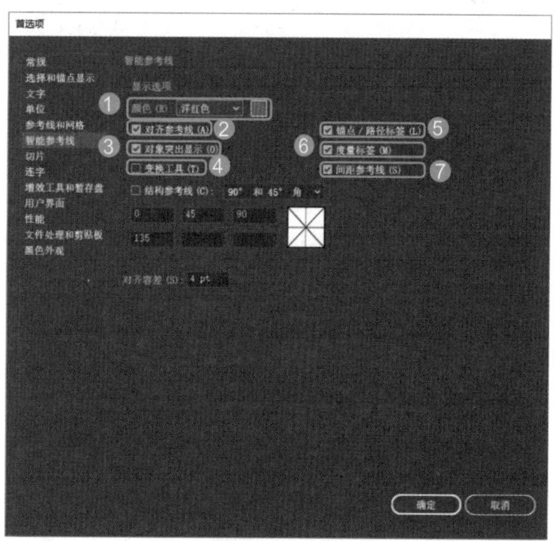

图 2-86

表 2-7 【智能参考线】选项卡中常用选项的作用

选项	作用
❶ 颜色	用于设置智能参考线颜色。单击下拉按钮可选择软件预设的颜色进行设置，单击后面的颜色块可打开【颜色】对话框，设置自定义颜色
❷ 对齐参考线	用于显示沿着几何对象、画板和出血中心及边缘生成的参考线。当移动对象及绘制基本形状，使用【钢笔工具】 及变换对象时，会生成这些参考线

续表

选项	作用
❸ 对象突出显示	用于在对象周围拖移时突出显示鼠标指针下的对象
❹ 变换工具	用于在按比例缩放、旋转和倾斜对象时显示信息
❺ 锚点 / 路径标签	用于显示路径 / 锚点的标签
❻ 度量标签	创建、选择、移动或变换对象时，用于显示相对于对象原始位置的 X 轴和 Y 轴的偏移量
❼ 间距参考线	在排列对象时，如果对象之间的间距一样，会显示参考线进行提示

2.5.7 切片

执行【编辑】→【首选项】→【切片】命令，打开【首选项】面板，并切换到【切片】选项卡，如图 2-87 所示。在该选项卡中可以设置切片颜色。

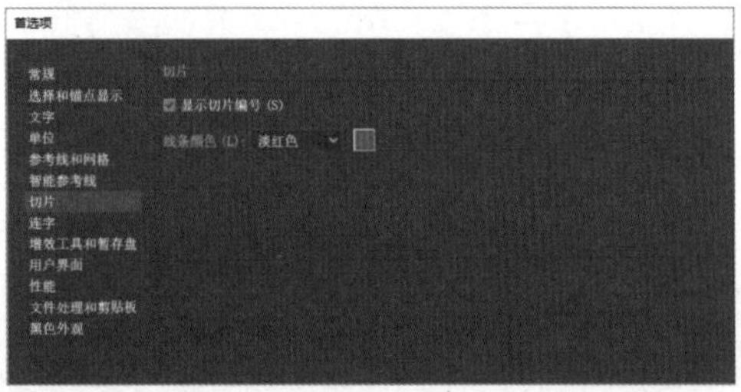

图 2-87

2.5.8 连字

执行【编辑】→【首选项】→【连字】命令，打开【首选项】面板，并切换到【连字】选项卡，如图 2-88 所示。在该选项卡中可以设置添加连字符的单词。

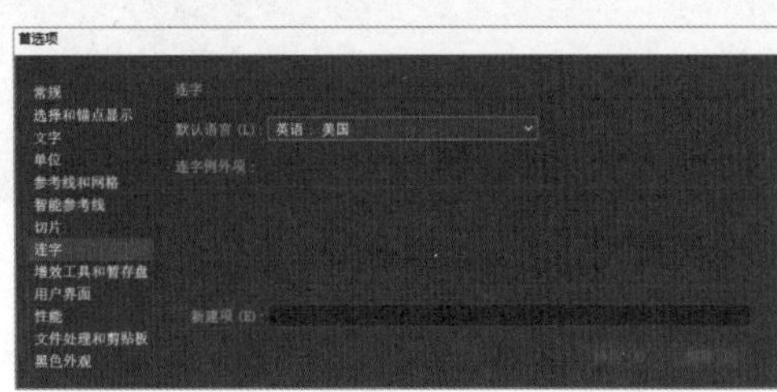

图 2-88

2.5.9 增效工具和暂存盘

执行【编辑】→【首选项】→【增效工具和暂存盘】命令，打开【首选项】面板，并切换到【增效工具和暂存盘】选项卡，如图 2-89 所示，其中各选项作用如表 2-8 所示。

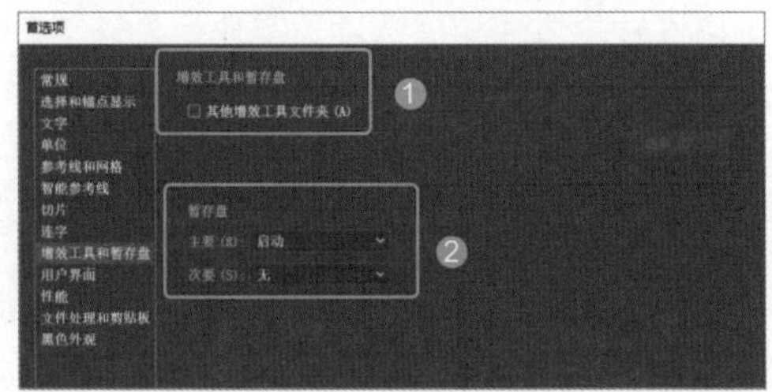

图 2-89

表 2-8 【增效工具和暂存盘】选项卡中各选项作用

选项	作用
❶ 其他增效工具文件夹	通常情况下，软件安装后会设置好相应的【增效工具】。选中此复选框后，单击【选取】按钮，在打开的对话框中可以重新选择增效工具文件夹
❷ 暂存盘	在【暂存盘】栏中，可以设置【主要】和【次要】暂存盘

2.5.10 性能

执行【编辑】→【首选项】→【性能】命令，打开【首选项】面板，并切换到【性能】选项卡，如图 2-90 所示。该选项卡中显示了 GPU 的详细信息。在【其他】栏中可以设置还原步数，默认可以还原 100 步，最高可还原 200 步，但是也需要更高的性能支持。

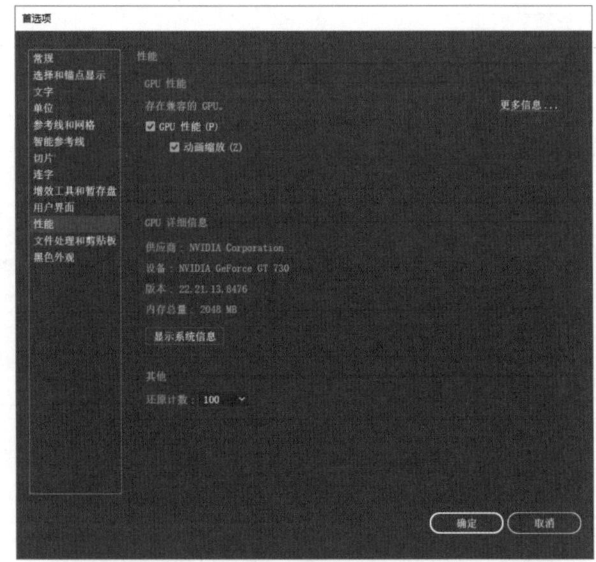

图 2-90

2.5.11 文件处理和剪贴板

执行【编辑】→【首选项】→【文件处理和剪贴板】命令，打开【首选项】面板，并切换到【文件处理和剪贴板】

选项卡，如图 2-91 所示，其中各选项作用如表 2-9 所示。

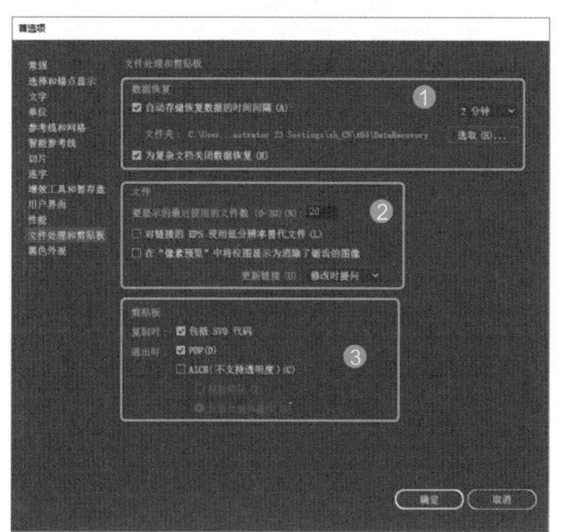

图 2-91

表 2-9 【文件处理和剪贴板】选项卡中各选项作用

选项	作用
❶ 数据恢复	可以设置文件自动保存的时间。单击【选取】按钮可以设置文件缓存的存放位置
❷ 文件	设置在进入软件界面要显示的最近使用的文档数量，最多可显示最近使用的 30 个文件
❸ 剪贴板	用于设置剪贴板中的内容格式

2.5.12 黑色外观

执行【编辑】→【首选项】→【黑色外观】命令，打开【首选项】面板，并切换到【黑色外观】选项卡，如图 2-92 所示。

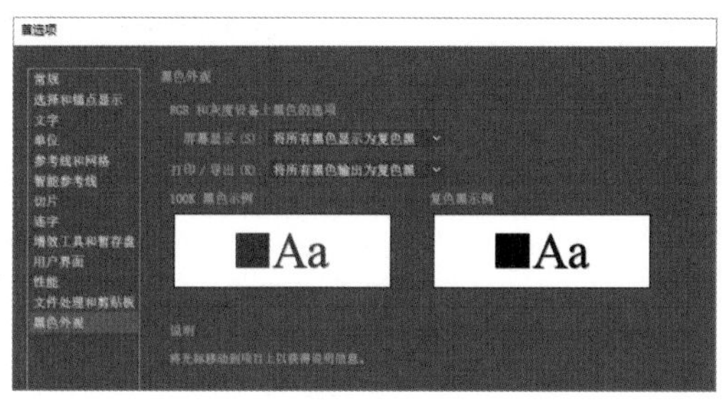

图 2-92

在 Illustrator 中，查看屏幕，打印或导出为 RGB 文件格式时，纯 CMYK 黑（K=100）将显示为墨黑（复色黑）。如果想查看商业印刷和打印出来的纯黑和复色黑的差异，可以在该选项卡中进行设置。

2.5.13 用户界面

执行【编辑】→【首选项】→【用户界面】命令，打开【首选项】面板，并切换到【用户界面】选项卡，如图 2-93 所示。在该选项卡中可以设置工作界面亮度值和工具的显示大小，各选项作用如表 2-10 所示。

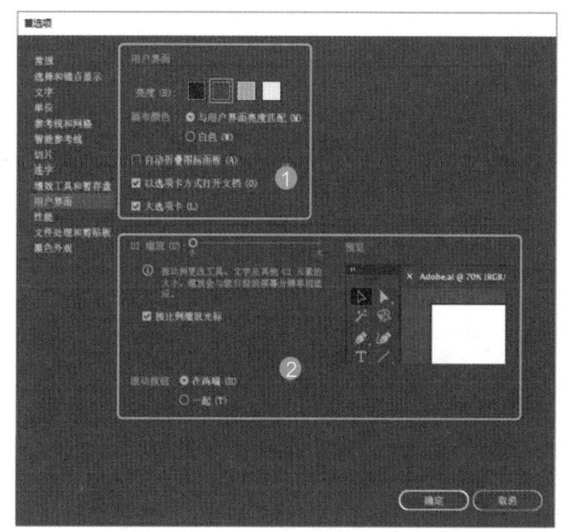

图 2-93

表 2-10 【用户界面】选项卡中各选项作用

选项	作用
❶ 用户界面	用于设置工作界面颜色。在【亮度】选项中为工作界面提供了深色、中等深色、中等浅色、浅色 4 种颜色选项；在【画布颜色】选项中提供了【与用户亮度界面匹配】（将画布颜色设置为选定的亮度级别）和【白色】两种选项
❷ UI 缩放	拖动 UI 缩放滑块可以根据屏幕分辨率增大或减小 UI 的缩放比例

妙招技法

通过前面内容的学习，相信大家对 Illustrator CC 的基础操作已经有所了解，下面就结合本章内容介绍一些使用技巧。

技巧 01 恢复传统工作区

在 Illustrator CC 2019 默认工作界面中取消了控制栏，而工具栏中也只提供了常用的一些工具。如果不习惯这样的工作界面，可以执行【窗口】→【工作区】→【传统基本功能】命令或者单击右上角【基本功能】右侧的下拉按钮，在弹出的下拉菜单中选择【传统基本功能】命令，如图 2-94 所示，就可以恢复传统工作区。

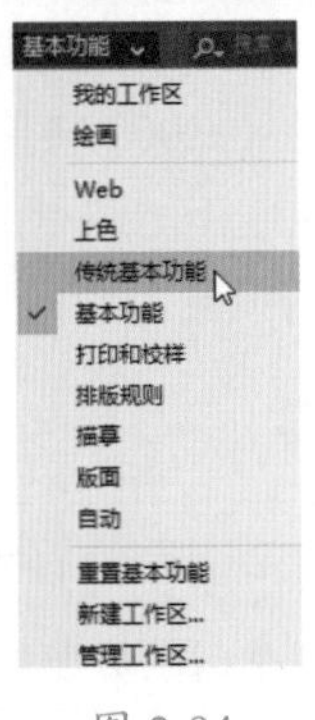

图 2-94

技巧 02 自定义工具快捷键

Illustrator CC 为大部分的工具都设置了快捷键，如按【V】键就可以使用【选择工具】。此外，Illustrator CC 也支持用户自定义工具快捷键。

Step 01 执行【编辑】→【键盘快捷键】命令，打开【键盘快捷键】对话框，如图 2-95 所示。

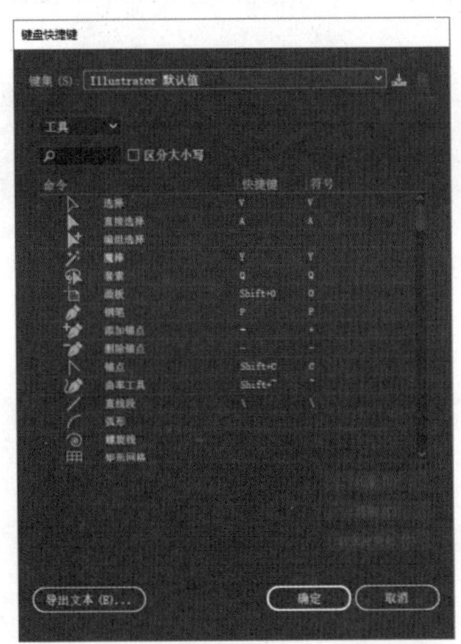

图 2-95

Step 02 在工具列表中选择【弧形】选项，并单击该选项的快捷键列，如图 2-96 所示。

Step 03 按【Shift+H】快捷键，如图 2-97 所示。

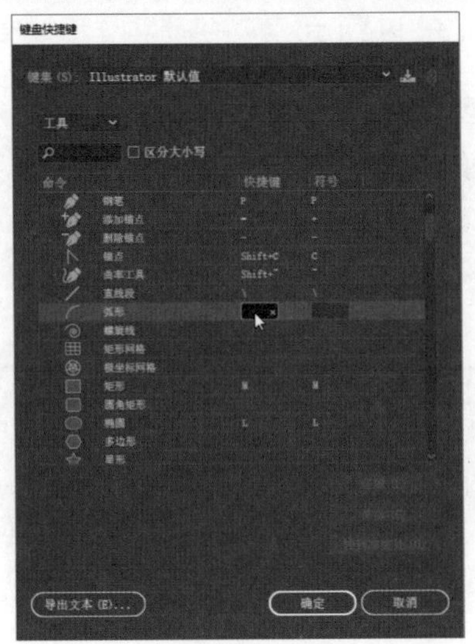

图 2-96

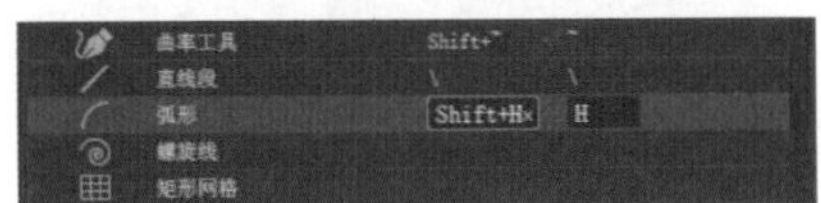

图 2-97

Step 04 单击【确定】按钮，打开【存储键集文件】对话框，输入一个名称，如图 2-98 所示。

Step 05 单击【确定】按钮，保存设置，完成快捷键的设置。右击工具栏中的【直线段工具】工具组，在扩展菜单中可看到【弧形工具】的快捷键修改为【Shift+H】，如图 2-99 所示。

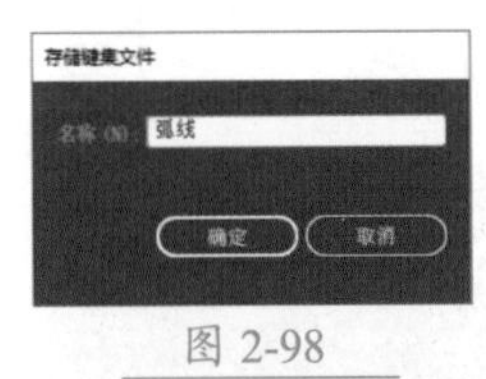

图 2-98

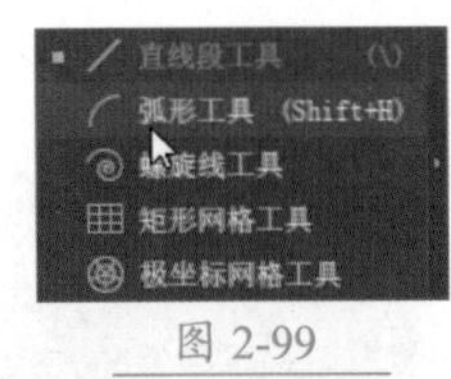

图 2-99

技巧 03 如何显示与隐藏面板

按【Tab】键可以显示或隐藏工具栏、控制栏和所有浮动面板。按【Tab+Shift】快捷键可以显示或隐藏浮动面板。

本章小结

本章主要介绍了 Illustrator CC 的基础操作知识，包括工作界面各组成的介绍、工作区的设置、辅助工具的使用、图像文档的查看方法，以及首选项的设置等内容。其中工作区的设置、辅助工具的使用和图像文档的查看方法是本章的学习重点，熟练掌握这部分内容可以提高工作效率。

第3章 图形处理基本操作

- 如何结合其他软件使用文件？
- 怎么创建画板？
- 怎么选择需要的锚点？
- 操作失误该怎么办？

本章将介绍图形处理的基本操作，包括：文件的新建、存储、导出，画板的创建与编辑，对象的选择、移动、复制、剪切和粘贴，以及文件的还原、重做等内容。

3.1 文件的相关操作

文件的相关操作包括新建、打开和保存等内容。打开 Illustrator CC 软件后并不能直接进行创作，还需要新建文档或者打开图像文件才能开始进行创作。而在创作的过程中还需要置入一些其他的素材文件，甚至需要与其他软件协作，如经常需要与 Photoshop 软件协作，此时就可能需要在 Photoshop 中打开文件，交互创作。在对文件进行处理时需要及时存储文件，避免因一些意外因素导致劳动成果前功尽弃。下面就对文件的相关操作进行详细介绍。

★重点 3.1.1 新建文档

在 Illustrator CC 中新建文档时既可以根据实际需求自定义文档的宽度、高度、画板数量等参数，也可以使用软件提供的空白文档预设参数。

打开 Illustrator CC 软件，进入欢迎界面，单击【新建】按钮或者执行【文件】→【新建】命令，即可打开【新建文档】对话框，如图 3-1 所示。

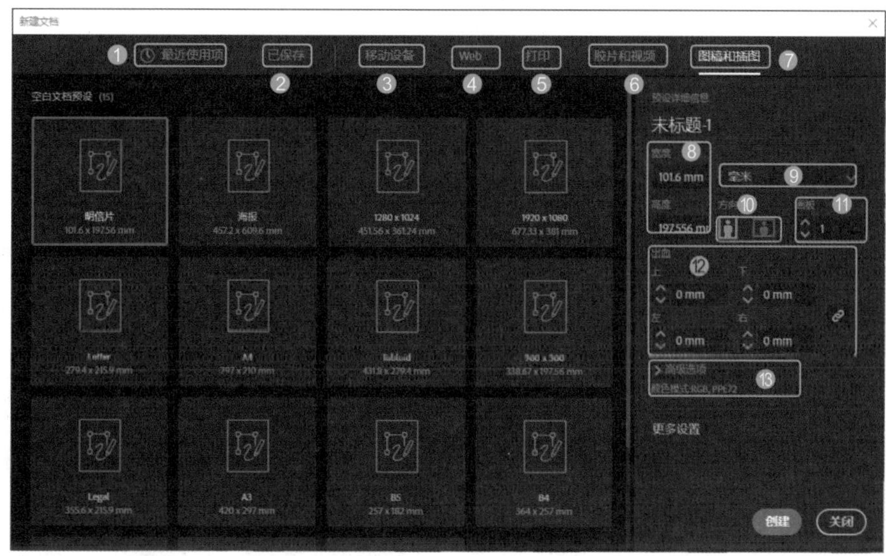

图 3-1

技术看板

按【Ctrl+N】快捷键也可以打开【新建文档】对话框。

【新建文档】对话框的左侧是【空白文档预设】区和【最近使用项】保存区，单击某个文档预设或最近使用项即可新建空白文档；右侧则是文档参数设置区，可以自定义文档参数。参数设置完成后单击【创建】按钮，即可新建空白文档。【新建文档】对话框中常用选项的作用如表 3-1 所示。

表 3-1　【新建文档】对话框中常用选项的作用

选项	作用
❶ 最近使用项	显示最近使用过的文档参数
❷ 已保存	显示下载的模板
❸ 移动设备	提供用于手机、平板电脑等移动设备的文档预设
❹ Web	提供用于网页的文档预设
❺ 打印	提供用于纸质打印的文档预设
❻ 胶片和视频	提供用于各种视频格式的文档预设
❼ 图稿和插图	提供用于各种图稿或插图的文档预设
❽ 宽度 / 高度	用于自定义创建文档的宽度和高度
❾ 单位	用于设置文档宽度 / 高度的单位，单击下拉按钮，在弹出的下拉菜单中可设置单位为【毫米】、【点】、【像素】、【派卡】、【英寸】、【厘米】和【Ha】
❿ 方向	用于设置画板方向，单击【横向】或【竖向】图标即可设置画板方向
⓫ 画板	用于设置画板数量，可直接在数值框中输入数量，也可以单击【增加】按钮 或【减少】按钮 设置数量
⓬ 出血	可以指定画板每一侧的出血位置。如果要对不同的侧面使用不同的值，只需单击【锁定】按钮 解除锁定，再输入不同的数值即可
⓭ 高级选项	用于设置颜色模式、分辨率和图稿的预览模式

技能拓展——什么是出血

出血是指印刷时为保留画面有效内容预留出的方便裁切的部分，是一个常用的印刷术语。我们在制作时会分为设计尺寸和成品尺寸，设计尺寸总是比成品尺寸大，大出来的边要在印刷后裁切掉，这个要裁切掉的部分就称为出血。

此外，Illustrator CC 还提供了许多预设的模板文件，如标签、邀请函、名片、信纸等，方便用户使用。

执行【文件】→【从模板新建】命令，即可打开【从模板新建】对话框，如图 3-2 所示。

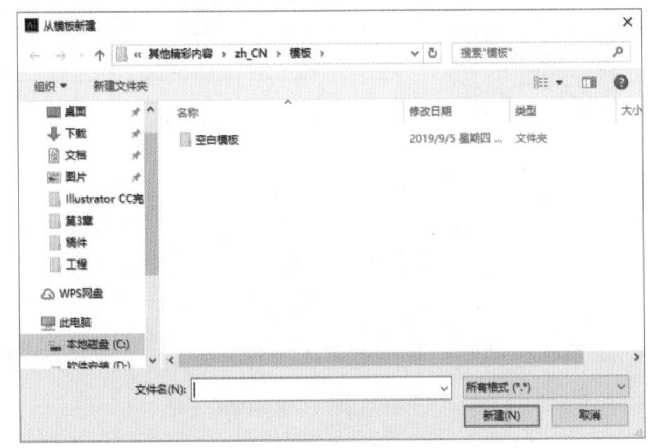

图 3-2

双击【空白模板】即可打开文件夹，可以看到 Illustrator CC 提供的模板文件，选择【名片 .ait】模板文件，单击【新建】按钮，如图 3-3 所示。

图 3-3

从模板中创建文档后，模板中的图形、文字、段落、样式、符号、裁剪标记和参考线等都会加载到新建文档中，如图 3-4 所示。

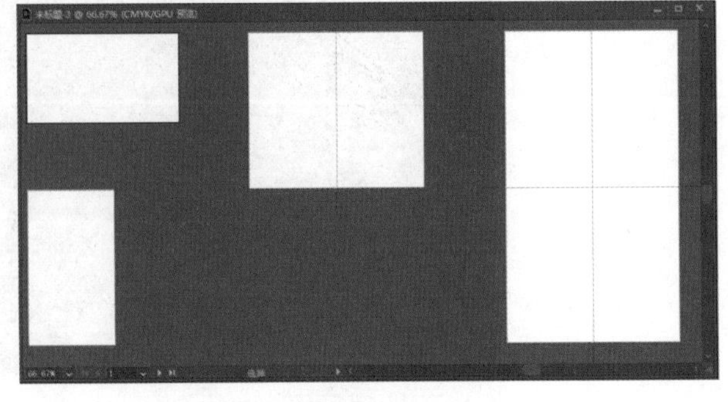

图 3-4

3.1.2 打开文件

Illustrator CC 可以打开不同格式的文件，如 AI、CDR 和 EPS 等矢量文件，以及 JPEG 格式的位图文件。在 Illustrator CC 中打开文件的方法有以下两种。

1. 通过【打开】命令打开文件

打开 Illustrator CC 软件后在欢迎界面单击【打开】按钮（见图 3-5），或者执行【文件】→【打开】命令，弹出【打开】对话框，选择要打开的文件，单击【打开】按钮即可打开文件，如图 3-6 所示。

图 3-5

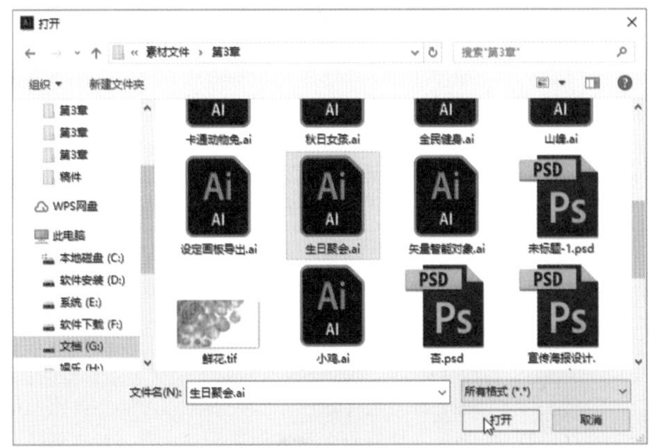

图 3-6

2. 拖曳打开文件

通过拖曳的方式也可以打开文件，具体操作步骤如下。

Step01 运行 Illustrator CC 软件后，打开素材文件所在文件夹，如图 3-7 所示。

Step02 选择要打开的文件，并拖曳到 Illustrator CC 窗口中，停留片刻，切换到 Illustrator CC 程序中，如图 3-8 所示。

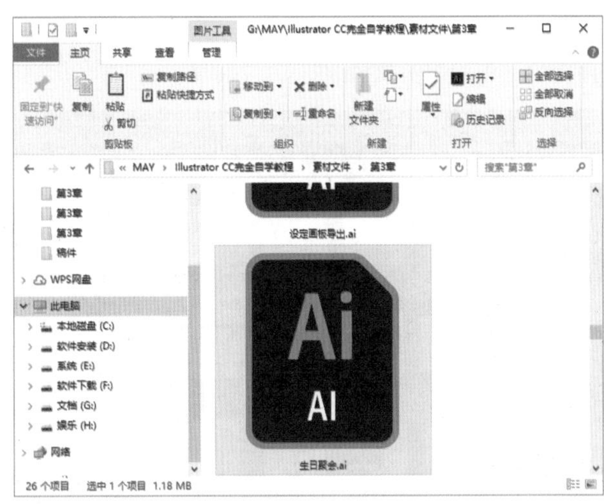

图 3-7

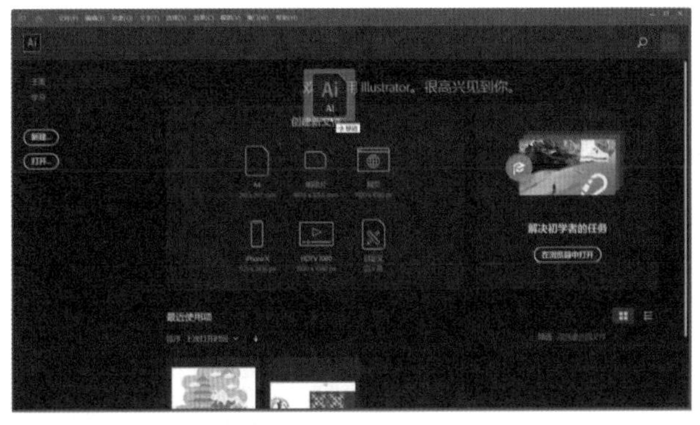

图 3-8

Step03 将光标移动到画面中，释放鼠标即可打开文件，如图 3-9 所示。

图 3-9

3.1.3 打开最近使用过的文件

打开 Illustrator CC 软件，进入欢迎界面后，会看到一个【最近使用项】区域。该区域显示了最近打开过的文件的缩览图（最多显示 20 个），如图 3-10 所示。单击文件缩览图即可打开文件。

图 3-10

此外，在【文件】下的【最近打开的文件】的下拉菜单中也显示了最近打开过的 20 个文件名称，如图 3-11 所示。单击某个文件名称即可打开文件。

图 3-11

3.1.4 实战：打开 Photoshop 文件

Illustrator CC 也可以打开 Photoshop 的 PSD 文件。PSD 是分层文件格式，可以包含图层复合、图层、文本和路径。因为 Illustrator CC 与 Photoshop 有很好的兼容性，可以支持大部分 Photoshop 数据，所以在 Illustrator CC 中打开 PSD 文件时，会打开【Photoshop 导入选项】对话框，如图 3-12 所示，各选项作用如表 3-2 所示。通过设置对话框中的选项可以决定是否保留和继续编辑上述内容。

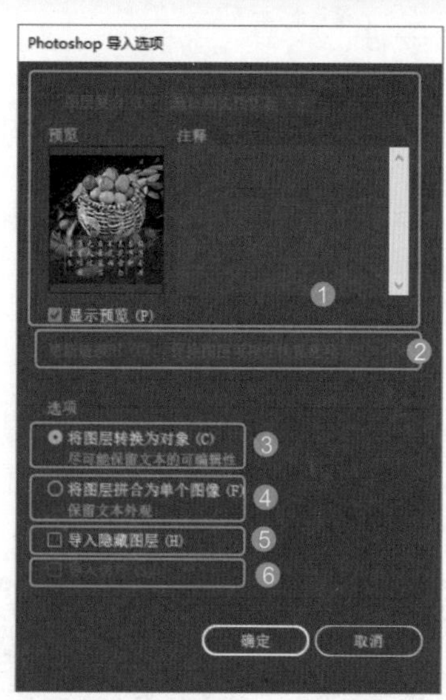

图 3-12

表 3-2 【Photoshop 导入选项】对话框中各选项作用

选项	作用
❶ 图层复合、显示预览和注释	如果 Photoshop 文件包含图层复合，则可以指定要导入的图像版本。选中【显示预览】复选框，可以预览 PSD 文件效果。【注释】文本框用于显示来自 Photoshop 文件的注释
❷ 更新链接时	更新包含图层复合的链接 Photoshop 文件时，可以指定如何处理图层的可视性。在该选项下拉列表中选择【保持图层可视性优先选项】，表示最初置入文件时，可根据图层复合中的图层可视性状态更新链接图像；选择【使用 Photoshop 文件中图层可视性】，表示根据 Photoshop 文件中图层可视性的当前状态更新链接的图像
❸ 将图层转换为对象	选中该单选按钮，能够尽可能多地保留图层结构和文本的可编辑性，而不破坏外观。但是，如果文件包含 Illustrator CC 不支持的功能，Illustrator CC 会通过合并和栅格化图层来保留图稿外观
❹ 将图层拼合为单个图像	选中该单选按钮，可以将文件作为单个位图图像导入。转换的文件不保留各个对象。对于不透明度，将作为图像的部分保留，但不能编辑
❺ 导入隐藏图层	导入 Photoshop 中的所有图层，包括隐藏图层。当链接 Photoshop 文件时，该选项不可用
❻ 导入切片	保留 Photoshop 文件中包含的切片

在 Illustrator CC 中打开 PSD 文件的操作步骤如下。

Step 01 运行 Illustrator CC 软件，按【Ctrl+O】快捷键，执行【打开】命令，弹出【打开】对话框，打开素材所在文件夹，如图 3-13 所示。

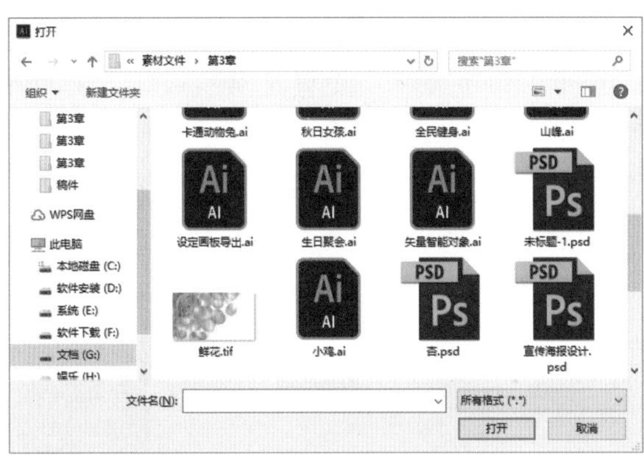

图 3-13

Step 02 选择【杏.psd】文件，如图 3-14 所示。单击【打开】按钮，打开文件。

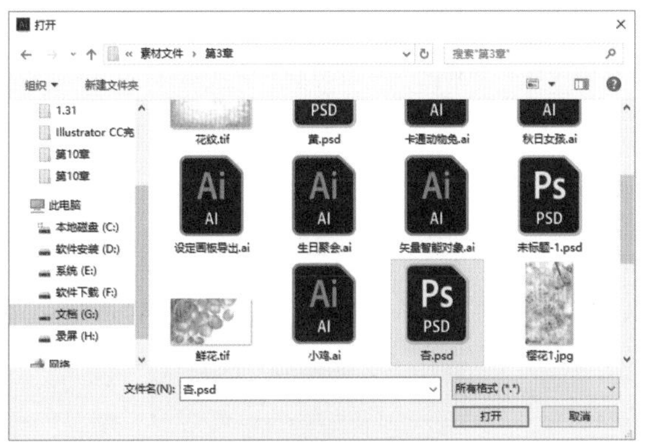

图 3-14

Step 03 打开【Photoshop 导入选项】对话框，选中【显示预览】复选框，再选中【将图层转换为对象】单选按钮，如图 3-15 所示。

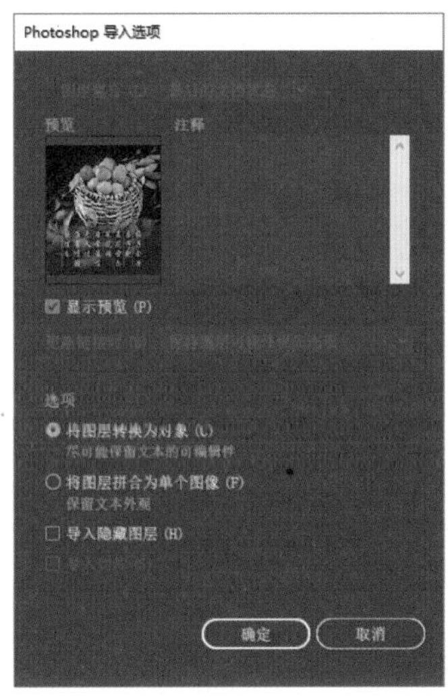

图 3-15

Step 04 单击【确定】按钮，打开 PSD 文件。打开【图层】面板，如图 3-16 所示，可以看到当前文件是分层显示的。

图 3-16

Step 05 使用【选择工具】选中文字，如图 3-17 所示。

图 3-17

Step 06 在控制栏更改文字颜色和字体样式，如图 3-18 所示。

图 3-18

技术看板

使用【置入】命令和拖曳文件的方式也可以打开 PSD 文件。

3.1.5 实战：与 Photoshop 交换智能对象

Photoshop和Illustrator都是优秀的图形图像处理软件。Photoshop 是位图处理软件，擅长图像效果的处理；而Illustrator是矢量图处理软件，擅长矢量图形的绘制。因此，在实际应用中，通常会使用 Illustrator 绘制图形，再将其作为智能对象置入 Photoshop 中做后续的效果处理。而此时，在 Illustrator 中修改图形，Photoshop 中的图形也会同步进行改变。

在 Illustrator 中与 Photoshop 中交换智能对象的操作步骤如下。

Step 01 运行 Photoshop 软件，并新建一个空白文档，设置文档【宽度】为 600 像素，【高度】为 600 像素，【分辨率】为 72，如图 3-19 所示。运行 Illustrator 软件，新建一个与 Photoshop 中同样大小的文档。

图 3-19

Step 02 在 Illustrator 中使用【多边形工具】并绘制一个多边形，在控制栏设置【填充】为黄色，【描边】为黑色，【描边粗细】为 1pt，如图 3-20 所示。

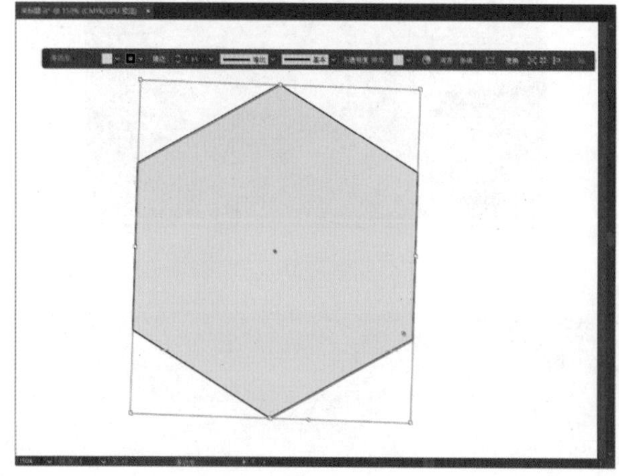

图 3-20

Step 03 使用【选择工具】单击图形将其选中，再拖曳图形到 Photoshop 窗口，停留片刻，切换到 Photoshop 程序；将鼠标移动到画面中，如图 3-21 所示。

图 3-21

Step 04 释放鼠标即可将图形作为智能对象置入 Photoshop 中，如图 3-22 所示。

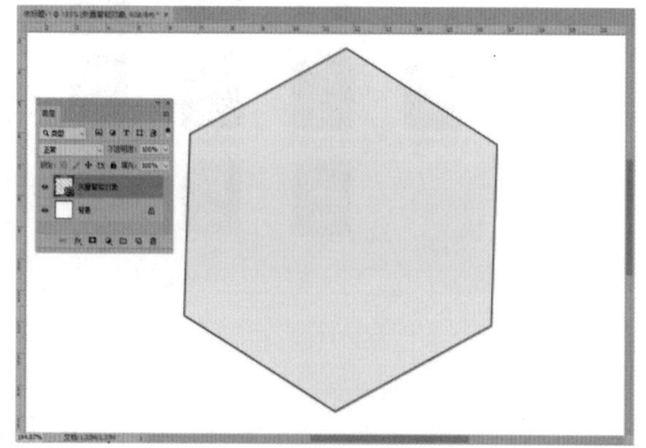

图 3-22

Step 05 在 Photoshop 中双击【智能对象缩览图】，在 Illustrator 中打开图形，如图 3-23 所示。

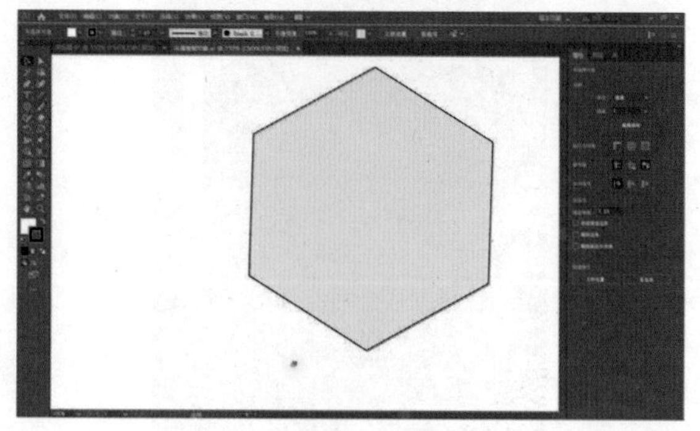

图 3-23

Step 06 使用【选择工具】选择图形，单击定界框右下角的边线按钮，如图 3-24 所示。

Step 07 向左拖动鼠标，增加边数到 10。再使用鼠标单击实时转角，如图 3-25 所示。

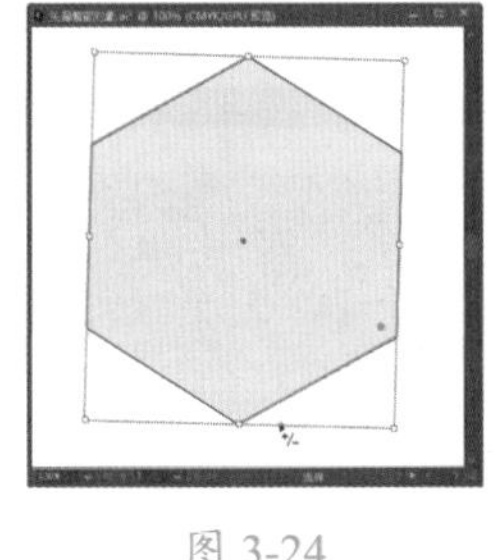

图 3-24

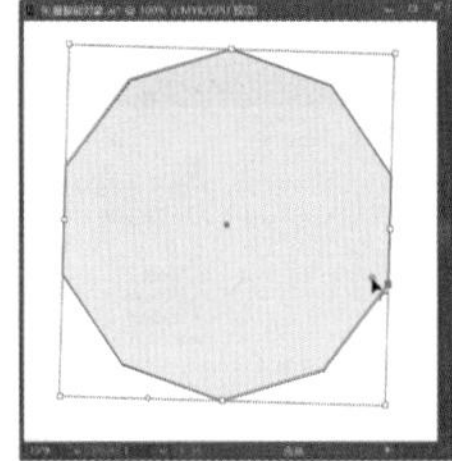

图 3-25

Step 08 向中心点拖动鼠标，使边角变得圆滑，如图 3-26 所示。

Step 09 在【属性】面板中修改图形颜色和描边粗细，如图 3-27 所示。

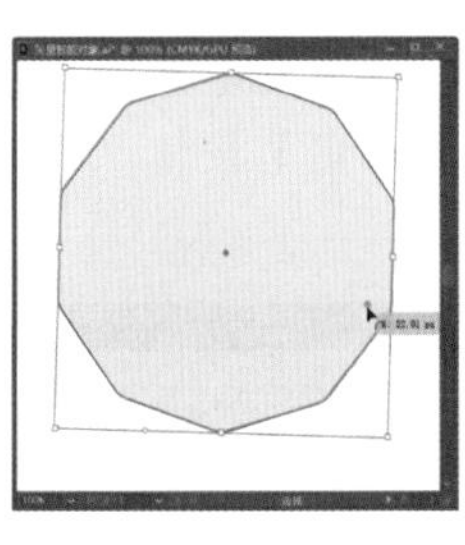

图 3-26

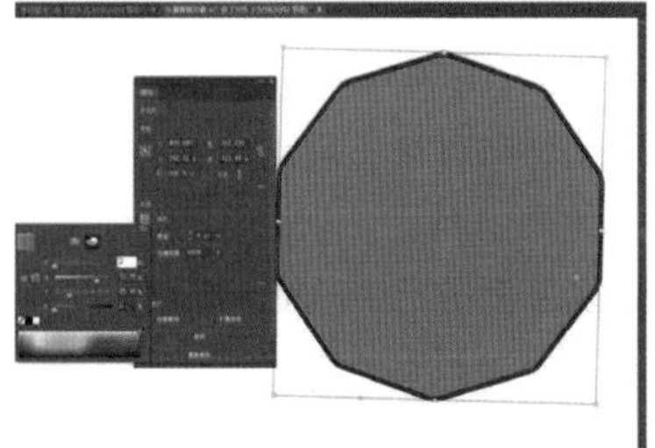

图 3-27

Step 10 按【Ctrl+S】快捷键保存修改，切换到 Photoshop 中，如图 3-28 所示。Photoshop 中的图形进行了同步修改。

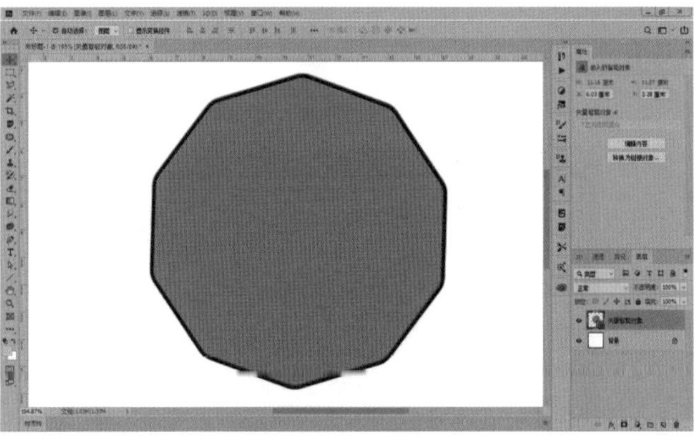

图 3-28

技术看板

在 Photoshop 中执行【文件】→【置入链接的智能对象】命令也可以置入 Illustrator 文件，然后在 Illustrator 中打开该文件并修改，Photoshop 中的文件会同步更新。

3.1.6 实战：置入文件

使用【置入】命令可以将外部文件置入 Illustrator 文档。置入文件后，如果对源文件进行修改，那么 Illustrator 文档中的文件会同步进行更新。下面就使用【置入】命令制作樱花的画册排版。为使案例效果更美观，会用到一些后面才讲解的工具使用技巧，相关内容的详细讲解请参考本书其他章节。

Step 01 执行【文件】→【新建】命令，打开【新建文档】对话框，切换到【打印】选项卡，选择【A4】文档预设，设置文档方向为横向，单击【创建】按钮，如图 3-29 所示。

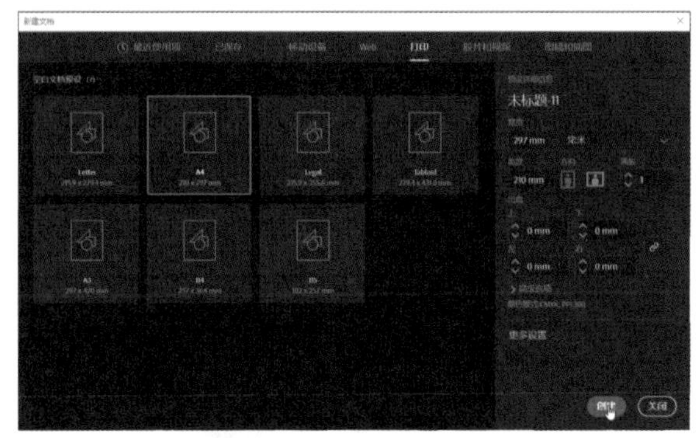

图 3-29

Step 02 执行【文件】→【置入】命令，打开【置入】对话框，选择“素材文件 \ 第 3 章 \ 樱花 1.jpg”文件，单击【置入】按钮，如图 3-30 所示。

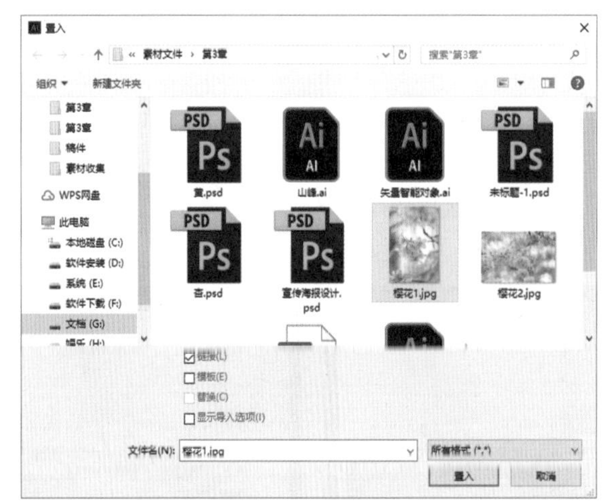

图 3-30

Step 03 置入文件后，鼠标光标旁边会出现文件缩览图。在文档中单击，便会以原始尺寸置入图稿，如图 3-31 所示。

Step 04 在工具栏中单击【选择工具】按钮 ，将鼠标光标移到图像右下角，当鼠标光标变换为↖形状时，按住【Shift+Alt】快捷键的同时拖动鼠标，可等比例放大图像，再将其放到文档左上角，如图 3-32 所示。

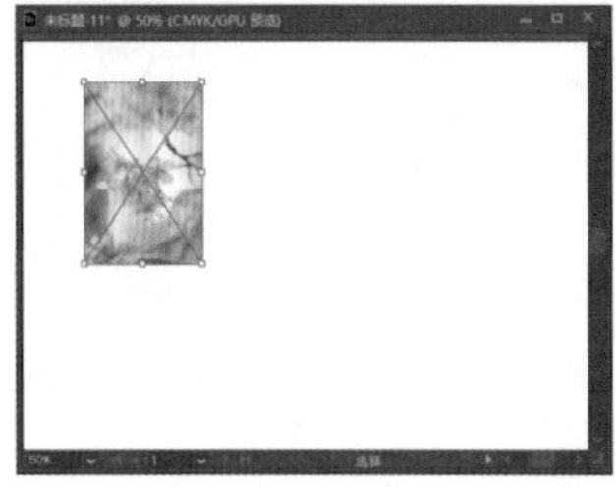
图 3-31

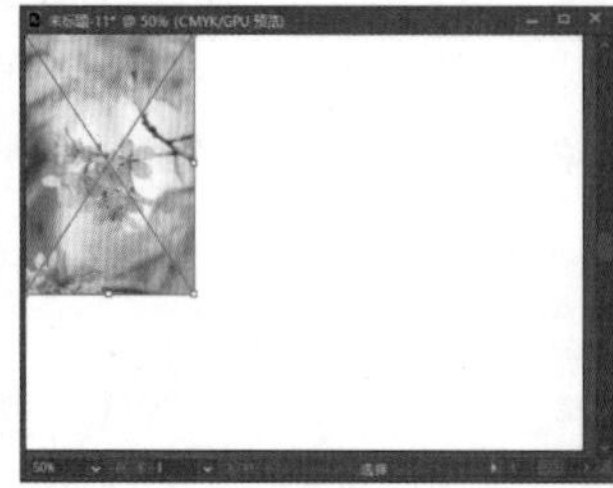
图 3-32

Step 05 执行【文件】→【置入】命令，打开【置入】对话框，选择“素材文件 \ 第 3 章 \ 樱花 2.jpg、樱花 3.jpg”文件，单击【置入】按钮，如图 3-33 所示。

图 3-33

Step 06 在文档中单击鼠标置入图稿，如图 3-34 所示。

Step 07 按【Ctrl+R】快捷键调出标尺，将鼠标放置在标尺上向右拖动鼠标，创建参考线，并将参考线放置在左上角图像的右侧，如图 3-35 所示。

图 3-34

图 3-35

Step 08 选择下方的图像，按住【Shift+Alt】快捷键，拖动鼠标等比例缩放图像，再移动图像位置，利用标尺使其对齐左上角的图像，如图 3-36 所示。

Step 09 选择右侧的图像，执行【对象】→【变换】→【旋转】命令，打开【旋转】对话框，设置旋转角度为 90°，选中【预览】复选框，如图 3-37 所示。

图 3-36

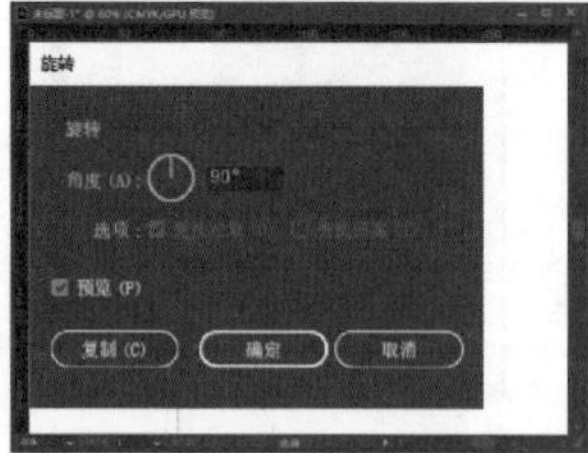
图 3-37

Step 10 单击【确定】按钮，旋转图像。按住【Shift+Alt】快捷键等比例缩放图像，并将其放置到合适的位置，如图 3-38 所示。

Step 11 使用【矩形工具】▇在画板右侧绘制矩形，双击工具栏中的【填色】图标，在打开的【拾色器】对话框中设置填充颜色为 #E38EA8，单击【确定】按钮，效果如图 3-39 所示。

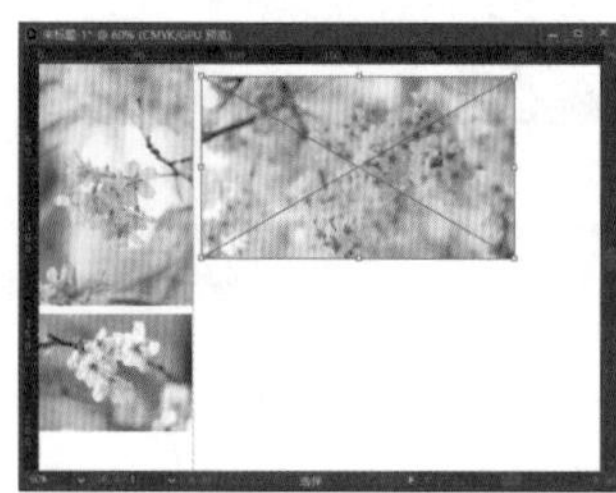
图 3-38

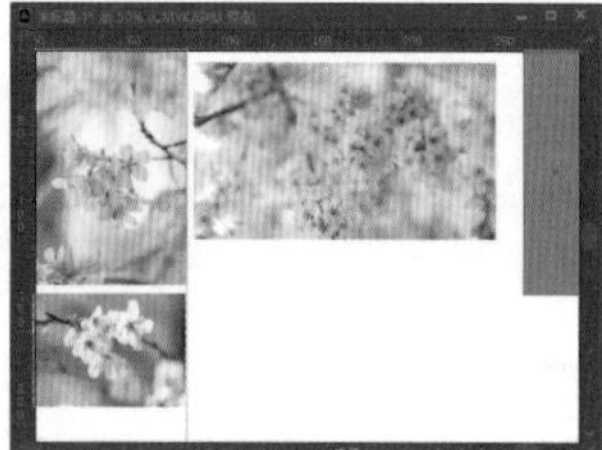
图 3-39

Step 12 使用【直排文字工具】IT 输入文字，在【属性】面板中设置字体样式和字符间距，如图 3-40 所示。

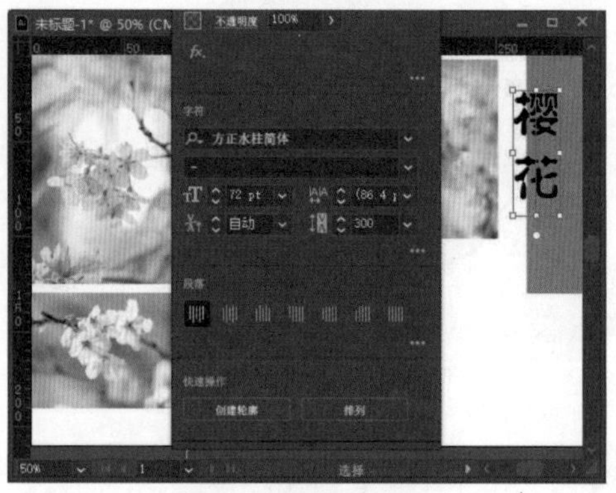

图 3-40

Step 13 选择文字，双击工具栏中的【填色】图标，在打开的【拾色器】对话框中设置颜色，如图 3-41 所示。

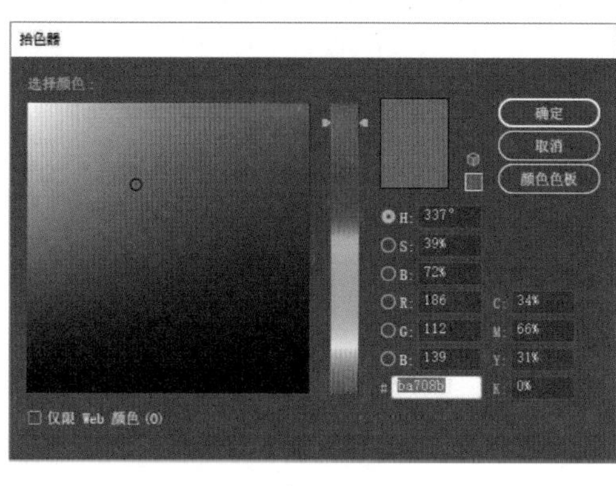

图 3-41

Step14 单击【确定】按钮更改文字颜色。执行【编辑】→【复制】命令，再执行【编辑】→【粘贴在前面】命令，更改文字颜色为绿色（#8B932E），按键盘上的【→】方向键，移动文字位置，效果如图 3-42 所示。

Step15 使用【选择工具】调整矩形高度。再使用【矩形工具】绘制矩形，放置到右侧矩形的下方，并对齐。选择下方的矩形，按住【Alt】键拖动鼠标，复制两个矩形，效果如图 3-43 所示。

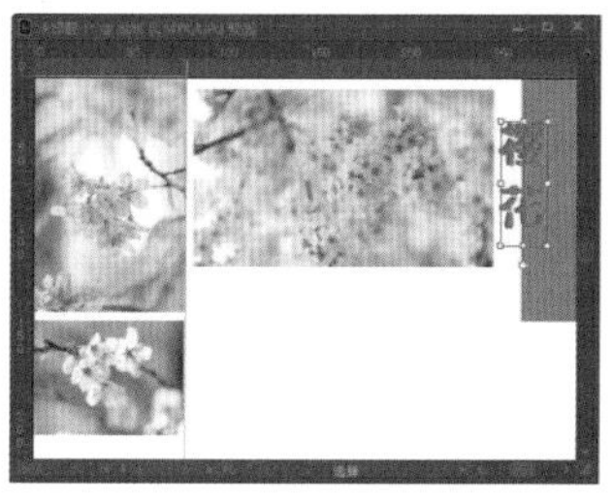

图 3-42

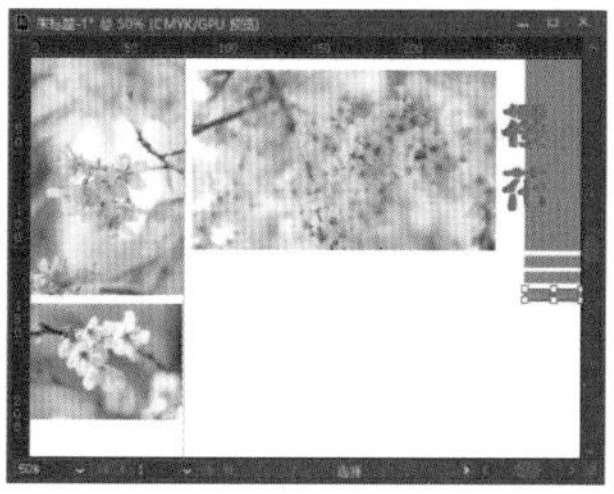

图 3-43

Step16 选择【文字工具】，输入文字。在【属性】面板中设置字体大小和字符间距，如图 3-44 所示。

图 3-44

Step17 打开"樱花介绍.doc"文档，复制文字。返回 Illustrator 中，选择【文字工具】，按【Ctrl+V】快捷键粘贴文字。在【属性】面板中设置字体大小，并单击【右对齐】按钮，使用【选择工具】调整文字位置，如图 3-45 所示。

图 3-45

Step18 选择文字，将鼠标光标放置到右侧的控制点上，如图 3-46 所示。

Step19 双击鼠标，转换为区域文字，然后将鼠标放置到边框线上，拖动鼠标调整区域文字效果，如图 3-47 所示。

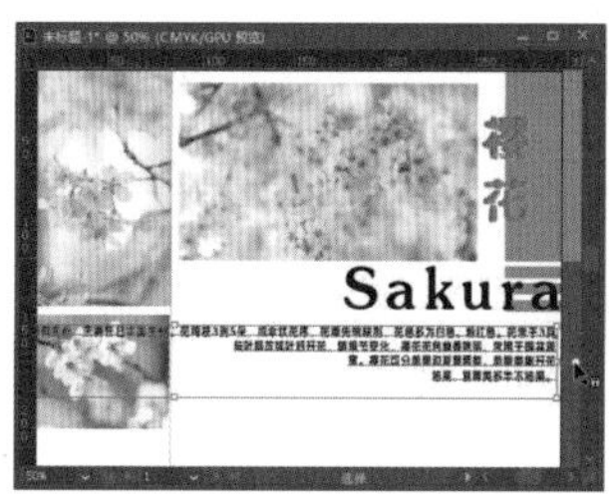

图 3-46

图 3-47

Step20 选择【矩形工具】，在画板左下角绘制两个矩形，并调整矩形的长度，如图 3-48 所示。

Step21 适当调整图片和文字的大小及位置，隐藏标尺及参考线，最终效果如图 3-49 所示。

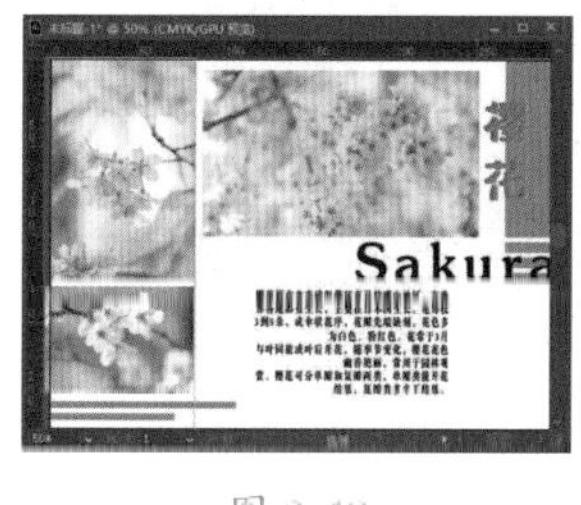

图 3-48

图 3-49

3.1.7 存储文件

通过【存储】和【存储为】命令可以将图稿存储为普通文件；此外还可以将图稿存储为模板进行使用。下面就详细介绍 Illustrator CC 中存储文件的方法。

1. 【存储】命令

文件处理完成后执行【文件】→【存储】命令或者按【Ctrl+S】快捷键，打开【存储为】对话框，如图 3-50 所示。在该对话框中可设置文件保存位置、文件名及文件格式。默认情况下会将文件保存为 Illustrator 的文件格式（*.AI），在【保存类型】下拉列表中也可将文件保存为 PDF、EPS、AIT、SVG 或 SVGZ 格式。

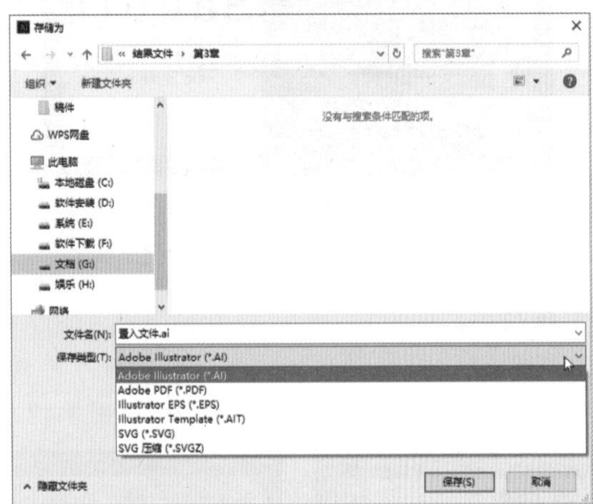

图 3-50

参数设置完成后单击【保存】按钮，将会打开【Illustrator 选项】对话框，如图 3-51 所示。在其中可以对文件存储的版本、选项、透明度等选项进行设置，常用选项的作用如表 3-3 所示。然后单击【确定】按钮，即可完成文件的保存。

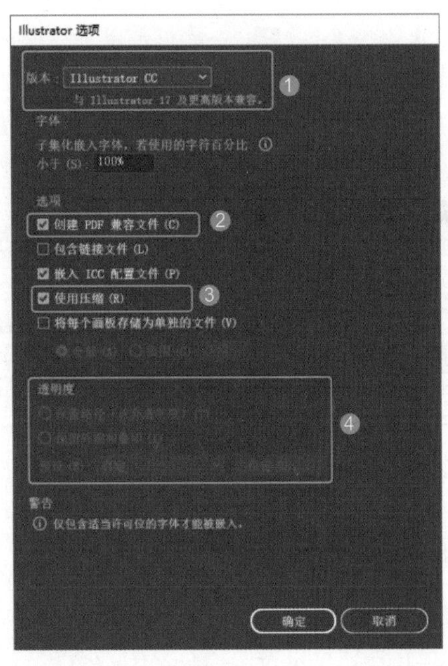

图 3-51

表 3-3 【Illustrator 选项】对话框中常用选项的作用

选项	作用
❶ 版本	指定希望文件兼容的 Illustrator 版本。需要注意的是，旧版本格式不支持当前版本 Illustrator 中的所有功能
❷ 创建 PDF 兼容文件	在 Illustrator 文件中存储文档的 PDF 演示
❸ 使用压缩	在 Illustrator 文件中压缩 PDF 数据
❹ 透明度	确定当选择早于 9.0 版本的 Illustrator 格式时，如何处理透明对象

2. 【存储为】命令

执行【文件】→【存储为】命令可以将当前文件保存为另外的名称和格式，或者存储到其他的位置。

技能拓展
——【存储】和【存储为】命令的区别

如果是新建文档第一次执行【存储】命令，将会打开【存储为】对话框，其后再执行该命令将会直接在原文件基础上保存对文件所做的修改。

而每次执行【存储为】命令时，都会打开【存储为】对话框，可以重新设置文件保存位置、名称及格式。

3. 【文件存储为模板】命令

执行【文件存储为模板】命令，可以将当前文件保存为模板。执行该命令后会打开【存储为】对话框，选择文件位置并设置文件名称，单击【保存】按钮即可将文件保存为 AIT（Adobe Illustrator 模板）格式，如图 3-52 所示。

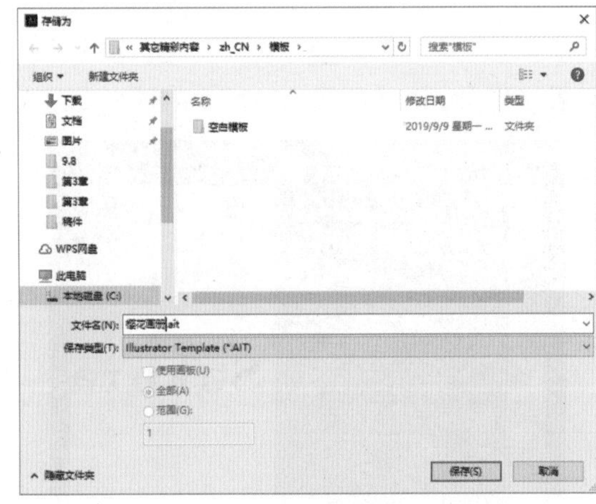

图 3-52

3.1.8 导出

为了方便在其他软件中交互使用 Illustrator 文件，以及预览和传输文件，可以将文件导出为 PNG、JPG 及其他软件格式的文件。在 Illustrator CC 中，导出文件主要有以下 3 种方式。

1. 导出为

执行【文件】→【导出】→【导出为】命令，打开【导出】对话框，如图 3-53 所示。选择文件保存位置并输入名称，然后在【保存类型】下拉列表中选择文件格式，Illustrator CC 支持导出的常用文件格式说明如表 3-4 所示。

图 3-53

表 3-4 Illustrator 支持导出的常用文件格式说明

文件格式	说明
AutoCAD 绘图	用于存储 AutoCAD 中创建的矢量图的标准文件格式
AutoCAD 交换文件	用于导出 AutoCAD 绘图或从其他应用程序导入绘图的绘图交换格式
BMP	标准的 Windows 图像格式
CSS	级联样式表。它是一种用来表现 HTML（标准通用标记语言的一个应用）或用于 XML（标准通用标记语言的一个子集）等文件样式的计算机语言
Flash	基于矢量的图形格式，用于交互动画 Web 图形。将图稿导出为 Flash 格式后，可以在 Web 中使用，并可在任何配置了 Flash Player 增效工具的浏览器中查看图稿
JPEG	常见的照片存储格式。该格式可以保留图像中的所有颜色信息，并通过有选择地扔掉数据来压缩图像，是在 Web 上显示图像的标准格式

续表

文件格式	说明
Macintosh PICT	Macintosh PICT 与 Mac OS 图形和页面布局应用程序结合使用，以便在应用程序间传输图像。PICT 在压缩包含大面积纯色区域的图像时特别有效
Photoshop	标准的 Photoshop 格式，可以保留文档中包含的图层、蒙版、路径、未栅格化的文字和图层样式等内容。如果图稿包含不能导出到 Photoshop 格式的数据，Illustrator 可通过合并文档中的图层或栅格化图稿来保留图稿外观。因此，图层、子图层、复合形状、可编辑文本可能无法在 Photoshop 文件中存储
PNG	该格式用于无损压缩和 Web 上的图像显示
Targa	该格式可以在 Truevision 视频板的系统上使用。存储为该格式时，可以指定颜色模型、分辨率和消除锯齿设置用于栅格化图稿，以及指定位深度用于确定图像可包含的颜色总数
TIFF	用于在应用程序和计算机平台间交换文件。该格式是一种灵活的位图图像格式，绝大多数绘图、图像编辑和页面排版应用程序都支持该格式
Windows 图元文件	16 位 Windows 应用程序的中间交换格式。几乎所有 Windows 绘图和排版程序都支持 WMF 格式。但是它仅支持有限的矢量图形
文本格式	用于将插图中的文本导出到文本文件
增强型图元文件	Windows 应用程序广泛用作导出矢量图形数据的交换格式。Illustrator 将图稿导出为 EMF 格式时会栅格化一些矢量数据

选择好导出文件类型后，再单击【保存】按钮，随即会打开对应格式的选项对话框，在该对话框中可以对导出文件的品质进行设置，不同的文件格式设置的选项参数也不同。如图 3-54 和图 3-55 所示分别为【JPEG 选项】对话框和【Photoshop 导出选项】对话框。

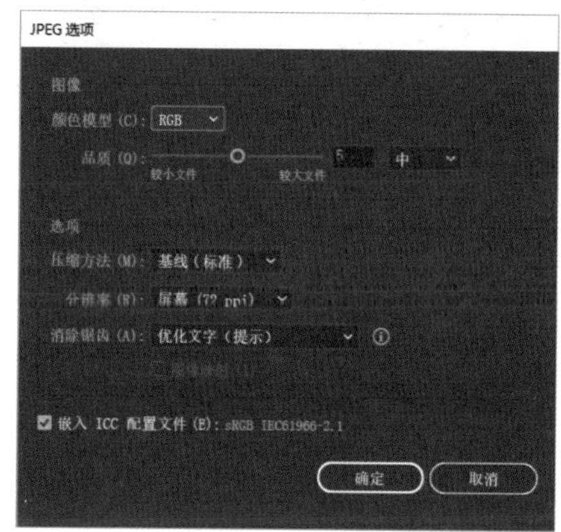

图 3-54

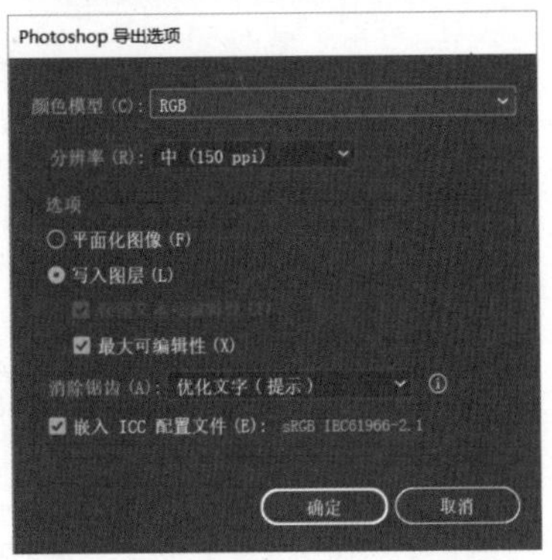

图 3-55

2. 导出为多种屏幕所用格式

【导出为多种屏幕所用格式】可以通过一步操作生成不同大小和文件格式的资源。使用该功能可以更加简单快捷地生成图像作品（图标、图像和模型等）。

执行【文件】→【导出】→【导出为多种屏幕所用格式】命令，可以打开【导出为多种屏幕所用格式】对话框。该对话框中包含了两个选项卡，下面分别讲解。

- 【画板】选项卡：【画板】选项卡用于从导出的画板中进行选择。单击【画板】可将其选中或取消选中，右侧的参数对话框用于设置导出的文件项目、文件存储位置及导出格式，如图 3-56 所示，常用选项作用如表 3-5 所示。

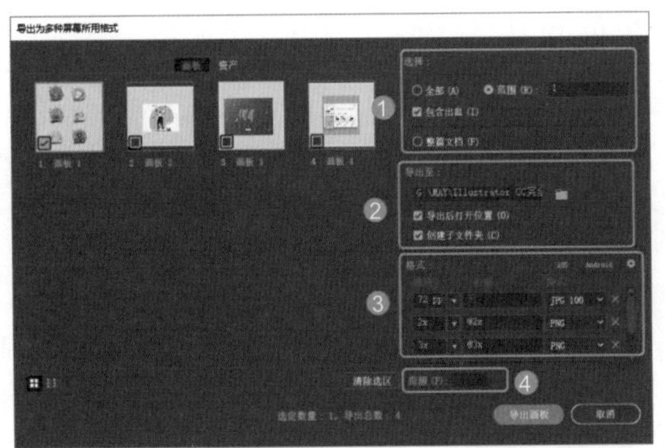

图 3-56

表 3-5 【导出为多种屏幕所用格式】对话框常用选项作用

续表

选项	作用
❶ 选择	用于选择要导出为文件的项目。选中【全部】单选按钮，会选择当前文档中的所有画板，并将每个画板单独导出；选中【范围】单选按钮，可以从文档的可用画板中选择要导出的单个画板；选中【整篇文档】单选按钮，会将整篇文档导出为一个图稿
❷ 导出至	单击【文件】图标，在打开的【选取位置】对话框中可以设置文件导出后保存的位置
❸ 格式	用于设置文件导出的格式（包括 JPG、PNG、PDF 和 SVG），以及指定文件的缩放因子。单击【添加缩放】按钮 + 添加缩放 可添加其他导出输出比例和格式。在【格式】栏中还提供了 iOS 和 Android 两种预设文件输出类型。其中 iOS 用于添加 iOS 项目通常所需的预设文件输出类型，Android 用于添加 Android 项目通常所需的预设文件输出类型
❹ 前缀	用于设置以生成文件名开头的字符串

- 【资产】选项卡：【资产】选项卡用于显示【资源导出】面板中收集的对象，然后再进行选择和格式设置，如图 3-57 所示。

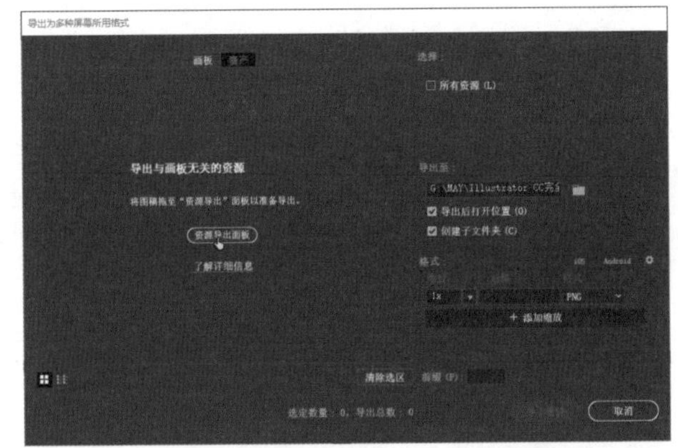

图 3-57

3. 【资源导出】面板

在【导出为多种屏幕所用格式】对话框的【资产】选项卡中单击【资源导出面板】按钮或者执行【窗口】→【资源导出】命令即可打开【资源导出】面板。该面板用于显示需要导出的图稿资源及导出格式的设置，如图 3-58 所示。

1）导出资源

使用【资源导出】面板可以将收集的对象作为多个资源或单个资源导出。打开【资源导出】面板后，选择需要导出的图稿，将其拖动至【资源导出】面板，或者单击【从选区生成多个资源】按钮，然后在【导出设置】选项卡下设置导出格式，再单击【导出】按钮即可将对象以多个资源导出，如图 3-59 所示。

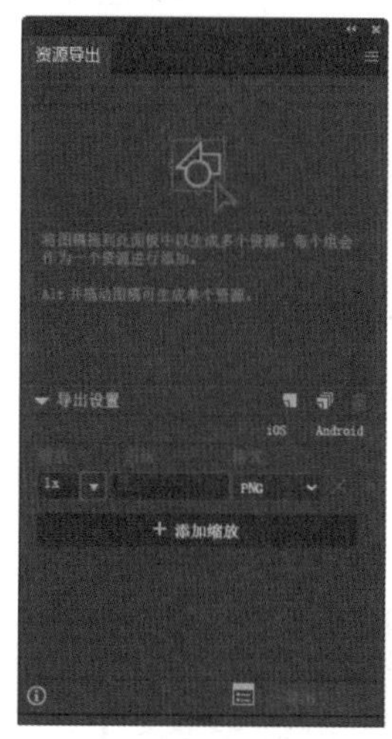

图 3-58

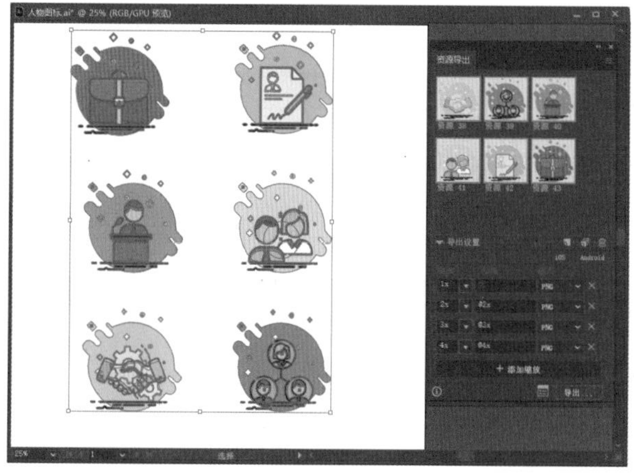

图 3-59

选择对象后，单击【从选区生成单个资源】按钮，则可以将选中的多个对象以一个资源导出，如图 3-60 所示。

图 3-60

技术看板

选择对象并右击，在弹出的快捷菜单中选择【收集以导出】→【作为多个资源】/【作为单个资源】命令也可以导出资源。

2）删除资源

在【资源导出】面板中选择一个或者多个资源，单击【删除】按钮，如图 3-61 所示，即可将其删除，删除后的效果如图 3-62 所示。

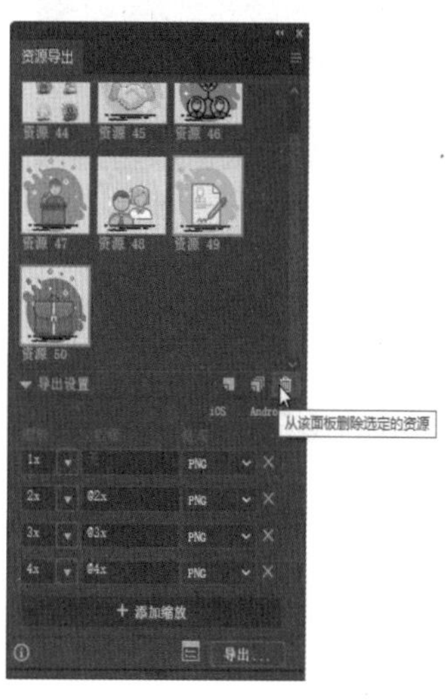

图 3-61

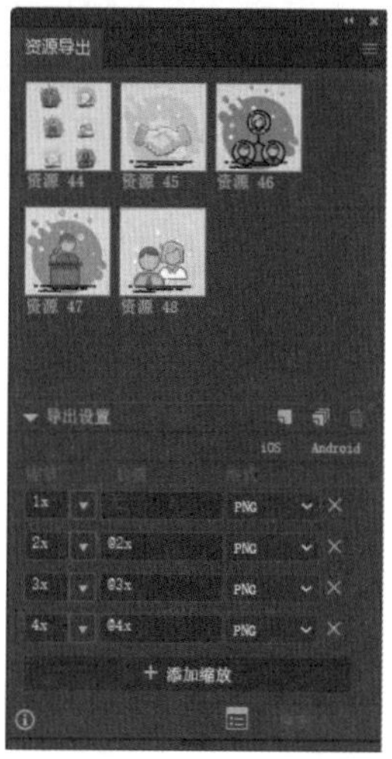

图 3-62

3）设置导出资源存储位置

单击【资源导出】面板右下角的【启动“导出为多种屏幕所用格式”对话框】按钮，如图 3-63 所示，即可打开【导出为多种屏幕所用格式】对话框。

图 3-63

在【导出为多种屏幕所用格式】对话框的【导出至】栏中可以设置文件导出的存储位置，如图 3-64 所示。

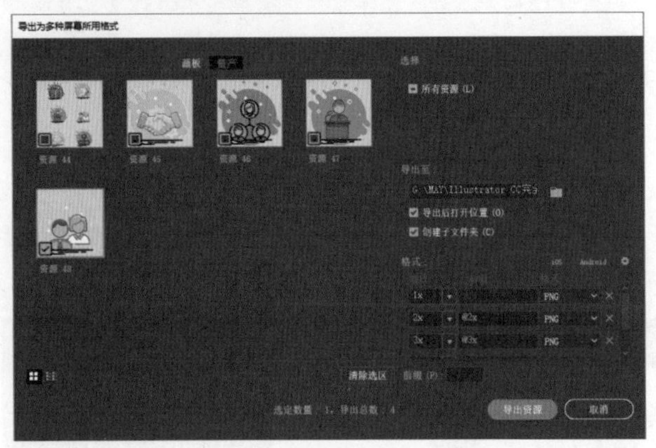

图 3-64

3.1.9 关闭文件

执行【文件】→【关闭】命令或按【Ctrl+W】快捷键，或者单击文档窗口右上角的【关闭】按钮 ，即可关闭当前文件。

如果要退出 Illustrator 软件，可以执行【文件】→【退出】命令或按【Ctrl+Q】快捷键，或者单击软件工作界面右上角的【关闭】按钮 。退出 Illustrator 软件时，如果文件没有保存，将弹出对话框，询问是否保存文件，如图 3-65 所示。

图 3-65

3.2 画板的创建与编辑

在 Illustrator 中，画板和画布是用于绘图的区域。画板由实线界定，画板内部的图稿可以打印。画板外面是画布，画布上也可以绘图，但是不能打印。下面就介绍画板的创建与编辑的方法。

★ 重点 3.2.1 画板工具

使用【画板工具】 可以创建画板、调整画板大小、移动和复制画板、删除画板。

1. 创建画板

选择【画板工具】 后，在画布上单击并拖曳鼠标，即可创建新的画板，如图 3-66 和图 3-67 所示。

图 3-66

图 3-67

2. 调整画板大小

选择【画板工具】 后，会在画板边缘显示定界框，如图 3-68 所示。

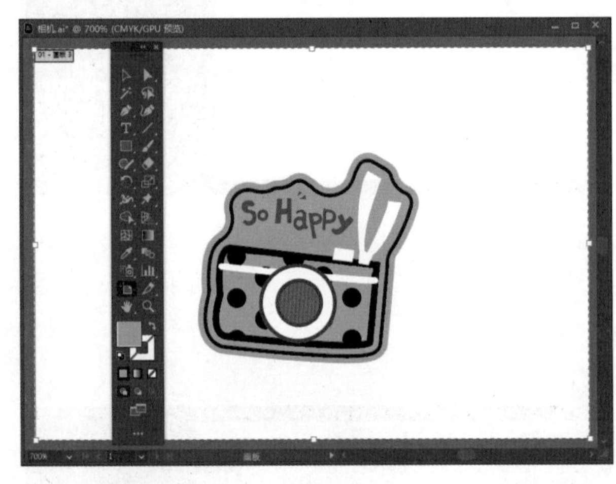

图 3-68

拖曳定界框上的控制点可以自由调整画板大小，如图 3-69 和图 3-70 所示。

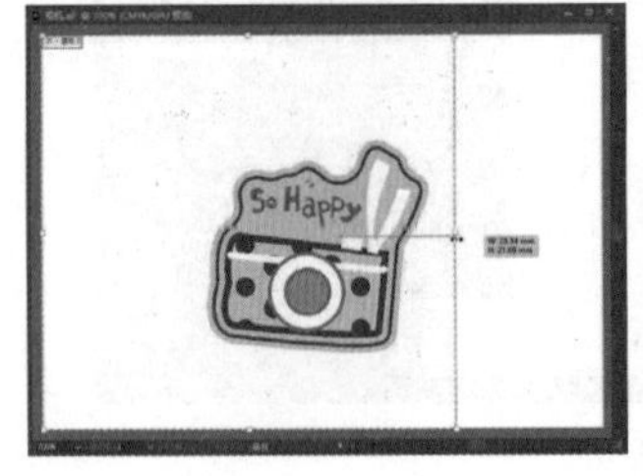

图 3-69

图 3-70

3. 移动和复制画板

选择【画板工具】后，将鼠标光标移动到画板内部，然后按住鼠标左键并拖动即可移动画板，如图 3-71 和图 3-72 所示。如果按住【Alt】键的同时拖动鼠标，则可以复制画板。

图 3-71

图 3-72

4. 删除画板

使用【画板工具】选择画板后，按【Delete】键即可删除该画板。

3.2.2 【画板工具】的【属性】面板

选择【画板工具】后，在【属性】面板中可以精确地设置画板的宽度和高度，还可以设置画板方向，以及新建画板、删除画板、重命名画板等操作。【画板工具】的【属性】面板如图 3-73 所示，常用选项作用如表 3-6 所示。

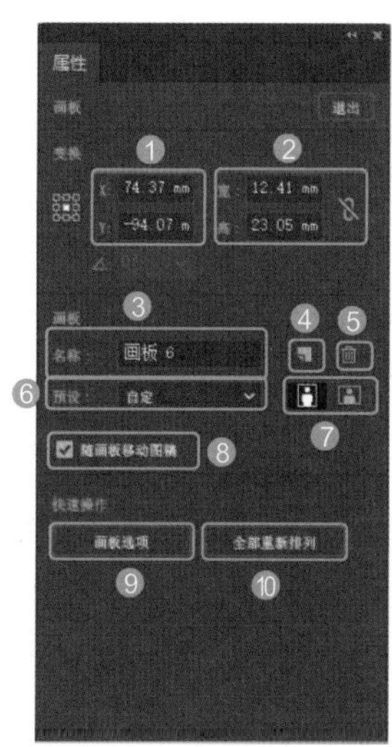

图 3-73

表 3-6 【属性】面板中常用选项作用

选项	作用
❶X/Y	用于设置画板在工作区域中的位置
❷宽 / 高	用于设置画板的大小

续表

选项	作用
❸名称	用于重命名画板
❹新建画板	单击该按钮可以新建一个与当前所选画板等大的画板
❺删除画板	用于删除选中的画板
❻预设	选择需要修改的画板，在【预设】下拉列表中可以选择一种常见的预设尺寸
❼纵向 / 横向	用于调整画板方向是横向还是纵向
❽随画板移动图稿	选中该复选框，在移动或复制画板时，画板中的内容会同时被移动或复制
❾画板选项	单击该按钮可以打开【画板选项】对话框
❿全部重新排列	单击该按钮，可以打开【重新排列所有画板】对话框，在该对话框中可以选择画板的布局方式

3.2.3 实战：重新排列画板

当一个文档中有多个画板时，使用重新排列画板功能可以对画板的排列方式进行布局。Illustrator CC 提供了以下 4 种布局方式。

- 按行从左至右设置网格：可以在指定的列数中排列多个画板。
- 按列从右至左设置网格：可以在指定的行数中排列多个画板。
- 按行从左至右排列：可以将所有画板排列为一行。
- 按列排列：可以将所有画板排列为一列。

重新排列画板的具体操作步骤如下。

Step 01 打开“素材文件\第 3 章\重新排列画板.ai”文件，如图 3-74 所示。

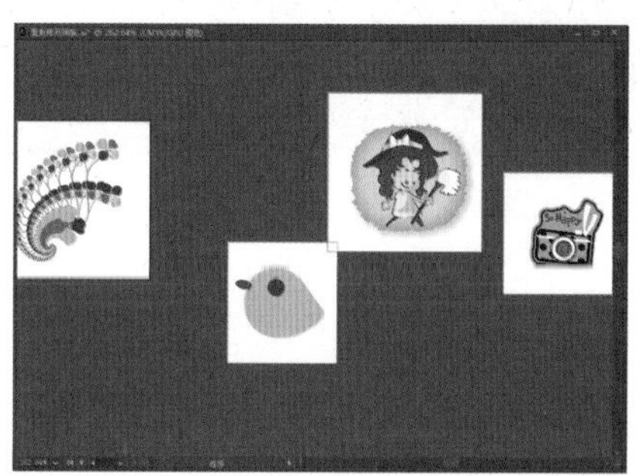

图 3-74

Step 02 执行【对象】→【画板】→【重新排列】命令，

或者选择【画板工具】后单击【属性】面板中的【全部重新排列】按钮，打开【重新排列所有画板】对话框，单击【按行从左至右设置网格】按钮 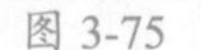，列数设置为 2，间距设置为 3mm，选中【随画板移动图稿】复选框，如图 3-75 所示。

Step 03 单击【确定】按钮，重新排列画板后的效果如图 3-76 所示。

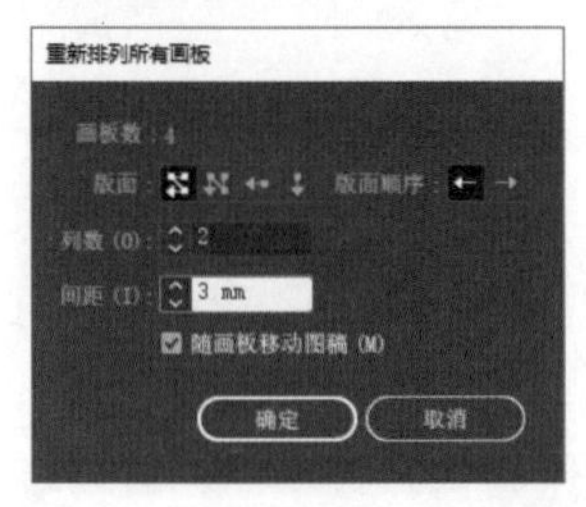

图 3-75

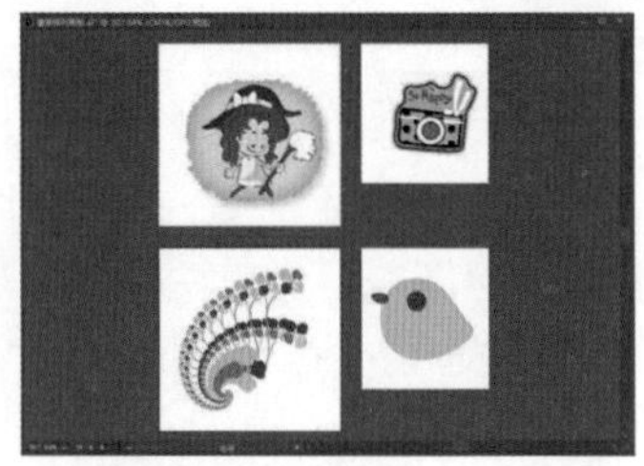
图 3-76

3.3 编辑文档

创建文档后可以随时修改文档的设置、颜色模式，以及查看文档信息等，下面就介绍文档的编辑方法。

3.3.1 修改文档的设置

执行【文件】→【文档设置】命令，打开【文档设置】对话框。在该对话框中可以重新设置文档属性。

1.【常规】选项卡

在【常规】选项卡下可以对【出血】和【网格大小】等选项进行重新设置，如图 3-77 所示，常用选项作用如表 3-7 所示。

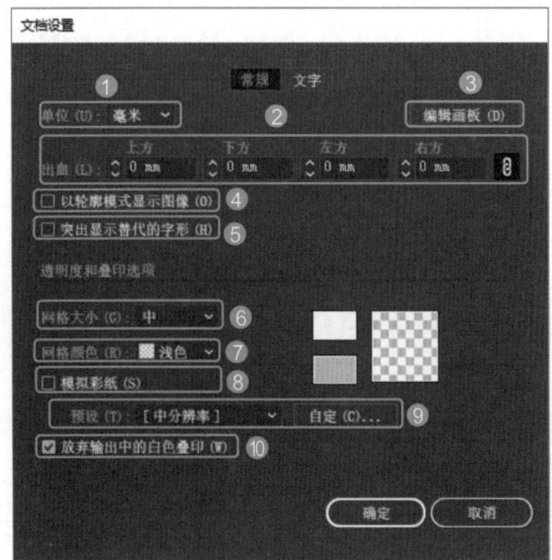

图 3-77

表 3-7 【文档设置】对话框中常用选项作用

选项	作用
❶ 单位	定义调整文档时使用的单位，单击下拉按钮 ，在下拉列表中可以选择不同的选项
❷ 出血	用于重新调整出血线的位置。单击链接按钮 ，可以统一所有方向的出血线位置

续表

选项	作用
❸ 编辑画板	单击该按钮，可以对文档中的画板进行重新调整
❹ 以轮廓模式显示图像	选中该复选框，将只显示图像的轮廓线
❺ 突出显示替代的字形	选中该复选框，突出显示替代的字形
❻ 网格大小	定义网格大小，在下拉列表中提供了【大】、【中】和【小】3 种类型
❼ 网格颜色	定义透明网格的颜色，如果预设颜色无法满足需求，可选择下拉列表中的【自定】选项，自定义透明网格颜色
❽ 模拟彩纸	选中该复选框，可在设置的彩纸上打印文档
❾ 预设	定义导出文档的分辨率，如果预设分辨率不能满足需求，可单击【自定】按钮，自定义分辨率
❿ 放弃输出中的白色叠印	如果启用了白色叠印，那么文档中的白色部分则不会打印出来。在彩色纸张上打印时，如果不小心启用了白色叠印，将会使白色内容被印刷出来。选中该复选框，则可以避免印刷时出现白色叠印的情况

2.【文字】选项卡

选择【文字】选项卡，在其中可以对【语言】和【双引号】等选项进行设置，如图 3-78 所示，常用选项作用如表 3-8 所示。

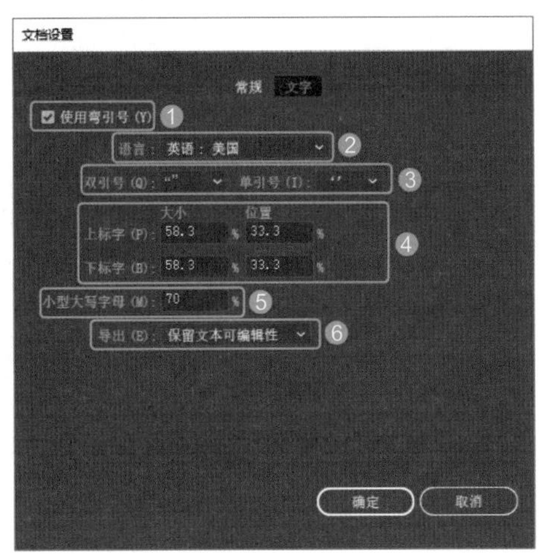

图 3-78

表 3-8 【文档设置】对话框中常用选项作用

选项	作用
❶ 使用弯引号	当选中该复选框时，文档将采用中文的引号效果，而不使用英文中的直引号
❷ 语言	定义文字在检查时所用的语言规则
❸ 双引号 / 单引号	定义相应引号的样式
❹ 上标字 / 下标字	通过调整【大小】和【位置】的值，定义相应角标的尺寸和位置
❺ 小型大写字母	定义小型大写字母占原始大写字母尺寸的百分比
❻ 导出	定义导出后文字的状态

3.3.2 切换文档颜色模式

颜色模式是指颜色表现为数字形式的模型，也可以理解为记录颜色的方式。在创建文档时可以对颜色模式进行设置，而对已有的文档也可以更改颜色模式。执行【文件】→【文档颜色模式】命令，在弹出的下拉列表中包含【CMYK 颜色】和【RGB 颜色】两个命令，如图 3-79 所示。其中 CMYK 颜色模式常用来打印，RGB 颜色模式常用来制作在电子设备中显示的文档。

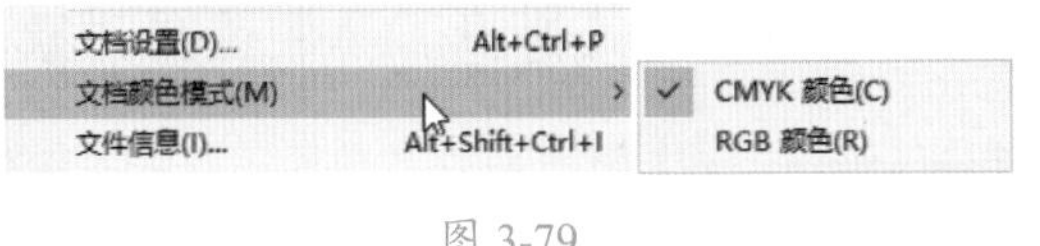

图 3-79

3.3.3 【文档信息】面板

通过【文档信息】面板可以查看文档的相关信息，包括常规文档信息和对象特征，以及图形样式、自定颜色、字体、渐变对象等，如图 3-80 所示。

单击面板右上角的扩展按钮 ，在弹出的扩展菜单中可以选择面板中显示的信息类型，如图 3-81 所示，【文档信息】面板中显示的是对象类型信息。

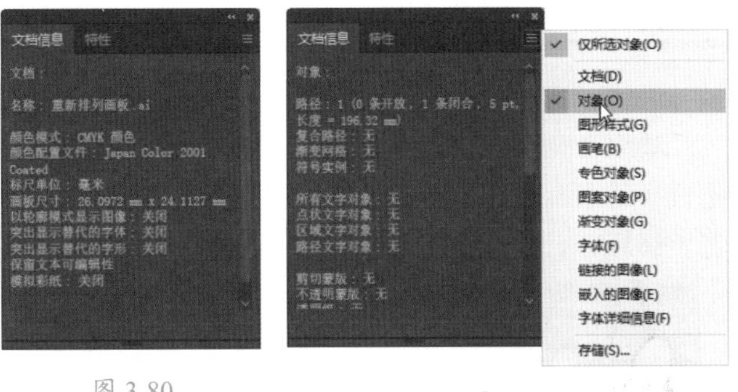

图 3-80　　图 3-81

如果选择扩展菜单中的【存储】命令，在打开的对话框中设置文件名和存储位置，然后单击【保存】按钮，就可以将文件信息的副本存储为文本文件，如图 3-82 所示。

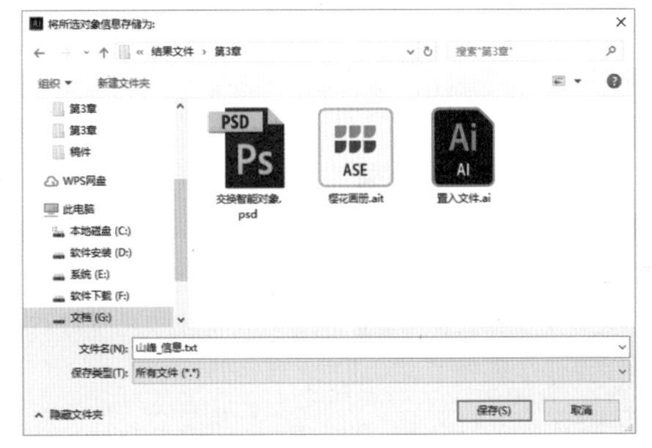

图 3-82

3.4 选择对象

编辑图稿时，必须要先选择对象才能进行下一步的编辑。使用【选择工具】 选择对象是最常用的选择方法。除此之外，Illustrator 还提供了其他的选择方法，例如，使用【魔棒工具】 、【套索工具】 及各种选择命令，以方便在不同的情境下选择对象。

★ 重点 3.4.1 使用【选择工具】选择对象

使用【选择工具】在对象上单击，即可选择对象，对象选中后会出现定界框，如图 3-83 所示。

选择对象后，如果要添加选择其他对象，则按住【Shift】键再单击其他要选择的对象即可，如图 3-84 所示。

图 3-83

图 3-84

如果使用【选择工具】在画板上拖出一个矩形选框（见图 3-85），则可以选中选框内的所有对象，如图 3-86 所示。

图 3-85

图 3-86

3.4.2 实战：使用【魔棒工具】选择对象

使用【魔棒工具】可以快速选择文档中具有相同填充内容、描边颜色、描边粗细、不透明度和混合模式等属性的对象。

使用【魔棒工具】选择相同填充颜色并修改颜色的具体操作步骤如下。

Step01 打开"素材文件\第 3 章\生日聚会.ai"文件，如图 3-87 所示。

Step02 选择【魔棒工具】，双击【魔棒工具】图标，打开【魔棒】面板，选中【填充颜色】复选框，设置【容差】为 10，并单击图像中红色较深的地方，如图 3-88 所示。

图 3-87

图 3-88

Step03 通过前面的操作，图像中相同颜色的地方被选中，如图 3-89 所示。

Step04 双击工具栏中的【填色】图标，在【拾色器】对话框中设置颜色为 # 9b0d40，单击【确定】按钮，修改选中对象的颜色，效果如图 3-90 所示。

图 3-89

图 3-90

技能拓展——什么是容差

容差是指选取颜色时所设置的选取范围，容差越大，取值范围也越大。例如，容差为 0 时，如果选择的是纯蓝色，那么使用【魔棒工具】就只能选择纯蓝色的区域；如果容差是 15，那么就可以选择稍浅一点的蓝色和深一点的蓝色。如果容差值足够大，则可以选择所有颜色。

★ 重点 3.4.3 实战：使用【套索工具】选择对象

使用【套索工具】不仅能选择图形对象，还可以选择锚点或路径。当图形较为复杂，需要选择的锚点较多时经常会使用到该工具。

使用【套索工具】选择对象的具体操作步骤如下。

Step01 打开“素材文件\第 3 章\秋日女孩.ai”文件，如图 3-91 所示。

Step02 在工具栏中选择【套索工具】，围绕锚点单击并拖曳鼠标绘制一个选区，如图 3-92 所示。

图 3-91

图 3-92

Step03 释放鼠标后即可将选区内的锚点选中，如图 3-93 所示。

Step04 按住【Shift】键，在其他锚点处绘制选区，如图 3-94 所示。

图 3-93

图 3-94

Step05 释放鼠标后添加锚点，如图 3-95 所示。

Step06 因为在创建选区时选中了多余的路径段，所以按住【Alt】键，在路径段上绘制选区，如图 3-96 所示。

图 3-95

图 3-96

Step07 释放鼠标后即可取消多余路径和锚点的选择，如图 3-97 所示。

Step08 继续使用相同的方法添加或取消锚点，完成女孩图像的选择，效果如图 3-98 所示。

图 3-97

图 3-98

3.4.4 使用【编组选择工具】选择对象

【编组选择工具】用于选择组中的对象。当将多个对象编入一个组后，使用【选择工具】只能选择整个组，而无法选择单独的对象，如图 3-99 所示。

如果想要选择组中的某个对象，可以使用【编组选择工具】单击要选择的对象，如图 3-100 所示，这样就可以选择单独的对象。如果该组为多级嵌套结构（即组中还包含组），则每多单击一次，便会多选择一个组，如图 3-101 所示。双击对象则可以选择对象所在的整个组。

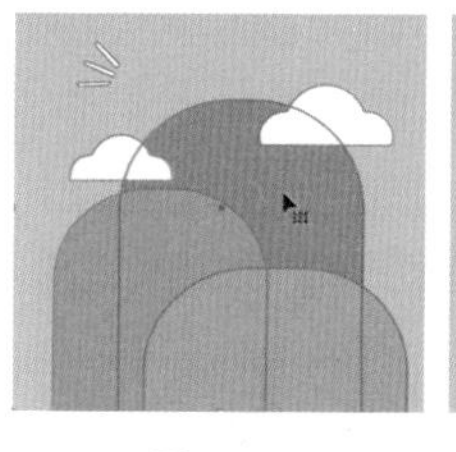

图 3-99

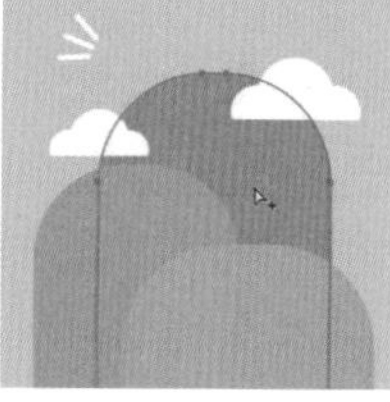

图 3-100

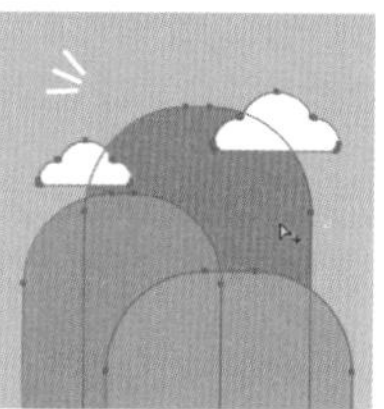

图 3-101

3.4.5 选择相同属性对象

选择对象后，执行【选择】→【相同】命令，在弹出的子菜单中选择相应的命令就可以选择与所选对象具有相同属性的其他所有对象。如图 3-102 所示，在文档中选择了一个对象。

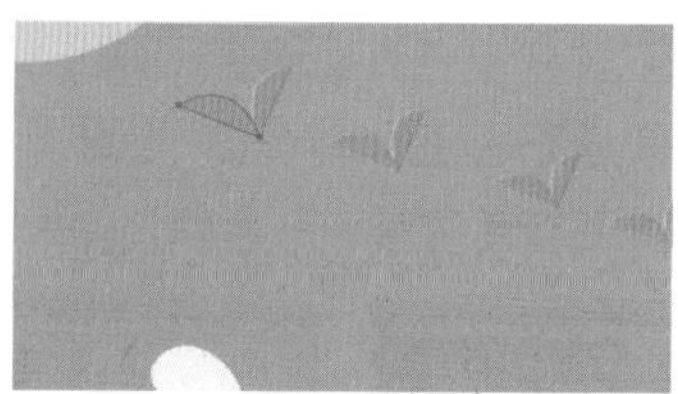

图 3-102

下面执行【选择】→【相同】→【填充颜色】命令，如图 3-103 所示。

如图 3-104 所示，该文档中所有颜色相同的对象都被选中了。

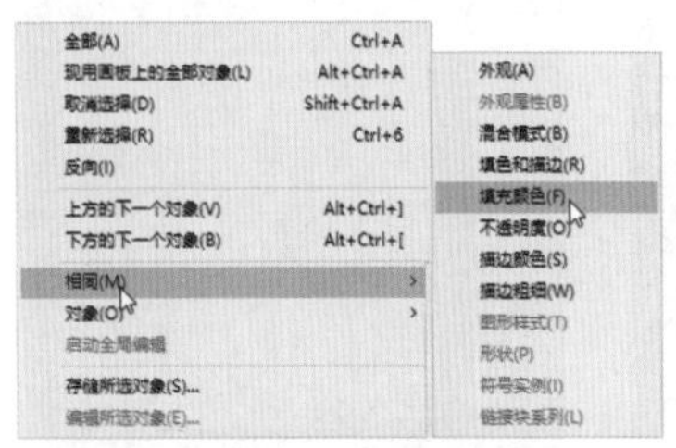

图 3-103

图 3-104

3.4.6 实战：按照堆叠顺序选择对象

当多个图形堆叠在一起时会不容易选择下方的对象，这时可以执行【选择】→【上方的下一个对象】/【下方的下一个对象】命令来选择对象。

- 上方的下一个对象：选择该对象上方的对象。
- 下方的下一个对象：选择该对象下方的对象。

下面就使用【下方的下一个对象】命令选择堆叠文字并修改文字颜色。

Step 01 打开“素材文件\第 3 章\按照堆叠顺序选择对象.ai”文件，如图 3-105 所示。

Step 02 使用【选择工具】单击对象只能选择最上方的文字，如图 3-106 所示。

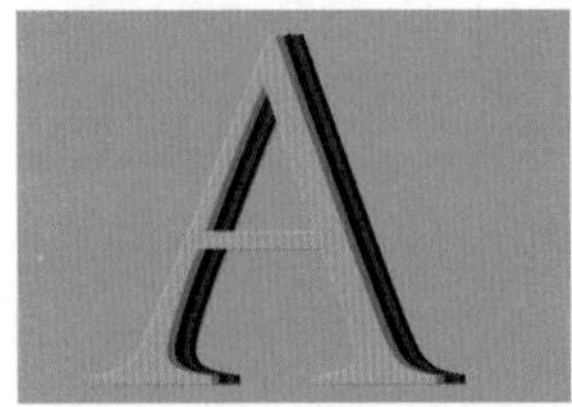

图 3-105

图 3-106

Step 03 单击【属性】面板中的【填色】按钮，打开【填色】面板，再单击面板左下角的【“色板库”菜单】按钮，在弹出的下拉菜单中执行【自然】→【季节】命令，打开【季节】面板，设置文字颜色为浅绿色，如图 3-107 所示。

Step 04 执行【选择】→【下方的下一个对象】命令，选中下方的文字，设置颜色为深一点的绿色，如图 3-108 所示。

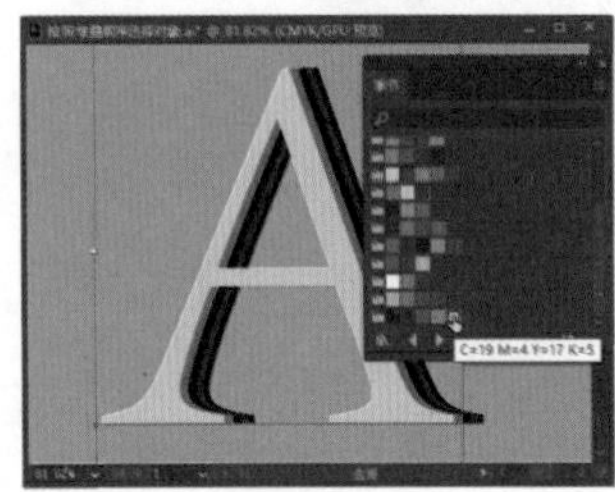

图 3-107

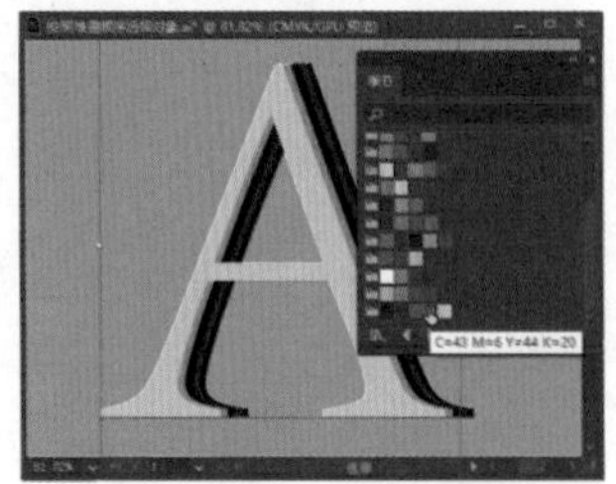

图 3-108

Step 05 右击，在弹出的快捷菜单中执行【选择】→【下方的下一个对象】命令，如图 3-109 所示。

图 3-109

Step 06 选中下方文字后，在【季节】面板中设置文字颜色为深一点的绿色，如图 3-110 所示。

Step 07 继续执行【选择】→【下方的下一个对象】命令，选中下方文字，并设置颜色，完成后的效果如图 3-111 所示。

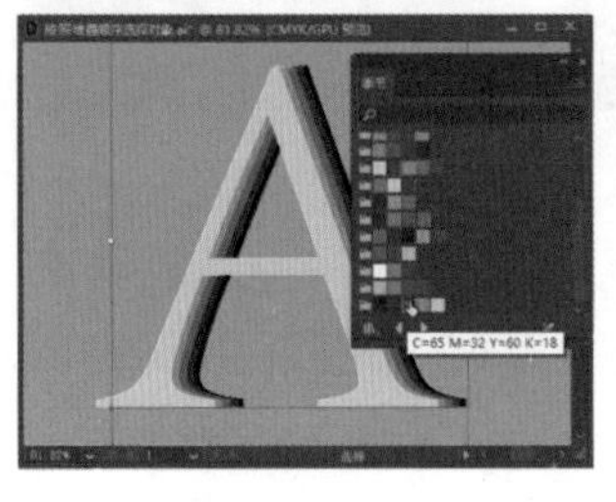

图 3-110

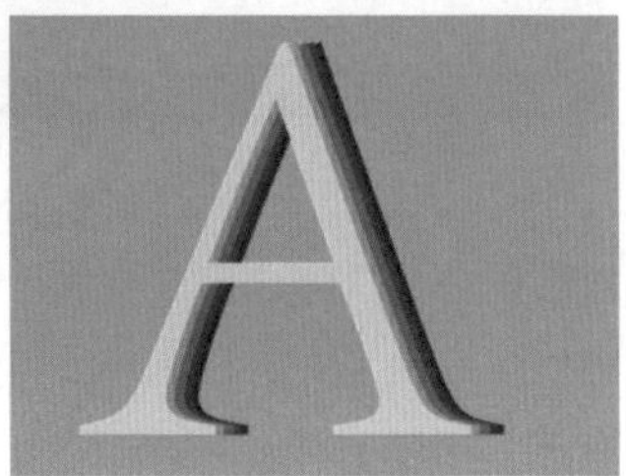

图 3-111

3.4.7 选择特定类型对象

在 Illustrator CC 中一些特定类型的对象（如添加了剪切蒙版的对象、画笔描边的对象、毛刷画笔描边的对象等）也可以通过执行【选择】菜单下的命令来选择。

如图 3-112 所示，执行【选择】→【对象】命令，在弹出的子菜单中选择一个命令，就可以在文档中选择该类型的对象。各命令具体含义如表 3-9 所示。

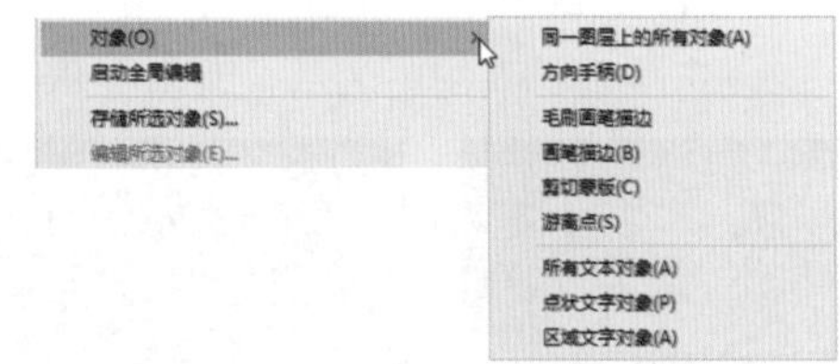

图 3-112

表 3-9 【选择】→【对象】子菜单中各项命令的含义

命令	含义
同一图层上的所有对象	选择一个对象后，执行该命令，可以选择与所选对象位于同一图层上的所有其他对象
方向手柄	选择一个对象后，执行该命令，可以选择当前对象中所有锚点的方向线和控制点
毛刷画笔描边	选择添加了毛刷画笔描边的对象
画笔描边	选择添加了画笔描边的对象
剪切蒙版	选择文档中的所有剪切蒙版图形

续表

命令	含义
游离点	选择文档中的所有游离点（即无用锚点）
所有文本对象/点状文字对象/区域文字对象	选择文档中的所有文本对象，包括空文本框，或者点状文字、区域文字

3.4.8 存储选择对象

在编辑一些复杂图形时，如果需要经常使用到某些对象或者锚点，可以先将其选择，再执行【选择】→【存储所选对象】命令，在打开的对话框中输入名称，如图 3-113 所示，然后单击【确定】按钮，即可将其保存。

此时，在【选择】菜单底部就可以看到保存的对象，如图 3-114 所示。之后想要选择该对象或者锚点，在【选择】菜单中执行该对象命令即可。

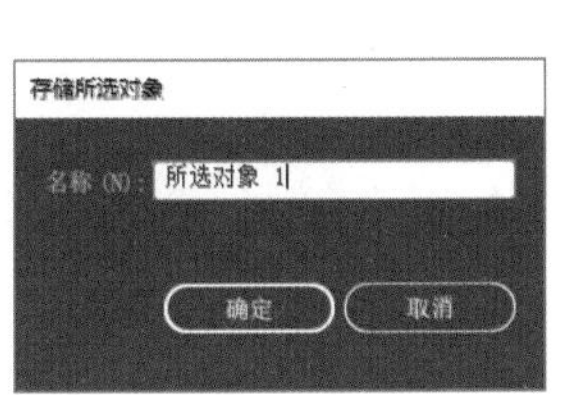

图 3-113

选择(S) 效果(C) 视图(V) 窗口(W) 帮助(H)
全部(A) Ctrl+A
现用画板上的全部对象(L) Alt+Ctrl+A
取消选择(D) Shift+Ctrl+A
重新选择(R) Ctrl+6
反向(I)
上方的下一个对象(V) Alt+Ctrl+]
下方的下一个对象(B) Alt+Ctrl+[
相同(M)
对象(O)
启动全局编辑
存储所选对象(S)...
编辑所选对象(E)...
所选对象 1

图 3-114

3.4.9 其他选择命令

1. 全选

全选是选中文档中的所有对象。执行【选择】→【全部】命令或者按【Ctrl+A】快捷键，可以选择文档中所有未被锁定的对象。

执行【选择】→【现用画板上的全部对象】命令可以选择当前画板上的全部未被锁定的对象。

2. 反选

反选是反向选择当前所选择的对象。执行【选择】→【反向】命令，可以选择当前选择对象以外的其他所有对象。

3. 重新选择

选择对象后，执行【选择】→【重新选择】命令或者按【Ctrl+6】快捷键可以重新选择上次所选对象。

4. 取消选择

选择对象后，执行【选择】→【取消选择】命令或者按【Shift+Ctrl+A】快捷键可以取消所选对象。在画布上没有对象的空白区域单击也可以取消选择。

3.5 移动对象

移动是最基本的操作。在 Illustrator CC 中可以使用【选择工具】直接移动对象，也可以利用【变换】面板或者【移动】对话框精准移动对象。此外，还可以在不同的文档间移动对象。下面就详细介绍在 Illustrator CC 中移动对象的方法。

★ 重点 3.5.1 使用【选择工具】移动对象

使用【选择工具】单击对象并按住鼠标左键进行拖曳，即可移动对象，如图 3-115 所示。按住【Shift】键再拖曳对象，可以沿着水平、垂直或者对角线方向移动。使用【选择工具】选择对象后，按住【Alt】键拖曳对象，可以复制对象，如图 3-116 所示。

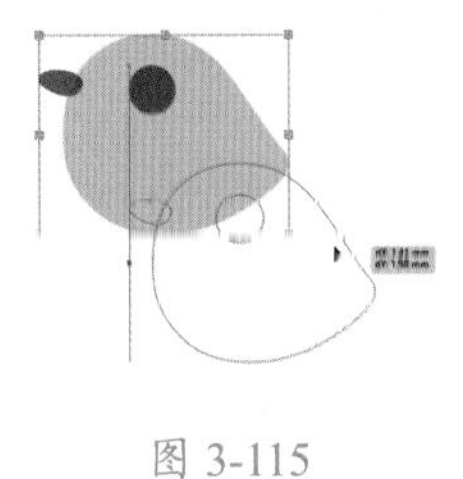

图 3-115

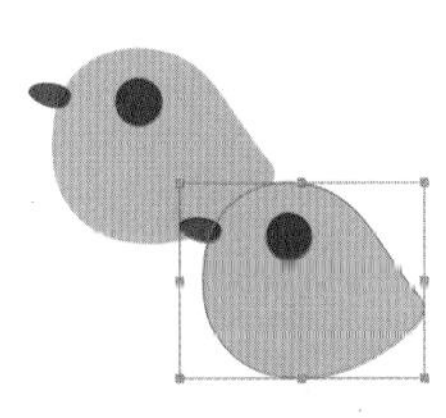

图 3-116

技术看板

使用【选择工具】▶选择对象后，按一次键盘上的【↑】、【↓】、【→】或【←】方向键可以移动一个像素，按住【Shift】键的同时，再按一次【↑】、【↓】、【→】或【←】方向键可以移动 10 个像素。

3.5.2 精准移动对象

编辑图稿时，如果想要精准移动对象，就需要使用到【移动】对话框和【变换】面板。

1. 按照指定距离和角度移动对象

使用【移动】对话框和【变换】面板精准移动对象的具体操作步骤如下。

Step 01 打开"素材文件\第 3 章\小鸡.ai"文件，如图 3-117 所示。

Step 02 按【Ctrl+R】快捷键调出标尺。选择工具栏中的【选择工具】▶，单击选中对象，如图 3-118 所示。

图 3-117

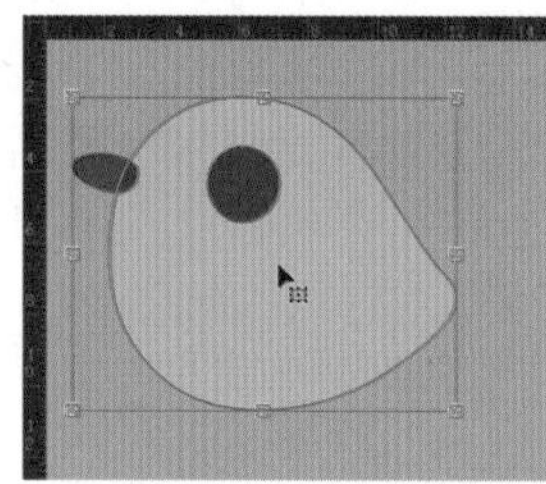

图 3-118

Step 03 双击【选择工具】▶，打开【移动】对话框，输入移动距离和角度，选中【预览】复选框，可以预览移动效果，如图 3-119 所示。

Step 04 单击【确定】按钮，即可按照设定参数移动对象，效果如图 3-120 所示。

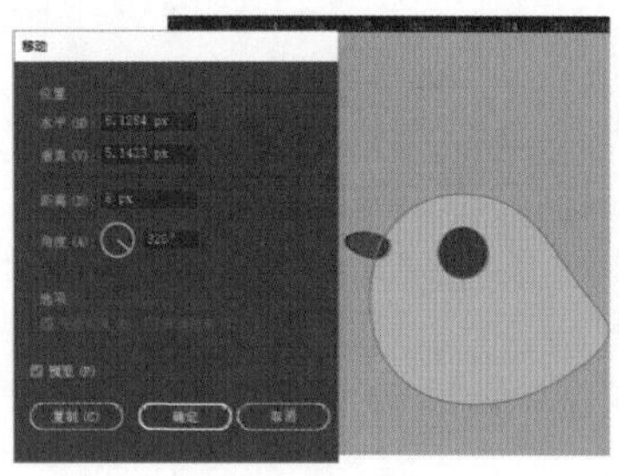

图 3-119

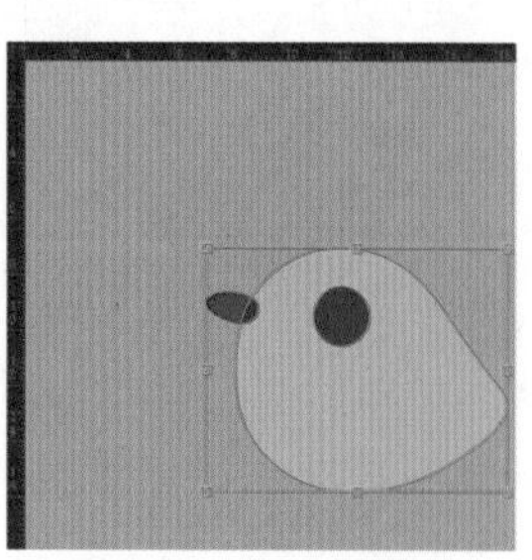

图 3-120

技术看板

在【移动】对话框中单击【复制】按钮，则可以移动复制对象。

2. 使用坐标轴移动对象

使用坐标轴精准移动对象的具体操作步骤如下。

Step 01 在【属性】面板中单击【变换】栏中设置参考点图标▦的左下角，设置图形的左下角为参考点，这时【X】/【Y】文本框中的数值代表该参考点所在的坐标，如图 3-121 所示。

Step 02 在【X】/【Y】文本框中输入参数，以定义参考点的新位置，此时，对象将会移动到新的位置，如图 3-122 所示。

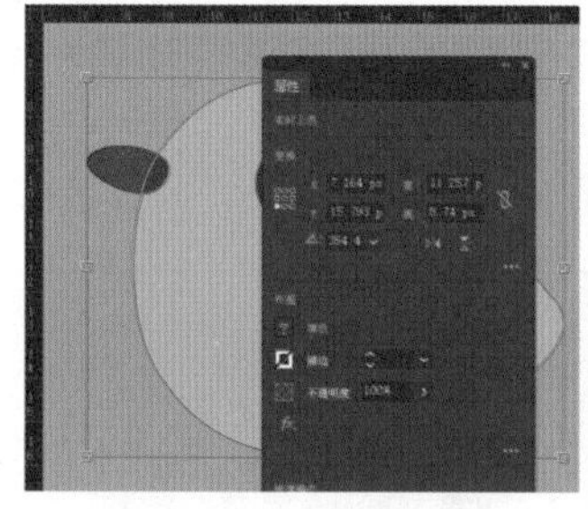

图 3-121

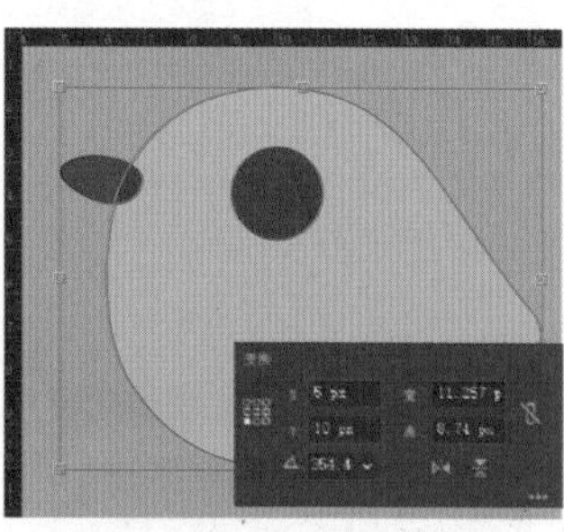

图 3-122

★ 重点 3.5.3 在不同文档之间移动对象

当打开多个文档之后，可以拖动对象，使其在不同文档之间移动，具体操作步骤如下。

Step 01 打开"素材文件\第 3 章\风景.ai、打电话.ai"文件，如图 3-123 所示，软件会创建两个窗口。

Step 02 切换到【打电话】文档窗口，使用【选择工具】▶选择人物图像，如图 3-124 所示。

图 3-123

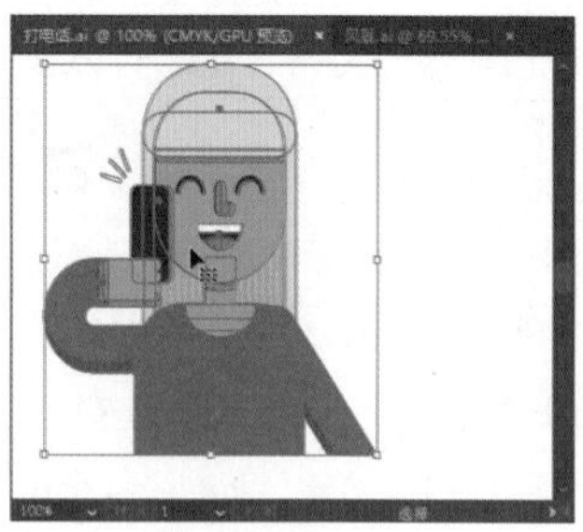

图 3-124

Step 03 拖动图像到【风景.ai】文档窗口标题栏，停留片刻，切换到【风景.ai】窗口中，如图 3-125 所示。

Step 04 释放鼠标，即可将对象拖入该文档，如图 3-126 所示。

图 3-125

图 3-126

Step 05 使用【选择工具】▶移动对象位置，效果如图 3-127 所示。

图 3-127

3.6 复制、剪切和粘贴对象

复制、剪切和粘贴是应用程序中经常使用的命令。在 Illustrator CC 中经常会利用复制、粘贴功能制作重复的图像效果。下面就介绍 Illustrator CC 中复制、剪切和粘贴功能的使用。

★ 重点 3.6.1 复制与粘贴

复制也称为拷贝，通常需要与粘贴操作配合使用。粘贴则是将剪贴板中的对象粘贴到画板上。选择对象后，执行【编辑】→【复制】命令，可以将对象保存到剪贴板中。此时，画板中的对象不会产生任何变化。只有执行【编辑】→【粘贴】命令后，才能在画板中看到复制的对象，如图 3-128 所示。

图 3-128

★ 重点 3.6.2 剪切与粘贴

选择对象后，执行【编辑】→【剪切】命令，可以将画板中的对象剪切到剪贴板中，此时，画板中选择的对象会消失不见，如图 3-129 和图 3-130 所示是执行剪切操作前后的对比效果。

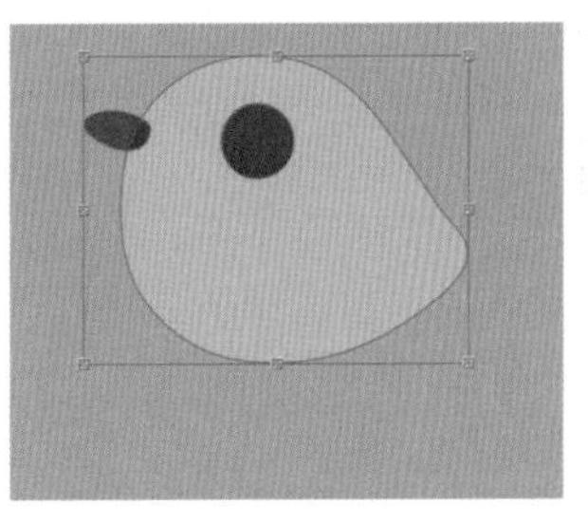

图 3-129

图 3-130

当再执行【编辑】→【粘贴】命令后，就可以将剪贴板中的对象粘贴到画板中，如图 3-131 所示。

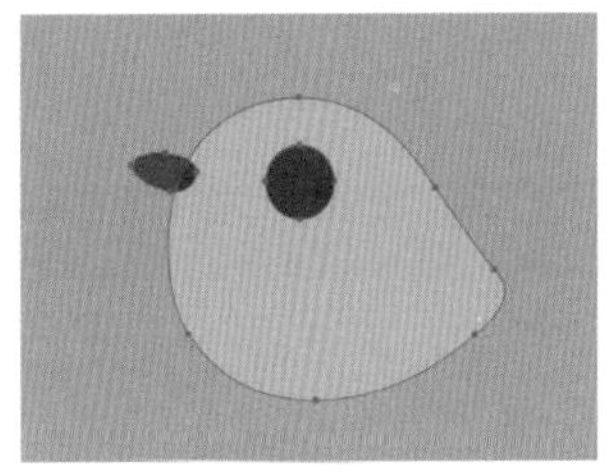

图 3-131

3.6.3 其他粘贴方式

Illustrator CC 中除【粘贴】命令外，还有以下几种粘贴方式。

1. 贴在前面

复制对象后，执行【编辑】→【贴在前面】命令，粘贴的对象会位于被复制对象的上方，且与它重合。但是，如果在执行该命令之前，选择了一个对象，那么它的堆叠顺序会在所选对象上方。

2. 贴在后面

复制对象后，执行【编辑】→【贴在后面】命令，粘贴对象会位于被复制对象的下方，且与它重合。该命令与【贴在前面】命令的用法相同。

3. 就地粘贴

复制或剪切对象后，执行【编辑】→【就地粘贴】命令，可以将对象粘贴到当前画板上，粘贴后的位置与复制该对象时所在位置相同，如图 3-132 和图 3-133 所示为执行【就地粘贴】命令前后的对比效果。

图 3-132

图 3-133

4. 在所有画板上粘贴

如果文档中创建了多个画板，复制对象后，执行【编辑】→【在所有画板上粘贴】命令，可以在所有画板相同位置粘贴对象，如图 3-134 和图 3-135 所示。

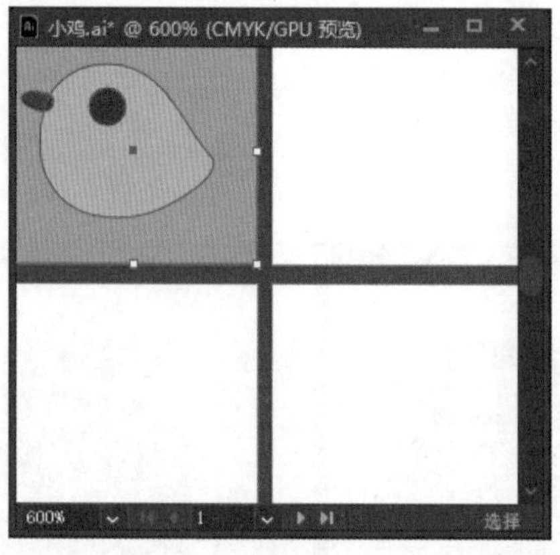

图 3-134

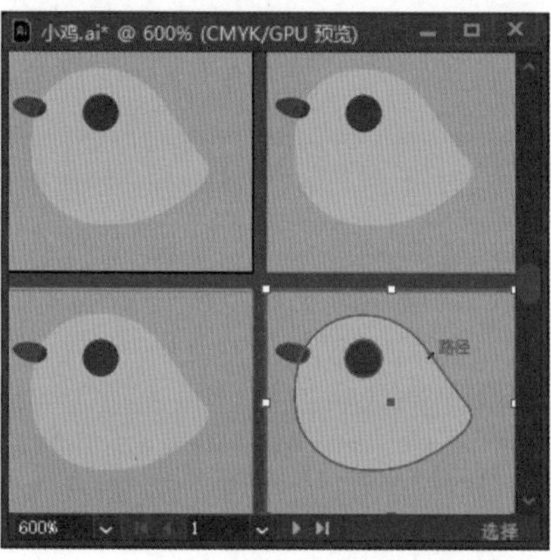

图 3-135

技术看板

复制、剪切和粘贴对象常用命令的快捷键如下。

- 复制：Ctrl+C
- 粘贴：Ctrl+V
- 剪切：Ctrl+X
- 贴在前面：Ctrl+F
- 贴在后面：Ctrl+B
- 就地粘贴：Shift+Ctrl+V
- 在所有画板上粘贴：Alt+Shift+Ctrl+V

3.7 错误操作的恢复处理

在编辑图稿的过程中，可能会出现一些操作失误或对创建的效果不满意的情况，这时可以撤销操作或者将图稿恢复为最近保存过的状态，然后再重新制作。

3.7.1 还原与重做

执行【编辑】→【还原】命令或者按【Ctrl+Z】快捷键，可以撤销对图稿所做的最后一次修改，将其还原到上一步的操作中。如果连续执行【编辑】→【还原】命令，则可以依次撤销操作。Illustrator 默认情况下可以后退 100 步。

如果想要取消还原操作，则可以执行【编辑】→【重做】命令，或按【Shift+Ctrl+Z】快捷键。

3.7.2 恢复文件

编辑图稿时，如果对效果不满意，还可以执行【文件】→【恢复】命令或者按【F12】键直接将文件恢复到最后一次保存时的状态。

妙招技法

通过前面内容的学习，相信大家已经对图形处理的基本操作有所了解，下面就结合本章内容介绍一些使用技巧。

技巧 01 如何设置文件的自动备份

为了防止因 Illustrator 意外崩溃而来不及保存文件，从而导致对图稿的修改做了无用功，Illustrator 提供了自动备份的功能。执行【编辑】→【首选项】→【文件处理和剪贴板】命令，打开【首选项】对话框，在【文件处理和剪贴板】选项卡中选中【自动存储恢复数据的时间间隔】复选框，并在其后的文本框中设置文件自动保存时间，软件将以该时间间隔自动保存文件（见图 3-136），并将自动保存的文件备份到根目录文件夹中。如果软件意外退出，下次运行 Illustrator 软件时，会自动恢复并打开上次没有保存的文件。

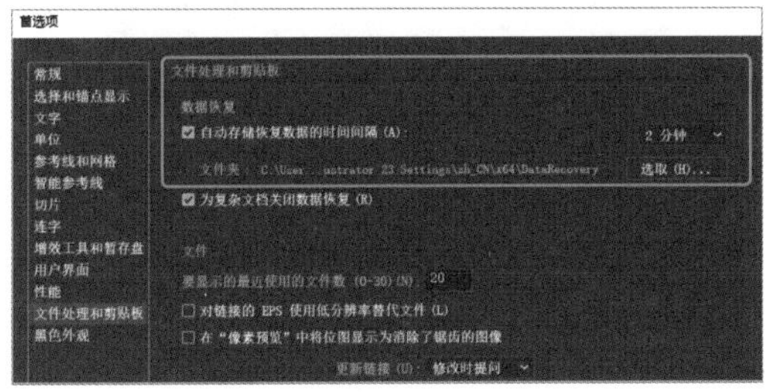

图 3-136

默认情况下自动备份的文件保存在 C 盘，单击【选取】按钮，在打开的【崩溃恢复】对话框中可以重新设置文件备份保存的文件夹，如图 3-137 所示。

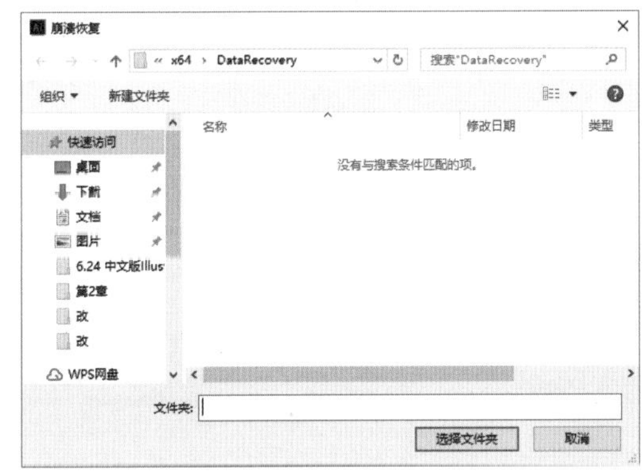

图 3-137

技巧 02 保存当前文档视图

编辑图稿时，经常需要缩放对象的某些部分。如果需要经常使用到同样的视图，还可以将其保存起来，需要使用时，再将其调出即可，具体操作步骤如下。

Step 01 打开"素材文件\第3章\宝塔.ai"文件，如图 3-138 所示。

Step 02 按住【Alt】键滑动鼠标滚轮放大视图，再按【空格】键切换到【抓手工具】 移动图像，如图 3-139 所示。

图 3-138

图 3-139

Step 03 执行【视图】→【新建视图】命令，打开【新建视图】对话框，在文本框中输入名称，如图 3-140 所示。单击【确定】按钮，保存该视图。

Step 04 使用【缩放工具】 和【抓手工具】 重新调整画面显示比例和画面中心，如图 3-141 所示。

图 3-140

图 3-141

Step 05 选择【视图】菜单，在菜单底部可看到之前保存的视图名称【红树】，单击该选项即可切换到该视图状态，如图 3-142 所示。如果要重命名或删除视图，可执行【视图】→【编辑视图】命令，在打开的【编辑视图】对话框中选择一个视图，修改其名称或删除即可。

图 3-142

技巧 03　如何设定导出画板范围

使用【文件】→【导出】→【导出为】命令导出文档时，默认情况下会将文档中的所有内容（包括画布上的内容）导出为一个文件。如果想要指定导出画板范围且将画板上的内容分别导出，则可以通过以下操作来实现。

Step 01 打开"素材文件\第 3 章\设定画板导出 .ai"文件，如图 3-143 所示。可以看到该文档中有 4 个画板，且画布也绘制有对象。

图 3-143

Step 02 执行【文件】→【导出】→【导出为】命令，打开【导出】对话框，设置文件保存位置和名称，设置文件类型为 JPEG，选中【使用画板】复选框，此时会激活【全部】和【范围】单选按钮，如图 3-144 所示。

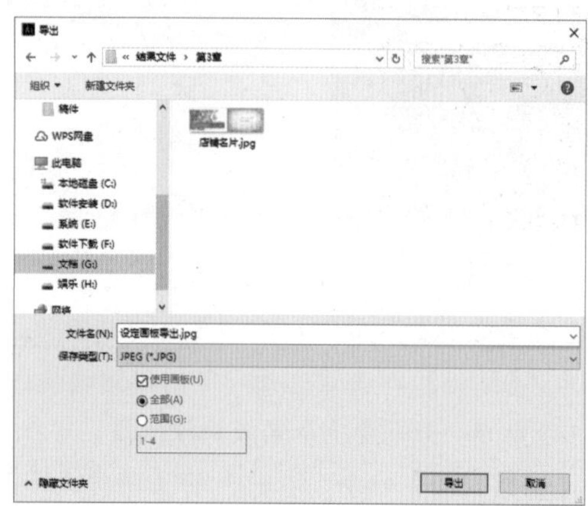

图 3-144

Step 03 这里只需要导出第 1 个和第 2 个画板，所以选中【范围】单选按钮，然后在下方的数值框内设定导出画板范围为"1-2"，如图 3-145 所示。

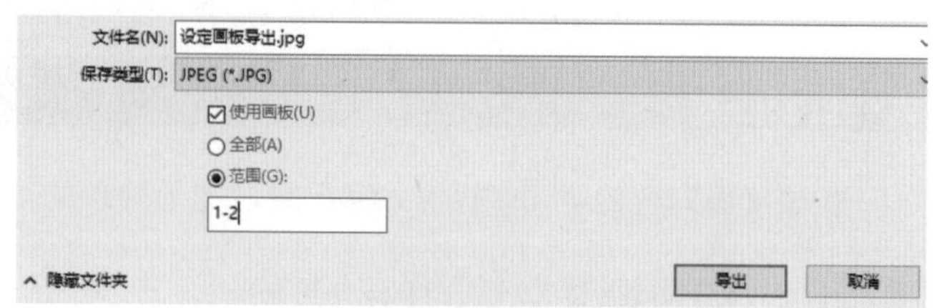

图 3-145

Step 04 单击【导出】按钮，打开【JPEG 选项】对话框，设置【颜色模型】为 CMYK，【品质】为【最高】，数值为 10，【压缩方法】为【基线（标准）】，【分辨率】为【高（300ppi）】，【消除锯齿】为【优化文字】，选中【嵌入 ICC 配置文件】复选框，如图 3-146 所示。

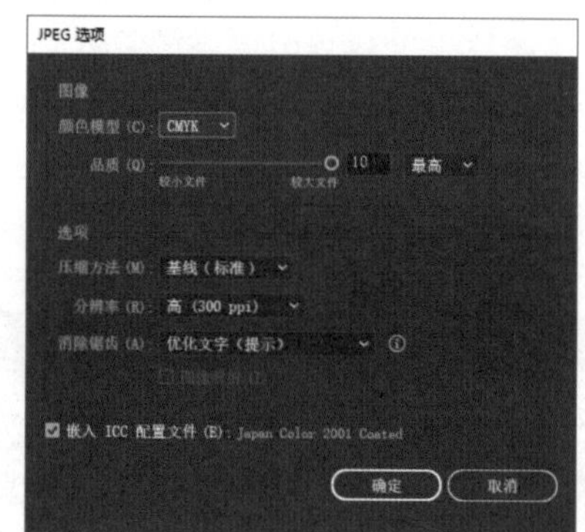

图 3-146

Step 05 单击【确定】按钮导出文件。在文件存储位置中，即可预览将画板内容导出的效果，如图 3-147 所示。

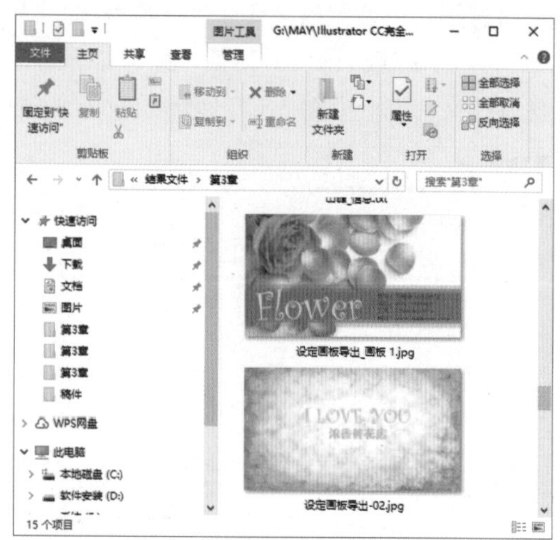

图 3-147

同步练习：店铺名片设计

在本例中先通过【置入】命令置入素材文件制作名片背景，然后使用【矩形工具】■绘制矩形对象，最后使用【文字工具】输入文字，并使用【下方的下一个对象】命令选择堆叠文字对象，制作文字效果，完成店铺名片的制作。最终效果如图 3-148 所示。

图 3-148

素材文件	素材文件 \ 第 3 章 \ 鲜花 .tif、花纹 .tif
结果位置	结果文件 \ 第 3 章 \ 店铺名片.ai

Step 01 运行软件后，单击【新建】按钮，打开【新建文档】对话框，在【预设详细信息】栏中设置【宽度】为 9 厘米，【高度】为 5 厘米，单击【横向】按钮，设置画板数量为 2，如图 3-149 所示。单击【创建】按钮，新建文档。

图 3-149

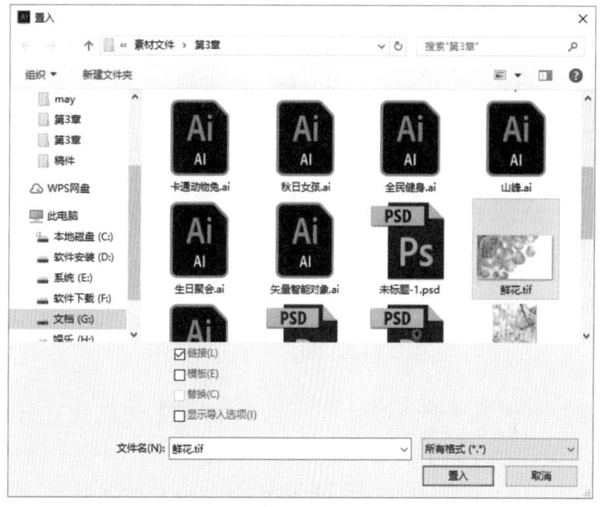

图 3-150

Step 02 执行【文件】→【置入】命令，打开【置入】对话框，选择"素材文件 \ 第 3 章 \ 鲜花 .tif"文件，如图 3-150 所示。单击【置入】按钮，置入文件。

Step 03 在第一个画板上单击鼠标，确认文件的置入。使用【选择工具】▶移动图像位置，使其与画板对齐，如图 3-151 所示。

图 3-151

Step 04 选择工具栏中的【矩形工具】■，在画板上绘制矩形，如图 3-152 所示。

Step05 单击【属性】面板中的【描边】按钮，在打开的【描边】面板中，设置描边为无，取消对象的描边效果，如图 3-153 所示。

图 3-152

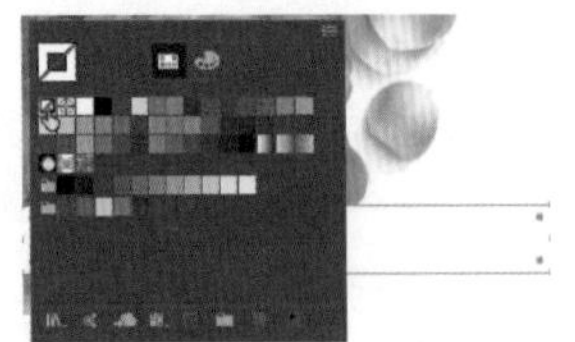
图 3-153

Step06 保持矩形对象的选中状态，选择工具栏中的【吸管工具】，在花朵上单击吸取颜色，为矩形设置填充色，如图 3-154 所示。

Step07 选择矩形对象，按【Ctrl+C】快捷键复制对象，按【Ctrl+B】快捷键将其粘贴在后面。将鼠标光标放置到上下的边框线上，拖动鼠标，增加矩形的高度，如图 3-155 所示。

图 3-154

图 3-155

Step08 在【属性】面板中设置【不透明度】为 70%，效果如图 3-156 所示。

Step09 选中第二个矩形对象，按【Ctrl+C】快捷键复制对象，按【Ctrl+B】快捷键将其粘贴在后面。将鼠标光标放置到上下的边框线上，拖动鼠标，增加矩形的高度，如图 3-157 所示。

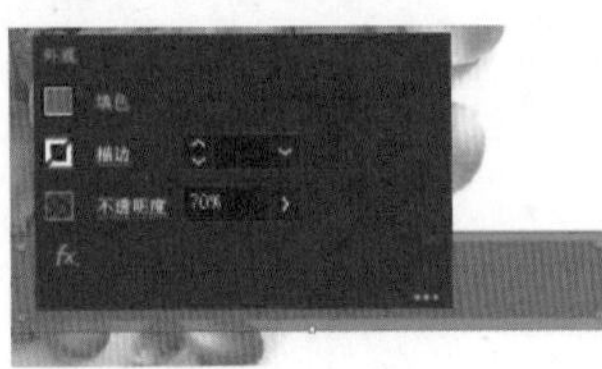

图 3-156

图 3-157

Step10 在【属性】面板中设置【不透明度】为 30%，效果如图 3-158 所示。

Step11 选择工具栏中的【文字工具】，在画面中单击插入光标，接着会显示一行占位符文本，如图 3-159 所示。

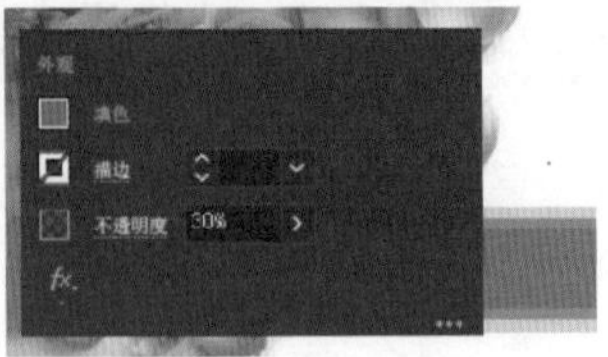

图 3-158

图 3-159

Step12 输入文字，在【属性】面板中设置字体、字号，如图 3-160 所示。

Step13 选择文字对象，按【Ctrl+C】快捷键复制文字，按【Ctrl+F】快捷键将其粘贴在前面，使用【吸管工具】在画面中吸取颜色，为文字设置颜色，如图 3-161 所示。

图 3-160

图 3-161

Step14 切换到【选择工具】，按键盘上的【→】方向键两次，移动文字位置，如图 3-162 所示。

Step15 右击文字，在弹出的快捷菜单中选择【选择】→【下方的下一个对象】命令，选中下方的文字，在【属性】面板中设置【不透明度】为 15%，如图 3-163 所示。

图 3-162

图 3-163

Step16 使用【文字工具】在右侧输入其他文字，在【属性】面板中设置字体、字号、颜色，完成店铺名片正面的制作，效果如图 3-164 所示。

图 3-164

Step17 按【空格】键切换到【抓手工具】，拖动鼠标，移动到第二个画板。执行【文件】→【置入】命令，打开【置入】对话框，选择“素材文件 \ 第 3 章 \ 花纹 .tif”文件，如图 3-165 所示。单击【置入】按钮，置入文件。

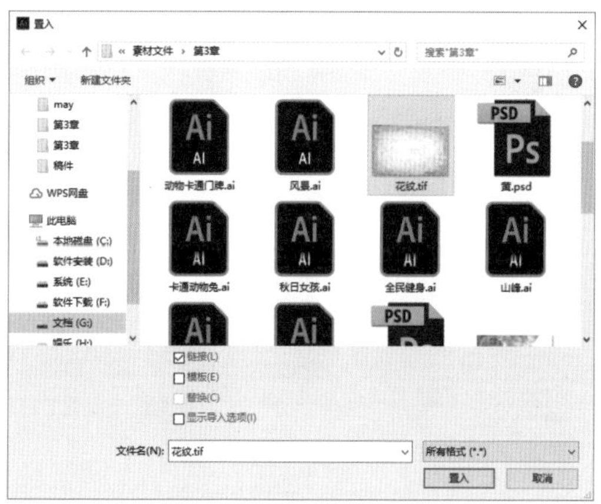

图 3-165

Step 18 在第二个画板上单击鼠标，确认文件置入。调整文件位置，使其铺满整个画板，如图 3-166 所示。

Step 19 在 Photoshop 中打开“素材文件 \ 第 3 章 \ 花纹 .tif”文件。新建【纯色】调整图层，设置图层填充颜色为红色（#e66b91），如图 3-167 所示。

图 3-166

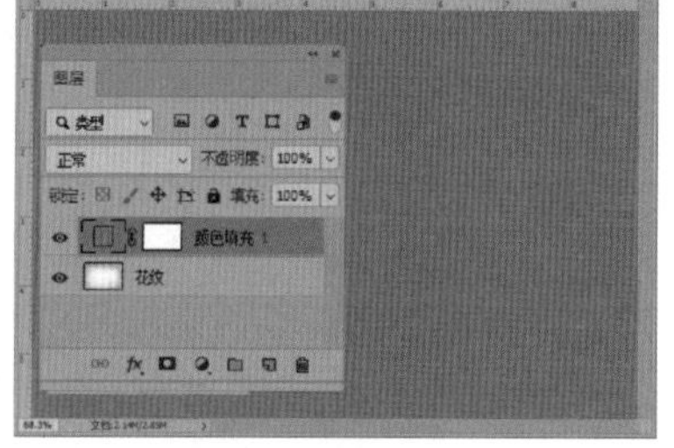

图 3-167

Step 20 移动【花纹】图层到【颜色填充 1】图层上方，设置【花纹】图层的混合模式为【明度】，如图 3-168 所示。

Step 21 使用【裁剪工具】，裁剪图像上方部分像素，按【Ctrl+S】快捷键保存修改，效果如图 3-169 所示。

图 3-168

图 3-169

Step 22 切换到 Illustrator 软件中，打开提示框询问是否更新文件，如图 3-170 所示。单击【是】按钮，图像效果同步进行修改。

Step 23 使用【文字工具】T输入文字，在属性栏设置字体、字号、颜色，效果如图 3-171 所示。

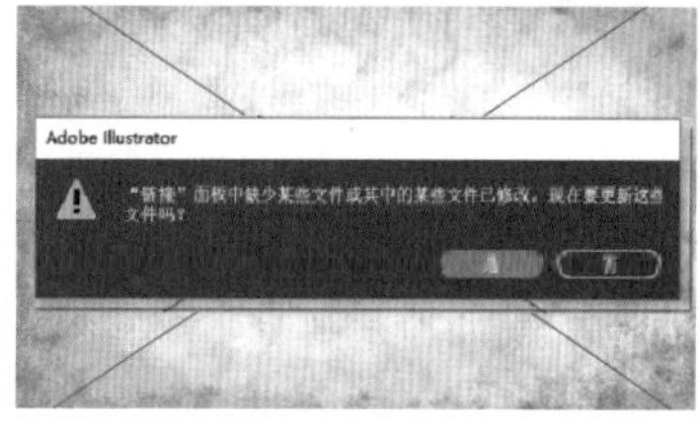

图 3-170

图 3-171

Step 24 按【Ctrl+C】快捷键复制文字对象，按【Ctrl+F】快捷键将其粘贴到前面，使用【吸管工具】吸取画板 1 上的文字颜色，按【→】方向键一次，移动文字对象，效果如图 3-172 所示。

Step 25 执行【选择】→【下方的下一个对象】命令，选择下方的文字对象，在【属性】面板中设置【不透明度】为 30%，效果如图 3-173 所示。

图 3-172

图 3-173

Step 26 使用同样的方法输入文字，并制作文字效果，然后执行【选择】→【取消选择】命令，完成名片背面的制作，最终效果如图 3-174 所示。

图 3-174

Step 27 执行【文件】→【存储】命令，在【存储为】对话框中输入名称，设置文件格式和文件保存位置，如图 3-175 所示。然后单击【保存】按钮。

图 3-175

Step28 打开【Illustrator 选项】对话框，如图 3-176 所示，保持默认设置，单击【确定】按钮，即可将文件保存。

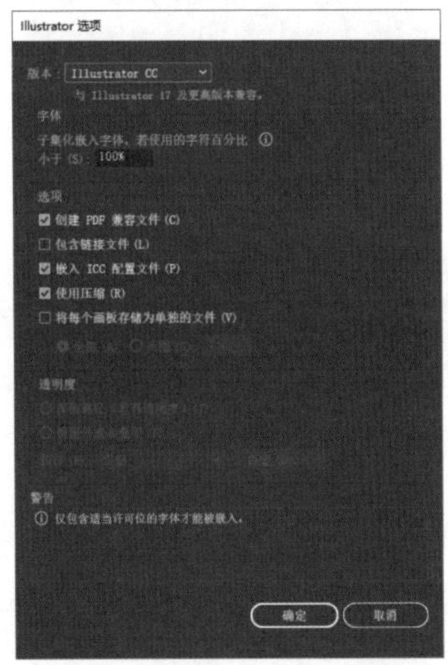

图 3-176

Step29 最后导出 JPEG 格式的预览图片。执行【文件】→【导出】→【导出为】命令，在【导出】对话框中选择保存位置，设置文件名称，设置文件类型为 JPEG，单击【导出】按钮，如图 3-177 所示。

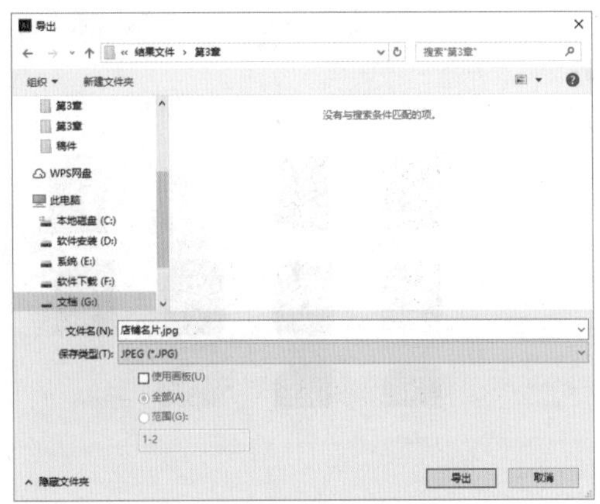

图 3-177

Step30 在打开的【JPEG 选项】对话框中设置【颜色模型】为 CMYK，【品质】为【最高】，数值为 10，【压缩方法】为【基线（标准）】，【分辨率】为【高（300ppi）】，【消除锯齿】为【优化文字】，选中【嵌入 ICC 配置文件】复选框，如图 3-178 所示。单击【确定】按钮完成导出。

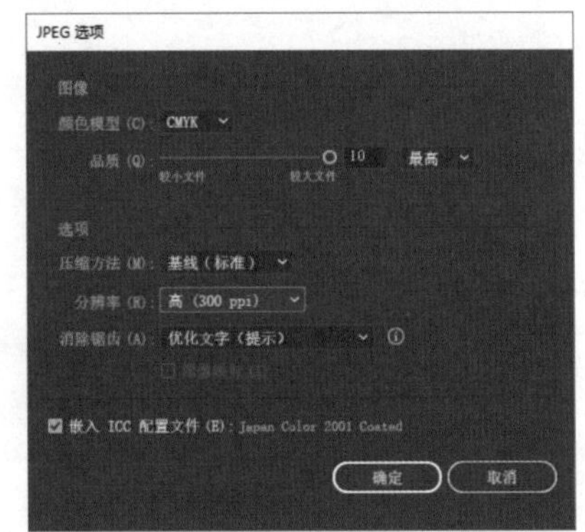

图 3-178

本章小结

本章主要介绍了图形处理的基本操作，包括文件的相关操作、画板的创建与编辑、文档的编辑方法、选择和移动对象的方法，以及对象的复制、粘贴和文档的还原与重做等内容。其中文件的相关操作、对象的选择、移动、复制、剪切和粘贴是本章的重点学习内容。熟练掌握这些内容才能在使用 Illustrator CC 编辑图稿时游刃有余。

第4章 简单图形的绘制

- 怎么绘制矩形？
- 如何调整圆角半径？
- 怎么调整多边形的边数？
- 怎么绘制同心圆？

本章将介绍简单图形的绘制。包括直线段、弧线、螺旋线、矩形网格、极坐标网格的创建及编辑；矩形、圆角矩形、椭圆、多边形、星形的创建及编辑，以及光晕效果的绘制。通过本章内容的学习，大家可以学会简单几何图形的绘制，并能利用这些图形制作简单的效果。

4.1 绘制线条与网格

使用【直线段工具】、【弧形工具】、【螺旋线工具】、【矩形网格工具】和【极坐标网格工具】，可以随意地绘制线条和网格，也可以打开工具选项对话框设置参数，绘制精确的图形。下面就介绍这些工具的具体使用方法。

★重点 4.1.1 绘制直线段

使用【直线段工具】可以绘制直线。选择【直线段工具】后，在画板上拖曳鼠标光标即可随意绘制直线，如图 4-1 所示。

绘制直线时，按住【Shift】键可以创建水平、垂直或以 45° 方向为增量的直线，如图 4-2 所示。按住【Alt】键，直线会以单击点为中心向两侧延伸。

选择【直线段工具】后，在画板上单击鼠标或者双击工具栏中的【直线段工具】会打开【直线段工具选项】对话框，如图 4-3 所示。设置好线段的长度和角度后，单击【确定】按钮即可在画板上绘制特定角度和长度的线段。各选项作用如表 4-1 所示。

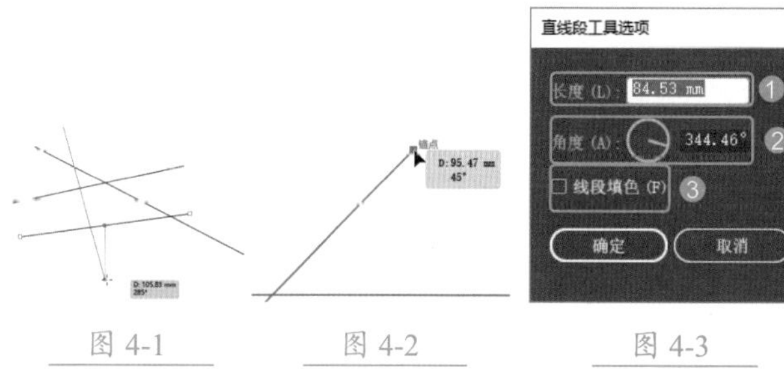

图 4-1　图 4-2　图 4-3

表 4-1 【直线段工具选项】对话框中各选项作用

选项	作用
❶ 长度	用于设置绘制线段的长度
❷ 角度	用于设置绘制线段的角度
❸ 线段填色	选中该复选框，可以将当前设置的【填色】颜色应用到线段上

4.1.2 实战：使用【弧形工具】绘制雨伞

使用【弧形工具】可以绘制弧线。【弧形工具】位于线条工具组中，右击【直线段工具】，打开线条工具组面板，选择【弧形工具】，然后在画板上拖曳鼠标光标即可随意绘制弧线，如图 4-4 所示。

如果要创建精准的弧线，可在画板上单击鼠标或者双击【弧形工具】，打开【弧线段工具选项】对话框，如图 4-5 所示，各选项作用如表 4-2 所示。

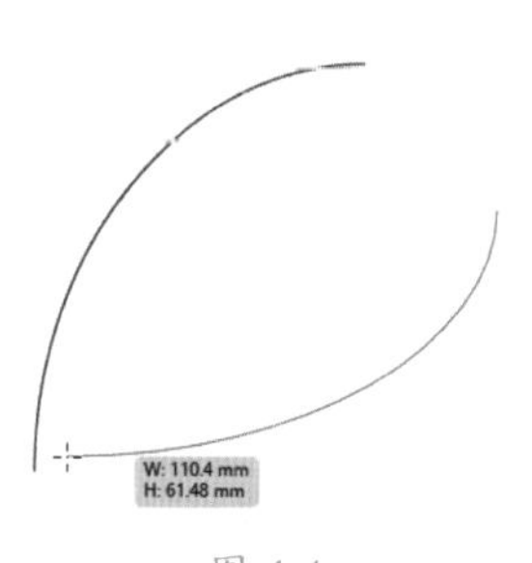

图 4-4

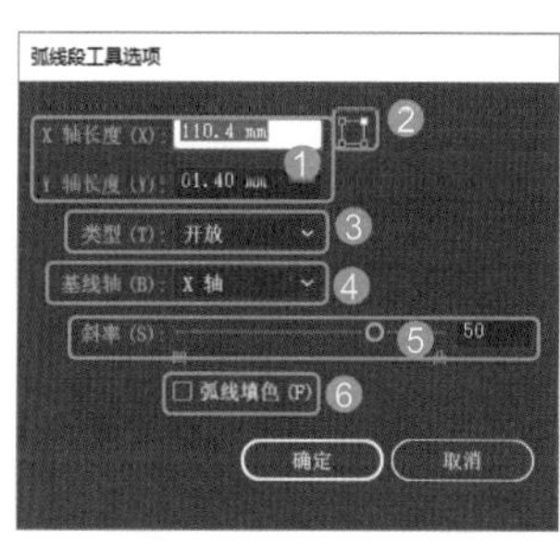

图 4-5

表 4-2 【弧线段工具选项】对话框中各选项作用

选项	作用
❶X 轴长度 /Y 轴长度	设置弧线的长度和高度
❷ 参考点定位器	设置绘制弧线时的参考点
❸ 类型	选择【开放】选项，可以创建开放式弧线，如图 4-6 所示；选择【闭合】选项，可以创建闭合式弧线，如图 4-7 所示 图 4-6 图 4-7
❹ 基线轴	选择【X 轴】选项，可沿水平方向绘制，如图 4-8 所示；选择【Y 轴】选项，可沿垂直方向绘制，如图 4-9 所示 图 4-8 图 4-9
❺ 斜率	设置弧线的倾斜方向，如图 4-10 所示为【斜率】为 100 时的绘制效果，如图 4-11 所示为【斜率】为 0 时的绘制效果，如图 4-12 所示为【斜率】为 -50 时的绘制效果 图 4-10 图 4-11 图 4-12
❻ 弧线填色	选中该复选框，将用当前填充颜色为弧线闭合区域填色，如图 4-13 所示 图 4-13

使用【弧形工具】绘制雨伞，具体操作步骤如下。

Step 01 在 Illustrator 软件欢迎界面单击【新建】按钮，打开【新建文档】对话框，在【最近使用项】选项卡中选择【A4】选项，设置【标题】为雨伞，单击【横向】按钮，如图 4-14 所示。

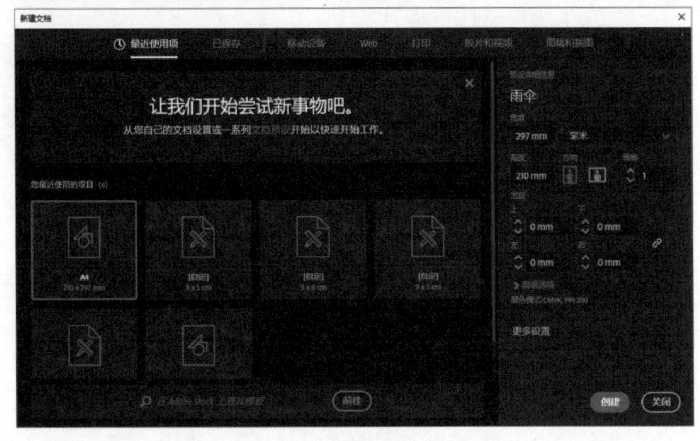

图 4-14

Step 02 单击【创建】按钮，新建画板，如图 4-15 所示。

Step 03 选择工具栏中的【弧形工具】，在画板上拖曳鼠标光标到合适的长度，按【F】键改变弧线方向，再按【↑】键调整弧线斜率到合适的方向，效果如图 4-16 所示。

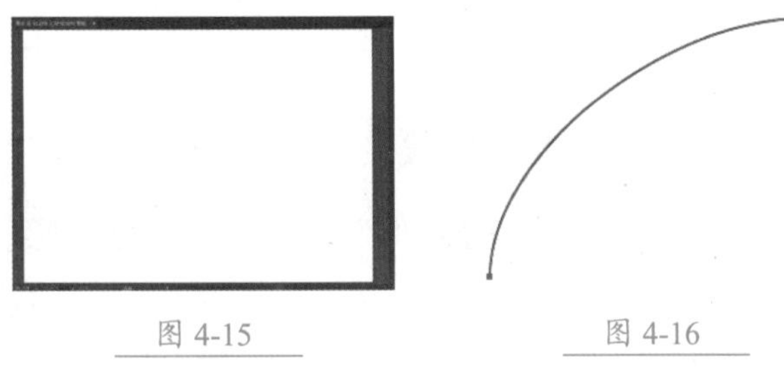
图 4-15 图 4-16

Step 04 继续使用【弧形工具】绘制第二条弧线，使其顶点与第一条弧线重合，如图 4-17 所示。

Step 05 使用相同的方法继续绘制弧线，效果如图 4-18 所示。

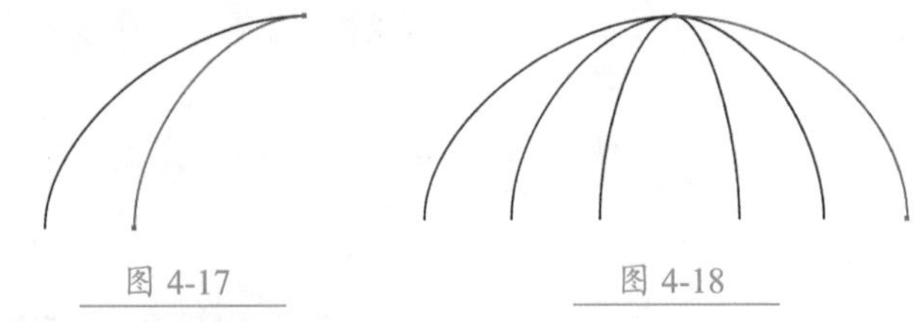
图 4-17 图 4-18

Step 06 使用【弧形工具】绘制弧线，并按住【↑】或【↓】键调整斜率到合适的方向，然后拖动鼠标调整弧线到适当的长度，如图 4-19 所示。

Step 07 使用【选择工具】选择刚刚绘制的弧线，显示出定界框，将鼠标光标放置到定界框右下角，鼠标光标变换为↰形状时，拖动鼠标旋转对象，再将其移动到与第一条弧线重合的位置，如图 4-20 所示。

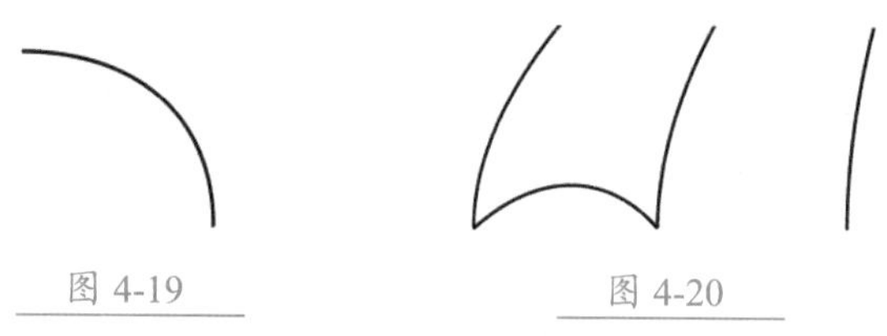
图 4-19　　图 4-20

Step 08 选择下方的弧线（见图 4-21），按住【Alt】键移动复制弧线，并调整上方弧线使其与下方弧线重合，如图 4-22 所示。

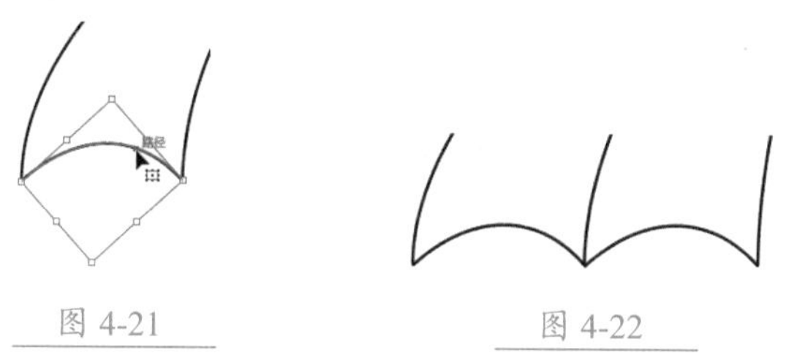
图 4-21　　图 4-22

Step 09 使用相同的方法移动复制下方的弧线，并调整弧线的长度及方向，完成雨伞上部的制作，效果如图 4-23 所示。

Step 10 选择【直线段工具】，按住【Shift】键绘制垂直线段，如图 4-24 所示。

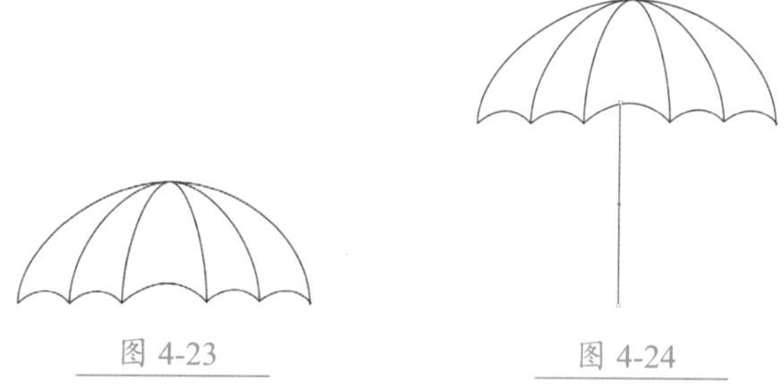
图 4-23　　图 4-24

Step 11 选择【选择工具】，按住【Alt】键移动复制直线段，如图 4-25 所示。

Step 12 选择【直线段工具】，按住【Shift】键绘制平行线段，并复制 3 条平行线段将其放置到适当位置，完成雨伞的绘制，最终效果如图 4-26 所示。

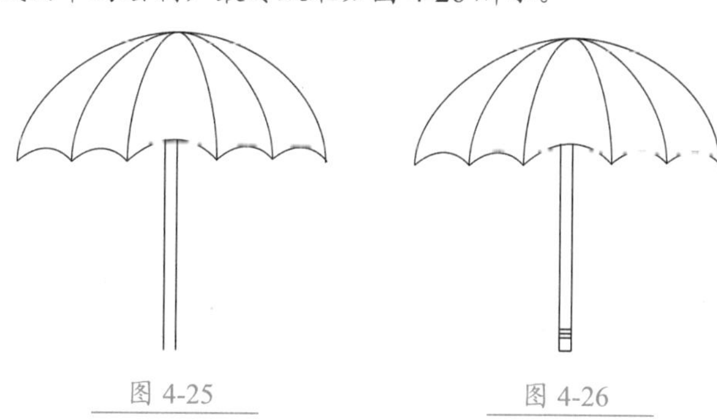
图 4-25　　图 4-26

技术看板

拖曳鼠标的同时其他键将会实现以下功能。

按住【Shift】键，可得到 X 轴和 Y 轴长度相等的弧线。

按住【C】键可改变弧线类型，即在开放路径和闭合路径之间切换；按住【F】键可改变弧线方向；按住【X】键可使弧线在【凹】和【凸】曲线之间切换。

按住【↑】或【↓】方向键可增加或减少弧线的曲率半径。

按住【空格】键可以随着鼠标移动弧线位置。

4.1.3 实战：使用【螺旋线工具】绘制图案

【螺旋线工具】用于绘制螺旋图形，该工具也位于线条工具组中。选择【螺旋线工具】后，在画板上拖动鼠标光标即可绘制螺旋图形，如图 4-27 所示。

如果要绘制特定参数的螺旋线，选择【螺旋线工具】后，在画板上单击鼠标或者双击工具栏中的【螺旋线工具】，打开【螺旋线】对话框，如图 4-28 所示。在对话框中即可进行相应选项的设置，各选项作用如表 4-3 所示。

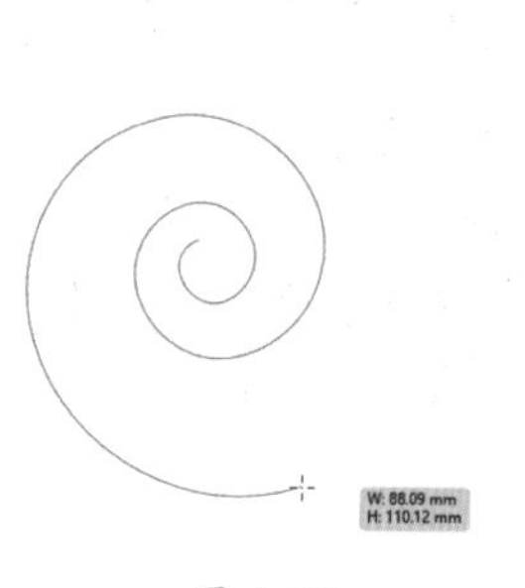

图 4-27

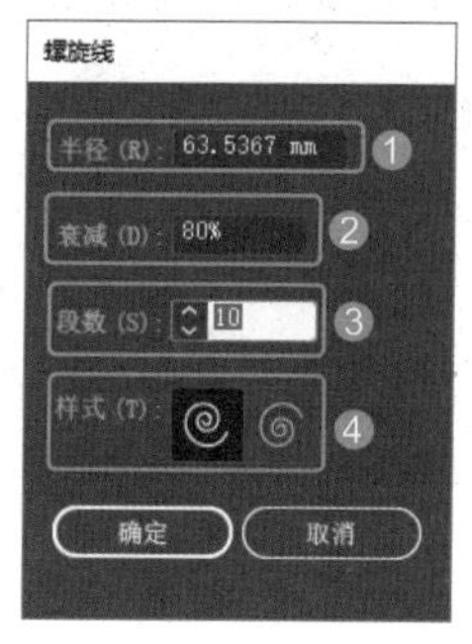

图 4-28

表 4-3　【螺旋线】对话框中各选项作用

选项	作用
❶ 半径	用于设置从中心到螺旋线最外侧点的距离，即螺旋线的半径尺寸
❷ 衰减	用来控制螺旋线之间相差的比例，百分比越小，螺旋线之间的差距就越小。如图 4-29 所示为【衰减】为 80% 时的绘制效果，如图 4-30 所示为【衰减】为 50% 时的绘制效果 图 4-29　　图 4-30

续表

选项	作用
❸ 段数	设置螺旋线路径段的数量，数值越大，螺旋线越长，反之越短。如图 4-31 所示为【段数】为 10 的绘制效果，如图 4-32 所示为【段数】为 35 的绘制效果 图 4-31　图 4-32
❹ 样式	用于设置螺旋线的方向

使用【螺旋线工具】绘制图案，具体操作步骤如下。

Step 01 按【Ctrl+N】快捷键打开【新建文档】对话框，在【最近使用项】选项卡中选择【A4】选项，单击【横向】按钮，如图 4-33 所示。

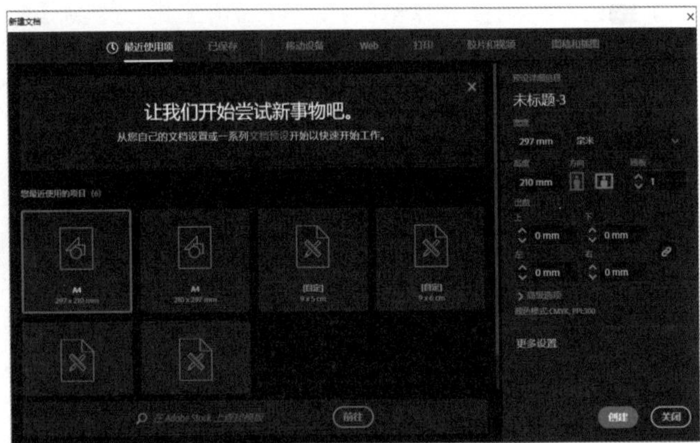

图 4-33

Step 02 单击【创建】按钮，新建文档。选择【螺旋线工具】，在画板上单击打开【螺旋线】对话框，设置【半径】为 30mm，【衰减】为 80%，【段数】为 35，如图 4-34 所示。

Step 03 单击【确定】按钮，创建螺旋线对象，如图 4-35 所示。

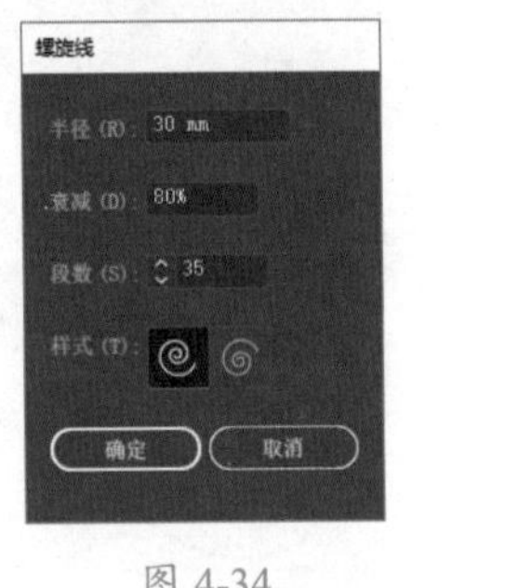

图 4-34

图 4-35

Step 04 使用【选择工具】选择螺旋线对象，按【Ctrl+C】快捷键复制对象，按【Ctrl+F】快捷键粘贴到前面并右击，在弹出的快捷菜单中选择【变换】→【对称】命令，打开【镜像】对话框，选中【垂直】单选按钮，设置【角度】为 90°，如图 4-36 所示。

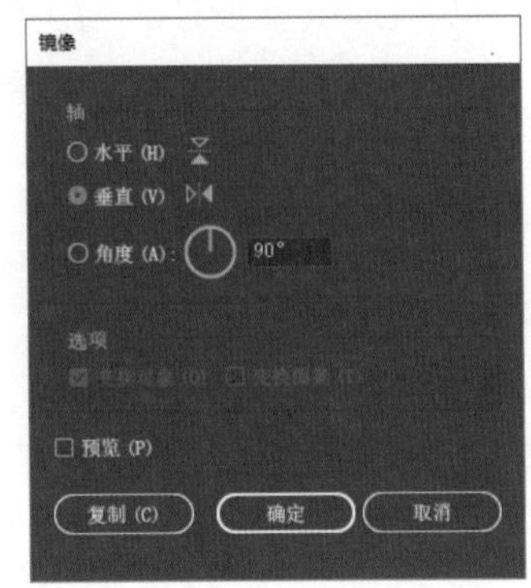

图 4-36

Step 05 单击【确定】按钮，完成对象的变换，如图 4-37 所示。

Step 06 将鼠标光标放置到定界框周围，当鼠标光标变换为↰形状时，旋转并移动对象，使其与第一个对象重合，效果如图 4-38 所示。

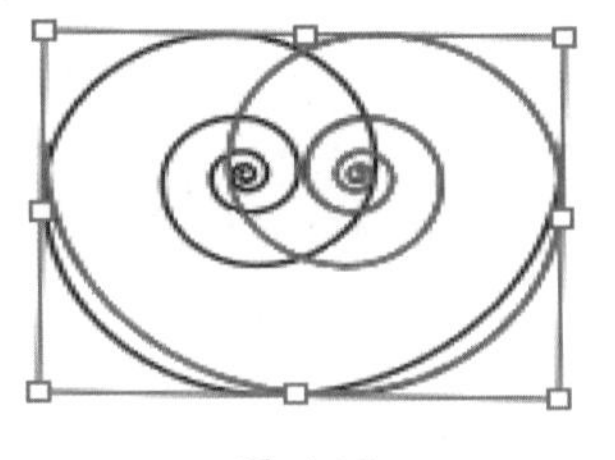

图 4-37

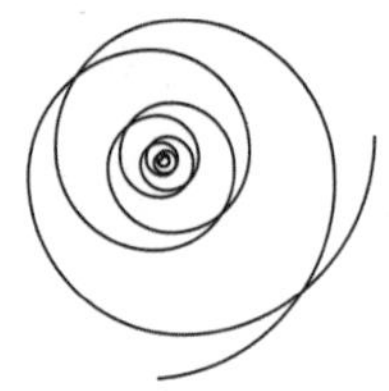

图 4-38

Step 07 使用【选择工具】框选所有对象，按【Ctrl+C】快捷键复制对象，按【Ctrl+F】快捷键粘贴到前面，将鼠标光标放置到定界框周围，当鼠标光标变换为↰形状时，将对象旋转 180°，移动对象使两个对象的交叉点重合，如图 4-39 所示。

Step 08 使用【选择工具】框选所有对象，按【Ctrl+C】快捷键复制对象，按【Ctrl+F】快捷键将其粘贴到前面，将鼠标光标放置到定界框周围，当鼠标光标变换为↰形状时，将对象旋转 90°，如图 4-40 所示。

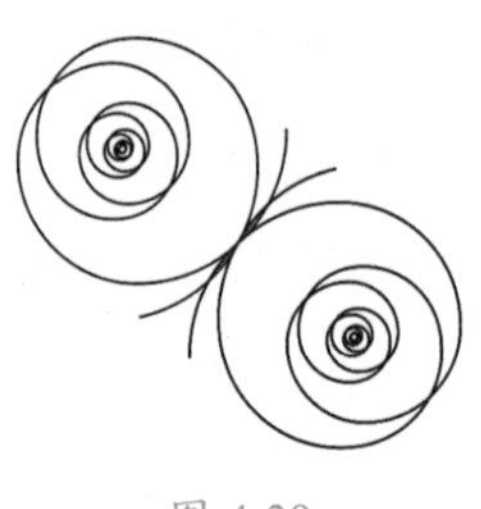

图 4-39

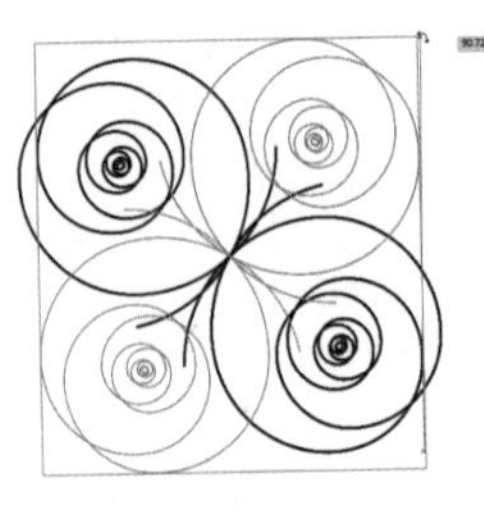

图 4-40

Step 09 使用【选择工具】▶框选所有对象，按【Ctrl+C】快捷键复制对象，按【Ctrl+F】快捷键粘贴到前面，将鼠标光标放置到定界框周围，当鼠标光标变换为 ↰ 形状时，旋转对象，如图 4-41 所示。

Step 10 释放鼠标后，完成图案的绘制，效果如图 4-42 所示。

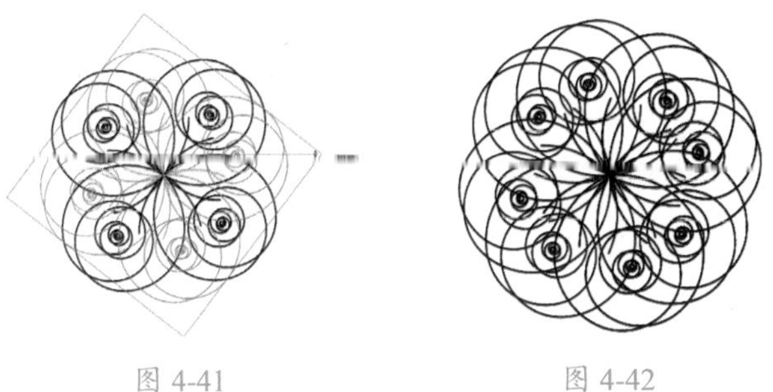

图 4-41　　图 4-42

技术看板

拖曳鼠标的同时按住其他键会实现以下功能。

按住【Shift】键，可以 45° 倍增的角度旋转对象。

按住【Ctrl】键可调整涡形的衰减比例。

按【↑】或【↓】方向键可增加或减少涡形路径片段的数量。

按住【空格】键可以随着鼠标移动螺旋线位置。

4.1.4 实战：使用【矩形网格工具】制作课程表

在工具栏的线条工具组中选择【矩形网格工具】▦，然后在画板上拖动鼠标光标即可绘制网格，如图 4-43 所示。

如果要绘制特定行数和列数的矩形网格，可以在画板上单击鼠标或者双击【矩形网格工具】▦，打开【矩形网格工具选项】对话框，如图 4-44 所示。在对话框中设置参数再绘制即可。各选项作用如表 4-4 所示。

图 4-43

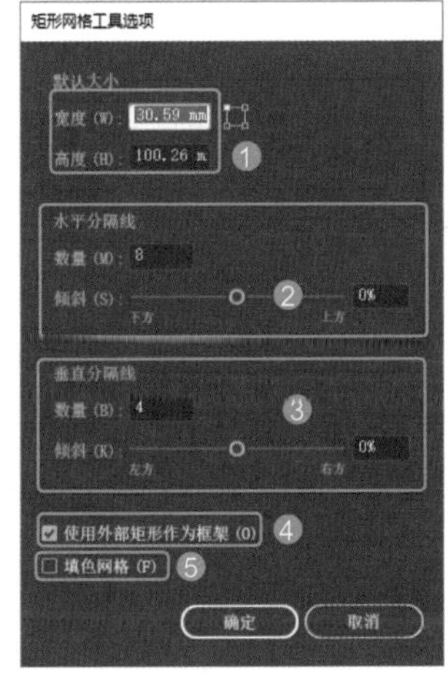

图 4-44

表 4-4　【矩形网格工具选项】对话框中各选项作用

选项	作用
❶ 宽度 / 高度	设置矩形网格的宽度和高度
❷ 水平分隔线	【数量】表示矩形网格内横线的数量，即行数。【倾斜】表示行的位置，数值为 0% 时，线与线的距离是均等的，效果如图 4-45 所示；数值大于 0% 时，网格向下的行间距逐渐变窄，如图 4-46 所示为【倾斜】为 70% 时的效果；数值小于 0% 时，网格向上的行间距变窄，如图 4-47 所示为【倾斜】为 -50% 时的效果 图 4-45　图 4-46　图 4-47
❸ 垂直分隔线	【数量】表示矩形网格内竖线的数量，即列数。【倾斜】表示列的位置，数值为 0% 时，线与线的距离是均等的；数值大于 0% 时，网格向右的列间距逐渐变窄，如图 4-48 所示为【倾斜】为 60% 时的效果；数值小于 0% 时，网格向左的列间距逐渐变窄，如图 4-49 所示为【倾斜】为 -50% 时的效果 图 4-48　图 4-49
❹ 使用外部矩形作为框架	选中该复选框，在绘制时将采用一个矩形对象作为外框；反之，将绘制没有边缘的矩形框架
❺ 填色网格	选中该复选框，将使用当前填充颜色填充所绘制网格，如图 4-50 所示 图 4-50

下面使用【矩形网格工具】▦ 制作课程表，具体操作步骤如下。

Step 01 在 Illustrator CC 软件欢迎界面单击【新建】按钮，打开【新建文档】对话框，在【预设详细信息】栏中设置【宽度】为 800 像素，【高度】为 800 像素，如图 4-51 所示。单击【创建】按钮，新建文档。

Step 02 执行【文件】→【打开】命令，打开“素材文件\

第 4 章 \ 背景 .jpg”文件，如图 4-52 所示。

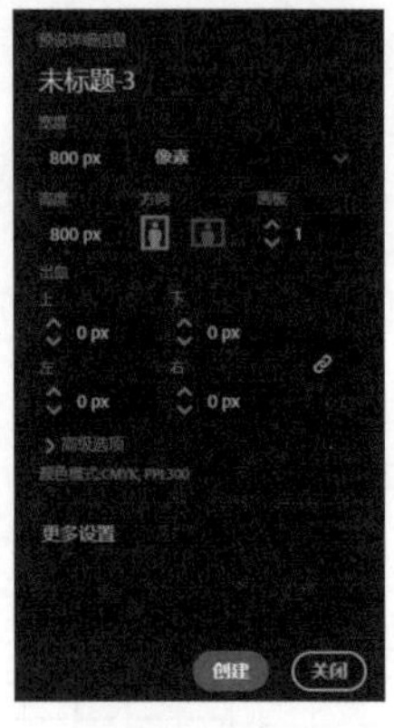
图 4-51

图 4-52

Step03 使用【选择工具】拖动背景图像到【未标题 -3】选项卡，切换到【未标题 -3】文档中，如图 4-53 所示。

Step04 释放鼠标后添加图像到【未标题 -3】文档中，拖动鼠标放大图像，直到铺满整个画板，如图 4-54 所示。

图 4-53

图 4-54

Step05 在【属性】面板中设置【描边】为白色，粗细为 1pt。选择【矩形网格工具】，在画板上单击鼠标，打开【矩形网格工具选项】对话框，设置水平分隔线数量为 8，垂直分隔线数量为 5，如图 4-55 所示。

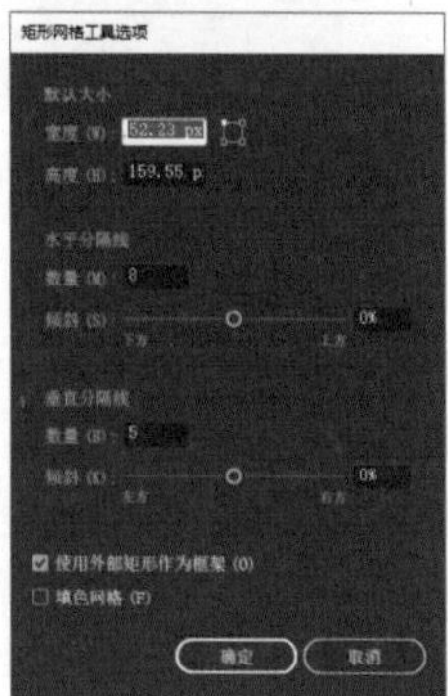
图 4-55

Step06 单击【确定】按钮，创建矩形网格，如图 4-56 所示。

Step07 按住【Shift+Alt】快捷键拖动网格右下角，等比例放大网格，并将其移动到适当的位置，如图 4-57 所示。

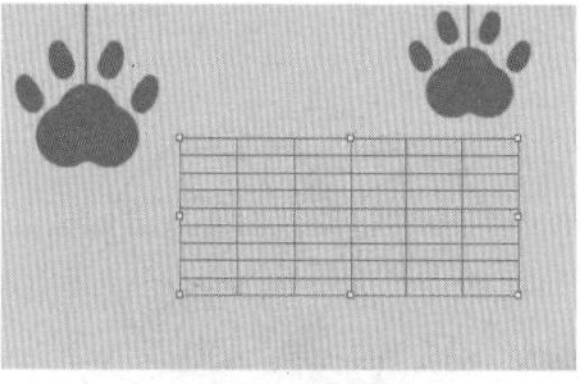
图 4-56

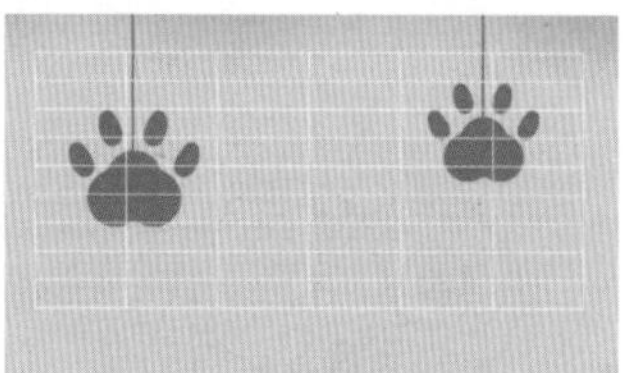
图 4-57

Step08 双击网格外边框线，进入【隔离图层】模式，选择外边框线，如图 4-58 所示。

Step09 在【属性】面板中设置【描边】为无，取消网格外边框。在画板上双击鼠标退出【隔离图层】模式，效果如图 4-59 所示。

图 4-58

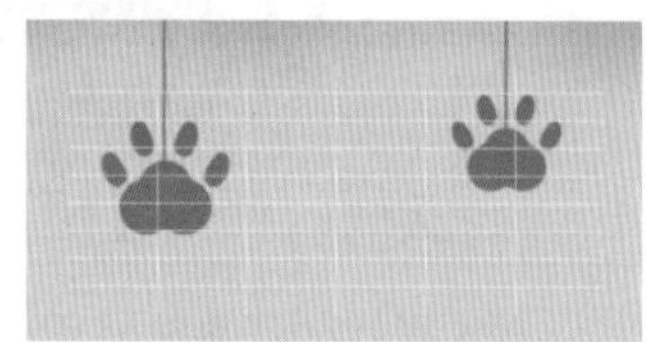
图 4-59

Step10 使用【选择工具】选择网格，在【属性】面板中设置描边粗细为 3pt，效果如图 4-60 所示。

Step11 选择网格，将鼠标光标移动到下边框线，当鼠标光标变换为形状时，向下拖动鼠标，调整网格高度，并调整网格位置，效果如图 4-61 所示。

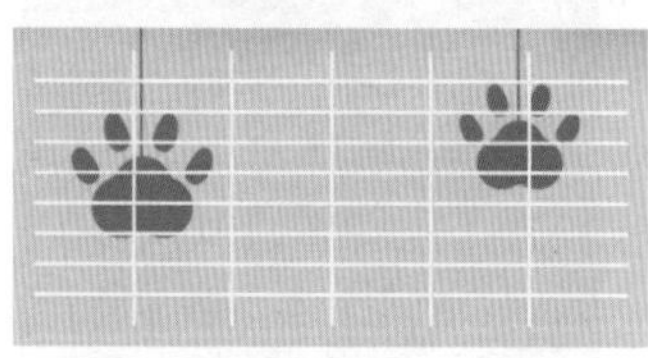
图 4-60

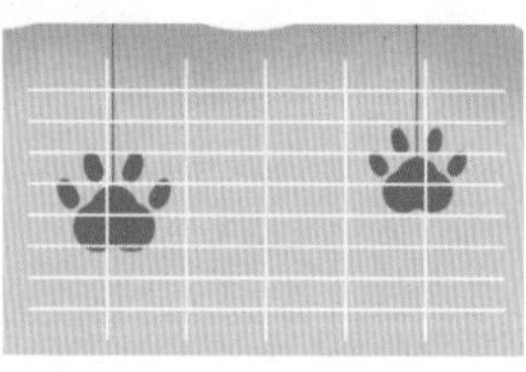
图 4-61

Step12 使用【文字工具】输入课程安排，如图 4-62 所示。

Step13 使用【选择工具】双击网格，进入【隔离图层】模式，选择第一行，按住【Shift】键单击其他行进行加选，选中所有行，如图 4-63 所示。

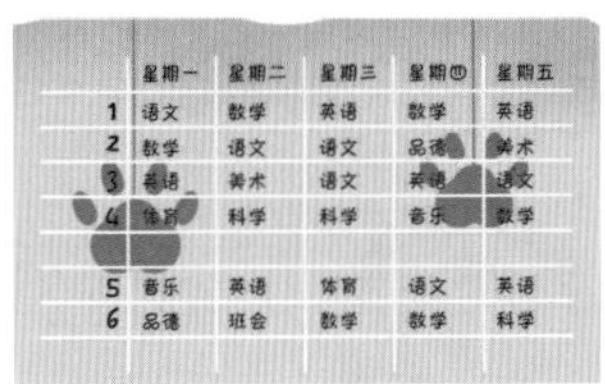

图 4-62

图 4-63

Step14 将鼠标光标放置到左边边框线上，当鼠标光标变换形状时，向右拖动鼠标，调整行的长度，如图 4-64 所示。

Step15 释放鼠标后，双击画板，退出【隔离图层】模式，效果如图 4-65 所示。

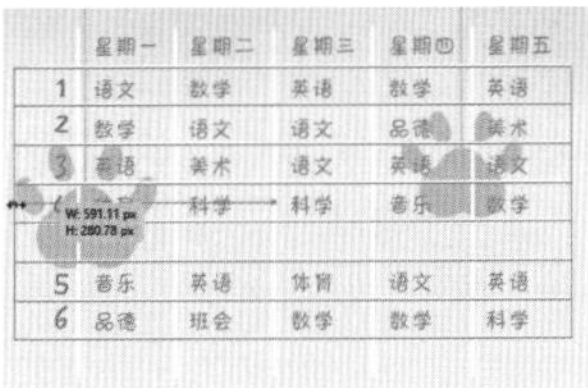

图 4-64

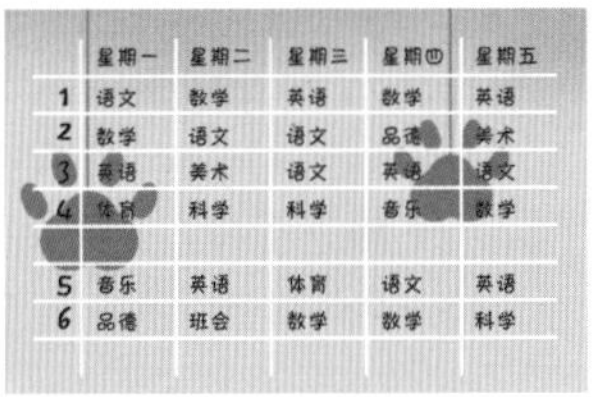

图 4-65

Step16 执行【文件】→【置入】命令，置入“素材文件\第 4 章\猫.png”文件，调整大小并放到右下角位置，如图 4-66 所示。

Step17 使用【文字工具】T 输入“课程表”文字，并设置字体颜色、大小，放置到适当位置，完成课程表的制作，效果如图 4-67 所示。

图 4-66

图 4-67

技术看板

拖曳鼠标的同时按住其他键可实现以下功能。

按住【Shift】键，可以定义绘制的矩形网格为正方形网格。

按住【C】键，竖向网格间距逐渐向右变窄；按住【X】键，竖向的网格间距逐渐向左变窄。

按住【V】键，横向网格间距逐渐向上变窄；按住【F】键，横向网格间距逐渐向下变窄。

按【↑】或【↓】键可增加或减少横线；按【→】或【←】键可增加或减少竖线。

4.1.5 极坐标网格

选择线条工具组中的【极坐标工具】，在画板上可以快速绘制出由多个同心圆和线段组成的极坐标网格，如图 4-68 所示。

在绘制过程中按住【Shift】键可以绘制正圆形的极坐标网格；按住【↓】或【↑】键可以调整经线数量；按住【→】或【←】键可以调整纬线的数量。

选择【极坐标工具】后在画板上单击，或者双击【极坐标工具】，打开【极坐标网格工具选项】对话框，如图 4-69 所示。在该对话框中进行相应的参数设置，即可绘制精确尺寸的图形。各选项作用如表 4-5 所示。

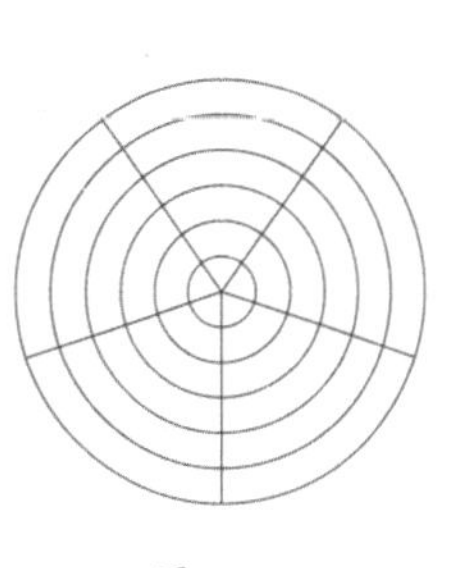

图 4-68

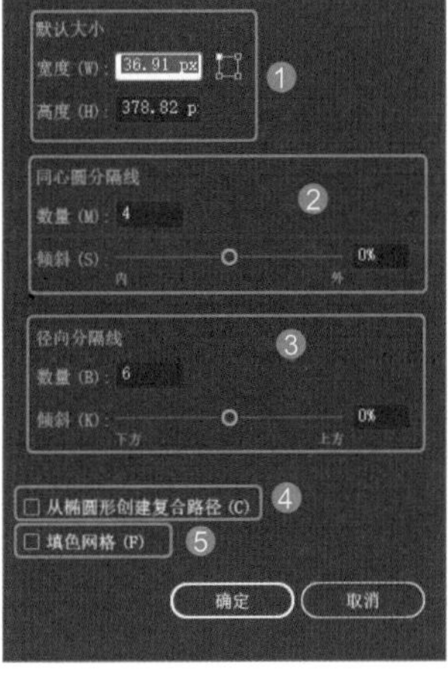

图 4-69

表 4-5 【极坐标网格工具选项】对话框中各选项作用

选项	作用
❶ 宽度 / 高度	设置极坐标的宽度和高度
❷ 同心圆分隔线	【数量】表示出现在网格中同心圆分隔线数量；【倾斜】决定同心圆分隔线倾向于网格内侧还是外侧。如图 4-70 所示为【同心圆数量】为 3，【倾斜】为 -120% 时的绘制效果；如图 4-71 所示为【同心圆数量】为 4，【倾斜】为 120% 时的绘制效果 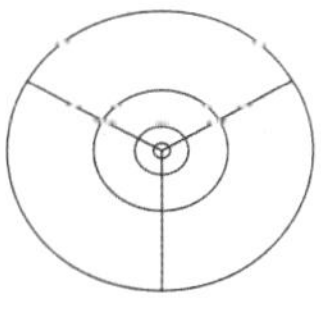 图 4-70 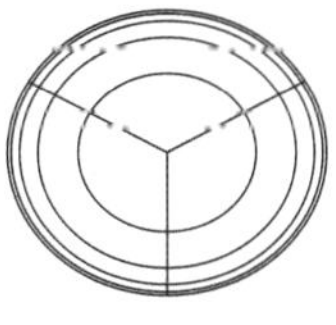　图 4-71
❸ 径向分隔线	【数量】表示在网格中心和外围间出现的径向分隔线数量；【倾斜】值决定径向分隔线倾向

续表

选项	作用
❸ 径向分隔线	于网格逆时针还是顺时针方向。如图 4-72 所示为【径向分隔线数量】为 3，【倾斜】为 150% 时的绘制效果；如图 4-73 所示为【径向分隔线数量】为 5，【倾斜】为 -150% 时的绘制效果；当【倾斜】数值为 0 时，径向分隔线平均分割圆形，如图 4-74 所示 图 4-72 图 4-73 图 4-74
❹ 从椭圆形创建复合路径	选中该复选框，将同心圆转换为独立复合路径并每隔一个圆填色，如图 4-75 所示

续表

选项	作用
❹ 从椭圆形创建复合路径	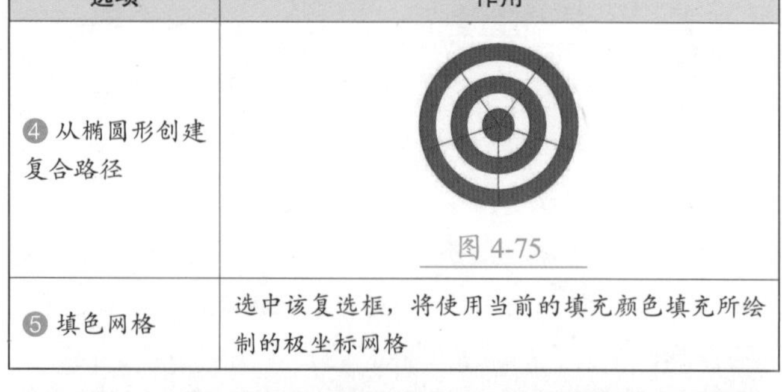 图 4-75
❺ 填色网格	选中该复选框，将使用当前的填充颜色填充所绘制的极坐标网格

技能拓展
——怎么单独编辑极坐标网格中的线段

与【矩形网格工具】一样，绘制极坐标网格形状后，使用【选择工具】▶双击形状可以进入【隔离图层】模式，在该模式下可以单独选择每一条经线或者纬线，并可以编辑颜色及长短。

4.2 绘制基本几何图形

形状工具组中的工具包括【矩形工具】、【圆角矩形工具】、【多边形工具】、【星形工具】及【光晕工具】，使用这些工具可以绘制基本的几何图形和制作光晕效果。在 Illustrator CC 中提供了【实时形状】的新功能，方便绘制图形时对效果进行实时修改，下面就详细介绍形状工具组中工具的使用方法。

★重点 4.2.1 矩形工具

使用【矩形工具】■可以绘制长方形和正方形。绘制后可以使用【实时形状】功能对其进行编辑，如调整大小、圆角半径等。

1. 矩形的绘制

选择形状工具组中的【矩形工具】■，在画板上拖动鼠标即可绘制矩形，如图 4-76 所示。

如果想要绘制精确的矩形，选择【矩形工具】■后，在画板上单击，打开【矩形】对话框，如图 4-77 所示。在对话框中输入【宽度】和【高度】值，单击【确定】按钮，即可创建精确的矩形。

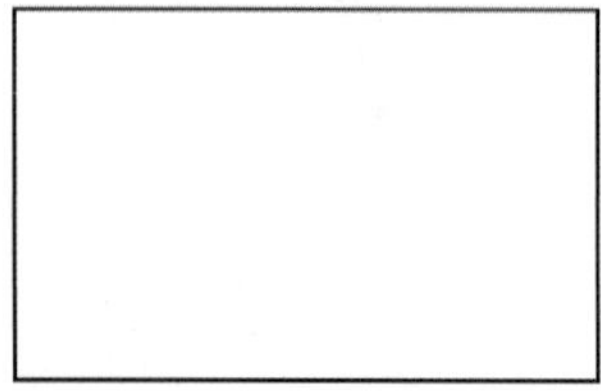

图 4-76

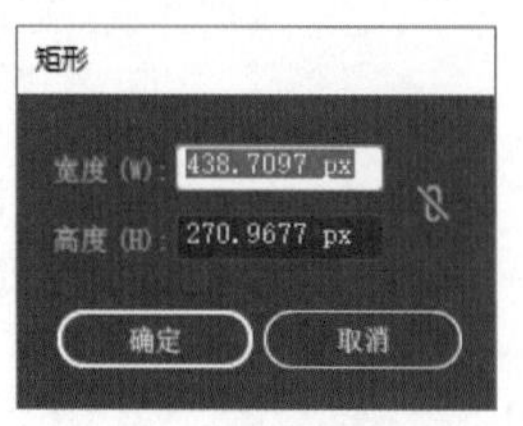

图 4-77

★新功能 2. 矩形的编辑

使用【矩形工具】■绘制矩形后，在实时形状周围会显示控制点、实时转角和中心点控件，如图 4-78 所示。

将鼠标放在控制点上，当鼠标光标变换为↖形状时，拖动鼠标即可缩放矩形，如图 4-79 所示。

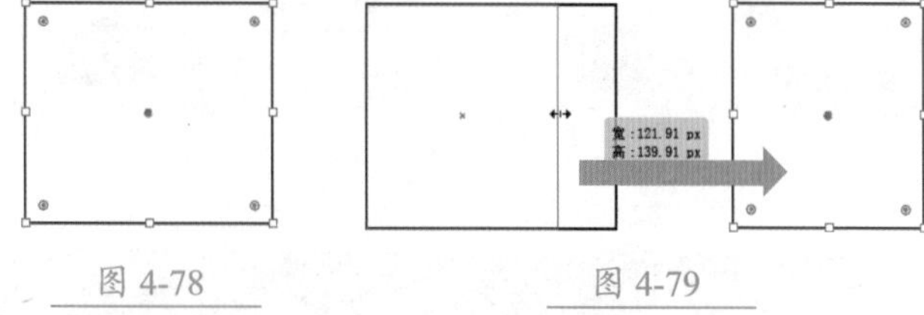

图 4-78 图 4-79

当鼠标光标变换为↻形状时，拖动鼠标即可旋转矩形的角度，如图 4-80 所示。

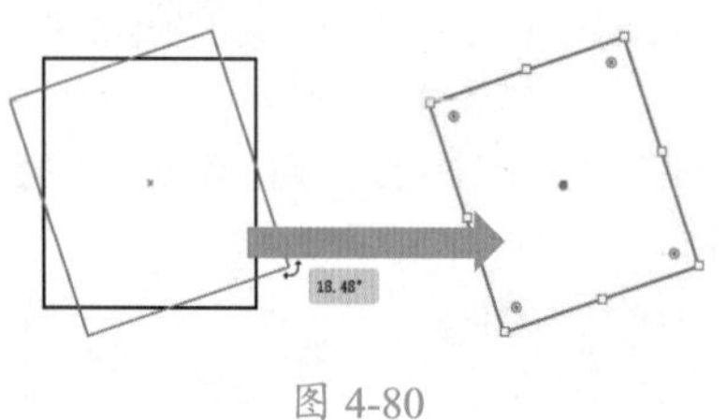

图 4-80

将鼠标光标移动到中心点控件上，拖动鼠标即可移动形状，如图 4-81 所示。

将鼠标光标放在实时转角控件上，鼠标光标变换为形状时再拖动鼠标，可以更改形状的圆角半径，如图 4-82 所示。

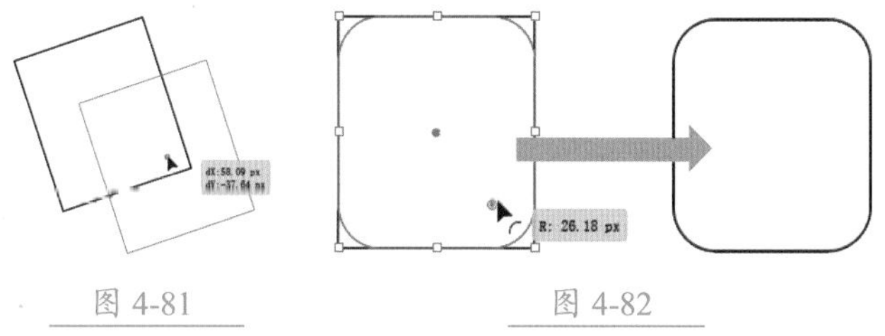

图 4-81　　图 4-82

技术看板

旋转形状时，按住【Shift】键可以以 45° 的倍数旋转。

4.2.2 圆角矩形工具

使用【圆角矩形工具】可以绘制圆角矩形，如图 4-83 所示。该工具的使用方法与【矩形工具】相同。

如果要绘制精准的圆角矩形，选择【圆角矩形工具】后，在画板上单击打开【圆角矩形】对话框，在其中可以设置圆角矩形的【长度】、【宽度】及【圆角半径】，如图 4-84 所示。

图 4-83

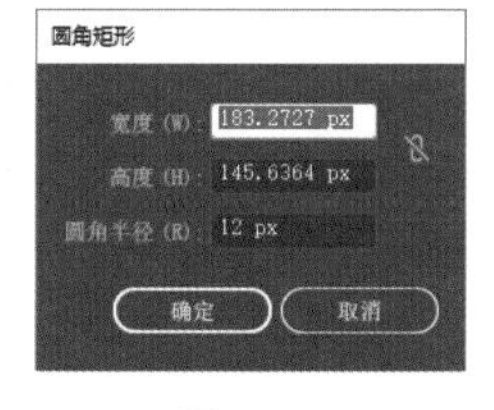

图 4-84

与【矩形工具】不同的是，在绘制圆角矩形的过程中，按【↑】键可以增加圆角半径直至成为圆形，按【↓】键可以减少圆角半径直至成为方形，按【←】或【→】键可以在方形和圆形之间切换。

★ 重点 4.2.3 椭圆工具

使用【椭圆工具】可以绘制椭圆和正圆。

1. 绘制椭圆

使用【椭圆工具】可以绘制椭圆；在绘制时，按住【Shift】键可以绘制正圆图形，如图 4-85 所示。

选择【椭圆工具】后，单击画板打开【椭圆】对话框，如图 4-86 所示。在其中设置【宽度】和【高度】参数，即可绘制精准的形状。

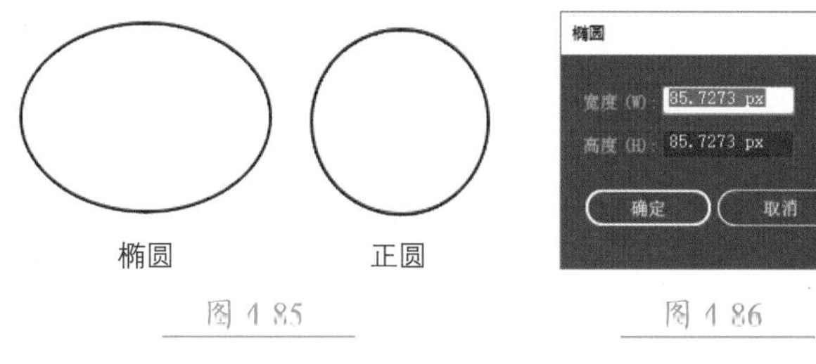

图 4-85　　图 4-86

★新功能 2. 编辑椭圆

如图 4-87 所示，绘制椭圆后，形状周围会显示定界框控制点、中心点控件和饼图构件。

拖动定界框上的控制点和中心点控件，可以缩放形状或者移动形状位置，如图 4-88 所示。

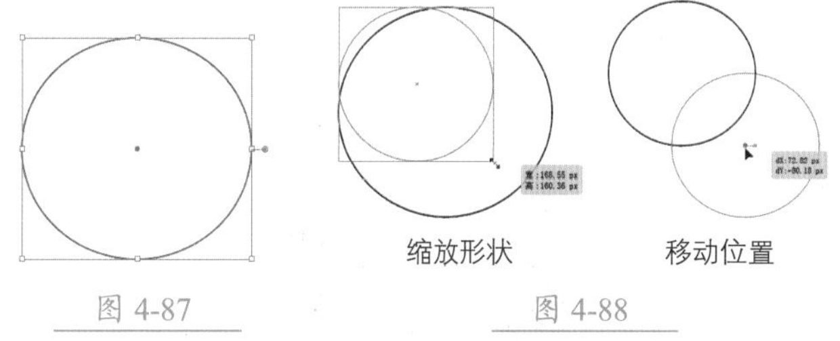

图 4-87　　图 4-88

将鼠标光标放在饼图构件上，在鼠标光标变换为形状时，拖动鼠标可以将椭圆变换为饼图，如图 4-89 所示。

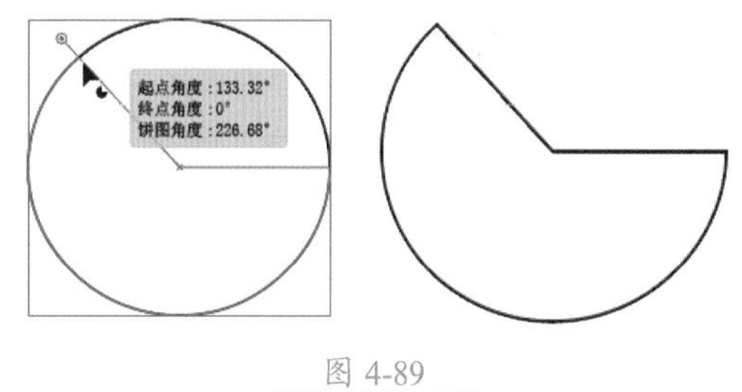

图 4-89

技术看板

使用【矩形工具】、【圆角矩形工具】和【椭圆工具】绘制图形时，按住【Shift】键可以分别绘制正方形、正圆角矩形及正圆。

★ 重点 4.2.4 多边形工具

使用【多边形工具】可以绘制多边形，如三角形、六边形等。

1. 绘制多边形

【多边形工具】可以用来绘制三边及以上边数的多边形。选择【多边形工具】后，在画板上拖动鼠标即可绘制任意角度的多边形，默认情况下是绘制六边形，如图 4-90 所示。

在绘制过程中，按下【↓】或【↑】键可以减少或增加边数，如图 4-91 所示。按住【Shift】键可在正面方向绘制形状。

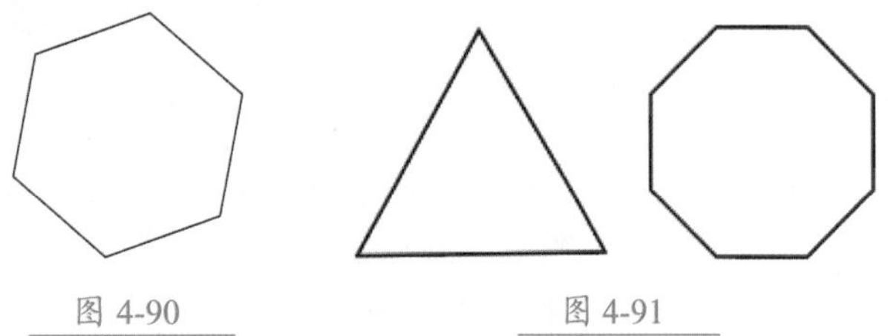

图 4-90　　图 4-91

选择【多边形工具】后，在画板上单击鼠标，在打开的【多边形】对话框中可以设置图形的边数及半径，如图 4-92 所示。

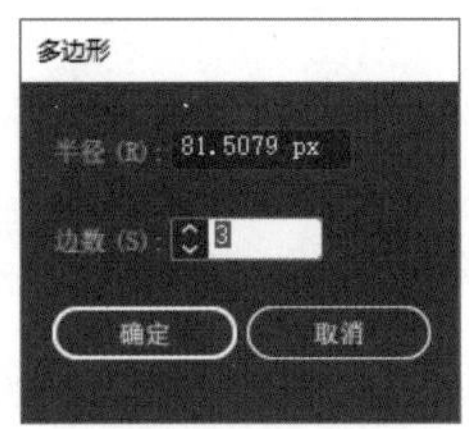

图 4-92

★新功能 2. 编辑多边形

如图 4-93 所示，创建多边形后，在图形周围会显示定界框控制点、中心点控件、边构件及实时转角控件。

拖动定界框上的控制点可以缩放或旋转形状，如图 4-94 所示。

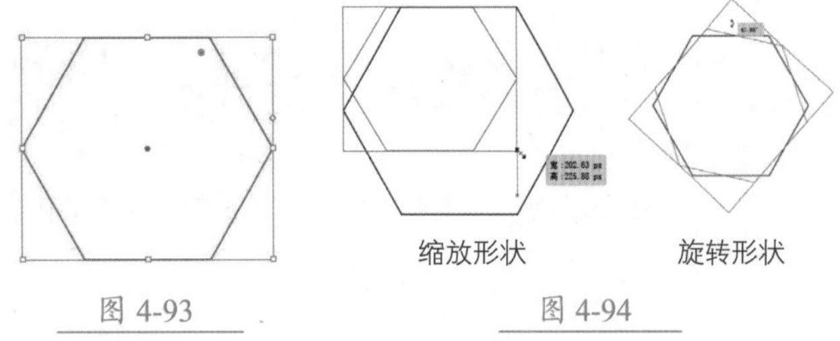

图 4-93　　图 4-94

拖动中心点控件可以移动形状位置，如图 4-95 所示。使用鼠标拖动实时转角控件，可以将尖角转换为圆角，如图 4-96 所示。

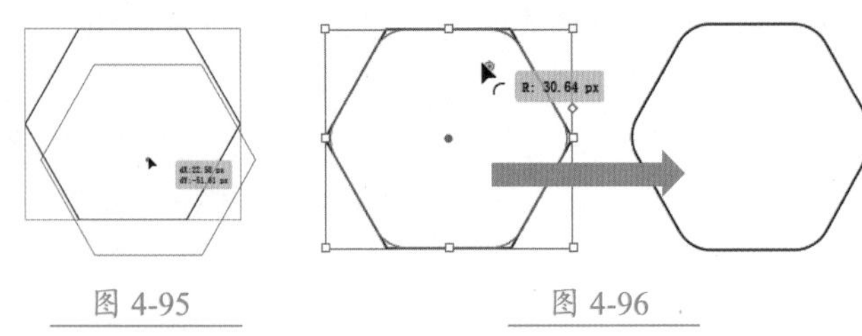

图 4-95　　图 4-96

将鼠标光标放在边构件上，鼠标光标变换为形状时，再拖动鼠标即可增加或者减少边数，如图 4-97 和图 4-98 所示。

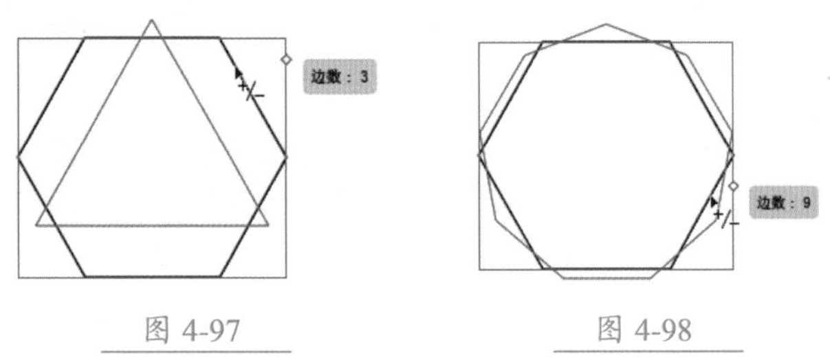

图 4-97　　图 4-98

4.2.5 实战：使用【星形工具】制作勋章

使用【星形工具】可以创建星形形状，如图 4-99 所示。

在绘制过程中，按【↑】或者【↓】键可以增加或减少星形形状的角点，如图 4-100 和图 4-101 所示。按住【Ctrl】键并拖动鼠标则可以调整星形形状的半径大小。

图 4-99　　图 4-100　　图 4-101

如果想要绘制特定参数的星形，选择【星形工具】后在画板上单击，在打开的【星形】对话框中设置参数即可，如图 4-102 所示。各选项作用如表 4-6 所示。

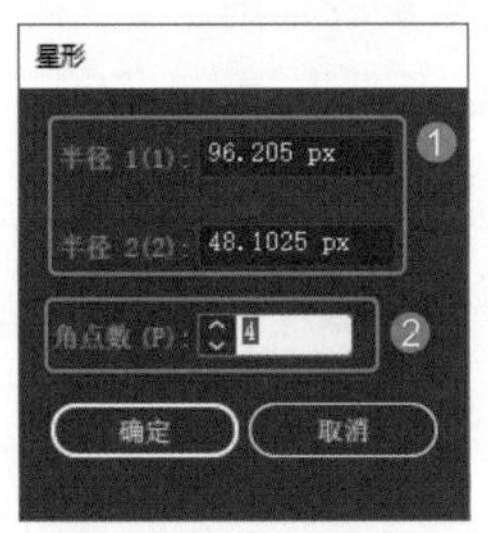

图 4-102

表 4-6　【星形】对话框中各选项作用

选项	作用
❶ 半径 1/半径 2	从中心点到星形角点的距离为半径，如图 4-103 所示。【半径 1】与【半径 2】的数值差距越大，星形的角越尖。如图 4-104 所示是【半径 1】为 100px，【半径 2】为 50px 的绘制效果。如图 4-105 所示是【半径 1】为 100px，【半径 2】为 20px 的绘制效果 图 4-103　图 4-104　图 4-105
❷ 角点数	用于定义星形的角点数。如图 4-106 所示是【角点数】为 5 的绘制效果；如图 4-107 所示是【角点数】为 12 的绘制效果 图 4-106　图 4-107

技能拓展
——怎么调整星形的圆角半径

绘制星形后不会自动显示实时转角。如果想要调整星形圆角半径，使其从尖角变为圆角，可以使用【直接选择工具】单击形状，即可显示出实时转角，拖动实时转角即可调整圆角半径。

下面使用【星形工具】制作勋章图标，具体操作步骤如下。

Step01 执行【文件】→【新建】命令，打开【新建文档】对话框，在【最近使用项】中选择【A4】预设文档，单击【横向】按钮，展开【高级选项】栏，设置【颜色模式】为 RGB，如图 4-108 所示。

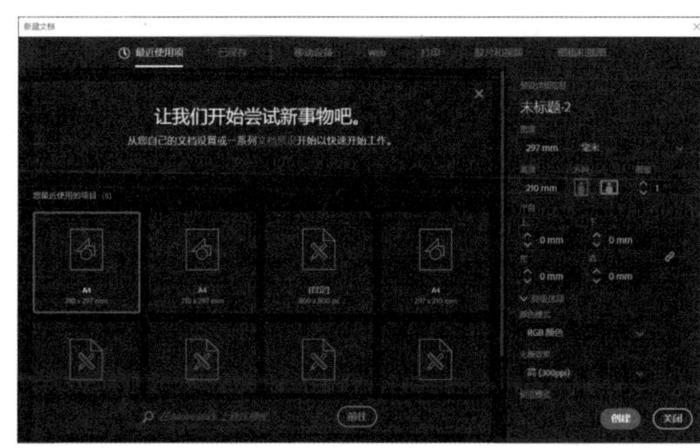

图 4-108

Step02 单击【创建】按钮，新建文档。选择【星形工具】，在画板上拖动鼠标光标，并按【↑】键添加角点数到 12，如图 4-109 所示。

Step03 按住【Ctrl】键并拖动鼠标调整星形半径到合适的大小，如图 4-110 所示。

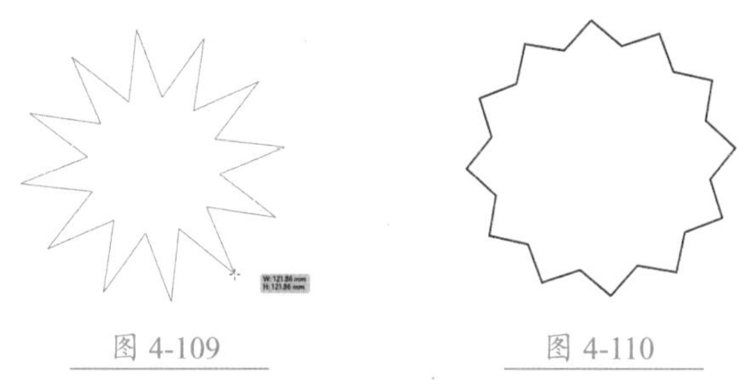

图 4-109　图 4-110

Step04 单击【属性】面板中的【填色】按钮，展开面板，再单击面板左下角的【“色板库”菜单】按钮，如图 4-111 所示。

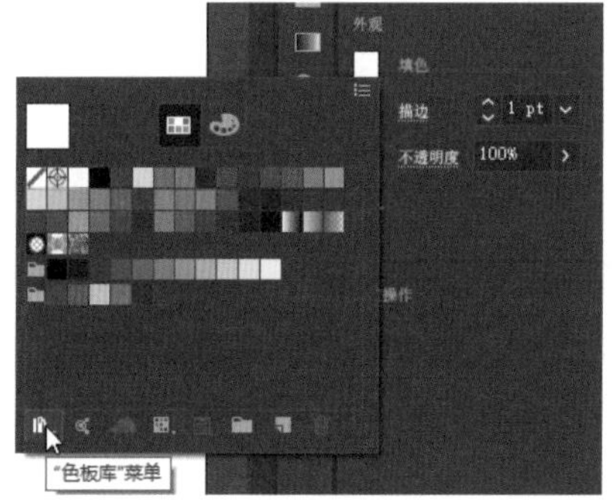

图 4-111

Step05 在弹出的下拉菜单中选择【渐变】→【淡色和暗色】命令，如图 4-112 所示，调出【淡色和暗色】色板库。

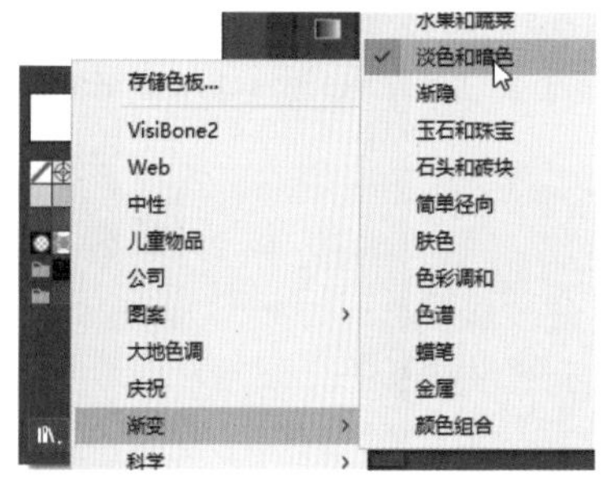

图 4-112

Step06 使用【选择工具】选择绘制的星形，在【淡色和暗色】色板库中选择橙色，为星形填充橙色，如图 4-113 所示。

Step07 单击【属性】面板中的【描边】按钮，在打开的面板中选择白色，为星形设置白色描边，并设置描边粗细为 4pt，如图 4-114 所示。

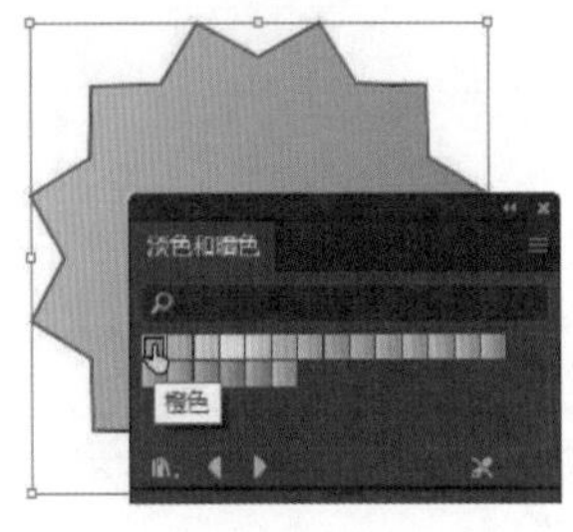

图 4-113

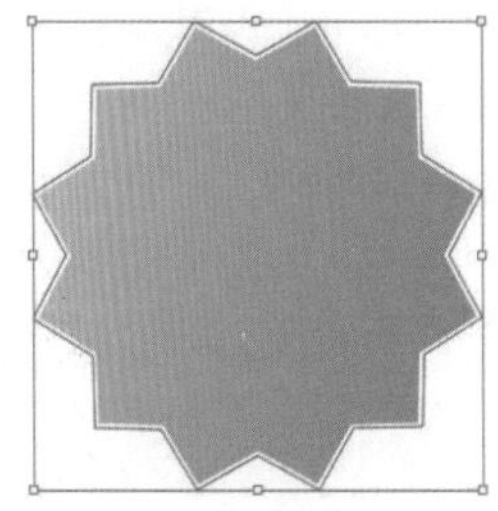
图 4-114

Step 08 按【Ctrl+C】快捷键复制星形，按【Ctrl+B】快捷键将其粘贴在后面，将鼠标光标放到右下角的控制点上，当鼠标光标变为形状↔时，按住【Shift+Alt】快捷键等比例放大形状，如图 4-115 所示。

Step 09 选择下方的形状，在【淡色和暗色】色板库中选择赭色，改变形状填充色，然后在【属性】面板中取消形状描边，效果如图 4-116 所示。

图 4-115

图 4-116

Step 10 选择【椭圆工具】，将鼠标光标放到形状上，找到中心点的位置，如图 4-117 所示。

Step 11 按住【Alt】键以中心点为圆心，绘制圆形，再按住【Shift】键绘制正圆，如图 4-118 所示。

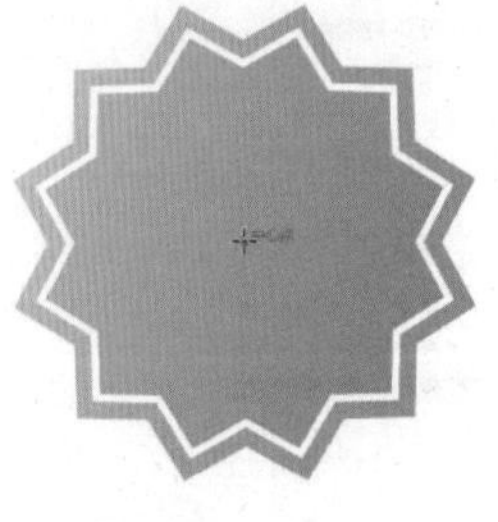
图 4-117

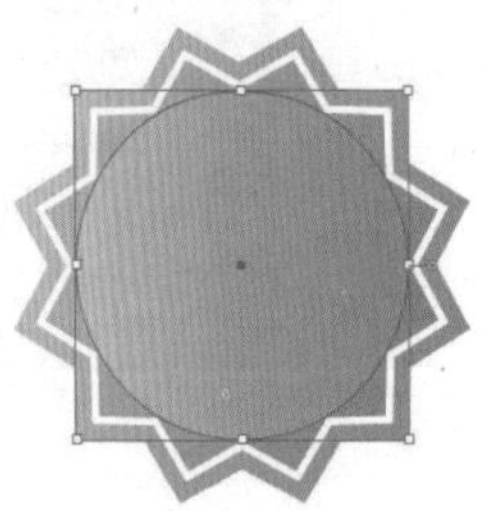
图 4-118

Step 12 在【属性】面板中设置【描边】为白色，描边粗细为 2pt，如图 4-119 所示。

Step 13 选择圆形，按【Ctrl+C】快捷键复制形状，按【Ctrl+F】快捷键粘贴到前面，然后按住【Shift+Alt】快捷键等比例缩小圆形，结果如图 4-120 所示。

图 4-119

图 4-120

Step 14 在【淡色和暗色】色板库中选择橙色，为上方的圆形填充橙色，如图 4-121 所示。

Step 15 选择【星形工具】，将鼠标光标放到形状中心，当显示【中心点】提示后，按住【Alt】键以同一中心点为基准位置绘制形状，如图 4-122 所示。

图 4-121

图 4-122

Step 16 使用【直接选择工具】单击绘制的形状，显示出实时转角，如图 4-123 所示。

Step 17 拖曳实时转角控件，将星形的尖角转换为圆角，如图 4-124 所示。

图 4-123

图 4-124

Step 18 在【淡色和暗色】色板库中将填充颜色设置为金色，如图 4-125 所示。

Step 19 选择【星形工具】，在形状上找到中心点，然后按住【Alt】键拖动鼠标绘制形状，再按【↓】键减少角点数到 5，再按住【Ctrl】键并拖动鼠标调整星形半径，绘制五角星形状，最后将形状摆正，如图 4-126 所示。

图 4-125

图 4-126

Step20 选择五角星形状，在【淡色和暗色】色板库中设置填充色为淡金色，然后在【属性】面板中取消描边，效果如图 4-127 所示。

Step21 使用【矩形工具】绘制矩形，并旋转角度，移动到适当位置，如图 4-128 所示。

图 4-127

图 4-128

Step22 选择【选择工具】并右击，在弹出的快捷菜单中选择【排列】→【置于底层】命令，将矩形放置到所有星形的下方，如图 4-129 所示。

Step23 选择矩形，拖动定界框上的控制点，增加矩形的宽度。然后在【淡色和暗色】色板库中设置填充色为橙色，如图 4-130 所示。

图 4 129

图 4-130

Step24 按【Ctrl+C】快捷键复制矩形，按【Ctrl+F】快捷键粘贴到前面，拖动定界框上的控制点，缩小矩形宽度，并在【属性】面板中将填充色设置为白色，如图 4-131 所示。

Step25 使用同样的方法复制、粘贴矩形，并缩小矩形宽度，然后在【淡色和暗色】色板库中将填充色设置为粉红色，如图 4-132 所示。

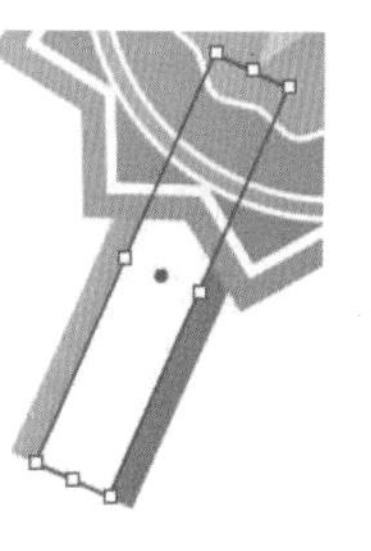
图 4-131

图 4-132

Step26 使用【选择工具】框选所有矩形，按住【Alt】键移动复制形状，然后旋转形状，如图 4-133 所示。

Step27 调整各个形状的位置、大小，完成勋章图标的制作，效果如图 4-134 所示。

图 4-133

图 4-134

4.2.6 实战：制作宣传画册封面和封底

使用基本几何图形工具制作宣传册封面和封底的具体操作步骤如下。

Step01 在 Illustrator CC 软件欢迎界面中单击【新建】按钮，打开【新建文档】对话框，如图 4-135 所示。在【预设详细信息】栏中设置【宽度】为 42cm，【高度】为 29cm，单击【横向】按钮。

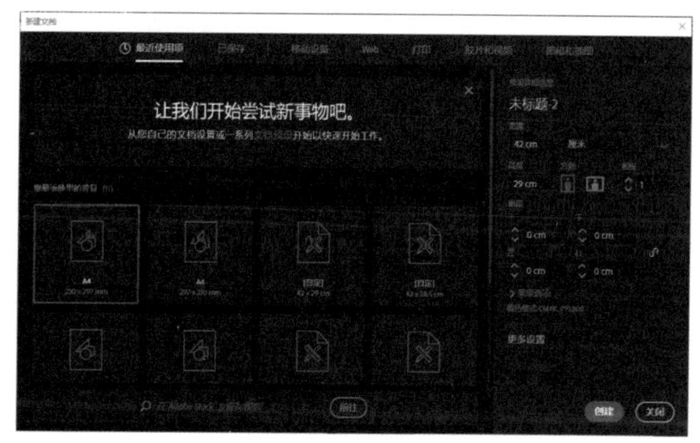

图 4-135

Step02 单击【创建】按钮，新建文档。按【Ctrl+R】快捷键，显示标尺。再将鼠标光标放到左边的标尺上，拖动出参考线，并将参考线放在画板中点的位置，如图 4-136 所示。

Step03 选择【多边形工具】，在画板上绘制形状，按住【↓】键减少边数到 4，如图 4-137 所示。

图 4-136

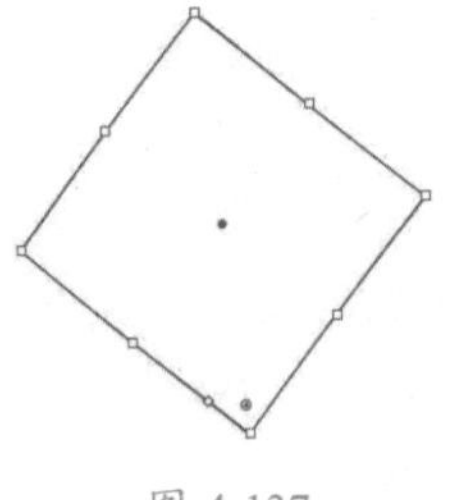

图 4-137

Step04 单击【属性】面板中的【填色】按钮，展开面板，再单击面板左下角的【“色板库”菜单】按钮，在弹出的下拉菜单中，选择【艺术史】→【远古风格】命令，打开【远古风格】色板库，如图 4-138 所示。

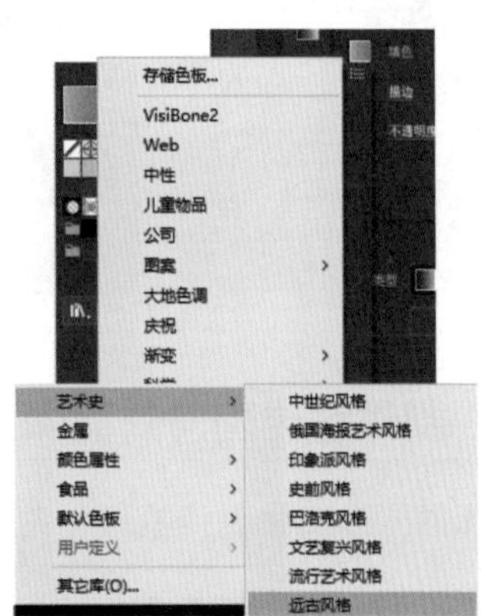

图 4-138

Step05 在【远古风格】色板库中选择黄色，这时形状会填充为黄色，如图 4-139 所示。

Step06 按【Shift+X】快捷键切换填色和描边颜色，将形状描边颜色设置为黄色。然后在【属性】面板中设置填充为无，并设置描边粗细为 2pt，如图 4-140 所示。

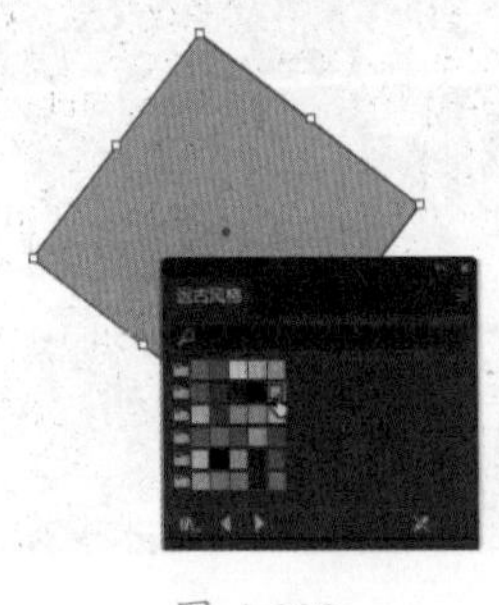

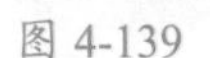

图 4-139

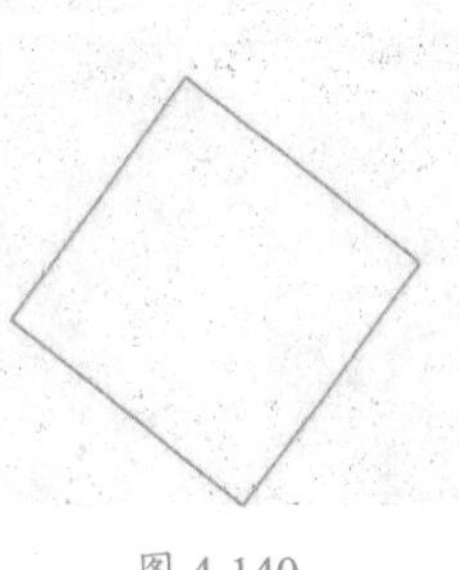

图 4-140

Step07 选择形状，按【Ctrl+C】快捷键复制形状，按【Ctrl+F】快捷键粘贴到前面，再按住【Shift+Alt】快捷键等比例放大形状，并在【属性】面板中设置不透明度为 40%，效果如图 4-141 所示。

Step08 使用【选择工具】框选所有形状，按【Ctrl+C】快捷键复制形状，按【Ctrl+F】快捷键粘贴到前面，然后适当旋转形状，如图 4-142 所示。

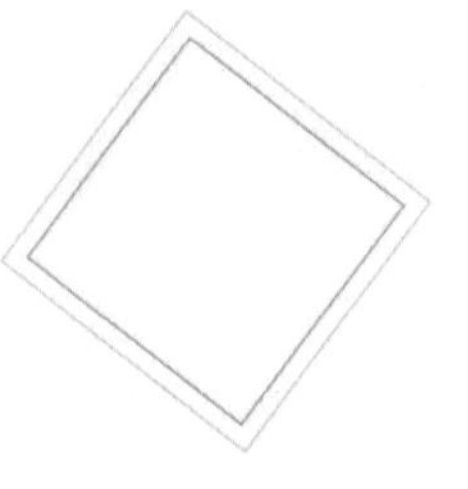

图 4-141

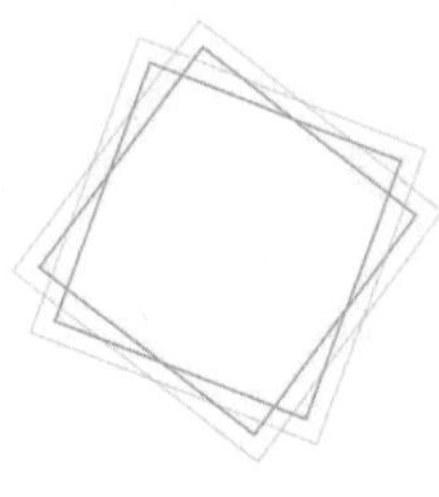

图 4-142

Step09 使用【选择工具】框选上方的两个形状，按【Ctrl+C】快捷键复制形状，按【Ctrl+F】快捷键粘贴到前面，然后适当旋转形状，如图 4-143 所示。

Step10 选择一个矩形，在【远古风格】色板库中选择黄色，为矩形填充黄色，如图 4-144 所示。

图 4-143

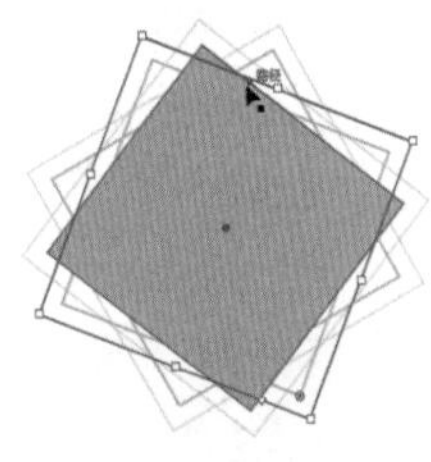

图 4-144

Step11 使用【选择工具】框选所有形状，调整形状大小并将其放置到适当的位置，如图 4-145 所示。

Step12 使用【选择工具】框选所有形状，按住【Alt】键移动复制形状，调整形状大小并将其移动到右上角的位置，如图 4-146 所示。

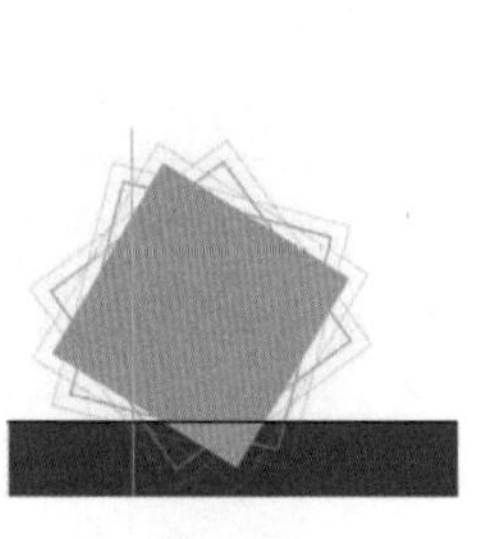

图 4-145

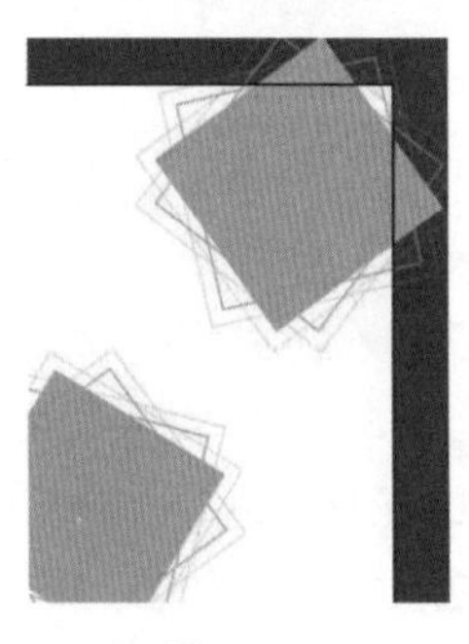

图 4-146

Step13 用相同的方法复制形状，并调整大小和位置，如图 4-147 所示。

Step14 用相同的方法复制形状，并调整大小和位置，然后取消颜色填充，如图 4-148 所示。

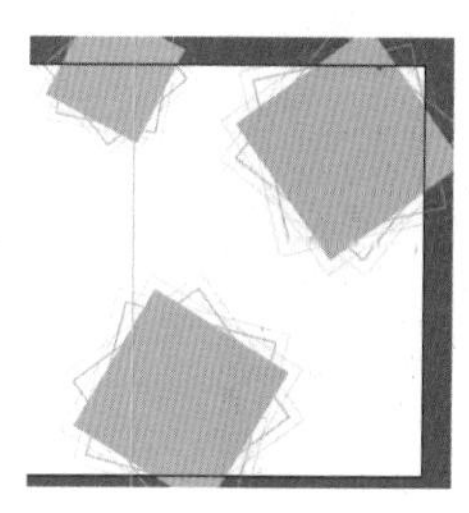

图 4-147

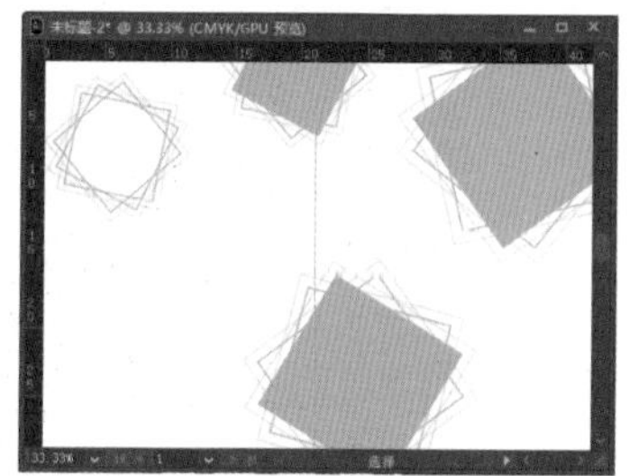

图 4-148

Step15 复制没有颜色填充的矩形，将其移动到左下角，如图 4-149 所示。

Step16 使用【矩形工具】在画板右侧绘制矩形，并在【远古风格】色板库中设置填充颜色为褐色，如图 4-150 所示。

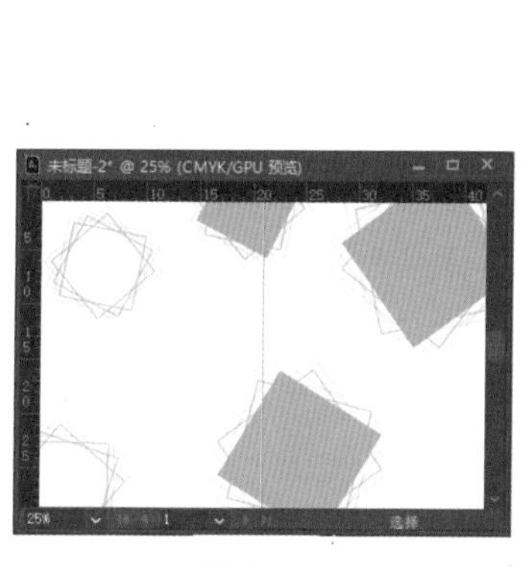

图 4-149

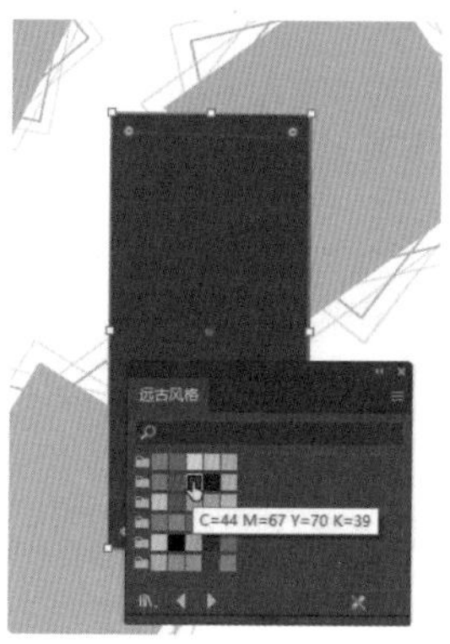

图 4-150

Step17 使用【文字工具】输入文字，并设置字体系列、字号及颜色，完成画册封面的制作，效果如图 4-151 所示。

Step18 选择【圆角矩形工具】，在画板左侧绘制形状，并设置填充颜色为黄色，如图 4-152 所示。

图 4-151

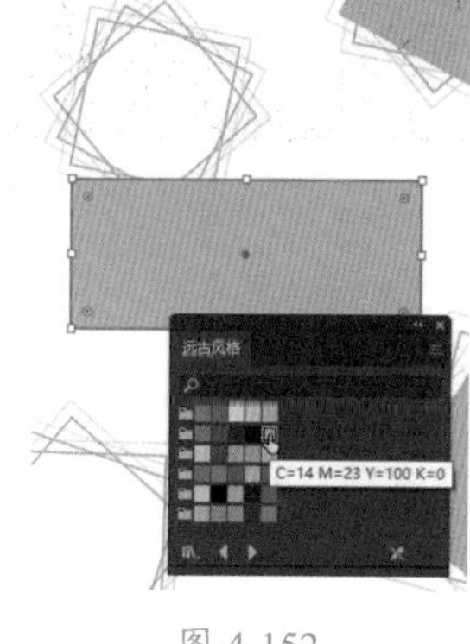

图 4-152

Step19 按住【Alt】键移动复制圆角矩形，并移动位置，取消颜色填充，设置描边颜色为褐色，描边粗细为 1pt，如图 4-153 所示。

Step20 使用【文字工具】输入文字，并设置字体系列、颜色、大小及位置，完成封底的制作，效果如图 4-154 所示。

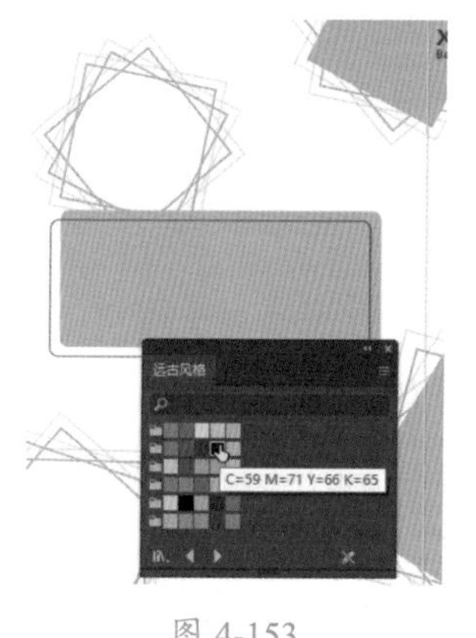

图 4-153

图 4-154

4.3 光晕工具

【光晕工具】可以通过在图像中添加矢量对象来模拟发光的光斑效果，是一种比较特殊的工具，经常被用来绘制光晕效果。下面就介绍该工具的使用方法。

4.3.1 实战：绘制光晕效果

使用【光晕工具】可以绘制光晕效果，具体操作步骤如下。

Step01 打开“素材文件\第 4 章\枫叶.jpg”文件，如图 4-155 所示。

Step02 选择工具栏形状工具组中的【光晕工具】，在图像上拖动鼠标光标，绘制主光圈，如图 4-156 所示。在绘制过程中按【↓】或【↑】键可以减少或者添加射线。

图 4-155

图 4-156

Step 03 释放鼠标后，在画板另一处再次单击并拖曳鼠标，绘制副光圈，如图 4-157 所示。在绘制过程中按【↓】或【↑】键可以减少或者添加光圈。

Step 04 按【Ctrl+C】快捷键复制光圈，按【Ctrl+F】快捷键粘贴到前面，增强光晕效果，然后取消选择，效果如图 4-158 所示。

图 4-157

图 4-158

4.3.2 绘制精确光晕效果

在【光晕工具选项】对话框中可以设置光圈的大小、亮度、光晕的发散程度等。选择【光晕工具】后在画板上单击，或者双击【光晕工具】，即可打开【光晕工具选项】对话框，如图 4-159 所示，各选项作用如表 4-7 所示。

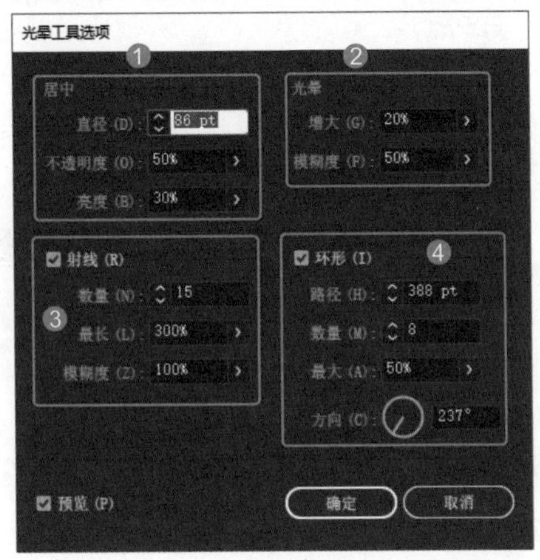

图 4-159

表 4-7 【光晕工具选项】对话框中各选项作用

选项	作用
❶ 居中	【直径】用于设置光晕中心光圈的大小，【不透明度】用来设置光晕中心光环的不透明度，【亮度】用来设置光晕中心光环的明亮度
❷ 光晕	【增大】用来设置光晕的大小，【模糊度】用于设置光晕边缘的模糊程度
❸ 射线	【数量】用来设置射线的数量，【最长】用来设置光晕效果中最长的一条射线的长度，【模糊度】用于控制射线的模糊效果
❹ 环形	【路径】用于设置光圈的轨迹长度，【数量】用于设置二次单击时产生的光圈数量，【最大】用于设置多个光圈中最大的光环的大小，【方向】用于设置出现最小光圈路径的角度

妙招技法

通过前面内容的学习，相信大家已经学会了简单图形的绘制，下面就结合本章内容介绍一些使用技巧。

技巧 01 以特定点为中心点绘制图形

选择一种绘图工具后，将鼠标光标放在画板上，然后按住【Alt】键拖动鼠标，这时可以以鼠标刚开始所在位置的坐标为中心点绘制图形。这种绘图方式通常被用来绘制同一中心的对象，如图 4-160 所示。

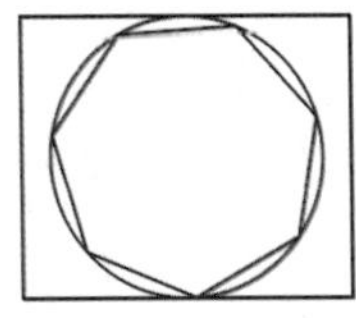
图 4-160

技巧 02 设置特定圆角的半径

使用实时转角调整矩形、圆角矩形的圆角半径时会调整所有圆角的角度。在【形状属性】面板中取消圆角半径值的链接就可以设置特定圆角的半径，具体操作步骤如下。

Step 01 新建文档，并在画板上使用【矩形工具】绘制一个矩形，如图 4-161 所示。

Step 02 单击【属性】面板中【变换】栏中的【更多选项】按钮，或者单击控制栏中的【形状】按钮，打开【形状属性】面板，如图 4-162 所示。

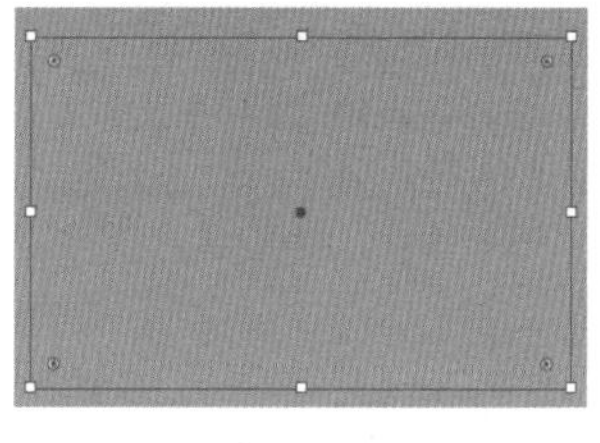

图 4-161

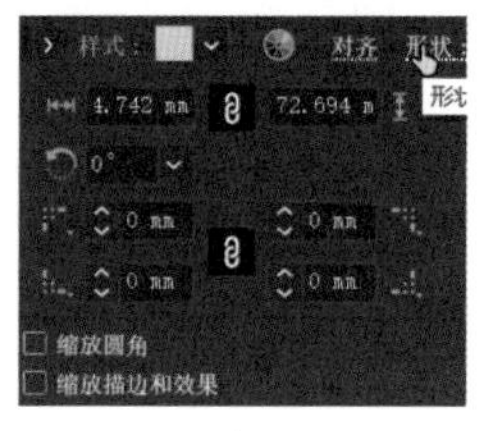

图 4-162

Step03 单击设置圆角半径栏中的按钮，取消圆角半径值的链接，然后设置左下角的半径值，如图 4-163 所示。

Step04 完成圆角的设置，矩形效果如图 4-164 所示。

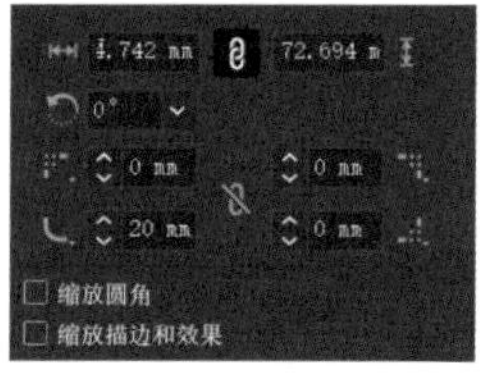

图 4-163

图 4-164

技巧 03 快速制作放射状线条

使用【直线段工具】绘制直线后不要释放鼠标，同时按住【~】键，然后继续拖动鼠标就可以制作放射状线条，如图 4-165 所示。

图 4-165

使用其他工具绘制形状时，按住【~】键也可以快速移动复制形状，如图 4-166 所示分别为该键配合使用【弧形工具】、【椭圆工具】和【矩形工具】的效果。

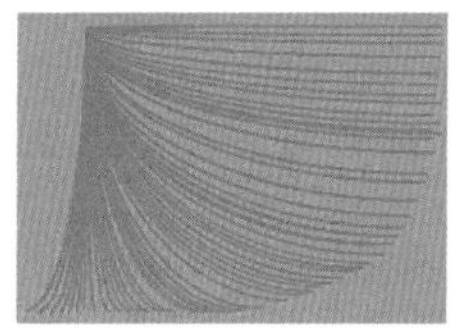
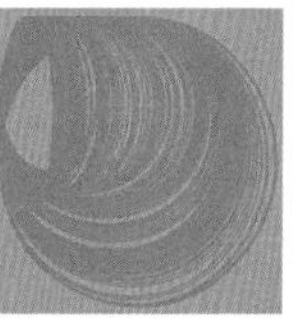

图 4-166

同步练习：制作几何元素背景素材

利用几何元素进行设计往往能够达到较强的形式美感和设计美感。几何元素永远是设计的基础，被广泛应用于各种设计中，如电商设计、广告设计、VI 设计等。下面就结合本章内容，在 Illustrator CC 中利用线条工具组和形状工具组中的工具，设计制作几何元素的电商 Banner 背景素材，效果如图 4-167 所示。

图 4-167

素材文件	无
结果文件	结果文件 \ 第 4 章 \Banner 背景素材 .ai

Step01 运行软件后，单击【新建】按钮，打开【新建文档】对话框，在【预设详细信息】栏中设置【宽度】为 1920 像素，【高度】为 700 像素，单击【横向】按钮，展开【高级选项】栏，设置【颜色模式】为 RGB 颜色，【光栅效果】为屏幕（72ppi），如图 4-168 所示。单击【创建】按钮，新建文档。

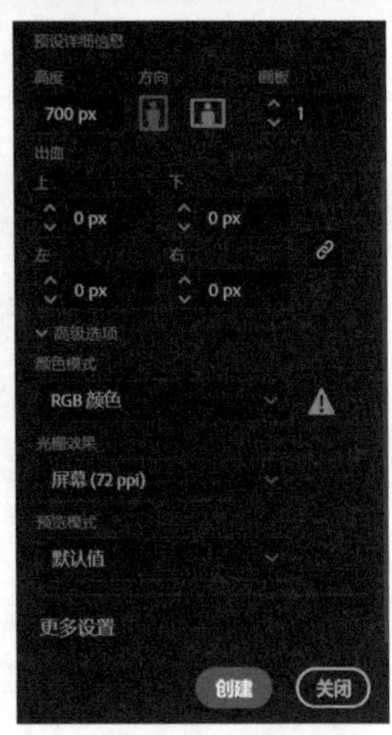

图 4-168

Step 02 单击控制栏中填色右侧的下拉按钮，在展开的面板中单击【“色板库”菜单】按钮，如图 4-169 所示。如果界面中没有控制栏，执行【窗口】→【控制】命令即可调出控制栏。

Step 03 在弹出的下拉列表中选择【自然】→【花朵】选项，打开【花朵】色板库，如图 4-170 所示。

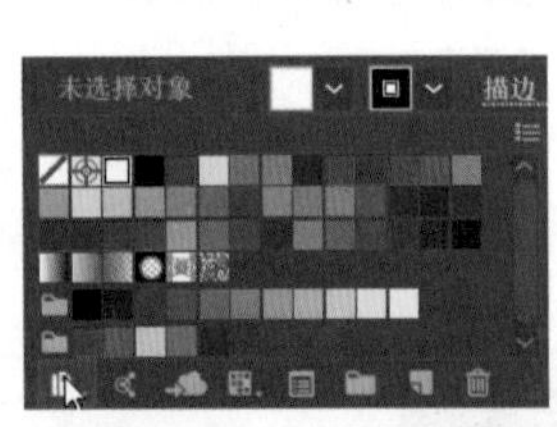

图 4-169

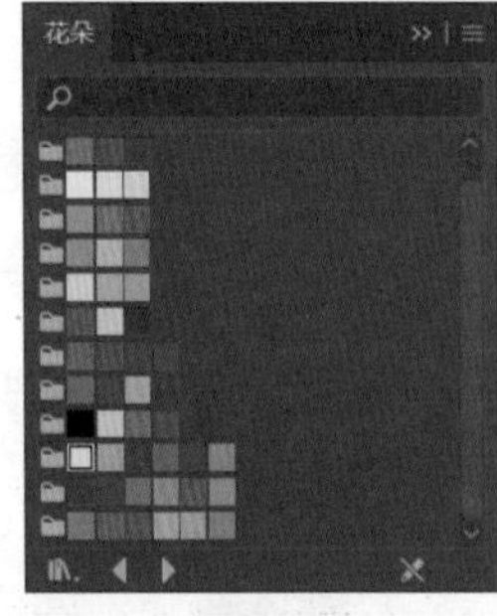

图 4-170

Step 04 选择【矩形网格工具】，绘制一个比画板大的矩形网格，并按住鼠标不放，然后按【→】和【↑】键增加网格横线和竖线，如图 4-171 所示。

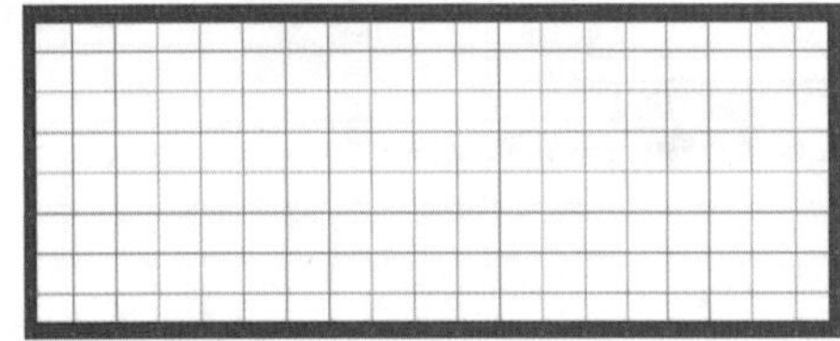

图 4-171

Step 05 在控制栏设置描边颜色为白色，描边大小为 1pt，然后在【花朵】色板库选择绿色，将矩形网格填充为绿色，如图 4-172 所示。

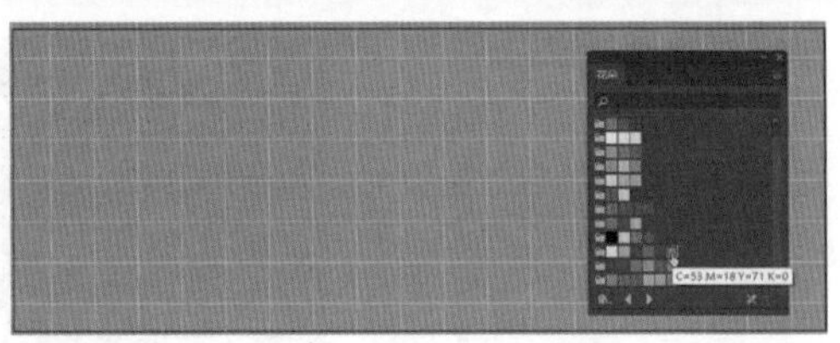

图 4-172

Step 06 使用【圆角矩形工具】绘制圆角矩形，并将形状放在画板中央。然后在控制栏设置填充为白色，描边为黑色，描边粗细为 2pt，如图 4-173 所示。

Step 07 使用【选择工具】选择圆角矩形对象，按住【Alt】键移动复制形状。然后右击，在弹出的快捷菜单中选择【排列】→【后移一层】命令，将复制的形状置于下方，如图 4-174 所示。

图 4-173

图 4-174

Step 08 使用【多边形工具】在画板左上角绘制多边形形状，按【↓】键将边数减少到 3。然后在控制栏取消描边，在【花朵】色板库中选择淡紫色，将三角形的颜色填充设置为淡紫色，如图 4-175 所示。

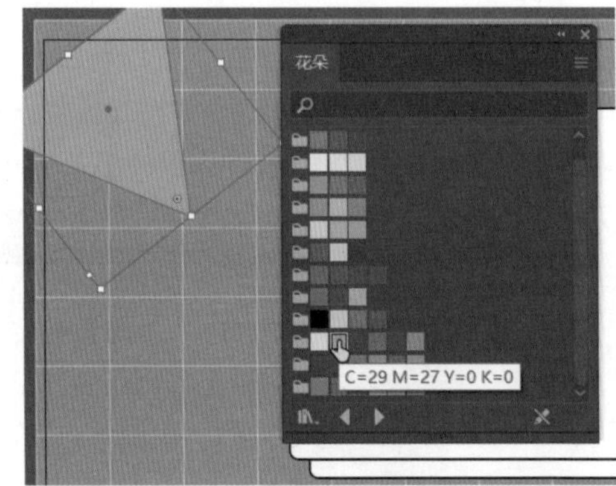

图 4-175

Step 09 选择【选择工具】，按住【Alt】键移动复制三角形，在控制栏取消颜色填充，设置描边颜色为白色，描边粗细为 2pt，效果如图 4-176 所示。

Step 10 使用【极坐标网格工具】在左下角绘制形状，按【↓】键取消经线，按【←】键调整纬线到 3，然后在【花朵】色板库中选择黄色，设置填充色为黄色，如图 4-177 所示。

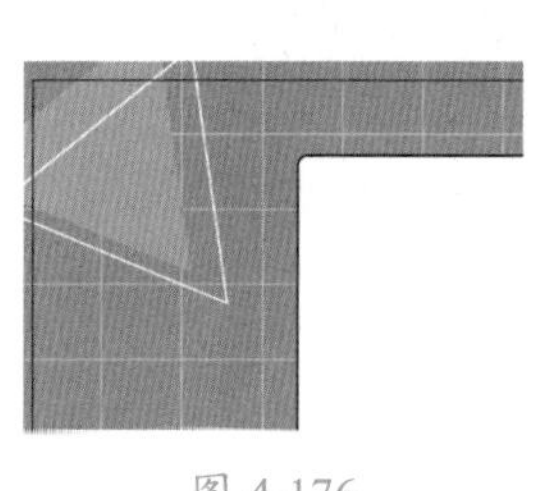

图 4-176

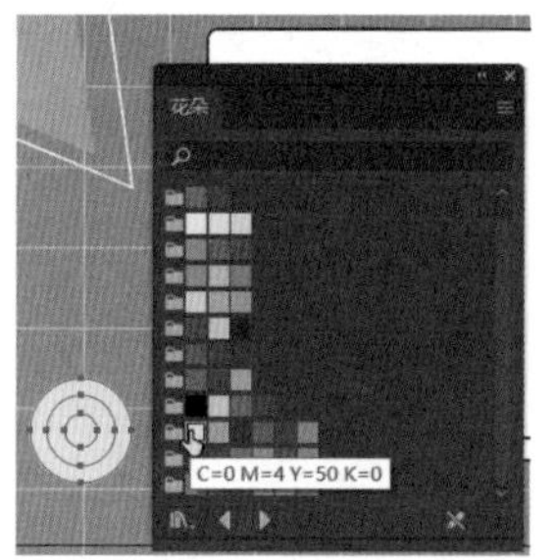

图 4-177

Step 11 单击工具栏下方的【互换填色和描边】按钮，切换填色和描边，然后在控制栏设置填色为无，描边粗细为 2pt，如图 4-178 所示。

Step 12 使用【选择工具】选择极坐标形状，按住【Alt】键移动复制形状，再调整位置，如图 4-179 所示。

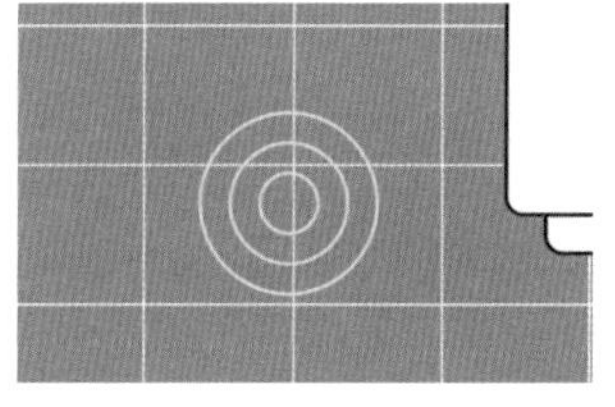

图 4-178

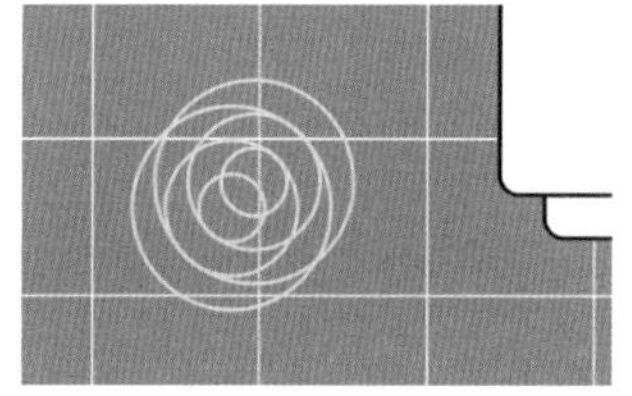

图 4-179

Step 13 选择【椭圆工具】，在下方绘制圆形，在【花朵】色板库中选择深一点的紫色，设置填充颜色为紫色，然后在控制栏中设置描边颜色为白色，描边粗细为 2pt，如图 4-180 所示。

Step 14 选择【选择工具】，按住【Alt】键向下拖动复制圆形，如图 4-181 所示。

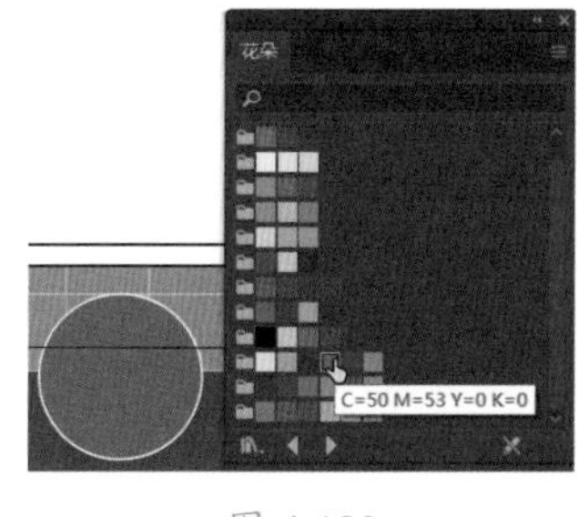

图 4-180

图 4-181

Step 15 使用【直线段工具】，按住【Shift】键绘制水平方向的直线，在控制栏设置描边颜色为黑色，描边粗细为 2pt。然后选择【选择工具】选择直线段，按住【Alt】键向下拖动鼠标复制直线段。再用同样的方法复制一条直线段，设置粗细为 5pt，如图 4-182 所示。

Step 16 选择【多边形工具】绘制四边形，并设置填充颜色为黄色，取消描边。然后选择【选择工具】，按住【Alt】键向右拖动鼠标，复制四边形，设置四边形填充颜色为紫色，如图 4-183 所示。

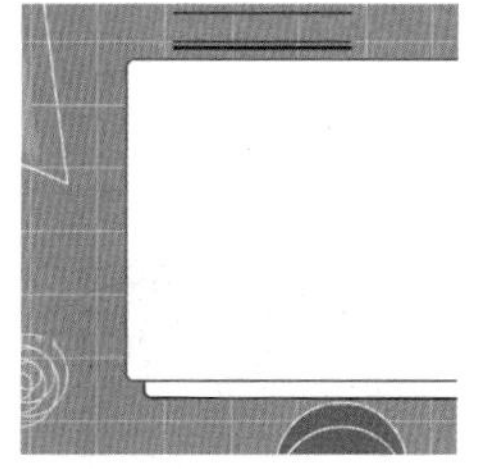

图 4-182

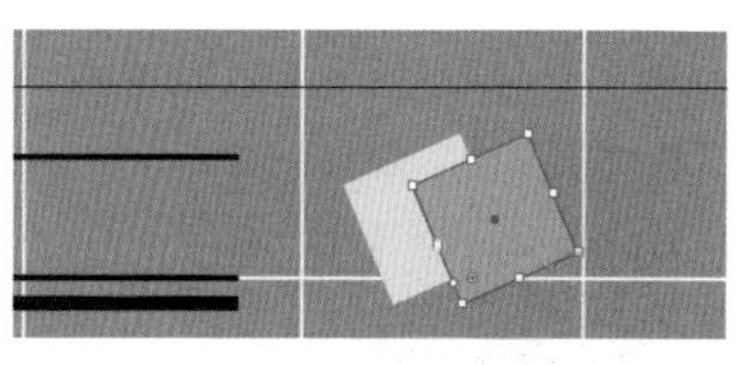

图 4-183

Step 17 使用【选择工具】选择矩形网格形状，执行【对象】→【锁定】→【所选对象】命令，锁定矩形网格。然后框选两个四边形，按住【Alt+Shift】快捷键移动复制形状。使用同样的方法继续框选所有的四边形并移动复制，再将所有的四边形放在两条直线段之间，如图 4-184 所示。

Step 18 框选所有的四边形，按住【Alt】键移动复制到画板底部，如图 4-185 所示。

图 4-184

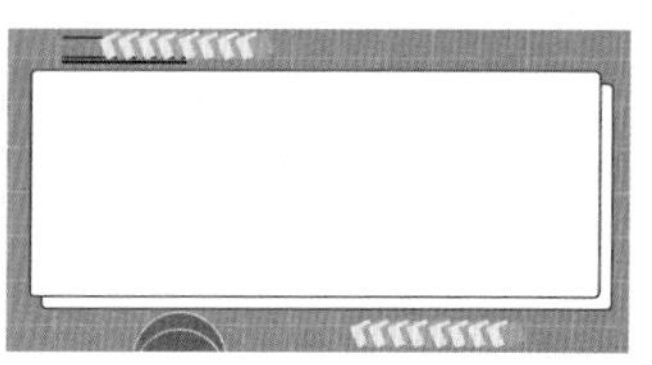

图 4-185

Step 19 使用【多边形工具】绘制四边形，取消形状的颜色填充，设置描边颜色为白色，描边粗细为 2pt。然后选择【选择工具】，按住【Alt】键移动复制形状，调整形状位置，如图 4-186 所示。

Step 20 使用【多边形工具】在画板右上角绘制四边形，在控制栏取消描边，然后选择【花朵】色板库中的绿色，设置填充颜色为绿色，如图 4-187 所示。

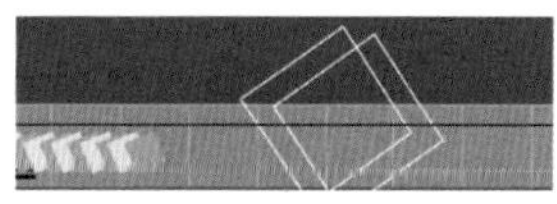

图 4-186

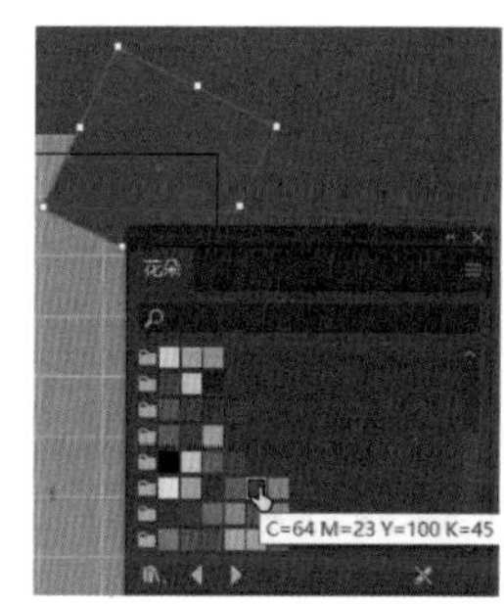

图 4-187

Step21 按【Ctrl+C】快捷键复制四边形，按【Ctrl+F】快捷键粘贴到前面，然后旋转四边形角度，并设置填充颜色为深绿色，如图 4-188 所示。

Step22 使用【极坐标网格工具】在右上角绘制形状，按【→】键增加纬线，然后在控制栏取消填充，设置描边颜色为黑色，描边粗细为 2pt，如图 4-189 所示。

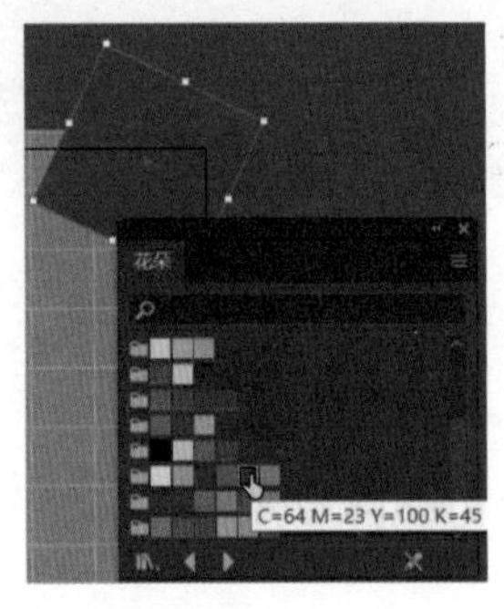

图 4-188

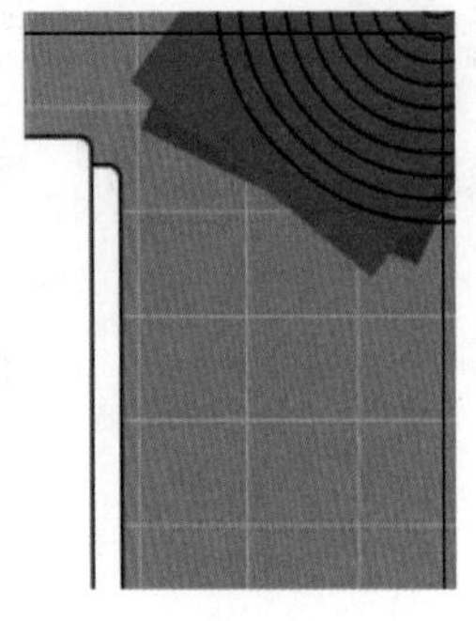
图 4-189

Step23 使用【椭圆工具】在右下角绘制形状，按住鼠标不放，同时按住【~】键并拖动鼠标继续绘制形状，然后在控制栏取消描边，选择【花朵】色板库中的黄色，设置填充颜色为黄色，如图 4-190 所示。

图 4-190

Step24 调整各个形状的位置及大小，完成背景素材文件的制作，效果如图 4-191 所示。

图 4-191

本章小结

本章主要讲解了 Illustrator CC 中简单图形的绘制方法。使用线条工具组中的工具可以绘制各种类型的线段，包括直线段、螺旋线、弧线等；使用形状工具组中的工具可以绘制矩形、圆形、多边形等各种基本的几何图形；而光晕工具是一种特殊的工具，可以模拟逼真的光效。虽然线条工具组和形状工具组中的工具使用非常简单，但却是 Illustrator CC 中最基础也最重要的工具之一。利用这些工具绘制基础的图形后，再配合复制、旋转等功能并利用不同的排版就可以制作出很多极具设计感的效果。

第5章 对象的管理

- 怎么让对象居中对齐？
- 对象编组后，想要修改编组中的某个单独的对象，怎么办？
- 元素太多，操作时总是会影响到其他元素怎么办？
- 如何使用不同的图层管理对象？

在设计一些大型图稿时，由于元素过多，为了便于操作通常会将元素编组、锁定，甚至隐藏。这些操作都属于对对象的管理。本章将介绍 Illustrator CC 中对象的管理方法，包括排列、对齐与分布、编组、显示与隐藏、锁定与解锁，以及图层的应用等内容。

5.1 排列对象

一幅完整的设计作品是由多个对象通过有条不紊的排列组合在一起的。在排列这些对象时通常会出现重叠的情况，这时上方的对象会遮挡下方的对象。如果调整对象的堆叠顺序，那么图像效果也会发生变化，如图 5-1 所示。

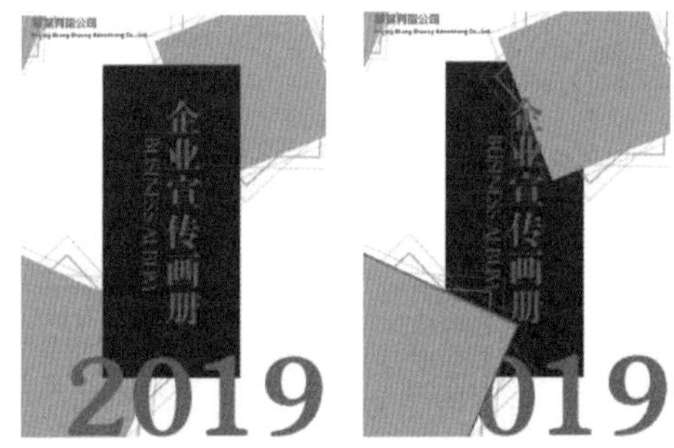

图 5-1

选择对象后，执行【对象】→【排列】命令，或者右击后在弹出的快捷菜单中选择【排列】命令，在弹出的子菜单中选择相应的命令就可以调整对象的顺序，如图 5-2 所示。

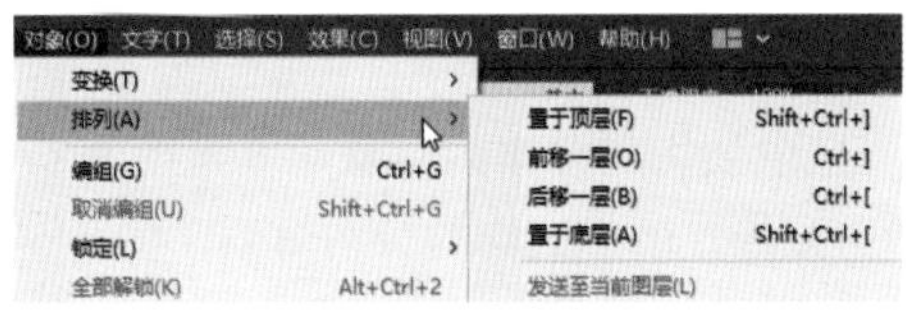

图 5-2

● 置于顶层：将所选对象移动至当前图层或者当前组中所有对象的最顶层。

● 前移一层：将所选对象的堆叠顺序向前移动一个位置。

● 后移一层：将所选对象的堆叠顺序向后移动一个位置。

● 置于底层：将所选对象移至当前图层或当前图层组中所有对象的最底层。

● 发送至当前图层：单击【图层】面板中的一个图层，如图 5-3 所示；然后选中该对象，执行该命令后，可将所选对象移动到选择的图层上，如图 5-4 所示。

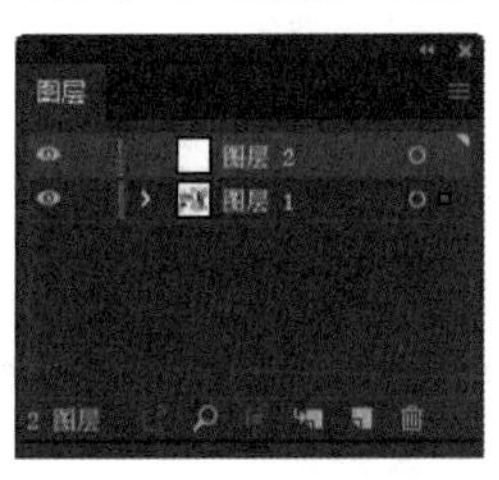

图 5-3

图 5-4

技术看板

【排列】子菜单中主要命令快捷键如下。

- 置于顶层：Shift+Ctrl+]
- 前移一层：Ctrl+]
- 后移一层：Ctrl+[
- 置于底层：Shift+Ctrl+[

5.2 对齐与分布

在 Illustrator CC 中作图时，通常需要利用对齐、分布操作来将多个对象进行整齐排列，并使之形成一定的排列规律，从而实现整齐、统一的美感。其中对齐操作可以使对象整齐排列，分布操作则可以对对象之间的间距进行调整。下面就介绍对齐与分布功能的具体操作方法。

★ 重点 5.2.1 对齐对象

使用对齐功能可以将多个对象进行整齐排列，如图 5-5 所示为垂直居中对齐效果。

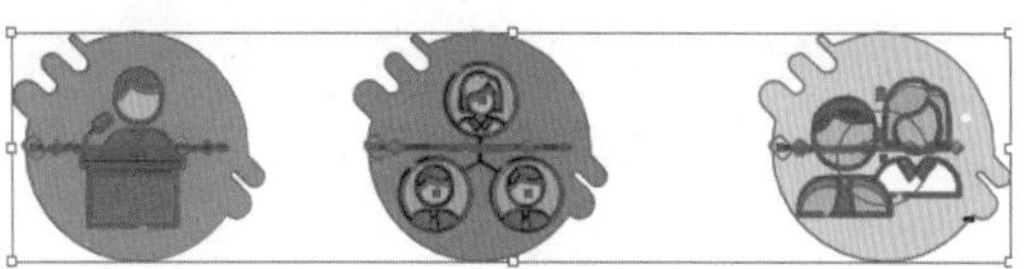

图 5-5

在 Illustrator CC 中执行对齐操作有以下 3 种方式。

（1）选择对象后，单击控制栏中的对齐按钮，如图 5-6 所示，即可通过指定的轴对齐对象。

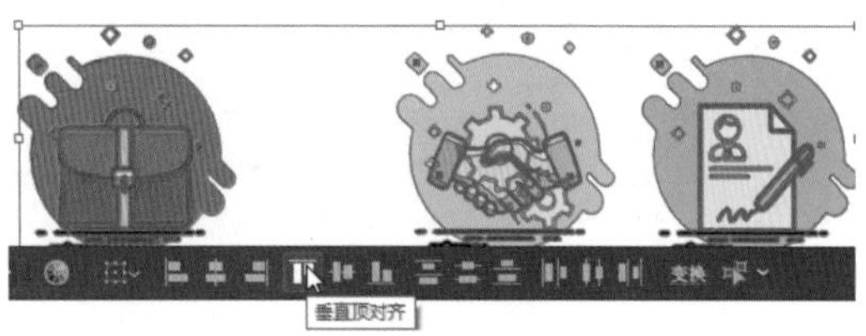

图 5-6

（2）选择对象后，单击【属性】面板中【对齐】栏中的对齐按钮，即可通过指定的轴将它们对齐，如图 5-7 所示。

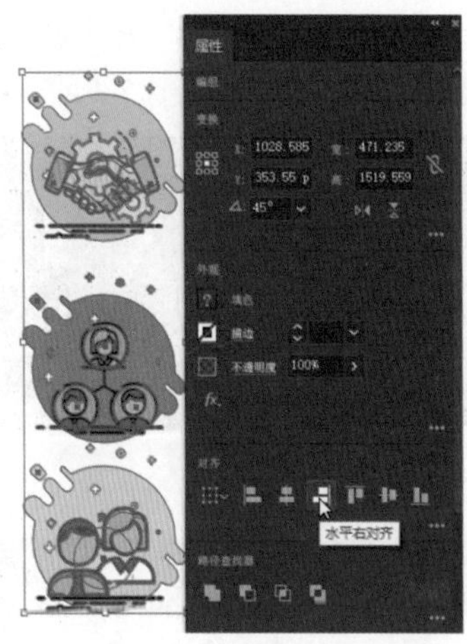

图 5-7

（3）执行【窗口】→【对齐】命令或者按【Shift+F7】快捷键打开【对齐】面板，如图 5-8 所示。选择对象后，再单击【对齐】面板中的对齐按钮，即可通过指定的轴对齐所选对象。

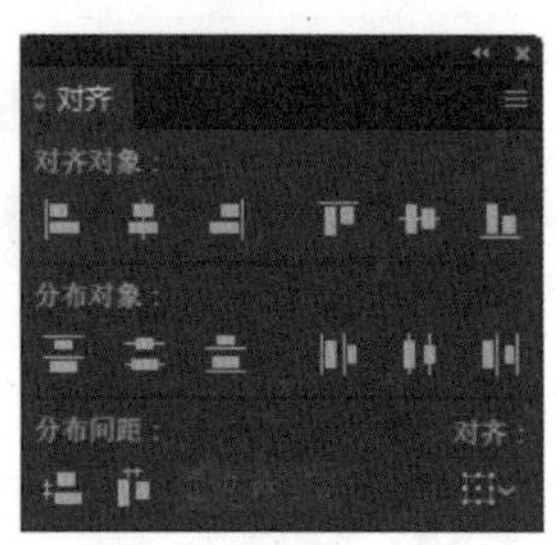

图 5-8

如表 5-1 所示为各种对齐方式的详细说明。

表 5-1 各种对齐方式说明

对齐方式	说明
水平左对齐	单击该按钮，可将所选对象的中心像素与当前对象左边的中心像素对齐
水平居中对齐	单击该按钮，将所选对象的中心像素与当前对象水平方向的中心像素对齐
水平右对齐	单击该按钮，将所选对象的中心像素与当前对象右边的中心像素对齐
垂直顶对齐	单击该按钮，将所选对象最顶端的像素与当前最顶端的像素对齐
垂直居中对齐	单击该按钮，将所选对象的中心像素与当前对象垂直方向的中心像素对齐
垂直底对齐	单击该按钮，将所选对象最底端的像素与当前对象最底端的像素对齐

★ 重点 5.2.2 分布对象

使用分布功能可以按相同的间距排列对象。与对齐功能一样，在 Illustrator CC 中有 3 种执行分布操作的方法。

（1）选中要均匀分布的对象，单击控制栏中的分布按钮，即可以指定的方式均匀分布对象，如图 5-9 所示为水平居中分布的效果。

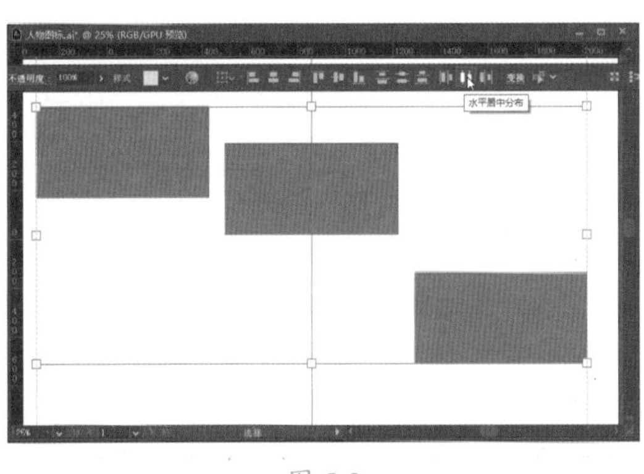

图 5-9

（2）选择要均匀分布的对象后，单击【属性】面板【对齐】栏右下角的【更多选项】按钮…，展开面板，然后单击分布按钮，即可以指定方式分布对象，如图 5-10 所示为垂直居中分布效果。

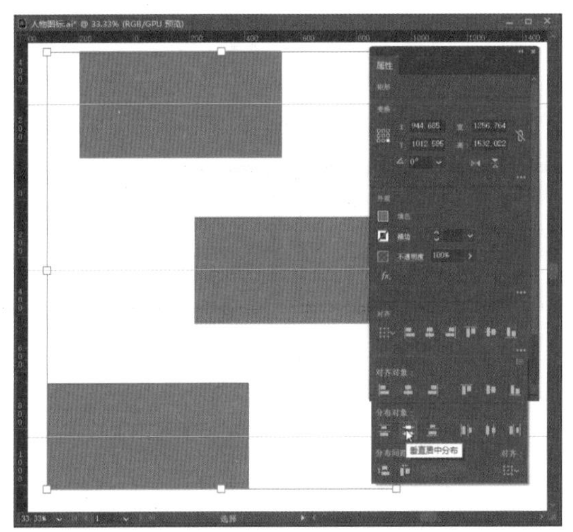

图 5-10

（3）选择要均匀分布的对象后，在【对齐】面板中单击分布按钮，即可以指定方式分布对象。如图 5-11 所示为水平左分布的效果。

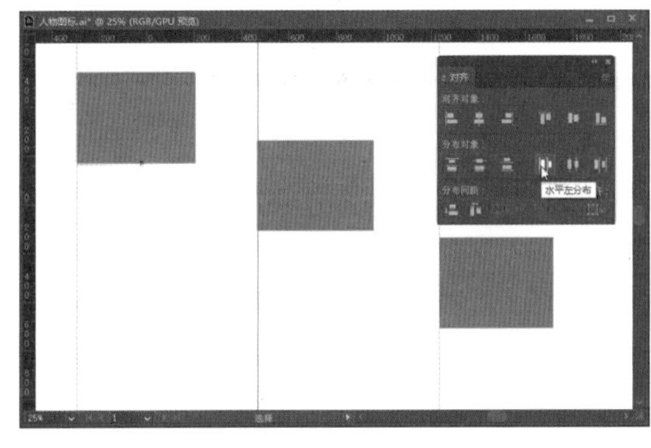

图 5-11

如表 5-2 所示为各种分布方式的详细说明。

表 5-2 各种分布方式说明

分布方式	说明
垂直顶分布	单击该按钮，平均分布每个对象顶部基线之间的距离
垂直居中分布	单击该按钮，平均分布每个对象水平中心基线之间的距离
垂直底分布	单击该按钮，平均分布每个对象底部基线之间的距离
水平左分布	单击该按钮，平均分布每个对象左侧基线之间的距离
水平居中分布	单击该按钮，平均分布每个对象垂直中心基线之间的距离
水平右分布	单击该按钮，平均分布每个对象右侧基线之间的距离

技能拓展——怎么将对象与画板对齐分布

默认情况下，对齐分布对象时是以所选对象为依据的。因此在执行对齐和分布操作时会发现对象之间对齐了，但是在画板上的位置出现了一定的偏离。针对这种情况，选择对象后，单击【对齐】面板中的【对齐所选对象】下拉按钮，在弹出的下拉列表中选择【对齐画板】选项，再设置对齐和分布方式，就会以画板为依据对齐和分布对象。

5.2.3 实战：制作小面馆菜单

制作小面馆菜单并使用对齐和分布功能进行排版，具体操作步骤如下。

Step01 按【Ctrl+N】快捷键打开【新建文档】对话框，在【最近使用项】选项卡中选择【A4】选项，如图 5-12 所示。单击【创建】按钮，新建文档。

图 5-12

Step02 双击工具栏中的【填色】按钮，打开【拾色器】对话框，设置颜色值为 #1b1108，如图 5-13 所示。单击【确定】按钮，设置填充颜色。

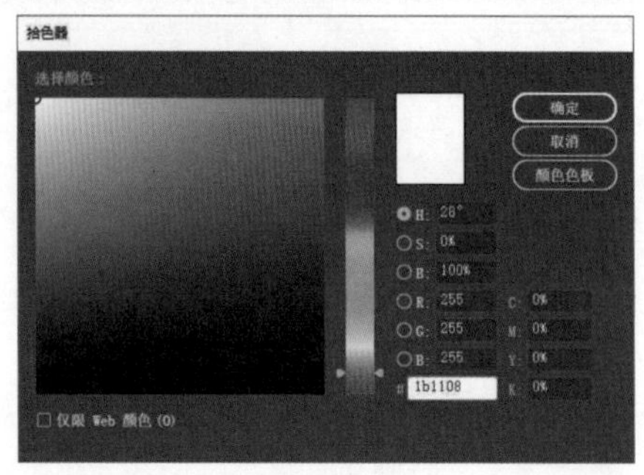

图 5-13

Step03 使用【矩形工具】绘制一个与画板同样大小的矩形，如图 5-14 所示。

Step04 使用【矩形工具】在画板上半部分绘制矩形，并在【属性】面板中设置填充颜色为白色，描边为无，如图 5-15 所示。

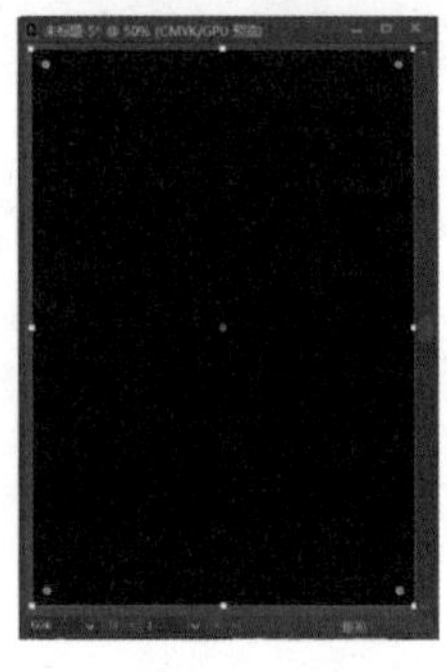

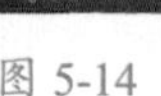

图 5-14

图 5-15

Step05 使用【选择工具】选择白色矩形，再按住【Shift】键单击下方的矩形将其同时选中。然后单击【属性】面板中【对齐】栏的【对齐所选对象】下拉按钮，在弹出的下拉列表中选择【对齐画板】选项，然后再单击【水平居中对齐】按钮对齐对象，如图 5-16 所示。

Step06 选择白色矩形，按【Ctrl+C】快捷键复制对象，按【Ctrl+F】快捷键将其粘贴到前面，拖动定界框放大对象，并在【属性】面板中设置填充颜色为无，描边颜色为白色，描边粗细为 2pt，如图 5-17 所示。

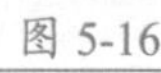

图 5-16

图 5-17

Step07 使用【直排文字工具】输入文字，并在【属性】面板中设置字体系列、大小及颜色，效果如图 5-18 所示。

Step08 先调整好右边第一段文字的位置，按住【Shift】键，选中所有文字，单击【属性】面板中【对齐】栏的【对齐画板】下拉按钮，在弹出的下拉列表中选择【对齐所选对象】选项，然后再单击【垂直顶对齐】按钮对齐对象，效果如图 5-19 所示。

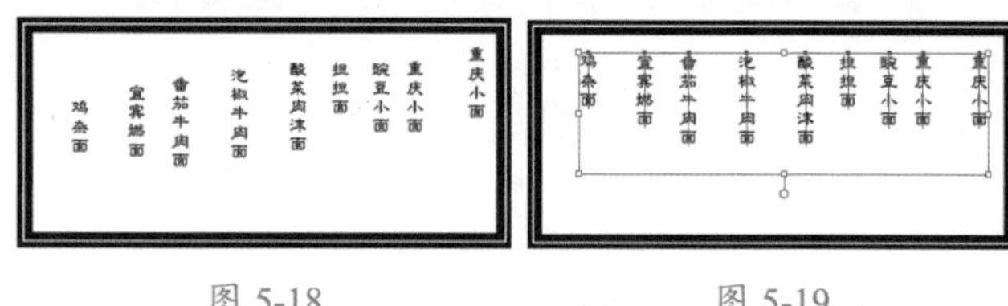

图 5-18　　图 5-19

Step09 单击【更多选项】按钮，打开【对齐】面板，再单击【水平居中分布】按钮平均分布文字，效果如图 5-20 所示。

Step10 使用【直排文字工具】输入价格，如图 5-21 所示。

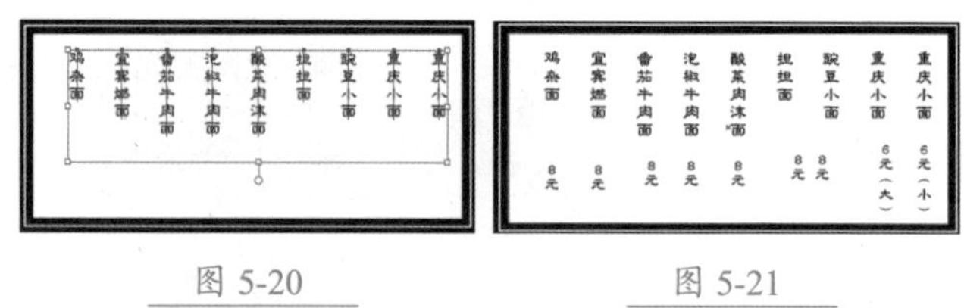

图 5-20　　图 5-21

Step11 选择所有的价格文字，单击【属性】面板中【对齐】栏的【垂直顶对齐】按钮，如图 5-22 所示。

Step12 选择最左边的文字，单击【属性】面板【对齐】栏中的【水平左对齐】按钮对齐对象，然后选择最右边的文字，单击【属性】面板【对齐】栏中的【水平右对齐】按钮，对齐文字，效果如图 5-23 所示。

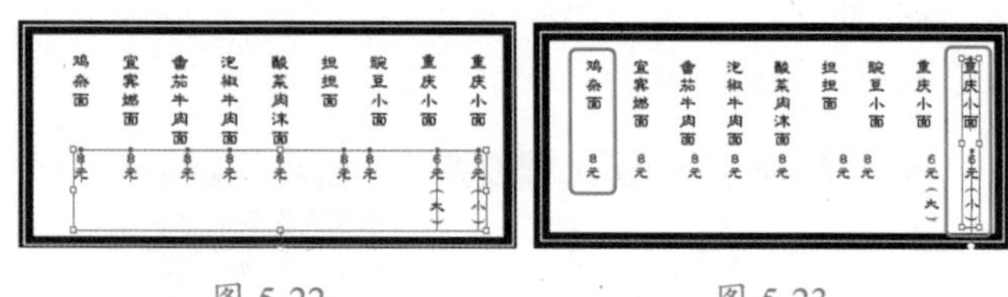

图 5-22　　图 5-23

Step13 选择所有的价格文字，单击【水平居中分布】按钮平均分布对象，效果如图 5-24 所示。

Step14 选择所有文字，按【Ctrl+G】快捷键将其编组，再按【Shift】键加选下方的两个白色矩形，然后单击【属性】面板中的【水平居中对齐】按钮对齐对象，效果如图 5-25 所示。

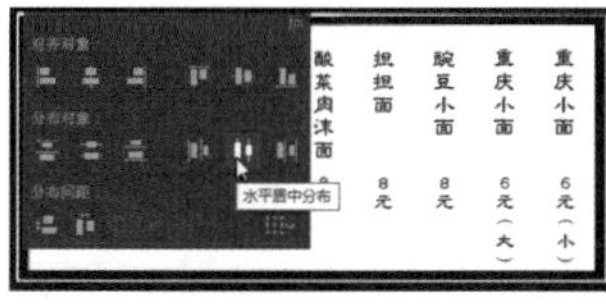

图 5-24

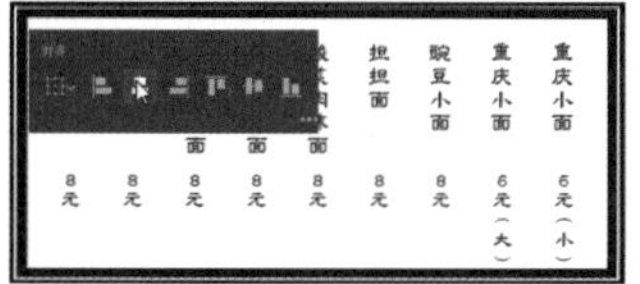

图 5-25

Step15 执行【文件】→【置入】命令，置入“素材文件\第5章\面条.png”文件，调整图像大小并将其放到白色矩形左下角，如图 5-26 所示。

Step16 使用【多边形工具】绘制三角形，并调整角度及位置。然后双击工具栏中的【填色】按钮，在打开的【拾色器】对话框中设置填充颜色为 #631f15，效果如图 5-27 所示。

图 5-26

图 5-27

Step17 使用【文字工具】在三角形上方输入文字，在【属性】面板中设置文字大小、字体系列。然后在【拾色器】对话框中设置文字颜色为 #dd882f，效果如图 5-28 所示。

Step18 在三角形上方绘制矩形，然后在【拾色器】对话框中设置填充颜色为 #a75846，效果如图 5-29 所示。

图 5-28

图 5-29

Step19 在矩形上输入文字，并在【属性】面板中设置字体系列、大小及颜色。然后同时选中文字及下方的矩形，单击【属性】面板中的【水平居中对齐】按钮，效果如图 5-30 所示。

Step20 置入“素材文件\第5章\酸辣粉卡通.png”文件，将其放在三角形下方。然后使用【文字工具】输入文字，在【属性】面板中设置字体系列、大小和颜色，并调整文字方向和位置，效果如图 5-31 所示。

图 5-30

图 5-31

Step21 置入“素材文件\第5章\重庆抄手.tif”文件，调整图像大小，将其放在画板左下角，并在【属性】面板中设置图像不透明度为 35%，效果如图 5-32 所示。

Step22 使用【矩形工具】绘制矩形，然后使用【吸管工具】在红色的小矩形上单击吸取颜色，如图 5-33 所示。

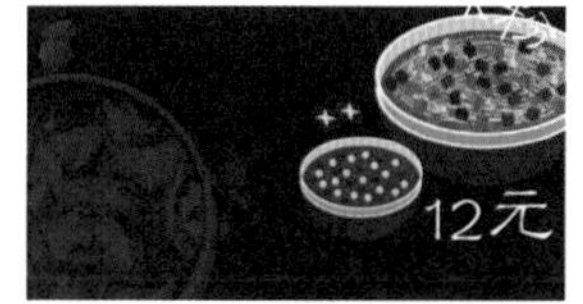

图 5-32

图 5-33

Step23 双击【填色】按钮，打开【拾色器】对话框，在【选择颜色】区域拖动鼠标选择较深一点的红色，如图 5-34 所示。单击【确定】按钮，确认颜色更改。

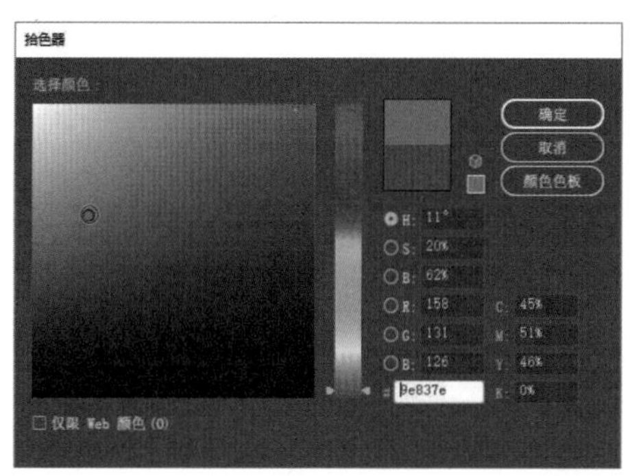

图 5-34

Step24 按住【Alt】键移动复制矩形，再使用【吸管工具】设置颜色，如图 5-35 所示。

Step25 在矩形上输入文字，并在【属性】面板中设置字体系列、大小及颜色，效果如图 5-36 所示。

图 5-35

图 5-36

Step26 选择文字和下方的矩形，单击【属性】面板中的【水平居中对齐】按钮 和【垂直居中对齐】按钮，然后再调整矩形位置，效果如图 5-37 所示。

Step27 使用【文字工具】 在下方输入文字，如图 5-38 所示。

图 5-37

图 5-38

Step28 在面条图像下方输入文字，并在【属性】面板中设置字体大小、颜色和系列，如图 5-39 所示。

Step29 置入"素材文件\第 5 章\辣椒.png"文件，调整图像大小和角度，将其放在"小面馆"文字左侧。最后再调整各元素大小和位置，完成小面馆的菜单制作，最终效果如图 5-40 所示。

图 5-39

图 5-40

5.3 编组

编组是将多个对象放在同一组中，成为一个整体，从而便于对象的管理。将多个对象编组后，既可以对它们进行统一的移动、旋转和缩放操作，也可以对单个对象进行调整。

★ 重点 5.3.1 编组与取消编组

要将多个对象编组在一起，应先选择需要编组的对象，如图 5-41 所示。

然后执行【对象】→【编组】命令，或者右击，在弹出的快捷菜单中选择【编组】命令，如图 5-42 所示，就可将所选对象编组了。

图 5-41

图 5-42

对象编组后，使用【选择工具】 选择时则会选择整个组，如图 5-43 所示。

如果要选择单个对象，则要使用【编组选择工具】 进行选择，如图 5-44 所示。

图 5-43

图 5-44

当不需要编组时，选择编组的对象，执行【对象】→【取消编组】命令，或者右击，在弹出的快捷菜单中选择【取消编组】命令，如图 5-45 所示，就可以取消编组。

技术看板

【编组】与【取消编组】命令的快捷键如下。

- 编组：Ctrl+G
- 取消编组：Shift+Ctrl+G

图 5-45

★ 重点 5.3.2 隔离模式

将对象编组后，除了可以使用【编组选择工具】选择单个对象以外，还可以通过隔离模式来选择单个对象并进行编辑操作。

隔离模式可以隔离对象，以便于用户轻松选择和编辑特定对象或对象的某些部分。

使用【选择工具】双击对象，即可进入隔离模式，如图 5-46 所示。或者选择要隔离的对象并右击，在弹出的快捷菜单中选择【隔离所选对象】命令，也可进入隔离模式。这时，在【图层】面板中会显示当前处于隔离模式，并且只会显示处于隔离状态下的对象。在画板中，也只有当前对象是以全色可编辑的状态显示，其他对象都呈现灰色不可编辑的状态。因此，在这种状态下编辑图稿不会受到其他对象的干扰，同时也不会影响其他对象。

如果使用【选择工具】双击编组的对象，进入隔离模式后，则可以选择编组中的单个对象并进行编辑，如图 5-47 所示。

图 5-46

图 5-47

这时再继续双击某个对象，那么此时的画板中只有该对象是可编辑的，其他所有的对象均不可编辑，如图 5-48 所示。

编辑完成后，单击窗口左上角的【后移一级】按钮，或者双击鼠标即可退出隔离模式，如图 5-49 和图 5-50 所示。

图 5-48

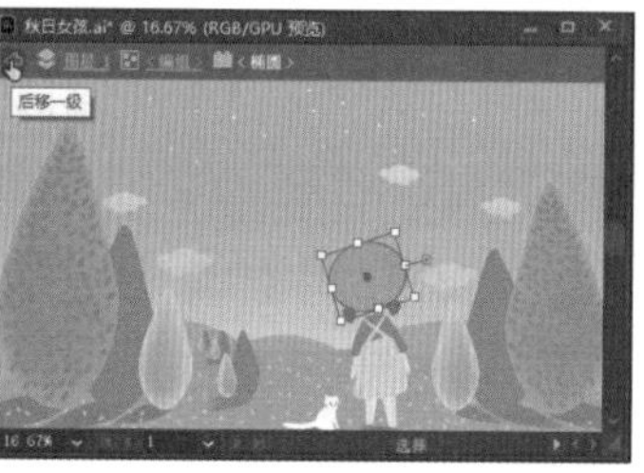

图 5-49

图 5-50

技术看板

选择对象后右击，在弹出的快捷菜单中选择【隔离选定的路径】或【隔离选定的组】命令也可进入隔离模式。

5.3.3 扩展对象

扩展对象是将单个对象分割为若干个对象，这些对象共同组成其外观。如图 5-51 所示，选择一个具有实色填充和描边的四边形，执行【对象】→【扩展】命令，打开【扩展】对话框，选中【填充】和【描边】复选框，如图 5-52 所示。

单击【确定】按钮后，可以将填充和描边扩展为独立的对象，并自动编组。按【Shift+Ctrl+G】快捷键取消编组，可以分别移动填充和描边，如图 5-53 所示。

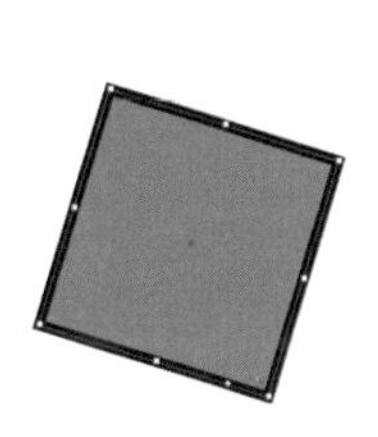

图 5-51

图 5-52

图 5-53

【扩展】对话框中各选项作用如表 5-3 所示。

表 5-3 【扩展】对话框中各选项作用

选项	作用
对象	扩展复杂对象，包括实时混合、封套、符号组和光晕等
填充	扩展填色
描边	扩展描边
渐变网格	将渐变扩展为单一的网格对象，如图 5-54 所示 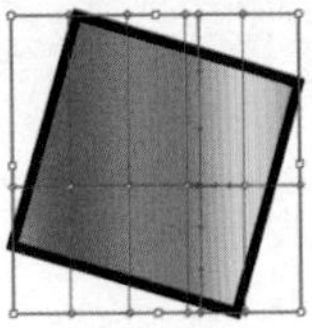 图 5-54
指定	设置色标之间的颜色值容差。数量越多越有助于保持平滑的颜色过渡；数量较低则可创建条形色带外观，如图 5-55 所示 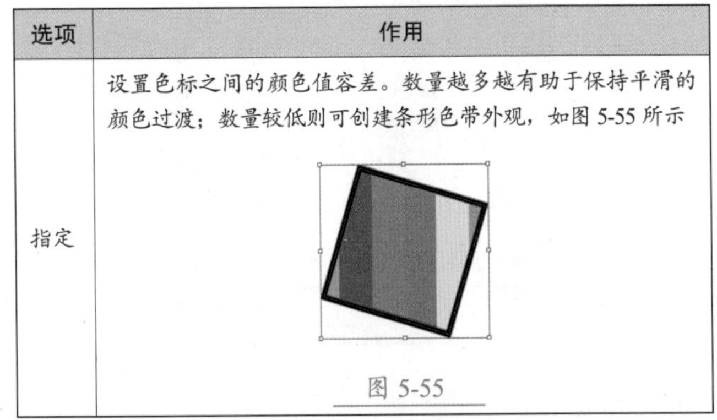 图 5-55

续表

技术看板

如果对象应用了外观属性，那么【对象】→【扩展】命令将变暗，此时需要执行【对象】→【扩展外观】命令，才能扩展外观。

5.4 显示与隐藏

在制作图稿时，对于一些暂时不需要的对象，可将其隐藏起来，然后在需要的时候再将其显示出来。被隐藏的对象只是不能被看见，同时也无法选择和打印，但是仍然是存在于文档中的，通过【显示】命令即可将其显示出来。此外，当文档关闭和重新打开时，隐藏的对象也会重新显示。

5.4.1 隐藏对象

选择对象，如图 5-56 所示。执行【对象】→【隐藏】命令，如图 5-57 所示，Illustrator 在扩展菜单中提供了 3 种隐藏方式，根据需要选择即可。

图 5-56

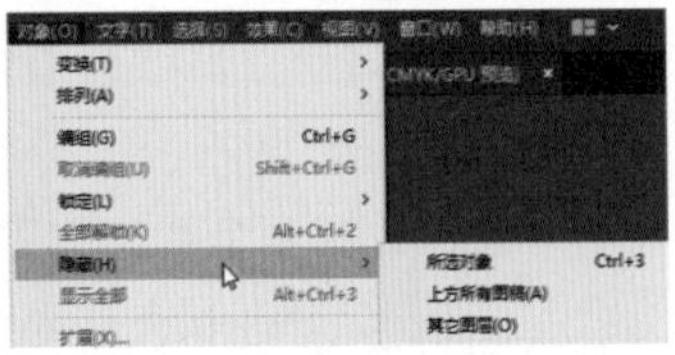

图 5-57

• 所选对象：执行该命令会隐藏所选对象，如图 5-58 所示，此时，该对象所在图层前面的【可视性】图标 会被隐藏。

• 上方所有图稿：执行该命令会隐藏位于所选对象上方的所有对象，如图 5-59 所示。

• 其它图层：如果对象分别放在不同的图层上，那么执行该命令，则会隐藏其他图层上的所有对象，而所选对象所在图层的所有对象不会被隐藏，如图 5-60 所示。

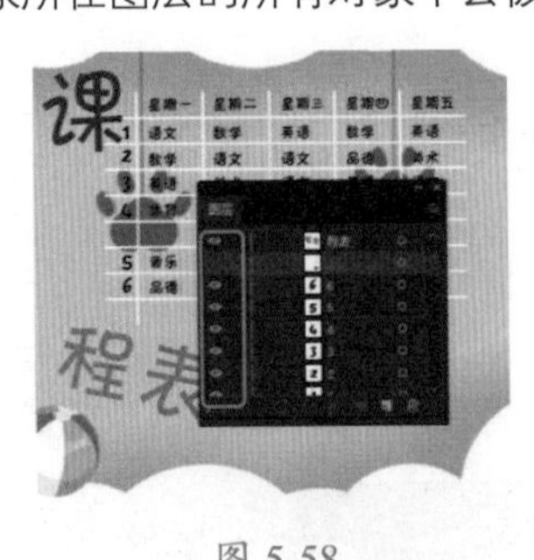

图 5-58

图 5-59

图 5-60

5.4.2 显示对象

当不再需要隐藏对象时，执行【对象】→【显示全部】命令即可显示隐藏的所有对象。单击【图层】面板中的【可视性】按钮，可以显示某个独立的对象或者某个图层的所有对象。

5.5 锁定与解锁

在编辑复杂图稿时，由于元素过多，当需要编辑某个元素时，会很容易触碰到其他元素，或受到其他元素的影响。这时可以将不需要编辑的元素锁定，如果要编辑锁定的对象，再将其解锁即可。

★ 重点 5.5.1 锁定对象

锁定对象就是将对象固定在一个位置，使其不能被选择和修改，但是被锁定的对象是可见的，也是可以被打印的。

选择对象后，执行【对象】→【锁定】命令，如图 5-61 所示，在弹出的扩展菜单中提供了 3 种锁定方式。

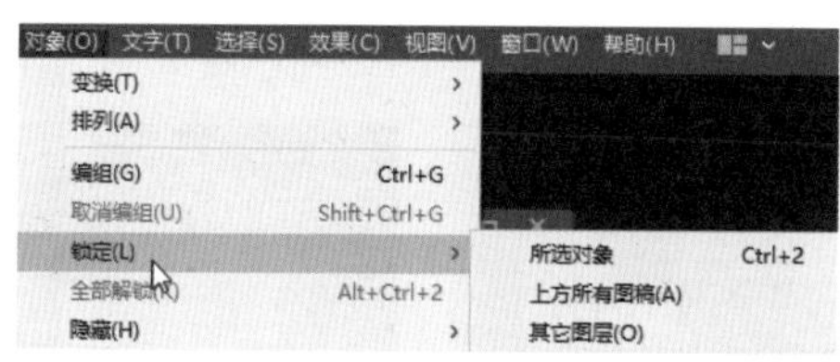

图 5-61

● 所选对象：锁定所选择的对象，对象锁定后，该对象所在图层的前面会显示🔒图标，如图 5-62 所示。

● 上方所有图稿：执行该命令会锁定位于所选对象上方的所有对象。

● 其它图层：如果图稿中的元素分别放在不同的图层上，那么执行该命令，则会锁定其他所有图层上的元素，而该元素所在图层的所有元素都不会被锁定，如图 5-63 所示。

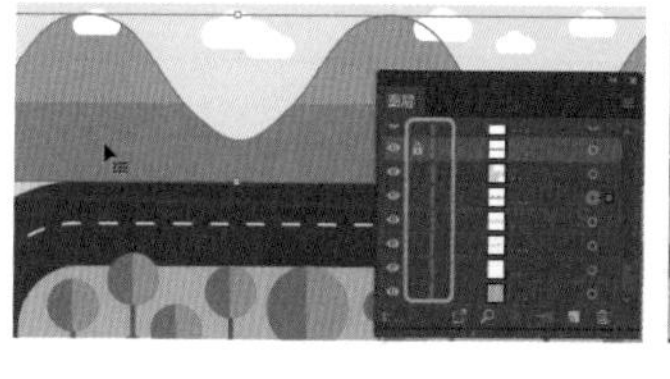

图 5-62

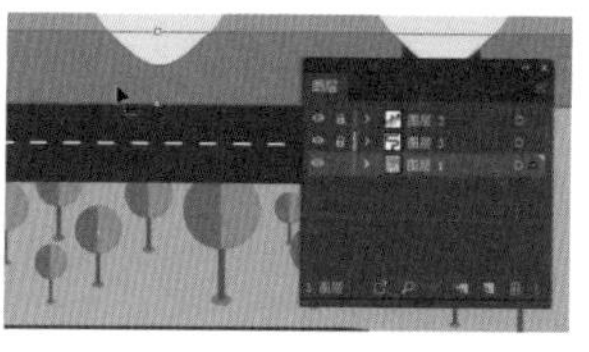

图 5-63

5.5.2 解锁对象

当不需要锁定对象时，执行【对象】→【全部解锁】命令可以解锁所有被锁定的对象。

此外，在【图层】面板中单击图层前面的【切换锁定】图标🔒将其隐藏，可以解锁某个图层或者某个单独的对象。

5.6 图层的应用

在 Illustrator 中绘制的所有对象都会被放在图层上。利用图层可以对元素进行显示、隐藏、编组、删除等操作。绘制复杂图稿时，使用图层可以有效地选择和管理对象，提高工作效率。

5.6.1 【图层】面板

执行【窗口】→【图层】命令打开【图层】面板，如图 5-64 所示。图层就像一个文件夹，图稿中的所有元素都被放在不同的图层中。【图层】面板各选项作用如表 5-4 所示。

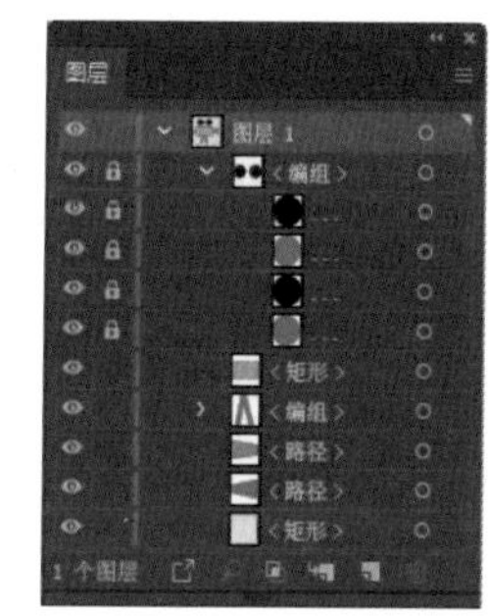

图 5-64

表 5-4 【图层】面板中各选项作用

选项	作用
【切换可视性】	显示当前图层的显示 / 隐藏状态。当显示图标时图层为显示状态，无该图标时为隐藏状态
【切换锁定】	切换图层的锁定状态。在【切换可视性】图标右侧单击，将显示图标，即可锁定图层。再单击图标，则可以解锁图层
【创建新图层】	单击该按钮可以新建图层，如图 5-65 所示。新创建的图层总是位于当前选择的图层之上 图 5-65
【创建新子图层】	单击该按钮可以在当前图层下方创建新的子图层，如图 5-66 所示 图 5-66
【建立 / 释放剪切蒙版】	单击该按钮可以创建或者释放剪切蒙版
【定位对象】	在画板上选中某个对象后，单击此按钮，即可在【图层】面板上快速定位该对象所在的图层
【图层名称】/【颜色】	按住【Alt】键单击【创建新图层】/【创建新子图层】按钮或双击某个图层，可以在弹出的【图层选项】对话框中设置图层的名称和颜色。当图层数量较多时，给图层命名可以更加方便地查找和管理对象；为图层设置一种颜色后，在【切换可视性】图标右侧会显示设置的颜色条，而当选择该图层中的对象时，对象的定界框、路径、锚点和中心点都会显示与图层相同的颜色，这有助于在选择时区分不同图层上的对象
【删除图层】	选择图层后单击该按钮，或者拖动图层到该按钮上，释放鼠标后即可删除所选图层
【收集以导出】	在画板中选择对象后，单击此按钮可打开【资源导出】面板，导出对象
【单击可定位，拖动可移动外观】	每个图层对象后都有该图标，单击该图标可选中对象并在画板上定位该对象，此时图标呈显示，如图 5-67 所示 按住该图标，并将其拖动到其他图层上，则会使其他图层具有相同的外观，如图 5-68 所示 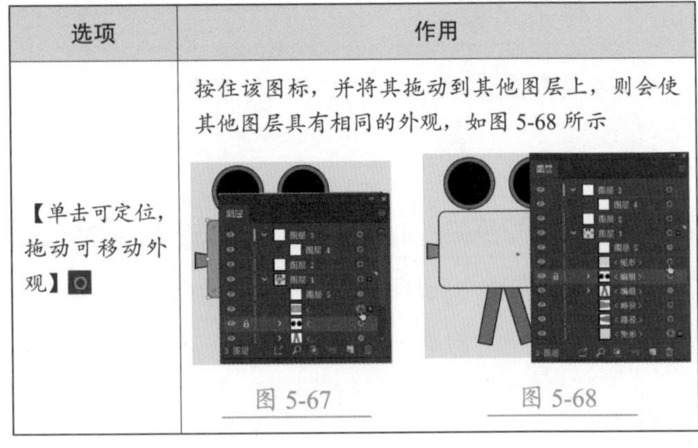 图 5-67　图 5-68

默认情况下，新建文档后会自动创建“图层 1”，在画板上每绘制一个对象就会在“图层 1”下方自动创建子图层。每个图层上都保存着不同的对象，这些堆叠在一起的图层都是透明的，所以透过上面图层的透明区域可以看到下面图层中的对象。调整图层的堆叠顺序会影响图像效果，如图 5-69 和图 5-70 所示为不同图层顺序的图像效果。

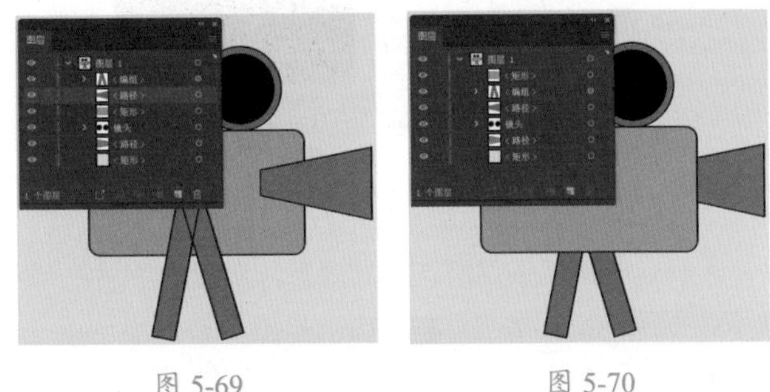

图 5-69　图 5-70

5.6.2 复制图层

在【图层】面板中，拖动图层或子图层到面板底部的【创建新图层】按钮上，如图 5-71 所示；释放鼠标后即可复制图层，如图 5-72 所示。

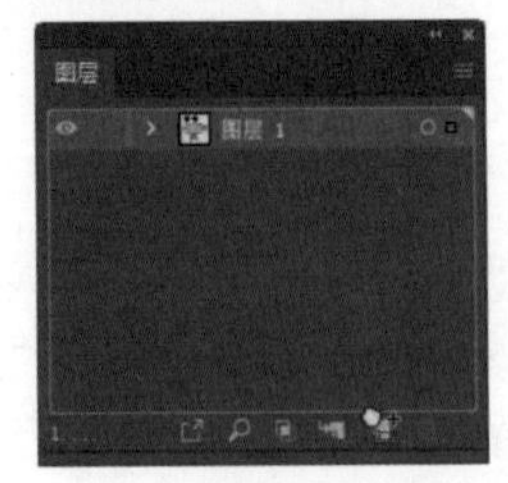

图 5-71

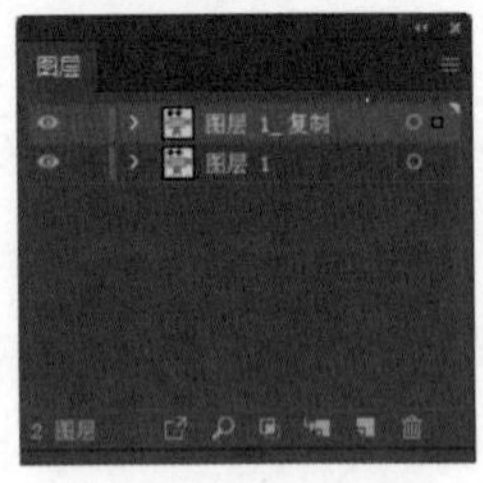

图 5-72

按住【Alt】键，再拖动图层或者子图层，如图 5-73 所示；释放鼠标后，即可将其复制到指定位置，如图 5-74 所示。

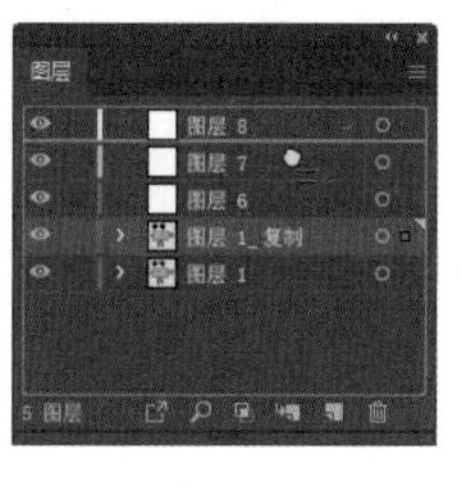
图 5-73

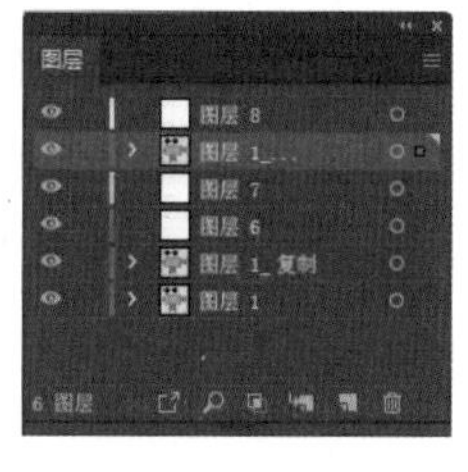
图 5-74

★ 重点 5.6.3 选择图层和对象

单击【图层】面板中的图层，即可选择该图层，如图 5-75 所示，所选图层即为当前图层。

按住【Ctrl】键单击图层，可选择多个图层，常用此方法选择多个不相邻的图层，如图 5-76 所示。选择一个图层后，按住【Shift】键单击图层，则可以选择第一次选择的图层与第二次选择的图层之间的所有图层，如图 5-77 所示。

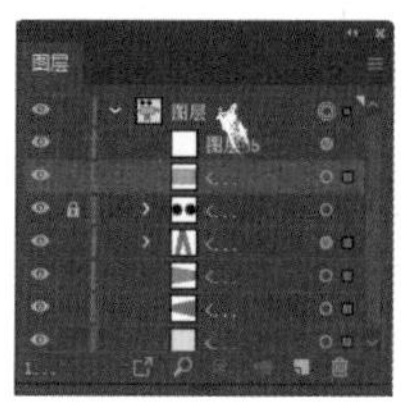
图 5-75

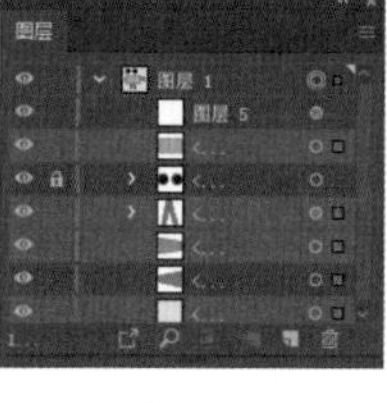
图 5-76

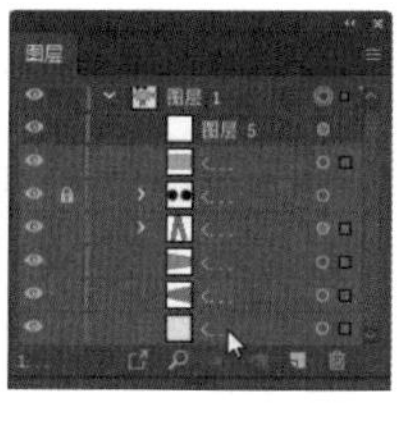
图 5-77

在 Illustrator 中选择图层并不代表就选择了图层上的对象。单击图层右侧的【单击可定位，拖动可移动外观】图标 ，才能选中对象。如果是单击图层或图层组右侧的 图标，则会选中整个图层上的对象，如图 5-78 所示。如果是单击子图层右侧的 图标，那么会选中该图层上的单个对象，如图 5-79 所示。

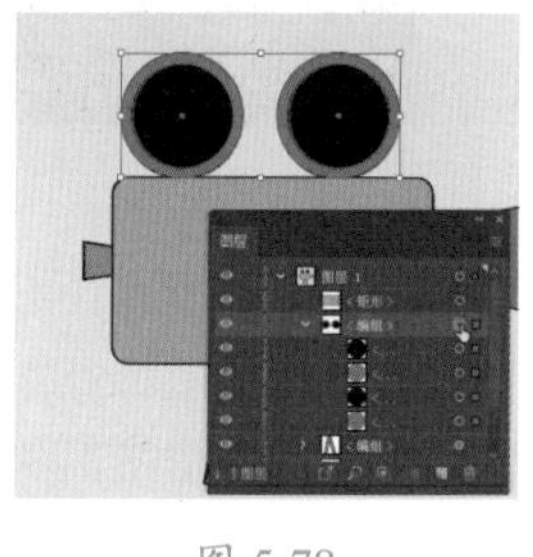
图 5-78

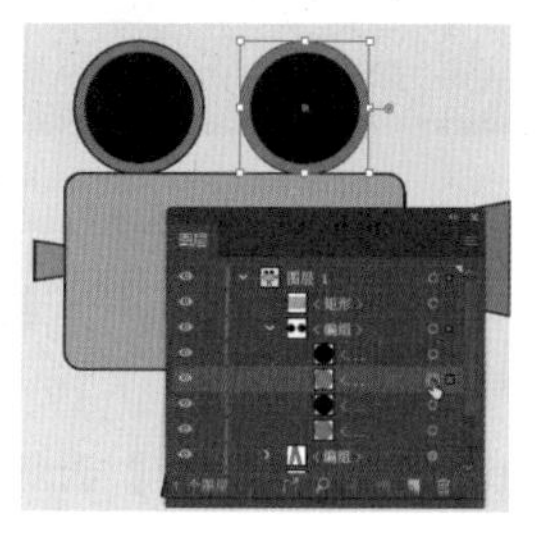
图 5-79

5.6.4 重命名图层

默认情况下，新建图层以【图层 1】、【图层 2】和【图层 3】等命名；如果是子图层，则是以所使用的工具命名，如【矩形】和【路径】等；而编组的图层则直接命名为【编组】。

当图稿中图层较多时，默认的图层命名方式就不便于图层管理了，这时就可以为图层重新命名。

双击图层名称就可以进入编辑状态，如图 5-80 所示；输入新的图层名称，按【Enter】键确认，即可重命名图层，如图 5-81 所示。

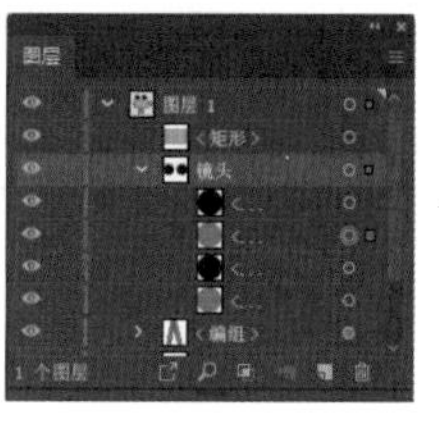
图 5-80

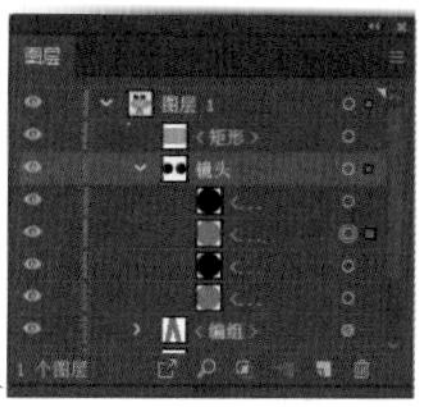

图 5-81

5.6.5 将对象移入其他图层

默认情况下，新建文档时会自动创建一个图层，之后每绘制一个对象都会自动创建一个子图层保存对象。在管理复杂图稿时，可以将对象分门别类地放在不同的图层上，这样可以让图层结构看起来更加清晰，图层管理也会更加方便。

将对象移入其他图层有以下 3 种方法。

（1）选择需要移动的对象，再新建图层或者选择要移入的图层，然后执行【对象】→【排列】→【发送至当前图层】命令，即可将对象移入其他图层，如图 5-82 所示。

（2）在【图层】面板中选择需要移动的对象所在的图层，然后按住鼠标左键向目标图层拖曳，如图 5-83 所示；当目标图层高亮显示后释放鼠标，随即所选对象所在的图层将被移至新图层，并成为该图层的子图层，如图 5-84 所示。

图 5-82

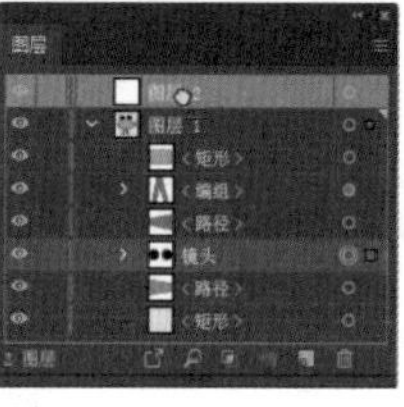
图 5-83

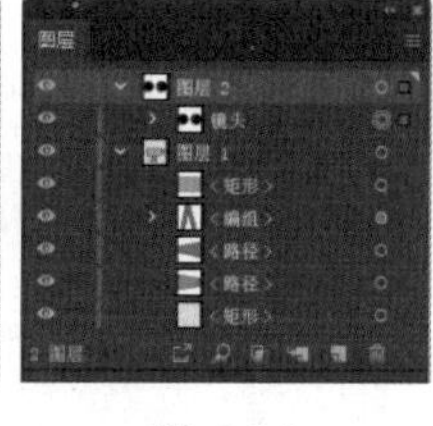
图 5-84

（3）选择需要移动的对象，按【Ctrl+X】快捷键剪切对象，如图 5-85 所示。然后选择目标图层或者新建图层，再按【Ctrl+Shift+V】快捷键执行就地粘贴命令，即可在原来的位置将对象粘贴到目标图层，如图 5-86 所示。

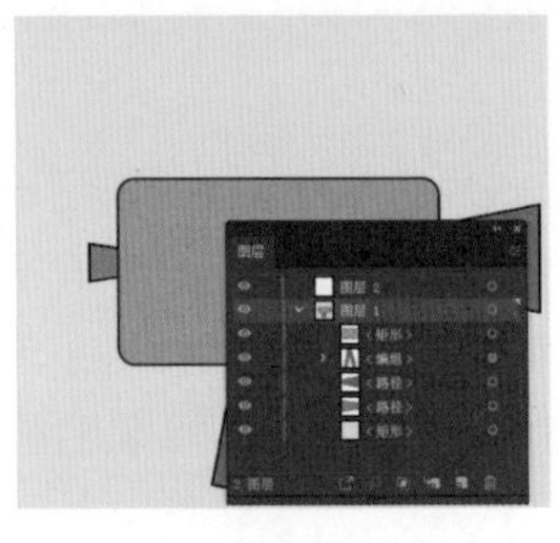
图 5-85

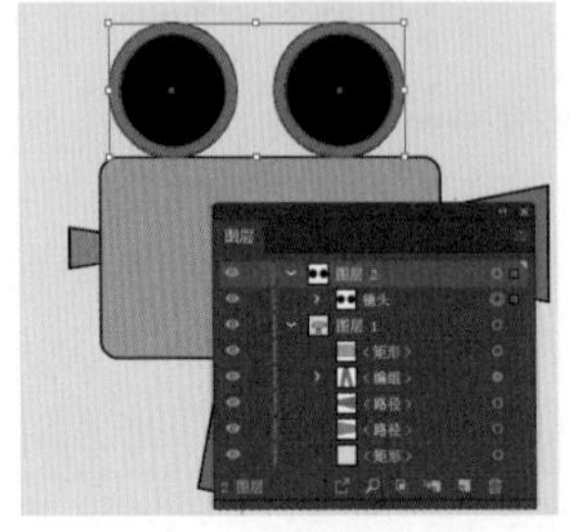
图 5-86

5.6.6 合并图层

创建多个图层后，可以将图层合并。下面介绍两种合并图层的方式。

1. 合并所选图层

选择需要合并的所有图层，然后单击【图层】面板右上角的扩展按钮 ，在弹出的扩展列表中选择【合并所选图层】选项（图 5-87），即可将所选图层中的对象合并到一个图层中，如图 5-88 所示。

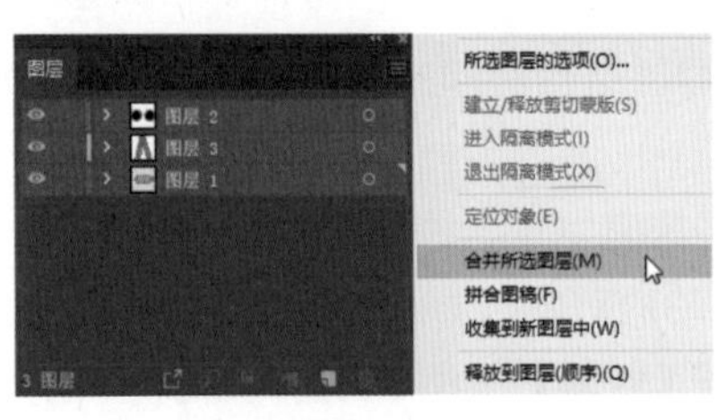

图 5-87

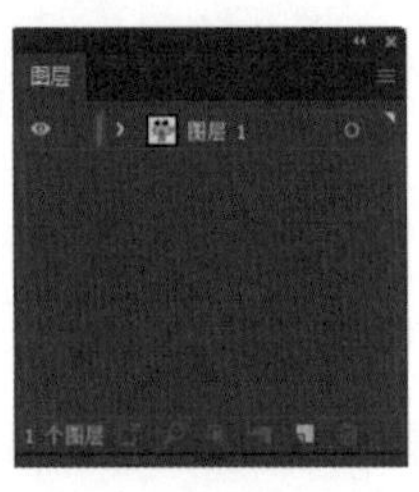

图 5-88

2. 拼合图稿

选择图层后，单击【图层】面板右上角的扩展按钮 ，在弹出的扩展菜单中选择【拼合图稿】命令，如图 5-89 所示；即可将文档中的所有图层都拼合到所选图层中，如图 5-90 所示。

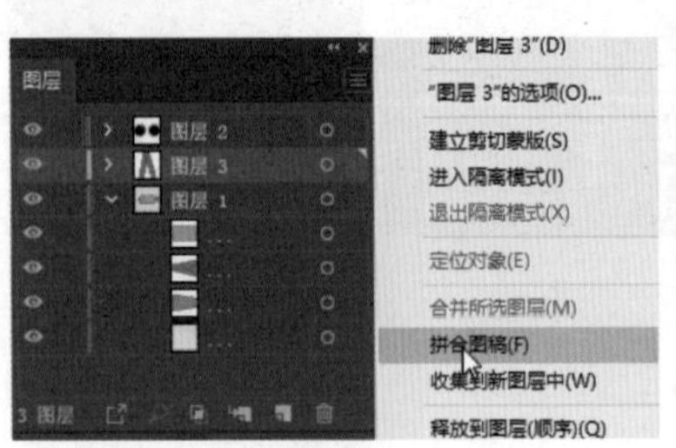

图 5-89

图 5-90

5.6.7 实战：管理图层

当文档中的图层较多时，使用默认的设置会显得很杂乱。这时可以通过重命名图层或者编组的方式对图层进行分类管理。

Step 01 打开"素材文件 \ 第 5 章 \ 扁平图 .ai"文件，如图 5-91 所示。

Step 02 打开【图层】面板，单击【切换可视性】图标隐藏图层，只留下底层的图像，如图 5-92 所示。

图 5-91

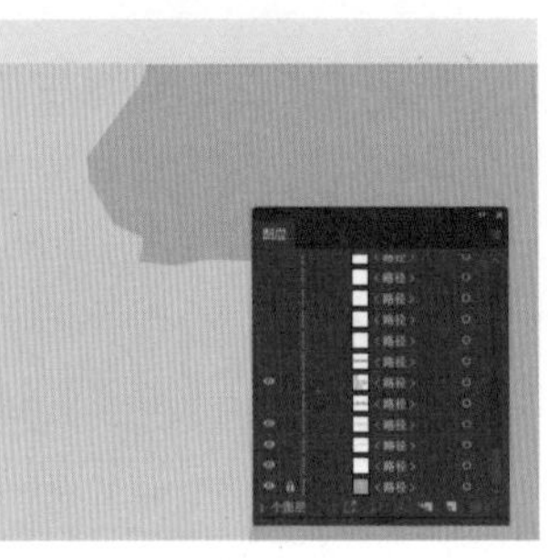
图 5-92

Step 03 按住【Ctrl】键单击 图标，选择显示的对象，按【Ctrl+G】快捷键编组，并重命名编组图层为【背景】，如图 5-93 所示。

Step 04 执行【对象】→【显示全部】命令，显示所有的对象，然后拖动【图层】面板底部的【路径】图层到【背景】图层上方，如图 5-94 所示。

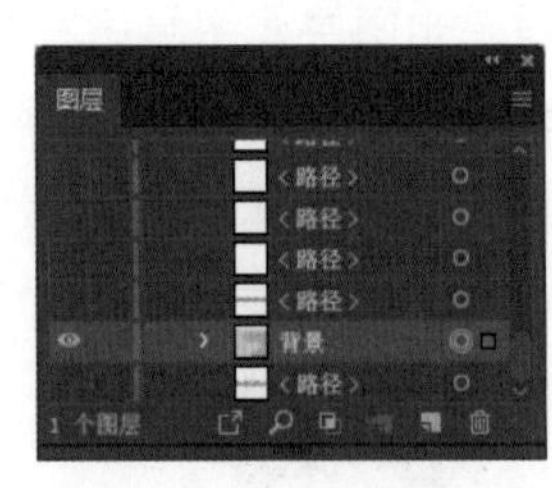

图 5-93

图 5-94

Step 05 使用【选择工具】 选择山脉图像，按【Ctrl+G】快捷键编组，再单击【图层】面板底部的【定位对象】按钮 ，在【图层】面板中定位到对象所在图层，然后重命名编组图层为【山】，如图 5-95 所示。

Step 06 锁定【背景】和【山】图层，使用【选择工具】 框选白云图像，按【Ctrl+G】快捷键编组，再单击【图层】面板底部的【定位对象】按钮 ，在【图层】面板中定位到对象所在图层，然后重命名编组图层为【白云】，如图 5-96 所示。

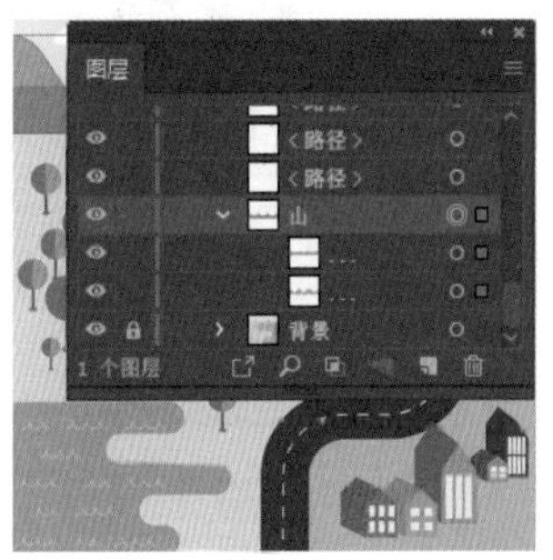

图 5-95

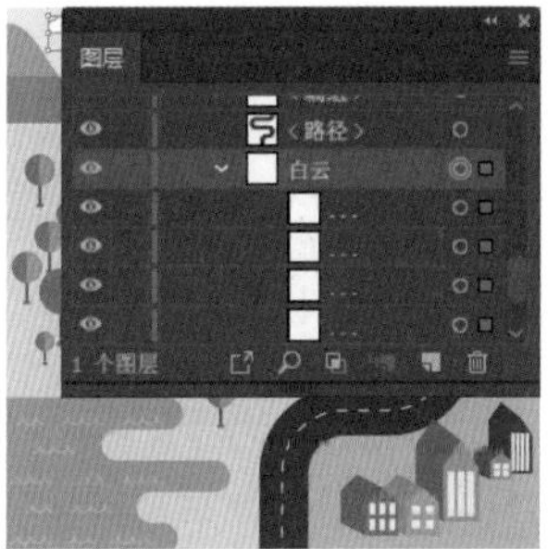

图 5-96

Step07 使用同样的方法将图像中的树木、公路、房屋及湖泊图像编组并重命名，如图 5-97 所示。

Step08 单击【图层】面板底部的【创建新图层】按钮，新建【图层 2】，并将其拖动至【图层 1】的下方，然后移动【背景】子图层上的对象到【图层 2】中，再重命名【图层 2】为【背景】，如图 5-98 所示。

图 5-97

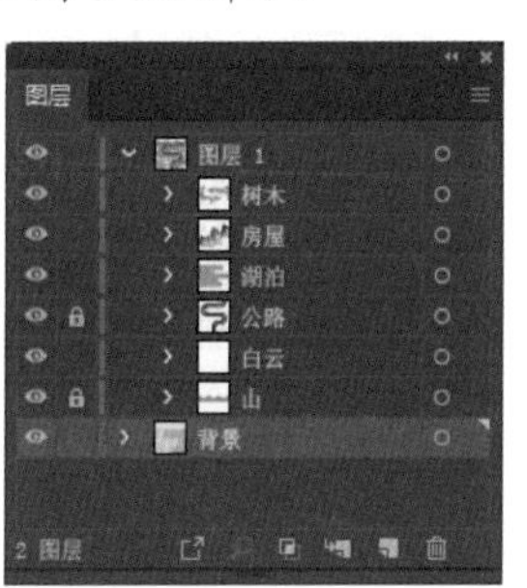

图 5-98

Step09 使用同样的方法新建图层，并移动对象到新建图层上，再重命名图层，如图 5-99 所示。

图 5-99

技能拓展——Illustrator 与 Photoshop 中图层概念的区别

在 Photoshop 中绘图时，需要新建图层才能将元素放在不同的图层上，在管理图层时可以通过创建图层组来进行管理，而且很多的基础操作都需要借助【图层】面板来完成，所以图层的应用在 Photoshop 中举足轻重。

在 Illustrator 中，每单击一次鼠标进行绘制时，软件会自动创建子图层，而子图层之下还可以继续创建子图层，这些子图层全部在【图层 1】的管理下。因此，Illustrator 中的图层其实相当于 Photoshop 中的图层组的概念，这样的设计其实让操作更加简便。因为 Illustrator 中的每个对象都是独立的，可以使用【选择工具】、【编组工具】和【套索工具】等工具，非常方便地进行选择，所以【图层】面板在 Illustrator 中的使用频率要远远低于 Photoshop。

妙招技法

通过前面内容的学习，相信大家已经熟悉了对象的管理，下面就结合本章内容介绍一些使用技巧。

技巧 01 按照特定间距分布对象

在分布对象时可以设置对象分布的间距，具体操作步骤如下。

Step01 选择多个对象后，再单击选择其中的一个图形，如图 5-100 所示。

Step02 在【对齐】面板的【分布间距】栏中输入数值，如图 5-101 所示。

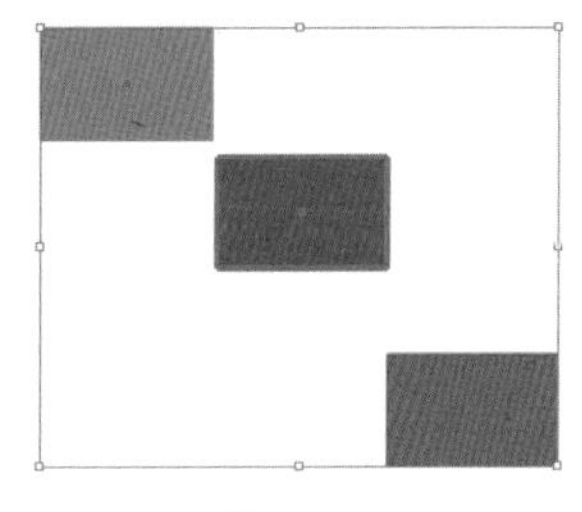

图 5-100

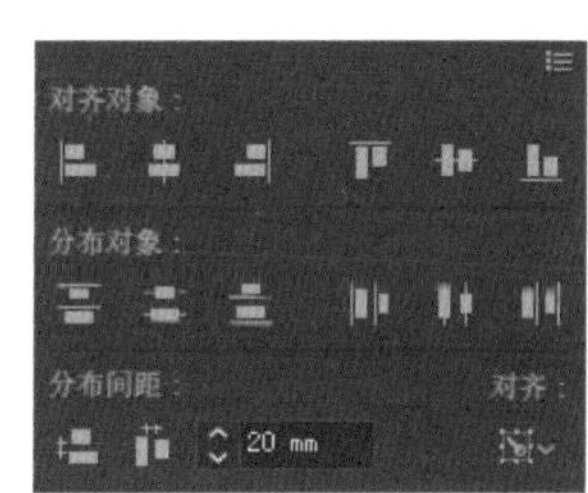

图 5-101

Step 03 单击【垂直分布间距】按钮或者【水平分布间距】按钮，随即会以设置的数值均匀分布图像，效果如图 5-102 和图 5-103 所示。

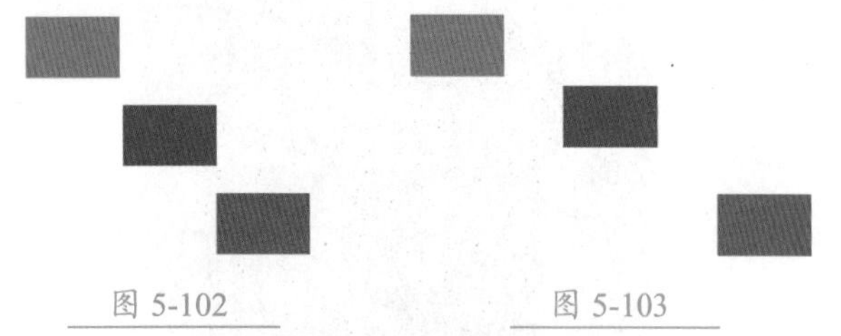

图 5-102　　图 5-103

技巧 02　如何基于路径宽度对齐和分布对象

默认情况下，Illustrator 会根据对象的路径计算对齐和分布情况。如图 5-104 所示，在对齐和分布不同描边路径的对象时，并不能对齐对象。

图 5-104

针对这种情况，可以单击【对齐】面板右上角的扩展按钮，然后在弹出的扩展列表中选择【使用预览边界】选项，如图 5-105 所示。再进行对齐分布操作，即可使用描边边缘来作为参考对齐分布对象，如图 5-106 所示。

图 5-105

图 5-106

技巧 03　如何相对于指定的对象对齐和分布

在对齐和分布对象时，默认情况下是以所选对象为依据。如果要以指定的对象为依据对齐和分布对象，在选择需要设置对齐的对象后，再单击选择一个对象，将其设置为对齐基准，如图 5-107 所示；然后再单击对齐或分布按钮，即可以所选择的对象为依据对齐或分布对象，如图 5-108 所示。

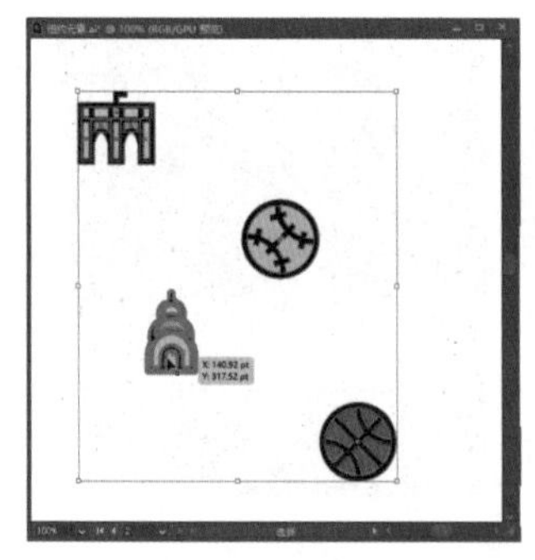

图 5-107

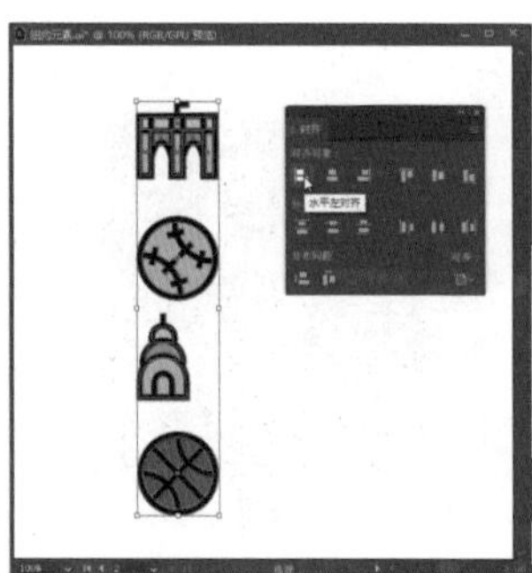

图 5-108

同步练习：手机 APP 登录界面设计

本例制作手机 APP 登录界面。手机 APP 登录界面的设计一般都比较简洁，不会有太多复杂元素的设计，重点是排版一定要整齐。所以在本例中会使用对齐或分布功能来排版，如图 5-109 所示为最终的设计效果。

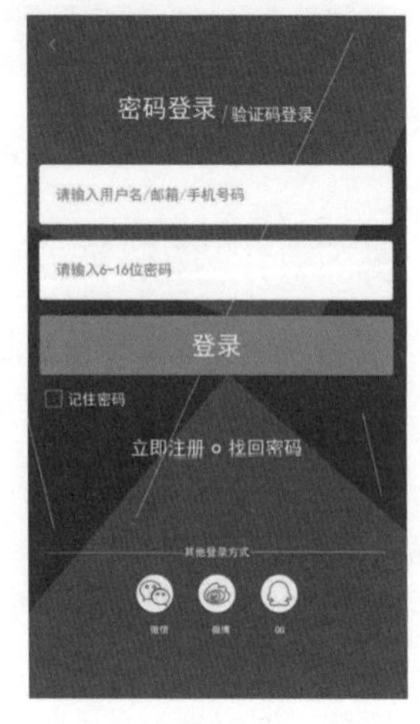

图 5-109

素材文件	素材文件 \ 第 5 章 \ 图标 .ai
结果文件	结果文件 \ 第 5 章 \ 手机 APP 登录界面 .ai

Step 01 运行软件后，单击【新建】按钮，打开【新建文档】对话框，在【预设详细信息】栏中设置【宽度】为 750 像素，【高度】为 1334 像素，单击【高级选项】下拉按钮，展开该栏，设置【颜色模式】为 RGB 颜色，【光栅效果】为屏幕（72ppi），如图 5-110 所示。单击【创建】按钮，新建文档。

Step 02 双击工具栏中的【填色】按钮，打开【拾色器】对话框，设置颜色值为 #1e3c69，如图

5-111 所示，单击【确定】按钮设置填充颜色。

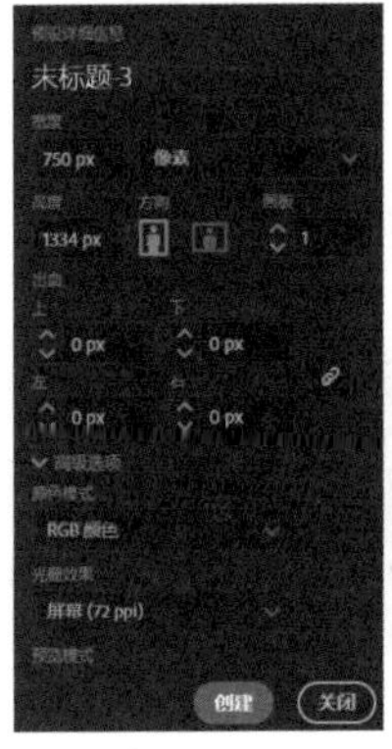

图 5-110

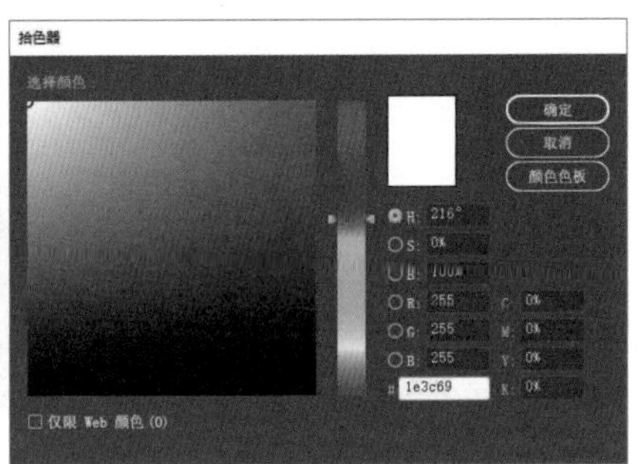

图 5-111

Step03 使用【矩形工具】绘制一个与画板一样大小的形状，并在【属性】面板中设置【描边颜色】为无，如图 5-112 所示。

Step04 使用【多边形工具】绘制四边形，并设置形状填充颜色值为 #37618B，然后调整形状角度，并将其放在画板上方，如图 5-113 所示。

Step05 选择【选择工具】，按住【Alt】键移动复制四边形，将其拖动到画板下方，并调整形状角度，如图 5-114 所示。

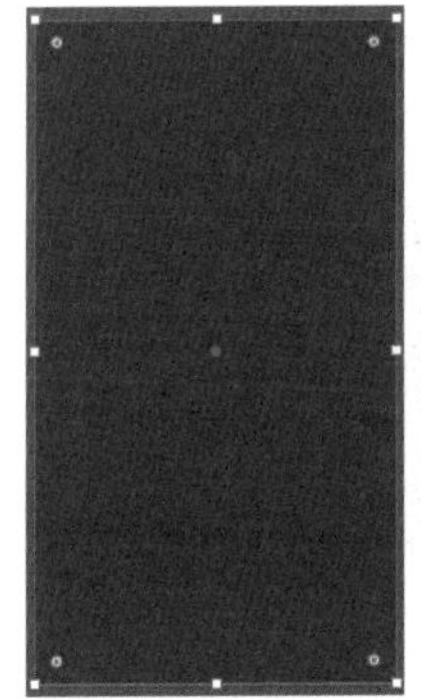

图 5-112

图 5-113

图 5-114

Step06 使用【圆角矩形工具】绘制圆角矩形，并在【属性】面板中设置填充颜色为白色，如图 5-115 所示。

Step07 拖动实时转角，缩小圆角半径，如图 5-116 所示。

图 5-115

图 5-116

Step08 选择白色圆角矩形和最底层的深色矩形，在【对齐】面板中设置对齐依据为画板，然后单击【水平居中对齐】按钮居中对齐形状，如图 5-117 所示。

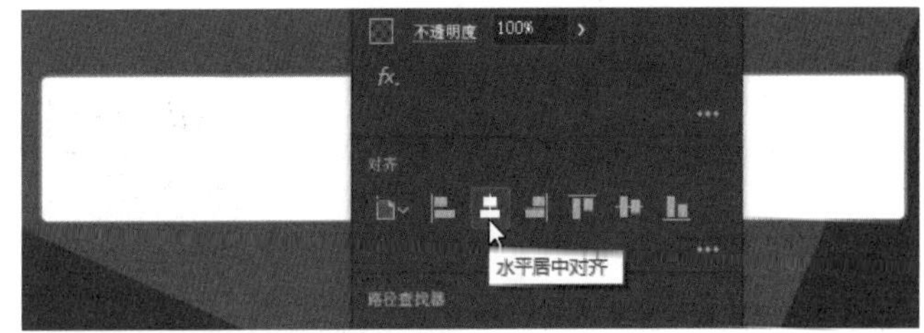

图 5-117

Step09 使用【文字工具】在白色圆角矩形上输入文字，然后在【属性】面板中设置字体系列、颜色、大小，并降低文字不透明度，如图 5-118 所示。

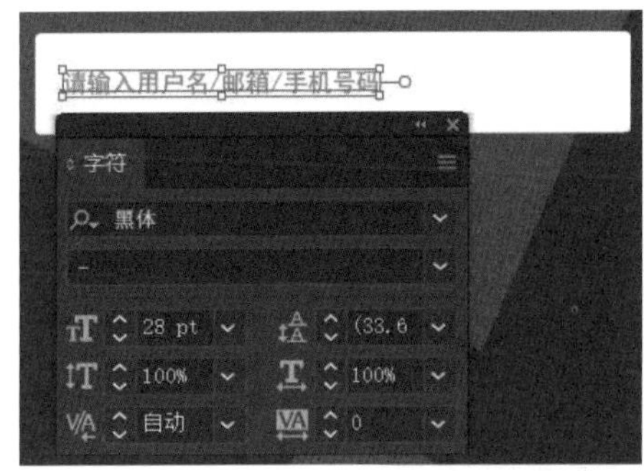

图 5-118

Step10 按【←】键向左移动文字到合适的位置，再按住【Shift】键加选白色圆角矩形，然后单击白色圆角矩形，将其设置为关键对象，再单击【对齐】面板中的【垂直居中对齐】按钮对齐对象，如图 5-119 所示。

Step11 选择文字，按住【Shift】键加选白色圆角矩形，按【Ctrl+G】快捷键编组所选对象。然后按住【Alt】键移动复制 2 组对象，并使用【文字工具】修改文字，如图 5-120 所示。

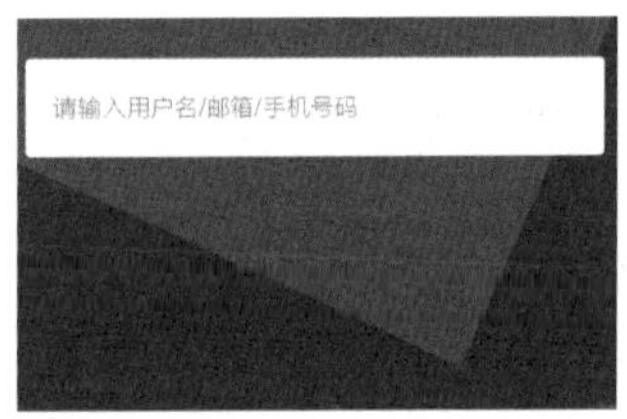

图 5-119

图 5-120

Step12 选择画板上的矩形和四边形对象，执行【对象】→【锁定】→【所选对象】命令锁定对象。使用【选择工具】框选所有的圆角矩形组，再单击第一组圆角矩形，将其设置为关键对象，然后单击【对齐】面板中的【水平左对齐】按钮对齐对象，如图 5-121 所示。

Step 13 在【对齐】面板中设置【分布间距】为 30px，再单击【垂直分布间距】按钮均匀分布对象，如图 5-122 所示。

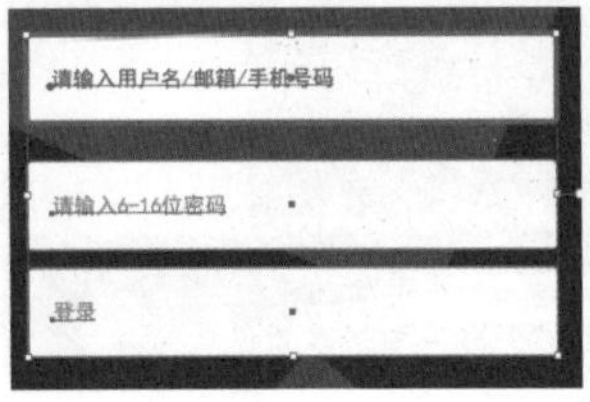

图 5-121

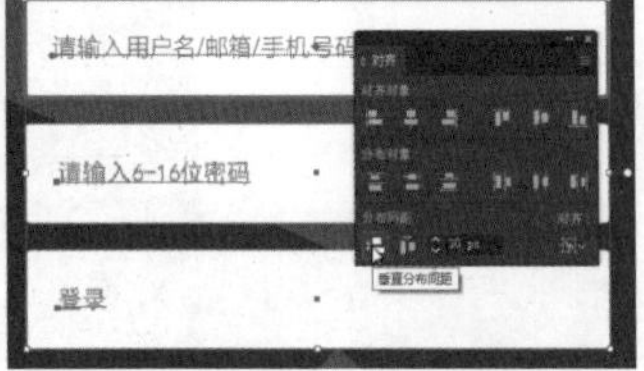

图 5-122

Step 14 双击第三组圆角矩形，进入隔离模式，设置圆角矩形的颜色填充为 #C999BB，再更改文字颜色、字体、大小及不透明度，如图 5-123 所示。

Step 15 在画板上双击退出隔离模式，选择第三组圆角矩形，按【Ctrl+Shift+G】快捷键取消编组。然后同时选择文字和圆角矩形，再单击圆角矩形，将其设置为关键对象，单击【对齐】面板中的【水平居中对齐】按钮对齐对象，如图 5-124 所示。

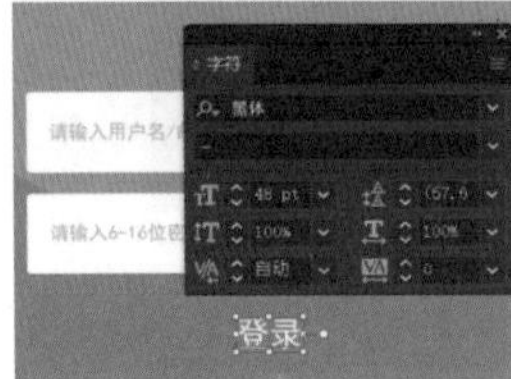

图 5-123

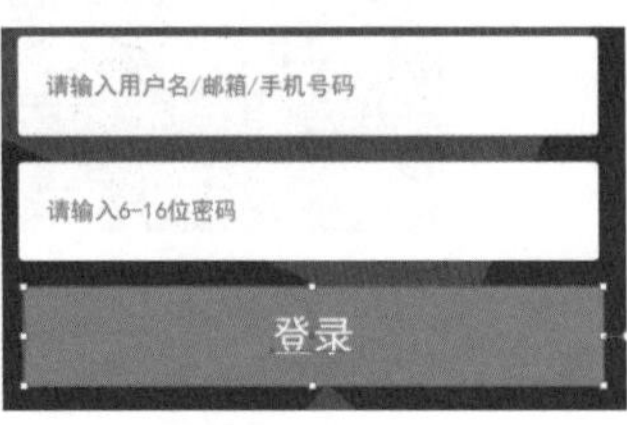

图 5-124

Step 16 选择所有圆角矩形及文字，执行【对象】→【锁定】→【所选对象】命令锁定对象。再使用【矩形工具】在圆角矩形下方绘制一个小矩形，设置描边颜色为白色，填充为无；然后在小矩形右侧输入文字，如图 5-125 所示。

Step 17 使用【文字工具】输入文字，并在【属性】面板中设置字体系列、大小和颜色，如图 5-126 所示。

图 5-125

图 5-126

Step 18 使用【椭圆工具】，按住【Shift】键在文字之间绘制正圆，然后在【属性】面板中设置颜色填充为无，描边颜色为白色，描边大小为 3pt，如图 5-127 所示。

Step 19 使用【选择工具】框选文字和圆形对象，再单击圆形对象，将其设置为关键对象。单击【对齐】面板中的【垂直居中对齐】按钮对齐对象，设置【分布间距】为 15px，单击【水平分布间距】按钮，均匀分布对象，如图 5-128 所示。

图 5-127

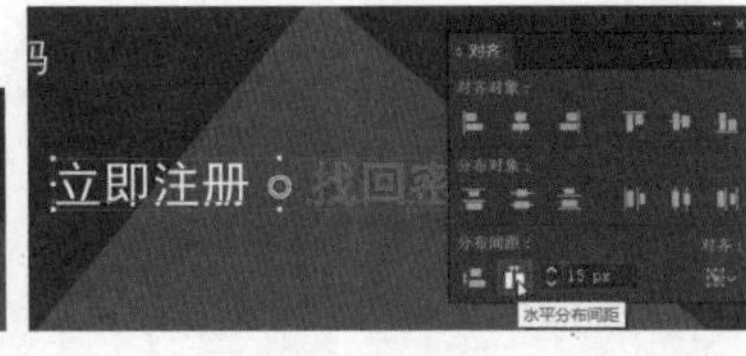

图 5-128

Step 20 按【Ctrl+G】快捷键编组文字和圆形对象。执行【对象】→【全部解锁】命令解锁全部对象。选择文字编组和最底层的矩形，在【对齐】面板中设置对齐依据为对齐画板，然后单击【水平居中对齐】按钮对齐对象，如图 5-129 所示。

Step 21 使用【文字工具】输入文字，在【属性】面板中设置字体系列、颜色和大小后，按【V】键切换到【选择工具】，再按【Shift】键加选最底层的矩形。然后在【对齐】面板中设置对齐依据为对齐画板，单击【水平居中对齐】按钮对齐对象，如图 5-130 所示。

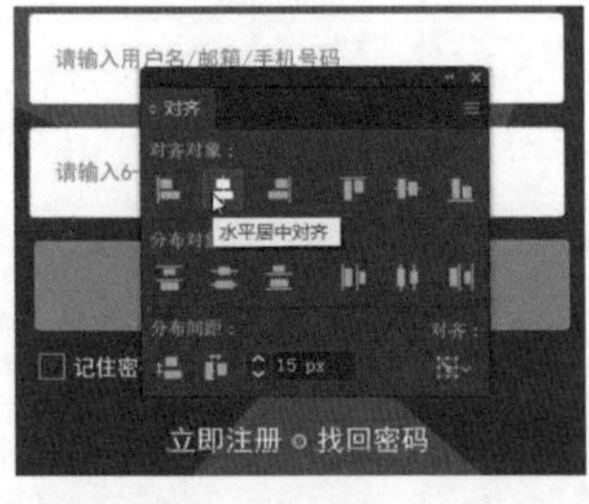

图 5-129

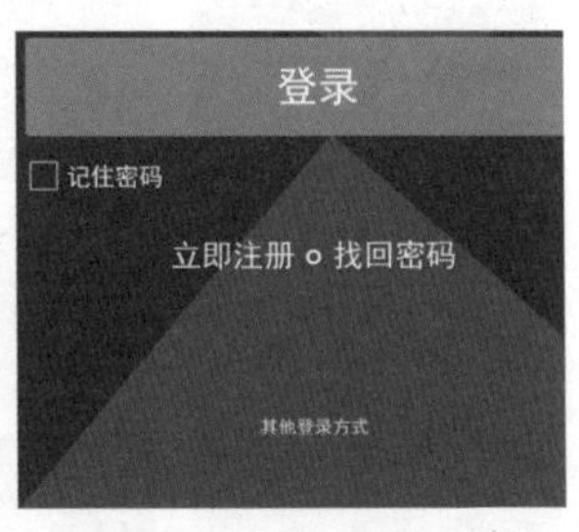

图 5-130

Step 22 打开“素材文件\第 5 章\图标.ai”文件，使用【选择工具】框选图标，将其拖动到正在制作的文档中，如图 5-131 所示。

Step 23 按住【Shift+Alt】快捷键等比例缩小图标，如图 5-132 所示。

图 5-131

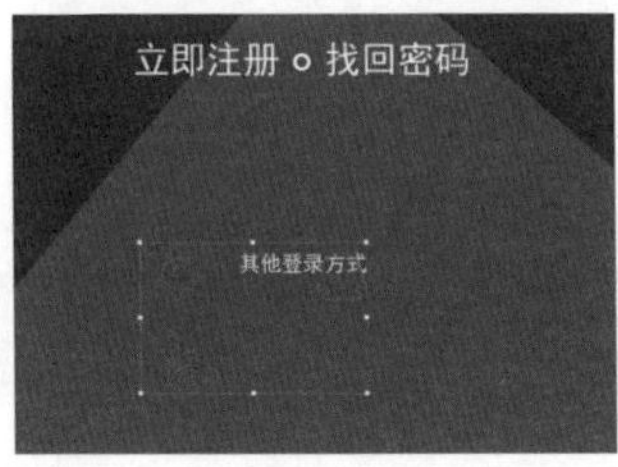

图 5-132

Step24 使用【椭圆工具】，按住【Shift】键绘制填充色为白色的正圆，再选择图标并右击，在弹出的快捷菜单中选择【排列】→【置于顶层】命令，将图标放在圆形的上方，如图 5-133 所示。

Step25 选择圆形和图标，再单击圆形，将其设置为关键对象。单击【对齐】面板中的【垂直居中对齐】按钮和【水平居中对齐】按钮，将图标置于圆形的中心，如图 5-134 所示。

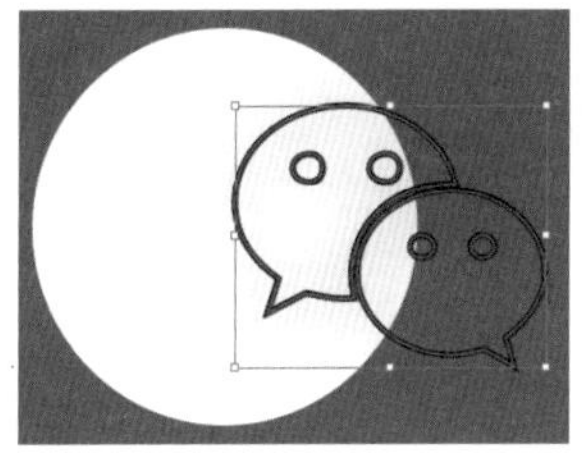

图 5-133

图 5-134

Step26 选择白色圆形，按住【Alt】键移动复制 2 个圆形，将其放在其他图标的下方，并使用前面的方法将图标置于圆形中心，如图 5-135 所示。

Step27 分别将图标和对应的圆形编组。使用【选择工具】框选图标，再单击右边的图标，将其设置为关键对象，单击【对齐】面板中的【垂直底对齐】按钮对齐对象；再设置【分布间距】为 50px，单击【水平分布间距】按钮均匀分布对象，如图 5-136 所示。

图 5-135

图 5-136

Step28 使用【文字工具】输入图标名称，再选择名称和图标，按【Ctrl+G】快捷键编组对象，按住【Shift】键加选最底层的矩形。在【对齐】面板设置对齐依据为对齐画板，然后单击【水平居中对齐】按钮对齐对象，如图 5-137 所示。

Step29 使用【文字工具】在画板上方输入文字信息，如图 5-138 所示。

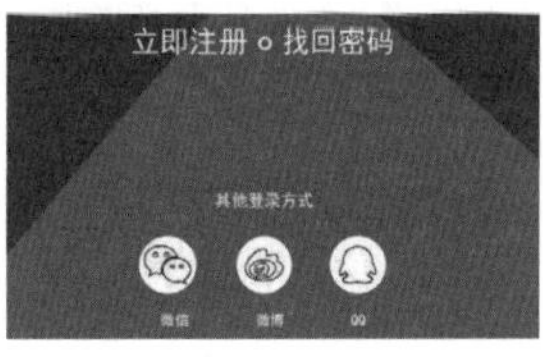

图 5-137

图 5-138

Step30 按住【Shift】键选择文字和直线段对象，再单击左侧文字，将其设置为关键对象。单击【对齐】面板中的【垂直底部对齐】按钮，再设置【分布间距】为 10px，单击【水平分布间距】按钮均匀分布对象，如图 5-139 所示。

Step31 选择文字对象，按【Ctrl+G】快捷键编组对象。按住【Shift】键加选最底层矩形，单击矩形，将其设置为关键对象，再单击【对齐】面板中的【水平居中对齐】按钮，对齐对象，如图 5-140 所示。

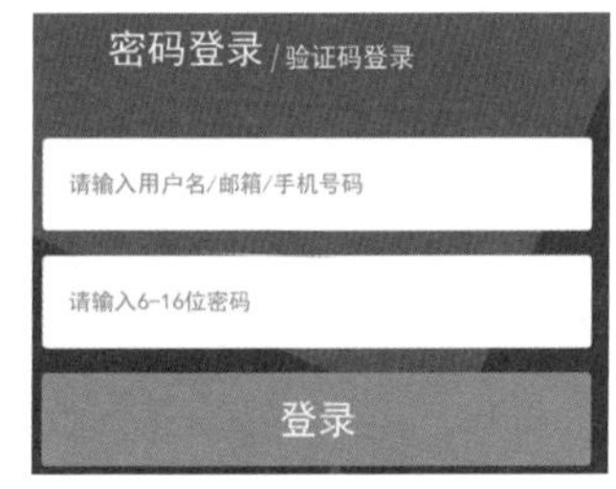

图 5-139

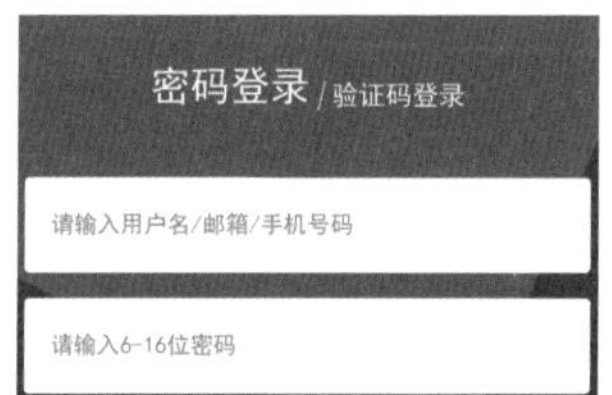

图 5-140

Step32 使用【直线段工具】绘制白色直线，如果有直线段压在了图形上方，选择该图形并右击，在弹出的快捷菜单中选择【排列】→【置于顶层】命令，将直线段置于图形的下方，最终完成登录界面的制作，效果如图 5-141 所示。

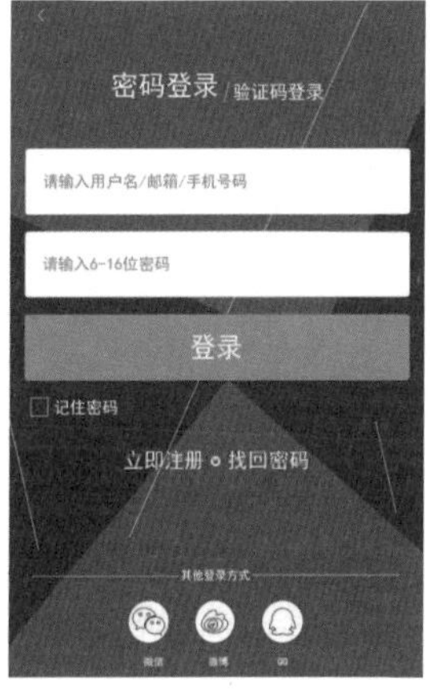

图 5-141

本章小结

本章主要介绍了 Illustrator CC 中的对象管理方法，使用对齐与分布功能可以排列出整齐的版面；而编组、显示与隐藏，以及锁定与解锁对象功能的使用可以为图稿创作提供便利，提高工作效率；通过对图层的编辑可以更好地管理对象。其中对齐与分布、编组、锁定与解锁对象是本章重点学习的内容，是实际创作中使用频率较高的操作。

Illustrator CC 作为一款矢量图形制作软件，填色、图形的绘制和文字的处理是其最核心的功能。通过对 Illustrator CC 核心功能的学习，可以掌握更多复杂图形的绘制方法，提高图形设计制作能力。本篇主要包括填色与描边、复杂图形的绘制、对象的变形与变换、画笔的使用、文字的创建与编辑等内容。

第6章 填色与描边

- 如何为对象填色与描边？
- 怎么绘制虚线效果？
- 怎么给重叠的对象填充颜色？
- 如何在 Illustrator CC 中绘制写实风格的图像？

本章将介绍 Illustrator CC 中填色和描边的方法，包括简单的单一颜色、图案的填充与描边，复杂的渐变颜色的填充与描边，以及颜色的编辑等内容。

6.1 设置填色与描边

设置填色与描边能将 Illustrator CC 中绘制的图像显示出来，因此，这也是 Illustrator CC 学习中的一项必备技能。在 Illustrator CC 中，通过控制栏、【属性】面板及工具栏都可以快速设置填色与描边。如果想要更多个性化的设置，那么就需要利用专门的颜色设置面板及【描边】面板来实现，下面就详细介绍 Illustrator CC 中设置填色与描边的方法。

6.1.1 颜色模式

颜色模式是将颜色表现为数字形式的模型，是一种记录图像颜色的方式。常见的颜色模式有 RGB、CMYK、HSB 等，在 Illustrator CC 中打开【拾色器】对话框就可以看到这 3 种颜色模式，如图 6-1 所示。

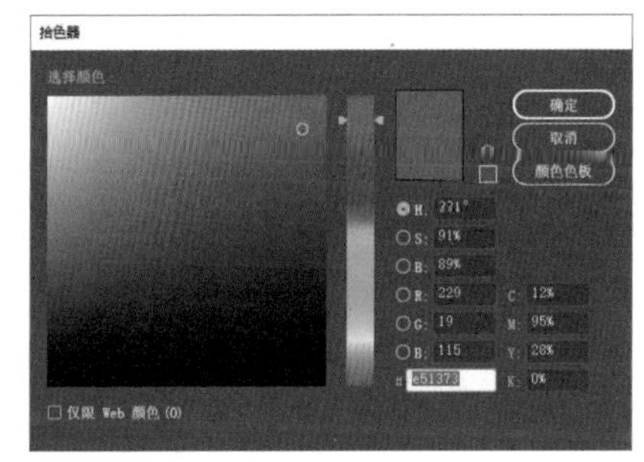

图 6-1

1. RGB 颜色模式

RGB 颜色模式是将红（Red）、绿（Green）、蓝（Blue）三原色以不同的比例相加，如图 6-2 所示，从而得到不同的色光，这是一种加色模型，也是目前运用最广泛的色彩模式之一。

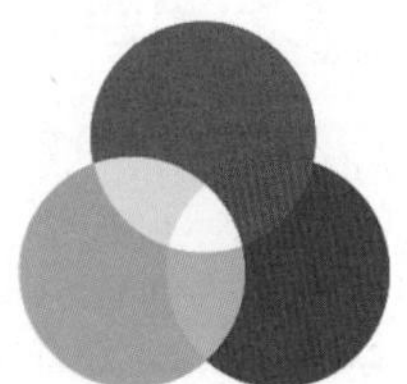

图 6-2

为了方便在实际应用中能精确地选择颜色，RGB 颜色模式使用 RGB 模型为图像中的每个像素的 RGB 分量分配了一个范围为 0～255 的强度值。例如，纯红色的 R 值为 255，G 值和 B 值都为 0；纯黄色的 R 值和 G 值为 255，B 值为 0，如图 6-3 和图 6-4 所示。

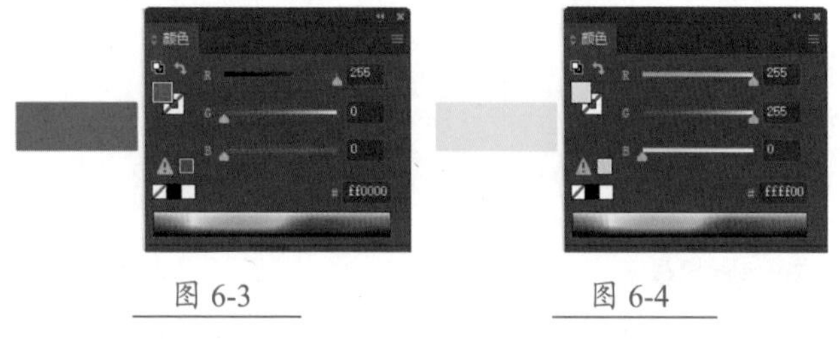

图 6-3　　图 6-4

2. CMYK 颜色模式

CMYK 的四个字母分别代表青色（Cyan）、洋红色（Magenta）、黄色（Yellow）和黑色（Black），这是印刷中的四种油墨色。该颜色模式的原理是光线照到有不同比例 C、M、Y、K 油墨的纸上，部分光谱被吸收后反射到人眼的光产生不同的颜色，这是一种减色模式。在 CMYK 颜色模式中以油墨含量来表示精确的颜色，每种 CMYK 四色油墨都可以使用 0～100% 的值来表示油墨含量。例如，洋红色的 C 值为 15%，M 值为 100%，Y 值为 20%，K 值为 0%，如图 6-5 所示。

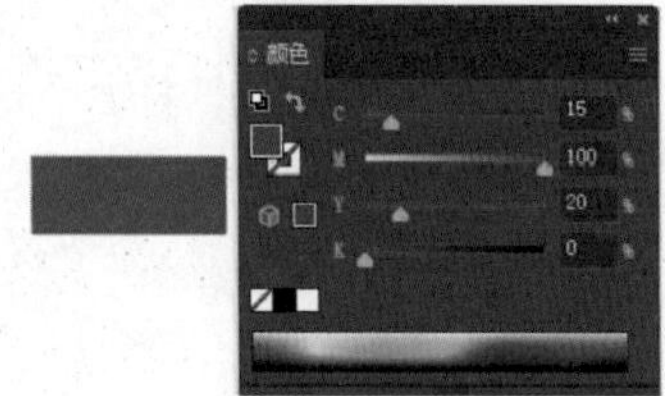

图 6-5

3. HSB 颜色模式

HSB 颜色模式基于人类对颜色的感觉，从色相（Hue）、饱和度（Saturation）、亮度（Brightness）三个方面来描述颜色，这是最接近人眼看到的颜色的一种颜色模式。在 HSB 颜色模式中定义颜色值时，色相是在 0°～360° 的标准色轮上（如图 6-6 所示）以色相所在位置度量的；而饱和度和亮度则是以 0～100% 的值来表示色彩的纯度和亮度，这两个值越大表示颜色纯度和亮度越高。

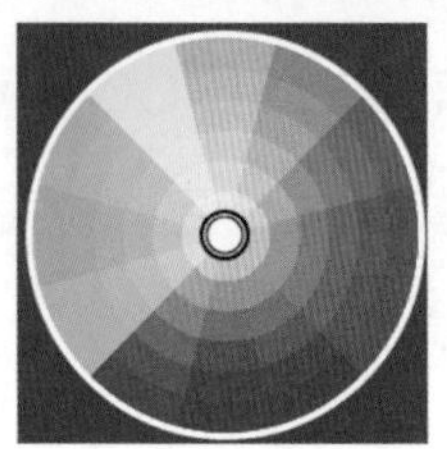

图 6-6

例如，纯黄色的 H 值为 60°，S 值为 100%，B 值为 100%，如图 6-7 所示；青色的 H 值为 180°，S 值为 100%，B 值为 100%，如图 6-8 所示。

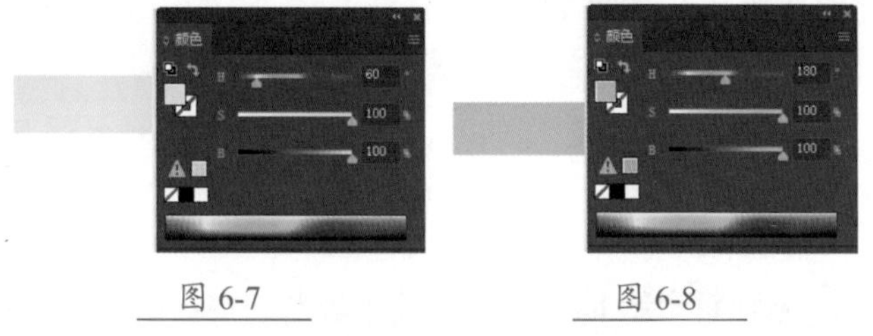

图 6-7　　图 6-8

★重点 6.1.2　设置填色与描边的常用方法

如图 6-9 所示，填色指的是形状内部的颜色，可以是单一的颜色，也可以是渐变颜色或者图案；描边则是指为路径边缘设置一定的宽度、样式，为路径描摹颜色、图案等。

Illustrator 是矢量绘图软件，因此在 Illustrator 中绘制的图形都是由路径组成的。路径本身不具备任何颜色，只能在矢量绘图软件中看到，也不能输出为实体的图像。所以，只有为路径设置填色与描边效果才能显示最终的图像。在 Illustrator 中主要通过设置颜色的面板（【色板】面板、拾色器等）和【描边】面板设置填色和描边，如图 6-10 所示。在控制栏、工具栏、【属性】面板、【颜色】面板等很多面板中都包含填色和描边的选项，下面就介绍常用的设置填色与描边的方法。

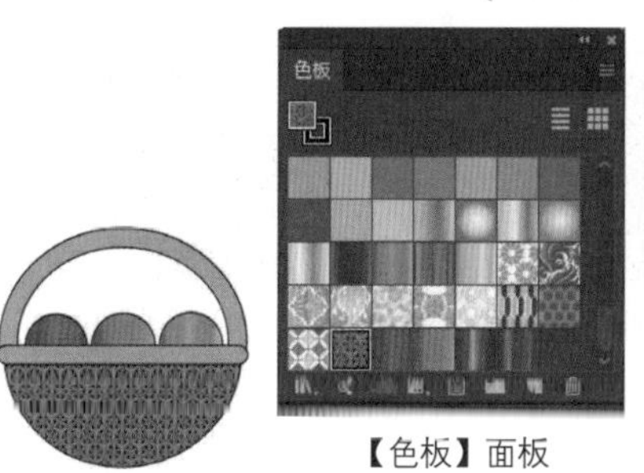

图 6-9

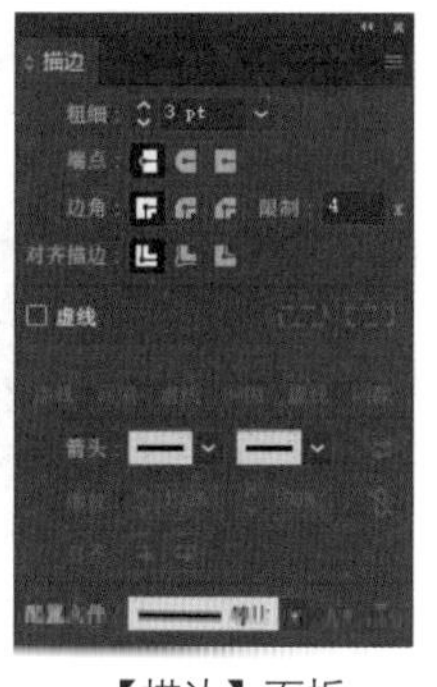

【色板】面板　【描边】面板

图 6-10

1. 在【属性】面板中设置填色与描边

绘制形状或单击选择对象后，【属性】面板中会显示出【外观】控件，如图 6-11 所示。

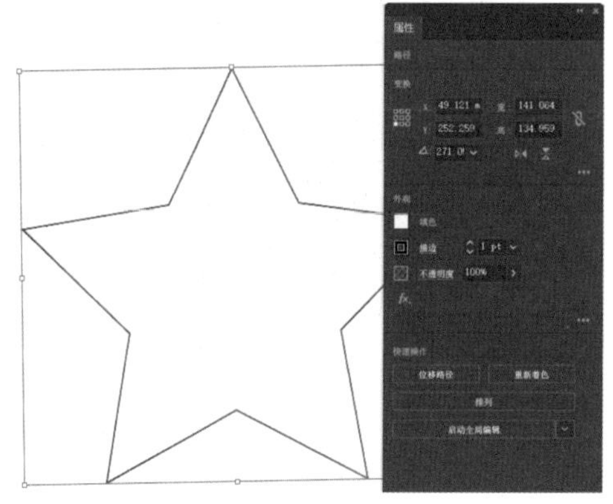

图 6-11

单击该控件中的【填色】按钮，在展开的【色板】面板中选择一种默认颜色，即可为形状填充填色，如图 6-12 所示。

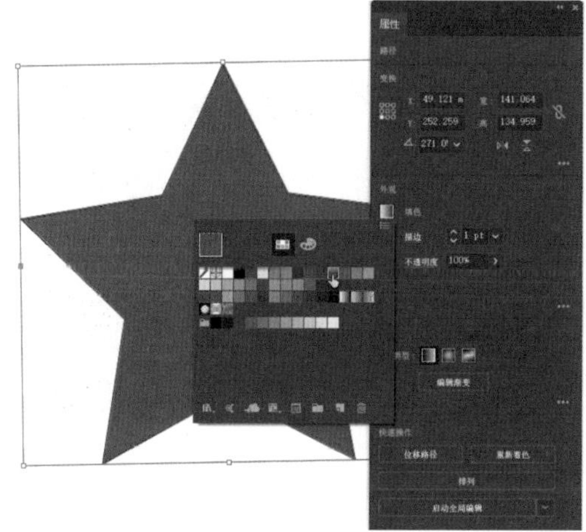

图 6-12

单击【描边】按钮，在展开的【色板】面板中选择描边颜色即可，在后面的数值框中输入数值可以设置描边粗细，如图 6-13 所示。

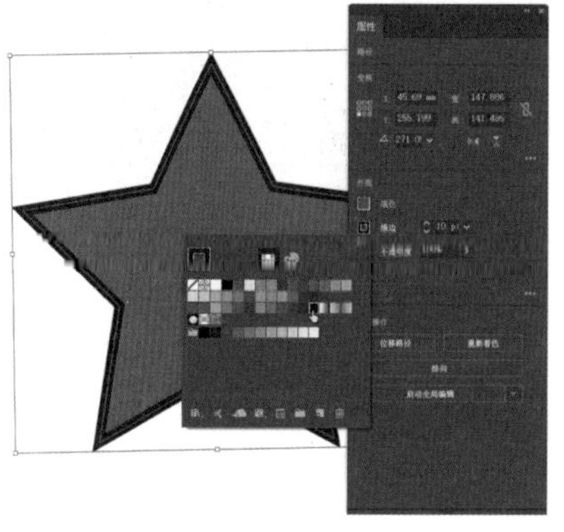

图 6-13

如果单击【描边】文字，可以打开【描边】面板。在该面板中可以设置描边的样式，如描边为实线还是虚线，边角为直角还是转角等，如图 6-14 所示。

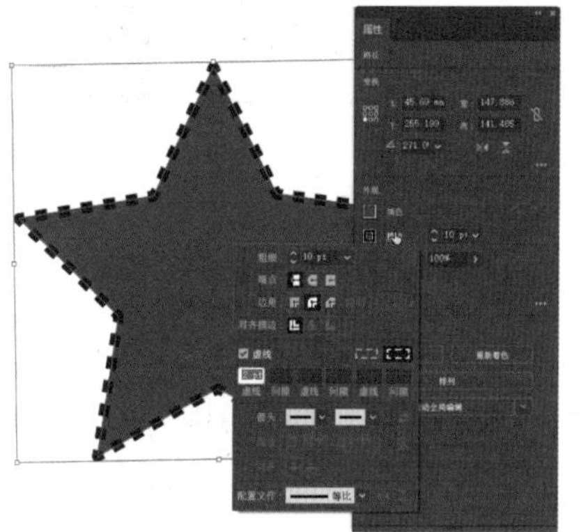

图 6-14

2. 使用工具栏设置填色与描边

在工具栏的底部有一组设置颜色的控件，如图 6-15 所示，可以设置填充颜色和描边颜色。

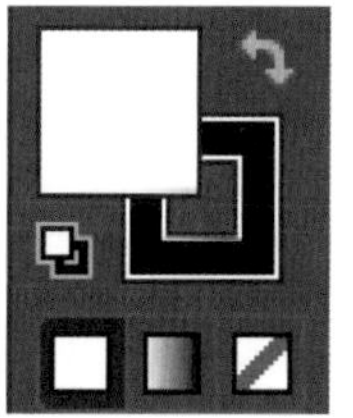

图 6-15

双击【填色】或【描边】按钮，在打开的【拾色器】对话框中设置颜色，如图 6-16 所示。单击【确定】按钮，即可为图形设置填充或描边颜色，如图 6-17 所示。

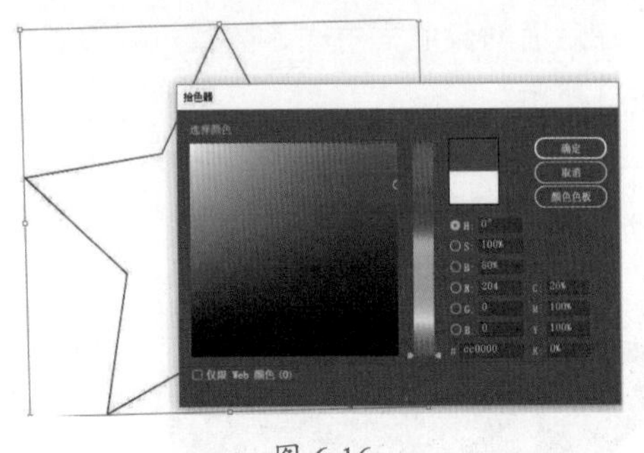

图 6-16

图 6-17

各颜色控件的具体作用如表 6-1 所示。

表 6-1　各颜色控件作用说明

控件	作用
【填色】/【描边】	双击【填色】或【描边】按钮，可打开【拾色器】对话框，在其中可以设置任意的填充或描边颜色
【互换填色和描边】	单击该按钮，可切换填充和描边颜色，如图 6-18 所示 图 6-18
【默认填色和描边】	单击该按钮可恢复默认的填充与描边颜色，默认情况下填充为白色，描边为黑色，如图 6-19 所示 图 6-19
【颜色】	单击该按钮，可打开【颜色】面板，在该面板中输入颜色值或者在色谱上单击即可设置填充或描边颜色
【渐变】	单击该按钮，可使用【渐变】面板为填充或描边设置渐变颜色
【无】	单击该按钮可取消填充或描边

3. 在控制栏中设置填充和描边

控制栏中提供了填色与描边选项，执行【窗口】→【控制】命令即可显示出控制栏。单击【填色】下拉按钮，展开【色板】面板，选择颜色即可为图形填充颜色，如图 6-20 所示。

单击【描边】下拉按钮，展开【色板】面板即可设置描边颜色，在描边数值框中输入数值可以设置描边粗细，如图 6-21 所示。

图 6-20

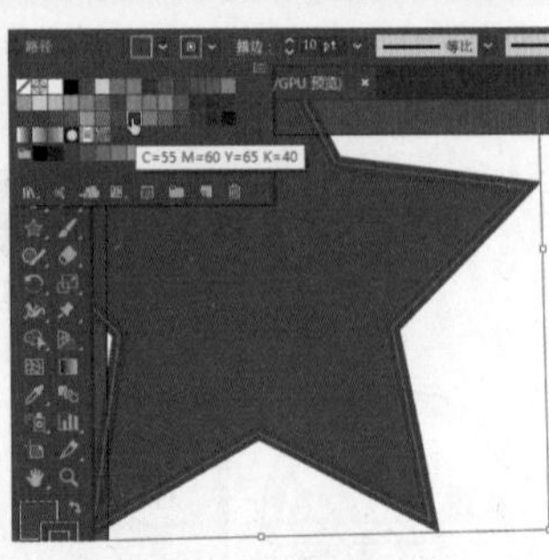

图 6-21

与【属性】面板中的【外观】控件一样，单击控制栏中的【描边】文字，可打开【描边】面板，在该面板中可设置描边样式、边角样式等参数，如图 6-22 所示。

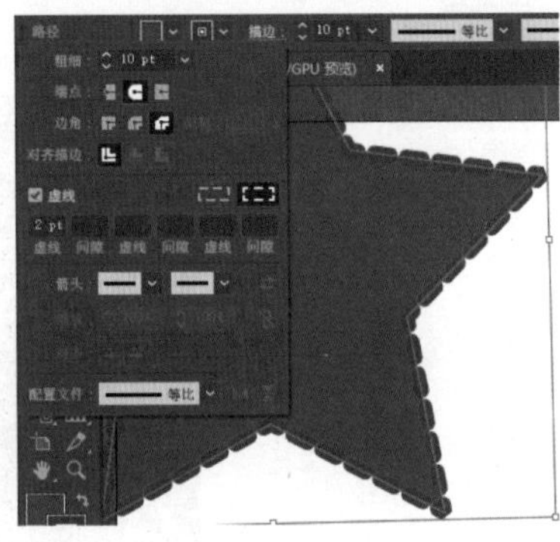

图 6-22

6.1.3　拾色器

拾色器即拾取颜色的器具。双击【填色】或【描边】按钮就可以打开【拾色器】对话框，如图 6-23 所示，该对话框中提供了【HSB】、【RGB】和【CMYK】三种颜色模型来选择颜色。

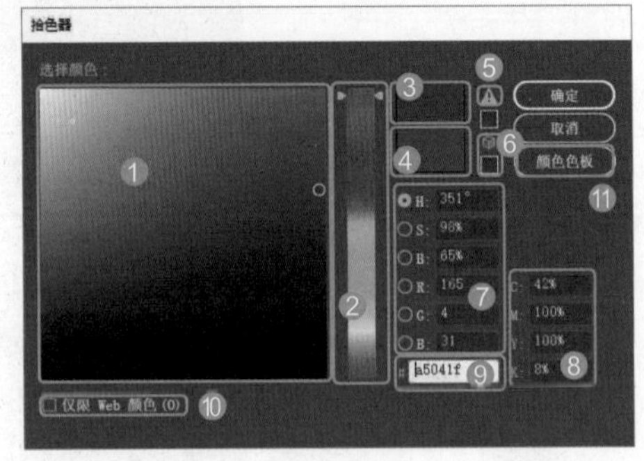

图 6-23

如表 6-2 所示为该面板中各选项作用。

表 6-2 【拾色器】面板中各选项作用

选项	作用
❶ 色域	定义色相后，在色域中拖动圆形标记可调整当前设置颜色的深浅
❷ 色谱 / 颜色滑块	在色谱中单击或拖曳可以定义色相
❸ 当前颜色	显示当前选择的颜色
❹ 上次颜色	显示上一次使用的颜色，即打开【拾色器】对话框前原有的颜色。单击该按钮可将当前颜色设置为上一次使用过的颜色
❺ 溢色警告	显示 ⚠ 图标表示当前选择的颜色超出了 CMYK 颜色模型的色域，不能用于打印。单击该图标或者下方的颜色框，则可以选择与该颜色最接近的 CMYK 颜色
❻ 非 Web 安全色警告	显示 图标表示当前选择的颜色不能应用到 HTML 语言中，无法在网上准确显示。单击该图标或者下方的颜色框，可以选择与该颜色最接近的 Web 颜色
❼HSB 颜色值/RGB 颜色值	单击各个选项按钮，可以显示不同的色谱，如图 6-24 所示 图 6-24 在数值框中输入颜色值可以定义颜色，如图 6-25 所示 图 6-25
❽CMYK 颜色值	在数值框中输入颜色值可以 CMYK 颜色模型为基准定义颜色

续表

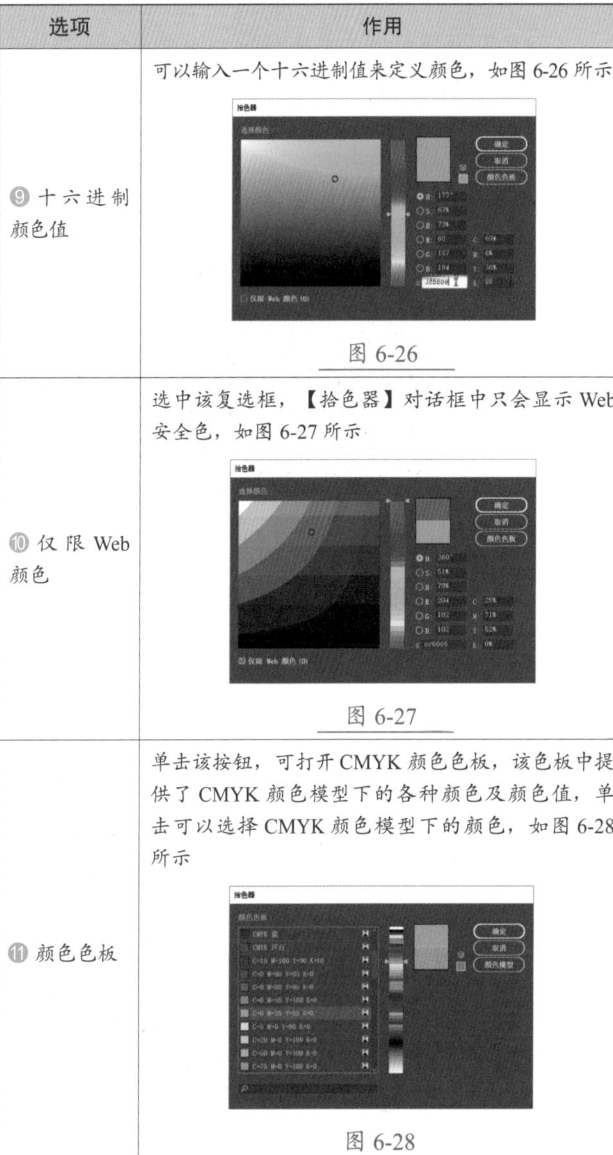

选项	作用
❾ 十六进制颜色值	可以输入一个十六进制值来定义颜色，如图 6-26 所示 图 6-26
❿ 仅限 Web 颜色	选中该复选框，【拾色器】对话框中只会显示 Web 安全色，如图 6-27 所示 图 6-27
⓫ 颜色色板	单击该按钮，可打开 CMYK 颜色色板，该色板中提供了 CMYK 颜色模型下的各种颜色及颜色值，单击可以选择 CMYK 颜色模型下的颜色，如图 6-28 所示 图 6-28

技能拓展——什么是十六进制颜色值

十六进制颜色值就是以十六进制符号来表示颜色，以便于在 HTML 语言中定义颜色。十六进制颜色值中有 6 位数，又分为 3 组，两位数一组，分别表示红、绿、蓝 3 种颜色的强度。

例如，在网页上指定一种颜色，如纯红色，RGB 颜色值为（255，0，0），换算成十六进制数值就是 FF0000，再加上“#”表示就是十六进制颜色值。

同一种颜色在不同的颜色模式中颜色值是不一样的，但是其十六进制颜色值是不变的。

★重点 6.1.4 使用【颜色】面板设置颜色

【颜色】面板可以为填充或描边设置纯色。单击工具栏中的【颜色】按钮或者按【F6】键就可以打开【颜色】面板，如图 6-29 所示。该面板中提供了填充、描边和颜色设置的控件，可以根据输入的颜色值设置精确的颜色，也可以单击色谱设置随意的颜色。

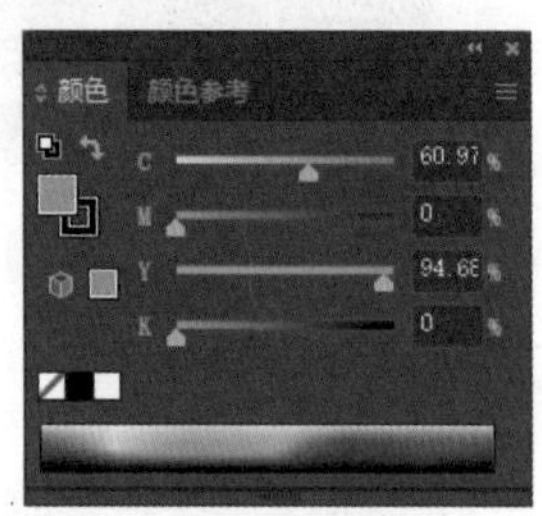

图 6-29

1. 使用【颜色】面板设置填充与描边颜色

默认情况下，在【颜色】面板的数值框中输入数值就可以设置精确的填充颜色，如图 6-30 所示。

或者使用鼠标在色谱上单击也可以随意设置颜色，如图 6-31 所示。

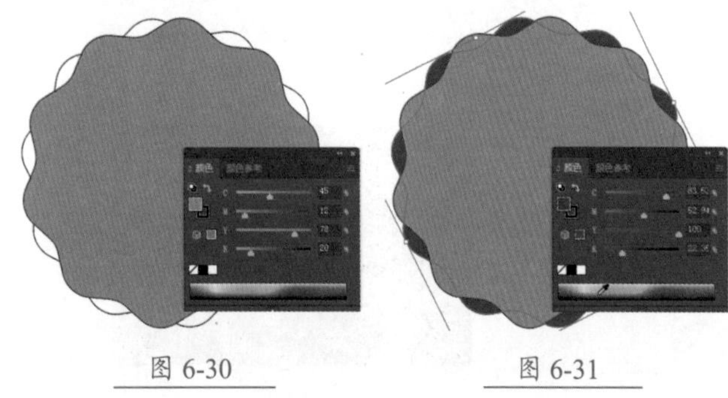

图 6-30　　图 6-31

如果觉得色谱区域太小，不好选取颜色，可将鼠标放在面板最底部，按住鼠标左键向下拖动，将面板上的色域区域变大，如图 6-32 所示，然后再选择颜色即可。

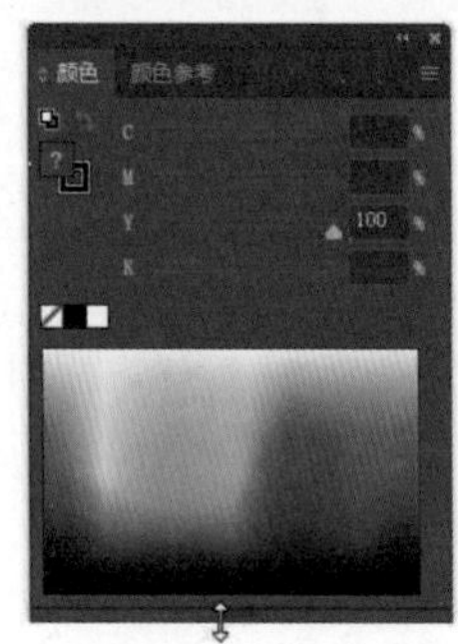

图 6-32

设置颜色后，拖动颜色滑块可以调整颜色，如图 6-33 所示。

单击【颜色】面板中的【描边】按钮，将其切换到【填色】按钮前面，再选择颜色就可以设置描边颜色，如图 6-34 所示。

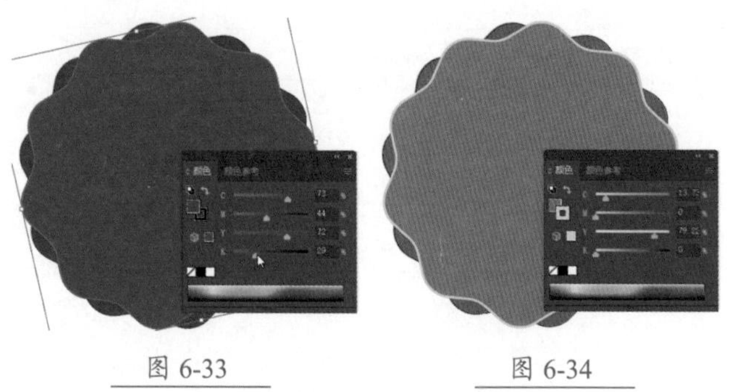

图 6-33　　图 6-34

单击色谱上方的 ◪ 按钮，可以取消填色或描边，如图 6-35 所示。

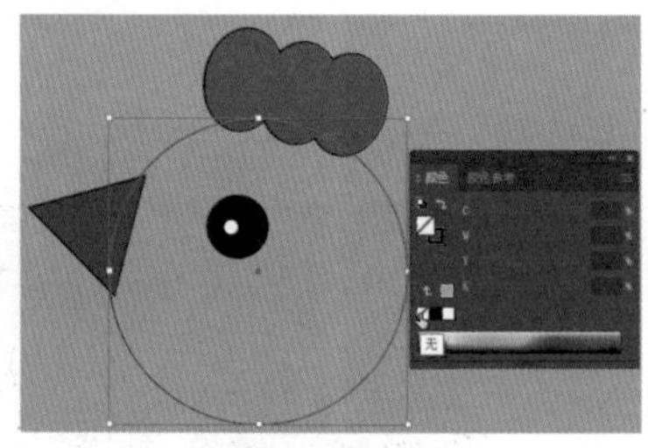

图 6-35

单击色谱上方的黑色 ■ 或白色 □ 按钮，可将填充或描边快速设置为黑色或白色，如图 6-36 和图 6-37 所示。

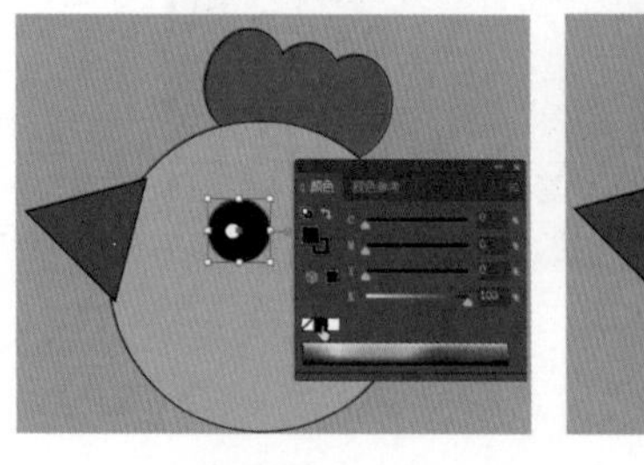

图 6-36

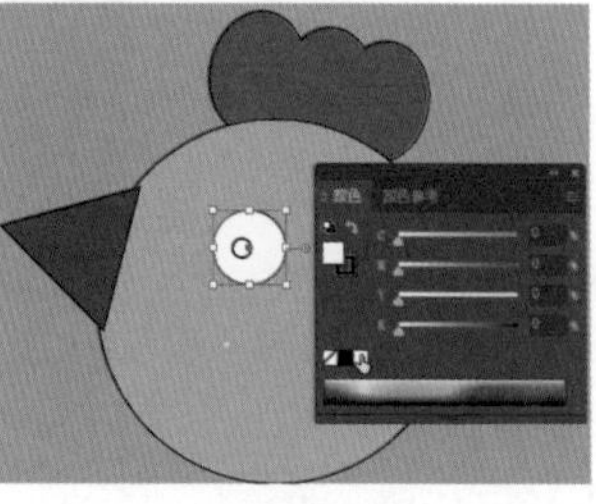

图 6-37

2. 使用不同颜色模式设置颜色

【颜色】面板中提供了不同的颜色模式来设置颜色。单击面板右上方的展开按钮 ≡，弹出的扩展菜单如图 6-38 所示。在该菜单中可选择【灰度】、【RGB】、【HSB】、【CMYK】及【Web 安全 RGB】几种颜色模式。默认情况下，【颜色】面板的颜色模式与文档颜色模式是一致的，如图 6-39 所示。

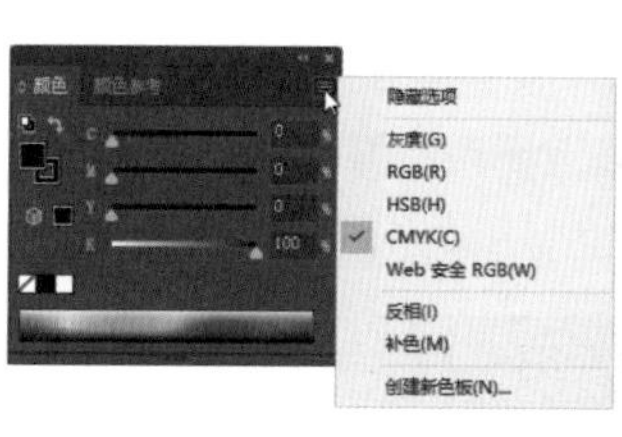

图 6-38

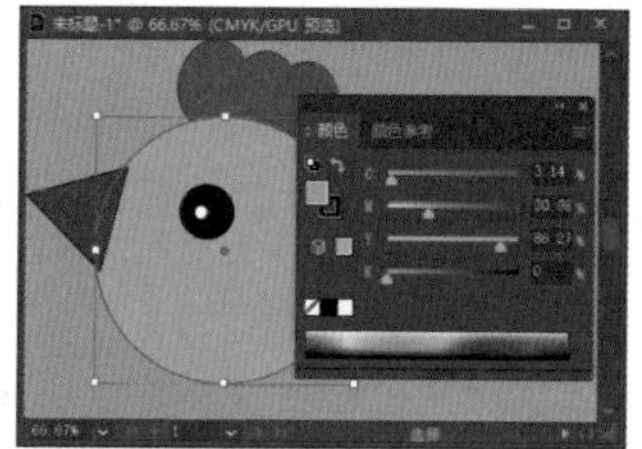

图 6-39

需要注意的是，此时选择的颜色模式不影响文档的颜色模式，只是【颜色】面板的显示会有所变化，如图 6-40 所示为【灰度】模式和【HSB】模式的面板。

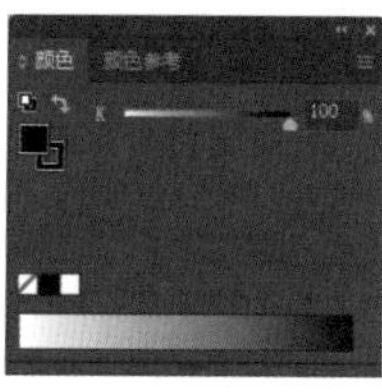

【灰度】模式

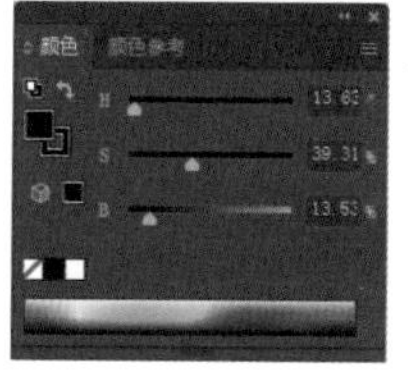

【HSB】模式

图 6-40

6.1.5　实战：使用【颜色参考】面板更改图像颜色

【颜色参考】面板可为用户提供颜色参考。【颜色参考】面板和【颜色】面板是一组面板，单击工具栏中的【颜色】按钮，会同时打开【颜色】面板和【颜色参考】面板，单击【颜色参考】选项卡，即可切换到【颜色参考】面板，如图 6-41 所示。当使用【拾色器】对话框、【颜色】面板或【色板】面板设置颜色后，【颜色参考】面板中会自动生成与之相协调的颜色方案。单击颜色块即可设置颜色。通常，【颜色参考】面板可配合【颜色】面板设置填充和描边颜色。

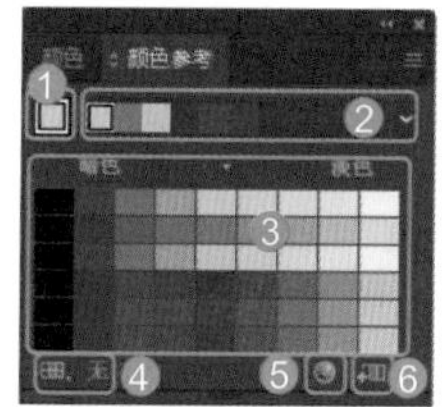

图 6-41

如表 6-3 所示为【颜色参考】面板中各选项作用。

表 6-3　【颜色参考】面板中各选项作用

选项	作用
❶ 将基色设置为当前颜色	当设置了颜色或者选择了有填充颜色的对象后，此处便会显示为所选对象的填充颜色。单击该按钮可将其设置为当前颜色，【颜色参考】面板随即会以该颜色为基色计算配色方案

续表

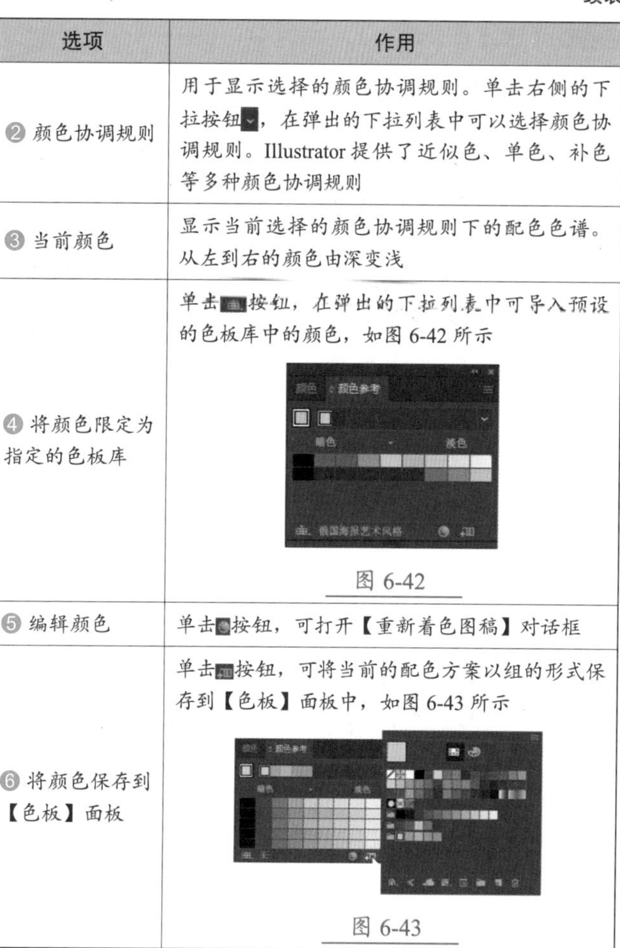

选项	作用
❷ 颜色协调规则	用于显示选择的颜色协调规则。单击右侧的下拉按钮，在弹出的下拉列表中可以选择颜色协调规则。Illustrator 提供了近似色、单色、补色等多种颜色协调规则
❸ 当前颜色	显示当前选择的颜色协调规则下的配色色谱。从左到右的颜色由深变浅
❹ 将颜色限定为指定的色板库	单击按钮，在弹出的下拉列表中可导入预设的色板库中的颜色，如图 6-42 所示 图 6-42
❺ 编辑颜色	单击按钮，可打开【重新着色图稿】对话框
❻ 将颜色保存到【色板】面板	单击按钮，可将当前的配色方案以组的形式保存到【色板】面板中，如图 6-43 所示 图 6-43

使用【颜色参考】面板更改图像颜色，具体操作步骤如下。

Step01 打开“素材文件 \ 第 6 章 \ 打折标签 .ai”文件，如图 6-44 所示。

Step02 单击工具栏中的【颜色】按钮，打开【颜色】面板组，并切换到【颜色参考】面板，如图 6-45 所示。

图 6-44

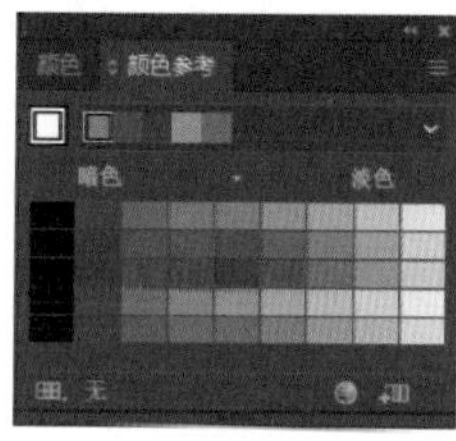

图 6-45

Step03 单击选择黄色矩形，再单击【颜色参考】面板左上角的【将基色设置为当前颜色】按钮，将基色设置为当前颜色，此时，【颜色】面板生成相应的协调色，如

图 6-46 所示。

Step 04 单击【协调规则】下拉按钮，在弹出的下拉列表中提供了多种配色方案，选择一种配色方案，如图 6-47 所示。

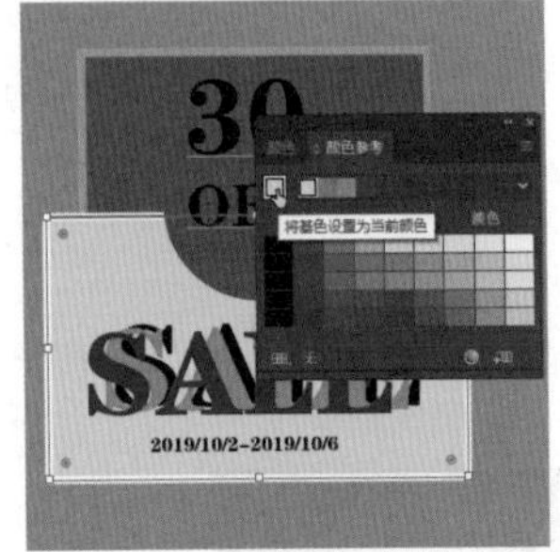

图 6-46

图 6-47

Step 05 单击选择背景，再单击【颜色参考】面板中的颜色块，即可更改背景颜色，如图 6-48 所示。

Step 06 用相同的方法更改其他图形和文字颜色，如图 6-49 所示。

图 6-48

图 6-49

Step 07 切换到【颜色】面板，单击【描边】按钮，再单击选择灰色描边的矩形，然后单击【颜色】面板中的白色按钮，将描边设置为白色，如图 6-50 所示。

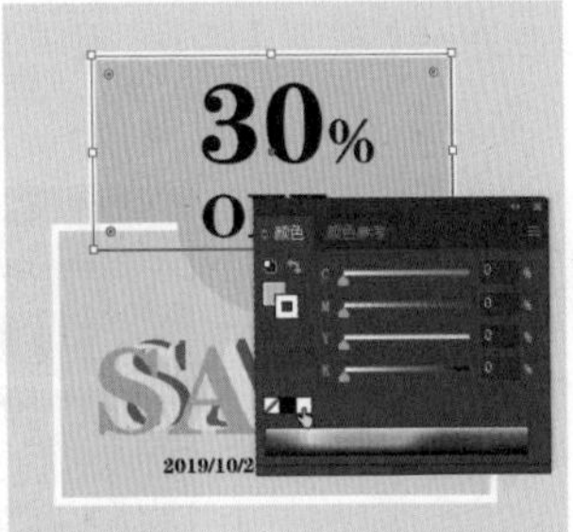

图 6-50

6.1.6 【色板】面板

【色板】面板中提供了预设的颜色、图案和渐变，单击某个色板，即可将其应用到所选对象的填充或描边中。执行【窗口】→【面板】命令，或者单击控制栏或【属性】面板中的【填色】/【描边】按钮便可打开【色板】面板，如图 6-51 所示，各选项作用如表 6-4 所示。

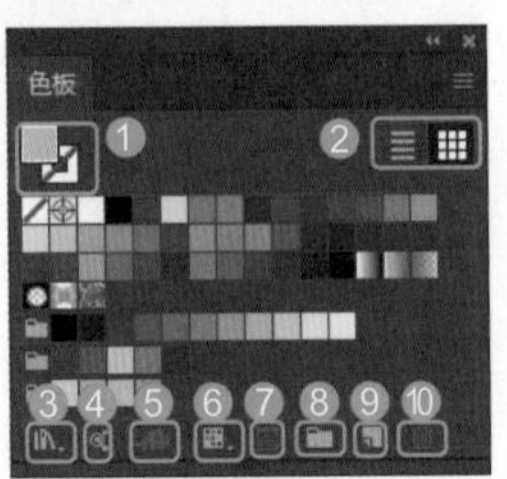

图 6-51

表 6-4 【色板】面板各选项作用

选项	作用
❶ 填色 / 描边	设置选择的颜色将用于对象的填充还是描边
❷ 列表显示方式	单击 按钮，将以列表形式显示色板，会显示每种颜色的颜色值，如图 6-52 所示 图 6-52 单击 按钮，以缩略图形式显示颜色
❸ “色板库”菜单	单击 按钮，可在弹出的下拉菜单中选择一种色板库
❹ 打开颜色主题面板	单击 按钮可以打开颜色主题面板，在该面板中可以提供不同规则的配色方案
❺ 将选定色板和颜色组添加到当前库	单击 按钮，可将当前选定的色板添加到库
❻ 显示色板类型菜单	单击 按钮，在下拉列表中选择一个选项，可以在面板中单独显示颜色、渐变、图案或颜色组，如图 6-53 所示 图 6-53

续表

选项	作用
❼ 色板选项	单击■按钮，可打开【色板选项】对话框，如图 6-54 所示。在该对话框中可设置颜色类型、颜色模式等参数 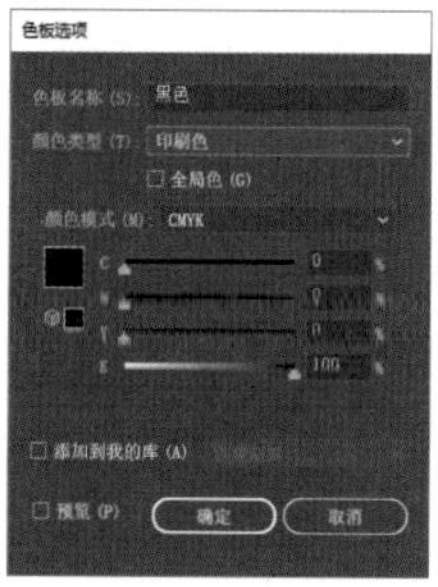 图 6-54
❽ 新建色板组	设置颜色或者在色板中单击选择一种或多种颜色后，单击■按钮，可将选择的颜色放在新建颜色组中
❾ 新建色板	单击■按钮可新建色板，一般情况下，新建色板会保存在默认色板后面，如图 6-55 所示 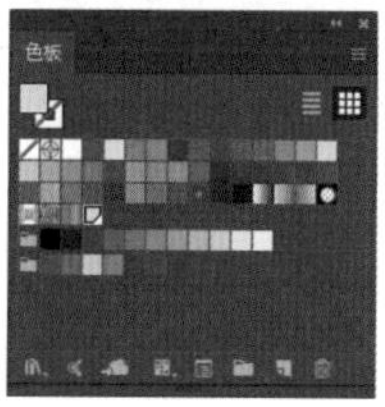 图 6-55
❿ 删除色板	选择一个色板或颜色组后，单击■按钮，可删除色板或颜色组

★重点 6.1.7 实战：使用色板库选择颜色

Illustrator 提供了多种类型的色板库。如图 6-56 所示，有纯色色板库、渐变色板库、图案色板库及常用的专色色板库等。

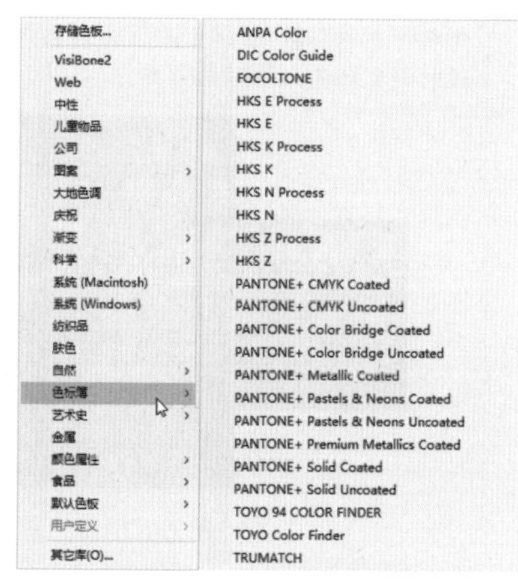

图 6-56

下面就使用预设色板库中的颜色为水果篮上色。

Step 01 打开“素材文件\第 6 章\水果篮.ai”文件，如图 6-57 所示。

Step 02 执行【窗口】→【色板】命令，打开【色板】面板，如图 6-58 所示。

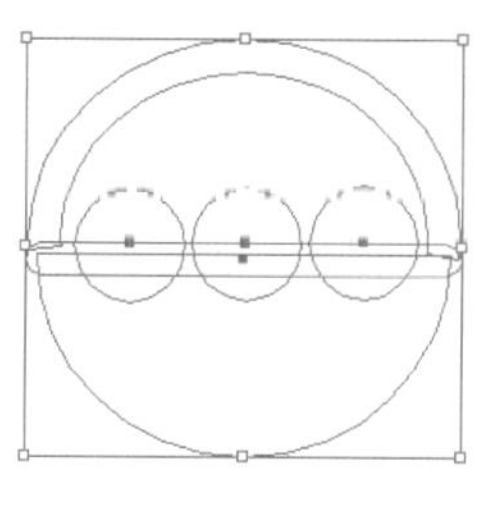

图 6-57

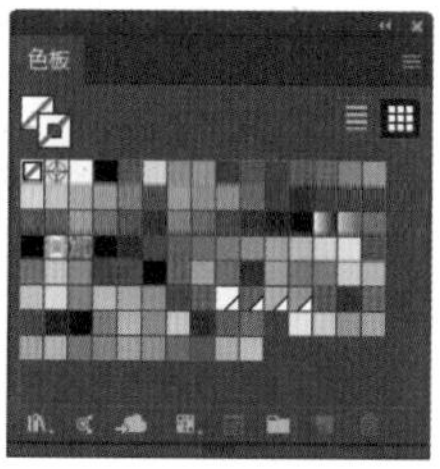

图 6-58

Step 03 单击面板左下角的■按钮，在弹出的下拉菜单中选择【食品】→【水果】命令，如图 6-59 所示，打开【水果】色板库，如图 6-60 所示。

图 6-59

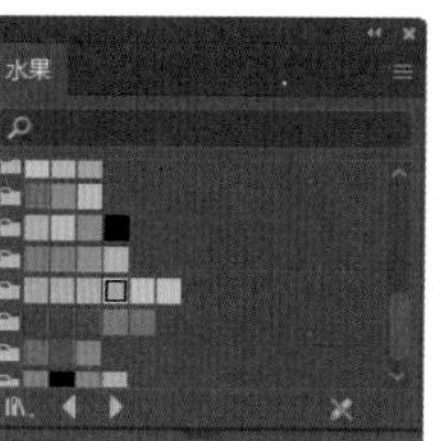

图 6-60

Step 04 单击【色板】面板中的【填色】按钮，切换到填色状态。使用【选择工具】■选择图形对象，然后单击【水果】色板库中的颜色为对象填充颜色，如图 6-61 所示。

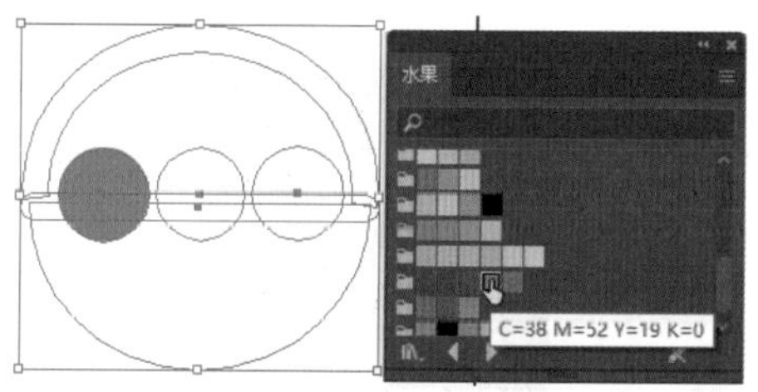

图 6-61

Step 05 使用相同的方法为其他对象填充颜色，如图 6-62 所示。

Step 06 使用【选择工具】框选所有对象，再单击【色板】面板中的【描边】按钮，切换到描边状态，并设置描边为黑色，效果如图 6-63 所示。

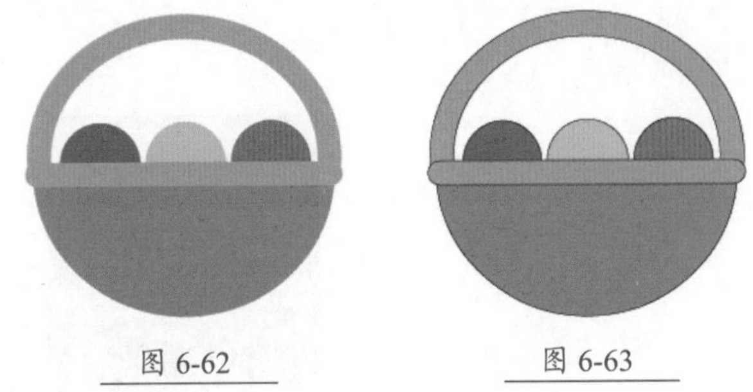

图 6-62　　　　图 6-63

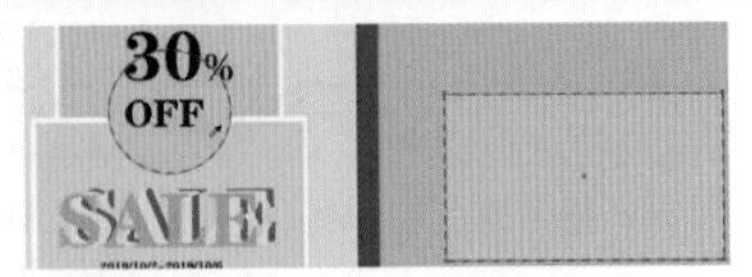

图 6-64

6.1.8　使用【吸管工具】复制填色与描边属性

使用【吸管工具】可以吸取对象的填色和描边属性，包括颜色、描边粗细、描边类型等。

绘制图形或选择图形后，使用【吸管工具】单击要复制填充和描边属性的目标对象，此时该图形对象便会应用目标对象的填充和描边效果，如图 6-64 所示。

6.1.9　使用不同颜色模式设置颜色

默认情况下，设置颜色时使用的颜色模式与文档的颜色模式是相同的。如果想要以不同的颜色模式设置颜色，可以单击【颜色】面板右上角的下拉按钮，在弹出的扩展菜单中可以设置颜色模式为【灰度】、【RGB】、【CMYK】、【HSB】或【Web 安全 RGB】，如图 6-65 所示。

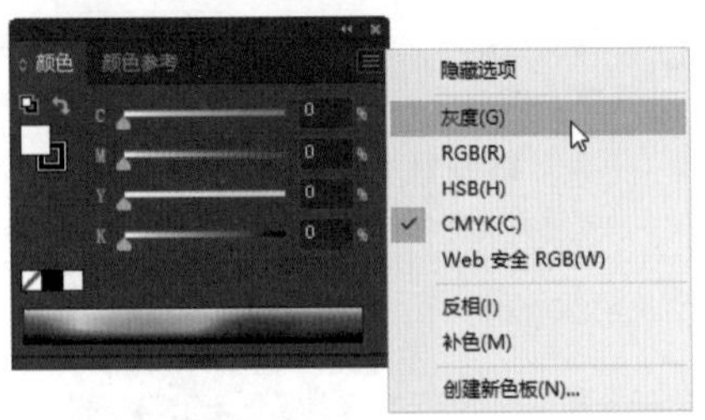

图 6-65

6.2 渐变

渐变颜色是指某个物体的颜色从明到暗，或由深转浅，或是从一个色彩缓慢过渡到另一个色彩，充满变幻无穷的颜色。在 Illustrator 中除可以使用色板库中的渐变预设面板设置渐变颜色以外，还可以通过【渐变】面板或者【渐变工具】自定义渐变颜色。下面就介绍渐变颜色的设置方法。

6.2.1　【渐变】面板

单击工具栏底部的【渐变】按钮，或者执行【窗口】→【渐变】命令，即可打开【渐变】面板，如图 6-66 所示，各选项作用如表 6-5 所示。默认情况下，渐变颜色为黑白渐变。

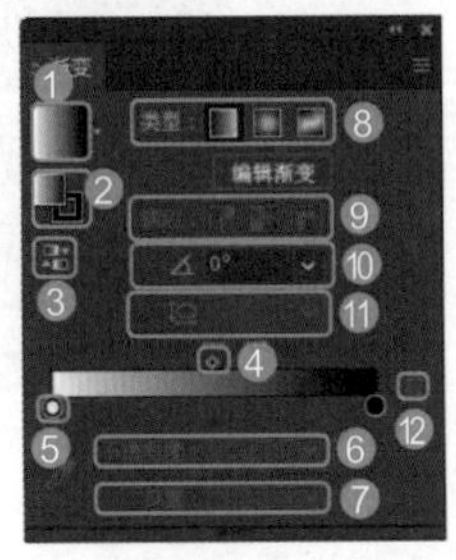

图 6-66

表 6-5　【渐变】面板中各选项作用

选项	作用
❶ 渐变填色	单击按钮可为图形对象设置渐变颜色，单击右侧的下拉按钮，在弹出的下拉列表中可以选择预设的渐变颜色，如图 6-67 所示 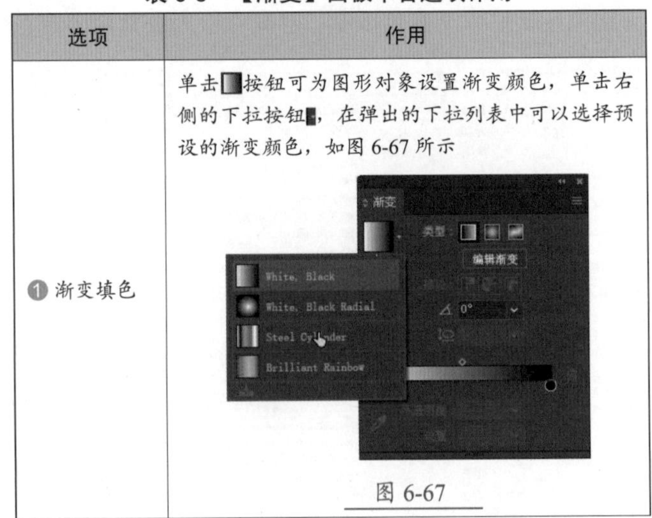 图 6-67

续表

选项	作用
❷ 填色 / 描边	设置将渐变应用于填色或者描边
❸ 反向渐变	单击按钮，可反转渐变颜色的填充顺序，如图 6-68 所示 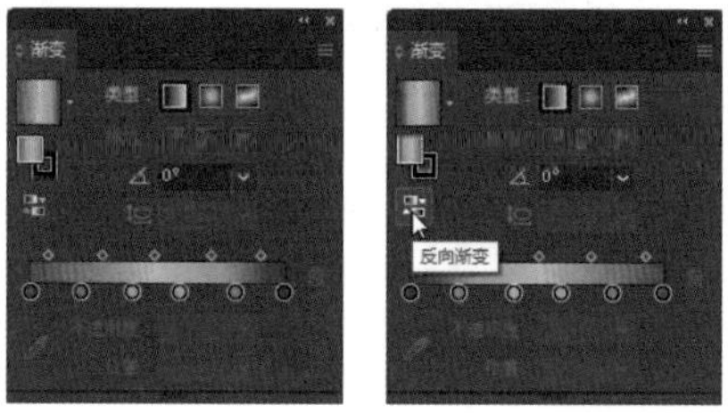 反转前 反转后 图 6-68
❹ 颜色中点	用于定义颜色的混合位置，位置决定了某个颜色在两种混合颜色中的含量，进而影响渐变效果。如图 6-69 所示，分别是中点在 20% 和 50% 位置处的效果 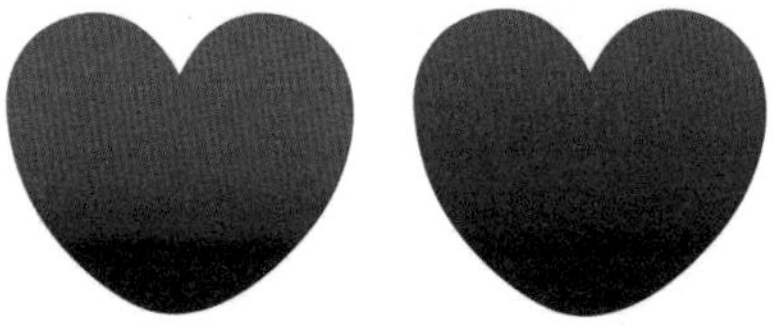 中点为 20% 中点为 50% 图 6-69
❺ 渐变滑块	双击该按钮可打开【色板】面板编辑颜色
❻ 不透明度	单击一个色标，调整不透明度，可以使颜色呈现透明效果
❼ 位置	选择颜色中点或色标后，可在数值框中输入 0 ~ 100 之间的数值来定义其位置
❽ 类型	用于设置渐变类型：线性、径向或任意渐变。其中：线性渐变可使颜色从一点到另一点进行直线形混合，如图 6-70 所示；径向渐变可使颜色从一点到另一点进行环形混合，如图 6-71 所示；任意形状渐变可在某个形状内使色标形成逐渐过渡的混合，如图 6-72 所示  图 6-70  图 6-71  图 6-72

续表

选项	作用
❾ 描边	设置描边的渐变效果，单击按钮，可在描边中应用渐变效果，如图 6-73 所示；单击按钮，可沿描边应用渐变效果，如图 6-74 所示；单击按钮，可跨描边应用渐变效果，如图 6-75 所示  图 6-73  图 6-74  图 6-75
❿ 角度	用于设置线性渐变的角度
⓫ 长宽比	设置径向渐变时，可在该选项中输入数值创建椭圆渐变，如图 6-76 所示为长宽比为 50% 时的渐变效果；如图 6-77 所示为长宽比为 150% 时的渐变效果  图 6-76 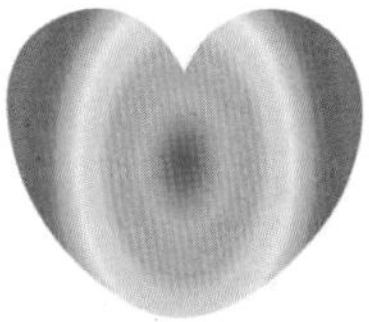 图 6-77
⓬ 删除色标	选择某个滑块后，单击按钮即可删除所选色标

★重点 6.2.2 实战：编辑渐变颜色

双击【渐变】面板中的滑块，在打开的面板中可以设置颜色或者修改颜色，使用【渐变】面板设置颜色的具体操作步骤如下。

Step 01 打开"素材文件\第 6 章\心形.ai"文件，如图 6-78 所示。

Step 02 执行【窗口】→【渐变】命令，打开【渐变】面板，如图 6-79 所示。

图 6-78

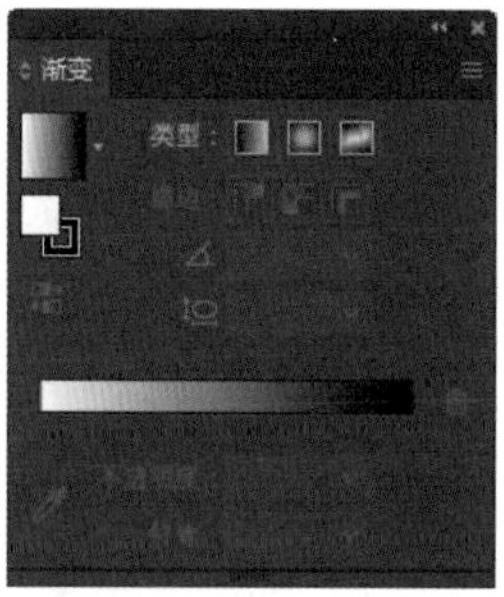

图 6-79

Step 03 双击左侧的滑块，打开面板，单击【色板】按钮，切换到【色板】面板，随意选择一种颜色，如图 6-80 所示。

Step04 单击【颜色】按钮，切换到【颜色】面板，使用鼠标在色谱上单击修改颜色，如图 6-81 所示。

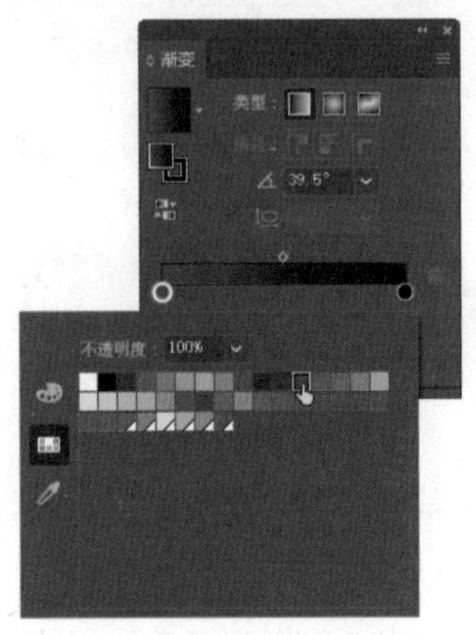
图 6-80

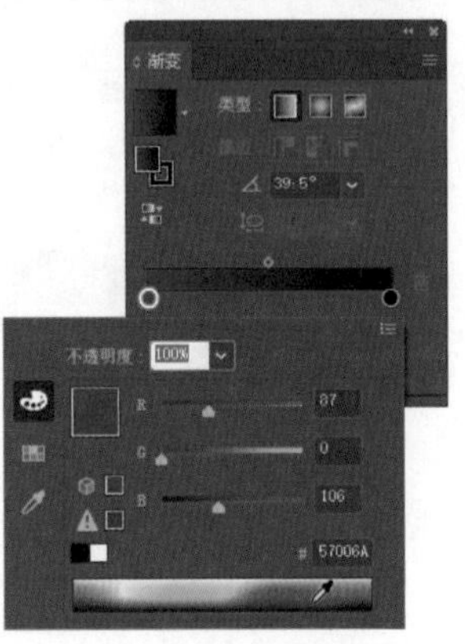
图 6-81

Step05 将鼠标光标放到渐变滑块上，当鼠标光标变换为▶形状时，单击鼠标即可添加滑块，如图 6-82 所示。

Step06 双击第二个滑块，打开面板后，在数值框中输入颜色值为 #8F3066，如图 6-83 所示。

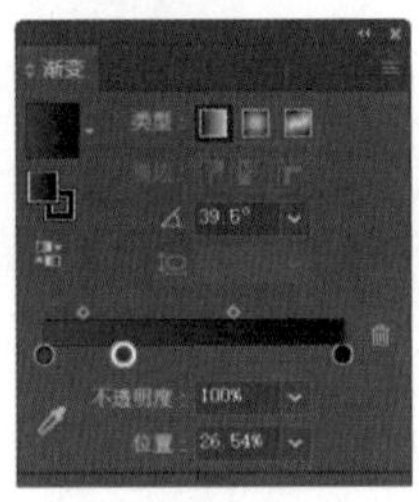
图 6-82

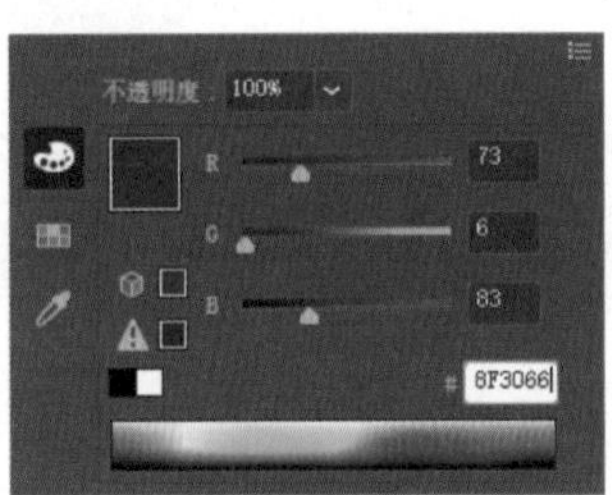
图 6-83

Step07 按【Enter】键进行确认，修改第二个滑块颜色，如图 6-84 所示。

Step08 继续使用相同的方法添加滑块并修改颜色，设置颜色值分别为 #C05166、#E88666、#FCB76F，效果如图 6-85 所示。

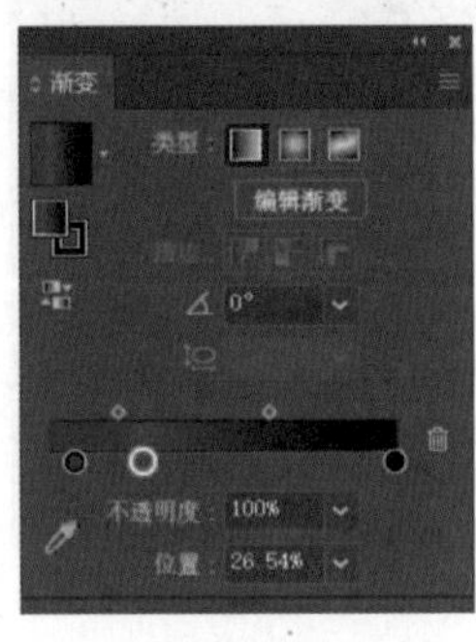
图 6-84

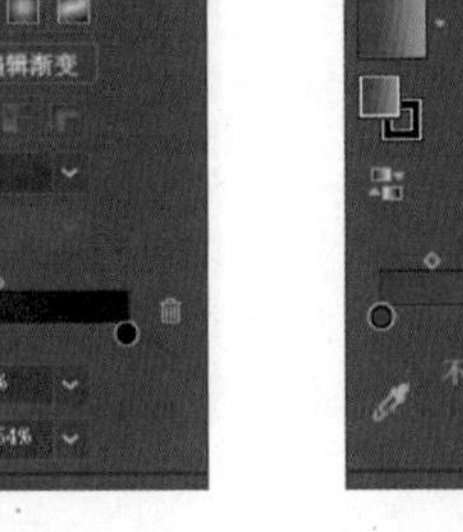
图 6-85

Step09 拖动滑块调整滑块位置，如图 6-86 所示，图像效果如图 6-87 所示。

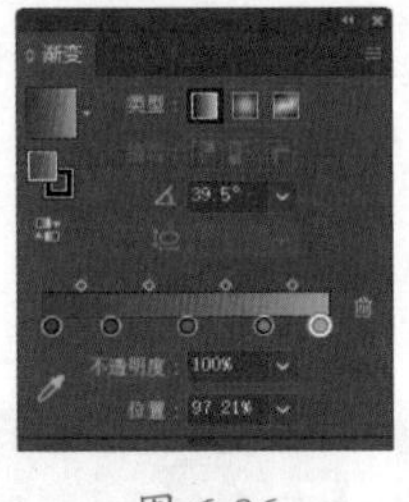
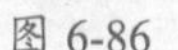
图 6-86

图 6-87

Step10 单击选择左侧的第一个颜色中点，设置位置为 55%，再向右侧拖动第二个滑块，并设置角度为 120°，如图 6-88 所示。

Step11 单击【径向渐变】按钮，随即会为对象填充径向渐变效果，如图 6-89 所示。

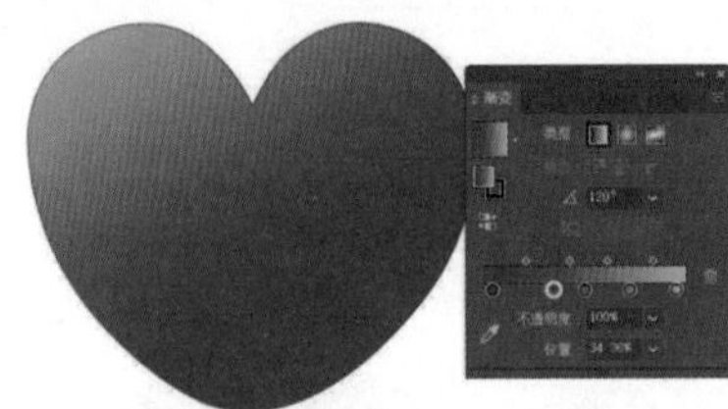
图 6-88　　图 6-89

Step12 在径向渐变状态下可以设置渐变角度和长宽比，来改变径向渐变的效果。这里设置【角度】为 135°，【长宽比】为 200%，效果如图 6-90 所示。

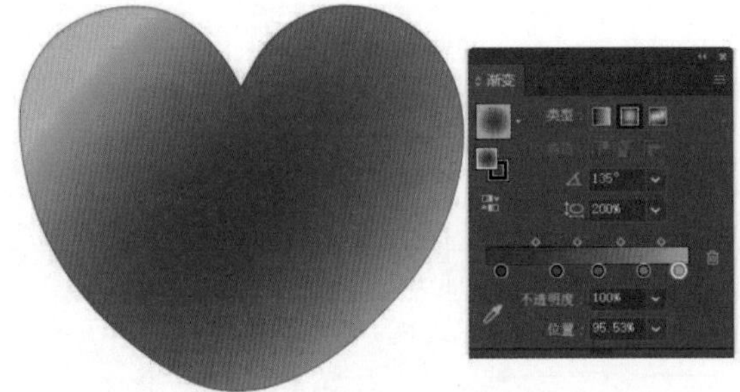
图 6-90

★新功能 6.2.3 任意渐变

任意渐变是 Illustrator CC 的一项新增功能，利用此类型渐变可在某个形状内使色标形成逐渐过渡的混合，可以是有序混合，也可以是随意混合，以使混合看起来平滑自然。在【渐变】面板中单击【任意渐变】按钮，切换到任意渐变面板，如图 6-91 所示。在其中可以通过点和线两种模式设置渐变效果。

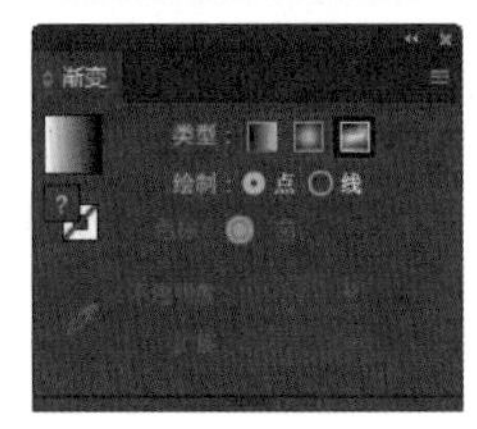

图 6-91

1. 使用点模式设置渐变效果

绘制图形或者选择图形对象后，单击【渐变】面板中的任意渐变按钮，软件会自动填充一种渐变颜色，如图 6-92 所示。

此时，在图形上会显示色标。将鼠标光标放在图形上，当鼠标光标会变换为形状，单击鼠标可以添加色标，如图 6-93 所示。

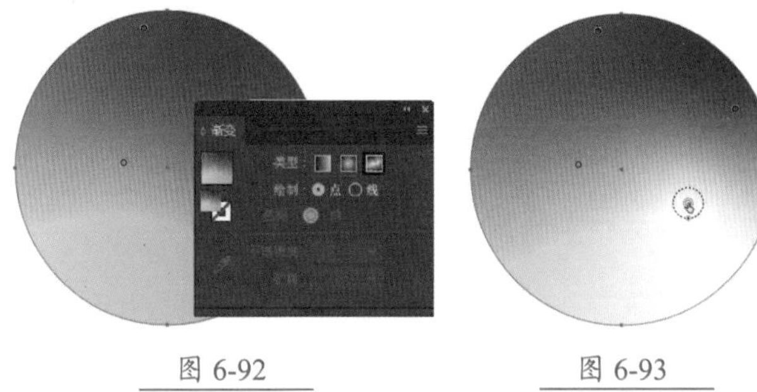

图 6-92　　图 6-93

双击色标，在打开的面板中可以设置颜色，如图 6-94 所示。

将鼠标光标放在色标上，当鼠标光标变换为形状时，拖动鼠标移动色标位置，可以修改颜色效果，如图 6-95 所示。

将鼠标光标放在色标上，当鼠标光标变换为形状时，拖动鼠标可以扩展颜色范围，但同时颜色之间的过渡可能会变得不平滑，如图 6-96 所示。

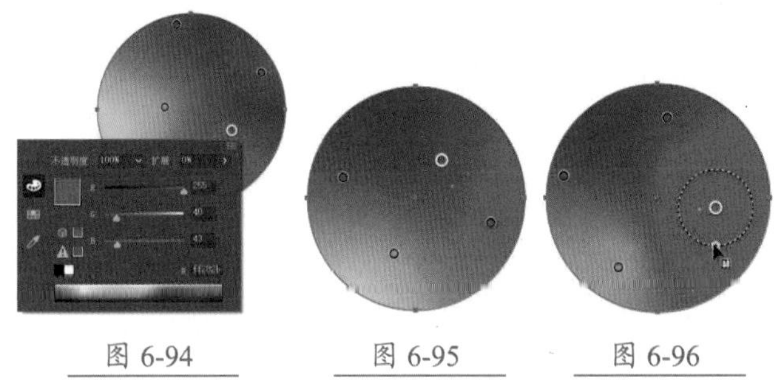

图 6-94　　图 6-95　　图 6-96

2. 使用线模式设置任意渐变

使用线模式设置任意渐变与使用点模式设置任意渐变的方法很类似。绘制图形或者选择图形对象后，在【渐变】面板中单击【任意渐变】按钮，再选中【线】单选按钮，软件会自动填充一种渐变颜色并显示色标，如图 6-97 所示。

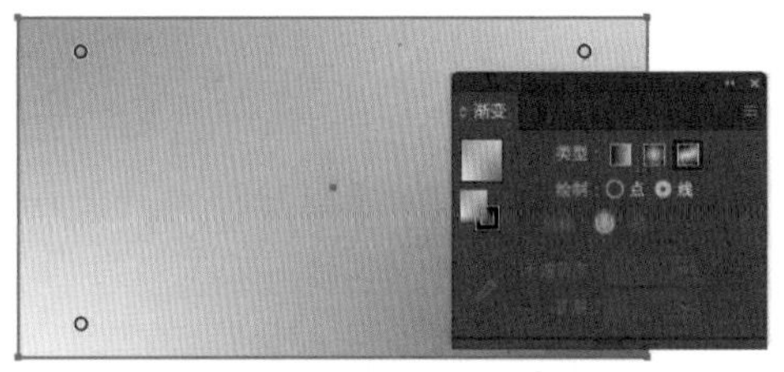

图 6-97

此时，将鼠标光标放在图形上，当鼠标光标变换为形状时，单击鼠标即可添加色标，如图 6-98 所示。

与点模式不同的是，使用线模式设置任意渐变时将鼠标光标放在其他地方会显示出路径走向，再次单击鼠标，则可将两个色标连成一条直线，如图 6-99 所示。

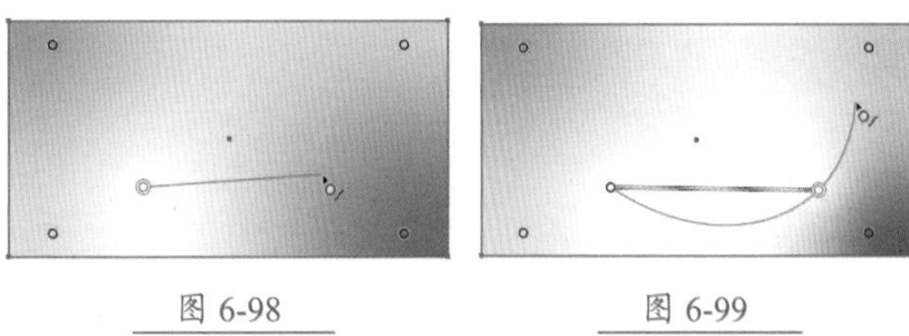

图 6-98　　图 6-99

如果再继续添加色标，则可以绘制像路径一样的渐变线条。如果回到最开始的地方，鼠标光标会变换成形状，再单击鼠标则可以形成一条闭合的线段，如图 6-100 所示。

与点模式一样，使用线模式设置任意渐变时，双击色标，在打开的面板中即可设置颜色，如图 6-101 所示。

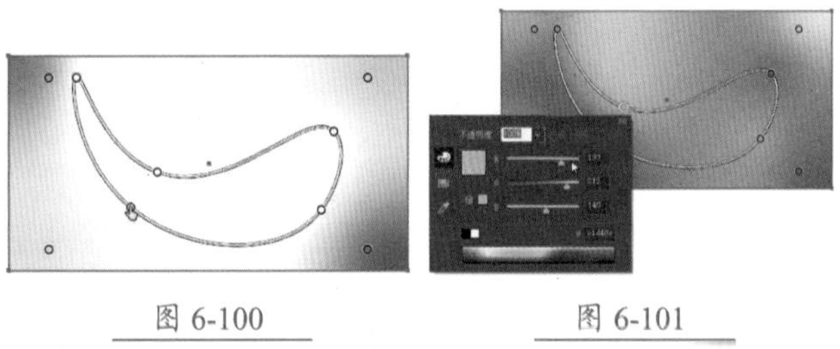

图 6-100　　图 6-101

拖动鼠标，改变线段形状，则可以改变颜色效果，如图 6-102 所示。

将鼠标光标放在线段上，当鼠标光标变换为形状时，单击鼠标即可在线段上添加色标，如图 6-103 所示。

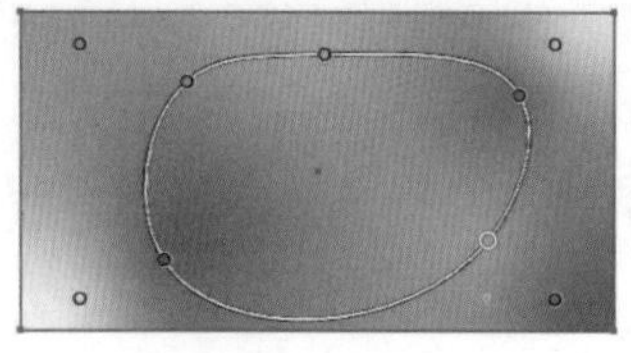

图 6-102

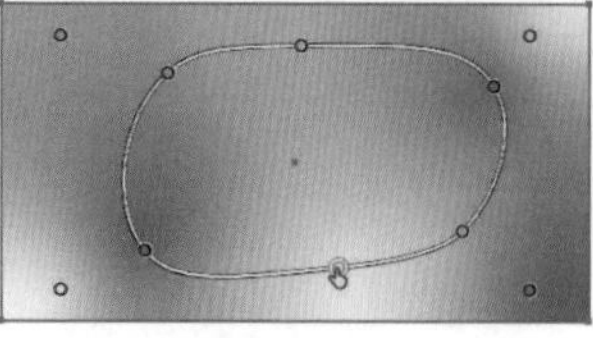

图 6-103

如果要删除色标，先单击选中某个色标，按【Delete】键或者单击【渐变】面板中的按钮，则可删除该色标，如图 6-104 所示。

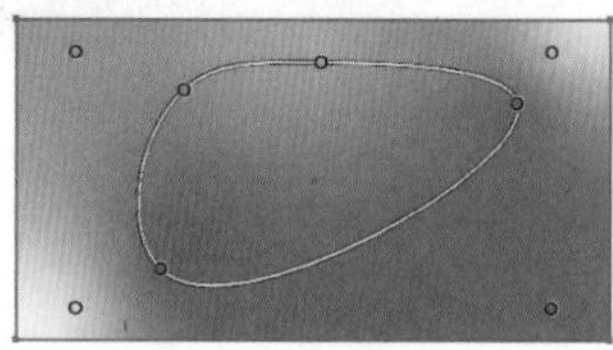

图 6-104

如果不想新建色标，可以单击选中显示的色标，如图 6-105 所示。然后移动鼠标就会显示路径走向，再单击其他色标则可以将其连接起来，如图 6-106 所示。

图 6-105

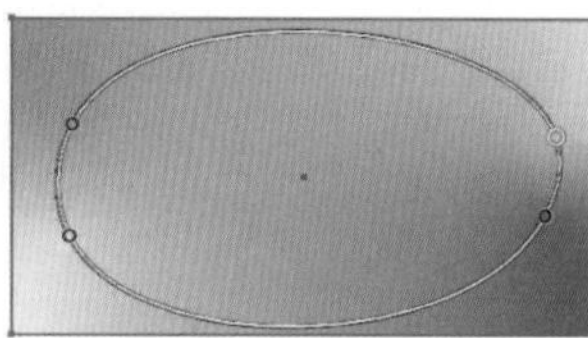

图 6-106

★重点 6.2.4　渐变工具

【渐变工具】可以更加灵活地调整渐变位置、方向和渐变覆盖范围，而且效果也更加直观。

单击选择工具栏中的【渐变工具】后，再单击需要设置渐变的对象，如图 6-107 所示。此时，图形上会显示渐变批注者，即图形中的小横条。

双击色标，在打开的面板中切换到【色板】面板，选择一种预设颜色，如图 6-108 所示。

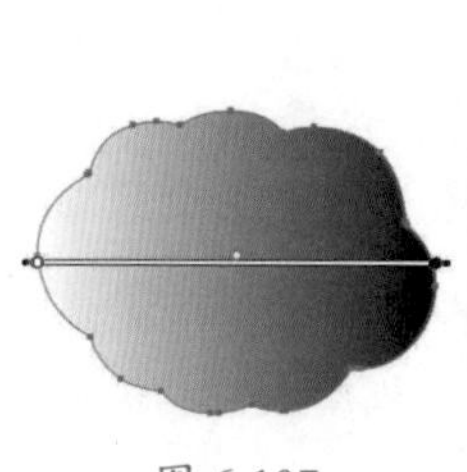

图 6-107

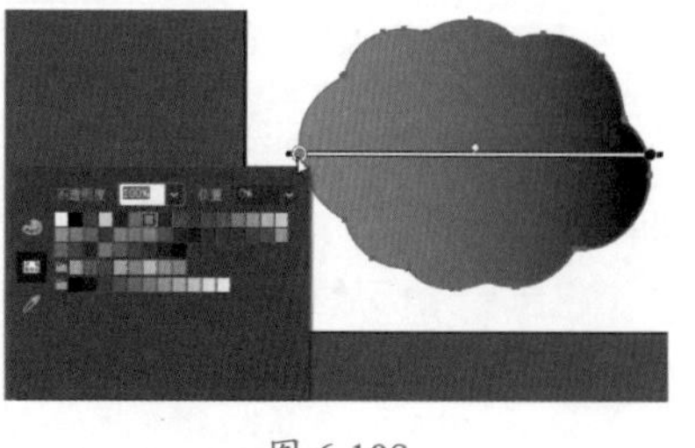

图 6-108

然后再切换到【颜色】面板，调整参数修改颜色，如图 6-109 所示。

将鼠标光标放在批注者附近，当鼠标光标变换为形状时，单击鼠标即可添加色标，如图 6-110 所示。然后使用相同的方法设置颜色即可。

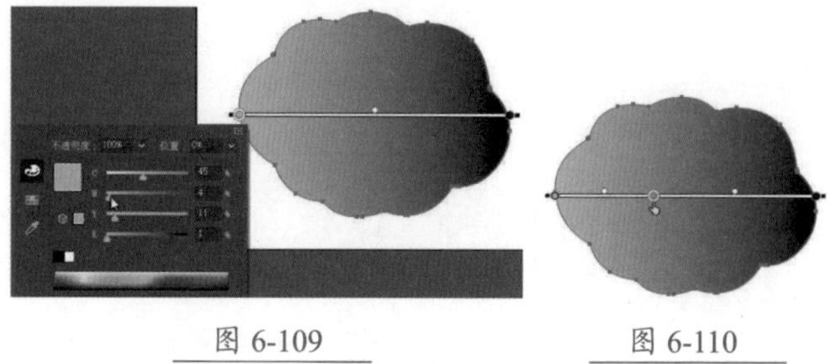

图 6-109　　图 6-110

将鼠标光标放在色标或者颜色中点上，当鼠标光标变换为形状时，拖动鼠标即可移动色标或颜色中点的位置，从而可以修改渐变效果，使颜色过渡更加平滑或者不平滑，如图 6-111 所示。

将鼠标光标放在批注者附近，当鼠标光标变换为形状时，拖动鼠标可以移动批注者的位置，改变渐变效果，如图 6-112 所示。需要注意的是，线性渐变的状态下，只能左右移动。

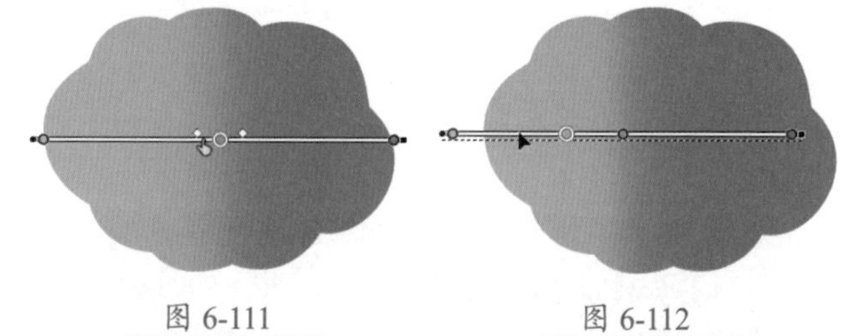

图 6-111　　图 6-112

将鼠标光标放在批注者右侧的圆点附近，当鼠标光标变换为形状时，拖动鼠标可以调整渐变覆盖范围，如图 6-113 所示。

将鼠标光标放在批注者右侧的圆点附近，当鼠标光标变换为形状时，拖动鼠标可以旋转批注者角度，进而设置渐变角度，如图 6-114 所示。

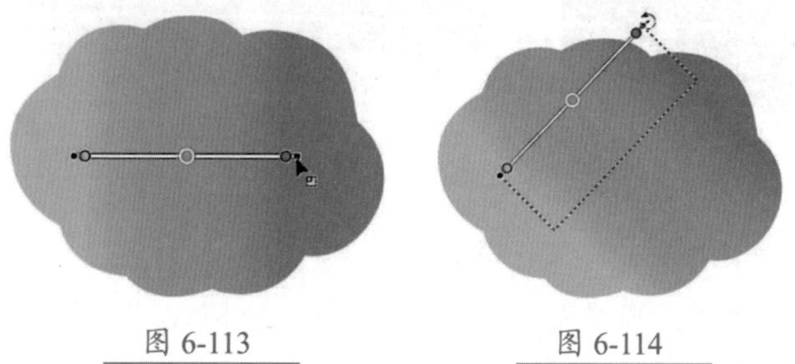

图 6-113　　图 6-114

默认情况下使用【渐变工具】设置渐变效果时，都是线性渐变模式。如果要设置径向渐变效果，可以在【属性】面板的渐变栏中单击【径向渐变】按钮，此时，对象上即会显示径向渐变的批注者，如图 6-115 所示。

将鼠标光标放在上方的黑色圆点附近，当鼠标光标变换为形状时，拖动鼠标可以调整长宽比，生成椭圆渐变，如图 6-116 所示。

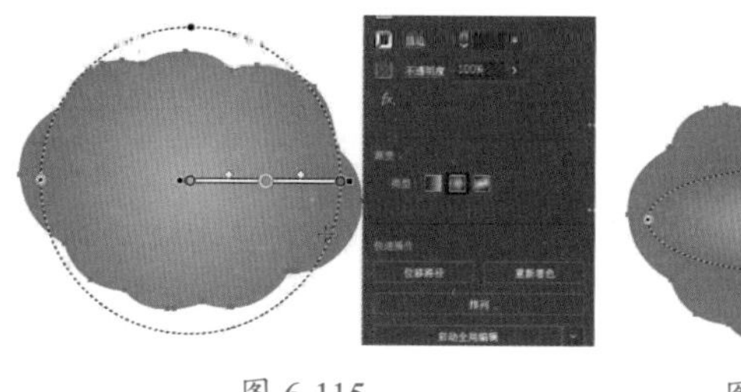

图 6-115

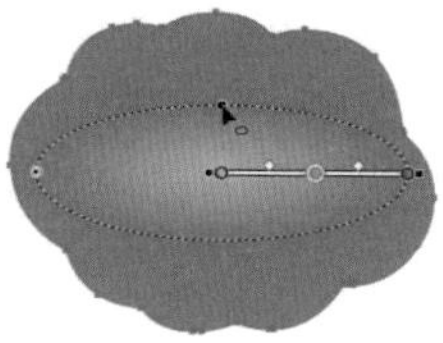

图 6-116

将鼠标光标放在中心的黑色圆点上，当鼠标光标变换为形状时，拖动鼠标可以调整渐变原点的位置和方向，如图 6-117 所示。

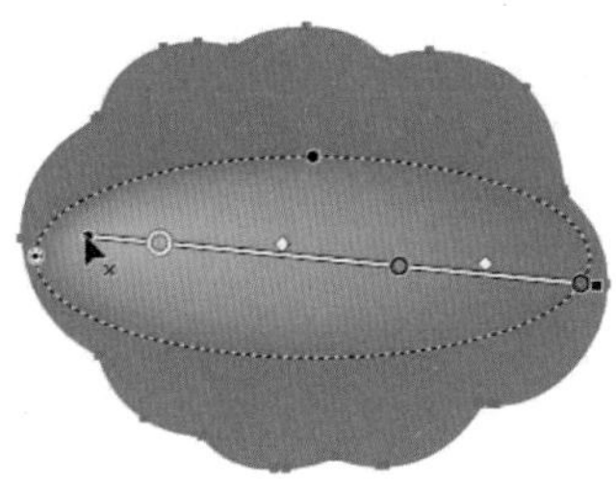

图 6-117

6.2.5　实战：制作相机图标

使用渐变功能制作相机图标的操作步骤如下。

Step 01 新建一个 RGB 颜色模式的 A4 文档，方向设置为横向。使用【圆角矩形工具】绘制形状，如图 6-118 所示。

Step 02 选择【渐变工具】单击对象，显示渐变批注者，如图 6-119 所示。

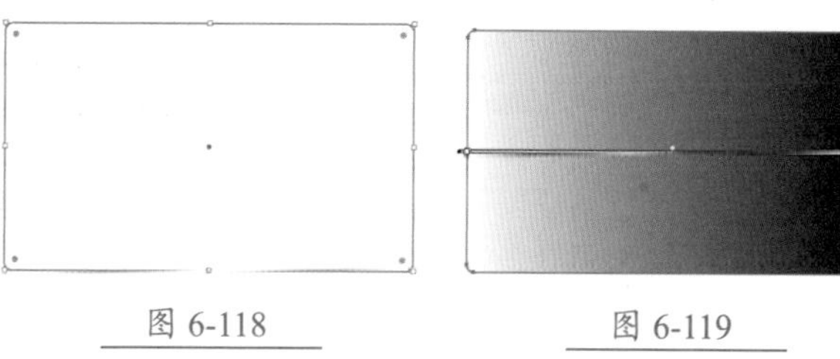

图 6-118　　图 6-119

Step 03 双击左侧的色标，在打开的面板中设置颜色值为 #EA8D8D，然后双击右侧的色标，在打开的面板中设置颜色值为 #A890FE，效果如图 6-120 所示。

Step 04 使用【直线段工具】绘制 6 条直线，设置线条描边颜色为白色，粗细为 2pt，如图 6-121 所示。

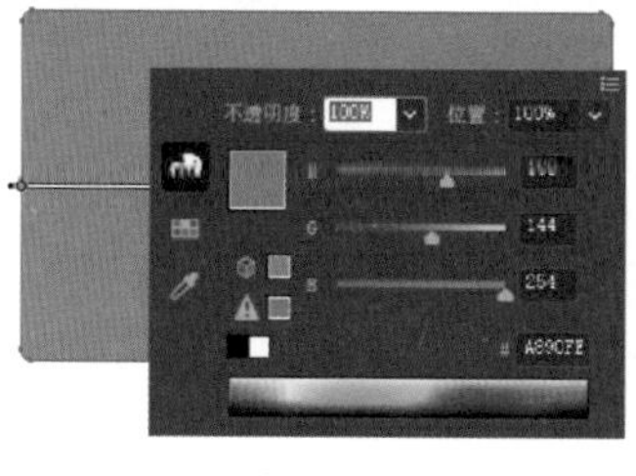

图 6-120

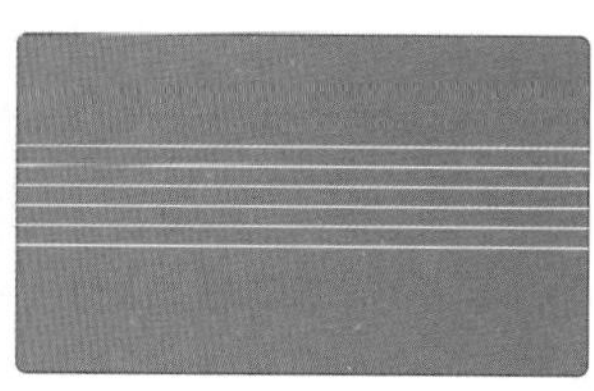

图 6-121

Step 05 选择圆角矩形，取消描边效果。选择【椭圆工具】，按住【Shift】键的同时绘制正圆，如图 6-122 所示。

Step 06 按【Ctrl+C】快捷键复制正圆对象，按【Ctrl+B】快捷键粘贴到后面，按【Shift+Alt】快捷键等比例放大正圆，并设置填充为白色，如图 6-123 所示。

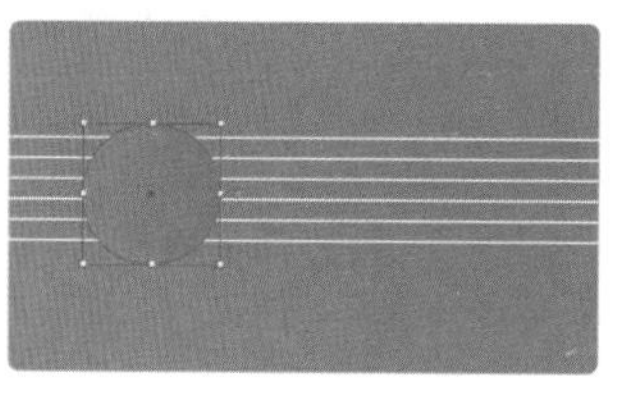

图 6-122

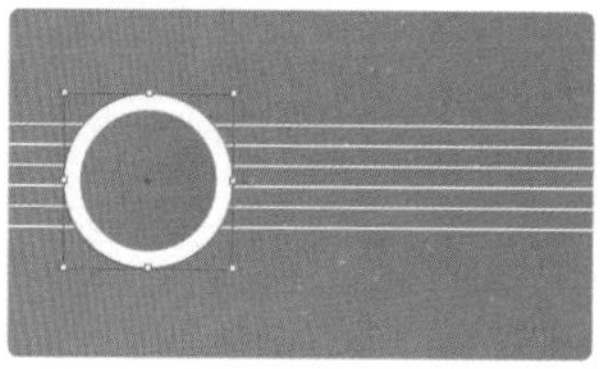

图 6-123

Step 07 单击选择小一点的正圆。执行【窗口】→【渐变】命令，打开【渐变】面板，单击【任意形状渐变】按钮，进入任意渐变设置状态，如图 6-124 所示。

Step 08 单击选中左侧的色标，再单击【渐变】面板中的【拾色器】按钮，进入吸取颜色状态，然后单击对象中红色的地方吸取颜色，随即可将吸取的颜色应用到选中的色标，如图 6-125 所示。

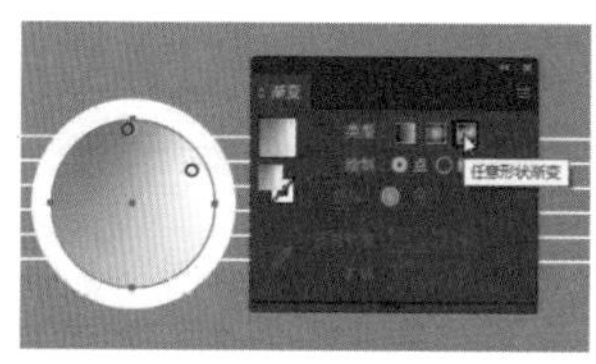

图 6-124

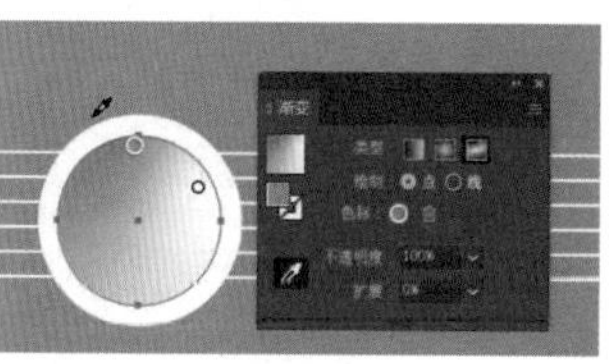

图 6-125

Step 09 按【Esc】键退出拾取颜色状态。在正圆对象左下方添加色标，使用上一步骤的方法为色标设置紫色，如图 6-126 所示。

Step10 按【Esc】键退出拾取颜色状态，调整色标位置，更改渐变效果，使正圆有立体感，如图 6-127 所示。

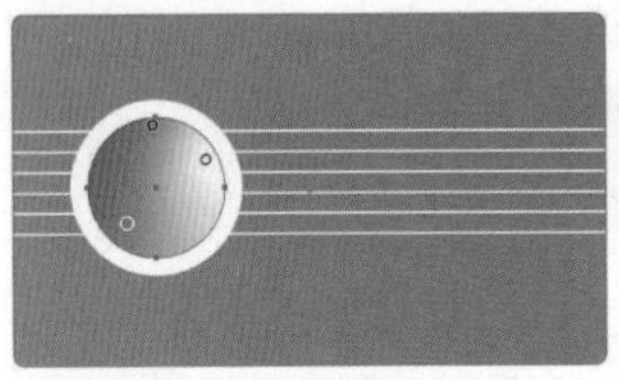
图 6-126

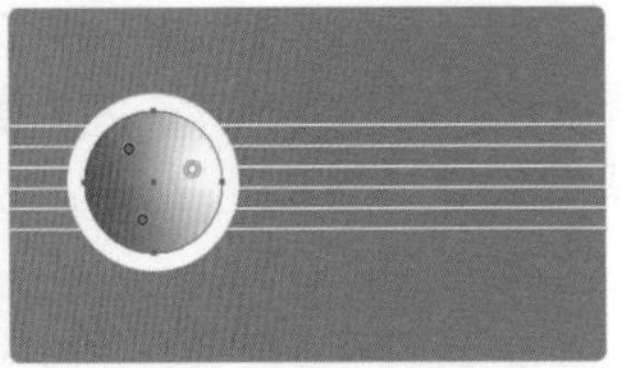
图 6-127

Step11 单击【渐变】面板中的【描边】按钮启用描边，分别设置描边颜色为 #ffae9f、#ffd7aa，并设置描边粗细为 4pt，如图 6-128 所示。

Step12 选择【选择工具】，按住【Shift】键选择所有的正圆，再按【Shift+Alt】快捷键等比例放大正圆对象，并向右侧移动到适当的位置，然后修改小正圆的描边粗细为 8pt，效果如图 6-129 所示。

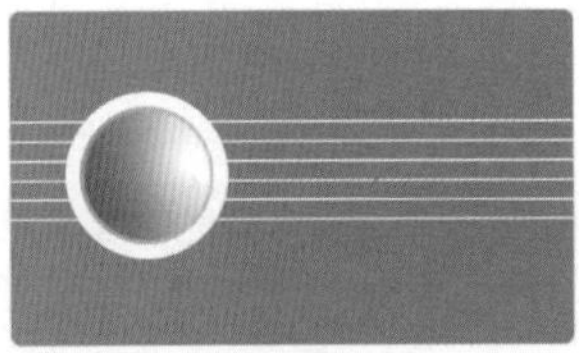
图 6-128

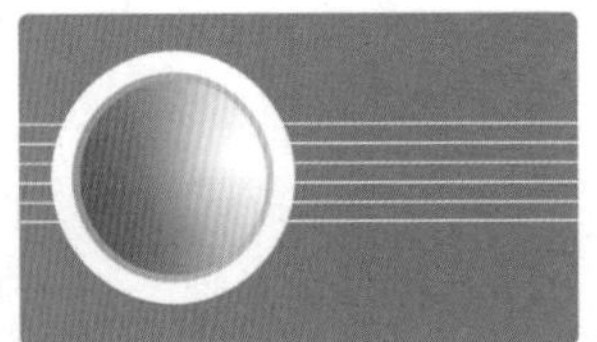
图 6-129

Step13 选择圆角矩形，单击【渐变】面板中的【填色】按钮，启用填色。然后单击【渐变】右侧的下拉按钮，在打开的面板中单击【添加到色板】按钮，将圆角矩形的填充色保存到色板，如图 6-130 所示。

Step14 使用【圆角矩形】工具在圆角矩形对象上方绘制对象，然后右击，在弹出的快捷菜单中选择【排列】→【置于底层】命令，将所绘制的圆角矩形放在最底层，如图 6-131 所示。

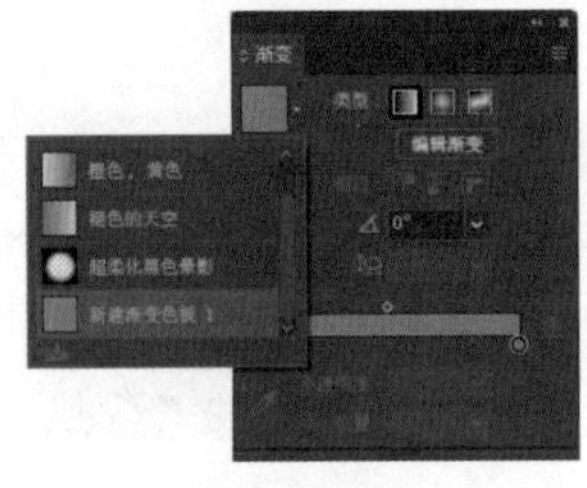
图 6-130

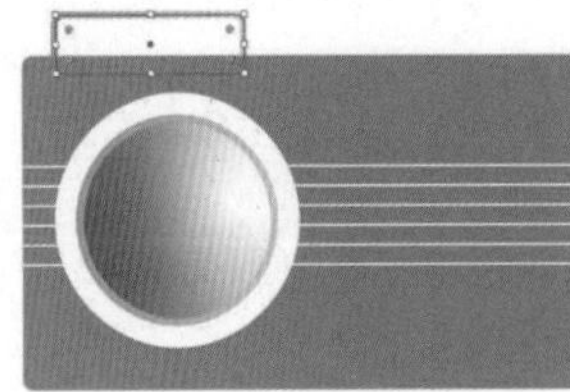
图 6-131

Step15 在【渐变】面板中单击【渐变】按钮右侧的下拉按钮，在弹出的下拉列表中选择【新建渐变色板 1】的颜色，然后取消对象的描边效果，如图 6-132 所示。

Step16 使用【椭圆工具】，按住【Shift】键在图像右上角绘制正圆，如图 6-133 所示。

图 6-132

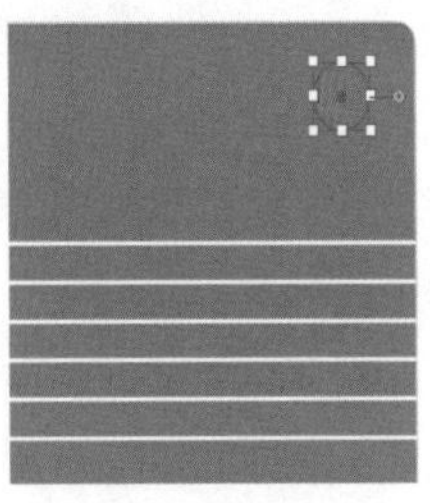
图 6-133

Step17 单击【渐变】面板中的【描边】按钮启用描边，设置与填充颜色一样的描边颜色，并设置描边粗细为 3pt，然后单击【反向渐变】按钮，进行反向颜色渐变，效果如图 6-134 所示。

Step18 选择大的圆角矩形对象，将鼠标放在右侧的定界框上向左拖动，调整形状的长度，然后向内拖动实时转角，增加圆角半径，并调整对象的位置，完成相机图标的制作，最终效果如图 6-135 所示。

图 6-134

图 6-135

6.2.6 将渐变扩展为图形

选择渐变对象，如图 6-136 所示。

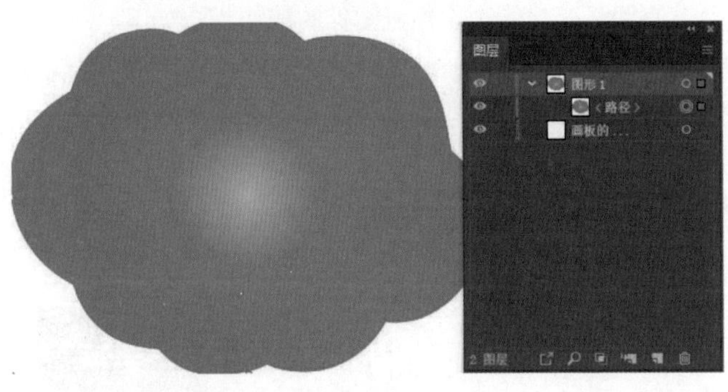

图 6-136

执行【对象】→【扩展】命令，打开【扩展】对话框，选中【填充】复选框，在【指定】文本框中输入数值，如图 6-137 所示。

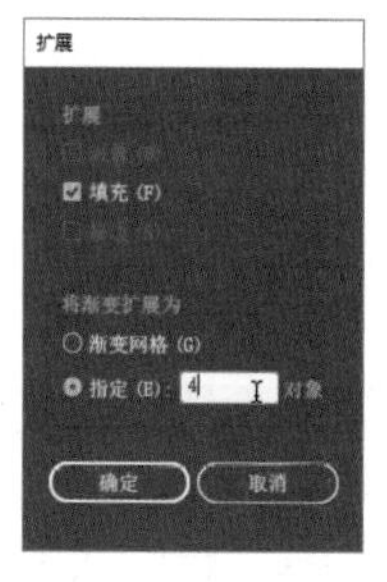

图 6-137

随即可将渐变填充扩展为指定数量的图形，如图 6-138 所示。此时，这些图形会编为一个组，并通过剪切蒙版控制显示区域。如果双击图形，可以进入隔离图层模式，对扩展的图形进行单独处理，如图 6-139 所示。

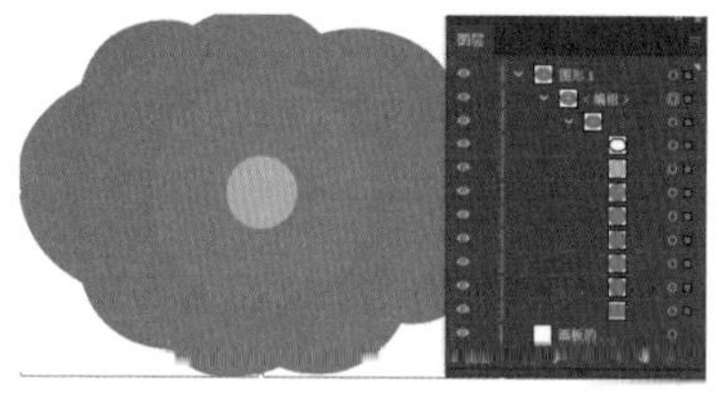

图 6-138　　图 6-139

6.3 图案

在 Illustrator 中还可以设置图案作为填充或者描边。软件内部预置了不同类型的图案，填色或描边时可以直接使用。此外，也可以将绘制的对象或者导入的位图图像定义为图案来使用。

6.3.1 填充预设图案

Illustrator 提供了许多不同类型的预设图案可以直接使用。下面介绍填充预设图案的方法。

选择一个图形对象，如图 6-140 所示。

然后执行【窗口】→【色板】命令，打开【色板】面板。单击【色板】面板左下角的【色板库】按钮，在弹出的列表中选择【图案】选项，在扩展列表中可以看到软件提供的预设图案，如图 6-141 所示。

图 6-140

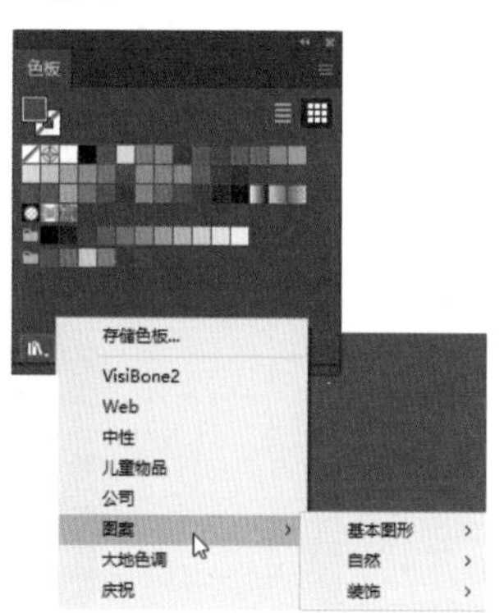

图 6-141

选择一个图案类别，例如，这里选择【装饰】→【装饰旧版】选项，打开【装饰旧版】色板库，如图 6-142 所示。

再单击选择一种装饰图案，即可将其应用到选择的图形对象上，如图 6-143 所示。

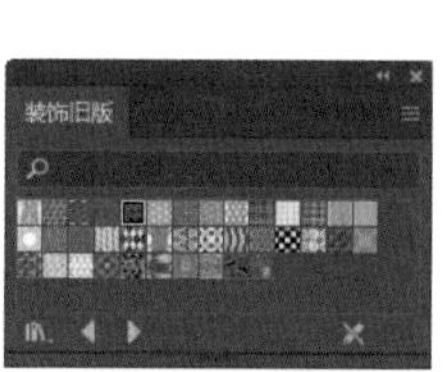

图 6-142

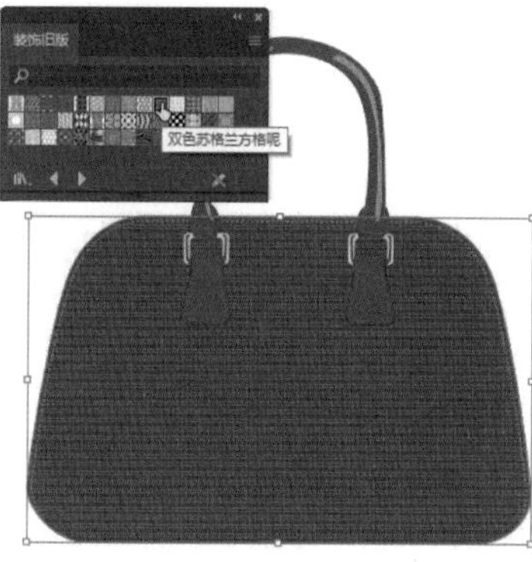

图 6-143

如果单击面板底部的【加载上一色板库】按钮或【加载下一色板库】按钮，可以快速切换色板库。例如，在【装饰旧版】色板库中单击【加载上一色板库】按钮，则会切换到【Vonster 图案】色板库，如图 6-144 所示；在【装饰旧版】色板库中单击【加载下一色板库】按钮，则会切换到【大地色调】色板库，如图 6-145 所示。

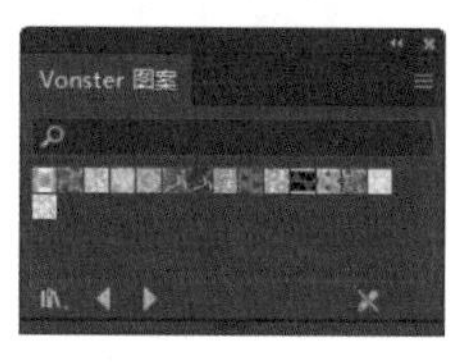

图 6-144

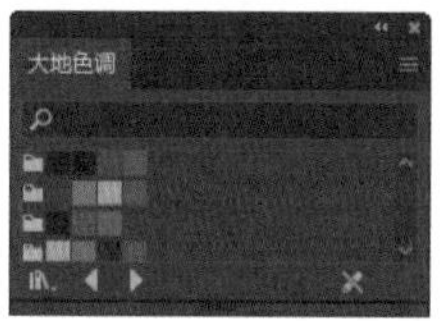

图 6-145

★重点 6.3.2 编辑图案

对于预设的图案或者已经定义好的图案来说，其颜色、拼贴类型等都是固定的。如果在使用过程中对图案的效果不满意，可以通过编辑图案功能来修改。

选择填充了图案的对象，执行【对象】→【图案】→【编辑图案】命令，会打开【图案选项】面板，并且会进入隔离图层模式，此时，画板上显示定界框的对象就是该图案的基本图案，如图 6-146 所示。

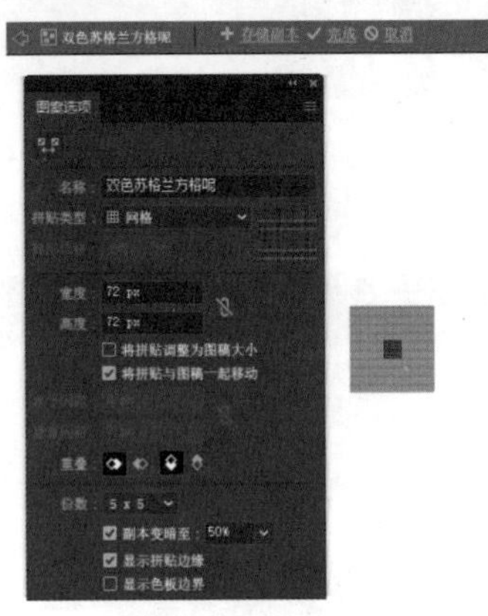

图 6-146

在隔离图层模式下，对于定界框中的基本图案可以进行简单的编辑，如修改图案颜色、形状等，也可以修改图案的拼贴效果。

1. 修改图案颜色、形状

在隔离图层模式下，可以更改基本图案的颜色、描边，也可以旋转、拖动基本图像，如图 6-147 所示。

调整完成后，单击文档窗口顶部的【完成】按钮，或者双击鼠标退出隔离图层模式，填充图案的对象效果也会随之改变，如图 6-148 所示。

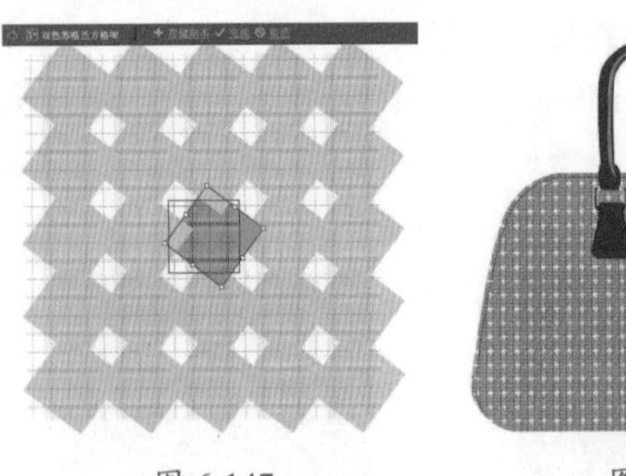

图 6-147　　图 6-148

值得注意的是，这种修改只针对当前填充图案的对象，不会修改图案原本的效果。也就是说，如果下一次为其他对象应用【双色苏格兰方格呢】这种图案，依然是预设图案的效果，而不是当前修改后的效果。

2. 修改图案拼贴效果

如图 6-149 所示，在【图案选项】面板中还可以设置图案的拼贴类型、重叠效果、拼贴份数等。主要选项作用如表 6-6 所示。

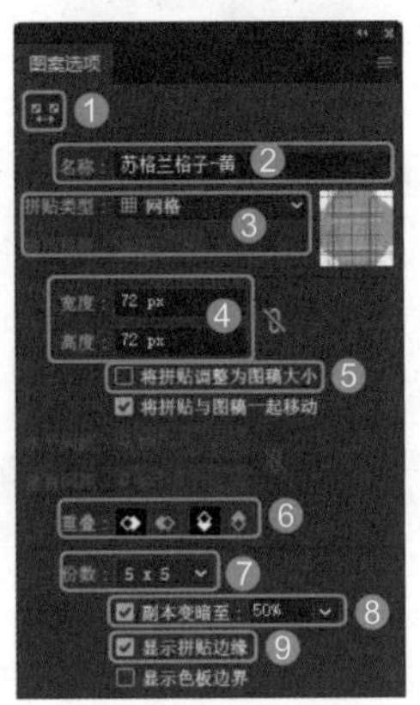

图 6-149

表 6-6　【图案选项】面板中主要选项作用

选项	作用
❶ 图案拼贴工具	用于控制是否在画板中央的基本图案周围显示定界框，单击该按钮，其呈深色显示
❷ 名称	用于设置图案名称
❸ 拼贴类型	设置图案的拼贴方式：网格、砖形（按行）、砖形（按列）、十六进制（按列）、十六进制（按行），如图 6-150 所示 网格　砖形（按行）　砖形（按列） 十六进制（按列）　十六进制（按行） 图 6-150
❹ 宽度 / 高度	可以调整拼贴图案的宽度和高度，如果要进行等比例缩放，可以单击按钮
❺ 将拼贴调整为图稿大小	选中该复选框后，可以将拼贴调整到与所选图形相同的大小。如果要设置拼贴间距的精确数值，可选中该复选框，然后在【水平间距】和【垂直间距】文本框中输入具体数值

续表

选项	作用
⑥ 重叠	用于设置重叠方式。只有将【水平间距】和【垂直间距】设置为负值时，产生重叠效果后，设置该项才有作用
⑦ 份数	可以设置拼贴数量，也就是横坐标和纵坐标上基本图形的数量
⑧ 副本变暗至	设置除了基本图形以外，其他所有基本图形显示的明亮程度，默认设置为50%，效果如图6-151所示。如果设置为100%，则副本图形与基本图形的明亮程度是一样的，如图6-152所示 图 6-151　图 6-152
⑨ 显示拼贴边缘	选中该复选框，会显示基本图案的边界框，如图6-153所示；取消选中该复选框，会隐藏边界框，如图6-154所示 图 6-153　图 6-154

★重点 6.3.3 实战：创建自定义图案

使用【图案选项】面板还可以创建自定义图案，具体操作步骤如下。

Step01 新建一个A4大小的画板，使用【螺旋线工具】，按住【↑】键增加线段，再按住【Ctrl】键调整线段间距，绘制如图6-155所示的图形。

Step02 设置对象的描边颜色，再按住【Alt】键移动复制两个相同的对象，并排列出三角形的形状，如图6-156所示。

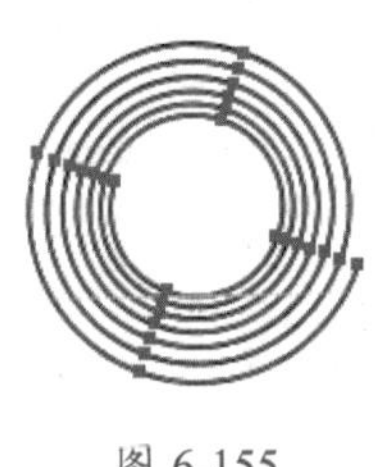

图 6-155

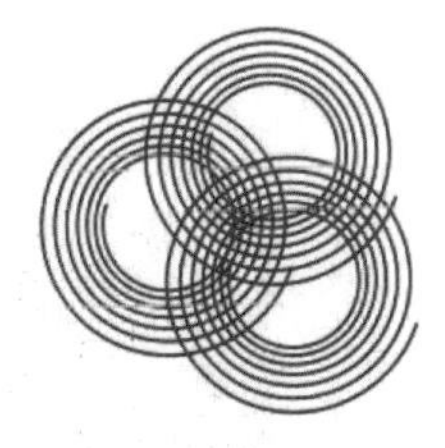

图 6-156

Step03 使用【选择工具】框选所有对象，按住【Ctrl+G】快捷键编组对象。执行【对象】→【图案】→【建立】命令，打开【图案选项】面板，并进入图层隔离模式，如图6-157所示。

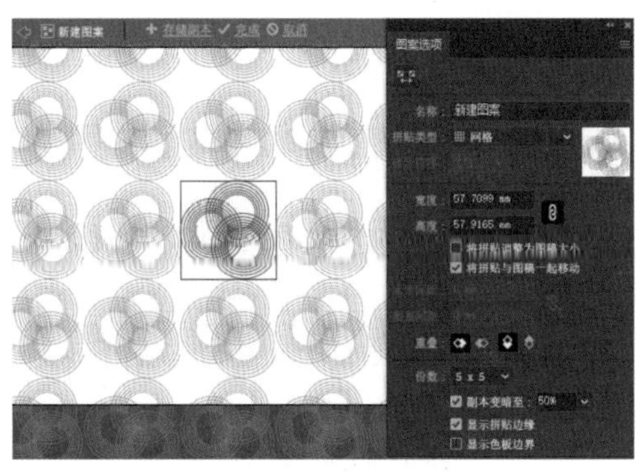

图 6-157

Step04 使用【选择工具】框选基本图案，并适当地等比例缩小图案，设置描边粗细为0.3pt。然后选中【图案选项】面板中的【将拼贴调整为图稿大小】复选框，设置【拼贴类型】为【十六进制（按行）】；【水平间距】设置为–2mm；【垂直间距】设置为–1.2mm，如图6-158所示。

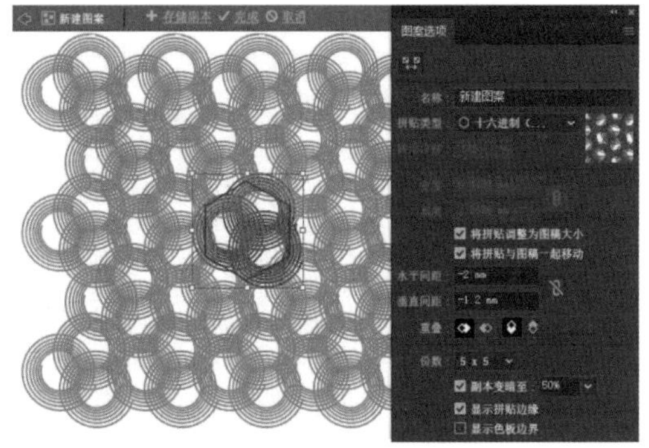

图 6-158

Step05 单击文档窗口顶部的【完成】按钮，退出编辑图案模式状态。将画板上的图案移至画板外，再绘制一个与画板同样大小的矩形，在【色板】面板中设置填充为【新建图案】，如图6-159所示。

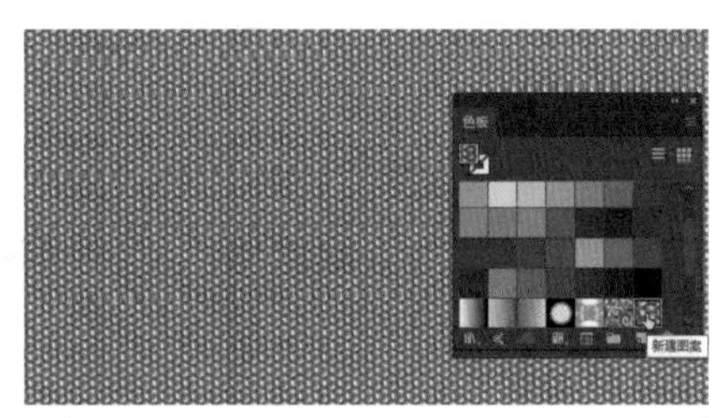

图 6-159

6.4 编辑描边属性

在各种颜色面板中提供的描边选项只能设置描边颜色，而在【描边】面板中则可以设置不同的描边效果。例如，可以设置描边粗细、端点样式、边角对接方式、虚线描边、为描边添加箭头效果等。下面就介绍使用【描边】面板编辑描边属性的方法。

★重点 6.4.1 【描边】面板基本选项

【描边】面板集合了所有可编辑的描边属性。执行【窗口】→【描边】命令或者单击【属性】面板中的【描边】文字即可打开【描边】面板，如图 6-160 所示。主要选项作用如表 6-7 所示。

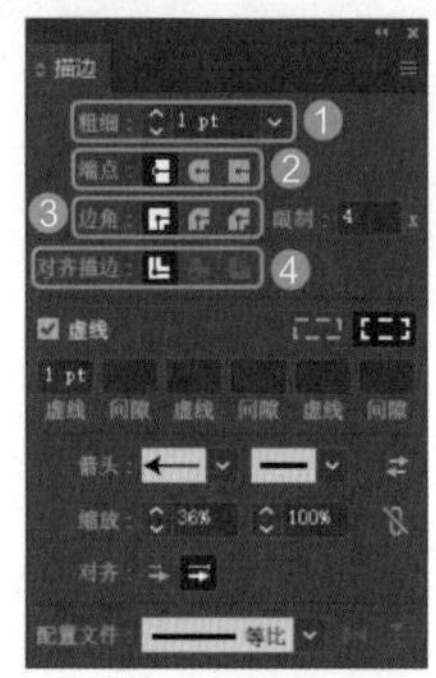

图 6-160

表 6-7 【描边】面板中主要选项作用

选项	作用
❶ 粗细	用于设置描边的宽度，数值越小，描边越细，反之越粗
❷ 端点	用于指定开放线段两端的端点样式，单击【平头端点】按钮，创建具有方形端点的描边线，如图 6-161 所示；单击【圆头端点】按钮，创建具有半圆形端点的描边线，如图 6-162 所示；单击【方头端点】按钮，创建具有方形端点且在线段端点外延伸出线条宽度一半的描边线，如图 6-163 所示 图 6-161 图 6-162 图 6-163
❸ 边角	用于设置路径拐角部分的样式。单击【斜接连接】按钮，可以创建具有点式拐角的描边线，如图 6-164 所示；单击【圆角连接】按钮，可以创建具有圆角的描边线，如图 6-165 所示；单击【斜角连接】按钮，可以创建具有方形拐角的连接线，如图 6-166 所示 图 6-164 图 6-165 图 6-166

续表

选项	作用
❹ 对齐描边	该选项组用于设置描边相对于路径的位置。单击【使描边居中对齐】按钮，可以使路径两侧具有同样宽度的描边，如图 6-167 所示；单击【使描边内侧对齐】按钮，路径将位于描边最外侧，如图 6-168 所示；单击【使描边外侧对齐】按钮，路径将位于描边内侧，如图 6-169 所示  图 6-167 图 6-168 图 6-169

★重点 6.4.2 设置虚线描边

选中【描边】面板中的【虚线】复选框可以设置描边为虚线，如图 6-170 所示。

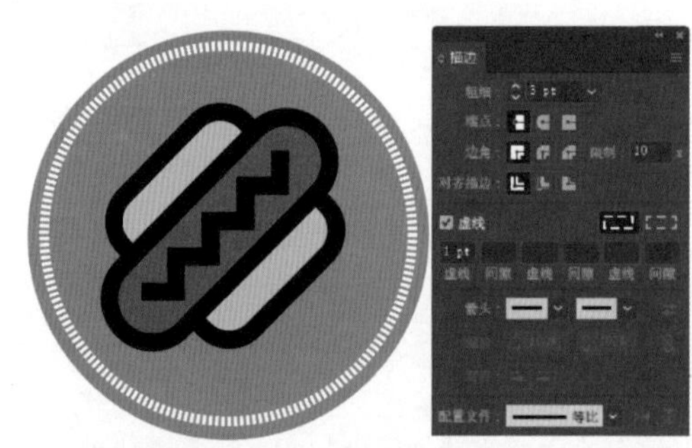

图 6-170

在【虚线】文本框中输入数值可以定义虚线中线段的长度；在【间隙】文本框中输入数值，可以控制虚线的间隙效果，如图 6-171 所示。

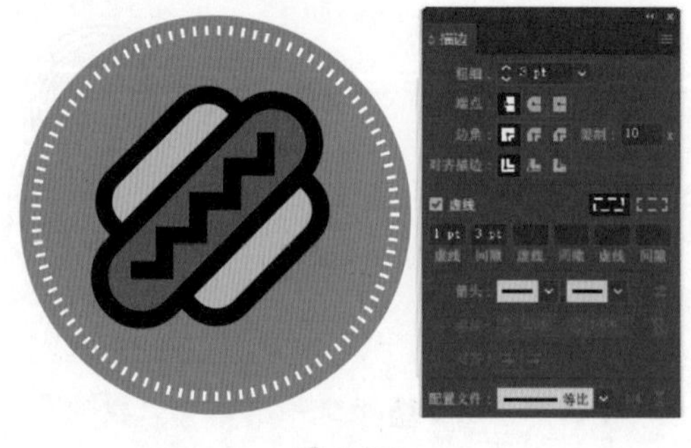

图 6-171

这里的【虚线】和【间隙】每两个为一组。当输入一组数值时，虚线将只出现这一组【虚线】和【间隙】的设置；输入两组，虚线将一次循环出现两组设置；依此类推，一共可以设置三组，如图 6-172 所示。

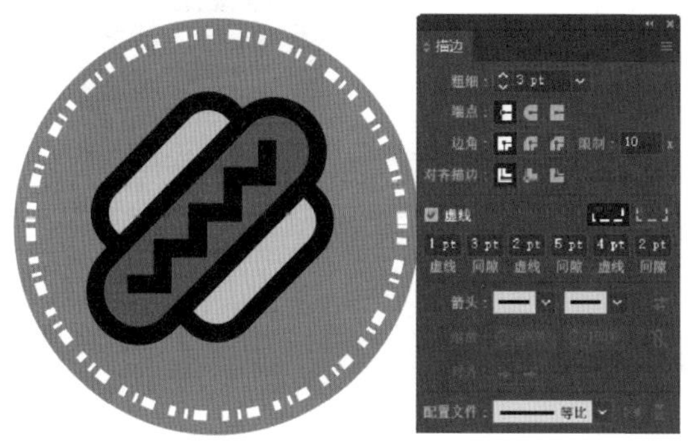

图 6-172

单击【保留虚线和间隙的精确长度】按钮，可以在不对齐的情况下保留虚线外观，如图 6-173 所示；单击【使虚线与边角和路径终端对齐】按钮，可使虚线与边角和路径的尾端对齐，如图 6-174 所示。

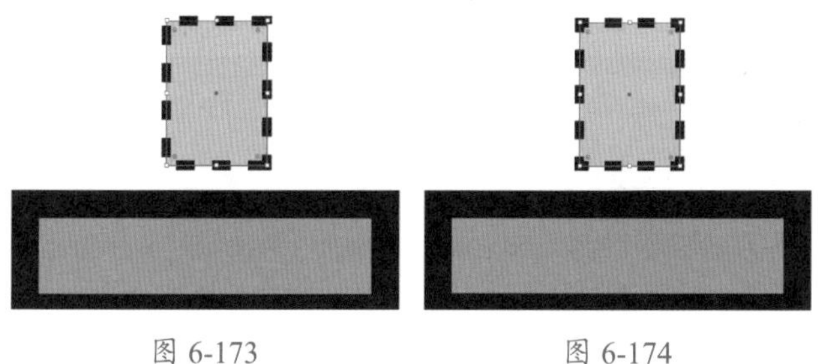

图 6-173　　图 6-174

如果要修改端点的外观样式，单击【端点】选项组的按钮，即可修改虚线端点，使其呈现不同的外观，如图 6-175 所示。

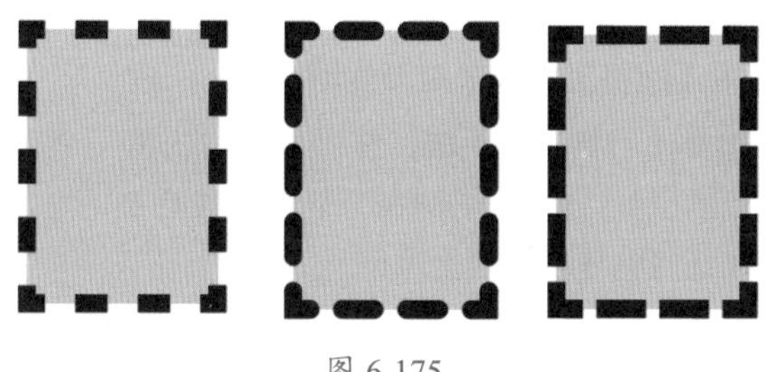

图 6-175

6.4.3 为路径端点添加箭头

【描边】面板中箭头选项组可以为路径的起点和终点添加箭头。单击起点或终点箭头的下拉按钮，在弹出的下拉面板中提供了多种类型的箭头可供选择，单击选择一种箭头类型，随即可为选择的路径添加相应的箭头样式，如图 6-176 所示。

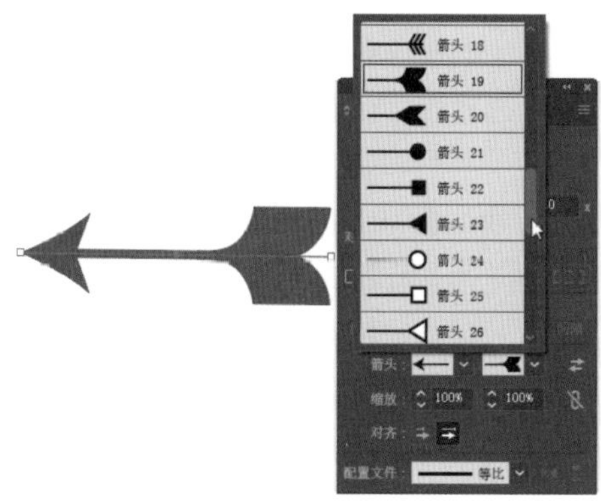

图 6-176

单击【互换箭头起始处和结束处】按钮可互换起点和终点箭头，如图 6-177 所示。

在【缩放】选项组中可以设置路径两端箭头的百分比大小，如图 6-178 所示为【起始箭头】为 50%，【终点箭头】为 150% 的效果。如果单击【链接箭头起始处和结束处缩放】按钮，可以同时调整起点和终点箭头的缩放比例。

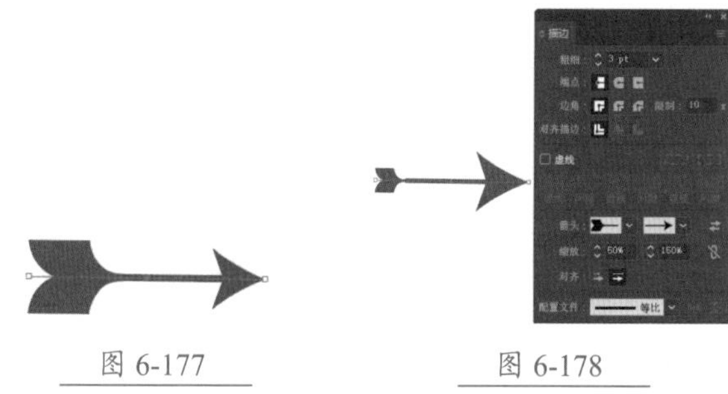

图 6-177　　图 6-178

单击【对齐】选项组中的【将箭头提示扩展到路径终点外】按钮，箭头会以路径末端为基准向外扩展，效果如图 6-179 所示；单击【将箭头提示放置于路径终点处】按钮，箭头会与路径末端对齐，效果如图 6-180 所示。

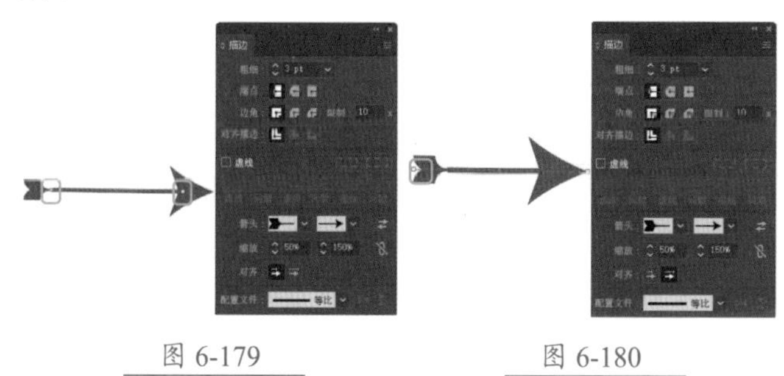

图 6-179　　图 6-180

6.4.4 设置变量宽度配置文件

变量宽度配置文件用于设置路径的变量宽度和翻转方向。选择路径后，在【描边】面板底部单击【配置文件】下拉列表框右侧的按钮，在弹出的下拉列表中选择一种样式就可以为选择的路径应用该样式。如图 6-181 所示为应用各种配置文件样式的路径效果。如果单击【描边】面板底部的【横向翻转】按钮或【纵向翻转】按钮则可以对描边样式进行翻转。

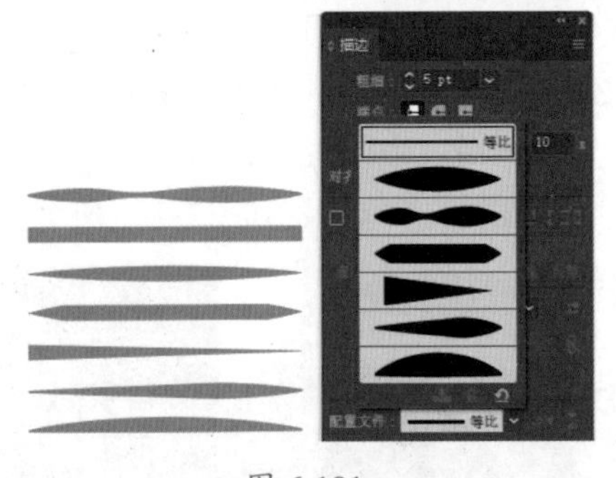

图 6-181

6.5 渐变网格

渐变网格是一种复杂的渐变填充功能，主要通过设置渐变网格中网格点的颜色来为对象着色。创建渐变网格后，可以随意地添加、删除或者移动网格点。相比【渐变工具】来说，利用渐变网格设置颜色更具有灵活性，且颜色之间的过渡可以更加平滑。因此，利用渐变网格可以设置非常复杂的颜色，绘制出写实的图像元素。

6.5.1 渐变网格概述

渐变网格由网格线、网格面片和网格点组成，如图 6-182 所示。其上的颜色可以沿着不同方向顺畅分布且从一点平滑过渡到另一点。

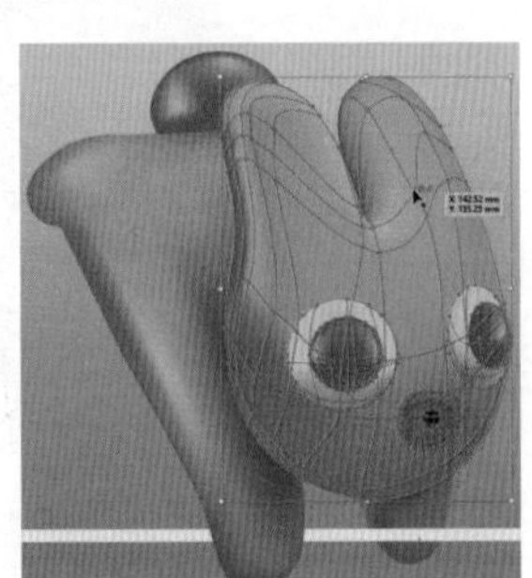

图 6-182

创建渐变网格后，对象上会添加一系列的网格，通过移动和编辑网格线上的点，可以更改颜色的变化强度或者着色范围。

- 网格线：创建渐变网格时出现的交叉穿过对象的线。
- 网格点：在两条网格线相交处的特殊锚点。网格点以菱形显示且具有锚点的所有属性，并增加了接受颜色的功能。可以添加和删除网格点、编辑网格点，或更改与每个网格点相关联的颜色。
- 网格面片：任意 4 个网格点之间的区域被称为网格面片，可以通过更改网格点的颜色改变网格面片的颜色。
- 锚点：网格中也会出现锚点，这些锚点与 Illustrator 中的其他锚点一样，可以添加、删除、编辑和移动。锚点可以放在任何网格线上；可以单击一个锚点，然后拖动其方向控制手柄来修改该锚点。

技能拓展——锚点与网格点的区别

网格点形状为菱形，而锚点形状为正方形。网格点是一种特殊的锚点，具有锚点的所有特点，但比锚点多了接受颜色的功能。

★重点 6.5.2 创建渐变网格

Illustrator 提供了多种创建渐变网格的方法，下面就进行详细介绍。

1. 使用【网格工具】创建渐变网格

选择【网格工具】，在对象上单击第一个网格点要放置的位置，如图 6-183 所示，该对象会被转换为一个具有最低网格线数的网格对象。

图 6-183

2. 使用命令创建渐变网格

选择对象后，执行【对象】→【创建渐变网格】命令，随即打开【创建渐变网格】对话框，如图 6-184 所示。在该对话框中设置参数后，单击【确定】按钮，可将对象转换为渐变网格对象，如图 6-185 所示。

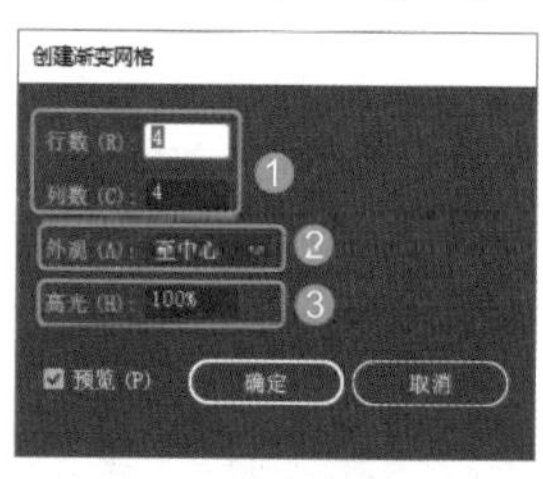

图 6-184

图 6-185

【创建渐变网格】对话框各选项作用如表 6-8 所示。

表 6-8 【创建渐变网格】对话框中各选项作用

选项	作用
❶ 行数 / 列数	设置水平和垂直网格线的数量，范围为 1～50
❷ 外观	用来设置高光的位置和创建方式，包含【平淡色】、【至中心】和【至边缘】3 种方式。选择【平淡色】选项时，不会创建高光，如图 6-186 所示；选择【至中心】选项时，会在对象中心创建高光，如图 6-187 所示；选择【至边缘】选项时，会在对象边缘创建高光，如图 6-188 所示 图 6-186　图 6-187 图 6-188
❸ 高光	用来设置高光的强度。该值为 0 时，不会应用白色

3. 将渐变填充对象转换为网格对象

使用渐变颜色填充的对象可以转换为渐变网格对象。选择对象后，执行【对象】→【扩展】命令，打开【扩展】对话框，如图 6-189 所示。

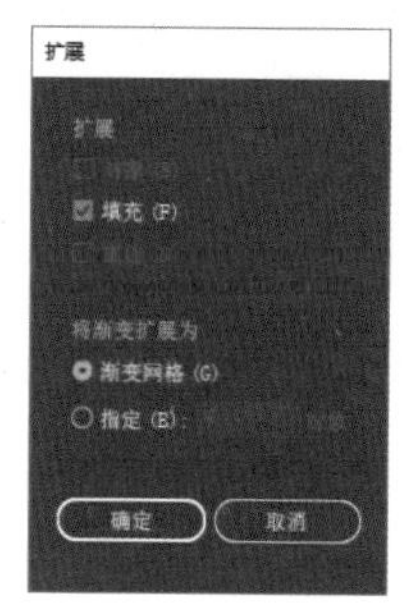

图 6-189

选中【填充】复选框和【渐变网格】单选按钮，单击【确定】按钮，随即将渐变颜色填充对象转换为具有渐变形状的网格对象，使用【网格工具】单击对象则会创建圆形（径向）或矩形（线性）网格渐变，如图 6-190 所示。

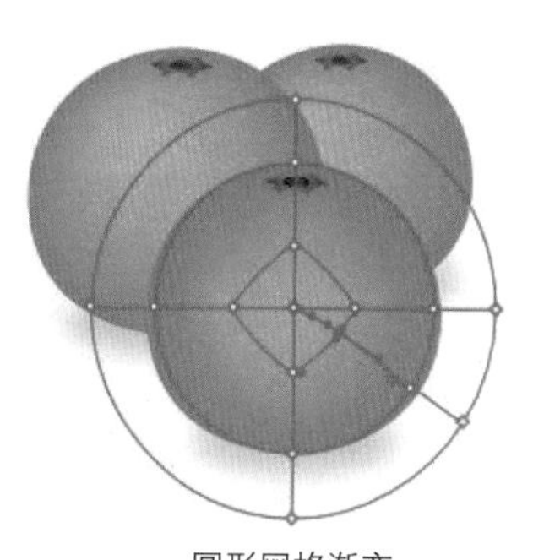

圆形网格渐变

矩形网格渐变

图 6-190

★重点 6.5.3 编辑渐变网格

创建渐变网格后，可以编辑网格对象，如为网格点着色，修改网格点和网格面片的颜色，添加、移动、删除网格点等。

1. 为网格点着色

创建渐变网格后，使用【网格工具】单击网格点，将其选中，然后在【色板】面板中选择一种颜色，即可为该网格点着色，如图 6-191 所示。

如果要修改网格点或者网格面片颜色，其操作方法是一样的。

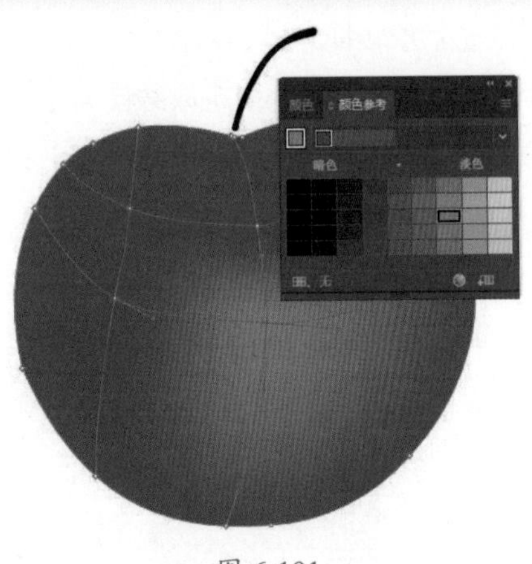
图 6-191

2. 添加、移动和删除网格点

选择【网格工具】，单击对象上需要添加网格点的位置，会添加新的网格点，如图 6-192 所示。

选择【网格工具】，将鼠标光标放在网格点上，当鼠标光标变换为形状时，拖动网格点便可以移动网格点位置，如图 6-193 所示。

图 6-192　图 6-193

选择网格点后，网格点上会显示出锚点的方向线，拖动方向线可以调整网格线的形状，如图 6-194 所示。

按住【Alt】键，单击网格点可以删除该网格点，也会删除该网格点所在的两条交叉网格线，如图 6-195 所示。

选择网格点后，按【Delete】键也可以删除网格点，如图 6-196 所示。

图 6-194　图 6-195　图 6-196

6.5.4 实战：使用渐变网格绘制桃子

使用渐变网格可以绘制具有立体感、比较真实的对象。使用渐变网格绘制桃子，具体操作步骤如下。

Step 01 新建一个 A4 文档，使用【椭圆工具】同时按住【Shift】键即可绘制正圆，如图 6-197 所示。

Step 02 单击工具栏底部的【填色】按钮，打开【拾色器】对话框，设置填充颜色为红色（#D34340）；再单击【描边】按钮，设置描边为无，如图 6-198 所示。

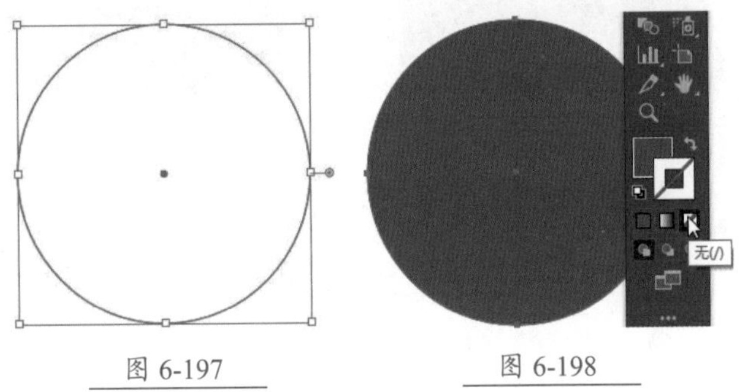
图 6-197　图 6-198

Step 03 执行【对象】→【创建渐变网格】命令，打开【创建渐变网格】对话框，设置【行数】和【列数】均为 4，【外观】设置为至中心，【高光】为 50%，单击【确定】按钮，如图 6-199 所示。

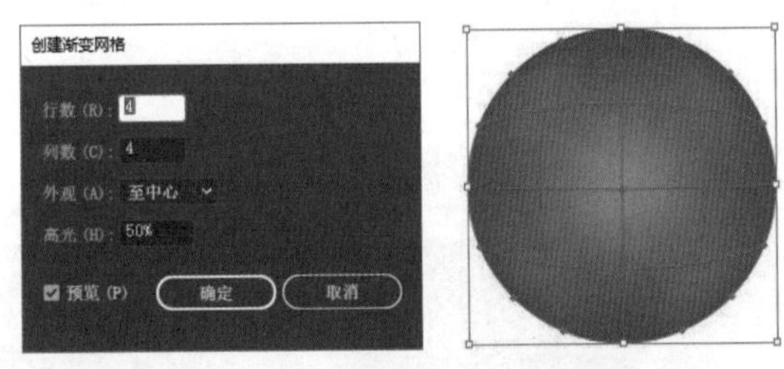

图 6-199

Step 04 单击【网格工具】添加网格线，如图 6-200 所示。

Step 05 使用【网格工具】单击选中新建网格线上的网格点，并填充一个较深一点的红色（#C8433F），如图 6-201 所示。

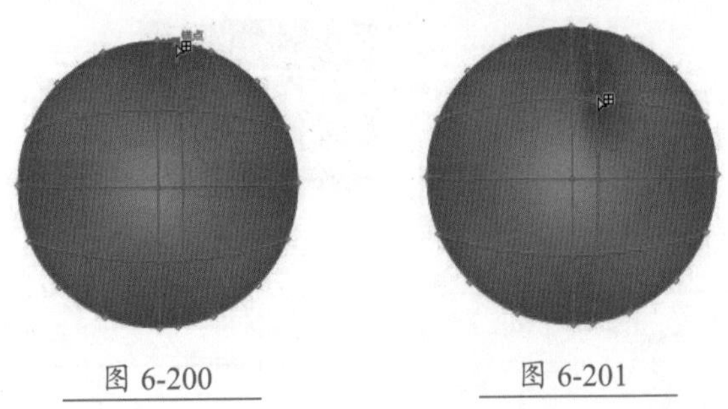
图 6-200　图 6-201

Step06 单击【色板】面板底部的【新建色板】按钮，保存该颜色。然后为该网格线（纵向）上的其他网格点填充相同的颜色，如图 6-202 所示。

Step07 使用【网格工具】调整网格点的位置，如图 6-203 所示。

图 6-202

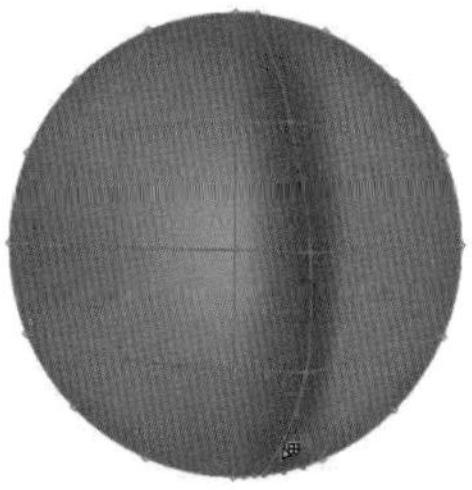

图 6-203

Step08 使用【网格工具】拖动上方的网格点，如图 6-204 所示，拖动锚点手柄，形成桃子的基本形状，如图 6-205 所示。

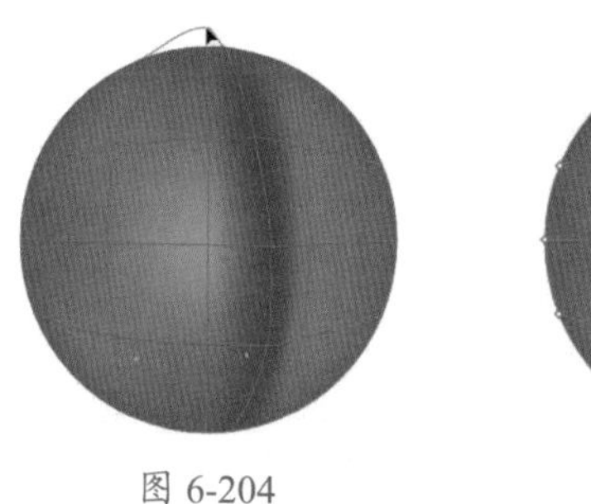

图 6-204

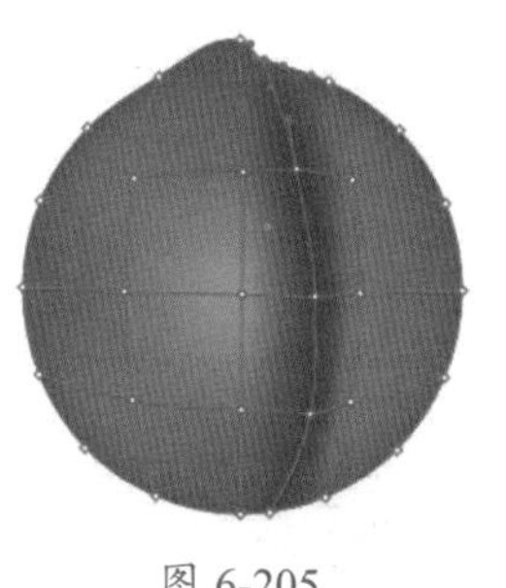

图 6-205

Step09 选择右侧第二条网格线（纵向）上的网格点，设置颜色为黄色（#EA9D6F），如图 6-206 所示。

Step10 在右侧添加网格点，并调整网格点位置，如图 6-207 所示。

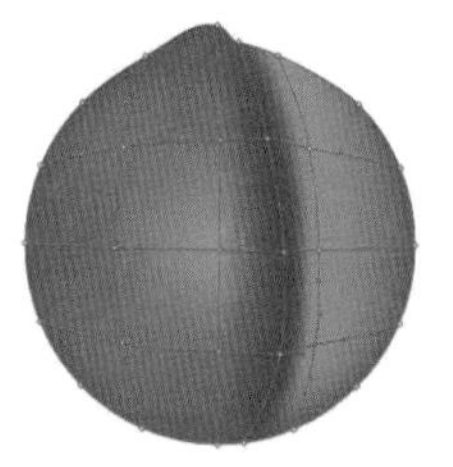

图 6-206

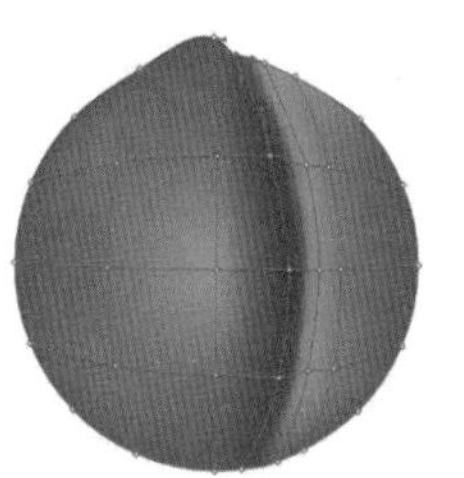

图 6-207

Step11 继续调整网格点的位置，在调整过程中根据需要可以添加网格点，效果如图 6-208 所示。

Step12 打开“素材文件 \ 第 6 章 \ 绿叶 .ai”文件，如图 6-209 所示。

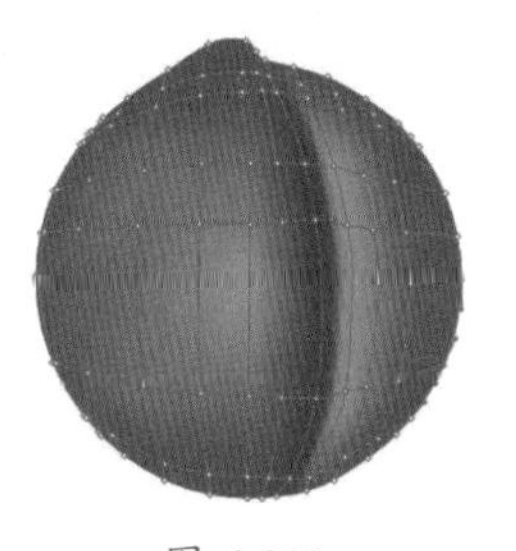

图 6-208

图 6-209

Step13 使用【选择工具】拖动绿叶对象到桃子文档中，如图 6-210 所示。

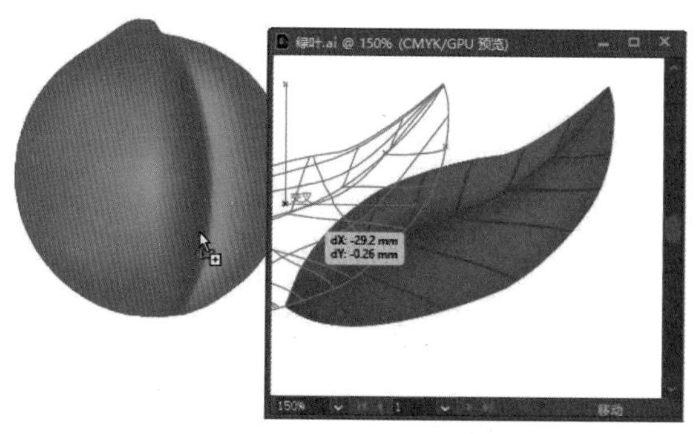

图 6-210

Step14 调整绿叶对象大小，将其放在桃子下方，如图 6-211 所示。

Step15 复制绿叶对象，将其放在桃子对象的左侧，如图 6-212 所示，完成桃子的绘制。

图 6-211

图 6-212

6.6 实时上色组

当绘制的图形有重叠的部分，且需要为重叠的部分设置不同的颜色时，就需要创建实时上色组，再使用【实时上色工具】上色。下面就介绍使用实时上色组上色的方法。

★重点 6.6.1 创建实时上色组

使用【实时上色工具】为对象着色之前，需要创建实时上色组，创建实时上色组之后，会将对象分割为不同的部分，然后使用【实时上色工具】为对象上色即可。

选择对象后，执行【对象】→【实时上色】→【建立】命令即可建立实时上色组。创建实时上色组后，使用【选择工具】单击对象，其周围会出现形状的句柄，表示该对象已经成为实时上色组，如图 6-213 所示。此时，使用【实时上色工具】对其上色时会高亮显示，如图 6-214 所示。

图 6-213

图 6-214

建立实时上色组后，可以为每个路径使用不同的颜色，并可以为任意的区域填充颜色，如图 6-215 所示。

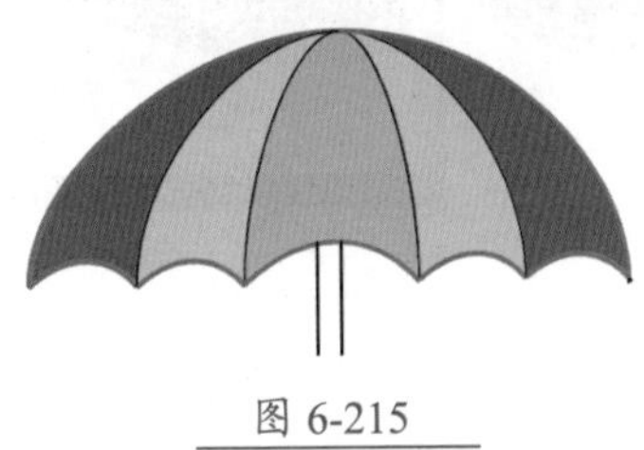

图 6-215

★重点 6.6.2 实战：使用【实时上色工具】着色

使用【实时上色工具】可以自动检测并填充路径相交的区域。下面使用【实时上色工具】为对象着色。

Step01 使用【椭圆工具】绘制圆形，并使之相互交叠，如图 6-216 所示。

Step02 使用【选择工具】框选所有的圆形，如图 6-217 所示。

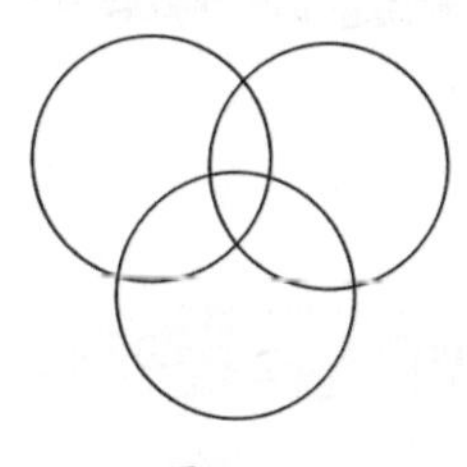

图 6-216

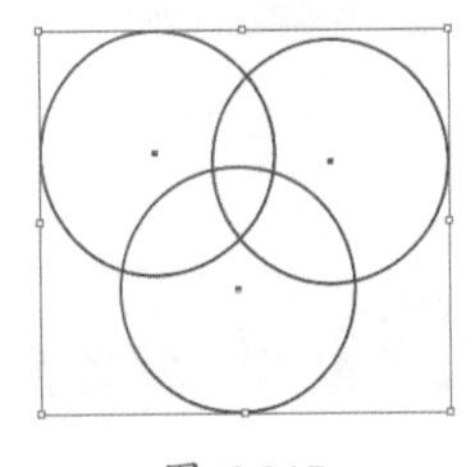

图 6-217

Step03 右击【形状生成器工具】，在弹出的面板中选择【实时上色工具】选项，如图 6-218 所示。

图 6-218

Step04 双击工具栏底部的【填色】按钮，打开【拾色器】对话框，设置颜色为纯红色（#ff0000），如图 6-219 所示。

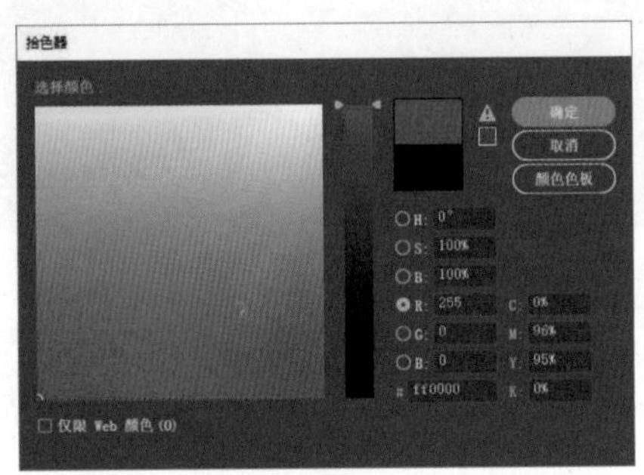

图 6-219

Step05 使用【实时上色工具】单击需要设置填充颜色的重叠区域，如图 6-220 所示。被单击区域会自动填充颜色，并且会形成一个独立对象。

Step06 使用相同的方法继续为其他重叠区域上色，如图 6-221 所示。

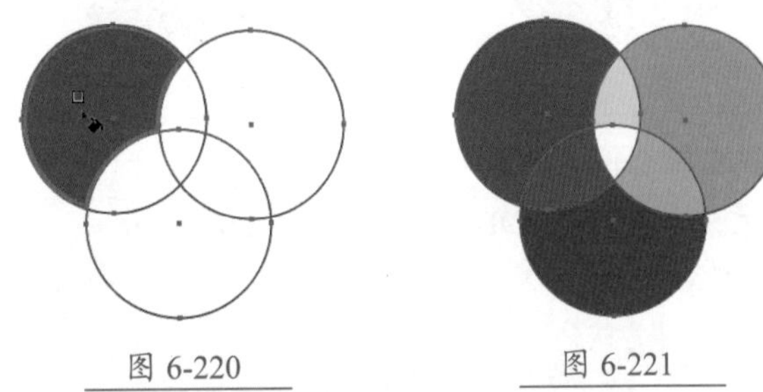

图 6-220　　图 6-221

6.6.3 实时上色选择工具

使用【实时上色选择工具】可以选择实时上色组中的各个表面和边缘，如图 6-222 所示。

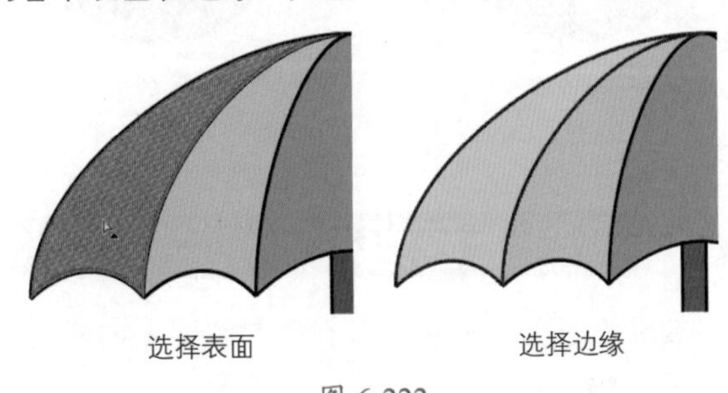

图 6-222

选中表面或边缘后，可以统一为这些表面或边缘设置颜色，如图 6-223 所示。

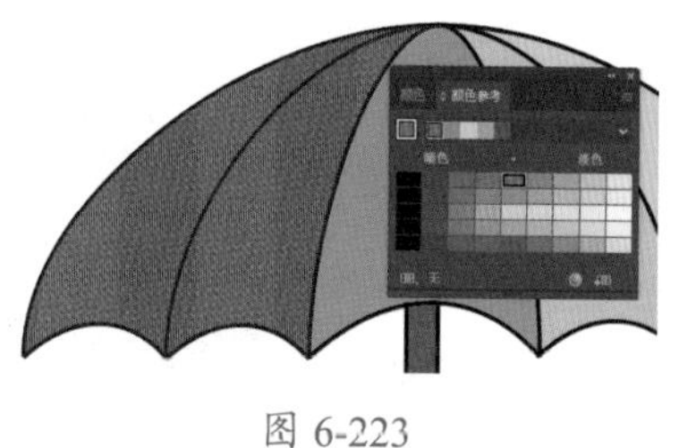

图 6-223

技术看板

使用【实时上色工具】选择一个上色区域后，按住【Shift】键单击其他区域可以加选，同时选择多个表面。

6.6.4　【实时上色工具】选项

默认情况下，使用【实时上色工具】只能填充颜色，如果要为对象设置描边颜色，需要通过【实时上色工具选项】对话框进行设置。

双击【实时上色工具】，将打开【实时上色工具选项】对话框；双击【实时上色选择工具】，将打开【实时上色选择选项】对话框，如图 6-224 所示。这两个工具选项对话框中的选项参数作用是相同的，这里以【实时上色工具选项】对话框为例，介绍对话框中各选项作用，如表 6-9 所示。

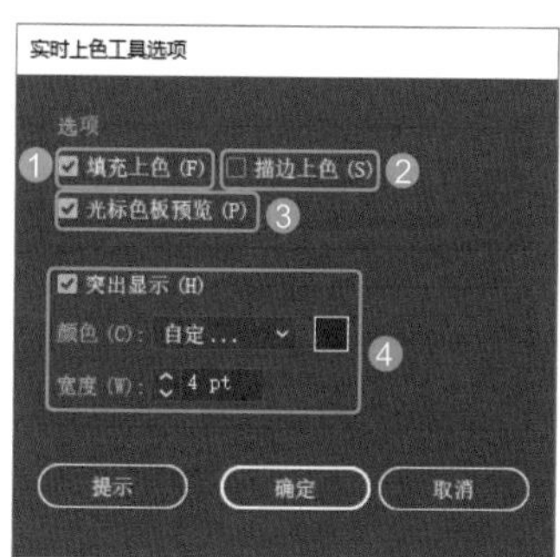

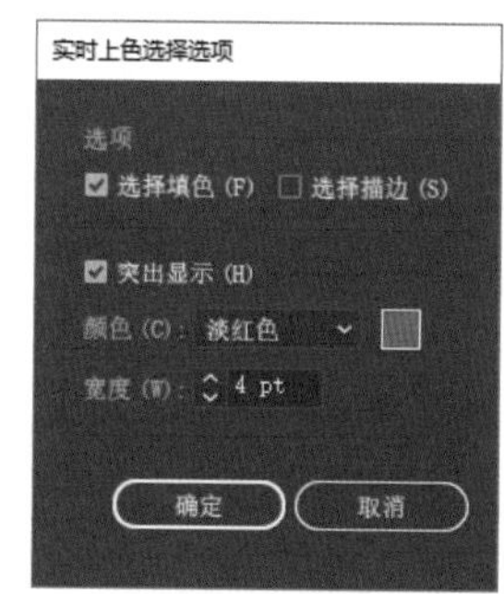

图 6-224

表 6-9　【实时上色工具选项】对话框中各选项作用

选项	作用
❶ 填充上色	选中该复选框，可对实时上色组的表面上色
❷ 描边上色	选中该复选框，可对实时上色组的边缘上色
❸ 光标色板预览	选中该复选框，实时上色工具的光标会显示 3 个颜色色板，如图 6-225 所示。其中，位于中间的是当前选择的颜色，两侧的则是【色板】面板中紧靠该颜色左侧和右侧的两种颜色，如图 6-226 所示。按【→】或【←】键可以切换到相邻颜色，如图 6-227 所示 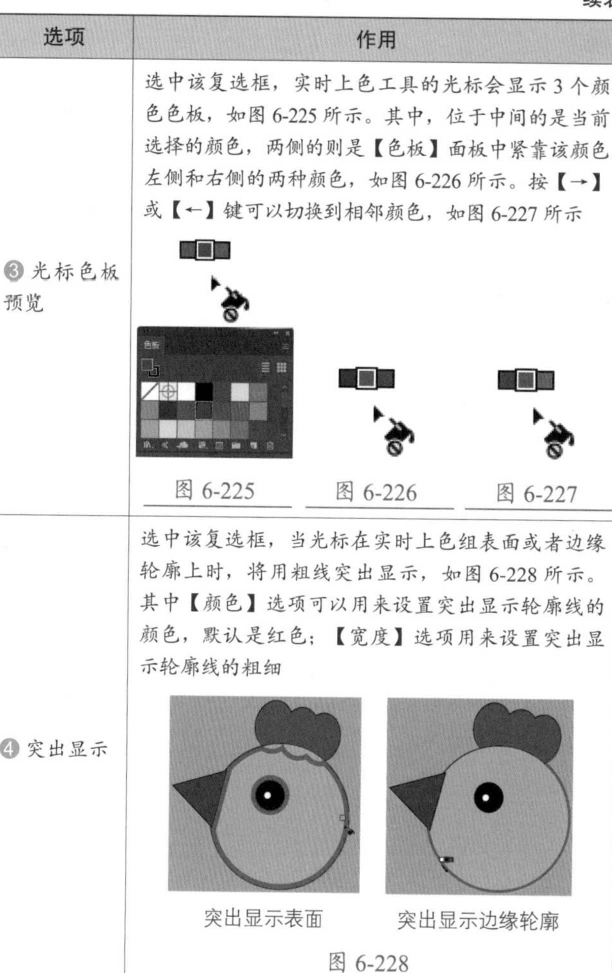 图 6-225　图 6-226　图 6-227
❹ 突出显示	选中该复选框，当光标在实时上色组表面或者边缘轮廓上时，将用粗线突出显示，如图 6-228 所示。其中【颜色】选项可以用来设置突出显示轮廓线的颜色，默认是红色；【宽度】选项用来设置突出显示轮廓线的粗细 突出显示表面　突出显示边缘轮廓 图 6-228

6.6.5　实战：绘制卡通蘑菇

下面绘制卡通蘑菇对象并使用【实时上色工具】上色，具体操作步骤如下。

Step 01 新建一个横向的 A4 文档，使用【椭圆工具】绘制椭圆，如图 6-229 所示。

Step 02 使用【直接选择工具】拖动锚点，调整椭圆形状，如图 6-230 所示。

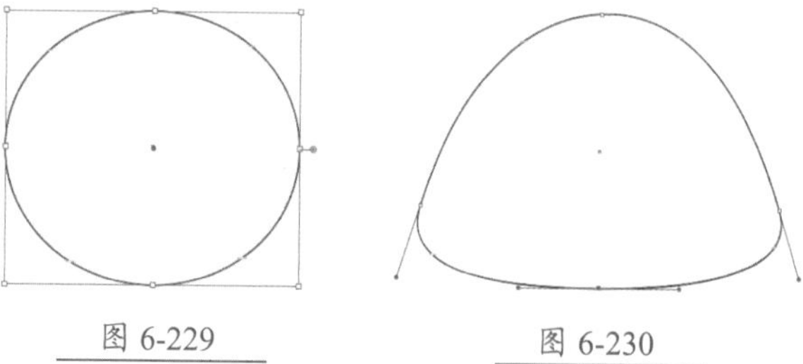

图 6-229　图 6-230

Step03 使用【钢笔工具】绘制路径，如图 6-231 所示。

Step04 使用【直接选择工具】拖动锚点，调整钢笔路径形状，并使用【选择工具】移动、旋转对象，如图 6-232 所示。

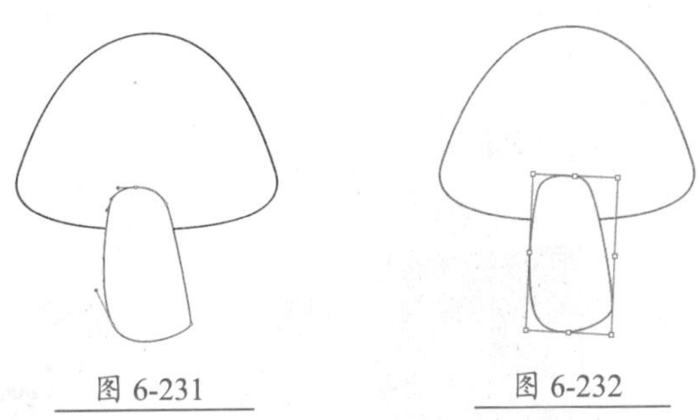
图 6-231　图 6-232

Step05 使用【钢笔工具】在椭圆对象上绘制一条曲线，如图 6-233 所示。

Step06 使用【钢笔工具】在椭圆对象上绘制圆圈，如图 6-234 所示。

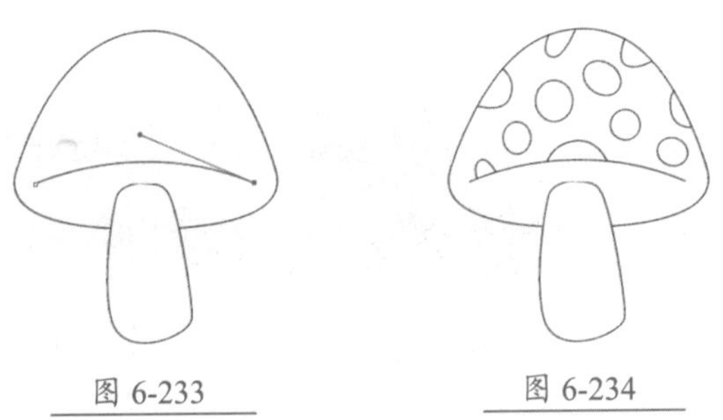
图 6-233　图 6-234

Step07 使用【选择工具】框选对象，按【Alt+Ctrl+X】快捷键建立实时上色组，如图 6-235 所示。

Step08 按【Shift+Ctrl+A】快捷键取消选择，设置填充色为红色（#B31E23），再使用【实时上色工具】单击蘑菇头对象填色，如图 6-236 所示。

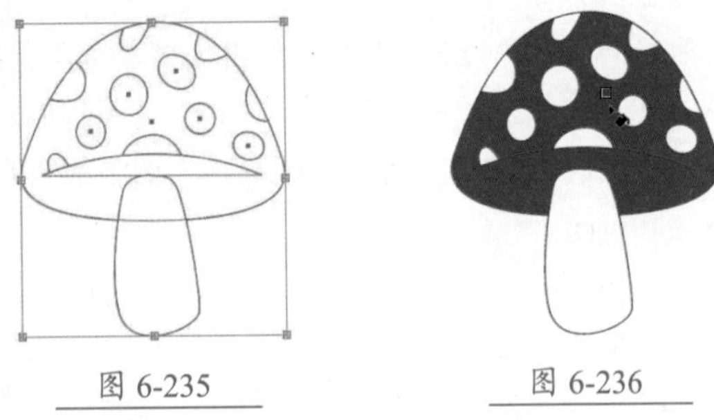
图 6-235　图 6-236

Step09 使用【实时上色选择工具】，按住【Shift】键的同时选择其他需要上色的区域，并填充为黄色（#E77114），如图 6-237 所示。

Step10 选择对象，执行【对象】→【实时上色】→【扩展】命令，扩展实时上色组，使用【编组工具】选择曲线段，如图 6-238 所示。单击【属性】面板中的【描边】文字，打开【描边】面板，设置描边粗细为 2pt，配置文件为【宽度配置文件 1】，如图 6-239 所示。

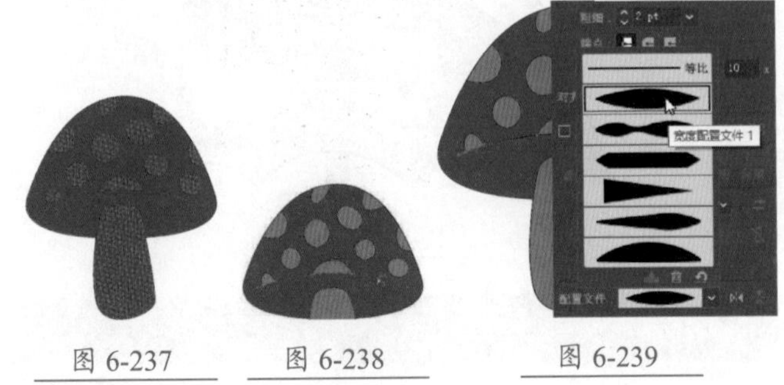

图 6-237　图 6-238　图 6-239

Step11 使用【直线段工具】绘制直线，如图 6-240 所示。

Step12 使用【选择工具】框选所有对象，按【Ctrl+G】快捷键编组对象，按【Alt】键移动复制对象，并调整对象大小、角度及位置，如图 6-241 所示。

Step13 使用同样的方法继续移动复制对象，调整对象大小、角度及位置，效果如图 6-242 所示。

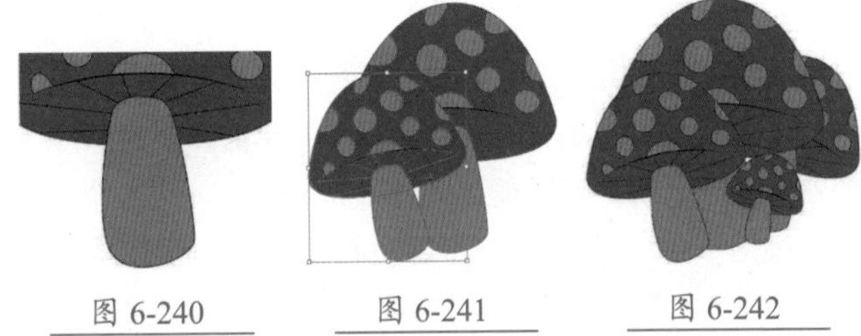
图 6-240　图 6-241　图 6-242

Step14 打开“素材文件\第 6 章\绿草 .ai”文件，将草地对象拖动到绘制蘑菇图像的文档中，如图 6-243 所示。

Step15 调整对象大小和位置，完成蘑菇图像的绘制，最终效果如图 6-244 所示。

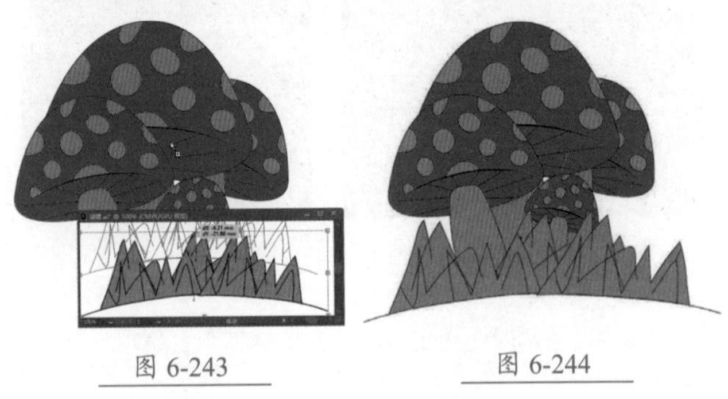
图 6-243　图 6-244

6.6.6 在实时上色组中合并路径

创建实时上色组后，在实时上色组上添加新的路径，如图 6-245 所示；再选中路径和实时上色组，执行【对象】→

【实时上色】→【合并】命令，可将路径合并到实时上色组中形成新的实时上色组，如图 6-246 所示。此时，会生成新的表面和边缘。

使用【实时上色工具】可以为每个表面或边缘设置不同的颜色，如图 6-247 所示。

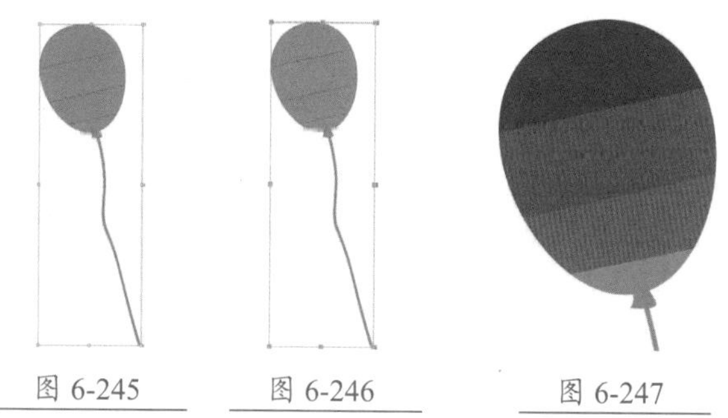
图 6-245　图 6-246　图 6-247

6.6.7 封闭实时上色间隙

间隙是指路径之间的小空间。如果图稿中存在间隙，那么使用【实时上色工具】上色时就会将不应上色的表面填充颜色，如图 6-248 所示。

此时，可以执行【对象】→【实时上色】→【间隙选项】命令打开【间隙选项】对话框，在其中设置参数，软件会自动检测图稿中的间隙并突出显示，如图 6-249 所示。

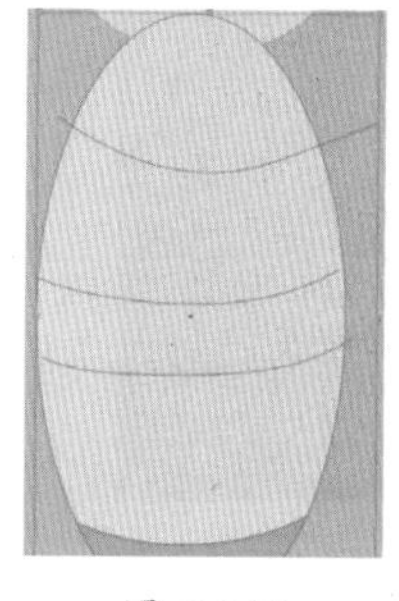
图 6-248

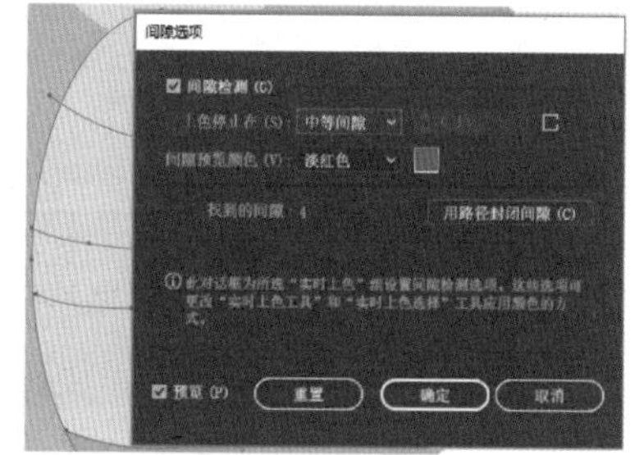
图 6-249

单击【间隙选项】对话框中的【用路径封闭间隙】按钮，软件会自动插入路径来封闭当前检测到的间隙，如图 6-250 所示。然后再重新着色即可，效果如图 6-251 所示。

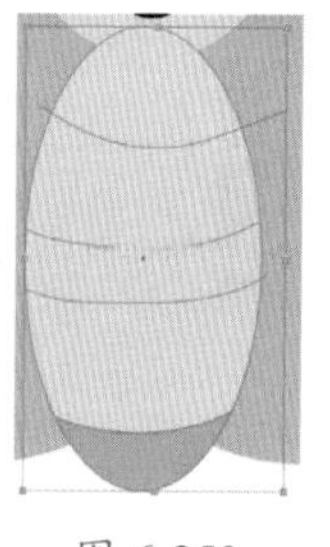
图 6-250

图 6-251

【间隙选项】对话框如图 6-252 所示，各选项作用如表 6-10 所示。

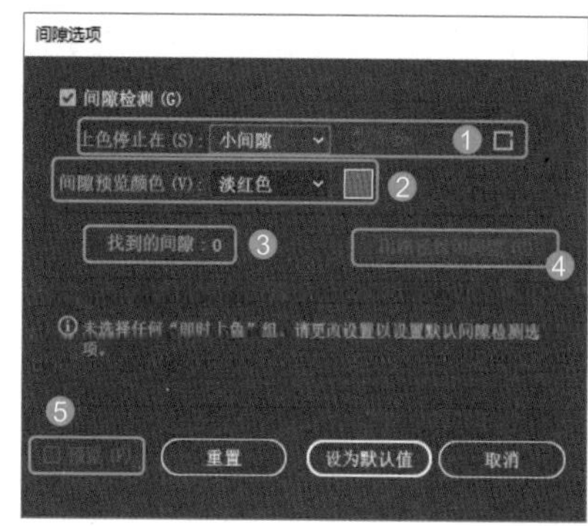

图 6-252

表 6-10 【间隙选项】对话框中各选项作用

选项	作用
❶ 上色停止在	设置颜色不能渗入的间隙大小。提供了小间隙（3px）、中等间隙（6px）、大间隙（12px）及自定间隙 4 种方式，如果选择自定间隙则可以自定义颜色不能渗入的间隙大小
❷ 间隙预览颜色	设置预览间隙的颜色，可以在下拉列表中选择颜色，也可以单击【间隙预览颜色】列表框旁边的颜色并来指定颜色
❸ 找到的间隙	显示检测到的间隙数量
❹ 用路径封闭间隙	单击该按钮，将在实时上色组中插入路径以封闭间隙
❺ 预览	将当前实时上色组中检测到的间隙显示为彩色线条，所用颜色根据选定的预览颜色而定

6.6.8 扩展实时上色组

通过扩展实时上色组，可以将其扩展为由多个单独的图形组成的对象。选择实时上色组后，执行【对象】→【实时上色】→【扩展】命令即可。扩展实时上色组后，可以使用【编组选择工具】来分别选择和修改这些路径，如图 6-253 所示。

扩展实时上色组之前

扩展实时上色组之后，移动部分图形的效果

图 6-253

6.6.9 释放实时上色组

释放实时上色组后，对象会变成 0.5pt 黑色描边、无填充的普通路径。选择实时上色组后，执行【对象】→【实时上色】→【释放】命令即可，如图 6-254 所示。

图 6-254

6.7 编辑颜色

Illustrator CC 中提供了很多编辑颜色的命令，可以用来调整图稿的色彩，这些命令既可以编辑矢量图稿也可以编辑位图图像。

★重点 6.7.1 为图稿重新着色

为图稿上色后，如果对图稿的整体色调不满意，可以使用【重新着色图稿】命令编辑颜色组，统一修改颜色。

1. 随机更改颜色

选择需要重新着色的对象，如图 6-255 所示。

图 6-255

执行【编辑】→【编辑颜色】→【重新着色图稿】命令，打开【重新着色图稿】对话框，如图 6-256 所示。在【重新着色图稿】对话框的当前颜色和现用颜色栏会显示所

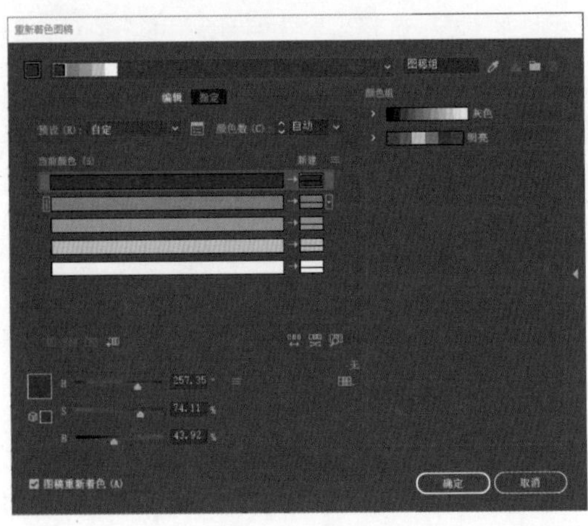

图 6-256

选对象中使用的所有颜色。

单击【随机更改颜色顺序】按钮，如图 6-257 所示；可以在现用颜色的基础上调整颜色顺序，从而改变所选对象的颜色，如图 6-258 所示。

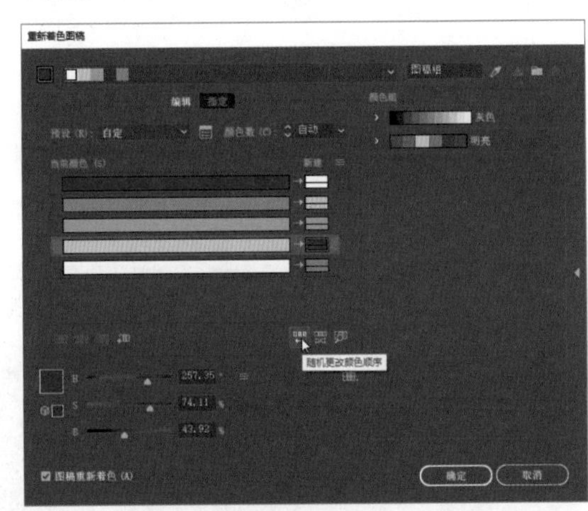

图 6-257

图 6-258

此时，在【新建】一栏中会显示改变后的颜色，而在【当前颜色】栏中会显示没有改变之前的原始颜色，

如图 6-259 所示。

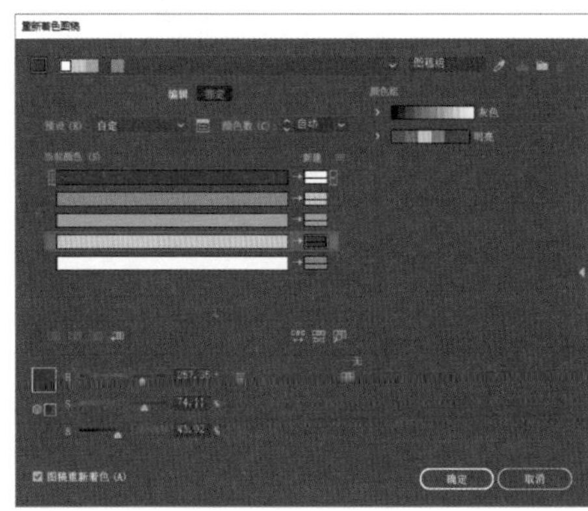

图 6-259

单击【随机更改饱和度和亮度】按钮（见图 6-260），会基于当前的颜色随机更改各种颜色的饱和度和亮度，从而改变所选对象的颜色，如图 6-261 所示。

图 6-260

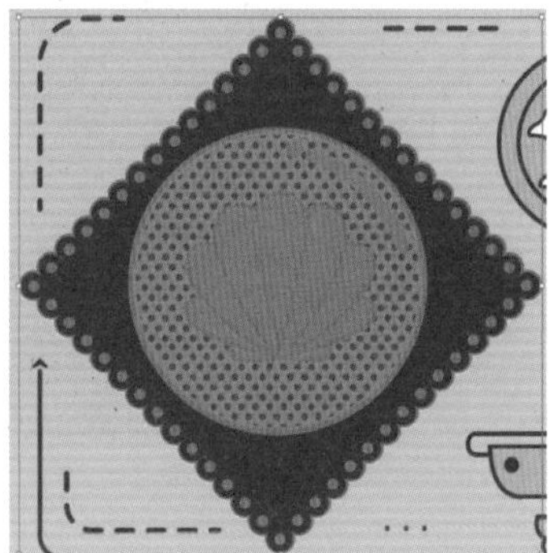

图 6-261

2. 使用颜色协调规则更改颜色

单击【重新着色图稿】对话框中的【当前颜色】下拉按钮，如图 6-262 所示，在弹出的下拉列表中可以看到软件提供了很多配色方案。

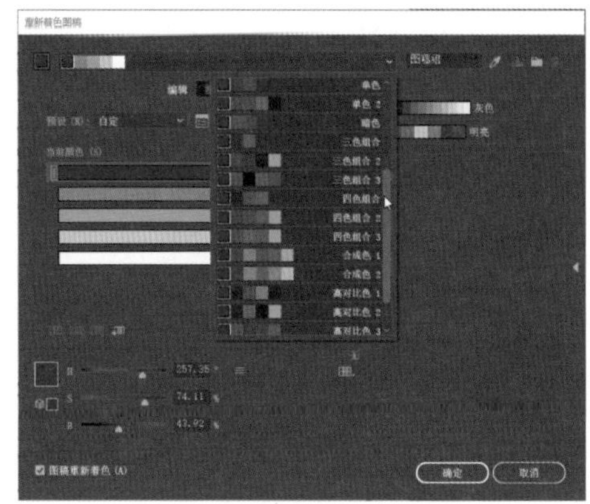

图 6-262

单击选择一种配色方案，则可通过该配色方案为所选对象着色，如图 6-263 所示。

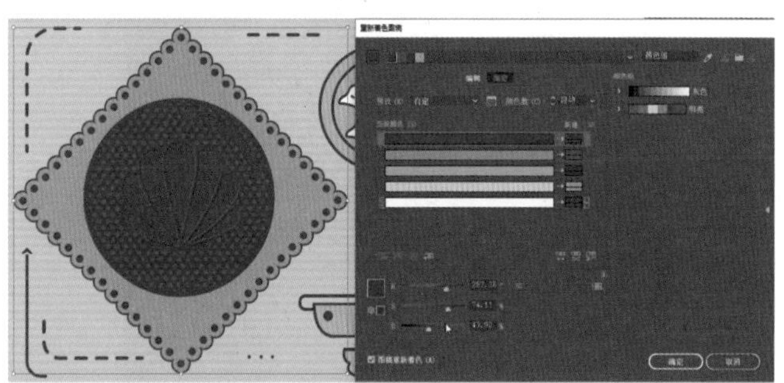

图 6-263

如果单击对话框左下方的颜色图标，如图 6-264 所示，会打开【拾色器】对话框，在该对话框中可以设置基色，如图 6-265 所示。

图 6-264

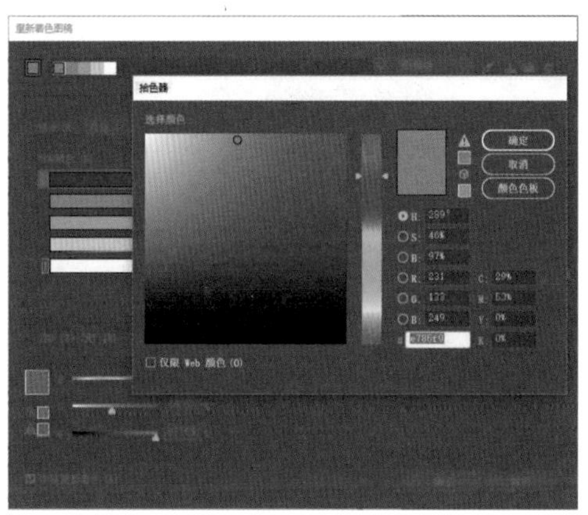

图 6-265

基色改变后，所选对象颜色也会发生改变，如图 6-266 所示。而此时，单击【当前颜色】下拉按钮，在弹出的下拉列表中会以设置的基色为基准提供配色方案，如图 6-267 所示。

图 6-266

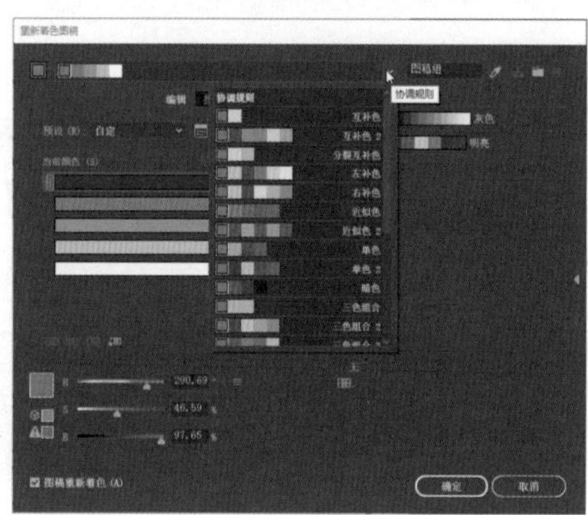

图 6-267

3. 用色板库颜色更改颜色

单击【重新着色图稿】对话框中的【将颜色组限制为某一色板库中的颜色】按钮，在弹出的列表中可以选择一种预设颜色组，如图 6-268 所示；随即所选对象会以该颜色组的颜色着色，如图 6-269 所示。

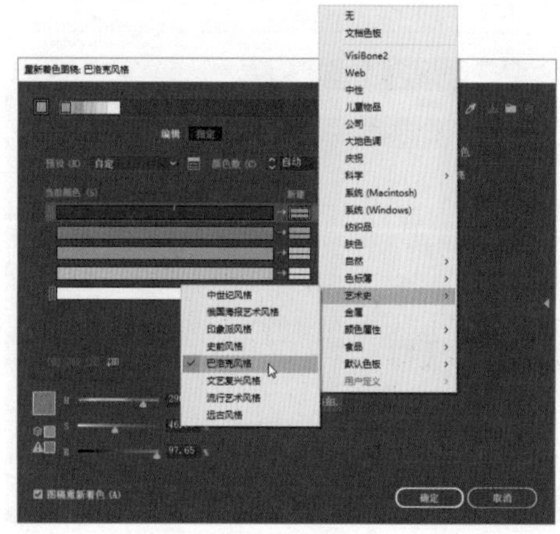

图 6-268

图 6-269

4. 用自定义颜色组更改颜色

在【色板】面板中新建颜色组后打开【重新着色图稿】对话框，可以看到在该对话框的【颜色组】选项栏中会显示色板中新建的颜色组，如图 6-270 所示。

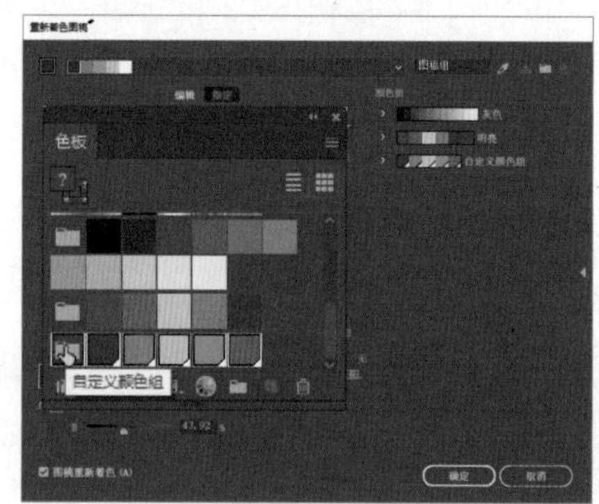

图 6-270

然后选择【颜色组】选项栏中提供的颜色组，即可以该颜色组中的颜色为所选对象着色，如图 6-271 所示。

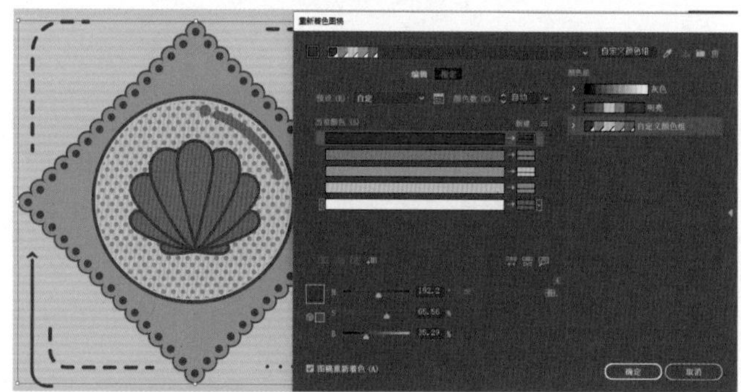

图 6-271

5. 精确更改图稿颜色

如果只想更改所选对象中的某一种颜色，又或者想要以自己的想法重新着色图稿，那么可以单击【重新着色图稿】对话框中的【单击上面的颜色以在图稿中查找它们】按钮，如图 6-272 所示；然后单击需要更改的颜色，图稿中将只会显示应用了该颜色的对象，如图 6-273 所示。

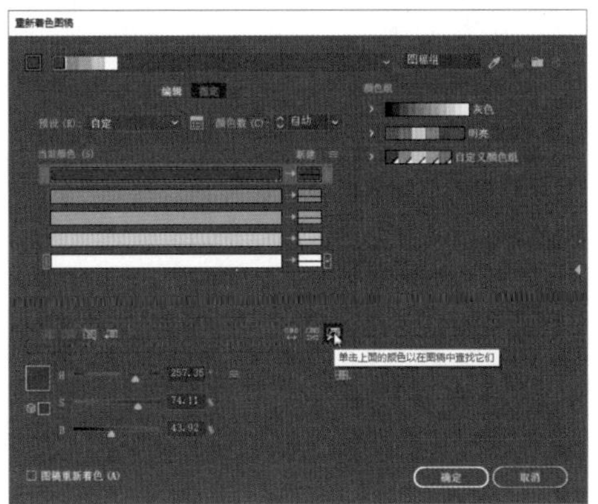

图 6-272

图 6-273

单击【重新着色图稿】对话框左下方的颜色图标，或者双击对应的【新建】颜色图标，如图 6-274 所示，可以打开【拾色器】对话框设置颜色。再次单击【单击上面的颜色以在图稿中查找它们】按钮，退出颜色查找状态，即可看到颜色更改后的效果，如图 6-275 所示。

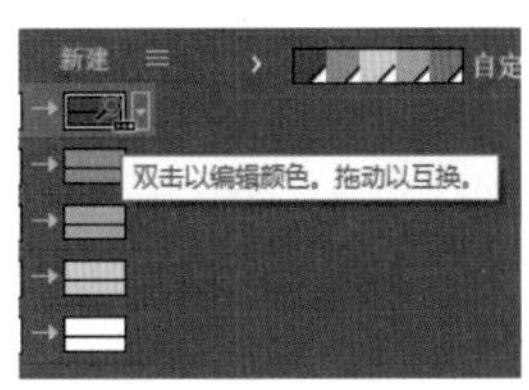

图 6-274

图 6-275

6. 排除选定颜色

重新着色图稿时，如果不想更改某一些颜色，可以将其排除在外。在【重新着色图稿】对话框中选择不需要更改的颜色，单击【排除选定的颜色以便不会将它们重新着色】按钮，如图 6-276 所示。这时，被选定的颜色会被放在【当前颜色】选项栏的最底部，如图 6-277 所示。

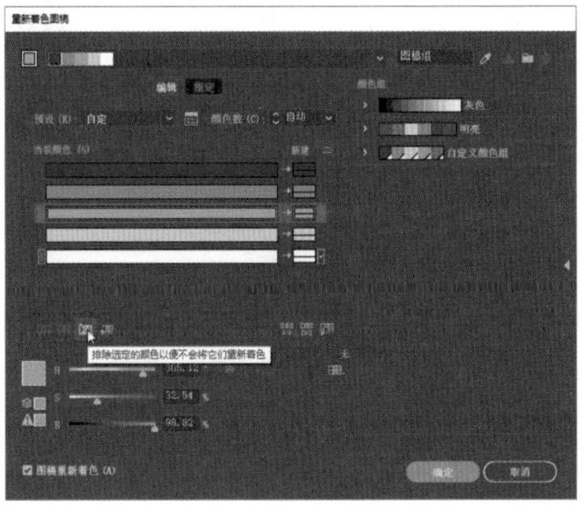

图 6-276

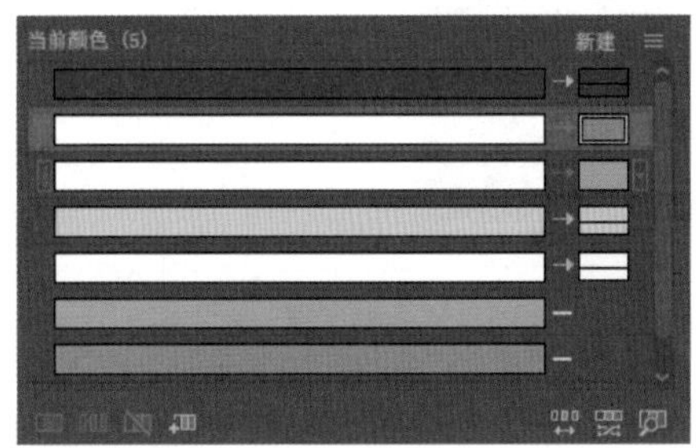

图 6-277

重新设置颜色，这时图稿中应用了选定颜色的对象将不会有任何改变，如图 6-278 所示。

图 6-278

6.7.2 使用预设值重新着色

选择需要更改颜色的对象后，执行【编辑】→【编辑颜色】→【使用预设值重新着色】命令，在弹出的级联菜单中可以选择一个预设的颜色作业，如图 6-279 所示。

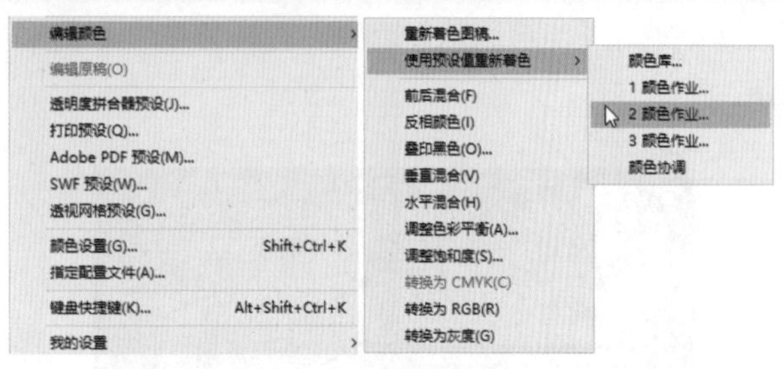

图 6-279

打开相应的【颜色作业】对话框，如图 6-280 所示，单击【确定】按钮，会以所选的颜色作业为图像重新着色，同时会打开【重新着色图稿】对话框，单击【确定】即可应用修改，如图 6-281 所示。

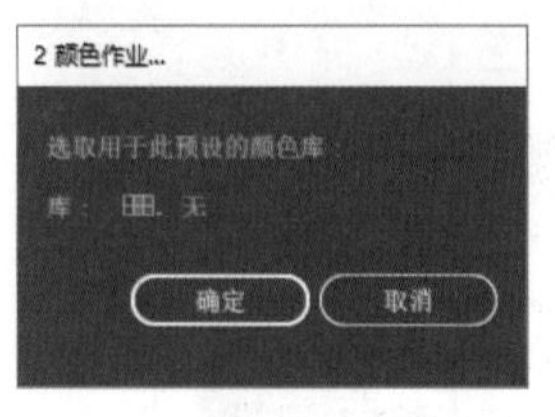

图 6-280

图 6-281

6.7.3 混合颜色

混合颜色命令可以混合对象间的颜色，创建一系列的中间色，并为中间的对象应用这些中间色。选择 3 个及以上的填色对象后，执行【编辑】→【编辑颜色】命令，在级联菜单中提供了【前后混合】、【垂直混合】和【水平混合】3 种混合方式，如图 6-282 所示。使用混合颜色命令进行颜色混合时，参与颜色混合的基色不会发生颜色改变。

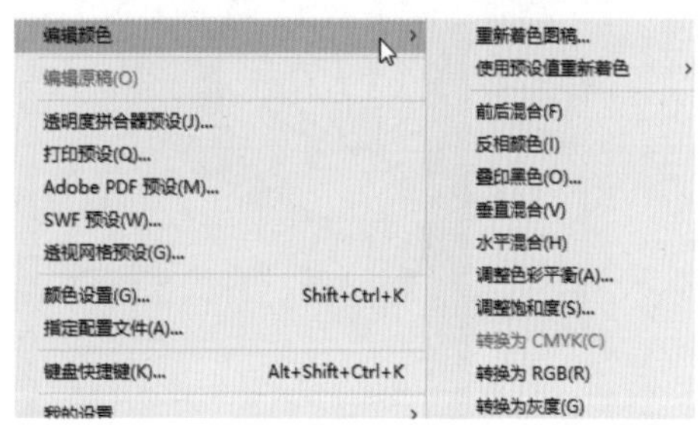

图 6-282

- 前后混合：执行该命令，将混合排列在画板最前面和最后面的颜色，并为中间的对象填色，如图 6-283 所示。
- 垂直混合：执行该命令，将混合垂直方向上最顶端和最底端对象的颜色，并为中间的对象应用混合色，如图 6-284 所示。

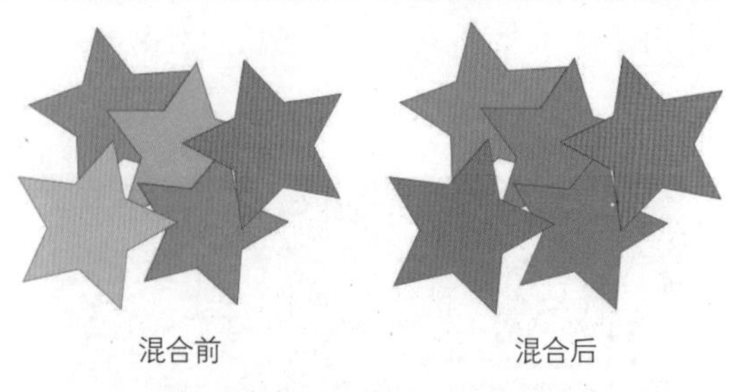

混合前　　混合后

图 6-283

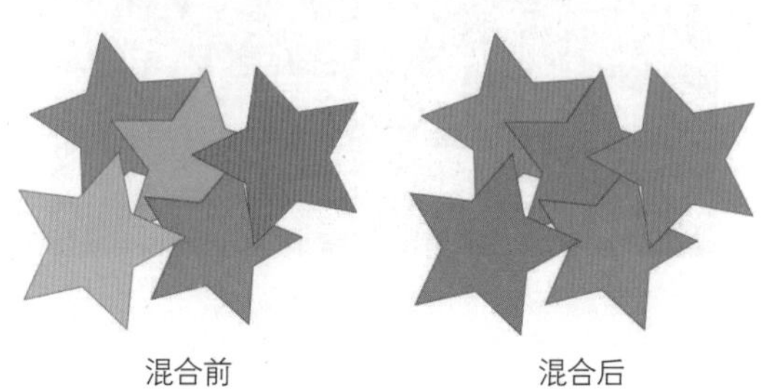

混合前　　混合后

图 6-284

- 水平混合：执行该命令，将混合水平方向上最左侧和最右侧对象的颜色，并为中间的对象应用混合色，如图 6-285 所示。

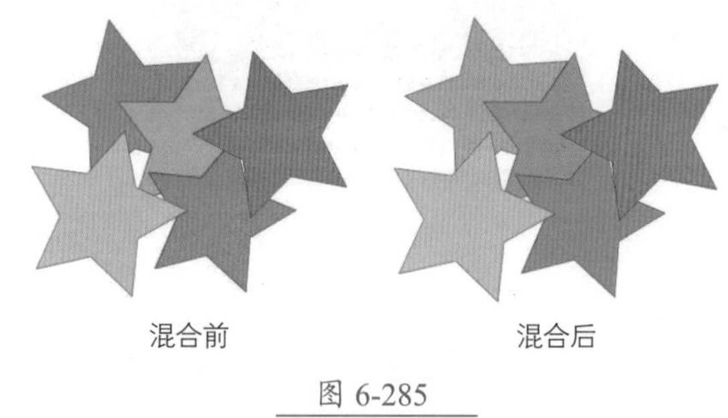

混合前　　混合后

图 6-285

6.7.4 反相颜色

反相是指将某个颜色变成它的补色。例如，黑色反相后变成白色，红色反相后会变成绿色。如果要反相颜色，选择对象后，执行【编辑】→【编辑颜色】→【反相颜色】命令即可，效果如图 6-286 所示。

反相前　　反相后

图 6-286

6.7.5 调整色彩平衡

选择对象后，执行【编辑】→【编辑颜色】→【调整色彩平衡】命令，打开【调整颜色】对话框，如图 6-287 所示；在该对话框中可以通过调整各种颜色的百分比从而改变对象的整体色调，如图 6-288 所示。

图 6-287

图 6-288

【调整颜色】对话框如图 6-289 所示，各选项作用如表 6-11 所示。

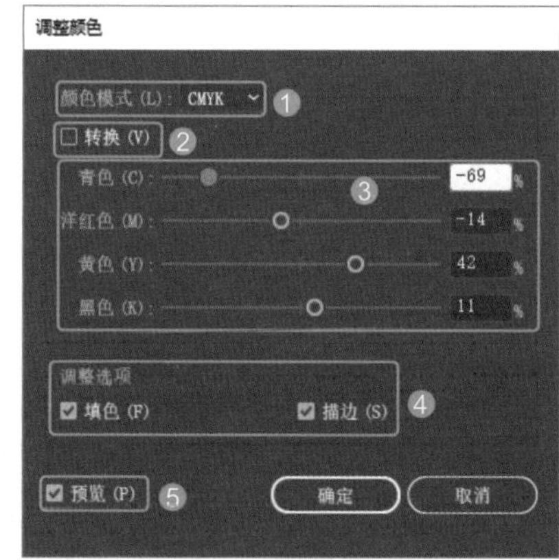

图 6-289

表 6-11 【调整颜色】对话框中各选项作用

选项	作用
❶ 颜色模式	默认情况下，该颜色模式与文档颜色模式相同；单击【颜色模式】右侧的下拉按钮，在弹出的下拉列表中可以选择颜色模式，如可以将其设置为灰度模式
❷ 转换	设置颜色模式为灰度后，选中该复选框，可将对象转换为灰度图像，通过调整黑色百分比可以改变对象的亮度，如图 6-290 所示 图 6-290
❸ 颜色	通过调整不同颜色的百分比可以改变对象色调。不同的颜色模式，可调整的颜色不同
❹ 填色 / 描边	如果当前选择的是矢量对象，选中【填色】复选框可以调整填充颜色，选中【描边】复选框可以调整描边颜色
❺ 预览	选中该复选框可以预览调整后的效果

6.7.6 调整饱和度

选择对象后，执行【编辑】→【编辑颜色】→【调整饱和度】命令，在打开的【饱和度】对话框中，通过调整强度百分比可以调整颜色饱和度，从而影响对象的整体色调，如图 6-291 所示。

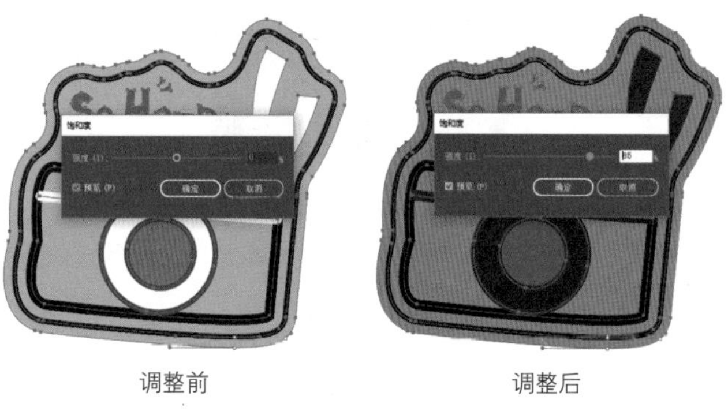

图 6-291

妙招技法

通过前面内容的学习，相信大家已经了解如何在 Illustrator CC 中填色与描边，下面就结合本章内容介绍一些使用技巧。

技巧 01　如何设置面板中缩览图的大小

默认情况下，面板中的缩览图是以小缩览图视图显示的，如图 6-292 所示。单击面板右上角的扩展按钮，在弹出的扩展菜单中可以设置缩览图视图的大小，如图 6-293 所示为设置缩览图为大缩览图视图显示的效果。

图 6-292　　图 6-293

技巧 02　如何保存色板

如果要将当前设置的颜色保存起来，方便下次使用，单击【色板】面板底部的【新建色板】按钮，打开【新建色板】对话框，单击【确定】按钮，即可将当前设置的颜色保存到【色板】面板中，如图 6-294 所示。

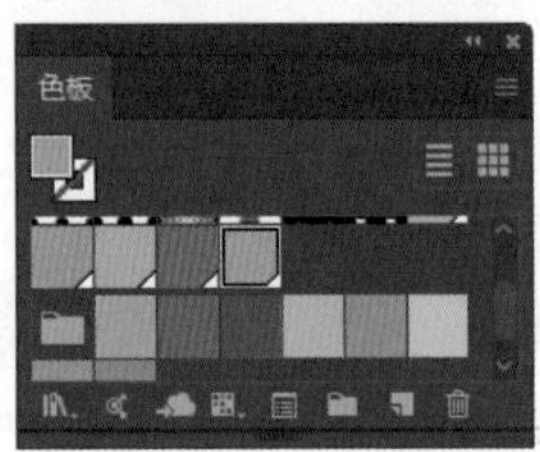

图 6-294

技巧 03　如何创建颜色组

创建颜色组有两种方式，一是从选定的色板创建，二是从选定的图稿创建。

1. 从选定的色板创建颜色组

在【色板】面板中选择需要合并为一个组的颜色，单击【色板】面板底部的【新建颜色组】按钮，如图 6-295 所示。

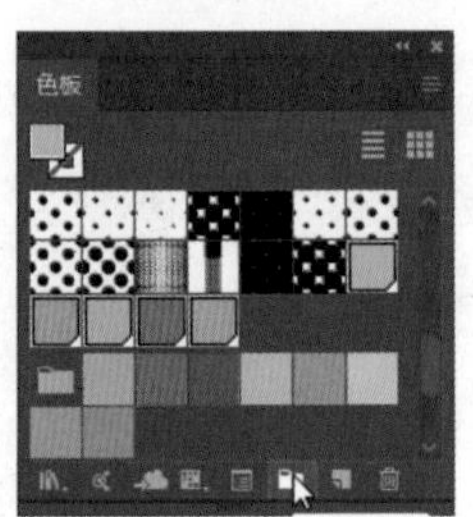

图 6-295

打开【新建颜色组】对话框，选中【选定的色板】单选按钮，如图 6-296 所示。

单击【确定】按钮，即可在【色板】面板底部看到新建的颜色组，如图 6-297 所示。

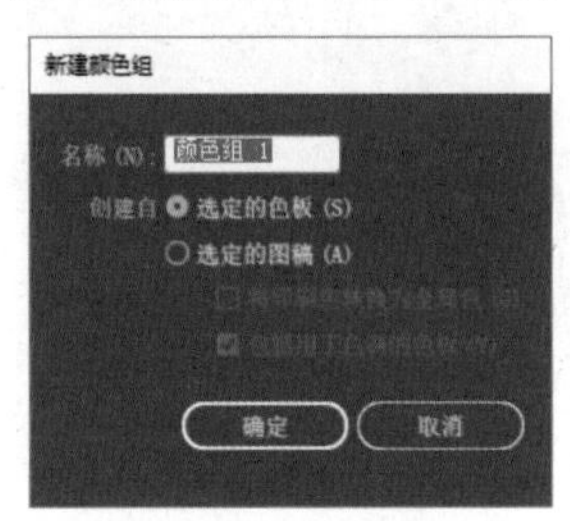

图 6-296

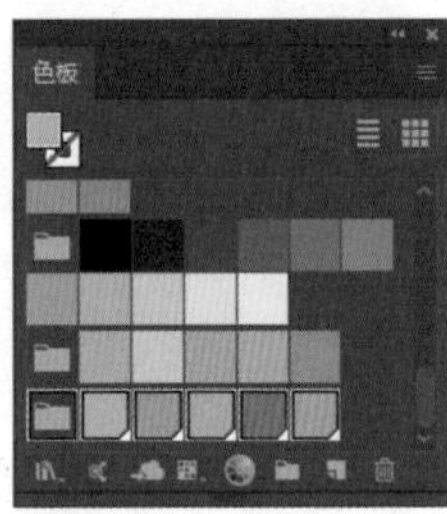

图 6-297

2. 从选定的画稿创建颜色组

选择对象后，在【色板】面板底部单击【新建颜色组】按钮，打开【新建颜色组】对话框，如图 6-298 所示。选中【选定的图稿】单选按钮，单击【确定】按钮，即可将对象中应用的所有颜色创建为一个组保存到【色板】面板中，如图 6-299 所示。

图 6-298

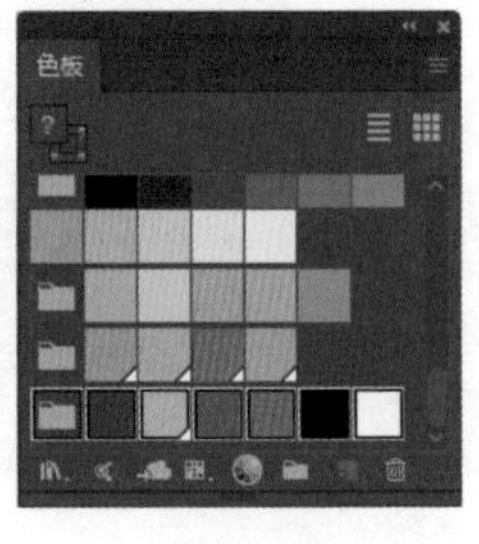

图 6-299

同步练习：制作猫头鹰标识

本例制作猫头鹰标识，先在软件中绘制出标识的线稿，然后使用【实时上色工具】上色，就可以完成制作，最终效果如图 6-300 所示。下面就介绍制作猫头鹰标识的具体操作方法。

图 6-300

素材文件	无
结果文件	结果文件 \ 第 6 章 \ 猫头鹰 .ai

Step01 新建一个横向的 A4 文档，使用【椭圆工具】并按住【Shift】键绘制正圆，如图 6-301 所示。

Step02 按【Ctrl+C】快捷键复制对象，按【Ctrl+F】快捷键粘贴到前面，按【Shift+Alt】快捷键等比例缩小对象，如图 6-302 所示。

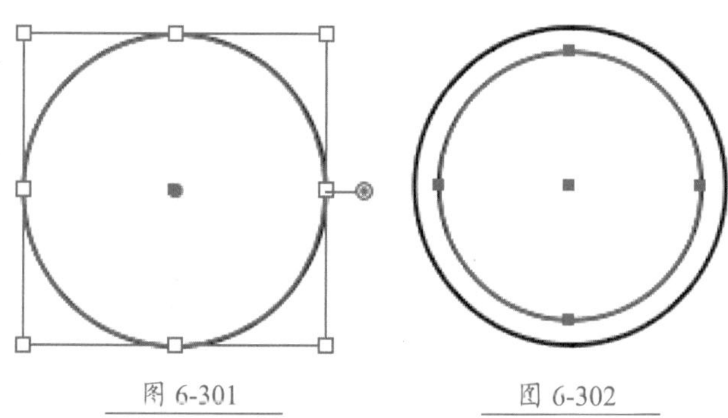

图 6-301　　图 6-302

Step03 使用相同的方法复制 2 个圆形对象，然后等比例缩小对象并调整位置，如图 6-303 所示。

Step04 使用【钢笔工具】沿着圆形对象绘制曲线，如图 6-304 所示。

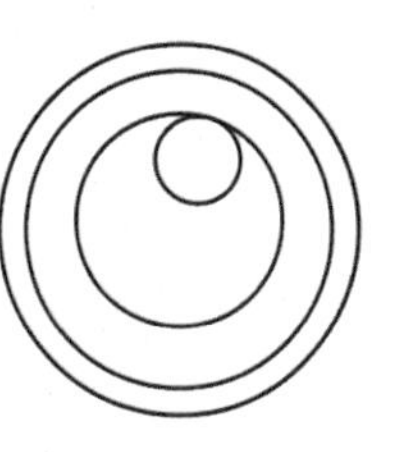

图 6-303

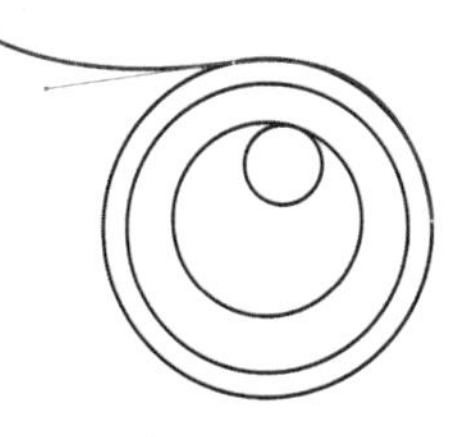

图 6-304

Step05 使用【选择工具】框选所有对象并右击，在弹出的快捷菜单中选择【变换】→【对称】命令，打开【镜像】对话框，选中【垂直】单选按钮，如图 6-305 所示；单击【复制】按钮，对称复制对象，如图 6-306 所示。

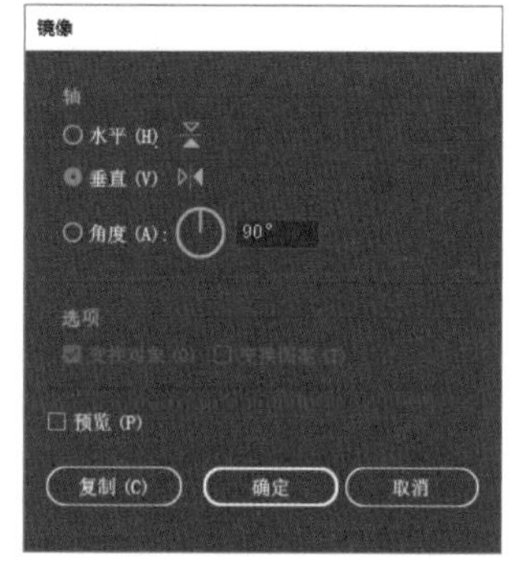

图 6-305

图 6-306

Step06 使用【多边形工具】绘制三角形，并调整三角形位置，放在眼睛下方，如图 6-307 所示。

Step 07 使用【钢笔工具】绘制曲线，如图 6-308 所示。

图 6-307　　图 6-308

Step 08 使用【钢笔工具】在曲线段上继续绘制曲线，形成闭合曲线，如图 6-309 所示。

Step 09 选择绘制的曲线段，按【Ctrl+C】快捷键复制对象，按【Ctrl+F】快捷键粘贴到前面。右击，在弹出的快捷菜单中选择【变换】→【对称】命令，打开【镜像】对话框，选中【垂直】单选按钮，如图 6-310 所示。

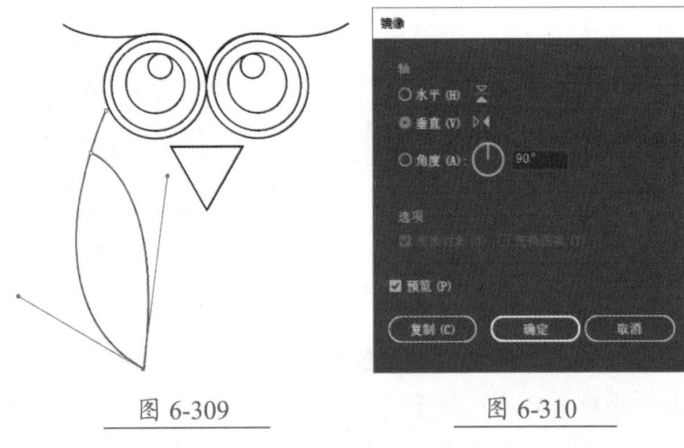

图 6-309　　图 6-310

Step 10 单击【确定】按钮，将镜像对象移动到右侧，如图 6-311 所示。

Step 11 使用【钢笔工具】连接下方的两个锚点，如图 6-312 所示；拖动鼠标绘制封闭曲线，如图 6-313 所示。

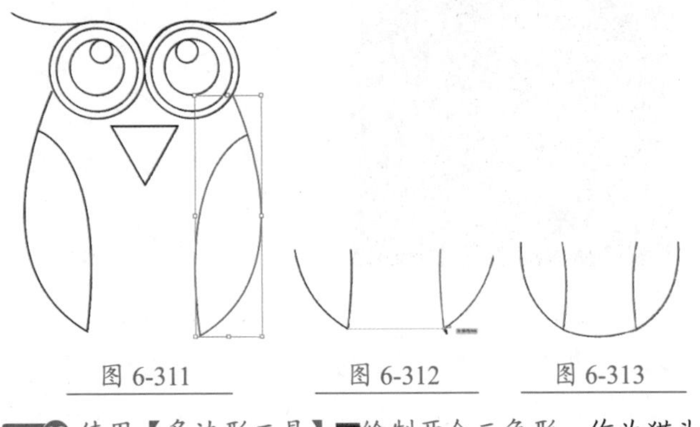

图 6-311　　图 6-312　　图 6-313

Step 12 使用【多边形工具】绘制两个三角形，作为猫头鹰的脚，如图 6-314 所示，完成猫头鹰的绘制。

Step 13 使用【选择工具】框选所有的对象，执行【对象】→【实时上色】→【建立】命令，创建实时上色组，如图 6-315 所示。

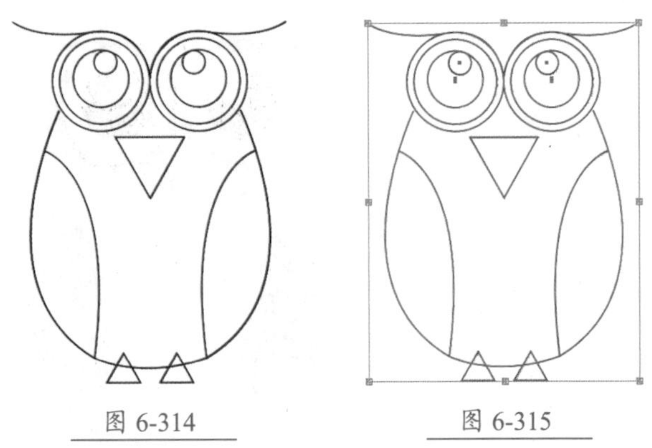

图 6-314　　图 6-315

Step 14 按【Shift+Ctrl+A】快捷键取消选择。双击工具栏底部的【填色】按钮，打开【拾色器】对话框，设置颜色为砖红色（#E56821），如图 6-316 所示。

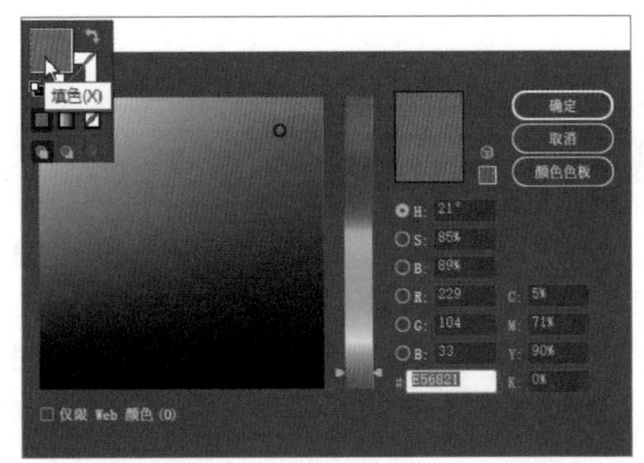

图 6-316

Step 15 单击【确定】按钮，使用【实时上色工具】为猫头鹰的翅膀上色，如图 6-317 所示。

Step 16 设置填色为 #FAD3B2，再使用【实时上色工具】为猫头鹰身体上色，如图 6-318 所示。

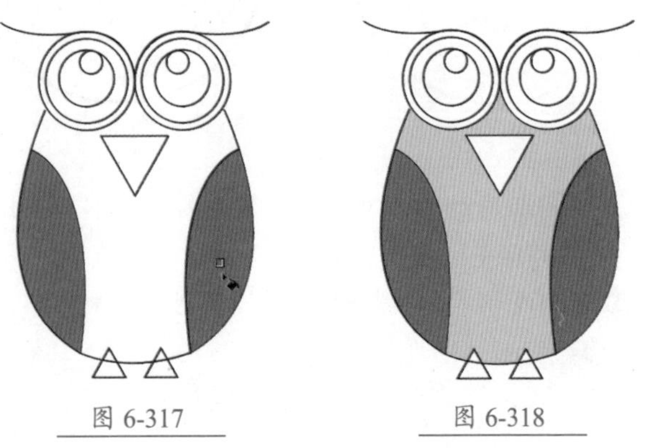

图 6-317　　图 6-318

Step17 设置填色为 # E19B49，为嘴巴和脚上色，如图 6-319 所示。

Step18 使用相同的方法为眼睛填充褐色（#7F4F21）和黑色，如图 6-320 所示。

图 6-319

图 6-320

Step19 选择对象，执行【对象】→【实时上色】→【扩展】命令，扩展实时上色组。取消描边，如图 6-321 所示。

Step20 使用【编组选择工具】，按住【Shift】键选择眼睛上的曲线，如图 6-332 所示。

图 6-321

图 6-322

Step21 在【属性】面板中设置【描边】为褐色，单击【描边】按钮，打开【描边】面板，设置描边粗细为 8pt，【配置文件】为【宽度配置文件 1】，如图 6-323 所示。

图 6-323

Step22 使用【编组选择工具】适当移动猫头鹰的翅膀和脚，使其从对象中分离出来，如图 6-324 所示。

Step23 使用【直线段工具】在猫头鹰下方绘制直线段，如图 6-325 所示。

图 6-324

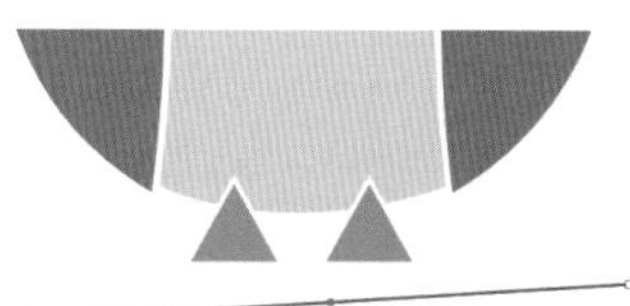

图 6-325

Step24 在【属性】面板中设置【描边】为褐色，单击【描边】按钮，打开【描边】面板，设置描边粗细为 13pt，【配置文件】为【宽度配置文件 6】，如图 6-326 所示。

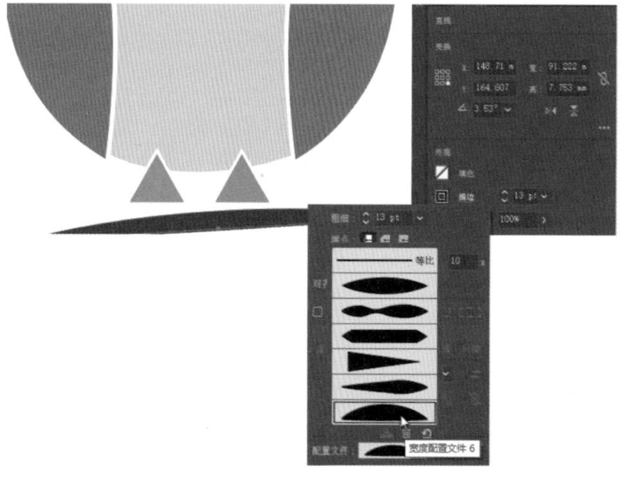

图 6-326

Step25 使用【文字工具】输入公司名称，放在图像右侧，完成猫头鹰标识的制作，如图 6-327 所示。

图 6-327

本章小结

本章主要介绍了填色与描边的设置方法，包括单一颜色的填充与描边、渐变颜色的设置、图案的填充、描边属性的编辑、渐变网格和实时上色组的创建，以及颜色的编辑等内容。其中，通过设置描边属性可以创建不同的描边效果，利用渐变网格可以绘制写实风格的图像，而通过创建实时上色组可以为复杂的图像上色。这些是本章学习的重点也是难点，希望大家能够多加练习，熟练掌握这些工具的用法。

第7章 复杂图形的绘制

- 什么是路径？
- 绘制路径之后，怎么修改路径？
- 怎么使用铅笔工具？
- 怎么将纸上绘制的图稿转换为矢量图？
- 如何绘制具有真实透视效果的对象？

在前面的内容中我们学习了【矩形工具】和【椭圆工具】等几何图形工具，以及【直线段工具】和【弧形工具】等绘制线段的工具，通过这些工具的使用只能绘制一些简单的图形。如果想要绘制更为复杂的图形，就需要使用到【钢笔工具】、【曲率工具】和【铅笔工具】，使用这些工具可以绘制比较随意的路径，再配合 Illustrator CC 中强大的路径编辑功能就可以实现复杂图形的绘制。此外，通过使用透视网格工具还可以绘制具有透视效果的图形，而使用图像描摹功能则可以将在纸上绘制的图形转换为矢量图。

7.1 认识路径与锚点

路径和锚点是矢量图的基本组成元素，通过编辑锚点可以改变路径的形状，进而可以随心所欲地绘制图形。那么，什么是路径和锚点呢？下面就介绍 Illustrator CC 中的核心概念——路径和锚点。

★重点 7.1.1 什么是路径

如图 7-1 所示，路径由一条或多条直线段或曲线段组成。路径既可以是开放的，也可以是闭合的，如图 7-2 所示。

图 7-1　　图 7-2

路径本身是不具备颜色的，需要为其填充颜色才能显示出来。因此，在 Illustrator CC 中路径和颜色就构成了我们所看到的图像，如图 7-3 所示。

图 7-3

Illustrator CC 中所有的绘图工具，如【矩形工具】、【弧形工具】、【多边形工具】、【钢笔工具】、【铅笔工具】和【画笔工具】等都可以创建路径。

★重点 7.1.2 什么是锚点

连接两段路径的点就是锚点，如图 7-4 所示。锚点又分为平滑点和角点，其中连接平滑曲线的点是平滑点，而连接直线和角曲线的点是角点，如图 7-5 所示。角点和平滑点是可以相互转换的。

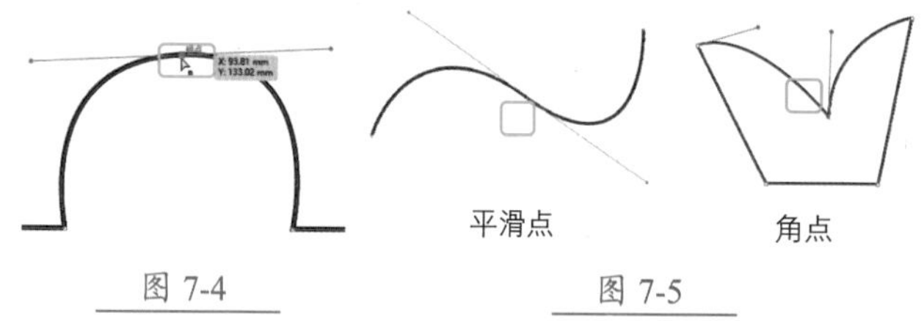

图 7-4　　图 7-5

选择平滑锚点时，会显示出方向线及方向点，如图 7-6 所示。拖曳方向线可以调整曲线的形状，如图 7-7 所示。

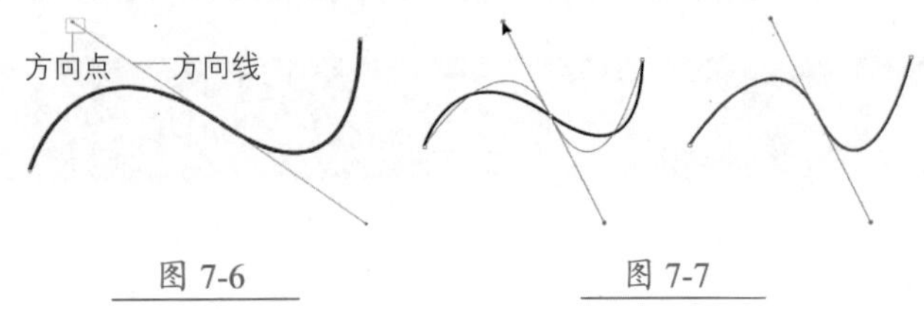

图 7-6　　图 7-7

方向线的长度会影响曲线的弧度，方向线越短，曲线弧度越小，如图 7-8 所示。

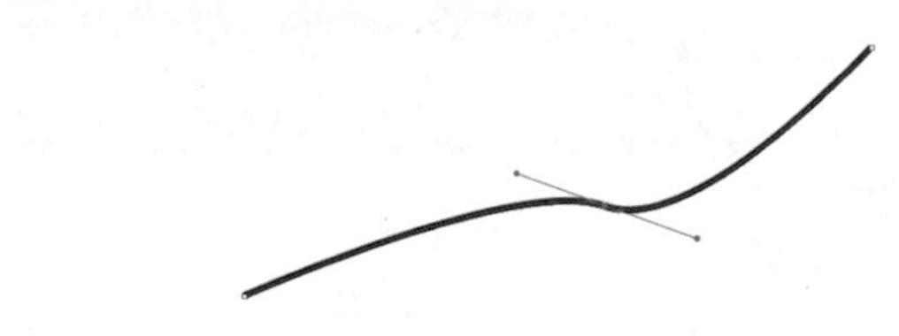

图 7-8

7.2 钢笔工具

【钢笔工具】是 Illustrator CC 的核心工具之一，可以绘制精确的直线和曲线。由于【钢笔工具】绘制的曲线段由路径和锚点组成，所以可以精确地调整曲线形状，从而绘制出复杂的图像。

★重点 7.2.1 绘制直线段

使用【钢笔工具】绘制直线段的方法非常简单。单击工具栏中的【钢笔工具】，在画板上单击创建锚点，如图 7-9 所示。然后在另一处单击即可创建直线段，如图 7-10 所示。如果不需要继续绘制，按【Esc】键退出钢笔绘制状态即可。

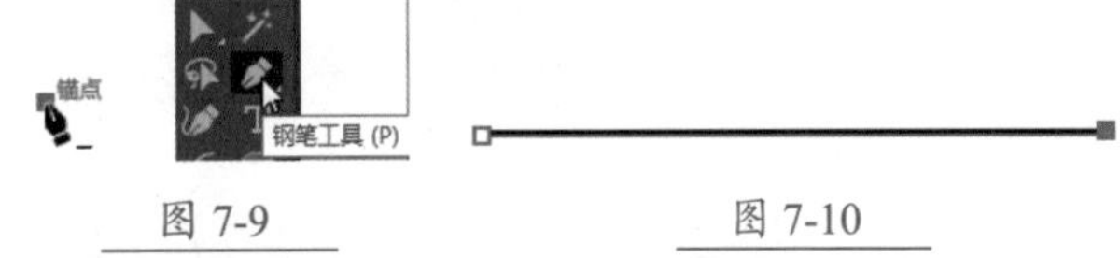

图 7-9　　图 7-10

技术看板

绘制时按住【Shift】键，可以将绘制的角度限制为 45° 的倍数。

★重点 7.2.2 实战：绘制平滑曲线

平滑曲线的绘制方法稍为复杂，具体操作步骤如下。

Step 01 使用【钢笔工具】在画板上单击并拖动鼠标光标，创建平滑点，如图 7-11 所示。

Step 02 在其他位置单击并拖动鼠标光标可绘制曲线，如图 7-12 所示。

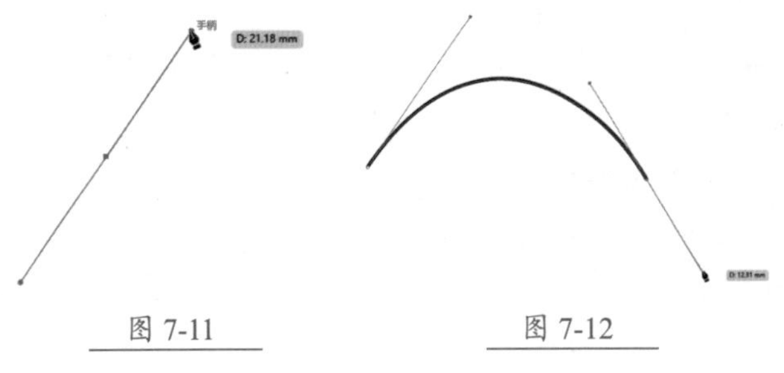

图 7-11　　图 7-12

Step 03 继续在其他位置单击并拖动鼠标光标，绘制曲线，如图 7-13 所示。

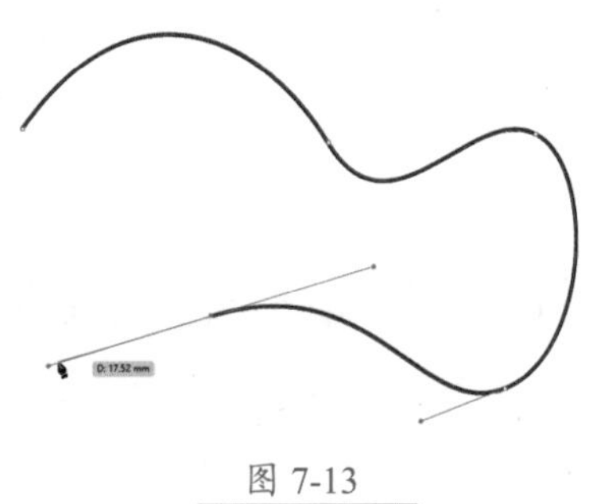

图 7-13

Step 04 将鼠标光标放在起点位置，如图 7-14 所示。此时，鼠标光标会变换为形状。单击并拖动鼠标即可绘制闭合的曲线路径，如图 7-15 所示。

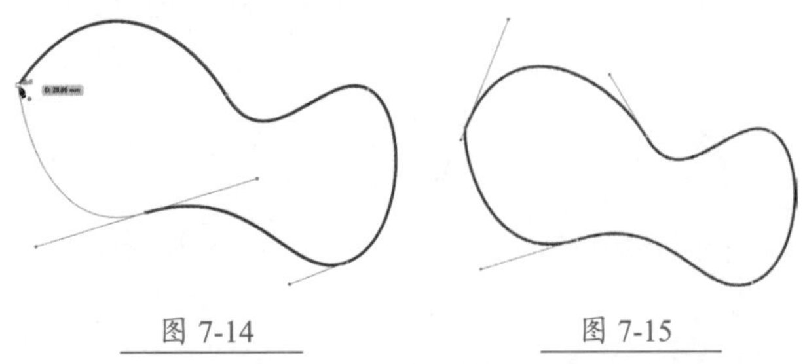

图 7-14　　图 7-15

★重点 7.2.3 实战：绘制转角曲线

转角曲线的绘制比较复杂，需要在创建新的锚点前改变方向线的方向，具体操作步骤如下。

Step 01 使用【钢笔工具】绘制曲线，并将鼠标光标放在方向点上，如图 7-16 所示。

Step 02 按住【Alt】键向相反的方向拖曳方向线，如图 7-17 所示，这样可将平滑点转换为角点。

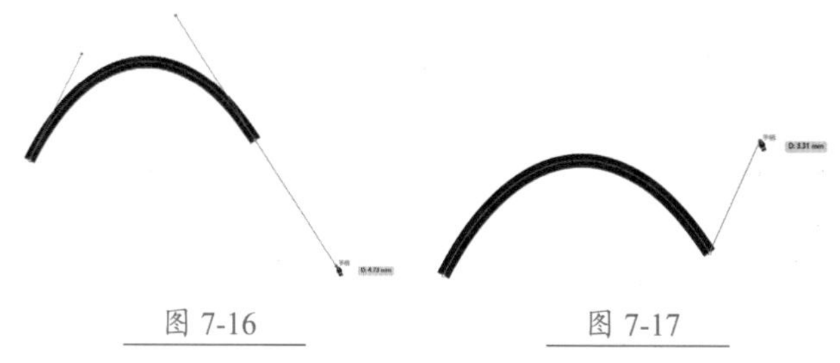
图 7-16　　图 7-17

Step 03 在其他位置单击并拖动鼠标光标绘制转角曲线，如图 7-18 所示。

Step 04 使用相同的方法将平滑点转换为角点，然后继续绘制转角曲线，如图 7-19 所示。

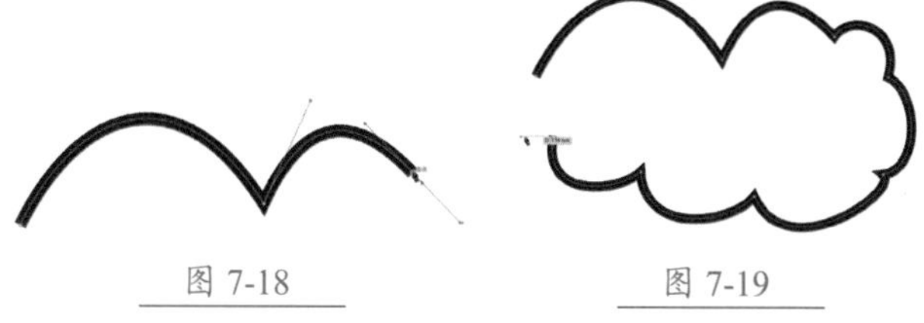
图 7-18　　图 7-19

Step 05 将鼠标光标放在起点位置，如图 7-20 所示。单击并拖动鼠标光标，绘制闭合路径，如图 7-21 所示。

图 7-20　　图 7-21

技术看板

将鼠标光标放在平滑点的锚点上，按住【Alt】键并同时单击锚点可以切断方向线，如图 7-22 所示。

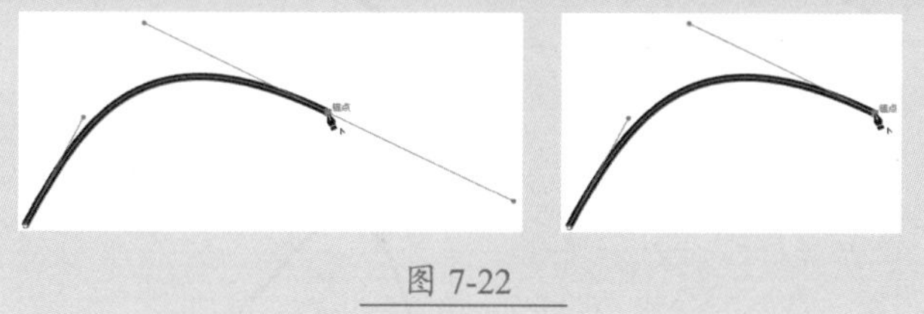
图 7-22

7.2.4 实战：绘制企鹅

使用【钢笔工具】绘制企鹅的具体操作步骤如下。

Step 01 新建一个 A4 文档，使用【钢笔工具】绘制曲线，如图 7-23 所示。

Step 02 继续使用【钢笔工具】绘制企鹅身体，如图 7-24 所示。

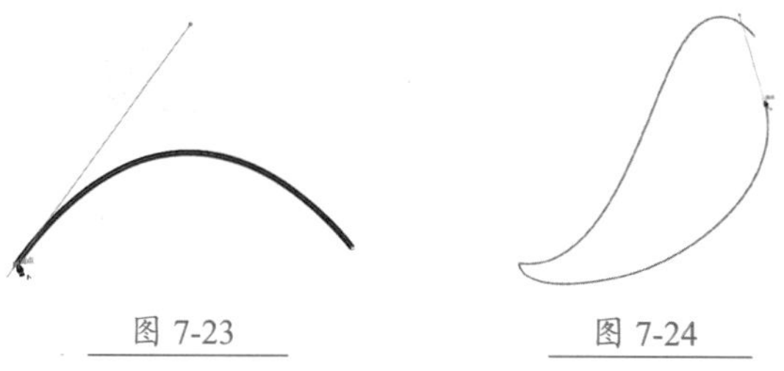
图 7-23　　图 7-24

Step 03 按住【Alt】键，调整上方方向线的长度，如图 7-25 所示。

Step 04 继续绘制企鹅的嘴巴，如图 7-26 所示。

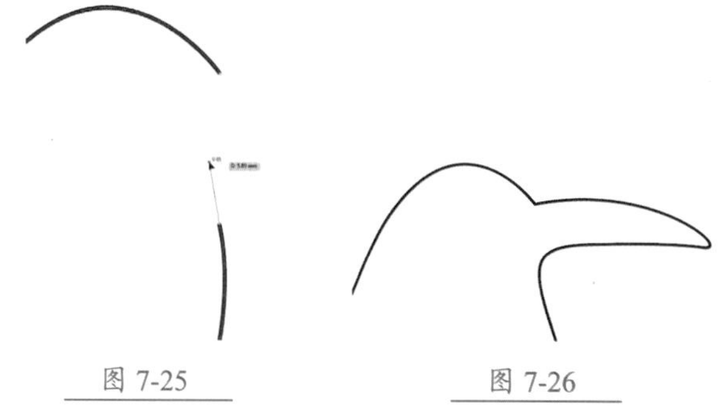
图 7-25　　图 7-26

Step 05 使用【钢笔工具】绘制企鹅的头部，如图 7-27 所示。

Step 06 使用【椭圆工具】绘制眼睛，如图 7-28 所示。

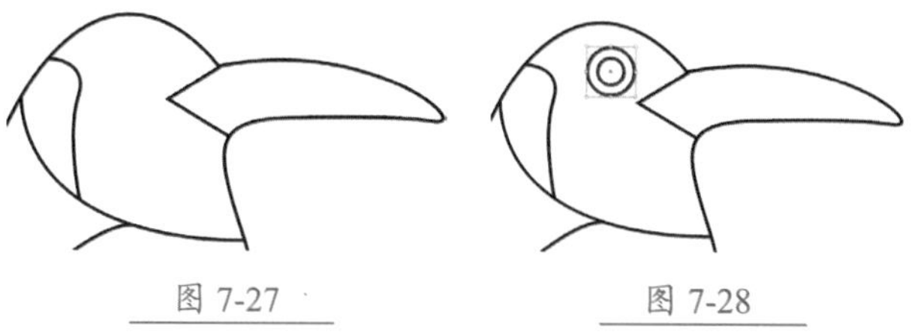
图 7-27　　图 7-28

Step 07 使用【钢笔工具】绘制企鹅的翅膀和身体，如图 7-29 所示。

Step 08 使用【钢笔工具】绘制企鹅的脚，如图 7-30 所示。

图 7-29　　图 7-30

Step 09 使用【选择工具】框选所有对象，执行【对象】→【实时上色】→【建立】命令，创建实时上色组，如图 7-31 所示。

Step 10 使用【实时上色工具】为企鹅上色，效果如图 7-32 所示。

图 7-31

图 7-32

Step 11 选择【橡皮擦工具】擦除脚部和翅膀位置多余的线条，如图 7-33 所示

Step 12 完成后的最终效果如图 7-34 所示。

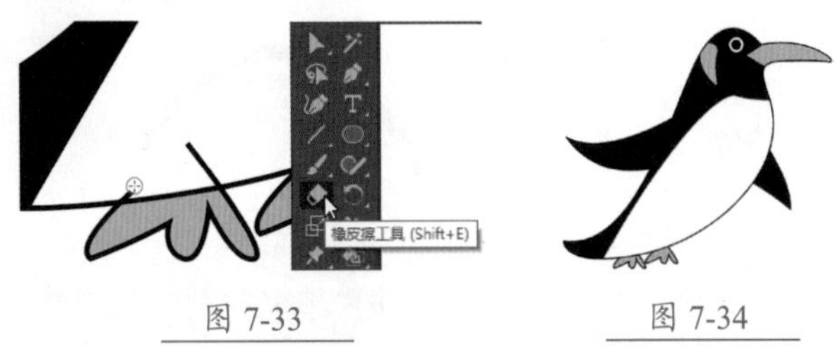

图 7-33

图 7-34

★新功能7.3 曲率工具

【曲率工具】与【钢笔工具】类似，它可以轻松绘制出精准、平滑的曲线，比【钢笔工具】更加简单直观。下面就详细介绍该工具的使用方法。

★重点 7.3.1 创建平滑点和角点

单击工具栏中的【曲率工具】，在画板上设置两个点，创建平滑点并且显示橡皮筋预览，如图 7-35 所示。

在其他位置单击，可以生成平滑曲线，如图 7-36 所示。

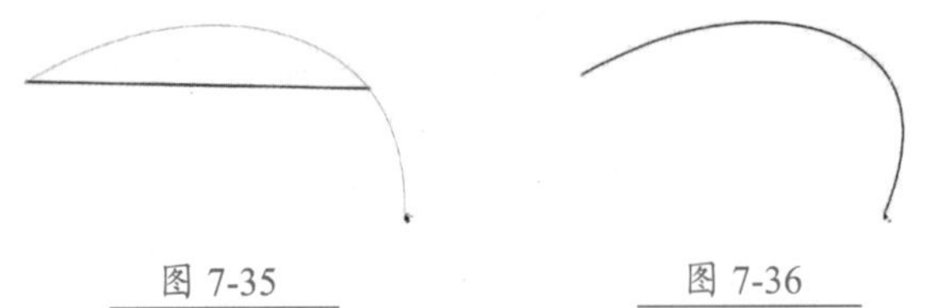

图 7-35

图 7-36

在绘制过程中，双击或者按住【Alt】键单击鼠标可以创建角点，如图 7-37 所示。

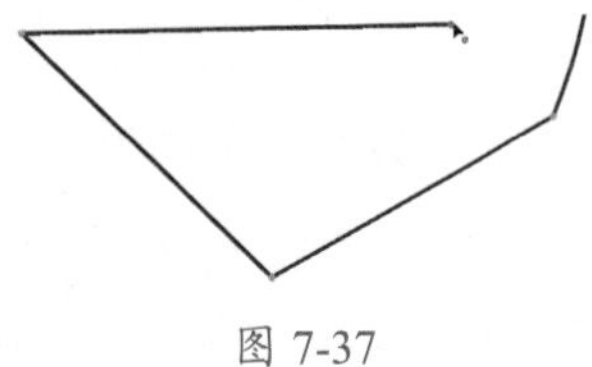

图 7-37

双击锚点或者按住【Alt】键单击锚点，也可以实现平滑点和角点的互相转换。

技术看板

【曲率工具】快捷键：【Shift+～】。

★重点 7.3.2 编辑路径

创建路径后，可以直接通过【曲率工具】添加、移动和删除锚点来编辑路径形状。

使用【曲率工具】单击选中锚点并拖动可以移动路径，如图 7-38 所示。

图 7-38

将鼠标光标放在路径上，当鼠标光标变换为形状时，单击可以添加锚点，如图 7-39 所示；选择锚点，如图 7-40 所示，按【Delete】键可以删除该锚点，如图 7-41 所示。

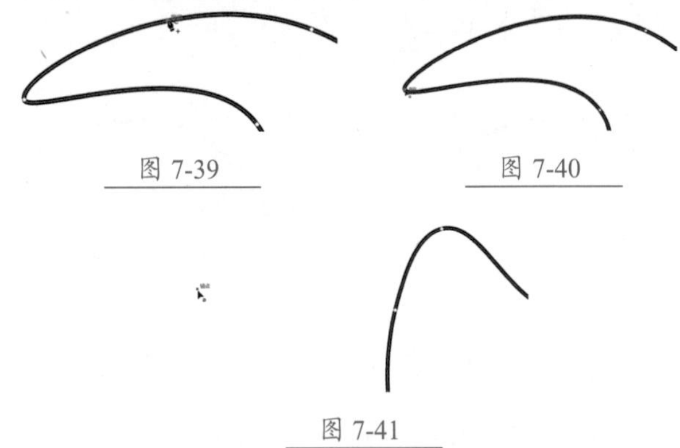

图 7-39

图 7-40

图 7-41

7.4 路径的编辑

创建路径后，可以通过添加、移动或删除锚点，以及使用实时转角等工具来编辑路径形状，以达到最理想的图像效果，下面就介绍编辑路径的操作方法。

★重点 7.4.1 选择与移动路径和锚点

使用【直接选择工具】▶可以选择和移动路径及锚点。如图 7-42 所示，【直接选择工具】▶与【选择工具】▶是一组工具，其快捷键是【A】。

图 7-42

选择【直接选择工具】▶后，将鼠标光标放在路径上方，如图 7-43 所示，单击鼠标即可选择路径并显示出锚点，如图 7-44 所示。

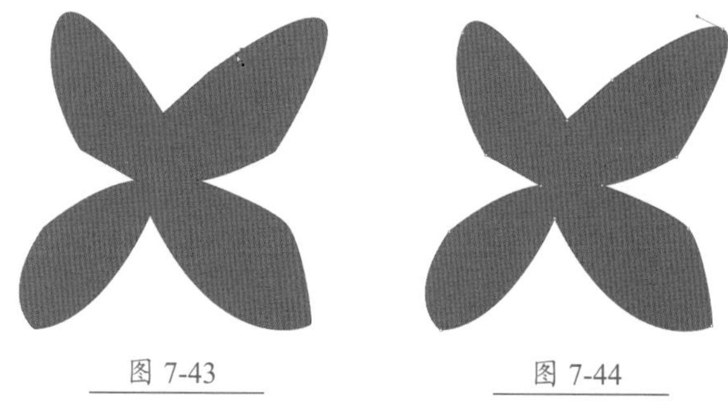

图 7-43　　图 7-44

使用【直接选择工具】▶单击锚点，则可以选中锚点，如图 7-45 所示。选中后的锚点呈蓝色实心显示。

使用【直接选择工具】▶单击路径并拖动可以移动路径，如图 7-46 所示。

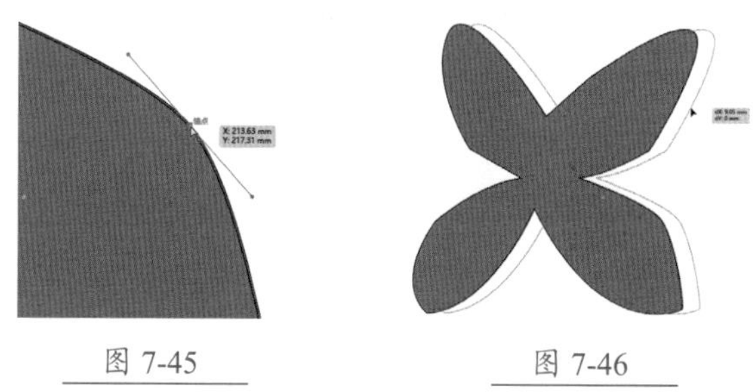

图 7-45　　图 7-46

使用【直接选择工具】▶选中锚点后，移动锚点或者拖动方向线手柄可以调整路径形状，如图 7-47 所示。

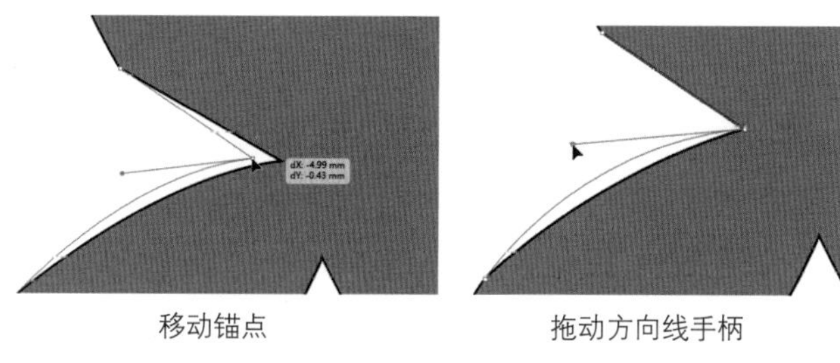

移动锚点　　拖动方向线手柄

图 7-47

技能拓展——只修改平滑点上一个方向的路径形状

使用【直接选择工具】▶拖动平滑点上的手柄时，锚点两端的路径都会随之改变。按住【Alt】键的同时拖动手柄则只会更改手柄所在方向的路径形状。

7.4.2 添加和删除锚点

绘制路径后，选择钢笔工具组的【添加锚点工具】✎，在路径上单击可以添加锚点，如图 7-48 所示。

选择钢笔工具组中的【删除锚点工具】✎，再单击路径上的锚点则可以删除锚点，如图 7-49 所示。

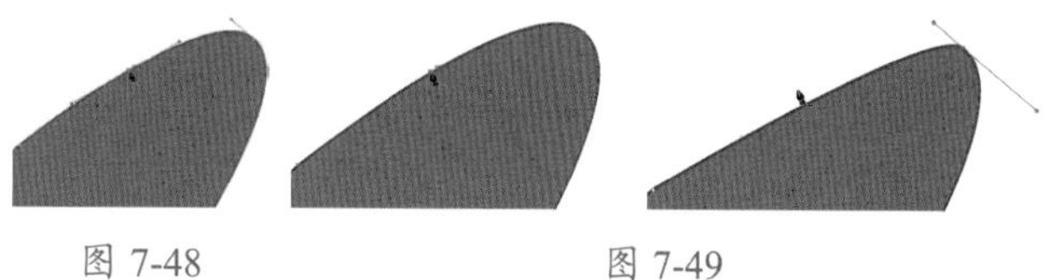

图 7-48　　图 7-49

如果要使用【钢笔工具】✎绘制路径，那么选择【钢笔工具】✎，将鼠标光标放在路径上，当鼠标光标变换为✎+形状时，单击就可以添加锚点，如图 7-50 所示。

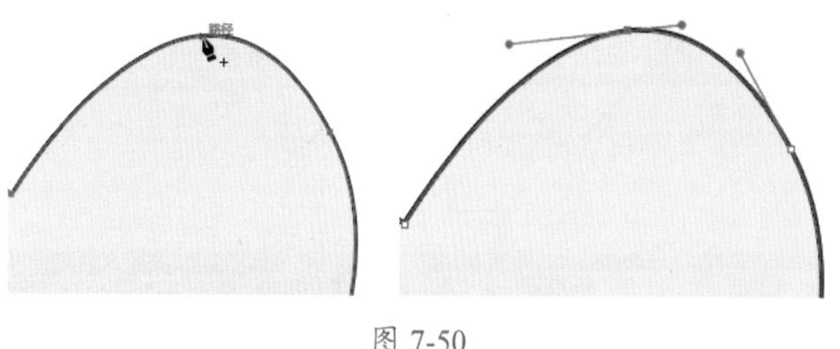

图 7-50

将鼠标光标放在路径上，当鼠标光标变换为✎-形状时，单击即可删除该锚点，如图 7-51 所示。

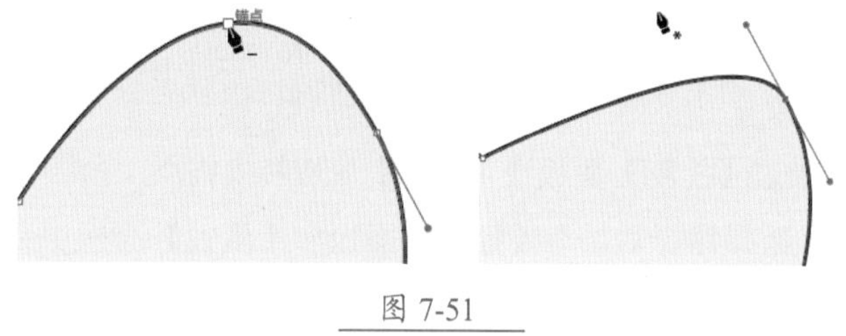

图 7-51

此外，使用【直接选择工具】▶选中锚点后，按【Delete】键也可以删除锚点。

★重点 7.4.3 转换锚点类型

锚点分为角点和平滑点，两者可以互相转换。

1. 使用【锚点工具】转换锚点

【锚点工具】可以转换锚点类型，该工具在钢笔工具组中，如图 7-52 所示，其快捷键是【Shift+C】。

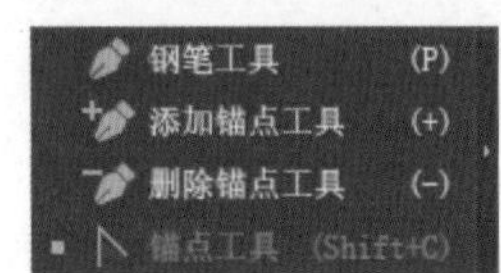

图 7-52

使用【锚点工具】单击平滑点可以将其转换为角点，如图 7-53 所示。

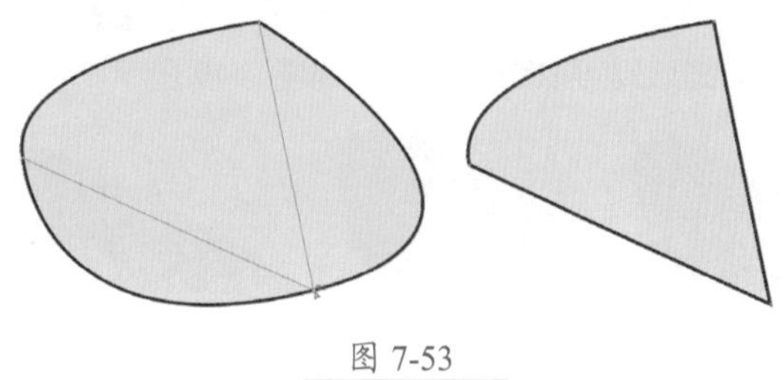

图 7-53

使用【锚点工具】单击并拖动角点，如图 7-54 所示，可以将其转换为平滑点。

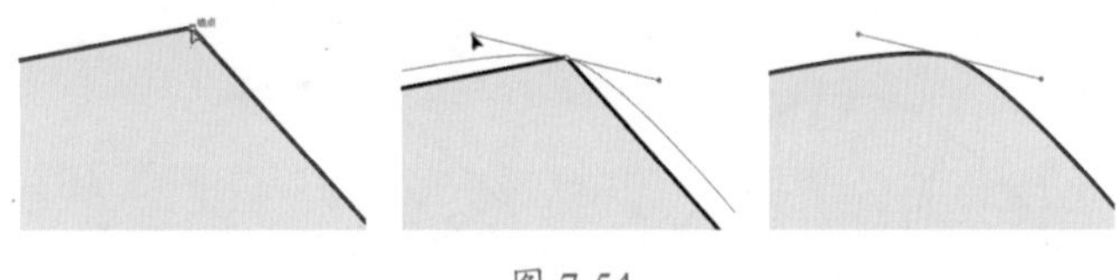

图 7-54

技能拓展
——【钢笔工具】、【锚点工具】和【直接选择工具】的切换技巧

使用【钢笔工具】绘制过程中，按【Alt】键可以切换到【锚点工具】，可以切换锚点类型和编辑路径形状；按【Ctrl】键则可以切换到【直接选择工具】，可以移动锚点位置和编辑路径形状。

2. 通过【控制】面板或【属性】面板转换锚点

选择路径后，在【控制】面板和【属性】面板中会显示与锚点相关的属性设置。

选择一个或多个锚点，如图 7-55 所示，单击【控制】面板或【属性】面板中的【将所选锚点转换为尖角】按钮，可以将平滑点转换为角点，如图 7-56 所示；单击【控制】面板或【属性】面板中的【将所选锚点转换为平滑】按钮，可以将角点转换为平滑点，如图 7-57 所示。

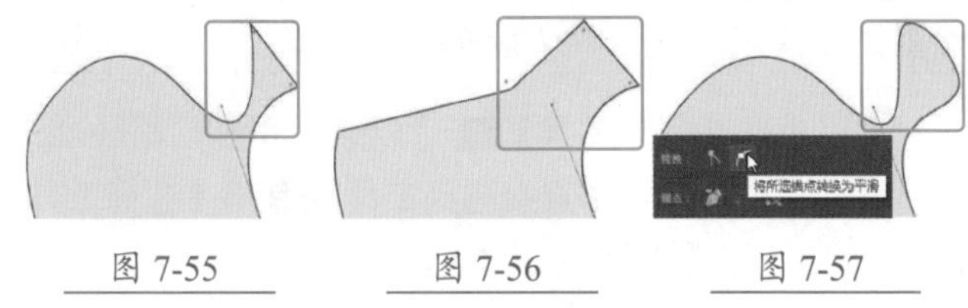

图 7-55　图 7-56　图 7-57

★新功能 ★重点 7.4.4　使用实时转角

实时转角是 Illustrator CC 为角点提供的一个转角锚点。使用【直接选择工具】单击绘制的路径后，在角点的地方会显示【实时转角构件】，如图 7-58 所示。通过设置【实时转角构件】，可以将角点形状变为圆角、反向圆角和倒角。

拖动【实时转角构件】，可将角点转换为圆角，如图 7-59 所示。

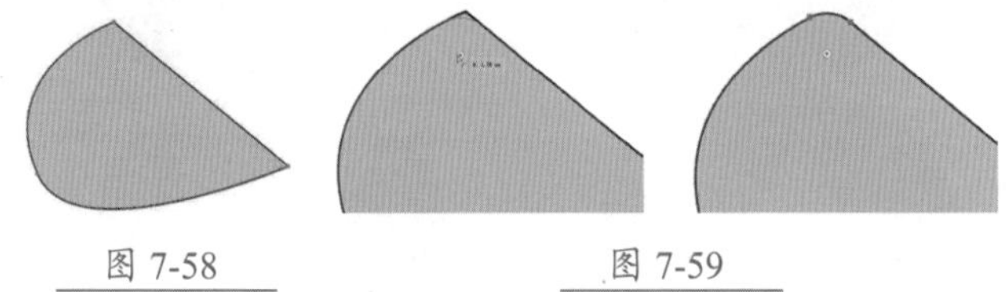

图 7-58　图 7-59

双击【实时转角构件】，可以打开【边角】对话框，如图 7-60 所示。在该对话框中可以设置转角样式、半径以及圆角类型。【边角】对话框中各选项作用如表 7-1 所示。

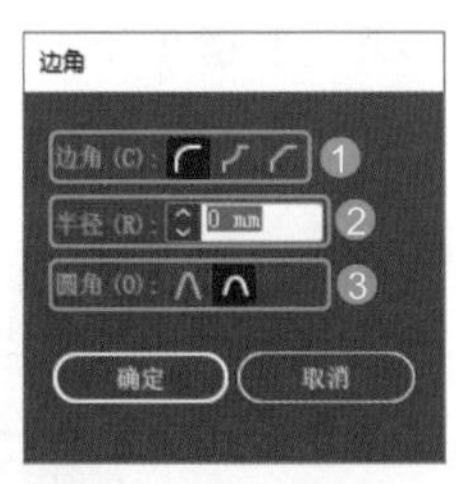

图 7-60

表 7-1　【边角】对话框中各选项作用

选项	作用
❶ 边角	用于设置转角样式：圆角、反向圆角、倒角，效果如图 7-61 所示 圆角　反向圆角　倒角 图 7-61
❷ 半径	用于指定圆角半径
❸ 圆角	用于设置圆角类型

7.4.5 平均分布锚点

在 Illustrator CC 中可以平均分布锚点，使用此功能经常会得到一些意想不到的效果。

首先，使用【直接选择工具】选择需要平均分布的锚点，如图 7-62 所示。执行【对象】→【路径】→【平均】命令，打开【平均】对话框，如图 7-63 所示。在该对话框中可以选择【水平】、【垂直】或【两者兼有】的分布方式。

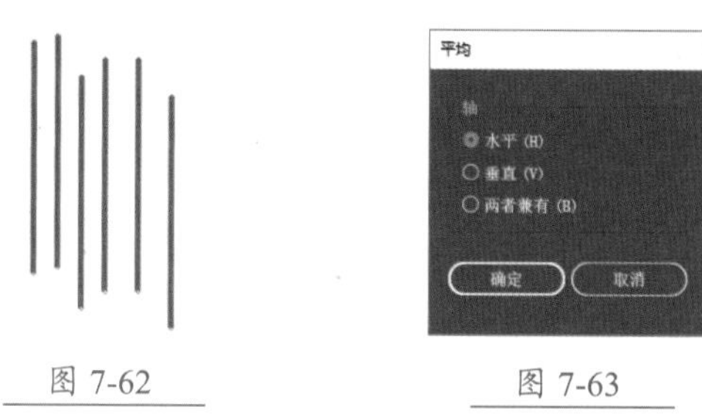

图 7-62　　图 7-63

- 水平：将选择的锚点沿同一水平轴均匀分布，如图 7-64 所示。
- 垂直：将选择的锚点沿同一垂直轴均匀分布，如图 7-65 所示。
- 两者兼有：将选择的锚点沿同一水平轴和垂直轴均匀分布，如图 7-66 所示，此时，选择的锚点会集中到同一点上。

图 7-64　　图 7-65　　图 7-66

7.4.6 连接锚点

选择锚点，如图 7-67 所示，单击【属性】面板或【控制】面板的【连接所选终点】按钮，即可将所选锚点连接起来，如图 7-68 所示。

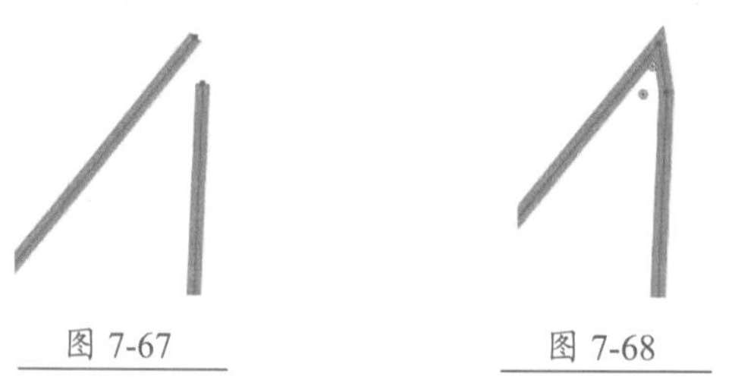

图 7-67　　图 7-68

此外，选择锚点后，执行【对象】→【路径】→【连接】命令，也可以将所选锚点所在的路径连接起来。

★重点 7.4.7 偏移路径

偏移路径可以将图形扩展或者收缩，适用于制作同心图形或制作相互之间保持固定间距的多个对象副本。

选择路径后，执行【对象】→【路径】→【偏移路径】命令，打开【偏移路径】对话框，如图 7-69 所示。在该对话框中设置偏移距离、连接方式后，单击【确定】按钮即可扩展或收缩图形。【偏移路径】对话框中常用选项作用如表 7-2 所示。

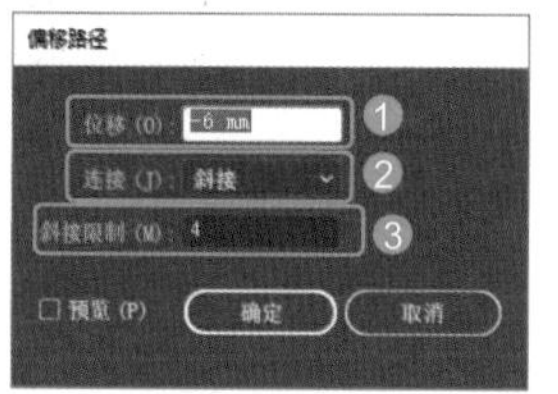

图 7-69

表 7-2 【偏移路径】对话框中常用选项作用

选项	作用
❶ 位移	设置图形扩展或收缩的距离。该值为正数时，可以向外扩展图形，为负数时则会向内收缩图形，如图 7-70 所示 扩展图形　收缩图形 图 7-70
❷ 连接	用于设置拐角处的连接方式，包括【斜接】、【圆角】和【斜角】3 种，效果如图 7-71 所示 斜接　圆角　斜角 图 7-71
❸ 斜接限制	用于控制角度的变化范围，该值越大，角度的变化范围越大

7.4.8 简化路径

【简化】命令可以删除不必要的锚点，为复杂图稿生成最佳路径，且不会对路径形状进行任何重大的更改，从而减小矢量文件的大小，以便更快地显示和打印文件。

选择对象，如图 7-72 所示。执行【对象】→【路径】→【简化】命令，打开【简化】对话框，如图 7-73 所示，主要选项作用如表 7-3 所示。

图 7-72

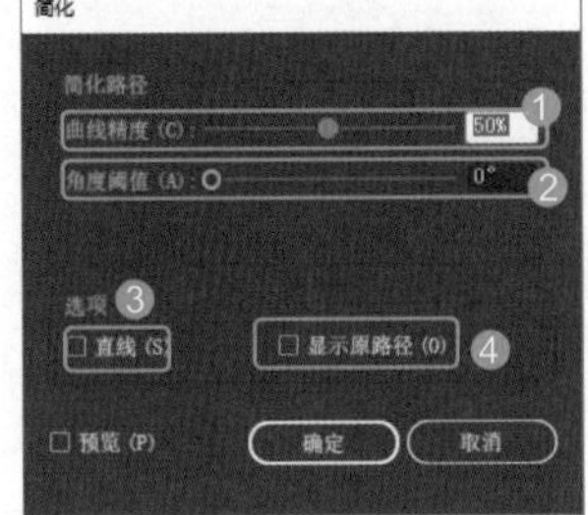

图 7-73

表 7-3 【简化】对话框中主要选项作用

选项	作用
❶ 曲线精度	用于设置简化后的路径与原始路径的接近程度，该值越大越接近原始路径形状，如图 7-74 所示分别为曲线精度为 10% 和 80% 的效果 曲线精度为 10%　曲线精度为 80% 图 7-74
❷ 角度阈值	用于控制角点的平滑度。该值越大，路径会越简化，效果如图 7-75 所示 曲线精度为 50%，角度阈值为 0　曲线精度为 50%，角度阈值为 180 图 7-75

续表

选项	作用
❸ 直线	选中该复选框，可在对象原始锚点间创建直线，如图 7-76 所示。如果角点的角度大于曲线点角度阈值中设置的值，将删除角点 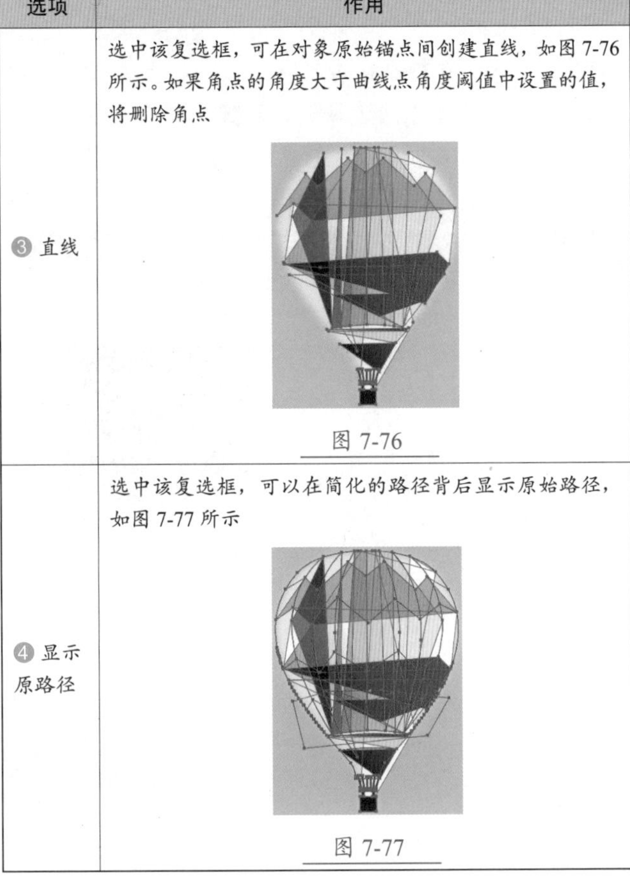 图 7-76
❹ 显示原路径	选中该复选框，可以在简化的路径背后显示原始路径，如图 7-77 所示 图 7-77

7.4.9 用【平滑工具】平滑路径

使用【平滑工具】可以平滑路径外观，使绘制的路径更加完美。【平滑工具】在铅笔工具组中，如图 7-78 所示。

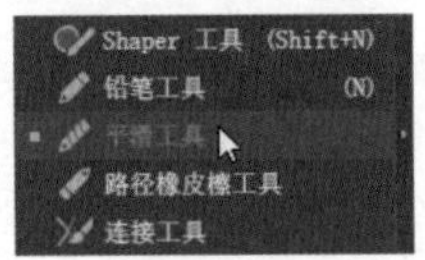

图 7-78

选择路径后，沿着需要平滑的路径拖动【平滑工具】，如图 7-79 所示，即可平滑路径。然后继续平滑直到路径达到所需平滑度，效果如图 7-80 所示。

图 7-79　图 7-80

7.5 铅笔工具

使用铅笔工具可以像在纸上绘图一样，徒手绘制图形。该工具的使用非常方便，经常被用来创建手绘效果。

★新功能 7.5.1 Shaper 工具

Illustrator CC 中新增的【Shaper 工具】可以简化绘制步骤，创建出复杂而美丽的图形。

1. 绘制图形

在工具栏中单击【Shaper 工具】或者按【Shift+N】快捷键，即可切换到【Shaper 工具】，如图 7-81 所示。在画板上可以绘制出一个粗略的几何图形，如图 7-82 所示。

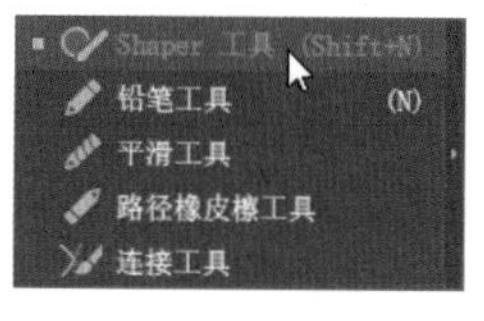

图 7-81

图 7-82

释放鼠标，绘制的图形会转换为一个明确的几何图形，如图 7-83 所示。【Shaper 工具】绘制的图形都是实时的，可以进行与实时图形一样的编辑操作，如设置大小、圆角半径、颜色等，如图 7-84 所示。

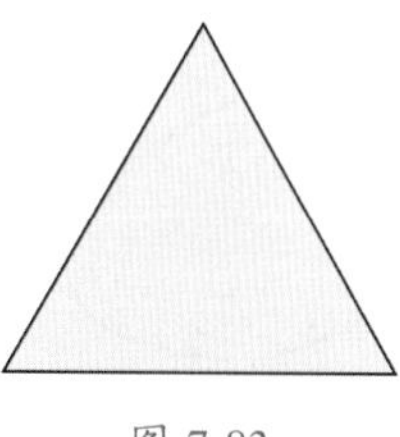

图 7-83

图 7-84

需要注意的是，【Shaper 工具】只能绘制基本的几何图形，如图 7-85 所示。

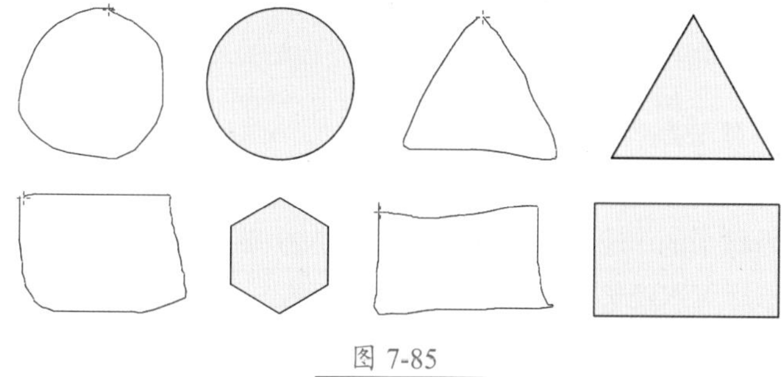

图 7-85

2. 编辑形状

【Shaper 工具】不仅可以绘制图形，还可以对堆积的图形进行编辑，如合并、删除等操作，从而得到一个复合图形。

使用【Shaper 工具】在一个图形内涂抹，该区域会被删除，如图 7-86 所示。

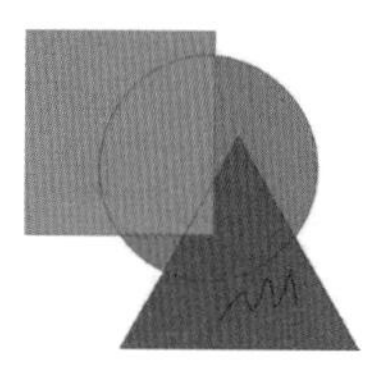

图 7-86

如果在两个或者更多相交区域涂抹，那么相交区域会被删除，如图 7-87 所示。

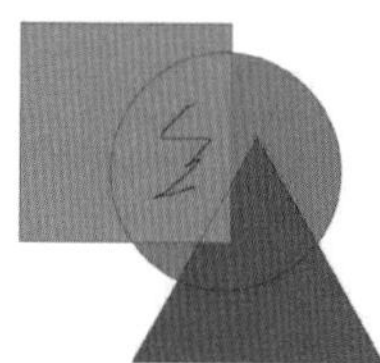

图 7-87

如果涂抹源自顶层图形，从非重叠区域到重叠区域涂抹，此时会删除顶层的图形，如图 7-88 所示。

图 7-88

如果涂抹源自顶层图形，从重叠区域到非重叠区域涂抹，此时会合并图形，合并区域的颜色为顶层图形颜色，如图 7-89 所示。

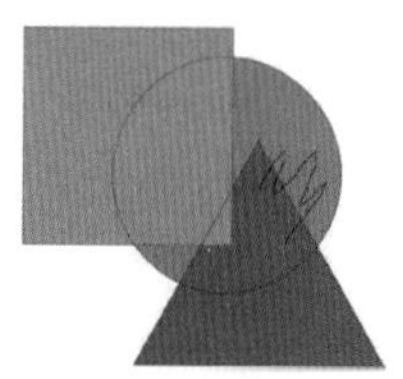

图 7-89

如果涂抹源自底层图形，从非重叠区域到重叠区域涂抹，此时会合并图形，合并区域颜色为底层图形颜色，如图 7-90 所示。

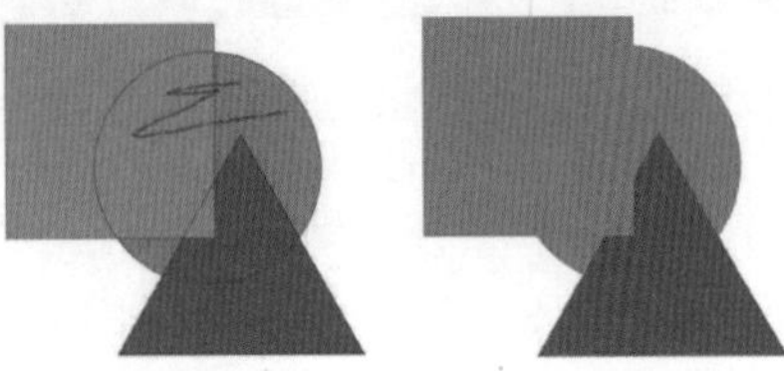

图 7-90

需要注意的是，不仅是使用【Shaper 工具】绘制的图形可以使用【Shaper 工具】合并和删除，使用其他工具绘制的堆叠图形也可以使用【Shaper 工具】进行编辑。

3. 选择 Shaper Group 中的图形

使用【Shaper 工具】合并与删除图形后会生成一个 Shaper Group。使用【Shaper 工具】单击某个 Shaper Group 即可选中该 Shaper Group，如图 7-91 所示，此时会显示出定界框及箭头构件。

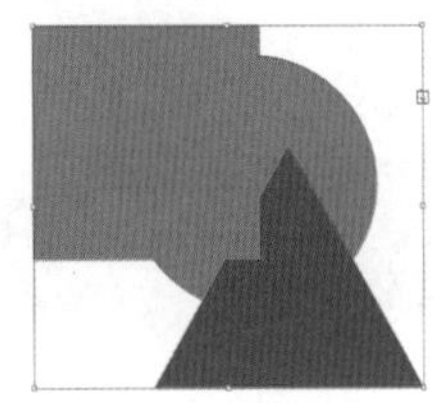

图 7-91

再次单击图形，如图 7-92 所示，会进入表面选择模式。在该模式下，所选图形的表面颜色会变暗，且可以改变图形的填充色，如图 7-93 所示。

图 7-92

图 7-93

单击箭头构件，使其指示方向朝上，如图 7-94 所示，进入构建模式。在该模式下，可以单击选择任何的单独对象，并修改该对象的任何属性或外观，如图 7-95 所示。

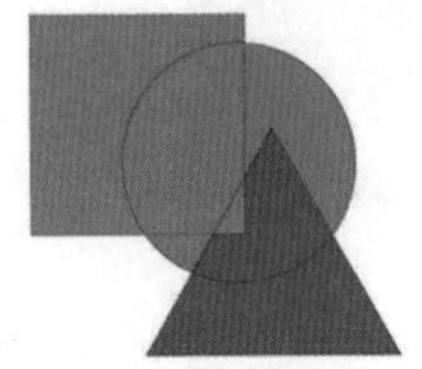

图 7-94

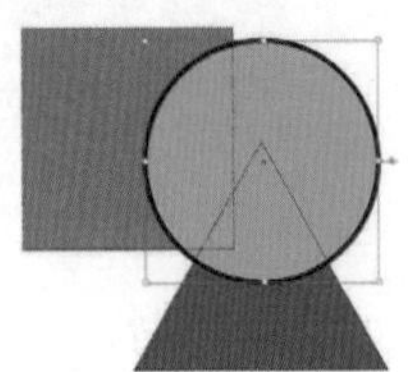

7-95

技术看板

进入表面模式后，双击形状表面或者单击形状描边，也可以进入构建模式。

4. 删除 Shaper Group 中的形状

在构建模式下选择单独的对象后，按【Delete】键或者将其拖动到定界框外，则可以删除 Shaper Group 中的图形。

7.5.2 使用【铅笔工具】绘制与编辑路径

【铅笔工具】可以绘制开放路径和闭合路径，就像使用铅笔在图纸上绘制一样，可以随意绘图。

1. 绘制路径

选择【铅笔工具】后，在画板上拖动即可绘制自由路径，如图 7-96 所示。绘制的路径会采用当前的描边和填色属性，并且默认情况下属于选中状态。

图 7-96

绘制路径时，当鼠标光标回到起始点位置附近，此时鼠标光标会变换为形状，如图 7-97 所示，然后释放鼠标即可绘制闭合路径，如图 7-98 所示。

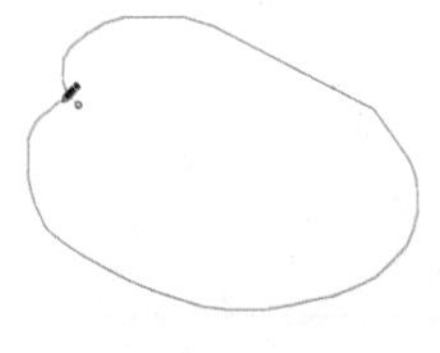

图 7-97

图 7-98

按住【Shift】键，此时鼠标光标会变换为形状，使用【铅笔工具】可以绘制 0°、45° 及 90° 方向的直线。

按住【Alt】键，此时鼠标光标会变换为形状，使用【铅笔工具】可以绘制任意方向的直线段。

2. 延长路径

选择路径，将鼠标光标放在路径的端点上，当鼠标光标中的小 x 形状消失时，如图 7-99 所示，单击并拖曳鼠标可以延长路径，如图 7-100 所示。

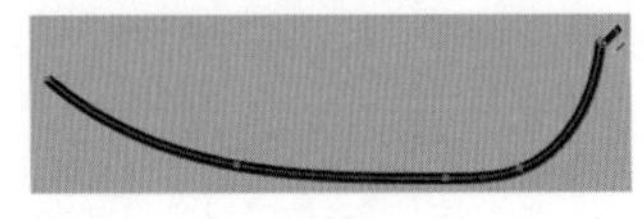

图 7-99

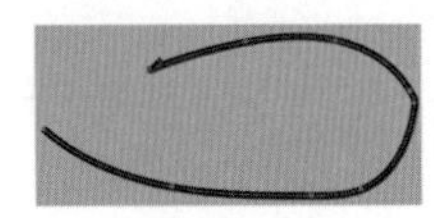

图 7-100

3. 修改路径形状

选择路径，将【铅笔工具】放在路径附近，当鼠标光标中的小 x 形状消失时，如图 7-101 所示，即表示与路径非常接近。此时，拖动鼠标绘制就可以改变路径形状，如图 7-102 所示。

图 7-101

图 7-102

4. 连接路径

选择两条路径，如图 7-103 所示。选择【铅笔工具】，将鼠标光标定位到希望从一条路径开始的地方，如图 7-104 所示，然后拖动鼠标到另一条路径的端点上，释放鼠标即可连接路径，如图 7-105 所示。

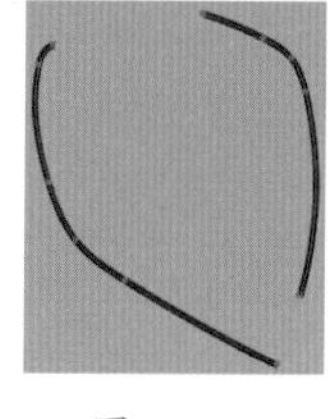

图 7-103

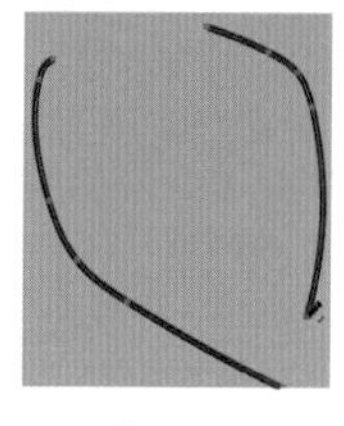

图 7-104

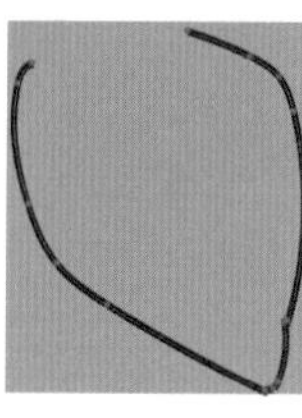

图 7-105

7.5.3 设置【铅笔工具】选项

双击【铅笔工具】，可以打开【铅笔工具选项】对话框，如图 7-106 所示。通过设置该对话框中的选项，可以定义绘图时的锚点数量、路径的长度及复杂程度。对话框中各选项作用如表 7-4 所示。

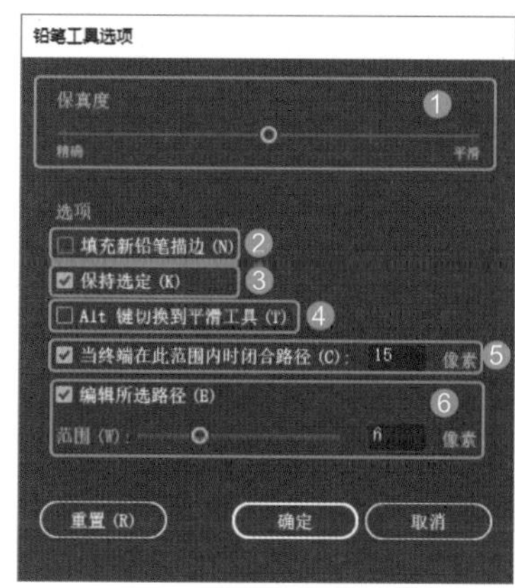

图 7-106

表 7-4 【铅笔工具选项】对话框中各选项作用

选项	作用
❶ 保真度	用于控制【铅笔工具】绘制路径时的平滑度。向右拖动滑块，路径更平滑，锚点更少，绘制的路径会被简化，效果就更简单，如图 7-107 所示为将滑块置于最右端的绘制效果；反之，向左拖动滑块，绘制的路径就更接近于鼠标运行的轨迹，锚点更多，绘制的效果更精确，如图 7-108 所示为将滑块置于最左端的绘制效果 图 7-107 图 7-108
❷ 填充新铅笔描边	选中该复选框，设置好填充色后使用【铅笔工具】绘制路径，此时，绘制的路径会自动填充颜色，如图 7-109 所示 图 7-109
❸ 保持选定	选中该复选框，绘制好路径时，路径自动处于被选中的状态
❹【Alt】键切换到平滑工具	选中该复选框，使用【铅笔工具】绘制路径时，按住【Alt】键会临时切换到平滑工具
❺ 当终端在此范围内时闭合路径	该复选框用于决定绘制路径时鼠标光标必须与起始点距离多近才能生成闭合路径，默认设置是距离 15 像素，可以根据需要更改该数值
❻ 编辑所选路径	选中该复选框可以使用【铅笔工具】编辑路径。选中该复选框，并拖动下方的范围滑块，可以决定鼠标光标与现有路径必须达到多近的距离，才能使用铅笔工具编辑路径

★新功能 7.5.4 连接工具

【连接工具】可以用来修复没有按意愿准确交叉的路径。

1. 裁切路径的重叠部分

如图 7-110 所示，绘制两条交叉的路径，使用【连接工具】涂抹交叉部分路径就可以裁切掉交叉部分多余的路径。

图 7-110

2. 扩展并连接路径

如图 7-111 所示，绘制两条没有相交的路径，再选中这两条路径，使用【连接工具】涂抹两条路径，可以扩展路径，并使两条路径连接起来。

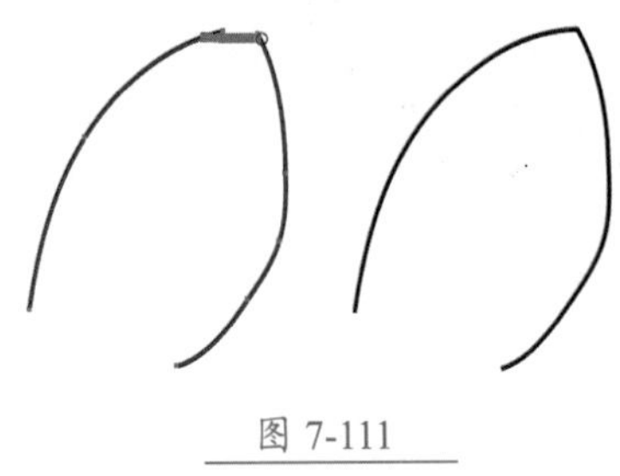

图 7-111

3. 裁切一条路径，扩展另一条路径，然后连接

如图 7-112 所示，绘制两条不相交的路径，再选择这两条路径，如果一条路径较长，一条路径较短，则使用【连接工具】涂抹这两条路径时，会裁切较长的路径，扩展较短的路径，从而连接这两条路径。

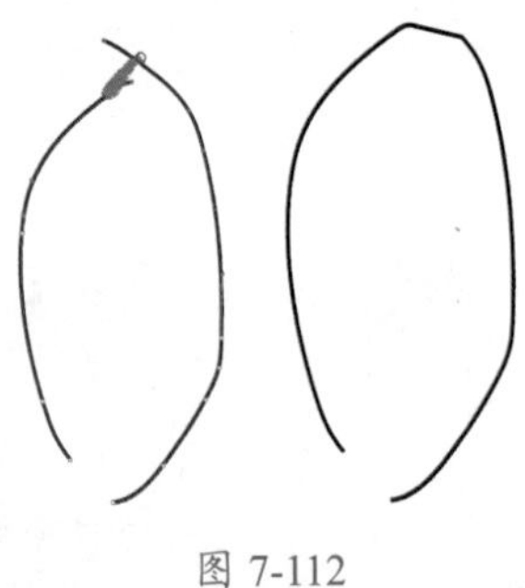

图 7-112

技能拓展
——修改光标的显示状态

使用铅笔、钢笔、画笔等绘图工具时，大部分鼠标光标在画板中有两种显示状态。默认情况下鼠标光标的显示与该工具的图标是一致的。例如，钢笔工具默认显示为，如果按【Caps Lock】键则鼠标光标显示为×。下面为钢笔工具、铅笔工具和画笔工具的鼠标光标显示两种状态时的对比。

钢笔工具：与×。

铅笔工具：与×。

画笔工具：与⊗。

7.6 透视网格

Illustrator CC 提供了透视网格的功能，可以营造三维透视感，从而创建具有真实透视效果的对象。使用【透视网格工具】可在文档中定义或编辑透视空间关系；而使用【透视选区工具】则可以在透视网格中移动、复制、缩放对象，或者在透视网格中添加对象、文本和符号。

7.6.1 认识透视网格

在工具栏中选择【透视网格工具】，画板上会显示出透视网格，如图 7-113 所示，在网格上可以看到各个平面的网格控制，拖动各个控制点则可以移动网格、调整消失点、网格平面、水平高度、网格单元格大小，以及网格范围。

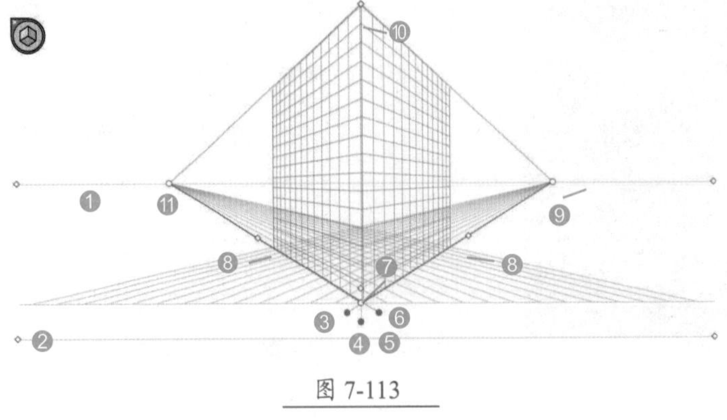

图 7-113

❶ 水平线：拖动水平线控制点可以移动水平线，如图 7-114 所示。

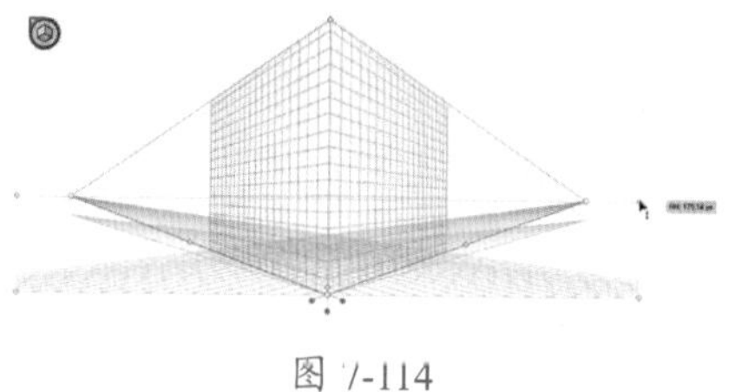

图 7-114

❷ 地平线：拖动地平线控制点可以移动透视网格，如图 7-115 所示。

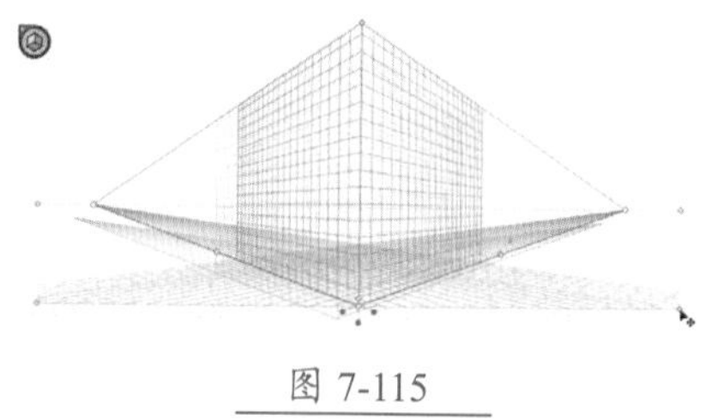

图 7-115

❸ 右侧网格平面控制：拖动该控制点可以移动右侧网格平面，如图 7-116 所示。

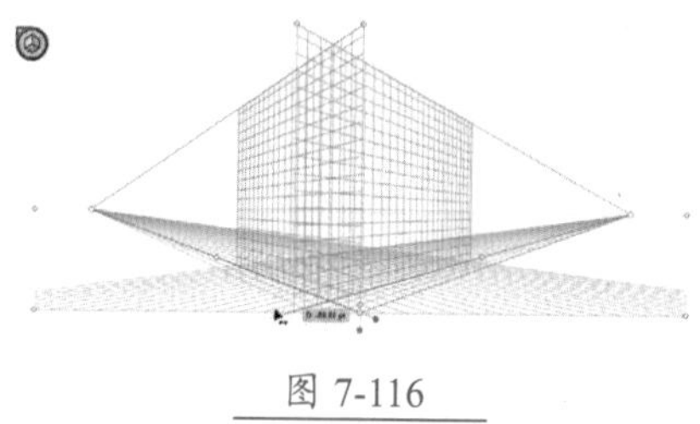

图 7-116

❹ 水平网格平面控制：拖动该控制点可以移动水平网格平面，调整水平高度，如图 7-117 所示。

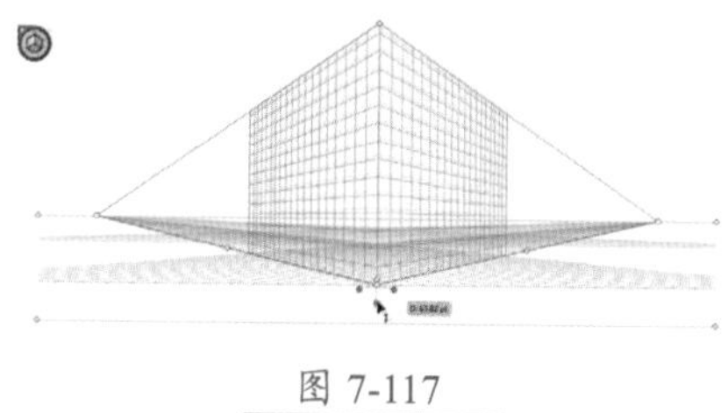

图 7-117

❺ 左侧网格平面控制：拖动该控制点可以移动左侧网格平面。

❻ 原点：拖动该控制点可以改变透视网格原点位置。

❼ 网格单元格大小：拖动该控制点可以调整网格单元格大小，如图 7-118 所示。

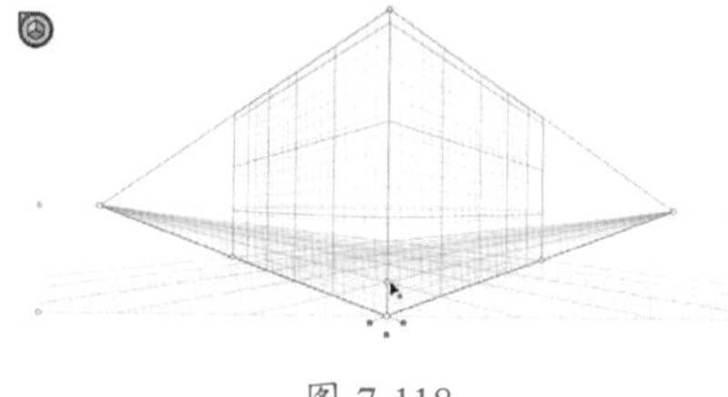

图 7-118

❽ 网格长度：拖动该控制点可以调整网格长度，如图 7-119 所示。

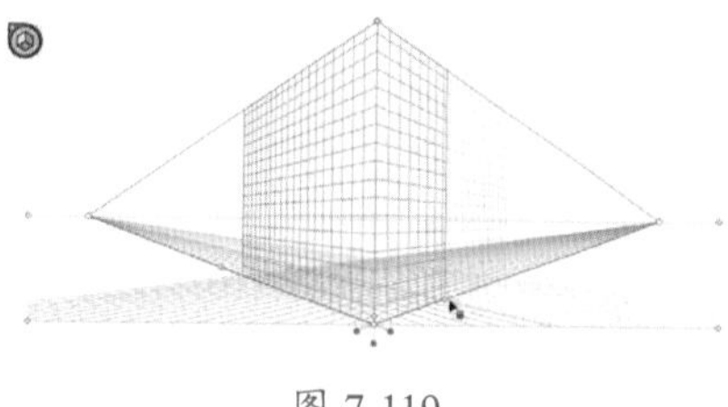

图 7-119

❾ 右侧消失点：拖动该控制点可以调整右侧消失点位置，如图 7-120 所示。

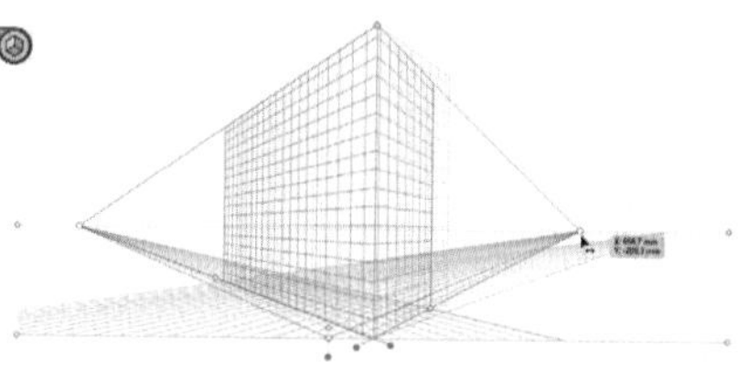

图 7-120

❿ 垂直网格长度：拖动该控制点可以调整透视网格高度，如图 7-121 所示。

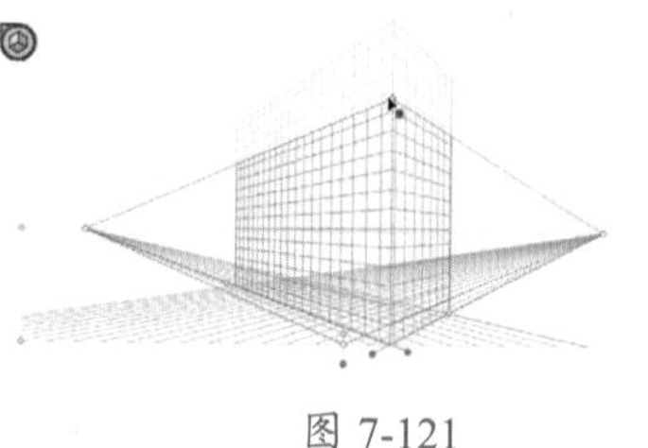

图 7-121

⓫ 左侧消失点：拖动该控制点可以调整左侧消失点位置。

进入透视网格绘图模式后，在画面左上角会显示一个平面构件，如图 7-122 所示，其中分别为左侧网格、水平网格、右侧网格及无现用网格。单击平面切换控件中的平面，可在相应的网格平面中绘制对象。

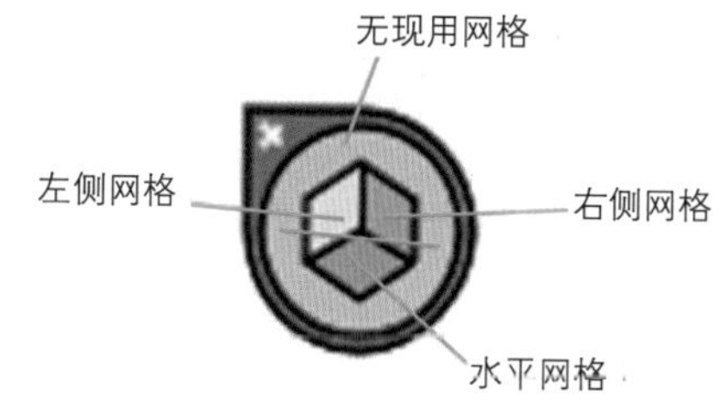

图 7-122

默认情况下，选择【透视网格工具】后会启用两点透视网格。执行【视图】→【透视网格】命令，在扩展菜单中可以选择一点、两点和三点透视网格，各透视网格效果如图 7-123 所示。

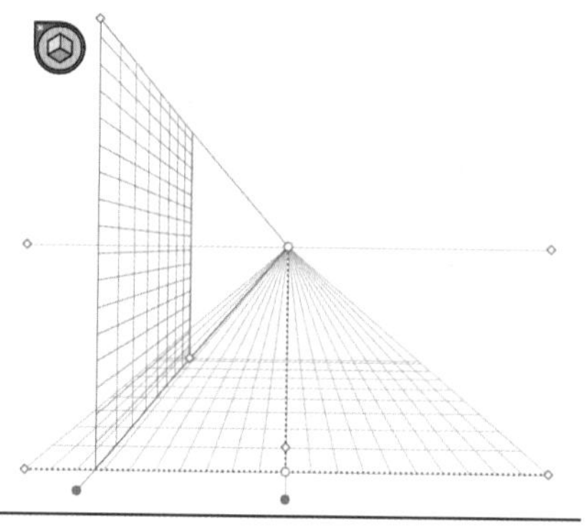

一点透视网格

两点透视网格

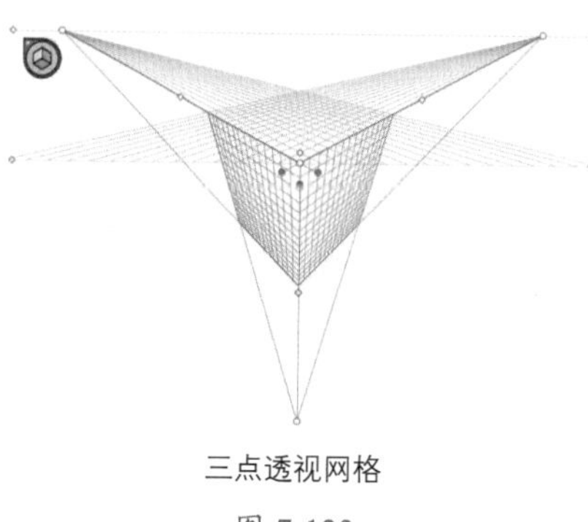

三点透视网格

图 7-123

技能拓展——关闭透视网格

启用透视网格后，再选择其他工具并不会自动退出透视网格绘图模式。这时如果想要关闭透视网格，单击【切换平面构件】左上角的【×】，即可关闭透视网格并退出透视网格绘图模式。

★重点 7.6.2 在透视网格中绘制对象

在工具栏中选择【透视网格工具】，启用透视网格后，在平面切换构件中单击【左侧网格平面】图标，如图 7-124 所示。

图 7-124

使用【矩形工具】在画板上拖曳鼠标绘制形状，此时所绘制的对象会自动沿着左侧网格透视进行变形，如图 7-125 所示。

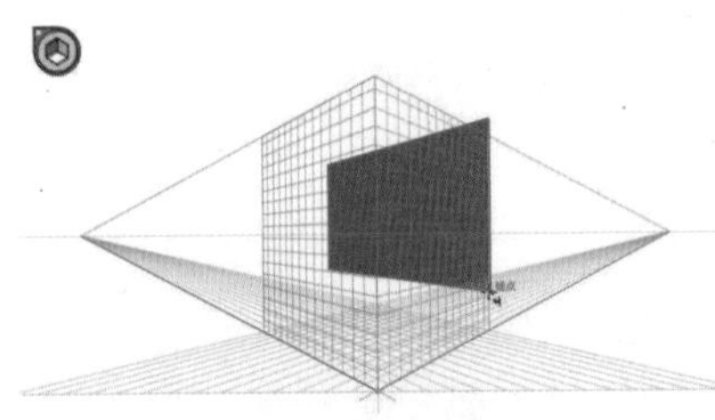

图 7-125

★重点 7.6.3 实战：在透视网格中加入对象

使用【透视选区工具】可以将已有的图像加入透视网格中，使其具有透视效果。在透视网格中加入星形对象，具体操作步骤如下。

Step01 使用【星形工具】绘制一个星形对象，如图 7-126 所示。

图 7-126

Step02 选择【透视网格工具】，启用透视网格，按数字键盘中的【3】键，切换到右侧网格，如图 7-127 所示。

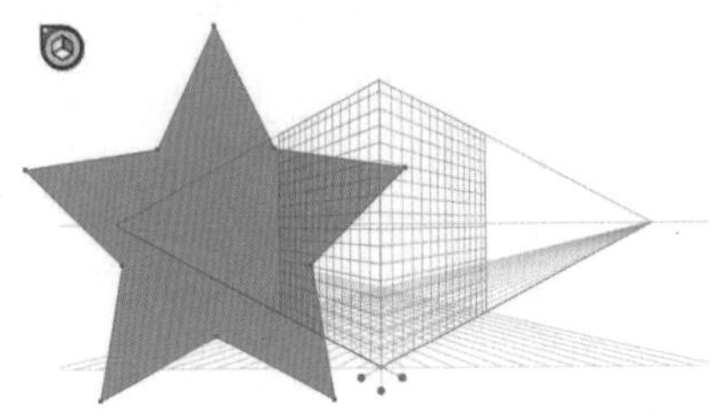

图 7-127

Step03 选择【透视选区工具】，拖曳星形对象，此时对象会沿着右侧网格进行透视变换，如图 7-128 所示。

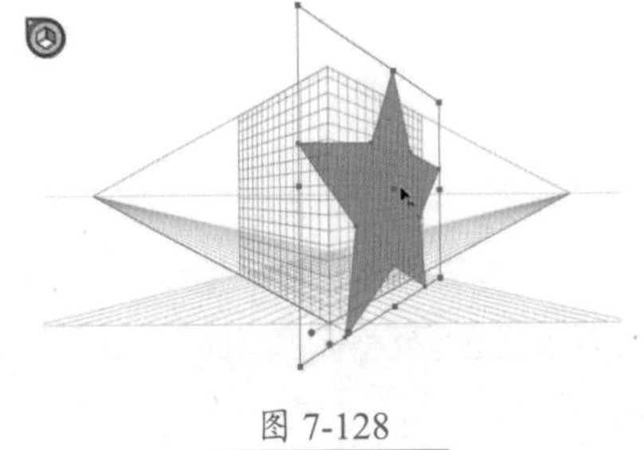

图 7-128

7.6.4 在透视中变换对象

在透视网格中绘制对象后，使用【透视选区工具】可以移动、缩放和复制对象。

使用【透视选区工具】选择对象后，四周会出现定界框和控制点，如图 7-129 所示。拖动星形对象即可移动对象，并且移动时会自动根据对象移动的位置调整透视效果，如图 7-130 所示。

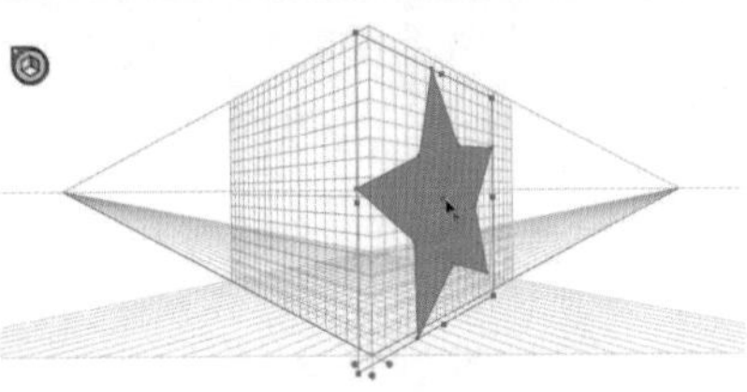

图 7-129

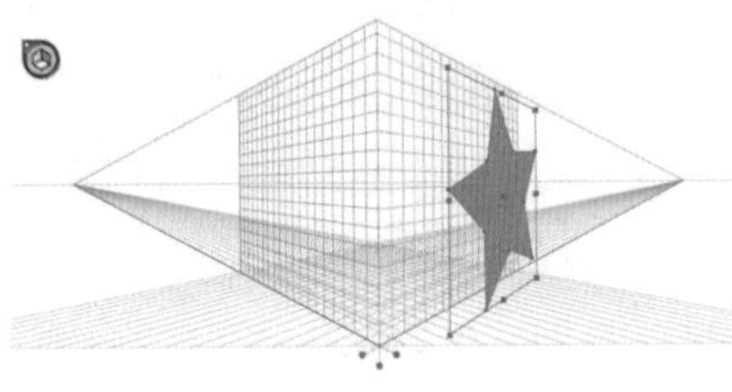

图 7-130

按住【Alt】键的同时移动对象则可以复制对象，如图 7-131 所示。

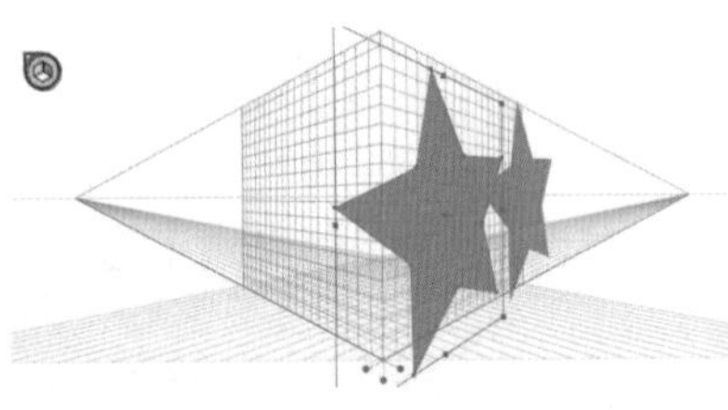

图 7-131

将鼠标光标放在定界框控制点上，鼠标光标变换为形状时，再拖动鼠标即可缩放形状，如图 7-132 所示。如果按住【Shift】键则可以等比例缩放图像。

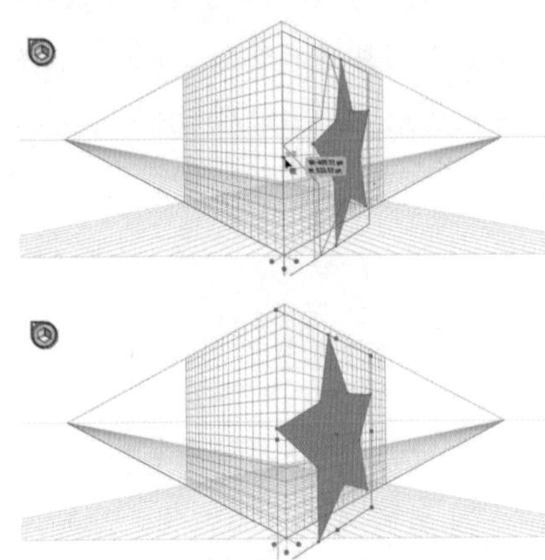

图 7-132

7.6.5 在透视网格中添加文字和符号

启用透视网格后，并不能直接在透视平面中创建文字和符号，如图 7-133 所示。

如果要将这些文字和符号添加到透视平面，使其具有透视效果。那么使用【透视选区工具】将其拖曳到透视平面上即可，如图 7-134 所示。

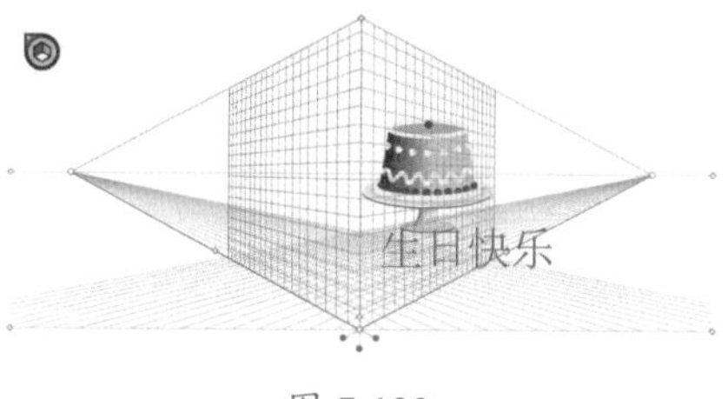

图 7-133

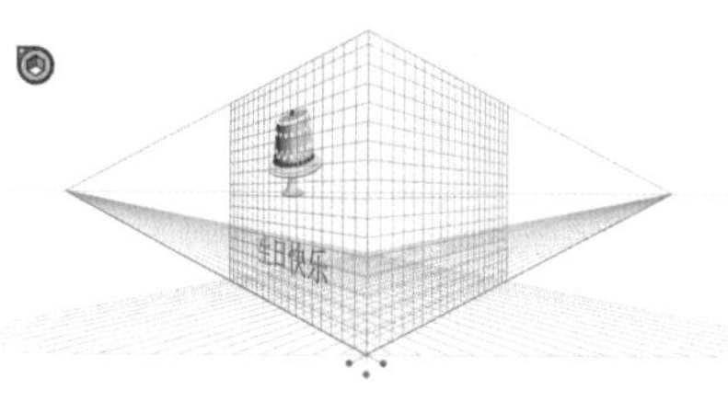

图 7-134

默认情况下，透视网格中的文字不能更改颜色、大小、内容等文字属性。执行【对象】→【透视】→【编辑文本】命令，或者选择文本后双击，会进入隔离图层模式，并自动切换到文字工具，选中文字，如图 7-135 所示。

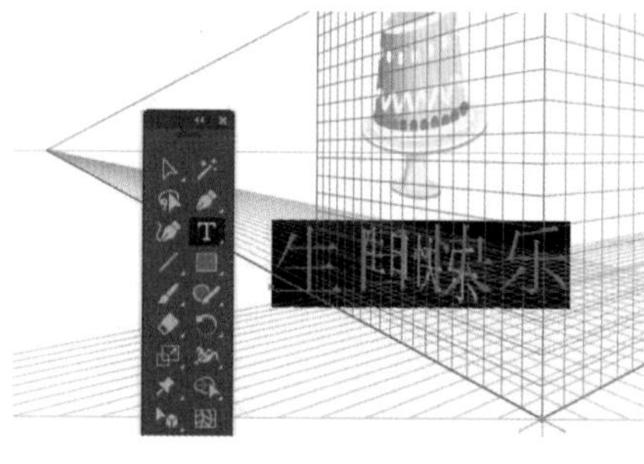

图 7-135

此时再通过【属性】面板或者控制栏更改文字属性，退出隔离模式即可，如图 7-136 所示。

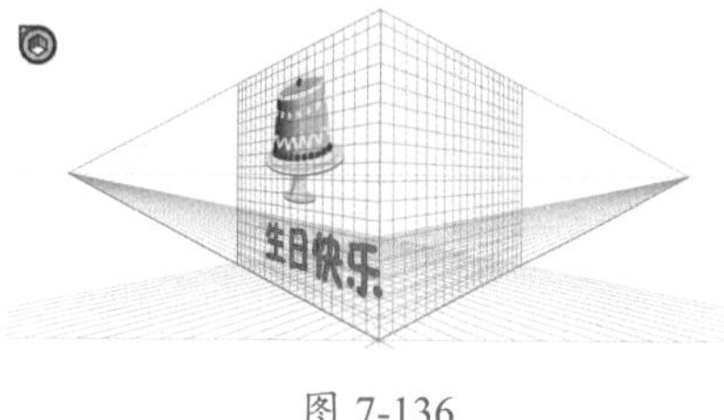

图 7-136

7.6.6 释放透视对象

选择透视平面中的对象后，执行【对象】→【透视】→【通过透视释放】命令，可以将所选对象从相关透视平面中释放，此时透视效果将被去除，并可作为正常图稿使用。

7.6.7 定义透视网格预设

执行【视图】→【透视网格】→【定义网格】命令，打开【定义透视网格】对话框，如图 7-137 所示。设置该对话框中的选项，可以修改网格设置，如进入透视网格绘制模式的默认透视网格样式、网格线间隔、网格颜色及视角等。各选项作用如表 7-5 所示。

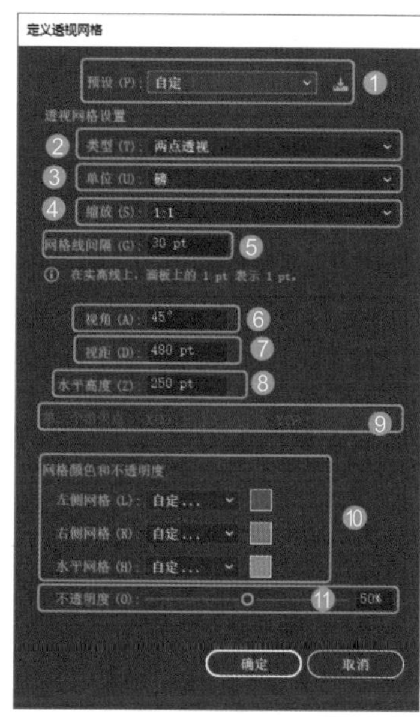

图 7-137

表 7-5 【定义透视网格】对话框中各选项作用

选项	作用
❶ 预设	单击下拉按钮，在下拉列表中可以选择预设的透视网格类型：一点透视网格、两点透视网格、三点透视网格。修改网格设置后，单击右侧的按钮，可将更改存储为新预设
❷ 类型	用于设置进入透视网格绘图模式后默认显示的网格类型，包括一点透视网格、两点透视网格和三点透视网格
❸ 单位	可以选择测量网格大小的单位，包括厘米、英寸、像素和磅
❹ 缩放	用于设置查看的网格比例，也可以自定义设置画板与实际的度量比例。在下拉列表中选择【自定】选项，然后在打开的【自定缩放】对话框中设置缩放比例即可
❺ 网格线间隔	用于设置网格单元格的大小
❻ 视角	用于设置左侧消失点和右侧消失点的位置。视角为 45° 表示两个消失点与观察者视线的距离相等。如果视角大于 45°，则右侧消失点离视线近，左侧消失点离视线远，反之亦然，效果如图 7-138 所示 视角为 30° 视角为 60° 图 7-138
❼ 视距	观察者与场景之间的距离
❽ 水平高度	可以为预设指定水平高度（观察者的视线高度）
❾ 第三个消失点	选择三点透视时会启用该选项。此时可在【X】和【Y】文本框中为预设指定 X 和 Y 坐标
❿ 网格颜色	用于设置左侧、右侧和水平网格颜色。单击右侧的颜色块，在打开的【颜色】对话框中可以设置自定义颜色
⓫ 不透明度	用于设置网格的不透明度。当不透明度为 0 时，将看不到网格

7.7 描摹图像

图像描摹可以将 JPEG、PNG、PSD 等栅格图像文件转换为矢量图稿。利用该功能可以将纸上绘制的铅笔素描图像转换为矢量图稿。

7.7.1 实战：描摹图像

描摹图像的具体操作步骤如下。

Step01 打开“素材文件\第 7 章\女模特 .jpg”文件，如图 7-139 所示。

Step02 使用【选择工具】单击选择图像，如图 7-140 所示。

图 7-139

图 7-140

Step03 执行【对象】→【图像描摹】→【建立】命令，打开提示对话框，如图 7-141 所示。

Step04 单击【确定】按钮，Illustrator CC 将使用默认参数对图像进行描摹，使其转换为黑白图像，如图 7-142 所示。

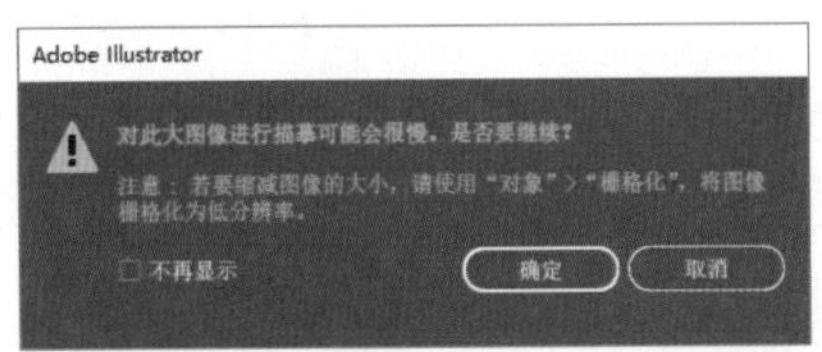

图 7-141

图 7-142

技术看板

选择图像后，单击控制栏或者【属性】面板中的【图像描摹】选项也可使用默认参数对图像进行描摹。

7.7.2 【图像描摹】面板

完成图像描摹后，还可以打开【图像描摹】面板调整描摹结果。执行【窗口】→【图像描摹】命令，或者单击控制栏和【属性】面板中的按钮，即可打开【图像描摹】面板，如图 7-143 所示。然后单击【预设】选项的按钮，在下拉列表中选择其他的描摹样式，即可修改描摹结果，如图 7-144 所示。

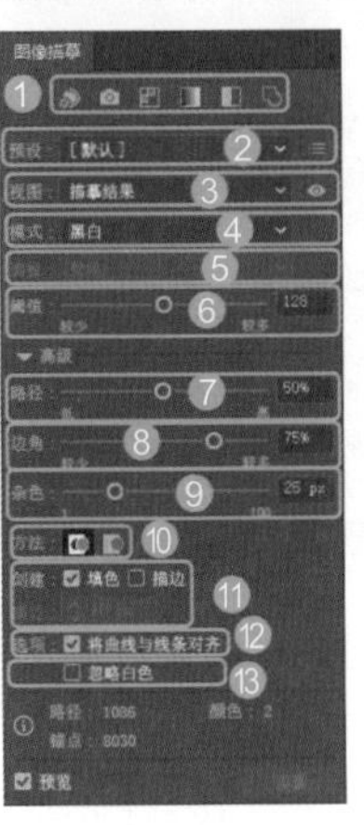

图 7-143

图 7-144

【图像描摹】面板中各选项作用如表 7-6 所示。

表 7-6 【图像描摹】面板中各选项作用

选项	作用
① 快捷按钮	这一排按钮是根据工作流命名的，分别是【自动着色】、【高色】、【低色】、【灰度】、【黑白】和【轮廓】。单击某个按钮即可设置实现相关描摹结果所需的全部变量
② 预设	用于指定一个描摹预设，包括【默认】、【简单描摹】、【6 色】和【16 色】等。单击该选项右侧的【管理预设】按钮，可以将当前设置保存为新预设，也可删除或重命名现有预设
③ 视图	指定描摹对象的视图。可以选择查看描摹结果、源图像、轮廓及其他选项。单击该选项右侧的按钮，可以切换到源图像
④ 模式	指定描摹结果的颜色模式。可以选择【彩色】、【灰度】和【黑白】3 种模式
⑤ 调板	指定用于从原始图像生成颜色或灰度描摹的调板（仅在【模式】设置为【色彩】或【灰度】时可用），包括【自动】、【受限】、【全色调】和【文档库】
⑥ 阈值	指定在颜色描摹中使用的颜色数。该选项仅在【模式】设置为【色彩】时可用。如果【模式】设置为【灰度】，则可指定灰度数；如果【模式】设置为【黑白】，则可指定一个阈值

续表

选项	作用
⑦ 路径	控制描摹形状和原始像素形状间的差异。设置较小的值时，会创建较紧密的路径拟合；设置较大的值时，会创建较疏松的路径拟合
⑧ 边角	指定边角上的强调点，以及锐利弯曲变为角点的可能性。值越大则角点越多
⑨ 杂色	指定描摹时忽略的区域（以像素为单位）。值越大则杂色越少
⑩ 方法	指定一种描摹方法。单击【邻接】按钮，可以创建木刻路径；单击【重叠】按钮，可以创建堆积路径
⑪ 创建	选中【填色】复选框，可在描摹结果中创建填色区域；选中【描边】复选框，可在描摹结果中创建描边路径，而在下方的【描边】选项中可以设置描边宽度值
⑫ 将曲线与线条对齐	指定略弯曲的曲线是否被替换为直线
⑬ 忽略白色	指定白色填充区域是否被替换为无填充

7.7.3 将描摹对象转换为矢量图形

完成图像描摹后并不会自动转换为矢量图形，还需执行【对象】→【图像描摹】→【扩展】命令，或者单击控制栏或【属性】面板中的【扩展】按钮，才能将描摹对象转换为路径，如图 7-145 所示。转换为路径之后便可像处理其他矢量图稿那样对对象进行编辑。

图 7-145

7.8 擦除与分割对象

通过擦除对象可以删除多余的对象，而通过分割对象则可以将对象切割为不同的部分、形状以及网格，下面就详细介绍擦除与分割对象的操作方法。

★重点 7.8.1 擦除图稿

Illustrator CC 中使用【路径橡皮擦工具】和【橡皮擦工具】都可以擦除对象。

1. 路径橡皮擦工具

【路径橡皮擦工具】在铅笔工具组中，可以擦除路径上的部分区域，使路径断开。选择需要修改的对象，使用【路径橡皮擦工具】沿着要擦除的路径拖动鼠标光标，如图 7-146 所示；释放鼠标即可擦除部分路径，如图 7-147 所示。

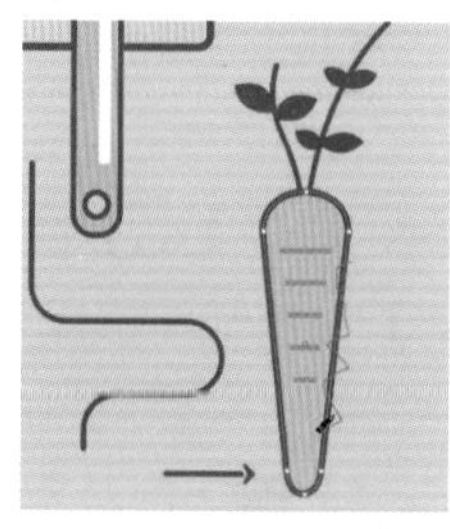

图 7-146

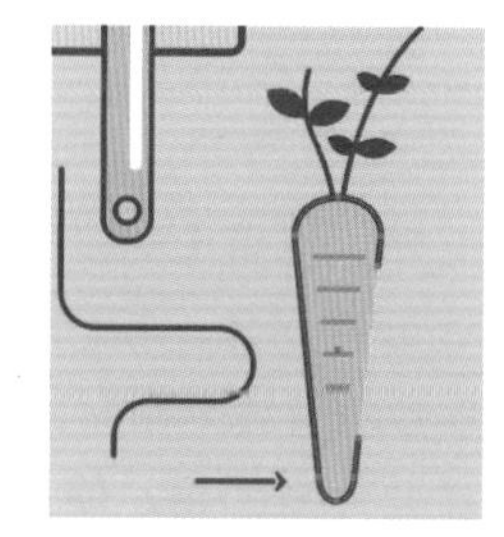

图 7-147

2. 橡皮擦工具

【橡皮擦工具】可以擦除对象的路径和填充。

选择【橡皮擦工具】后，在不选择任何对象的情况下，在画板上拖动鼠标光标，如图 7-148 所示；释放鼠标即可擦除鼠标光标移动范围内的所有路径和填色，如图 7-149 所示。在擦除后会自动在路径的末尾生成一个新的节点，形成闭合路径。

图 7-148

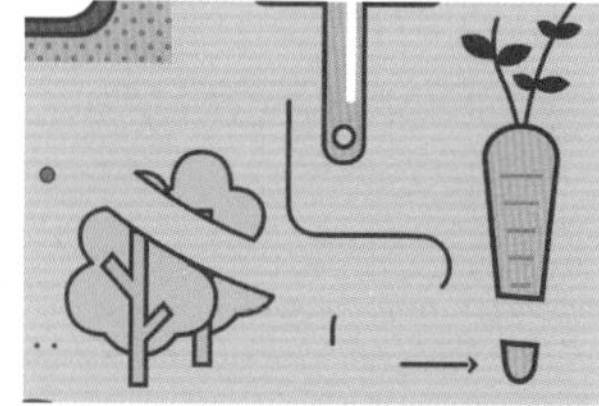

图 7-149

技术看板

使用【橡皮擦工具】时，按【[】键可以缩小橡皮擦，按【]】键可以放大橡皮擦。

如果事先选择了需要擦除的对象，再使用【橡皮擦工具】在画板上涂抹，如图 7-150 所示，那么此时只会擦除鼠标光标移动范围内被选择对象的部分区域，如图 7-151 所示。

图 7-150

图 7-151

此外，使用【橡皮擦工具】时，按住【Shift】键可以沿 45° 角的倍数进行擦除；而按住【Alt】键则可以以矩形的方式擦除图像。

技能拓展——【路径橡皮擦工具】与【橡皮擦工具】的区别

【路径橡皮擦工具】和【橡皮擦工具】都可以擦除对象。但是【路径橡皮擦工具】只能擦除图形中的部分路径，而【橡皮擦工具】还可以擦除图形中的填充及其他内容。

需要注意的是，【橡皮擦工具】和【路径橡皮擦工具】均不能擦除文本对象和网格对象。

★重点 7.8.2 剪刀工具

【剪刀工具】可以切断路径，将图形分割为几个部分，且分割出的路径或者图形拥有单独的填充和描边，可以分别进行移动和编辑。

在工具栏橡皮擦工具组中选择【剪刀工具】，然后在路径上单击，如图 7-152 所示。此时使用【选择工具】移动路径，可看到该路径被分割成两条路径，如图 7-153 所示。

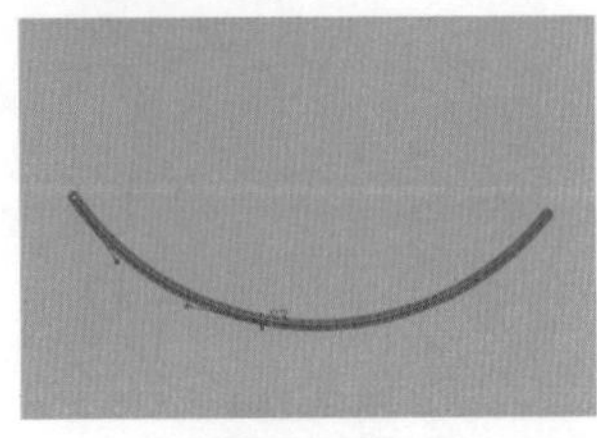
图 7-152

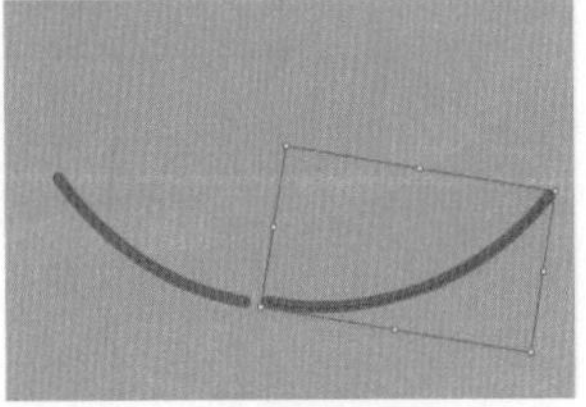
图 7-153

选择一个图形对象后，使用【剪刀工具】在路径或者锚点上单击，如图 7-154 所示，路径会自动断开。接着在另一个位置单击，也会产生断开的锚点，如图 7-155 所示，图形被分割为两个部分。

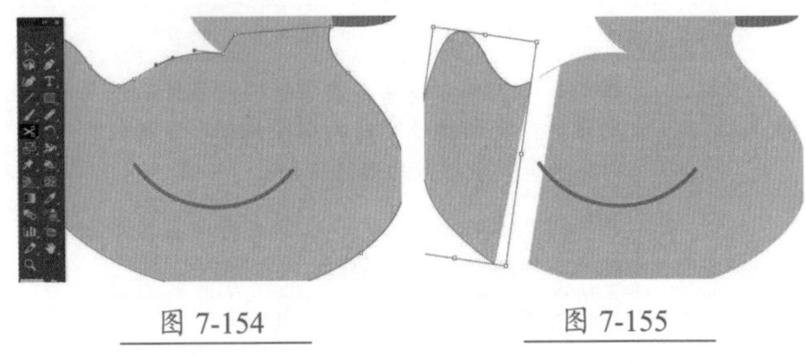
图 7-154　　图 7-155

7.8.3 刻刀工具

【刻刀工具】可以通过绘制的自由路径切割对象，并且分割的各个部分可以作为独立的对象分别进行移动和编辑。

在工具栏橡皮擦工具组中选择【刻刀工具】，然后在图形上拖动鼠标光标绘制路径，如图 7-156 所示；此时会将鼠标光标移动范围内的所有对象分割，如图 7-157 所示，对象被分割成两个部分。

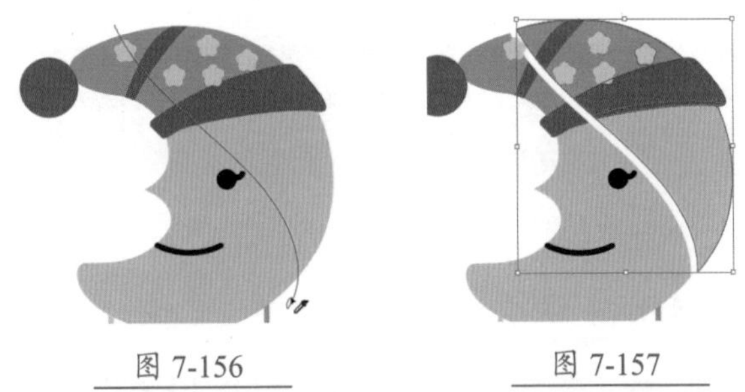
图 7-156　　图 7-157

如果选择某个对象之后，再使用【刻刀工具】分割对象，如图 7-158 所示；此时只有选中的对象会被分割为两个部分，如图 7-159 所示。

图 7-158　　图 7-159

此外，使用【刻刀工具】时，按住【Alt】键能够以直线分割对象；按住【Shift+Alt】快捷键能够以 45° 角的倍数的直线分割对象。

需要注意的是，使用【刻刀工具】切割对象时，如果对象有描边效果，那么【刻刀工具】绘制的路径会自动添加与对象一样的描边效果，如图 7-160 所示。

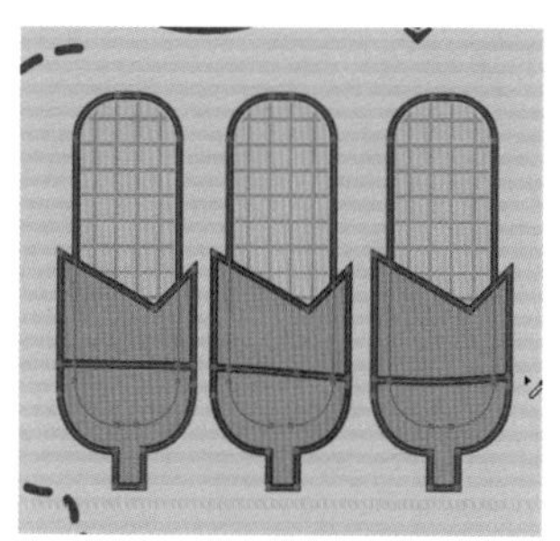

图 7-160

7.8.4 使用菜单命令分割对象

使用菜单命令可以分割对象或者将对象分割为网格。

1. 分割下方对象

【分割下方对象】命令可以使用选定的对象来切割其他的对象，通常可以用来将对象切割成不同的形状。该命令与【刻刀工具】产生的效果相同，但操作起来更加方便。具体操作步骤如下。

Step 01 选择用作切割器的对象，并将其放置在与要剪切的对象重叠的位置，如图 7-161 所示。

Step 02 执行【对象】→【路径】→【分割下方对象】命令，如图 7-162 所示。

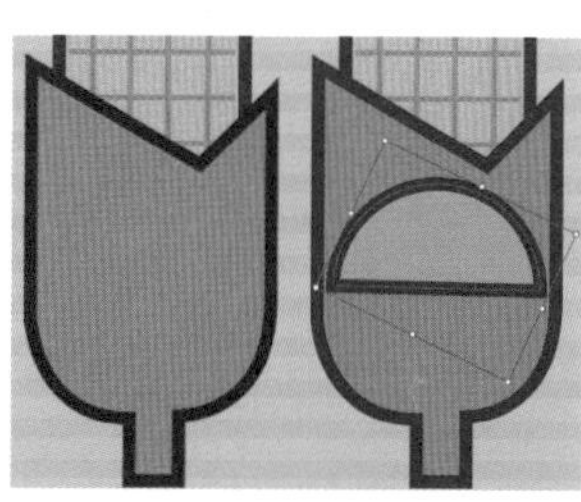

图 7-161

图 7-162

Step 03 使用【编组选择工具】将图形移开，如图 7-163 所示，可发现下方的对象被切割出了一个半圆的形状。

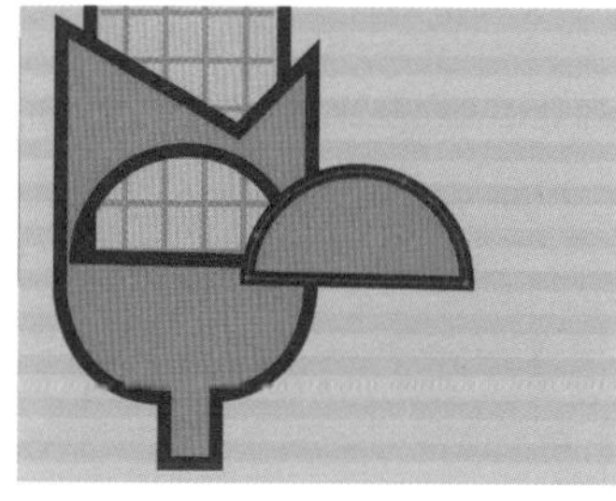

图 7-163

2. 分割为网格

【分割为网格】命令可以将对象分割为矩形网格，并且在进行分割时可以精确设置行 / 列之间的宽度、高度和间距大小。具体操作步骤如下。

Step 01 选择要分割的对象，如图 7-164 所示。

Step 02 执行【对象】→【路径】→【分割为网格】命令，打开【分割为网格】对话框，如图 7-165 所示，设置行 / 列选项组中的主要选项，作用如表 7-7 所示。

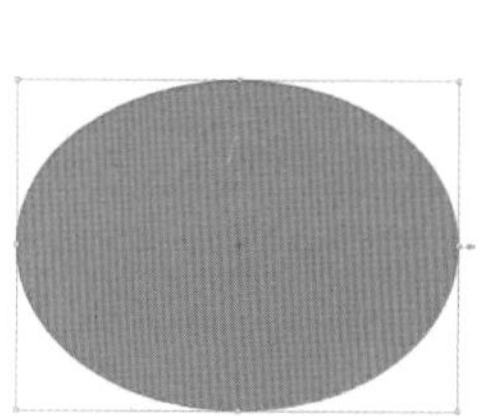

图 7-164

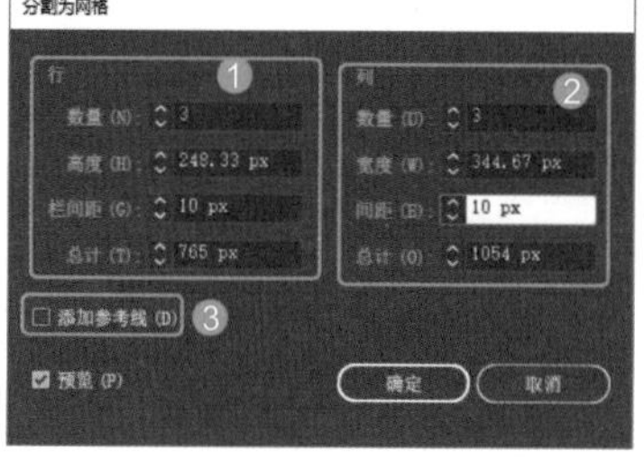

图 7-165

表 7-7 【分割为网格】对话框中主要选项作用

选项	作用
❶ 行	在【数量】数值框内可以设置行数，【高度】选项用于设置行高，【栏间距】选项用于设置行与行之间的距离。设置【高度】时，【栏间距】也会随之改变。【总计】选项用于设置矩形的总高度，增大该值时，【高度】值也会随之增大，但【栏间距】不会发生改变
❷ 列	在【数量】数值框内可以设置列数，【宽度】选项用于设置列宽，【间距】选项用于设置列与列之间的距离。设置【宽度】时，【间距】也会随之改变。【总计】选项用于设置矩形的总宽度，增大该值时，【宽度】值也会随之增大，但【间距】不会发生改变
❸ 添加参考线	选中该复选框，会沿着行 / 列边缘创建参考线

Step 03 单击【确定】按钮，即可将所选对象分割为矩形网格，如图 7-166 所示。如果选择多个对象，则分割的矩形网格将会使用最上方对象的外观属性。

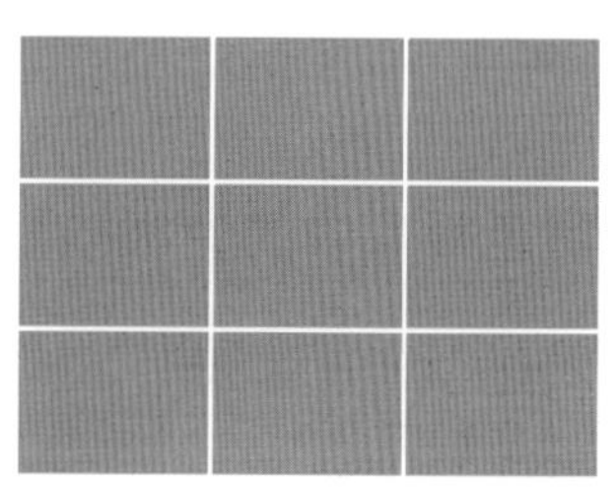

图 7-166

妙招技法

通过前面内容的学习，相信大家已经了解了 Illustrator CC 中复杂图形的绘制方法，下面就结合本章内容介绍一些使用技巧。

技巧 01　如何将路径转换为图形对象

通常情况下，路径只能添加描边，不能进行填色。而利用轮廓化描边功能可以将路径转换为具有填充功能的图形。如图 7-167 所示，先选择描边图形，再执行【对象】→【路径】→【轮廓化描边】命令，如图 7-168 所示，此时会添加两条新的路径。

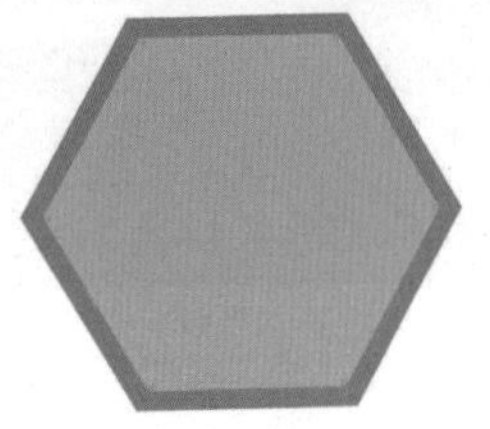

图 7-167

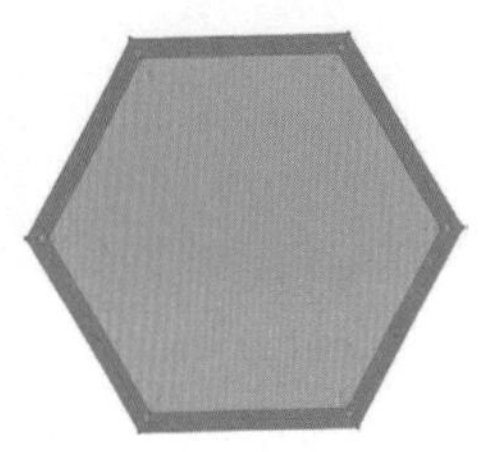

图 7-168

轮廓化描边之后，其实是将原来的一个图形分割成了两个单独的图形。使用【编组选择工具】可以选择并移动图形，如图 7-169 所示。

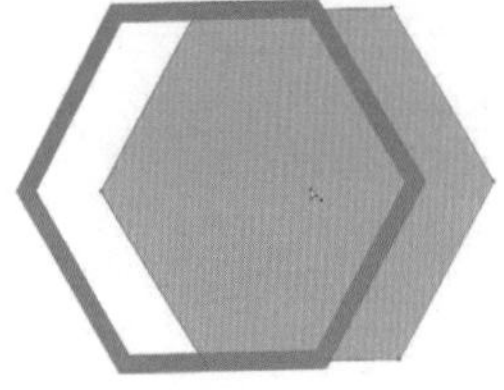

图 7-169

既然作为单独的图形，那么就可以分别为这两个图形添加新的描边，如图 7-170 所示。也可以使用【直接选择工具】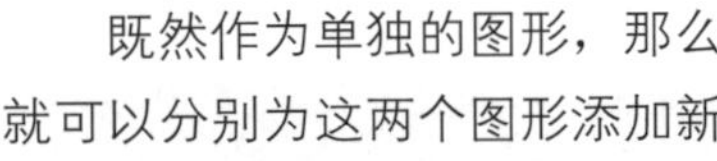为每个锚点设置圆角效果，如图 7-171 所示。

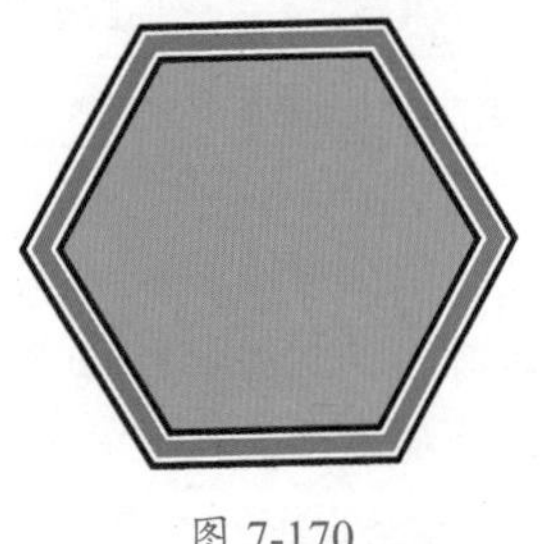

图 7-170

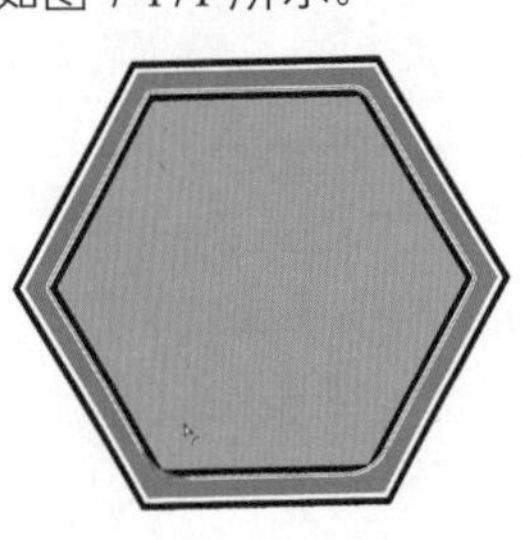

图 7-171

技巧 02　使用色板库中的色板描摹对象

描摹对象时可以使用色板库中的颜色组对对象进行上色，具体操作步骤如下。

Step01 打开"素材文件\第 7 章\草堆.jpg"文件，如图 7-172 所示。

Step02 执行【窗口】→【色板】命令，打开【色板】面板。单击左下角的【"色板库"菜单】按钮，在弹出的下拉菜单中选择【艺术史】→【巴洛克风格】命令，打开【巴洛克风格】色板库，如图 7-173 所示。

图 7-172

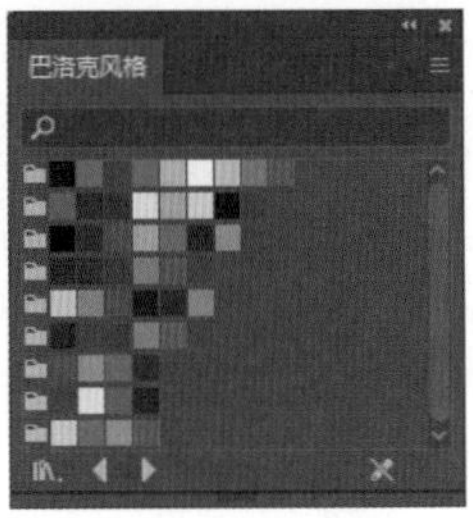

图 7-173

Step03 使用【选择工具】单击选择图像，执行【窗口】→【图像描摹】命令，打开【图像描摹】对话框，如图 7-174 所示，设置【模式】为彩色，【调板】为巴洛克风格，再单击【颜色】下拉按钮，选择一组协调颜色。

Step04 单击【描摹】按钮描摹图像，效果如图 7-175 所示。

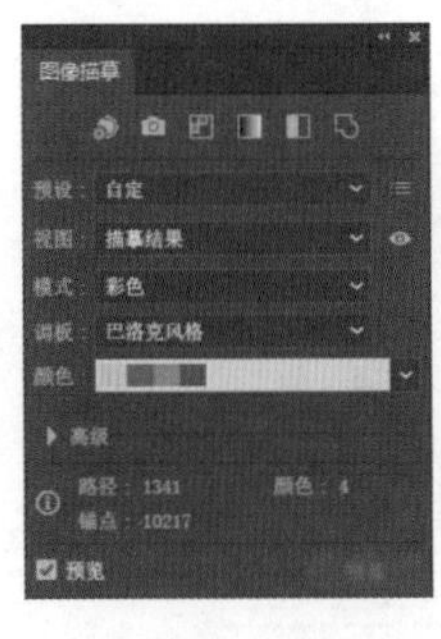

图 7-174

图 7-175

技巧 03　如何清理路径

在创作过程中，如果操作不当，可能会在画板中留下多余的游离点和路径，如图 7-176 所示。如果选择这些路径后再逐一进行清理会非常麻烦，这时可以框选所有的对象，再执行【对象】→【路径】→【清理】命令，会打开【清理】对话框，如图 7-177 所示，单击【确定】按钮，即可清理所有多余的路径和游离点。

图 7-176

图 7-177

技巧 04 如何取消橡皮筋预览

在 Illustrator CC 中使用【钢笔工具】和【曲率工具】绘制路径时，默认情况下都会显示出橡皮筋预览，如图 7-178 所示。如果不希望显示橡皮筋预览，打开【首选项】对话框，切换到【选择和锚点显示】选项卡，在【为以下对象启用橡皮筋】栏中取消选中【钢笔工具】和【曲率工具】复选框，如图 7-179 所示，单击【确定】按钮即可取消【钢笔工具】和【曲率工具】的橡皮筋预览。

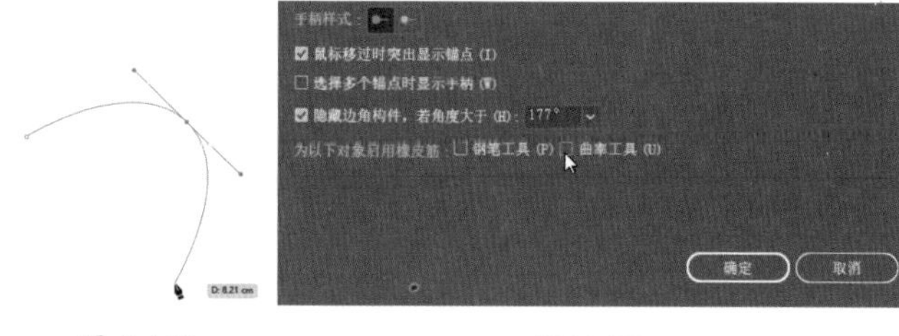

图 7-178 图 7-179

同步练习：绘制切开的西瓜

本例先使用【曲率工具】和【偏移路径】命令绘制西瓜的轮廓；然后使用【剪刀工具】剪切路径并删除多余的对象，再使用【椭圆工具】绘制椭圆图形，并复制图形，制作西瓜籽的效果；最后添加阴影效果就可以完成切开的西瓜的绘制，效果如图 7-180 所示。

图 7-180

素材文件	无
结果文件	结果文件 \ 第 7 章 \ 西瓜 .ai

Step 01 新建一个横向的 A4 文档。选择工具栏中的【曲率工具】，在画板上单击确定起点，然后在另一处双击创建角点，如图 7-181 所示，绘制直线。

Step 02 在下方单击创建平滑点，绘制曲线，如图 7-182 所示。

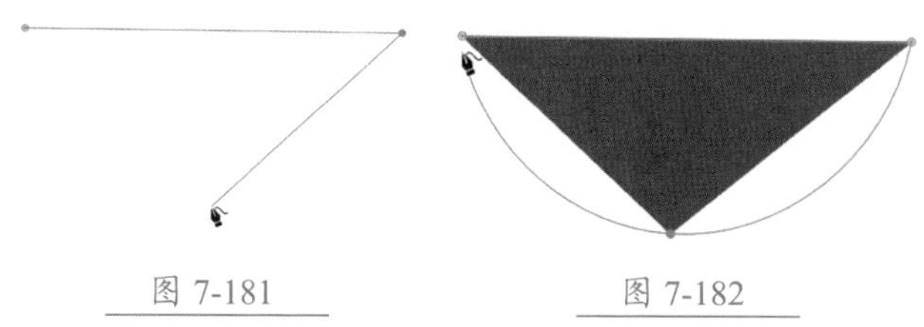
图 7-181 图 7-182

Step 03 回到起始点的位置单击鼠标，创建闭合曲线。然后双击工具栏中的【填色】按钮，在打开的【拾色器】对话框中设置填充色为红色（#e84138），效果如图 7-183 所示。

Step 04 保持对象的选中状态，执行【对象】→【路径】→【偏移路径】命令，在打开的【偏移路径】对话框中设置【位移】为 2mm，如图 7-184 所示。

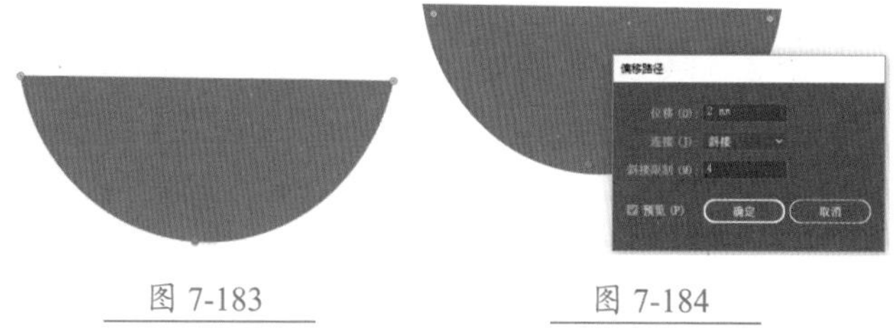

图 7-183 图 7-184

Step 05 使用【选择工具】选择下方的对象，再次执行【对象】→【路径】→【偏移路径】命令，在打开的【偏移路径】对话框中设置【位移】为 2mm，如图 7-185 所示。

Step 06 使用【选择工具】单击选择中间的对象，设置填充色为白色，如图 7-186 所示。

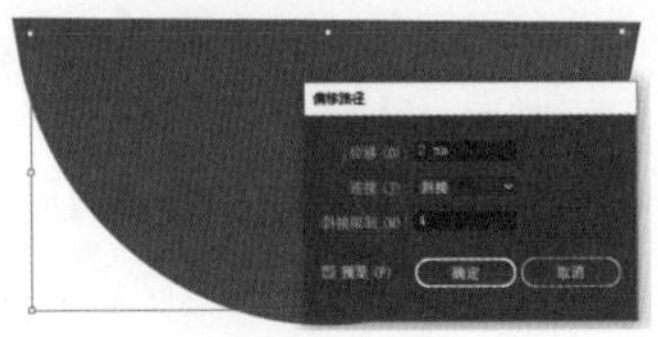
图 7-185

图 7-186

Step07 单击选择下方的对象，并设置填充色为绿色，如图 7-187 所示。

Step08 按【Ctrl+R】快捷键显示出标尺，并拖出一条横向的参考线，放在红色对象上并与之对齐，如图 7-188 所示。

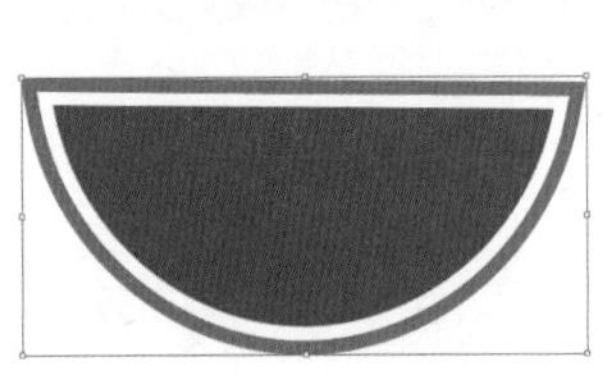
图 7-187

图 7-188

Step09 选择工具栏中的【剪刀工具】，移动鼠标光标到左侧，单击外侧图形与参考线相交的点，切断路径，如图 7-189 所示。

Step10 移动鼠标光标到右侧，单击外侧图形与参考线相交的点，切断路径，如图 7-190 所示。

图 7-189

图 7-190

Step11 使用【选择工具】单击选择上方被切割的图形部分，如图 7-191 所示。

Step12 按【Delete】键删除图形，如图 7-192 所示。

图 7-191

图 7-192

Step13 选择中间的白色图形，使用前面删除外侧图形中多余图形的方法删除白色图形中的多余图形，并执行【视图】→【参考线】→【清除参考线】命令，删除参考线，如图 7-193 所示。

Step14 选择工具栏中的【刻刀工具】，将鼠标光标放在内部图形右上角的锚点位置，按住【Alt】键向左下角绘制直线，如图 7-194 所示。

图 7-193

图 7-194

Step15 切割图形后，使用【选择工具】选择右侧的图形部分，更改填充色为较深的红色（#d23930），如图 7-195 所示。

Step16 选择工具栏中的【椭圆工具】，在画板上单击，打开【椭圆】对话框，设置【宽度】为 0.4mm，【高度】为 2mm，如图 7-196 所示。

图 7-195

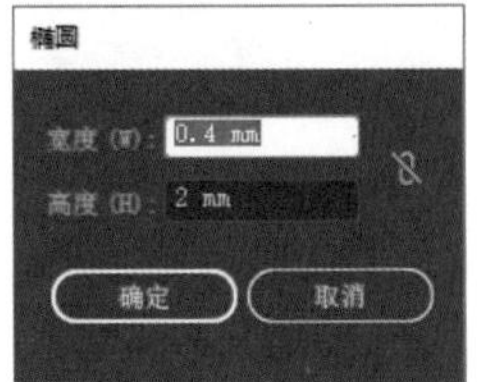

图 7-196

Step17 单击【确定】按钮，绘制椭圆图形，并设置填充色为深灰色（#534741），然后使用【选择工具】将其移动至红色图形上，如图 7-197 所示。

Step18 按住【Alt】键移动复制椭圆图形，如图 7-198 所示。

图 7-197

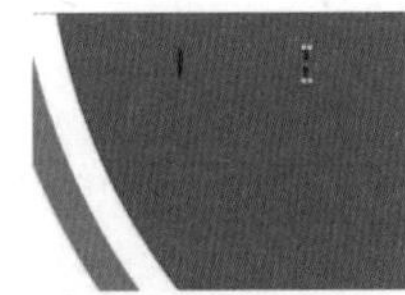
图 7-198

Step19 按【Ctrl+D】快捷键重复执行前面的操作，复制图形，如图 7-199 所示。

Step20 选择工具栏中的【套索工具】，再选择椭圆图形，如图 7-200 所示。按住【Shift】键加选未选中的椭圆图形，如图 7-201 所示。

图 7-199

图 7-200

图 7-201

Step21 通过前面的操作，选择所有的椭圆图形。选择【选择工具】，按住【Alt】键移动复制图形，如图 7-202 所示。

Step22 继续移动复制椭圆图形，如图 7-203 所示。

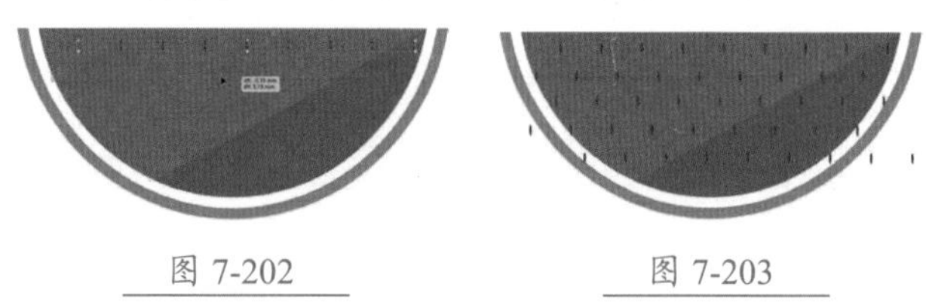

图 7-202　　图 7-203

Step23 使用【套索工具】选择左侧多余的椭圆图形，如图 7-204 所示。

Step24 按【Delete】键删除多余图形，如图 7-205 所示。

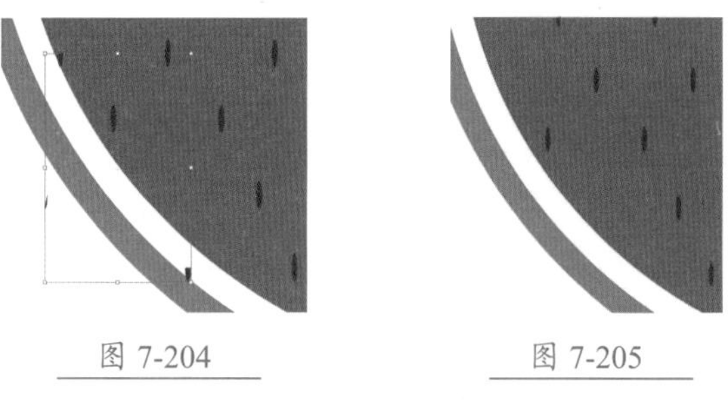

图 7-204　　图 7-205

Step25 使用同样的方法删除右侧多余的椭圆图形，如图 7-206 所示。

Step26 使用【选择工具】选择下方的绿色图形，执行【效果】→【风格化】→【投影】命令，打开【投影】对话框，设置【颜色】为浅灰色（#9fa0a0），设置【X 位移】和【Y 位移】，调整投影方向，如图 7-207 所示。

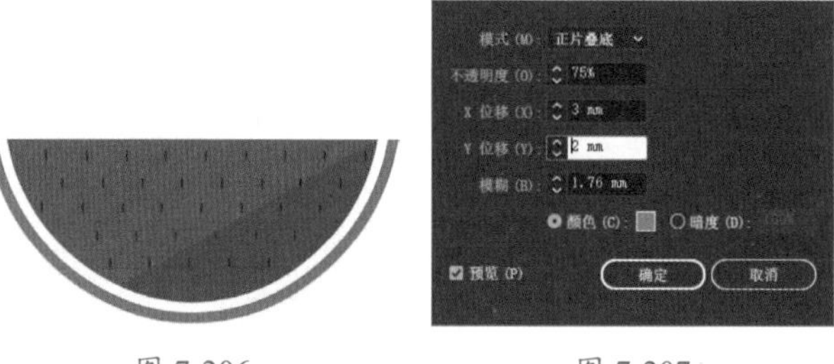

图 7-206　　图 7-207

Step27 单击【确定】按钮，完成切开的西瓜的绘制，最终效果如图 7-208 所示。

图 7-208

本章小结

本章主要介绍了 Illustrator CC 中复杂图形的绘制方法，主要包括路径的编辑、钢笔工具、曲率工具、铅笔工具、透视网格、图像描摹、擦除和分割对象等内容。其中【钢笔工具】是 Illustrator CC 中的一个核心工具，而使用【铅笔工具】可以绘制随意的路径，利用透视网格则可以绘制具有透视效果的对象，这些都是本章学习的重点及难点。希望大家可以多加练习，熟练掌握这些工具的用法。

第8章 对象的变换与变形

- 什么是再次变换和分别变换？
- 复合形状和复合路径有什么区别？
- 怎么利用基本的图形工具绘制复杂的图形？
- 什么是封套扭曲？
- 如何创建混合？

利用基本的图形工具绘制图形对象后，通过变换、变形操作可以实现各种复杂形状的绘制。Illustrator CC 提供了多种变换和变形对象的方法，包括使用工具变换和变形对象，通过菜单命令变形对象。此外 Illustrator CC 还提供了封套扭曲和混合功能来扭曲和混合对象，创建炫酷的艺术效果。通过利用【路径查找器】面板和形状生成器工具可以组合或者删除形状，从而生成复杂图形，本章就对这些工具和命令进行详细介绍。

8.1 使用工具变换对象

Illustrator CC 提供了各种用于变换对象的工具，包括【比例缩放工具】、【倾斜工具】、【整形工具】、【旋转工具】、【镜像工具】、【自由变换工具】等。下面就详细介绍这些工具的使用方法。

8.1.1 比例缩放工具

【比例缩放工具】能够以对象的控制点为基准缩放对象。选择对象后，单击选择工具栏中的【比例缩放工具】，此时，对象的中心点上方会显示一个绿色的控制点，如图 8-1 所示。

图 8-1

在画板上单击可定义控制点的位置，如图 8-2 所示。拖曳鼠标可以该控制点为基准缩放对象，如图 8-3 所示。

如果想要设置对象的缩放比例，可以双击【比例缩放工具】，打开【比例缩放】对话框，如图 8-4 所示。该对话框中常用选项作用如表 8-1 所示。

图 8-2

图 8-3

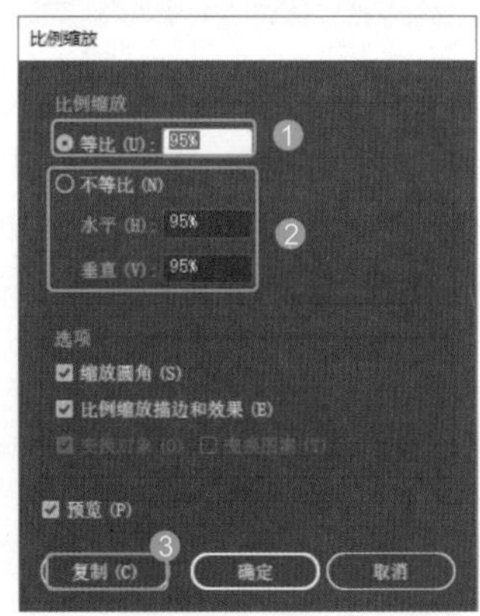

图 8-4

表 8-1 【比例缩放】对话框中常用选项作用

选项	作用
❶ 等比	选中该单选按钮，可设置缩放比例，并且等比例缩放对象
❷ 不等比	选中该单选按钮，可以分别设置水平和垂直方向的缩放比例
❸ 复制	单击该按钮，可以复制一个新的对象并以设置的参数缩放对象，而原对象不会发生改变

8.1.2 倾斜工具

使用【倾斜工具】可以让对象倾斜。选择对象后，再单击选择工具栏中的【倾斜工具】。先单击画板，设置变换的控制点，如图 8-5 所示。然后再拖动锚点或者路径就可以倾斜对象，如图 8-6 所示。

图 8-5

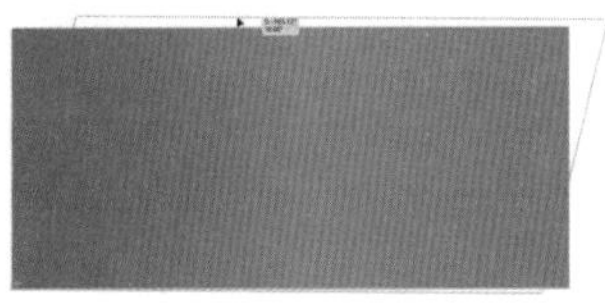

图 8-6

双击【倾斜工具】，打开【倾斜】对话框，如图 8-7 所示，在该对话框中可以设置精确的倾斜角度，常用选项作用如表 8-2 所示。

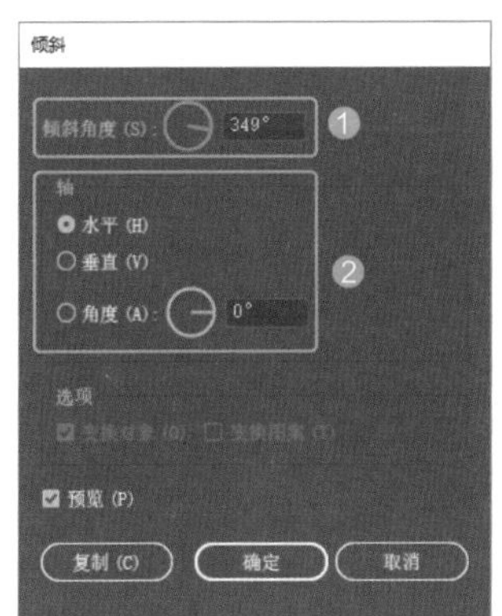

图 8-7

表 8-2 【倾斜】对话框中常用选项作用

选项	作用
❶ 倾斜角度	用于设置对象的倾斜角度
❷ 轴	用于指定对象沿着水平轴还是垂直轴倾斜对象。指定轴后设置角度参数，可以使对象沿着特定角度的轴倾斜对象

8.1.3 整形工具

【整形工具】可以调整路径形状，从而达到对对象整形的效果，该工具通常需要配合【直接选择工具】一起使用。

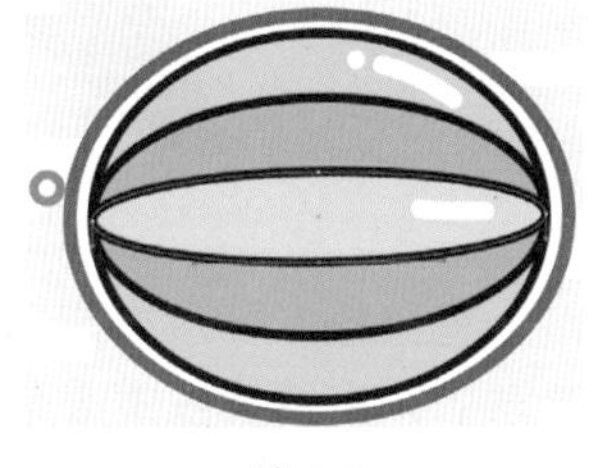

图 8-8

先使用【直接选择工具】选择路径，显示出锚点及方向线，如图 8-8 所示。再选择工具栏中的【整形工具】，然后拖曳路径，就可以调整路径形状，如图 8-9 所示。释放鼠标后会发现鼠标拖曳路径的地方会添加一个新的锚点，如图 8-10 所示。

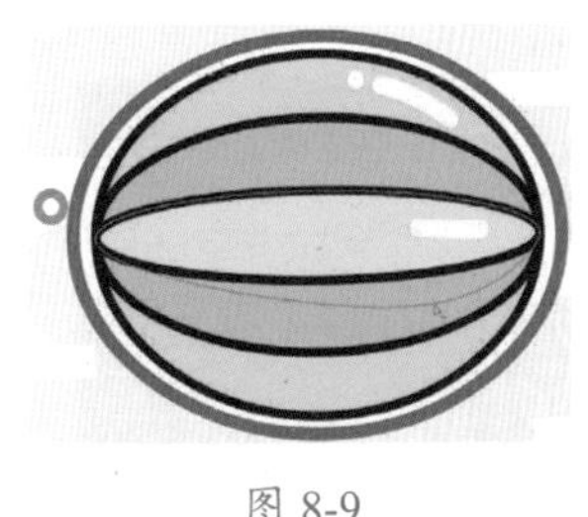

图 8-9

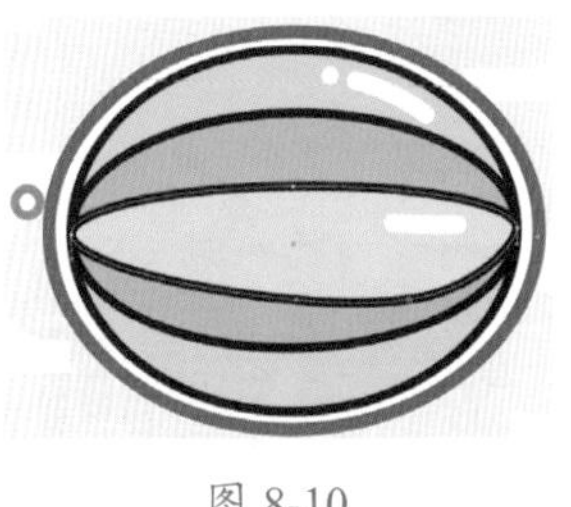

图 8-10

★重点 8.1.4 旋转工具

使用【旋转工具】可以旋转对象。选择对象后，再单击选择工具栏中的【旋转工具】，然后在画板上单击确定控制点，再拖曳鼠标即可以设置的控制点为基准随意旋转对象，如图 8-11 所示。

如果要设置精准的旋转角度，双击【旋转工具】打开【旋转】对话框进行设置即可，如图 8-12 所示。

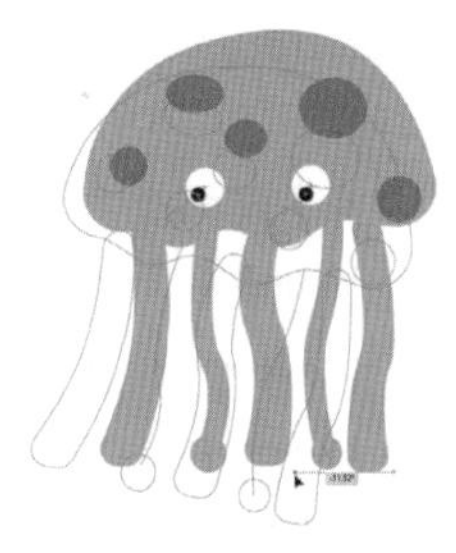

图 8-11

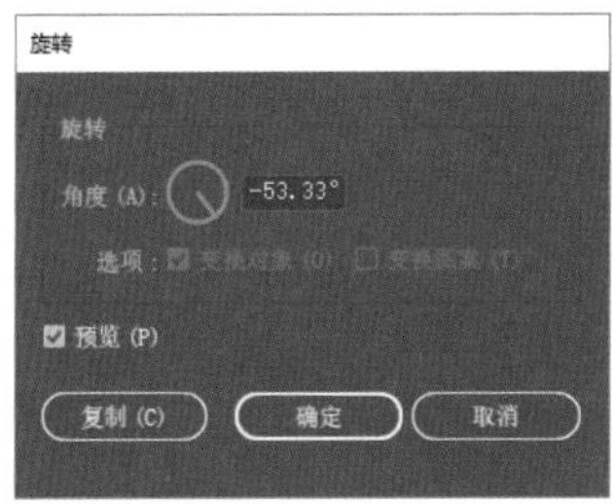

图 8-12

技术看板

选择【旋转工具】后按住【Alt】键的同时单击鼠标，可将单击点设置为参考点，同时会打开【旋转】对话框。使用【旋转工具】旋转对象时按住【Alt】键可旋转复制对象。

★重点 8.1.5 镜像工具

使用【镜像工具】可以翻转对象。选择对象后，再单击选择工具栏中的【镜像工具】。然后在画板上单击定义控制点，再拖曳鼠标可以任意的角度旋转翻转的对象，如图 8-13 所示。

双击【镜像工具】，打开【镜像】对话框，如图

8-14 所示。在该对话框中选中【水平】单选按钮，对象会沿着水平方向翻转；选中【垂直】单选按钮，对象会以垂直方向翻转；选中【角度】单选按钮并设置数值，对象会以定义的轴翻转。

图 8-13

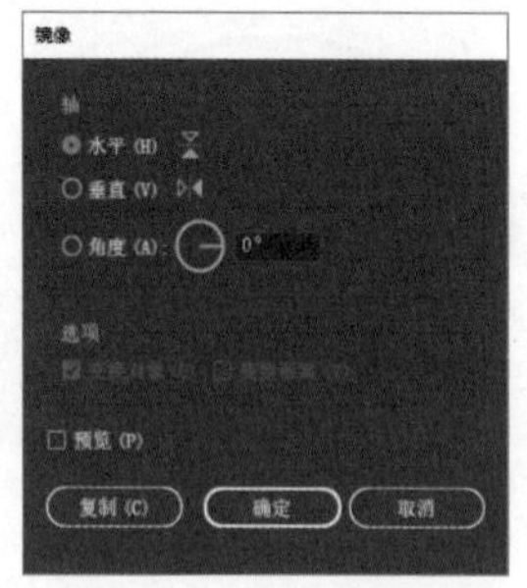

图 8-14

技术看板

选择对象后按住【Shift】键，再使用【镜像工具】拖曳鼠标，那么旋转角度将会是 45° 的倍数。

★新功能★重点 8.1.6 自由变换工具

使用【自由变换工具】可以自由变换对象，包括移动、缩放、旋转、倾斜等操作。

选择对象后，单击选择工具栏中的【自由变换工具】，此时会自动打开一个浮动面板，如图 8-15 所示。在该面板中可以设置是自由变换对象，还是透视扭曲或者自由扭曲对象。默认情况下选择的是自由变换。

图 8-15

将鼠标光标放在垂直或水平的定界框上，当鼠标光标变换为形状时，拖动鼠标，可以沿着水平或垂直方向缩放对象，如图 8-16 所示。

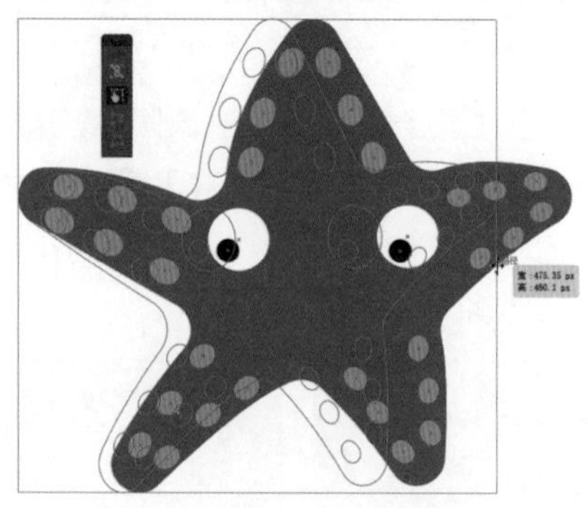

图 8-16

将鼠标光标放在定界框四周的控制点上，当鼠标光标变换为形状时，拖动鼠标，可同时沿水平和垂直方向缩放对象，如图 8-17 所示。

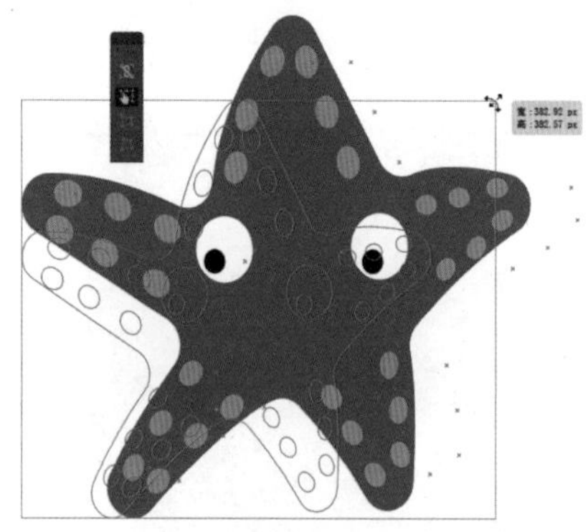

图 8-17

需要注意的是，这种缩放并不是等比例缩放。如果要等比例缩放图像，单击扩展面板中的【限制】按钮，再将鼠标光标放在四周的控制点上，拖动鼠标即可等比例缩放对象，如图 8-18 所示。

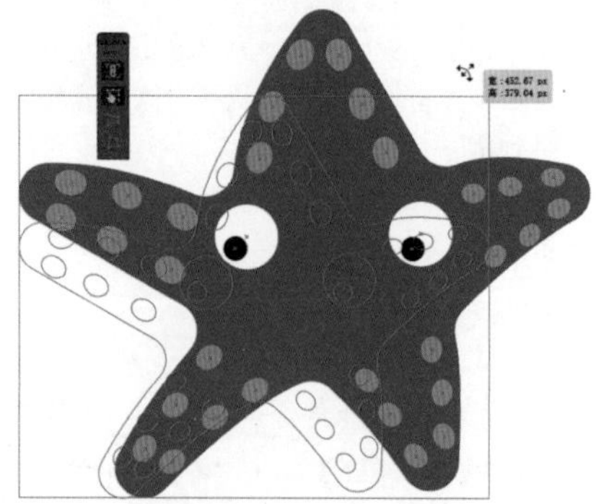

图 8-18

将鼠标光标放在定界框附近，当鼠标光标变换为形状时，拖动鼠标可以参考点为基准随意旋转对象，如

图 8-19 所示。默认情况下，参考点在中心点的位置，拖动参考点可重新定义参考点的位置。如果在旋转对象之前，单击了【限制】按钮，那么对象会以 45° 的倍数进行旋转。

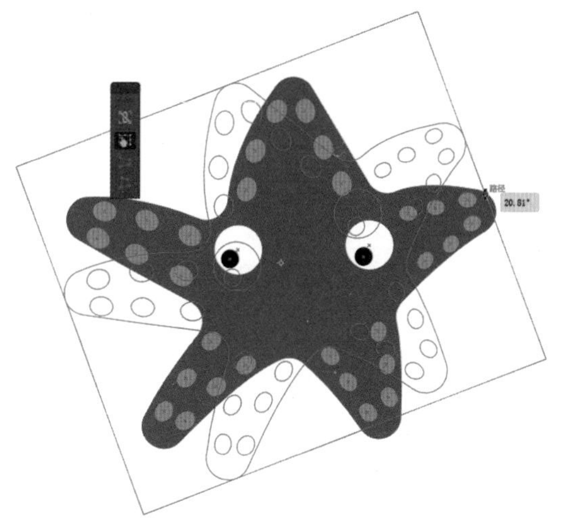

图 8-19

单击浮动面板中的【透视扭曲】按钮，再将鼠标光标放在四周的控制点上，当鼠标光标变换为形状时，拖动鼠标可以透视变换对象，如图 8-20 所示。

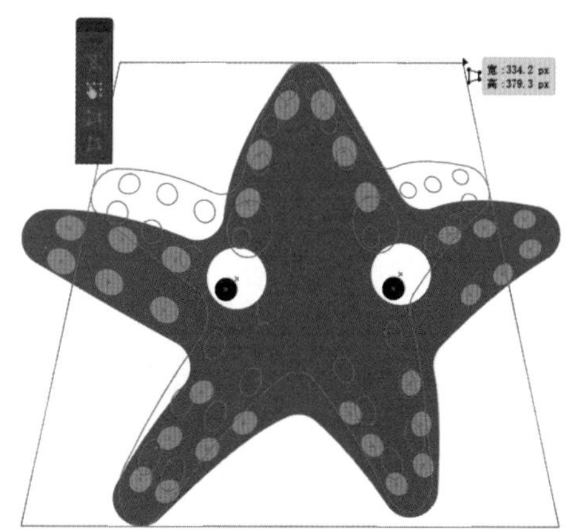

图 8-20

单击浮动面板中的【自由扭曲】按钮，将鼠标光标放在四周的控制点上，当鼠标光标变换为形状时，拖动鼠标可以扭曲对象，如图 8-21 所示。

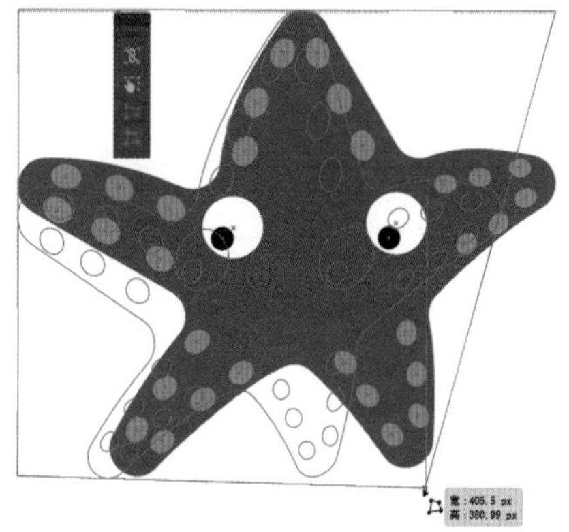

图 8-21

技术看板

使用【自由变换工具】缩放对象时，如果将鼠标光标放在水平或垂直的定界框上，拖动鼠标的同时按住【Alt】键，会以中心点为基准缩放；将鼠标光标放在四周的控制点上，拖动鼠标的同时按住【Shift+Alt】快捷键，则会以中心点为基准等比例缩放对象。

新功能 8.1.7 实战：使用【操控变形工具】调整对象姿势

操控变形功能是 Illustrator CC 新增加的一项功能。使用该功能可以扭曲和扭转对象的某些部分，使变换看起来更自然。使用【操控变形工具】调整对象姿势，具体操作步骤如下。

Step01 打开“素材文件 \ 第 8 章 \ 猫 .ai”文件，选择对象后，单击工具栏中的【操控变形工具】，这时软件会根据对象的情况自动添加一些操控点，如图 8-22 所示。

Step02 在对象上单击鼠标则可添加锚点，如图 8-23 所示。

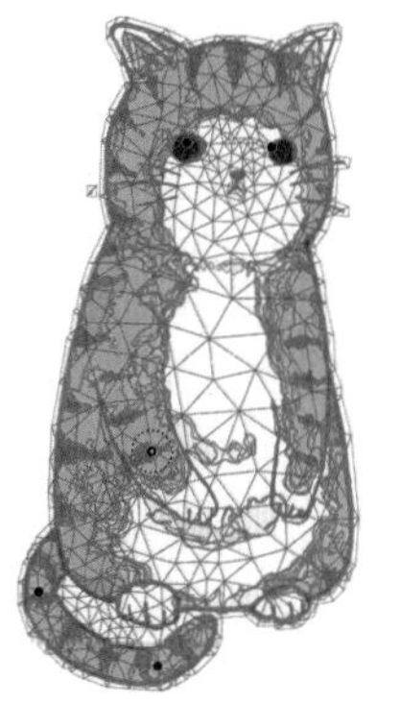

图 8-22

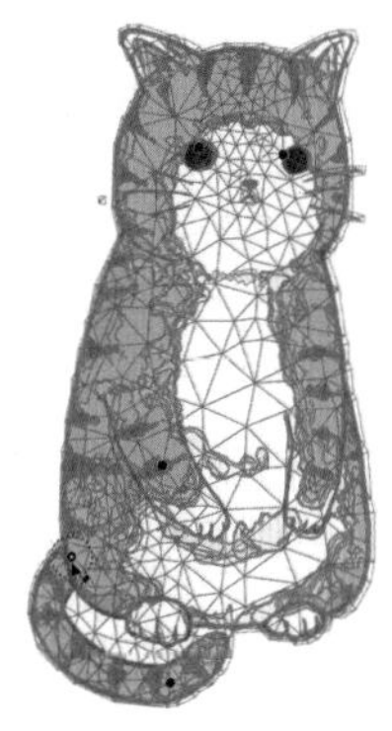

图 8-23

Step03 拖动锚点则可以扭曲对象，如图 8-24 所示。

Step 04 继续添加锚点，调整对象的姿势，如图 8-25 所示。

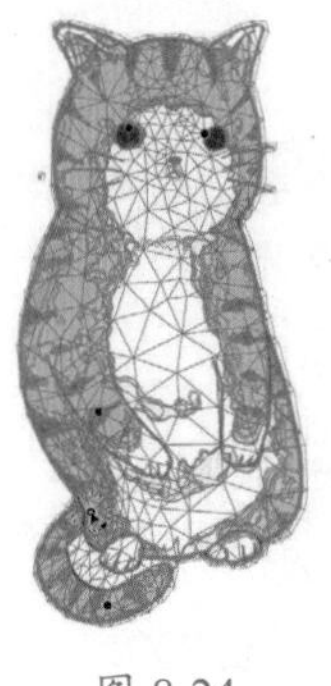

图 8-24

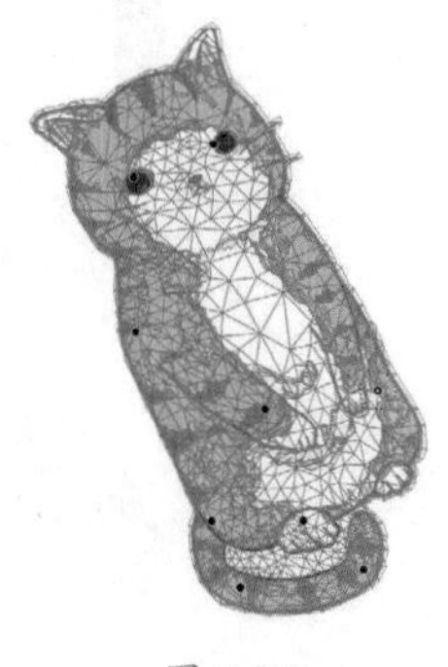

图 8-25

Step 05 如果要删除锚点，单击选中锚点，如图 8-26 所示。按【Delete】键即可删除该锚点，如图 8-27 所示。

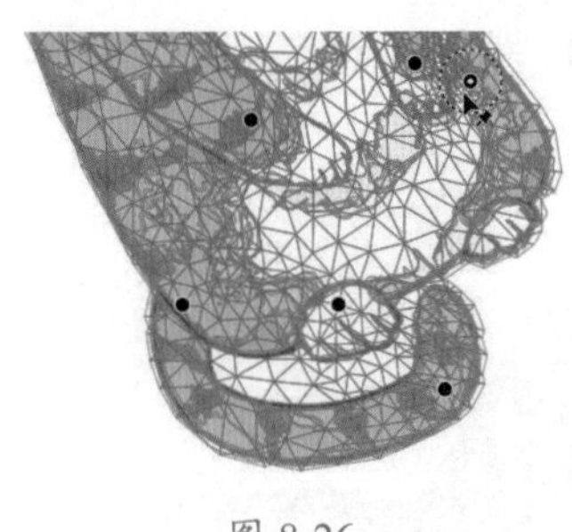

图 8-26

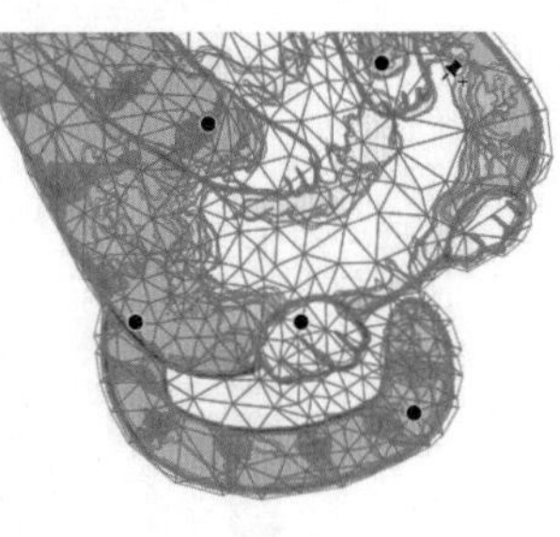

图 8-27

8.2 变换对象

通过【变换】面板的参数设置可以精确变换对象，如设置对象变换的参考点、旋转角度及具体的缩放值等。此外，Illustrator CC 还提供了一系列的菜单命令来变换对象，包括旋转、移动、对称、分别变换等。下面就介绍使用【变换】面板和菜单命令变换对象的方法。

★重点 8.2.1 定界框、中心点和控制点

使用【选择工具】单击对象时，对象周围会显示出定界框，如图 8-28 所示，而定界框上的小方块则是控制点，如果选择的是一个单独的图形，还会显示出中心点。拖动控制点可以缩放对象，如图 8-29 所示。

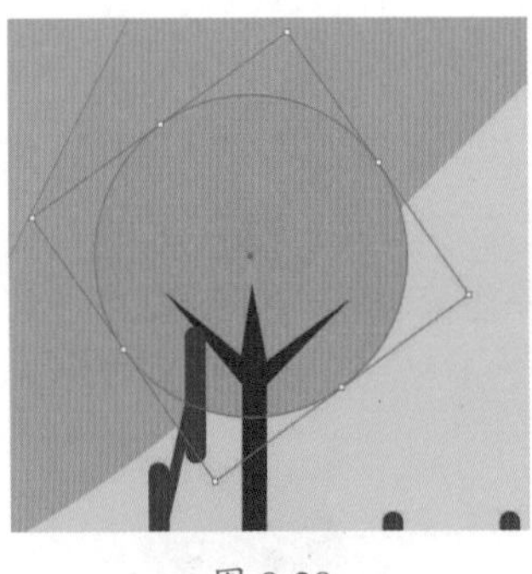

图 8-28

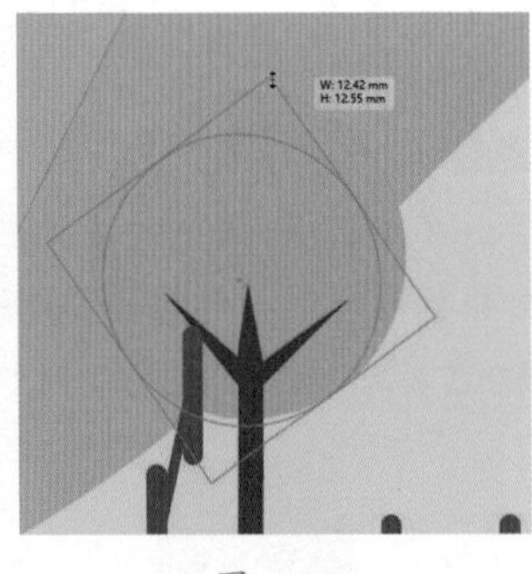

图 8-29

技术看板

缩放对象时，按住【Shift】键可进行等比例缩放；按住【Shift+Alt】快捷键则可以以中心点为基准进行等比例缩放。

将鼠标光标放在控制点附近，当鼠标光标变换为形状时，拖曳鼠标则可以旋转对象，如图 8-30 所示。

此外，当选择【旋转工具】、【镜像工具】、【比例缩放工具】和【倾斜工具】时，中心点上方会显示一个参考点，如图 8-31 所示。该点用于定义对象的变换中心，在参考点以外的其他区域单击可以重新定义参考点。

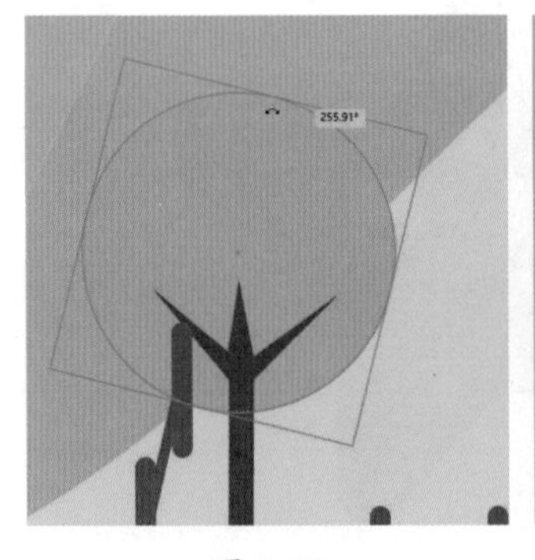

图 8-30

图 8-31

8.2.2 【变换】面板

利用【变换】面板可以对对象进行精准的移动、旋转和缩放操作。执行【窗口】→【变换】命令或者按【Shift+F8】快捷键即可打开【变换】面板，如图 8-32 所示。各选项作用如表 8-3 所示。

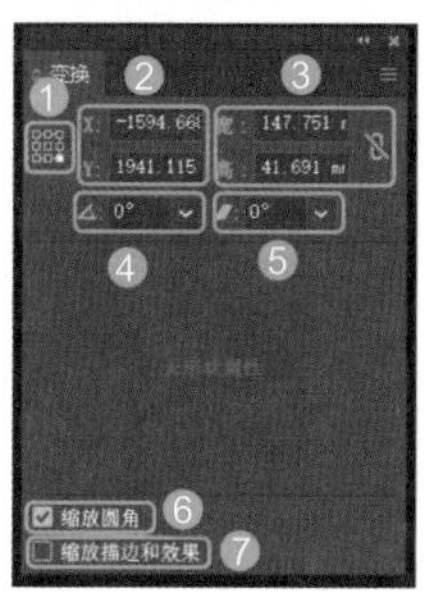

图 8-32

表 8-3 【变换】面板中各选项作用

选项	作用
❶ 参考点	用于定位参考点在对象上的位置，以定界框为基准。在【变换】面板中设置参考点之后，在【旋转】框中输入数值，对象会以该参考点为基准旋转，如图 8-33 所示 图 8-33
❷X/Y	用于定义页面上对象的位置
❸ 宽 / 高	用于定义对象的精确尺寸。单击右侧的【约束宽高比例】按钮 ，设置宽度或者高度时，另一个参数会自动发生变化
❹ 旋转	按输入的角度旋转对象。角度值为负数时按顺时针旋转，角度值为正数时按逆时针旋转
❺ 倾斜	按输入的角度使对象沿一条水平轴或垂直轴倾斜，如图 8-34 所示 图 8-34
❻ 缩放圆角	选中该复选框，缩放对象时圆角半径会以对象缩放的比例进行同步缩放，也就是圆角半径的效果不会发生改变；如果取消选中该复选框，那么对象缩放到一定大小后会变成圆形
❼ 缩放描边和效果	选中该复选框，缩放带有描边或效果的对象时，描边和效果会以对象缩放的比例进行同步缩放；如果取消选中该复选框，缩放对象时描边和效果的大小不会发生改变

8.2.3 【变换】命令

在 Illustrator CC 中，除了【变换】面板以外，菜单栏中也提供了一系列的变换命令来变换对象。选择对象，如图 8-35 所示。执行【对象】→【变换】命令，在弹出的扩展菜单中即可执行【移动】、【旋转】、【对称】、【缩放】和【倾斜】等命令，如图 8-36 所示。

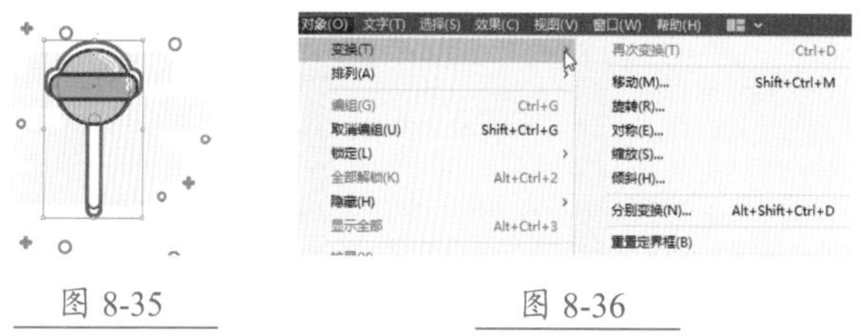

图 8-35　　图 8-36

选择一个变换命令之后会打开相应的对话框。比如，执行【旋转】命令会打开【旋转】对话框，设置参数后单击【确定】按钮，即可以设置的参数旋转对象，如果单击【复制】按钮，则会以设置的参数旋转并复制对象，如图 8-37 所示。

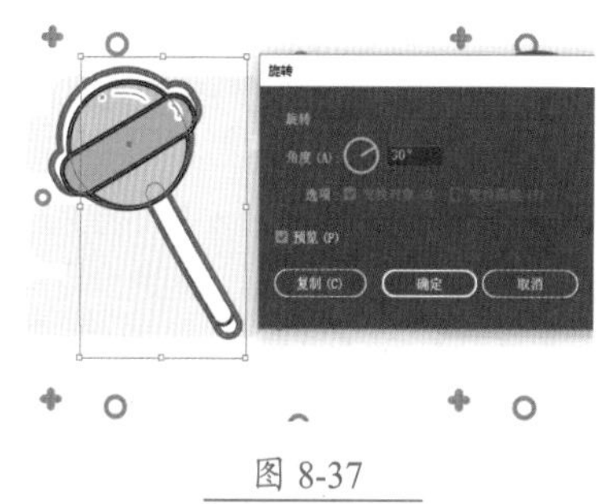

图 8-37

★重点 8.2.4 实战：使用【再次变换】命令制作图形

使用【再次变换】命令可以重复执行【移动】、【旋转】、【缩放】和【倾斜】操作。使用【再次变换】命令制作图形，具体操作步骤如下。

Step 01 选择对象后，执行【对象】→【变换】→【旋转】命令，在打开的【旋转】对话框中设置参数，如图 8-38 所示。

Step 02 单击【复制】按钮，旋转复制对象，如图 8-39 所示。

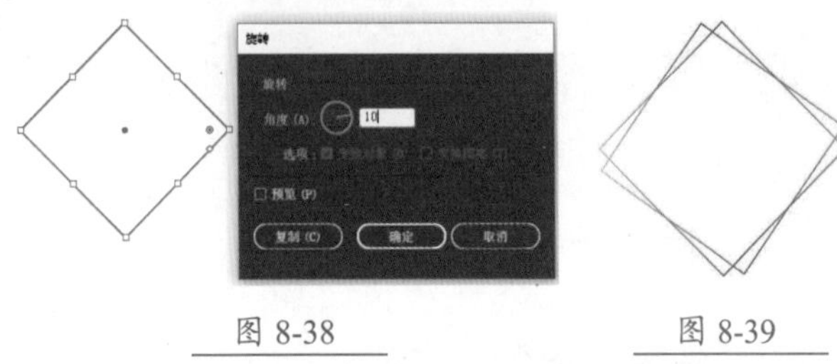

图 8-38　　图 8-39

Step03 保持对象的选中状态，执行【对象】→【变换】→【再次变换】命令，或按【Ctrl+D】快捷键，以前一次的角度旋转复制对象，如图 8-40 所示。

Step04 按【Ctrl+D】快捷键继续旋转复制对象，结果如图 8-41 所示。

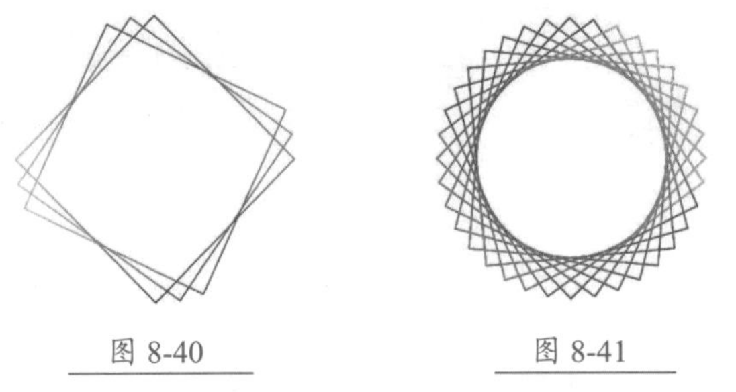

图 8-40　　图 8-41

★重点 8.2.5　实战：使用【分别变换】命令制作图形

通常情况下，执行变换操作时，一次只能执行一种变换操作。但是通过执行【分别变换】命令可以一次性应用移动、缩放和旋转的效果。使用【分别变换】命令制作图形，具体操作步骤如下。

Step01 选择对象后，执行【对象】→【变换】→【分别变换】命令，打开【分别变换】对话框，如图 8-42 所示。分别设置【缩放】、【移动】和【旋转】的参数。

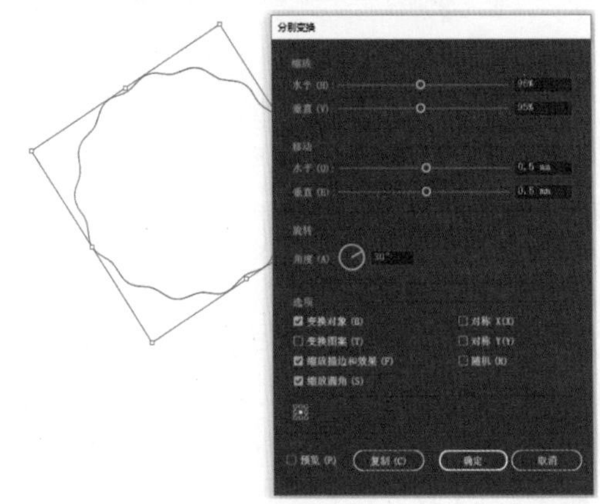

图 8-42

Step02 单击【复制】按钮，可以复制对象并同时执行移动、缩放和旋转操作，效果如图 8-43 所示。

Step03 因为在执行旋转、缩放、移动和倾斜操作的时候，软件会记录最后一次的变换操作，所以按【Ctrl+D】快捷键执行再次变换操作时可以重复执行分别变换的操作，会得到一些不可思议的效果，如图 8-44 所示。

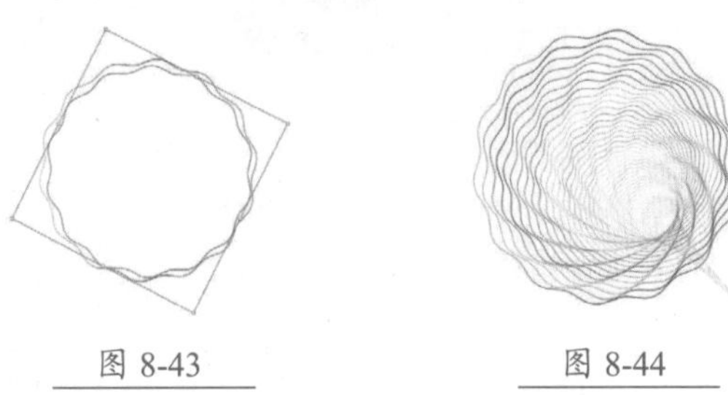

图 8-43　　图 8-44

【分别变换】对话框如图 8-45 所示，主要选项作用如表 8-4 所示。

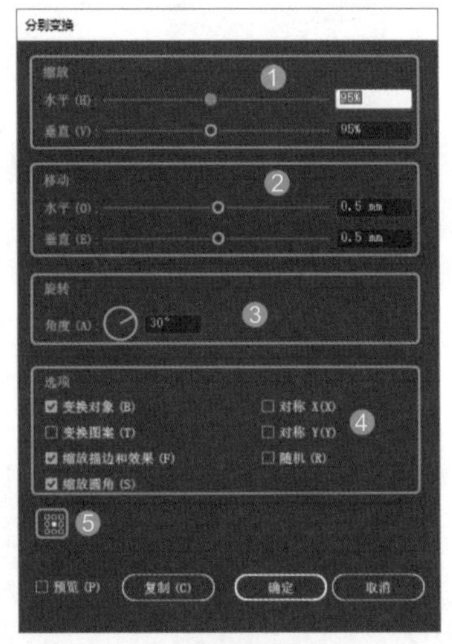

图 8-45

表 8-4　【分别变换】对话框中主要选项作用

选项	作用
❶ 缩放	用于设置缩放比例。当【水平】和【垂直】的参数相同时，会进行等比例缩放
❷ 移动	用于定义移动距离。其中【水平】选项用于设置对象在水平方向上移动的距离；【垂直】选项用于设置对象在垂直方向上移动的距离
❸ 旋转	用于定义旋转角度
❹ 选项	如果选中【对称 X】复选框，会在前面设置的移动、缩放和旋转的操作基础上沿垂直方向对称变换；如果选中【对称 Y】复选框，则沿水平方向对称变换；如果选中【随机】复选框，将对调整的参数进行随机变换
❺ 参考点	用于定义变换的控制点

8.3 使用工具变形对象

无论是使用【钢笔工具】或【铅笔工具】，还是直线段工具组中的工具，绘制的图形都是比较规则的。使用变形工具就可以对绘制的对象进行变形，创建一些不规则的效果。变形工具包括了【宽度工具】、【变形工具】、【旋转扭曲工具】、【缩拢工具】、【膨胀工具】、【扇贝工具】、【晶格化工具】和【皱褶工具】，下面就介绍这些工具的使用方法。

8.3.1 宽度工具

使用【宽度工具】可以调整路径的描边宽度。选择工具栏中的【宽度工具】后，将鼠标光标放在路径上，如图 8-46 所示，当鼠标光标变换为形状时，向外拖动鼠标，如图 8-47 所示，即可调整路径宽度，效果如图 8-48 所示。

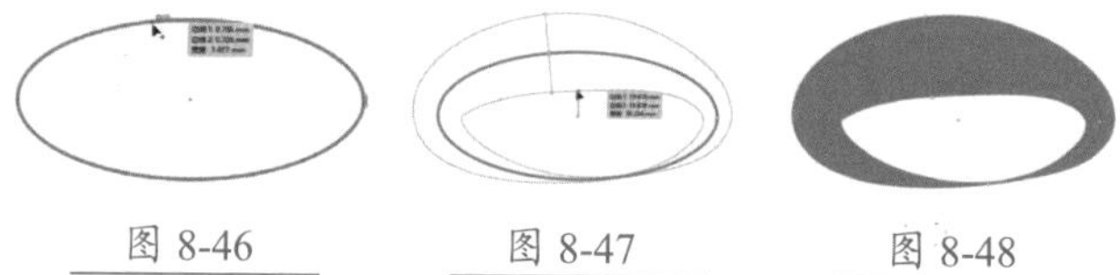

图 8-46　图 8-47　图 8-48

从效果图中可以发现，使用【宽度工具】调整路径描边宽度时，描边宽度不是平均地增加，而是从单击点开始向两端逐渐减小，直到离单击点最远的地方，描边宽度的增加幅度减小到 0。根据【宽度工具】的这个特点，可以用来制作描边粗细不同的线条，如图 8-49 所示。

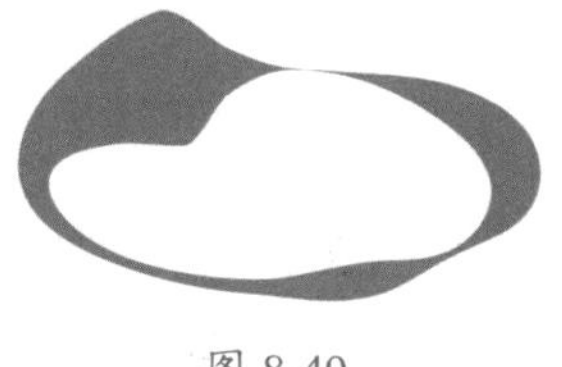

图 8-49

此外，还可以使用【宽度工具】指定路径某段的精确宽度。使用【宽度工具】在要指定宽度的路径上双击，打开【宽度点数编辑】对话框，如图 8-50 所示。调整【边线】和【总宽度】选项，即可调整单击点所在路径的宽度，如图 8-51 所示。

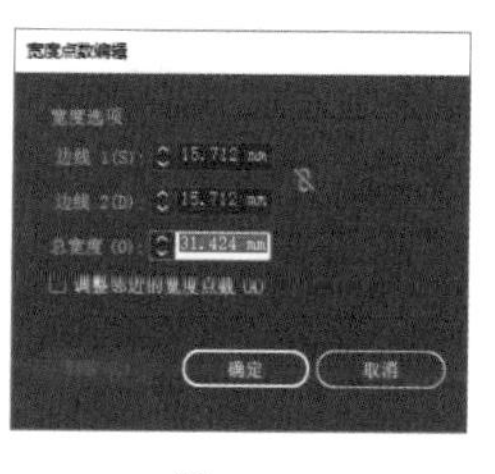

图 8-50

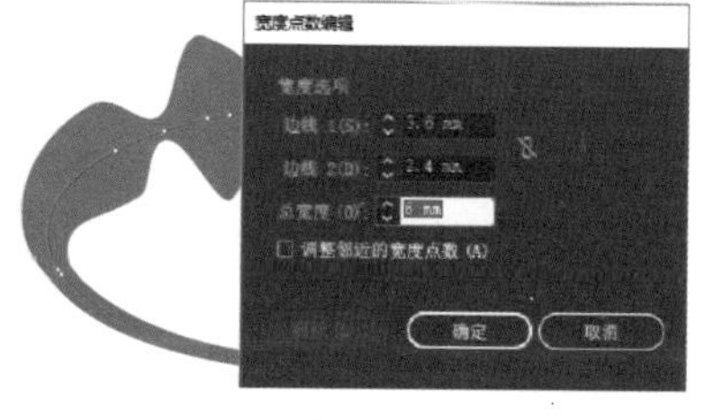

图 8-51

如果选中【调整邻近的宽度点数】复选框，那么指定宽度时，邻近路径宽度会随着单击点路径宽度的改变而改变，如图 8-52 所示。

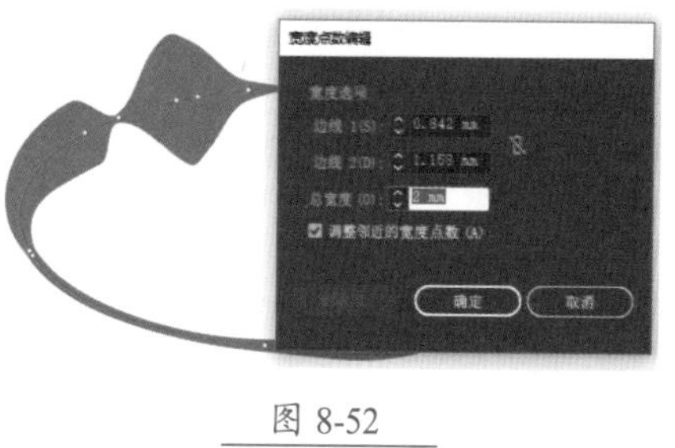

图 8-52

★重点 8.3.2 变形工具

使用【变形工具】可以对路径变形。选择工具栏中的【变形工具】，将鼠标光标放在路径上，拖动鼠标即可对路径变形，如图 8-53 所示。

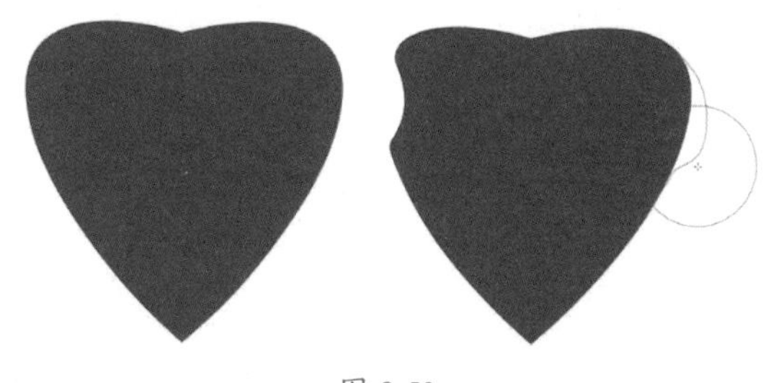

图 8-53

此外，使用【变形工具】还可以变形位图图像。打开或者置入一张位图图像，如图 8-54 所示。使用【变形工具】在图像上拖动鼠标，即可变形图像，如图 8-55 所示。

图 8-54

图 8-55

技能拓展——怎么调整笔尖大小

选择【变形工具】后，按住【Alt】键拖动鼠标可以改变笔尖形状和大小，如图 8-56 所示。按住【Shift+Alt】快捷键拖动鼠标则可以等比例缩放笔尖大小。

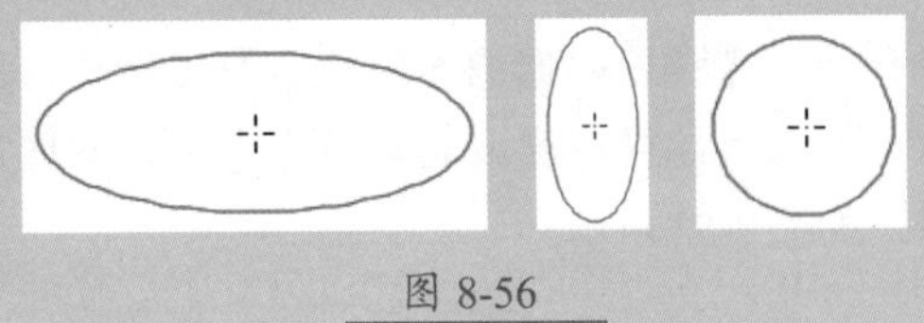

图 8-56

★重点 8.3.3 旋转扭曲工具

使用【旋转扭曲工具】可以对矢量对象上的路径和位图图像产生旋转的扭曲变形效果。选择【旋转扭曲工具】后，将鼠标光标放在路径上，按住鼠标左键不放，随即会发生扭曲变化，如图 8-57 所示。在进行扭曲时，按住鼠标左键的时间越长，扭曲程度越强。

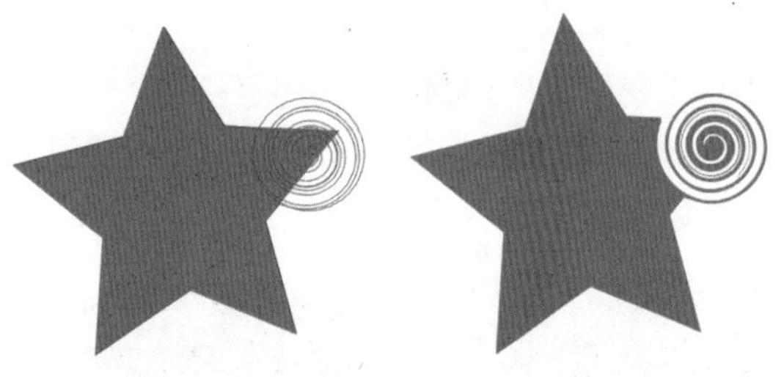

图 8-57

此外，沿着路径拖动鼠标也可以扭曲对象，如图 8-58 所示。

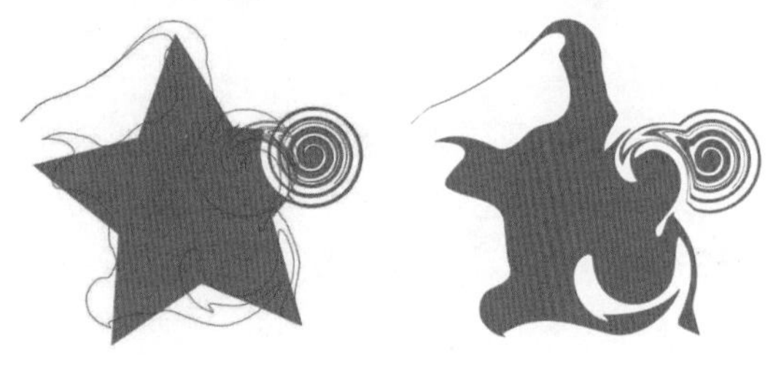

图 8-58

8.3.4 缩拢工具

使用【缩拢工具】可以使矢量对象和位图对象产生向内缩拢的变形效果。选择【缩拢工具】后，将鼠标光标放在路径上并单击，随即路径会自动缩拢，从而使对象产生缩拢效果，如图 8-59 所示。

如果在路径上拖动鼠标光标，如图 8-60 所示，那么对象会产生强烈的变化，如图 8-61 所示。

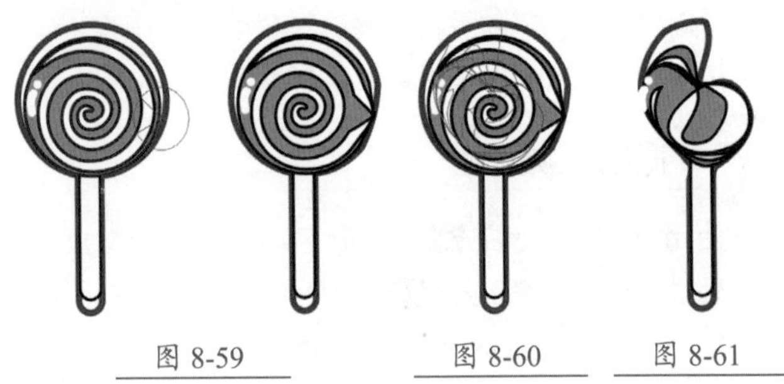

图 8-59　图 8-60　图 8-61

8.3.5 膨胀工具

与【缩拢工具】相反，使用【膨胀工具】可以使矢量对象和位图图像产生膨胀的变形效果。选择【膨胀工具】后，将鼠标光标放在对象上并单击，随即对象会发生膨胀变化，如图 8-62 所示。

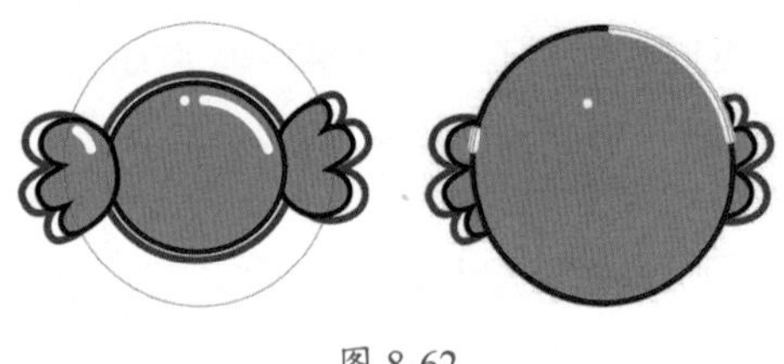

图 8-62

8.3.6 实战：使用【扇贝工具】变形文字

使用【扇贝工具】可以在矢量对象上产生锯齿变形的效果。选择【扇贝工具】后，在对象上按住鼠标左键不放，如图 8-63 所示，对象随即会发生扇贝变形。

在对象上拖动鼠标光标，鼠标光标所到之处的图形都会发生扇贝变形，如图 8-64 所示。

图 8-63　图 8-64

8.3.7 实战：使用【晶格化工具】制作爆炸标签

使用【晶格化工具】可以使矢量对象或者位图图

像产生由内向外的推拉延伸变形效果。使用【晶格化工具】制作爆炸标签，具体操作步骤如下。

Step01 新建一个横向的 A4 文档。使用【椭圆工具】绘制一个椭圆对象，如图 8-65 所示。

Step02 选择工具栏中的【晶格化工具】，在对象上拖动鼠标光标创建爆炸效果，如图 8-66 所示。

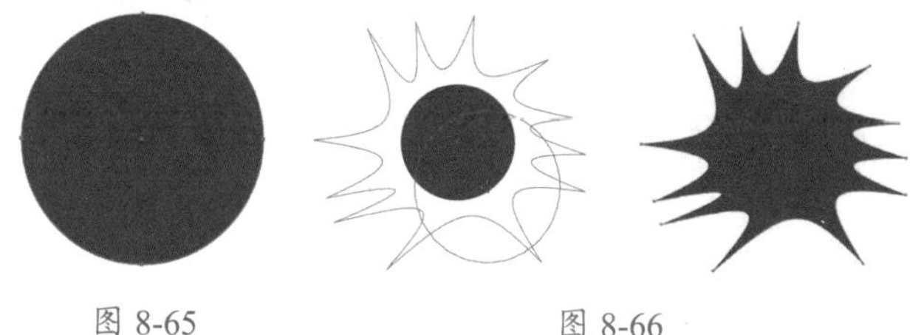

图 8-65　　图 8-66

Step03 在【属性】面板中设置对象填充色为白色，描边为黑色，描边粗细为 4pt，如图 8-67 所示。

Step04 按【Ctrl+C】快捷键复制对象，按【Ctrl+F】快捷键将其粘贴到前面，按【V】键切换到【选择工具】，再按【Shift+Alt】快捷键以中心点为基准等比例缩小对象，并设置对象填充色为黄色，描边为黑色，描边粗细为 1pt，如图 8-68 所示。

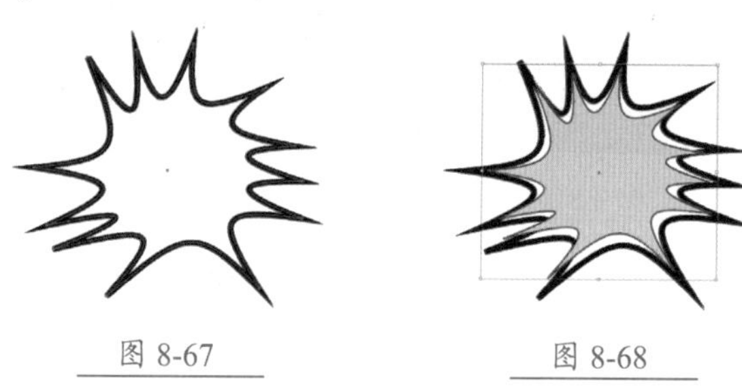

图 8-67　　图 8-68

Step05 选择【文字工具】输入文字，并在【属性】面板中设置大小、字体系列，然后将鼠标光标放在定界框附近，当鼠标光标变换为↻形状时，拖曳鼠标旋转文字角度，如图 8-69 所示。

Step06 按【Ctrl+C】快捷键复制文字，按【Ctrl+F】快捷键将其粘贴到前面，并设置字体颜色为红色，适当移动文字位置，使其具有立体感，如图 8-70 所示。

图 8-69

图 8-70

Step07 在文字上右击，在弹出的快捷菜单中执行【选择】→【下方的下一个对象】命令，选中下方的文字，并将文字颜色设置为深一点的红色，如图 8-71 所示。

Step08 选择最底层的爆炸对象，将鼠标光标放在定界框附近，当鼠标光标变换为↻形状时，拖曳鼠标，适当旋转对象，完成爆炸标签的制作，最终效果如图 8-72 所示。

图 8-71

图 8-72

8.3.8　皱褶工具

使用【皱褶工具】可以在矢量对象或者位图图像的边缘处产生褶皱感的变形效果。右击【对象变形工具组】按钮，在弹出的工具组中选择【皱褶工具】，然后在对象上按住鼠标左键不放或者拖动鼠标，随即对象会产生褶皱变形的效果，如图 8-73 所示。需要注意的是，使用【皱褶工具】时只能产生上下的褶皱变形效果，而不能产生左右的褶皱变形效果。

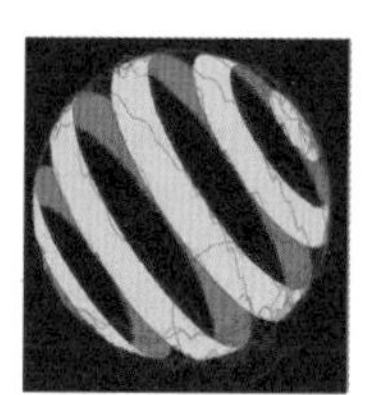
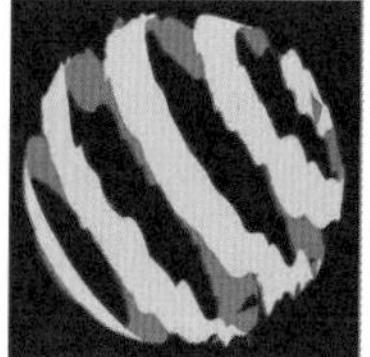

图 8-73

8.4　封套扭曲

创建封套扭曲后，可以使对象按照封套的形状产生变形，它是 Illustrator CC 中灵活且可控性较强的一种变形功能。所谓封套，是用于扭曲对象的图形，而被扭曲的对象叫作封套内容。Illustrator CC 中有 3 种创建封套扭曲的方法，分别是【用变形建立】、【用网格建立】和【用顶层对象建立】，它们各有特点。下面就详细介绍创建和编辑封套扭曲的方法。

★重点 8.4.1 实战：用变形建立封套扭曲

使用【用变形建立】命令可以将选择的对象按照特定的方式变形，包括弧形、膨胀、鱼眼、凸壳等效果。选择对象后，执行【对象】→【封套扭曲】→【用变形建立】命令，打开【变形选项】对话框，如图 8-74 所示。该对话框中各选项作用如表 8-5 所示。

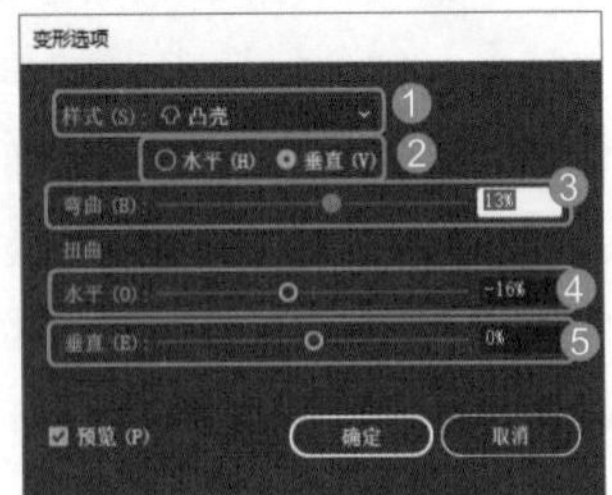

图 8-74

表 8-5 【变形选项】对话框中各选项作用

选项	作用
❶ 样式	用于设置变形效果。在该下拉列表中包括【弧形】、【拱形】、【凸出】、【鱼眼】和【旗形】等 15 种变形效果
❷ 水平 / 垂直	选中【水平】单选按钮，对象沿水平方向扭曲，如图 8-75 所示；选中【垂直】单选按钮，对象沿垂直方向扭曲，如图 8-76 所示 水平方向弧形变形 垂直方向弧形变形 图 8-75 图 8-76
❸ 弯曲	用于设置对象的弯曲程度。该值越大，弯曲程度越大
❹ 水平扭曲	设置对象水平方向上的透视扭曲变形程度，该值为正数时向右侧扭曲，为负数时向左侧扭曲。如图 8-77 所示分别为 -100% 和 100% 的效果 图 8-77
❺ 垂直扭曲	设置对象垂直方向上的透视扭曲变形程度，该值为正数时向上方扭曲，为负数时向下方扭曲。如图 8-78 所示分别为 -100% 和 100% 的扭曲效果 图 8-78

使用变形建立封套扭曲的具体操作步骤如下。

Step01 打开"素材文件\第 8 章\波普背景.jpg"文件，如图 8-79 所示。

Step02 使用【文字工具】输入文字，并在【属性】面板中设置字体系列、大小和颜色，如图 8-80 所示。

图 8-79

图 8-80

Step03 执行【对象】→【封套扭曲】→【用变形建立】命令，打开【变形选项】对话框，【样式】选择【凸壳】样式，再选中【垂直】单选按钮，设置【弯曲】为 13%，【水平】为 -16%，【垂直】为 0%，如图 8-81 所示。

Step04 单击【确定】按钮应用变形效果，如图 8-82 所示。

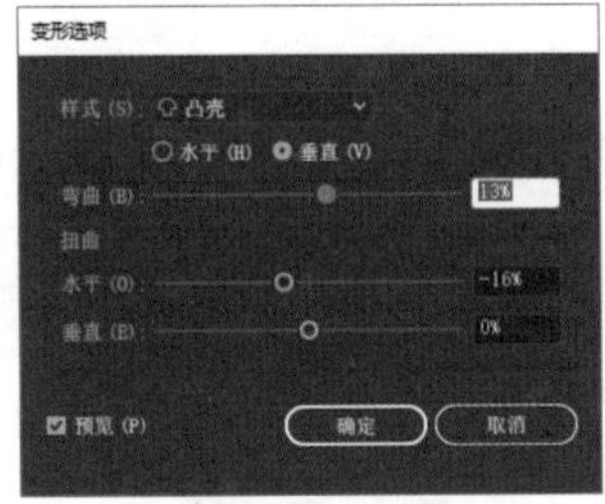

图 8-81

图 8-82

Step05 按【V】键切换到【选择工具】，再按【Alt】键移动复制文字，如图 8-83 所示。

Step06 应用封套变形后的文字不能直接修改颜色、大小等文字属性。所以双击文字，进入隔离图层模式，如图 8-84 所示。

图 8-83

图 8-84

Step07 使用【文字工具】选择文字，在【属性】面板中更改文字颜色为浅红色，再单击窗口左上角的【后移一级】按钮，退出隔离图层模式。然后移动文字位置，形成立体效果，如图 8-85 所示。移动文字后配合方向键进行细微移动。

Step08 使用【文字工具】输入其他文字，并设置文字大小、颜色及位置，最终效果如图 8-86 所示。

图 8-85

图 8-86

★重点 8.4.2 用网格建立封套扭曲

使用【用网格建立】命令可以为对象添加网格，通过调整网格点的位置来改变网格形态，从而改变对象形状。

选择对象后，执行【对象】→【封套扭曲】→【用网格建立】命令，打开【封套网格】对话框，如图 8-87 所示。设置网格行数和列数，单击【确定】按钮，即可在对象表面添加网格，如图 8-88 所示。

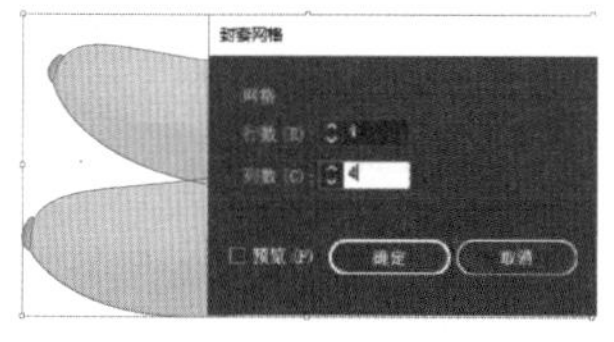

图 8-87

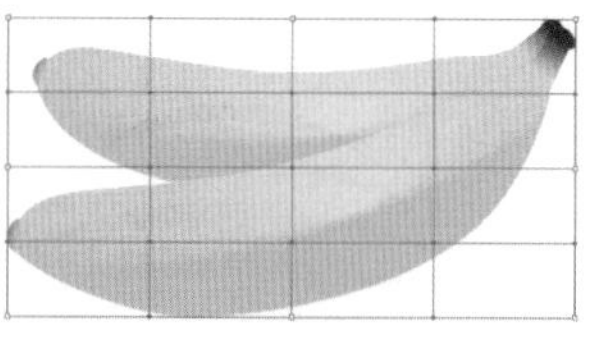

图 8-88

使用【直接选择工具】单击选中网格点，再拖动鼠标，调整网格点的位置，随即对象的形状也会被改变，如图 8-89 所示。拖动网格锚点的方向线，调整网格形状也可以变形对象，如图 8-90 所示。

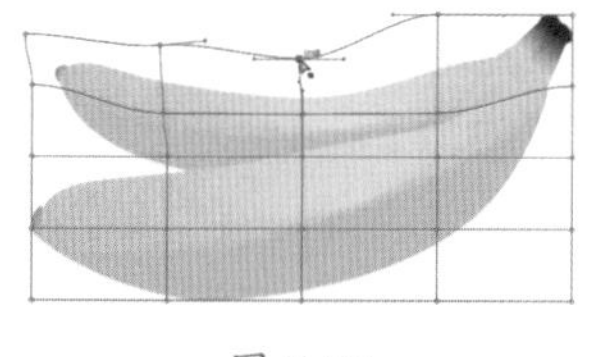

图 8-89

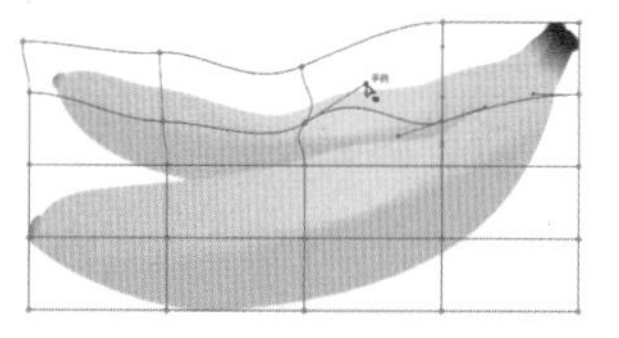

图 8-90

建立网格封套后，选中所有的网格点，此时在控制栏中设置【行数】/【列数】参数或者在【属性】面板中【快速操作】栏中单击【用网格重置】按钮，可以重新定义网格的行列数，在控制栏或【属性】面板中单击【重设封套形状】按钮则可以复位网格，如图 8-91 所示。

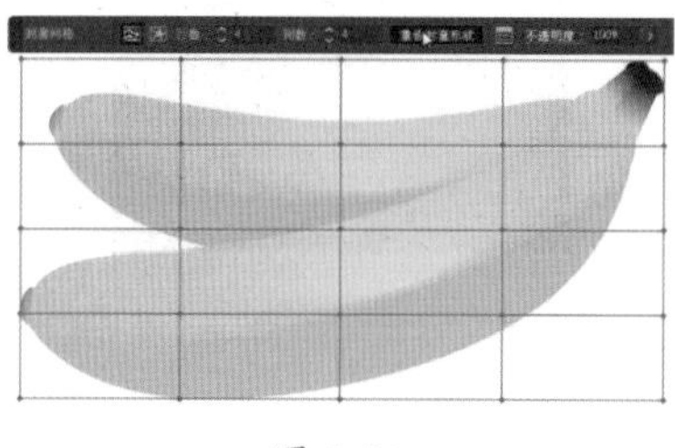

图 8-91

★重点 8.4.3 用顶层对象建立封套扭曲

使用【用顶层对象建立】命令可以将顶层对象的形状应用到底层对象上。因此，使用【顶层对象建立】命令时，至少需要两个对象。

先确定需要变形的对象，如图 8-92 所示。然后在对象上方绘制需要变换的形状，如图 8-93 所示。

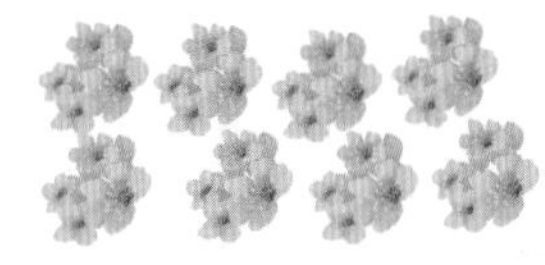

图 8-92

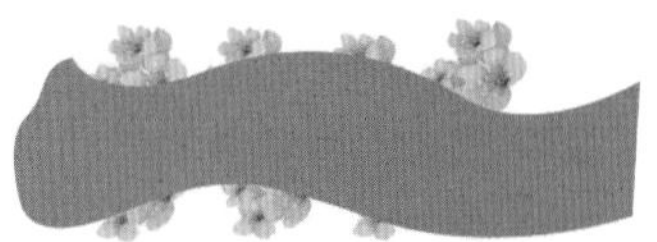

图 8-93

使用【选择工具】框选顶层对象和底层对象，如图 8-94 所示。再执行【对象】→【封套扭曲】→【用顶层对象建立】命令，此时，下方的对象会以顶层对象的形状显示，但是原有的属性不变，如图 8-95 所示。

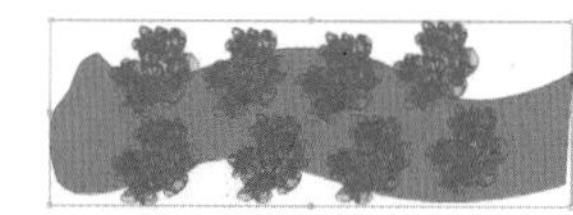

图 8-94

图 8-95

★重点 8.4.4 编辑封套

创建封套扭曲之后，一个封套中包括两部分：一是用于控制变形效果的封套；二是被变形的内容。封套建立完成之后，可以分别对这两部分进行编辑。

1. 编辑封套形态

选择创建了封套的对象，如图 8-96 所示，控制栏中的【编辑封套】按钮呈选中状态，也就意味着可以对封套进行编辑。这时使用【直接选择工具】对封套形状进行编辑，如图 8-97 所示，对象形状会随着封套的改变而改变。

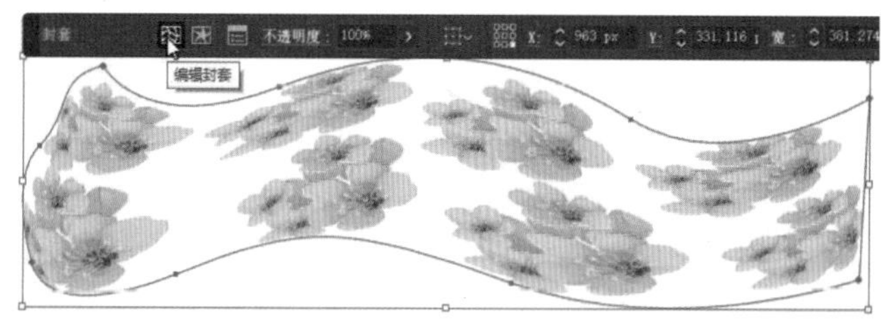

图 8-96

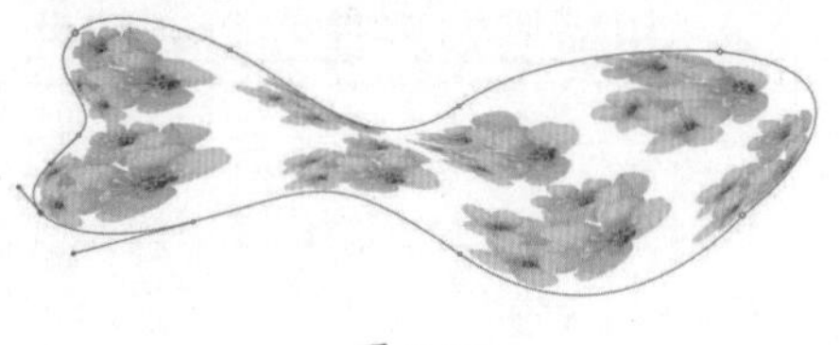

图 8-97

2. 编辑封套内容

默认情况下，选择封套对象后只能编辑封套形状。如果想要编辑封套中的内容，那么选择封套对象后，单击控制栏中的【编辑内容】按钮，或者执行【对象】→【封套扭曲】→【编辑内容】命令，此时会选中封套中的内容，如图 8-98 所示。

然后像编辑普通对象一样编辑即可。如这里打开【描边】面板，设置【配置文件】为【宽度配置文件 6】，则对象形状会发生相应的改变，如图 8-99 所示。

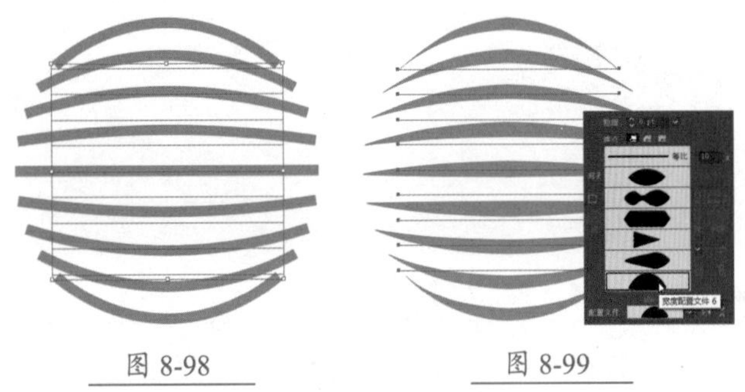

图 8-98　　图 8-99

也可以使用【直接选择工具】选中各个直线段并设置不同的描边颜色，最终效果如图 8-100 所示。

图 8-100

8.4.5 释放封套扭曲

选择封套对象后，执行【对象】→【封套扭曲】→【释放】命令，可以取消封套扭曲，将对象恢复到原始的效果，但同时也会保留封套部分，如图 8-101 所示。

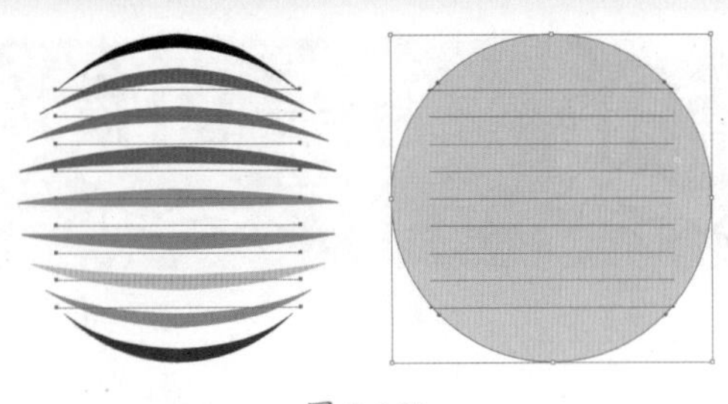

图 8-101

8.4.6 扩展封套扭曲

选择封套对象后，执行【对象】→【封套扭曲】→【扩展】命令，可以将封套对象和内容对象合并到一起，如图 8-102 所示。扩展封套扭曲之后，便不能编辑封套的形状，但是双击对象进入隔离图层模式后，依然可以编辑内容对象。

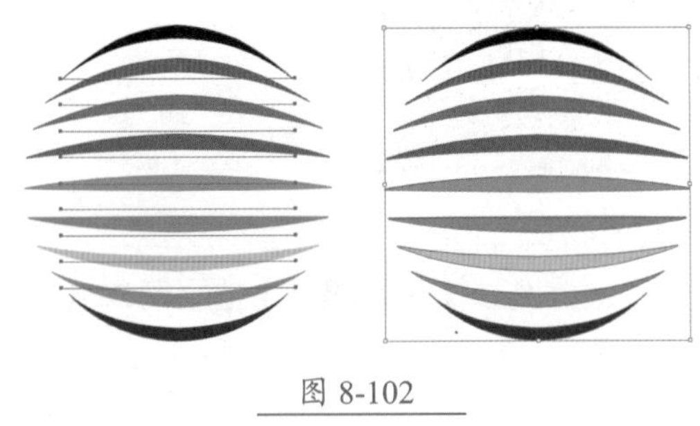

图 8-102

8.4.7 封套扭曲选项

选择封套扭曲对象后，执行【对象】→【封套扭曲】→【封套选项】命令，或者在【属性】面板中单击【封套选项】按钮，打开【封套选项】对话框，如图 8-103 所示，设置参数可以控制封套效果。对话框中主要选项作用如表 8-6 所示。

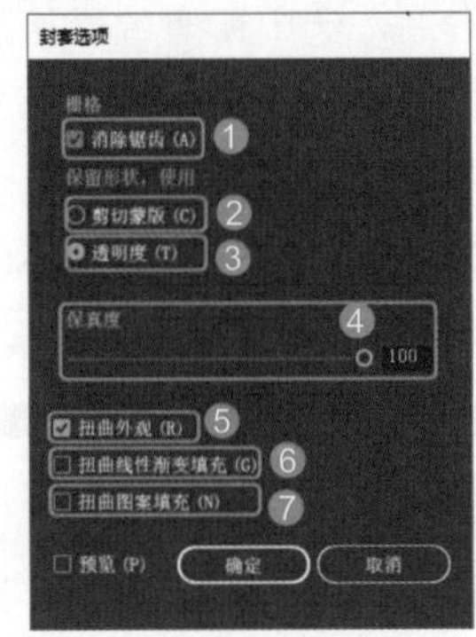

图 8-103

表 8-6 【封套选项】对话框中主要选项作用

选项	作用
❶ 消除锯齿	选中该复选框，可以使对象的边缘变得更加平滑
❷ 剪切蒙版	使用非矩形封套扭曲对象时，选中该复选框可对栅格应用剪切蒙版
❸ 透明度	使用非矩形封套扭曲对象时，选中该复选框可对栅格应用 Alpha 通道
❹ 保真度	用于设置封套内容在变形时适合封套形状的精确度。该值越大，封套内容的扭曲效果越接近封套形状
❺ 扭曲外观	如果封套内容添加了效果或者图形样式等外观属性，选中该复选框，可以使外观与对象一起扭曲
❻ 扭曲线性渐变填充	如果封套内容填充了线性渐变颜色，选中该复选框，线性渐变将与对象一同扭曲
❼ 扭曲图案填充	如果封套内容填充了图案，选中该复选框，图案将与对象一起扭曲

8.5 组合对象

在 Illustrator CC 中创建基本图形后，可以利用【路径查找器】面板和【形状生成器工具】组合或者删除对象，从而创建复杂的图形。此外，通过创建复合形状和复合路径也可以组合对象。

★重点 8.5.1 【路径查找器】面板

使用【路径查找器】面板可以对路径进行合并、分割和修剪等操作，从而绘制更为复杂的图形。执行【窗口】→【路径查找器】命令，打开【路径查找器】面板，如图 8-104 所示。该面板中提供了多个按钮，分别代表不同的运算方式。选择两个及以上的对象后，单击相应按钮即可以所选的运算方式合并、分割或者修剪对象。常用按钮具体作用如表 8-7 所示。

图 8-104

表 8-7 【路径查找器】面板中常用按钮作用

按钮	作用
❶ 联集	单击该按钮，可将选择的多个对象合并，并且以顶层对象的颜色进行填充，如图 8-105 所示 图 8-105
❷ 减去顶层	单击该按钮，可使用上方的对象减去最底层的对象，如图 8-106 所示 图 8-106
❸ 交集	选择重叠的多个对象，单击该按钮，可以得到重叠的对象部分，并填充最上方对象的颜色，如图 8-107 所示 图 8-107
❹ 差集	选择重叠的多个对象，单击该按钮会删除重叠区域，而未重叠的区域会合并为一个图形，并填充最上方对象的颜色，如图 8-108 所示 图 8-108

续表

按钮	作用
⑤ 分割	单击该按钮，可对对象的重叠区域进行分割，使之成为单独的对象，使用【直接选择工具】可以选择分割的每个对象，并设置新的填充、描边等属性，如图 8-109 所示 图 8-109
⑥ 修边	单击该按钮，会删除上方对象和下方对象重叠的部分及描边效果，并自动将对象编组，同时会保留对象的填充色，如图 8-110 所示 图 8-110
⑦ 合并	单击该按钮，可自动编组并合并所选对象。如果有重叠的对象，那么上方对象的形状保持不变，而下方对象重叠的区域会被删除。合并对象后，使用【编组选择工具】可以选择各个单独的对象，如图 8-111 所示 图 8-111
⑧ 裁剪	单击该按钮，只保留对象重叠的部分，且会删除描边效果，最后显示下方图形的填充颜色，如图 8-112 所示 图 8-112

8.5.2 实战：创建和编辑复合形状

复合形状是由两个或多个对象组成的可编辑图稿。创建复合形状时可以在【路径查找器】面板中指定形状的运算方式（分别为联集、减去顶层、交集和差集），从而生成不同的图形。

1. 创建复合路径

绘制两个重叠的对象，如图 8-113 所示；选择这两个对象，按住【Alt】键的同时，在【路径查找器】面板中单击【差集】按钮创建复合形状，将会删除重叠的区域，如图 8-114 所示。

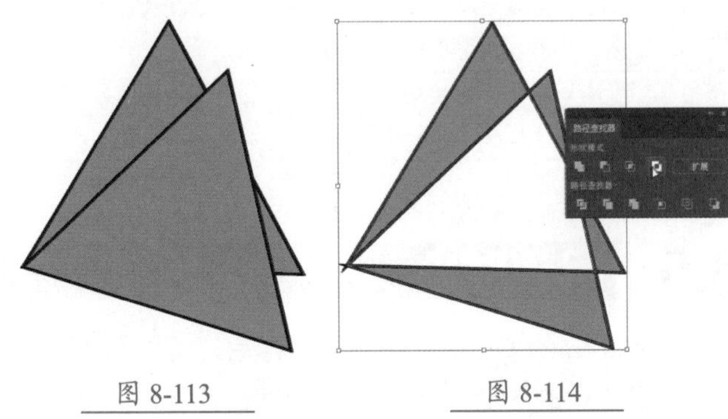

图 8-113　　图 8-114

此外，选择对象后，单击【路径查找器】面板右上角的扩展按钮，在弹出的扩展列表中选择【建立复合形状】选项，会使用联集的运算方式创建复合形状。

2. 编辑复合形状

创建复合形状后，会将对象自动编组，如图 8-115 所示，在【图层】面板中会生成一个【复合形状】图层组。所以，通过【图层】面板可以选择单独的组件及调整每个组件的堆叠顺序等。

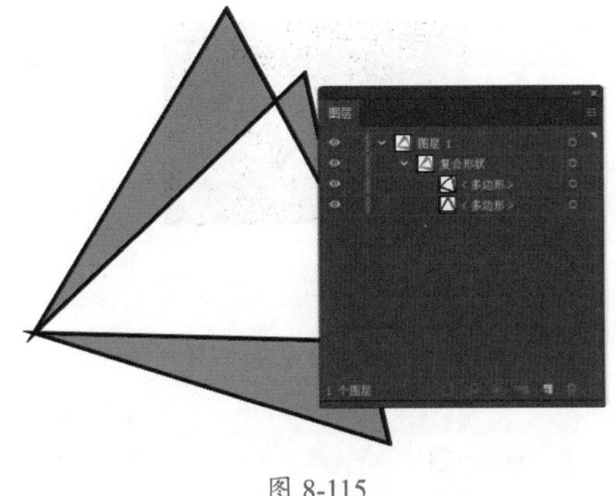

图 8-115

由于创建复合形状后，将对象进行了编组，所以可以使用【直接选择工具】和【编组选择工具】选择单独的对象，并可以像普通对象一样进行编辑。例如，进行缩放、移动、旋转等操作，如图 8-116 所示。如果是改变填色、描边等外观属性，则会应用到整个复合形状，如图 8-117 所示。

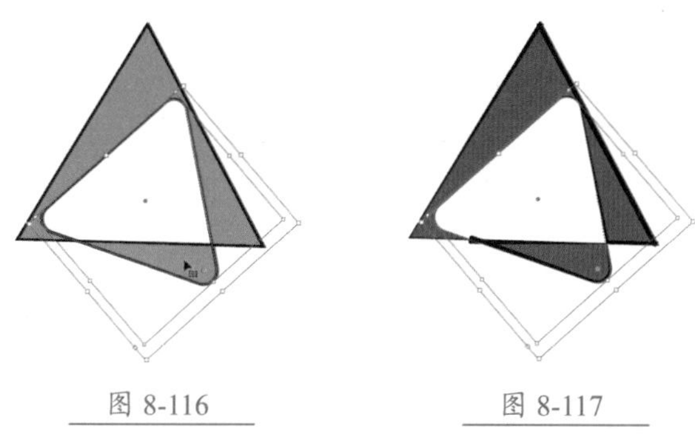

图 8-116　　图 8-117

此外，使用【直接选择工具】或者【编组选择工具】选择单独的对象后，按住【Alt】键再单击【路径查找器】面板中的【交集】按钮，如图 8-118 所示，可以更改形状的运算方式，从而得到新的图形。

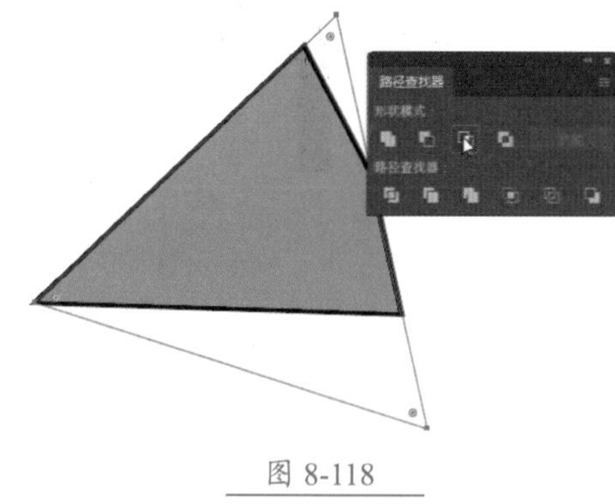

图 8-118

3. 释放复合形状

选择复合形状后，单击【路径查找器】面板右上角的扩展按钮，在弹出的扩展列表中选择【释放复合形状】选项，可以释放复合路径将其拆分回单独的对象，如图 8-119 所示。

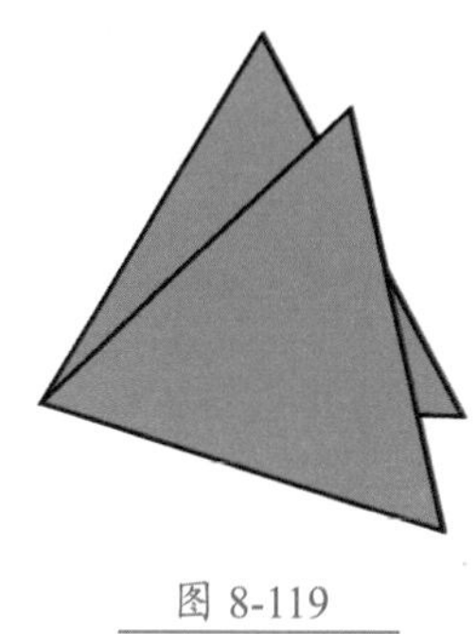

图 8-119

4. 扩展复合形状

选择复合形状后，单击【路径查找器】面板中的【扩展】按钮可以扩展复合形状。扩展复合形状后会保持复合对象的形状，但不能再选择单独的对象，如图 8-120 所示，相当于将对象合并，在【图层】面板中也只会显示一个【路径】图层。

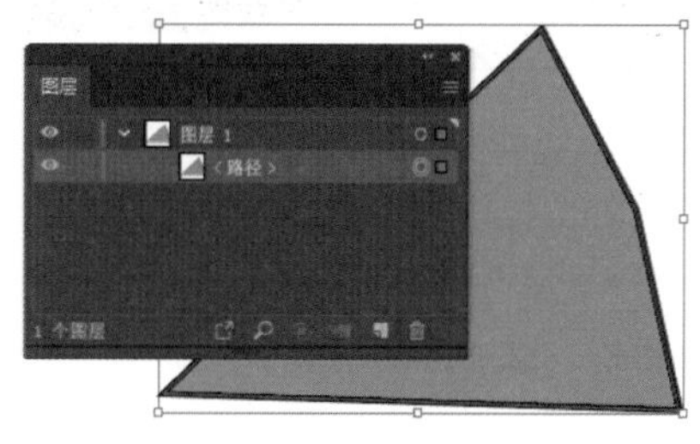

图 8-120

8.5.3 创建和编辑复合路径

复合路径包含两条或以上的上色路径，用于创建挖空效果。

1. 创建复合路径

如图 8-121 所示，选择对象后，执行【对象】→【复合路径】→【建立】命令，可以创建复合路径，如图 8-122 所示。创建复合路径后，复合路径中的所有对象都将应用最底层对象的填充和样式属性。

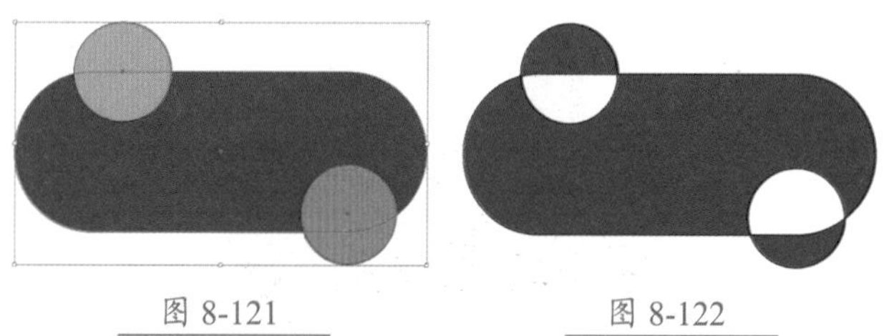

图 8-121　　图 8-122

2. 编辑复合路径

创建复合路径之后，使用【直接选择工具】可以选择复合路径的一部分，如图 8-123 所示。

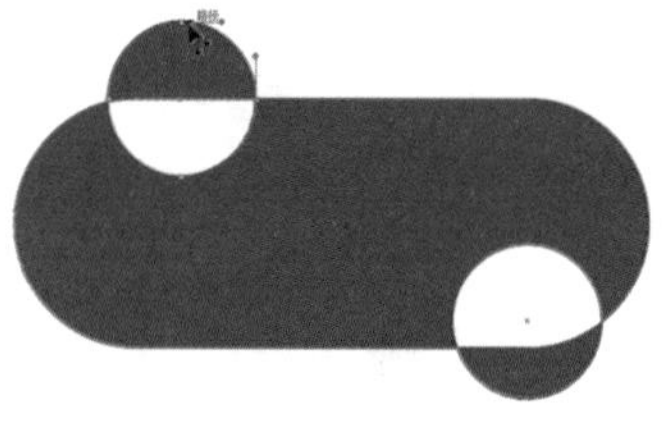

图 8-123

再切换到【选择工具】，如图 8-124 所示，此时可以选择该路径所在的单独的对象。然后可以移动、旋转或缩放选择的对象，如图 8-125 所示。

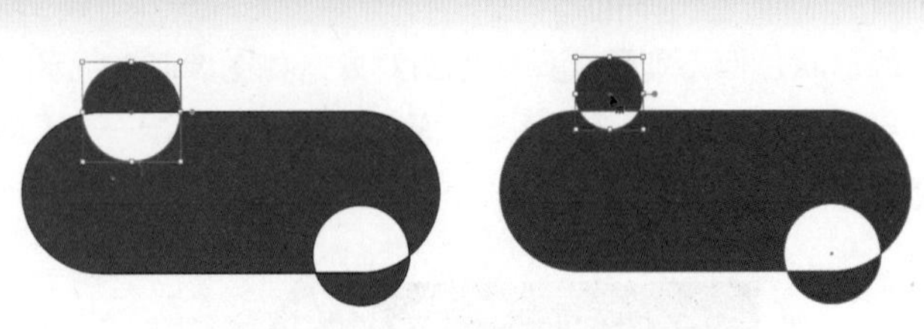
图 8-124　　图 8-125

使用【直接选择工具】拖曳方向线则可以调整路径形状，如图 8-126 所示。如果设置填充和描边等外观属性，会应用到整个复合路径对象上。

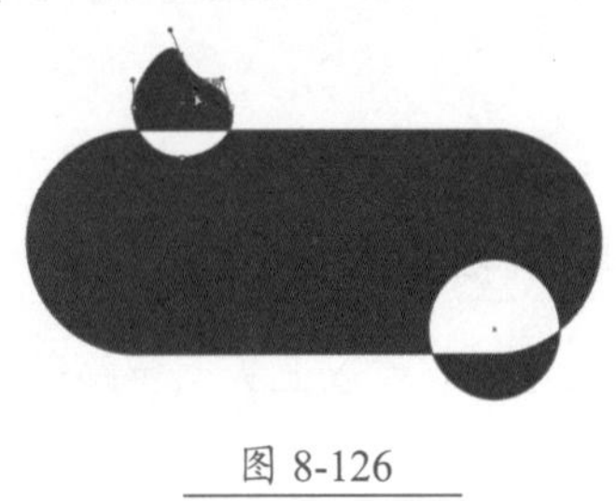
图 8-126

3. 释放复合路径

选择复合路径后，执行【对象】→【复合路径】→【释放】命令，可以将对象恢复为原来的独立状态，但是不会还原创建复合路径之前对象的填充内容和样式，如图 8-127 所示。

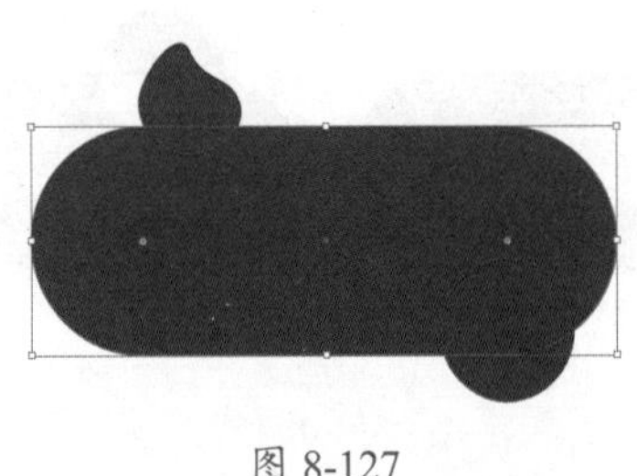
图 8-127

★重点 8.5.4 实战：使用【形状生成器工具】创建形状

使用【形状生成器工具】可以合并和删除对象，从而生成复杂图形。使用【形状生成器工具】创建形状的具体步骤如下。

Step 01 使用【椭圆工具】和【矩形工具】绘制形状，如图 8-128 所示。

Step 02 使用【选择工具】框选所有的对象，再选择工具栏中的【形状生成器工具】，将鼠标光标放在对象上，单击并拖动鼠标光标到其他图形，释放鼠标即可合并对象，如图 8-129 所示。按住【Alt】键拖动鼠标可以删除对象。

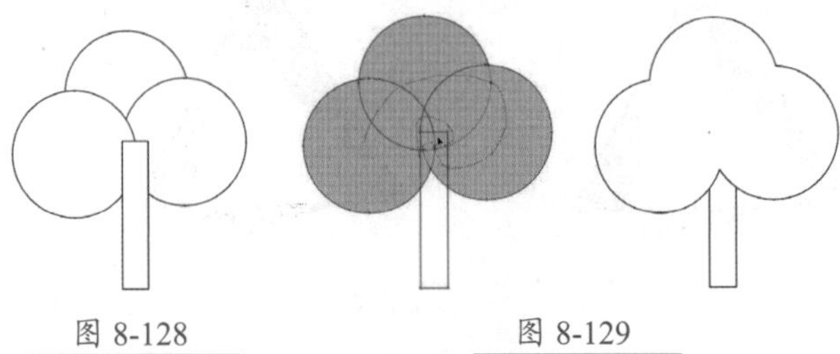
图 8-128　　图 8-129

Step 03 最后选择图形，设置填充颜色，取消描边效果，最终效果如图 8-130 所示。

图 8-130

8.5.5 实战：制作几何图形标志

使用组合对象功能制作几何图形标志，具体操作步骤如下。

Step 01 新建一个横向的 A4 文档。使用【椭圆工具】，按住【Shift】键绘制正圆，如图 8-131 所示。

Step 02 按【Ctrl+C】快捷键复制圆形对象，按【Ctrl+F】快捷键将其粘贴到前面。然后按住【Shift】键，将鼠标光标放在右侧定界框上，向左拖动鼠标，适当缩小圆形对象，如图 8-132 所示。

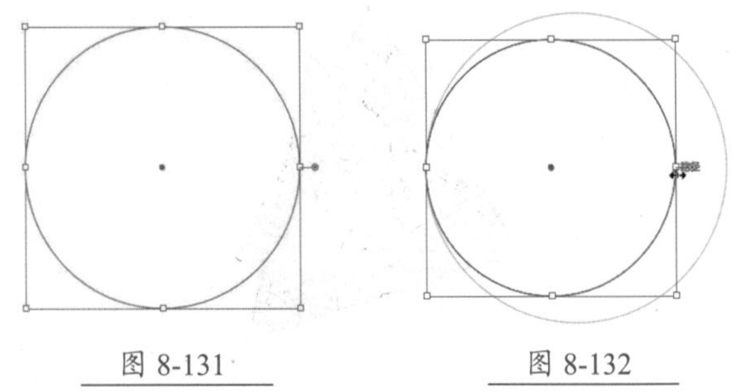
图 8-131　　图 8-132

Step 03 按住【Alt】键移动复制内侧的小圆，并将其与外侧的大圆对齐，如图 8-133 所示。

Step 04 使用相同的方法再复制两个同等大小的小圆，并对齐到外侧大圆，如图 8-134 所示。

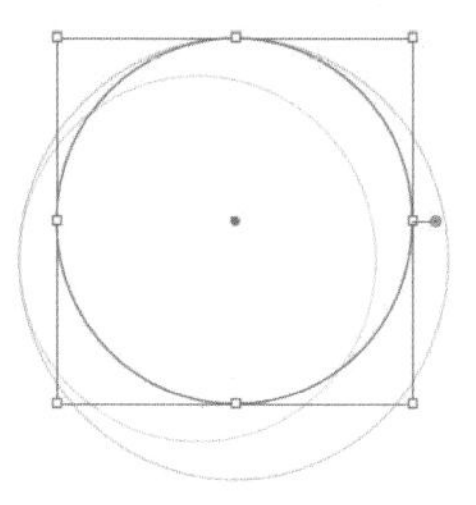

图 8-133　　图 8-134

Step05 使用【选择工具】框选所有的圆形对象，再执行【窗口】→【路径查找器】命令，打开【路径查找器】面板，单击【分割】按钮分割图形，如图 8-135 所示。

Step06 选择工具栏中的【形状生成器工具】，拖动鼠标合并形状，如图 8-136 所示。

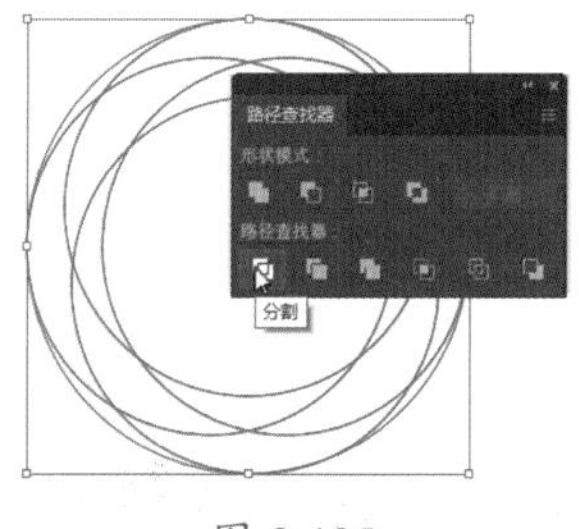

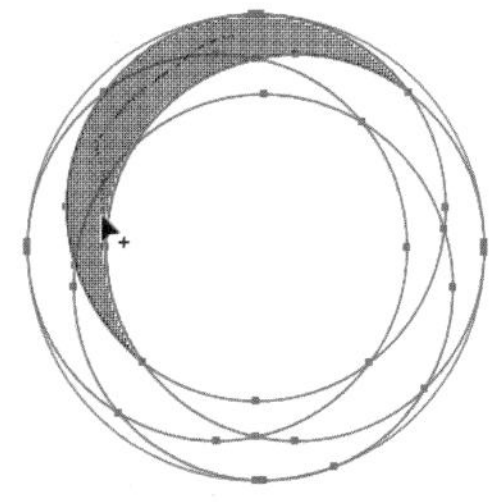

图 8-135　　图 8-136

Step07 使用相同的方法继续合并其他的形状，如图 8-137 所示。

Step08 使用【编组选择工具】选择左侧的形状，单击工具栏底部的【渐变】按钮，打开【渐变】面板，设置青色的渐变，描边为无，如图 8-138 所示。

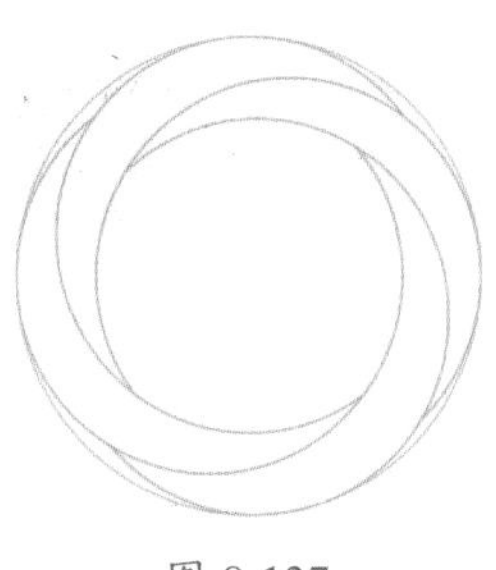

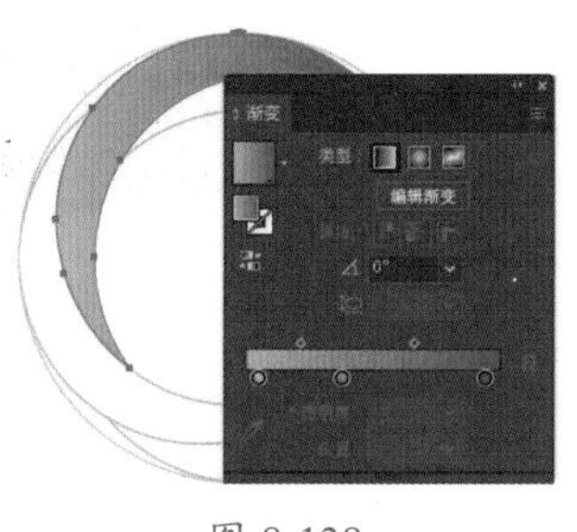

图 8-137　　图 8-138

Step09 单击【渐变】面板左上角的下拉按钮，在弹出的下拉列表中单击【添加到色板】按钮，将设置的渐变色添加到色板，如图 8-139 所示。

Step10 单击工具栏中的【渐变工具】，画板上显示出渐变轴，旋转渐变轴调整渐变角度，再拖动控制点调整渐变效果，如图 8-140 所示。

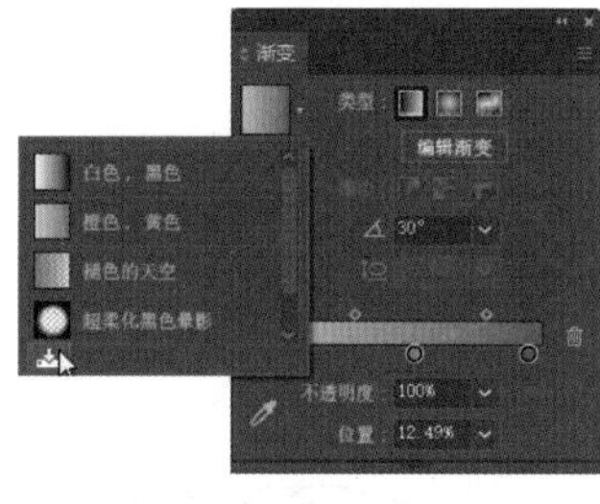

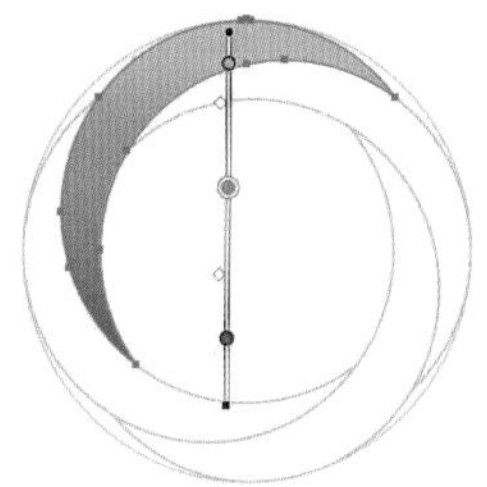

图 8-139　　图 8-140

Step11 使用【编组选择工具】选择其余的图形，并使用相同的方法填充青色渐变，如图 8-141 所示。

Step12 使用【编组选择工具】选择外侧和中间多余的形状，如图 8-142 所示，按【Delete】键将其删除，如图 8-143 所示。

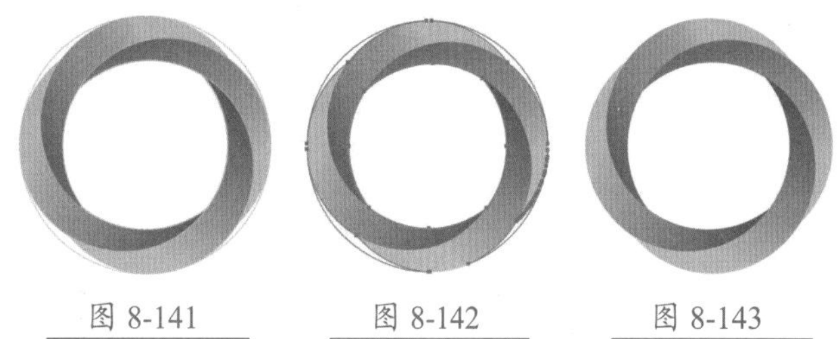

图 8-141　　图 8-142　　图 8-143

Step13 使用【文字工具】输入文字，完成几何标志的制作，如图 8-144 所示。

图 8-144

8.6 混合

混合功能可以混合多个图形之间的形状和颜色，从而实现从一种颜色过渡到另一种颜色，从一种形状过渡到另一种形状的效果。因此，使用混合功能常常能制作出十分奇幻的效果。创建混合后，还可以通过编辑混合轴来改变图像的混合效果。下面就介绍创建和编辑混合的方法。

★重点 8.6.1 创建混合

通过【混合工具】可以在两个对象之间平均分布形状，创建混合形状。创建混合有以下两种方式。

1. 通过【混合工具】创建混合

使用【混合工具】创建混合的具体操作步骤如下。

Step01 先创建两个有一定距离的图形，如图 8-145 所示。

Step02 双击工具栏中的【混合工具】按钮，打开【混合选项】对话框，设置【间距】和【取向】，如图 8-146 所示。

图 8-145 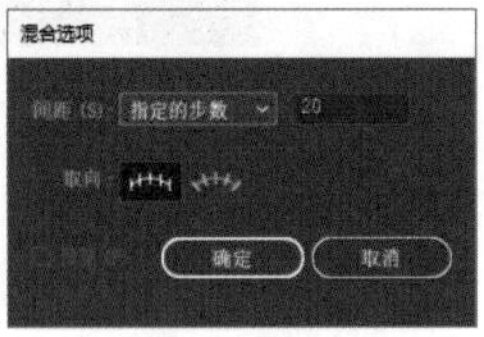　　图 8-146

Step03 单击【确定】按钮。将鼠标光标放在对象上方，当鼠标光标变为形状时单击对象，如图 8-147 所示。

Step04 将鼠标光标放在另一个对象上方，鼠标光标变换为形状，如图 8-148 所示；单击对象即可创建混合效果，如图 8-149 所示。

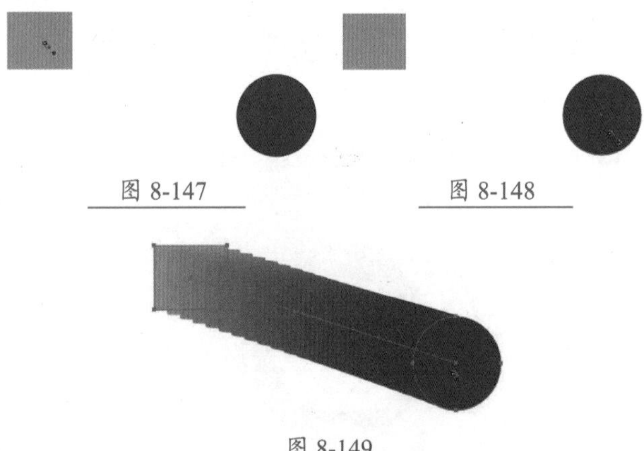

图 8-147　　图 8-148

图 8-149

【混合选项】对话框如图 8-150 所示，主要选项作用如表 8-8 所示。

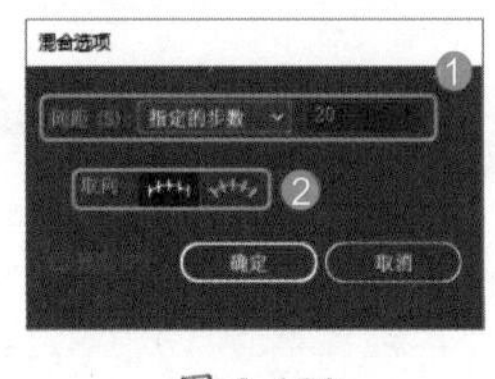

图 8-150

表 8-8　【混合选项】对话框中主要选项作用

选项	作用
❶ 间距	用于定义对象之间的混合方式。单击下拉按钮，在弹出的下拉列表中可以看到软件提供的 3 种混合方式。 ● 平滑颜色：自动计算混合的步数。如果对象是使用不同的颜色进行填色或描边，则计算出的步骤数将是为实现平滑颜色过渡而取的最佳步骤数，如图 8-151 所示。如果对象包含相同的颜色，或包含渐变或图案，则步骤数将根据两个对象定界框边缘之间的最长距离计算得出，如图 8-152 所示 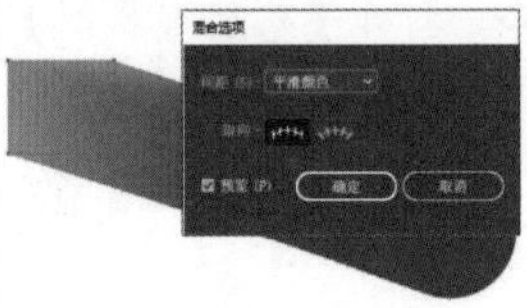 图 8-151 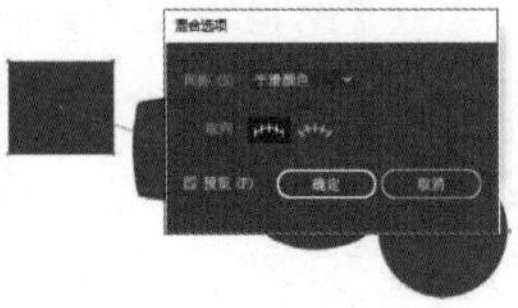　图 8-152 ● 指定的步数：用于控制在混合开始和结束之间的步数。在右侧的参数框中可以设置步数，如图 8-153 所示。 ● 指定的距离：用来控制混合步骤之间的距离，是指从一个对象边缘起到下一个对象相对应边缘之间的距离，如图 8-154 所示 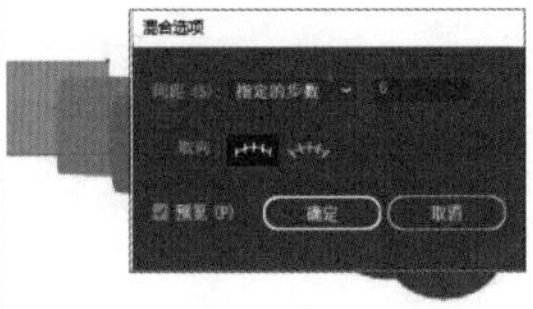 图 8-153 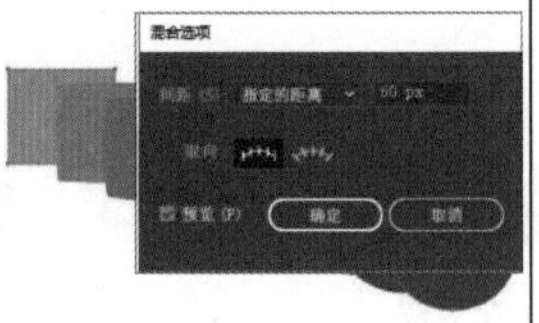　图 8-154
❷ 取向	用于确定混合对象的方向。单击【页面对齐】按钮，使混合垂直于页面的 X 轴，如图 8-155 所示；单击【对齐路径】按钮，使混合垂直于路径，如图 8-156 所示  图 8-155 　图 8-156

2. 使用菜单命令创建混合

除了闭合路径外，开放路径也可以创建混合。如图 8-157 所示，绘制两条路径。同时选择两条路径，执行【对象】→【混合】→【建立】命令，即可创建混合，如图 8-158 所示。

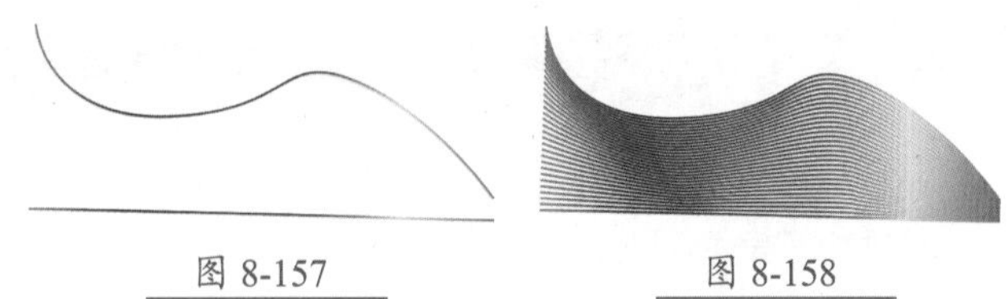

图 8-157　　图 8-158

使用菜单命令创建混合后，如果想要设置混合效果，可以先选择混合对象，再双击工具栏中的【混合工具】或者执行【对象】→【混合】→【混合选项】命令，打开【混合选项】对话框进行参数设置即可。

★重点 8.6.2 编辑混合

创建混合后，默认情况下，在混合对象之间会建立一条直线的混合轴，如图 8-159 所示。通过编辑混合轴可以改变混合对象的形状。

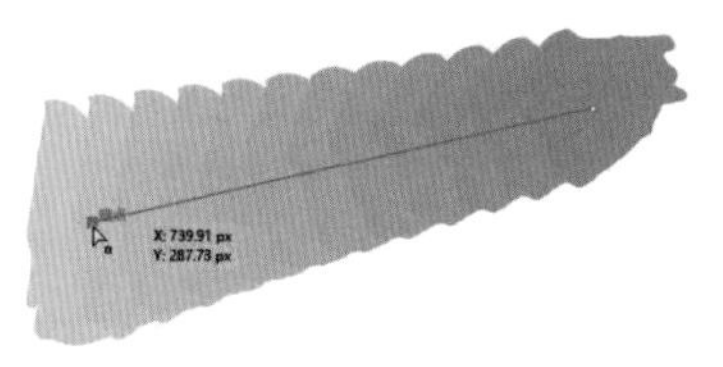

图 8-159

1. 使用【直接选择工具】调整混合轴形状

使用【直接选择工具】可以选择混合轴并调整混合轴角度，如图 8-160 所示。

此外，也可以通过在混合轴上添加锚点来调整混合轴的形状，从而改变混合对象的形状，如图 8-161 所示。

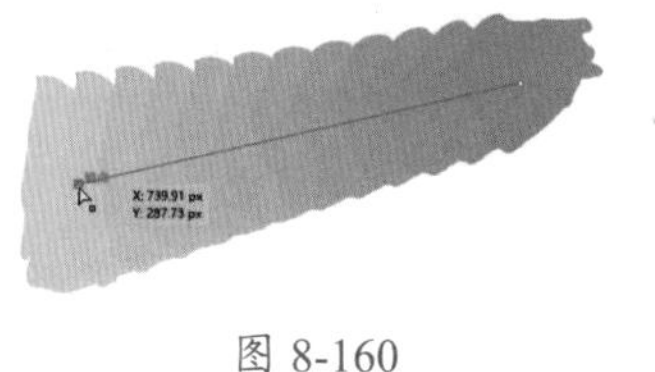

图 8-160

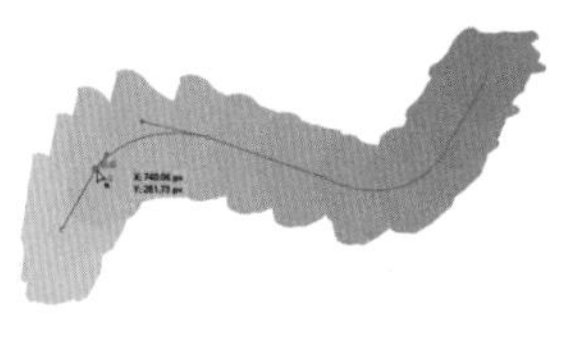

图 8-161

2. 反向混合轴

单击选择混合对象，执行【对象】→【混合】→【反向混合轴】命令，可以调整混合对象的方向，如图 8-162 所示。

3. 反向堆叠

单击选择混合对象，执行【对象】→【混合】→【反向堆叠】命令，可以更改混合对象的堆叠顺序，如图 8-163 所示。

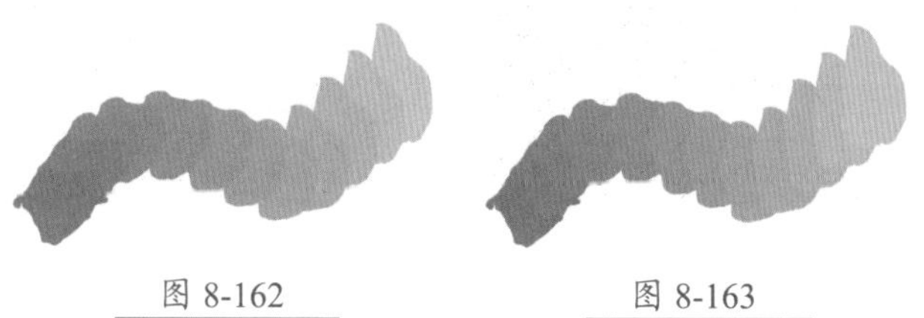

图 8-162　　图 8-163

4. 替换混合轴

执行【替换混合轴】命令，可以用其他复杂路径替换现有的混合轴。先绘制一段路径，再选择混合对象和路径段，如图 8-164 所示。执行【对象】→【混合】→【替换混合轴】命令，即可用绘制的路径替换原来的混合轴，如图 8-165 所示。

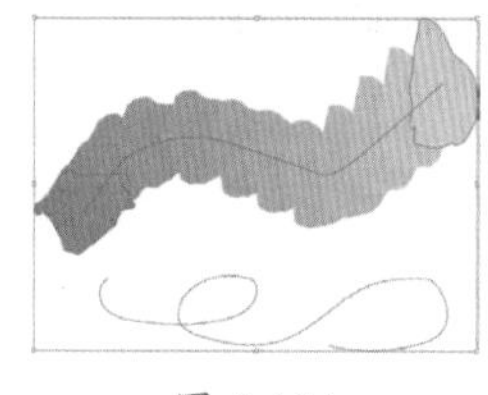

图 8-164　　图 8-165

5. 扩展混合

创建混合后，执行【对象】→【混合】→【扩展】命令，可以将混合分割为一系列不同的对象。执行【扩展】命令后，被扩展的混合对象会作为一个编组。按【Shift+Ctrl+G】快捷键取消编组后，就可以选择单独的对象并进行编辑，如图 8-166 所示。

6. 释放混合

单击选择混合对象，执行【对象】→【混合】→【释放】命令，可以删除混合效果，并还原对象为混合之前的状态，如图 8-167 所示。

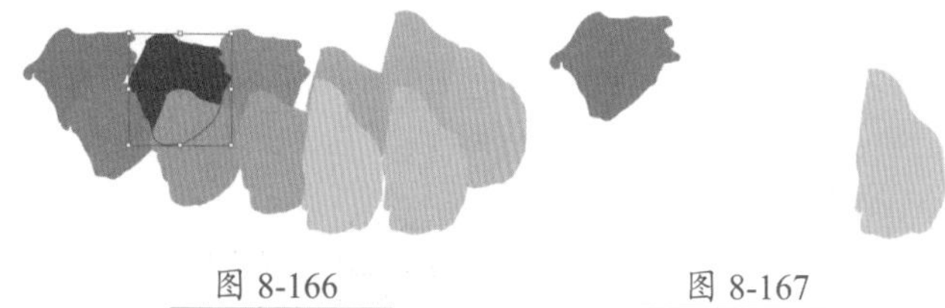

图 8-166　　图 8-167

8.6.3 实战：使用【混合工具】制作流体风格字体

使用【混合工具】制作流体风格字体的具体操作步骤如下。

Step 01 新建一个横向的 A4 文档。在按住【Shift】的同时使用【椭圆工具】绘制正圆。单击工具栏底部的【渐变】按钮，打开【渐变】面板，设置渐变颜色为【紫色-黄色】渐变，渐变角度为 90°，如图 8-168 所示。

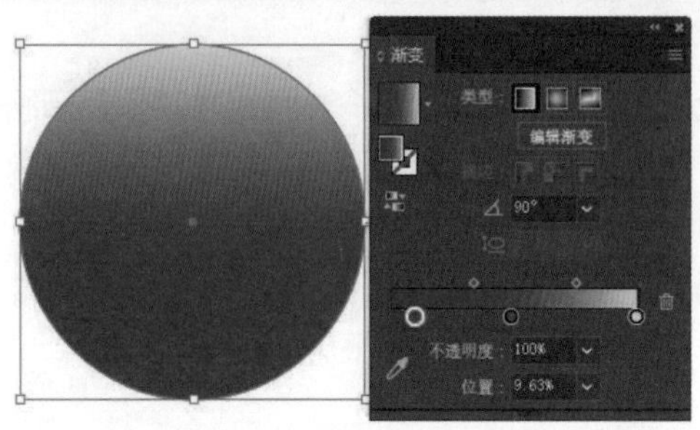
图 8-168

Step02 按住【Alt】键移动复制椭圆对象，如图 8-169 所示。

图 8-169

Step03 使用【选择工具】框选两个椭圆对象，执行【对象】→【混合】→【建立】命令创建混合，如图 8-170 所示。

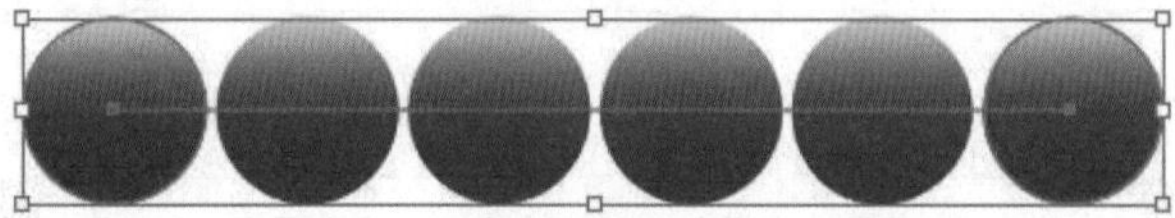
图 8-170

Step04 双击工具栏中的【混合工具】，打开【混合选项】对话框，设置【间距】为指定的步数，【步数】为 800，如图 8-171 所示，单击【确定】按钮。

Step05 设置填充颜色为无，选择工具栏中的【铅笔工具】并双击，打开【铅笔工具选项】对话框，拖动【保真度】滑块到最右侧，如图 8-172 所示。

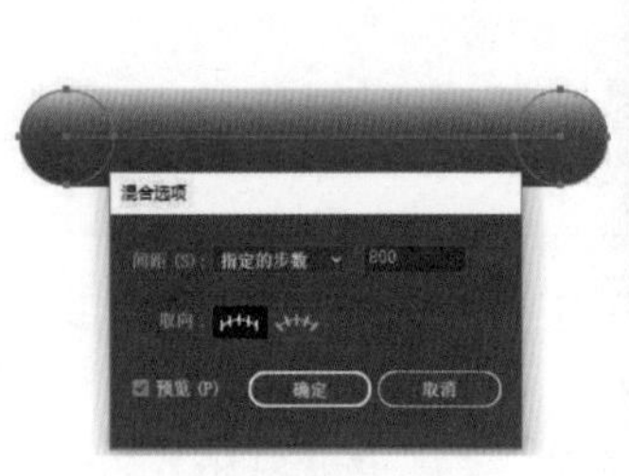
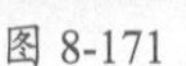
图 8-171

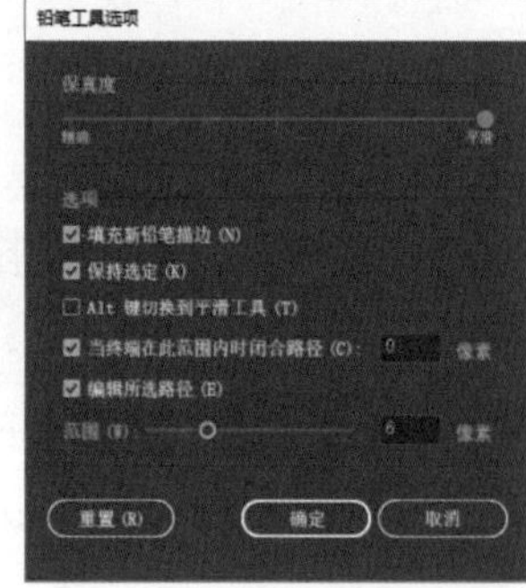
图 8-172

Step06 单击【确定】按钮，关闭【铅笔工具选项】对话框。使用【铅笔工具】在画板上绘制数字，并使用【平滑工具】平滑路径，如图 8-173 所示。

Step07 将混合图形拖动到画板上，按【Alt】键移动复制 3 个混合图形，如图 8-174 所示。因为这里绘制的 4 个数字是 4 条单独的路径，所以需要对应 4 个混合图形。

图 8-173

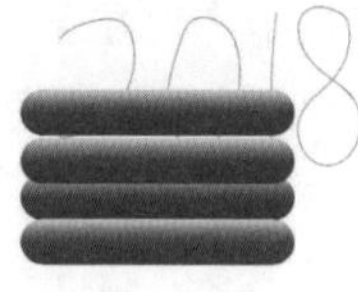
图 8-174

Step08 选择一个混合图形，并按【Shift】键加选数字 2，如图 8-175 所示。

Step09 执行【对象】→【混合】→【替换混合轴】命令，替换混合轴，效果如图 8-176 所示。

图 8-175

图 8-176

Step10 使用其余的数字去替换其他混合图形的混合轴，效果如图 8-177 所示。

Step11 使用【直接选择工具】调整图形形状，如图 8-178 所示。

图 8-177

图 8-178

Step12 使用【矩形工具】绘制一个与画板同等大小的矩形，单击工具栏底部的【渐变】按钮，打开【渐变】面板，设置渐变颜色为【紫色 - 黄色】渐变，渐变角度为 60°，如图 8-179 所示。

Step13 右击矩形，在弹出的快捷菜单中选择【排列】→【置于底层】命令，将矩形对象置于文字底层，如图 8-180 所示。

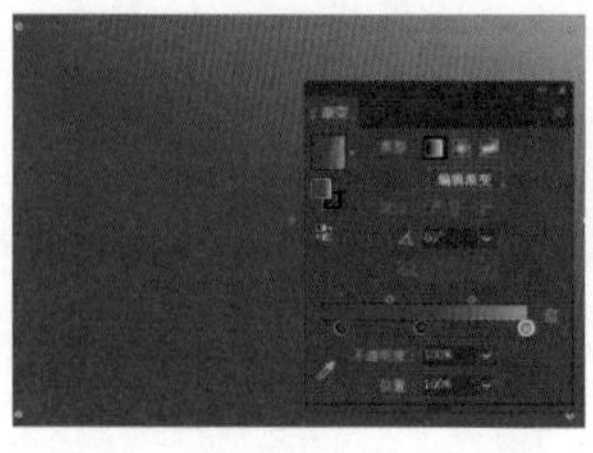
图 8-179

图 8-180

妙招技法

通过前面内容的学习，相信大家已经了解了 Illustrator CC 中对象的变换与变形的操作方法，下面就结合本章内容介绍一些使用技巧。

技巧 01 重置定界框的方法

旋转对象后，定界框也会随之旋转，如图 8-181 所示。如果不希望定界框旋转，可以执行【对象】→【变换】→【重置定界框】命令，定界框会还原为旋转之前的角度，如图 8-182 所示。

技巧 02 如何隐藏定界框

执行【视图】→【隐藏定界框】命令可以隐藏定界框。隐藏定界框后，不能直接旋转和缩放对象。如果要显示定界框，执行【窗口】→【显示定界框】命令即可。

图 8-181

图 8-182

同步练习：设计童趣旋转木马

本例制作童趣旋转木马。先使用【星形工具】绘制装饰图形，然后添加素材文件，并使用【镜像工具】垂直翻转图形，最后使用【矩形工具】和【椭圆工具】绘制装饰图形，完成制作，效果如图 8-183 所示。

图 8-183

素材文件	素材文件 \ 第 8 章 \ 房子 .ai、木马 .ai
结果文件	结果文件 \ 第 8 章 \ 旋转木马 .ai

Step01 打开“素材文件 \ 第 8 章 \ 房子 .ai”文件，如图 8-184 所示。

Step02 选择【星形工具】，在画板中单击，打开【星形】对话框，如图 8-185 所示，设置【半径 1】为 12px，【半径 2】为 6px，【角点数】为 5。

图 8-184

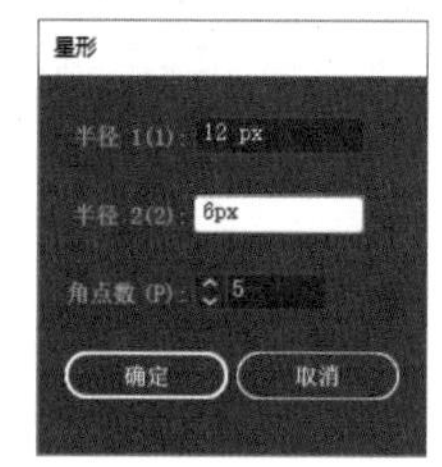

图 8-185

Step03 单击【确定】按钮，创建星形对象，并填充红色（#e64424）。使用【选择工具】将其移动到房子下方，如图 8-186 所示。

Step04 按住【Alt】快捷键移动复制星形，如图 8-187 所示。按【Ctrl+D】快捷键执行【再次变换】命令，继续移动复制星形，如图 8-188 所示。

图 8-186

图 8-187

图 8-188

Step05 使用【选择工具】移动最右侧的星形到适当的位置，再按住【Shift】键加选所有的星形，如图 8-189 所示。

Step06 在【属性】面板中设置【对齐】为对齐所选对象，然后单击【水平居中分布】按钮以水平居中分布对象，如图 8-190 所示。

图 8-189

图 8-190

Step07 保持对象的选中状态，执行【对象】→【变换】→【分别变换】命令，打开【分别变换】对话框，如图 8-191 所示。设置【水平】和【垂直】均为 90%，选中【随机】复选框，单击【确定】按钮，随机缩小多个星形，如图 8-192 所示。

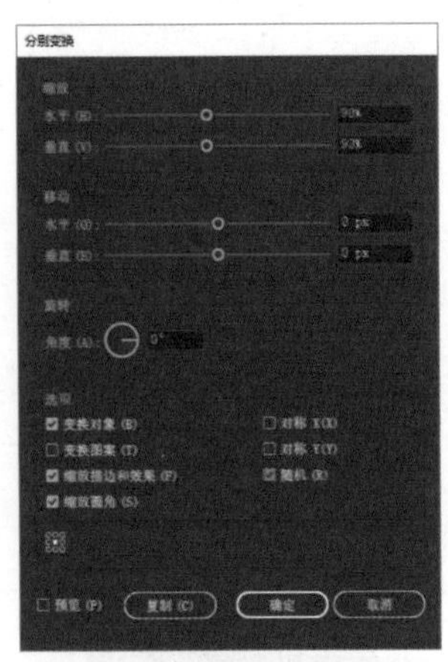
图 8-191

图 8-192

Step08 选择【椭圆工具】，拖动鼠标绘制椭圆对象，并填充灰色（#dfdbd2），如图 8-193 所示。

Step09 右击椭圆对象，在弹出的快捷菜单中选择【排列】→【置于底层】命令，将椭圆对象置于底层作为投影，如图 8-194 所示。

图 8-193

图 8-194

Step10 打开"素材文件\第 8 章\木马 .ai"文件，并将其拖动到当前文档中，如图 8-195 所示。

Step11 按住【Alt】键移动复制图形，并将其放在适当的位置，如图 8-196 所示。

图 8-195

图 8-196

Step12 使用【选择工具】选择中间的木马图形，按【Shift+Ctrl+G】快捷键取消编组。再选择木马的身体，填充浅黄色（#f4bf7a），如图 8-197 所示。

Step13 打开"素材文件\第 8 章\气球 .ai"文件，并将其拖动到当前文档中，如图 8-198 所示。

图 8-197

图 8-198

Step14 按住【Alt】键移动复制气球，并更改填充色为橙色（#db6a2a），然后拖动右上角的控制点，适当放大图形，如图 8-199 所示。

Step15 按住【Alt】键继续拖动复制多个气球，并调整气球的大小和角度，如图 8-200 所示。

图 8-199　　图 8-200

Step16 选择所有的气球图形，执行【对象】→【变换】→【分别变换】命令，打开【分别变换】对话框，设置【水平】和【垂直】均为 50%，【角度】为 10，选中【随机】复选框，如图 8-201 所示。单击【确定】按钮，分别变换对象，如图 8-202 所示。

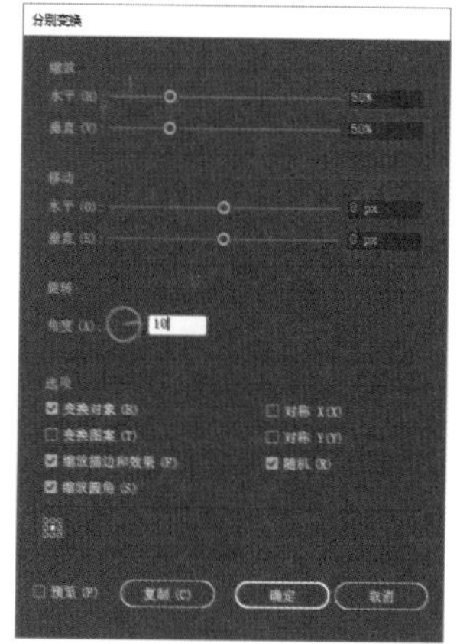

图 8-201

图 8-202

Step17 选择所有气球，选择工具栏中的【镜像工具】，然后按住【Alt】键的同时在画板中心单击，确定参考点并打开【镜像】对话框，如图 8-203 所示，选中【垂直】单选按钮，单击【复制】按钮，复制并翻转对象，如图 8-204 所示。

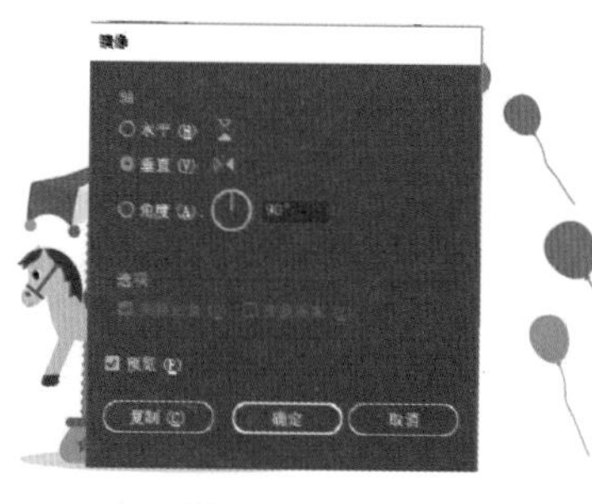

图 8-203

图 8-204

Step18 使用【矩形工具】绘制矩形，并填充红色(#e64424)，如图 8-205 所示。

图 8-205

Step19 使用【矩形工具】绘制与红色矩形高度相同的矩形，并填充浅黄色（#f2dabc），如图 8-206 所示。

Step20 使用【倾斜工具】拖动倾斜变换图形，如图 8-207 所示。

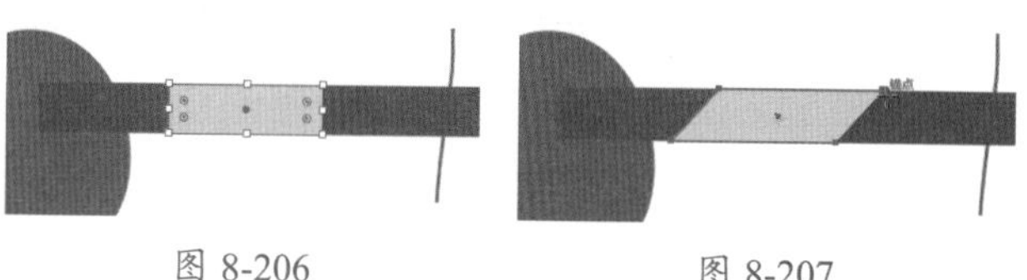

图 8-206　　图 8-207

Step21 执行【对象】→【变换】→【移动】命令，打开【移动】对话框，设置【距离】为 45px，如图 8-208 所示。单击【复制】按钮，复制并移动图形，如图 8-209 所示。

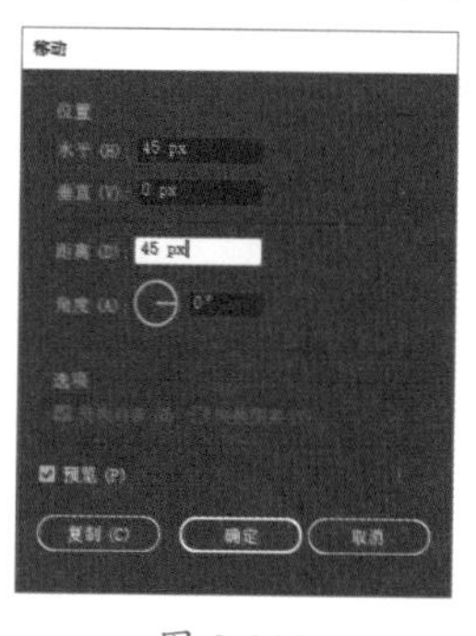

图 8-208

图 8-209

Step22 按【Ctrl+D】快捷键多次，移动复制图形，再将红色矩形置于最底层，如图 8-210 所示。

图 8-210

Step23 选择【椭圆工具】，在画板上单击，打开【椭圆】对话框，设置【宽度】和【高度】均为 8.5px，如图 8-211 所示。单击【确定】按钮，创建椭圆对象，并填充橙色（#e5a023），将其放在适当的位置，如图 8-212 所示。

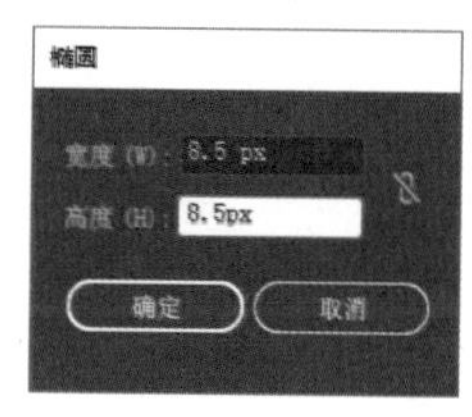

图 8-211

图 8-212

Step 24 切换到【选择工具】，将鼠标光标放在椭圆对象上方，按住【Alt+Shift】快捷键，拖动鼠标，移动复制椭圆，如图 8-213 所示。

Step 25 按【Ctrl+D】快捷键多次，移动复制椭圆，完成童趣旋转木马的制作，效果如图 8-214 所示。

图 8-213

图 8-214

本章小结

本章主要介绍了对象的变换与变形操作，主要包括使用工具变换和变形对象、使用菜单命令变换对象、封套扭曲、组合对象和创建混合对象的操作方法。其中，【路径查找器】面板、【形状生成器工具】及【混合工具】的使用是本章学习的重点和难点，熟练掌握这些工具后可以在 Illustrator CC 中创建各种复杂的图形对象。

第9章 画笔的使用

- 如何使用画笔绘制图形？
- 怎么自定义画笔？
- 如何设置散点画笔？
- 【斑点画笔工具】有什么用？

将图案定义为画笔后，再使用【画笔工具】绘制可以极大地节省时间，提高工作效率。本章将介绍画笔的具体操作，包括【画笔工具】的使用、自定义画笔的设置及【斑点画笔工具】的使用。

9.1 画笔工具

使用【画笔工具】可以随意绘制路径或者为路径描边。Illustrator 提供了多种画笔类型，用来模拟类似毛笔、钢笔、油画等笔触效果。使用【画笔工具】绘制之前可以通过设置【画笔工具】选项参数，绘制带有填充的画笔描边路径，下面将详细介绍【画笔工具】的使用。

9.1.1 使用【画笔工具】

单击工具栏中的【画笔工具】，然后在画板上拖动鼠标光标即可以默认的画笔进行绘制，如图 9-1 所示。

图 9-1

在控制栏或者【属性】面板中单击【画笔定义】下拉按钮，在弹出的下拉列表中可以设置画笔样式、描边颜色和不透明度（见图 9-2），最终定义的画笔绘制出的颜色和效果如图 9-3 所示。

图 9-2

图 9-3

9.1.2 【画笔】面板

通常情况下，【画笔工具】都需要配合【画笔】面板一起使用。执行【窗口】→【画笔】命令或者按【F5】键，就可以打开【画笔】面板，如图 9-4 所示。在【画笔】面板中会显示预设的画笔笔尖形状，也可以存放最近使用过的画笔笔尖。此外，在【画笔】面板底部显示了一排按钮，每个按钮分别对应了不同的功能，可以进行新建画笔、打开画笔库、删除画笔等操作，各按钮作用如表 9-1 所示。

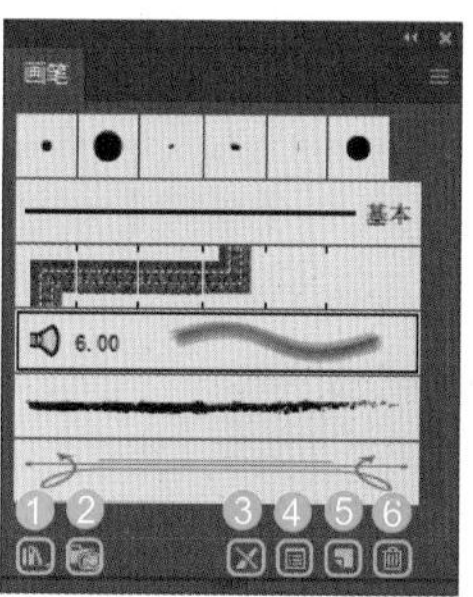

图 9-4

表 9-1 【画笔】面板各按钮作用

按钮	作用
❶ 画笔库菜单	单击该按钮，在弹出的下拉菜单中可以选择一种预设的画笔库

续表

按钮	作用
② 库面板	单击该按钮可以打开【库】面板
③ 移去画笔描边	当为绘制的路径应用了画笔笔尖形状效果后，单击该按钮可以移去画笔描边效果
④ 所选对象的选项	单击该按钮可以打开【描边选项】对话框，设置对话框中的参数可以重新定义画笔
⑤ 新建画笔	单击该按钮可以打开【新建画笔】对话框。在该对话框中选择新建画笔类型，再单击【确定】按钮即可新建画笔
⑥ 删除画笔	选择一种画笔笔尖，再单击该按钮，可以删除该画笔笔尖

技术看板

在【画笔】面板中选择一种画笔笔尖，将其拖动到【新建】按钮上，释放鼠标后可以复制该画笔。

9.1.3 调整【画笔】面板显示方式

默认情况下，【画笔】面板中显示了书法画笔、毛刷画笔、图案画笔和艺术画笔的缩览图。单击【画笔】面板右上角的展开按钮，在弹出的扩展菜单中选择【列表视图】命令，如图 9-5 所示，此时【画笔】面板会以列表的形式显示各种画笔笔尖，如图 9-6 所示。

图 9-5

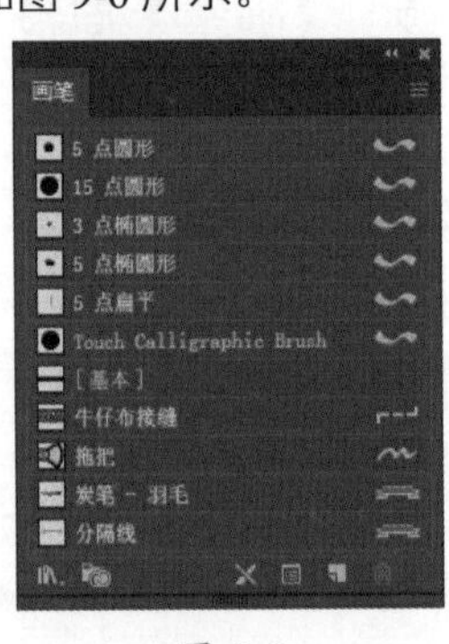

图 9-6

如果在扩展菜单中选择【显示书法画笔】命令，取消命令前面的标记，此时【画笔】面板中将不再显示书法画笔的列表或者缩览图，如图 9-7 所示。

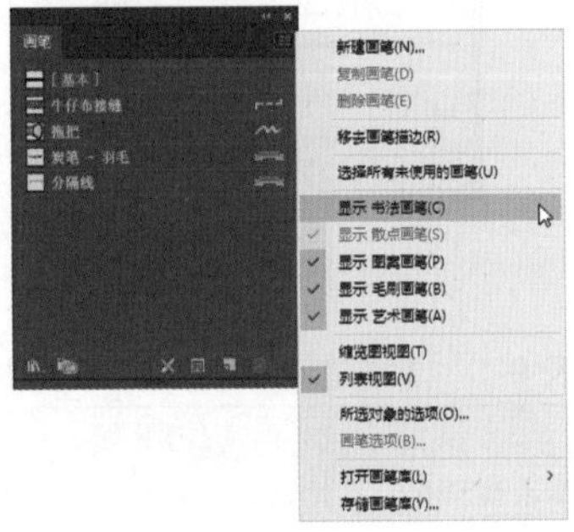

图 9-7

★重点 9.1.4 实战：使用画笔库绘制草地

画笔库菜单中提供了多组预设画笔，可以快速绘制图像。使用画笔库中的预设画笔绘制草地，具体操作步骤如下。

Step01 打开“素材文件\第9章\草地.ai”文件，如图 9-8 所示。

Step02 按【F5】键打开【画笔】面板，单击面板左下角的【画笔库菜单】按钮，弹出画笔库菜单列表，如图 9-9 所示。

图 9-8

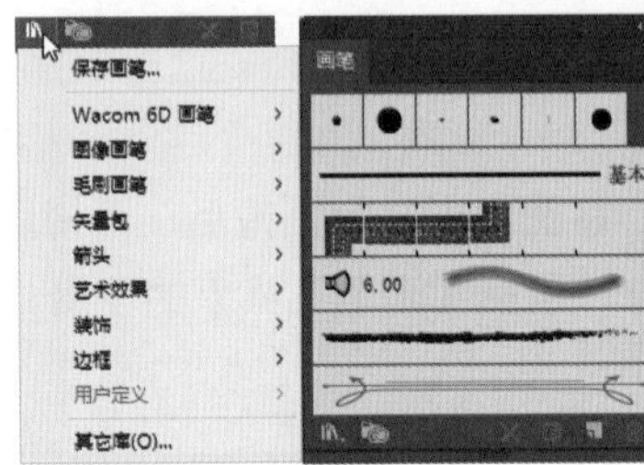

图 9-9

Step03 画笔库菜单列表中提供了多组画笔库预设，这里选择【边框】画笔库，再选择【边框_新奇】画笔组，如图 9-10 所示。

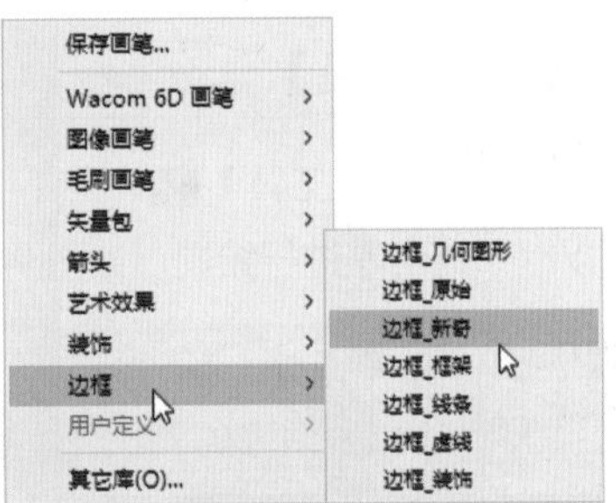

图 9-10

Step04 打开【边框_新奇】画笔面板后，选择【草】画笔，如图 9-11 所示。此时，【草】画笔会被添加到【画笔】面板中，如图 9-12 所示。

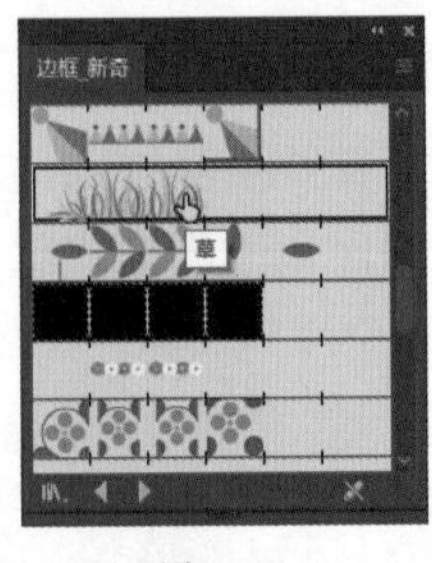

图 9-11

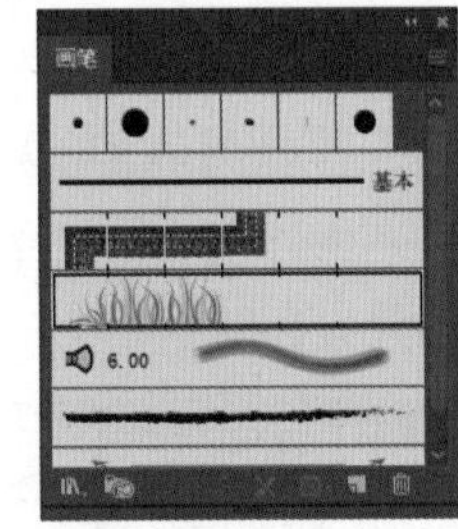

图 9-12

Step05 选择工具栏中的【画笔工具】，在控制栏中设置【描边粗细】为 5pt，然后在图形底部拖动鼠标光标绘制草，如图 9-13 所示。

图 9-13

Step 06 在控制栏中设置【描边粗细】为 2pt，继续拖动鼠标光标绘制草，如图 9-14 所示。

Step 07 继续调整描边粗细，绘制具有层次感的草地，如图 9-15 所示。

图 9-14

图 9-15

Step 08 单击【画笔】面板左下角的【画笔库菜单】按钮 ，在弹出的菜单中选择【图像画笔】画笔库，打开【图像画笔库】面板，并选择【雏菊 _ 图稿】画笔，如图 9-16 所示。

Step 09 使用【画笔工具】 在草地上自上向下拖动鼠标光标绘制雏菊，如图 9-17 所示。

图 9-16

图 9-17

Step 10 使用同样的方法绘制雏菊，如图 9-18 所示。

Step 11 在【图像画笔库】面板中选择【雏菊 _ 散落】画笔，如图 9-19 所示。

图 9-18

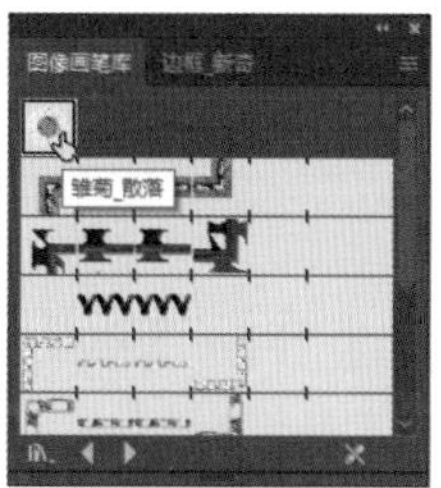

图 9-19

Step 12 在草地上单击鼠标绘制散落的雏菊，如图 9-20 所示。

图 9-20

Step 13 选择所有的雏菊对象，执行【对象】→【变换】→【分别变换】命令，打开【分别变换】对话框，如图 9-21 所示，设置【水平】和【垂直】均为 25%，选中【随机】复选框，然后选中【预览】复选框，当预览到合适的效果后单击【确定】按钮，分别缩放图像，如图 9-22 所示。

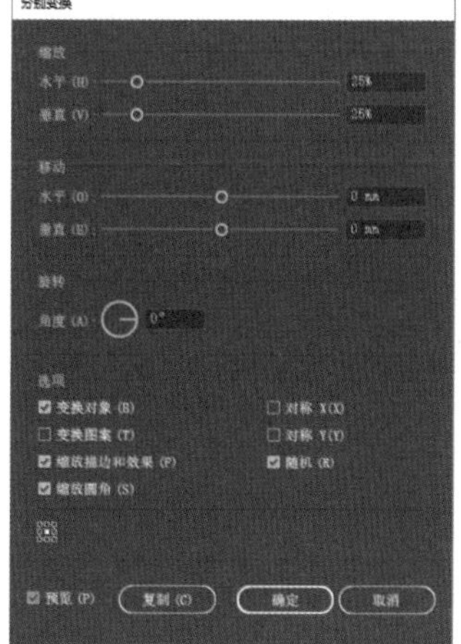

图 9-21

图 9-22

Step 14 置入"素材文件 \ 第 9 章 \ 牛 .png"文件，如图 9-23 所示。

Step 15 使用【椭圆工具】 绘制椭圆并填充深绿色，降低不透明度，然后将其置于【牛】对象的下方，制作阴影效果，再编组【牛】和椭圆对象，如图 9-24 所示。

图 9-23

图 9-24

Step16 使用【选择工具】选择【牛】对象，缩放其大小，并将其放在适当的位置。然后按【Alt】键，移动复制【牛】对象，调整大小、角度及位置，如图 9-25 所示。

Step17 使用【光晕工具】在右上角绘制光晕效果，并降低光晕不透明度，完成制作，最终效果如图 9-26 所示。

图 9-25

图 9-26

技能拓展——如何快速复制画笔库中的多个画笔到【画笔】面板

打开画笔库面板后，按【Ctrl】键加选多个画笔，再单击画笔库面板右上角的扩展按钮，在弹出的扩展菜单中选择【添加到画笔】命令，即可将选择的多个画笔同时添加到【画笔】面板。

9.1.5 设置画笔工具选项

在【画笔工具选项】对话框中设置参数可以定义画笔绘制时的效果。双击工具栏中的【画笔工具】，即可打开【画笔工具选项】对话框，如图 9-27 所示，各选项作用如表 9-2 所示。

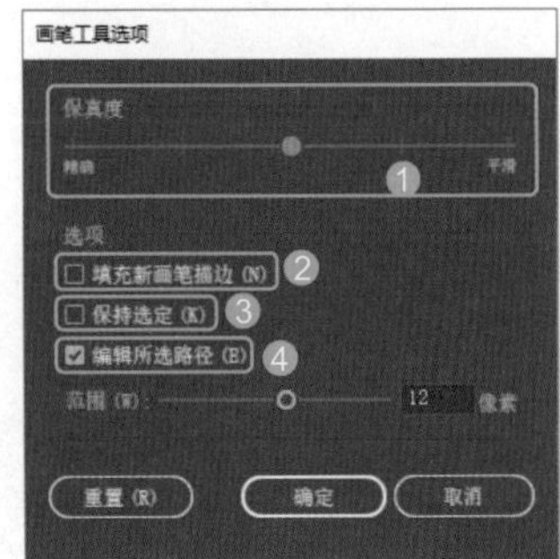

图 9-27

表 9-2 【画笔工具选项】对话框中各选项作用

选项	作用
① 保真度	用于定义使用画笔绘制时路径的精准度。滑块越靠近【精确】的一侧保真度越高，路径越接近绘制的形状，锚点也越多。反之，滑块越靠近【平滑】的一侧，保真度越低，绘制的路径看起来越平滑，锚点越少
② 填充新画笔描边	选中该复选框，使用画笔绘制路径时可以填充颜色，如图 9-28 所示  图 9-28
③ 保持选定	选中该复选框，使用画笔绘制路径后会自动选中绘制的路径，如图 9-29 所示 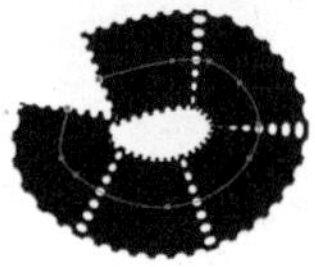 图 9-29
④ 编辑所选路径	选中该复选框，可以使用【画笔工具】对当前选择的路径进行修改。将鼠标光标放在路径上，如图 9-30 所示，当光标右下角的※消失时，拖动鼠标即可更改路径，如图 9-31 所示  图 9-30  图 9-31 拖动下方的【范围】滑块，可以定义鼠标光标与当前路径在多远的距离之内可以使用【画笔工具】编辑路径

9.1.6 实战：应用画笔描边

对于已经绘制好的路径可以使用【画笔】面板为其应用画笔描边效果，具体操作步骤如下。

Step01 使用【直线段工具】绘制一条直线，如图 9-32 所示。

图 9-32

Step02 按【F5】键打开【画笔】面板，单击面板左下角的【画笔库菜单】按钮，在弹出的下拉菜单中选择【装饰】→【典雅的卷曲和花形画笔组】命令，如图 9-33 所示。

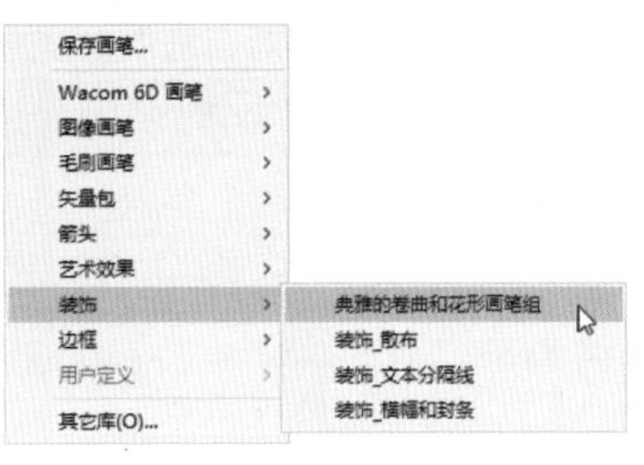

图 9-33

Step 03 设置描边颜色为黄色。选择绘制的直线段，然后选择【典雅的卷曲和花形画笔组】面板中的【城市】画笔，为直线段应用画笔描边，如图 9-34 所示。

图 9-34

9.2 自定义画笔

在 Illustrator CC 中除了可以使用各种预设的画笔绘制以外，还可以根据需要创建或者自定义书法画笔、散点画笔、毛刷画笔、图案画笔和艺术画笔等。

9.2.1 画笔类型

在创建画笔之前需要先了解 Illustrator CC 中的画笔类型，主要有书法画笔、散点画笔、图案画笔、毛刷画笔和艺术画笔。

● 书法画笔：创建类似于钢笔或毛笔的描边效果，如图 9-35 所示。

● 散点画笔：将一个对象的许多副本沿路径分布，如图 9-36 所示。

● 图案画笔：将图案作为画笔，使用【画笔工具】绘制时，该图案会沿着路径反复拼贴，如图 9-37 所示。图案画笔最多可以包括 5 种拼贴，分别是图案的边线、内角、外角、起点和终点。

图 9-35

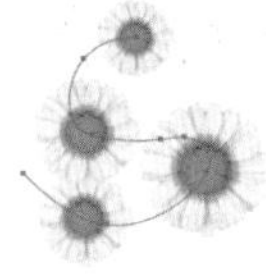

图 9-36

图 9-37

● 毛刷画笔：使用毛刷创建具有自然画笔外观的画笔描边，如图 9-38 所示。

● 艺术画笔：创建沿路径长度均匀拉伸画笔形状的效果，如图 9-39 所示。

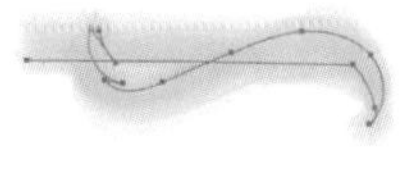

图 9-38

图 9-39

9.2.2 创建书法画笔

单击【画笔】面板底部的【新建画笔】按钮，打开【新建画笔】对话框，如图 9-40 所示；选中【书法画笔】单选按钮，单击【确定】按钮，会打开【书法画笔选项】对话框，如图 9-41 所示；设置参数，即可创建新的书法画笔。【书法画笔选项】对话框中各选项作用如表 9-3 所示。

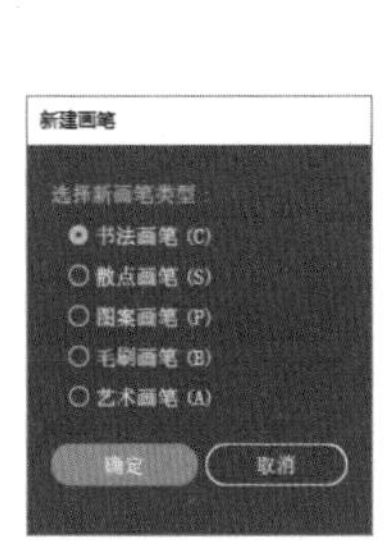

图 9-40

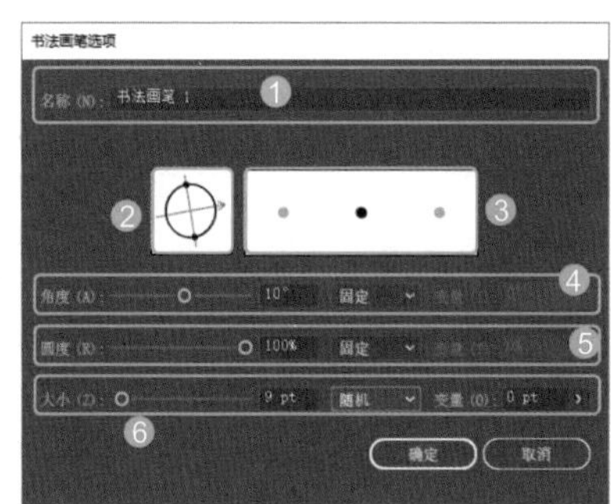

图 9-41

表 9-3 【书法画笔选项】对话框中各选项作用

选项	作用
① 名称	用于设置新建画笔名称
② 画笔形状编辑器	拖动画笔形状编辑器中的箭头可以调整画笔角度，如图 9-42 所示；拖动黑色的圆形调杆可以调整画笔的圆度，如图 9-43 所示 图 9-42 图 9-43

续表

选项	作用
❸ 画笔效果预览窗口	用于预览画笔效果
❹ 角度	用于定义画笔绘制的角度
❺ 圆度	用于定义画笔绘制的圆度。当该值为 0 时，单击鼠标会绘制接近线段的效果，如图 9-44 所示；当该值为 100 时，单击鼠标可以绘制接近正圆的效果，如图 9-45 所示 图 9-44　图 9-45
❻ 大小	用于设置画笔笔尖大小

新建的书法画笔会被添加到【画笔】面板中，存放在书法画笔的最后面，如图 9-46 所示。

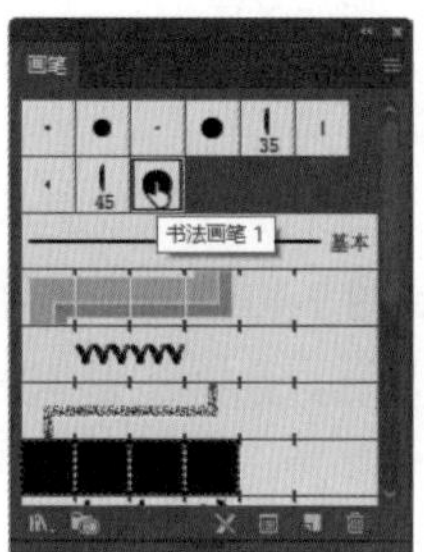

图 9-46

★重点 9.2.3　实战：创建散点画笔

使用散点画笔可以绘制对象沿着路径分布的效果。在绘制之前可以在打开的【散点画笔选项】对话框中设置参数，从而达到想要的分散效果。【散点画笔选项】对话框如图 9-47 所示，主要选项作用如表 9-4 所示。

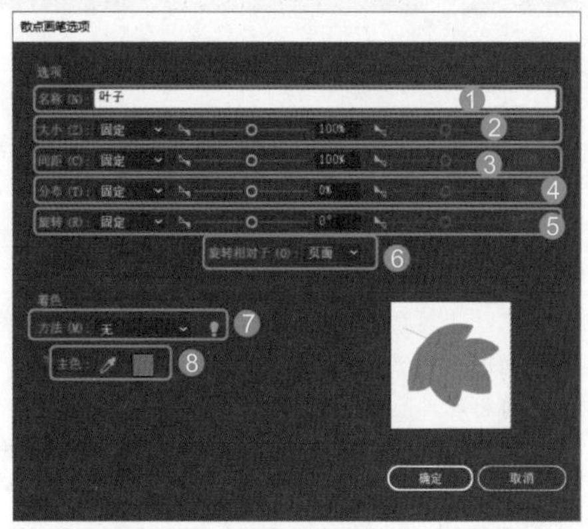

图 9-47

表 9-4　【散点画笔选项】对话框中主要选项作用

选项	作用
❶ 名称	用于定义新建画笔的名称
❷ 大小	用于设置散点图形的大小
❸ 间距	用于定义路径上图形之间的距离，如图 9-48 所示分别是【间距】为 100% 和 50% 的效果 间距为 100%　间距为 50% 图 9-48
❹ 分布	用于设置散点图形偏离路径的位置，该值越大，图形离路径越远
❺ 旋转	用于设置图形绘制时的角度
❻ 旋转相对于	在【旋转相对于】下拉列表中可以选择【页面】，即以页面的水平方向为基准旋转图形，如图 9-49 所示；或者是选择【路径】，即按照路径走向旋转图形，如图 9-50 所示 图 9-49　图 9-50
❼ 方法	用于设置绘制图形时的颜色处理方法，包括【无】、【色调】、【淡色和暗色】和【色相转换】。单击右侧的提示按钮，可打开对话框查看具体的着色说明，如图 9-51 所示 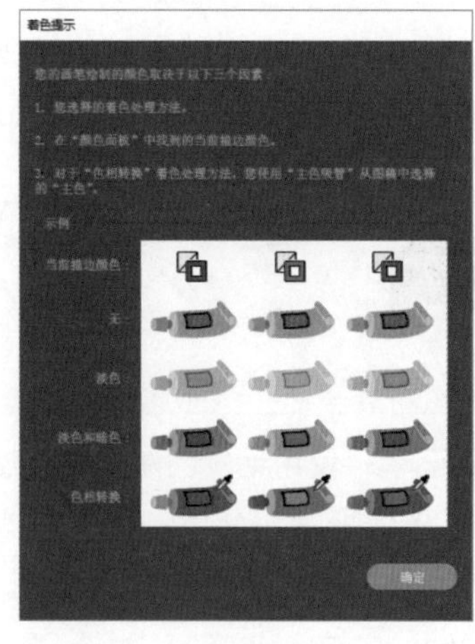 图 9-51
❽ 主色	用于设置图形中最突出的颜色。单击【吸管工具】，再单击右下角预览框中的样本图形，即可将单击点的颜色设置为主色

创建树叶散点画笔的具体操作如下。

Step01 先绘制用于创建散点画笔的图案，如图 9-52 所示。

Step02 选择图案后，单击【画笔】面板底部的【新建画笔】按钮，打开【新建画笔】对话框，选中【散点画笔】单选按钮，如图 9-53 所示。

图 9-52

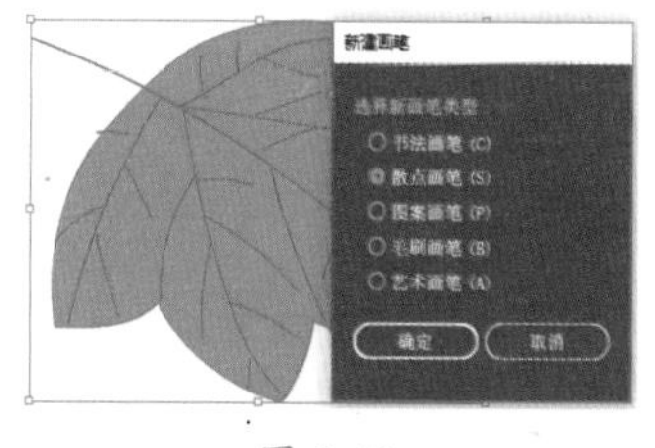

图 9-53

Step03 单击【确定】按钮，打开【散点画笔选项】对话框，在【名称】输入框中输入画笔名称，如图 9-54 所示。

图 9-54

Step04 在【大小】下拉列表中设置为随机，然后拖动左边的滑块设置最小值，拖动最右侧的滑块设置最大值，如图 9-55 所示。进行参数设置后，绘制时的形状大小会介于最小值和最大值之间。

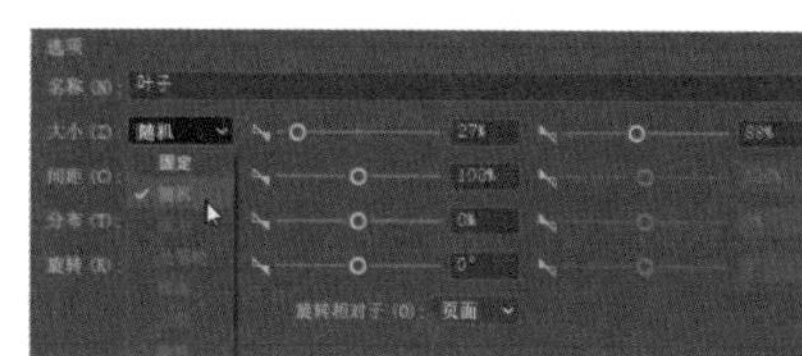

图 9-55

Step05 使用同样的方法设置随机的【间距】、【分布】和【旋转】参数，如图 9-56 所示。

Step06 单击【确定】按钮，新建散点画笔并添加到【画笔】面板中。使用新建的散点画笔在画板上拖动鼠标光标进行绘制，可以创建分散的图形，如图 9-57 所示。

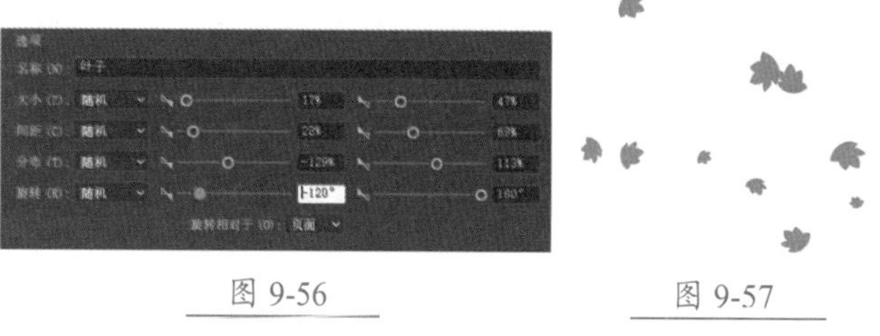

图 9-56　　图 9-57

9.2.4 创建毛刷画笔

单击【画笔】面板底部的【新建画笔】按钮，打开【新建画笔】对话框，选中【毛刷画笔】单选按钮，单击【确定】按钮，打开【毛刷画笔选项】对话框，如图 9-58 所示，各选项作用如表 9-5 所示。

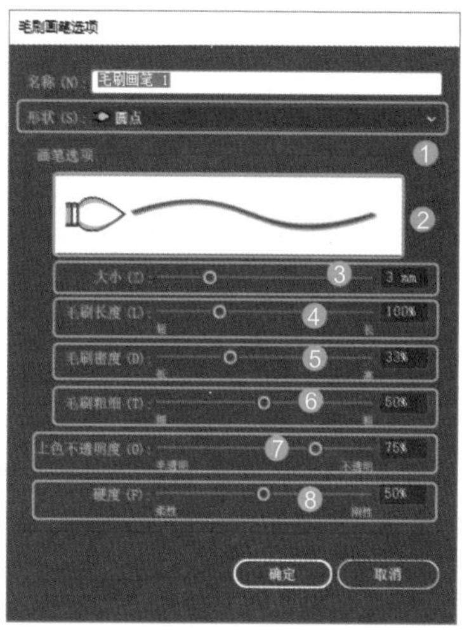

图 9-58

表 9-5　【毛刷画笔选项】各选项作用

选项	作用
❶ 形状	用于定义画笔笔尖形状。在下拉列表中提供了 10 种笔尖形状，包括【圆点】、【圆钝形】、【圆曲线】、【圆角】、【平坦点】、【团扇】、【钝角】、【平曲线】、【平角】和【扇形】
❷ 画笔预览框	预览画笔设置效果
❸ 大小	用于设置画笔大小
❹ 毛刷长度	设置从画笔与笔杆接触点到毛刷尖的长度
❺ 毛刷密度	设置毛刷颈部指定区域中的毛刷数
❻ 毛刷粗细	设置毛刷粗细，该值越大，毛刷越粗，反之越细

续表

选项	作用
⑦ 上色不透明度	用于设置绘制时的不透明度。不透明度可以从半透明（1%）到不透明（100%），如图 9-59 所示 不透明度为 1%　　不透明度为 100% 图 9-59
⑧ 硬度	用于设置毛刷的硬度。该值越小，毛刷越柔，反之越坚硬

★重点 9.2.5 实战：创建图案画笔

图案画笔的创建方法与其他的画笔有所不同。需要先创建图案，下面就通过一个案例来了解图案画笔的创建方法。

Step 01 绘制图案，如图 9-60 所示。

图 9-60

Step 02 将图案拖动到【色板】面板中，创建图案，如图 9-61 所示。

Step 03 单击【画笔】面板底部的【新建画笔】按钮，打开【新建画笔】对话框，选中【图案画笔】单选按钮，如图 9-62 所示。

图 9-61

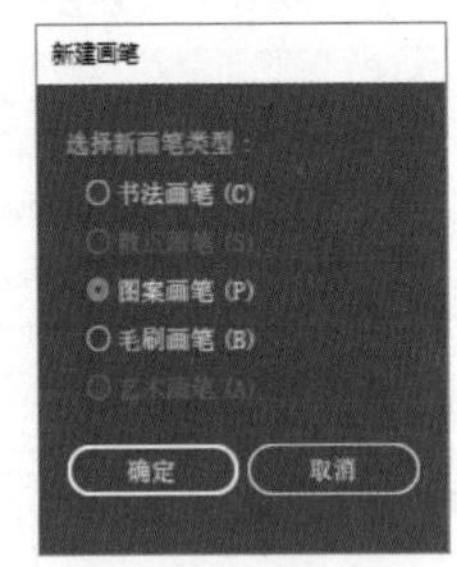

图 9-62

Step 04 单击【确定】按钮，打开【图案画笔选项】对话框，如图 9-63 所示，设置【名称】为花纹，设置【缩放】为 100%。这里【缩放】参数用于设置绘制的图案相对于原始图案的缩放比例。

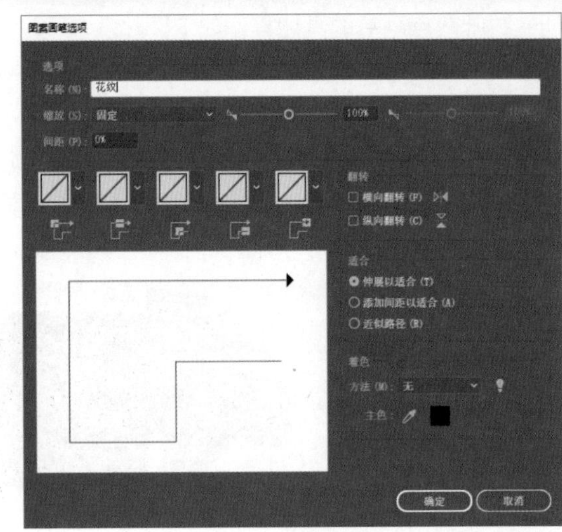

图 9-63

Step 05 设置【间距】为 5%，也就是设置各个图案之间的距离。单击【边线拼贴】按钮，在弹出的下拉列表中选择【新建图案色板 5】选项，如图 9-64 所示，将选择的图案放在边线上。

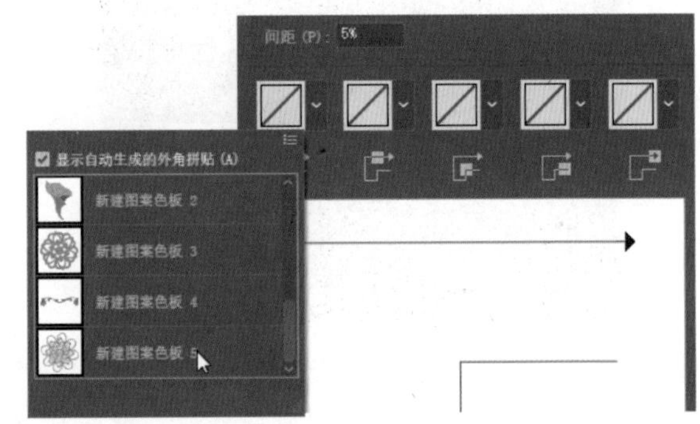

图 9-64

Step 06 使用相同的方法分别设置【外角拼贴】为【新建图案色板 4】的图案；【内角拼贴】为【新建图案色板 2】的图案，【起点拼贴】和【终点拼贴】的图案均设置为【新建图案色板 3】的图案，如图 9-65 所示。

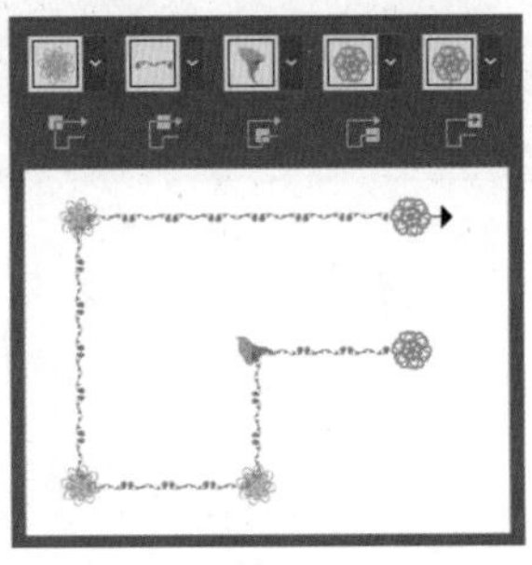

图 9-65

Step07 在【翻转】选项中可以设置图案的翻转效果。选中【横向翻转】复选框，可以将图案沿路径水平方向翻转，如图 9-66 所示。选中【纵向翻转】复选框，可以将图案沿路径垂直方向翻转，如图 9-67 所示。

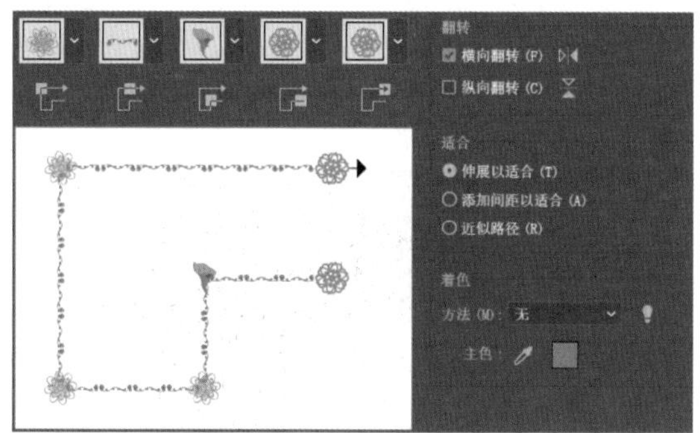

图 9-66

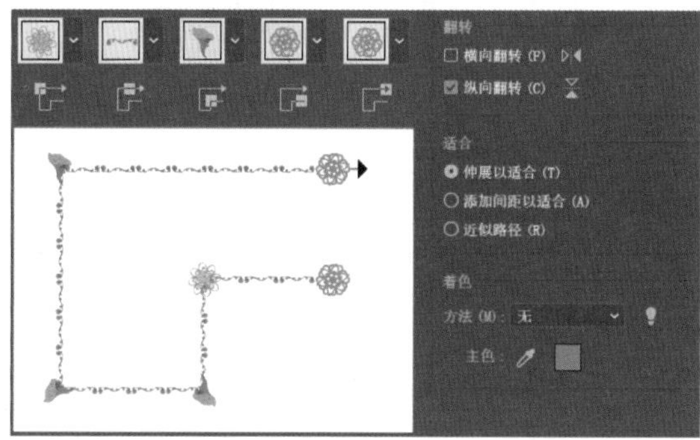

图 9-67

Step08 设置【适合】选项的参数可以定义图案适合路径的方式。选中【伸展以适合】单选按钮，可以自动拉长或缩短图案以适合路径的长度，该选项会生成不均匀的拼贴；选中【添加间距以适合】单选按钮，可以增加图案间的距离，使其适合路径的长度，且保持图案不变形，如图 9-68 所示；选中【近似路径】单选按钮，可以在不改变拼贴的情况下使拼贴适合于最近似的路径，该选项所应用的图案会向内侧或外侧移动，以保持均匀拼贴，如图 9-69 所示。

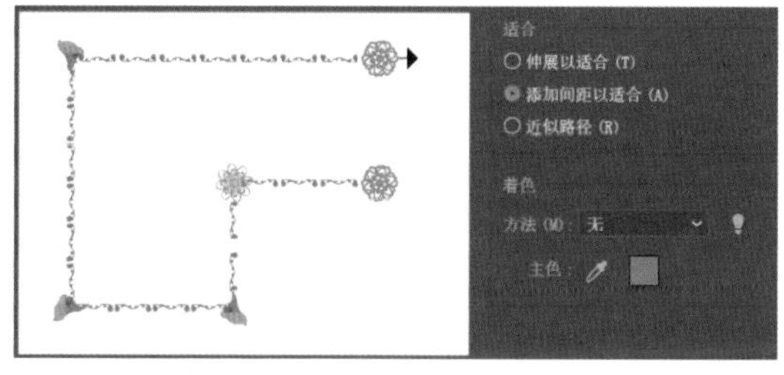

图 9-68

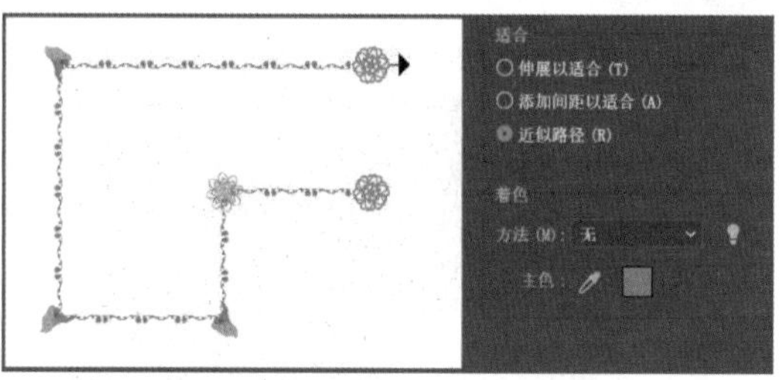

图 9-69

Step09 参数设置完成后，单击【确定】按钮，即可将新建的图案画笔添加到【画笔】面板中，如图 9-70 所示。

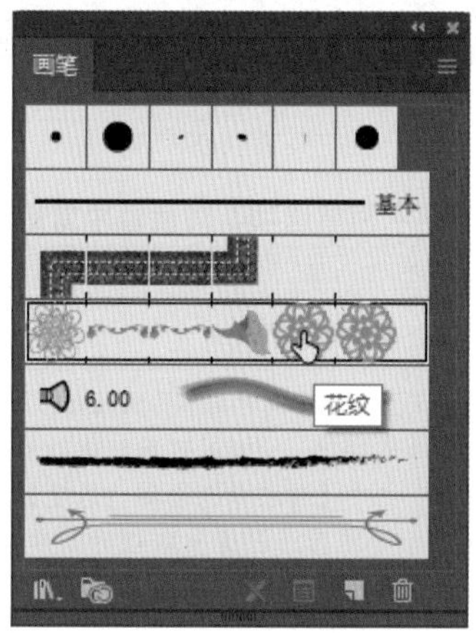

图 9-70

9.2.6 新建艺术画笔

创建艺术画笔前，需要先绘制用作画笔的图形，如图 9-71 所示。

图 9-71

选择图形，再单击【画笔】面板底部的【新建画笔】按钮，打开【新建画笔】对话框，选中【艺术画笔】单选按钮，单击【确定】按钮，打开【艺术画笔选项】对话框，如图 9-72 所示。设置参数，单击【确定】按钮即可新建艺术画笔。【艺术画笔选项】对话框中常用选项作用如表 9-6 所示。

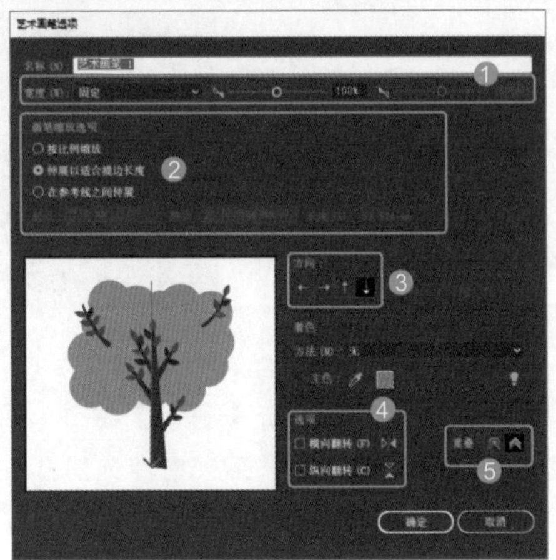

图 9-72

表 9-6 【艺术画笔选项】对话框中常用选项作用

选项	作用
❶ 宽度	用于设置绘制图形的宽度
❷ 画笔缩放选项	用于设置画笔绘制时图形的缩放比例。选中【按比例缩放】单选按钮，绘制时可保证图形的比例，如图 9-73 所示；选中【伸展以适合描边长度】单选按钮，绘制时会拉伸图形，以适合路径的长度，如图 9-74 所示 图 9-73　图 9-74
❷ 画笔缩放选项	选中【在参考线之间伸展】单选按钮，可在下方的【起点】和【终点】数值框中设置参数，对话框中会出现两条参考线，如图 9-75 所示，此时可拉伸或者缩短参考线之间的对象以使画笔适合路径长度，而参考线之外的对象比例保持不变（见图 9-76） 图 9-75　图 9-76
❸ 方向	用于设置图形相对于路径绘制的方向
❹ 横向翻转 / 纵向翻转	选中【纵向翻转】复选框，可以将图案沿路径垂直方向翻转；选中【横向翻转】复选框，可以将图案沿路径水平方向翻转
❺ 重叠	单击该选项中的按钮，可以避免对象边缘的连接和皱褶重叠

9.3 编辑画笔

对于新建的画笔和预设画笔，在使用的时候可以根据需要修改原本的画笔参数，从而绘制出想要的效果。添加画笔描边后，也可以删除描边效果或者是将其转换为普通的图形对象。

9.3.1 实战：缩放画笔描边

默认情况下缩放对象时，画笔描边和对象会同步缩放。如果只想缩放画笔描边则需要单独设置，具体操作步骤如下。

Step 01 如图 9-77 所示，绘制一个心形。

Step 02 选择心形路径，打开【典雅的卷曲和花形画笔组】面板，再单击选择【典雅卷曲】画笔，应用画笔描边并设置描边颜色为粉红色，如图 9-78 所示。

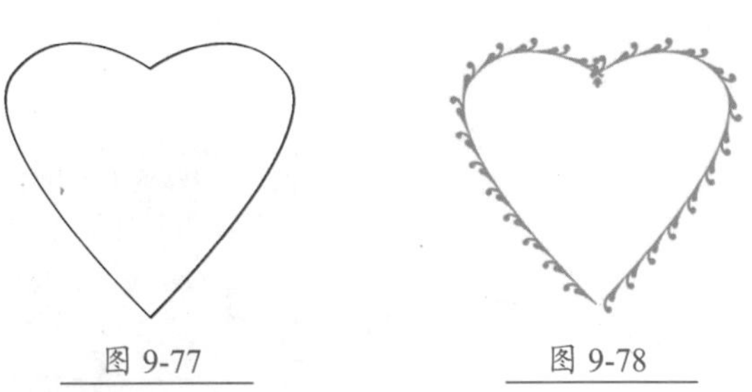

图 9-77　图 9-78

Step 03 选择图形后，通过拖曳定界框上的控制点缩放对象，如图 9-79 所示。默认情况下画笔描边和图形会同步缩放，且保持比例不变。

Step 04 双击【卷曲画笔】，打开【图案画笔选项】对话框，设置【缩放】为 50%，此时只会缩放画笔描边，如图 9-80 所示。

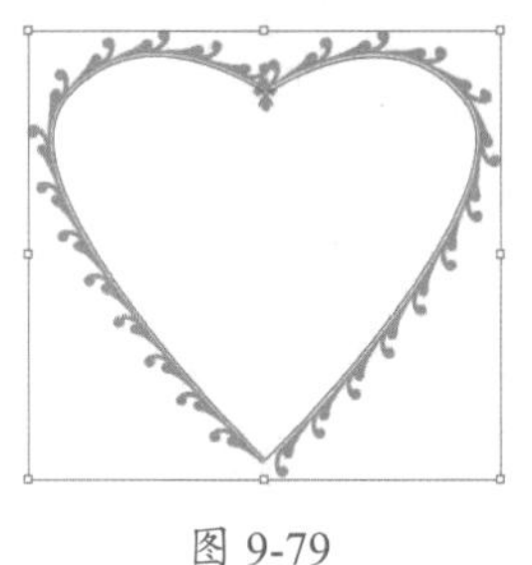

图 9-79

图 9-80

9.3.2 移去和删除画笔

移去画笔描边可以删除路径上应用的画笔描边效果；删除画笔则是删除【画笔】面板中的画笔。

1. 移去画笔描边效果

如果要删除画笔描边效果，先选择应用了画笔描边效果的路径，如图 9-81 所示。单击【画笔】面板底部的【移去画笔描边】按钮，随即会删除画笔描边效果，恢复应用画笔描边之前的效果，如图 9-82 所示。

此外，单击工具栏底部的【默认填色和描边】按钮，也可以删除画笔描边效果，并设置默认颜色和描边效果，如图 9-83 所示。

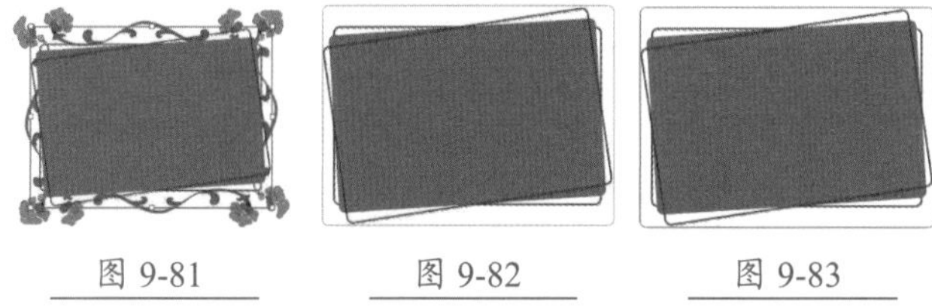

图 9-81　图 9-82　图 9-83

2. 删除画笔

如果要删除画笔，在【画笔】面板中选择相应的画笔后，单击【画笔】面板底部的【删除画笔】按钮，或者拖动相应的画笔到【删除画笔】按钮上，即可删除该画笔。如果删除的画笔被应用在当前文档中，那么会打开提示对话框，如图 9-84 所示，单击【删除描边】按钮，即可在【画笔】面板中删除该画笔，并且删除文档中应用该画笔的描边效果。单击【扩展描边】按钮，可以删除【画笔】面板中的该画笔，但文档中应用了该画笔描边效果的路径会被扩展为图形，如图 9-85 所示。

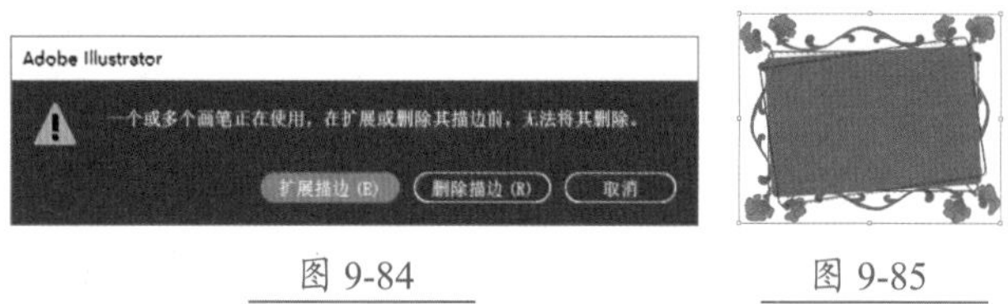

图 9-84　图 9-85

★重点 9.3.3 将画笔描边转换为轮廓

使用【扩展外观】命令可以将画笔描边扩展为图形。选择使用【画笔工具】绘制的路径，或者应用了画笔描边效果的路径，如图 9-86 所示。

执行【对象】→【扩展外观】命令，即可扩展外观。此时对象会自动编组，使用【直接选择工具】或者【编组选择工具】可以选择单独的对象，并像其他对象一样进行形状、颜色和描边等属性的编辑，如图 9-87 所示。按【Shift+Ctrl+G】快捷键还可以取消编组。

图 9-86　图 9-87

9.4 斑点画笔工具

使用【斑点画笔工具】可以直接绘制具有填充的闭合形状，通过设置【斑点画笔工具选项】对话框中的参数还可以控制形状绘制效果，下面就详细介绍【斑点画笔工具】的使用方法。

★重点 9.4.1 斑点画笔工具的使用

使用【斑点画笔工具】可以绘制具有填充的平滑线条，填充可以是纯颜色也可以是图案。

单击工具栏画笔工具组中的【斑点画笔工具】，设置描边颜色后，在画板上拖动鼠标光标绘制，如图 9-88 所示。然后继续绘制，如图 9-89 所示，可以发现新绘制的路径与接触到的路径会自动合并。

如果将描边设置为图案，那么使用【斑点画笔工具】绘制时会填充图案，如图 9-90 所示。

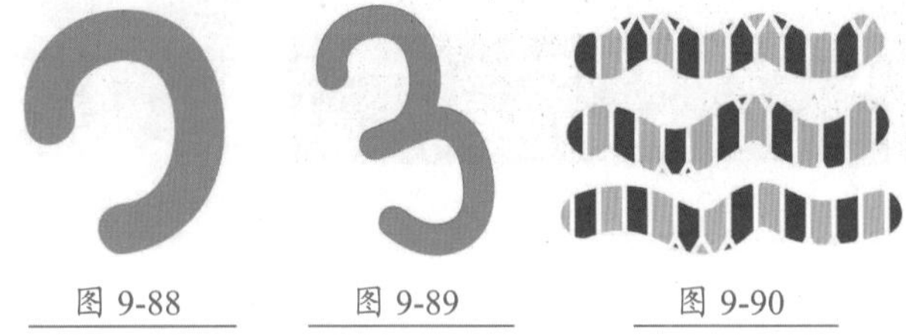

图 9-88　　图 9-89　　图 9-90

9.4.2 合并路径

【斑点画笔工具】除了可以绘制图形以外，还可以合并由其他工具创建的路径。但前提是需要确保合并路径的排列顺序必须相邻，且具有相同的填充颜色及没有描边。

如图9-91所示的图形是由单独的矩形和椭圆组成的，使用【斑点画笔工具】在矩形和椭圆交叉的地方拖动鼠标绘制，如图 9-92 所示，随即会合并形状，如图 9-93 所示。

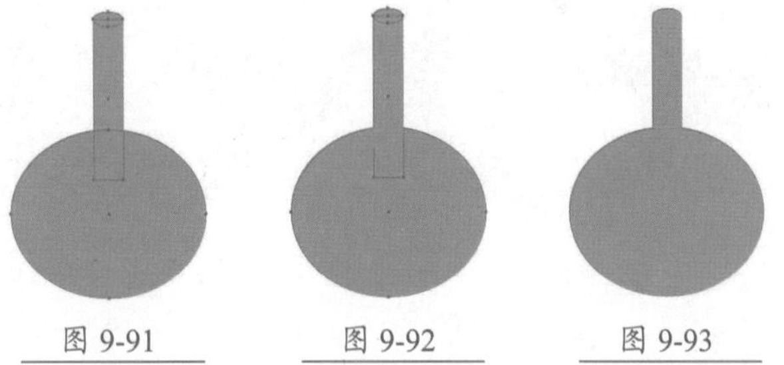

图 9-91　　图 9-92　　图 9-93

9.4.3 设置斑点画笔工具

双击【斑点画笔工具】，打开【斑点画笔工具选项】对话框，如图 9-94 所示。在该对话框中可以对画笔大小、圆度、保真度等参数进行设置，各选项作用如表 9-7 所示。

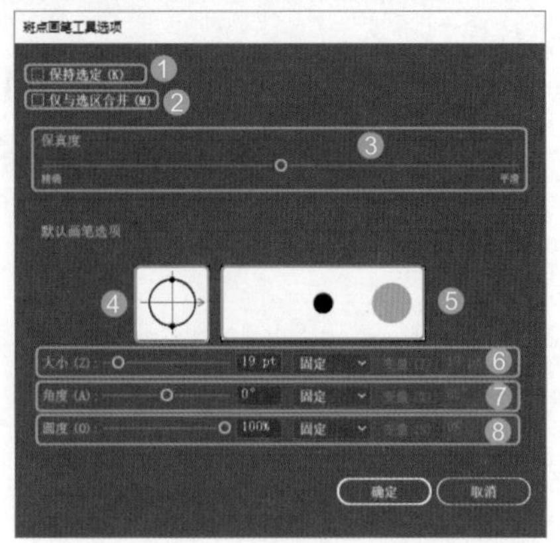

图 9-94

表 9-7 【斑点画笔工具选项】对话框中各选项作用

选项	作用
❶ 保持选定	选中该复选框，使用【斑点画笔工具】绘制后会自动选定绘制的图形
❷ 仅与选区合并	选中该复选框，即使在相同的描边颜色下，新绘制的路径也不会自动与接触到的路径合并，如图 9-95 所示。当选择某个路径后，使用【斑点画笔工具】绘制，此时，新绘制的路径只会与接触到的所选择的路径合并，如图 9-96 所示 图 9-95　　图 9-96
❸ 保真度	用于设置使用【斑点画笔工具】绘制时线条的平滑度。滑块越向右侧绘制的线条越平滑
❹ 画笔形状编辑器	使用鼠标拖动箭头可以调整笔尖角度；拖动黑色小圆点可以调整笔尖圆度，如图 9-97 所示 图 9-97
❺ 画笔效果预览框	预览画笔笔尖形状
❻ 大小	用于设置画笔笔尖大小
❼ 角度	用于设置绘制时形状的角度
❽ 圆度	用于设置绘制时形状的圆度，该值越大，绘制的形状越接近正圆，反之越扁

技能拓展——如何快速调整画笔笔尖大小

使用【斑点画笔工具】绘制时，在英文输入法的状态下按【[】键可以缩小画笔笔尖，按【]】键可以放大画笔笔尖。

妙招技法

通过前面内容的学习，相信大家已经了解了画笔的使用方法，下面就结合本章内容介绍一些使用技巧。

技巧 01 修改画笔参数

对于预设的画笔或者自定义的画笔也可以修改其参数，以满足不同场景的需求。

如图 9-98 所示，使用【画笔工具】绘制图形后，双击【画笔】面板中的该画笔，打开相应的画笔选项对话框，如图 9-99 所示。

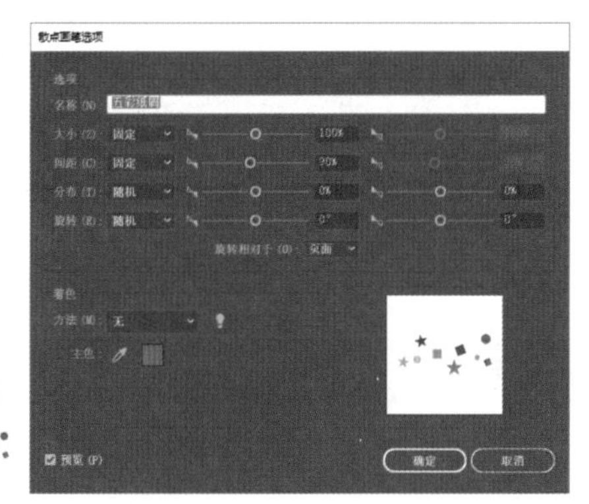

图 9-98　　图 9-99

修改对话框中的参数，如图 9-100 所示。随即绘制的图形会产生相应的改变，如图 9-101 所示。

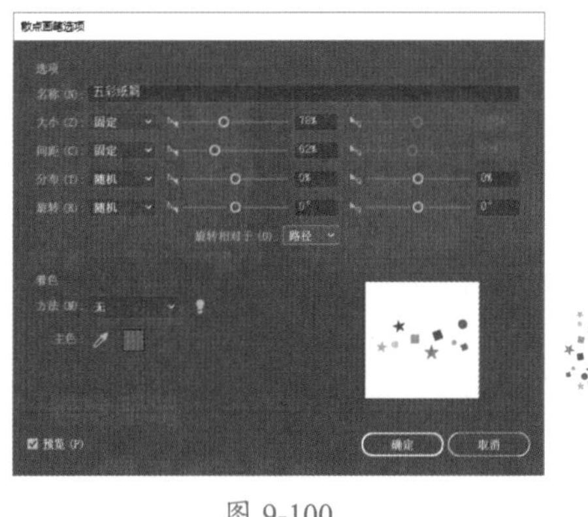

图 9-100　　图 9-101

技巧 02 修改画笔样本图形

在 Illustrator CC 中可以修改图案画笔、散点画笔、和艺术画笔中画笔样本的图形。将星形画笔样本中的尖角改变为圆角，具体操作步骤如下。

Step 01 打开【装饰 _ 散布】画笔库，并单击【星形 1】画笔，将其添加到【画笔】面板中，如图 9-102 所示。

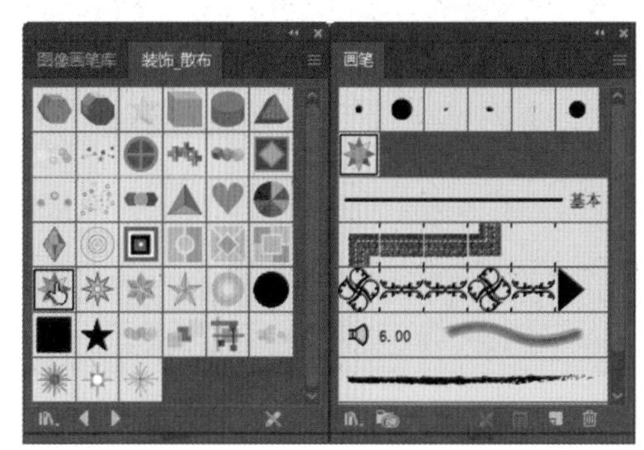

图 9-102

Step 02 拖动【画笔】面板中的【星形 1】画笔到画板，如图 9-103 所示。

Step 03 使用【直接选择工具】修改图形的圆角半径，如图 9-104 所示。

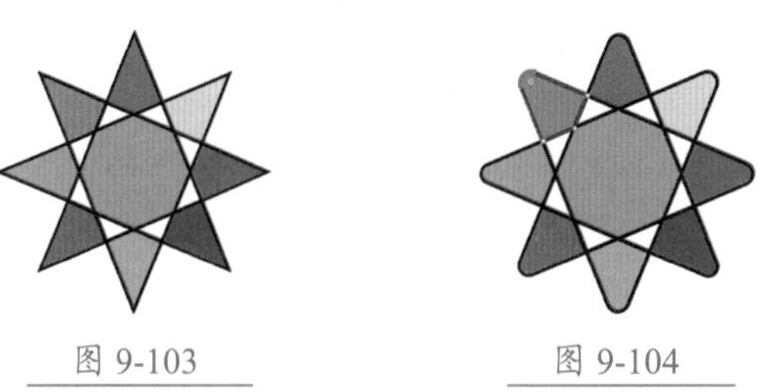

图 9-103　　图 9-104

Step 04 使用【选择工具】选择图形，按住【Alt】键的同时将其拖曳到【画笔】面板中的原始画笔上，如图 9-105 所示。

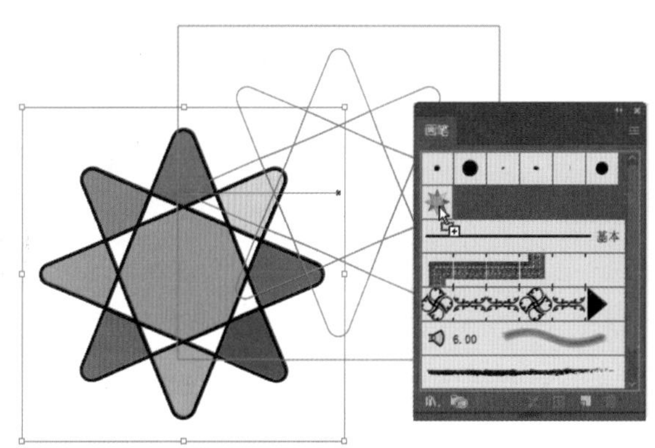

图 9-105

Step 05 释放鼠标，打开相应的画笔选项对话框，如图 9-106 所示。保持默认设置，单击【确定】按钮，完成画笔样本的替换。

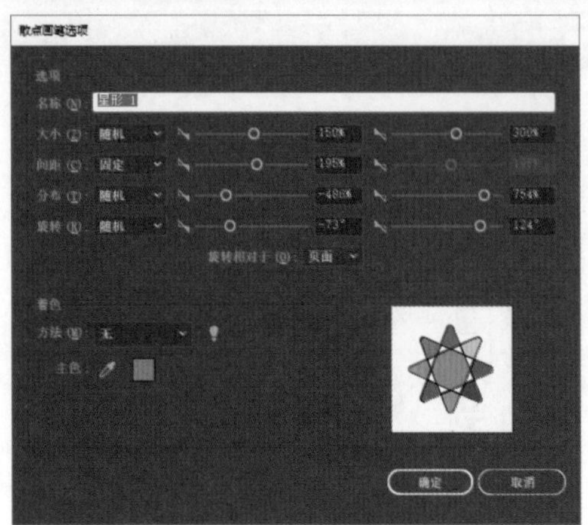

图 9-106

Step06 此时使用该画笔进行绘制，效果如图 9-107 所示。如果当前文档中已经有应用了该画笔描边的图形，那么会打开提示对话框，如图 9-108 所示。如果单击【应用于描边】按钮，那么文档中应用了该画笔描边的图形会进行相应的改变。

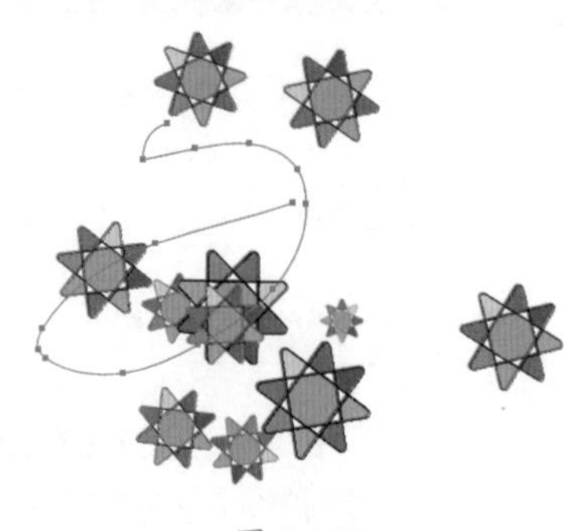

图 9-107

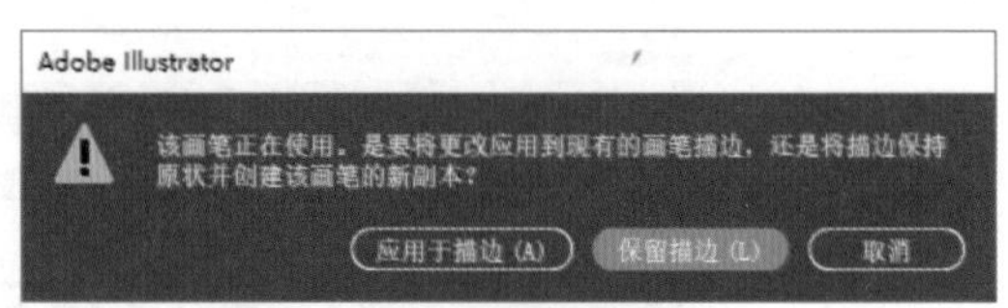

图 9-108

同步练习：绘制樱花节海报

本例绘制樱花节海报，先使用【矩形工具】绘制一个与画板同等大小的矩形并填充颜色，将其作为底图；然后使用基本几何工具绘制出樱花树的形状；再使用【钢笔工具】绘制山峰；接着使用【斑点画笔工具】绘制小路和云朵，并新建花瓣画笔，绘制散落的花瓣效果；最后添加文字，最终效果如图 9-109 所示。本例中的制作重点和难点主要在于设置渐变颜色时要注意不透明度的设置，这样整体效果看起来才比较自然；其次在于【斑点画笔工具】的使用和自定义画笔的创建。

图 9-109

素材文件	无
结果文件	结果文件 \ 第 9 章 \ 樱花节 .ai

Step01 新建一个竖向的 A4 文档。使用【矩形工具】绘制矩形，如图 9-110 所示。

Step02 单击工具栏底部的【渐变】按钮，打开【渐变】面板，设置渐变颜色为粉色，拖动中间的渐变滑块到 70% 的位置，并设置不透明度为 60%，渐变角度为 90°，描边为无，如图 9-111 所示，图像效果如图 9-112 所示。

图 9-110

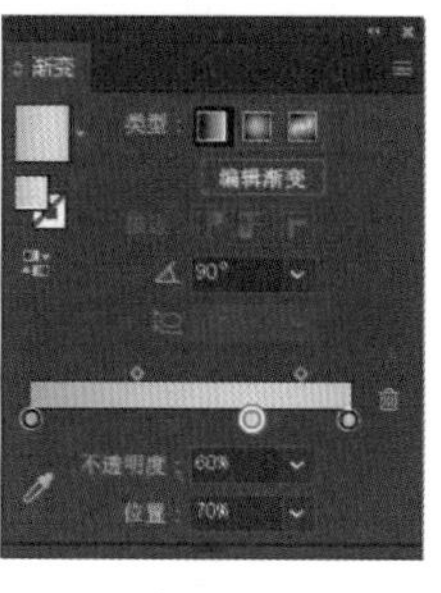

图 9-111

图 9-112

Step03 选择矩形对象，按【Ctrl+2】快捷键锁定对象。在按住【Shift】键的同时使用【椭圆工具】绘制圆形，打开【渐变】面板设置粉色渐变，渐变角度为 -90°，如图 9-113 所示。

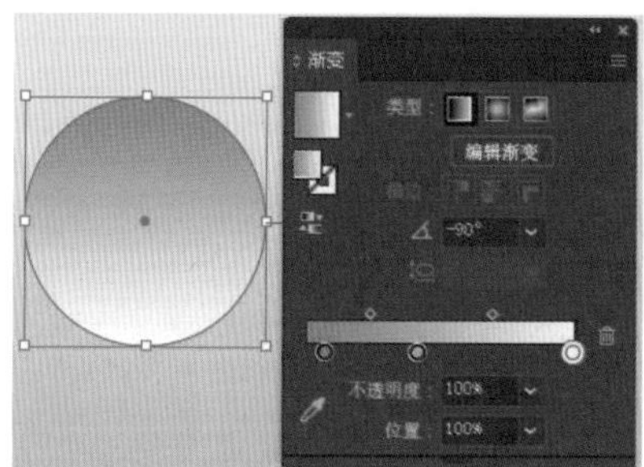

图 9-113

Step04 使用【选择工具】选择圆形对象，按住【Alt】键拖动鼠标移动复制 3 个圆形对象，并调整对象堆叠效果，如图 9-114 所示。

Step05 使用【矩形工具】绘制矩形，并填充褐色，如图 9-115 所示。

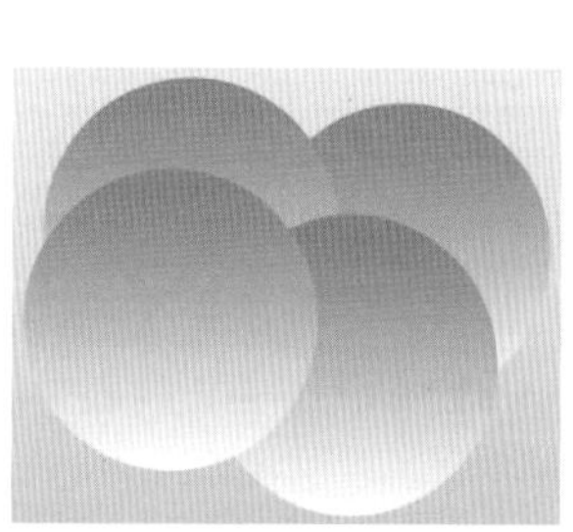

图 9-114

图 9-115

Step06 选择矩形对象，再选择工具栏中的【自由变换工具】，打开【自由工具】面板，单击【自由扭曲】按钮，使用鼠标拖动矩形四角，扭曲矩形，如图 9-116 所示。

Step07 右击矩形，在弹出的快捷菜单中执行【排列】→【置于底层】命令，再次右击，在弹出的快捷菜单中执行【排列】→【前移一层】命令，将矩形对象置于圆形对象下方。使用【选择工具】调整圆形对象的位置，再框选所有的圆形和矩形对象，按【Ctrl+G】快捷键编组对象，完成樱花树的制作，如图 9-117 所示。

图 9-116

图 9-117

Step08 拖动【樱花树】图形到画板外。使用【钢笔工具】绘制山峰，打开【渐变】面板，设置粉色 - 白色渐变，并设置白色的不透明度为 26%，渐变角度为 -90°，如图 9-118 所示。

Step09 使用相同的方法继续绘制山峰，并将其放在画面上方 1/3 的地方，如图 9-119 所示。

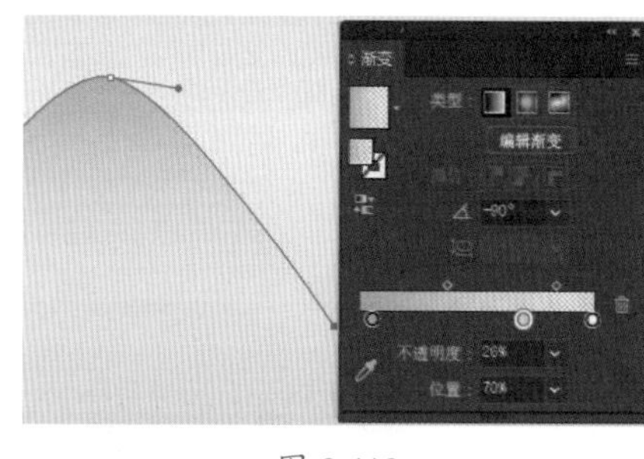

图 9-118

图 9-119

Step10 双击【斑点画笔工具】，打开【斑点画笔工具选项】对话框，将【保真度】滑块拖动到最右侧，如图 9-120 所示。

Step11 单击工具栏底部的【描边】按钮，切换到设置描边颜色的状态。打开【渐变】面板，设置描边颜色为灰色 - 白色渐变，并设置白色的不透明度为 100%，渐变角度为 90°，如图 9-121 所示。然后使用【斑点画笔工具】，按住【[】键和【]】键调整画笔大小，来绘制小路，如图 9-122 所示。

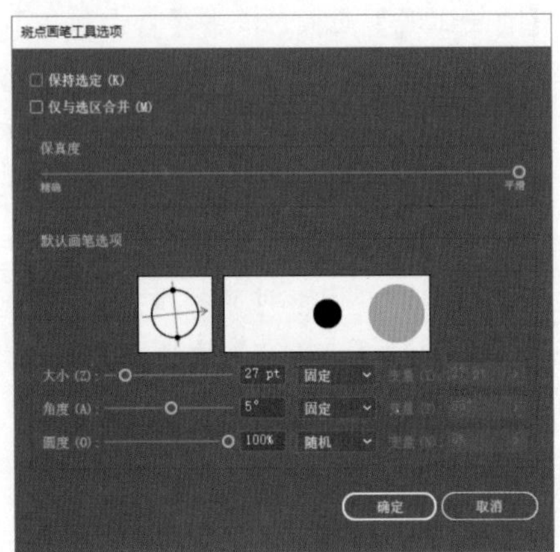

图 9-120

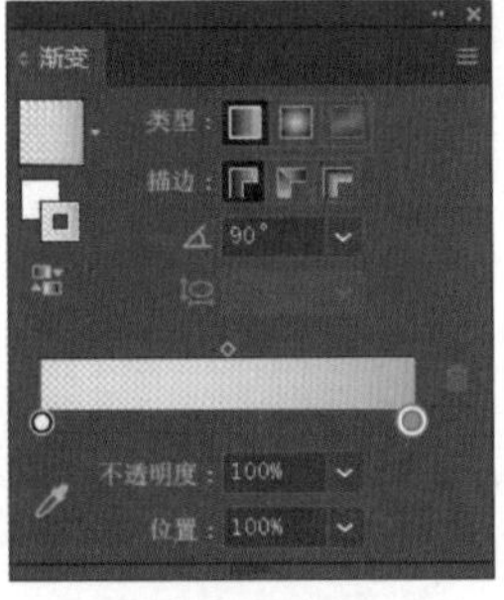

图 9-121

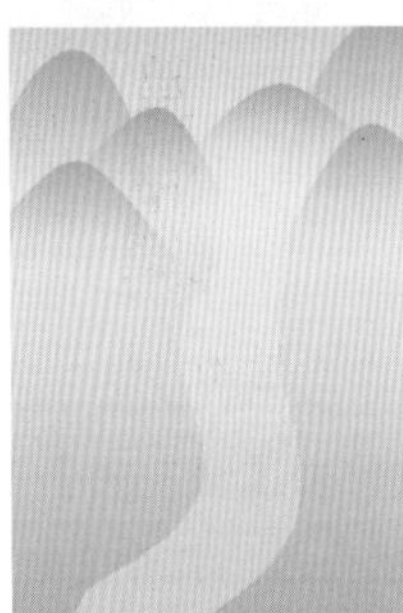

图 9-122

Step12 使用【选择工具】拖动樱花树图形到画板中，并调整大小和位置。然后按住【Alt】键移动复制多个樱花树图形，调整大小、位置及堆叠顺序，如图 9-123 所示。

Step13 执行【窗口】→【画笔】命令，打开【画笔】面板。单击面板左下角的【画笔库菜单】按钮，在弹出的下拉菜单中选择【艺术效果】→【艺术效果 _ 油墨】选项，打开【艺术效果 _ 油墨】画笔库，选择【火焰灰烬】画笔，如图 9-124 所示。

图 9-123

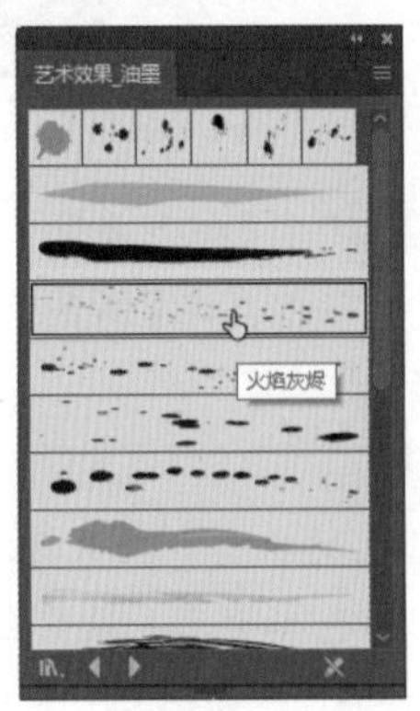

图 9-124

Step14 选择工具栏中的【画笔工具】，在樱花树图形上方拖动鼠标光标绘制效果，如图 9-125 所示。

Step15 选择【画板工具】绘制一个新的画板。然后使用【曲率工具】绘制形状，如图 9-126 所示。

Step16 调整锚点使形状呈心形，并填充粉色，如图 9-127 所示。

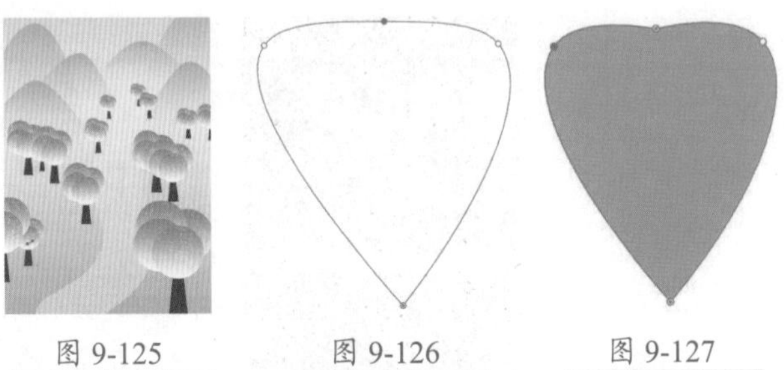

图 9-125　　图 9-126　　图 9-127

Step17 使用【选择工具】选择星形对象，按【Shift+Alt】快捷键等比例缩小对象。然后单击【画笔】面板底部的【新建画笔】按钮，打开【新建画笔】对话框，选中【散点画笔】单选按钮，单击【确定】按钮，打开【散点画笔选项】对话框。设置【名称】为花瓣，【大小】、【间距】、【分布】和【旋转】均为随机，并设置相应的最大值和最小值，如图 9-128 所示。

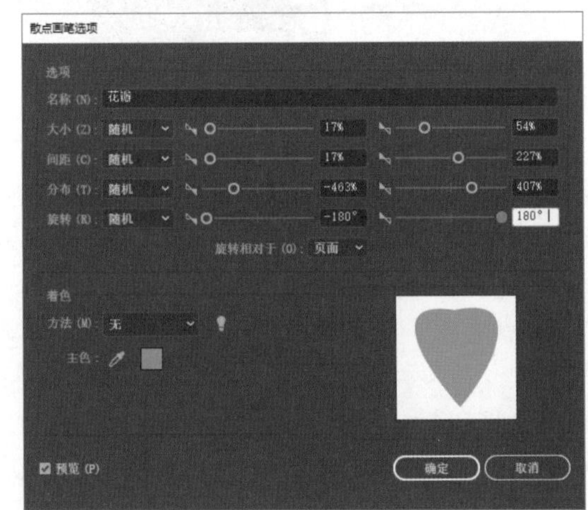

图 9-128

Step18 单击【确定】按钮，新建【花瓣】画笔。使用新建的花瓣画笔在【画板 1】上拖动鼠标光标绘制散落的花瓣效果，如图 9-129 所示。

Step19 单击工具栏底部的【描边】按钮，再单击【渐变】按钮，打开【渐变】面板，设置渐变颜色为白色 - 粉色，设置白色的不透明度为 30%，并设置渐变角度为 90°，如图 9-130 所示。

图 9-129

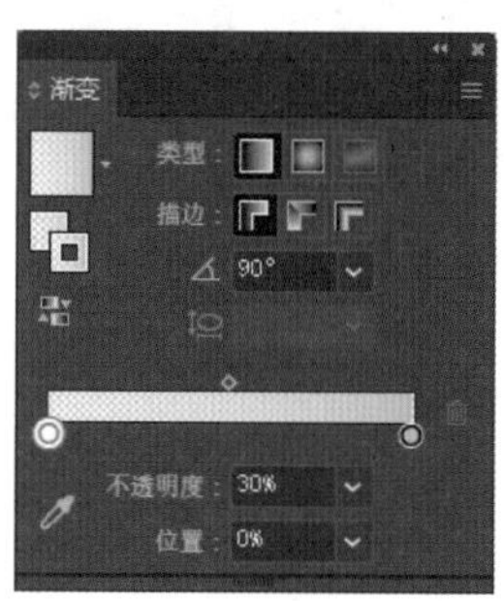

图 9-130

Step 20 双击【斑点画笔工具】，打开【斑点画笔工具选项】对话框，拖动【保真度】滑块到最左侧，如图 9-131 所示。

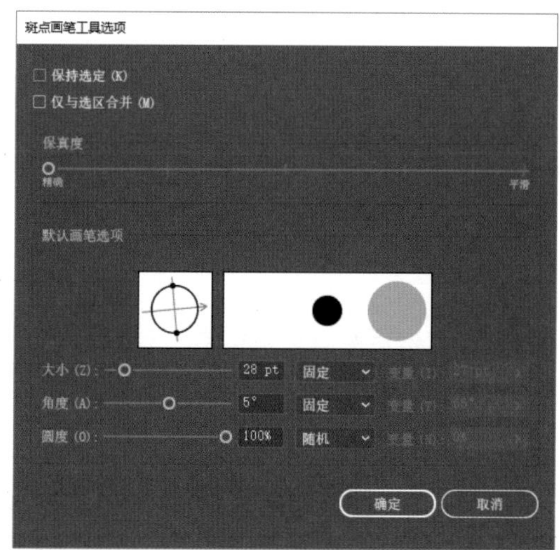

图 9-131

Step 21 使用【斑点画笔工具】绘制云朵，如图 9-132 所示。

Step 22 使用【矩形工具】绘制两个同等大小的矩形，设置填充颜色分别为白色和粉色，并降低不透明度，调整矩形旋转角度，如图 9-133 所示。

图 9-132

图 9-133

Step 23 选择工具栏中的【直排文字工具】，输入文字，并在【属性】面板中设置字体系列、大小和颜色，如图 9-134 所示。

Step 24 使用【文字工具】输入其余文字信息，在【属性】面板中设置字体系列、大小和颜色，完成樱花节海报的绘制，最终效果如图 9-135 所示。

图 9-134

图 9-135

本章小结

本章主要介绍了 Illustrator CC 画笔的使用方法，包括如何使用【画笔工具】绘制图形、自定义画笔的创建、画笔的编辑，以及【斑点画笔工具】的使用。其中，自定义画笔的创建和【斑点画笔工具】的使用是本章学习的重点和难点，在掌握自定义画笔时，特别要熟练掌握画笔选项对话框中的参数设置，不仅可以定义各种各样的画笔效果，还可以提高工作效率。

第10章 文字的创建与编辑

- 什么是路径文字？
- 怎么设置字体大小、字符间距？
- 如何设置段落对齐方式？
- 如何对文字进行变形？
- 建立文本绕排有什么作用？

本章将介绍 Illustrator CC 中文字的相关操作，主要包括文字的创建、编辑和修改，字符格式和段落格式的设置，字符样式和段落样式的创建，特殊字符的设置，以及绕排文本和串接文本的建立。通过本章内容的学习，读者可以在 Illustrator CC 中进行简单的文字排版。

10.1 创建文字

在 Illustrator CC 中可以创建【点文字】、【区域文字】和【路径文字】，每种文字都有各自的特点，下面就分别介绍创建这些文字的方法。

10.1.1 创建点文字

使用【文字工具】或者【直排文字工具】可以创建点文字。选择工具栏中的【文字工具】或者【直排文字工具】后，在画板上单击，如图 10-1 所示，会显示出占位符并且呈选中状态。然后在【属性】面板中设置字体的样式和大小，通过占位符就可以预览字体设置的效果，如图 10-2 所示。

滚滚长江东逝水

图 10-1

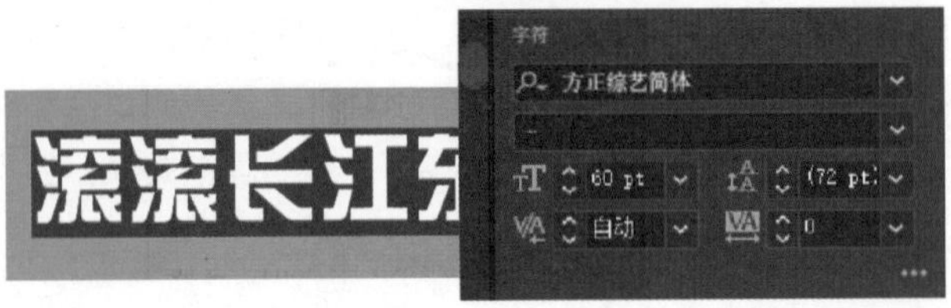

滚滚长江东

字符
方正综艺简体
60 pt　(72 pt)
自动　0

图 10-2

得到合适的字体效果后，再输入文字，如图 10-3 所示。如果要换行，那么按【Enter】键就可以换到下一行，如图 10-4 所示；然后继续输入文字，文字输入完成后，按【Ctrl+Enter】快捷键就可以结束文字的输入，并自动切换到【选择工具】选择创建的文本，如图 10-5 所示。

创建点文字

图 10-3

创建点文字

图 10-4

创建点文字
创建点文字

图 10-5

技术看板

文字输入完成后，单击画板空白的地方就可以结束文字输入，但不会自动选择文字；按【Esc】键也可以结束文字输入并自动选择文字。

★重点 10.1.2 实战：创建区域文字

区域文字也被称为段落文字，它是基于图形的形状来创建文字，可以根据对象的边界排列文字，当文字到达形状边界时会自动换行。区域文字可以是直排也可以是横排。创建区域文字具体操作步骤如下。

Step 01 打开"素材文件\第 10 章\柠檬.jpg"文件。创建区域文字之前需要先绘制图形。例如，使用【椭圆工具】

绘制椭圆，如图 10-6 所示。

Step02 在工具栏的文字工具组中选择【区域文字工具】，将鼠标光标放在路径上并单击会根据形状创建占位符，如图 10-7 所示。

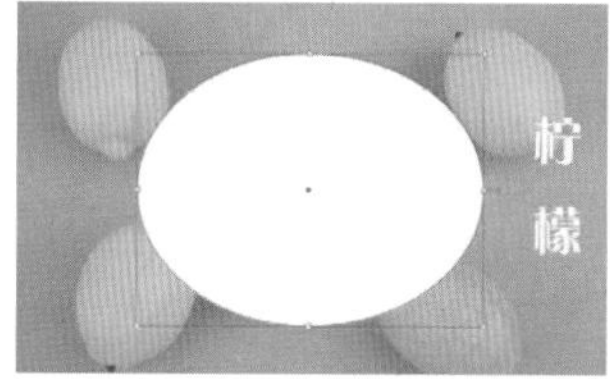

图 10-6

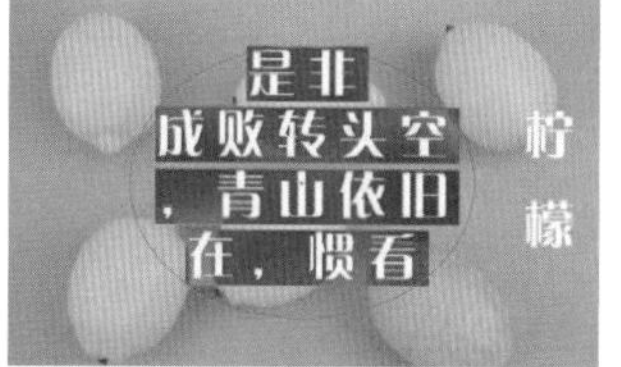

图 10-7

Step03 在【属性】面板中设置字体大小和样式，然后输入文字，当文字到达图形边界时会自动换行，如图 10-8 所示。

Step04 继续输入文字，此时，输入的文字会被限定在路径区域内，如图 10-9 所示。

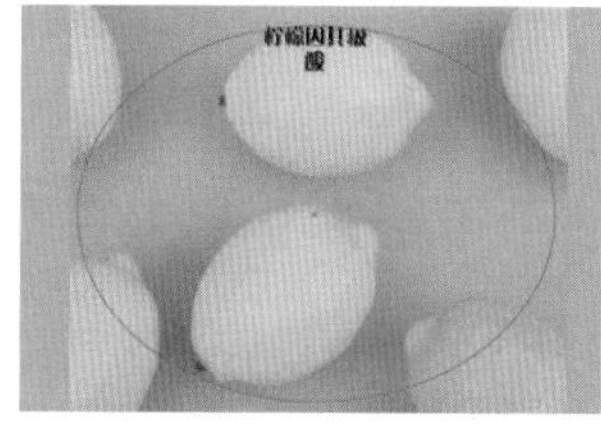

图 10-8

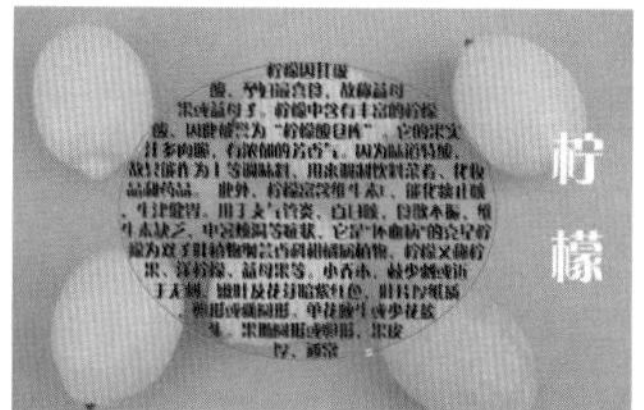

图 10-9

Step05 文字输入完成后，使用鼠标单击画板空白区域结束输入，如图 10-10 所示。

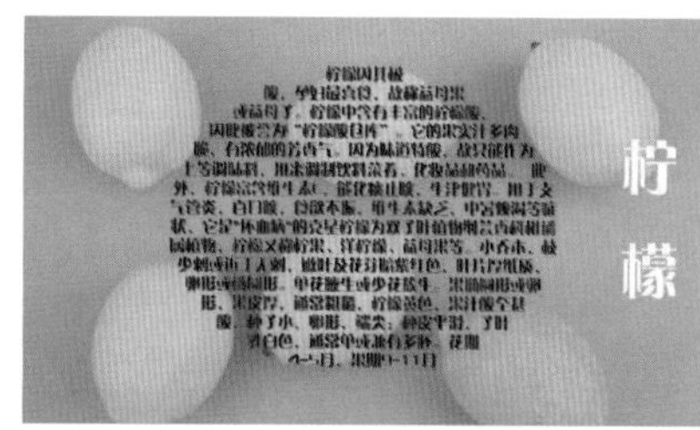

图 10-10

【直排区域文字工具】的用法与【区域文字工具】的用法一样，只是文字效果呈现垂直方向排列，如图 10-11 所示。

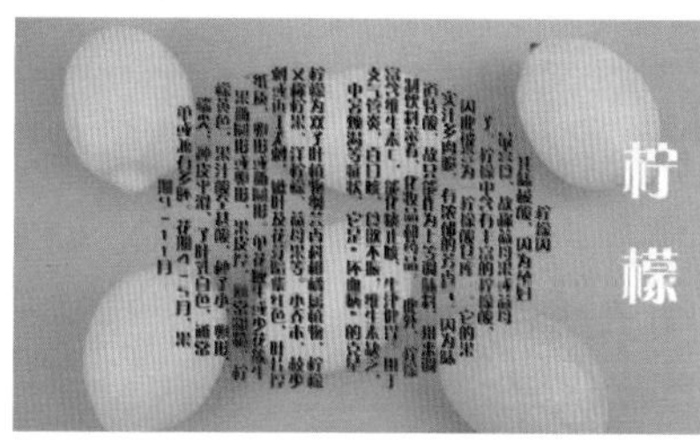

图 10-11

★重点 10.1.3 实战：创建路径文字

沿着路径排列的文字称为路径文字，可以是开放路径也可以是闭合路径。需要注意的是，创建路径文字时，必须是非复合、非蒙版的路径，否则无法创建路径文字。创建路径文字具体操作步骤如下。

Step01 打开“素材文件 \ 第 10 章 \ 星空背景 .ai”文件。使用【钢笔工具】和【椭圆工具】绘制路径，组成数字 6，如图 10-12 所示。

Step02 选择工具栏文字工具组中的【直排路径文字工具】，将鼠标光标放在路径上单击，此时会显示占位符，如图 10-13 所示。

图 10-12

图 10-13

Step03 在【属性】面板中设置字体大小和样式，然后输入文字，如图 10-14 所示，文字会沿着路径形状进行排列。

Step04 继续输入文字，完成后按【Esc】键结束文字输入，结果如图 10-15 所示。

图 10-14

图 10-15

Step05 再选择文字工具组中的【路径文字工具】，该工具与【直排路径文字工具】用法一样，都用于创建路径文字。将鼠标光标放在圆形路径上并单击，输入文字即可创建路径文字，如图 10-16 所示。

图 10-16

技能拓展——【路径文字工具】和【直排路径文字工具】的区别

【路径文字工具】用于创建横向排列的文字，如图 10-17 所示；【直排路径文字工具】用于创建垂直排列的文字，如图 10-18 所示。

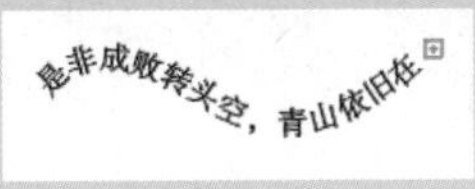

是非成败转头空，青山依旧在

图 10-17

是非成败转头空，青山依旧在

图 10-18

10.2 编辑和修改文字

创建文字后，可以编辑和修改文字，包括修改文字方向、转换文字类型、调整文字的形状等。此外，Illustrator CC 还提供了字体的查找和替换，以及拼写检查的功能，下面就介绍编辑和修改文字的方法。

10.2.1 选择文字

编辑和修改文字之前需要先选择文字。使用【选择工具】单击文字可以选择文字，如图 10-19 所示，会显示出定界框。拖动定界框可以调整字体大小，或者旋转方向，如图 10-20 所示。

如果设置填充或者描边颜色则可以修改文字颜色，或者添加描边效果，如图 10-21 所示。

图 10-19　图 10-20　图 10-21

如果要修改文字内容，则选择【文字工具】，将鼠标光标放在文字上方并单击，如图 10-22 所示会显示出文本插入点。

拖动鼠标选择需要修改的文字或者按【Ctrl+A】快捷键全选文字，然后重新输入即可修改文字，如图 10-23 所示。

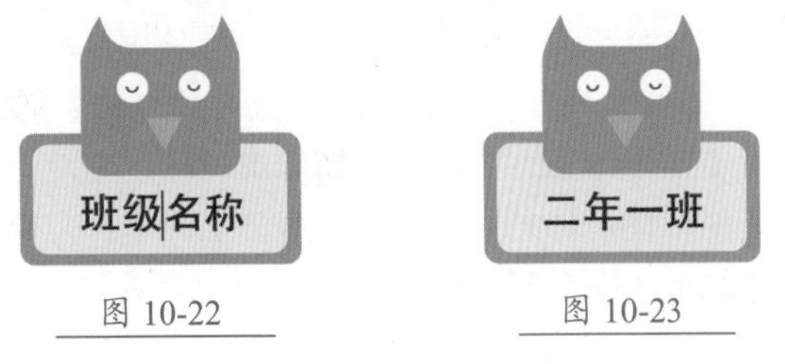

图 10-22　图 10-23

★新功能 10.2.2 实战：使用【修饰文字工具】

使用【修饰文字工具】可以对单独的文字进行缩放、旋转，以及设置基线偏移等效果。

Step 01 打开"素材文件\第 10 章\樱花节 .ai"文件，如图 10-24 所示。

图 10-24

Step 02 选择工具栏文字工具组中的【修饰文字工具】，单击"樱"字将其选中，会显示定界框。将鼠标光标放在定界框外白色的控制点上，鼠标光标变换为形状，如图 10-25 所示。

Step 03 此时拖动鼠标可以旋转文字方向，如图 10-26 所示。

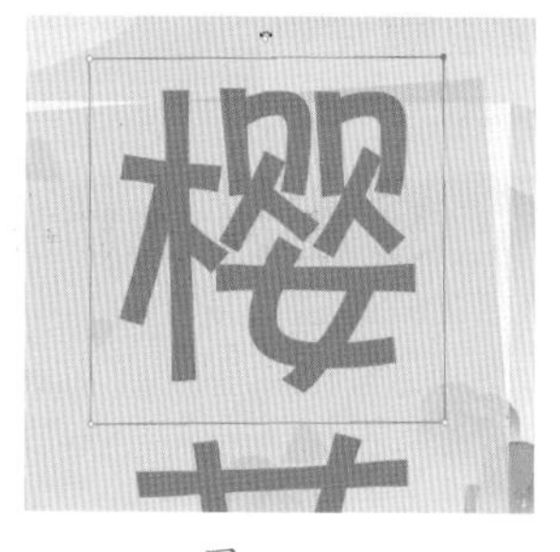

图 10-25

图 10-26

Step04 使用【修饰文字工具】选择“花”字，将鼠标光标放在其右下角的控制点上，当鼠标光标变换为形状时，拖动鼠标可以垂直缩放文字，如图 10-27 所示。将鼠标光标放在左上角的控制点上，当鼠标光标变换为形状时，拖动鼠标可以水平缩放文字，如图 10-28 所示。将鼠标光标放在左下角的控制点上，当鼠标光标变换为形状时，拖动鼠标可以同时在水平和垂直方向上缩放文字，如图 10-29 所示。如果按住【Shift】键再拖动鼠标，则可以等比例缩放文字。

图 10-27

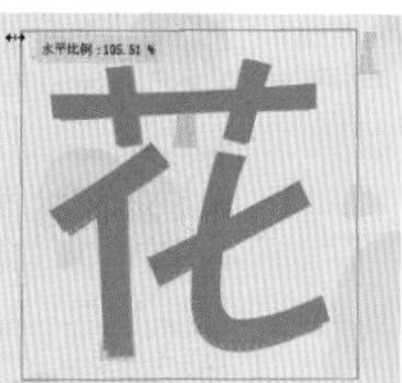

图 10-28

图 10-29

Step05 将鼠标光标放在文字上，当鼠标光标变成黑色的实心箭头时，拖动鼠标可以移动文字，设置基线偏移，如图 10-30 所示。

Step06 使用【修饰文字工具】分别选择“樱”“花”“节”3 个文字，设置基线偏移，调整文字效果，效果如图 10-31 所示。

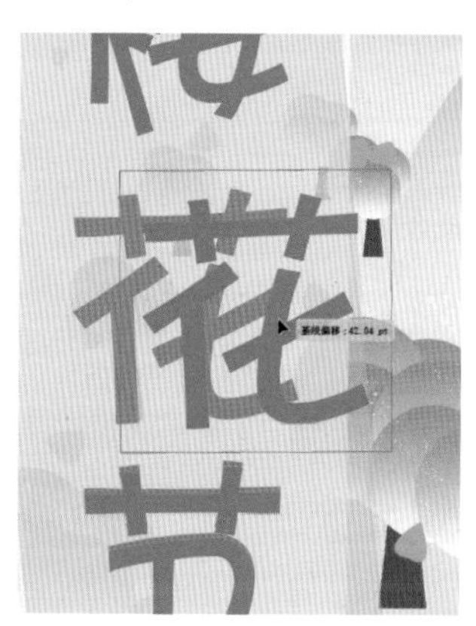

图 10-30

图 10-31

10.2.3 变形文字

输入文字后，可以通过以下方法对文字进行变形处理。

1. 用变形功能变形文字

选择文字后，执行【对象】→【封套扭曲】→【用变形建立】命令，打开【变形选项】对话框，在其中选择一种变形样式，并设置合适的参数，如图 10-32 所示。单击【确定】按钮后即可应用变形，如图 10-33 所示。

图 10-32

图 10-33

此外，选择文字后，执行【效果】→【变形】命令，在弹出的扩展菜单中选择一种变形样式也可以打开【变形选项】对话框，设置参数便可以对文字变形。

2. 通过创建轮廓变形文字

在 Illustrator CC 中创建的对象（包括文字）都是矢量对象，也就意味着可以随意地改变对象的形状。但是文字与其他的对象不一样，不能直接使用【直接选择工具】修改路径形状，需要先将其转换为普通的图形对象。

选择文字后，执行【文字】→【转换为轮廓】命令可以将文字转换为普通图形对象，如图 10-34 所示。

图 10-34

然后使用【直接选择工具】选择单独的文字，并可以拖动锚点调整路径形状，从而改变文字形状，如图 10-35 所示。

图 10-35

技术看板

创建轮廓快捷键：Ctrl+Shift+O。

3. 通过扩展为对象变形文字

选择文字后，执行【对象】→【扩展】命令，打开【扩展】对话框，选中【对象】复选框，单击【确定】按钮可以将其扩展为对象，文字也会转换为普通图形对象，使用【直接选择工具】▷便可以编辑路径形状，从而改变文字形状。

★重点 10.2.4 编辑区域文字

通过编辑图形形状和设置区域文字选项参数可以改变文字排列效果。

1. 通过编辑图形形状改变文字排列效果

区域文字是基于图形对象创建的，编辑图形的形状如改变大小、旋转角度等，就会改变文字的排列方式。

选择区域文字后，四周会出现如图 10-36 所示的定界框。将鼠标光标放在定界框附近，当鼠标光标变换为 形状时，拖动鼠标可以移动段落文本位置，如图 10-37 所示。

图 10-36

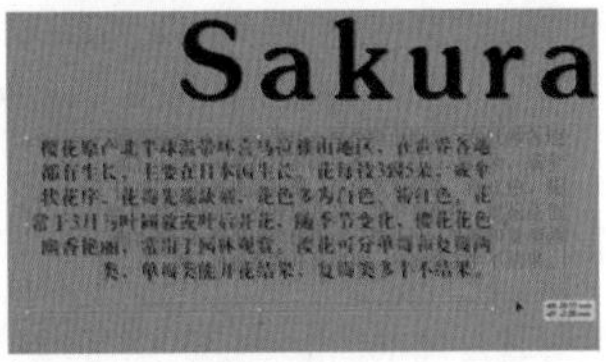

图 10-37

将鼠标光标放在边框线及四角的控制点上，当鼠标光标变换形状后，拖动鼠标可以缩放文本区域，但是文字大小不会发生变化，如图 10-38 所示。此时，在定界框上会显示一个红色的图标，如图 10-39 所示，表示文本显示不完全，拖动定界框上的控制点，放大文本区域，将其显示完整即可。

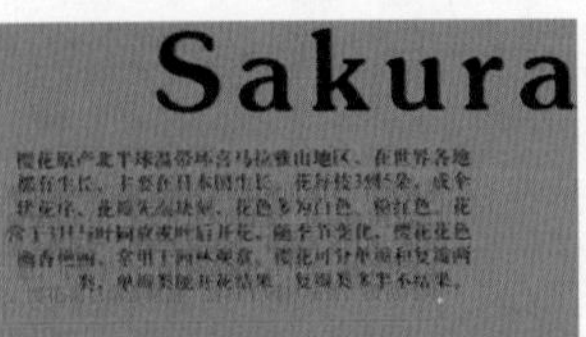

图 10-38

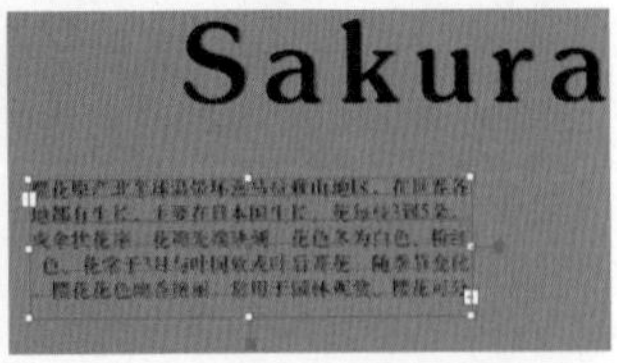

图 10-39

将鼠标光标放在定界框附近，当鼠标光标变换为 形状时，拖动鼠标可以调整图形的旋转角度，从而改变文字的排列效果，如图 10-40 所示。

此外，使用【直接选择工具】▷调整图形的形状，文字排列也会随之改变，如图 10-41 所示。

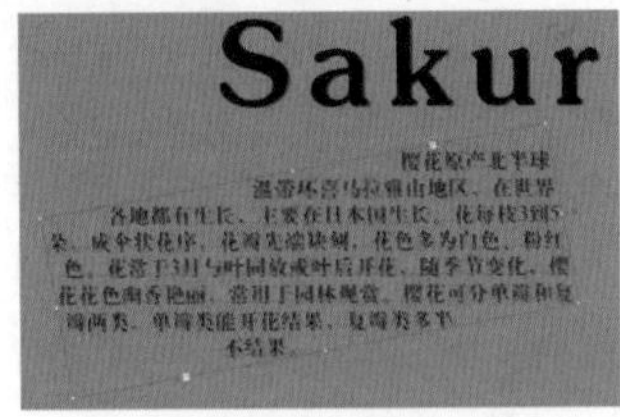

图 10-40

图 10-41

2. 设置区域文字选项

通过设置【区域文字选项】对话框中的参数，可以对文本进行分栏。如图 10-42 所示，选择区域文字，执行【文字】→【区域文字选项】命令，打开【区域文字选项】对话框，如图 10-43 所示，常用选项作用如表 10-1 所示。

图 10-42

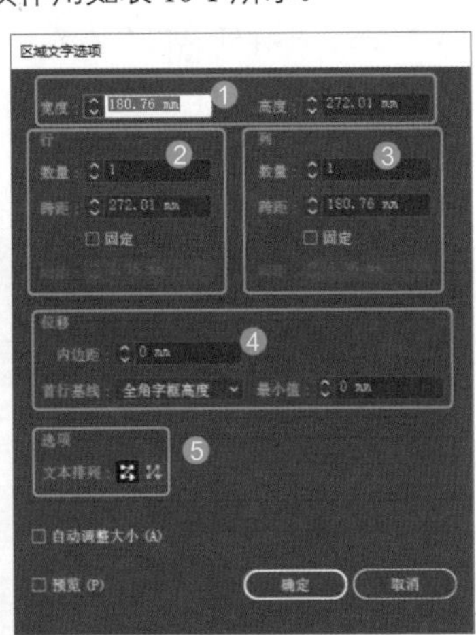

图 10-43

表 10-1 【区域文字选项】对话框中常用选项作用

选项	作用
❶ 宽度 / 高度	用于设置文本区域的大小，如果文本区域不是矩形，则用于确定对象边框尺寸
❷ 行	用于设置文本行的数量。设置【数量】选项后，会自动指定其余与行相关的参数。【数量】选项用于指定行数，【跨距】选项则可以指定单行的高度；【间距】用于确定行与行之间的距离。如图 10-44 所示是为图 10-42 所示的区域文字设置 3 行的排列效果  图 10-44

续表

选项	作用
❸ 列	用于设置文本列的数量。设置【数量】选项后，会自动指定其余与列相关的参数。【数量】选项用于指定列数，【跨距】选项则可以指定单列的宽度；【间距】用于确定列与列之间的距离。如图 10-45 所示为设置 3 列的排列效果 图 10-45
❹ 位移	用于设置内边距和首行文字的基线距离。在区域文字中，文本和边框路径之间的距离被称为内边距。如图 10-46 所示分别为内边距为 0 和内边距为 10mm 的排列效果 内边距为 0　内边距为 10mm 图 10-46 【首行基线】选项用于控制第一行文本与对象顶部的对齐方式，在下拉列表中可以选择一种对齐方式，包括【字母上缘】、【大写字母高度】、【行距】、【X 高度】、【全角字框高度】、【固定】和【旧版】；而在【最小值】文本框中，可以设置基线位移的最小值
❺ 文本排列	用于设置文本的阅读顺序。当设置文本多行多列排列时，单击按钮文本将按行从左到右排列，如图 10-47 所示；单击按钮，文本将按列从左到右排列，如图 10-48 所示 图 10-47　图 10-48

★重点 10.2.5 编辑路径文字

创建路径文字后，通过改变路径形状和设置【路径选项】对话框中的参数可以改变路径文字效果。

1. 移动和翻转文字

选择路径文字，会显示出定界框，如图 10-49 所示。

图 10-49

将鼠标光标放在文字左侧的中点标记上，当鼠标光标变换为形状（见图 10-50）时，拖动鼠标，可以沿着路径移动文字，如图 10-51 所示。

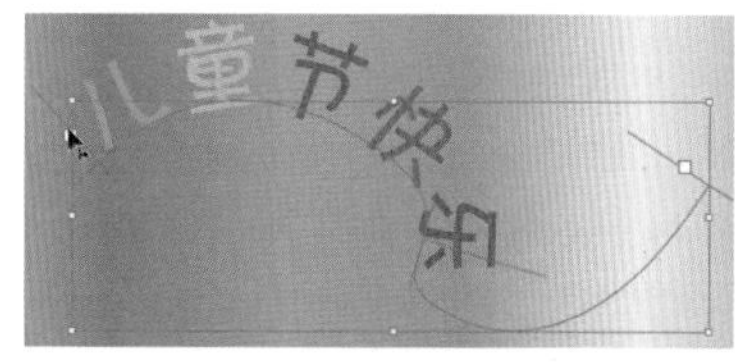

图 10-50

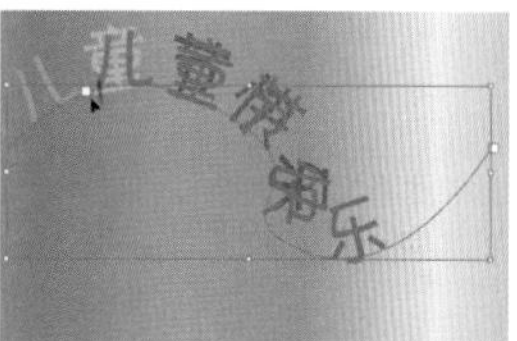

图 10-51

将鼠标光标放在文字中间的中点标记上，如图 10-52 所示。当鼠标光标变换为形状时，拖动鼠标可以翻转文字，如图 10-53 所示。

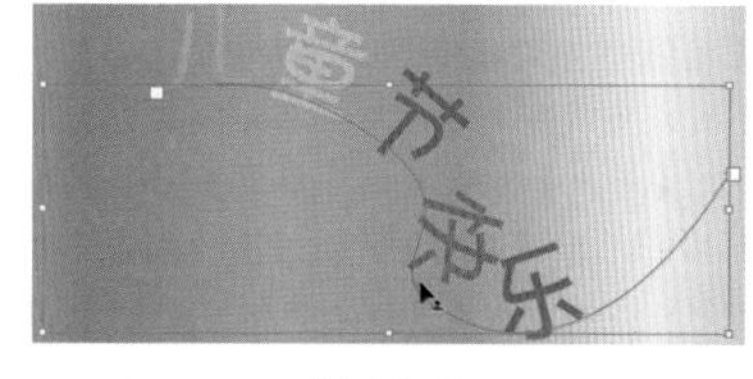

图 10-52

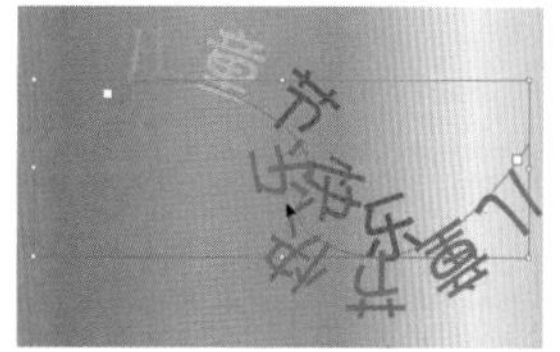

图 10-53

使用【直接选择工具】调整路径形状，文字排列也会随之发生改变，如图 10-54 所示。

图 10-54

2. 使用【路径选项】对话框设置文字效果

选择路径文字后，执行【文字】→【路径文字】→

【路径文字选项】命令，打开【路径文字选项】对话框，如图 10-55 所示，各选项作用如表 10-2 所示。

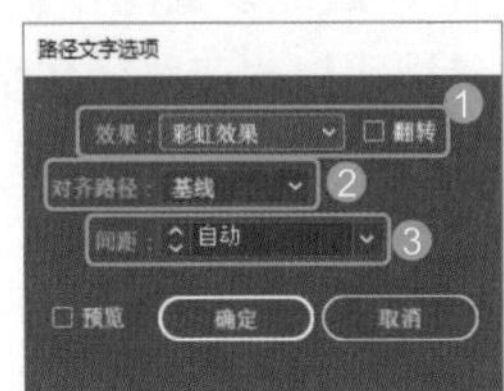

图 10-55

表 10-2 【路径文字选项】对话框中各选项作用

选项	作用
❶ 效果	用于设置文字效果。在下拉列表中可以选择一种文字效果，如【彩虹效果】、【阶梯效果】、【3D 带状效果】、【倾斜】和【重力效果】，各种效果分别如图 10-56 所示。选中【翻转】复选框，可以翻转文字 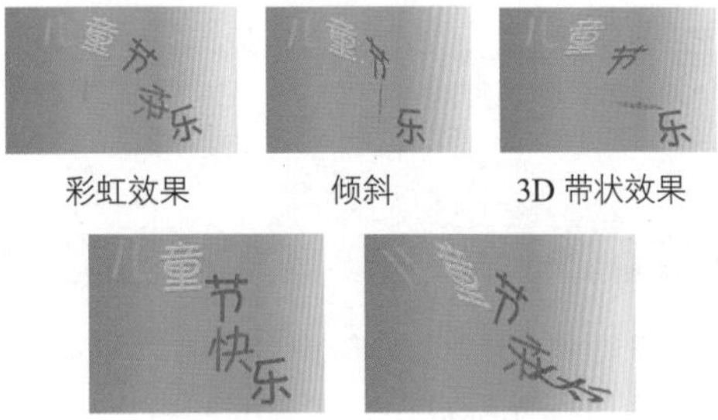 彩虹效果 倾斜 3D 带状效果 阶梯效果 重力效果 图 10-56
❷ 对齐路径	用于设置字符对齐到路径的方式。【字母上缘】方式可沿字符上边缘对齐到路径，如图 10-57 所示；【字母下缘】方式可沿字符下边缘对齐到路径，如图 10-58 所示；【居中】方式可沿字符上下边缘的中心点对齐到路径，如图 10-59 所示；【基线】方式可沿基线对齐到路径，如图 10-60 所示 图 10-57  图 10-58 图 10-59  图 10-60
❸ 间距	用于设置曲线上字符之间的距离。当字符围绕尖锐曲线或锐角排列时，因为突出展开的关系，字符之间可能会出现额外的间距，设置【间距】参数可以缩小曲线上字符间的距离

10.2.6 修改文字方向

在 Illustrator CC 中文字可以水平或者垂直排列。对于已经输入的文字，如果想要改变文字排列方向，不需要删除后重新输入，只需要先选择文字，如图 10-61 所示；再执行【文字】→【文字方向】→【垂直】命令，随即横排文字会更改为直排文字，如图 10-62 所示。

图 10-61

图 10-62

10.2.7 转换文字类型

在 Illustrator CC 中，点文字和区域文字可以相互转换。如图 10-63 所示，选择区域文字，执行【文字】→【转换为点状文字】命令（如果选择的是点文字，那么在【文字】菜单中会显示【转换为区域文字】命令），即可将区域文字转换为点文字，如图 10-64 所示。

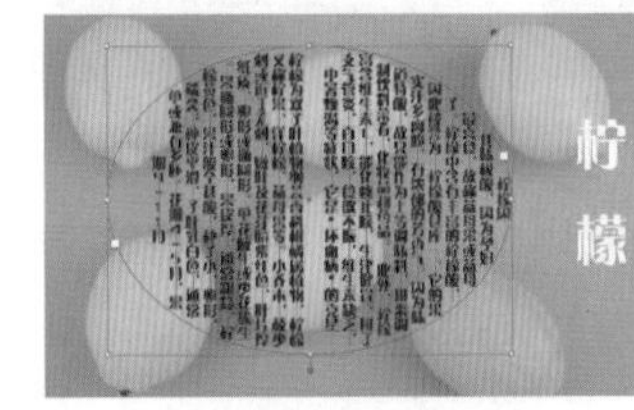

图 10-63

图 10-64

或者选择文字后，将鼠标光标放在定界框的中点上，如图 10-65 所示。当鼠标光标变换为形状时，双击鼠标即可将区域文字转换为点文字，如图 10-66 所示。

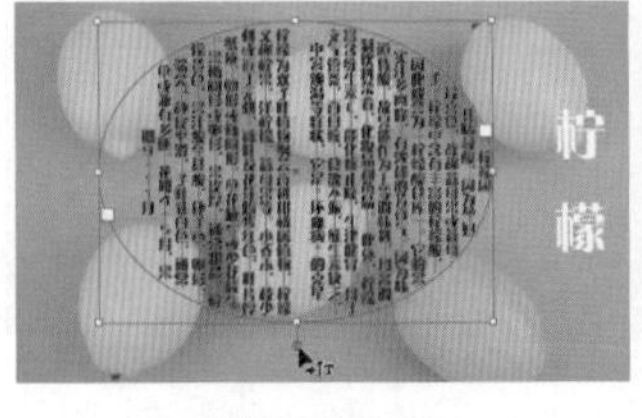

图 10-65

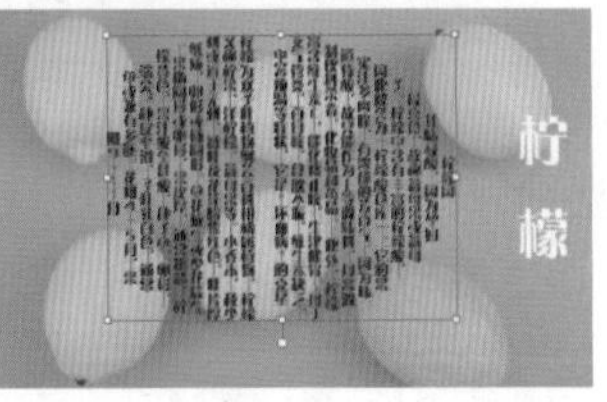

图 10-66

10.2.8 视觉边距对齐方式

【视觉边距对齐方式】命令用于控制标点和某些英文字母的对齐方式。当执行【文字】→【视觉边距对齐】命令后，可以将标点和某些英文字母的边缘悬挂在文本边距以外，从而使文字在视觉上呈现对齐状态，如图 10-67 所示为对齐前后的对比图。

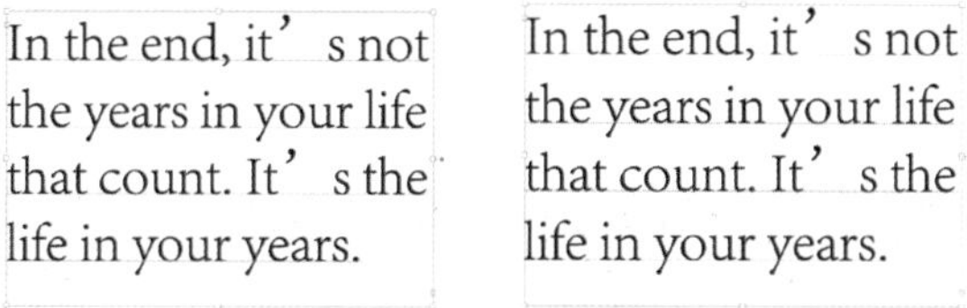

In the end, it’s not the years in your life that count. It’s the life in your years.

In the end, it’s not the years in your life that count. It’s the life in your years.

图 10-67

10.2.9 实战：查找和替换字体

在 Illustrator CC 中，可以使用查找字体功能来查找文档中使用某种字体的文字对象并替换字体，具体操作步骤如下。

Step01 打开“素材文件 \ 第 10 章 \ 查找字体 .ai”文件。选择使用了多种字体的段落，如图 10-68 所示。执行【文字】→【查找字体】命令，打开【查找字体】对话框，如图 10-69 所示。

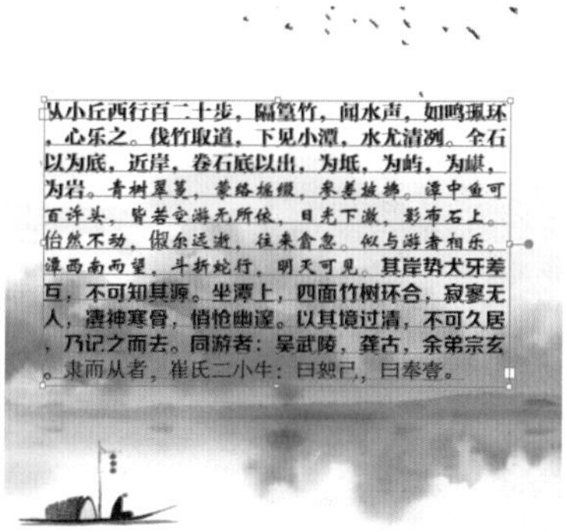

图 10-68

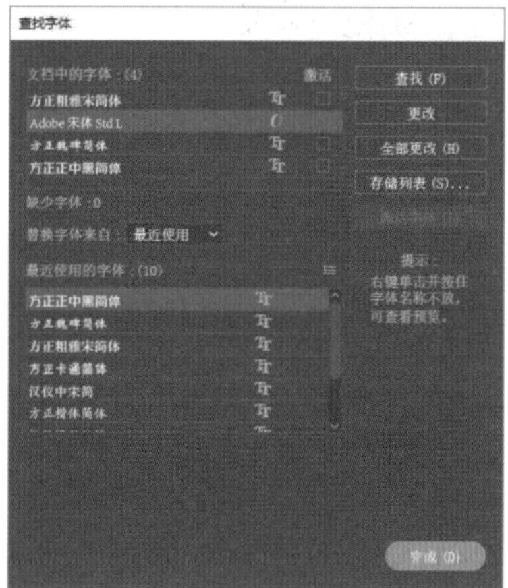

图 10-69

Step02 在该对话框的【文档中的字体】选项中会显示文档中使用的所有字体。单击选择某种字体，文档中会显示使用该字体的文字，如图 10-70 所示。如果没有显示完，单击【查找】按钮会查找文档中使用了该字体的文字。

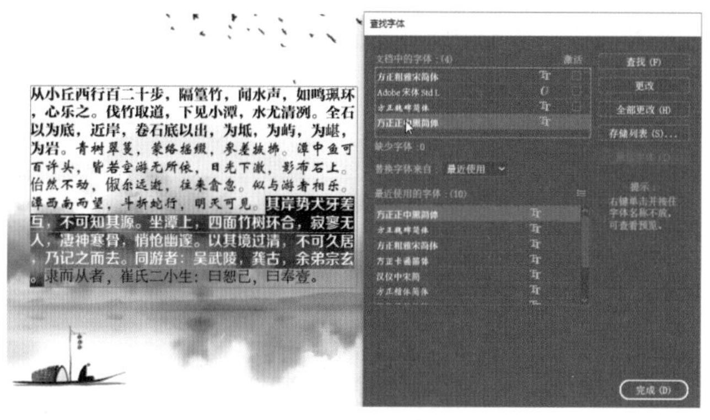

图 10-70

Step03 查找到字体后，在【替换字体来自】下拉列表中选择【系统】选项，然后在【系统中的字体】列表中选择一种字体，如图 10-71 所示。

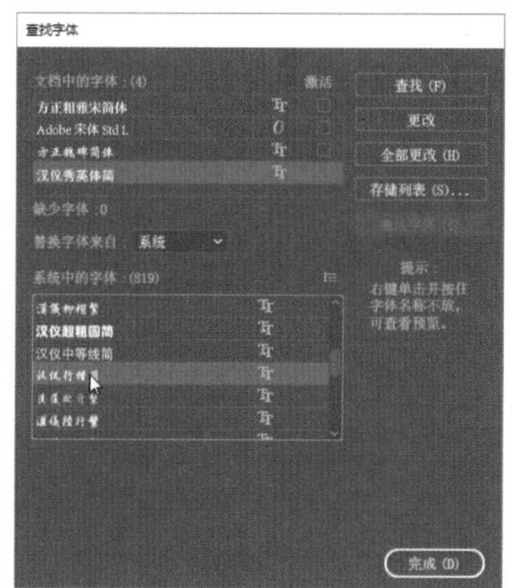

图 10-71

Step04 单击【全部更改】按钮，即可将选择的文字替换为所选择的字体。然后，单击【完成】按钮关闭【查找字体】对话框，替换后的文字效果如图 10-72 所示。

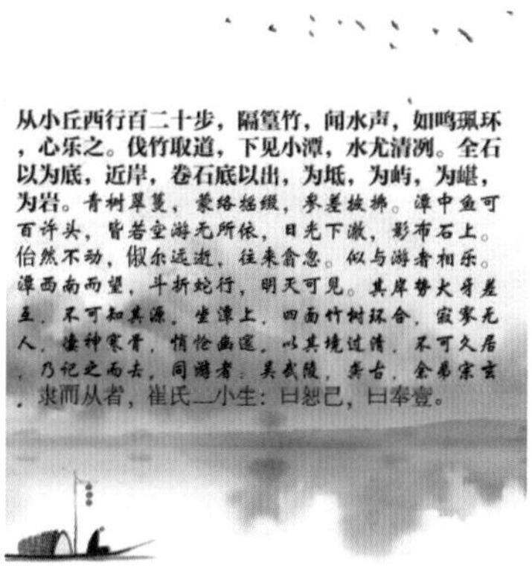

图 10-72

10.2.10 拼写检查

使用【拼写检查】功能可以检查文档中拼写错误的单词并改正，具体操作步骤如下。

Step 01 打开“素材文件 \ 第 10 章 \ 拼写检查 .ai”文件，并选择文本，如图 10-73 所示。

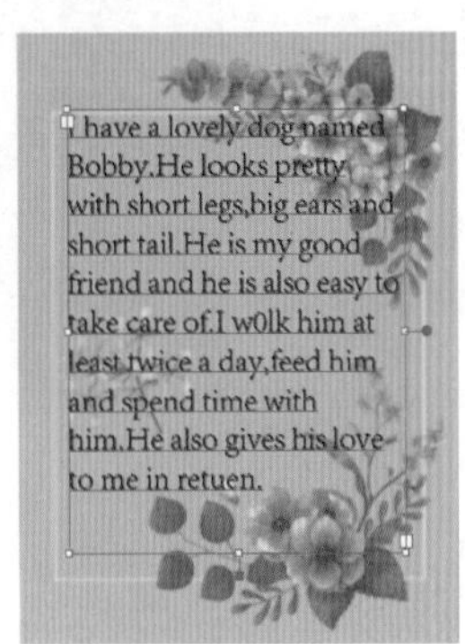

图 10-73

Step 02 执行【编辑】→【拼写检查】命令或者按【Ctrl+I】快捷键，打开【拼写检查】对话框，如图 10-74 所示。

Step 03 单击【开始】按钮，如图 10-75 所示，软件会自动检查文档中的拼写错误并突出显示，并且会在【建议单词】栏中提供更正方案。

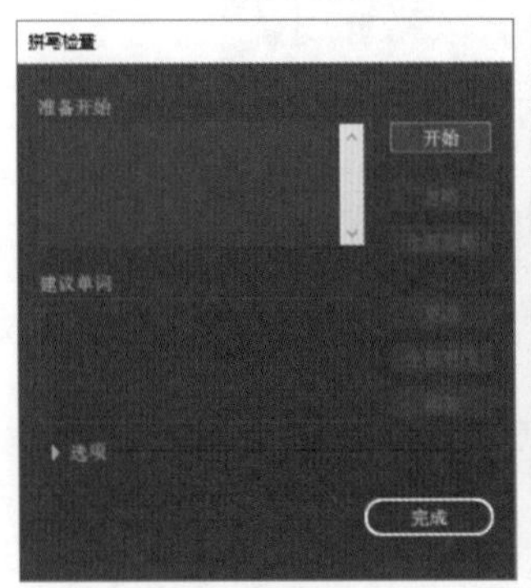

图 10-74　　图 10-75

Step 04 如果查找有误，可以单击【忽略】按钮，此时，软件会自动查找下一处错误，如图 10-76 所示。

Step 05 在【建议单词】栏中选择正确的单词，会自动更正错误单词，如图 10-77 所示。

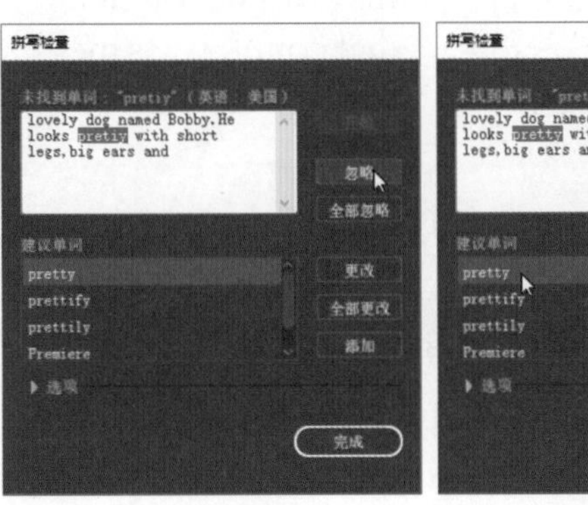

图 10-76

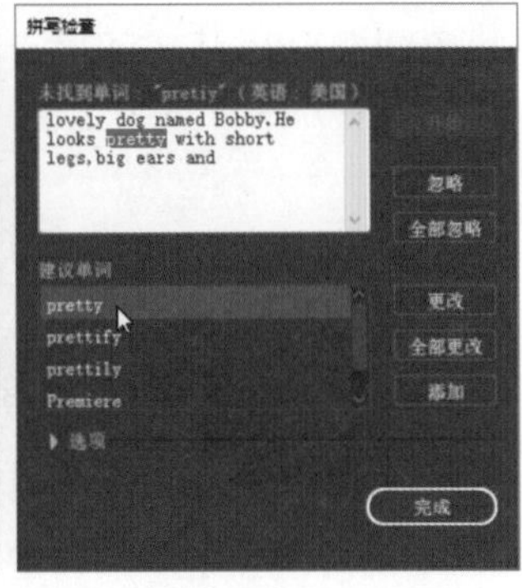

图 10-77

Step 06 单击【添加】按钮会继续查找下一处错误，并在【建议单词】栏中选择正确单词更正，如图 10-78 所示。

Step 07 完成拼写检查后，单击【更改】按钮确定更改文档中的错误单词，然后单击【完成】按钮，关闭【拼写检查】对话框，返回文档即可，如图 10-79 所示。

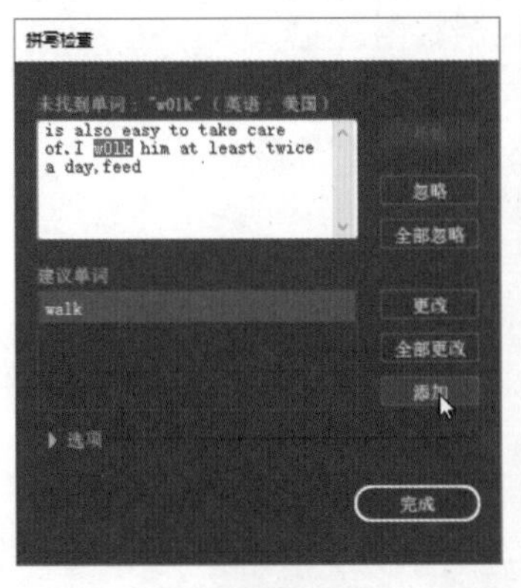

图 10-78

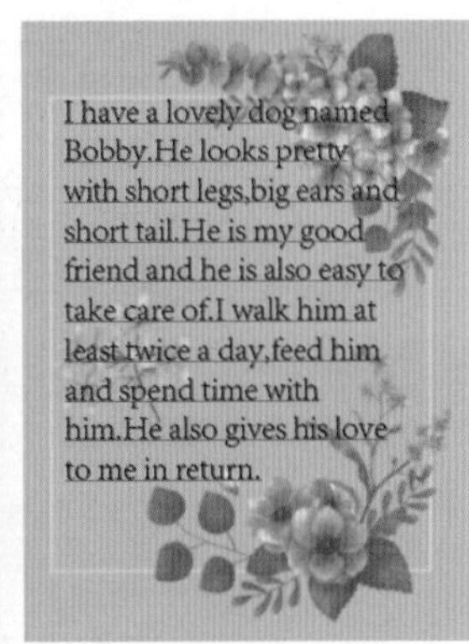

图 10-79

10.3 设置字符格式

创建文本之前或者之后，都可以通过【字符】面板设置字体的大小、系列、字距、行距及基线偏移等字符格式。此外，创建文本后，在【属性】面板中也可以设置字符格式。

10.3.1 【字符】面板

【字符】面板用于设置文档中字符的属性，包括字体样式、大小、字符间距等。执行【窗口】→【文字】→【字符】命令或者按【Ctrl+T】快捷键就可以打开【字符】面板，如图 10-80 所示。

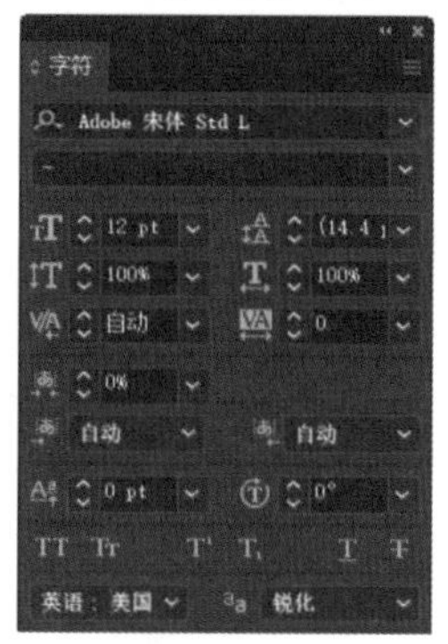

图 10-80

10.3.2 设置字体和样式

为文本设置字体系列之前需要先查找字体系列。选择文本后，在【字符】面板的搜索栏中输入完整的字体系列名称或者一个字，如图 10-81 所示，在弹出的下拉列表中会显示软件中安装并激活的相关字体系列，在字体系列的右侧会显示该字体的预览效果。

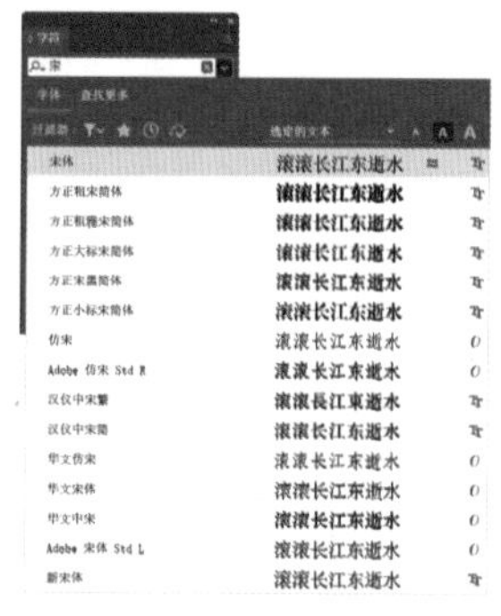

图 10-81

将鼠标光标放在某个字体系列上，文档中的文字会显示该字体系列的效果，如图 10-82 所示。

图 10-82

如果不确定应该设置什么字体系列，可以单击搜索栏的下拉按钮，在弹出的下拉列表中会显示计算机中安装并激活的所有字体系列，如图 10-83 所示。

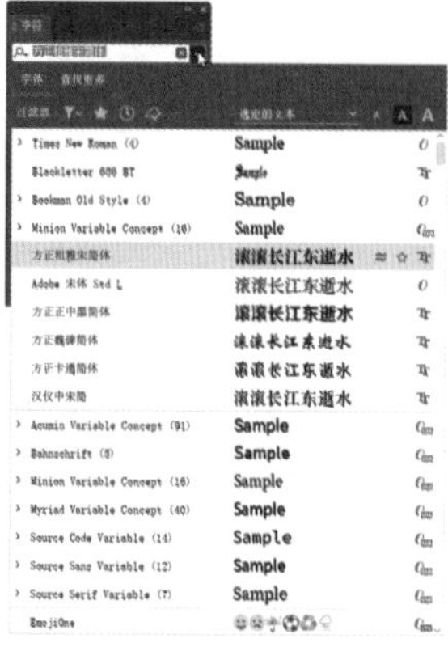

图 10-83

技术看板

设置字体系列时，将鼠标光标放置在【字体系列】框中，按【↑】或【↓】方向键可以依次切换安装的字体。

在字体系列下拉列表中切换到【查找更多】选项卡，如图 10-84 所示，会显示 Illustrator CC 中提供的数百个文字铸字工厂中的数千种字体，选择某种字体系列并单击 按钮将其激活，就可以在文档中使用该字体。

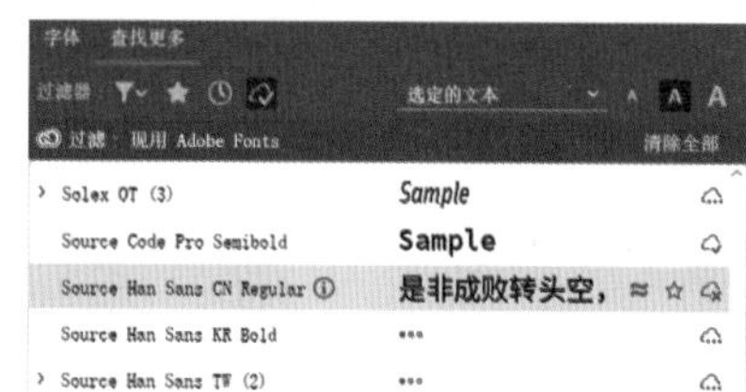

图 10-84

此外，如果设置英文字体样式，单击【字体样式】下拉按钮，在弹出的下拉列表中可以设置字体样式为【加粗】、【斜体】、【常规】或【斜体加粗】，如图 10-85 所示。需要注意的是，并不是所有的英文字体都可以设置这 4 种字体样式。各种字体样式效果如图 10-86 所示。

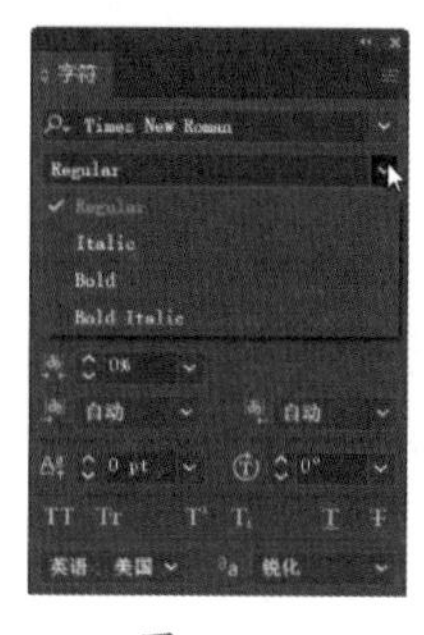

图 10-85

图 10-86

第1篇
第2篇
第3篇
第4篇

★重点 10.3.3 更改字体大小和颜色

使用【选择工具】选择文本，如图 10-87 所示。在【字符】面板的【设置字体大小】参数框中输入参数，按【Enter】键即可更改字体大小，如图 10-88 所示。

图 10-87

图 10-88

技术看板

选择文本后按【Shift+Ctrl+<】快捷键可以调小文字；按【Shift+Ctrl+>】快捷键可以调大文字。

如果要更改文本颜色，则在【颜色】面板中设置一种填充色即可，如图 10-89 所示。使用【文字工具】选择单独的文字则可以分别为文字设置颜色，如图 10-90 所示。

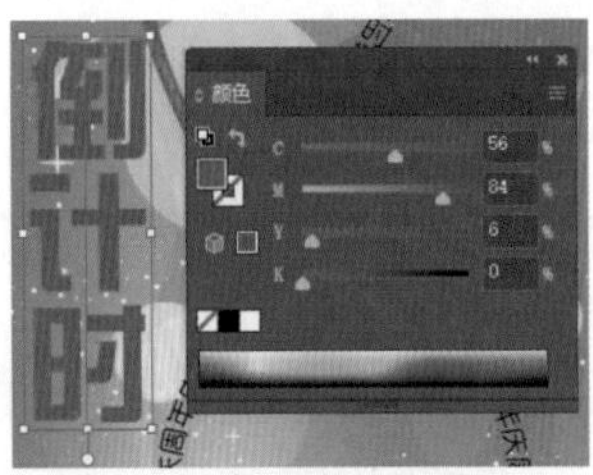

图 10-89

图 10-90

技能拓展——如何快速设置字体系列、大小、颜色

创建文本后，【属性】面板中会显示文本相关的属性设置，如图 10-91 所示，可以快速设置文本的大小、系列、颜色、字距等属性。单击右下角的按钮，可以展开【字符】面板。

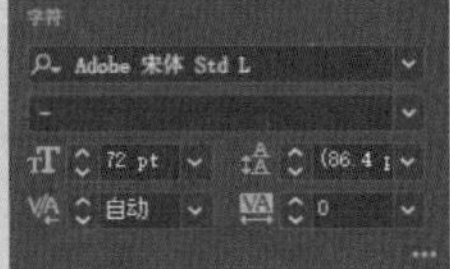

图 10-91

10.3.4 缩放文字

选择如图 10-92 所示的文字，设置【字符】面板的【垂直缩放】数值，可以在垂直方向缩放文字，如图 10-93 所示。设置【字符】面板的【水平缩放】数值，可在水平方向上缩放文字，如图 10-94 所示。

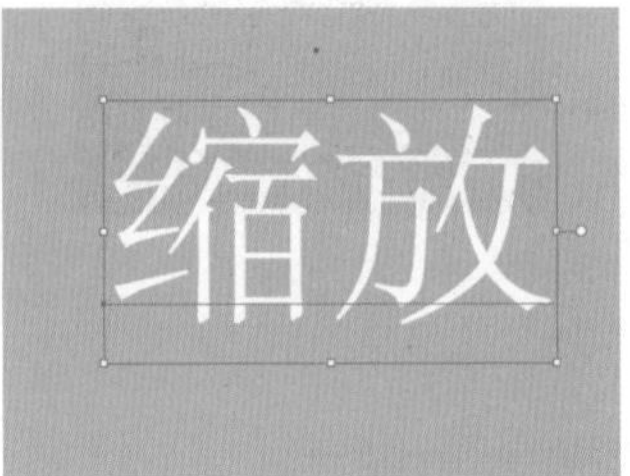

图 10-92

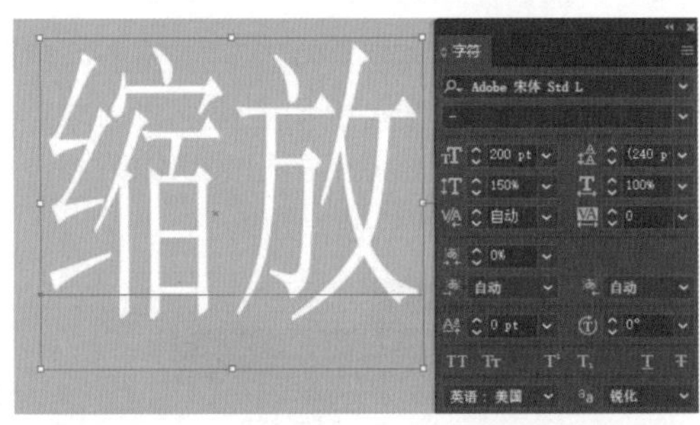

图 10-93

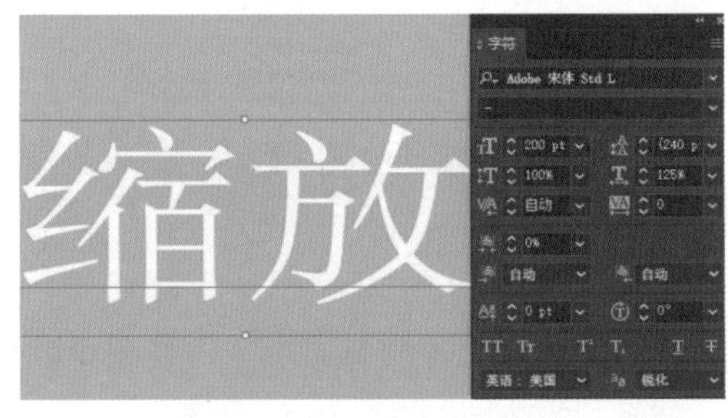

图 10-94

★重点 10.3.5 实战：调整行距和字距

在文本对象中，行与行之间的距离称为行距，字符与字符之间的距离称为字距。调整行距和字距时，当值为正数时，行距和字距会变大；当值为负数时，行距和字距会变小。下面通过一个案例介绍行距和字距的设置方法。

Step 01 打开“素材文件\第 10 章\字距调整.ai”文件，并选择文本，如图 10-95 所示。

Step 02 在【字符】面板的【设置行距】参数框中设置数值，

调整字符行距，如图 10-96 所示。

图 10-95

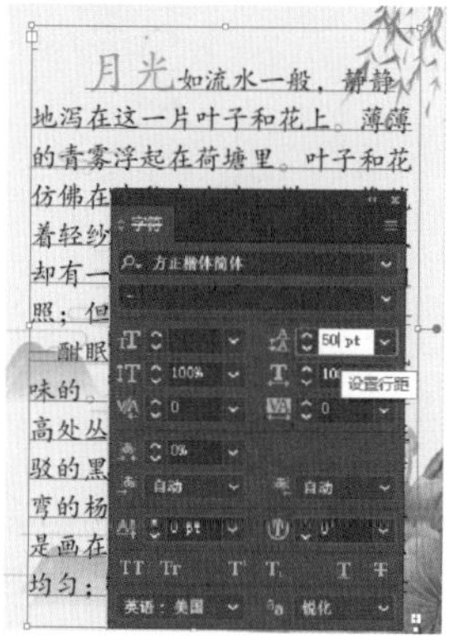

图 10-96

Step 03 在【设置所选字符的字距调整】参数框中输入数值，设置字符距离，如图 10-97 所示。

Step 04 选择【文字工具】T，将文本插入点定位在“月”和“光”两字之间，在【设置两个字符间的字符微调】参数框中输入数值，设置特定字符之间的距离，如图 10-98 所示。

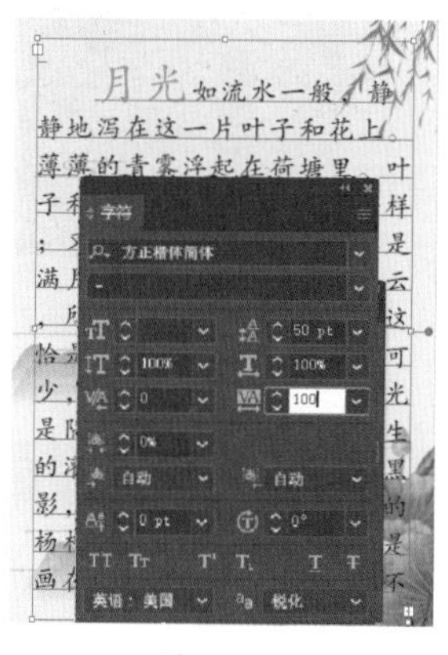

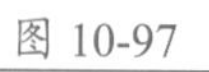

图 10-97

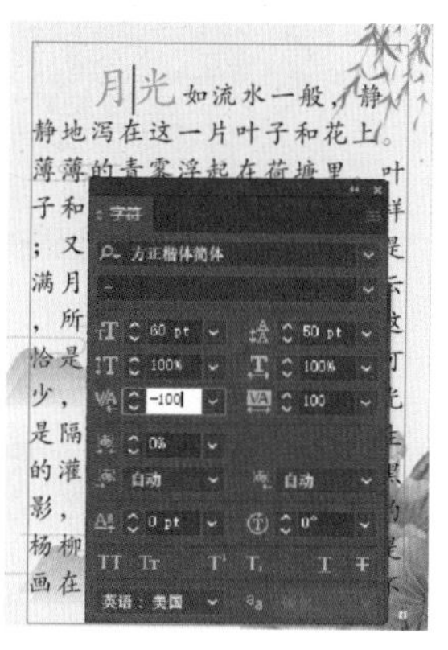

图 10-98

10.3.6 基线偏移

基线是大多数字符排列于其上的一条不可见的直线。Illustrator 提供了基线偏移功能，可以使文字位于基线上方或下方。使用【文字工具】T选择需要设置基线偏移的文字，如图 10-99 所示。

图 10-99

在【字符】面板中的【设置基线偏移】参数框中，输入数值来设置基线偏移，如图 10-100 所示，当值为正数时，文字位于基线上方；当值为负数时，文字位于基线下方。

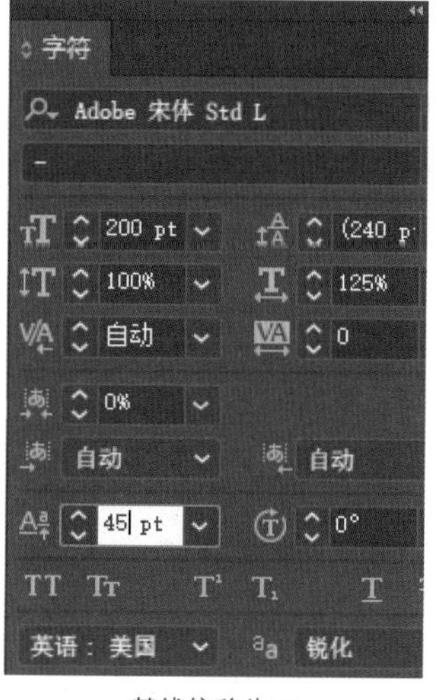

基线偏移为正

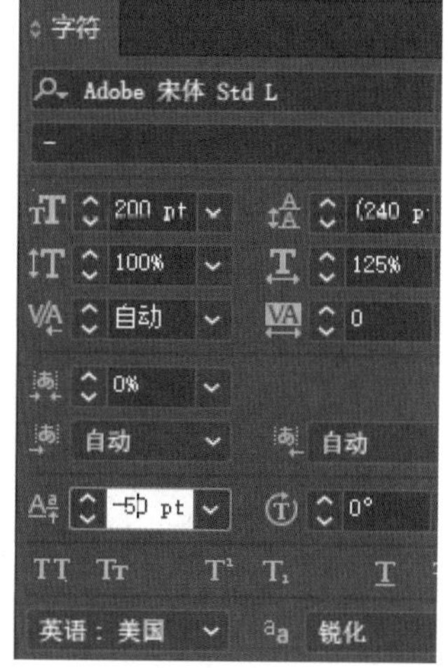

基线偏移为负

图 10-100

10.3.7 旋转文字

选择文字后，将鼠标光标放在定界框上，当鼠标光标变换为形状时，拖动鼠标可以旋转文字，如图 10-101 所示。

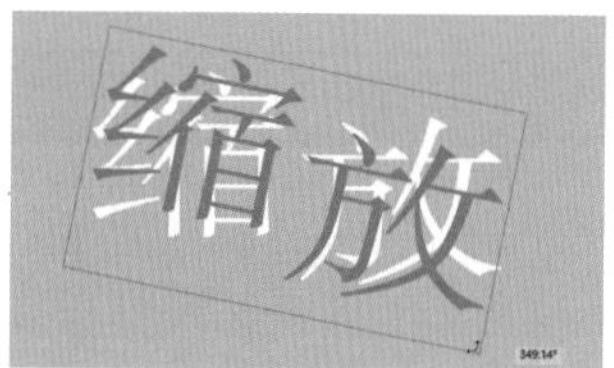

图 10-101

在【字符】面板的【字符旋转】参数框中输入数值，可以旋转文字，如图 10-102 所示。

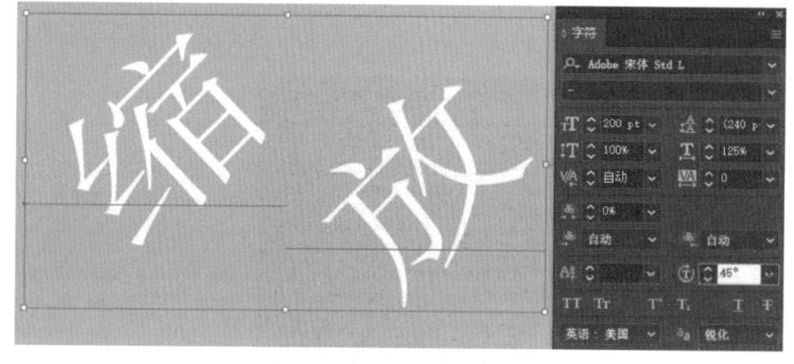

图 10-102

10.3.8 添加特殊样式

如图 10-103 所示，在【字符】面板底部有一排用于创建特殊样式的按钮。

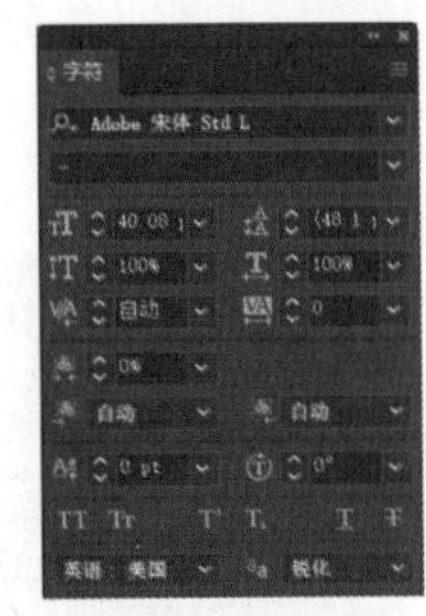
图 10-103

- 全部大写字母 TT：选择文本后，单击该按钮可以将文本中的字母全部设置为大写，如图 10-104 所示。
- 小型大写字母 Tr：选择文本后，单击该按钮可以将文本中的字母全部设置为小型大写字母，如图 10-105 所示。

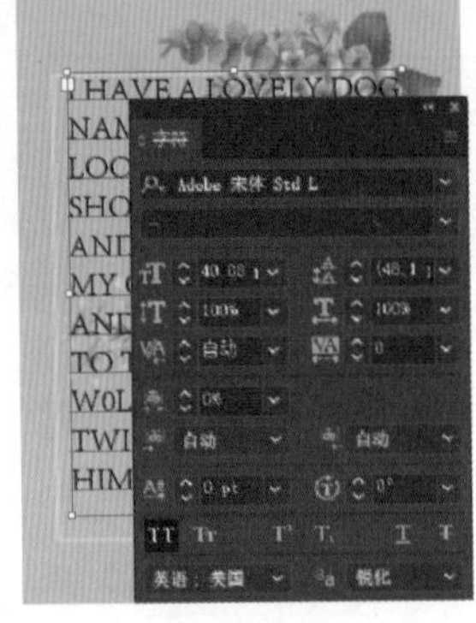
图 10-104

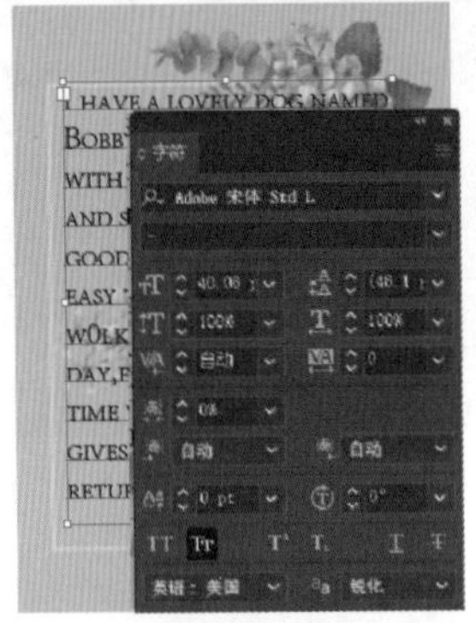
图 10-105

- 上标 T'：选择文本后，单击该按钮可以将选择的文本设置为上标，如图 10-106 所示。
- 下标 T,：选择文本后，单击该按钮可以将选择的文本设置为下标，如图 10-107 所示。

图 10-106

图 10-107

- 下划线 T：选择文本后，单击该按钮可以为选择的文本添加下划线效果，如图 10-108 所示。
- 删除线 T：选择文本后，单击该按钮可以为选择的文本添加删除线效果，如图 10-109 所示。

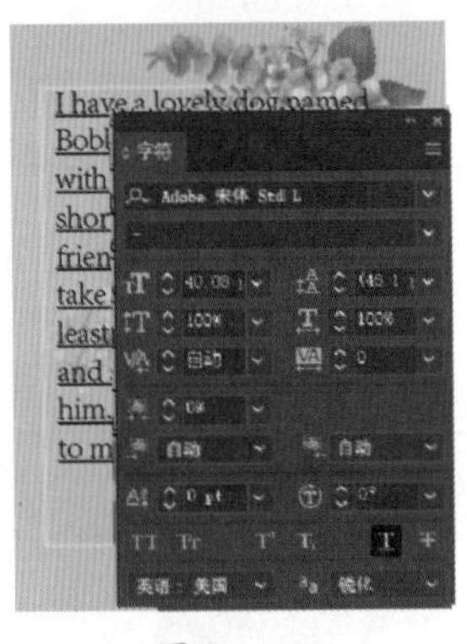
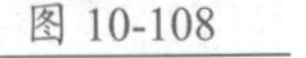
图 10-108

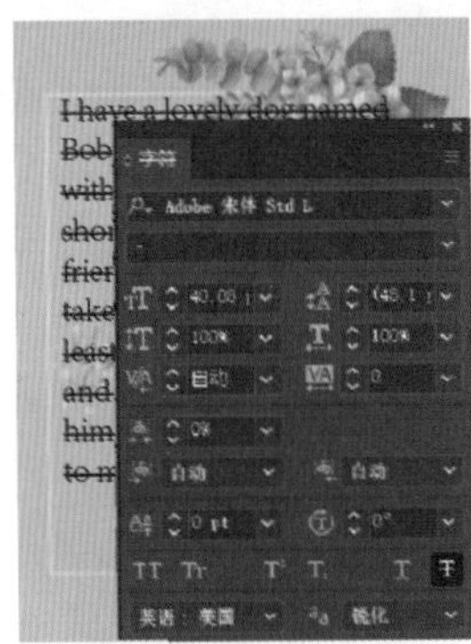
图 10-109

10.4 设置段落格式

创建段落文本后，可以通过【段落】面板调整段落对齐方式、段落间距、文本缩进等段落格式。此外，创建文本后，【属性】面板中也会显示段落相关的属性设置，可以快速设置段落格式。

10.4.1 【段落】面板

执行【窗口】→【文字】→【段落】命令，打开【段落】面板，如图 10-110 所示。设置【段落】面板中的参数可以调整段落对齐方式、缩进方式、段落间距等效果。

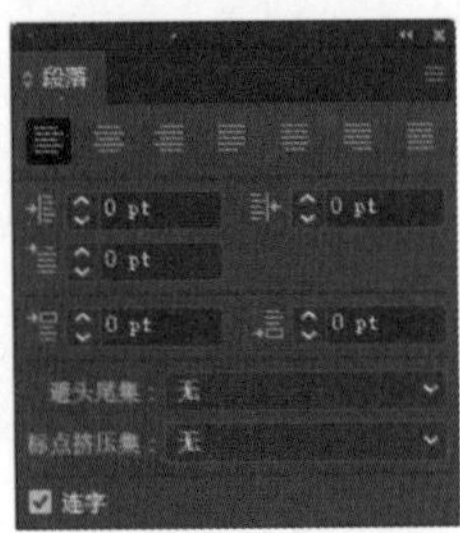
图 10-110

创建文本后，【属性】面板中会自动显示段落相关的属性设置，如图 10-111 所示。单击右下角的 ••• 按钮，可以展开【段落】面板。

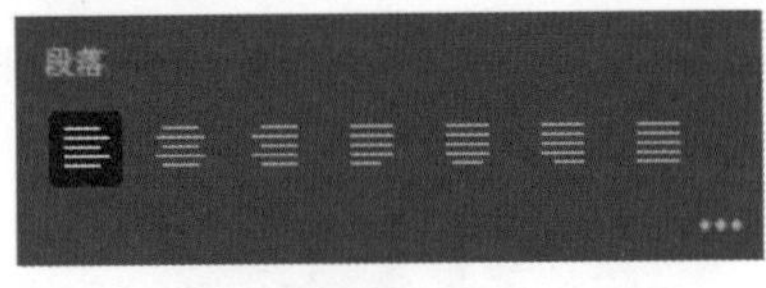
图 10-111

★重点 10.4.2 对齐文本

【段落】面板顶部提供了一排用于设置段落对齐方

式的按钮。选择文本或者将文本插入点定位在某段文本中，单击段落对齐按钮就可以设置段落对齐方式。

● 左对齐▤：以文本左侧边界字符为基准对齐，如图 10-112 所示。

● 居中对齐▤：使文本两侧文字整齐地向中间集中，如图 10-113 所示。

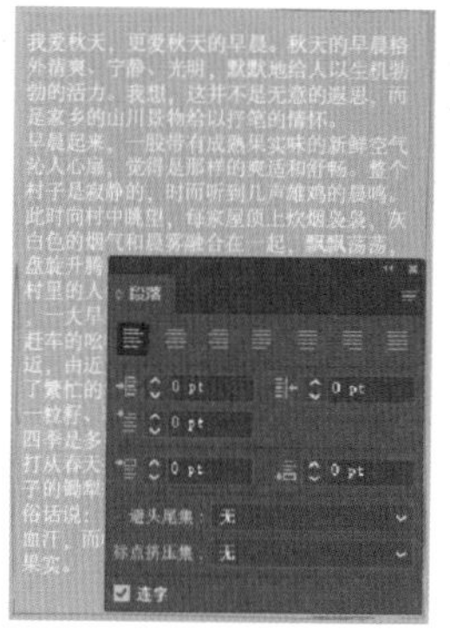

图 10-112

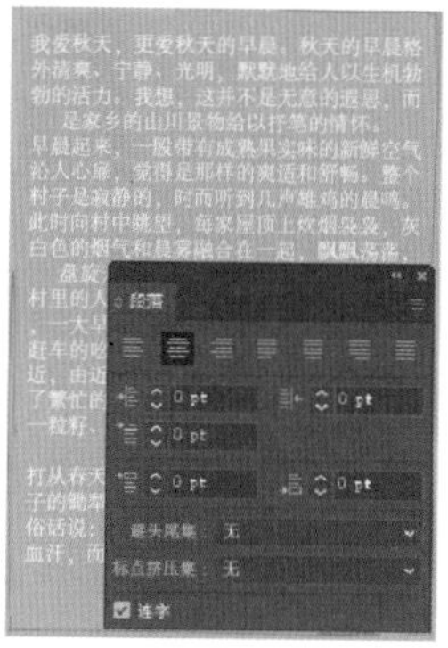

图 10-113

● 右对齐▤：以文本右侧边界的字符为基准对齐，如图 10-114 所示。

● 两端对齐，末行左对齐▤：文本两端强制对齐，每段最后一行以左侧边界的字符为基准对齐，如图 10-115 所示。

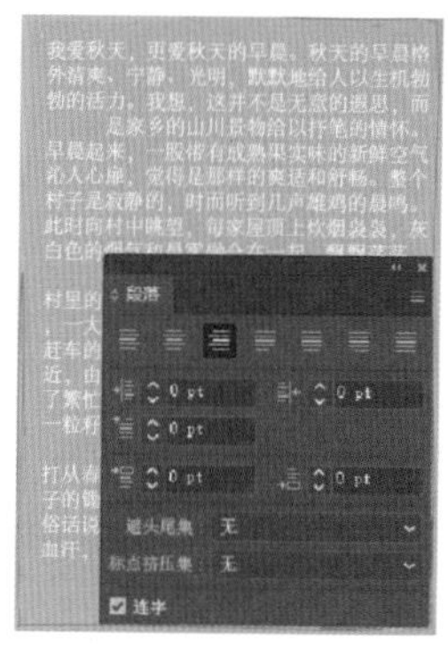

图 10-114

图 10-115

● 两端对齐，末行居中对齐▤：文本两端强制对齐，每段最后一行以段落中心为基准居中对齐，如图 10-116 所示。

● 两端对齐，末行右对齐▤：文本两端强制对齐，每段最后一行以右侧边界的字符为基准对齐，如图 10-117 所示。

● 全部两端对齐▤：通过在字符间添加间距使文本两端强制对齐，如图 10-118 所示。

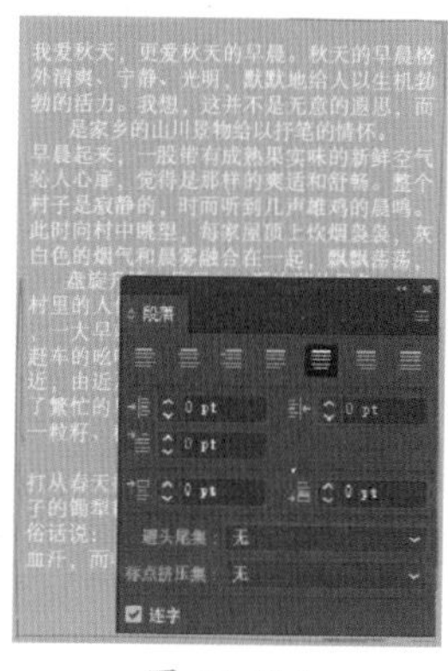

图 10-116

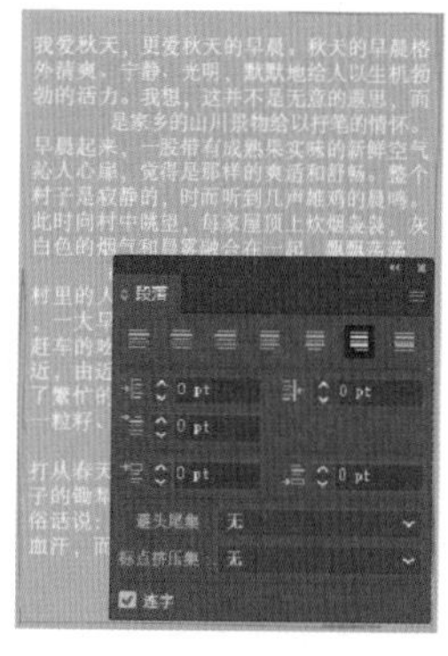

图 10-117

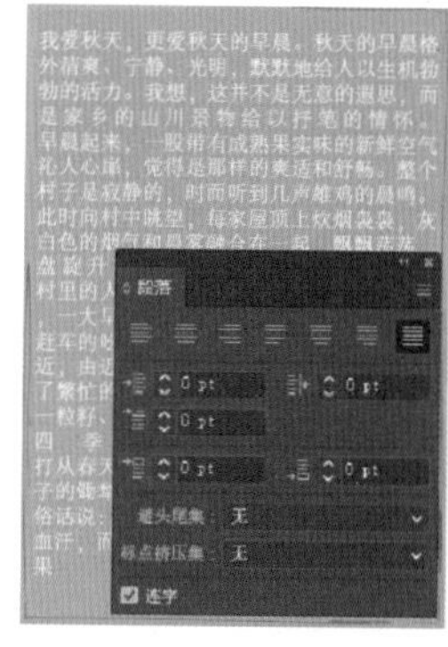

图 10-118

10.4.3 缩进文本

缩进是指文本和文字对象边界之间的距离，使用【选择工具】选择所有的文本或者将文本插入点定位于段落中，然后在【缩进文本】框中输入参数，前者会影响所有文本的缩进效果，后者只影响文本插入点所在段落的缩进效果。【段落】面板中提供了以下 3 种缩进方式。

● 左缩进：输入缩进值后，文本向文本框的右侧移动，如图 10-119 所示。

● 右缩进：输入缩进值后，文本向文本框的左侧移动，如图 10-120 所示。

● 首行左缩进：只影响首行文字的缩进效果，如图 10-121 所示。当缩进值为正数时，向右移动；当值为负数时，向左移动。

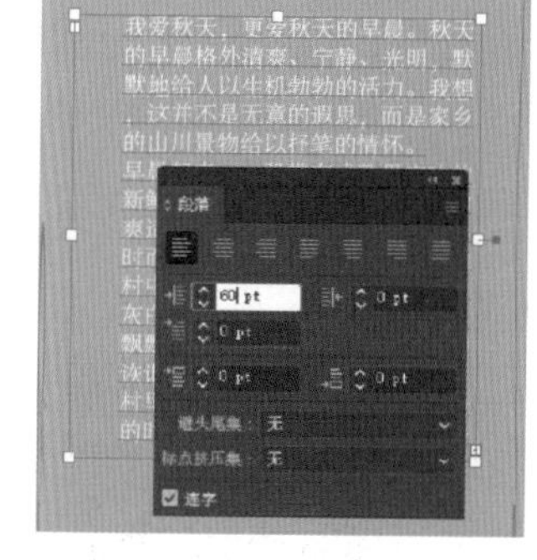

图 10-119

图 10-120

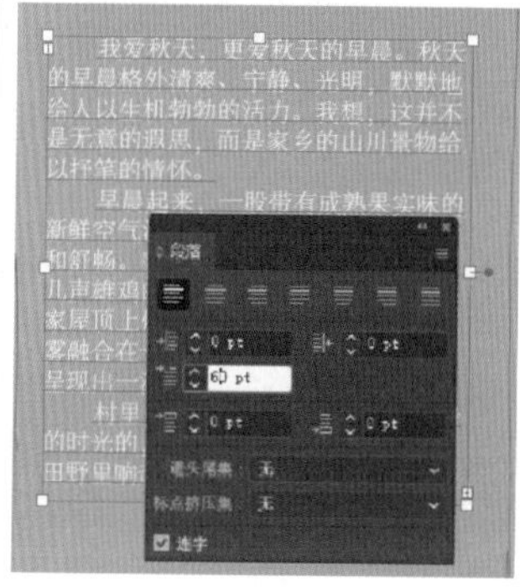

图 10-121

★重点 10.4.4 实战：调整段落间距

段落间距分为段前间距和段后间距，设置段前和段后间距的操作步骤如下。

Step 01 打开"素材文件\第 10 章\秋.ai"文件，如图 10-122 所示。

Step 02 将文本插入点定位在第二段文本中，如图 10-123 所示。

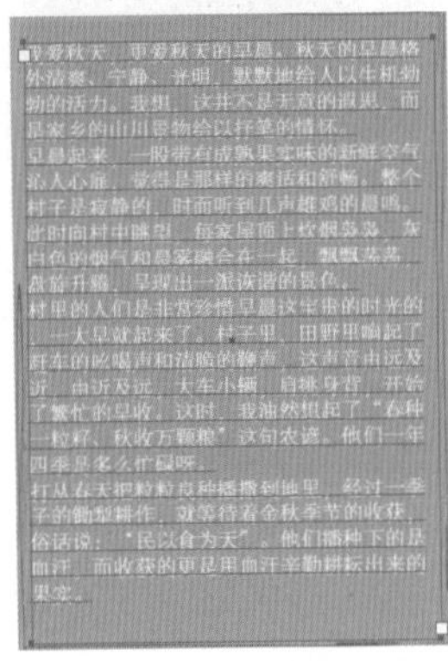

图 10-122

图 10-123

Step 03 在【段落】面板的【段前间距】参数框中输入数值，在段落文本的前面添加间距，如图 10-124 所示。

Step 04 在【段落】面板的【段后间距】参数框中输入数值，在段落文本的后面添加间距，如图 10-125 所示。

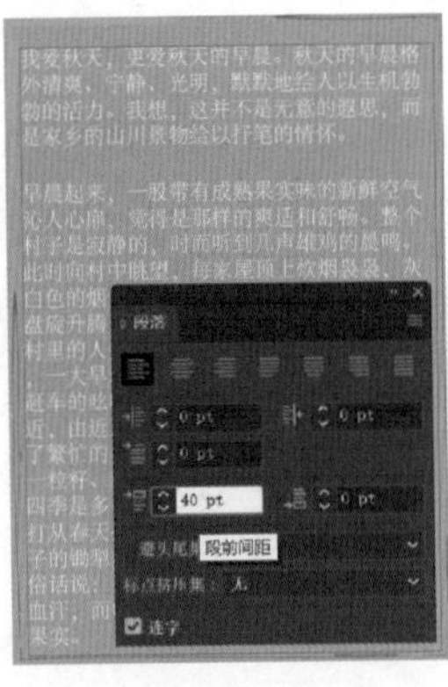

图 10-124

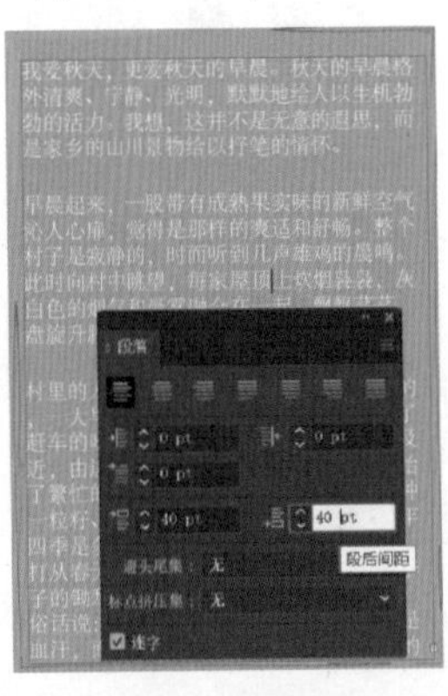

图 10-125

10.4.5 避头尾法则设置

在编辑文档时，会出现标点符号在行首的情况，如图 10-126 所示。这种不能位于行首或行尾的字符被称为避头尾字符。Illustrator CC 提供了【宽松】和【严格】两种避头尾法则，可以避免所选字符出现在行首或行尾。

单击【段落】面板中的【避头尾集】下拉按钮，在弹出的下拉列表中设置避头尾法则为宽松或严格，可以避免标点出现在行首，如图 10-127 所示。

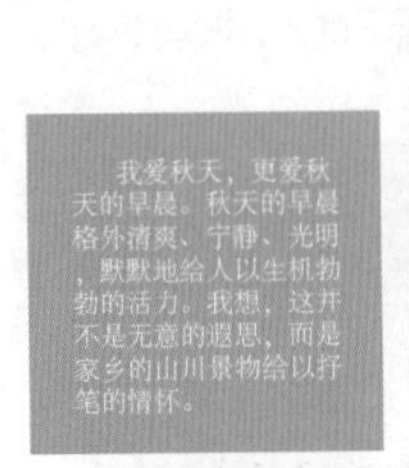

图 10-126

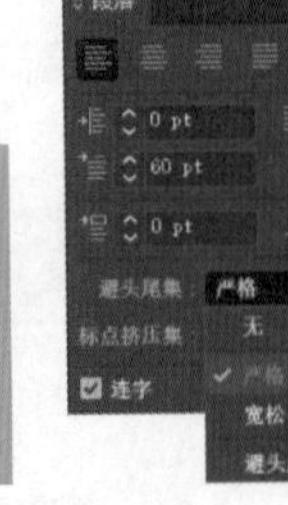

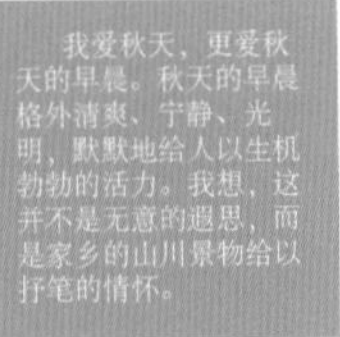

图 10-127

10.4.6 标点挤压设置

如图 10-128 所示，在编辑文档时，标点与字符间距和字符与字符间距是不同的。如果要使标点与字符间距看起来更紧凑一些，可以设置标点挤压。

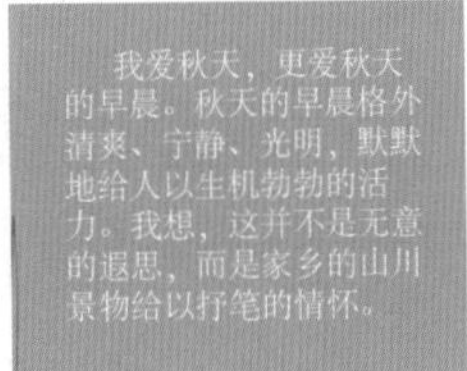

图 10-128

【标点挤压集】用于指定亚洲字符、罗马字符、标点符号、特殊字符、行首、行尾和数字之间的距离，确定中文或日文排版方式。在【段落】面板中单击【标点挤压集】下拉按钮，在弹出的下拉列表中选择【日文标点符号转换规则－半角】选项，可以缩小标点与字符间距，如图 10-129 所示。

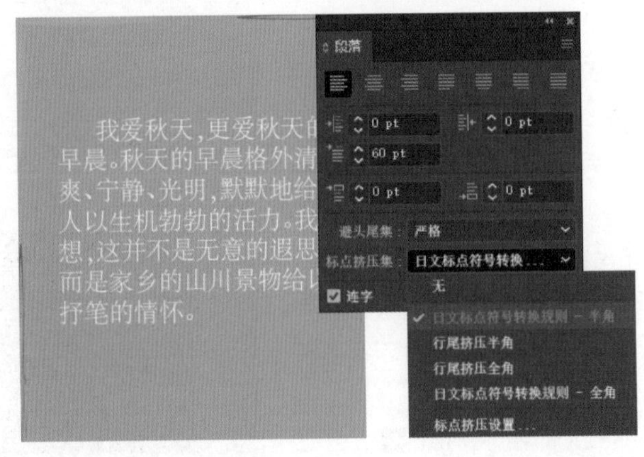

图 10-129

10.5 字符和段落样式

对于需要经常使用的某种字符或段落格式，可以将其保存在【字符样式】面板或【段落样式】面板中，下次使用的时候不需要再重新设置，只需要通过【字符样式】面板或【段落样式】面板应用即可。下面就介绍创建字符和段落样式的操作方法。

10.5.1 实战：创建和使用字符样式

【字符样式】面板不仅可以保存文字样式，还可以将文字样式快速应用于其他文字，从而节省工作时间。创建和使用字符样式的操作步骤如下。

Step 01 打开“素材文件\第 10 章\卡通文字 .ai”文件，选择“happy”文本，如图 10-130 所示。

Step 02 在【属性】面板中设置字体系列、大小，颜色为黄色，如图 10-131 所示。

图 10-130

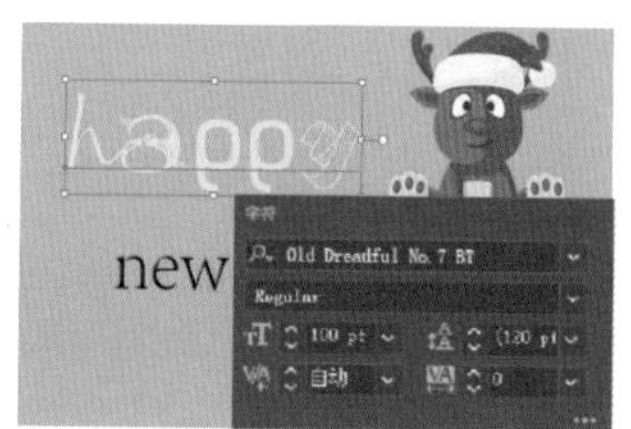

图 10-131

Step 03 执行【窗口】→【文字】→【字符样式】命令，打开【字符样式】面板，单击面板底部的【创建新样式】按钮，将该文本的字符样式保存为【字符样式 1】，如图 10-132 所示。

Step 04 选择另一个文本对象，选择【字符样式】面板中的【字符样式 1】选项，可将该样式应用到选择的文本上，如图 10-133 所示。

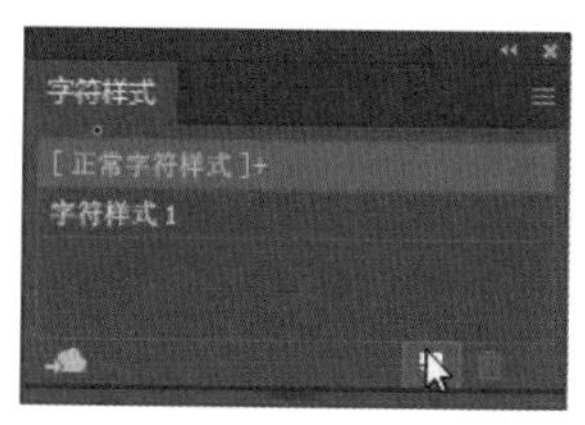

图 10-132

图 10-133

10.5.2 实战：创建和使用段落样式

【段落样式】面板的功能与【字符样式】面板一样，可以保存段落样式并应用于其他段落文本。创建和使用段落样式的操作步骤如下。

Step 01 打开“素材文件\第 10 章\东方明珠 .ai”文件，选择左侧的段落文本，如图 10-134 所示。

图 10-134

Step 02 在【段落】面板中设置首行缩进、避头尾法则和标点挤压，如图 10-135 所示。

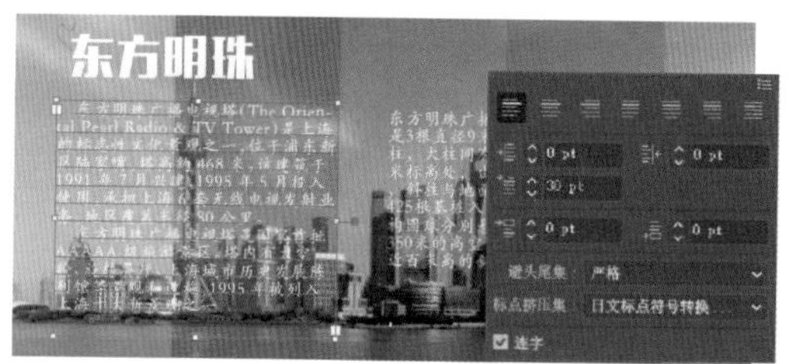

图 10-135

Step 03 执行【窗口】→【文字】→【段落样式】命令，打开【段落样式】面板，单击面板底部的【创建新样式】按钮，将该段落文本样式保存为【段落样式 1】，如图 10-136 所示。

Step 04 选择右侧的段落文本，选择【段落样式】面板中的【段落样式 1】选项，将其应用到选择的段落文本上，如图 10-137 所示。

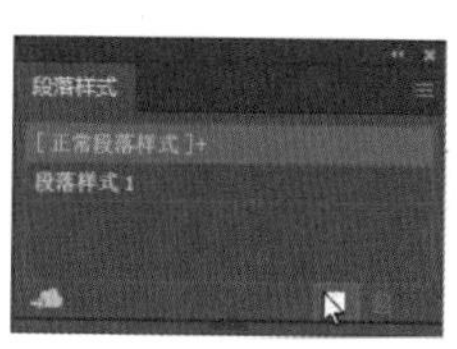

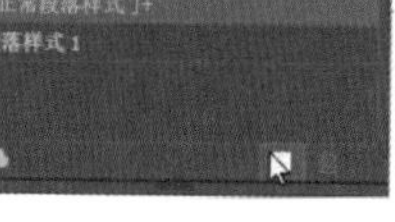

图 10-136

图 10-137

10.5.3 编辑字符和段落样式

创建字符和段落样式后，还可以根据需要更改字符和段落样式。修改字符和段落样式后，文档中应用该字符和段落样式的文本也会随之改变。

在【字符样式】面板或【段落样式】面板中选择需要更改的样式，单击面板右上角的扩展按钮，在弹出的扩展菜单中选择【字符样式选项】或者【段落样式选项】命令，即可打开相应的样式选项对话框，如图 10-138 所示。在对话框中重新设置字符或段落格式，单击【确定】按钮即可修改样式。

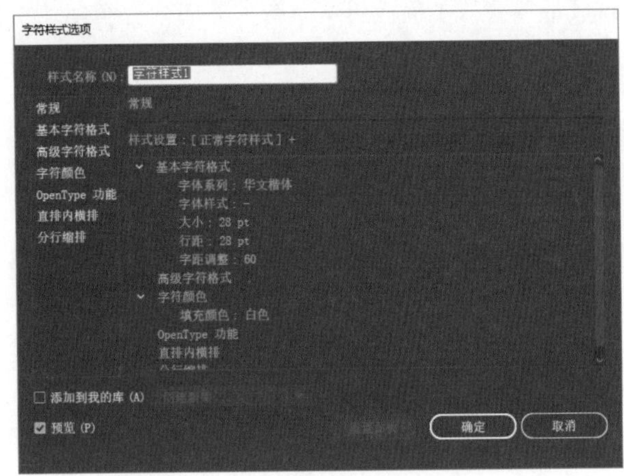

【字符样式选项】对话框

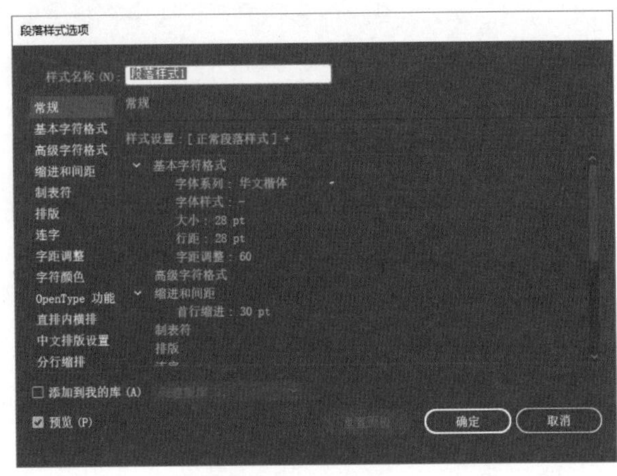

【段落样式选项】对话框

图 10-138

10.6 设置特殊字符

在 Illustrator CC 中还可以设置制表符，插入表情等特殊字符，下面就介绍这些特殊字符的具体设置方法。

10.6.1 【制表符】面板

【制表符】面板可以设置段落或文本对象的制表位。执行【窗口】→【文字】→【制表符】命令，打开【制表符】面板，如图 10-139 所示。各选项作用如表 10-3 所示。

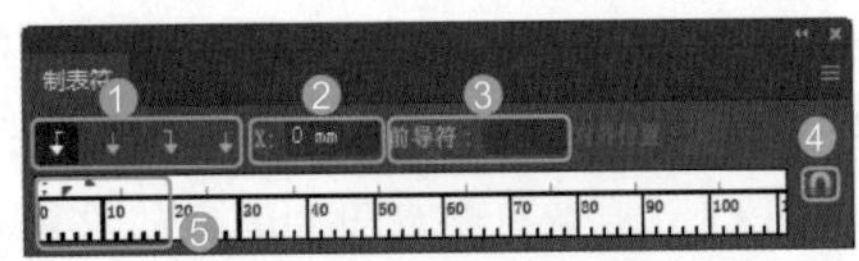

图 10-139

表 10-3 【制表符】面板各选项作用

选项	作用
❶ 制表符对齐按钮	用于指定如何相对于制表符位置来对齐文本。单击【左对齐制表符】按钮，会靠左对齐横排文本，右边距可因长度不同而参差不齐。单击【居中对齐制表符】按钮，会按制表符标记居中对齐文本。单击【右对齐制表符】按钮，会靠右对齐横排文本，左边距可因长度不同而参差不齐。单击【小数点对齐制表符】按钮，会将文本与指定字符（例如句号或货币符号）对齐放置。在创建数字列时，此选择尤为有用
❷ 制表符位置	用于显示制表符位置，也可以直接输入参数定义制表符位置
❸ 前导符	前导符是制表符和后续文本之间的一种重复性字符模式（如一连串的点或虚线）。在标尺上选择一个制表位，在【前导符】参数框中输入一种最多含 8 个字符的图案，按【Enter】键，在制表符的宽度范围内，将重复显示所输入的字符
❹ 将面板置于文本上方	单击按钮，可将【制表符】面板对齐到当前选择的文本上，并自动调整宽度以适合文本的宽度
❺ 首行缩进/悬挂缩进	用于设置文本缩进效果。将文本插入点定位到需要设置缩进的文本段落中，拖动【首行缩进】图标时可以缩进首行文本，拖动【悬挂缩进】图标可以缩进除了第一行文本以外的其他文本

10.6.2 【字形】面板

通过【字形】面板可以插入特殊字符，以及查看并插入所选字体的特殊字形。

选择【文字工具】T，设置文本插入点，如图 10-140 所示。

图 10-140

执行【窗口】→【文字】→【字形】命令，打开【字形】面板，如图 10-141 所示，默认情况下会显示当前所选字体的所有字形。

单击面板底部的【字体系列】下拉按钮，在弹出的下拉列表中选择一种特殊字体，如图 10-142 所示，面板中会显示该字体的所有字形。

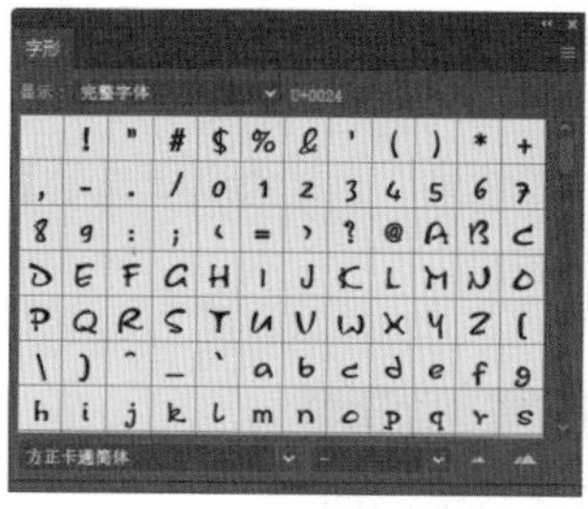

图 10-141

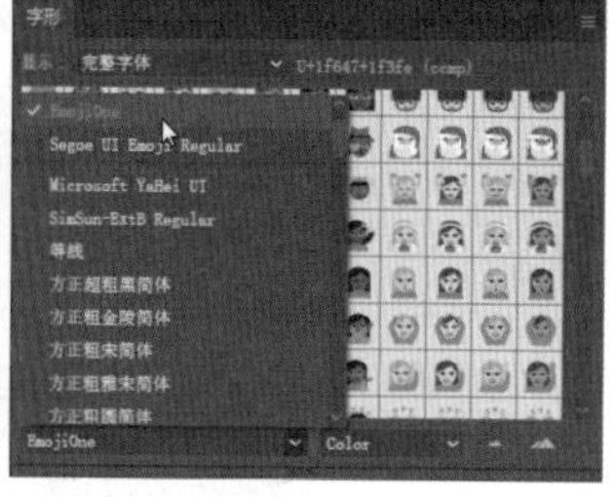

图 10-142

选择一种字形并双击，即可将其插入文档中，如图 10-143 所示。

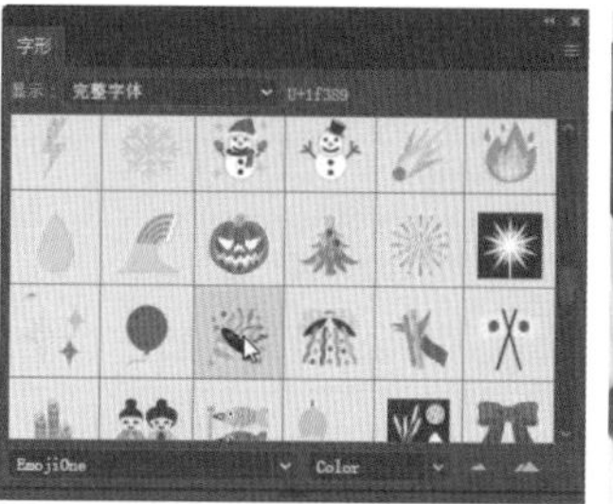

图 10-143

10.7 文本绕排与串接

Illustrator CC 提供了强大的文本排版功能。通过建立文本绕排，可以使文字根据图像的移动而重新排列；建立串接文本还可以链接不同的段落文本，便于进行统一编辑，下面就介绍建立文本绕排和串接文本的操作方法。

★重点 10.7.1 实战：建立文本绕排

文本绕排是指将区域文本围绕图形对象排列。围绕的对象可以是文字对象、导入的图像及在 Illustrator 中绘制的矢量图形。建立文本绕排的具体操作步骤如下。

Step01 打开“素材文件\第 10 章\文本绕排.ai”文件。使用【选择工具】框选文本和图像，如图 10-144 所示。

Step02 执行【对象】→【文本绕排】→【建立】命令，打开提示对话框，如图 10-145 所示。

图 10-144

图 10-145

Step03 单击【确定】按钮，创建文本绕排，如图 10-146 所示，文本会围绕图像排列。

Step04 调整图像大小并移动其位置，此时，文本排列方式也会随之发生变化，如图 10-147 所示。需要注意的是，创建文本绕排时，图像必须位于文本上方，否则没有效果。

图 10-146

图 10-147

10.7.2 设置文本绕排选项

创建文本绕排后，选择文本绕排的对象，执行【对象】→【文本绕排】→【文本绕排选项】命令，打开【文本绕排选项】对话框，如图 10-148 所示，在其中可以设置文本与绕排对象之间的距离和效果。【文本绕排选项】对话框中各选项作用如表 10-4 所示。

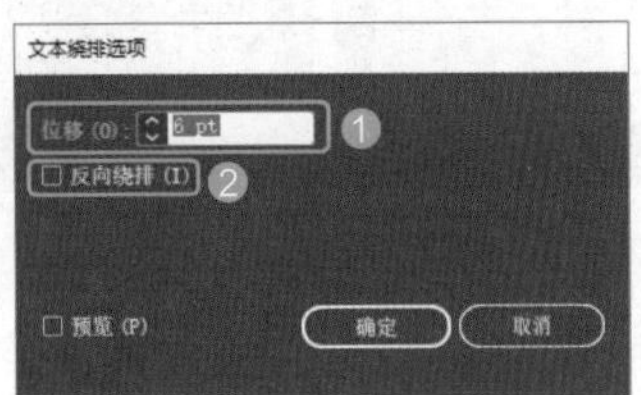

图 10-148

表 10-4　【文本绕排选项】对话框中各选项作用

选项	作用
❶ 位移	用于设置文本和绕排对象之间的距离
❷ 反向绕排	选中该复选框，可以围绕对象反向绕排文本

10.7.3　取消文字绕排

建立文字绕排后，执行【对象】→【文本绕排】→【释放】命令可以取消文本绕排效果。

★重点 10.7.4　实战：串接文本

串接文本是指将文本从一个对象继续链接到下一个对象。如果当前文本框不能显示完整的文本，可以通过链接文本的方式将其显示完整。需要注意的是，链接的文字对象可以是任何形状，但其文本必须为区域文本或路径文本，而不能是点文本。串接文本的具体操作步骤如下。

Step01 打开"素材文件\第 10 章\串接文本 .ai"文件，如图 10-149 所示，文本右下角有红色图标，表示文本没有显示完全，被隐藏的文字称为流溢文本。

图 10-149

Step02 单击文本右下角红色图标，此时鼠标光标会变换为形状，拖动鼠标创建任意大小的矩形对象，可以导出流溢文本，如图 10-150 所示。

Step03 撤销上一步操作，在画板空白处单击鼠标，则可以创建与原始对象相同大小的对象并导出流溢文本，如图 10-151 所示。

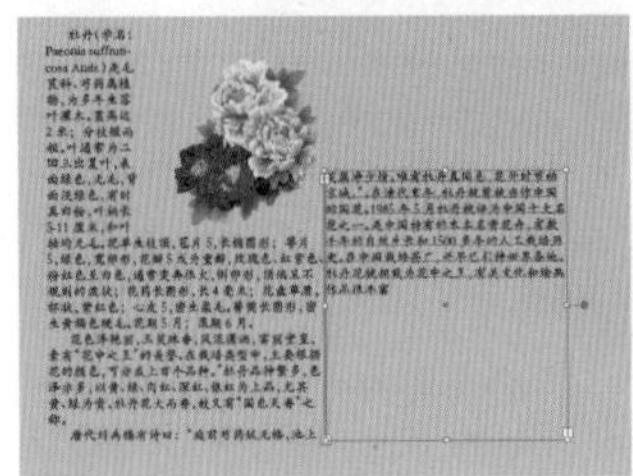

图 10-150

图 10-151

Step04 撤销上一步操作，使用【多边形工具】在画板空白处绘制三角形，如图 10-152 所示。

Step05 使用【选择工具】单击文本右下角的红色图标，当鼠标光标变换为形状时，在三角形对象上单击，此时，可将流溢文本导入三角形对象中，如图 10-153 所示。

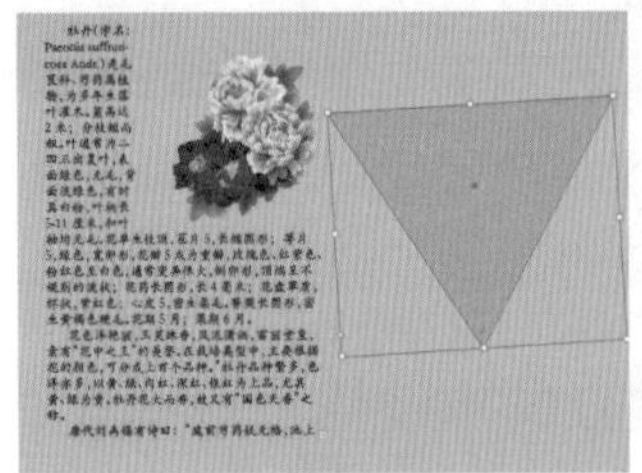

图 10-152

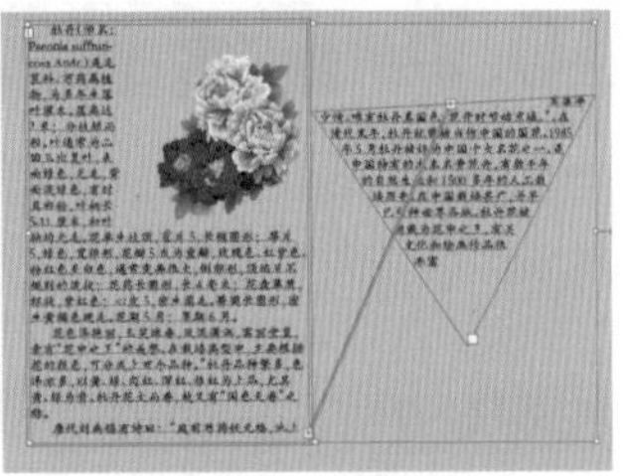

图 10-153

Step06 撤销前面的操作，使用【椭圆工具】绘制椭圆对象，并使用【区域文字工具】单击椭圆对象，创建区域文字，然后同时选择矩形文本框和椭圆文本框，如图 10-154 所示。

Step07 执行【文字】→【串接文本】→【创建】命令，创建串接文本，也可以链接选择的文本框，如图 10-155 所示。

图 10-154

图 10-155

10.7.5 释放和移去串接

如图 10-156 所示，选择文本。执行【文字】→【串接文本】→【释放所选文字】命令，可以释放串接文本，如图 10-157 所示。

图 10-156

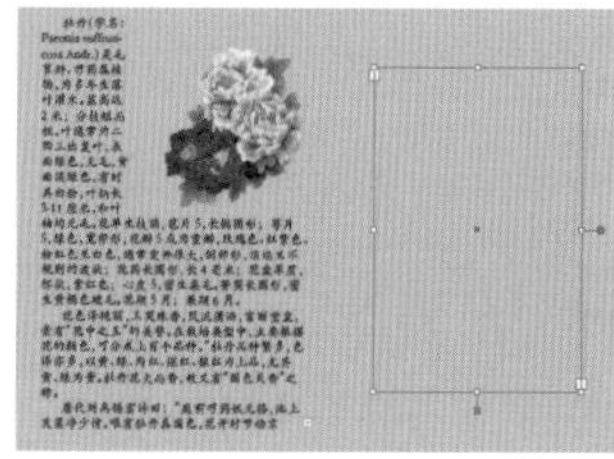
图 10-157

如果执行【文字】→【串接文本】→【移去串接文字】命令，可以删除串接效果，但会保留文字，如图 10-158 所示。

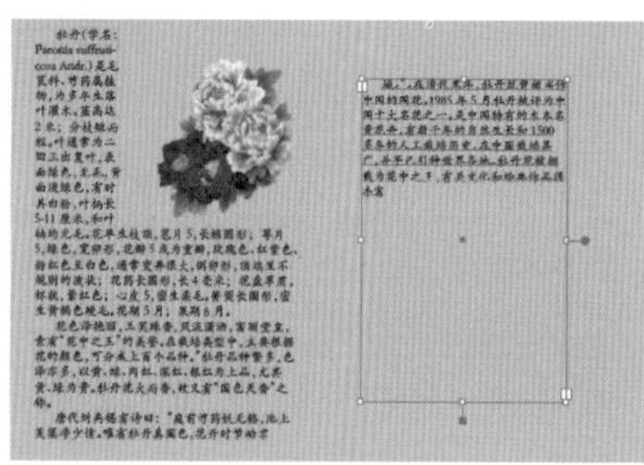
图 10-158

妙招技法

通过前面内容的学习，相信大家已经了解了文字的相关操作，下面就结合本章内容介绍一些使用技巧。

技巧 01 删除空文本对象

在 Illustrator CC 中编辑文本时，有时会因为误操作而创建空白文字对象，此时执行【对象】→【路径】→【清理】命令，在打开的【清理】对话框中选中【空文本路径】复选框，单击【确定】按钮，即可删除文稿中所有的空文本对象。

技巧 02 设置消除锯齿的方法

在 Illustrator CC 中输入文字时，文字边缘有时会出现锯齿。此时，选择文本，单击【字符】面板底部 按钮右侧的下拉按钮，在弹出的下拉列表中可以选择一种消除锯齿的方法，包括【无】、【锐利】、【明晰】和【强】，如图 10-159 所示。

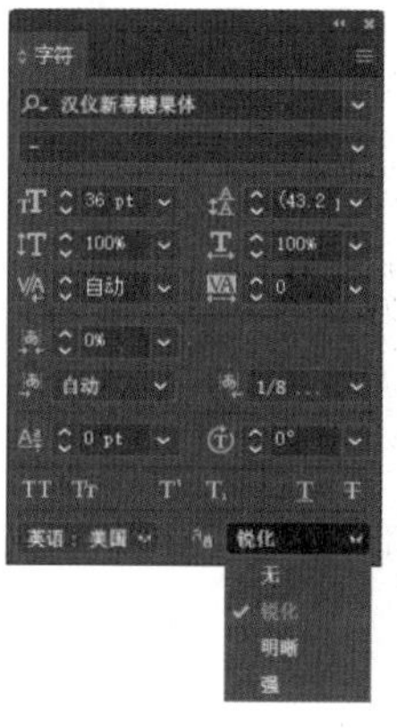

图 10-159

技巧 03 如何设置预览文字和大小

如图 10-160 所示，单击字体系列下拉按钮，在弹出的下拉列表中会显示已经安装的可用字体系列，并在右侧显示了该系列字体的效果预览。

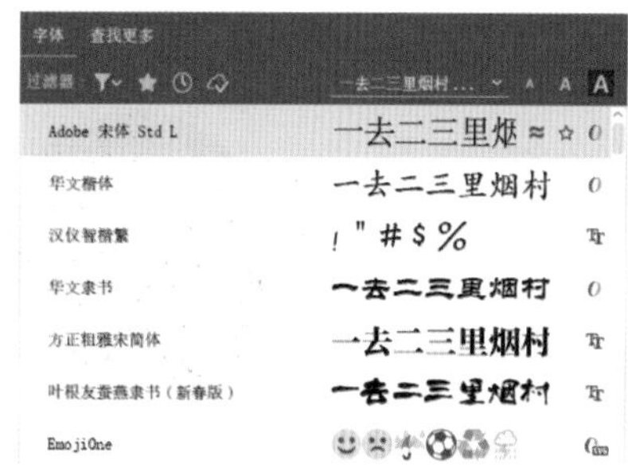

图 10-160

单击【选定的文本】下拉按钮，在弹出的下拉列表中可以选择用于预览系列字体效果的文本，如图 10-161 所示。

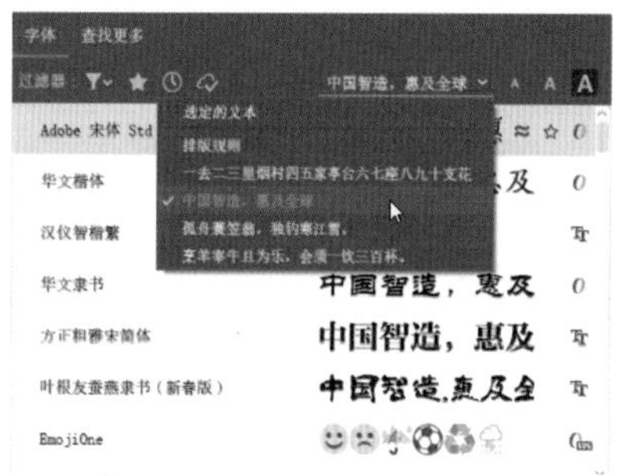

图 10-161

单击右侧设置预览大小的 按钮，可以设置字体效果预览大小，如图 10-162 所示，从左到右依次为【小】【中】【大】的效果。

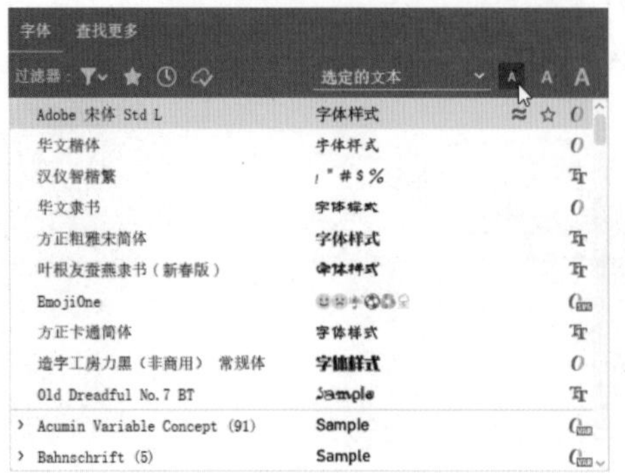

图 10-162

同步练习：制作美食杂志版面

本例主要运用 Illustrator CC 中的文字编辑功能制作美食杂志版面。先创建 3 个文本框，并建立串接文本，然后输入文本，在【字符】面板中设置字符格式。接着置入图像文件，并与文本建立文本绕排，这样文字可以围绕图像排列，最后通过【段落】面板调整段落格式，完成美食杂志的版面制作，效果如图 10-163 所示。

图 10-163

素材文件	素材文件 \ 第 10 章 \ 火锅 .tif、辣椒酱 .tif、牛肉 .tif、香料 .tif
结果文件	结果文件 \ 第 10 章 \ 美食杂志版面 .ai

Step01 按【Ctrl+N】快捷键执行新建命令，设置文档【宽度】为 432mm，【高度】为 291mm，单击【横向】按钮，如图 10-164 所示。单击【创建】按钮，新建文档。

Step02 使用【文字工具】 在画板左上角输入文字，并在【属性】面板中设置字体系列、大小及字符间距，如图 10-165 所示。

图 10-164

图 10-165

Step03 使用【文字工具】T在画板上绘制 3 个独立的文本框，如图 10-166 所示。

Step04 使用【选择工具】选择文本框，并按【Shift】键加选 3 个文本框，执行【文字】→【串接文本】→【建立】命令，建立串接文本，链接 3 个文本框，如图 10-167 所示。

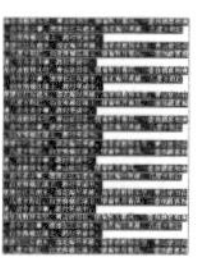

图 10-166

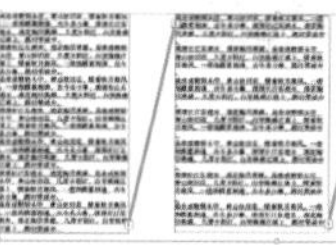
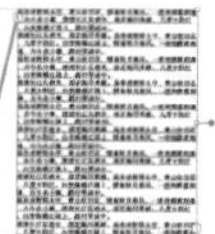

图 10-167

Step05 选择【文字工具】T，将文本插入点定位于文本框中，按【Ctrl+A】快捷键全选文本，按【Delete】键删除预览文本，然后重新输入文本，并在【属性】面板中设置字体系列、大小及字符间距，如图 10-168 所示。

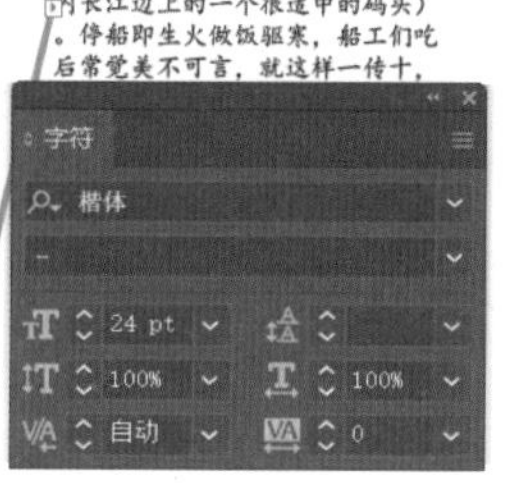

图 10-168

Step06 置入“素材文件\第 10 章\火锅.tif”文件，并缩小图像，放在画板左下方，如图 10-169 所示。

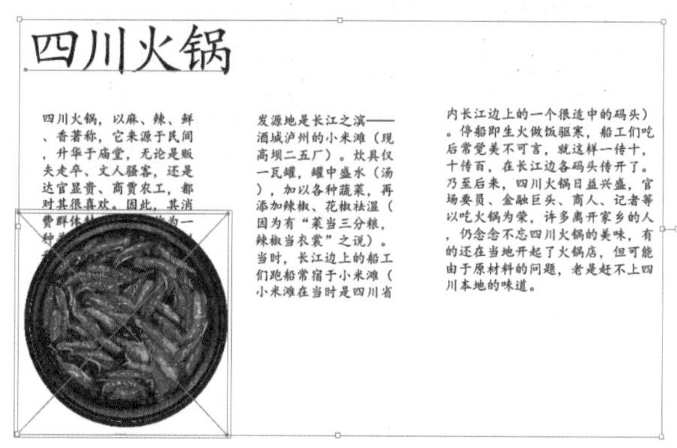

图 10-169

Step07 选择火锅图像和文本框，如图 10-170 所示。执行【对象】→【文本绕排】→【建立】命令，创建文本绕排，如图 10-171 所示。

图 10-170

图 10-171

Step08 置入“素材文件\第 10 章\辣椒酱.tif、牛肉.tif”文件，并缩放图像将其放在适当的位置，如图 10-172 所示。

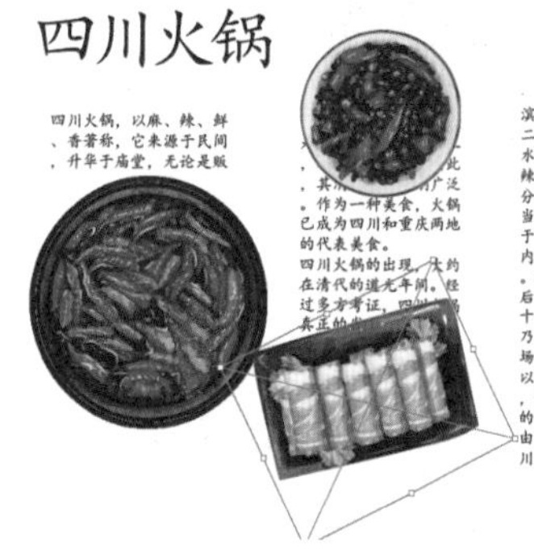

图 10-172

Step09 选择图像和文本框，执行【对象】→【文本绕排】→【建立】命令，创建文本绕排，如图 10-173 所示。

图 10-173

Step10 打开“素材文件\第 10 章\香料.ai”文件，拖动“花椒”元素到当前文档中，调整大小和位置，并将标题文本置于最顶层，如图 10-174 所示。

图 10-174

Step11 选择“花椒”元素和文本框，创建绕排文本，如图 10-175 所示。

图 10-175

Step12 选择“牛肉”元素，执行【对象】→【文本绕排】→【文本绕排选项】命令，打开【文本绕排选项】对话框，选中【预览】复选框，设置【位移】到合适的位置，如图 10-176 所示。

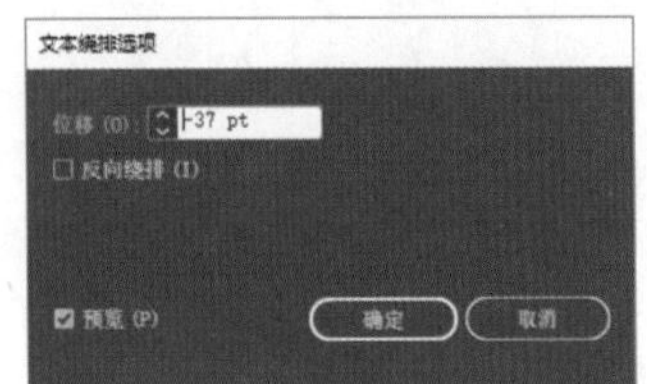

图 10-176

Step13 单击【确定】按钮，文本绕排效果发生变化，如图 10-177 所示。

Step14 调整中间文本框的位置。选择“辣椒酱”元素，右击鼠标，在弹出的快捷菜单中选择【排列】→【置于顶层】命令，将其置于顶层并调整元素位置，如图 10-178 所示。

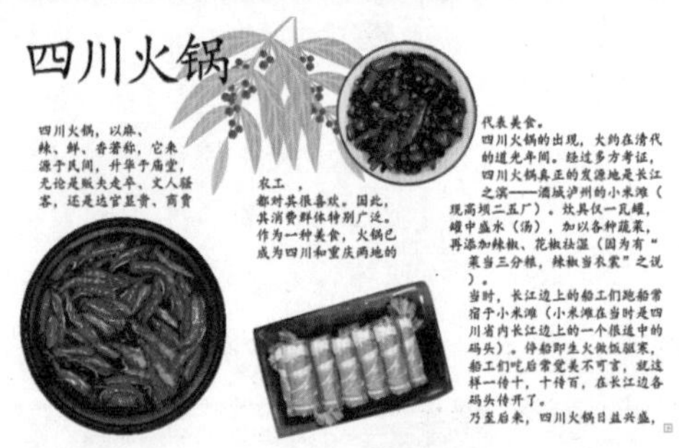

图 10-177

图 10-178

Step15 选择【文字工具】T，将文本插入点定位于文本框内，按【Ctrl+A】快捷键全选文本，在【属性】面板中设置【避头尾集】为【严格】，【标点挤压集】为【日文标点符号转换规则 – 半角】，如图 10-179 所示。

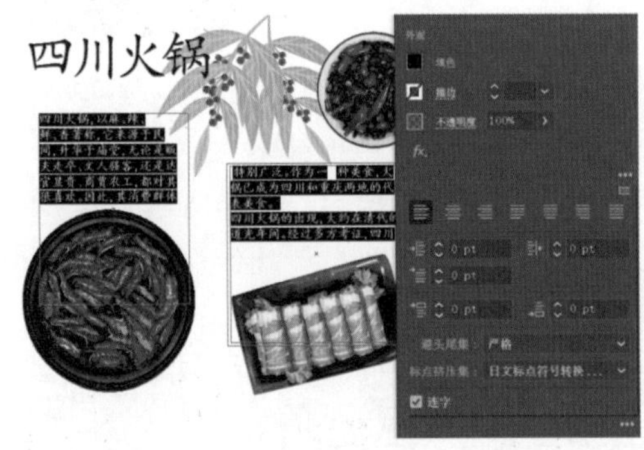

图 10-179

Step16 切换到【香料.ai】文档中，拖动“辣椒”和“八角”等元素到当前文档中，调整大小和位置，并将对象置于文字下方，如图 10-180 所示。

Step17 使用【文字工具】T 选择首行的“四川”二字，在【属性】面板中设置字号为 72pt，字体颜色为红色，并将文本插入点定位在“四”和“川”二字之间，设置【两个字符间的字距微调】为 –10，完成美食杂志版面制作，最终效果如图 10-181 所示。

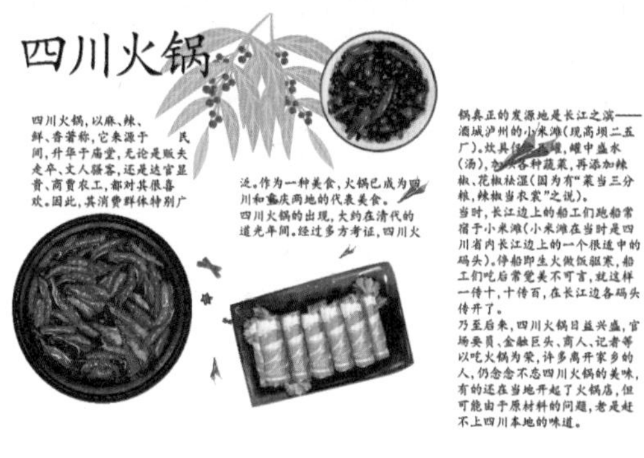

图 10-180

图 10-181

本章小结

本章主要介绍了 Illustrator CC 中文字的相关操作，包括文字的创建和编辑、字符格式的设置、段落格式的设置、字符和段落样式的创建与应用、特殊字符的设置，以及文本绕排和串接文本的建立。其中，文字的创建、字符格式和段落格式的设置、文本绕排和串接文本的建立，是本章学习的重点和难点。文字的创建是文字编辑的前提和基础，字符格式和段落格式的设置可以美化文本，文本绕排和串接文本的建立可以方便在 Illustrator CC 中对文字进行排版。

第3篇 高级功能篇

高级功能是 Illustrator CC 图形制作的扩展功能，主要包括不透明度、混合模式、剪切蒙版、外观与效果、图形样式、符号对象的使用、图表的制作、自动化处理文件的方法，以及 Web 图形与打印输出。通过对高级功能的学习，不仅可以对绘制的图形对象进行艺术化的处理和添加更多炫酷的效果，还可以掌握符号的使用和图表的制作，以及自动化处理和优化图像的方法。

第11章 不透明度、混合模式和蒙版

- 什么是蒙版？
- 不透明蒙版和剪切蒙版的区别是什么？
- 什么是混合模式？

本章将介绍 Illustrator CC 中的不透明度、混合模式和蒙版的相关操作。通过本章内容的学习，特别是熟练掌握不透明蒙版和剪切蒙版的创建与编辑方法，在绘制图形时会更加自由。

11.1 【透明度】面板

【透明度】面板可以设置对象的不透明度，从而使上方对象与下方对象融合。此外，在【透明度】面板中还可以为对象设置混合模式，或者建立不透明蒙版。下面就详细介绍在【透明度】面板中设置不透明度和建立不透明蒙版的操作方法。

11.1.1 【透明度】面板概述

在【透明度】面板中可以设置对象的不透明度，混合模式和创建不透明蒙版。执行【窗口】→【透明度】命令，即可打开【透明度】面板，如图 11-1 所示。面板中各选项作用如表 11-1 所示。

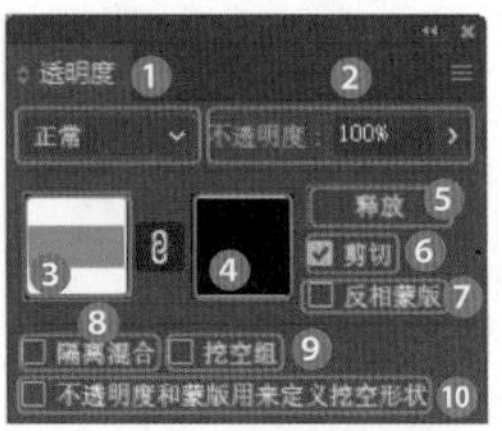

图 11-1

表 11-1 【透明度】面板中各选项作用

选项	作用
❶ 混合模式	用于设置所选对象与下层对象的颜色混合模式
❷ 不透明度	用于设置对象的透明效果。当数值为 100% 时，对象将完全显示；当数值为 0 时，对象将不再显示
❸ 对象缩览图	显示所选对象的缩览图
❹ 不透明蒙版缩览图	显示所选对象的不透明蒙版效果
❺ 释放 / 制作蒙版	如果没有创建蒙版，会显示为【制作蒙版】，单击该按钮可以创建不透明蒙版；如果创建了蒙版则显示为【释放】，单击该按钮可以释放蒙版
❻ 剪切	选中该复选框，将对象建立为当前对象的剪切蒙版
❼ 反相蒙版	反相当前的蒙版效果
❽ 隔离混合	选中该复选框，可以防止混合模式的应用范围超出组的底部
❾ 挖空组	选中该复选框，在透明挖空组中，元素不能透过彼此而显示
❿ 不透明度和蒙版用来定义挖空形状	选中该复选框，可创建与对象不透明度成比例的挖空效果。在接近 100% 不透明度的蒙版区域中，挖空效果较强；在具有较低不透明度的区域中，挖空效果较弱

★重点 11.1.2 设置不透明度

调整不透明度可以设置对象的半透明效果，显示出底层的图像。默认情况下，不透明度为 100%。先选择单独的对象或者编组对象，如图 11-2 所示；然后在【透明度】面板或者控制栏、【属性】面板中拖动不透明度滑块，即可设置所选对象的半透明效果，如图 11-3 所示。

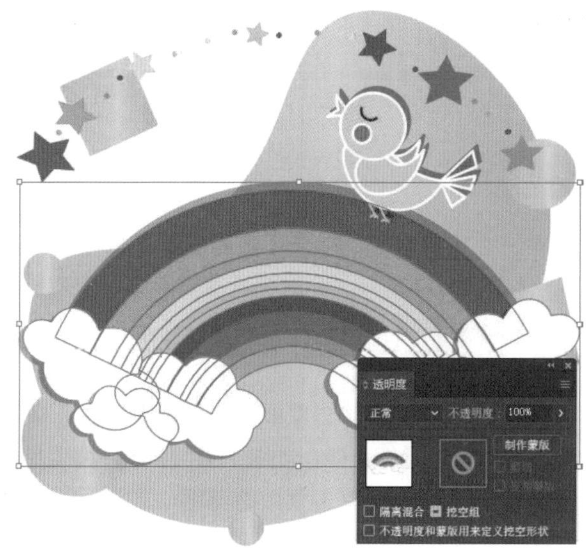

图 11-2

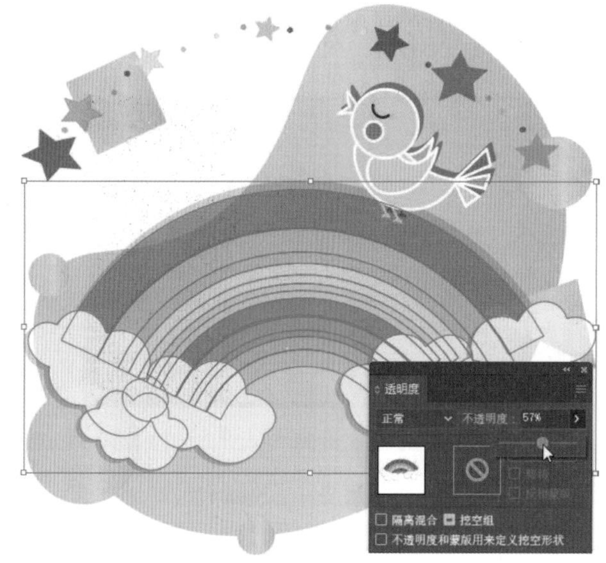

图 11-3

技术看板

选择对象后，【属性】面板中会显示【不透明度】参数设置，可以直接设置不透明度，单击【不透明度】文字可以打开【透明度】面板，如图 11-4 所示。

图 11-4

★重点 11.1.3 创建和编辑不透明蒙版

不透明蒙版可以通过黑白关系来控制对象的半透明效果。不透明蒙版是在被遮盖的对象上方新建一个对象将其作为蒙版对象，然后通过在蒙版中添加黑色、白色和灰色图形来控制下方对象的不透明度。因此，在创建不透明蒙版之前，需要具备蒙版对象和需要创建半透明效果的对象，且蒙版对象必须置于创建半透明效果对象上方。

1. 创建蒙版

如图 11-5 所示，在需要创建半透明效果对象的上方绘制 3 个矩形，并从左到右分别填充白色、灰色和黑色，然后将 3 个矩形对象编组。

图 11-5

使用【选择工具】按住【Shift】键加选创建半透明效果对象和蒙版对象，然后单击【透明度】面板中的【制作蒙版】按钮，如图 11-6 所示。

图 11-6

创建不透明蒙版如图 11-7 所示，可以发现黑色区域完全被隐藏，也可以理解为黑色对应区域对象的不透明度变为 0，因此不会显示创建半透明效果对象下方对象的颜色；灰色区域的图像呈现半透明效果，可以理解为该区域对象的不透明度在 0～100% 之间；白色对应区域则完全显示图像，也就是该区域对象不透明度为 100%。

图 11-7

创建不透明蒙版时，会默认建立剪切蒙版，如图 11-8 所示，也就是最终图像形状会显示为上方蒙版对象的形状。

图 11-8

如果取消选中【剪切】复选框（见图 11-9），那么蒙版效果只会应用于蒙版对象对应的区域，其他区域效果不会有任何变化，如图 11-10 所示。

图 11-9

图 11-10

选中【反相蒙版】复选框，会对当前蒙版效果进行反转，使显示的对象隐藏，隐藏的对象显示。如图 11-11 所示为未选中【反相蒙版】的效果和选中【反相蒙版】的效果对比。

未选中【反相蒙版】复选框

选中【反相蒙版】复选框

图 11-11

2. 编辑蒙版

创建不透明蒙版后，单击【透明度】面板中的蒙版缩览图，如图 11-12 所示，此时缩览图周围会显示蓝色框线，表示蒙版处于选中状态，可以编辑蒙版，改变图像效果。

如果按住【Alt】键单击蒙版缩览图，可以进入蒙版编辑状态，对蒙版进行编辑，如图 11-13 所示。编辑完成后，再次按住【Alt】键单击蒙版缩览图，或者单击被遮盖对象缩览图可以退出蒙版编辑状态。

图 11-12

图 11-13

技术看板

蒙版对象也可以是彩色的，此时 Illustrator 会使用颜色的等效灰度来表示蒙版中的不透明度。

11.1.4 实战：制作倒影效果

利用不透明蒙版创建倒影效果的操作步骤如下。

Step 01 打开“素材文件 \ 第 11 章 \ 风景 .ai”文件，使用【选择工具】框选所有的山峰、树木对象，按【Ctrl+G】快捷键编组对象，如图 11-14 所示。

Step 02 选择【镜像工具】，按住【Alt】键单击画板，设置参考点，如图 11-15 所示。

图 11-14

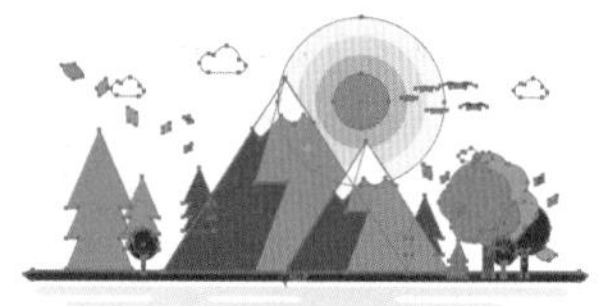

图 11-15

Step 03 打开【镜像】对话框，如图 11-16 所示，选中【水平】单选按钮。

Step 04 单击【复制】按钮，水平翻转并复制对象，如图 11-17 所示。

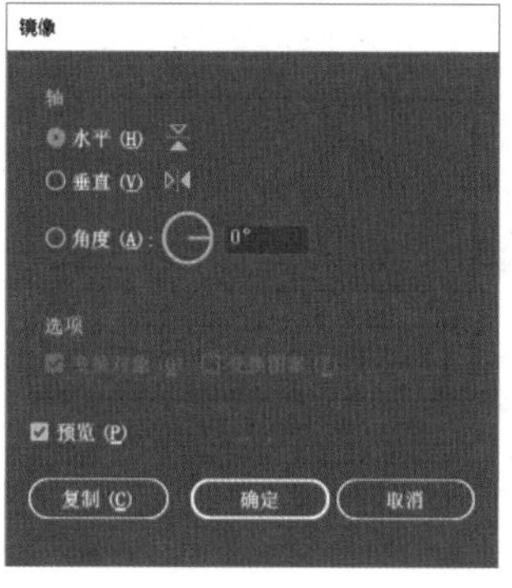

图 11-16

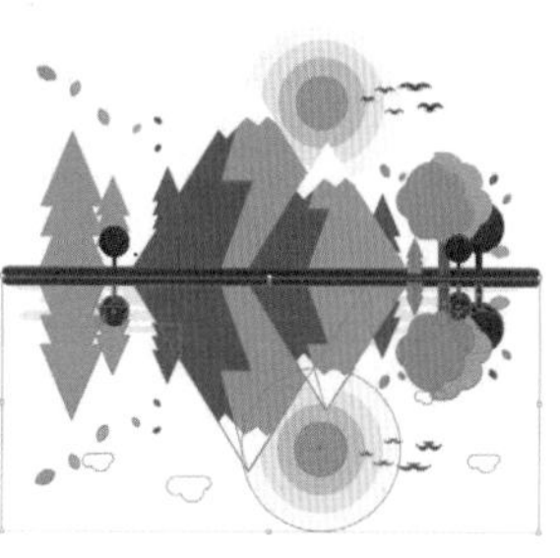

图 11-17

Step 05 使用【矩形工具】在翻转对象上绘制矩形，并填充黑白渐变，如图 11-18 所示。

Step 06 使用【选择工具】框选矩形和下方被遮盖的对象，如图 11-19 所示。

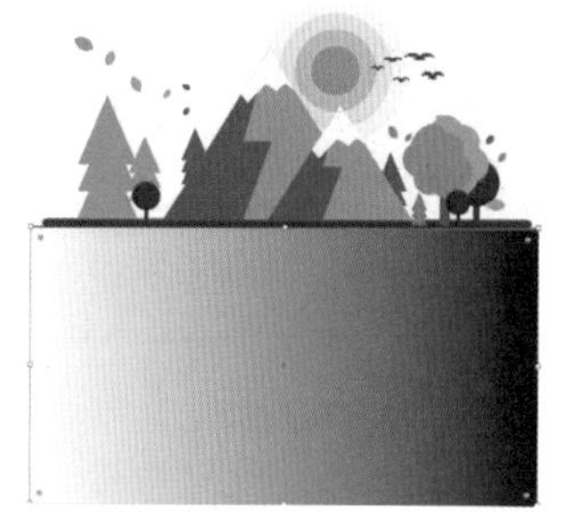

图 11-18

图 11-19

Step 07 执行【窗口】→【透明度】命令，打开【透明度】面板，单击【制作蒙版】按钮，如图 11-20 所示。

Step 08 创建不透明蒙版，效果如图 11-21 所示。

图 11-20

图 11-21

Step 09 单击【透明度】面板中的蒙版缩览图，选择蒙版，如图 11-22 所示。

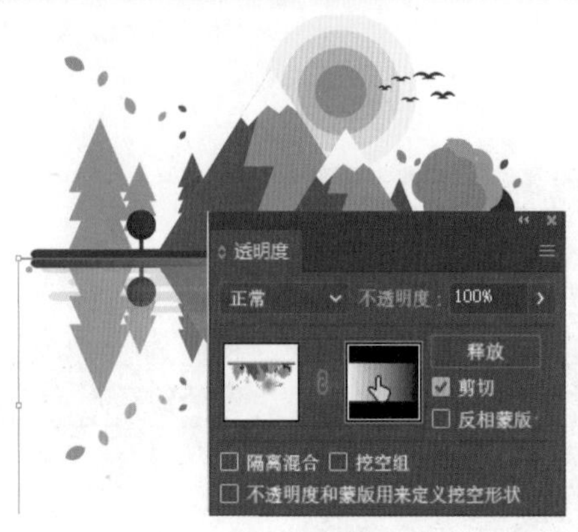

图 11-22

Step10 选择【渐变工具】，调整渐变角度和效果，从而调整蒙版效果，如图 11-23 所示。

Step11 单击【透明度】面板中的对象缩览图退出蒙版编辑状态。右击，在弹出的快捷菜单中选择【排列】→【置于底层】命令，将所选对象置于底层，如图 11-24 所示。

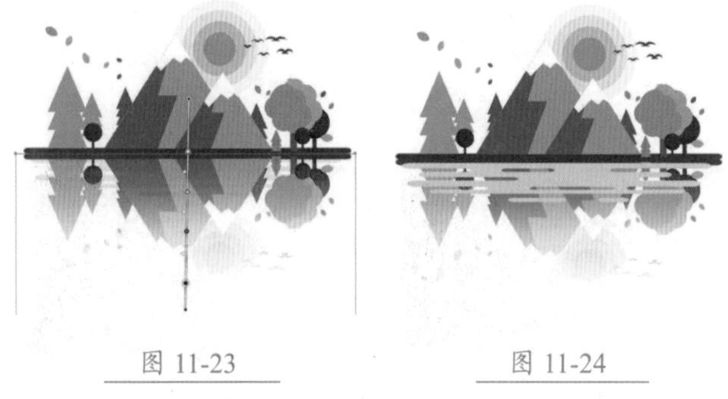

图 11-23　　图 11-24

Step12 使用【选择工具】选择倒影对象，按【↑】键调整对象位置，使其与实景对象重合，如图 11-25 所示。

图 11-25

Step13 选择水波对象，拖动【透明度】面板中的不透明度滑块，降低不透明度，制作半透明效果，如图 11-26 所示。

图 11-26

11.1.5 停用和启用不透明蒙版

单击【透明度】面板右上角的扩展按钮，如图 11-27 所示，在弹出的扩展菜单中选择【停用不透明蒙版】命令，缩览图上会显示红色的 ×，表示暂时取消蒙版效果而完全显示对象，如图 11-28 所示。

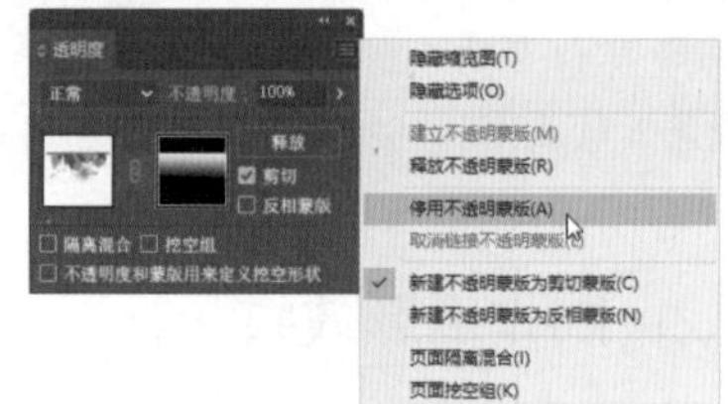

图 11-27

图 11-28

如果要启用不透明蒙版，再次单击【透明度】面板右上角的扩展按钮，在弹出的扩展菜单中选择【启用不透明蒙版】命令，如图 11-29 所示，即可启用不透明蒙版，恢复蒙版效果。

图 11-29

技术看板

按住【Shift】键单击蒙版缩览图，可以停用不透明蒙版；再次按住【Shift】键并单击蒙版缩览图，可以启用不透明蒙版。

11.1.6 取消链接和重新链接不透明蒙版

默认情况下，蒙版对象和被遮盖的对象是链接在一起的。当拖动被遮盖的对象时，蒙版也会随之移动，所以蒙版效果不会发生变化，如图 11-30 所示。

单击【透明度】面板中被遮盖对象缩览图和蒙版缩览图之间的按钮，可以取消链接，如图 11-31 所示。此时可以单独移动被遮盖的对象，但随之蒙版效果会发生变化。

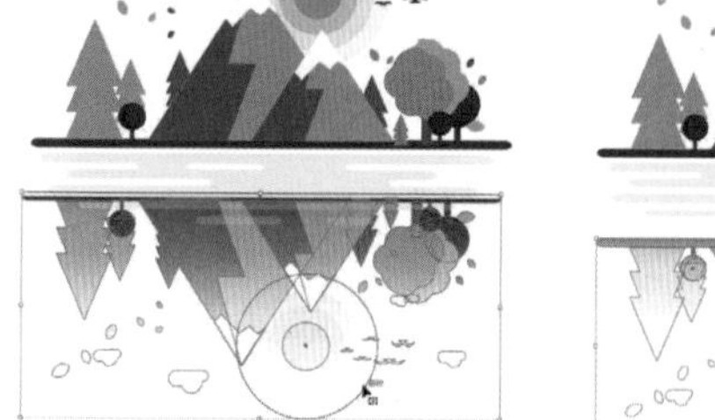

图 11-30

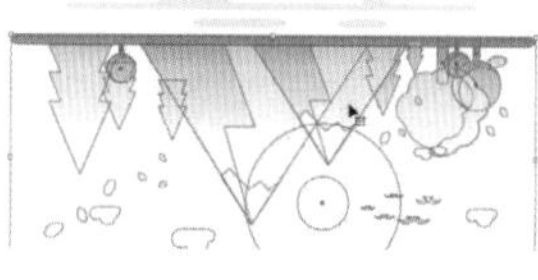

图 11-31

再次单击【透明度】面板中的按钮，可以链接被遮盖对象和蒙版对象。当进入蒙版编辑状态时，会默认取消被遮盖对象和蒙版对象之间的链接。

11.1.7 释放不透明蒙版

创建不透明蒙版后，如果想要取消蒙版效果，可以单击【透明度】面板中的【释放】按钮，如图 11-32 所示；或者右击，在弹出的快捷菜单中选择【重做不透明蒙版剪切】命令，即可释放不透明蒙版，如图 11-33 所示。

图 11-32

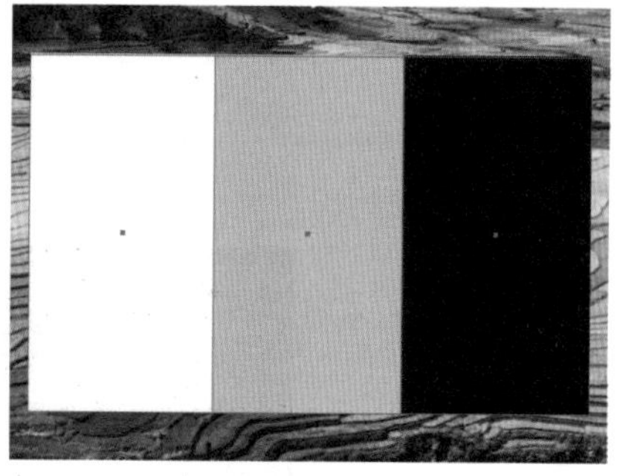

图 11-33

11.2 混合模式

混合模式是指将当前对象与下方对象进行颜色混合的方式，包括正片叠底、柔光、差值、饱和度等。通过设置混合模式，可以使图像融合，使画面产生特殊效果，常用于制作特效。下面就详细介绍混合模式的使用方法。

11.2.1 设置混合模式

设置混合模式时，需要打开【透明度】面板。选择需要设置混合模式的对象，在【透明度】面板中单击左侧的【混合模式】下拉按钮，在弹出的下拉列表中选择一种混合模式即可，这里选择【颜色减淡】选项，如图 11-34 所示。

此时，上方对象会以选择的方式与下方对象进行颜色混合，效果如图 11-35 所示。

图 11-34

图 11-35

11.2.2 混合模式类别

如图 11-36 所示，在混合模式下拉列表中可以看到 Illustrator CC 提供了 16 种混合模式。这 16 种混合模式可以分为以下 6 组，每组混合模式的原理类似。

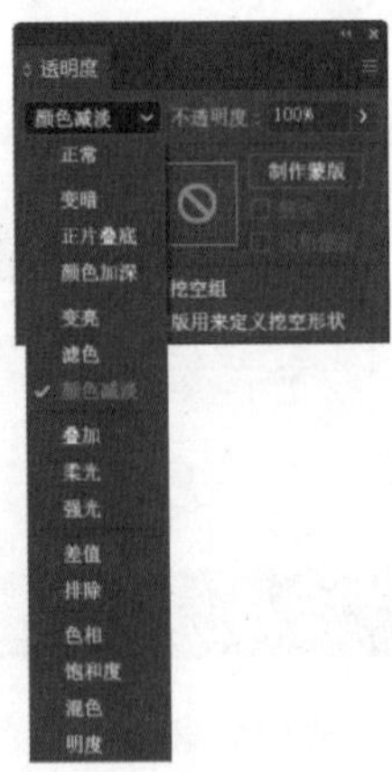

图 11-36

- 正常模式：默认情况下选择的都是正常模式。该模式不会进行任何混合，需要配合降低不透明度才能显示效果。
- 加深混合模式组：该组中的混合模式可以使图像变暗，在混合过程中，当前对象中的白色会被下方对象中较暗的色彩代替。该组包括【变暗】、【正片叠底】和【颜色加深】3 种混合模式。
- 减淡混合模式组：该组包括【变亮】、【滤色】和【颜色减淡】3 种混合模式，可以产生与加深混合模式相反的效果，使图像变亮。使用这一组混合模式时，图像中的黑色会被较亮的颜色替换，而任何比黑色亮的颜色都可以提亮下方图像。
- 对比混合模式组：该组包括【叠加】、【柔光】和【强光】3 种混合模式，可以增强对象的反差。在混合时，50% 的灰色会完全消失，任何亮度值高于 50% 的灰色颜色都可能加亮底层对象，亮度值低于 50% 的灰色颜色则可能使底层对象变暗。
- 比较混合模式组：该组包括【差值】和【排除】两种混合模式，可以比较当前对象与底层对象，然后将相同区域显示为黑色，不同区域显示为灰色。如果当前对象中包含白色，白色区域会使底层对象反相，而黑色不会对底层对象产生影响。
- 色彩混合模式组：该组包括【色相】、【饱和度】、【混色】和【明度】4 种混合模式，可以自动识别对象中的颜色属性（色相、饱和度和亮度），然后将其中的一种或两种属性应用在混合后的对象中。

11.2.3 实战：制作运动类电商 Banner 图

利用混合模式制作运动类电商 Banner 图的具体操作步骤如下。

Step 01 按【Ctrl+N】快捷键执行【新建】命令，设置【宽度】为 990px，【高度】为 600px，【颜色模式】为 RGB 颜色，【光栅效果】为屏幕（72ppi），如图 11-37 所示。单击【创建】按钮，新建文档。

图 11-37

Step02 置入"素材文件\第 11 章\健身房 1.jpg"文件，按【Shift+Alt】快捷键等比例缩小图像至画板大小，如图 11-38 所示。

图 11-38

Step03 选择【矩形工具】，绘制一个与画板大小相同的矩形，并打开【颜色】面板，设置填充颜色为紫色，如图 11-39 所示。

图 11-39

Step04 执行【窗口】→【透明度】命令，打开【透明度】面板，设置【混合模式】为滤色，并降低不透明度，如图 11-40 所示。

图 11-40

Step05 置入"素材文件\第 11 章\健身房 2.jpg"文件，按【Shift+Alt】快捷键等比例缩小图像，并将其移动到画板左下角，如图 11-41 所示。

图 11-41

Step06 使用【矩形工具】绘制与图像大小相同的矩形，并在【颜色】面板中填充黄色，在【透明度】面板中设置【混合模式】为变亮，降低不透明度，如图 11-42 所示。

图 11-42

Step07 置入"素材文件\第 11 章\运动.jpg"文件，按【Shift+Alt】快捷键等比例缩小图像，并将其移动到画板右下角，如图 11-43 所示。

图 11-43

Step08 使用【矩形工具】绘制与图像同等大小的矩形，在【颜色】面板中设置填充色为橙黄色，在【透明度】面板中设置【混合模式】为强光，降低不透明度，如图 11-44 所示。

图 11-44

Step09 使用【矩形工具】绘制矩形，在【颜色】面板中设置填充为黄色，如图 11-45 所示。

图 11-45

Step10 选择黄色矩形对象和最下方的图像，再次单击最下方的对象将其设置为对齐关键对象，然后单击【属性】面板中的按钮，让黄色矩形相对于最下方的图像垂直居中对齐，如图 11-46 所示。

图 11-46

Step11 使用【文字工具】输入文字，并在【属性】面板中设置字体系列、大小和颜色，如图 11-47 所示。

Step12 使用【文字工具】输入英文字母，在【属性】面板中设置字体系列、大小和颜色，如图 11-48 所示。

图 11-47

图 11-48

Step13 选择英文字母和黄色矩形对象，单击【透明度】面板中的【制作蒙版】按钮，创建不透明蒙版，然后取消选中【剪切】复选框，如图 11-49 所示。

图 11-49

Step14 使用【矩形工具】绘制白色矩形，将其放在右下角图像上方，并降低不透明度，如图 11-50 所示。

图 11-50

Step15 使用【文字工具】在白色矩形中输入文字，并将其垂直居中于白色矩形对象，如图 11-51 所示。

图 11-51

Step16 使用【文字工具】输入导航栏文字，并水平居中对齐画板，完成运动类电商网页 Banner 的制作，如图 11-52 所示。

图 11-52

11.3 剪切蒙版

剪切蒙版可以限定对象的显示范围，通常被用来制作具有底纹效果的文字，显示局部对象，或者隐藏超出画板以外的图像，下面就介绍剪切蒙版的创建与编辑。

11.3.1 剪切蒙版原理

剪切蒙版是以上层对象的形状来控制下层对象的显示范围，所以创建剪切蒙版至少需要两个对象，一个是用于剪切的对象，可以是简单的矢量图形，也可以是文字，用于控制最终对象的显示范围；另一个是被剪切的对象，可以是一个或者多个对象、复杂图形、位图或编组对象。创建剪切蒙版时，剪切对象必须置于被剪切对象上方。

★重点 11.3.2 实战：创建剪切蒙版

创建剪切蒙版可以限制图像的显示范围，具体操作步骤如下。

Step01 打开“素材文件\第 11 章\卡通美女.ai”文件，如图 11-53 所示。

Step02 使用【椭圆工具】绘制椭圆，并填充任意颜色，如图 11-54 所示。

图 11-53

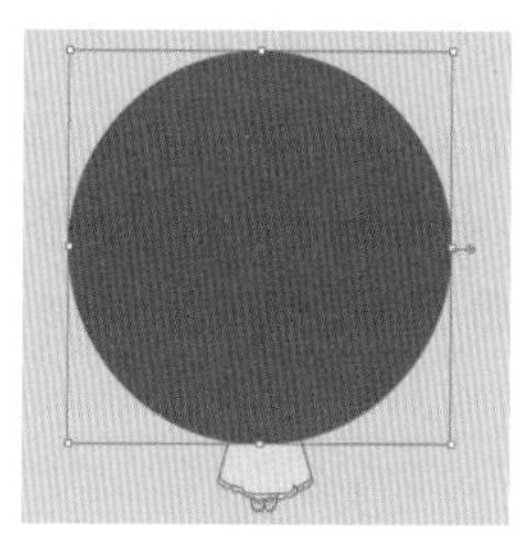

图 11-54

Step03 使用【选择工具】选择椭圆对象，再按住【Shift】键加选人物对象和背景，如图 11-55 所示。

Step04 执行【对象】→【剪切蒙版】→【建立】命令或按【Ctrl+7】快捷键，创建剪切蒙版，如图 11-56 所示，只有椭圆所对应的区域显示，其他区域图像被隐藏。

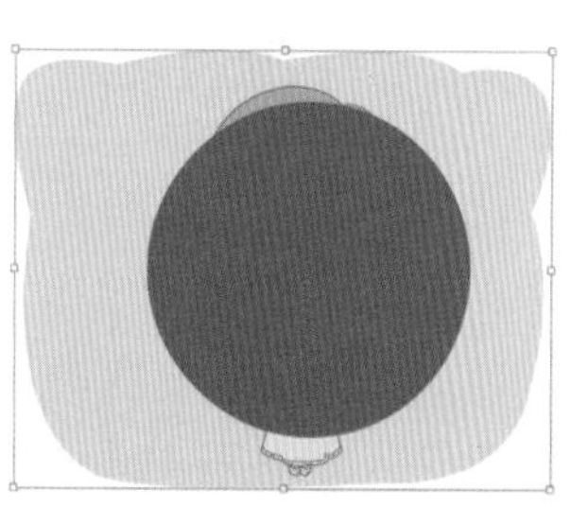

图 11-55

图 11-56

技术看板

选择剪切对象和被剪切对象后并右击，在弹出的快捷菜单中选择【建立剪切蒙版】命令，也可以创建剪切蒙版。如果创建了剪切蒙版，可以选择【释放剪切蒙版】命令释放蒙版。

★重点 11.3.3 编辑剪切蒙版

创建剪切蒙版后，会生成剪切组。如果想要编辑剪切对象和被剪切对象，选择【直接选择工具】，将鼠标光标放在剪切路径上，拖曳鼠标就可以调整剪切路径，从而调整显示效果，如图 11-57 所示。

将鼠标光标放在被剪切对象路径上，拖曳鼠标可以调整被剪切对象的形状，如图 11-58 所示。

图 11-57

图 11-58

使用【直接选择工具】单击对象时，会自动切换到编辑内容状态，并可以在【属性】面板中修改所选对象的填充颜色、描边颜色和粗细等属性，如图 11-59 所示。

在【编辑内容】状态下，使用【选择工具】可以选择被剪切对象，并可以移动、旋转和缩放被剪切对象，如图 11-60 所示。选择剪切蒙版后，单击控制栏中的编辑内容按钮，可以进入编辑内容状态并自动选择被剪切对象。

图 11-59

图 11-60

选择剪切蒙版后，在【属性】面板中的【快速操作】栏中单击【隔离蒙版】按钮，可以进入隔离图层模式，如图 11-61 所示。

使用【选择工具】双击对象可以选择单独的对象并调整对象的填充及描边属性。如果使用【直接选择工具】则可以编辑所选对象的形状，如图 11-62 所示。

图 11-61

图 11-62

11.3.4 释放剪切蒙版

选择创建剪切蒙版的对象，执行【对象】→【剪切蒙版】→【释放】命令，或者在【属性】面板中的【快速操作】栏中单击【释放蒙版】按钮，可以释放剪切蒙版，恢复创建蒙版之前的效果。

技术看板

释放剪切蒙版快捷键：Alt+Ctrl+7。

11.3.5 实战：制作音乐节海报

利用剪切蒙版制作音乐节海报，具体操作步骤如下。

Step 01 按【Ctrl+N】快捷键执行新建命令，设置【宽度】为 650px，【高度】为 975px，如图 11-63 所示。单击【创建】按钮，新建文档。

Step 02 使用【矩形工具】绘制一个与画板同等大小的矩形，在【颜色】面板中设置填充色，如图 11-64 所示。

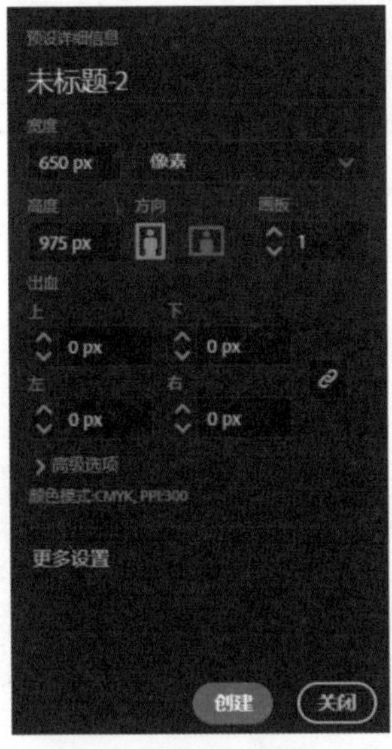

图 11-63

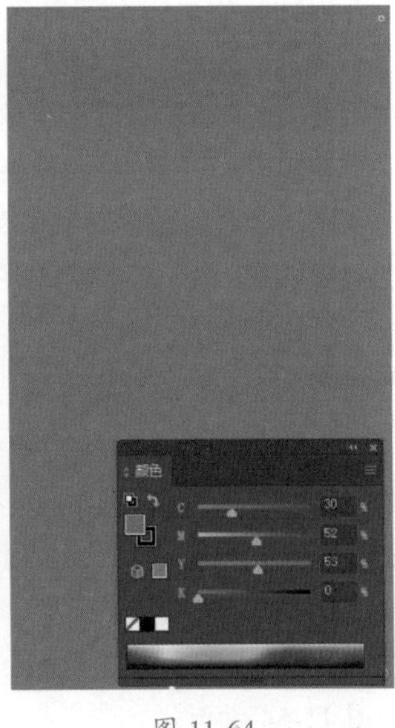

图 11-64

Step 03 按【Ctrl+2】快捷键锁定矩形对象。置入“素材文件 \ 第 11 章 \ 乐队 .jpg”文件，如图 11-65 所示。

Step 04 执行【窗口】→【控制】命令，打开控制栏，单击【裁剪图像】按钮，调整裁剪范围，如图 11-66 所示。按【Enter】键确认裁剪。

图 11-65　　图 11-66

Step05 使用【矩形工具】绘制与图像大小相同的矩形对象，在【颜色】面板中设置填充为红色，如图 11-67 所示。

Step06 执行【窗口】→【透明度】命令，打开【透明度】面板，设置【混合模式】为柔光，如图 11-68 所示。

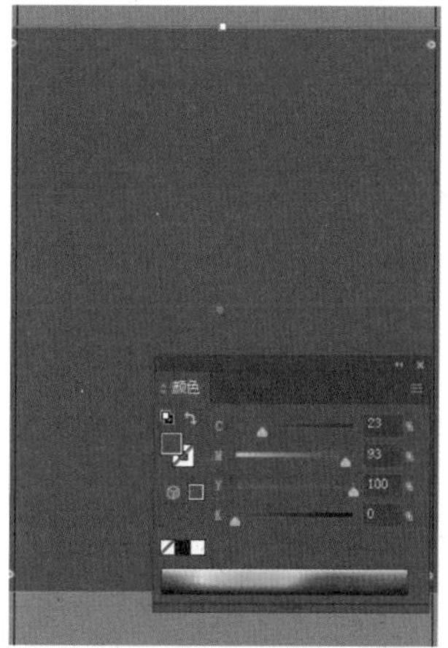

图 11-67

图 11-68

Step07 使用【椭圆工具】在图像上绘制椭圆对象，如图 11-69 所示。

Step08 使用【选择工具】框选除底层背景以外的所有对象，右击，在弹出的快捷菜单中选择【建立剪切蒙版】命令，创建剪切蒙版，并按【Shift+Alt】快捷键等比例缩小对象，如图 11-70 所示。

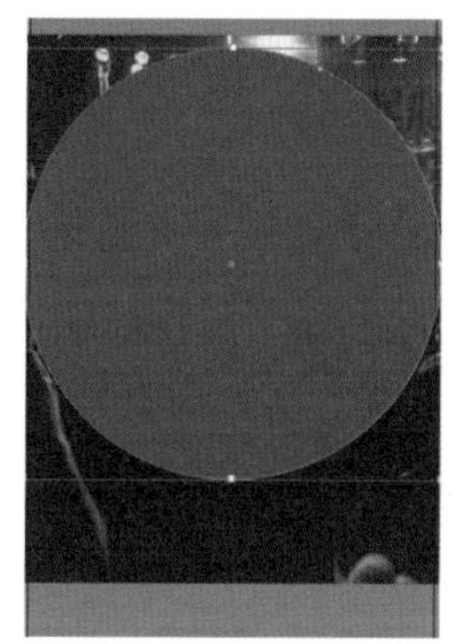

图 11-69

图 11-70

Step09 使用【选择工具】单击剪切对象，显示出中心点，再选择【椭圆工具】，按住【Alt+Shift】快捷键以中心点为基准绘制两个不同大小的圆形，并设置填充为无，描边为黑色，描边粗细为 3pt，如图 11-71 所示。

Step10 选择两个正圆，执行【对象】→【混合】→【建立】命令，创建混合。再双击【混合工具】按钮，打开【混合选项】对话框，设置【间距】为指定步数，参数为 4，如图 11-72 所示。单击【确定】按钮，修改混合效果。

图 11-71

图 11-72

Step11 使用【选择工具】框选混合对象和图像，单击【透明度】面板中的【制作蒙版】按钮，建立不透明蒙版，取消选中【剪切】复选框，如图 11-73 所示。

Step12 选择剪切对象，显示出中心点，使用【椭圆工具】按住【Shift+Alt】快捷键以中心点为基准绘制正圆，在【颜色】面板中设置填充为红色，如图 11-74 所示。并在【属性】面板中降低不透明度。

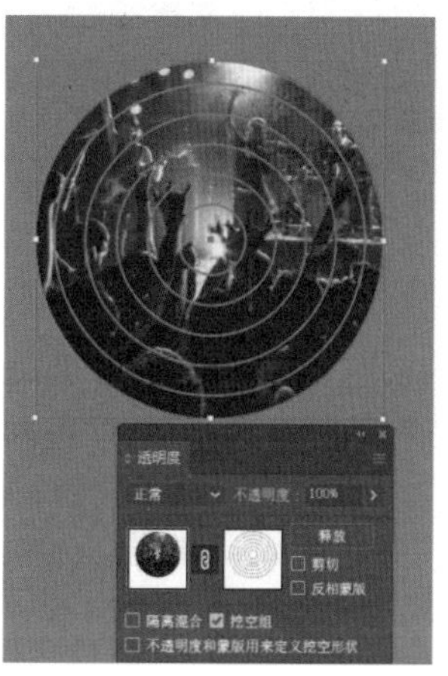

图 11-73

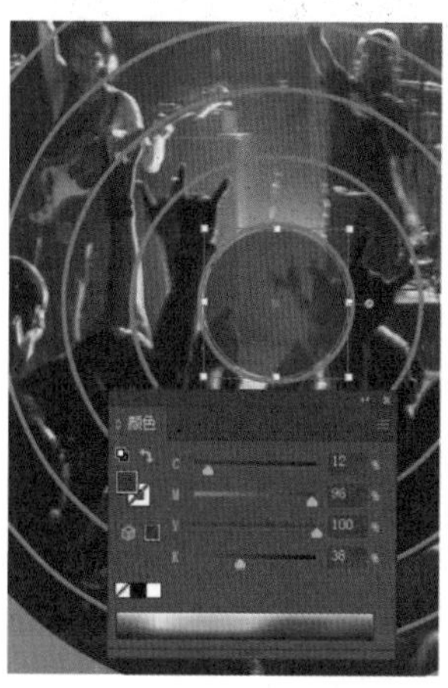

图 11-74

Step13 使用同样的方法以剪切对象中心点为基准绘制一个同等大小的正圆，在【颜色】面板中设置填充为红色，如图 11-75 所示。

Step14 右击红色圆，在弹出的快捷菜单中选择【排列】→【置于底层】命令。再次右击，在弹出的快捷菜单中选择【排列】→【前移一层】命令，将其置于图像下方，然后移动其位置，并在【透明度】面板中设置【混合模式】为滤色，如图 11-76 所示。

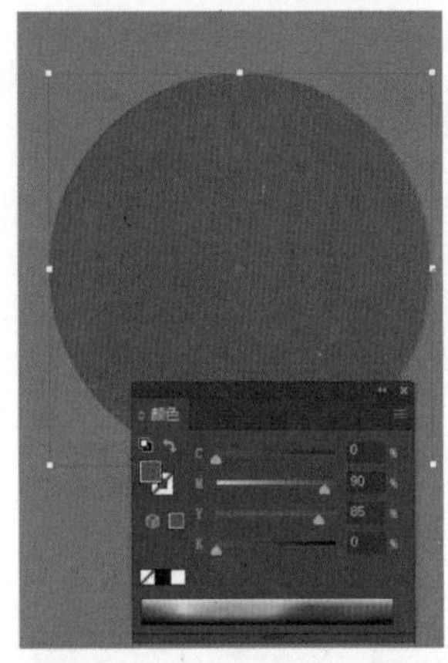

图 11-75

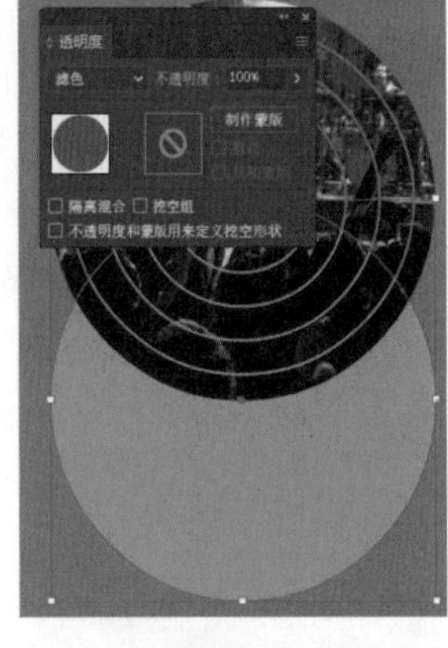

图 11-76

Step15 使用【文字工具】T 输入英文字母，在【属性】面板中设置字体系列、大小和颜色，再旋转文字为横向排列，如图 11-77 所示。

Step16 使用【文字工具】T 继续输入英文字母，如图 11-78 所示。

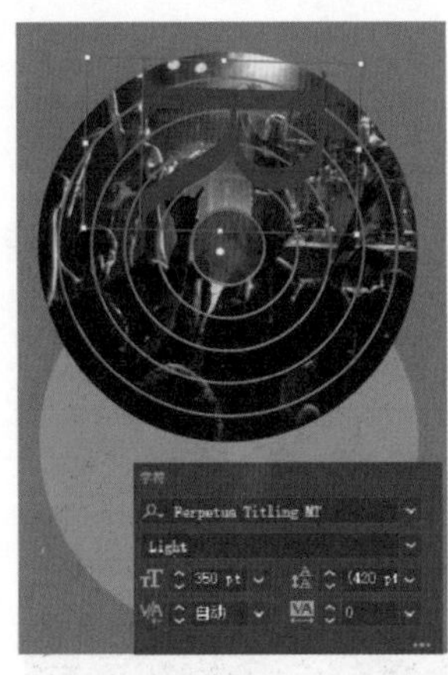

图 11-77

图 11-78

Step17 选择【吸管工具】单击字母“C”，复制文字属性，使用【移动工具】调整文字位置，如图 11-79 所示。

Step18 调整下方的正圆对象位置，按住【Shift】键加选英文字母“K”，如图 11-80 所示。

图 11-79

图 11-80

Step19 单击【透明度】面板中的【制作蒙版】按钮，创建不透明蒙板，并取消选中【剪切】复选框，如图 11-81 所示。

Step20 使用【文字工具】T 输入文字，在属性【面板】中设置字体系列、大小和颜色（这里将文字设置为不同的大小），如图 11-82 所示。

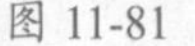

图 11-81

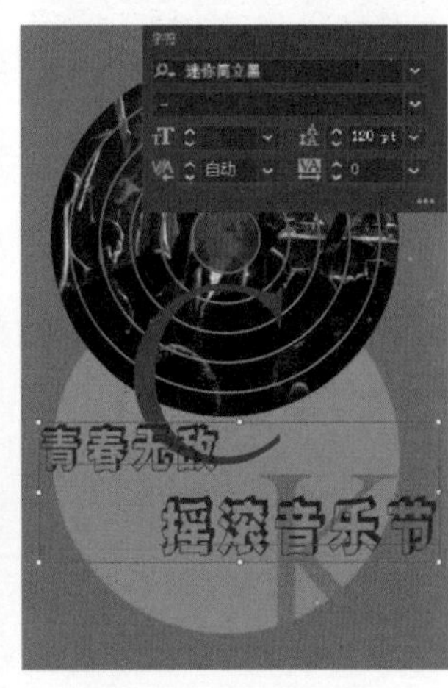

图 11-82

Step21 使用【矩形工具】在文字下方绘制红色填充的矩形，并使用【文字工具】T 在矩形上方输入文字，在【属性】面板中设置字体系列、大小和颜色。然后将文字居中对齐于红色矩形，如图 11-83 所示。

Step22 使用【文字工具】T 继续输入日期，在【属性】面板中设置字体系列、大小和颜色，并调整日期位置，如图 11-84 所示。

图 11-83

图 11-84

Step23 使用【矩形工具】■在画板左下角绘制填充为橘红色的矩形，并降低其不透明度。然后使用【文字工具】T输入地址信息，在【属性】面板中设置字体系列、大小和颜色。然后绘制一个灰色填充的矩形作为文字底纹，并将文字与底纹编组，如图 11-85 所示。

Step24 使用相同的方法制作具有底纹效果的电话和网址信息，并调整文字角度，完成音乐节海报的制作，效果如图 11-86 所示。

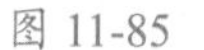
图 11-85

图 11-86

妙招技法

通过前面内容的学习，相信大家已经了解了不透明度、混合模式和蒙版的相关操作，下面就结合本章内容介绍一些使用技巧。

技巧 01 设置填色和描边混合模式

默认情况下，设置混合模式时会同时影响填充和描边效果，如图 11-87 所示。

如果想要分别为填充或描边设置混合模式，可以执行【窗口】→【外观】命令，打开【外观】面板，如图 11-88 所示，单击【填色】和【描边】前面的展开按钮，可以发现【填色】和【描边】下方都有对应的【不透明度】选项。

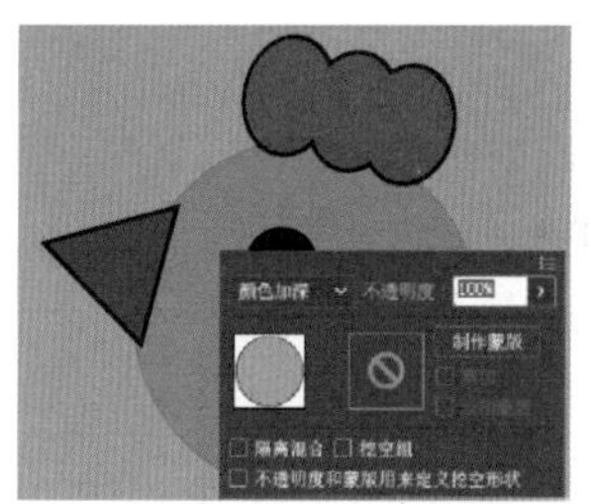
图 11-87

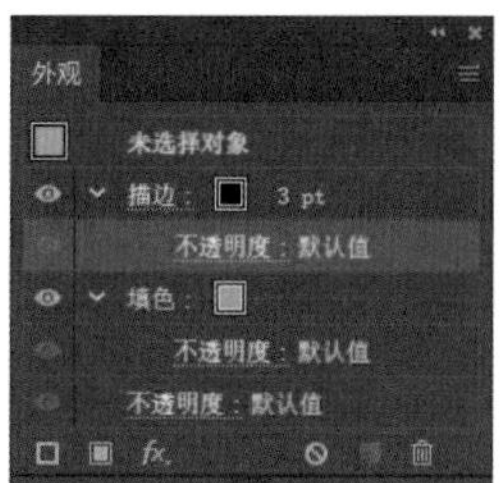
图 11-88

单击【描边】下方的【不透明度】文字，打开对应的【透明度】面板，然后设置一种混合模式，如图 11-89 所示，可以只针对描边设置混合效果，如图 11-90 所示。

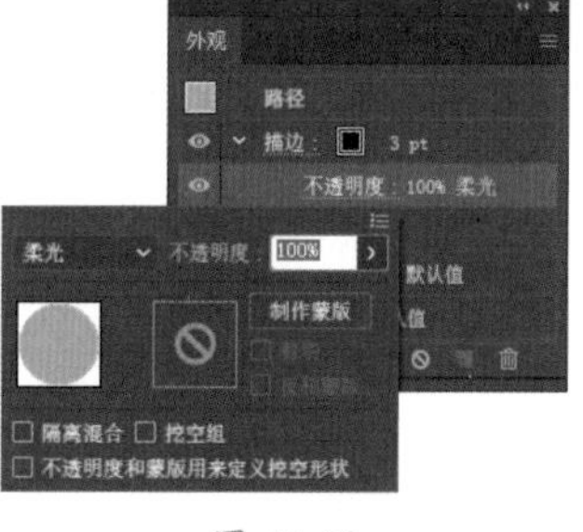
图 11-89

图 11-90

单击【填色】下方的【不透明度】文字，可以打开相应的【透明度】面板，然后设置一种混合模式，如图 11-91 所示，可以只针对填色设置混合效果，如图 11-92 所示。

图 11-91

图 11-92

技巧 02 如何单独调整对象的描边或者填色的不透明度

因为每个描边和填色都能打开对应的【透明度】面板，所以选择对象后，在【外观】面板中单击【描边】或【填色】下方的【不透明度】文字，打开对应的【透明度】面板，再拖动【不透明度】滑块，可以分别设置【描边】和【填色】的不透明效果，如图 11-93 所示。

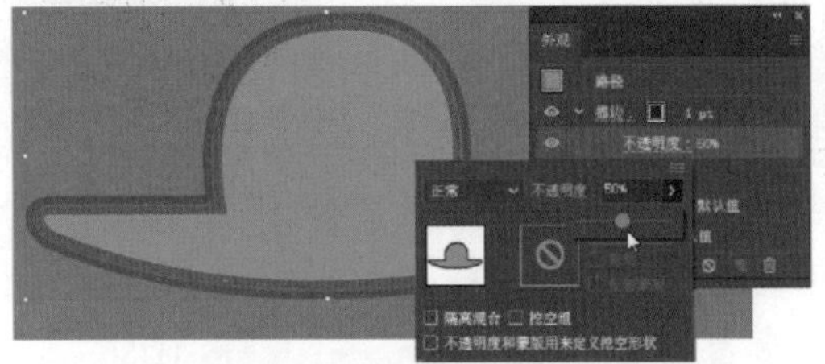

降低【描边】不透明度

降低【填色】不透明度

图 11-93

技巧 03 如何创建挖空效果

在 Illustrator CC 中，通过创建挖空组和建立不透明蒙版均可以创建挖空效果，具体方法如下。

1. 利用挖空组创建挖空效果

利用挖空组创建挖空效果的操作步骤如下。

Step 01 打开“素材文件\第 11 章\挖空.ai”文件，如图 11-94 所示。

图 11-94

Step 02 使用【选择工具】选择文字，执行【窗口】→【透明度】命令，打开【透明度】面板，设置一种混合模式，如图 11-95 所示。

图 11-95

Step 03 按住【Shift】键加选文字下方的椭圆对象，并按【Ctrl+G】快捷键编组对象，然后选中【透明度】面板中的【挖空组】复选框，如图 11-96 所示，此时，椭圆上文字区域被挖空，直接显示底层的底纹对象。需要注意的是，使用这种方式创建挖空效果时，必须对文字（挖空对象）设置混合模式，才能显示挖空效果。

图 11-96

2. 利用不透明蒙版创建挖空效果

利用不透明蒙版也可以创建挖空效果。

如图 11-97 所示，选择文字和下方的椭圆对象。

图 11-97

单击【透明度】面板中的【制作蒙版】按钮，创建不透明蒙版，如图 11-98 所示。

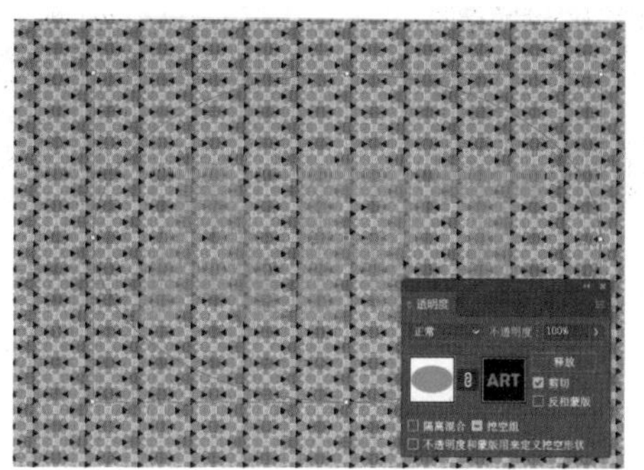

图 11-98

取消选中【剪切】复选框，椭圆对象上文字所覆盖的区域被挖空，显示底层的纹理对象，如图 11-99 所示。

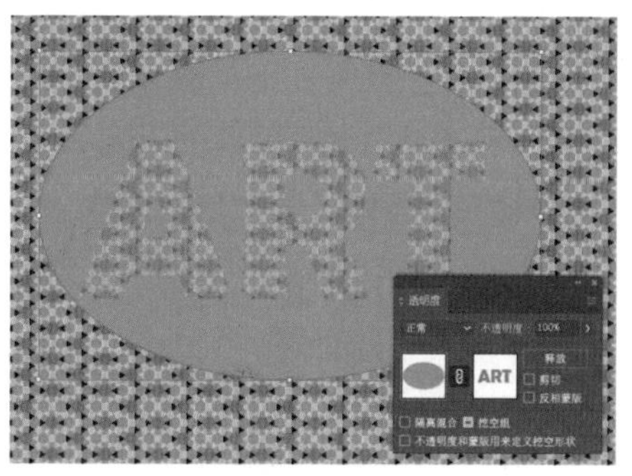

图 11-99

同步练习：儿童识字卡片设计

本例制作儿童识字卡片，先利用花边素材文件制作出卡片的花边效果，然后添加鸟素材文件，并利用【透明度】面板设置混合模式，融合图像，接着再输入文字，并设置文字属性，完成识字卡片的制作，效果如图 11-100 所示。

图 11-100

素材文件	素材文件 \ 第 11 章 \ 花边 .ai、鸟 .ai
结果文件	结果文件 \ 第 11 章 \ 识字卡片 .ai

Step01 按【Ctrl+N】快捷键执行新建命令，设置文档【宽度】为 282mm，【高度】为 282mm，如图 11-101 所示。单击【创建】按钮，新建文档。

Step02 选择【矩形工具】，绘制一个与画板同等大小的矩形对象，并设置填充色为浅黄色，如图 11-102 所示。

图 11-101

图 11-102

Step03 置入“素材文件 \ 第 11 章 \ 花边 .ai”文件，将其移动到适当位置，如图 11-103 所示。

Step04 使用【矩形工具】绘制一个比画板稍小的矩形对象，如图 11-104 所示。

图 11-103

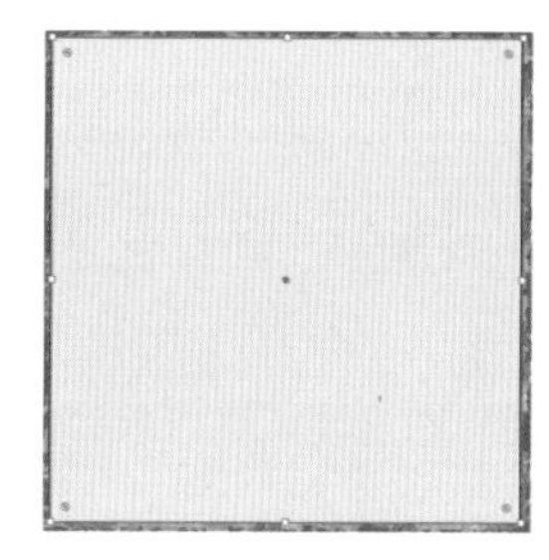

图 11-104

Step05 选择矩形对象和花边图形，执行【对象】→【剪切蒙版】→【建立】命令，创建剪切蒙版，如图 11-105 所示。

Step06 打开“素材文件 \ 第 11 章 \ 鸟 .ai”文件，将其拖动到当前文档中，调整位置，如图 11-106 所示。

图 11-105

图 11-106

Step07 执行【窗口】→【透明度】命令，打开【透明度】面板。选择鸟图像，在【透明度】面板中设置【混合模式】为颜色减淡，如图 11-107 所示。

Step08 选择【鸟】图像，按【Ctrl+C】快捷键复制图像，按【Ctrl+F】快捷键将其粘贴到前面，在【透明度】面板中设置【混合模式】为强光，如图 11-108 所示。

图 11-107

图 11-108

Step09 使用【文字工具】T 输入英文单词 Spring，在【属性】面板中设置字体系列、大小和颜色，如图 11-109 所示。

Step10 使用【文字工具】T 输入【春】，在【属性】面板中设置字体系列、大小和颜色，如图 11-110 所示，完成识字卡片制作。

图 11-109

图 11-110

本章小结

本章主要介绍了 Illustrator CC 中的不透明度、混合模式和蒙版的相关内容。其中通过设置不透明度可以制作半透明效果，设置混合模式则可以融合图像，而创建蒙版可以显示或者隐藏图像。在 Illustrator CC 中有不透明蒙版和剪切蒙版两种，通常不透明蒙版可以用来制作倒影效果，而剪切蒙版可以限制图像的显示范围，这两种蒙版的创建与编辑是本章学习的重点和难点。

第12章 外观与效果

- 怎么添加新的填色和描边？
- 如何设置效果？
- 怎么添加投影？
- 如何创建 3D 对象？
- 添加效果后还能修改吗？

本章将介绍 Illustrator CC 中【外观】面板和效果的应用，包括【外观】面板的基本设置，Illustrator 效果和 Photoshop 效果的应用。通过本章内容的学习，可以学会创建和编辑 3D 对象，为对象添加效果，使创作的图稿变得更加精细。

12.1 【外观】面板

【外观】面板用于编辑对象的外观属性，包括填色、描边、不透明度等。通常被用来创建双描边的效果，下面就详细介绍【外观】面板的使用方法。

12.1.1 认识【外观】面板

执行【窗口】→【外观】命令即可打开【外观】面板，如图 12-1 所示。在【外观】面板中可以设置填色、描边、不透明度、效果，以及添加新的填色和描边等外观属性。【外观】面板中各选项作用如表 12-1 所示。

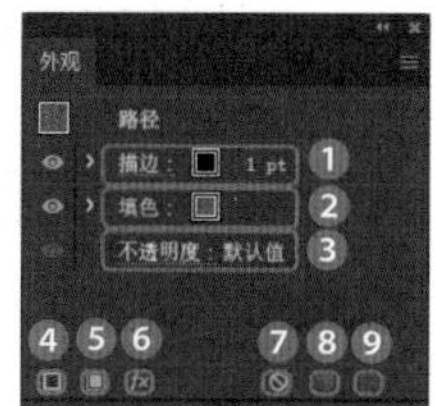

图 12-1

表 12-1 【外观】面板中各选项作用

选项	作用
❶ 描边	单击【描边】按钮可以打开【色板】面板，设置描边颜色，如图 12-2 所示；在后面的数值框中输入数值可以设置描边粗细；单击【描边】文字可以展开【描边】面板，设置描边效果 图 12-2
❷ 填色	单击【填色】按钮可以打开【色板】面板，设置填充颜色
❸ 不透明度	单击【不透明度】可以打开【透明度】面板，设置透明度属性，包括不透明度、混合模式，建立不透明蒙版等，如图 12-3 所示。此处的透明度设置会应用于对象的所有外观 图 12-3
❹ 添加新描边	单击■按钮，可以创建新的描边
❺ 添加新填色	单击■按钮，可以创建新的填色
❻ 添加新效果	单击fx按钮，可以展开效果下拉列表，为对象添加效果
❼ 清除外观	选择对象后，单击⊘按钮，可以清除所选对象的外观属性
❽ 复制所选项目	选择一种描边或者填色，单击■按钮，可以复制所选的项目
❾ 删除所选项目	选择一种填色、描边或者不透明度属性，单击■按钮，可以删除所选项目

技术看板

按住【Shift】键单击【填色】或【描边】按钮，可以打开【颜色】面板，设置填充或描边颜色，如图 12-4 所示。

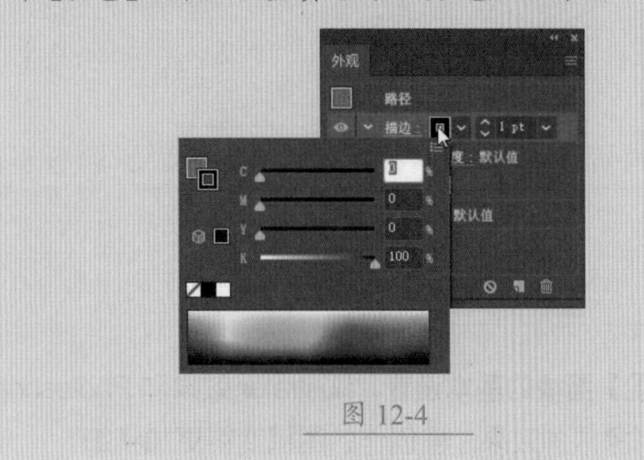

图 12-4

★重点 12.1.2 设置基本外观属性

创建或者选择对象后，【属性】面板中会显示外观属性设置区域，如图 12-5 所示。在该面板中可以设置对象的填色、描边、不透明度及效果等基本外观属性。

图 12-5

单击【填色】按钮，可以打开【色板】面板，设置填充色，如图 12-6 所示。

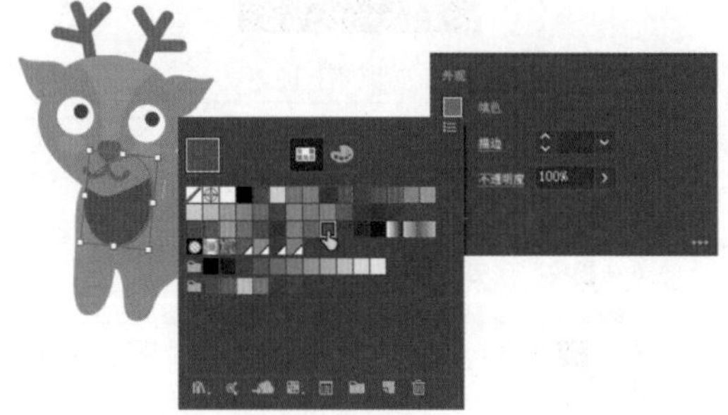

图 12-6

单击【描边】按钮，可以打开【色板】面板，设置描边颜色，在后面的数值框中输入数值可以设置描边粗细，如图 12-7 所示。

图 12-7

单击【添加新效果】按钮 fx，在弹出的【效果】下拉列表中选择一种效果，可以为对象添加效果，如图 12-8 所示。

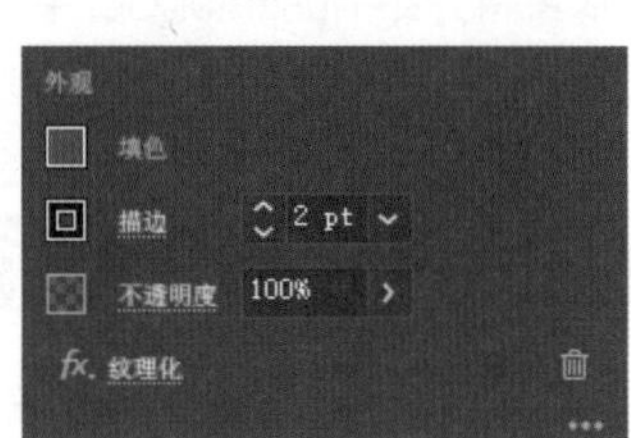

图 12-8

单击【不透明度】数值框下拉按钮，拖动滑块可以设置所选对象的不透明度，如图 12-9 所示。该不透明度的设置会影响对象的填色、描边及效果。

图 12-9

如果要进行更多外观属性的设置，可以单击右下角的 ••• 按钮，打开完整的【外观】面板进行设置。

★重点 12.1.3 实战：创建新的填色和描边

创建填色和描边后还可以继续添加新的填色和描边，具体操作步骤如下。

Step 01 打开"素材文件\第 12 章\闹钟.ai"文件，如图 12-10 所示。

Step 02 执行【窗口】→【外观】命令，打开【外观】面板。使用【选择工具】选择正圆对象，如图 12-11 所示。

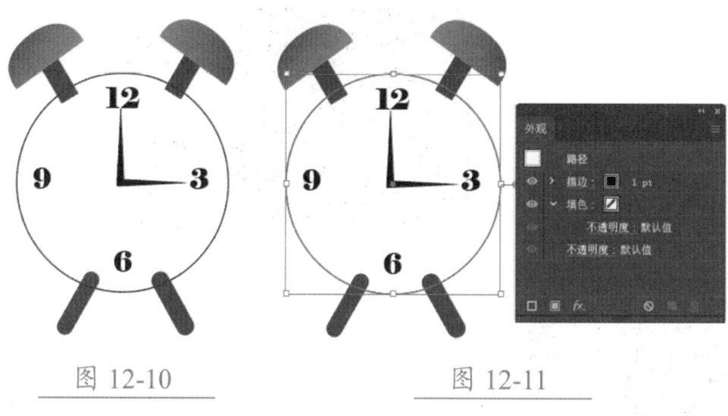
图 12-10　　图 12-11

Step03 单击【外观】面板中的【填色】按钮，在【色板】面板中设置填充色，如图 12-12 所示。

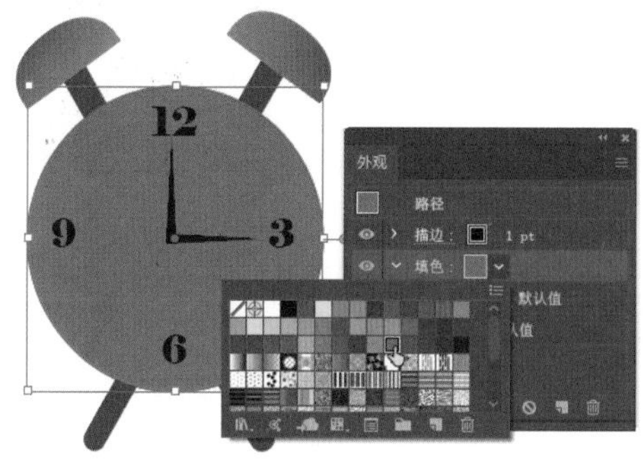
图 12-12

Step04 单击【外观】面板中的【描边】按钮，在打开的【色板】面板中单击左下角的 按钮，在弹出的下拉菜单中选择【渐变】→【肤色】命令，打开【肤色】色板库，然后设置【肤色 21】作为描边色，并设置描边粗细为 25pt，如图 12-13 所示。

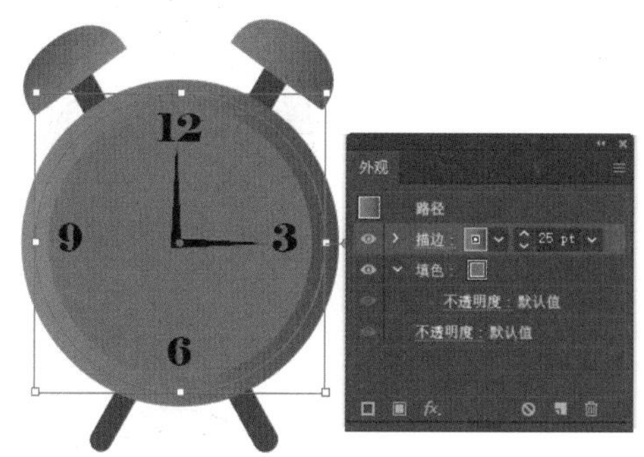
图 12-13

Step05 单击【描边】文字，打开【描边】面板，单击 按钮，使描边外侧对齐，如图 12-14 所示。

Step06 单击【外观】面板底部的 按钮，添加新的描边，设置新描边颜色为白色，粗细为 10pt，然后打开【描边】面板，单击 按钮，使描边内侧对齐，如图 12-15 所示。

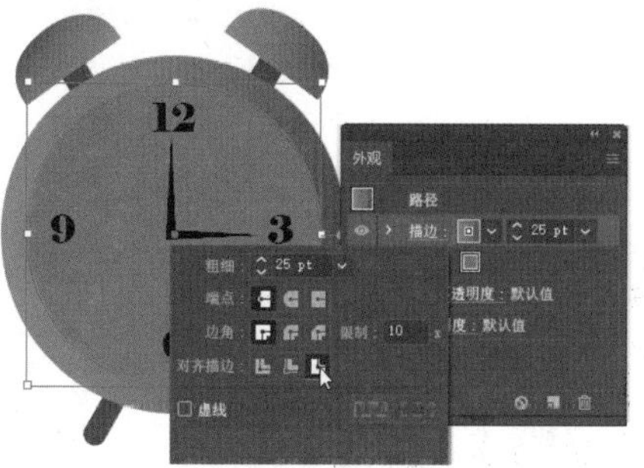
图 12-14

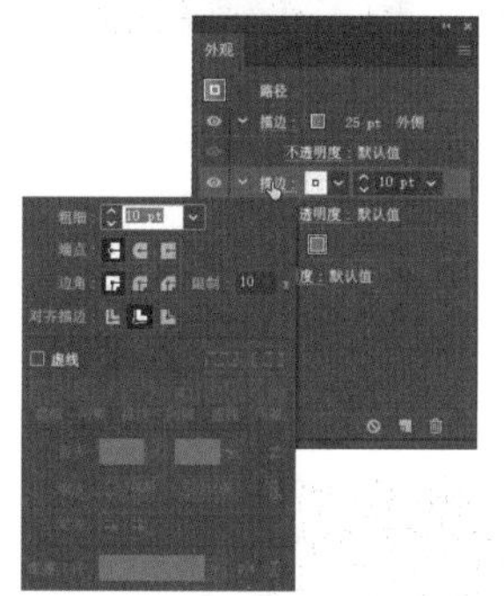
图 12-15

Step07 单击【外观】面板底部的 按钮，添加新的描边，设置新描边颜色为黄色，粗细为 15pt，如图 12-16 所示。

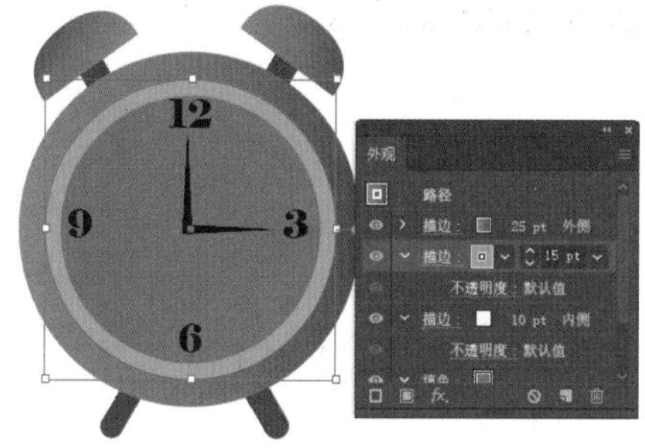
图 12-16

Step08 拖动黄色描边到白色描边下方，当出现蓝色线条时释放鼠标，将黄色描边置于白色描边下方，如图 12-17 所示。

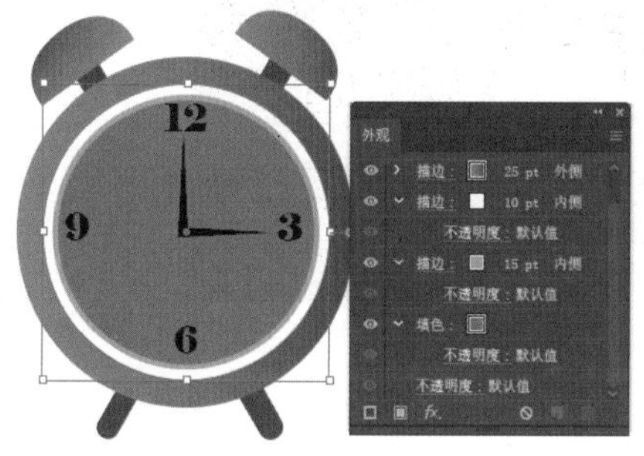
图 12-17

Step09 单击【外观】面板左下角的 ■ 按钮，添加新的填充，如图 12-18 所示。

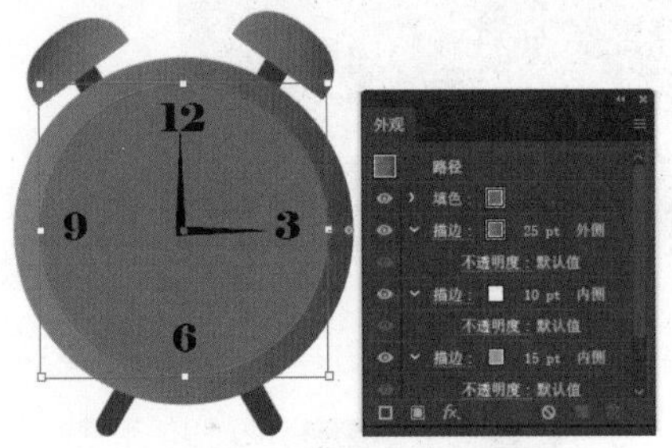

图 12-18

Step10 拖动新的填色到已有的填色下方，如图 12-19 所示，显示蓝色线条时释放鼠标，将新添加的填色放在已有填色的下方。

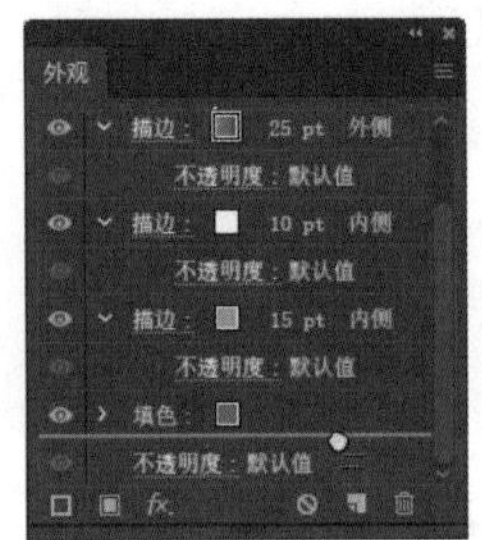

图 12-19

Step11 单击【填色】按钮，打开【色板】面板。单击【色板】面板左下角的 按钮，在弹出的下拉菜单中选择【图案】→【基本图形】→【基本图形 _ 纹理】命令，打开【基本图形 _ 纹理】面板，设置填充为不规则点刻，效果如图 12-20 所示。

图 12-20

Step12 单击上方【填色】文字前面的 › 按钮，再选择【不透明度】，打开【透明度】面板，设置【混合模式】为变亮，如图 12-21 所示。

图 12-21

Step13 适当移动各数字的位置，完成闹钟的制作，如图 12-22 所示。

图 12-22

12.1.4 简化至基本外观

执行【简化至基本外观】命令后，对象只会保留一个基本的填充和描边效果。如图 12-23 所示，先选择对象。

图 12-23

单击【外观】面板右上角的 ≡ 按钮，如图 12-24 所示，在弹出的扩展菜单中选择【简化至基本外观】命令。

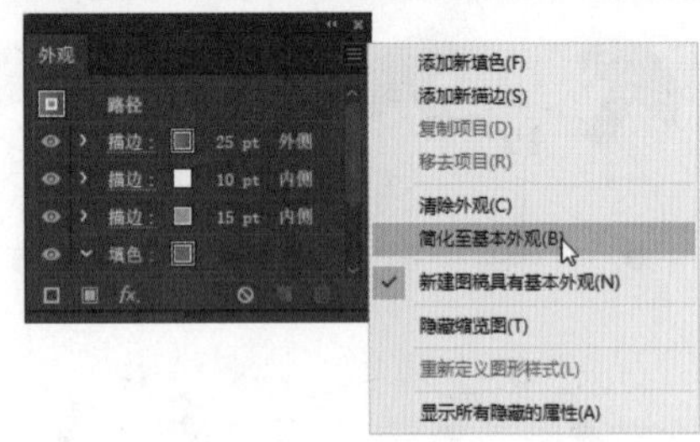

图 12-24

此时，选择的对象只会保留一个填色和描边效果，其他外观效果被删除，如图 12-25 所示。

图 12-25

12.1.5 清除外观

如图 12-26 所示，选择对象后，单击【外观】面板底部的 ⊘ 按钮，可以删除对象所有的外观属性，如图 12-27 所示。

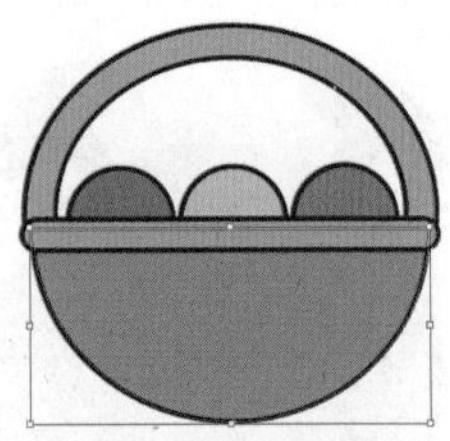

图 12-26

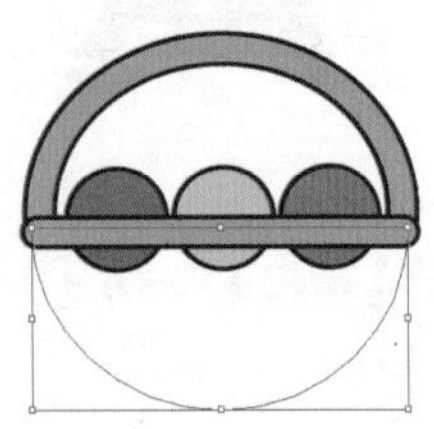

图 12-27

此外，单击面板右上角的 ≡ 按

钮，在弹出的扩展菜单中选择【清除外观】命令，也可以删除外观属性，如图 12-28 所示。

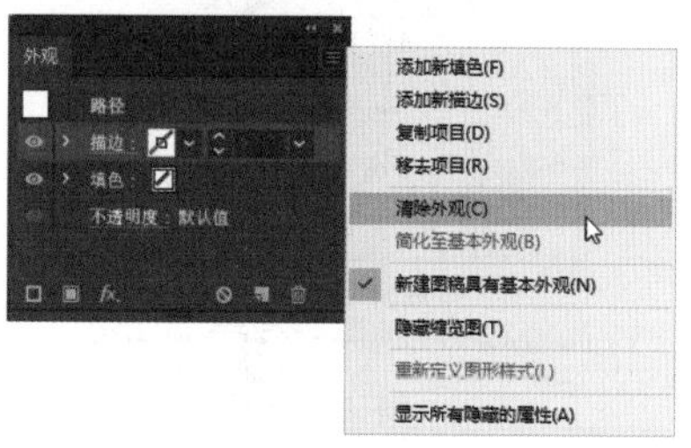

图 12-28

★重点 12.1.6 显示和隐藏外观

如图 12-29 所示，单击【填色】、【描边】、【不透明度】或者【效果】前面的 图标，将其关闭，可以隐藏对应的外观属性。再次单击前面的 图标，将眼睛图标显示出来，可以显示对应的外观属性。

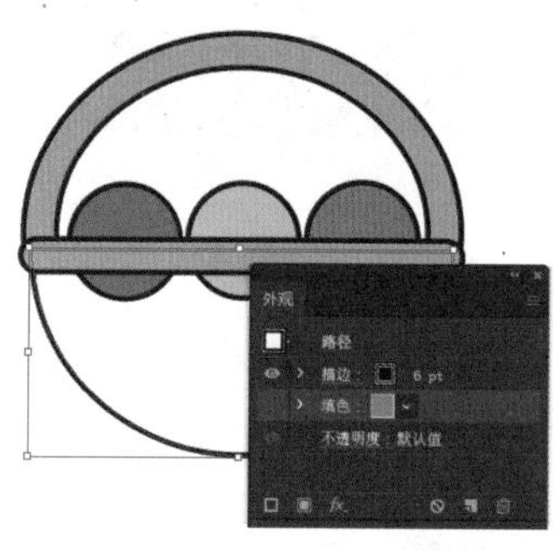

图 12-29

技能拓展——显示所有的隐藏属性

当隐藏多个外观属性后，单击【外观】面板右上角的 按钮，在弹出的扩展菜单中选择【显示所有隐藏的属性】命令，可以将所有的隐藏属性显示出来。

12.1.7 扩展外观

扩展对象可将对象分割为若干个单一对象，但是当对象应用了外观属性后，就不能使用【对象】→【扩展】命令扩展对象，此时需要执行【扩展外观】命令，才能扩展对象。

如图 12-30 所示，选择应用了外观属性的对象，执行【对象】→【扩展外观】命令，可以将填色、描边、效果等外观属性扩展为独立的对象，这些对象会自动编组，如图 12-31 所示。

图 12-30

图 12-31

按【Shift+Ctrl+G】快捷键取消编组，可以分别移动和编辑这些对象，如图 12-32 所示。

图 12-32

12.2 Illustrator 效果

利用【效果】菜单可以为对象添加投影、外发光或者使对象产生扭曲，呈现线条形状，创建 3D 立体效果，以及添加特殊效果。Illustrator CC 中的效果既可以应用于矢量对象，也可以应用于位图图像。下面就先对 Illustrator CC 中效果的分类和基本应用方法进行介绍。

12.2.1 效果的种类

在菜单栏中选择【效果】命令，可以弹出【效果】下拉菜单，如图 12-33 所示。创建或选择对象后，单击【属性】面板中的 按钮，也可以弹出【效果】下拉菜单。

图 12-33

Illustrator CC 中的效果主要分为两大类。一类是 Illustrator 效果，其中的 3D、SVG 滤镜、变形、变换，以及【风格化】子菜单中的投影、羽化、内发光和外发光可同时应用于矢量对象和位图，其他效果则只能应用于矢量对象，或位图对象的填色或描边。另一类是 Photoshop 效果，可应用于矢量对象和位图图像。

技能拓展
——什么是栅格效果

栅格效果是用来生成像素（非矢量数据）的效果。栅格效果包括【SVG 滤镜】和【Photoshop 效果】菜单下方区域的所有效果，以及【效果】下的【风格化】子菜单中的【投影】、【内发光】、【外发光】和【羽化】命令。

12.2.2 应用效果

如图 12-34 所示，选择对象。执行【效果】菜单中的命令，或者单击 按钮，在弹出的下拉菜单中选择一种效果，打开相应的对话框，如图 12-35 所示。设置参数后，单击【确定】按钮，即可应用效果，如图 12-36 所示。

图 12-34

投影
模式 (M): 正片叠底
不透明度 (O): 75%
X 位移 (X): 7 px
Y 位移 (Y): 7 px
模糊 (B): 5 px
颜色 (C): 暗度 (D): 70%
使用黑色叠印，专色可能会出现阴影。请打开"叠印预览"进行查看。
预览 (P) 确定 取消

图 12-35

图 12-36

使用【选择工具】框选多个对象，或者选择编组对象，再执行一种效果命令，可以为选择的所有对象添加效果，如图 12-37 所示。

图 12-37

此外，选择对象后，在【外观】面板中选择【填色】或【描边】属性，如图 12-38 所示。

图 12-38

然后再执行一种效果命令，可以为选定的描边或者填色添加效果，如图 12-39 所示。

图 12-39

★重点 12.2.3　3D 效果

3D 效果可以将 2D 的矢量对象或者位图图像创建为具有三维效果的立体图像。【3D】子菜单中包括【凸出和斜角】、【绕转】和【旋转】3 种 3D 效果。不同的效果可以创建不同的 3D 对象。

1. 凸出和斜角

【凸出和斜角】效果可以增加矢量对象或者位图图像的厚度，产生凸出于平面的立体效果。选择对象，如图 12-40 所示。执行【效果】→【3D】→【凸出和斜角】命令，打开【3D 凸出和斜角选项】对话框，如图 12-41 所示。设置对话框中的参数，可以创建 3D 立体效果，如图 12-42 所示。对话框中常用选项作用如表 12-2 所示。

图 12-40

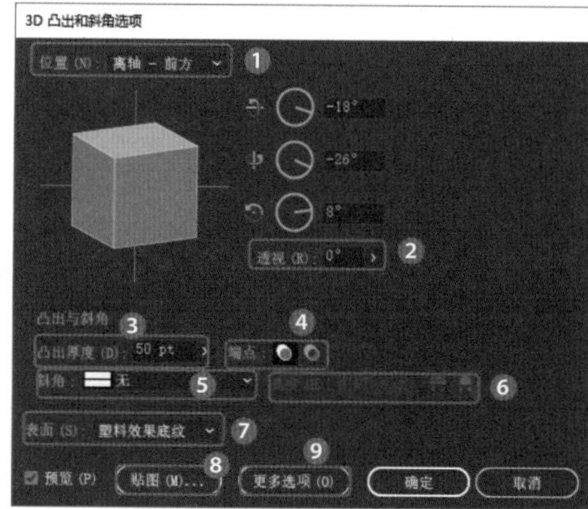

图 12-41

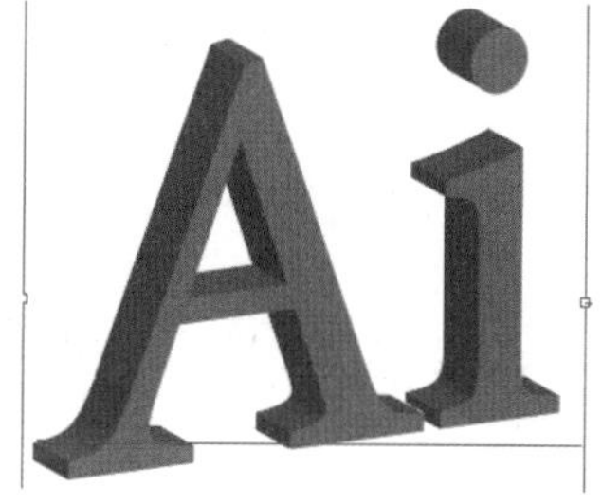

图 12-42

表 12-2　【3D 凸出和斜角选项】对话框中常用选项作用

选项	作用
❶ 位置	设置对象如何旋转，以及观看对象的透视角度。如图 12-43 所示，拖曳观景窗内的立方体，可以自由调整角度；在【指定绕 X 轴旋转】、【指定绕 Y 轴旋转】和【指定绕 Z 轴旋转】数值框中输入参数，可以设置精确的旋转角度 图 12-43
❷ 透视	用于调整对象的透视效果，单击数值框右侧的按钮，拖动滑块调整，或者直接在数值框中输入 0～160 的参数调整透视效果
❸ 凸出厚度	用于设置对象的深度，数值越大对象越厚，如图 12-44 所示 厚度为 50pt　厚度为 80pt 图 12-44
❹ 端点	用于定义对象是实心还是空心效果。单击按钮可建立实心外观，如图 12-45 所示；单击按钮可建立空心外观，如图 12-46 所示 图 12-45　图 12-46
❺ 斜角	沿对象的深度轴（Z 轴）应用所选类型的斜角边缘
❻ 高度	设置斜角后，激活高度设置。输入参数，可以设置斜角高度。设置高度后，单击该选项右侧的按钮，可以在保持对象大小的基础上通过增加像素形成斜角，如图 12-47 所示；单击按钮可从原对象上切除部分像素形成斜角，如图 12-48 所示 图 12-47

续表

选项	作用
❻ 高度	图 12-48
❼ 表面	用于定义 3D 对象的表面质感，包括【线框】、【无底纹】、【扩散底纹】和【塑料效果底纹】4 种效果
❽ 贴图	单击该按钮，打开【贴图】对话框，在其中可以选择一种符号为表面添加图像，如图 12-49 所示  图 12-49
❾ 更多选项	单击该按钮展开光源设置选项，可以设置光源强度、环境光和高光强度等参数

2. 绕转

绕转效果是围绕全局 Y 轴（绕转轴）绕转一条路径或剖面，使其做圆周运动，从而创建 3D 对象。由于绕转轴是垂直固定的，因此用于绕转的开放或闭合路径应为所需 3D 对象面向正前方时垂直剖面的一半，如图 12-50 所示。

图 12-50

选择对象后，执行【效果】→【3D】→【绕转】命令，打开【3D 绕转选项】对话框，如图 12-51 所示。设置参数即可创建 3D 对象，如图 12-52 所示。

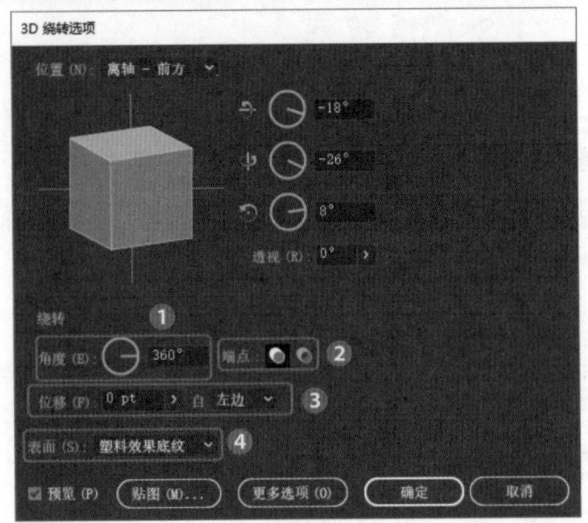

图 12-51

图 12-52

【3D 绕转选项】对话框中常用选项作用如表 12-3 所示。

表 12-3 【3D 绕转选项】对话框中常用选项作用

选项	作用
❶ 角度	用于设置绕转角度（0～360°），360°是绕转一周，形成完整的对象。如果小于 360°，则会形成带有切面的对象，如图 12-53 所示是图 12-50 中的形状绕转 280°的效果 图 12-53
❷ 端点	单击 ◙ 按钮，可生成实心对象，如图 12-54 所示；单击 ◙ 按钮，可生成空心对象，如图 12-55 所示 图 12-54 图 12-55

续表

选项	作用
❸ 位移	在绕转轴与路径之间添加距离，在后面的下拉列表框中可以设置是【自左边】还是【自右边】添加距离，如图 12-56 所示 自左边　　自右边 图 12-56
❹ 表面	用于定义 3D 对象的表面质感，包括【线框】、【无底纹】、【扩散底纹】和【塑料效果底纹】4 种效果

3. 旋转

【旋转】命令可以使 2D 或者 3D 对象进行 3D 空间上的旋转。选择对象，如图 12-57 所示。

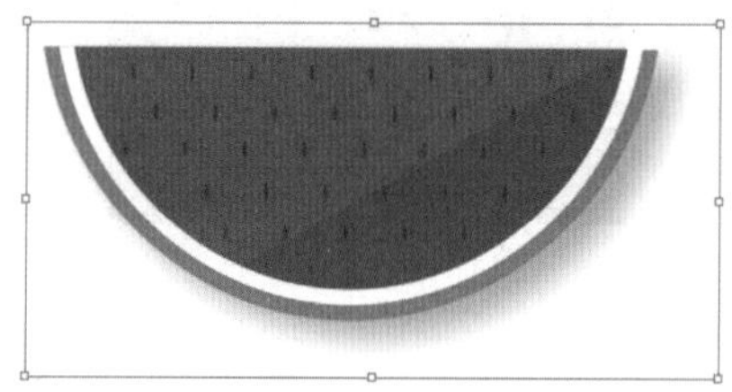

图 12-57

执行【效果】→【3D】→【旋转】命令，打开【3D 旋转选项】对话框，如图 12-58 所示。拖曳观景窗内的立方体，或者在右侧设置精确的旋转角度即可旋转对象，如图 12-59 所示。【3D 旋转选项】对话框各选项与【3D 凸出和斜角选项】对话框相应选项基本相同。

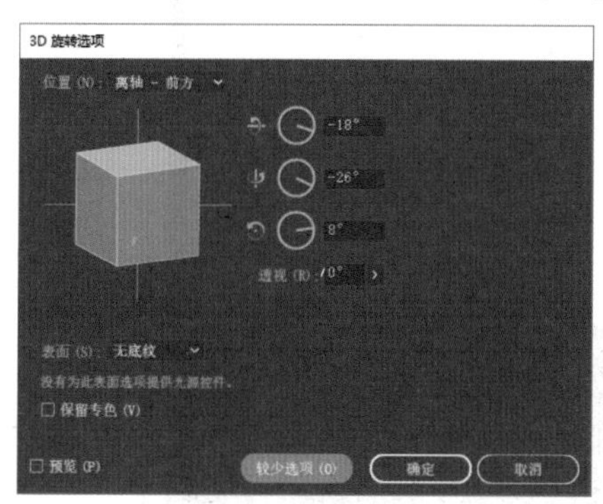

图 12-58

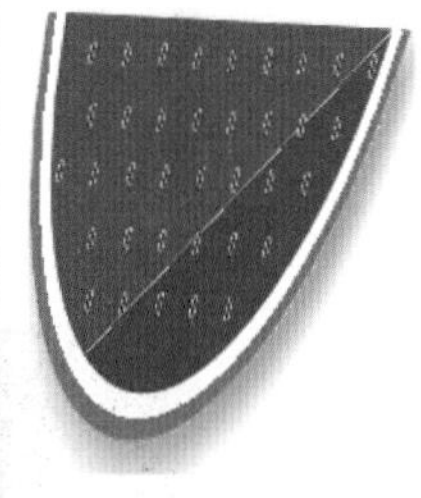

图 12-59

技能拓展——保留专色

专色是指在印刷时，不是通过印刷 C、M、Y、K 四色合成这种颜色，而是专门用一种特定的油墨来印刷该颜色。

在【凸出和斜角】、【绕转】和【旋转】效果中均有【保留专色】选项。选中该复选框，可以保留对象中的专色。如果在【底纹颜色】选项中设置为自定义，则无法保留对象中的专色。

另外，创建 3D 效果时，将表面设置为【扩散底纹】或【塑料效果底纹】时，可以单击【更多选项】按钮，展开光源设置选项，可以在 3D 场景中添加光源，生成更多的光影变化，如图 12-60 所示，常用选项作用如表 12-4 所示。

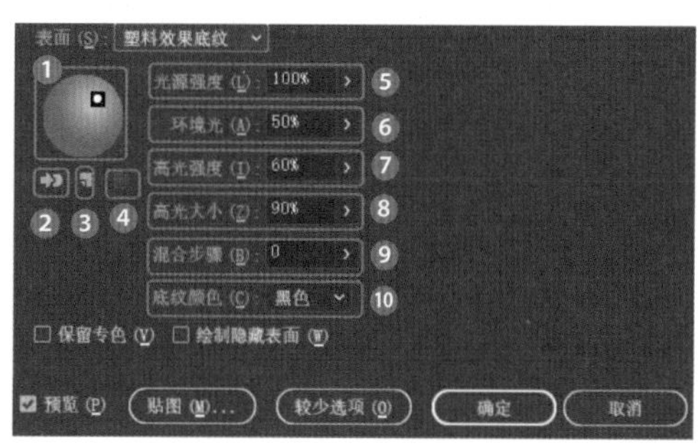

图 12-60

表 12-4 【光源设置】对话框中常用选项作用

选项	作用
❶ 光源球	用于定义光源的位置。拖动光源球上的小黑点，可以调整光源位置，如图 12-61 所示 图 12-61
❷ 后移光源	选择一个光源，单击按扭可将该光源移至对象后面
❸ 新建光源	单击按钮，可以添加新的光源
❹ 删除光源	选择一个光源，单击按钮可以删除该光源
❺ 光源强度	更改选定光源的强度，强度值介于 0% 和 100% 之间
❻ 环境光	控制全局光照，统一改变所有对象的表面亮度

续表

选项	作用
❼ 高光强度	用来控制对象反射光的多少，取值范围在 0% 到 100% 之间。较小值产生暗淡的表面，而较大值则产生较为光亮的表面
❽ 高光大小	用来控制高光的大小，取值范围由大（100%）到小（0%）
❾ 混合步骤	用来控制对象表面所表现出来的底纹的平滑程度。参数为 1～256，步骤数越多，所产生的底纹越平滑，路径也越多
❿ 底纹颜色	控制对象的底纹颜色

12.2.4 SVG 滤镜

SVG 效果是一系列描述各种数学运算的 XML 属性，生成的效果会应用于目标对象而不是源图形。使用 SVG 效果可以添加图形属性，如添加模糊效果、投影效果等。

1. 应用 SVG 滤镜

如图 12-62 所示，选择对象。执行【效果】→【SVG 滤镜】命令，在弹出的子菜单中可以看到 Illustrator CC 提供了一组默认的 SVG 效果，如图 12-63 所示。

图 12-62　　图 12-63

在【SVG 滤镜】子菜单中选择单击某种效果，如选择【暗调 2】，即会为对象应用默认的效果，如图 12-64 所示。

图 12-64

2. 编辑 SVG 滤镜

在【应用 SVG 滤镜】对话框中可以编辑已有的 SVG 滤镜或者创建新的 SVG 滤镜效果。

执行【效果】→【SVG 滤镜】→【应用 SVG 滤镜】命令，打开【应用 SVG 滤镜】对话框，如图 12-65 所示，选择【AI_ 暗调 _2】滤镜效果。

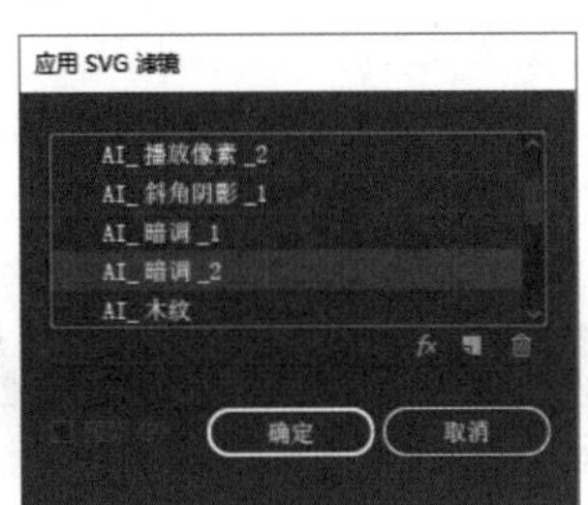

图 12-65

单击【编辑 SVG 滤镜】按钮，打开【编辑 SVG 滤镜】对话框，如图 12-66 所示，修改默认代码，单击【确定】按钮，即可修改默认的 SVG 滤镜效果。

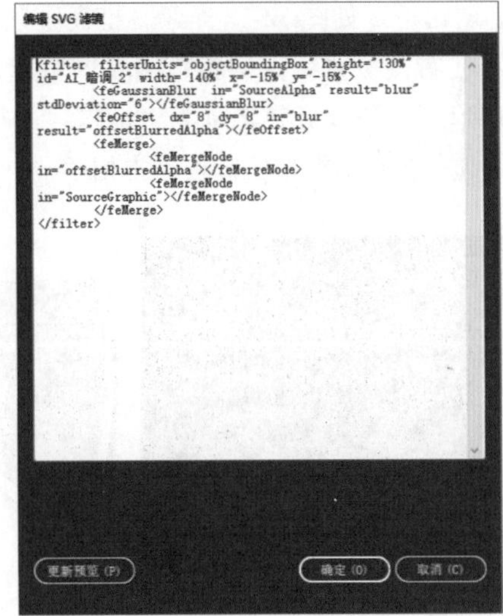

图 12-66

如果单击■按钮，打开【编辑 SVG 滤镜】对话框，如图 12-67 所示，输入效果代码，单击【确定】按钮，即可创建新的 SVG 滤镜效果。

图 12-67

12.2.5 变形

【变形】效果组的命令可以变形对象，其效果与使用【对象】→【封套扭曲】→【用变形建立】命令创建的效果是相同的。但是使用【变形】效果组中的命令进行的变形属于效果，可以通过【外观】面板轻松将其隐藏或者显示，以及调整变形效果。

★重点 12.2.6 扭曲和变换

【扭曲和变换】组中的命令可以改变对象的形状。执行【效果】→【扭曲和变换】命令，在弹出的子菜单中可以看到以下 7 种扭曲变换效果。

1. 变换

【变换】效果可以对对象同时进行缩放、旋转、移动及对称操作。其效果与执行【对象】→【变换】→【分别变换】命令的效果一样，但不同的是，使用【变换】效果变换对象后，可以在【外观】面板中删除，或者重新编辑效果。

2. 扭拧

选择对象，如图 12-68 所示。执行【效果】→【扭曲和变换】→【扭拧】命令，打开【扭拧】对话框，设置参数，如图 12-69 所示，可以将所选的矢量对象随机向内或向外弯曲和扭曲。

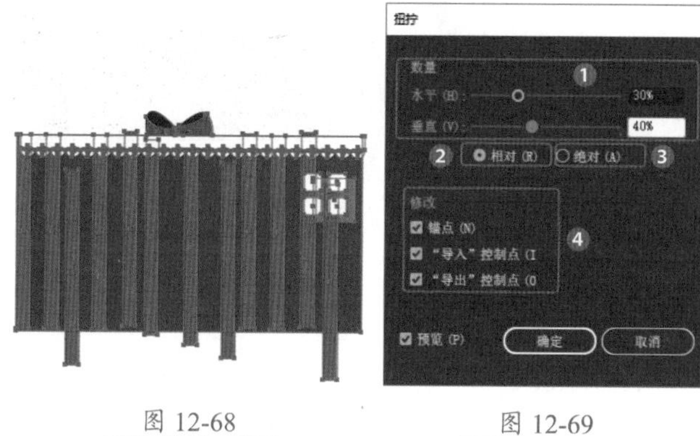

图 12-68　　图 12-69

单击【确定】按钮即可应用扭拧效果，如图 12-70 所示。

图 12-70

【扭拧】对话框中各选项作用如表 12-5 所示。

表 12-5 【扭拧】对话框中各选项作用

选项	作用
❶ 数量	用于定义对象的扭曲程度。在【水平】数值框中输入参数，可以定义对象在水平方向的扭曲程度；在【垂直】数值框中输入参数，可以定义对象在垂直方向上的扭曲程度
❷ 相对	选中该单选按钮，将定义调整的幅度为原水平的百分比
❸ 绝对	选中该单选按钮，将定义调整的幅度为具体的尺寸
❹ 修改	可以设置是否修改锚点、移动通向路径锚点的控制点

3. 扭转

【扭转】效果可以顺时针或者逆时针扭转对象。先选择对象，如图 12-71 所示。

执行【效果】→【扭曲和变换】→【扭转】命令，打开【扭转】对话框，设置扭转角度，如图 12-72 所示，即可扭转对象。

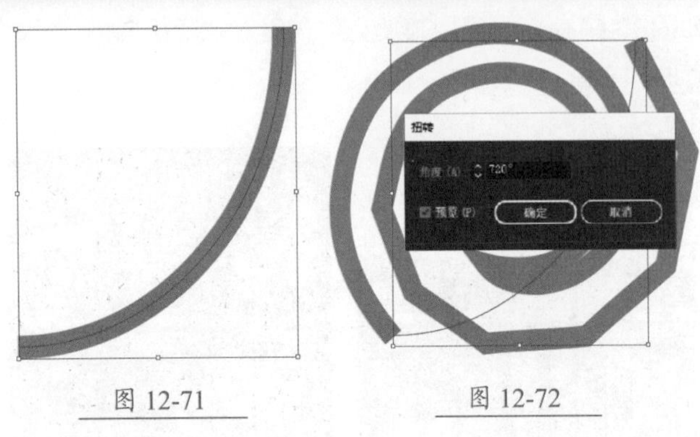

图 12-71　　图 12-72

4. 收缩和膨胀

选择对象，如图 12-73 所示。执行【效果】→【收缩和膨胀】命令，在【收缩和膨胀】对话框中设置正数，可以膨胀对象，如图 12-74 所示。

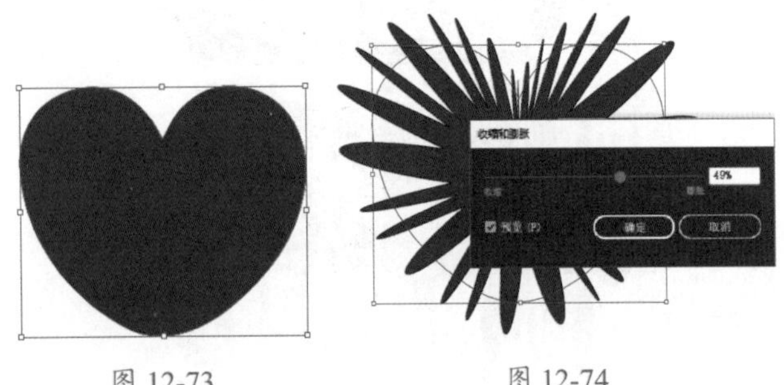

图 12-73　　图 12-74

在【收缩和膨胀】对话框中设置负数可以收缩对象，如图 12-75 所示。

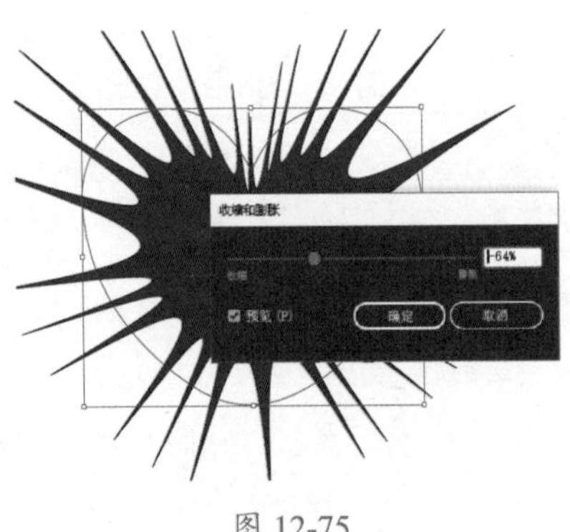

图 12-75

5. 波纹效果

【波纹效果】命令可以使路径边缘产生波纹化的扭曲效果。如图 12-76 所示，绘制一条直线。

图 12-76

执行【效果】→【扭曲和变换】→【波纹效果】命令，打开【波纹效果】对话框，如图 12-77 所示。

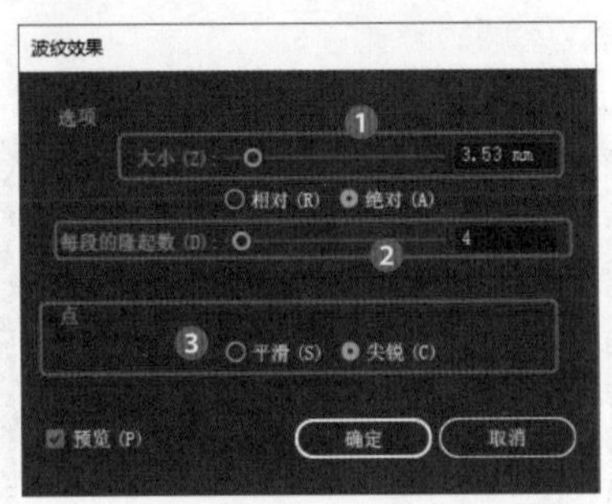

图 12-77

设置参数，单击【确定】按钮，应用波纹效果，结果如图 12-78 所示。

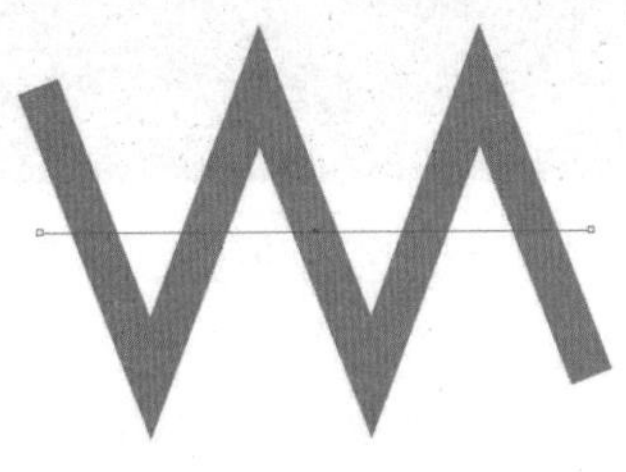

图 12-78

【波纹效果】对话框中各选项作用如表 12-6 所示。

表 12-6　【波纹效果】对话框中各选项作用

选项	作用
❶ 大小	用于设置波纹效果的尺寸大小。数值越小，波纹起伏越弱；数值越大，波纹起伏越大
❷ 每段的隆起数	用于设置每段路径中出现的波纹数量，数值越大，波纹越密集，如图 12-79 所示 隆起数为 2　　隆起数为 10 图 12-79
❸ 点	选中【平滑】单选按钮，波纹效果比较平滑，如图 12-80 所示；选中【尖锐】单选按钮，波纹效果比较尖锐，如图 12-81 所示 图 12-80　　图 12-81

6. 粗糙化

【粗糙化】命令可以使矢量图形边缘产生各种大小

的尖峰和凹谷的锯齿，使对象看起来很粗糙。如图 12-82 所示，选择对象。

图 12-82

执行【效果】→【扭曲和变换】→【粗糙化】命令，打开【粗糙化】对话框，如图 12-83 所示。

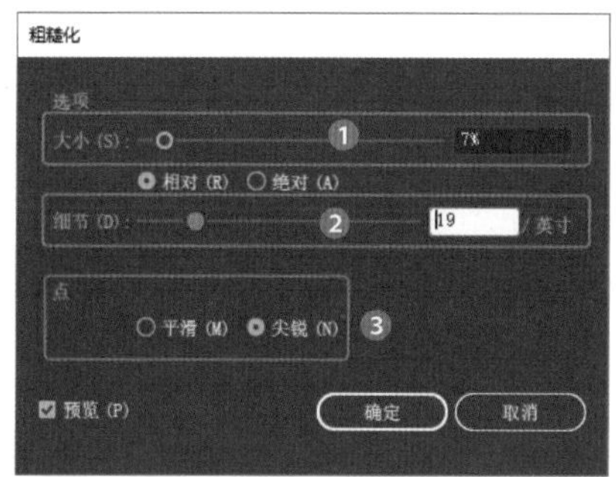

图 12-83

设置参数，单击【确定】按钮，应用粗糙化效果，如图 12-84 所示。

图 12-84

【粗糙化】对话框中各选项作用如表 12-7 所示。

表 12-7 【粗糙化】对话框中各选项作用

选项	作用
❶ 大小	用于定义对象边缘处粗糙化效果的尺寸，数值越大，粗糙程度越大
❷ 细节	用于设置粗糙化细节每英寸出现的数量。数值越大，细节越丰富

续表

选项	作用
❸ 点	选中【平滑】单选按钮，波纹效果比较平滑，如图 12-85 所示；选中【尖锐】单选按钮，波纹效果比较尖锐，如图 12-86 所示 图 12-85　图 12-86

7. 自由扭曲

【自由扭曲】命令可以自由扭曲对象。选择对象，如图 12-87 所示。

执行【效果】→【扭曲和变换】→【自由扭曲】命令，打开【自由扭曲】对话框，如图 12-88 所示，使用鼠标拖动缩览图中的控制点，设置扭曲效果。如果觉得效果不满意，可以单击【重置】按钮，重新设置扭曲效果。

图 12-87　图 12-88

单击【确定】按钮，应用自由扭曲变换效果，如图 12-89 所示。

图 12-89

12.2.7 栅格化

【栅格化】命令可以创建栅格化外观，将其转换为位图效果。选择对象后，执行【效果】→【栅格化】命令，打开【栅格化】对话框，如图 12-90 所示。设置完参数后，单击【确定】按钮应用效果。然后放大图像，如图 12-91 所示，可以看到图像边缘会出现锯齿效果。

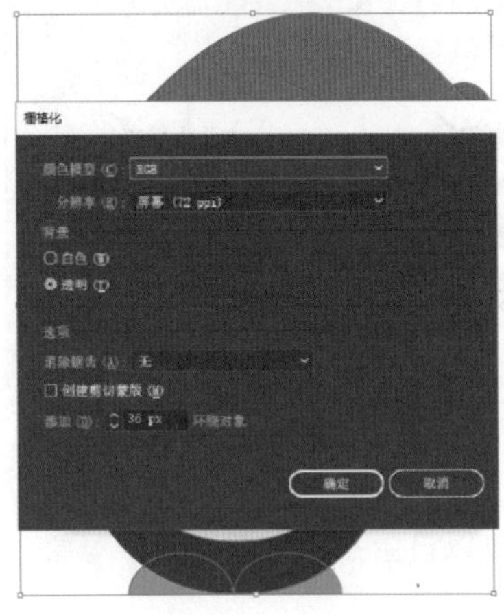

图 12-90

图 12-91

【栅格化】对话框如图 12-92 所示，各选项作用如表 12-8 所示。

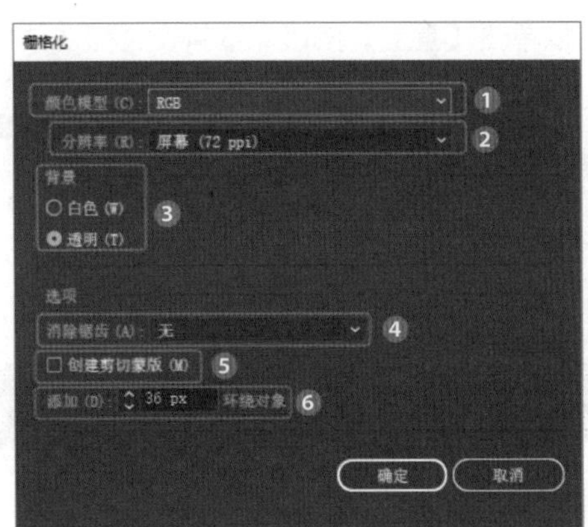

图 12-92

表 12-8 【栅格化】对话框中各选项作用

选项	作用
❶ 颜色模型	用于设置栅格化过程中使用的颜色模型
❷ 分辨率	用于设置栅格化图像中的每英寸像素数
❸ 背景	用于设置矢量图形的透明区域如何转换为像素。选中【白色】单选按钮，可用白色像素填充透明区域；选中【透明】单选按钮，则背景呈现透明效果
❹ 消除锯齿	应用【消除锯齿】效果，可以改善栅格化图像的锯齿边缘外观
❺ 创建剪切蒙版	选中该复选框，可创建一个使栅格化图像背景显示为透明的蒙版
❻ 添加	可通过指定像素值，为栅格化图像添加边缘填充或边框

12.2.8 裁剪标记

【裁剪标记】命令可以指示纸张的裁剪位置。选择对象，如图 12-93 所示。执行【效果】→【裁剪标记】命令，如图 12-94 所示，所选对象会按照相应尺寸创建裁剪标记。

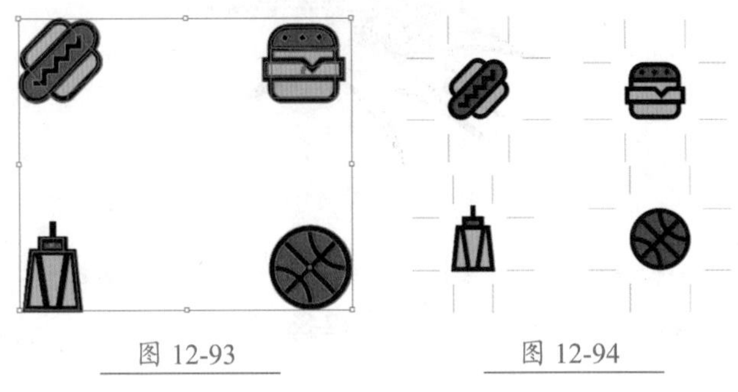

图 12-93　　图 12-94

12.2.9 路径

【路径】效果组中包括 3 个效果，分别是【位移路径】、【轮廓化对象】和【轮廓化描边】。使用该组效果可以移动路径，或者将位图图像转换为矢量对象。

1. 位移路径

选择对象后，执行【效果】→【路径】→【位移路径】命令，会打开【偏移路径】对话框，如图 12-95 所示。设置参数，可以在原图基础上移动路径，如图 12-96 所示。该命令效果与执行【对象】→【路径】→【偏移路径】命令所产生的视觉效果是一样的。

图 12-95　　图 12-96

2. 轮廓化对象

【轮廓化对象】命令可以将位图图像转换为矢量轮廓，并进行填色和描边。

如图 12-97 所示，打开一个位图文件，并选择一个位图。

执行【效果】→【路径】→【轮廓化对象】命令，所选位图图像便会消失，如图 12-98 所示。因为没有填色和描边，所以无法显示。

重新为对象设置填充颜色并将其显示，如图 12-99 所示。

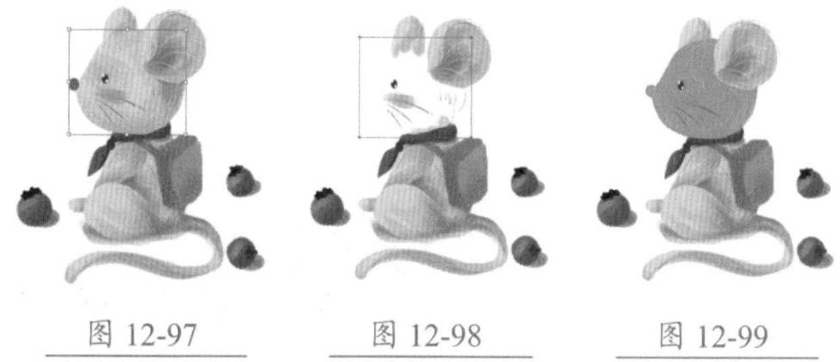

图 12-97　　图 12-98　　图 12-99

3. 轮廓化描边

选择对象后，执行【效果】→【路径】→【轮廓化描边】命令，可将对象的描边转换为轮廓，与执行【对象】→【路径】→【轮廓化描边】命令效果相同。但是，使用该效果轮廓化描边后仍然可以修改描边粗细。

12.2.10 路径查找器

执行【效果】→【路径查找器】命令，如图 12-100 所示，弹出的子菜单包括【相加】、【交集】和【差集】等效果，与【路径查找器】面板的原理相同，这些命令可以合并或者删除对象，只是多了【实色混合】、【透明混合】和【陷印】3 种效果。使用【路径查找器】效果时，需要先将对象编组。

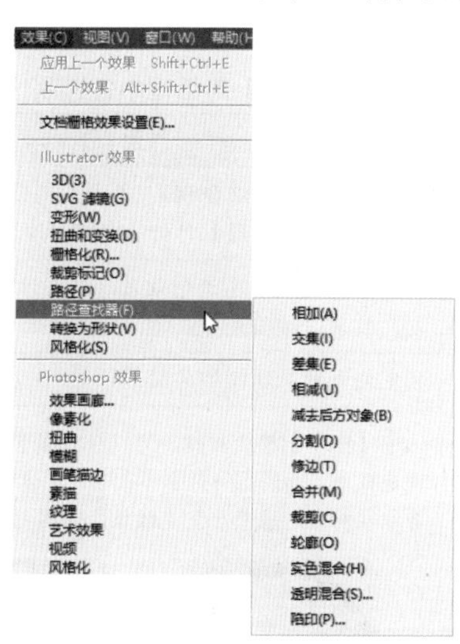

图 12-100

- 实色混合：通过选择每个颜色组件的最大值来组合颜色。如图 12-101 所示，先编组重叠的对象。执行【效果】→【路径查找器】→【实色混合】命令混合对象，效果如图 12-102 所示。

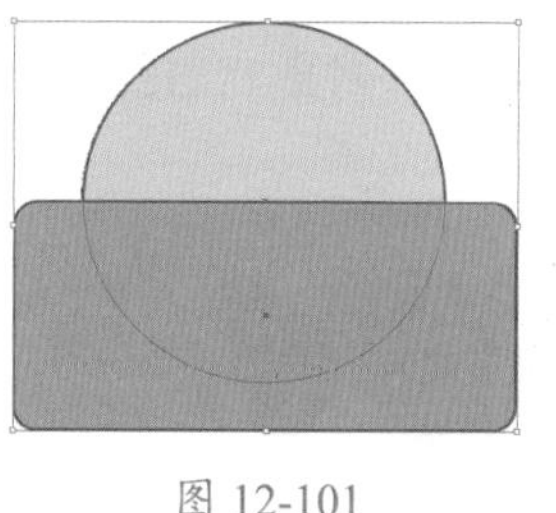

图 12-101

图 12-102

- 透明混合：该效果会使底层颜色透过重叠的图稿显示。执行【效果】→【路径查找器】→【透明混合】命令后，会打开【路径查找器选项】对话框，如图 12-103 所示，在其中设置【混合比率】可以控制透明效果，如图 12-104 所示。【混合比率】值越大，透明效果越明显，当值为 0 时，没有透明效果。

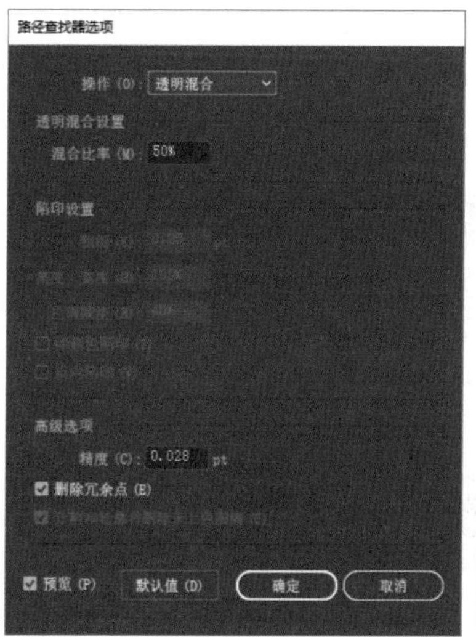

图 12-103

图 12-104

- 陷印：在从单独的印版打印的颜色互相重叠或彼此相连处，印刷套不准会导致最终输出的各颜色之间出现间隙。为补偿图稿中各颜色之间的潜在间隙，印刷商使用一种称为陷印的技术，在两个相邻颜色之间创建一个小重叠区域（称为陷印）。可用独立的专用陷印程序自动创建陷印，也可以用 Illustrator CC 手动创建陷印。【陷印】命令通过识别较浅色的图稿（无论是对象还是背景）并将其叠印（陷印）到较深色的图稿中，为简单对象创建陷印。也可以从【路径查找器】面板中应用【陷印】命令，将其作为效果进行应用。使用【陷印】效果的好处是可以随时修改陷印设置。

12.2.11 转换为形状

执行【转换为形状】命令，可以将选择的矢量对象转换为矩形、圆角矩形或椭圆。选择对象，如图 12-105 所示。

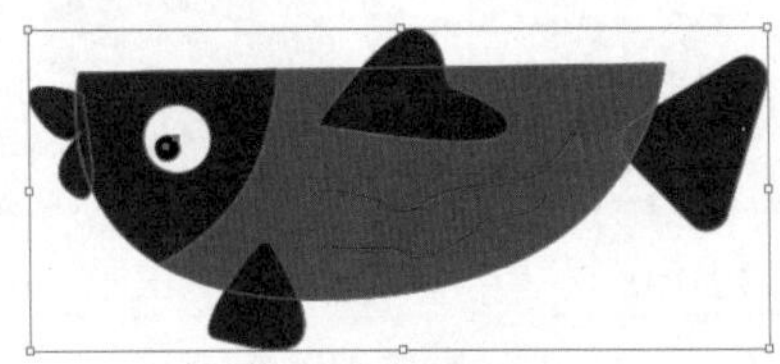

图 12-105

执行【效果】→【转换为形状】→【矩形】命令，打开【形状选项】对话框，如图 12-106 所示。在【形状】下拉列表中可以选择转换的形状为【矩形】、【圆角矩形】或【椭圆】；设置【额外宽度】或【额外高度】选项，可以定义图形的大小，如果是转换为【圆角矩形】，那么会激活【圆角半径】选项，设置该参数可以定义圆角半径的尺寸。

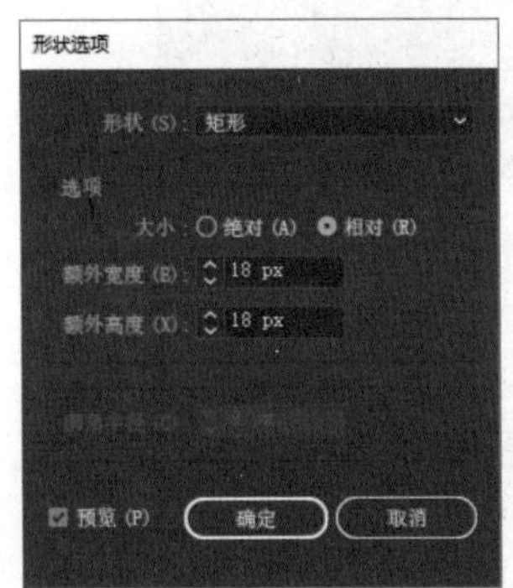

图 12-106

单击【确定】按钮，可以应用效果，如图 12-107 所示，矢量对象被转换为形状后会保留原有的路径。

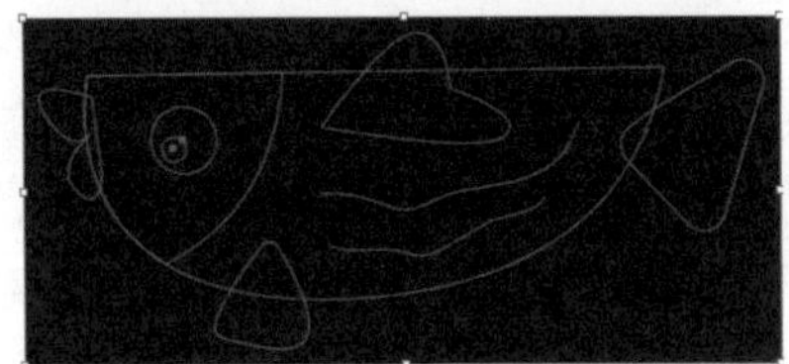

图 12-107

★重点 12.2.12 风格化

【风格化】效果组的命令可以为对象添加阴影、模糊、内发光等效果。【风格化】效果组有以下 6 种效果。

1. 内发光

【内发光】命令可以通过在对象内部添加亮调的方式创建发光效果。选择对象，如图 12-108 所示。

执行【效果】→【风格化】→【内发光】命令，打开【内发光】对话框，如图 12-109 所示。单击【颜色】图标，打开【拾色器】对话框，设置内发光颜色为黑色，【模糊】为 2mm。

图 12-108

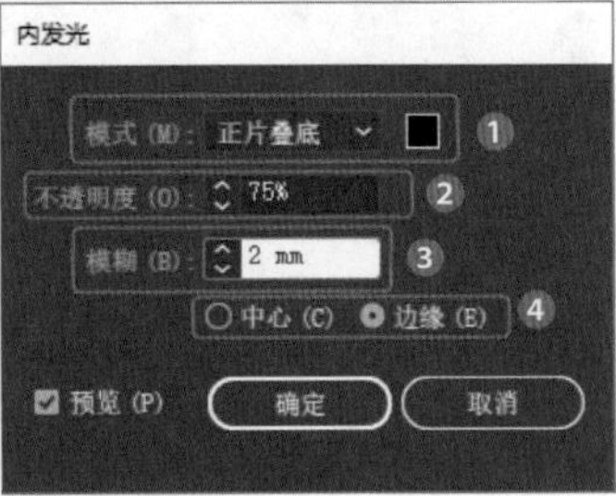

图 12-109

单击【确定】按钮应用效果，结果如图 12-110 所示。

图 12-110

【内发光】对话框中各选项作用如表 12-9 所示。

表 12-9 【内发光】对话框中各选项作用

选项	作用
❶ 模式	用于设置发光的混合模式，单击右侧的【颜色】图标，在打开的【拾色器】对话框中可以设置内发光颜色
❷ 不透明度	用于设置发光的不透明效果，该值为 0 时，不显示发光效果；该值为 100 时，完全显示发光效果
❸ 模糊	指定发光效果的模糊范围
❹ 中心 / 边缘	选中【中心】单选按钮，可以从对象中心产生发散的发光效果，如图 12-111 所示；选中【边缘】单选按钮，可以在对象边缘产生发光效果，如图 12-112 所示 图 12-111　图 12-112

2. 圆角

选择对象后，执行【效果】→【风格化】→【圆角】命令，打开【圆角】对话框，如图 12-113 所示。设置【半径】参数，可以将矢量对象的边角控制点转换为平滑曲线，如图 12-114 所示。

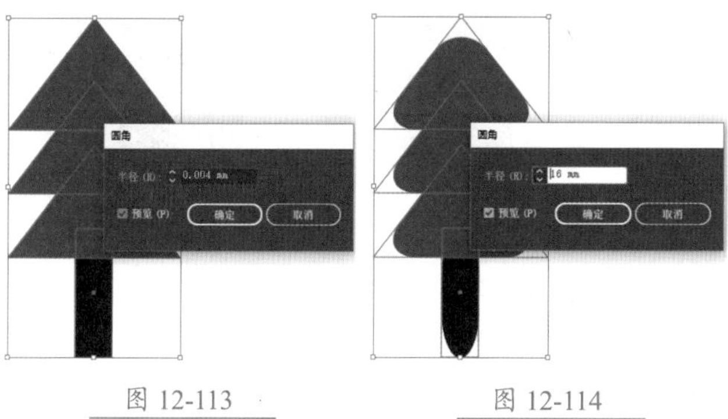

图 12-113　　图 12-114

3. 外发光

【外发光】命令可以在对象的边缘产生向外发光的效果。选择对象后，执行【效果】→【风格化】→【外发光】命令，打开【外发光】对话框，如图 12-115 所示。设置参数，单击【确定】按钮，应用效果，如图 12-116 所示。

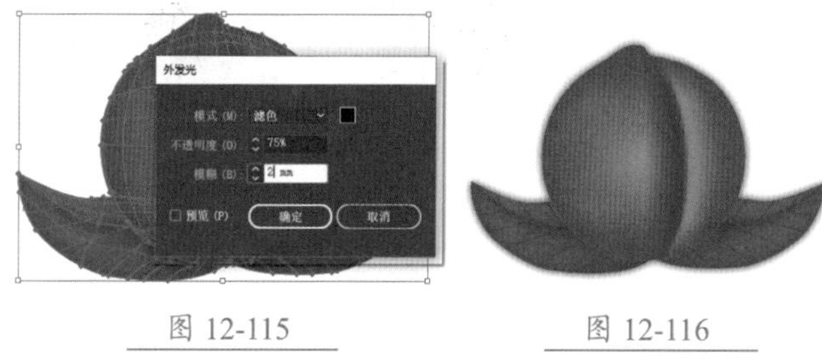

图 12-115　　图 12-116

4. 投影

【投影】命令可以为对象添加投影，创建立体效果。选择对象，如图 12-117 所示。

图 12-117

执行【效果】→【风格化】→【投影】命令，打开【投影】对话框，如图 12-118 所示，在该对话框中可以设置投影模式、不透明效果、模糊范围等参数。

单击【确定】按钮应用效果，如图 12-119 所示。

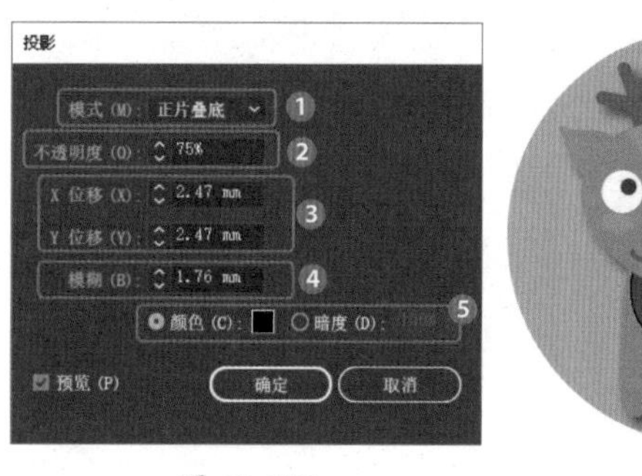

图 12-118　　图 12-119

【投影】对话框中各选项作用如表 12-10 所示。

表 12-10　【投影】对话框中各选项作用

选项	作用
❶ 模式	定义投影混合效果
❷ 不透明度	定义投影不透明效果，该值为 0 时，不显示投影效果；该值为 100 时，完全显示投影效果
❸X 位移 /Y 位移	分别用于定义投影在 X 轴 /Y 轴上偏移对象的距离
❹ 模糊	用于定义投影的模糊范围，该值越大，模糊范围越大
❺ 颜色 / 暗度	选中【颜色】单选按钮，再单击【颜色】图标，在打开的【拾色器】对话框中可以设置投影颜色；选中【暗度】单选按钮，可以将对象自身颜色与黑色混合，作为投影颜色。当值为 0 时，投影完全显示为对象自身颜色，如图 12-120 所示；当值为 100 时，完全显示为黑色，如图 12-121 所示 图 12-120　　图 12-121

5. 涂抹

【涂抹】命令可以在保持对象的基本颜色和形状的前提下，在表面添加类似手绘的画笔涂抹效果。选择对象，如图 12-122 所示。

执行【效果】→【风格化】→【涂抹】命令，打开【涂抹选项】对话框，如图 12-123 所示，可以设置涂抹线条的密度、角度、弯曲度等参数。

图 12-122

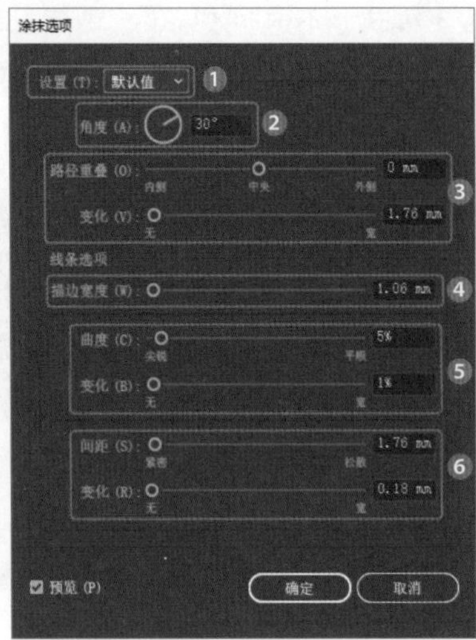

图 12-123

单击【确定】按钮应用效果，结果如图 12-124 所示。

图 12-124

【涂抹选项】对话框中各选项作用如表 12-11 所示。

表 12-11 【涂抹选项】对话框中各选项作用

选项	作用
❶ 设置	单击下拉按钮，在弹出的下拉列表中可以选择一种预设的涂抹效果，包括【涂鸦】、【密集】、【松散】、【波纹】、【锐利】、【素描】、【缠结】、【泼溅】、【紧密】和【蜿蜒】效果
❷ 角度	用于定义涂抹笔触的角度
❸ 路径重叠	控制涂抹线条与路径边界的距离，当值为负数时，涂抹线条在路径边界内部，如图 12-125 所示；当值为正数时，涂抹线条在边界外部，如图 12-126 所示。拖动【变化】滑块可以控制涂抹线条之间的长度差异，该值越大，差异越大

续表

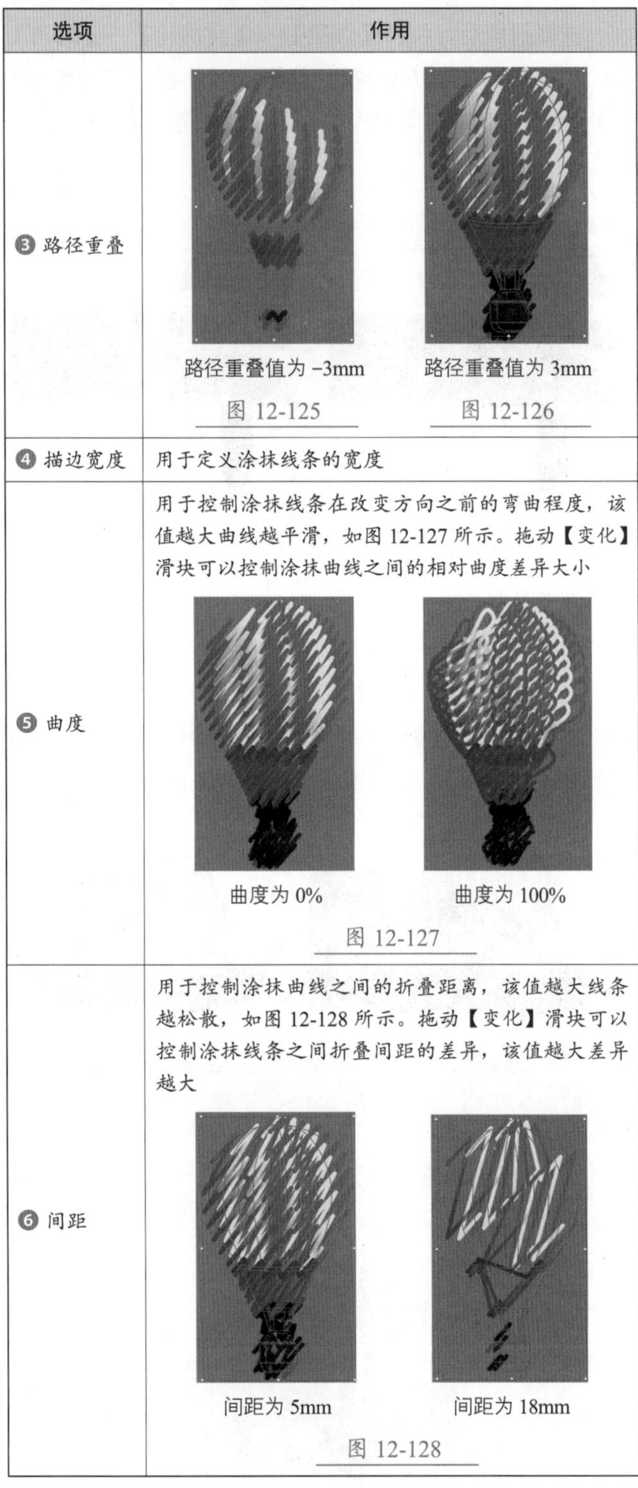

选项	作用
❸ 路径重叠	路径重叠值为 -3mm 图 12-125　路径重叠值为 3mm 图 12-126
❹ 描边宽度	用于定义涂抹线条的宽度
❺ 曲度	用于控制涂抹线条在改变方向之前的弯曲程度，该值越大曲线越平滑，如图 12-127 所示。拖动【变化】滑块可以控制涂抹曲线之间的相对曲度差异大小 曲度为 0%　曲度为 100% 图 12-127
❻ 间距	用于控制涂抹曲线之间的折叠距离，该值越大线条越松散，如图 12-128 所示。拖动【变化】滑块可以控制涂抹线条之间折叠间距的差异，该值越大差异越大 间距为 5mm　间距为 18mm 图 12-128

6. 羽化

【羽化】命令可以柔化对象边缘，使其在边缘处产生不透明渐隐的效果。选择对象，如图 12-129 所示。

图 12-129

执行【效果】→【风格化】→【羽化】命令，打开【羽化】对话框，设置半径，可以控制羽化范围，如图 12-130 所示。

单击【确定】按钮应用效果，如图 12-131 所示。

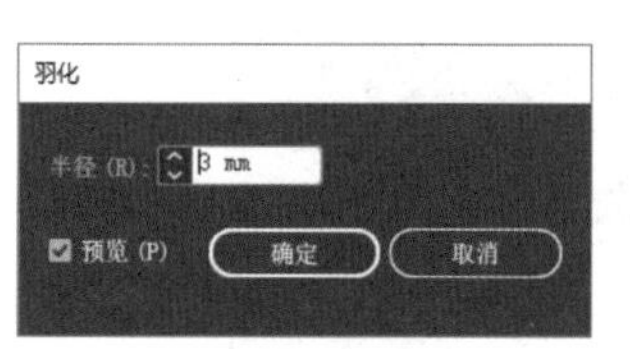

图 12-130

图 12-131

12.2.13 实战：制作剪纸效果

使用【内发光】效果可以制作类似剪纸的效果，具体操作步骤如下。

Step01 新建一个横向的 A4 文档。使用【矩形工具】绘制一个画板大小的对象，并填充颜色，如图 12-132 所示。

Step02 按【Ctrl+2】快捷键锁定矩形对象。使用【椭圆工具】绘制椭圆对象，如图 12-133 所示。

图 12-132

图 12-133

Step03 执行【对象】→【变换】→【分别变换】命令，打开【分别变换】对话框，设置【水平】和【垂直】均为 80%，如图 12-134 所示。

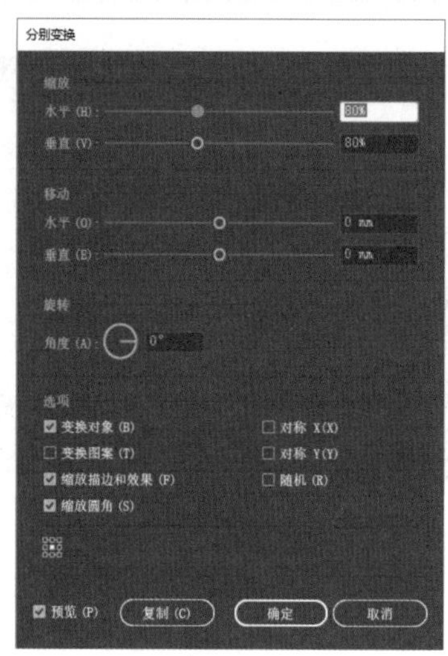

图 12-134

Step04 单击【复制】按钮，缩小并复制对象，然后设置填充颜色，如图 12-135 所示。

Step05 按【Ctrl+D】快捷键两次，执行再次变换命令，缩小并复制对象，然后分别设置对象的填充色，如图 12-136 所示。

图 12-135

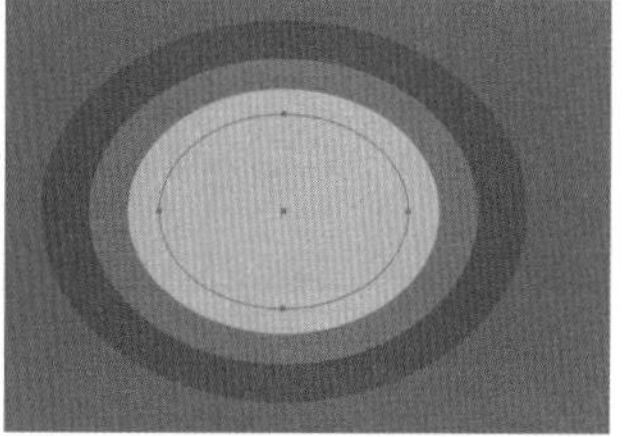

图 12-136

Step06 使用【选择工具】框选所有椭圆对象。选择【变形工具】，在路径上拖曳鼠标将对象变形，如图 12-137 所示。

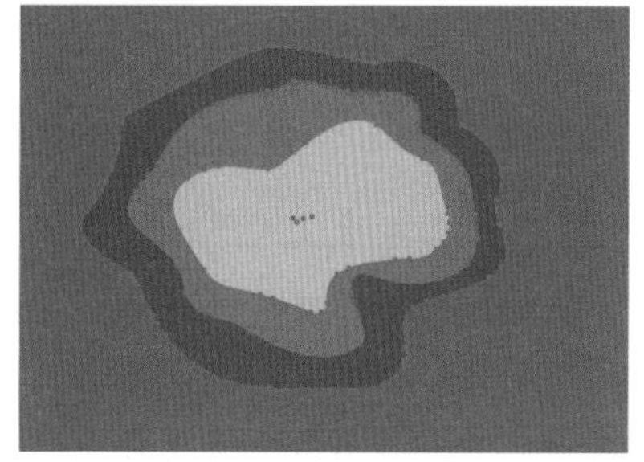

图 12-137

Step07 选择最外侧的对象，执行【效果】→【风格化】→【内发光】命令，打开【内发光】对话框。单击【颜色】图标，打开【拾色器】对话框，将内发光颜色设置为比该填充颜色更浅一些的颜色，如图 12-138 所示。

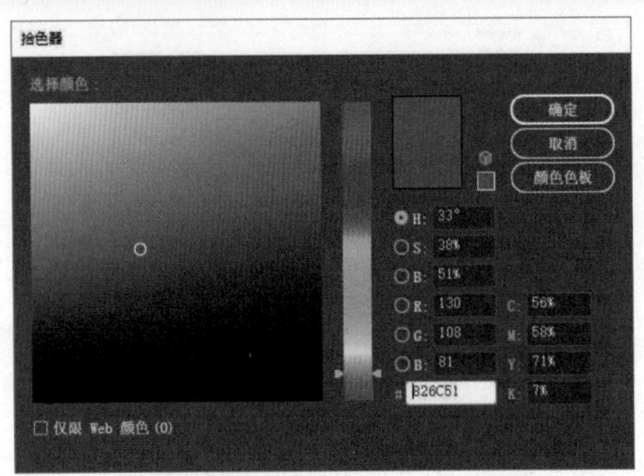

图 12-138

Step08 单击【确定】按钮，返回【内发光】对话框，设置【混合模式】为正片叠底，【不透明度】为 75%，【模糊】为 10mm，如图 12-139 所示。

Step09 单击【确定】按钮应用效果。依次选择其他的椭圆对象，并按【Shift+Ctrl+E】快捷键为所选对象应用内发光效果，如图 12-140 所示。

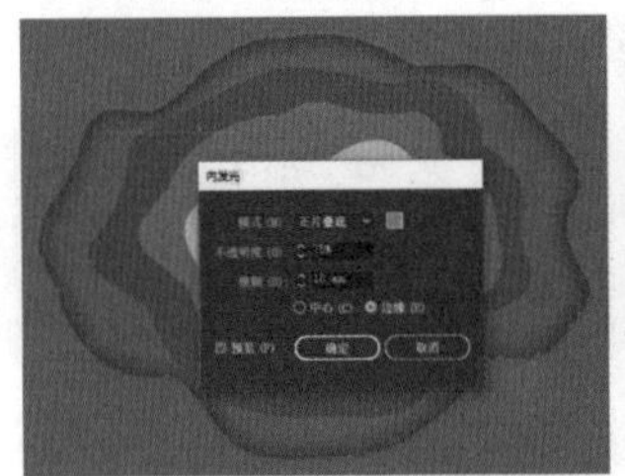

图 12-139

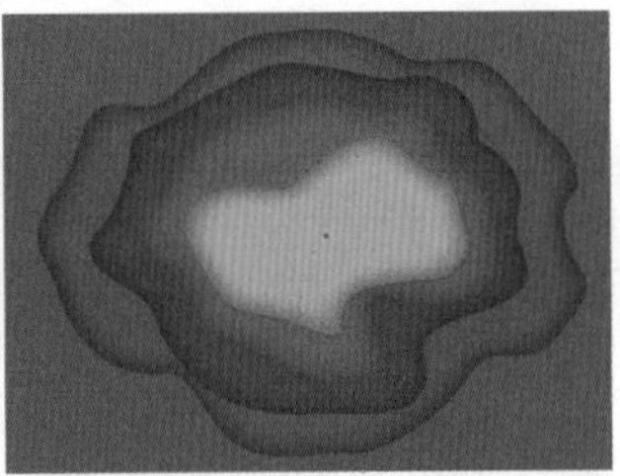

图 12-140

Step10 选择第二个对象，执行【窗口】→【外观】命令，打开【外观】面板，单击【内发光】文字，打开该对象对应的【内发光】对话框，将发光颜色修改为比该对象填充颜色深一些的颜色，如图 12-141 所示。

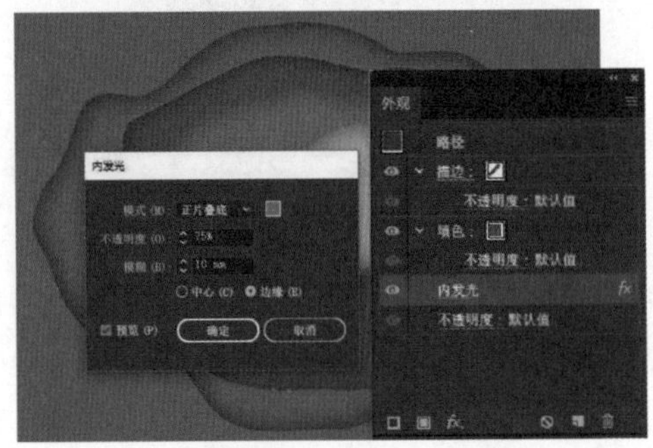

图 12-141

Step11 使用相同的方法，修改其他对象的发光颜色，完成剪纸效果的制作，如图 12-142 所示。

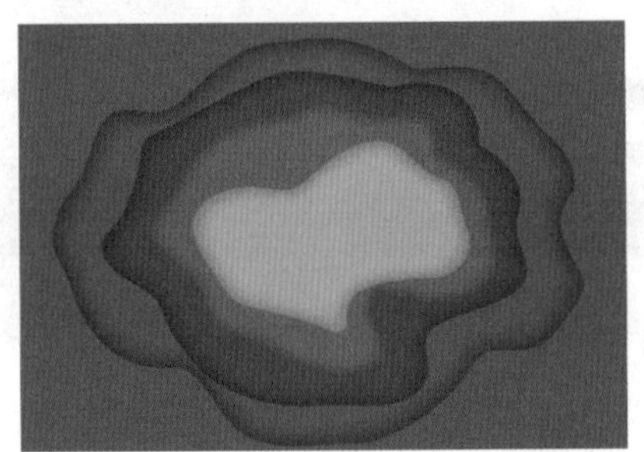

图 12-142

12.3 应用 Photoshop 效果

Illustrator CC 中提供了一部分 Photoshop 效果，该效果可以应用于矢量对象，也可以应用于位图图像。但是大部分效果应用于位图图像效果会明显些。如果应用于矢量对象，那么矢量对象会自动转换为位图图像。下面就详细介绍 Photoshop 效果的使用方法。

12.3.1 效果画廊

【效果画廊】集合了所有的 Photoshop 效果，可以为矢量对象或位图图像添加一种或多种效果。

选择对象后，执行【效果】→【效果画廊】命令，打开【滤镜库】对话框，如图 12-143 所示，从左至右依次是效果预览区、效果区和参数设置区。

在效果区选择一种滤镜效果，然后在参数设置区设置参数，在预览区就可以显示该滤镜效果，如图 12-144 所示。

图 12-143

图 12-144

12.3.2 像素化

执行【效果】→【像素化】命令，在弹出的子菜单中可以看到该组效果中包括4种效果，如图 12-145 所示。应用这些效果，可以将图像分块处理，创建独特的艺术效果。

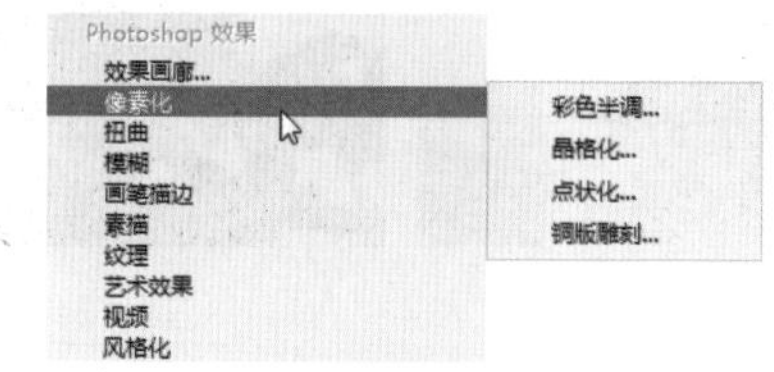

图 12-145

- 彩色半调：可以使图像变为网点状效果，如图 12-146 所示。
- 晶格化：可以使图像中相近的像素集中到多边形色块中，产生类似结晶的颗粒效果，如图 12-147 所示。

图 12-146

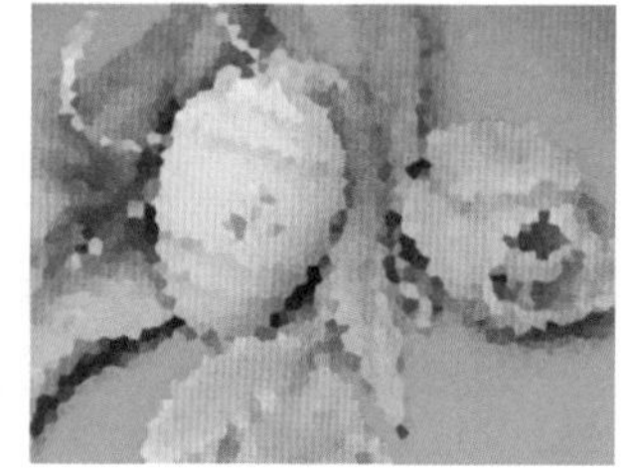

图 12-147

- 点状化：将图像的颜色分解为随机分布的网点，如同点状化绘画一样，背景色将作为网点之间的画布区域，如图 12-148 所示。
- 铜版雕刻：可以在图像中随机生成各种不规则的直线、曲线和斑点，使图像产生年代久远的金属板效果，如图 12-149 所示。

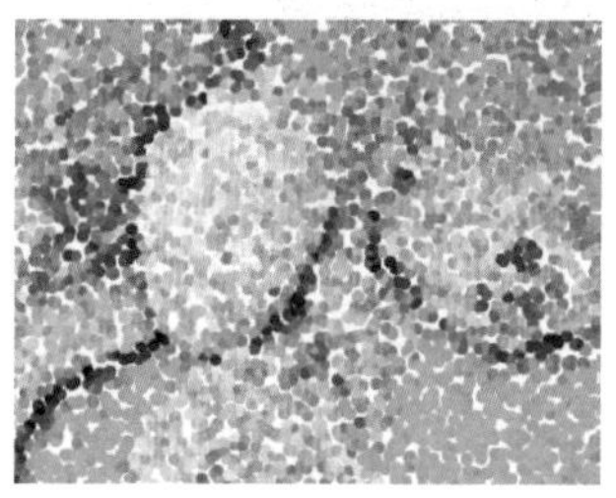

图 12-148

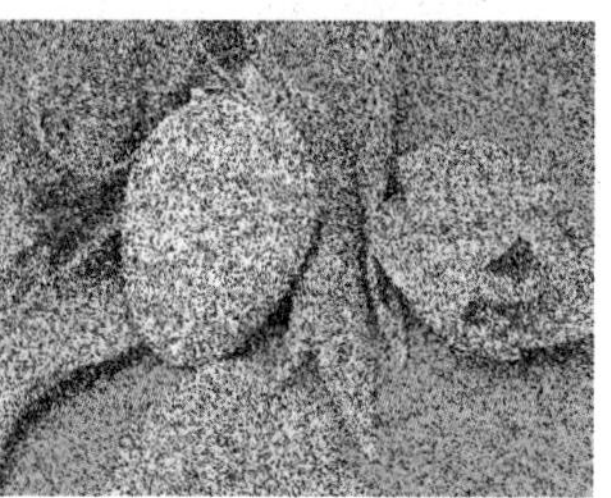

图 12-149

12.3.3 扭曲

执行【效果】→【扭曲】命令，在弹出的子菜单中可以看到该组效果中包括 3 种效果，如图 12-150 所示。应用这些效果，可以扭曲变换对象。

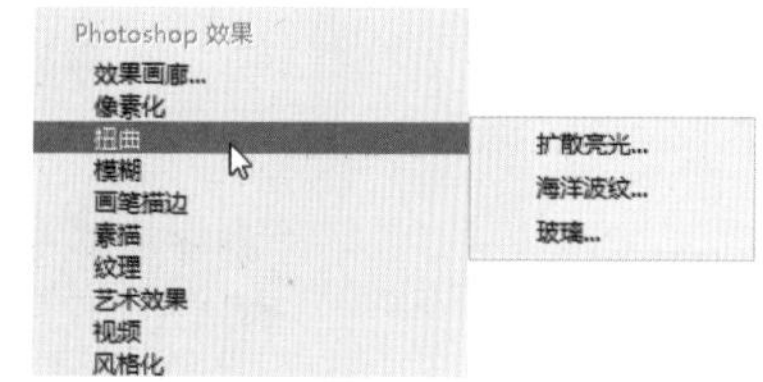

图 12-150

- 扩散亮光：可以在图像中添加白色杂色，并从图像中心向外渐隐亮光，让图像产生一种光芒漫射的亮度效果，如图 12-151 所示。

图 12-151

- 海洋波纹：可以将随机分隔的波纹用到图像表面，它产生的波纹细小，边缘有较多抖动，图像看起来如同在水中，如图 12-152 所示。
- 玻璃：用于制作一系列细小纹理，产生一种透过不同类型的玻璃观察图片的效果，如图 12-153 所示。

图 12-152

图 12-153

★重点 12.3.4 模糊

【模糊】效果组中包括【径向模糊】、【特殊模糊】和【高斯模糊】3 种效果，可以模糊图像。

- 径向模糊：与相机拍摄过程中进行移动或旋转后所拍摄照片产生的模糊效果相似，如图 12-154 所示。

图 12-154

- 特殊模糊：包括半径、阈值和模糊品质等设置选项，可以精确地模糊图像，如图 12-155 所示。

图 12-155

- 高斯模糊：可以通过控制模糊半径对图像进行模糊处理，使图像产生一种朦胧的效果，如图 12-156 所示。

图 12-156

12.3.5 画笔描边

【画笔描边】效果组中的效果可以用不同的画笔笔触来表现绘画效果，该效果组中包括以下几种效果。

- 成角的线条：通过描边重新绘制图像，用相反的方向来绘制亮部和暗部区域，如图 12-157 所示。
- 墨水轮廓：模拟钢笔画的风格，使用纤细的线条在原细节上重绘图像，如图 12-158 所示。

图 12-157　　图 12-158

- 喷溅：通过模拟喷枪，使图像生成笔墨喷溅的艺术效果，如图 12-159 所示。
- 喷色描边：可以使用图像的主导色，用成角的、喷溅的颜色线条重新绘制图像，产生斜纹飞溅效果，如图 12-160 所示。

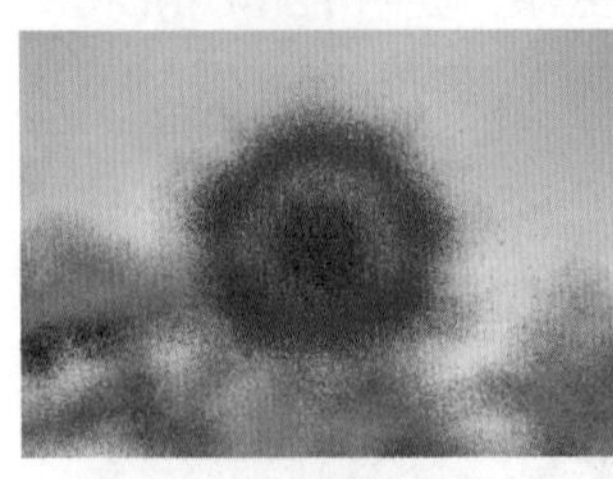

图 12-159

图 12-160

- 强化的边缘：可以强调图像边缘。设置高的边缘亮度值时，强化效果类似于白色粉笔。设置低的边缘亮度值时，强化效果类似黑色油墨，如图 12-161 所示。
- 深色线条：可以使图像产生一种很强烈的黑色阴

影，利用图像的阴影设置不同的画笔长度，阴影用短线条表示，高光用长线条表示，如图 12-162 所示。

图 12-161

图 12-162

- 烟灰墨：可以使图像产生一种类似于毛笔在宣纸上绘画的效果。这些效果具有非常黑的柔化模糊边缘，如图 12-163 所示。
- 阴影线：可以保留原图像的细节和特征，同时使用模拟的铅笔阴影线添加纹理，使图像中色彩区域的边缘变粗糙，如图 12-164 所示。

图 12-163

图 12-164

12.3.6 素描

【素描】效果组中包括 14 种效果，它们通过黑、白、灰来重绘图像，并为图像添加纹理，从而模拟类似于素描和速写的绘画效果。

- 便条纸：模拟浮雕凹陷和纸质颗粒感纹理效果，如图 12-165 所示。
- 半调图案：使图像呈现黑白网点、直线和圆形的组合，如图 12-166 所示。

图 12-165

图 12-166

- 图章：使图像呈现出用橡皮或木质图章盖印的效果，如图 12-167 所示。
- 基底凸现：可以变换图像，使之呈现浮雕的雕刻状和突出光照下变化各异的表面，如图 12-168 所示。

图 12-167

图 12-168

- 影印：能够模拟影印效果，如图 12-169 所示。
- 撕边：能够制作模拟碎纸片的效果，如图 12-170 所示。

图 12-169

图 12-170

- 水彩画纸：能够模拟水彩画效果，如图 12-171 所示。
- 炭笔：能够制作黑白的炭笔绘画的纹理效果，如图 12-172 所示。

图 12-171

图 12-172

- 炭精笔：可以模拟浓黑和纯白的炭精笔纹理，如图 12-173 所示。
- 石膏效果：可以按 3D 效果塑造图像，如图 12-174 所示。

图 12-173

图 12-174

● 粉笔和炭笔：可以模拟使用粉笔和炭笔绘画的效果，如图 12-175 所示。

● 绘图笔：使用精细的油墨线条来捕捉图像中的细节，可以模拟铅笔素描的效果，如图 12-176 所示。

图 12-175

图 12-176

● 网状：可以模拟胶片乳胶的可控收缩和扭曲来创建图像，使之在阴影处结块，在高光处呈现轻微的颗粒化，如图 12-177 所示。

● 铬黄：可以创建如擦亮的铬黄表面般的金属效果，如图 12-178 所示。

图 12-177

图 12-178

12.3.7 纹理

【纹理】效果组中的效果可以为矢量对象或者位图图像添加纹理效果。执行【效果】→【纹理】命令，在弹出的子菜单中有以下几种纹理效果。

● 拼缀图：可以将图像分解为若干个正方形，每个正方形都由该区域的主色进行填充，如图 12-179 所示。

● 染色玻璃：可将图像重新绘制成玻璃拼贴起来的效果，如图 12-180 所示。

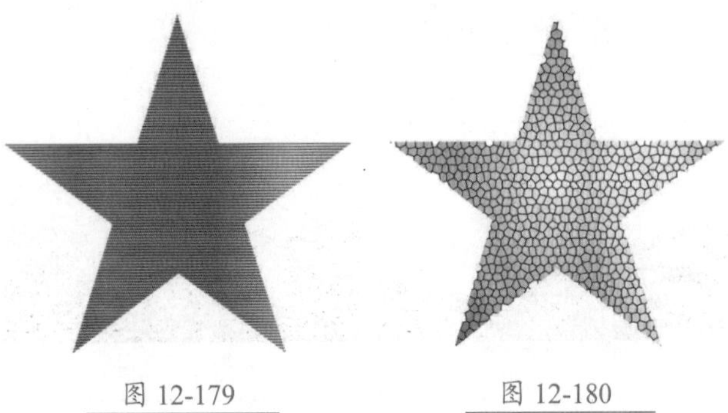
图 12-179　　图 12-180

● 纹理化：可以在图像表面添加【砖形】、【画布】、【粗麻布】或者【砂岩】纹理效果，如图 12-181 所示。

● 颗粒：可以通过模拟不同种类的颗粒来对图像添加纹理，如图 12-182 所示。

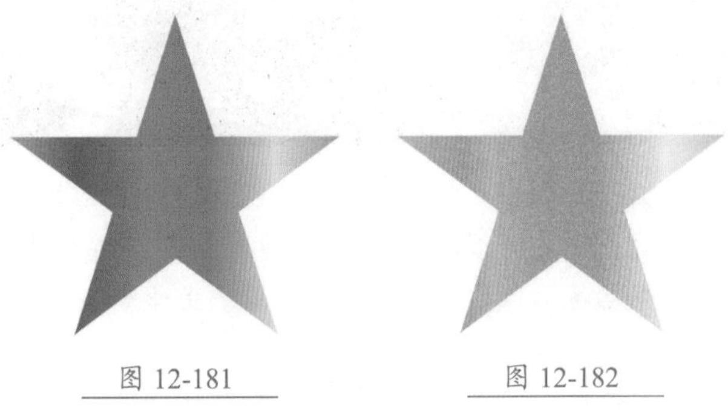
图 12-181　　图 12-182

● 马赛克拼贴：可以模拟制作由多种碎片拼贴而成的纹理效果，如图 12-183 所示。

● 龟裂缝：可以模拟制作网状的龟裂缝隙纹理效果，如图 12-184 所示。

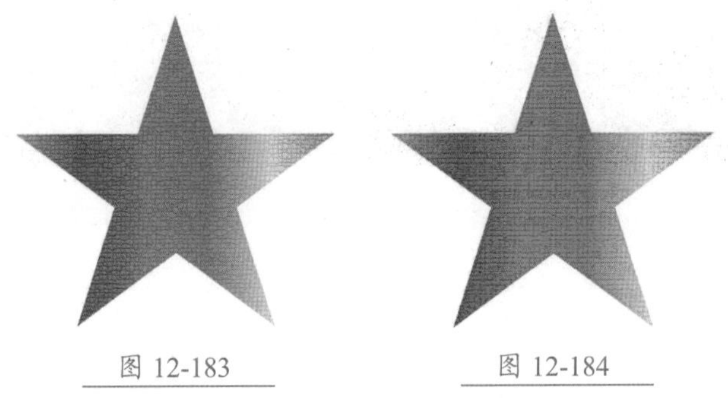
图 12-183　　图 12-184

12.3.8 艺术效果

【艺术效果】效果组中的命令可以为图像添加不同风格的艺术纹理和绘画效果。执行【效果】→【艺术效果】命令，在弹出的子菜单中有以下几种效果。

● 塑料包装：可以给图像涂上一层光亮的塑料，使图像表面质感强烈，如图 12-185 所示。

● 壁画：使用小块的颜色以短且圆的粗略涂抹的笔触，重新绘制一种粗糙风格的图像，如图 12-186 所示。

图 12-185

图 12-186

• 干画笔：模拟用干燥画笔绘制图像的效果，可以简化图像，如图 12-187 所示。

• 底纹效果：可以在带有纹理效果的图像上绘制图像，然后将最终图像效果绘制在原图像上，如图 12-188 所示。

图 12-187

图 12-188

• 彩色铅笔：模拟制作使用彩色铅笔绘制的效果，如图 12-189 所示。

• 木刻：简化图像，将其处理为木质雕刻的效果，如图 12-190 所示。

图 12-189

图 12-190

• 水彩：模拟制作水彩绘制效果，如图 12-191 所示。

• 海报边缘：在图像边缘绘制黑色线条，如图 12-192 所示。

图 12-191

图 12-192

• 海绵：模拟制作海绵浸水的效果，如图 12-193 所示。

• 涂抹棒：制作涂抹扩散的效果，如图 12-194 所示。

图 12-193

图 12-194

• 粗糙蜡笔：模拟制作使用蜡笔绘制的效果，如图 12-195 所示。

• 绘画涂抹：选取各种类型的画笔来创建绘画效果，使图像产生模糊的艺术效果，如图 12-196 所示。

图 12-195

图 12-196

• 调色刀：模拟制作使用调色刀绘制的效果，如图 12-197 所示。

• 霓虹灯光：模拟制作类似霓虹灯的发光效果，如图 12-198 所示。

图 12-197

图 12-198

12.3.9 视频

【视频】效果组中包括【NTSC 颜色】和【逐行】两种效果，可以处理以隔行扫描方式的设备中提取的图像，将普通图像转换为视频设备可以接收的图像，以解决视频图像交换时系统差异的问题。

• NTSC 颜色：可以将不同色域的图像转化为电视可接收的颜色模式，以防止过饱和颜色渗过电视扫描行。

• 逐行：通过隔行扫描方式显示画面的电视，以及视频设备中捕捉的图像都会出现扫描线，【逐行】滤镜可以移去视频图像中的奇数或偶数隔行线，使在视频上捕捉的运动图像变得平滑。

12.3.10 风格化

【风格化】效果组中只有【照亮边缘】一种效果，可以在图像边缘添加类似霓虹灯光亮的效果，如图 12-199 所示。

图 12-199

> **技术看板**
>
> Photoshop 效果是移植于 Adobe Photoshop 软件的，所以这类的大部分效果对于处理位图图像非常有用，而处理矢量对象时，效果不是特别好。

妙招技法

通过前面内容的学习，相信大家已经了解了 Illustrator CC 中效果的添加和【外观】面板的操作，下面就结合本章内容介绍一些使用技巧。

技巧 01　改善效果性能

使用【效果】命令时，有些效果会占用非常大的内存，导致计算机运行变慢。此时，可以利用以下方法改善效果性能。

（1）在【效果】对话框中选择【预览】选项，以节省时间并防止出现意外的结果。

（2）更改设置。有些命令极耗内存，如【玻璃】命令。请尝试不同的设置以提高速度。

（3）如果在灰度打印机上打印图像，最好在应用效果之前先将位图图像的一个副本转换为灰度图像。

技巧 02　如何修改和删除效果

为对象或者对象组应用效果后，选择该对象或者对象组，执行【窗口】→【外观】命令，在【外观】面板中可以看到该对象应用的所有效果，如图 12-200 所示。

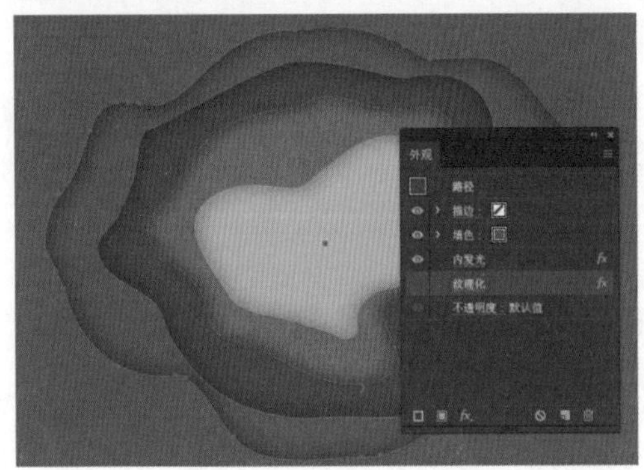

图 12-200

单击效果名称前的 图标，将其隐藏即可隐藏该效果，如图 12-201 所示。

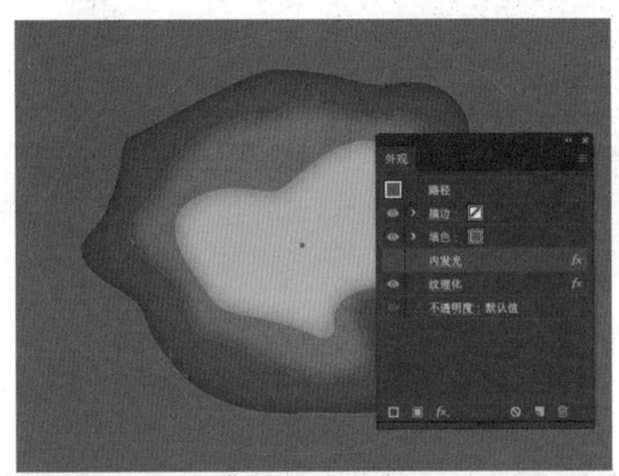

图 12-201

选择效果后，单击面板底部的 按钮，可以删除该效果，如图 12-202 所示。

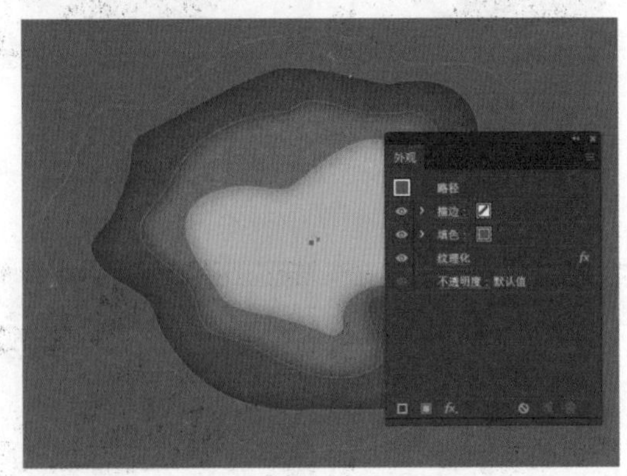

图 12-202

同步练习：制作趣味立体文字

本例主要使用 3D 效果制作立体文字。先输入文字，再使用 3D 效果中的【凸出和斜角】命令制作立体文字造型，然后为每个表面设置填充颜色和图案，最后利用【混合】命令，制作文字的投影效果。最终效果如图 12-203 所示。

图 12-203

素材文件	无
结果文件	结果文件 \ 第 12 章 \ 立体文字 .ai

Step01 按【Ctrl+N】快捷键执行新建命令，新建一个横向的 A4 文档。使用【文字工具】T 输入文字，并在【属性】面板中设置字体系列、大小和颜色，如图 12-204 所示。

图 12-204

Step02 执行【效果】→【3D】→【凸出和斜角】命令，打开【3D 凸出和斜角选项】对话框，设置【位置】为【等角 – 上方】，如图 12-205 所示。

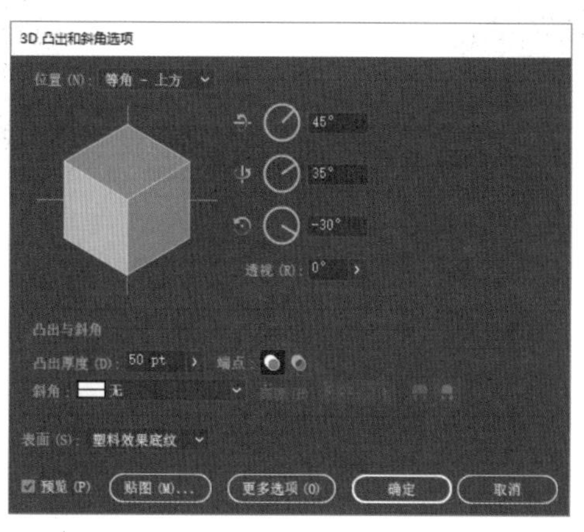

图 12-205

Step03 单击【确定】按钮应用效果，执行【对象】→【扩展外观】命令，将其转换为普通对象并自动编组，如图 12-206 所示。

Step04 右击，在弹出的快捷菜单中选择【取消编组】命令，取消编组。然后选择单独元素并右击，在弹出的快捷菜单中再次选择【取消编组】命令，取消编组，如图 12-207 所示。

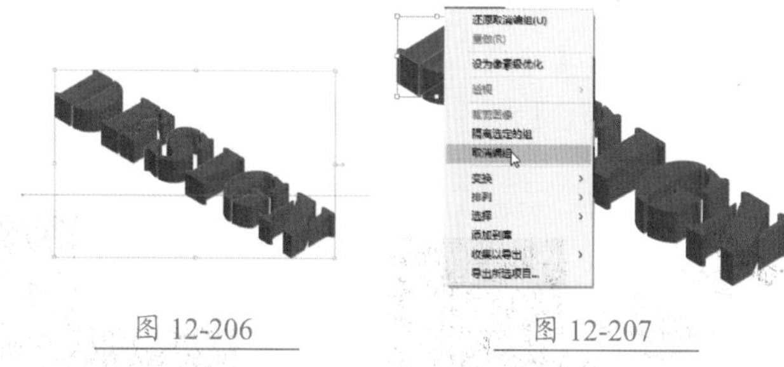

图 12-206　　图 12-207

Step05 按住【Shift】键选择表面对象，如图 12-208 所示。

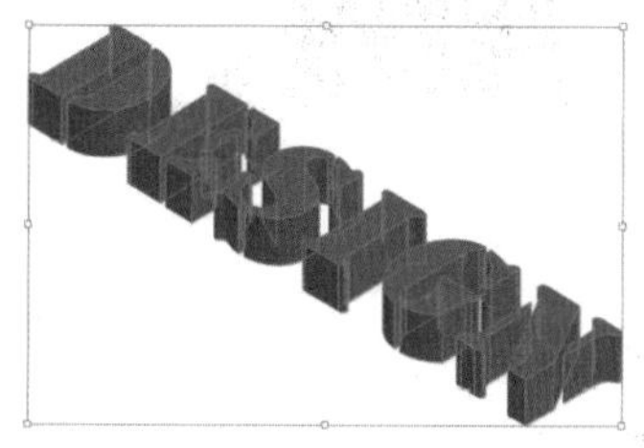

图 12-208

Step06 双击工具栏中的【填色】图标，打开【拾色器】对话框，设置填充颜色为深蓝色 #1c5875，如图 12-209 所示。

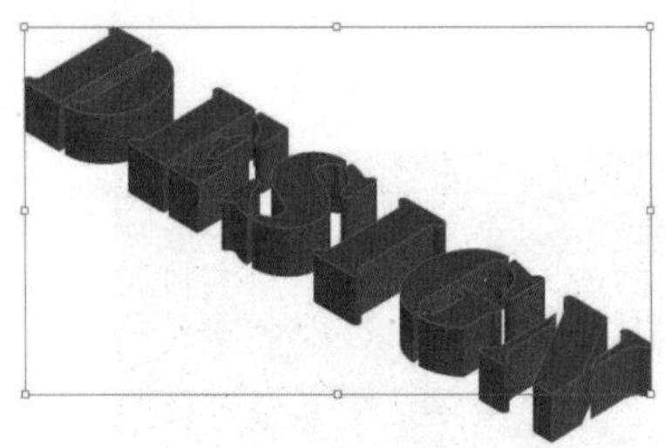

图 12-209

Step07 使用同样的方法为其他表面分别设置填充颜色为黄色 #f5cd57、橙红色 #f18f65 及浅黄色 #f2e7c3，如图 12-210 所示。

图 12-210

Step08 选择表面，执行【窗口】→【外观】命令，打开【外观】面板，单击 ■ 按钮，添加新填充，如图 12-211 所示。

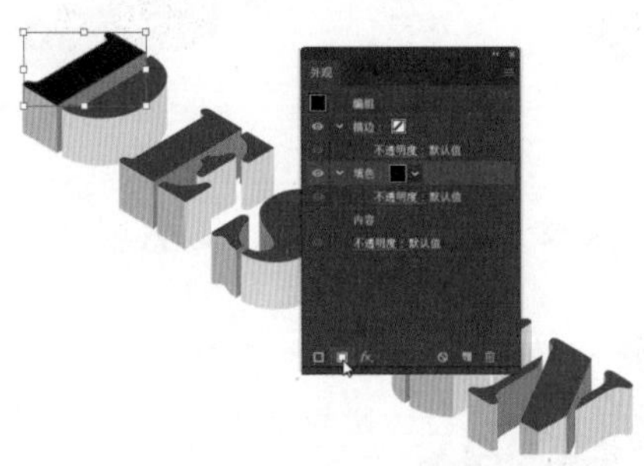

图 12-211

Step09 单击【颜色】按钮，打开【色板】面板，单击 ■ 按钮，在弹出的下拉菜单中选择【图案】→【装饰】→【Vonster 图案】命令，打开【Vonster 图案】面板，然后设置【填色】为休闲运动西装图案，如图 12-212 所示。

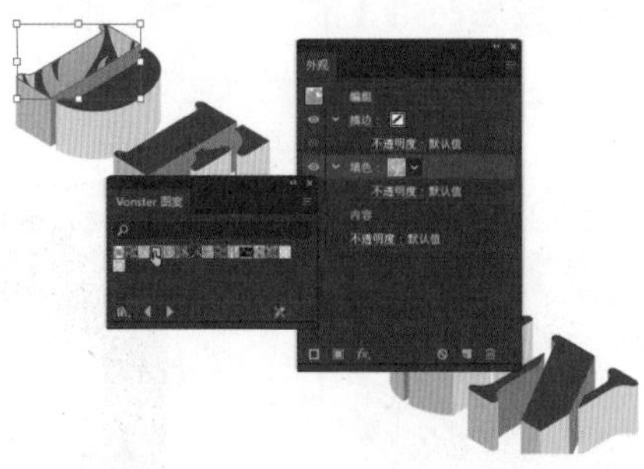

图 12-212

Step10 使用相同的方法为其他表面添加新的图案填充，如图 12-213 所示。

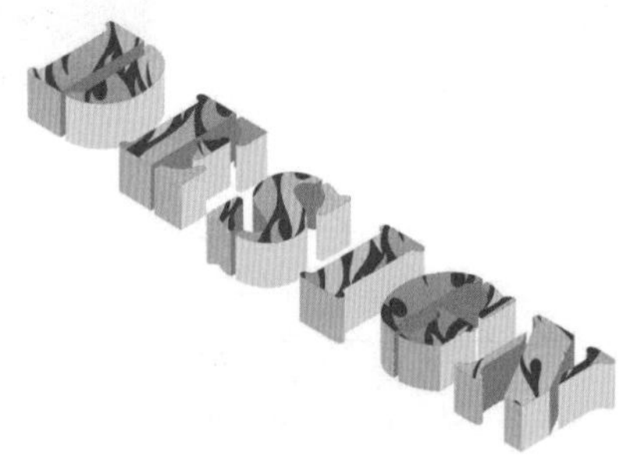

图 12-213

Step11 打开【基本图形】→【线条】图案库。选择一个表面，单击【外观】面板底部的 ■ 按钮，添加新的填充，并设置填充为【格线标尺 1】，如图 12-214 所示。

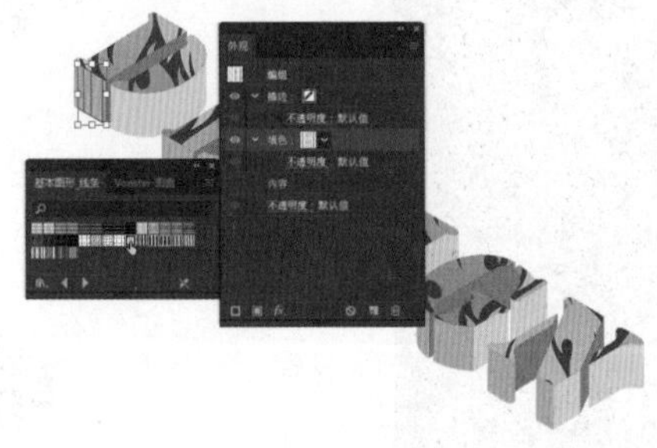

图 12-214

Step12 使用相同的方法为其余的表面设置填色，如图 12-215 所示。

Step13 选择表面对象，在【属性】面板中设置描边颜色为黑色，描边粗细为 2pt，如图 12-216 所示。

图 12-215

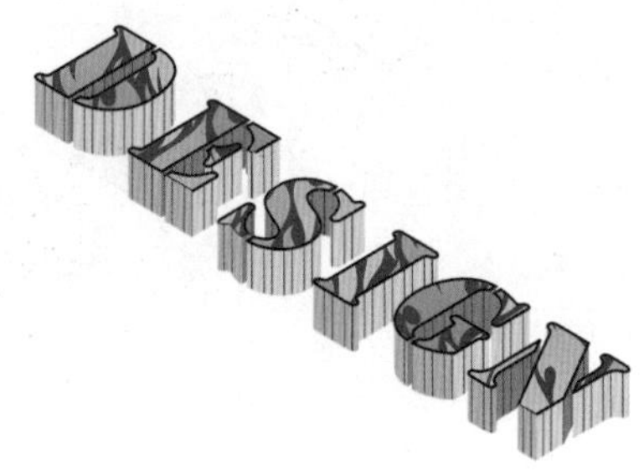

图 12-216

Step14 选择文字表面，按【Ctrl+C】快捷键复制表面，再按【Ctrl+F】快捷键将其粘贴到前面，并按【Ctrl+G】快捷键编组对象，填充黑色，如图 12-217 所示。

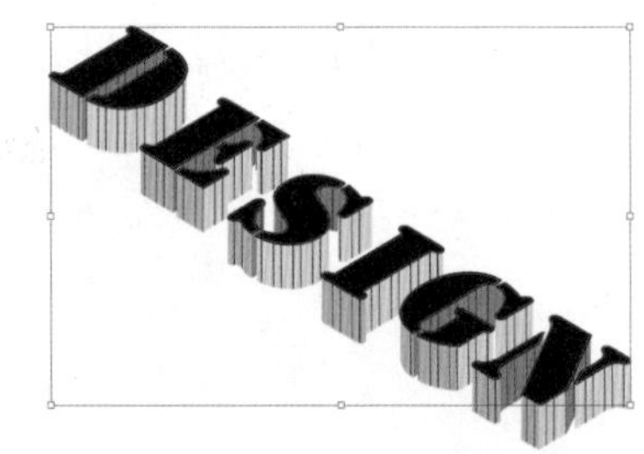

图 12-217

Step15 按【Alt】键移动复制编组对象，如图 12-218 所示。

图 12-218

Step16 按【Shift】键加选下方的黑色对象，执行【对象】→【混合】→【建立】命令，创建混合对象。然后双击【混合工具】按钮，打开【混合选项】对话框，设置【间距】为指定的步数，数值为 100，如图 12-219 所示。

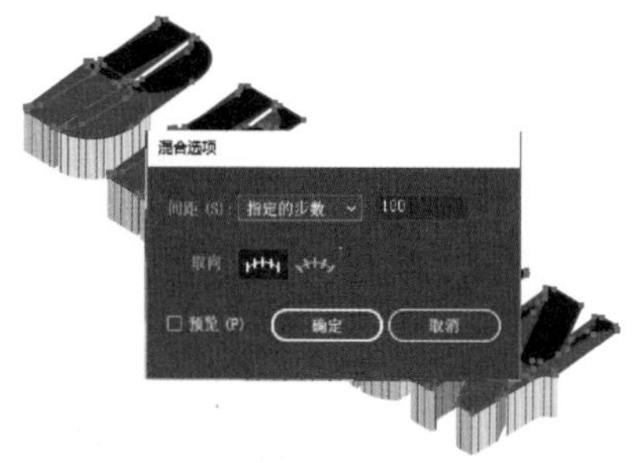

图 12-219

Step17 单击【确定】按钮更改混合设置。执行【对象】→【扩展外观】命令，扩展外观，然后单击工具栏底部的黑色图标，设置填色为纯黑色，如图 12-220 所示。

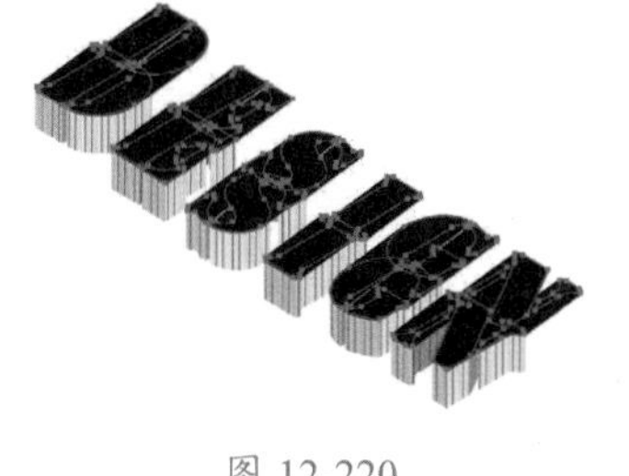

图 12-220

Step18 右击黑色对象，在弹出的快捷菜单中选择【排列】→【置于底层】命令，将其放在文字下方，如图 12-221 所示。

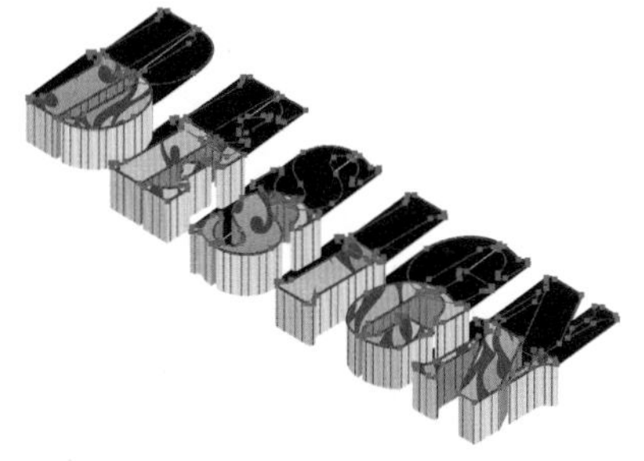

图 12-221

Step19 使用【矩形工具】绘制一个画板大小的矩形对象，并填充为浅蓝色，然后将其置于文字下方，如图 12-222 所示。

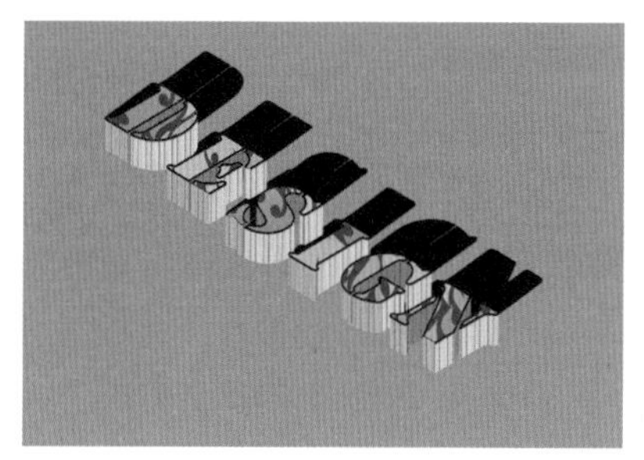

图 12-222

Step20 选择阴影对象，单击【外观】面板中的【不透明度】，打开【透明度】面板，设置【混合模式】为正片叠底，降低不透明度为 10%，如图 12-223 所示。

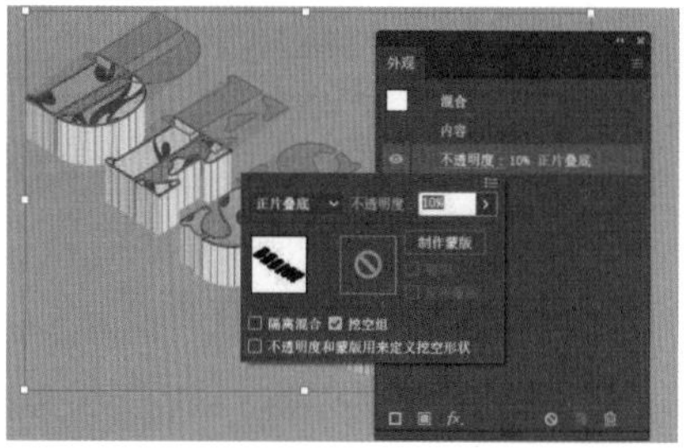

图 12-223

Step21 执行【效果】→【模糊】→【高斯模糊】命令，打开【高斯模糊】对话框，设置【模糊半径】为 5 像素，如图 12-224 所示。

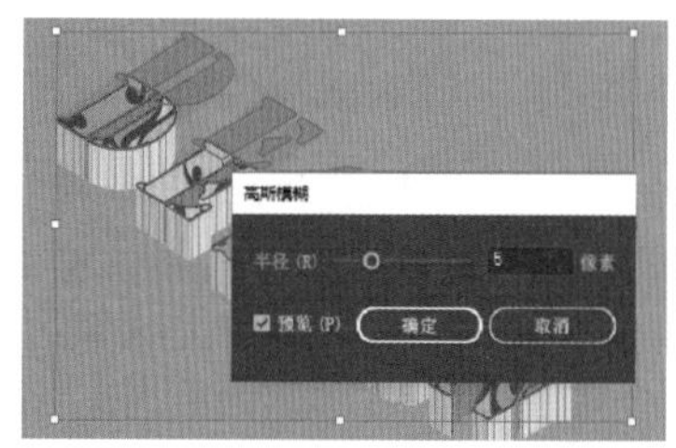

图 12-224

Step22 单击【确定】按钮，移动投影的位置，完成趣味立体效果文字制作，如图 12-225 所示。

图 12-225

本章小结

本章主要介绍了 Illustrator CC 中效果的添加和【外观】面板的相关操作。通过设置【外观】面板可以为对象添加新的填色和描边，制作双描边的效果，而配合【透明度】面板，则可以制作一些特殊效果。Illustrator CC 中包括 Illustrator 效果和 Photoshop 效果，可以为矢量对象和位图图像添加效果，包括投影、羽化、模糊，制作 3D 效果等。其中利用【外观】面板添加新的填色和描边，【3D】效果组和【风格化】效果组的应用是本章的学习重点和难点，熟练掌握这部分内容，可以将对象处理得更加精细。

图形样式

- 如何自定义图形样式？
- 应用图形样式后，可以修改图形样式效果吗？
- 新建图形样式后，如何在其他文档中使用新建的图形样式呢？

本章主要学习图形样式的相关内容。图形样式是各种填色、描边及效果等外观属性的集合，可以为对象快速应用效果，提高工作效率。通过本章的学习，可以使用默认的图形样式为对象添加效果，也可以学会自定图形样式的方法。

13.1 【图形样式】面板

图形样式集合了一系列的外观属性，为对象应用某种图形样式后，可以快速为对象添加某种效果。【图形样式】面板可用于保存所有预设和自定义的图形样式，下面就对【图形样式】面板进行详细介绍。

13.1.1 认识【图形样式】面板

执行【窗口】→【图形样式】命令，可以打开【图形样式】面板，如图 13-1 所示。该面板中各按钮作用如表 13-1 所示。

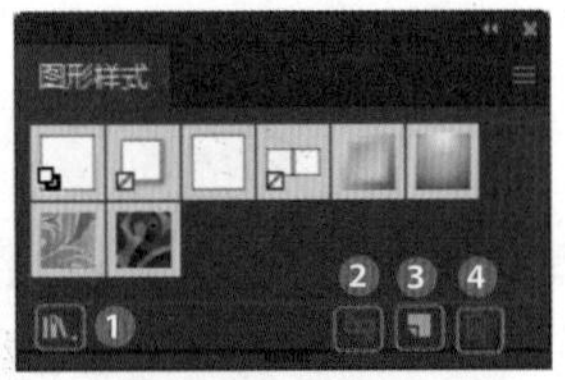

图 13-1

表 13-1 【图形样式】面板中各按钮作用

按钮	作用
❶ 图形样式库菜单	单击按钮，在弹出的下拉菜单中会显示保存的预设图形样式库，选择某个选项可以打开相应的图形样式库
❷ 断开图形样式链接	选择某个应用了图形样式的对象、组或者图层，单击按钮可以断开样式的链接
❸ 新建图形样式	选择应用效果的对象、组或者图层，单击按钮，可以将所选对象的效果作为新的图形样式保存在【图形样式】面板中
❹ 删除图形样式	选择某种图形样式，单击按钮可以删除所选图形样式

13.1.2 打开图形样式库面板

除了【图形样式】面板中默认的几种图形样式外，其他图形样式都以图形样式库的方式分门别类地保存着。单击【图形样式】面板底部的 按钮，显示图形样式库菜单，如图 13-2 所示，再选择一个选项，如选择【3D 效果】选项，可以打开【3D 效果】图形样式库，如图 13-3 所示。

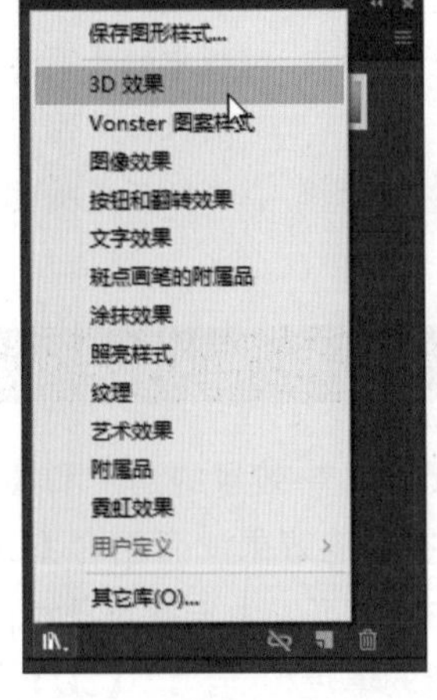

图 13-2

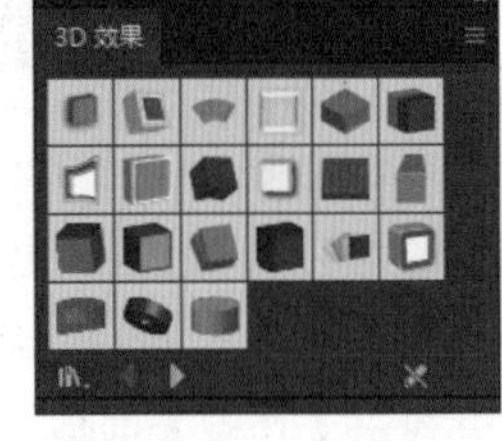

图 13-3

【3D 效果】图形样式库面板中显示了所有预设的 3D 效果图形样式。单击该面板底部的 按钮，可以切换到【Vonster 图案样式】图形样式库，如图 13-4 所示。

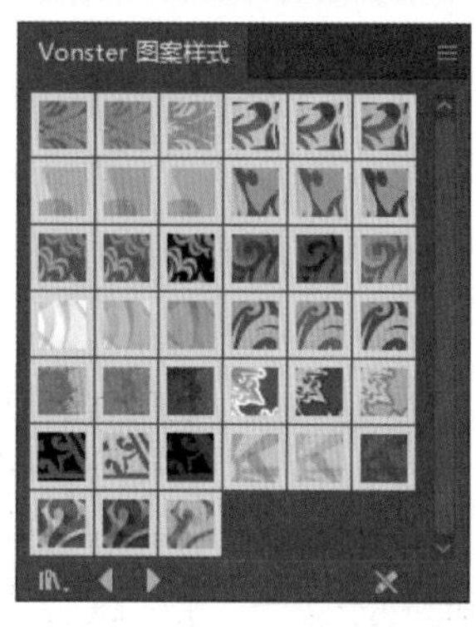

图 13-4

单击图形样式库面板中的某种图形样式，可以将其添加到【图形样式】面板中，如图 13-5 所示。

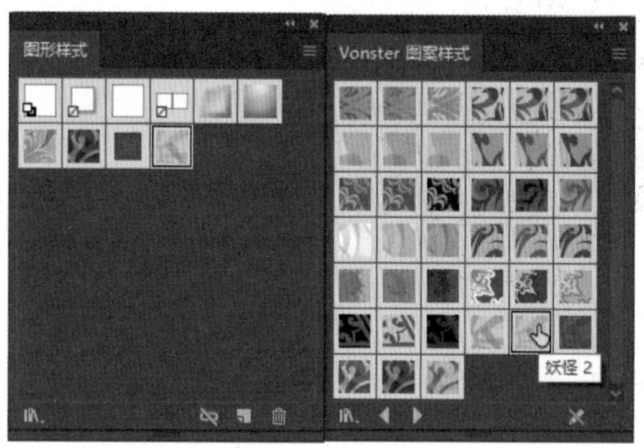

图 13-5

13.2 应用和编辑图形样式

应用图形样式的方法十分简单。打开【图形样式】面板后，选择对象，再选择某种图形样式，就可为所选对象快速应用某种图形样式。添加图形样式后，还可以在【外观】面板中修改图形样式效果。下面就详细介绍应用和编辑图形样式的方法。

★重点 13.2.1 实战：为对象应用样式

【图形样式】面板中提供了几种基本的预设样式，可以直接使用，具体操作步骤如下。

Step01 打开“素材文件\第 13 章\话筒.ai”文件，如图 13-6 所示。

Step02 执行【窗口】→【图形样式】命令，打开【图形样式】面板。选择【话筒】对象，单击【图形样式】面板中的【圆角 2pt 样式】效果图标，所选对象被应用圆角样式，如图 13-7 所示。

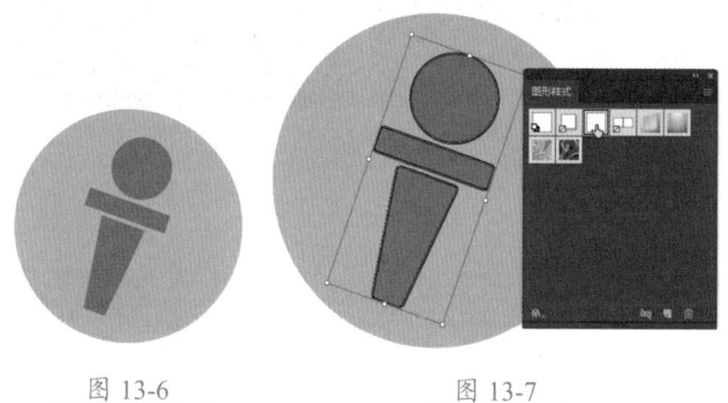

图 13-6　　图 13-7

Step03 按住【Alt】键单击【投影】效果图标，在现有样式基础上继续添加投影样式效果，如图 13-8 所示。

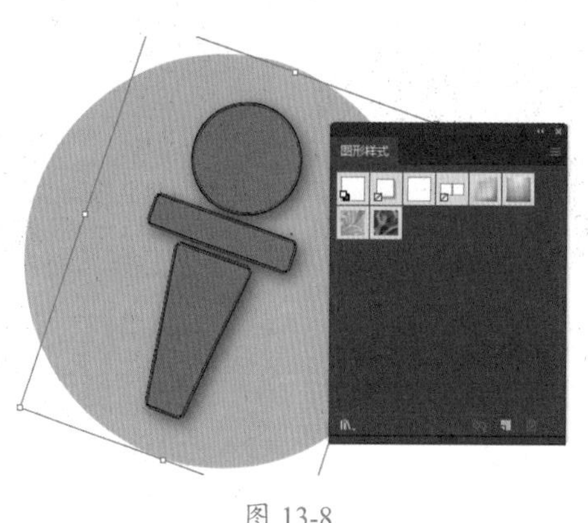

图 13-8

★重点 13.2.2 实战：应用样式库中的图形样式

Illustrator CC 中提供了多种类型的样式，并以库的方式进行了分类保存。为对象应用样式库中的图形样式的具体操作步骤如下。

Step01 打开“素材文件\第 13 章\音乐节海报.ai”文件，并选择文字，如图 13-9 所示。

Step02 执行【窗口】→【图形样式】命令，打开【图形样式】面板，单击面板底部的 按钮，在弹出的下拉菜单中选择【文字效果】命令，打开【文字效果】图形样式库面板，如图 13-10 所示。

图 13-9

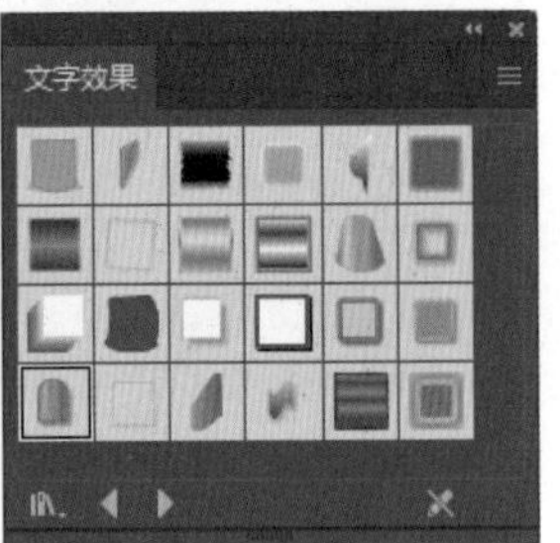

图 13-10

Step 03 单击【边缘效果 2】效果图标，为文字应用图形样式效果，如图 13-11 所示。

Step 04 按住【Alt】键单击【细绳】效果图标，如图 13-12 所示，为文字应用该图形效果。

图 13-11

图 13-12

13.2.3 编辑图形样式

为对象添加图形样式后，其所有的效果都会在【外观】面板中显示。因此，可以根据需要对预设效果进行修改。

选择添加图形样式的对象后，执行【窗口】→【外观】命令，在打开的【外观】面板中可以看到所选对象的图形样式中集合的所有效果，如图 13-13 所示。

图 13-13

此时可以根据需要修改对象的填充、描边和效果等外观属性，如图 13-14 所示。

图 13-14

13.3 创建图形样式

Illustrator CC 除了提供各种预设的图形样式外，还可以根据需要创建自定义的图形样式。下面就介绍创建图形样式的具体操作方法。

★重点 13.3.1 实战：新建图形样式

除了使用 Illustrator CC 提供的预设样式外，用户也可以将绘制的图形对象保存为图形样式，方便以后的使用。新建图形样式的具体操作步骤如下。

Step 01 打开“素材文件\第 13 章\花盆.ai”文件，如图 13-15 所示。

Step 02 选择花盆对象，执行【窗口】→【外观】命令，在【外观】面板中显示了所选对象应用的所有效果，如图 13-16 所示。

图 13-15

图 13-16

Step 03 执行【窗口】→【图形样式】命令，打开【图形样式】面板，单击面板底部的按钮，将所选对象的效果作为新的图形样式保存在【图形样式】面板中，如图 13-17 所示。

图 13-17

Step 04 双击新建的图形样式，打开【图形样式选项】对话框，设置新的名称，如图 13-18 所示。单击【确定】按钮，即可为新建图形样式设置名称。

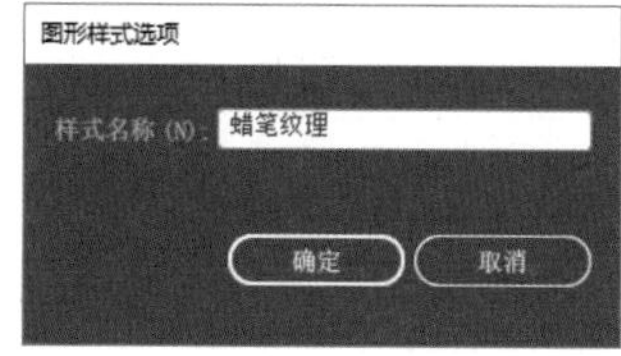

图 13-18

技术看板

新建的图形样式只能在当前文档中使用。如果创建一个新的文档，打开【图形样式】面板后只会显示默认的图形样式。

13.3.2 合并图形样式

如图 13-19 所示，在【图形样式】面板中按住【Ctrl】键加选多个图形样式，并单击面板右上角的按钮，在弹出的扩展菜单中选择【合并图形样式】命令。

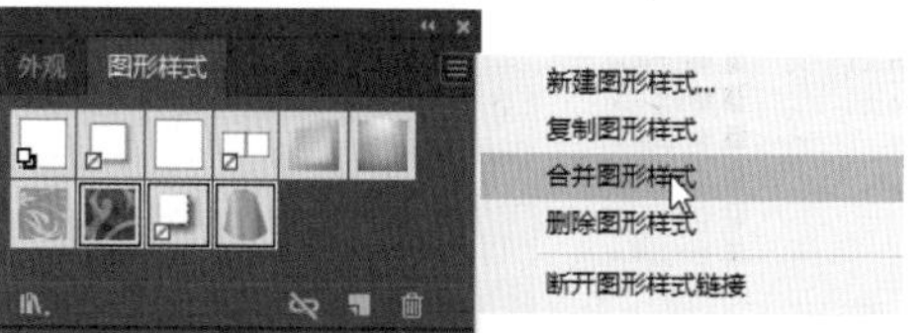

图 13-19

此时，打开【图形样式选项】对话框，设置样式名称，如图 13-20 所示。

单击【确定】按钮，在【图形样式】面板中可以看到合并的图形样式，如图 13-21 所示。合并的图形样式中包括所选图形样式的全部属性。

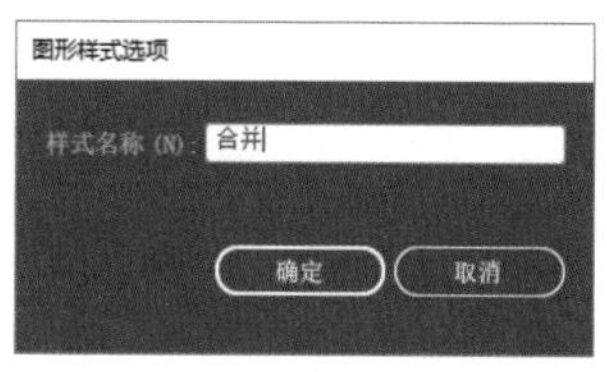

图 13-20

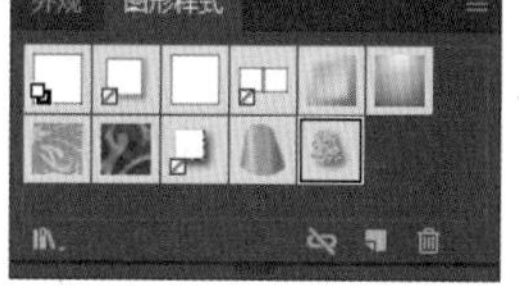

图 13-21

13.3.3 从其他文档导入图形样式

单击【图形样式】面板左下角的按钮，在弹出的下拉菜单中选择【其它库】命令，如图 13-22 所示。

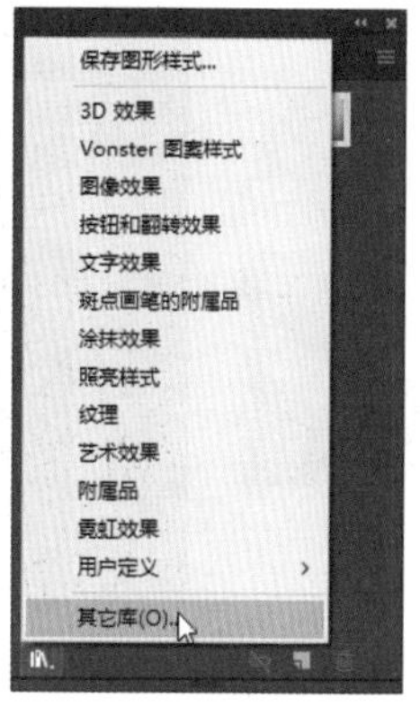

图 13-22

打开【选择要打开的库：】对话框，如图 13-23 所示，默认情况下会自动定位到预设库的位置。选择带有图形样式的文档，单击【打开】按钮，可以打开该图形样式库，如图 13-24 所示。

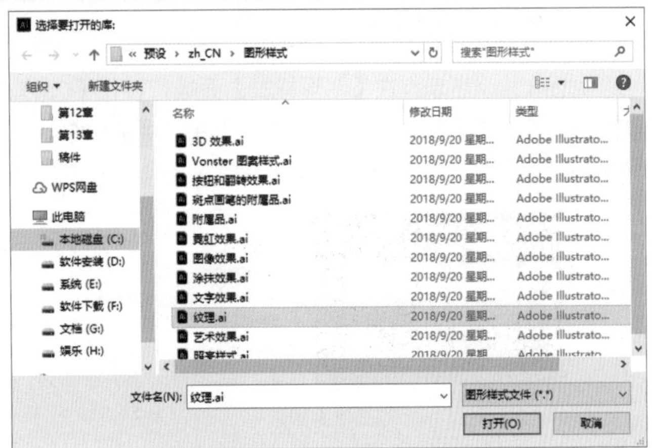

图 13-23

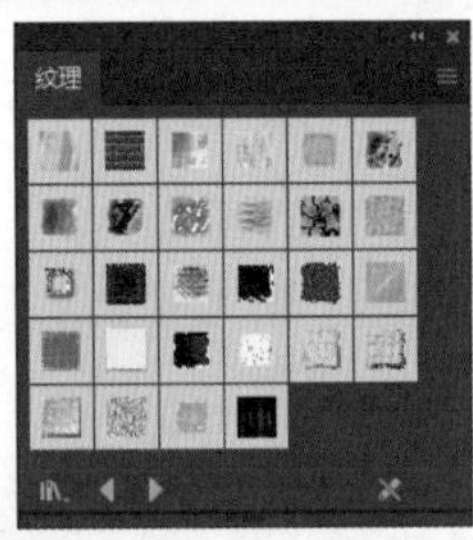

图 13-24

技术看板

在【选择要打开的库：】对话框中也可以选择其他的文档保存位置，然后选择一个带有图形样式的文档，可以将该文档中保存的所有图形样式作为库打开。

妙招技法

通过前面内容的学习，相信大家已经了解了图形样式的使用方法，下面就结合本章内容介绍一些使用技巧。

技巧 01 删除图形样式

应用图形样式后，该图形样式中的所有填色、描边和效果等外观属性都会在【外观】面板中显示。因此，在【外观】面板中也可以删除图形样式。如图 13-25 所示，选择应用图形样式的对象，执行【窗口】→【外观】命令，打开【外观】面板。

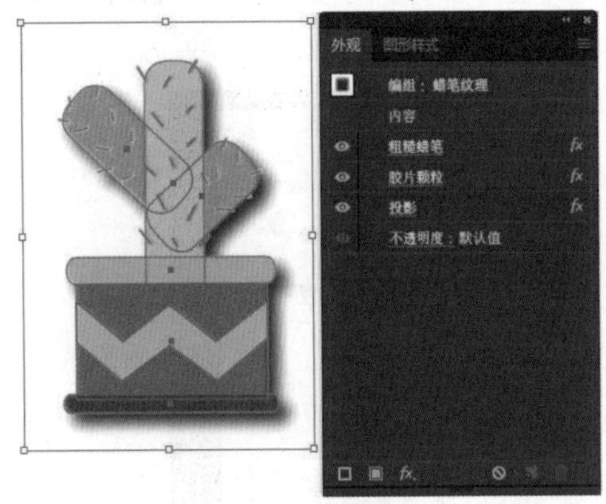

图 13-25

单击【外观】面板底部的 ⊘ 按钮，可以删除应用的图形样式，如图 13-26 所示。

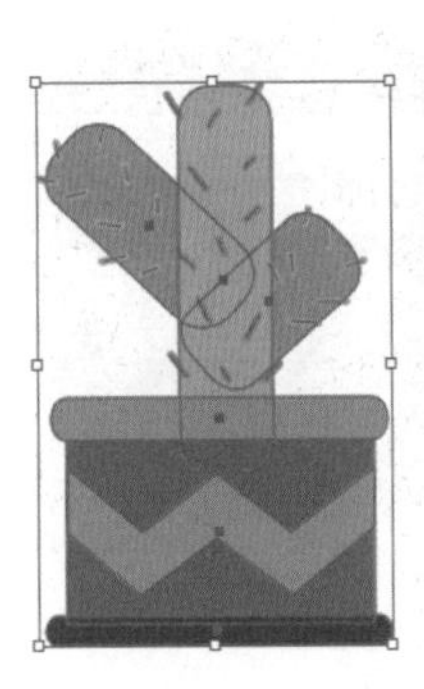

图 13-26

技巧 02 存储图形样式库

新建图形样式只能在当前文档中使用，如果想要在其他文档中使用新建的图形样式，需要将其保存为库。下面介绍将图形样式存储为库的操作步骤。

Step 01 打开"素材文件\第 13 章\花盆.ai"文件。执行【窗口】→【图形样式】命令，打开【图形样式】对话框，已经将花盆对象应用的效果保存为了新的图形样式【蜡笔纹理】，如图 13-27 所示。

图 13-27

Step 02 选择【蜡笔纹理】图形样式，单击面板右上角的 ☰ 按钮，在弹出的扩展菜单中选择【存储图形样式库】命令，如图 13-28 所示。

图 13-28

Step 03 打开【将图形样式存储为库】对话框，如图 13-29 所示。选择合适的保存位置，也可以使用默认的保存位置。单击【保存】按钮，将其保存为库。

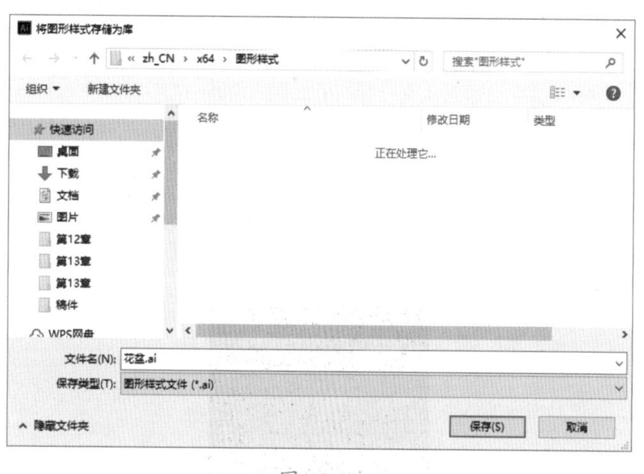

图 13-29

Step 04 在其他文档中打开【图形样式】面板后，单击面板左下角的 按钮，在弹出的下拉菜单中选择【用户定义】命令，在扩展菜单中可以看到保存的图形样式库，如图 13-30 所示，选择即可在当前文档中打开保存的图形样式库。

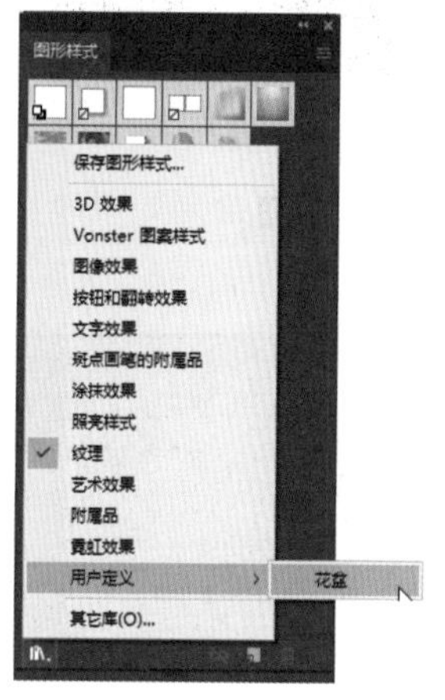

图 13-30

同步练习：设计制作优惠券

本例主要利用【图形样式】面板来制作优惠券。先使用基本绘制工具绘制基本几何图形，再打开【图形样式】面板为对象添加效果，然后输入优惠券的文字信息，就可以完成优惠券的制作，最终效果如图 13-31 所示。

图 13-31

素材文件	无
结果文件	结果文件 \ 第 13 章 \ 优惠券 .ai

Step01 按【Ctrl+N】快捷键执行新建命令，设置【宽度】为 650px，【高度】为 868px，如图 13-32 所示，单击【创建】按钮，新建文档。

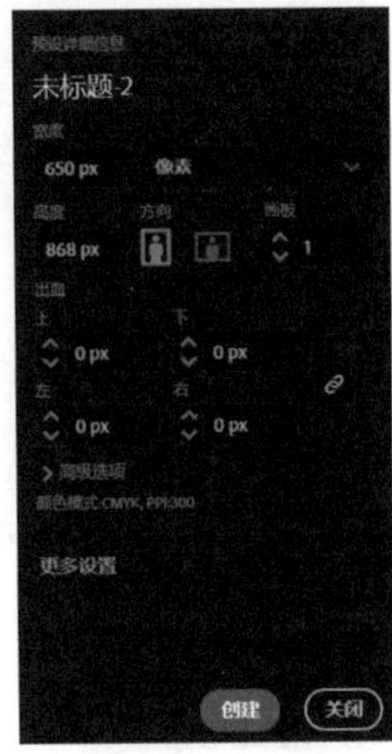

图 13-32

Step02 使用【矩形工具】绘制矩形对象，并填充黄色，如图 13-33 所示。

图 13-33

Step03 使用【矩形工具】再绘制一个小一点的矩形对象，如图 13-34 所示。

图 13-34

Step04 按住【Shift】键加选底层的黄色矩形对象，再次单击底层对象将其设置为对齐基准，单击【属性】面板中的【水平居中对齐】按钮和【垂直居中对齐】按钮居中对齐，结果如图 13-35 所示。

图 13-35

Step05 选择上方的矩形对象，执行【窗口】→【图形样式】命令，打开【图形样式】面板，单击面板左下角的按钮，在弹出的下拉菜单中选择【涂抹效果】命令，打开【涂抹效果】图形样式面板，再单击【涂抹 7】效果图标，将其应用到上方矩形对象，如图 13-36 所示。

图 13-36

Step06 使用【椭圆工具】绘制椭圆对象，并单击【涂抹效果】图形样式面板中的【涂抹 10】效果图标，将其应用于椭圆对象，如图 13-37 所示。

图 13-37

Step07 选择【变形工具】，在椭圆对象上拖动鼠标光标变形对象，结果如图 13-38 所示。

图 13-38

Step08 使用【文字工具】输入文字，并在【属性】面板中设置字体系列、大小和颜色，如图 13-39 所示。

图 13-39

Step09 按住【Alt】键单击【图形样式】面板中的【投影】效果图标，为文字添加投影效果，如图 13-40 所示。

图 13-40

Step10 使用【文字工具】T在数字左上角输入人民币符号，并添加投影图形样式，如图 13-41 所示。

图 13-41

Step11 使用【文字工具】T在画板右侧输入“优惠券”，并在【属性】面板中设置字体系列、大小和颜色，如图 13-42 所示。

图 13-42

Step12 单击【图形样式】面板左下角的按钮，在弹出的下拉菜单中选择【文字效果】命令，打开【文字效果】图形样式面板。单击【边缘效果 2】效果图标，将其应用于文字，如图 13-43 所示。

图 13-43

Step13 使用【圆角矩形工具】绘制对象，拖动实时形状控件，调整圆角半径，并设置填充颜色，如图 13-44 所示。

图 13-44

Step14 使用【文字工具】T在圆角矩形对象上方输入文字，并在【属性】面板中设置字体系列、大小和颜色，如图 13-45 所示。

图 13-45

Step15 使用【文字工具】T继续输入活动日期和地址信息，如图 13-46 所示。

图 13-46

Step16 选择【选择工具】，按住【Shift】键选择右侧的圆角矩形对象和所有的文字对象，再次单击圆角矩形对象，将其设置为对齐基准，单击【属性】面板中的【水平居中对象】按钮，将文字以圆角矩形对象为基准水平居中对齐，完成优惠券的制作，如图 13-47 所示。

图 13-47

本章小结

本章主要介绍了 Illustrator CC 中图形样式的相关内容，包括【图形样式】面板的简单介绍，以及应用、编辑和创建图形样式的方法。其中，应用和编辑图形样式，以及创建新的图形样式等内容是本章学习的重点和难点。通过使用【图形样式】面板可以快速地为对象应用效果，从而提高工作效率。

第14章 符号对象的使用

- 什么是符号？
- 自定义的符号可以在其他图稿中使用吗？
- 如何修改预设符号的颜色和形状？
- 如何绘制大量的符号？

对符号图形对象进行重复调用可以减少文件容量。本章将详细介绍符号的使用方法，包括【符号】面板和符号工具的相关操作。通过本章内容的学习，可以掌握置入、新建和编辑符号的操作技巧。

14.1 认识符号

符号在文档中是可重复使用的对象，主要通过【符号】面板进行管理。在学习符号的具体使用方法之前，先来了解符号的概念和【符号】面板。

14.1.1 什么是符号

符号在文档中是可重复使用的图稿对象，任意一个符号样本都可以生成大量相同的对象。图稿中添加的符号实例会与【符号】面板中的符号或符号库中的符号相链接。所以，当编辑符号样本时，图稿中所有相关的符号都会自动更新。

14.1.2 【符号】面板

【符号】面板是用来放置符号的地方，可以管理符号文件，也可以进行新建符号、重新定义符号、复制符号、编辑符号和删除符号等操作。同时，还可以通过打开符号库调用更多的符号。

执行【窗口】→【符号】命令，打开【符号】面板，如图 14-1 所示。该面板中各按钮作用如表 14-1 所示。

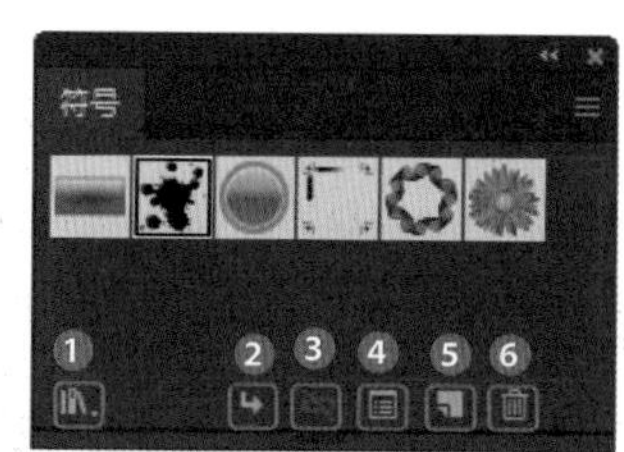

图 14-1

表 14-1 【符号】面板中各按钮作用

按钮	作用
❶ 符号库菜单	单击按钮，在弹出的下拉菜单中可以选择一种预设的符号库
❷ 置入符号实例	选择一个符号实例，单击按钮可以将所选的符号置入图稿
❸ 断开符号链接	置入符号后，在【符号】面板中选择相应的符号，单击按钮，可以断开图稿中符号实例和面板中符号的链接
❹ 符号选项	选择符号后，单击按钮可以打开【符号选项】对话框
❺ 新建符号	选择图稿中的对象后，单击按钮可以将所选对象定义为新的符号
❻ 删除符号	选择符号后，单击按钮可以删除所选符号

技术看板

【符号】面板快捷键：【Shift+Ctrl+F11】。

14.2 使用符号

符号不但可以快速创建很多相同的图形对象，还可以利用相关的符号工具对这些对象进行相应的编辑，比如移动、缩放、旋转、着色和使用样式等。因为应用的符号只需记录其中一个符号即可，所以符号的使用可以大大节省文件的存储空间。

★重点 14.2.1 实战：置入和编辑符号

Illustrator CC 提供了多种类型的符号，但大部分符号都保存在符号库中。如果要使用符号库中的符号，需要先将符号库中的符号置入【符号】面板，然后才能使用。对于预设的符号，还可以修改其填色、描边等属性。置入和编辑符号的具体操作步骤如下。

Step 01 执行【窗口】→【符号】命令，打开【符号】面板。单击【符号】面板左下角的按钮，在弹出的下拉菜单中选择【自然】命令（见图 14-2），打开【自然】符号库面板，如图 14-3 所示。

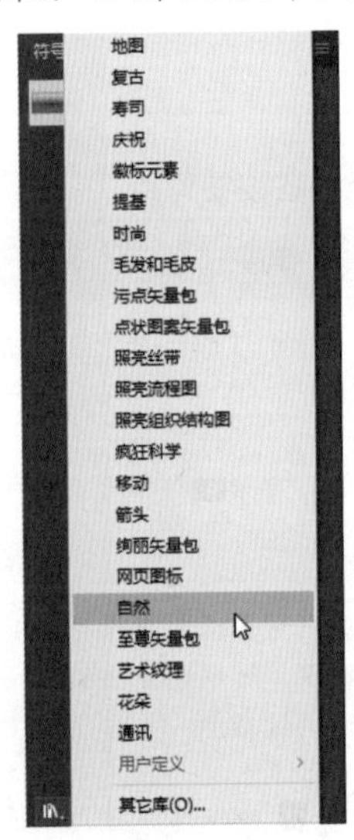

图 14-2

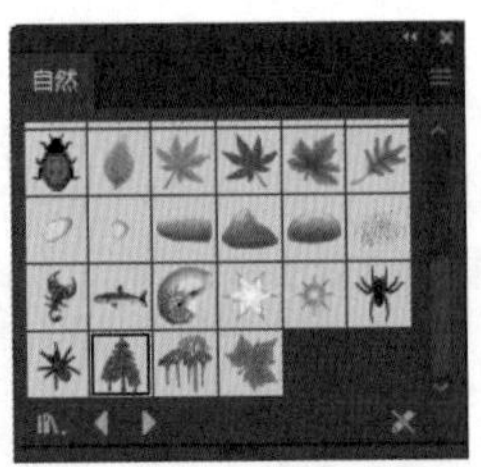

图 14-3

Step 02 选择【自然】符号库面板中的【树木 1】符号，并将其拖曳到画板上，如图 14-4 所示。

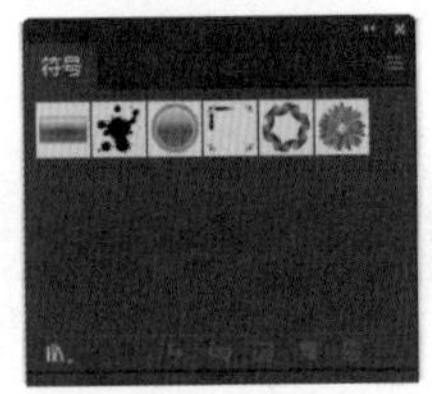

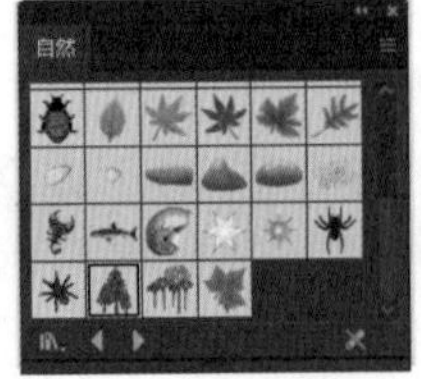

图 14-4

Step 03 释放鼠标后，即可置入所选符号，此时【树木 1】符号也会被添加到【符号】面板中，如图 14-5 所示。

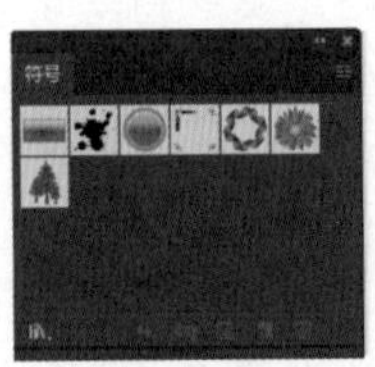

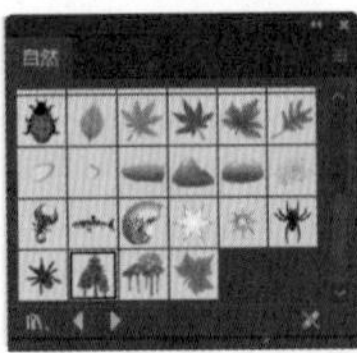

图 14-5

Step 04 选择【符号】面板中的【树木 1】符号，单击面板底部的按钮，继续置入符号，如图 14-6 所示。

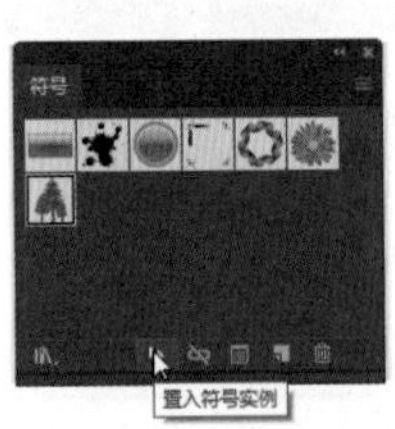

图 14-6

Step 05 拖曳【符号】面板中的【树木 1】符号到画板上，并调整各符号实例的位置，如图 14-7 所示。

图 14-7

Step 06 选择一个符号实例，双击鼠标，打开提示对话框，如图 14-8 所示。

图 14-8

技术看板

选择符号实例后，单击【符号】面板右上角的 ≡ 按钮，在弹出的扩展菜单中选择【编辑符号】命令也可以进入编辑符号状态。

Step 07 单击【确定】按钮，进入编辑符号状态，如图 14-9 所示。

图 14-9

Step 08 双击浅绿色对象将其选中，如图 14-10 所示。

图 14-10

Step 09 执行【选择】→【相同】→【外观】命令，选中与填充色一样的对象，如图 14-11 所示。

图 14-11

Step 10 在【属性】面板中设置填色为白色，然后双击退出符号编辑状态，所有相关对象的外观均自动进行了更新，如图 14-12 所示。

Step 11 如果只想修改所选对象的效果，那么需要先断开符号链接。选择图稿中的符号实例，单击【符号】面板底部的按钮断开符号链接，如图 14-13 所示，此时该按钮会呈现灰色，表示已经断开链接。

图 14-12

图 14-13

Step 12 双击进入符号编辑状态，重新编辑符号外观，再次双击退出符号编辑状态，如图 14-14 所示，更改的外观效果将只应用于所选对象，其他符号实例外观效果保持不变。

图 14-14

★重点 14.2.2 新建符号

选择对象后，单击【符号】面板底部的按钮，如图 14-15 所示。打开【符号选项】对话框，设置符号名称，其他保持默认设置，如图 14-16 所示。单击【确定】按钮，即可新建符号并将其添加到【符号】面板中，如图 14-17 所示。

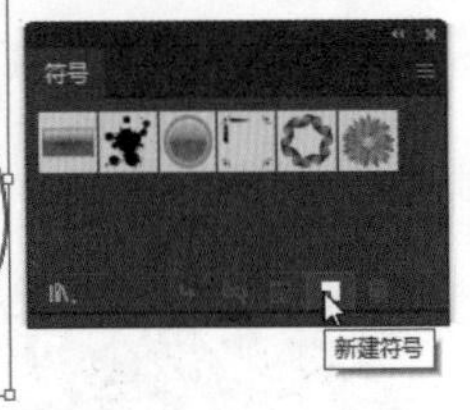

图 14-15

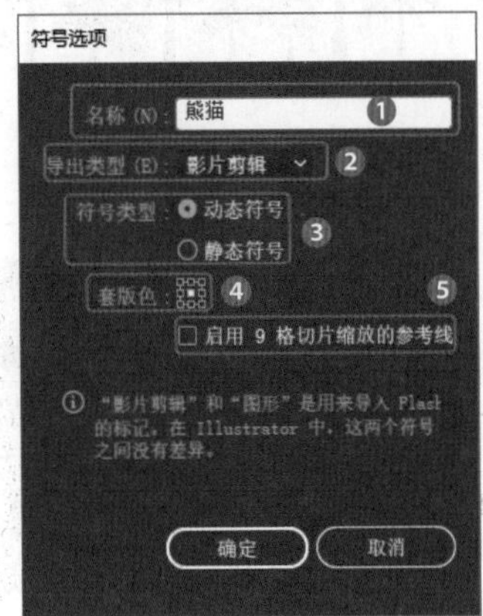

图 14-16

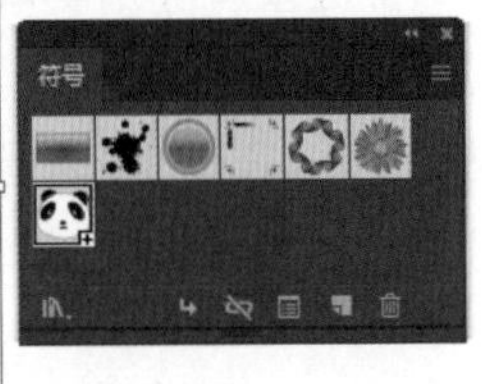

图 14-17

【符号选项】对话框中各选项作用如表 14-2 所示。

表 14-2　【符号选项】对话框中各选项作用

选项	作用
❶ 名称	用于设置新建符号名称
❷ 导出类型	选择作为影片剪辑或图形的符号类型
❸ 符号类型	用于预览画笔效果
❹ 套版色	在【套版色】网格上可以指定要设置符号锚点的位置。锚点位置将影响符号在屏幕坐标中的位置
❺ 启用 9 格切片缩放的参考线	选中该复选框，可在 Flash 中使用 9 格切片缩放的参考线

默认情况下，新建符号后所选对象也会变为新的符号实例。如果不希望所选对象变成符号实例，可以按住【Shift】键单击按钮创建。

技术看板

直接拖曳对象到【符号】面板中，也可以新建符号。如果按住【Alt】键单击按钮，可以不用打开【符号选项】对话框，直接新建符号。

14.2.3 复制符号

选择图稿中的符号实例或者选择【符号】面板中的符号，再单击面板右上角的按钮，在弹出的扩展菜单中选择【复制符号】命令（见图 14-18），即可复制符号，如图 14-19 所示。

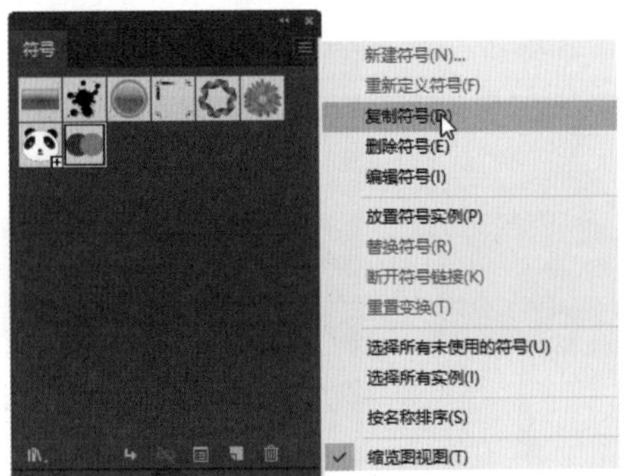

图 14-18

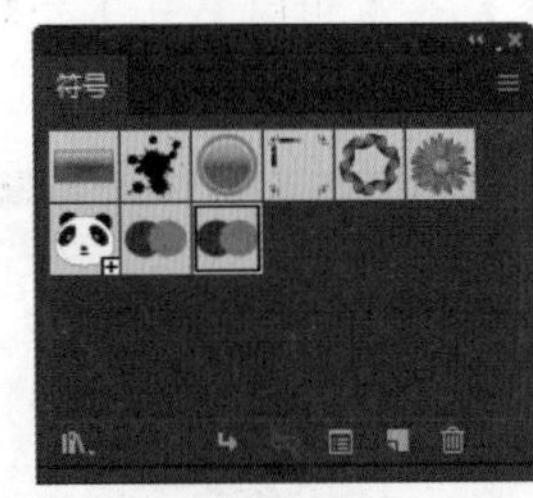

图 14-19

技术看板

拖动【符号】面板中的符号到按钮上，释放鼠标后也可以复制符号。

14.2.4 删除符号

在【符号】面板中选择符号，如图 14-20 所示。单击面板底部的按钮，会打开如图 14-21 所示的提示对话框，单击【是】按钮，即可删除符号。

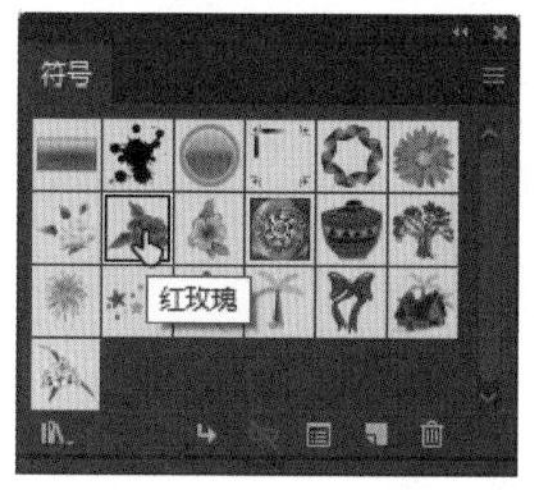

图 14-20

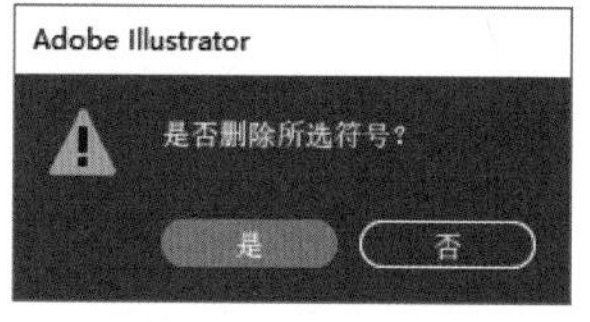

图 14-21

技术看板

拖动【符号】面板中的符号到按钮上，如果图稿中没有应用该符号，则可以直接删除该符号。

如果所选符号被应用于图稿中，那么删除符号时会打开如图 14-22 所示的提示对话框，单击【扩展实例】按钮，可以删除【符号】面板中的所选符号，应用于图稿中的相关符号实例会扩展为普通对象并自动编组，但并不会被删除；单击【删除实例】按钮，可以删除【符号】面板中的符号，同时图稿上应用的相关符号实例也会被删除。

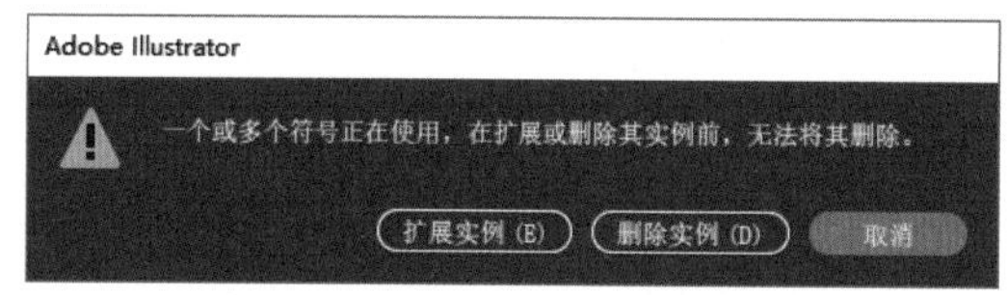

图 14-22

14.3 符号工具的使用

Illustrator CC 提供了多种符号工具，包括【符号喷枪工具】、【符号移位器工具】、【符号紧缩器工具】、【符号缩放器工具】、【符号旋转器工具】、【符号着色器工具】、【符号滤色器工具】和【符号样式器工具】，以便于进行移动符号、调整大小、旋转符号等操作。

14.3.1 实战：快速绘制大量符号

使用【符号喷枪工具】可以快速绘制大量符号，具体操作步骤如下。

Step 01 如图 14-23 所示，在【符号】面板中选择一个符号。

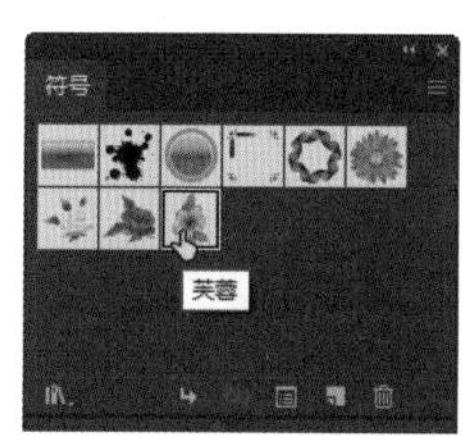

图 14-23

Step 02 单击工具栏中的【符号喷枪工具】，选择该工具。在画板上按住鼠标左键不放，结果如图 14-24 所示。释放鼠标后即可绘制大量符号，如图 14-25 所示。

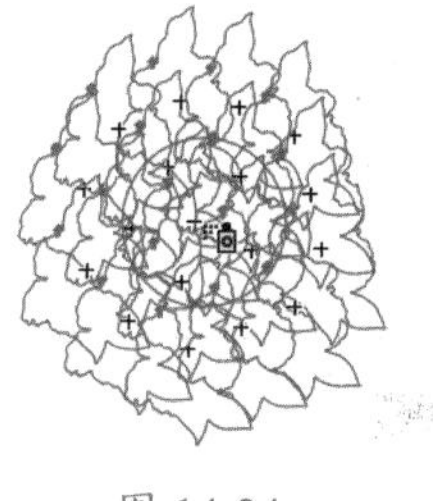

图 14-24

图 14-25

Step 03 在画板上拖动鼠标光标也可以绘制大量符号，如图 14-26 所示。

图 14-26

14.3.2 移动符号

使用【符号喷枪工具】绘制符号后，所有的符号会自动编成一个符号组。此时移动符号会移动整个符号组。使用【符号移位器工具】可以移动单独的符号实例。如图 14-27 所示，先选择符号组。

图 14-27

选择工具栏中的【符号移位器工具】。在符号组中拖动鼠标光标（见图 14-28），即可移动符号位置，如图 14-29 所示。

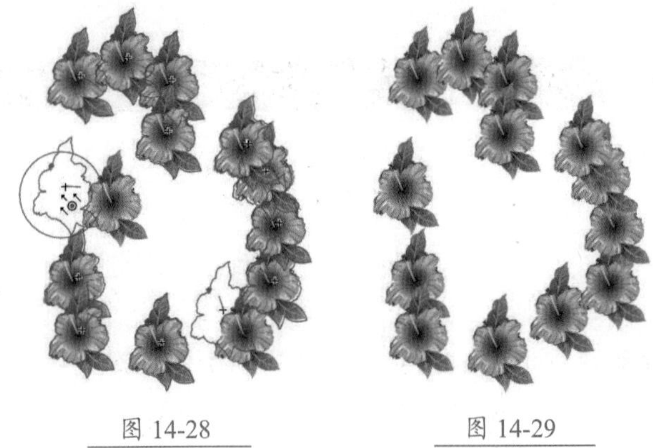

图 14-28　　图 14-29

按住【Shift】键单击一个符号实例，可将其调整到其他符号的上方，如图 14-30 所示。按住【Shift+Alt】快捷键单击符号实例，可以将其置于其他符号的下方，如图 14-31 所示。

图 14-30

图 14-31

★重点 14.3.3　调整符号密度

使用【符号紧缩器工具】可以收拢或者散开符号。如图 14-32 所示，先选择符号组。

图 14-32

选择工具栏中的【符号紧缩器工具】，在符号组上拖动鼠标光标或者按住鼠标左键不放，结果如图 14-33 所示；释放鼠标后可以收拢符号，结果如图 14-34 所示。

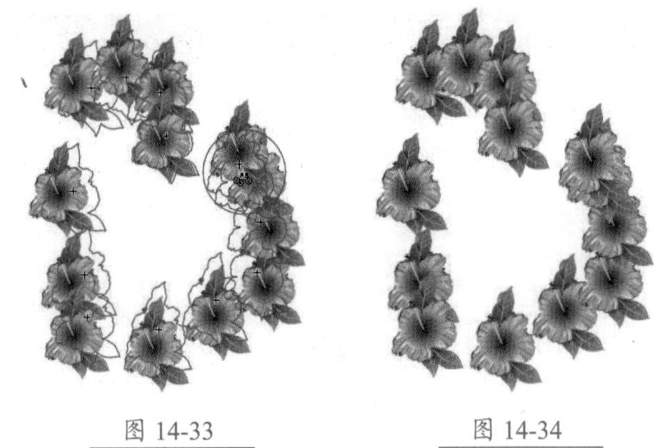

图 14-33　　图 14-34

按住【Alt】键，在符号组上拖动鼠标光标或者按住鼠标左键不放，可以散开符号，如图 14-35 所示。

图 14-35

14.3.4　调整符号大小

使用【符号缩放器工具】可以缩放符号大小。选择符号组，如图 14-36 所示。

选择工具栏中的【符号缩放器工具】。将鼠标光标放在符号组上，按住鼠标左键不放可以放大符号，如图 14-37 所示。

图 14-36

图 14-37

按住【Alt】键的同时，按住鼠标左键不放，可以缩小符号，如图 14-38 所示。

图 14-38

技术看板

缩放符号时，鼠标光标圆圈所接触的区域都会进行缩放。

14.3.5 旋转符号

使用【符号旋转器工具】可以旋转符号。如图 14-39 所示，选择一个符号实例或者符号组。

图 14-39

选择工具栏中的【符号旋转器工具】。将鼠标光标放在符号上，拖动鼠标，会显示一个方向箭头，表示符号旋转的方向，如图 14-40 所示。

释放鼠标后，即可旋转符号，如图 14-41 所示。

图 14-40

图 14-41

14.3.6 改变符号颜色

使用【符号着色器工具】可以为符号着色。在着色时，将使用原始颜色的明度和上色颜色的色相生成颜色。因此，具有极高或极低明度的颜色改变很少，黑色或白色对象完全无变化。

如图 14-42 所示，选择一个符号实例或者符号组。在【属性】面板中设置填充色为黄色。再选择工具栏中的【符号着色器工具】，将鼠标光标放在符号上并单击，即可改变符号颜色，如图 14-43 所示。

图 14-42

图 14-43

14.3.7 调整符号透明度

使用【符号滤色器工具】可以改变符号的透明度。如图 14-44 所示，选择一个符号实例或者符号组。

图 14-44

选择工具栏中的【符号滤色器工具】，在符号组上单击，鼠标光标所在区域的符号透明度会降低，如图 14-45 所示。

如果按住鼠标左键不放，则鼠标光标所在区域符号不透明度会降低为 0，不再显示符号，如图 14-46 所示。

图 14-45

图 14-46

技能拓展——如何增加符号不透明度

按住【Alt】键，使用【符号滤色器工具】单击符号，可以增加符号的不透明度。

14.3.8 实战：为符号添加图形样式

使用【符号样式器工具】可以为符号添加样式效果，具体操作步骤如下。

Step01 打开"素材文件\第 14 章\花朵.ai"文件，选择符号组，如图 14-47 所示。

Step02 执行【窗口】→【图形样式】命令，打开【图形样式】面板，如图 14-48 所示，单击【投影】效果图标。

图 14-47

图 14-48

Step03 如果想要为符号组中的某个符号实例添加投影效果，那么需要使用【符号样式器工具】。按【Ctrl+Z】快捷键撤销前一步的操作，并取消符号组的选中状态，如图 14-49 所示。

Step04 在【图形样式】面板中选择【投影】图形样式，如图 14-50 所示。

图 14-49

图 14-50

Step05 使用【选择工具】选择符号组。选择工具栏中的【符号样式器工具】，单击需要添加投影效果的符号实例，可以为其添加投影效果。如果多次单击鼠标，则可以重复添加投影效果，如图 14-51 所示。

图 14-51

Step06 如果在符号组上拖动鼠标光标，如图 14-52 所示；释放鼠标后，鼠标光标所到之处的符号实例会被添加投影效果，如图 14-53 所示。

图 14-52

图 14-53

技能拓展——怎么调整符号工具光标大小

使用符号工具调整符号时，在英文输入法状态下，按住【[】键可以缩小鼠标光标；按住【]】键可以放大鼠标光标。

14.3.9 符号工具选项

使用符号工具调整符号实例效果时，可以通过设置符号工具选项来控制符号工具的绘制效果。双击任意的符号工具，可以打开【符号工具选项】对话框，如图 14-54 所示。该对话框中各选项作用如表 14-3 所示。

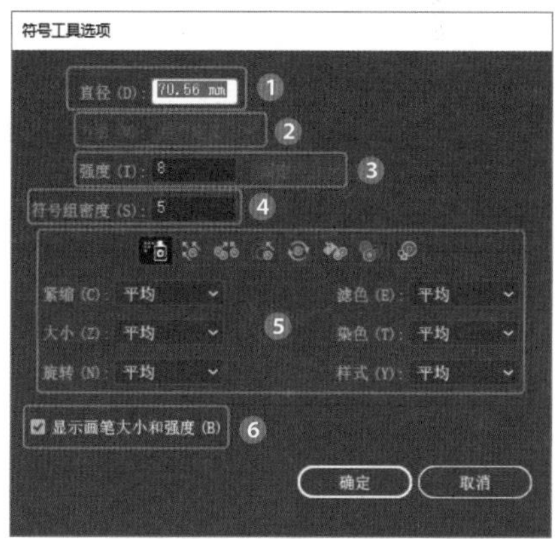

图 14-54

表 14-3 【符号工具选项】对话框中各选项作用

选项	作用
❶ 直径	用于设置符号工具的画笔大小
❷ 方法	用来指定【符号紧缩器工具】、【符号缩放器工具】、【符号旋转器工具】、【符号着色器工具】、【符号滤色器工具】和【符号样式器工具】调整符号实例的方式。选择【用户定义】选项，可以根据鼠标光标位置逐步调整符号；选择【随机】选项，可在鼠标光标下的区域随机修改符号；选择【平均】选项，则会逐步平滑符号

续表

选项	作用
❸ 强度	用于设置各种符号工具的更改速度。该值越大，更改速度越快
❹ 符号组密度	用于设置使用【符号喷枪工具】绘制符号时的密度。该值越大，符号越密集，如图 14-55 所示 符号组密度为 3　符号组密度为 10 图 14-55
❺ 特定选项	该选项提供了各符号工具图标，单击某个图标可以切换到相应符号的特定选项设置
❻ 显示画笔大小和强度	选中该复选框，鼠标光标在画板上呈现一个圆圈。其中，圆圈代表画笔的直径，圆圈颜色的深浅代表工具的强度，强度值越小，颜色越浅，如图 14-56 所示 强度为 8　强度为 2 图 14-56

妙招技法

通过前面内容的学习，相信大家已经了解了【符号】面板和符号工具的使用方法，下面就结合本章内容介绍一些使用技巧。

技巧 01 修改符号的形状

对于预设或者自定义的符号也可以根据需要修改形状，具体操作步骤如下。

Step 01 打开"素材文件\第 14 章\符号修改 .ai"文件。双击符号实例，进入符号编辑状态，如图 14-57 所示。

Step 02 使用【直接选择工具】单击对象，此时会显示出路径锚点及实时转角，如图 14-58 所示。

图 14-57

图 14-58

Step03 拖动锚点或者实时转角，可以修改路径形状，如图 14-59 所示。

Step04 双击，退出符号编辑状态，符号实例的形状被更改，同时【符号】面板中的符号样本也同步进行更新，如图 14-60 所示。

图 14-59

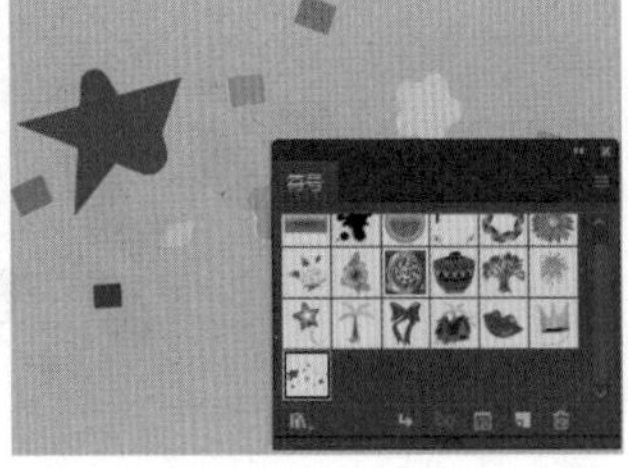

图 14-60

技巧 02 将自定义的符号保存到库

默认情况下，自定义的符号只能保存在当前文档中。如果想要在其他文档中使用自定义的符号，需要将其作为符号库保存，具体操作步骤如下。

Step01 如图 14-61 所示，单击【符号】面板右上角的■按钮，在弹出的扩展菜单中选择【存储符号库】命令。

图 14-61

Step02 打开【将符号存储为库】对话框，设置文件名和存储位置，如图 14-62 所示。

Step03 单击【保存】按钮，将该文档【符号】面板中的符号保存为库。新建一个文档，执行【窗口】→【符号】命令，打开【符号】面板，单击面板右上角的■按钮，在弹出的扩展菜单中选择【打开符号库】→【用户定义】命令，在弹出的扩展菜单中可以看到保存的【新建符号】符号库，如图 14-63 所示。

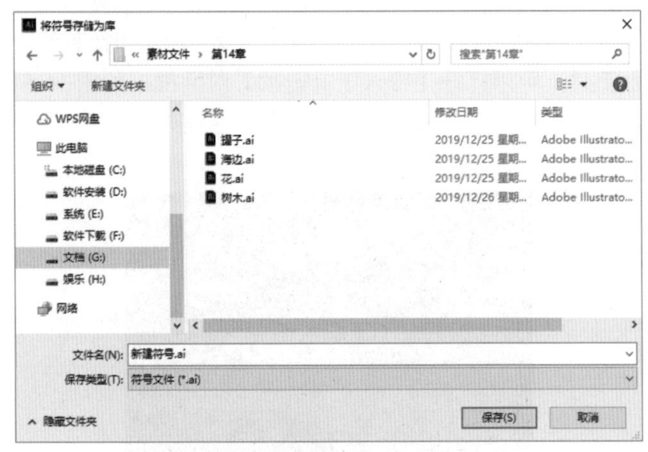

图 14-62

图 14-63

Step04 选择【新建符号】命令，即可在该文档中打开自定义的符号库，如图 14-64 所示。

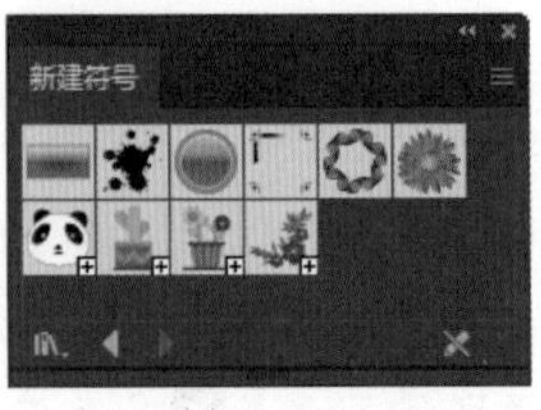

图 14-64

同步练习：绘制风景插画

本例将利用符号样本来绘制风景插画。首先使用基本工具绘制蓝天、草地和帐篷，使用【钢笔工具】绘制山脉；然后添加树木对象；最后利用符号样本绘制白云、太阳、篝火和花朵就可以完成风景插画的绘制，最终效果如图 14-65 所示。

图 14-65

素材文件	素材文件 \ 第 14 章 \ 树木 .ai
结果文件	结果文件 \ 第 14 章 \ 郊游 .ai

Step 01 新建一个竖向的 A4 文档。使用【矩形工具】绘制一个画板大小的矩形，并填充浅蓝色，如图 14-66 所示。

Step 02 使用【钢笔工具】绘制山脉，并填充绿色，按【Ctrl+G】快捷键编组对象，如图 14-67 所示。

图 14-66

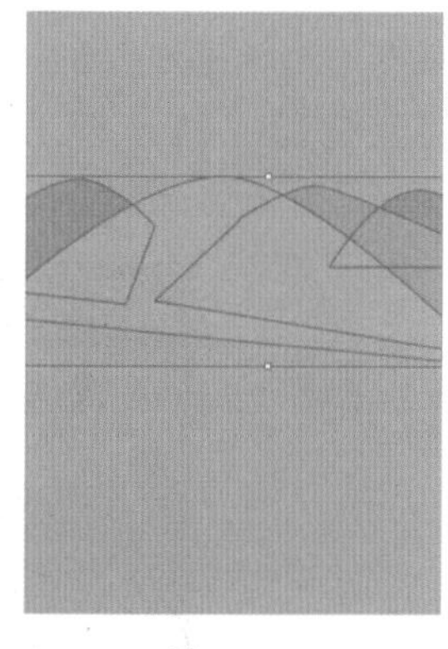

图 14-67

Step 03 使用【矩形工具】绘制矩形对象，并填充绿色，将其放在画板的下半部分，如图 14-68 所示。

Step 04 打开"素材文件 \ 第 14 章 \ 树木 .ai"文件，并拖动【树木】对象到当前文档中，如图 14-69 所示。

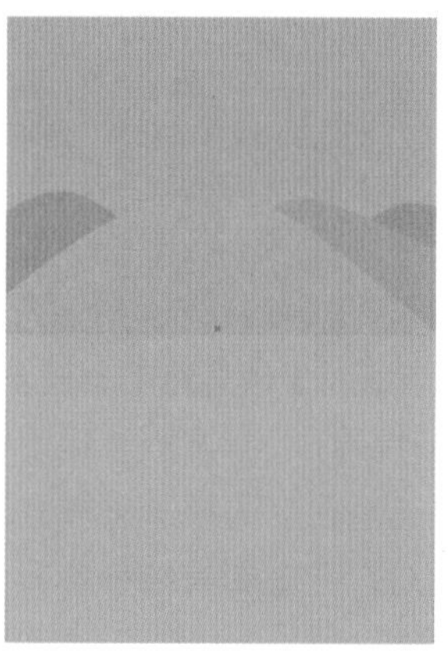

图 14-68

图 14-69

Step 05 选择【树木】对象组，适当缩小对象并将其放在画板最左侧，如图 14-70 所示。

Step 06 按【Alt】键移动复制对象，并调整对象大小。然后继续移动复制对象，形成森林的效果，如图 14-71 所示。

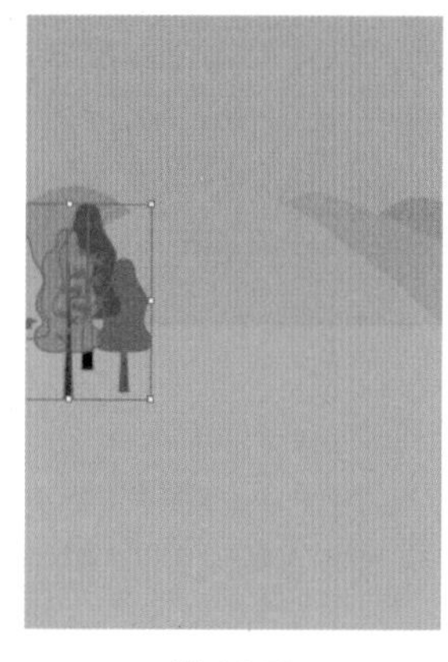

图 14-70

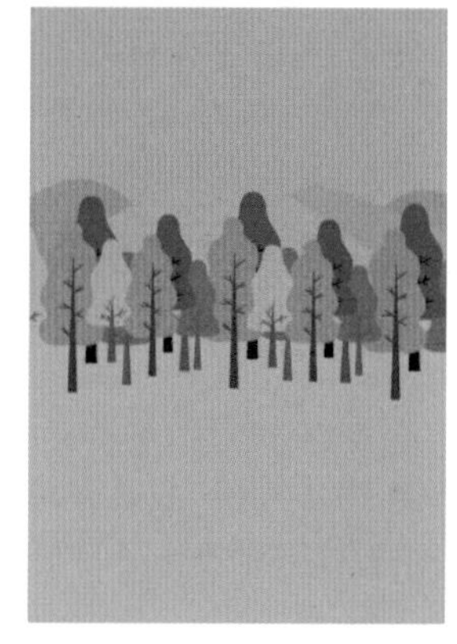

图 14-71

Step 07 使用【矩形工具】绘制矩形对象，并填充红色，如图 14-72 所示。

Step 08 使用【倾斜工具】拖动矩形右上角，将其变换为平行四边形，如图 14-73 所示。

图 14-72

图 14-73

Step 09 使用【钢笔工具】绘制三角形，填充橘红色，如图 14-74 所示。

Step 10 选择橘红色三角形，按【Ctrl+C】快捷键复制对象，按【Ctrl+F】快捷键将其粘贴到前面，再等比例缩小对象，将其放在适当的位置，填充白色。选择三角形对象和平行四边形对象，按【Ctrl+G】快捷键编组对象，如图 14-75 所示，完成帐篷的制作。

图 14-74

图 14-75

Step 11 按【Shift+Alt】快捷键等比例缩小帐篷图像，按【Alt】键移动复制 2 个帐篷，将其放在适当的位置，如图 14-76 所示。

Step 12 单击【符号】面板左下角的按钮，在弹出的下拉菜单中选择【原始】命令，打开【原始】符号库。单击【火焰】符号样本，将其添加到【符号】面板中，再拖动【火焰】符号样本到画板，如图 14-77 所示。

图 14-76

图 14-77

Step 13 双击【火焰】符号实例，进入编辑符号状态。双击选中火焰，执行【选择】→【相同】→【填充颜色】命令，选中相同填充颜色的对象，如图 14-78 所示。

Step 14 在【属性】面板中设置填充颜色为红色。双击退出符号编辑状态，如图 14-79 所示。

图 14-78

图 14-79

Step 15 单击【符号】面板左下角的按钮，在弹出的下拉菜单中选择【自然】命令，打开【自然】符号库。单击【云彩 1】、【云彩 2】和【云彩 3】符号样本，将其添加到【符号】面板中，如图 14-80 所示。

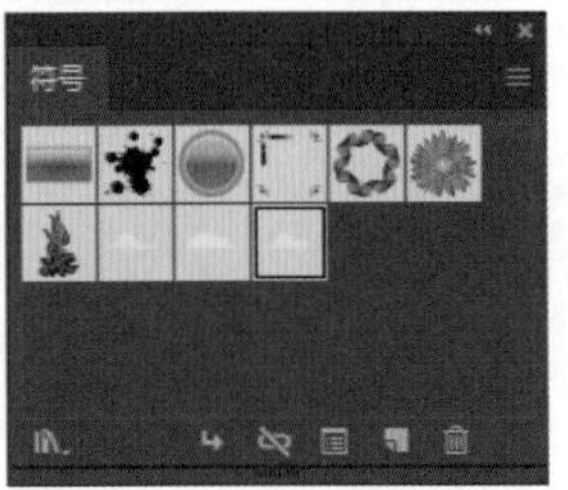

图 14-80

Step16 拖动【符号】面板中的【云彩】符号样本到画板上，调整大小和位置，绘制蓝天和白云效果，如图 14-81 所示。

Step17 拖动【符号】面板中的【照亮的橙色】符号样本到画板中，如图 14-82 所示。

图 14-81

图 14-82

Step18 双击【照亮的橙色】符号实例，进入符号编辑状态。再执行【窗口】→【外观】命令，打开【外观】面板，设置第一个描边的粗细为 4pt，降低不透明度，再隐藏白色渐变和橙色渐变的填色，如图 14-83 所示。

Step19 双击，退出符号编辑状态，如图 14-84 所示。

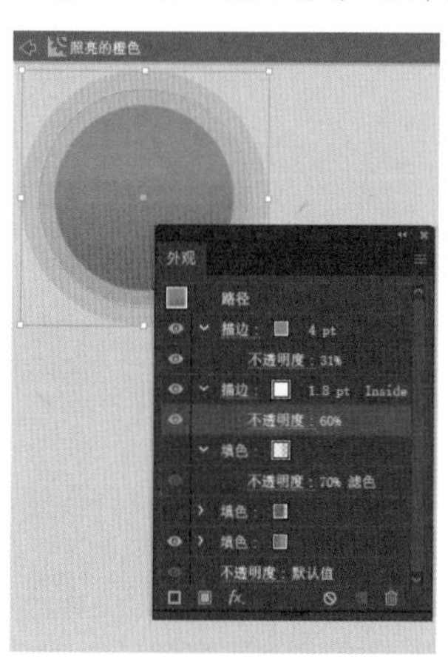

图 14-83

图 14-84

Step20 选择山脉编组对象并右击，在弹出的快捷菜单中选择【变换】→【对称】命令，打开【镜像】对话框，选中【水平】单选按钮，如图 14-85 所示。

Step21 单击【复制】按钮，复制并翻转对象。在【外观】面板中设置填色为绿色，并降低不透明度，如图 14-86 所示。

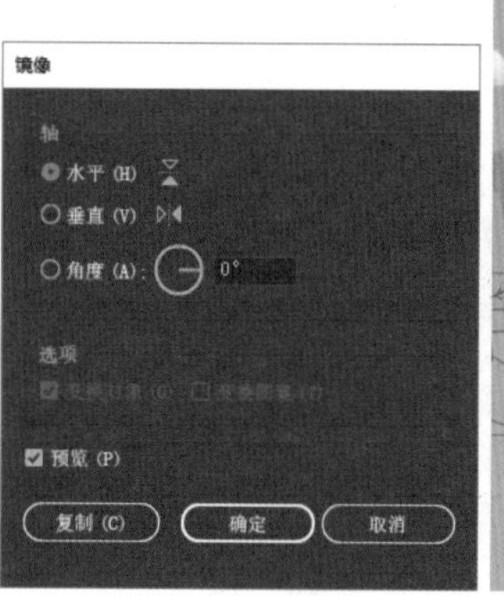

图 14-85

图 14-86

Step22 选择【火焰】符号实例，复制该符号实例，然后旋转实例，将其放在【火焰】符号实例下方。执行【对象】→【扩展】命令，扩展对象，然后在【属性】面板中设置填色为黑色，并降低不透明度，制作阴影效果，如图 14-87 所示。

Step23 单击【符号】面板左下角的 按钮，在弹出的菜单中选择【花朵】命令，打开【花朵】符号库面板，在其中选择【德国鸢尾】符号样本，将其添加到【符号】面板中，如图 14-88 所示。

图 14-87

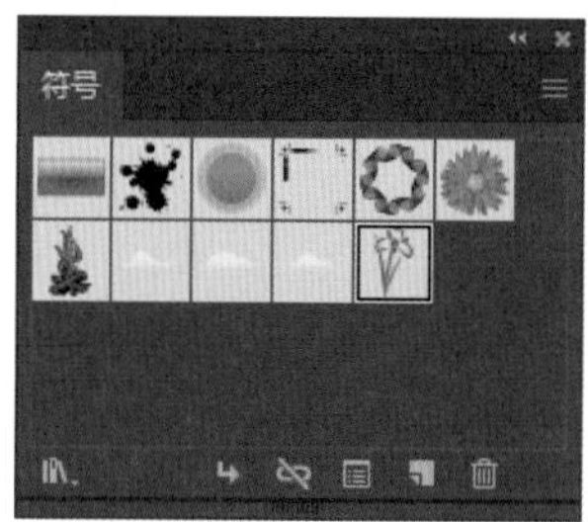

图 14-88

Step24 选择【符号】面板中的【德国鸢尾】符号样本。再选择【符号喷枪工具】，在画板上拖动鼠标光标绘制符号，如图 14-89 所示。

Step25 选择【符号缩放器工具】，单击鸢尾符号实例，调整符号大小。再选择【符号移位器工具】调整鸢尾符号的位置，完成风景插画的制作，如图 14-90 所示。

图 14-89

图 14-90

本章小结

本章主要介绍了 Illustrator CC 中符号的使用方法，包括【符号】面板的使用和符号工具的使用。利用【符号】面板可以向图稿中添加符号实例，或者新建、编辑、删除符号；使用符号工具则可以进行移动、旋转、改变符号颜色等操作。其中，编辑符号和符号工具的使用是本章学习的重点和难点，熟练掌握符号的使用可以简化复杂对象的创建过程，提高工作效率。

第15章 图表的制作

- 什么是图表?
- 创建图表后还可以改变图表类型吗?
- 可以用其他对象替换图表默认的数据条吗?

图表是非常直观的数据展示工具，Illustrator CC 中提供了柱形图、条形图、折线图、面积图、散点图、饼图、雷达图、堆积柱形图、堆积条形图等 9 种图表类型，以便于用于图表的设计。

15.1 图表的分类

Illustrator CC 中提供了多种类型的图表，分别是柱形图、堆积柱形图、条形图、堆积条形图、折线图、面积图、散点图、饼图和雷达图。不同类型的图表有不同的特点，下面就详细介绍这些图表。

★重点 15.1.1 柱形图

如图 15-1 所示，柱形图是以垂直柱形来表示数值的图表。使用【柱形图工具】可以创建柱形图。

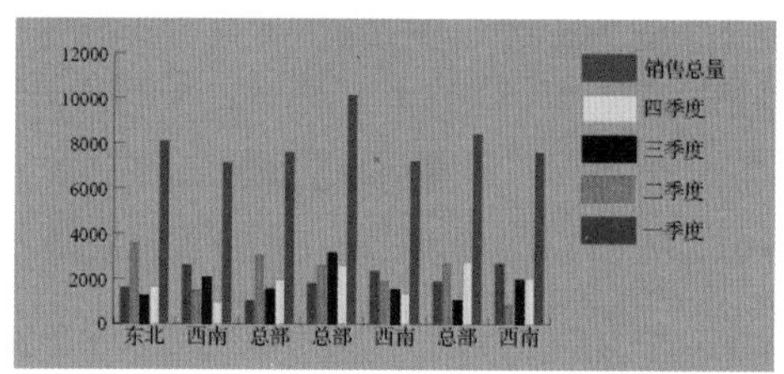

图 15-1

15.1.2 堆积柱形图

使用【堆积柱形图工具】可以创建堆积柱形图。堆积柱形图与柱形图类似，但它是将各个柱形堆积起来，而不是互相并列，这类图可用于表示部分与总体的关系，如图 15-2 所示。

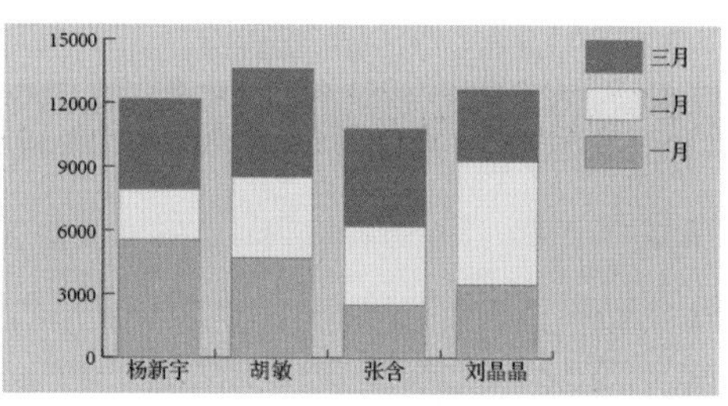

图 15-2

★重点 15.1.3 条形图

使用【条形图工具】创建的图与柱形图类似，只是条形图是水平放置的，如图 15-3 所示。

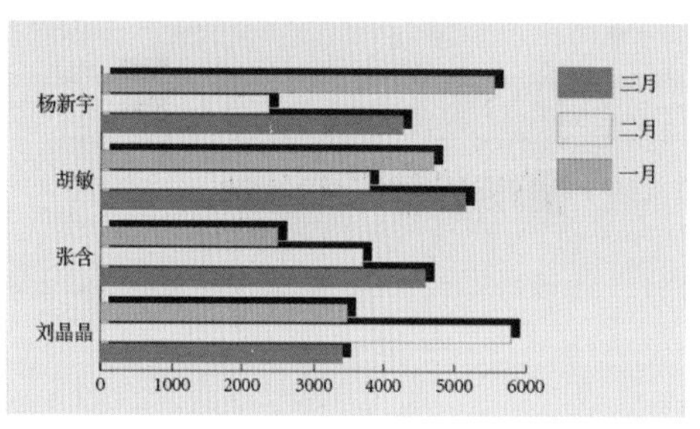

图 15-3

15.1.4 堆积条形图

使用【堆积条形图工具】创建的图与堆积柱形图类似，它是将各个条形堆积起来，如图 15-4 所示。

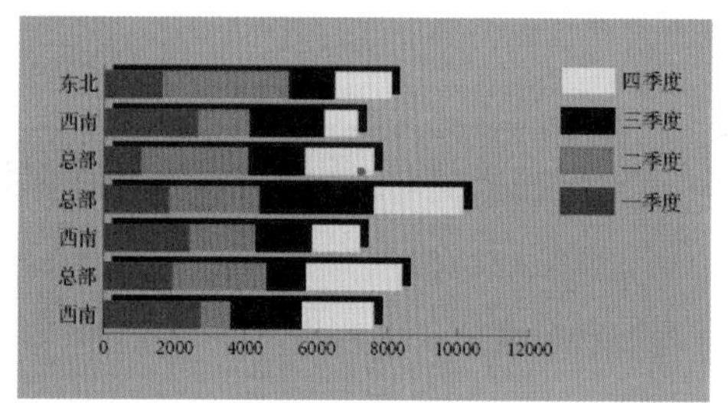

图 15-4

★重点 15.1.5 折线图

折线图是用点来表示一组或多组数值，并且对每组中的点都采用不同的线段来连接。这类图表通常用于表示在一段时间内一个或者多个主题的趋势。使用【折线图工具】可以创建折线图，如图 15-5 所示。

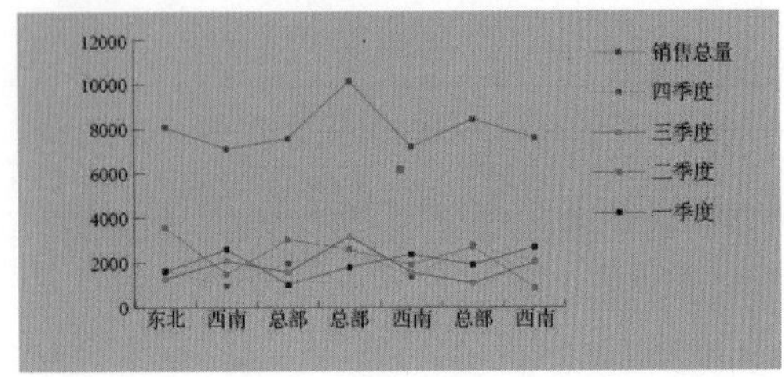

图 15-5

15.1.6 面积图

面积图与折线图类似，但它强调数值的整体和变化情况，如图 15-6 所示。使用【面积图工具】可以创建面积图。

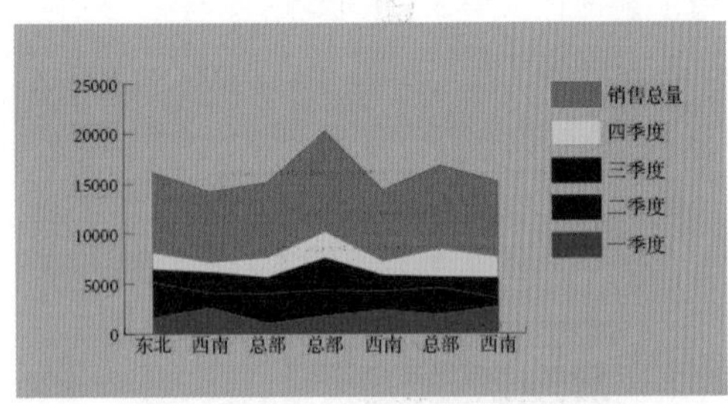

图 15-6

15.1.7 散点图

使用【散点图工具】创建的图会沿 X 轴和 Y 轴将数据点作为成对的坐标组进行绘制，如图 15-7 所示。散点图可用于识别数据中的图案或趋势，还可以表示变量是否相互影响。

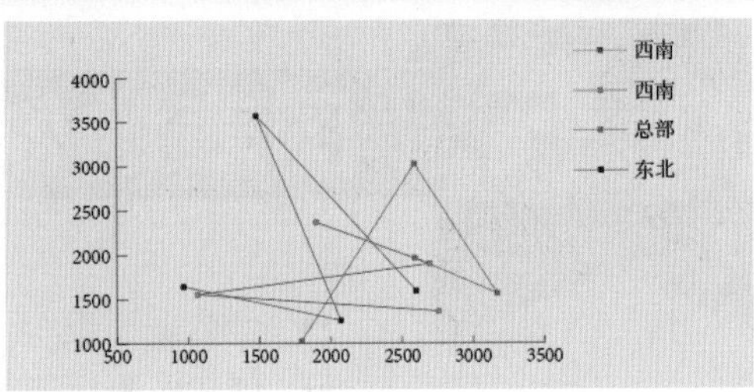

图 15-7

★重点 15.1.8 饼图

饼图用于表示所比较数值的相对占比范围，如图 15-8 所示。使用【饼图工具】可以创建饼图。

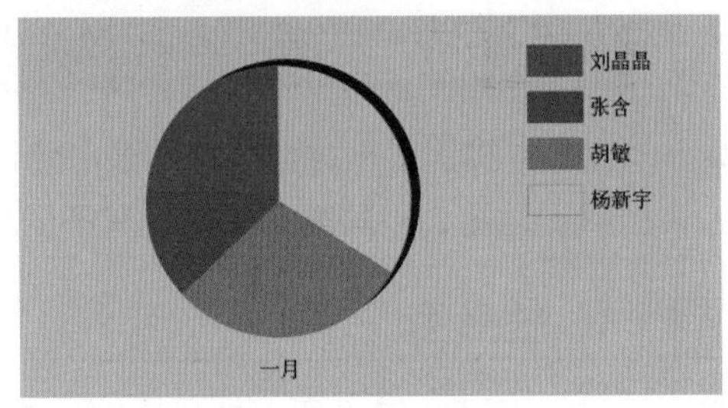

图 15-8

15.1.9 雷达图

使用【雷达图工具】创建的图表可在某一特定时间点或特定类别上比较数值组，并以图形格式表示，如图 15-9 所示，这种类型的图也被称为网状图。

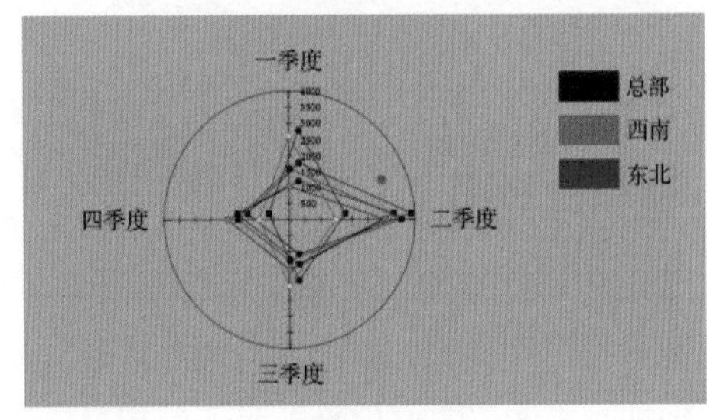

图 15-9

15.2 创建图表

图表是直观的数据展示方式，常用于数据分析、企业画册和数据展示页面。Illustrator CC 中可以通过录入数据和导入数据两种方法创建图表，下面就进行详细介绍。

★重点 15.2.1 实战：通过录入数据创建图表

图表的创建十分简单，绘制图表后，直接录入数据即可，具体操作步骤如下。

Step01 Illustrator CC 中提供了专门的图表工具创建图表。如图 15-10 所示，右击工具栏中的图表图标，在弹出的扩展菜单中显示了 Illustrator CC 提供的图表工具。例如，选择【柱形图工具】。

Step02 在画板上拖动鼠标光标绘制图表，如图 15-11 所示。

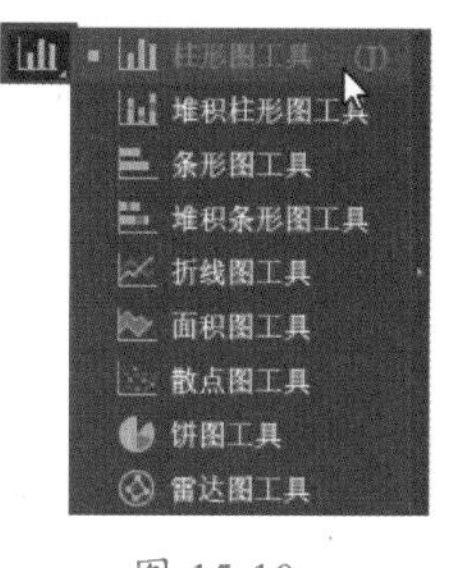

图 15-10

图 15-11

技术看板

使用图表工具绘制图表时，绘制的矩形框大小决定了图表的大小。

Step03 释放鼠标，打开图表数据窗口，如图 15-12 所示。

图 15-12

Step04 按【Delete】键删除原有的数据。再选择第一行第二列的单元格，然后在数据输入框中输入数据，如图 15-13 所示。

图 15-13

Step05 按【Enter】键确定输入，如图 15-14 所示。

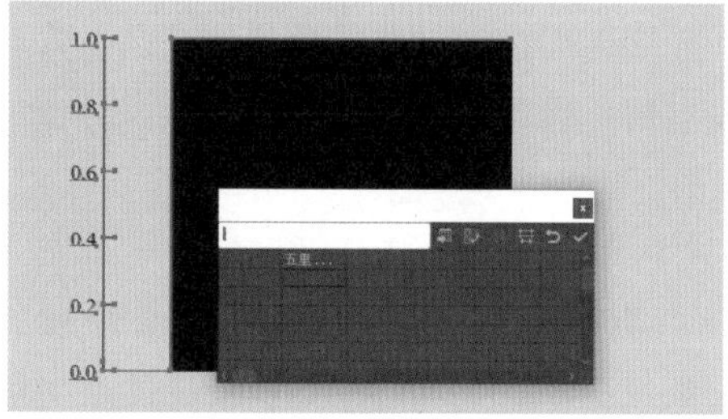

图 15-14

Step06 如果数据显示不完整，可以将鼠标光标放在第二列和第三列之间，当鼠标光标变换为形状时，向右拖动鼠标调整单元格宽度，以便显示出完整的数据，如图 15-15 所示。

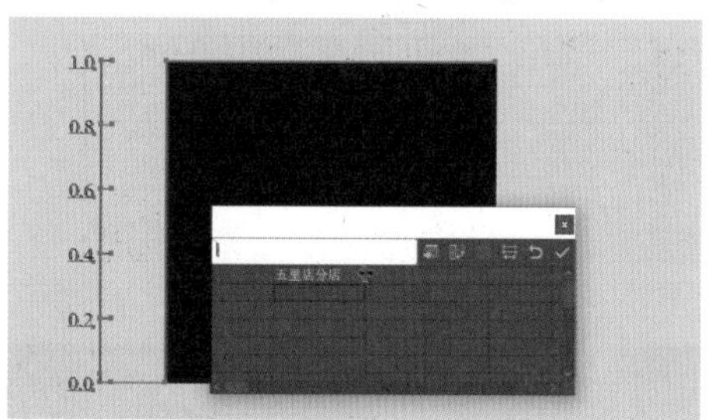

图 15-15

Step07 使用相同的方法继续输入数据，如图 15-16 所示。

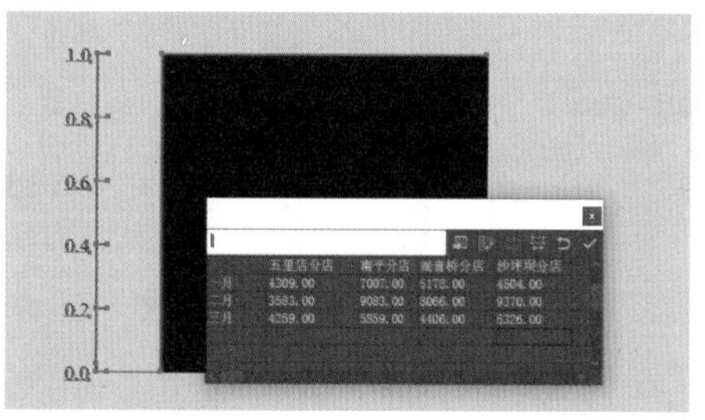

图 15-16

Step08 数据录入完成后，单击图表数据窗口右侧的按钮应用数据，再单击图表数据窗口右上角的按钮关闭窗口，返回文档中，如图 15-17 所示，即可看到以默认样式创建的图表效果。

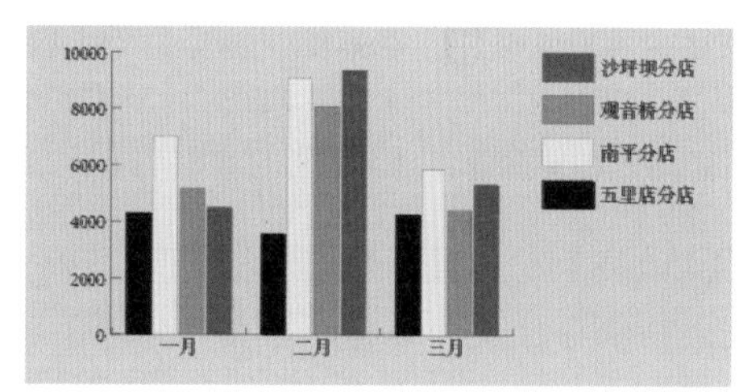

图 15-17

★重点 15.2.2 实战：通过导入数据创建图表

录入数据是创建图表最直接的方法，但是手动输入数据容易出错，也不便于处理大量的数据，这时便可以使用导入数据的方式创建图表，具体操作步骤如下。

Step 01 导入数据之前需要将数据整理为文本文件进行保存。打开“素材文件 \ 第 15 章 \ 销售业绩表 .xlsx”文件，选择数据区域，按【Ctrl+C】快捷键复制数据，如图 15-18 图所示。

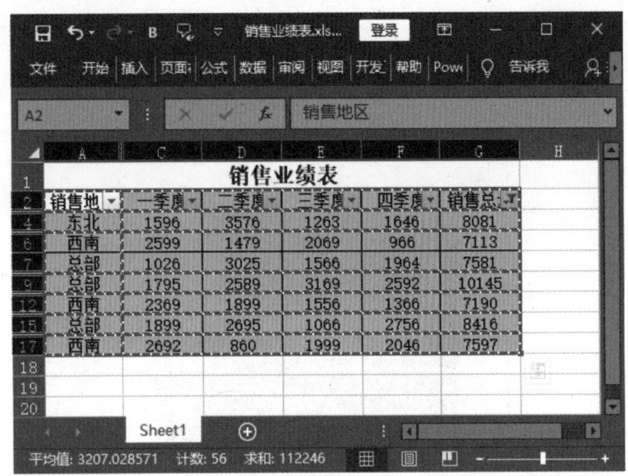

图 15-18

Step 02 打开【记事本】程序，按【Ctrl+V】快捷键粘贴数据，如图 15-19 所示。

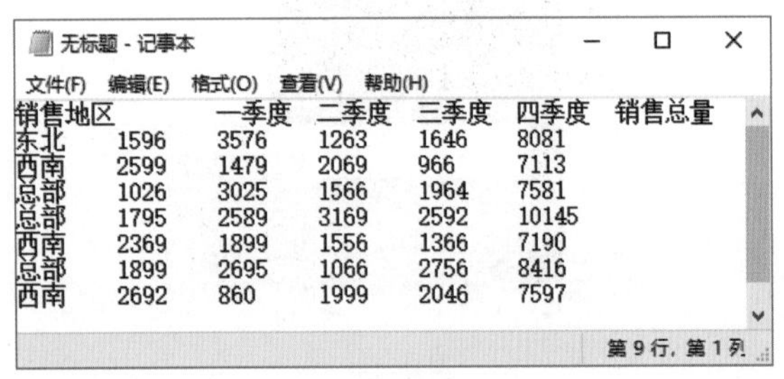

图 15-19

> **技能拓展——怎么打开【记事本】程序**
>
> 【记事本】程序在 Windows 附件中。单击计算机屏幕左下角的【开始】按钮，在弹出的菜单中找到【Windows 附件】命令，再单击扩展按钮展开菜单，找到【记事本】程序图标并单击，即可打开【记事本】程序。

Step 03 按【Ctrl+S】快捷键保存文件，打开【另存为】对话框，设置文档保存位置和名称。单击【保存】按钮保存文件，如图 15-20 所示。

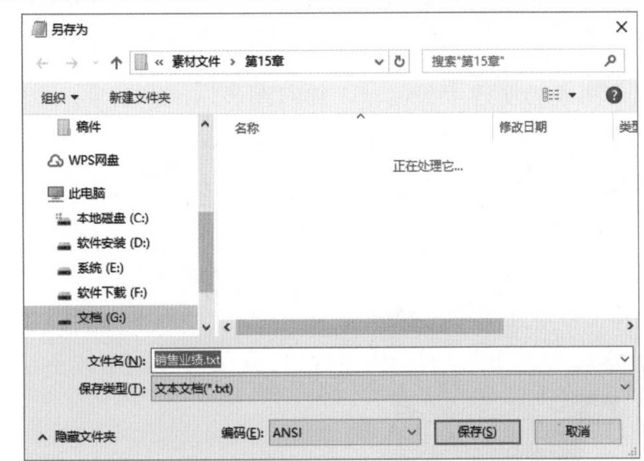

图 15-20

Step 04 在 Illustrator CC 中新建文档，再选择图表工具，如选择【柱形图工具】。然后在画板上拖动鼠标光标绘制图表，打开图表数据窗口，如图 15-21 所示。

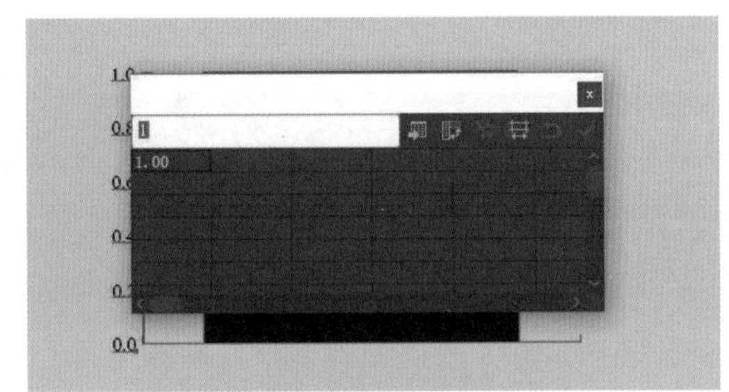

图 15-21

Step 05 单击图表数据窗口中的【导入数据】按钮，打开【导入图表数据】对话框，定位至文本文件的保存位置，选择【销售业绩 .txt】文件，如图 15-22 所示。

图 15-22

Step 06 单击【打开】按钮，导入数据到图表数据窗口，如图 15-23 所示。

销售地区	一季度	二季度	三季度	四季度	销售总量
东北	1596.00	3576.00	1263.00	1646.00	8081.00
西南	2599.00	1479.00	2069.00	966.00	7113.00
总部	1026.00	3025.00	1566.00	1964.00	7581.00
总部	1795.00	2589.00	3169.00	2592.00	10145.00
西南	2369.00	1899.00	1556.00	1366.00	7190.00
总部	1899.00	2695.00	1066.00	2756.00	8416.00
西南	2692.00	860.00	1999.00	2046.00	7597.00

图 15-23

Step 07 单击图表数据窗口右侧的 ✓ 按钮应用数据，再单击图表数据窗口右上角的 × 按钮关闭窗口，返回文档中，如图 15-24 所示，即可看到以默认样式创建的图表效果。

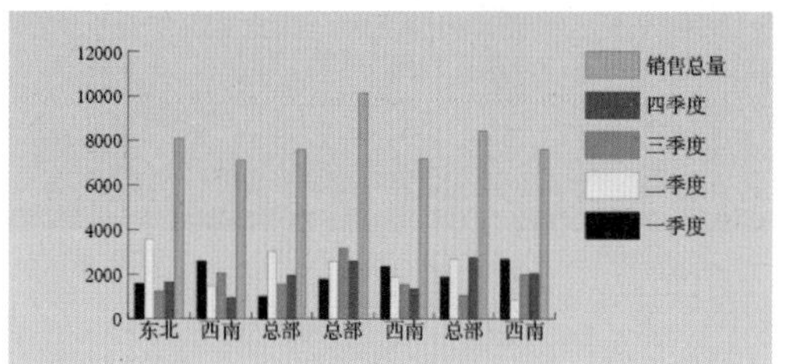

图 15-24

15.3 编辑和美化图表

创建图表后，可以对图表进行编辑和美化，如修改图表数据、设置文字大小、图表颜色等。下面就详细介绍编辑和美化图表的方法。

★重点 15.3.1 实战：转换图表类型

制作图表后，可以转换图表类型，具体操作步骤如下。

Step 01 打开"素材文件\第 15 章\修改图表类型 .ai"文件。如图 15-25 所示，选择创建的图表。

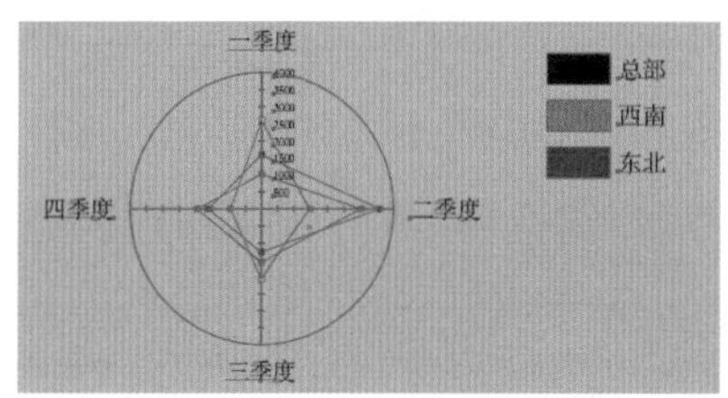

图 15-25

Step 02 双击图表工具图标，打开【图表类型】对话框，在【类型】栏中提供了所有的图表类型，单击选择任意一种图表类型，如这里选择【条形图】，如图 15-26 所示。

图 15-26

Step 03 单击【确定】按钮，返回文档，即可将选择的图表转换为条形图，如图 15-27 所示。

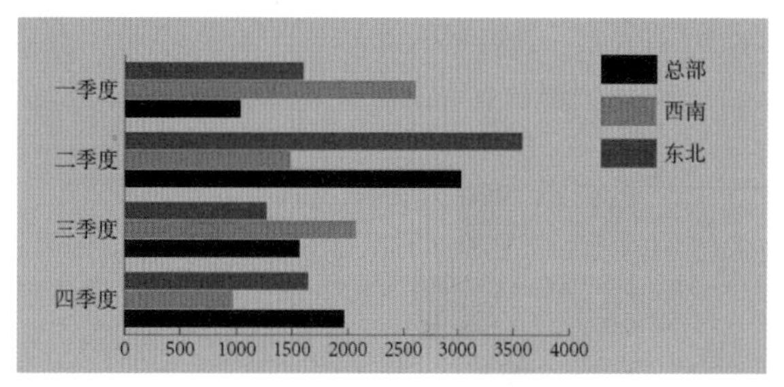

图 15-27

15.3.2 调整图表样式

设置【图表类型】对话框中的参数，可以调整图表的样式，如修改数值轴的位置、将图例放置在图表上方、为图表添加投影效果等。

1. 调整数值轴位置

双击图表工具图标，打开【图表类型】对话框，单击【数值轴】下拉按钮，在弹出的下拉列表中可以选择一种数值轴位置，如图 15-28 所示。图表类型不同，可设置的数值轴位置也有所不同。

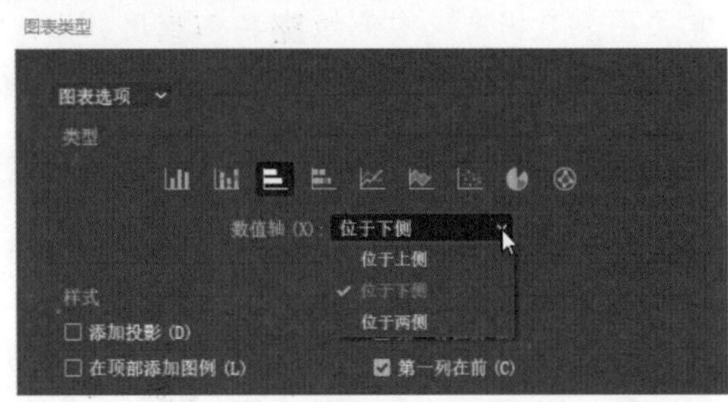

图 15-28

● 位于上侧：数值轴会在图表上方显示，如图 15-29 所示。

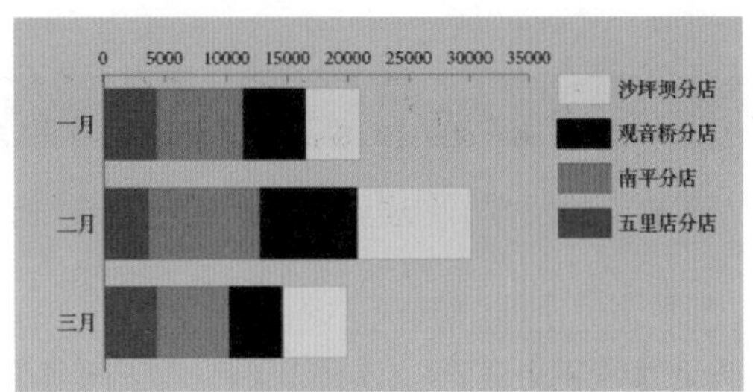

图 15-29

● 位于下侧：数值轴会在图表下方显示，如图 15-30 所示。

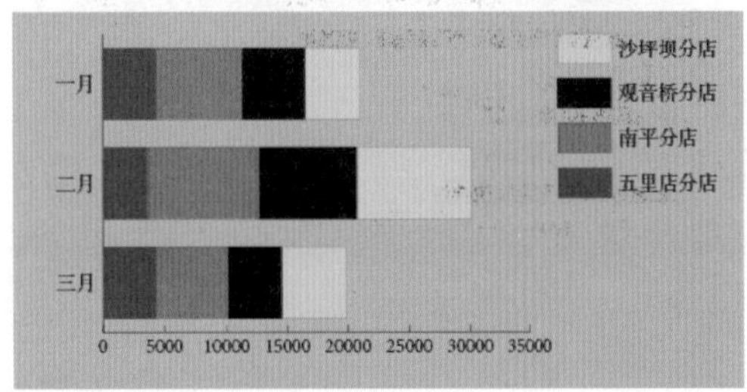

图 15-30

● 位于左侧：数值轴会在图表左侧显示，如图 15-31 所示。

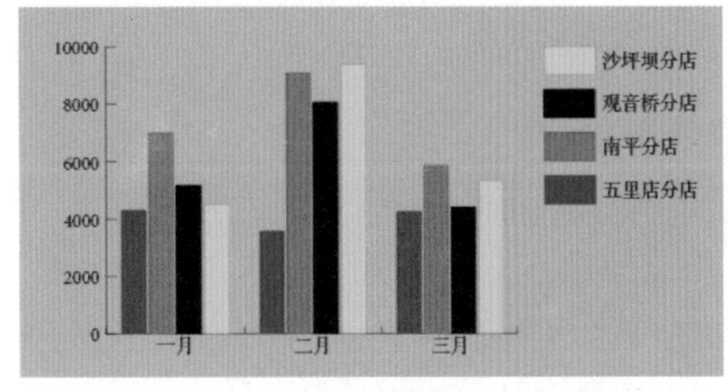

图 15-31

● 位于右侧：数值轴会在图表右侧显示，如图 15-32 所示。

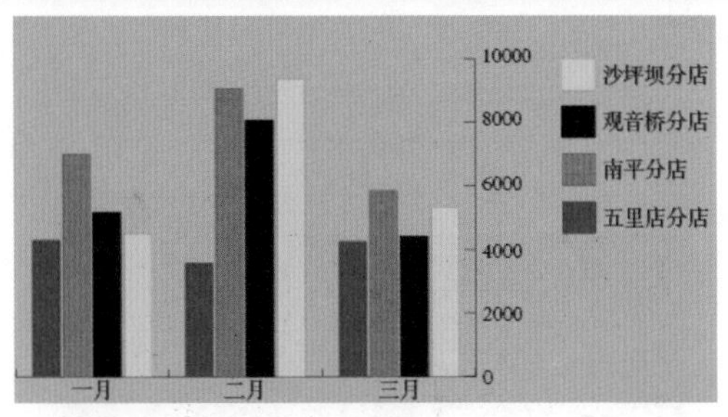

图 15-32

● 位于两侧：数值轴会在图表的上下两侧或者左右两侧显示，如图 15-33 所示。

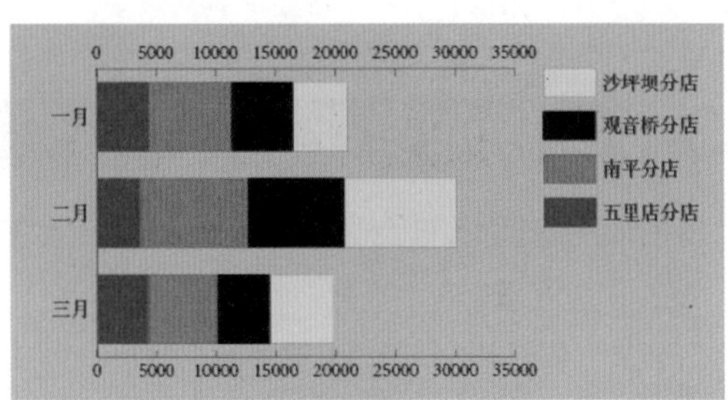

图 15-33

2. 在顶部添加图例

默认情况下，图例都显示在图表的右侧。在【图表类型】对话框中选中【在顶部添加图例】复选框，如图 15-34 所示，即可将图例放在图表顶部，如图 15-35 所示。

图 15-34

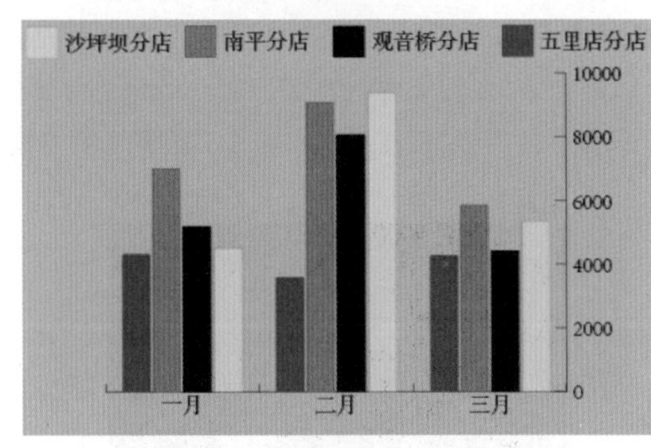

图 15-35

3. 为图表添加投影效果

在【图表类型】对话框中选中【添加投影】复选框，

如图 15-36 所示，即可为图表添加投影效果，使其产生立体感，如图 15-37 所示。

图 15-36

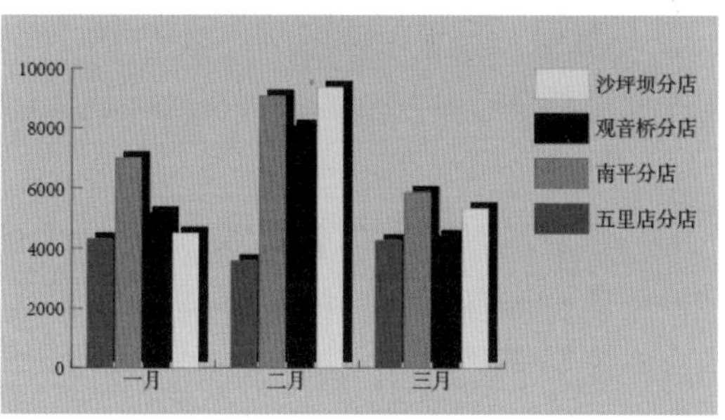

图 15-37

★重点 15.3.3 修改图表数据

创建图表后，如果要更改数据，可以先选择图表，再执行【对象】→【图表】→【数据】命令，打开图表数据窗口，如图 15-38 所示，直接修改数据即可。

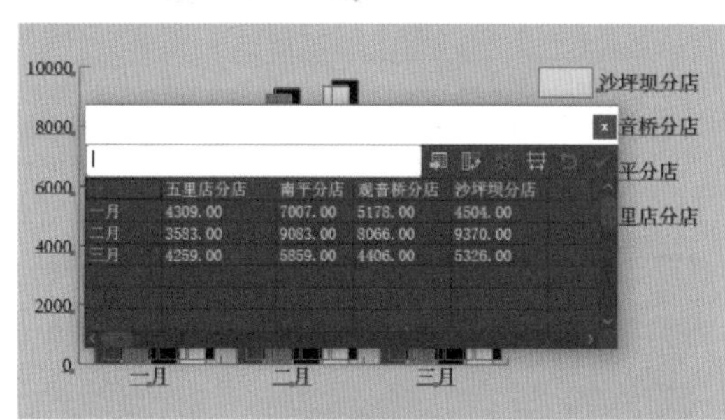

	五里店分店	南平分店	观音桥分店	沙坪坝分店
一月	4309.00	7007.00	5178.00	4504.00
二月	3583.00	9083.00	8066.00	9370.00
三月	4259.00	5859.00	4406.00	5326.00

图 15-38

★重点 15.3.4 实战：修改数值轴的刻度值

创建图表时，Illustrator CC 会自动根据输入的数据设置数值轴的刻度值。用户也可以根据需要手动设置数值轴的刻度值。具体操作步骤如下。

Step 01 打开“素材文件\第 15 章\修改刻度值 .ai”文件，如图 15-39 所示，选择图表。

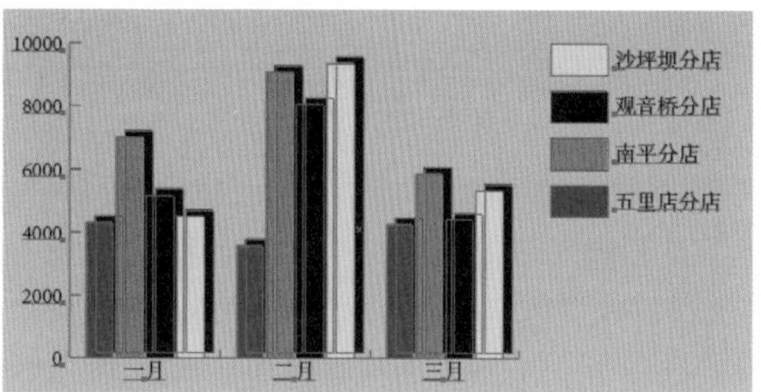

图 15-39

Step 02 双击图表工具图标，打开【图表类型】对话框，单击【图表选项】下拉按钮，在弹出的下拉列表中选择【数值轴】选项，切换到【数值轴】选项卡，如图 15-40 所示。

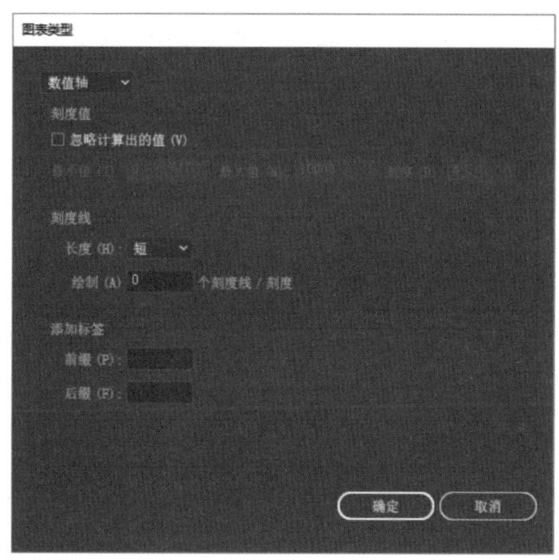

图 15-40

Step 03 选中【忽略计算出的值】复选框，激活刻度值设置选项。设置【最小值】为 2000，【最大值】为 10000，【刻度】为 16，如图 15-41 所示。

图 15-41

Step 04 单击【确定】按钮，返回文档中，如图 15-42 所示，可以看到数值轴上以 2000 为起始值，每个刻度之间的间隔为 500。

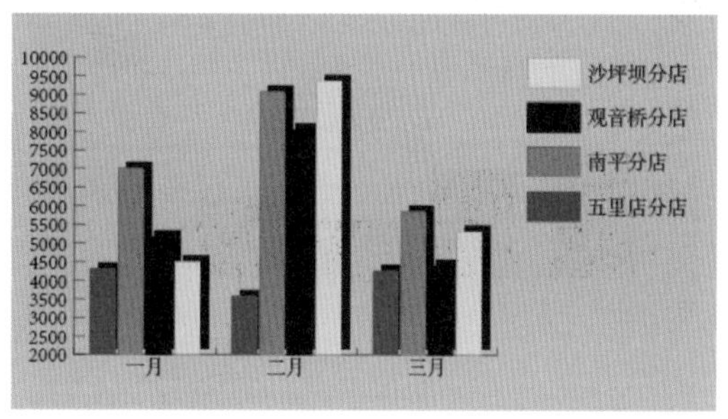

图 15-42

★重点 15.3.5 实战：修改图表颜色和文字

默认情况下，创建的图表均是以黑、白、灰的颜色呈现，而且创建的图表会自动编组。因此，需要使用【编组选择工具】或者【直接选择工具】选择单独的对象进行编辑。修改图表颜色和文字的操作步骤如下。

Step01 打开“素材文件\第 15 章\修改图表颜色.ai”文件，如图 15-43 所示，这是一张使用默认格式创建的图表。

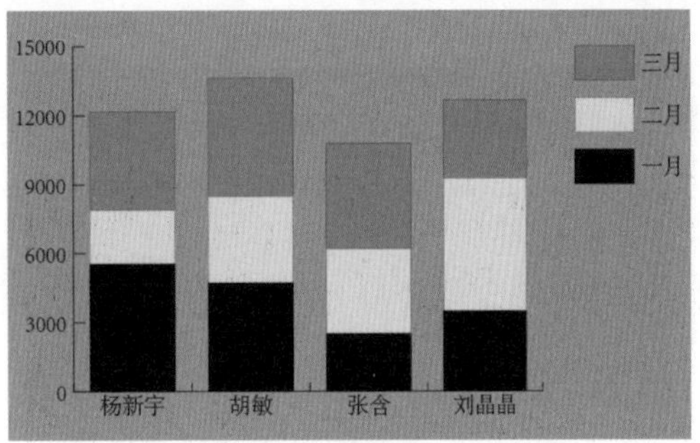

图 15-43

Step02 使用【直接选择工具】选择灰色数据区域，执行【选择】→【相同】→【外观】命令，选择所有代表三月的数据区域，如图 15-44 所示。

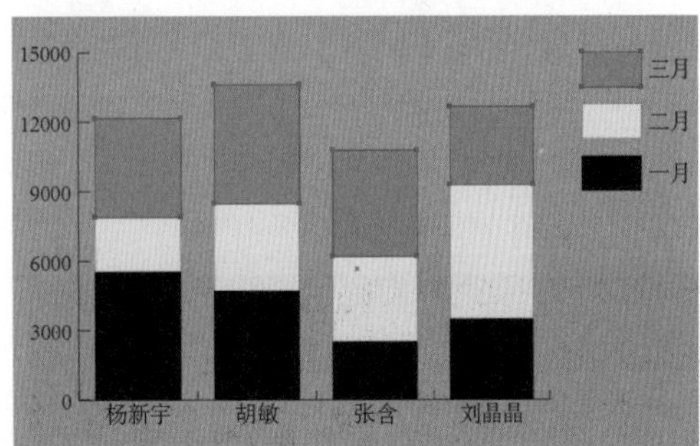

图 15-44

Step03 在【属性】面板中修改填充色，如图 15-45 所示。

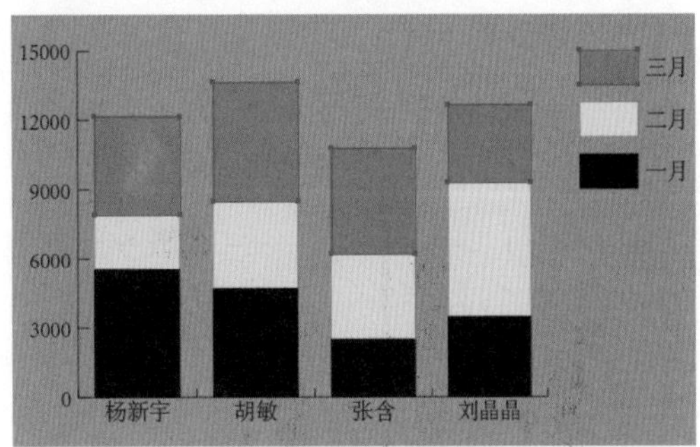

图 15-45

Step04 使用相同的方法修改代表一月和二月数据区域的颜色，如图 15-46 所示。

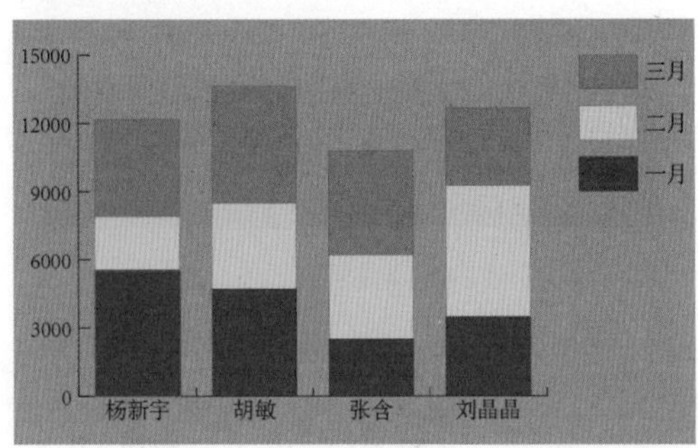

图 15-46

Step05 使用【直接选择工具】，按住【Shift】键选择数值轴的数值，在【属性】面板中设置字体系列、大小和颜色，如图 15-47 所示。

图 15-47

Step06 使用相同的方法设置其他文字的样式，如图 15-48 所示。

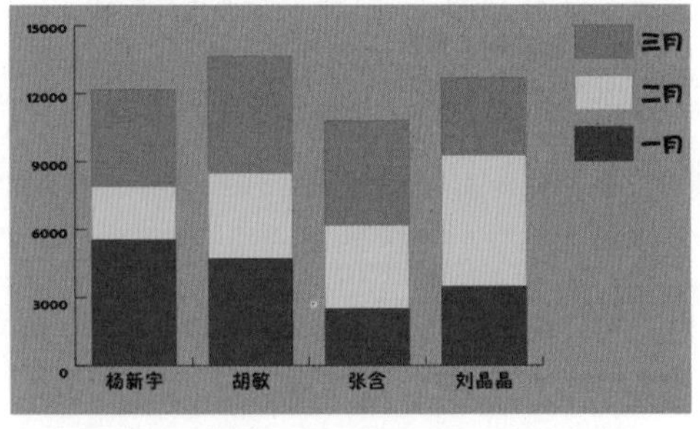

图 15-48

15.3.6 添加图案到图表

默认情况下，创建的图表效果以几何图形为主，为了使图表效果更加生动，可以使用普通图形或者符号对象来代表几何图形。添加图案到图表的具体操作步骤如下。

Step01 打开“素材文件\第 15 章\一月.ai”文件，如图 15-49 所示，该图表是以几何图形绘制的。

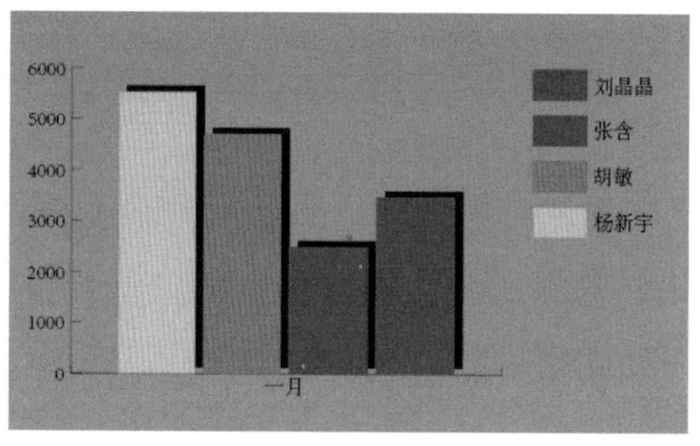

图 15-49

Step02 使用图案创建图表之前需要创建设计方案。单击工具栏中的【画板工具】，在画布上拖曳鼠标光标创建一个空白画板。执行【窗口】→【符号】命令，打开【符号】面板，再打开【花朵】符号库面板，拖动【红玫瑰】符号到空白画板上，如图 15-50 所示。

图 15-50

Step03 执行【对象】→【图表】→【设计】命令，打开【图表设计】对话框，单击【新建设计】按钮，新建设计方案，如图 15-51 所示。

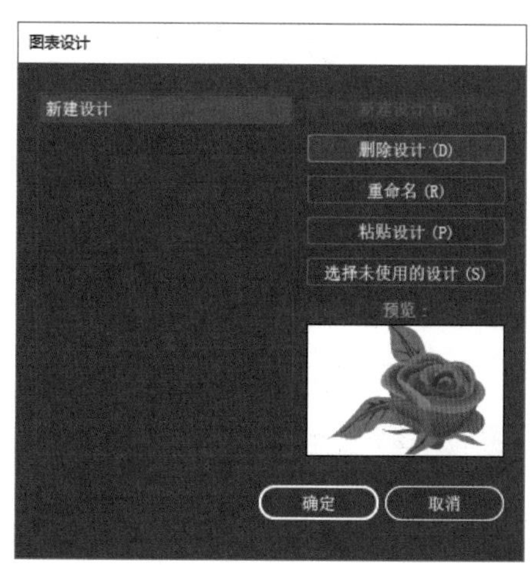

图 15-51

Step04 单击【确定】按钮，保存设计方案。选择画板 1 上的黄色数据区域，如图 15-52 所示。

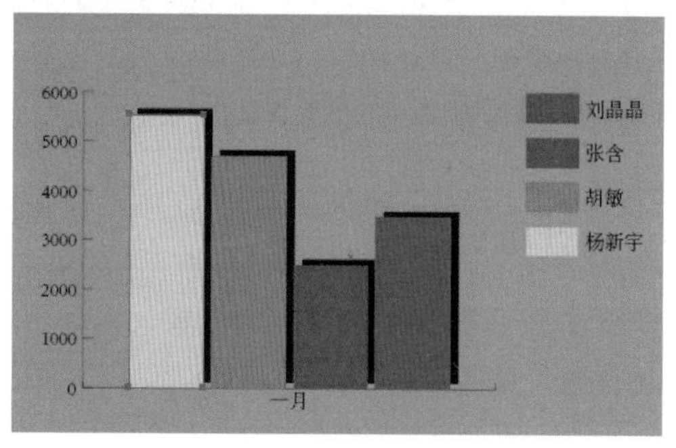

图 15-52

Step05 执行【对象】→【图表】→【柱形图】命令，打开【图表列】对话框，如图 15-53 所示，选择之前保存的【新建设计】设计方案，在【列类型】下选择【重复堆叠】选项，设置【每个设计表示】为 1000 个单位。

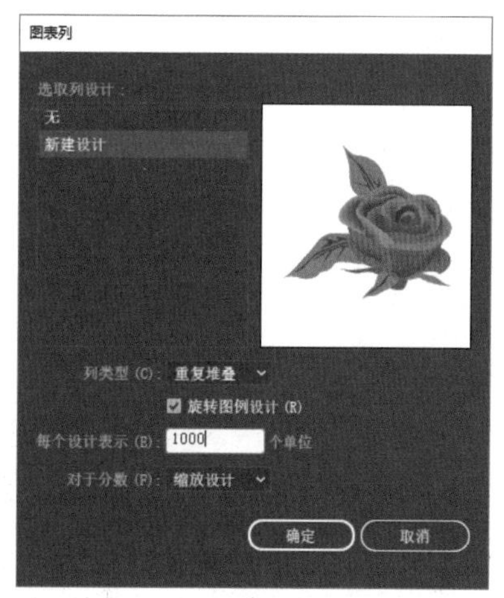

图 15-53

Step06 单击【确定】按钮，返回文档，所选择的数据区域以红玫瑰图形表示，如图 15-54 所示。

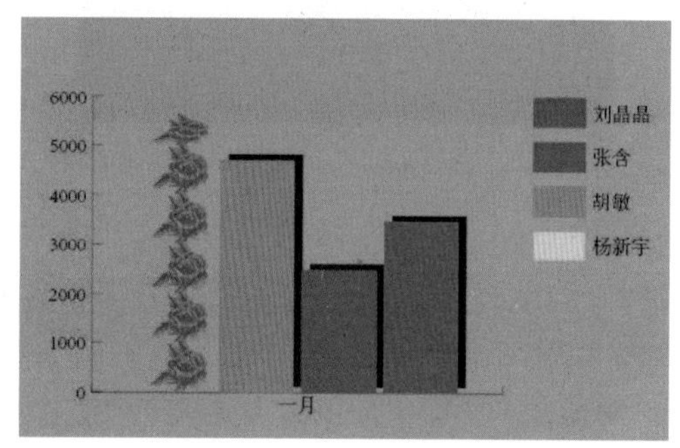

图 15-54

技术看板

创建的柱形图和条形图都可以通过执行【对象】→【图表】→【柱形图】命令来添加图案到图表。

15.3.7 设计标记

【标记】表示图表中数据点的位置，例如折线图中转折点的位置，如图 15-55 所示，默认情况下的标记都为正方形。

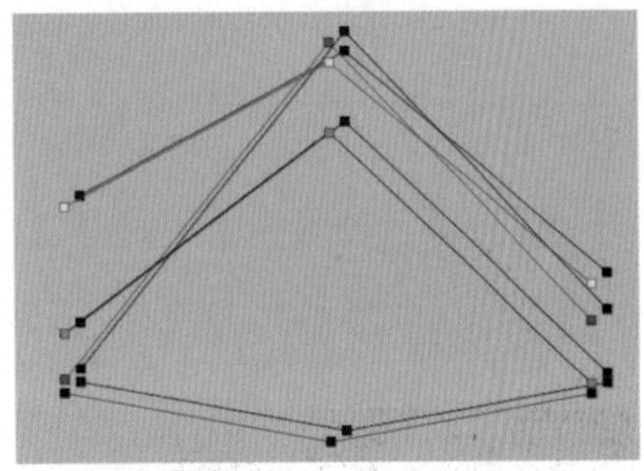

图 15-55

在 Illustrator CC 中，可以使用图案来代替默认的标记形状。先创建一个新的设计方案，如图 15-56 所示。再选择标记，如图 15-57 所示。

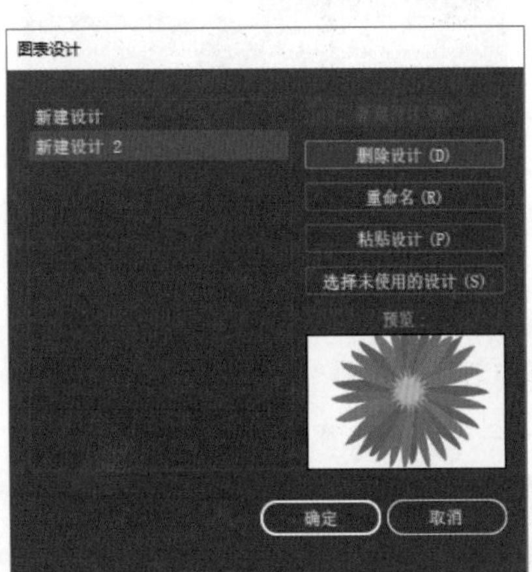

图 15-56

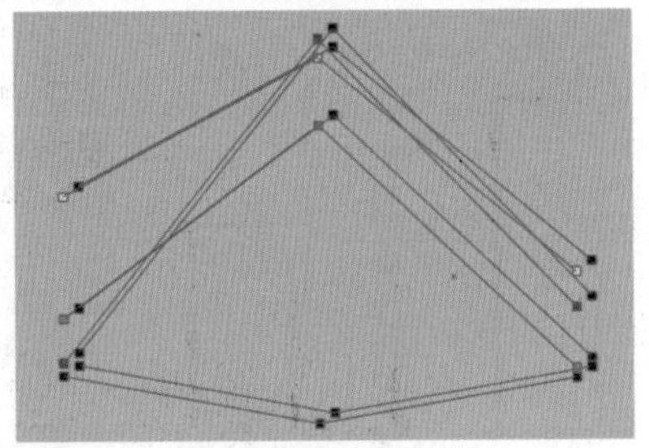

图 15-57

执行【对象】→【图表】→【标记】命令，打开【图表标记】对话框，选择一种设计方案，如图 15-58 所示。单击【确定】按钮，返回文档中，即可看到默认标记被花图案所代替，如图 15-59 所示。

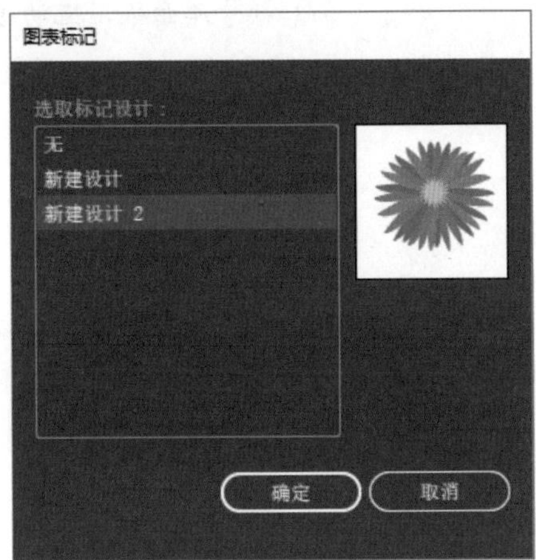

图 15-58

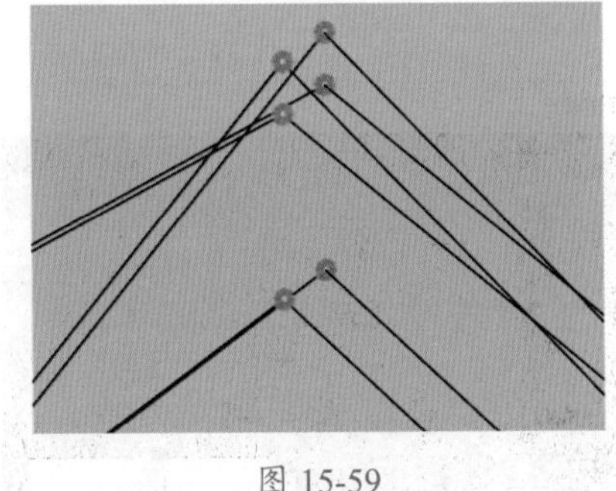

图 15-59

妙招技法

通过前面内容的学习，相信大家已经了解了图表的创建和编辑方法，下面结合本章内容介绍一些使用技巧。

技巧 01 将符号添加至图表时太拥挤怎么办

如图 15-60 所示，将符号添加到图表后会出现比较拥挤的情况。此时，可以在图案周围创建一个无填色、无描边的矩形对象，然后将矩形和图案一起创建为设计图案。这样矩形与图案间的空隙越大，在使用图案时，图案间的距离也就越大，如图 15-61 所示。

图 15-60

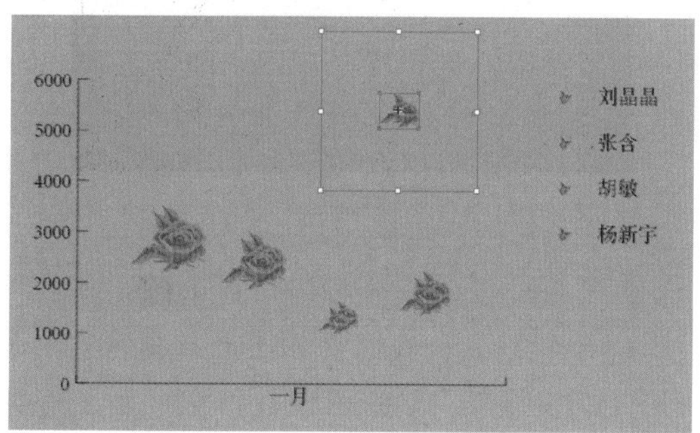

图 15-61

技巧 02 如何绘制精确大小的图表

选择图表工具后，在画板上单击，此时会打开【图表】对话框，如图 15-62 所示，设置【宽度】和【高度】值就可以创建精确大小的图表了。

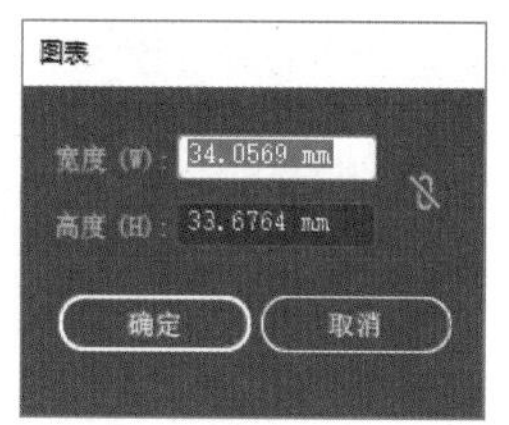

图 15-62

技巧 03 怎么设置图表数据窗口中的小数位数

在图表数据窗口中输入数据时，默认情况下会显示 2 位小数，如图 15-63 所示。单击图表数据窗口上方的 按钮，打开【单元格样式】对话框，设置【小数位数】参数，可以定义数据需要保留的小数位数；设置【列宽度】参数，可以定义单元格的宽度，如图 15-64 所示。

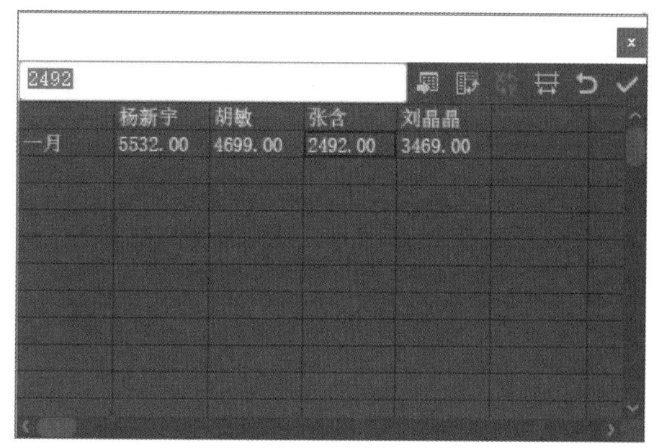

图 15-63

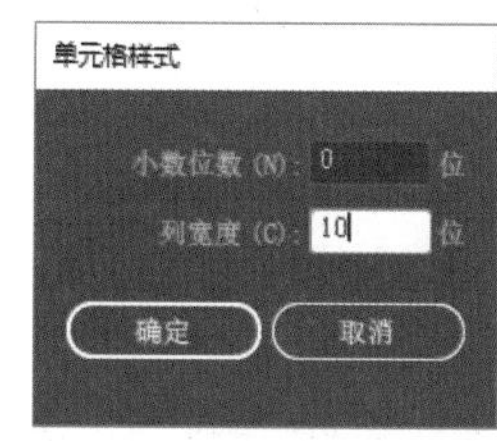

图 15-64

同步练习：制作电器销控表

本例将利用条形图制作电器销控表。先利用数据制作默认的条形图，再调整图表的样式、数据条的颜色及文字效果，完成制作后的效果如图 15-65 所示。

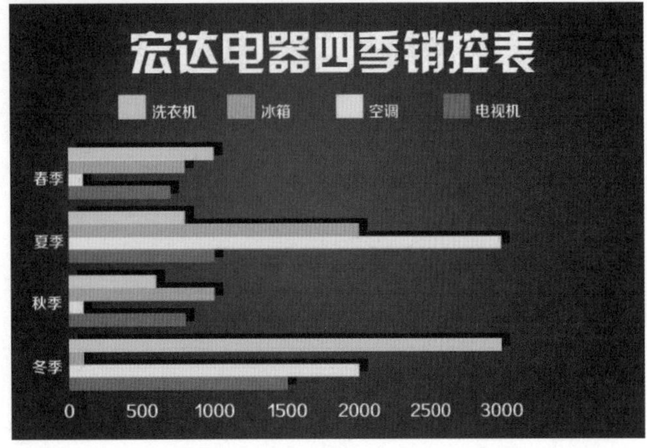

图 15-65

素材文件	无
结果文件	结果文件 \ 第 15 章 \ 销控表 .ai

Step01 新建一个横向的 A4 文档。使用【矩形工具】绘制一个画板大小的矩形对象，如图 15-66 所示。

图 15-66

Step02 单击工具栏底部的【渐变】按钮，打开【渐变】面板，设置【渐变类型】为径向渐变，渐变颜色为 #525c65 和 #2e353e，如图 15-67 所示。

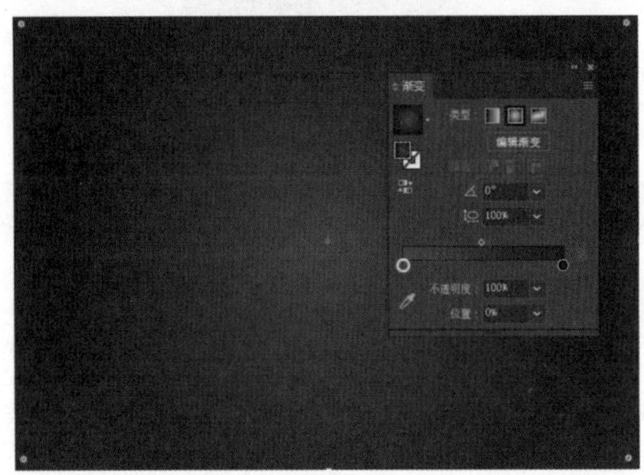

图 15-67

Step03 单击【渐变】面板中的【编辑渐变】按钮，显示渐变批注者，拖动颜色中点和色标，调整渐变效果，如图 15-68 所示。按【Ctrl+2】快捷键锁定对象。

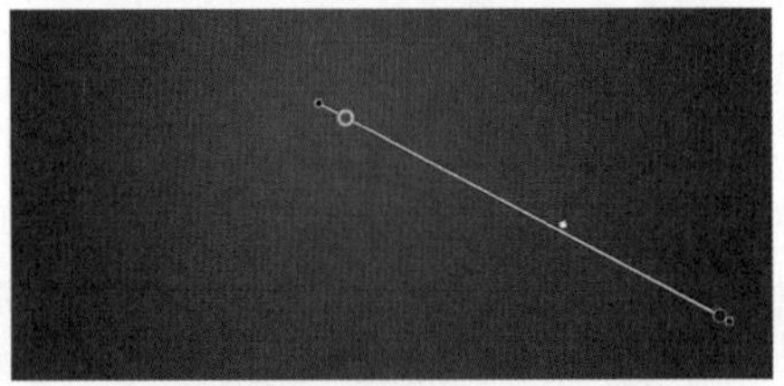

图 15-68

Step04 使用【文字工具】输入标题文字。在【属性】面板中设置字体颜色为白色，字体样式为【汉仪菱心体简】，字体大小为 60pt，如图 15-69 所示。

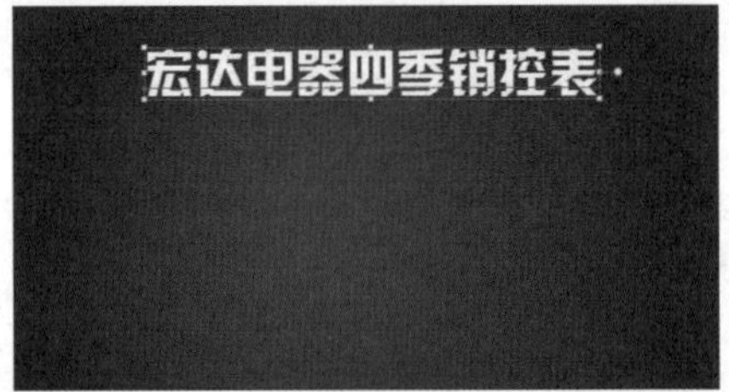

图 15-69

Step05 选择工具栏中的【条形图工具】。在画板上拖动鼠标光标绘制图表，在打开的图表数据窗口中录入数据，如图 15-70 所示。单击图表数据窗口右上角的按钮应用数据，再单击右上角的按钮关闭窗口，完成图表的绘制，如图 15-71 所示。

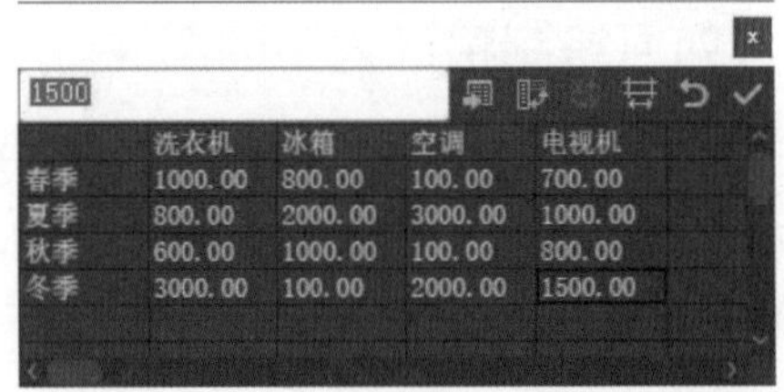

	洗衣机	冰箱	空调	电视机
春季	1000.00	800.00	100.00	700.00
夏季	800.00	2000.00	3000.00	1000.00
秋季	600.00	1000.00	100.00	800.00
冬季	3000.00	100.00	2000.00	1500.00

图 15-70

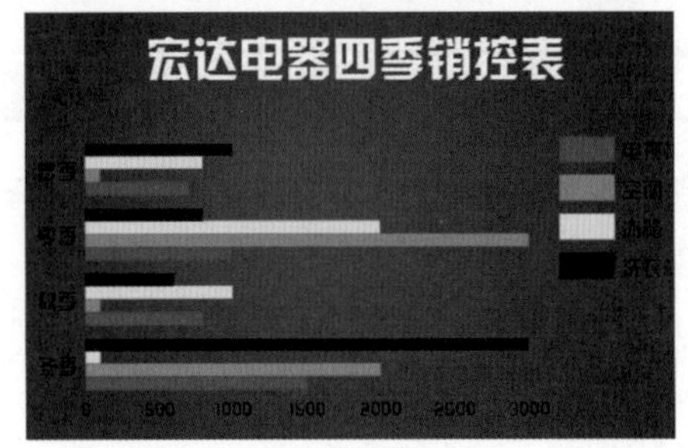

图 15-71

Step06 使用【直接选择工具】选择黑色数据条，如图 15-72 所示。执行【选择】→【相同】→【外观】命令，选择所有代表洗衣机的黑色数据条，如图 15-73 所示。

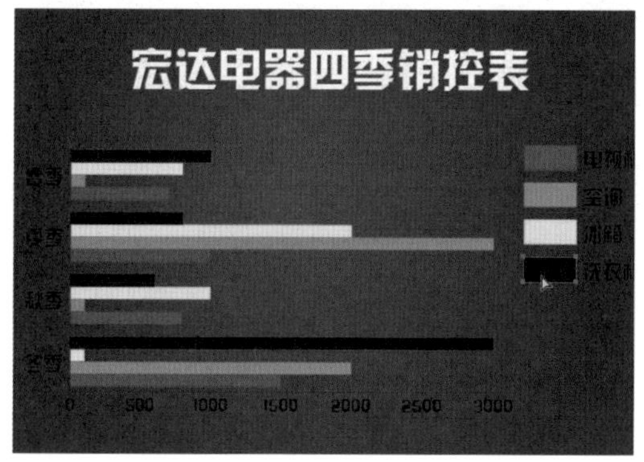

图 15-72

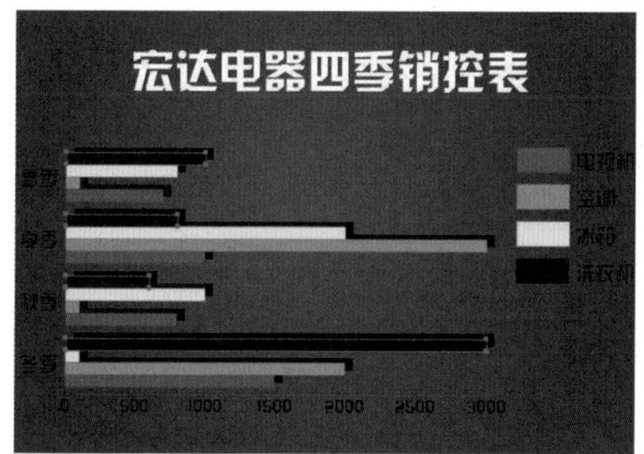

图 15-73

Step07 在工具栏中设置填充为 #c1e4e7，描边为无，如图 15-74 所示。

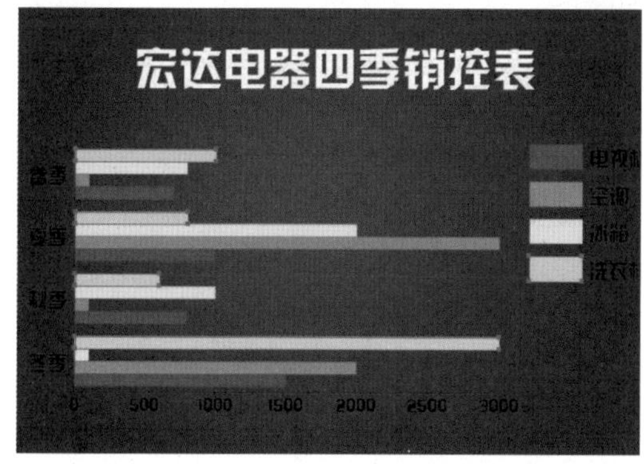

图 15-74

Step08 使用相同的方法，设置代表冰箱、空调和电视机的数据条填充色分别为 #ebc071、#e9f0f0 和 #dd7955，如图 15-75 所示。

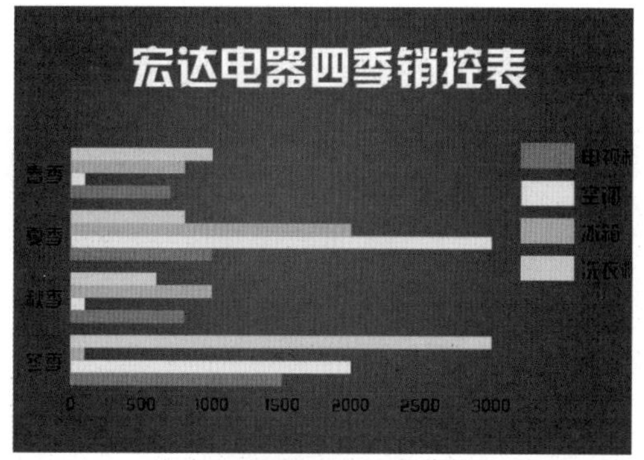

图 15-75

Step09 使用【选择工具】选择图表。执行【对象】→【图表】→【类型】命令，打开【图表类型】对话框，选中【添加投影】和【在顶部添加图例】复选框，如图 15-76 所示。单击【确定】按钮，为图表添加投影效果并改变图例位置，如图 15-77 所示。

图 15-76

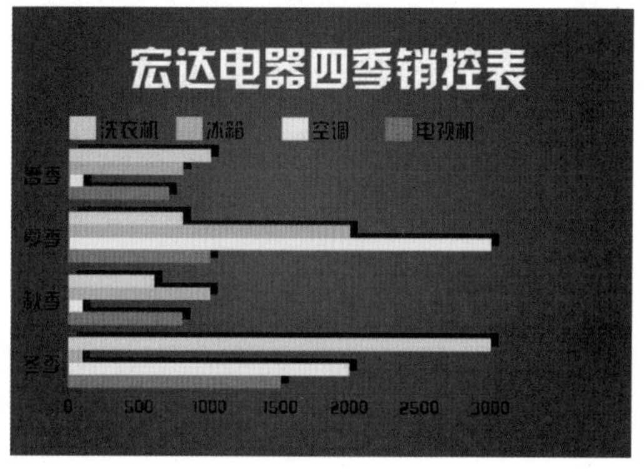

图 15-77

Step10 使用【直接选择工具】选择文字和数字，在【属性】面板中设置字体颜色为白色，字体样式为【方正正中黑简】，字体大小为 20pt，如图 15-78 所示。

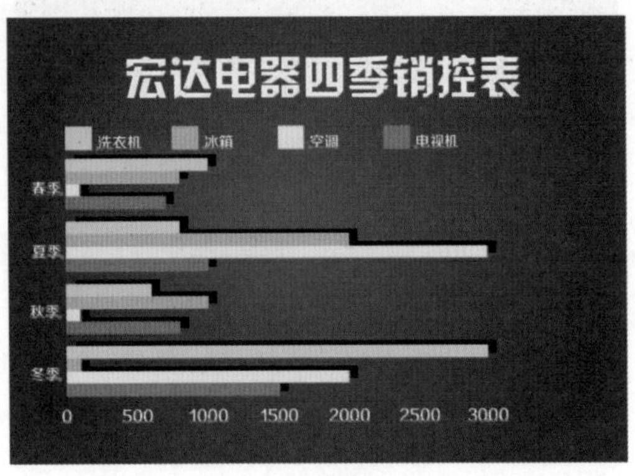

图 15-78

Step 11 使用【直接选择工具】选择黑色投影数据条，如图 15-79 所示。执行【选择】→【相同】→【填充颜色】命令，选择所有的黑色投影数据条，如图 15-80 所示。

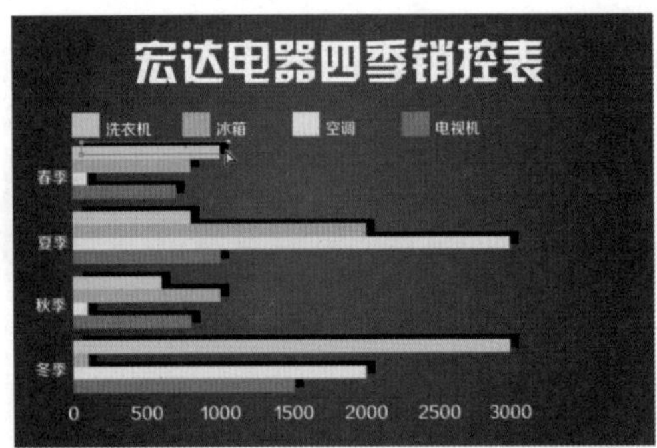

图 15-79

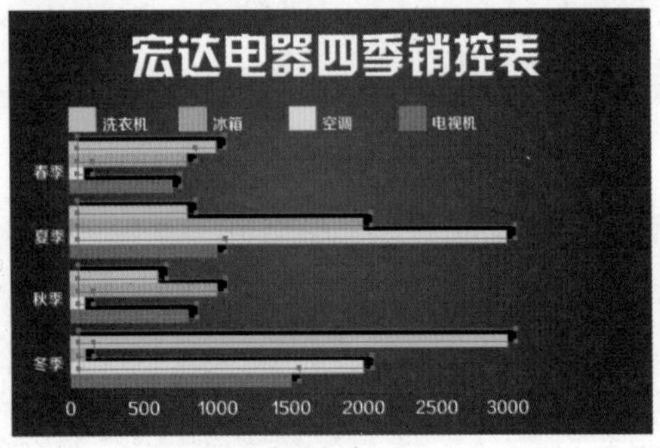

图 15-80

Step 12 在【属性】面板中设置填充为深褐色（#40220f），如图 15-81 所示。

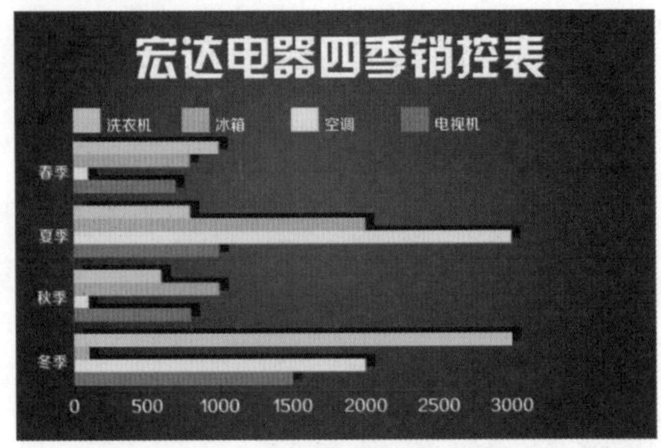

图 15-81

Step 13 使用【直接选择工具】选择图例，如图 15-82 所示。拖动鼠标调整图例的位置，完成销控表的制作，如图 15-83 所示。

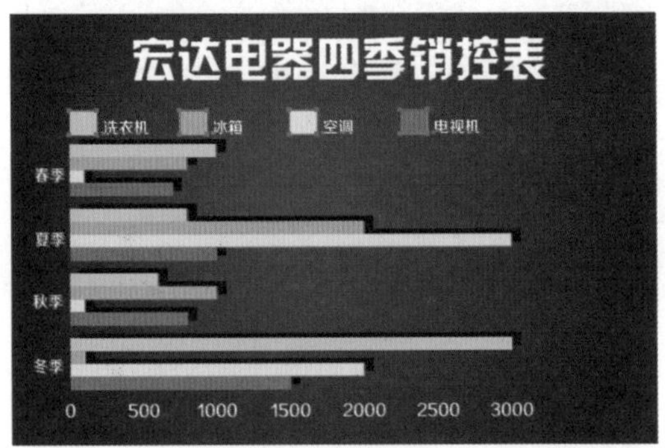

图 15-82

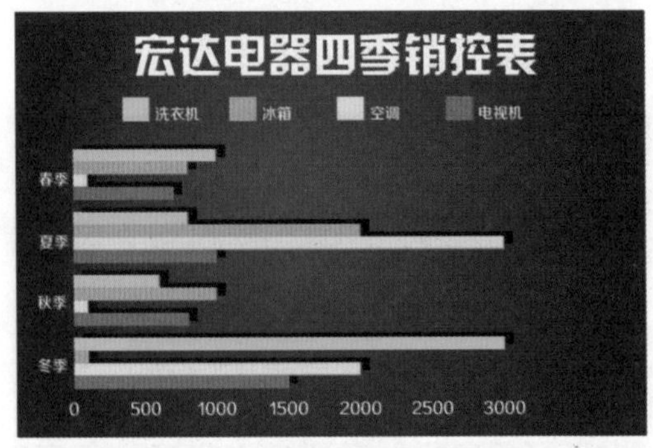

图 15-83

本章小结

本章主要介绍了 Illustrator CC 中图表的使用方法，包括图表的分类、图表的创建、编辑和美化方法。其中图表的创建、编辑和美化是本章学习的重点和难点。通过编辑和美化图表可以自定义图表的样式，制作创意十足的图表效果。

第16章 自动化处理文件的方法

- ➥ 什么是动作？
- ➥ 可以调整动作的播放速度吗？
- ➥ 如何批处理文件？

在 Illustrator CC 中，为了减少用户重复进行相同操作的次数，设置了【动作】面板。利用【动作】面板，可以帮助用户对一系列的操作进行自动化处理，还可以批处理图像，从而节省工作时间，提高工作效率。本章将介绍 Illustrator CC 中自动化处理文件的方法。

16.1 动作的创建

动作是用于记录、播放、编辑和删除单个文件的一系列命令。在 Illustrator CC 中利用动作命令可以快速高效地完成文件的处理，下面就介绍创建和播放动作的方法。

16.1.1 【动作】面板

【动作】面板不仅可以新建、播放、编辑和删除动作，还可以载入系统预设的动作。执行【窗口】→【动作】命令，可以打开【动作】面板，如图 16-1 所示。该面板中各按钮作用如表 16-1 所示。

图 16-1

表 16-1 【动作面板】中各按钮作用

按钮	作用
❶ 切换项目开 / 关	单击 ☑ 按钮可以控制运行动作时是否忽略此命令
❷ 切换对话框开 / 关	单击 ◻ 按钮可以控制运行动作时是否打开该命令对话框
❸ 停止播放 / 记录	录制动作时，单击 ■ 按钮可以停止播放 / 记录
❹ 开始记录	单击 ● 按钮，开始记录动作步骤
❺ 播放当前所选动作	选择某个动作后，单击 ▶ 按钮开始播放选择的动作
❻ 创建新动作集	单击 ▭ 按钮，在【动作】面板中新建一个动作集
❼ 创建新动作	单击 ▣ 按钮，创建一个新动作
❽ 删除所选动作	选择某个动作或动作组后，单击 🗑 按钮可以删除所选动作或动作组
❾ 关闭动作组	单击 ⌄ 按钮，可以关闭该组中的所有动作
❿ 打开动作组	单击 › 按钮，可以展开该动作组中的所有动作

★重点 16.1.2 实战：创建动作

【动作】面板中包含一些特定效果的一系列操作步骤，除了【动作】面板中的默认动作外，还可以根据需要创建动作。创建动作的具体操作步骤如下。

Step 01 单击【动作】面板下方的【创建新动作】按钮▣，如图 16-2 所示。

Step 02 在打开的【新建动作】对话框中设置好动作的各选项参数，单击【记录】按钮，如图 16-3 所示，此时，Illustrator CC 开始记录用户的相关操作。

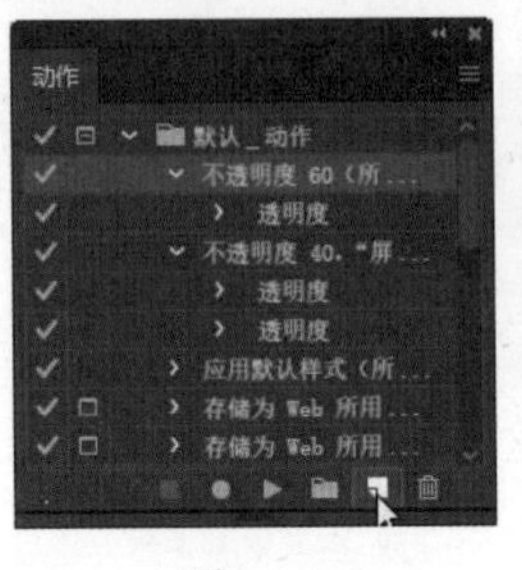
图 16-2

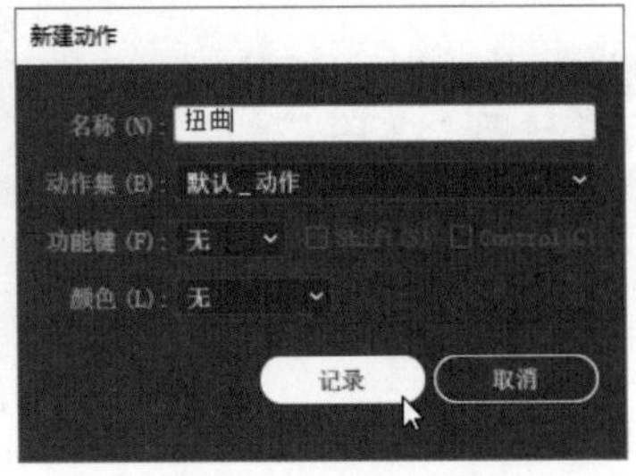
图 16-3

Step03 在编辑对象时，Illustrator CC 会将鼠标操作的步骤记录下来，并且每个操作步骤名称都会显示在【动作】面板上。单击面板底部的【停止播放】按钮■，即可完成动作的创建，如图 16-4 所示。

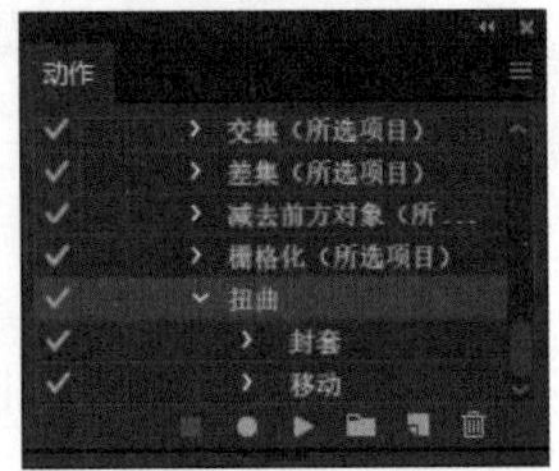
图 16-4

16.2 编辑动作

创建动作后，还可以在动作中插入各种命令、插入停止及指定播放动作时需要忽略的命令等操作，下面就介绍编辑动作的方法。

★重点 16.2.1 实战：在动作中插入菜单项

虽然在记录动作的过程中，无法对【效果】和【视图】菜单中的命令，以及用于显示或隐藏面板的命令进行记录，但是可以将其插入动作中。在动作中插入菜单项的操作步骤如下。

Step01 选择【动作】面板中的一个命令，单击面板右上角的≡按钮，在弹出的扩展菜单中选择【插入菜单项】命令，如图 16-5 所示。

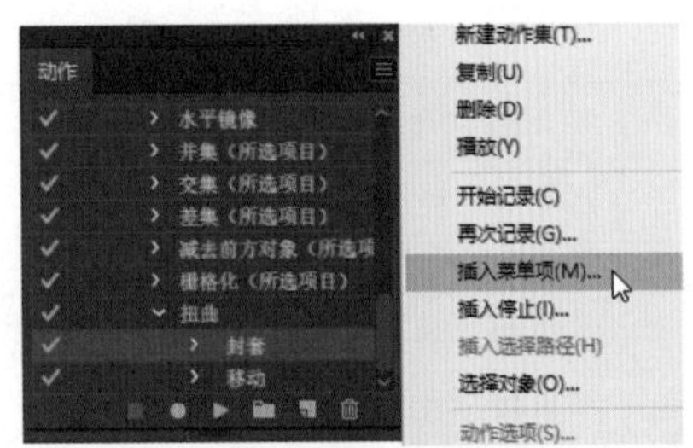
图 16-5

Step02 打开【插入菜单项】对话框，如图 16-6 所示。执行【效果】→【风格化】→【投影】命令，该命令会显示在对话框中，如图 16-7 所示。

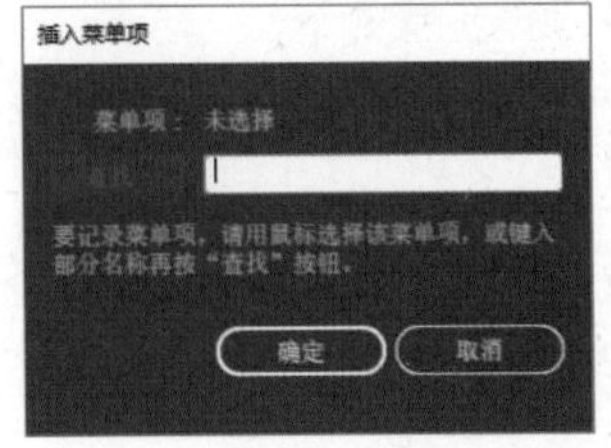
图 16-6

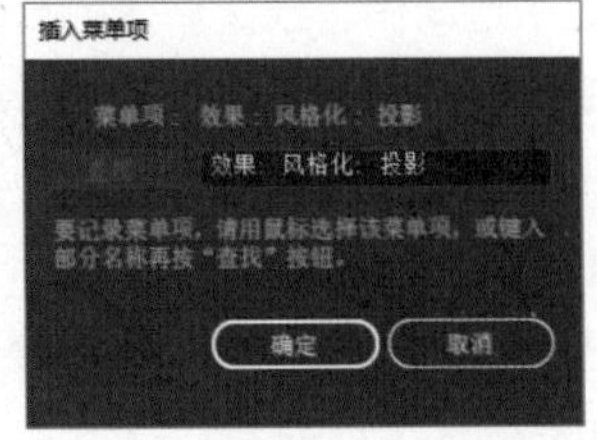
图 16-7

Step03 单击【确定】按钮，即可在动作中插入该命令，如图 16-8 所示。

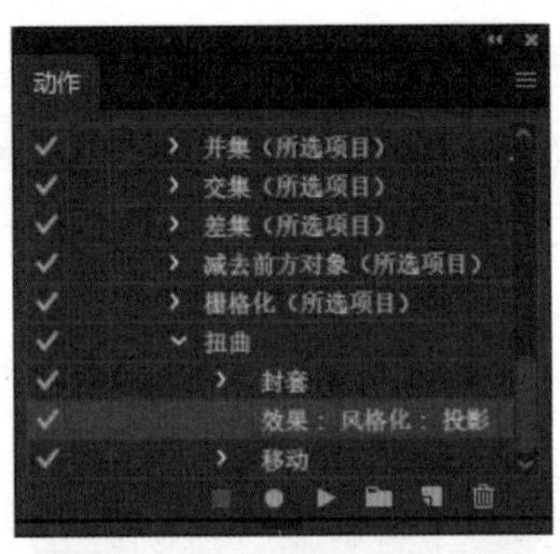
图 16-8

16.2.2 插入停止

在动作过程中插入停止，可以在播放动作过程中执行无法记录的任务，如使用绘图工具进行的操作等。完成绘图操作后，单击【动作】面板中的【播放当前所选动作】按钮▶，可以继续完成未完成的动作。插入停止的具体操作步骤如下。

Step01 选择【动作】面板中的一个命令，单击面板右上角的≡按钮，在弹出的扩展菜单中选择【插入停止】命令，如图 16-9 所示。

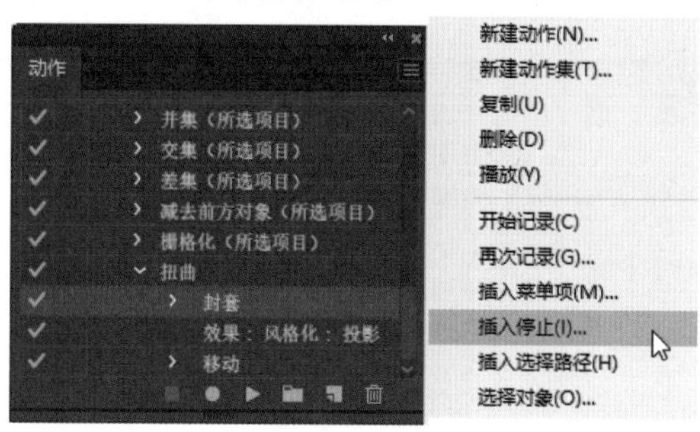

图 16-9

Step02 打开【记录停止】对话框，输入提示信息，并选中【允许继续】复选框，如图 16-10 所示。

Step03 单击【确定】按钮，即可插入停止，如图 16-11 所示。

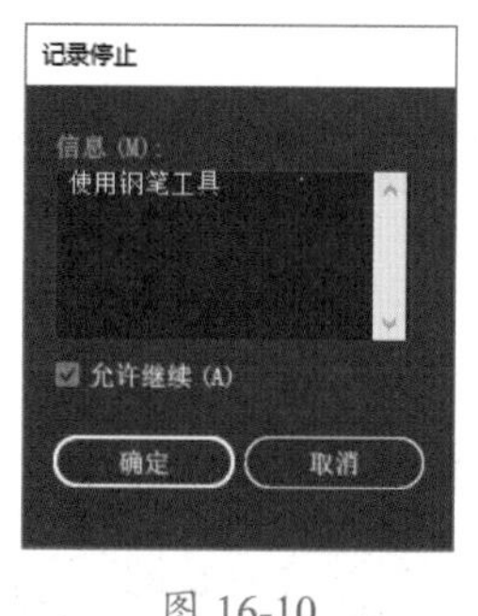

图 16-10

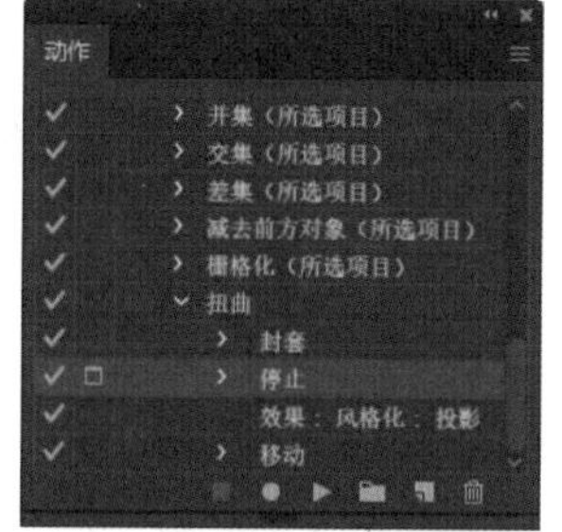

图 16-11

16.2.3 指定回放速度

在【动作】面板的扩展菜单中选择【回放选项】命令，如图 16-12 所示。在打开的【回放选项】对话框中，可以设置回放动作的速度，包括【加速】、【逐步】和【暂停】3 个选项，如图 16-13 所示。

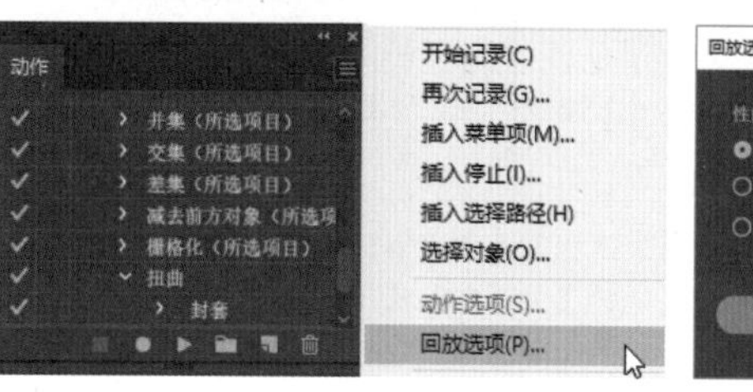

图 16-12　　图 16-13

- 加速：快速播放选定动作。
- 逐步：显示每个命令的处理结果，然后再转入下一个命令，速度较慢。
- 暂停：可指定播放动作时各个命令的间隔时间。

16.2.4 从动作中排除命令

播放动作时，如果要排除某个命令，可单击该命令左侧的【切换项目开 / 关】按钮，如图 16-14 所示，将其隐藏，这样播放动作时会忽略该命令。

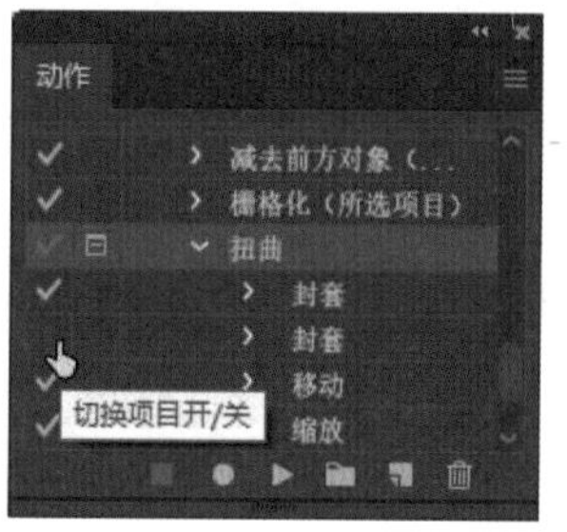

图 16-14

16.3 批处理

批处理是指将动作应用于所有的目标文件。通过执行【批处理】命令可以快速完成大量相同的、重复性的操作，从而使工作效率得到大大的提升。单击【动作】面板右上角的 ≡ 按钮，在弹出的扩展菜单中选择【批处理】命令，可以打开【批处理】对话框，如图 16-15 所示。该对话框中各选项作用如表 16-2 所示。

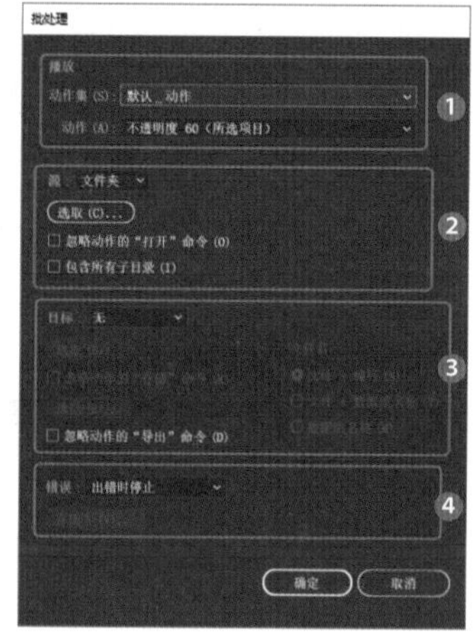

图 16-15

表 16-2　【批处理】对话框中各选项作用

续表

选项	作用
❶【播放】栏	在【播放】栏中，可以分别设定选择批处理的组和动作
❷【源】栏	在【源】下拉列表中可以选择批处理文件的来源。其中，选择【文件夹】选项，表示文件来源为指定文件夹中的全部图像，通过单击【选取】按钮，可以指定来源文件所在的文件夹；选中【忽略动作的“打开”命令】复选框，当选择的动作中包含【打开】命令时，就会自动忽略；选中【包含所有子目录】复选框，选择批处理命令时，若指定文件夹中包含有子文件夹，则子文件夹中的文件将一起处理
❸【目标】栏	在【目标】下拉列表中可以选择图像处理后的保存方式。选择【无】选项，表示不保存；选择【存储并关闭】选项，表示存储并关闭文件；选择【文件夹】选项，可以指定一个文件夹来保存处理后的图像；选中【忽略动作的“存储”命令】复选框，当选择的动作中包含【存储】命令时会自动忽略
❹【错误】栏	在【错误】下拉列表中可以选择批处理出现错误时的处理方式。选择【出错时停止】选项，可以在遇到错误时停止批处理命令的选择；选择【将错误记录到文件】选项，在出现错误时，将出错的文件保存到指定的文件夹

妙招技法

通过前面内容的学习，相信大家已经了解了 Illustrator CC 中文件自动化的处理方法，下面就结合本章内容介绍一些小技巧。

技巧 01　如何删除动作

对于不需要的动作可以将其删除，删除动作的方法有以下几种。

（1）将不需要的动作拖动到【动作】面板底部的【删除】按钮上，释放鼠标后即可将其删除。

（2）选择【动作】面板中不需要的动作或者命令，单击【动作】面板底部的【删除所选动作】按钮，可以删除所选动作。

（3）选择【动作】面板中不需要的动作或者命令，单击面板右上角的按钮，在弹出的扩展菜单中选择【删除】命令，可以删除所选动作。

技巧 02　如何在播放动作时修改设置

如果要在动作播放过程中修改某个命令，可以通过插入模态控制来实现。在【动作】面板中的选项、动作或动作组左侧的空白处单击，如图 16-16 所示。显示出按钮，表示启用模态控制，如图 16-17 所示。

在播放动作时，如果动作命令之前有按钮，将会自动打开相应的对话框，如图 16-18 所示，可以重新设置参数。

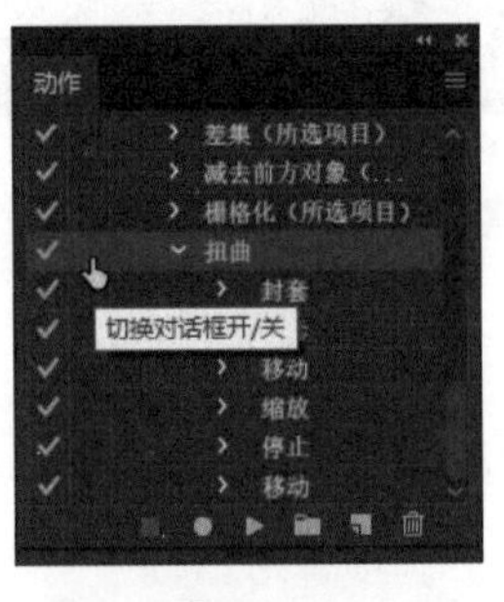

图 16-16

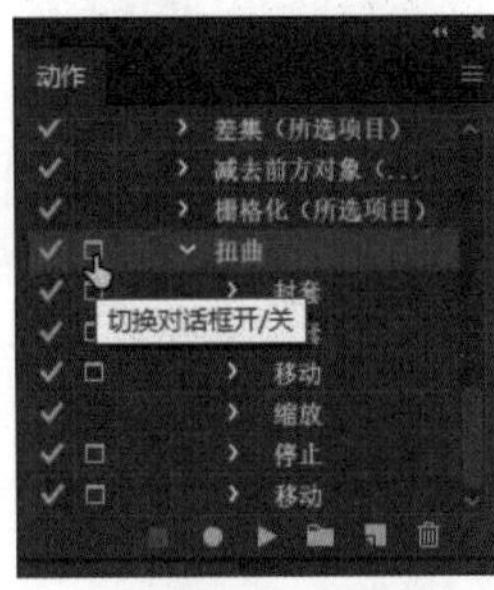

图 16-17

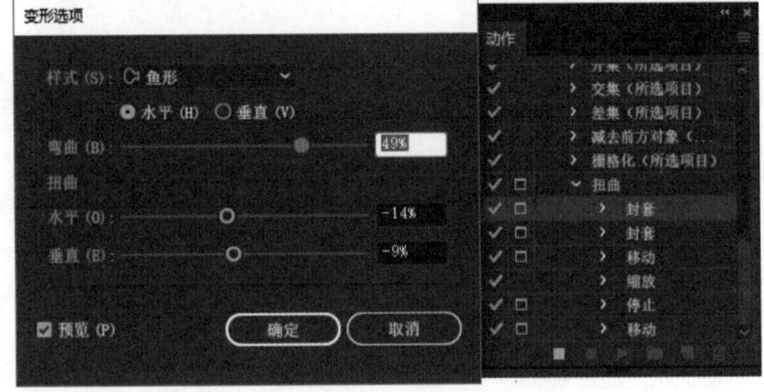

图 16-18

技巧 03　如何快速创建功能相似的动作

创建动作时，如果动作中步骤差别不大，可以将动作拖动到【创建新动作】按钮上，复制该动作，然后更改其中不同的步骤即可。

同步练习：将普通图形转换为时尚插画效果

本例首先通过【动作】面板将图形转换为直线效果，然后使用【径向模糊】命令创建模糊效果，最后使用【彩色半调】命令创建艺术效果，完成时尚插画效果的制作，最终效果如图 16-19 所示。

图 16-19

素材文件	素材文件 \ 第 16 章 \ 时尚人士 .ai
结果文件	结果文件 \ 第 16 章 \ 时尚人士 .ai

Step01 打开“素材文件 \ 第 16 章 \ 时尚人士 .ai”文件，使用【选择工具】框选图形，如图 16-20 所示。

图 16-20

Step02 执行【窗口】→【动作】命令，打开【动作】面板。单击【默认 _ 动作】组左侧的按钮，展开动作组，如图 16-21 所示。

Step03 选择【简化为直线（所选项目）】动作，单击面板底部的【播放当前所选动作】按钮，如图 16-22 所示。

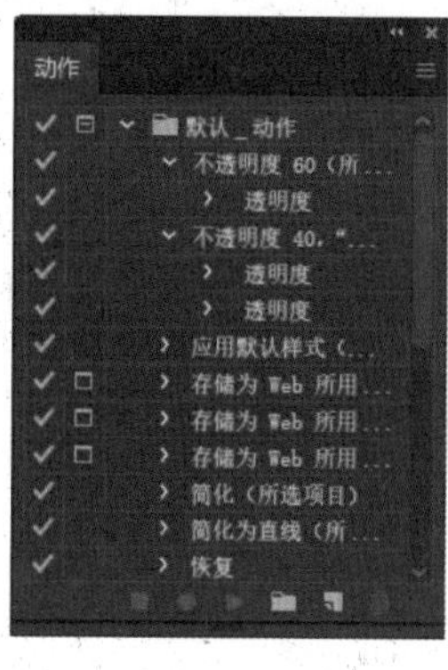

图 16-21

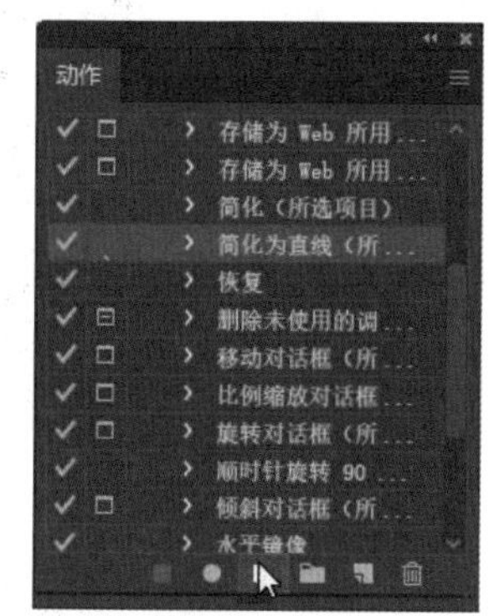

图 16-22

Step04 播放选定的动作，效果如图 16-23 所示。

Step05 使用【选择工具】选择上方的红色图形，如图 16-24 所示。

图 16-23

图 16-24

Step06 执行【效果】→【模糊】→【径向模糊】命令，打开【径向模糊】对话框，如图 16-25 所示，设置【数量】为 40，【模糊方法】为旋转。

Step07 单击【确定】按钮，应用【径向模糊】效果，如图 16-26 所示。

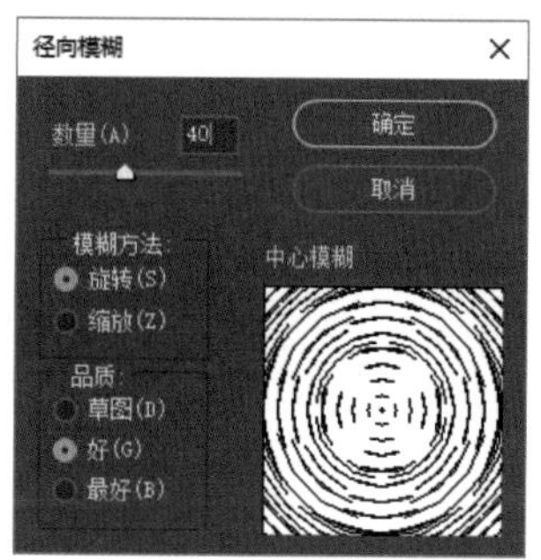

图 16-25

图 16-26

Step 08 保持对象的选择状态，执行【效果】→【画笔描边】→【烟灰墨】命令，打开【烟灰墨】对话框，如图 16-27 所示，使用参数保持默认设置。

图 16-27

Step 09 单击【确定】按钮应用【烟灰墨】效果，返回文档，如图 16-28 所示。

Step 10 保持对象的选择状态，执行【效果】→【像素化】→【彩色半调】命令，打开【彩色半调】对话框，如图 16-29 所示，设置【最大半径】为 20 像素。

图 16-28

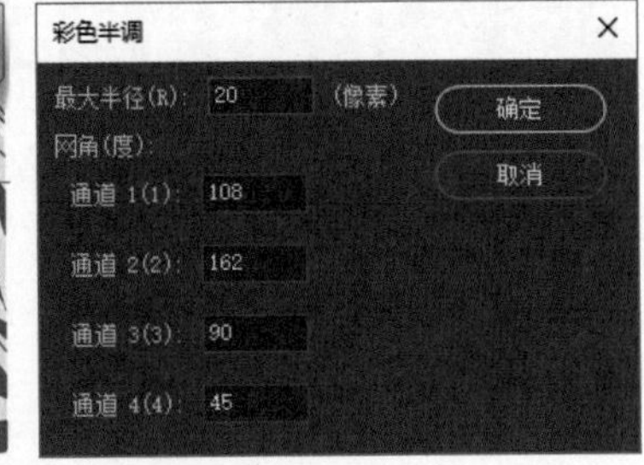

图 16-29

Step 11 单击【确定】按钮，应用【彩色半调】效果，完成时尚插画效果制作，如图 16-30 所示。

图 16-30

本章小结

本章主要介绍了 Illustrator CC 中文件的自动化处理方法，包括动作的创建与编辑、【批处理】命令等相关内容。其中动作的创建、插入停止及【批处理】命令是本章学习的重点和难点，熟练掌握本章内容可以避免重复操作，能极大地提高工作效率。

第 17 章 Web 图形与打印输出

- 什么是切片，为什么需要创建切片？
- 创建切片后，还可以修改切片的大小吗？
- 如何清除切片？
- 怎么优化图像？

在 Illustrator CC 中，可以根据需要将处理完的图稿存储为 Web 环境所需的图像，也就是网络所需要的图像。本章就将介绍存储图像为 Web 所用格式的方法，切片的创建与编辑，图像的优化及打印输出。

17.1 关于 Web 图像

Web 图像的特点是体积小，因此能更高效地存储和传输图像，用户也能更快地下载图像。下面介绍 Web 图像的相关内容。

17.1.1 了解 Web

Web 工具可以帮助用户设计和优化单个 Web 图像或整个页面布局，轻松创建网页的组件。例如，使用 Web 安全颜色，平衡图像品质和文件大小，以及为图形选择最佳文件格式。Web 图像可充分利用切片、图像映射的优势，并可使用多种优化选项来确保文件在网页上的显示效果良好。

★重点 17.1.2 Web 安全色

颜色是网页设计的重要内容，在计算机屏幕上看到的颜色不一定都能在其他系统的 Web 浏览器中以同样的效果显示。为了使 Web 图像的颜色能够在所有的显示器上看起来一样，在制作网页时，就需要使用 Web 安全色。Illustrator CC 中设置 Web 安全色的方法有以下几种。

（1）在【拾色器】对话框中选中【仅限 Web 颜色】复选框，如图 17-1 所示，这样【拾色器】对话框将始终在 Web 颜色安全模式下工作。

（2）单击【色板】面板左下角的按钮，在弹出的菜单中选择【Web】命令，会打开【Web】色板库，如图 17-2 所示。该色板库中的颜色都是 Web 安全色。

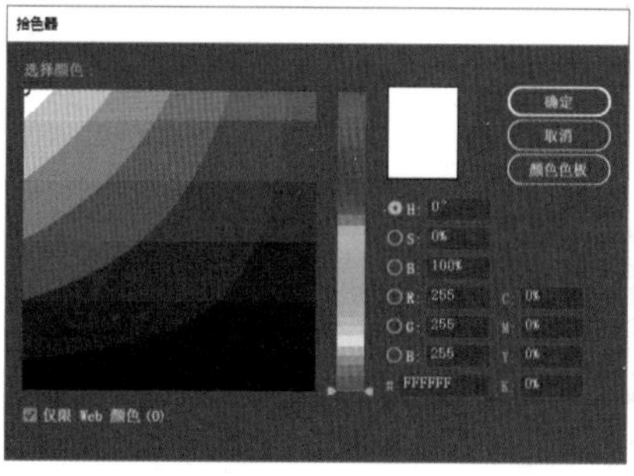

图 17-1

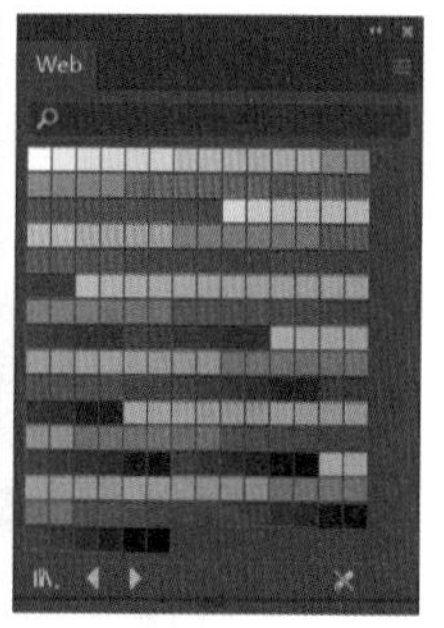

图 17-2

（3）单击【颜色】面板右上角的按钮，在弹出的扩展菜单中选择【Web 安全 RGB】命令，如图 17-3 所示，这样【颜色】面板将始终在 Web 颜色安全模式下工作。

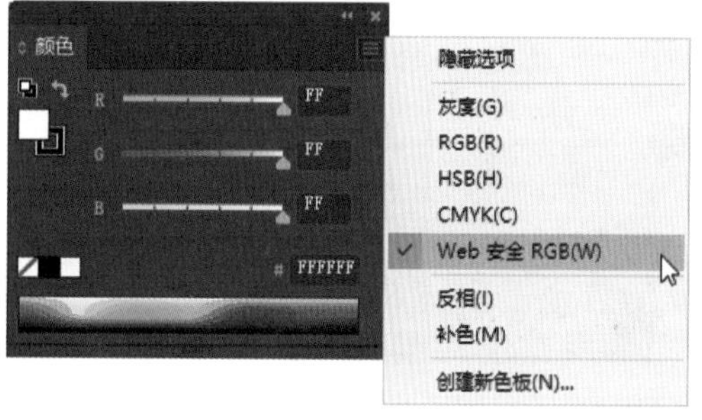

图 17-3

17.2 切片的创建与编辑

使用切片可以对图稿进行分割，从而定义图稿中不同 Web 元素的边界。通过优化切片还可以对分割的图稿进行不同程度的压缩，以便减小图稿质量，提升图稿下载速度。

★重点 17.2.1 创建切片

创建切片时，Illustrator CC 会将周围的图稿切为自动切片，以使用基于 Web 的表格来保持布局。Illustrator CC 中有两种类型的自动切片——自动切片和子切片。

自动切片指的是未定义为切片的图稿区域。每次添加或编辑切片时，Illustrator CC 会重新生成自动切片。

子切片表示将如何分割重叠的用户定义切片。尽管子切片有编号并显示切片标记，但无法独立于底层切片进行选择。Illustrator CC 中提供了 4 种创建切片的方法，下面进行具体介绍。

1. 使用【切片工具】创建切片

使用【切片工具】可以将完整的图稿划分为若干个小图像，并根据图像特性分别进行优化输出。单击工具栏中的【切片工具】，在图稿上拖动鼠标光标，如图 17-4 所示。释放鼠标后，即可创建切片，如图 17-5 所示，其中淡红色标识为自动切片。

图 17-4

图 17-5

2. 从参考线创建切片

也可以根据参考线创建切片。按【Ctrl+R】快捷键显示出标尺，并拉出参考线，如图 17-6 所示。执行【对象】→【切片】→【从参考线创建】命令，即可根据参考线创建切片，如图 17-7 所示。

图 17-6

图 17-7

3. 从所选对象创建切片

选择图稿中的一个或多个对象，如图 17-8 所示。执行【对象】→【切片】→【从所选对象创建】命令，将会根据选择图形的最外轮廓划分切片，如图 17-9 所示。

图 17-8

图 17-9

4. 创建单个切片

选择图稿中的一个或者多个图形，如图 17-10 所示。执行【对象】→【切片】→【建立】命令，可以根据选择的图像分别创建单个切片，如图 17-11 所示。

图 17-10

图 17-11

★重点 17.2.2 实战：选择和编辑切片

创建切片后，还可以对切片进行编辑，如移动、调整大小等操作，具体操作步骤如下。

Step01 打开"素材文件\第 17 章\杭州 .ai"文件，如图 17-12 所示，已经提前创建好了切片。

Step02 选择工具栏中的【切片选择工具】，单击切片将其选中，所选切片会显示为绿色，如图 17-13 所示。

图 17-12

图 17-13

Step03 拖动鼠标可以移动切片位置，如图 17-14 所示。

Step04 将鼠标光标放在切片四周的边界线上，鼠标光标变换为双向箭头形状时，拖动鼠标可以调整切片的大小，如图 17-15 所示。

图 17-14

图 17-15

技术看板

按住【Shift】键，可以将移动方向限制在水平、垂直或者 45° 对角线方向上。

如果是从所选对象创建的切片，那么移动切片时，对应的对象会随之一起移动。

17.2.3 实战：组合切片

执行【组合切片】命令可以组合多个切片，被组合的切片的外边缘连接起来，所得到的矩形即构成组合后切片的尺寸和位置。如果被组合切片不相邻，或者具有不同的比例或对齐方式，则新切片可能与其他切片重合。组合切片的操作步骤如下。

Step 01 按住【Shift】键，使用【切片选择工具】选择两个或者多个切片，如图 17-16 所示。

Step 02 执行【对象】→【切片】→【组合切片】命令，即可组合所选切片，如图 17-17 所示。

图 17-16

图 17-17

17.2.4 实战：划分切片

执行【划分切片】命令可以将某个切片划分为若干均等的切片。划分切片的操作步骤如下。

Step 01 使用【切片选择工具】选择一个切片，如图 17-18 所示。

图 17-18

Step 02 执行【对象】→【切片】→【划分切片】命令，打开【划分切片】对话框，如图 17-19 所示，设置【水平划分】为 2，【垂直划分】为 3。

图 17-19

Step 03 单击【确定】按钮，如图 17-20 所示，所选切片被划分为均等的切片。

图 17-20

17.2.5 显示与隐藏切片

创建切片后，执行【视图】→【隐藏切片】命令可以隐藏所有的切片；如果要显示所有的切片，则执行【视图】→【显示切片】命令。

17.2.6 锁定切片

创建切片后，执行【视图】→【锁定切片】命令，可以将所有的切片锁定，以避免误操作。如果要取消切片的锁定，再次执行【视图】→【锁定切片】命令即可。

★重点 17.2.7 释放与删除切片

通过执行释放切片和删除切片命令都可以移除多余的切片。

选择切片后，执行【对象】→【切片】→【释放】命令，可以移除所选切片。

选择切片后，按【Delete】键可以删除所选切片；如果执行【对象】→【切片】→【删除全部】命令，可以删除图稿中所有的切片。

17.3 优化图像

创建切片后，可以优化切片并将其保存为不同的图像格式，如 JPEG、GIF、PNG 等。下面介绍优化图像的方法。

17.3.1 存储为 Web 所用格式

完成页面制作并创建切片后，执行【保存】→【导出】→【存储为 Web 所用格式（旧版）】命令，打开【存储为 Web 所用格式】对话框，如图 17-21 所示。在对话框中，可以设置各项优化选项，同时可以预览具有不同文件格式和不同文件属性的优化图像。该对话框中主要选项作用如表 17-1 所示。

图 17-21

表 17-1 【存储为 Web 所用格式】对话框中主要选项作用

选项	作用
❶ 工具栏	【抓手工具】可以移动查看图像；【切片选项工具】可选择窗口中的切片，以便对其进行优化；【缩放工具】可以放大或缩小图像的比例；【吸管工具】可吸取图像中的颜色，并显示在【吸管颜色】图标中；【切换切片可视性】按钮可以显示或隐藏切片的定界框

续表

选项	作用
❷ 显示选项	单击【原稿】标签，窗口中只显示没有优化的图像；单击【优化】标签，窗口中只显示应用了当前优化设置的图像；单击【双联】标签，并排显示优化前和优化后的图像
❸ 原稿图像	显示没有优化的图像

续表

选项	作用
❹ 优化后的图像	显示应用了当前优化设置的图像
❺ 图像大小	将图像大小调整为指定的像素尺寸或原稿大小的百分比
❻ 状态栏	显示鼠标光标所在位置的图像的颜色值等信息
❼ 预览	可以在 Adobe Device Central 或浏览器中预览图像
❽ 预设	设置优化图像的格式和各个格式的优化选项
❾ 图像大小	设置图像尺寸大小
❿ 颜色表	将图像优化为 GIF、PNG-8 和 WBMP 格式时，可在【颜色表】中对图像颜色进行优化设置

17.3.2 优化为 JPEG 格式

JPEG 格式是用于压缩连续色调图像的标准格式。将图像优化为 JPEG 格式时采用的是有损压缩，它会有选择地扔掉数据以减小文件。在【存储为 Web 所用格式】对话框中，在文件格式下拉列表中选择【JPEG】选项，可显示它的优化选项，如图 17-22 所示。

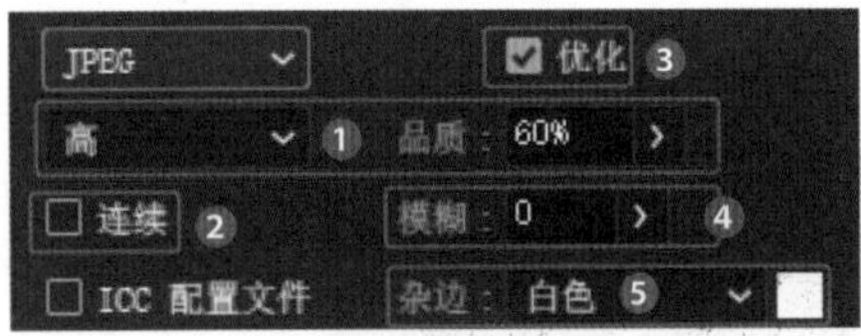

图 17-22

相关选项作用如表 17-2 所示。

表 17-2　JPEG 格式相关选项作用

选项	作用
❶ 压缩品质 / 品质	用于设置压缩程度。【品质】值越大，图像的细节越多，但生成的文件也越大
❷ 连续	选中该复选框，在 Web 浏览器中以渐进方式显示图像
❸ 优化	选中该复选框，创建文件稍小的增强 JPEG。如果要最大限度地压缩文件，建议使用优化的 JPEG 格式
❹ 模糊	指定应用于图像的模糊量。可创建与【高斯模糊】滤镜相同的效果，并允许进一步压缩文件以获得更小的文件
❺ 杂边	为原始图像中透明的像素指定一个填充颜色

17.3.3 优化为 GIF 和 PNG-8 格式

GIF 格式是用于压缩具有单调颜色和清晰细节的图像的标准格式，它是一种无损的压缩格式。PNG-8 格式与 GIF 格式一样，也可以有效地压缩纯色区域，同时保留清晰的细节，这两种格式都支持 8 位颜色，因此它们可以显示多达 256 种颜色。

在【存储为 Web 所用格式】对话框中的文件格式下拉列表中选择【GIF】选项，可显示它的优化选项，如图 17-23 所示。

图 17-23

GIF 格式相关选项作用如表 17-3 所示。

表 17-3　GIF 格式相关选项作用

选项	作用
❶ 损耗	通过有选择地扔掉数据来减小文件，可以将文件减小 5% ～ 40%
❷ 减低颜色深度算法 / 颜色	指定用于生成颜色查找表的方法，以及想要在颜色查找表中使用的颜色数量
❸ 仿色算法 / 仿色	【仿色】是指通过模拟计算机的颜色来显示系统中未提供的颜色的方法。较高的仿色百分比会使图像中出现更多的颜色和细节，但也会增加文件占用的存储空间
❹ 透明度 / 杂边	确定如何优化图像中的透明像素
❺ 交错	选中该复选框，当图像文件正在下载时，在浏览器中显示图像的低分辨率版本，使用户感觉下载时间更短。但会增加文件的大小
❻Web 靠色	指定将颜色转换为最接近的 Web 面板等效颜色的容差级别，并防止颜色在浏览器中进行仿色。该值越大，转换的颜色越多

在【存储为 Web 所用格式】对话框中的文件格式下拉列表中选择【PNG-8】选项，可显示它的优化选项，如图 17-24 所示。

图 17-24

17.3.4 优化为 PNG-24 格式

PNG-24 格式适合于压缩连续色调图像，它的优点是可在图像中保留多达 256 个透明度级别，但生成的文件要比 JPEG 格式生成的文件大得多。

> **技术看板**
>
> 优化图像时，对质量要求高、色彩鲜艳的网页图像，通常选择 JPEG 格式进行输出。因为 GIF 格式对色彩的支持不如 JPEG 格式多。
>
> 对色调暗淡、色彩单一的网页图像，使用 GIF 格式即可满足需要。相同图像效果下，GIF 图像尺寸通常更小。

17.3.5 优化为 WBMP 格式

WBMP 格式是用于优化移动设置（如移动电话）图像的标准格式。使用该格式优化后，图像中包含黑色和白色像素。

17.4 打印输出

打印输出是指将图像打印到纸张上。在打印输出图像之前，需要先进行正确的打印设置，完成打印设置后，文件才能正确地打印输出。

完成图稿制作后，执行【文件】→【打印】命令，打开【打印】对话框。在 Illustrator CC 中，系统把页面设置和打印功能集成到【打印】对话框中，完成打印设置后，单击【打印】按钮，即可按设置的参数进行文件打印。单击【完成】按钮，将保存设置的打印参数而不进行文件打印，如图 17-25 所示。

图 17-25

【打印】对话框中包括多个选项，单击对话框左侧的选项名称可以显示该选项的所有参数设置，其中很多参数设置是在启动文档时选择的启动配置文件预设的。

各打印选项作用如表 17-4 所示。

表 17-4 各打印选项作用

选项	作用
常规	设置页面大小和方向、指定要打印的页数、缩放图稿，指定拼贴选项及选择要打印的图层
标记和出血	选择印刷标记与创建出血
输出	创建分色输出
图形	设置路径、字体、PostScript 文件、渐变、网格和混合的打印选项
颜色管理	选择一套打印颜色配置文件和渲染方法
高级	控制打印期间矢量图稿拼合（或可能栅格化）
小结	查看和存储打印设置小结

妙招技法

通过前面内容的学习，相信大家已经了解了 Web 图形的相关知识，以及打印输出的方法，下面就结合本章内容介绍一些使用技巧。

技巧 01 如何打印和存储透明图稿

当包含透明度的文档或作品进行输出时，通常需要进行“拼合”处理。拼合会将透明作品分割为基于矢量区域和光栅化的区域。作品比较复杂时（混合有图像、矢量、文字、专色、叠印等），拼合及其结果也会比较复杂。

选择对象后，执行【对象】→【拼合透明度】命令，打开【拼合透明度】对话框，如图 17-26 所示，设置参数，单击【确定】按钮，就可以拼合透明度。

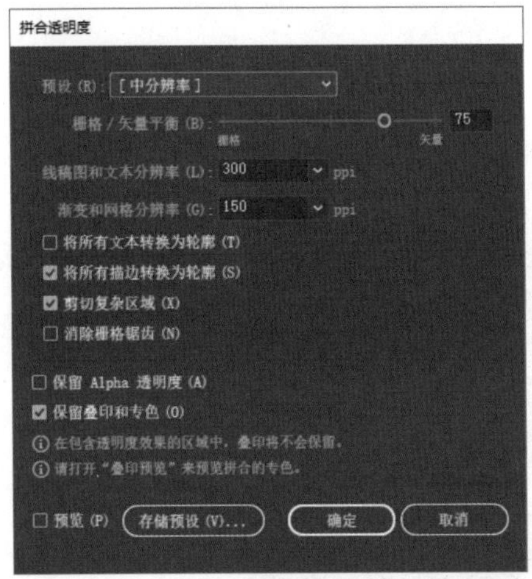

图 17-26

执行【窗口】→【拼合器预览】命令，打开【拼合器预览】面板，在【突出显示】下拉列表中选择要高亮显示的区域类型，单击【刷新】按钮，面板中会突出显示受图稿拼合影响的区域，如图 17-27 所示。

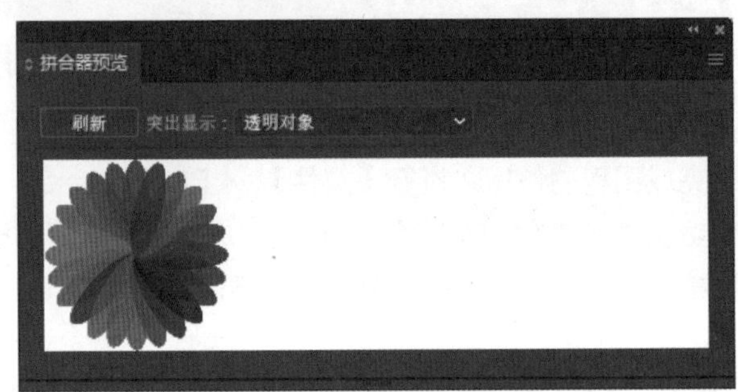

图 17-27

技巧 02 如何将所有切片大小调整到画板边界

执行【对象】→【切片】→【剪切到画板】命令，使该命令左侧显示 ✓ 图标，此时，创建切片后，超出画板边界的切片会被截断，以适合画板大小；画板内部的自动切片会扩展到画板边界。

同步练习：切片图像并优化输出

对图像进行切片并优化，可以使图像的不同部分在保证显示质量的同时，得到最小的文件尺寸。下面就对图像进行切片并优化导出，效果对比如图 17-28 所示。

（a）原图

（b）优化后的图像

图 17-28

素材文件	素材文件 \ 第 17 章 \ 侧面 .ai
结果文件	结果文件 \ 第 17 章 \ 优化图像 .ai

Step01 打开“素材文件 \ 第 17 章 \ 侧面 .ai”文件，如图 17-29 所示。

Step02 选择【切片工具】，在图像左上角拖动鼠标光标，如图 17-30 所示。释放鼠标后创建切片，如图 17-31 所示。

图 17-29

图 17-30

图 17-31

Step03 继续在右侧脸部区域创建切片，如图 17-32 所示。

Step04 选择【切片选择工具】，调整切片的大小，如图 17-33 所示。

图 17-32

图 17-33

Step05 执行【文件】→【导出】→【存储为 Web 所用格式（旧版）】命令，打开【存储为 Web 所用格式】对话框，如图 17-34 所示，单击【双联】标签，切换到【双联】选项卡，选择【切片选择工具】，单击头发区域的切片将其选中。

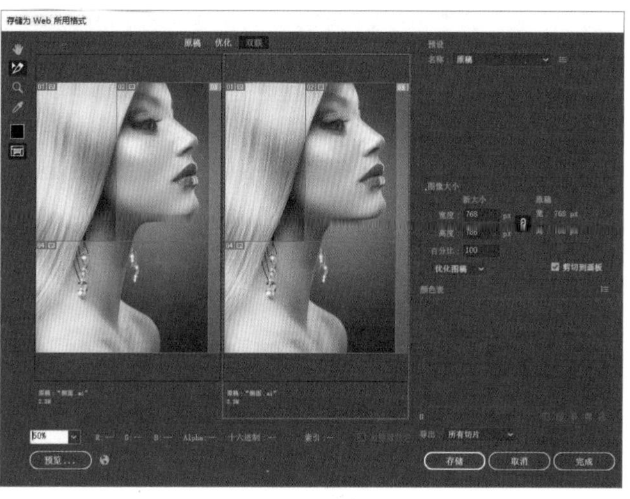

图 17-34

Step06 因为头发色彩比较单一，所以采用 GIF 图像格式输出即可达到效果。单击参数设置区域【名称】右侧下拉按钮，在弹出的下拉列表中选择【GIF 128 仿色】选项，其他保持默认设置，如图 17-35 所示。在图稿预览区域可以对比原图和优化后的图像效果，如图 17-36 所示。

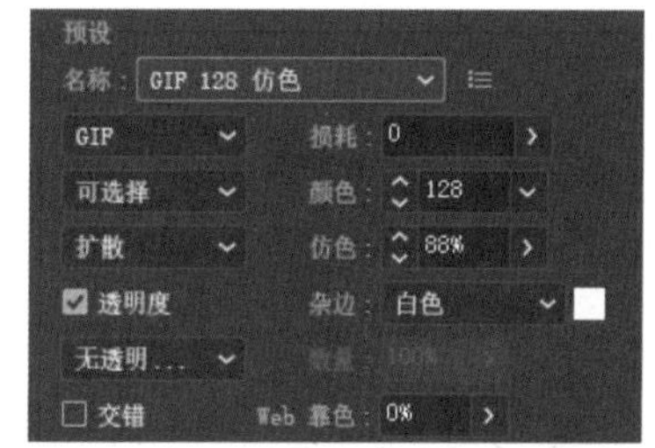

图 17-35

图 17-36

Step07 使用【切片选择工具】单击脸部区域的切片将其选中。因为脸部是这幅图像的视觉中心，对图像质量要求较高，因此在【预设】栏中设置输出格式为【JPEG 高】，如图 17-37 所示。原图和优化图像对比如图 17-38 所示。

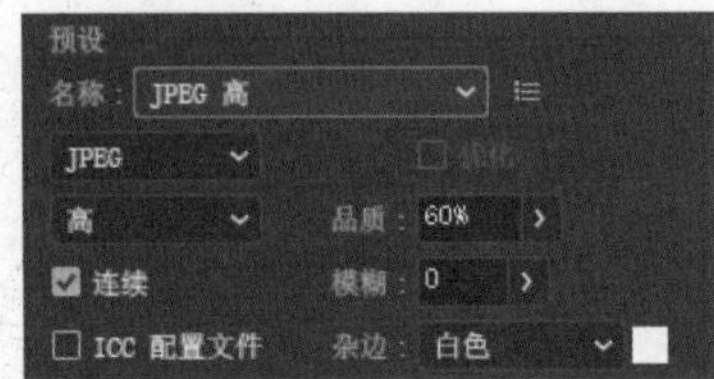

图 17-37

图 17-38

Step08 选择下方的切片，虽然身体部位图像没有脸部图像质量要求那么高，但是这里仍然选择 JPEG 图像格式进行优化。在【预设】栏中设置输出格式为【JPEG 中】，如图 17-39 所示。原图和优化图像对比如图 17-40 所示。

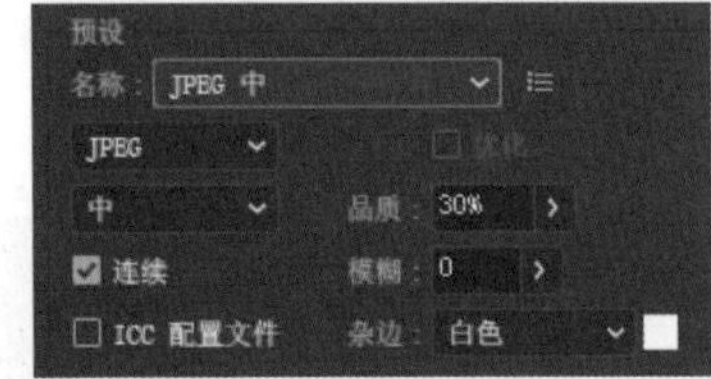

图 17-39

图 17-40

Step09 选择【抓手工具】，将鼠标光标放在图像上，向左侧拖动图像，移动视图，如图 17-41 所示。

图 17-41

Step10 使用【切片选择工具】选择右侧的切片。因为右侧色块单一，对图像质量要求低，所以用 GIF 图像格式优化即可。选择【GIF】选项，其他参数设置如图 17-42 所示；原图和优化图像效果对比如图 17-43 所示。

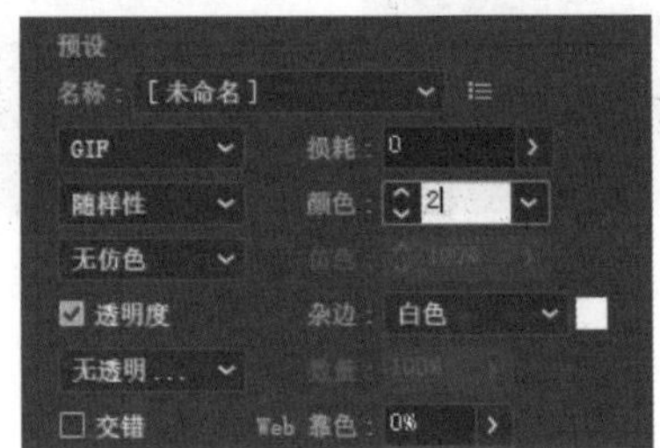

图 17-42

图 17-43

Step11 完成图像优化后，单击下方的【存储】按钮，打开【将优化结果存储为】对话框，如图 17-44 所示，选择保存位置，设置文件的【保存类型】为【仅限图像】。

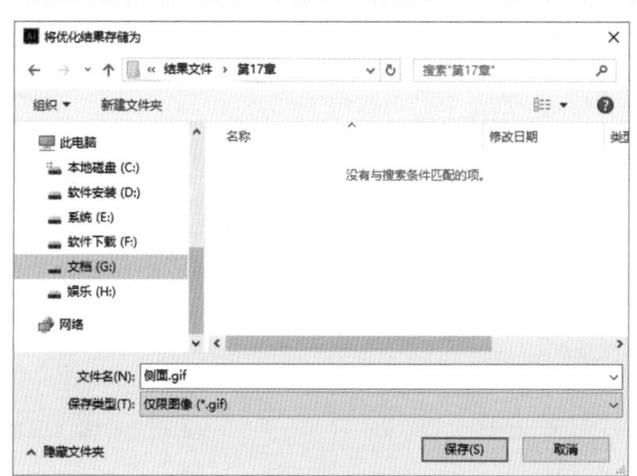

图 17-44

Step⑫ 单击【保存】按钮保存优化图像。在图像保存位置会自动新建一个【图像】文件夹存放优化后的图像，如图 17-45 所示。

图 17-45

本章小结

本章主要介绍了 Illustrator CC 中 Web 图形与打印输出的相关内容，主要包括切片的创建与编辑、Web 图像优化和打印输出等。其中，切片的创建与编辑，以及 Web 图像的优化是本章学习的重点和难点。熟练掌握本章内容会给读者以后的工作带来很大的帮助。

本篇主要结合 Illustrator CC 软件应用的常见领域（主要包括 UI 设计、字体设计、插画设计、Logo 设计和商业广告设计等），列举相关实战案例，帮助读者加深对软件知识与操作技巧的理解。通过本篇内容的学习，可以帮助读者提高对软件的综合运用能力和实战设计水平。

第18章 UI 设计

- 制作手机音乐播放器界面
- 制作天气 APP 界面
- 制作拟物图标

UI 设计是指对软件的人机交互、操作逻辑、界面美观的整体设计。好的 UI 设计不仅可以让软件变得个性有品位，还能让软件的操作变得简单、自由，充分体现软件的定位和特点。因此，在进行 UI 设计时，不仅要考虑设计风格的统一和色彩搭配的和谐，还要考虑人机互动的因素，从而完成更好的设计。本章将介绍一些 UI 设计的案例，通过这些案例，读者能对 UI 设计有基本的了解。

18.1 制作手机音乐播放器界面

音乐播放器是最常使用的一种手机软件。本例讲解制作手机音乐播放器的播放界面，先制作简单的线性图标，再制作播放的样式，然后将图标添加到界面中，完成播放界面的制作，最终效果如图 18-1 所示。

素材文件	素材文件 \ 第 18 章 \ 沙漠 .jpg
结果文件	结果文件 \ 第 18 章 \ 手机音乐播放器图标 .ai

图 18-1

Step 01 新建文档，绘制箭头形状。新建 A4 文档。使用【钢笔工具】绘制开放路径，按【Esc】键退出钢笔绘制状态。在【属性】面板中设置填充为无，描边颜色为橘红色，描边粗细为 4pt，单击【描边】文字，打开【描边】面板，单击按钮，设置路径端点为圆形端点。使用【直线段工具】绘制箭头效果，如图 18-2 所示。

图 18-2

Step02 制作循环图标。选择直线段和弧线段对象，按【Ctrl+G】快捷键编组对象。然后右击，在弹出的快捷菜单中选择【变换】→【对称】命令，打开【镜像】对话框，选中【水平】单选按钮，单击【复制】按钮，复制并水平翻转对象。再次选择【对称】命令，打开【镜像】对话框，选中【垂直】单选按钮，垂直翻转对象，然后向下拖动对象，制作循环图标，如图 18-3 所示。

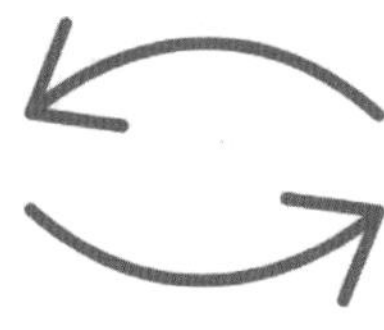
图 18-3

Step03 绘制会话框图标。使用【椭圆工具】绘制描边颜色为橘红色及无填充的椭圆对象，并设置描边粗细为 4pt。再使用【多边形工具】绘制三角形，并拖动实时控件调整圆角半径，如图 18-4 所示。选择椭圆对象和三角形对象，在【路径查找器】面板中单击【联集】按钮，合并对象。然后在对象中绘制实心正圆，完成会话框图标制作，如图 18-5 所示。

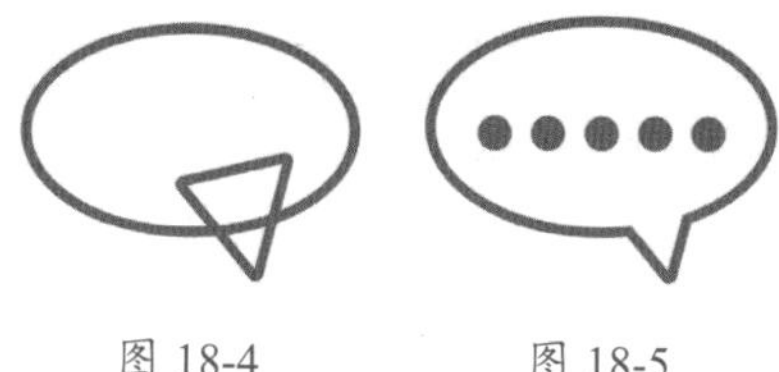
图 18-4　　图 18-5

Step04 使用【椭圆工具】绘制正圆，按【Alt】键复制移动正圆对象 2 次，如图 18-6 所示。

图 18-6

Step05 制作下载图标。选择椭圆对象，单击【路径查找器】面板中的按钮，合并对象。在【属性】面板中设置填充为无。选择【剪刀工具】切割对象，使之成为开放路径，如图 18-7 所示。使用【直线段工具】绘制圆形端点的箭头，完成下载图标的制作，如图 18-8 所示。

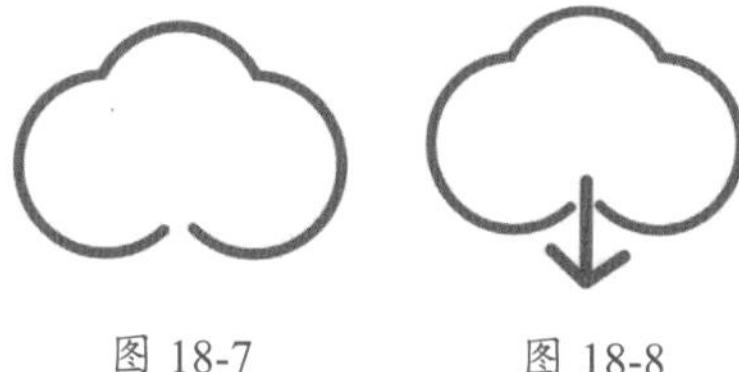
图 18-7　　图 18-8

Step06 制作列表图标。使用【直线段工具】绘制圆形端点线段，制作列表图标，如图 18-9 所示。

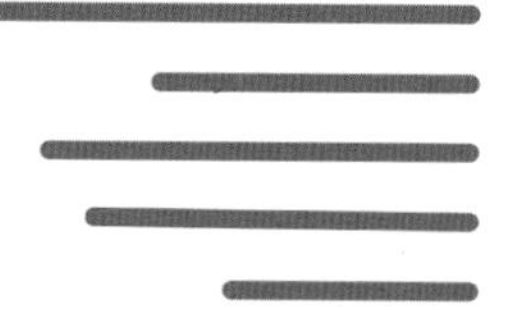
图 18-9

Step07 使用【多边形工具】和【圆角矩形工具】绘制播放图标，如图 18-10 所示。

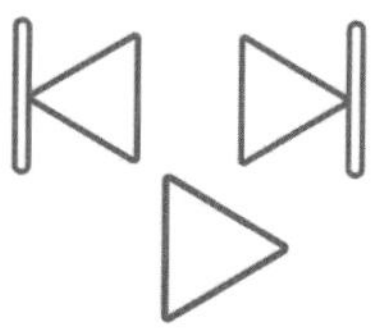
图 18-10

Step08 绘制弧线段。使用【钢笔工具】绘制曲线，使其形成心形的一半，如图 18-11 所示。

图 18-11

Step09 制作心形图标。选择曲线段并右击，在弹出的快捷菜单中选【变换】→【对称】命令，打开【镜像】对话框，选中【垂直】单选按钮，单击【复制】按钮，复制并垂直翻转对象。移动对象位置，形成完整的心形，并填充红色，如图 18-12 所示。

图 18-12

Step10 绘制返回和分享图标。使用【直线段工具】绘制返回图标；使用【弧线段工具】绘制分享图标，并使用【描边】面板添加箭头效果，如图 18-13 所示。按【Ctrl+S】快捷键保存文档为“播放器图标.ai”文件。

图 18-13

Step11 新建文档。按【Ctrl+N】快捷键执行新建命令，设置【宽度】为 1080px，【高度】为 1980px；单击【高级选项】下拉按钮，展开【高级选项】栏，设置【颜色模式】为 RGB 颜色，【光栅效果】为屏幕（72ppi），如

图 18-14 所示。单击【创建】按钮，新建文档。

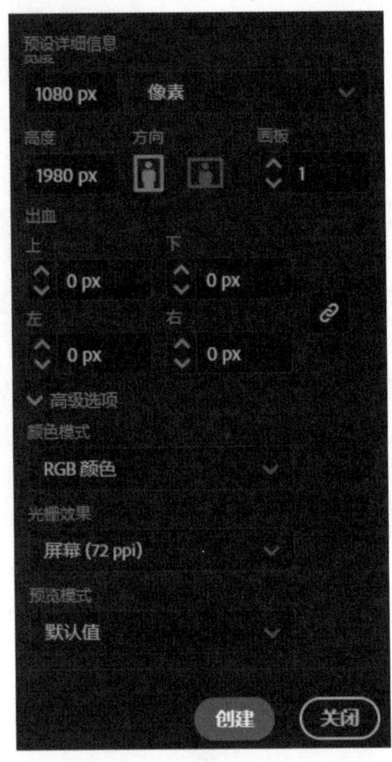

图 18-14

Step 12 置入文件。置入“素材文件\第 18 章\沙漠.jpg”文件，调整大小和位置，如图 18-15 所示。

图 18-15

Step 13 绘制矩形。使用【矩形工具】绘制一个画板大小的矩形对象，如图 18-16 所示。

图 18-16

Step 14 创建剪切蒙版。使用【选择工具】框选矩形对象和图像，然后右击，在弹出的快捷菜单中选择【建立剪切蒙版】命令，创建剪切蒙版，如图 18-17 所示。

图 18-17

Step 15 绘制渐变矩形。使用【矩形工具】绘制一个画板大小的矩形对象，单击工具栏底部的【渐变】按钮，打开【渐变】面板，设置【渐变类型】为线性渐变，【渐变角度】为 −90°，渐变颜色为青色（#5FCEBE）和紫色（#E0C0EB），并添加渐变滑块，调整渐变效果，如图 18-18 所示。

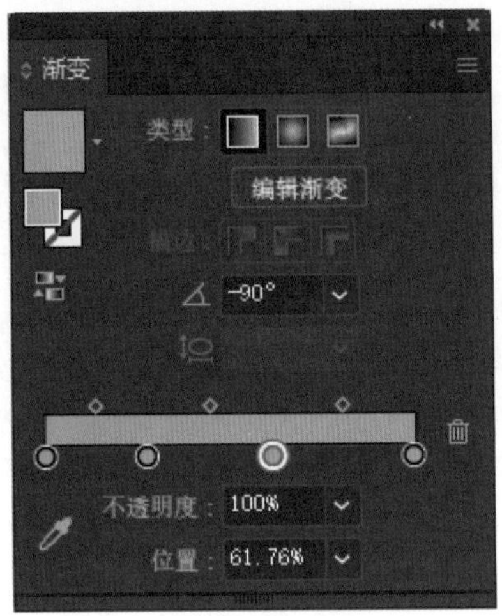

图 18-18

Step 16 混合图像。右击，在弹出的快捷菜单中选择【置于底层】命令，将渐变矩形对象置于底层。选择上方的图像，执行【窗口】→【透明度】命令，打开【透明度】面板，设置【混合模式】为叠加以混合图像，如图 18-19 所示。

图 18-19

Step 17 绘制渐变矩形对象。在画板下方绘制一个矩形对象。选择【渐变工具】，单击新绘制的矩形对象，填充渐变颜色，如图 18-20 所示。

Step 18 设置透明渐变效果。旋转渐变轴方向，删除上方的两个渐变滑块，然后拖动第二个渐变滑块到上方，并双击该滑块，打开颜色设置面板，设置【不透明度】为 0%，如图 18-21 所示。

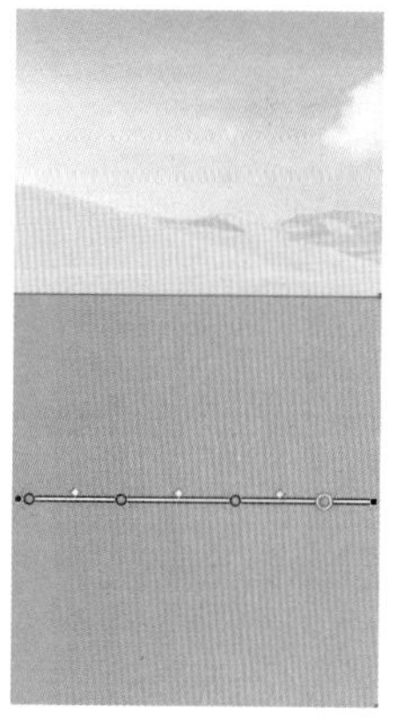

图 18-20

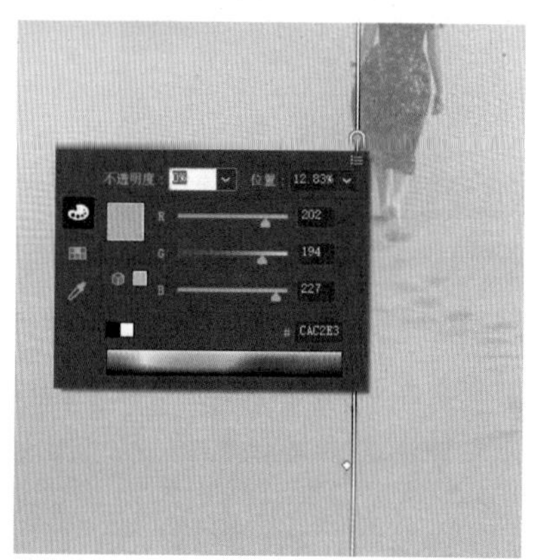

图 18-21

Step 19 调整透明渐变效果。拖动渐变滑块，调整透明渐变效果，如图 18-22 所示。

Step 20 绘制圆形对象。选择【椭圆工具】，按住【Shift】键绘制正圆，将其放在适当的位置，如图 18-23 所示。

图 18-22

图 18-23

Step 21 绘制小圆。选择圆形对象，按【Ctrl+C】快捷键复制对象，按【Ctrl+F】快捷键将其粘贴到前面，按【Shift+Alt】快捷键等比例缩小，如图 18-24 所示。

Step 22 挖空对象。按住【Shift】键加选大圆对象。执行【窗口】→【路径查找器】命令，打开【路径查找器】面板，单击【差集】按钮，挖空对象，如图 18-25 所示。

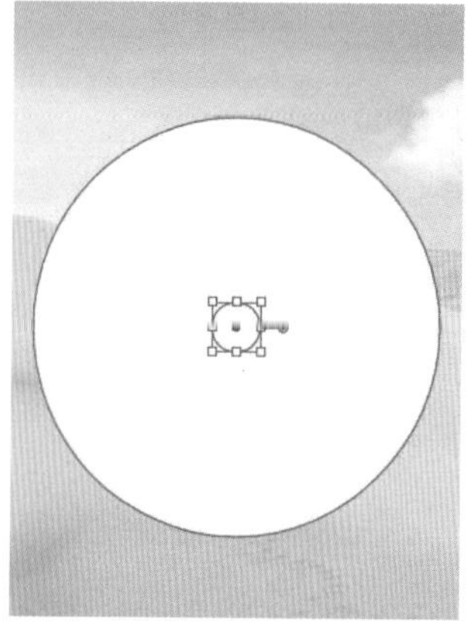

图 18-24

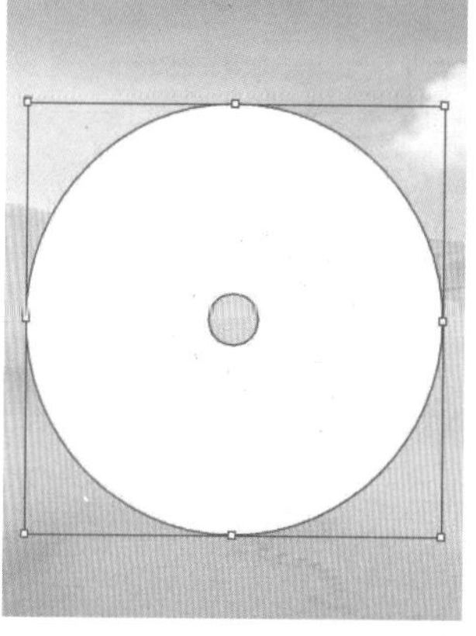

图 18-25

Step 23 置入素材文件。置入"素材文件\第 18 章\沙漠.jpg"文件，调整大小和位置并右击，在弹出的快捷菜单中选择【排列】→【下移一层】命令，将置入的图像置于圆形对象下方，如图 18-26 所示。

Step 24 创建剪切蒙版。按住【Shift】键加选圆形对象，并右击，在弹出的快捷菜单中选择【建立剪切蒙版】命令创建剪切蒙版，制作专辑封面，如图 18-27 所示。

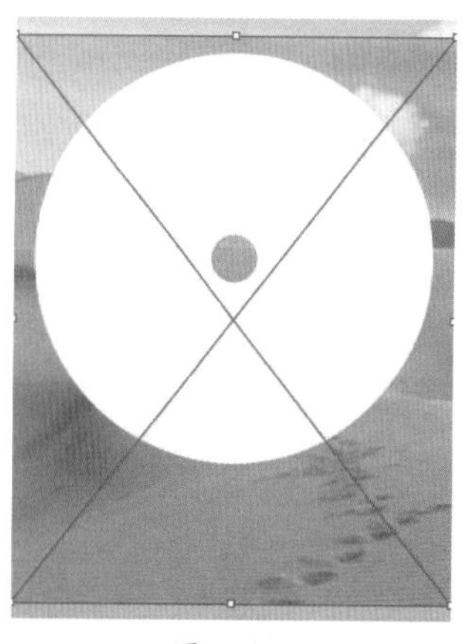

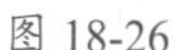

图 18-26

图 18-27

Step 25 绘制挖空圆形。使用【椭圆工具】绘制一个与空心圆同等大小的正圆对象，按【Ctrl+C】快捷键复制对象，按【Ctrl+B】快捷键将其粘贴到后面，按【Shift+Alt】快捷键等比例放大对象。使用【选择工具】框选两个圆形对象，单击【路径查找器】面板中的【差集】按钮，挖空对象，如图 18-28 所示。

Step 26 制作透明圆环效果。在【属性】面板中设置填充为白色，描边颜色为深灰色，描边粗细为 12pt，单击【描边】文字，打开【描边】面板，单击按钮，将描边沿路径外侧对齐。执行【窗口】→【外观】命令，打开【外观】

面板，设置【描边】不透明度为 30%，如图 18-29 所示。

图 18-28

图 18-29

Step27 扩展圆环对象并置入素材文件。选择透明圆环，执行【对象】→【扩展外观】命令扩展对象，按【Ctrl+Shift+G】快捷键取消编组，分离描边和填充为单独的对象。置入“素材文件\第 18 章\沙漠.jpg”文件，调整大小和位置并右击，在弹出的快捷菜单中选择【排列】→【置于下一层】命令，然后再次执行【置于下一层】命令，将置入的图像置于透明圆环下方，如图 18-30 所示。

Step28 创建剪切蒙版。选择置入的图像和白色填充对象，右击，在弹出的快捷菜单中选择【建立剪切蒙版】命令，创建剪切蒙版，如图 18-31 所示。

图 18-30

图 18-31

Step29 设置投影参数。选择外侧的大圆对象，执行【效果】→【风格化】→【投影】命令，打开【投影】对话框，如图 18-32 所示，设置【X 位移】为 3px，【Y 位移】为 4px，【模糊】为 16px，选中【暗度】单选按钮。

Step30 添加投影效果。单击【确定】按钮，添加投影效果，完成影碟效果的制作，如图 18-33 所示。

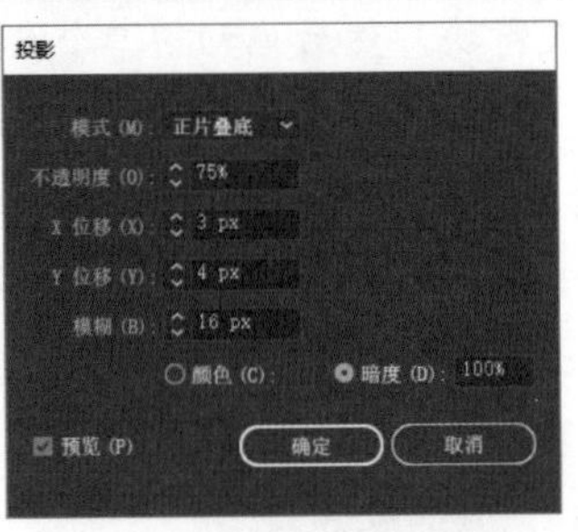

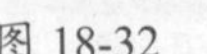

图 18-32

图 18-33

Step31 绘制圆角矩形对象。使用【圆角矩形工具】绘制圆角矩形对象，在【属性】面板中设置填充为深灰色，并降低不透明度为 30%，如图 18-34 所示。

Step32 复制圆角矩形对象。按【Ctrl+C】快捷键复制圆角矩形对象，按【Ctrl+F】快捷键将其粘贴至前面。在【属性】面板中设置不透明度为 100%，填充为橘红色，并调整对象的长度，如图 18-35 所示。

图 18-34

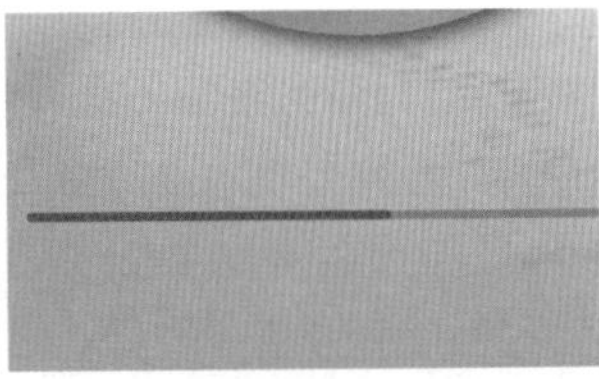

图 18-35

Step33 绘制圆形对象。使用【椭圆工具】，按住【Shift】键绘制正圆对象，在【属性】面板中设置填充为白色，描边颜色为橘红色，描边粗细为 4pt，完成进度条的制作，如图 18-36 所示。选择所有进度条相关对象，按【Ctrl+G】快捷键编组对象。

Step34 设置水平居中对齐。选择进度条对象组，按【Shift】键加选最底层的背景图像，在【属性】面板中设置【对齐】为对齐画板，单击【水平居中对齐】按钮，将进度条水平居中对齐画板，如图 18-37 所示。

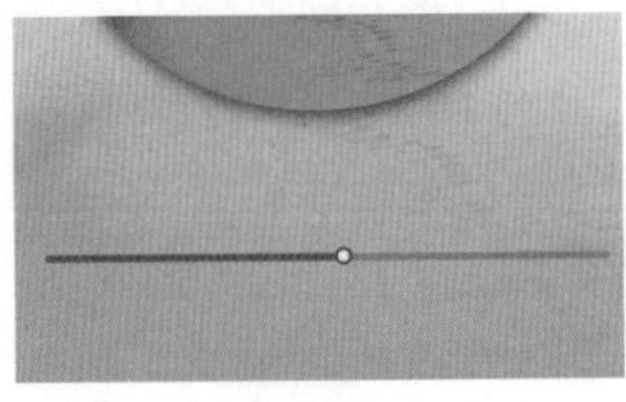

图 18-36

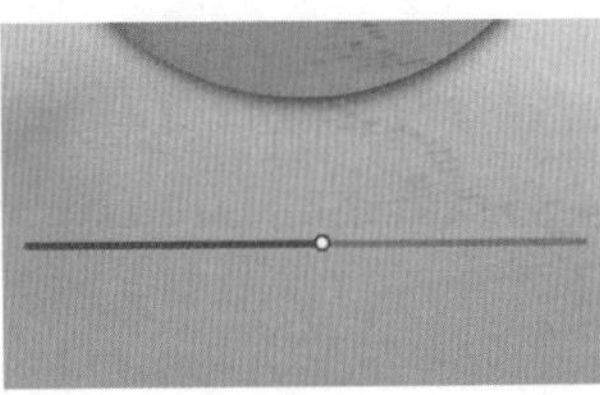

图 18-37

Step35 添加图标。打开刚刚制作的“播放器图标.ai”文件，拖动图标到当前文档中，调整图标的大小和位置，如图 18-38 所示。

Step36 使用【直线段工具】绘制白色直线，并设置描边粗细为 1pt，将其放在画板底部分隔图像，如图 18-39 所示。

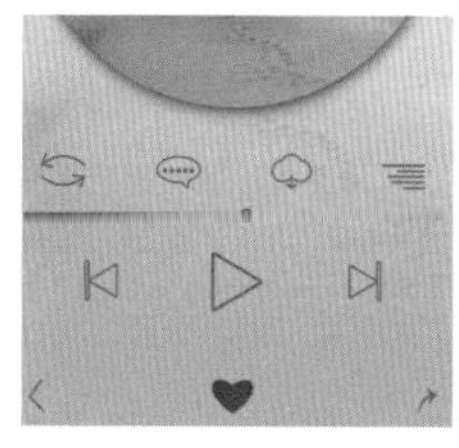
图 18-38

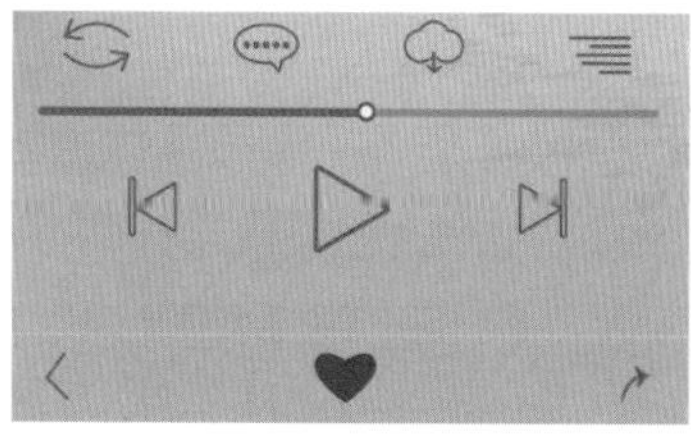
图 18-39

Step37 使用【文字工具】输入文字，并在【属性】面板中设置字体大小、系列和颜色，完成音乐播放器界面的制作，结果如图 18-40 所示。

图 18-40

18.2 制作天气 APP 主界面

天气类软件主要用于预报天气情况，所以一般主界面设计都不会很复杂，只需要显示当前温度即可。在本例中，制作天气 APP 主界面时，先绘制主界面的背景图像，再输入数字显示温度，然后再制作其他的元素，最终效果如图 18-41 所示。

图 18-41

素材文件	无
结果文件	结果文件 \ 第 18 章 \ 天气 APP 主界面 .ai

Step01 新建文档。按【Ctrl+N】快捷键执行新建命令，设置【宽度】为 1080px，【高度】为 1980px；单击【高级选项】下拉按钮，展开【高级选项】栏，设置【颜色模式】为 RGB 颜色，【光栅效果】为屏幕（72ppi），如图 18-42 所示，单击【创建】按钮，新建文档。

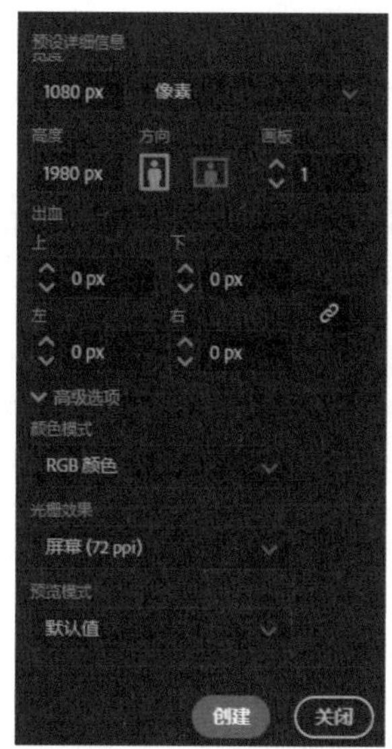

图 18-42

Step02 绘制矩形对象。使用【矩形工具】绘制矩形对象。执行【窗口】→【色板】命令，打开【色板】面板，单击面板左下角的按钮，在弹出的下拉菜单中选择【渐变】→【淡色和暗色】命令，打开【淡色和暗色】色板库选择【橙色】，为矩形对象填充橙色渐变，如图 18-43 所示。

Step 03 调整渐变效果。选择工具栏中的【渐变工具】，旋转渐变批注者，调整渐变方向为 90°，如图 18-44 所示。

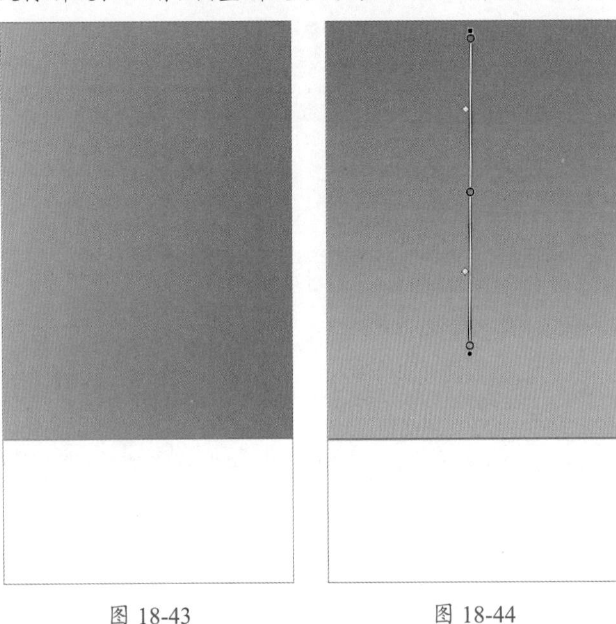

图 18-43　　图 18-44

Step 04 绘制三角形对象。使用【多边形工具】绘制三角形对象，如图 18-45 所示。

Step 05 切割三角形对象并填充渐变色。选择【剪刀工具】在三角形顶点和底边中点单击，切割三角形。分别为切割的两个三角形填充【淡色和暗色】色板库中的【金色】渐变，取消描边，如图 18-46 所示。

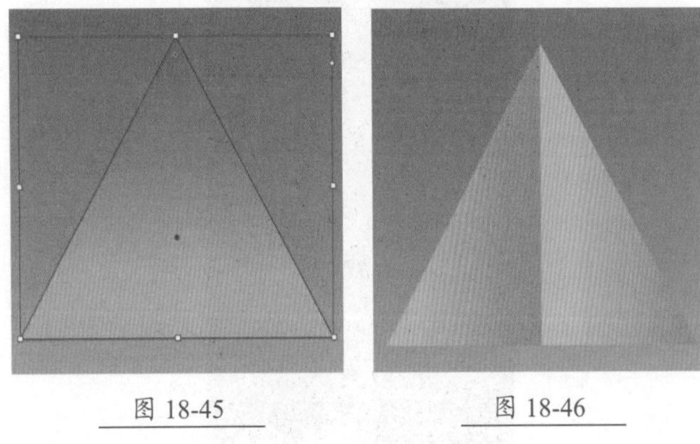

图 18-45　　图 18-46

Step 06 制作山峰。选择分割的三角形对象，按【Ctrl+G】快捷键编组对象。按【Alt】键复制移动对象 3 次，调整对象大小和位置，制作山峰效果，并降低山峰不透明度为 40%，如图 18-47 所示。

Step 07 绘制草地。使用【钢笔工具】绘制闭合曲线并填充【金色】渐变，使用【渐变工具】调整渐变角度和效果，如图 18-48 所示，形成草地效果。

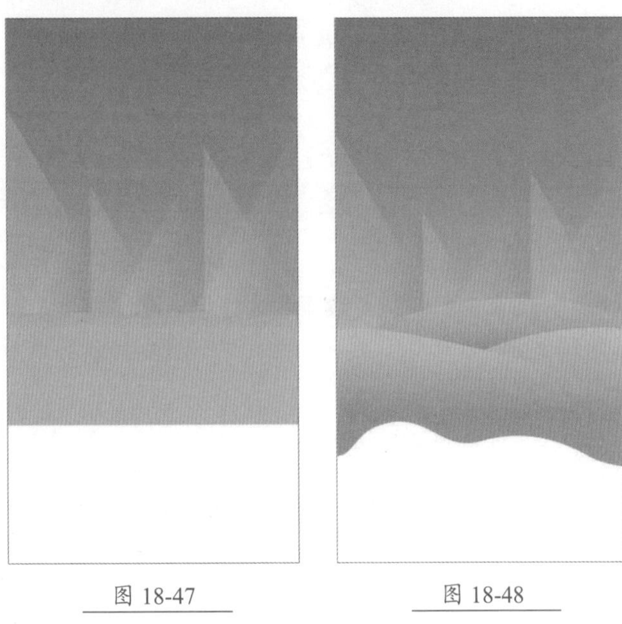

图 18-47　　图 18-48

Step 08 绘制圆形对象。选择【椭圆工具】，按住【Shift】键绘制正圆并填充黄色，如图 18-49 所示。

Step 09 复制圆形对象并等比例缩小对象。选择圆形对象，降低其不透明度为 12%。按【Ctrl+C】快捷键复制对象，按【Ctrl+F】快捷键将其粘贴至前面，按【Shift+Alt】快捷键等比例缩小对象，并适当减小不透明度，如图 18-50 所示。

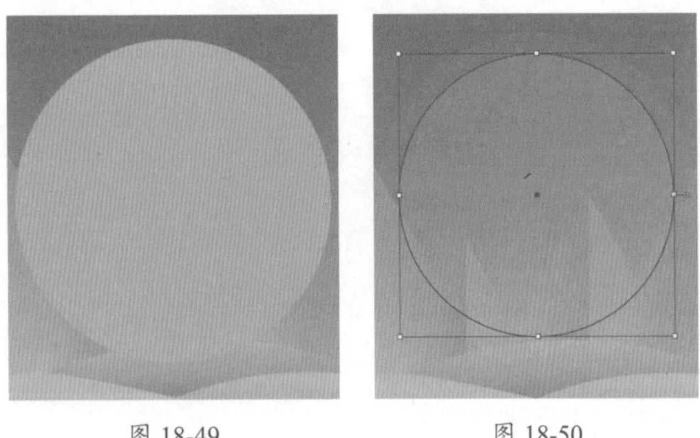

图 18-49　　图 18-50

Step 10 绘制发光的太阳。使用相同的方法继续复制并等比例缩小圆形对象，依次提高对象的不透明度，完成太阳的绘制，再将其移动至画板右上角，如图 18-51 所示。

Step 11 输入数字。使用【文字工具】输入“18”，在【属性】面板中设置字体系列、大小和颜色，如图 18-52 所示。

图 18-51　　图 18-52

Step12 制作温度单位。使用【椭圆工具】绘制无填充、白色描边的正圆对象，并将其放在数字的右上角。使用【文字工具】T输入字母 C，在【属性】面板中设置字体大小、系列和颜色，并将其放在数字右侧，如图 18-53 所示。

Step13 制作空气质量图标。使用【椭圆工具】绘制正圆并填充橄榄绿渐变色，将其放在字母 C 中，再输入文字，如图 18-54 所示。

图 18-53

图 18-54

Step14 输入文字。在数字 18 右下角输入数字，并设置字体系列、大小和颜色，如图 18-55 所示。

Step15 制作预告信息。选择【文字工具】T，在数字上方输入文字。再选择【直线段工具】绘制直线分割文字，如图 18-56 所示。

图 18-55

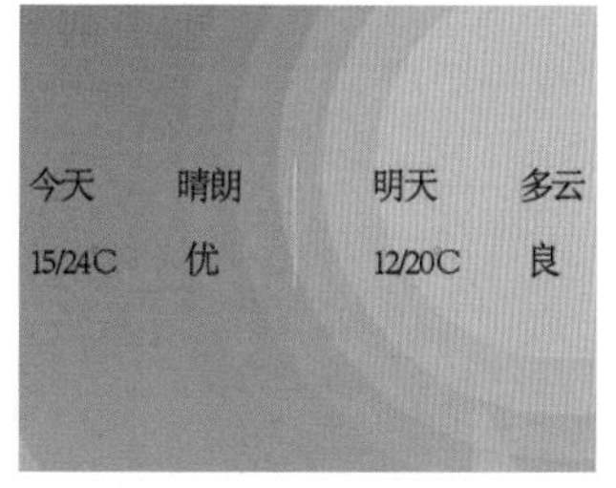

图 18-56

Step16 设置居中对齐。选择白色直线段和最底层背景对象，在【属性】面板中设置【对齐】为对齐画板，单击【水平居中对齐】按钮，将直线段水平居中对齐画板，如图 18-57 所示。然后分别选择左侧的文字和右侧的文字，按【Ctrl+G】快捷键编组对象。选择文字编组对象和直线段，并再次单击选中直线段将其设置为对齐基准，在【对齐】面板中设置【分布间距】为 100px，单击【水平分布间距】按钮，以直线为基准均匀分布对象，如图 18-58 所示。

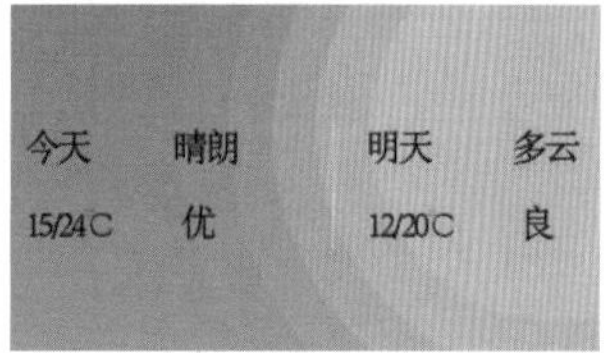

图 18-57

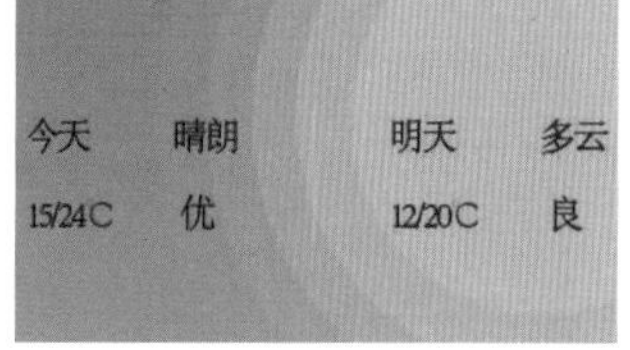

图 18-58

Step17 输入文字信息。使用【文字工具】T输入其他文字信息，并设置字体系列、大小、颜色和位置，如图 18-59 所示。

Step18 绘制矩形对象并调整排列顺序。在下方白色区域绘制矩形对象，并填充橄榄绿渐变色。然后右击，在弹出的快捷菜单中选择【排列】→【置于底层】命令，将其置于底层，如图 18-60 所示。

图 18-59

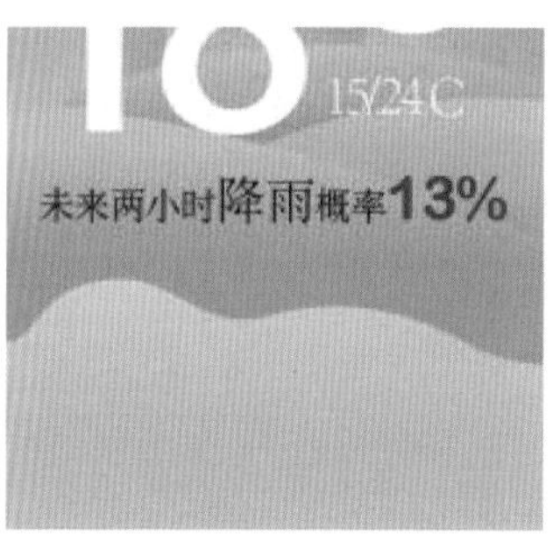

图 18-60

Step19 输入文字。使用【文字工具】T输入文字并设置居中对齐，如图 18-61 所示。

Step20 绘制太阳图标。使用【椭圆工具】和【直线段工具】绘制太阳图标，如图 18-62 所示。

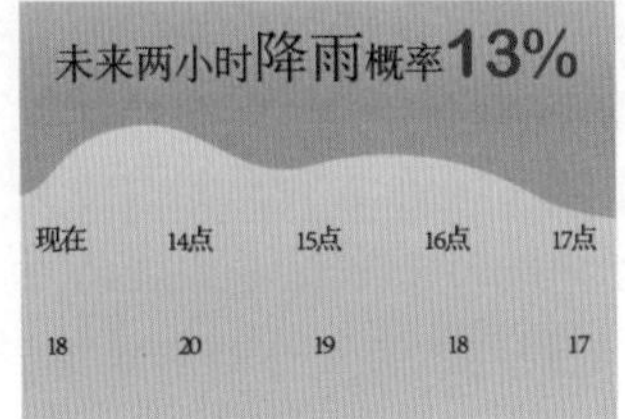

图 18-61

图 18-62

Step21 绘制多云图标。使用【椭圆工具】绘制正圆，再按【Alt】键移动复制 3 个正圆对象组合成云朵形状，如图 18-63 所示。选择圆形对象，单击【路径查找器】面板中的【联集】按钮合并对象。在【属性】面板中设置填充为白色，描边为黄色，然后将太阳图标置于云朵下方，完成多云图标的绘制，如图 18-64 所示。

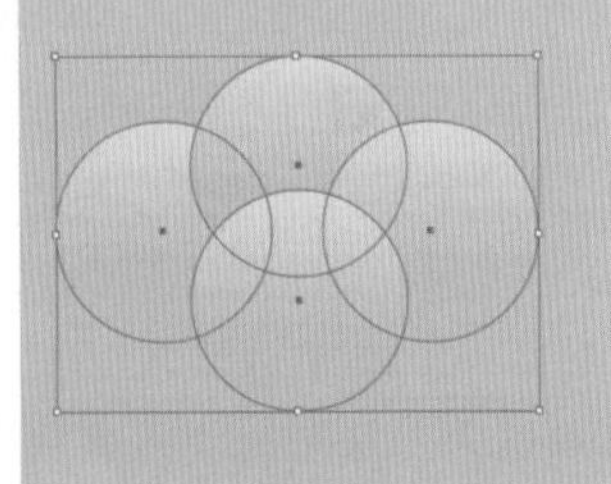

图 18-63

图 18-64

Step22 放置图标。分别选择太阳图标和多云图标，按【Shift+Alt】快捷键移动复制图标，将其放在对应的时间点下方，如图 18-65 所示。

Step23 绘制箭头图标。使用【直线段工具】在画板底部绘制箭头符号，并设置不透明度为 50%，将其水平居中对齐画板，如图 18-66 所示。

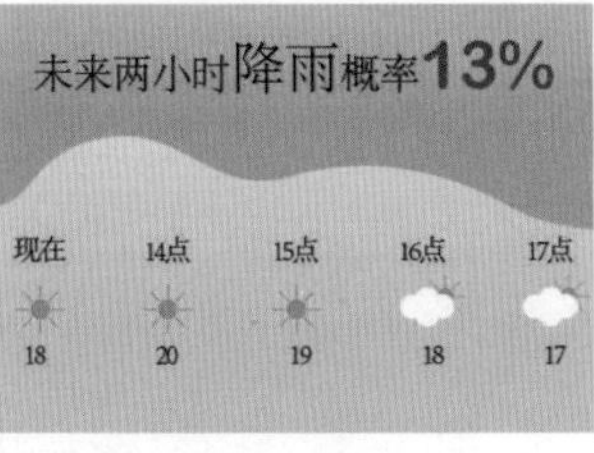

图 18-65

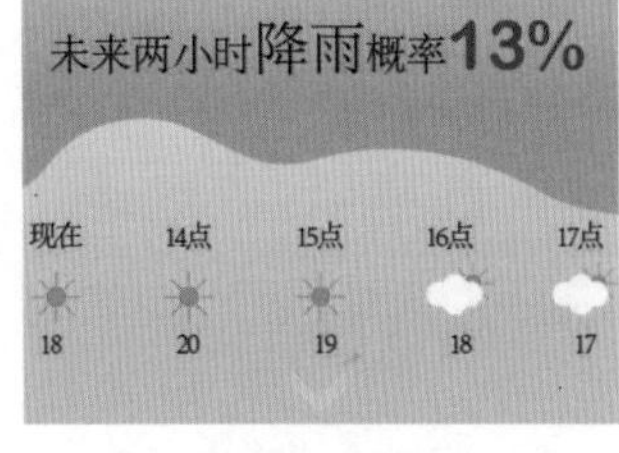

图 18-66

Step24 绘制顶部图标，完成界面制作。使用【椭圆工具】和【直线段工具】在图像顶部绘制图标，完成天气 APP 主界面制作，最终效果如图 18-67 所示。

图 18-67

18.3 制作拟物图标

图标是 UI 界面视觉组成的关键元素之一。拟物图标的设计可以使我们对应用有更直观的认识，也更有趣味性。本例制作指南针图标时，主要通过填充渐变颜色和添加内发光效果来形成立体感，最终效果如图 18-68 所示。

素材文件	无
结果文件	结果文件 \ 第 18 章 \ 拟物图标 .ai

图 18-68

Step01 新建文档。按【Ctrl+N】快捷键执行新建命令，设置【宽度】和【高度】均为 1024px；单击【高级选项】下拉按钮，展开【高级选项】栏，设置【颜色模式】为 RGB 颜色，【光栅效果】为屏幕（72ppi），如图 18-69 所示。单击【创建】按钮，新建文档。

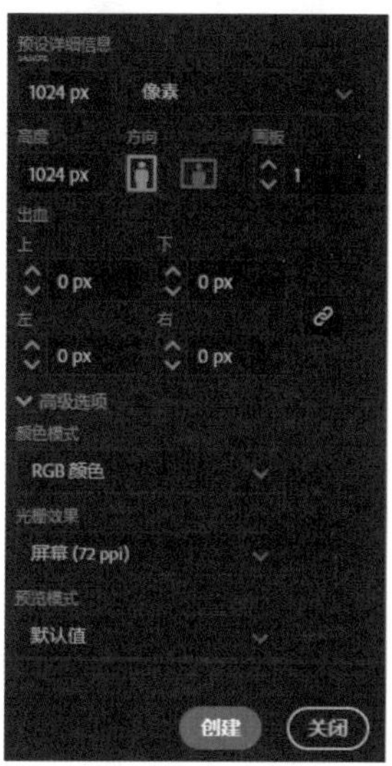

图 18-69

Step02 绘制圆角矩形对象。使用【圆角矩形工具】绘制圆角矩形对象，拖动【实时转角】控件，调整圆角半径，然后为圆角矩形对象填充青色（#87DDD6），如图 18-70 所示。

Step03 复制对象并填充渐变色。按【Ctrl+C】快捷键复制对象，按【Ctrl+F】快捷键粘贴到前面。按【Shift+Alt】快捷键等比例缩小对象，单击工具栏中的【渐变】按钮，打开【渐变】面板，设置【渐变类型】为任意形状渐变，添加控制点设置颜色，为矩形对象四边的控制点设置较深的绿色，内部的控制点设置为浅一点的绿色，如图 18-71 所示。

图 18-70

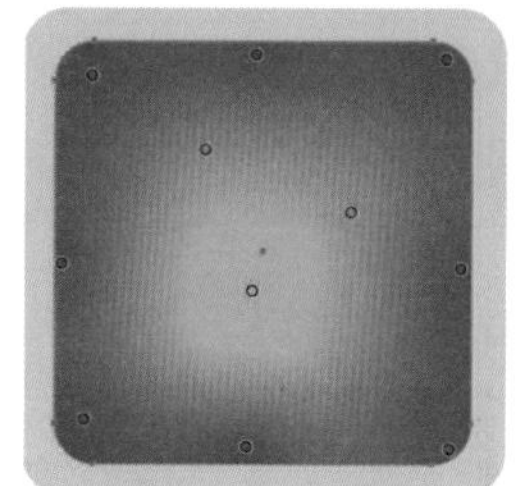

图 18-71

Step04 添加内发光效果。执行【效果】→【风格化】→【内发光】命令，打开【内发光】对话框，设置【模式】为正片叠底，发光颜色为灰绿色，【模糊】为 50px，如图 18-72 所示，添加内发光效果后会形成内凹的效果。

Step05 添加内发光效果。选择外部的圆角矩形对象，执行【效果】→【风格化】→【内发光】命令，打开【内发光】对话框，设置【模式】为正片叠底，发光颜色为灰绿色，【模糊】为 20px，添加内发光效果后对象具有立体感，如图 18-73 所示。

图 18-72

图 18-73

Step06 绘制正圆对象。选择【椭圆工具】，将鼠标光标移动至中心点，按住【Shift+Alt】快捷键，以中心点为基准绘制正圆对象，在【属性】面板中设置填充为无，描边粗细为 30pt，颜色为黑色，单击【描边】文字，打开【描边】面板，单击按钮，使描边沿路径内侧对齐，如图 18-74 所示。

Step07 为描边填充渐变颜色。打开【渐变】面板，单击【描边】按钮，进入描边颜色设置状态。设置【渐变类型】为线性渐变，添加渐变滑块，设置渐变颜色为绿色，渐变角度为 60°，如图 18-75 所示。

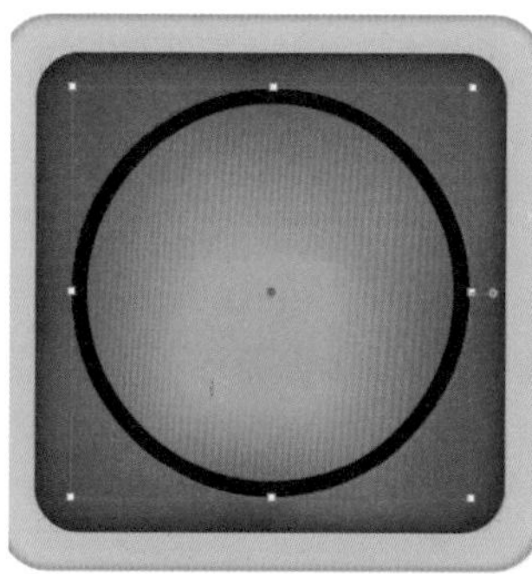

图 18-74

图 18-75

Step08 设置填充颜色。单击工具栏底部的【填色】按钮，切换到设置填充颜色的状态。打开【金属】色板库，单击【白金色】，将填充设置为白金色，如图 18-76 所示。

Step09 调整渐变效果。单击【属性】面板中的【编辑渐变】按钮，进入编辑渐变状态。单击【径向渐变】按钮，将其转换为径向渐变效果，删除中间的渐变滑块，移动渐变滑块位置，调整渐变效果，如图 18-77 所示。

图 18-76

图 18-77

Step10 绘制圆形对象。使用【椭圆工具】绘制正圆对象，并填充灰色（#876B6B），如图 18-78 所示。

Step11 绘制三角形对象。使用【多边形工具】绘制三角形对象，拖动边框线调整三角形，将其放在正圆对象上方，如图 18-79 所示。

图 18-78

图 18-79

Step12 合并对象。选择三角形和正圆对象，单击【路径查找器】面板中的【联集】按钮，合并对象，如图 18-80 所示。

Step13 垂直翻转对象。右击三角形，在弹出的快捷菜单中选择【变换】→【对称】命令，打开【镜像】对话框，选中【垂直】单选按钮，单击【复制】按钮，复制并垂直翻转对象。移动对象至适当的位置，如图 18-81 所示。

图 18-80

图 18-81

Step14 复制并旋转对象。使用相同的方法合并对象，右击三角形，在弹出的快捷菜单中选择【变换】→【旋转】命令，打开【旋转】对话框，设置【角度】为 90°，单击【复制】按钮，复制并旋转对象，如图 18-82 所示。

Step15 旋转对象。使用相同的方法合并对象，右击三角形，在弹出的快捷菜单中选择【变换】→【旋转】命令，打开【旋转】对话框，设置【角度】为 45°，单击【确定】按钮，旋转对象，如图 18-83 所示。

图 18-82

图 18-83

Step16 绘制三角形对象。使用【多边形工具】绘制三角形对象，拖动边框线调整三角形，将其放在适当的位置，如图 18-84 所示。

Step17 创建参考线。选择外侧的圆角矩形对象，显示出中心点。按【Ctrl+R】快捷键显示出标尺，再拖出两条参考线定位到中心点，如图 18-85 所示。

图 18-84

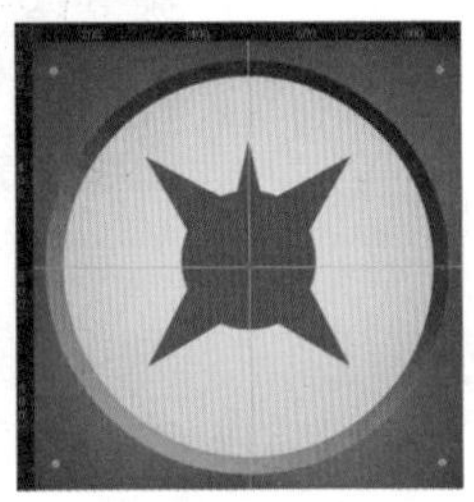
图 18-85

Step18 复制并旋转对象。先选择三角形对象。再选择【旋转工具】，按住【Alt】键单击中心点，将其设置为参考点，并打开【旋转】对话框，设置【角度】为 180°，单击【复制】按钮，复制并旋转对象，如图 18-86 所示。

Step19 旋转并合并对象。选择两个三角形对象并右击，在弹出的快捷菜单中选择【变换】→【旋转】命令，打开【旋转】对话框，设置【角度】为 90°，单击【复制】按钮，复制并旋转对象。再选择小三角形对象下层的对象，单击【路径查找器】面板中的【联集】按钮，合并对象，如图 18-87 所示。

图 18-86

图 18-87

Step20 旋转并缩放对象。选择最上方的对象，将其旋转45°，并按【Shift+Alt】快捷键等比例缩小对象，如图 18-88 所示。

Step21 绘制直线。使用【直线段工具】绘制直线段，设置描边颜色为黑色，描边粗细为 3pt，单击【描边】文字，打开【描边】面板，单击按钮，设置直线端点为圆点，如图 18-89 所示。

图 18-88

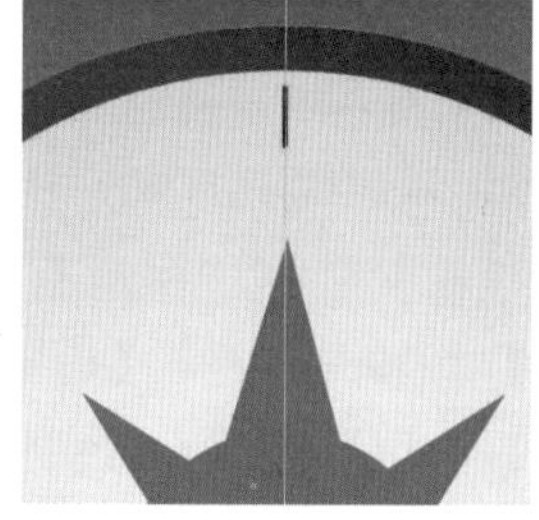

图 18-89

Step22 复制并旋转对象。选择【旋转工具】，按住【Alt】键单击参考线交叉点，将其设置为旋转参考点，并打开【旋转】对话框，设置【角度】为 180°，单击【复制】按钮，复制并旋转对象，如图 18-90 所示。

Step23 选择直线段，按【Ctrl+G】快捷键编组对象。右击，在弹出的快捷菜单中选择【变换】→【旋转】命令，打开【旋转】对话框，设置【角度】为 30°，单击【复制】按钮，旋转并复制对象，如图 18-91 所示。

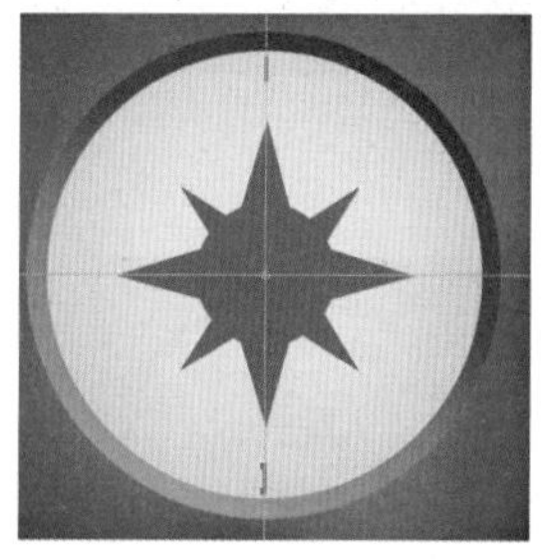

图 18-90

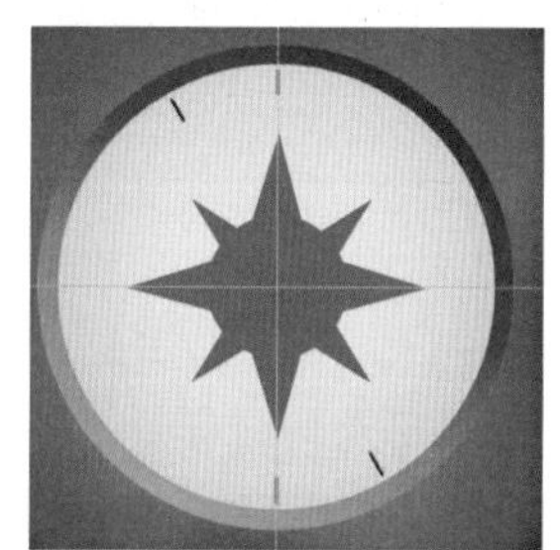

图 18-91

Step24 再次变换对象。按【Ctrl+D】快捷键多次，继续复制并旋转对象。再执行【视图】→【参考线】→【清除参考线】命令，清除参考线，如图 18-92 所示。

Step25 绘制正圆对象。使用【椭圆工具】绘制正圆对象。选择【渐变工具】，单击【属性】面板中的【任意形状渐变】按钮，添加渐变滑块，设置红色渐变，如图 18-93 所示。

图 18-92

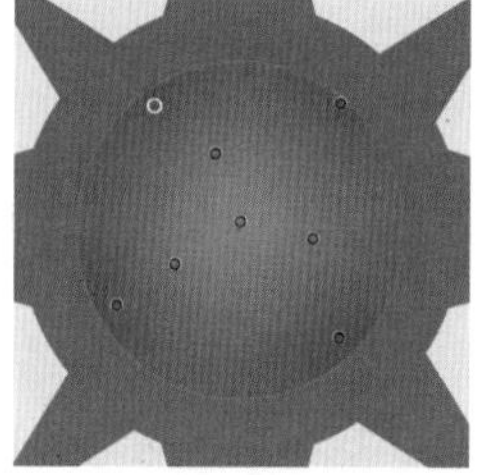

图 18-93

Step26 绘制三角形对象。使用【多边形工具】绘制三角形对象，并拖动边框线，调整三角形，如图 18-94 所示。

Step27 填充渐变色。选择三角形对象。使用【剪刀工具】单击中点和顶点，分割对象。再打开【明亮】渐变色板库，单击【橙红色】渐变，为分割的三角形填充橙红渐变，并选择【渐变工具】调整渐变效果，如图 18-95 所示。

图 18-94

图 18-95

Step28 制作指南针箭头。选择分割的三角形对象，按【Ctrl+G】快捷键编组对象。调整对象大小和角度，并将其放在适当的位置。选择【旋转工具】，按住【Alt】键单击对象中点，将其设置为旋转参考点，打开【旋转】对话框，设置【角度】为 180°，单击【复制】按钮，复制并旋转对象。再填充灰色渐变，如图 18-96 所示。

Step29 绘制圆形对象。使用【椭圆工具】在箭头上方绘制正圆对象，并填充粉红色，如图 18-97 所示。

图 18-96

图 18-97

Step30 复制正圆对象并填充渐变色。按【Ctrl+C】快捷键复制正圆对象，按【Ctrl+F】快捷键粘贴到前面。选择【渐变工具】，单击【属性】面板中的【任意形状渐变】按钮，填充渐变色，如图 18-98 所示。

Step31 编组并复制对象。选择圆形对象和箭头对象，按【Ctrl+G】快捷键编组对象。按【Ctrl+C】快捷键复制编组对象，按【Ctrl+B】快捷键粘贴到后面，并填充黑色，向右下角移动，如图 18-99 所示。

图 18-98

图 18-99

Step32 制作投影效果。选择黑色对象。执行【效果】→【风格化】→【羽化】命令，打开【羽化】对话框，设置【半径】为 25px，单击【确定】按钮羽化对象。执行【效果】→【模糊】→【高斯模糊】命令，打开【高斯模糊】对话框，设置【半径】为 3px，单击【确定】按钮模糊对象，如图 18-100 所示。

Step33 绘制闭合曲线。使用【钢笔工具】沿着边框线绘制曲线，如图 18-101 所示。

图 18-100

图 18-101

Step34 选择【渐变工具】。单击【属性】面板中的【线性渐变】按钮，调整渐变角度，并设置渐变为白色到透明，如图 18-102 所示。

Step35 设置混合模式。选择白色透明渐变对象，打开【透明度】面板，设置【混合模式】为叠加，不透明度为 50%，如图 18-103 所示。

图 18-102

图 18-103

Step36 绘制椭圆对象。使用【椭圆工具】绘制椭圆对象，并填充白色到透明的径向渐变，如图 18-104 所示。

Step37 制作高光效果。执行【效果】→【模糊】→【高斯模糊】命令，打开【高斯模糊】对话框，设置【半径】为 30px，单击【确定】按钮，模糊对象。执行【效果】→【风格化】→【羽化】命令，打开【羽化】对话框，设置【半径】为 20px，单击【确定】按钮，羽化对象，完成高光效果的制作。调整高光大小和位置，如图 18-105 所示。如果觉得高光太亮，可以适当降低其不透明度。

图 18-104

图 18-105

Step38 复制高光，完成拟物图标制作。按【Alt】键移动复制高光到图标底部。使用【文字工具】输入文字，适当调整各元素位置，完成拟物指南针图标制作，如图 18-106 所示。

图 18-106

本章小结

本章主要介绍了 UI 设计相关案例的制作过程，包括音乐播放器界面的制作、天气 APP 界面的制作和拟物指南针图标的制作。随着互联网技术的发展和移动端设备的普及，界面设计也变得越来越重要。除了要求美观外，人性化设计也成为一个重要指标。

第 19 章 特效字体制作

- 制作毛绒文字效果
- 制作动感水滴文字效果
- 制作立体空间文字效果
- 制作创意阶梯文字效果
- 制作扭曲炫酷文字效果

本章将在 Illustrator CC 中制作文字特效，包括毛绒文字效果、动感水滴文字效果、立体空间文字效果、创意阶梯文字效果和扭曲炫酷文字效果。

19.1 制作毛绒文字效果

在 Illustrator CC 中利用粗糙化效果可以模拟毛绒绒的效果。在本案例中将利用混合功能和粗糙化效果来制作毛绒文字，其制作的重点和难点在于混合步数的设置，该设置会影响毛绒效果的最终呈现。最终效果如图 19-1 所示。

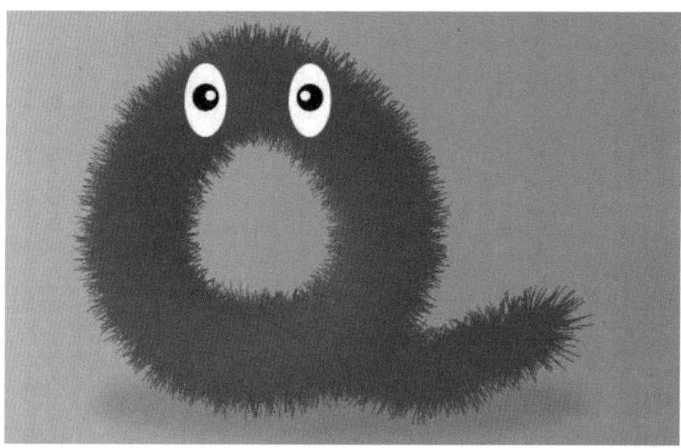

图 19-1

素材文件	无
结果文件	结果文件 \ 第 19 章 \ 毛绒文字 .ai

Step 01 新建文档。执行【文件】→【新建】命令，在【新建文档】对话框中设置【宽度】为 297 毫米，【高度】为 210 毫米，设置方向为横向，单击【创建】按钮，新建 A4 文档，如图 19-2 所示。

Step 02 绘制文字路径。使用【曲率工具】绘制文字路径，如图 19-3 所示。

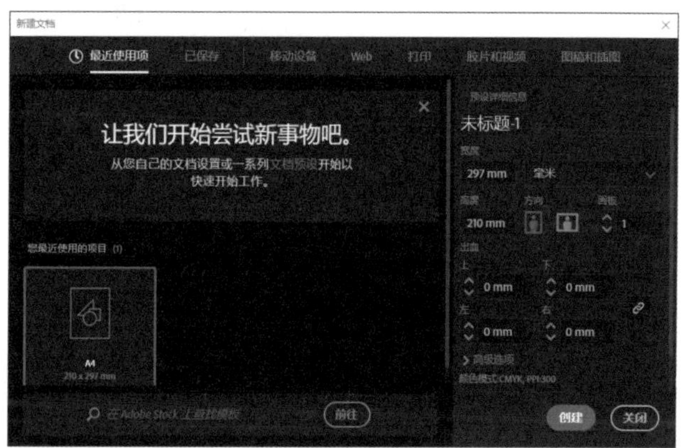

图 19-2

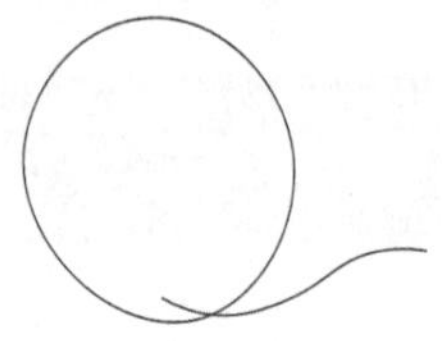

图 19-3

Step03 绘制椭圆。使用【椭圆工具】 绘制椭圆。单击工具栏底部的【颜色】按钮，打开【颜色】面板，设置填充颜色为紫红色，描边为无，如图 19-4 所示。

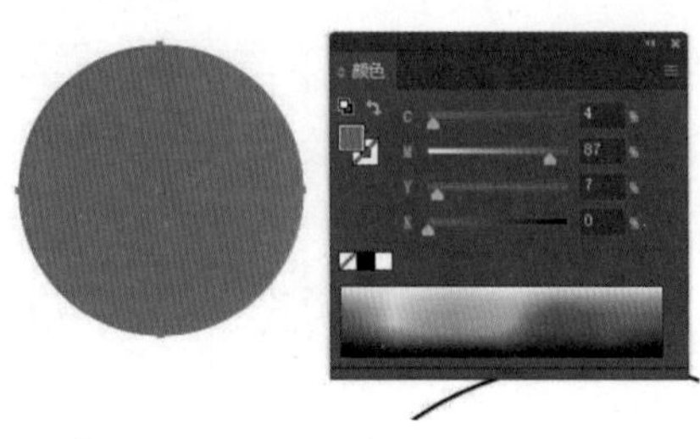

图 19-4

Step04 复制椭圆。按【V】键切换到【选择工具】，按【Alt】键复制移动椭圆对象，并在【颜色】面板中设置填充颜色为紫色，描边为无，如图 19-5 所示。

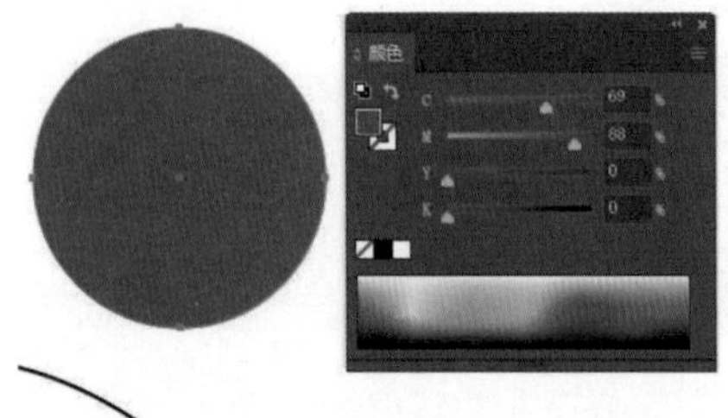

图 19-5

Step05 建立混合。选择【混合工具】，分别单击椭圆对象建立混合，如图 19-6 所示。

图 19-6

Step06 复制混合对象。按【V】键切换到【选择工具】，按【Alt】键移动复制混合对象，如图 19-7 所示。

图 19-7

Step07 选择混合对象和路径。使用【选择工具】框选混合对象和圆形路径，如图 19-8 所示。

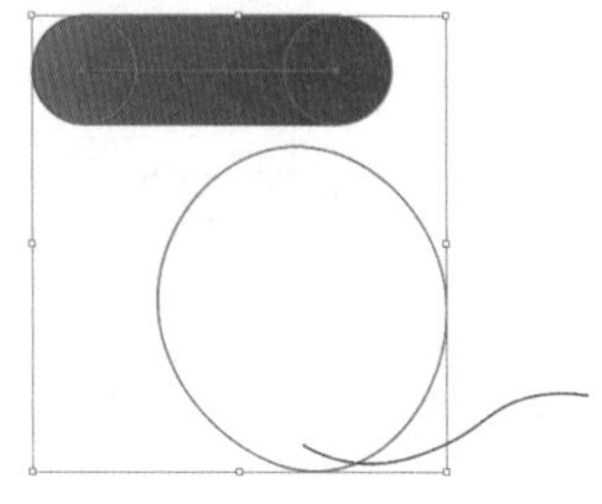

图 19-8

Step08 替换混合轴。执行【对象】→【混合】→【替换混合轴】命令，替换混合轴，效果如图 19-9 所示。

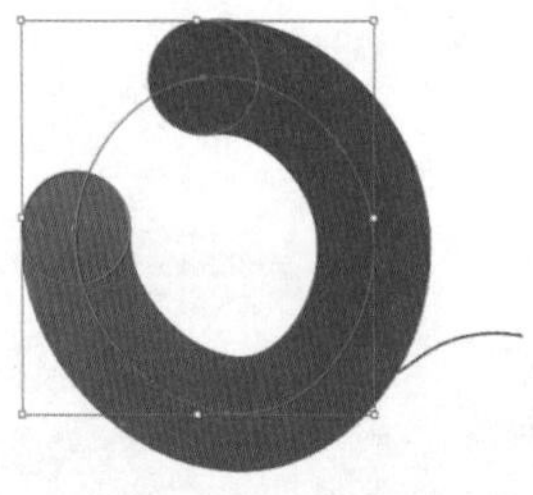

图 19-9

Step09 修改形状。使用【直接选择工具】拖动锚点修改形状，使其成为一个闭合的形状，如图 19-10 所示。

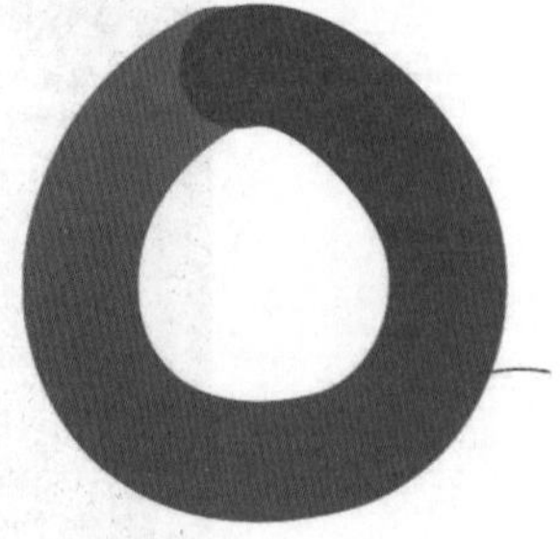

图 19-10

Step10 设置混合选项。选择混合对象，执行【对象】→【混合】→【混合选项】命令，打开【混合选项】对话框，设置【间距】为指定的步数，步数为 50，如图 19-11 所示。

图 19-11

技术看板

设置混合选项时，步数不要设置得太多。简单来说就是，颜色过渡不要太平滑。其后利用【粗糙化】命令制作毛绒效果时才能得到更好的效果。

Step11 添加粗糙化效果。选择混合对象，执行【效果】→【扭曲和变换】→【粗糙化】命令，打开【粗糙化】对话框，选中【预览】复选框，根据预览效果设置【大小】和【细节】参数，选中【平滑】单选按钮，如图 19-12 所示。

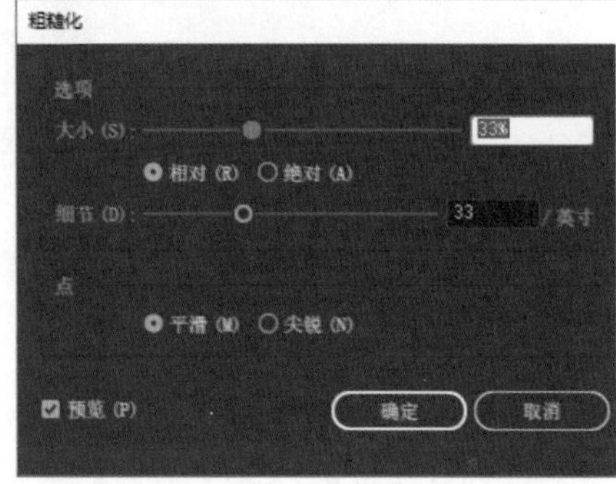

图 19-12

Step12 显示效果。单击【确定】按钮应用效果，结果如图 19-13 所示。

图 19-13

Step13 添加收缩和膨胀效果。选择混合对象，执行【效果】→【扭曲和变换】→【收缩和膨胀】命令，打开【收缩和膨胀】对话框，选中【预览】复选框，根据预览效果设置参数，如图 19-14 所示。

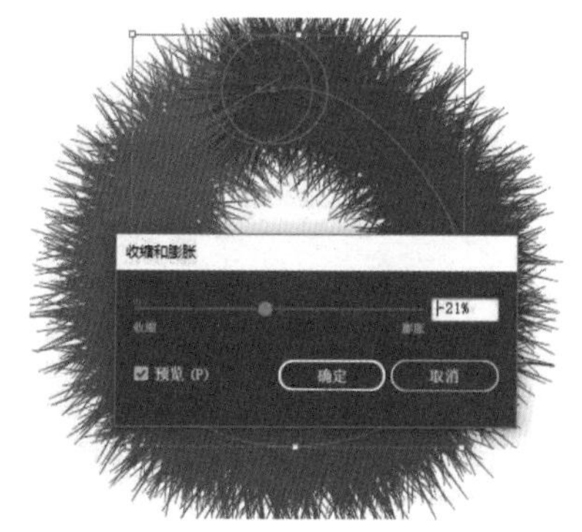

图 19-14

Step14 修改效果。选择混合对象。执行【窗口】→【外观】命令，打开【外观】面板，单击【粗糙化】选项，打开【粗糙化】对话框，选中【预览】复选框，根据预览效果修改参数，如图 19-15 所示。

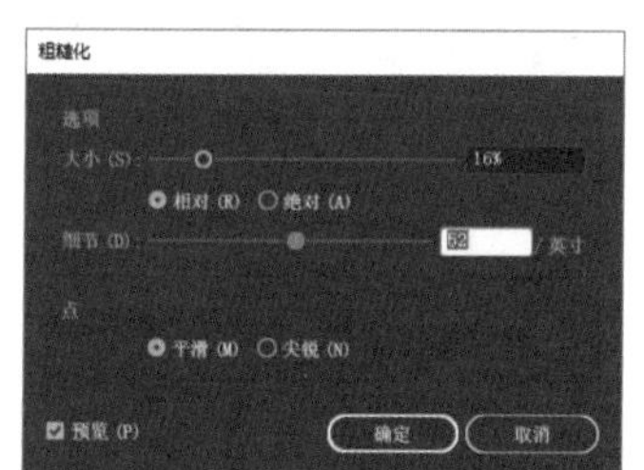

图 19-15

Step15 显示效果。单击【确定】按钮应用修改，效果如图 19-16 所示。

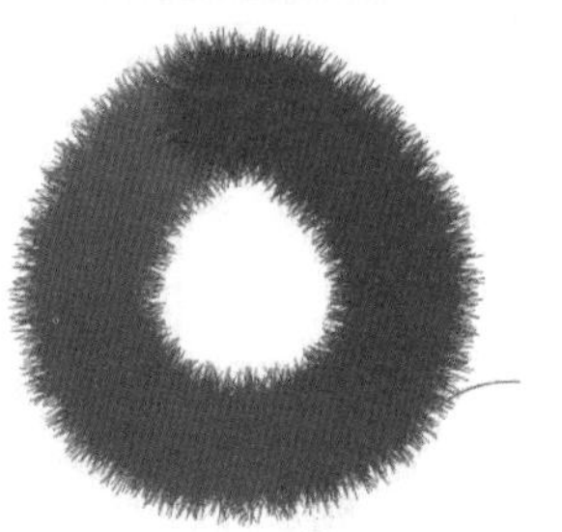

图 19-16

Step16 设置渐变颜色。执行【窗口】→【渐变】命令，打开【渐变】面板，设置渐变颜色为紫红色和紫色，如图 19-17 所示。

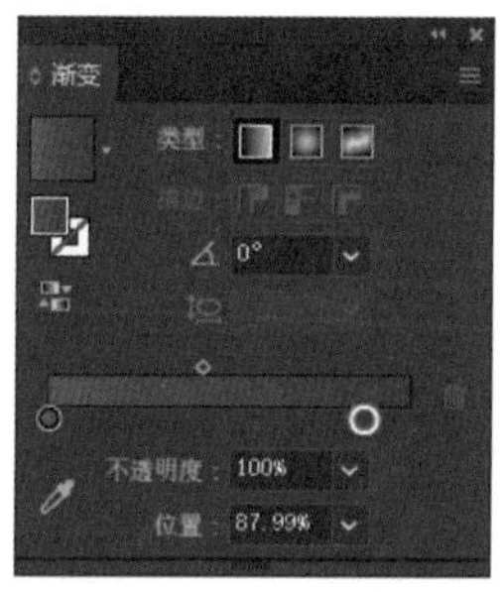

图 19-17

Step17 修改混合对象渐变颜色。选择混合对象，单击【渐变】面板中的渐变滑块，重新上色，调整渐变效果，如图 19-18 所示。

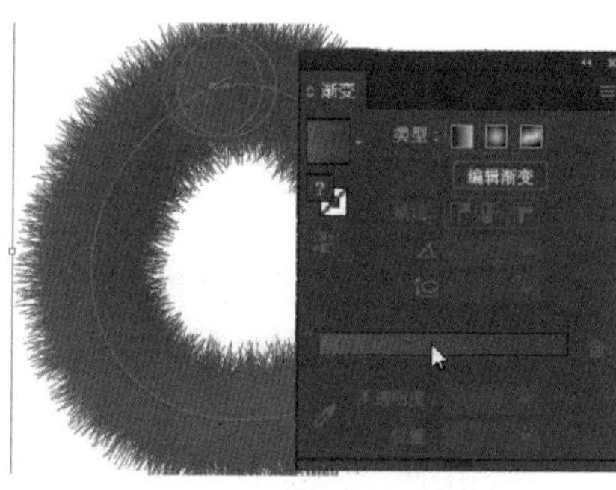

图 19-18

技术看板

使用混合工具创建的混合对象，颜色渐变比较生硬。使用【渐变】面板重新上色，渐变效果会更加自然。

Step18 选择混合对象和路径。使用【选择工具】 选择混合对象和线段路径，如图 19-19 所示。

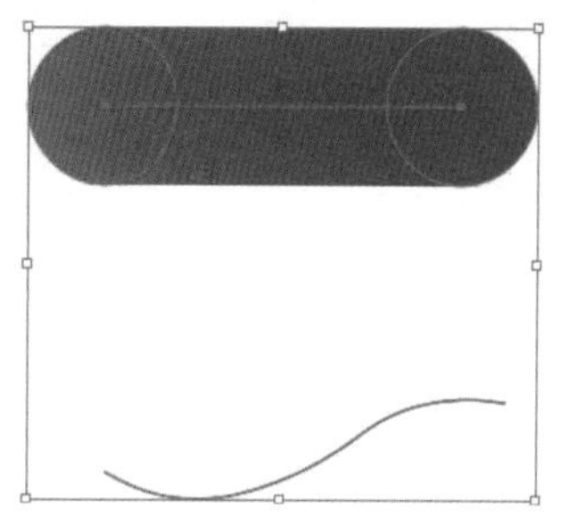

图 19-19

Step19 替换混合轴。执行【对象】→【混合】→【替换混合轴】命令，替换混合轴，如图 19-20 所示。

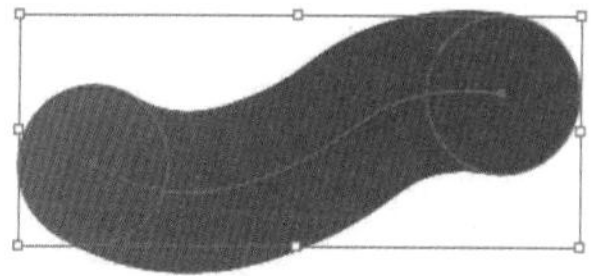

图 19-20

Step20 设置混合选项。选择混合对象，执行【对象】→【混合】→【混合选项】命令，打开【混合选项】对话框，设置【间距】为指定的步数，步数为 20，如图 19-21 所示。

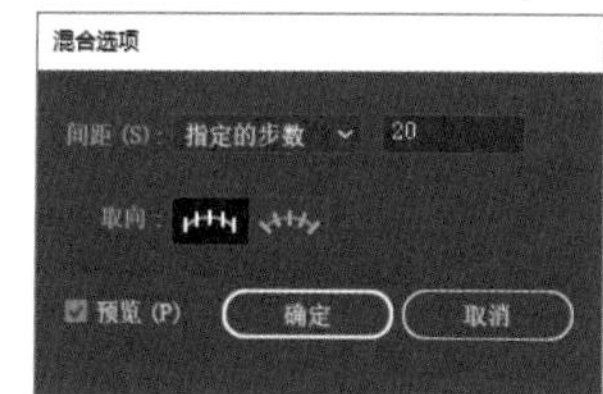

图 19-21

Step21 制作毛绒效果。使用前面的方法为对象添加【粗糙化】和【收缩和膨胀】效果，制作毛绒效果，如图 19-22 所示。

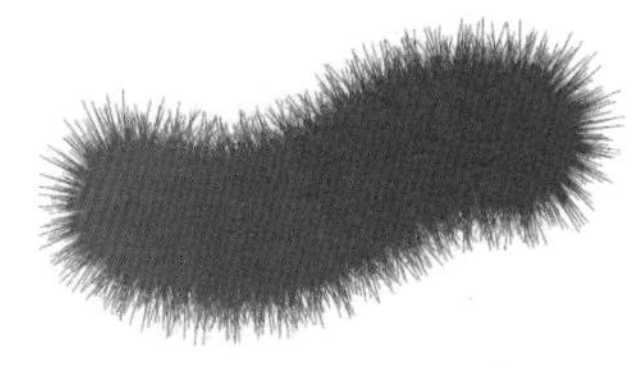

图 19-22

Step22 移动对象位置。使用【选择工具】将对象移动到合适的位置，如图 19-23 所示。

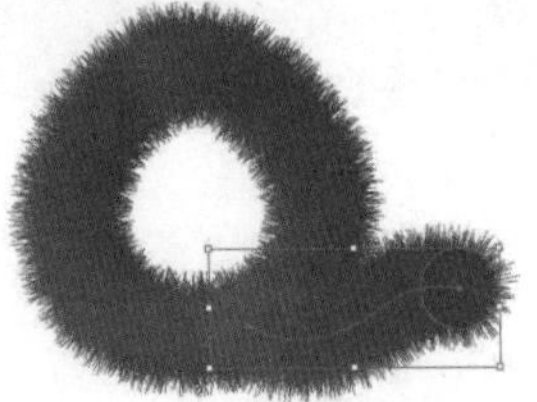

图 19-23

Step23 调整排列顺序。选择直线段混合对象并右击，在弹出的快捷菜单中选择【后移一层】命令，将其放在圆形对象下方，如图 19-24 所示。

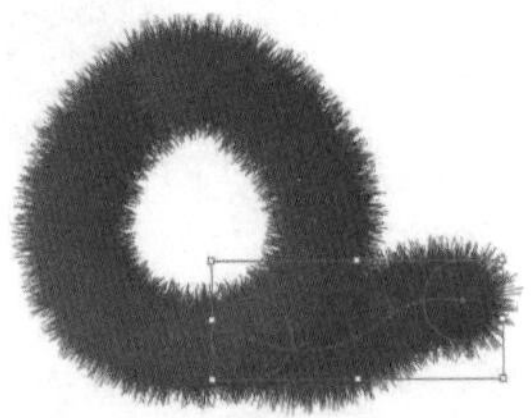

图 19-24

Step24 修改形状。使用【直接选择工具】拖动直线段混合对象的锚点修改形状，将其调整为尾巴的形状，如图 19-25 所示。

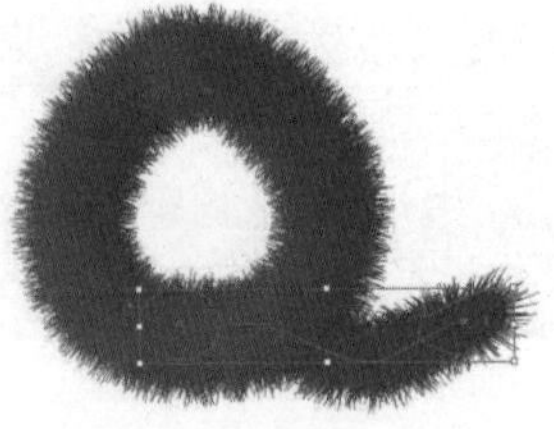

图 19-25

Step25 绘制椭圆形状。选择【椭圆工具】绘制椭圆形状，并填充白色，将其放在适当的位置，如图 19-26 所示。

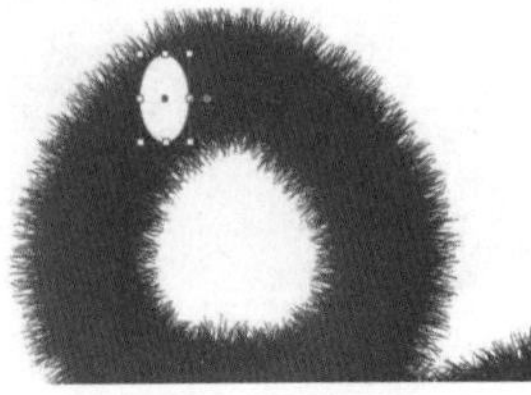

图 19-26

Step26 绘制正圆形状。使用【椭圆工具】，按住【Shift】键绘制正圆，并填充黑色，将其放在适当的位置，如图 19-27 所示。

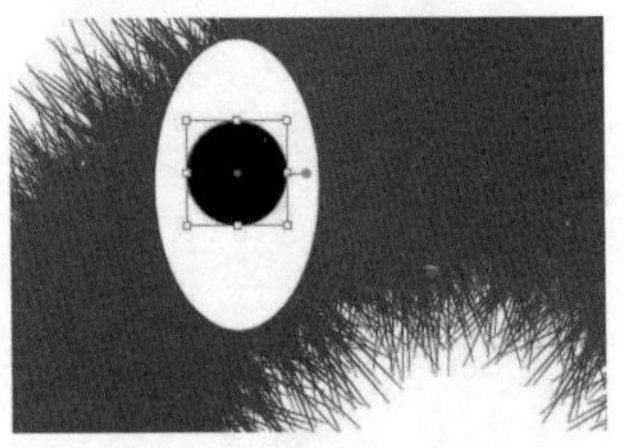

图 19-27

Step27 绘制白色圆形对象。使用【椭圆工具】继续绘制白色的正圆对象，将其放在适当的位置，如图 19-28 所示。

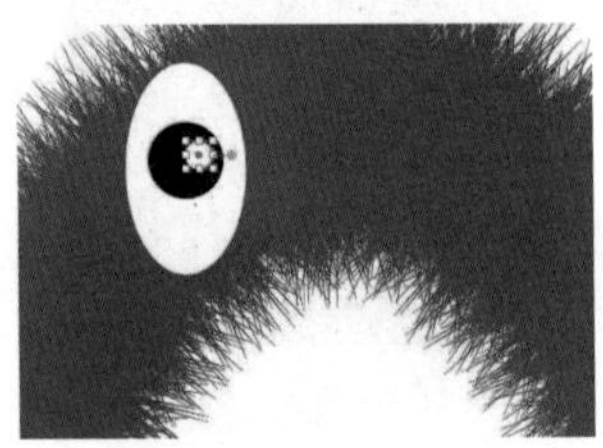

图 19-28

Step28 执行对称变换。选择所有的椭圆对象并右击，在弹出的快捷菜单中选择【变换】→【对称】命令，在【镜像】对话框中选中【垂直】单选按钮和【预览】复选框，如图 19-29 所示。

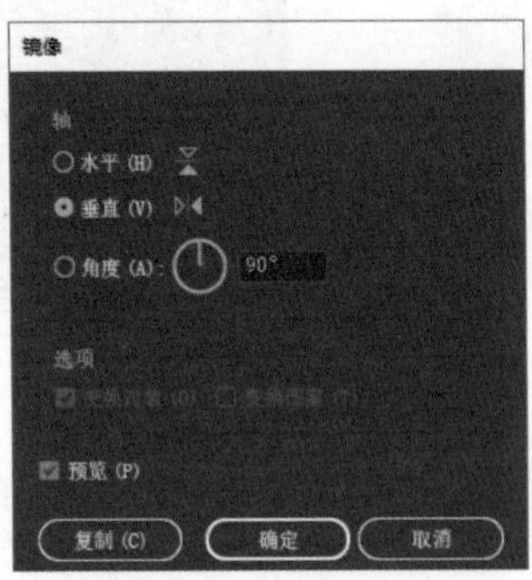

图 19-29

Step29 复制对象。单击【复制】按钮，复制并对称变换对象，将其拖动到适当的位置，如图 19-30 所示。

图 19-30

Step30 绘制矩形对象。选择【矩形工具】，单击【属性】面板中的【填色】按钮，打开【色板】面板。单击面板底部的按钮，在弹出的下拉中选择【渐变】→【淡色和暗色】命令，打开【淡色和暗色】色板库，选择粉红色渐变。拖动鼠标绘制一个与画板同样大小的矩形对象，如图 19-31 所示。

图 19-31

Step31 选择矩形对象并右击，在弹出的快捷菜单中选择【排列】→【置于底层】命令，将其置于底部，如图 19-32 所示。

图 19-32

Step32 调整对象大小。选择矩形对象，按【Ctrl+2】快捷键将其锁定。使用【选择工具】框选所有的对象，按【Shift】键拖动鼠标，适当地将其等比例缩小，如图 19-33 所示。

图 19-33

Step 33 绘制椭圆。使用【椭圆工具】绘制椭圆并填充黑色，如图 19-34 所示。

图 19-34

Step 34 调整图层顺序。执行【窗口】→【图层】命令，打开【图层】面板，找到椭圆对象所在图层，将其拖动到矩形图层的上方，如图 19-35 所示。

图 19-35

Step 35 模糊对象。选择椭圆对象，执行【效果】→【模糊】→【高斯模糊】命令，打开【高斯模糊】对话框，选中【预览】复选框，根据预览效果设置参数模糊对象，如图 19-36 所示。

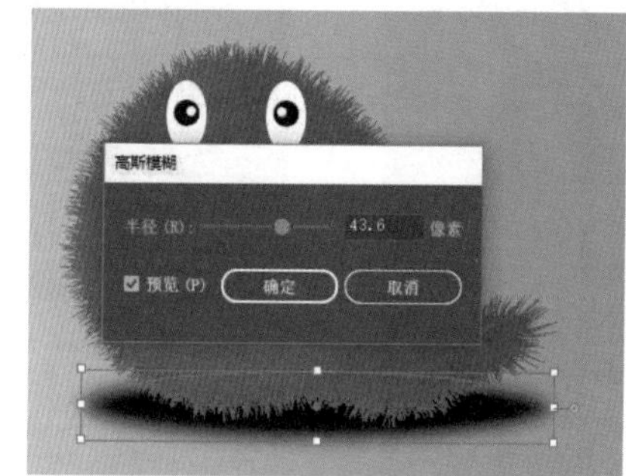

图 19-36

Step 36 设置混合模式和不透明度。执行【窗口】→【透明度】命令，打开【透明度】面板，设置【混合模式】为正片叠底，并降低不透明度，如图 19-37 所示。

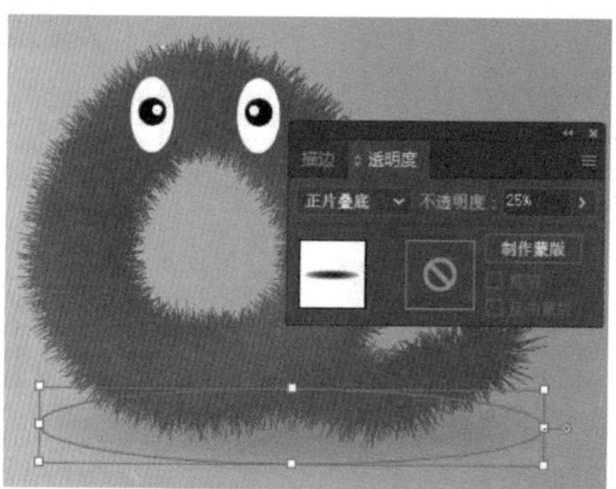

图 19-37

Step 37 更改阴影颜色。选择椭圆对象，双击工具栏底部的【填色】按钮，打开【拾色器】对话框，设置颜色为紫灰色，如图 19-38 所示，修改阴影颜色。

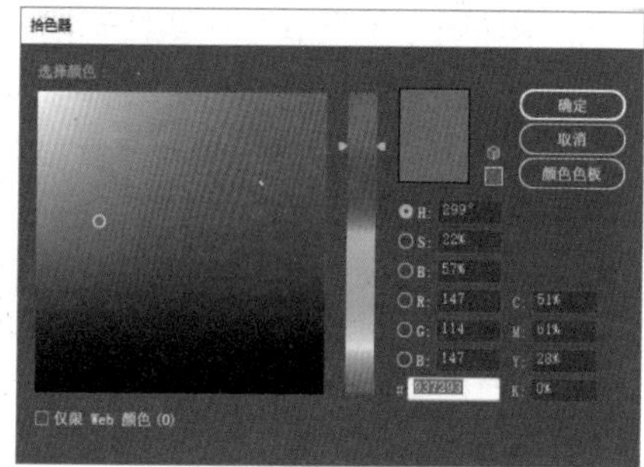

图 19-38

Step 38 完成毛绒文字效果制作。通过前面的操作完成毛绒文字效果的制作，最终效果如图 19-39 所示。

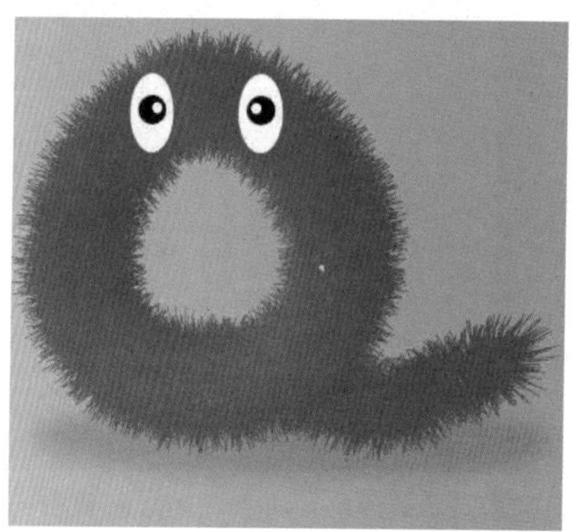

图 19-39

19.2 制作动感水滴文字效果

本案例将利用剪切蒙版制作动感水滴文字效果，制作的重点和难点是水滴效果的制作。在案例制作过程中，需要复制一个文本将其放在下方，然后选择水滴和最顶层的文本创建剪切蒙版，就可以制作出水滴流淌于文字上的效果，最后再添加一些装饰性的元素让效果更加逼真即可。最终效果如图 19-40 所示。

素材文件	无
结果文件	结果文件 \ 第 19 章 \ 动感水滴文字 .ai

图 19-40

Step01 新建文档。新建 A4 文档，并设置方向为横向，如图 19-41 所示。

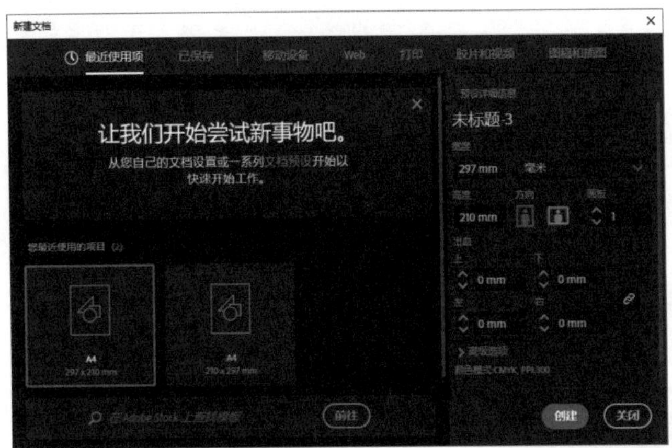

图 19-41

Step02 绘制矩形对象。使用【矩形工具】绘制一个与文档同等大小的矩形对象，如图 19-42 所示。

图 19-42

Step03 填充渐变色。单击工具栏底部的【渐变】按钮，打开【渐变】面板，单击【径向渐变】按钮，双击渐变滑块，设置渐变颜色，颜色设置如图 19-43 所示。

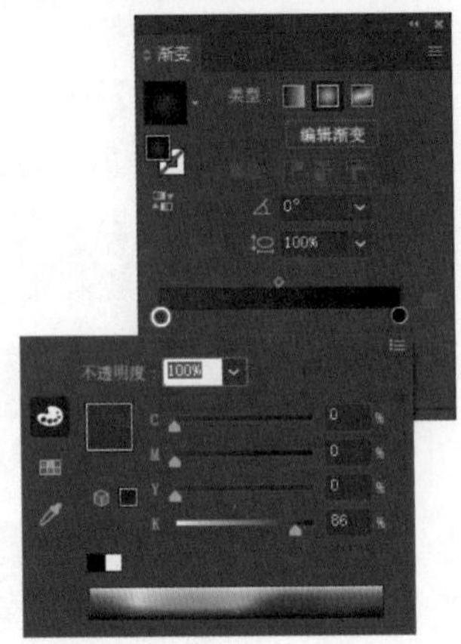
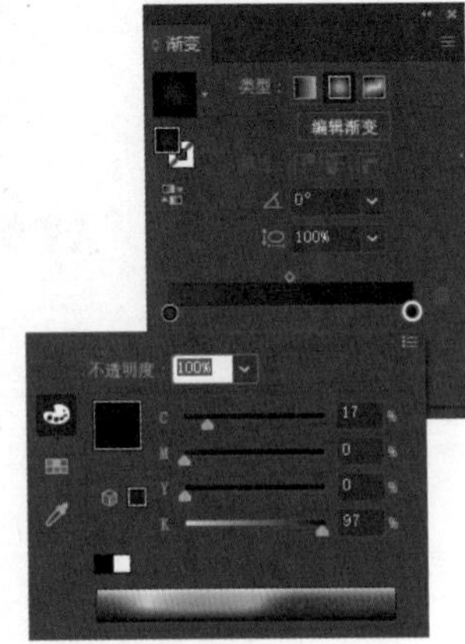

图 19-43

Step04 渐变显示效果。填充渐变效果如图 19-44 所示。按【Ctrl+2】快捷键锁定形状。

图 19-44

Step05 绘制圆角矩形形状。使用【圆角矩形工具】绘制圆角矩形，并填充黄色，如图 19-45 所示。

图 19-45

Step06 绘制圆形。选择【椭圆工具】，按住【Shift】键绘制正圆，并将其放在适当的位置，如图 19-46 所示。

图 19-46

Step07 合并形状。使用【选择工具】框选矩形和圆形对象。执行【窗口】→【路径查找器】命令，打开【路径查找器】面板，单击【减去顶层】按钮合并对象，如图 19-47 所示。

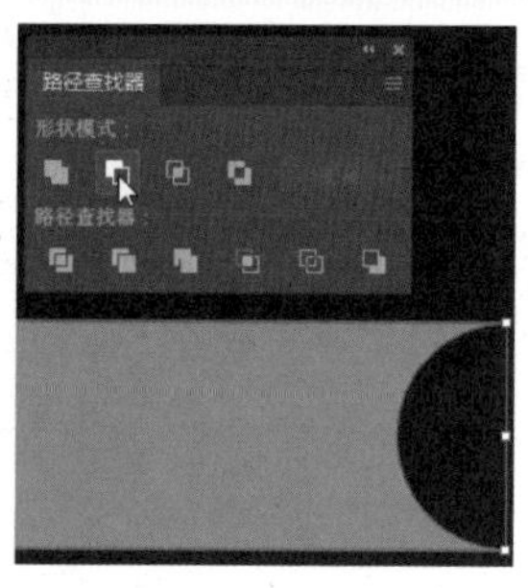

图 19-47

Step08 选择合并的对象，按住【Alt】键移动复制对象，并将其沿水平方向对称变换，调整位置和大小，如图 19-48 所示。

图 19-48

Step09 继续复制对象。使用相同的方法继续复制并变换对象，效果如图 19-49 所示。

图 19-49

Step10 输入文字。选择所有的圆角矩形对象，按【Ctrl+G】快捷键编组对象，并将其拖动到画板外部。使用【文字工具】T输入文字，并设置文字颜色为棕褐色，如图 19-50 所示。

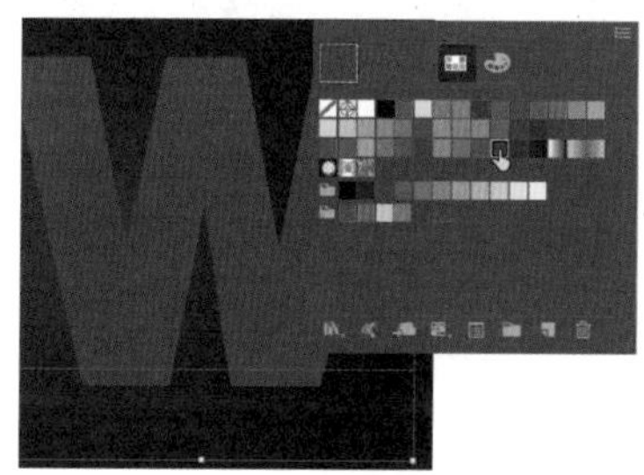

图 19-50

Step11 选择画板外的对象，按【Alt】键移动复制对象，将其置于文字上方，调整对象的角度，如图 19-51 所示。

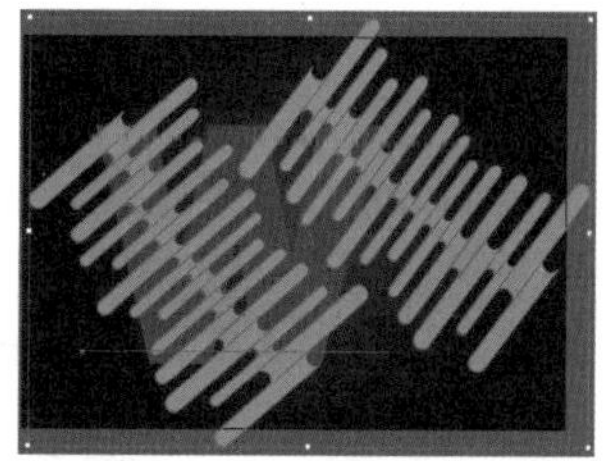

图 19-51

Step12 选择文字对象，按【Ctrl+C】快捷键复制对象，按【Ctrl+F】快捷键粘贴对象。右击文字对象，在弹出的快捷菜单中选择【排列】→【置于顶层】命令，将文字放在顶层，如图 19-52 所示。

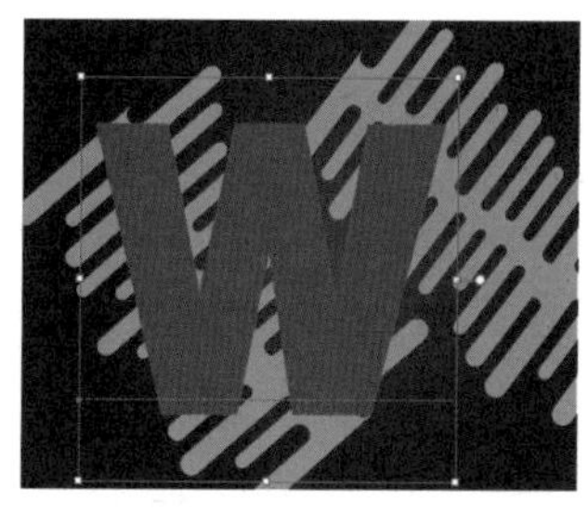

图 19-52

Step13 选择文字轮廓。右击，在弹出的快捷菜单中选择【创建轮廓化】命令，轮廓化文字，如图 19-53 所示。

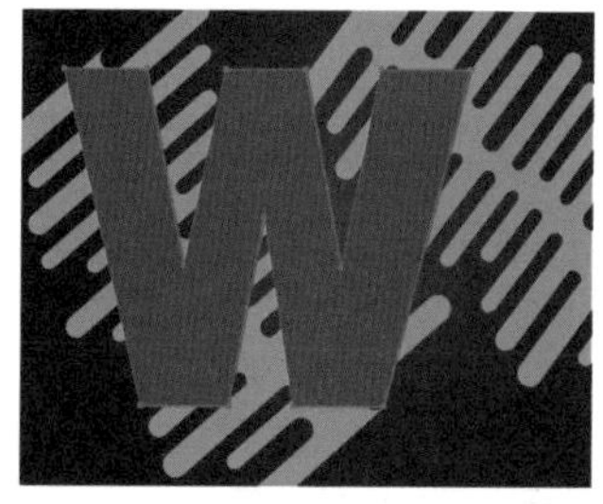

图 19-53

Step14 偏移路径。执行【对象】→【路径】→【偏移路径】命令，打开【偏移路径】对话框，设置【位移】为 3mm，如图 19-54 所示。单击【确定】按钮，偏移路径，效果如图 19-55 所示。

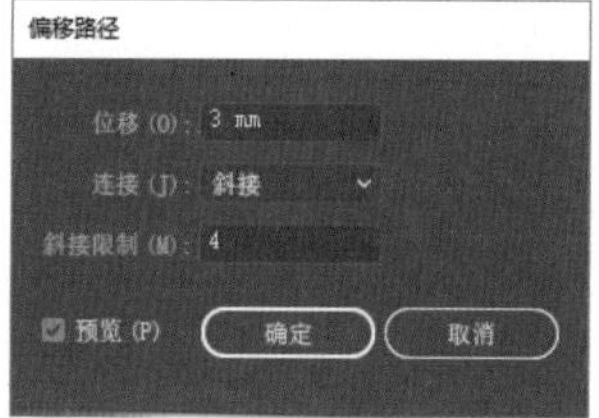

图 19-54

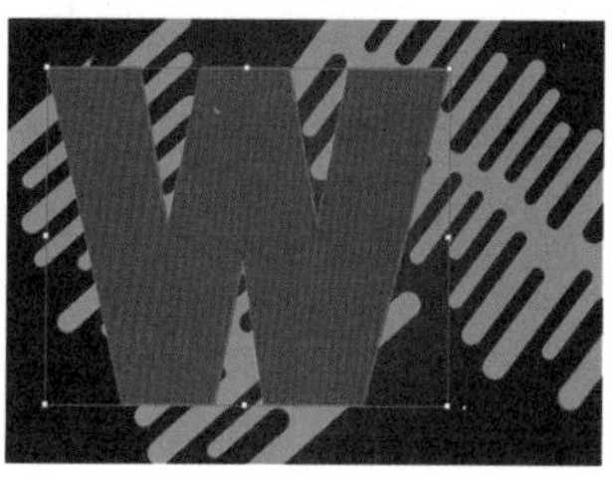

图 19-55

Step15 删除对象。选择文字对象并右击，在弹出的快捷菜单中选择【取消编组】命令，取消编组，再删除偏移路径之前的文字对象，如图 19-56 所示。

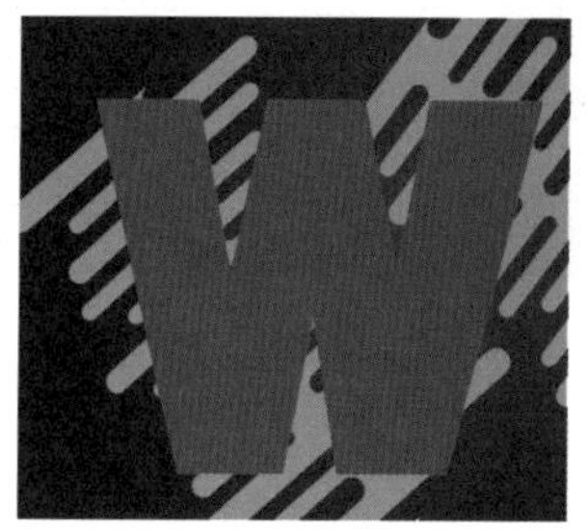

图 19-56

Step16 创建剪切蒙版。选择顶层文字对象和下面的对象并右击，在弹出的快捷菜单中选择【建立剪切蒙版】命令，创建剪切蒙版，如图 19-57 所示。

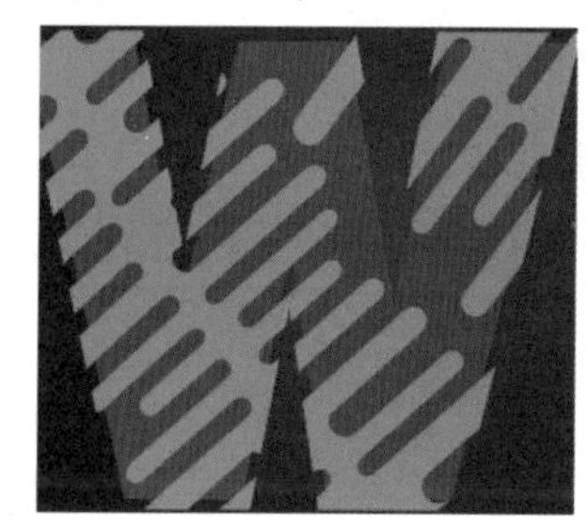

图 19-57

Step17 调整剪切效果。双击对象进入隔离图层模式，调整圆角矩形对象位置，如图 19-58 所示。

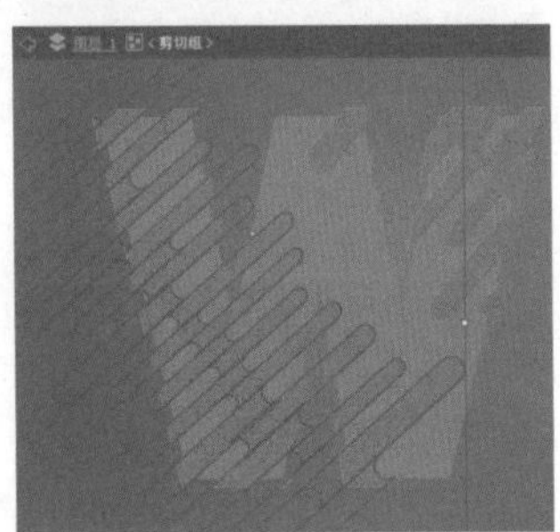

图 19-58

Step18 绘制轮廓。使用【钢笔工具】沿着边缘绘制轮廓，如图 19-59 所示。

图 19-59

Step19 设置填充颜色。双击工具栏底部的【填色】按钮，打开【拾色器】对话框，设置填充颜色为较深的黄色，如图 19-60 所示。

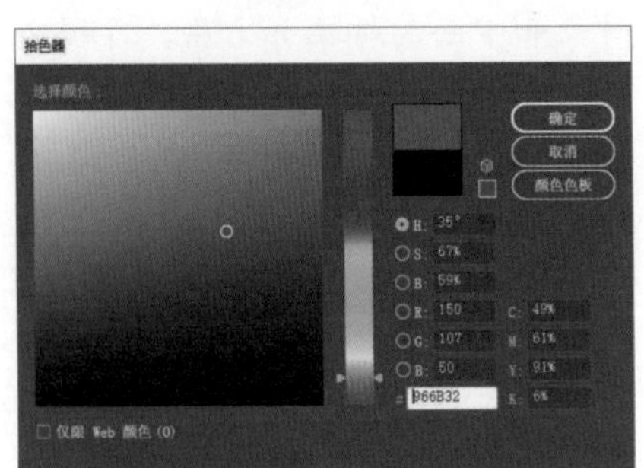

图 19-60

Step20 调整图层顺序。选择圆角矩形并右击，在弹出的快捷菜单中选择【排列】→【置于顶层】命令；选择文字对象并右击，在弹出的快捷菜单中选择【排列】→【置于顶层】命令；再次右击，在弹出的快捷菜单中选择【排列】→【后移一层】命令，完成图层顺序调整，如图 19-61 所示。

图 19-61

Step21 使用【钢笔工具】继续绘制轮廓，并填充较深的黄色，补充完成图形，如图 19-62 所示。

图 19-62

Step22 绘制圆角矩形对象。使用【圆角矩形工具】绘制大小不一的白色形状，如图 19-63 所示。

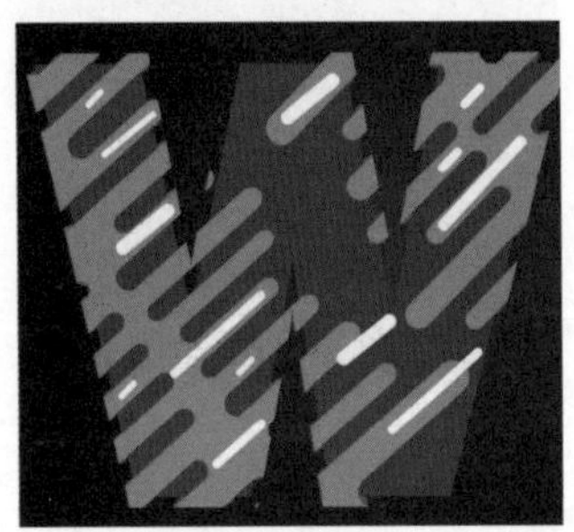

图 19-63

Step23 绘制椭圆形状。使用【椭圆工具】绘制大小不一的椭圆对象，如图 19-64 所示。

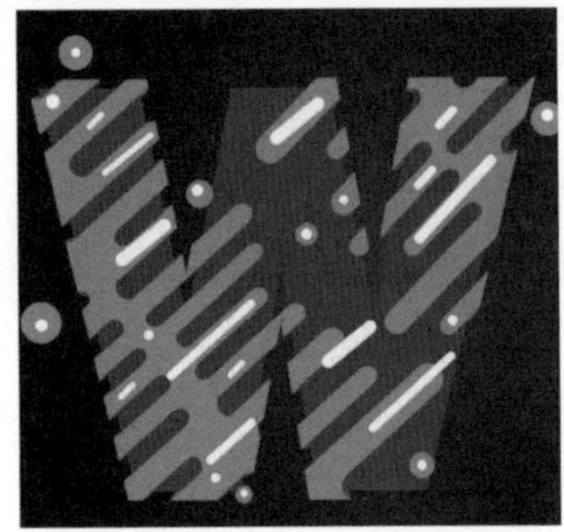

图 19-64

Step24 使用【直线段工具】绘制直线段。在【描边】面板中设置粗细为 10pt，单击【圆头端点】和【圆角连接】按钮，设置直线段样式为圆头直线，如图 19-65 所示。

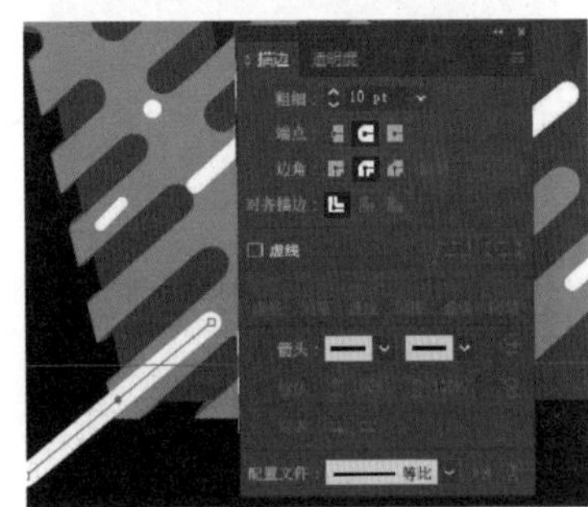

图 19-65

Step25 继续绘制直线段。使用相同的方法继续绘制直线段，如图 19-66 所示。

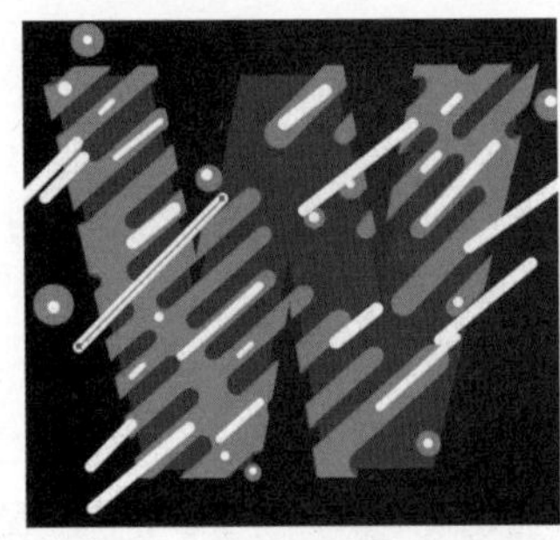

图 19-66

Step26 选中直线段。选择一条直线段，执行【选择】→【相同】→【外观】命令，选择所有的直线段对象，如图 19-67 所示。

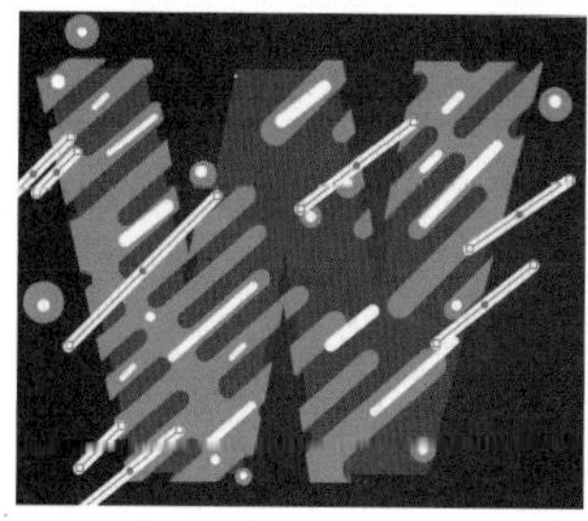

图 19-67

Step 27 调整图层顺序。按【Ctrl+G】快捷键编组对象。右击，在弹出的快捷菜单中选择【排列】→【置于底层】命令；再次右击，在弹出的快捷菜单中选择【排列】→【前移一层】命令，如图 19-68 所示。

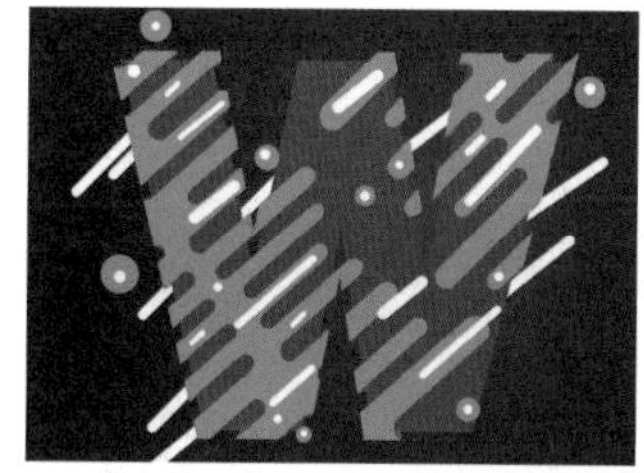

图 19-68

Step 28 添加投影效果。选择圆角矩形对象，执行【效果】→【风格化】→【投影】命令，打开【投影】对话框，如图 19-69 所示设置参数，单击【确定】按钮，添加投影效果，如图 19-70 所示。

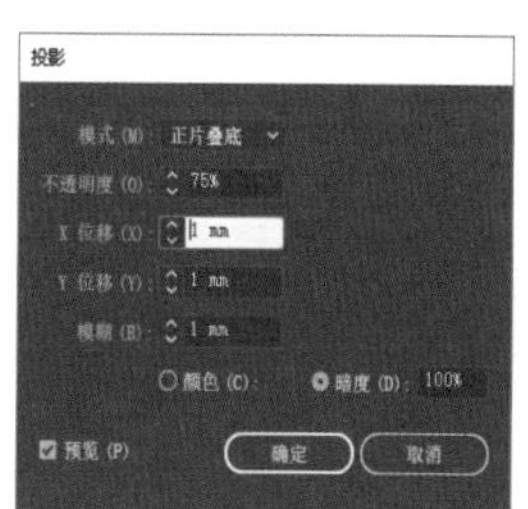

图 19-69

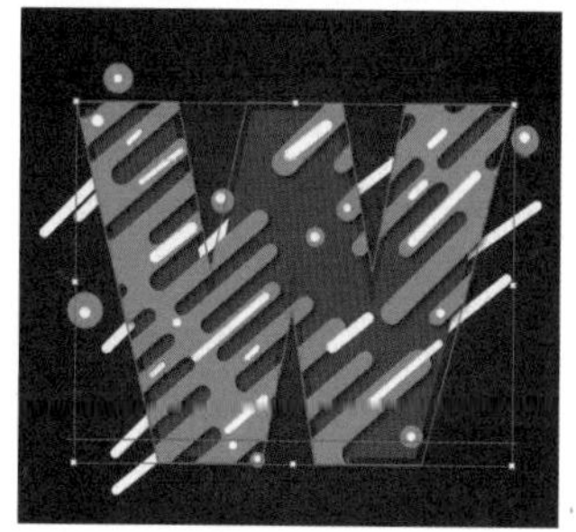

图 19-70

Step 29 为其他装饰元素添加投影效果。使用相同的方法为其他装饰元素添加投影效果，如图 19-71 所示。

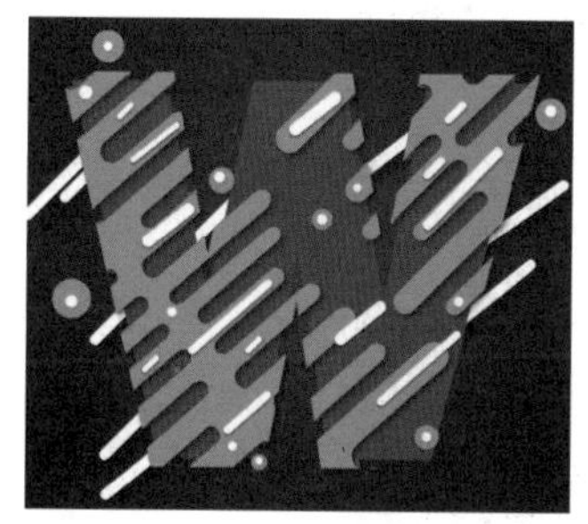

图 19-71

Step 30 调整背景颜色。通过上一步的操作，可以发现背景颜色太黑，影响投影效果的显示。所以，执行【对象】→【全部解锁】命令解锁背景。选择背景矩形对象，打开【渐变】面板，设置渐变颜色，如图 19-72 所示。

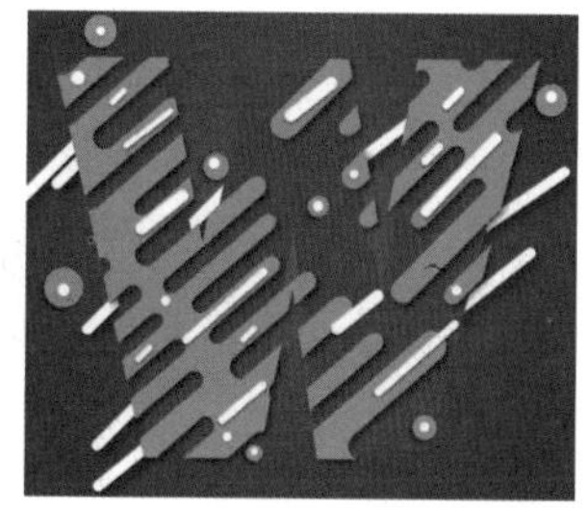

图 19-72

Step 31 为文字对象添加投影效果。双击对象，进入隔离图层模式。选择文字对象并右击，在弹出的快捷菜单中选择【创建轮廓】命令，创建轮廓。再执行【效果】→【风格化】→【投影】命令，打开【投影】对话框，按如图 19-73 所示设置参数，单击【确定】按钮，为文字添加投影效果。退出隔离图层模式，完成动感水滴效果文字的制作，效果如图 19-74 所示。

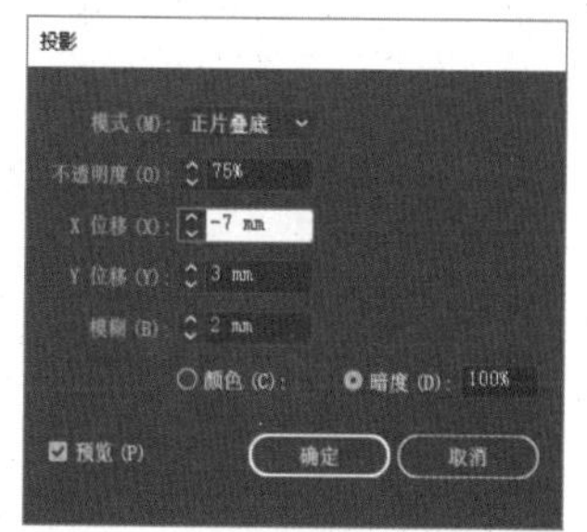

图 19-73

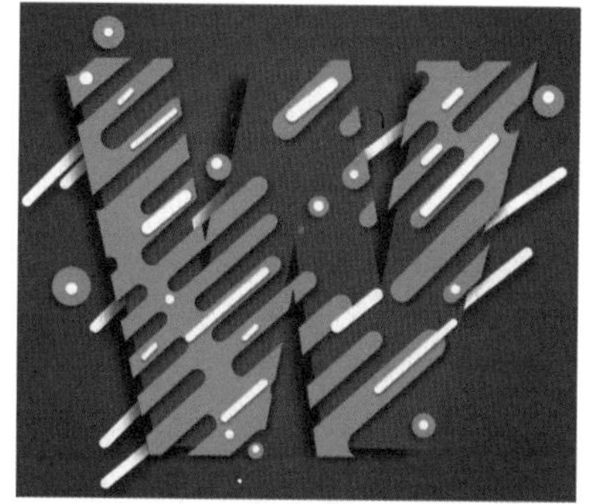

图 19-74

19.3 制作立体空间文字效果

本案例制作立体空间文字效果。该案例的制作十分简单，就是将文字贴于立体图形上即可。最终效果如图 19-75 所示。

素材文件	无
结果文件	结果文件 \ 第 19 章 \ 立体空间文字 .ai

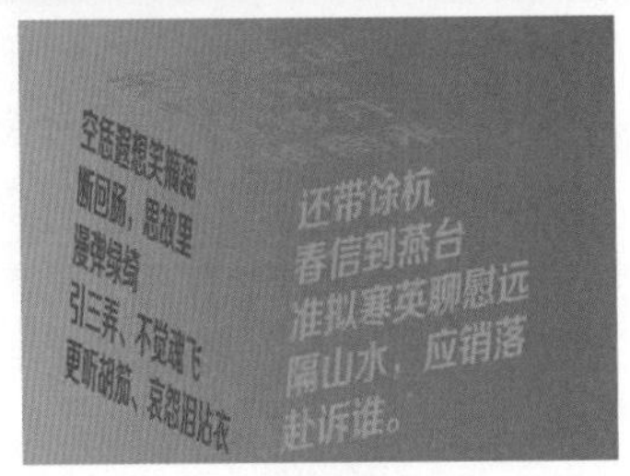

图 19-75

Step01 新建文档。新建 A4 文档，设置方向为横向，如图 19-76 所示。

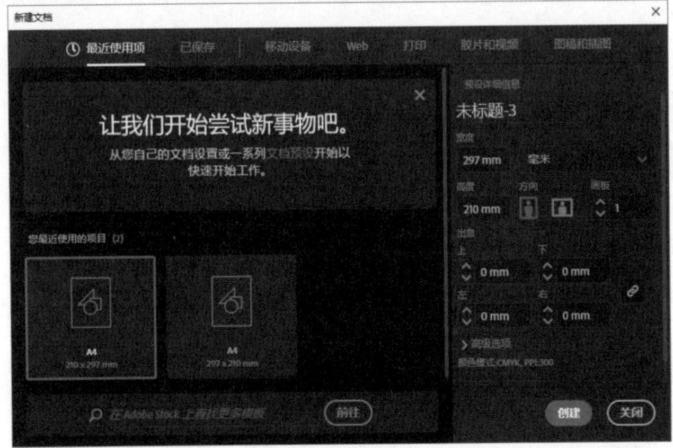

图 19-76

Step02 输入文字。使用【文字工具】T输入文字，在【属性】面板中设置字体系列、大小和颜色，如图 19-77 所示。

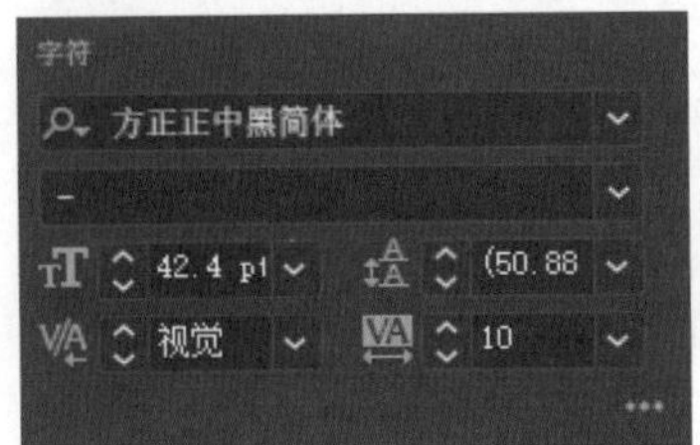

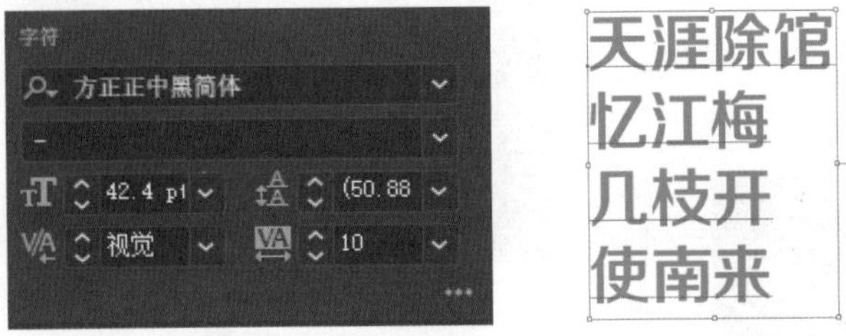

图 19-77

Step03 继续输入文字。继续使用【文字工具】T 输入两组文字，并设置字体系列、大小和颜色，如图 19-78 所示。

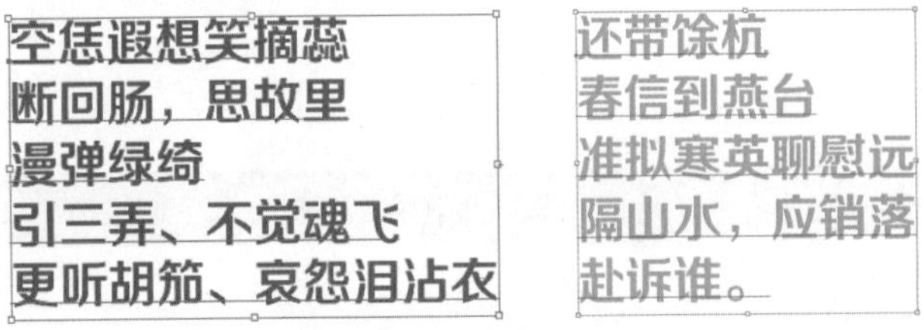

空恁遐想笑摘蕊
断回肠，思故里
漫弹绿绮
引三弄、不觉魂飞
更听胡笳、哀怨泪沾衣

还带馀杭
春信到燕台
准拟寒英聊慰远
隔山水，应销落
赴诉谁。

图 19-78

Step04 新建符号。执行【窗口】→【符号】命令，打开【符号】面板。分别拖动文本对象到【符号】面板中，创建符号，如图 19-79 所示。然后拖动文本对象到画板外部。

Step05 绘制矩形。选择【矩形工具】▀绘制矩形，如图 19-80 所示。

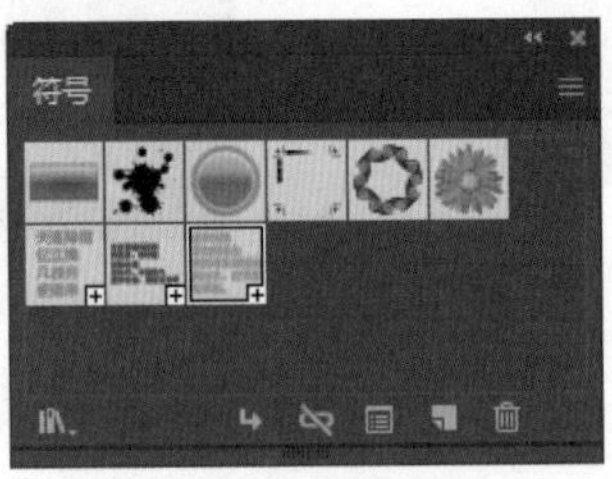

图 19-79

图 19-80

Step06 添加 3D 效果。选择矩形对象，执行【效果】→【3D】→【凸出和斜角】命令，打开【3D 凸出和斜角选项】对话框。设置合适的【凸出厚度】，并单击坐标将其旋转到适当的角度，如图 19-81 所示。

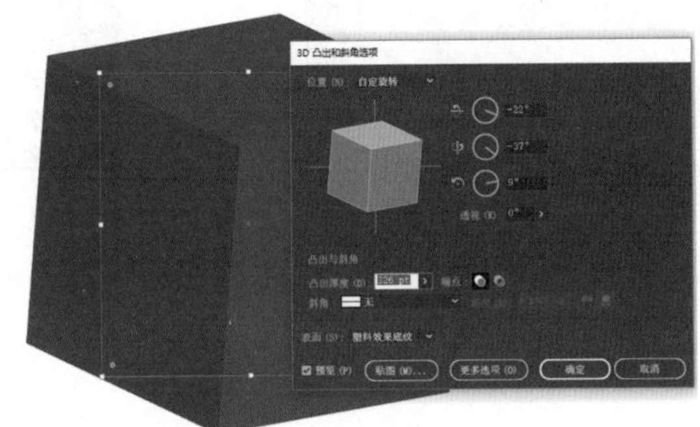

图 19-81

Step07 打开【贴图】对话框。单击【贴图】按钮，打开【贴图】对话框，选中【三维模型不可见】复选框，取消三维模型的显示，如图 19-82 所示。

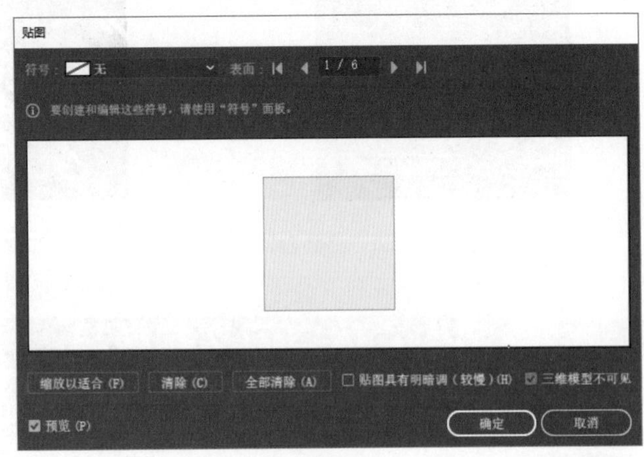

图 19-82

Step08 设置顶部表面贴图。单击【下一个表面】按钮，切换到顶部的表面。在【符号】下拉列表中选择【新建符号】选项，并在预览框中调整贴图大小，如图 19-83 所示。贴图效果如图 19-84 所示。

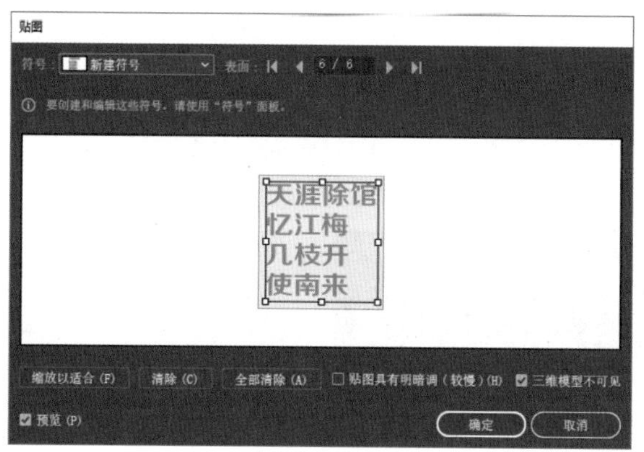

图 19-83

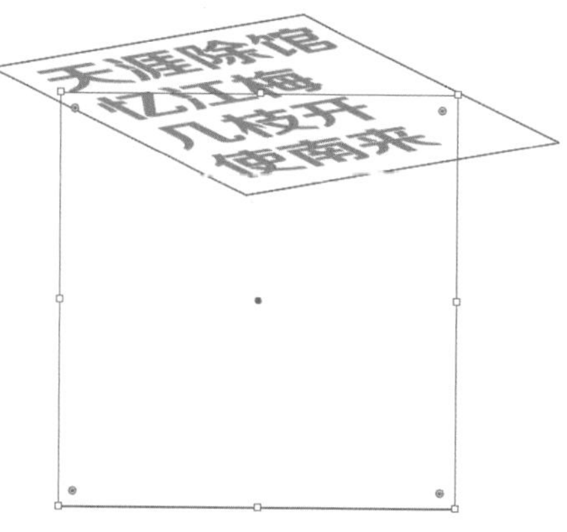

图 19-84

Step09 设置左侧表面贴图。单击【下一个表面】按钮，切换到左侧表面。在【符号】下拉列表中选择【新建符号 1】选项，并在预览框中调整贴图大小和旋转角度，如图 19-85 所示。贴图效果如图 19-86 所示。

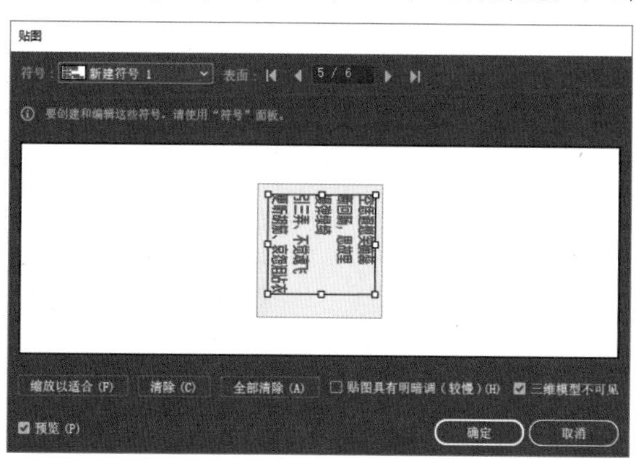

图 19-85

图 19-86

Step10 设置右侧表面贴图。单击【下一个表面】按钮，切换到右侧表面。在【符号】下拉列表中选择【新建符号 2】选项，并在预览框中调整贴图大小，如图 19-87 所示。贴图效果如图 19-88 所示。

Step11 完成立体空间文字效果的制作。单击【确定】按钮，返回图稿中，为文字添加一个背景，完成立体空间文字效果的制作，如图 19-89 所示。

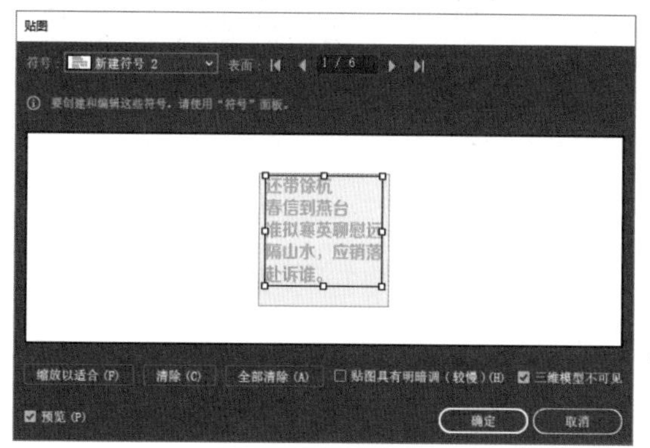

图 19-87

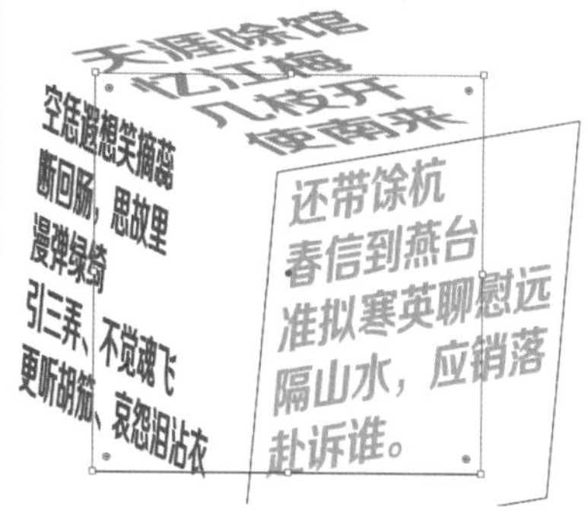

图 19-88

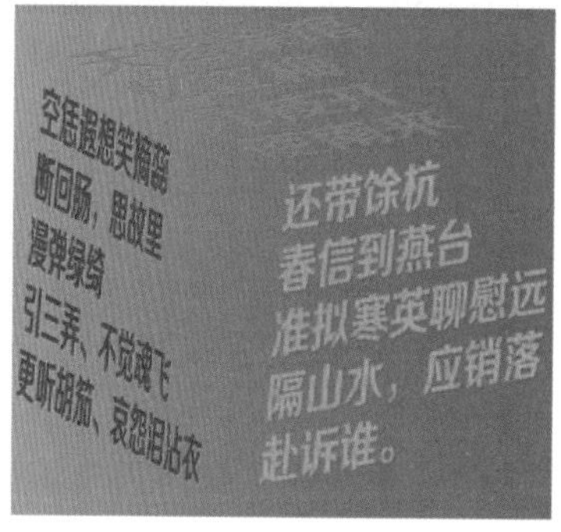

图 19-89

19.4 制作创意阶梯文字效果

本案例制作创意阶梯文字效果。该案例的制作与上一个案例一样，也需要利用到 3D 功能。创建文本后，为其应用 3D 效果中的旋转功能，然后再对齐对象就可以制作有立体感的阶梯文字效果了。最终效果如图 19-90 所示。

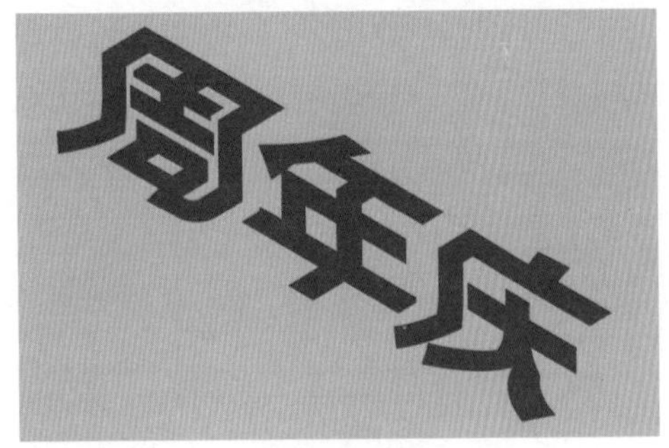

图 19-90

素材文件	无
结果文件	结果文件 \ 第 19 章 \ 阶梯文字 .ai

Step01 新建 A4 文档，设置方向为横向，如图 19-91 所示。

Step02 使用【矩形工具】绘制一个与画板相同大小的对象，并填充颜色，如图 19-92 所示。按【Ctrl+2】快捷键锁定对象。

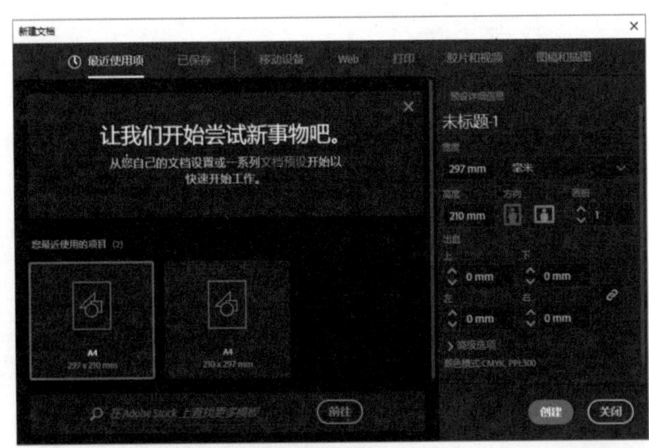

图 19-91

图 19-92

Step03 输入文字。使用【文字工具】输入文字，并设置字体系列、大小和颜色，如图 19-93 所示。

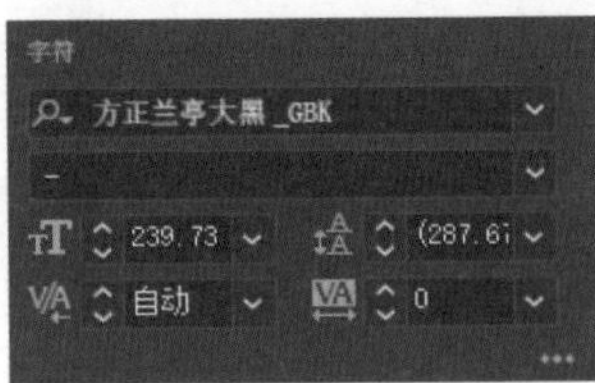

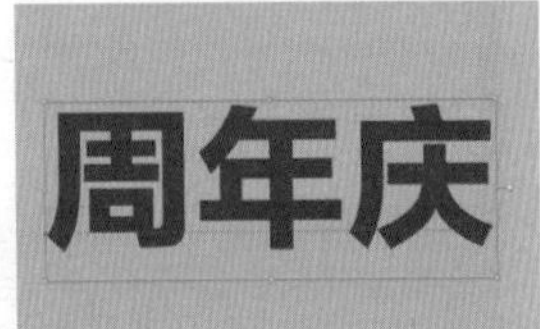

图 19-93

Step04 创建轮廓并取消编组。选择文本对象并右击，在弹出的快捷菜单中选择【创建轮廓】命令，将文本对象转换为普通对象。再次右击，选择【取消编组】命令，取消编组，便于编辑单独的文本对象，如图 19-94 所示。

Step05 绘制矩形对象。使用【矩形工具】绘制矩形对象，并将其覆盖于文字上方，如图 19-95 所示。

图 19-94

图 19-95

Step06 分割为网格。选择矩形对象，执行【对象】→【路径】→【分割为网格】命令，打开【分割为网格】对话框，设置行的【数量】为 3，如图 19-96 所示，将矩形对象分割为网格，效果如图 19-97 所示。

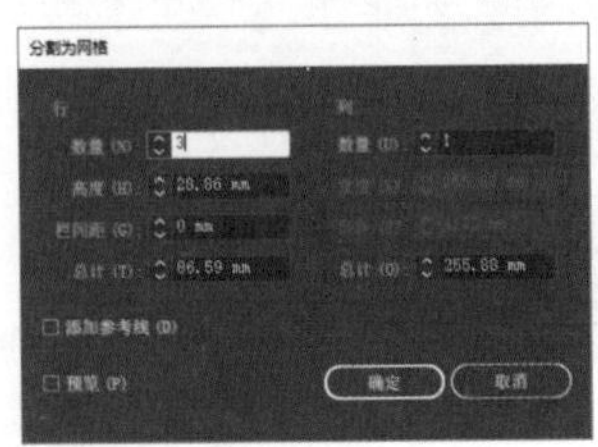

图 19-96

图 19-97

Step07 分割对象。使用【选择工具】选择矩形对象和文本对象。执行【窗口】→【路径查找器】命令，打开【路径查找器】面板，单击面板中的【分割】按钮，分割对象，如图 19-98 所示。

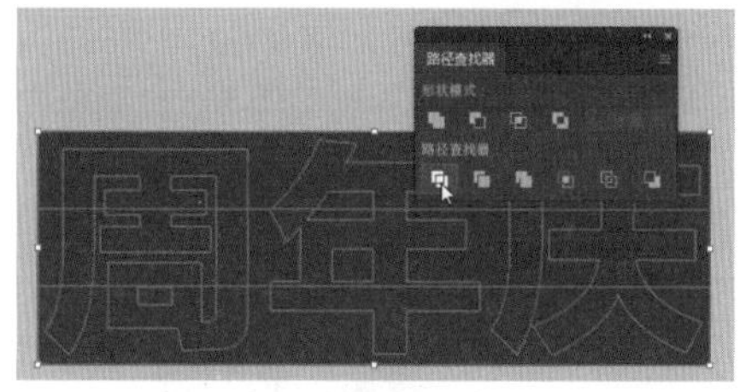

图 19-98

Step08 删除多余的对象。右击，在弹出的快捷菜单中选择【取消编组】命令，取消编组。选择多余的对象，如图 19-99 所示，按【Delete】键删除对象，如图 19-100 所示。

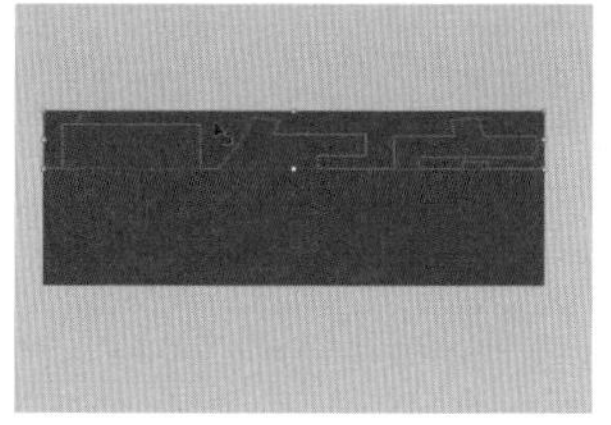

图 19-99

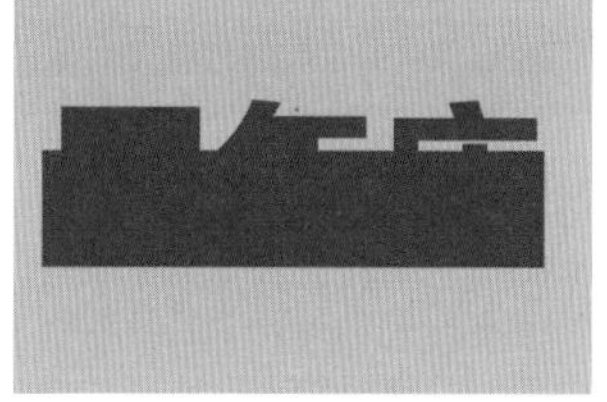

图 19-100

Step09 保留文字。使用上一步骤的方法继续删除多余的对象，只保留组成文本的对象。在删除多余对象的过程中，如果不方便查看，可以按【Ctrl+Y】快捷键进入轮廓视图，选择多余的对象，如图 19-101 所示，最终效果如图 19-102 所示。

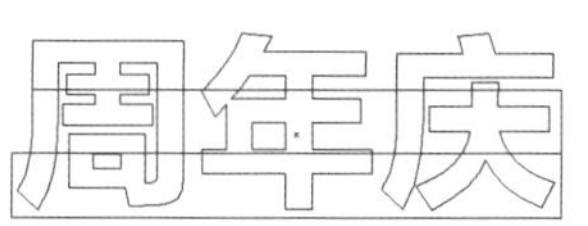

图 19-101

图 19-102

Step10 编组对象。使用【选择工具】选择第一行对象并右击，在弹出的快捷菜单中选择【编组】命令，将其编组，如图 19-103 所示。

Step11 编组对象。使用上一步的方法分别编组剩余两行对象，如图 19-104 所示。

图 19-103

图 19-104

Step12 选择对象。使用【选择工具】单击第一行对象将其选中，并按住鼠标不放；再按住【Shift】键单击第三行对象，将其选中，如图 19-105 所示。

图 19-105

Step13 添加 3D 旋转效果。执行【效果】→【3D】→【旋转】命令，打开【3D 旋转选项】对话框，设置【位置】为【等角 - 上方】，如图 19-106 所示，效果如图 19-107 所示。

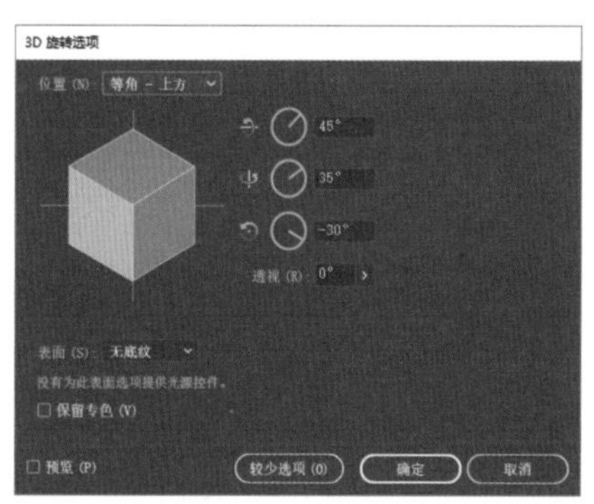

图 19-106

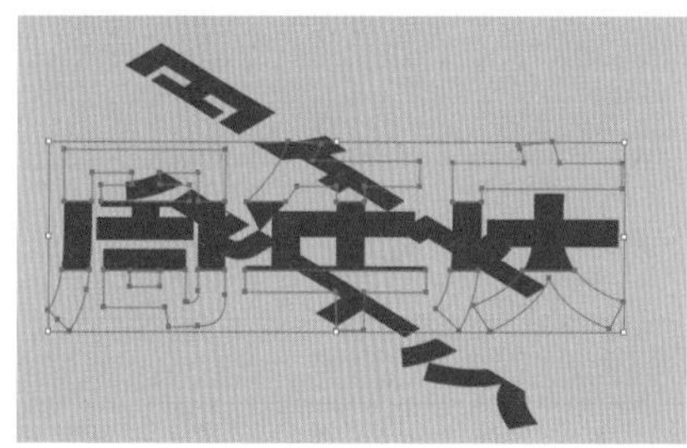

图 19-107

Step14 继续添加 3D 旋转效果。选择第 2 行对象。执行【3D】→【旋转】命令，打开【3D 旋转选项】对话框，设置【位置】为【等角 - 左方】，如图 19-108 所示，效果如图 19-109 所示。

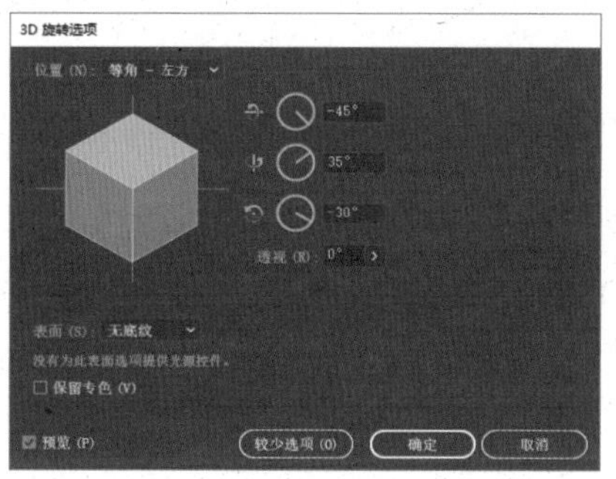

图 19-108

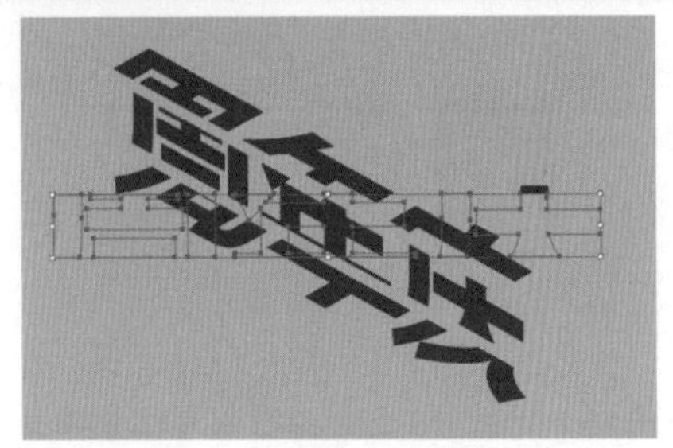

图 19-109

Step15 对齐对象。使用【选择工具】移动对象将其对齐，完成阶梯文字效果的制作，如图 19-110 所示。

图 19-110

19.5 制作扭曲炫酷文字效果

本案例制作扭曲炫酷文字效果。创建文本后，创建封套扭曲就可以扭曲文字；然后再创建混合对象，并设置颜色就可以完成制作。该案例制作的重点和难点在于，创建混合时复制的文本对象的数量，该数量会影响最后需要为文字设置几种颜色。最终效果如图 19-111 所示。

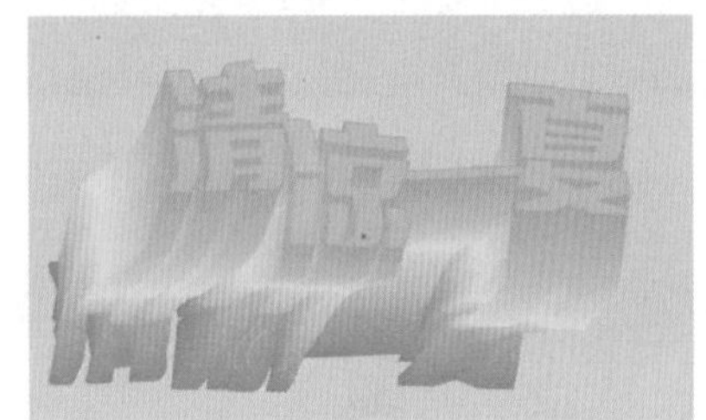

图 19-111

素材文件	无
结果文件	结果文件 \ 第 19 章 \ 扭曲炫酷效果文字 .ai

Step01 新建文档。新建 A4 文档，设置方向为横向，如图 19-112 所示。

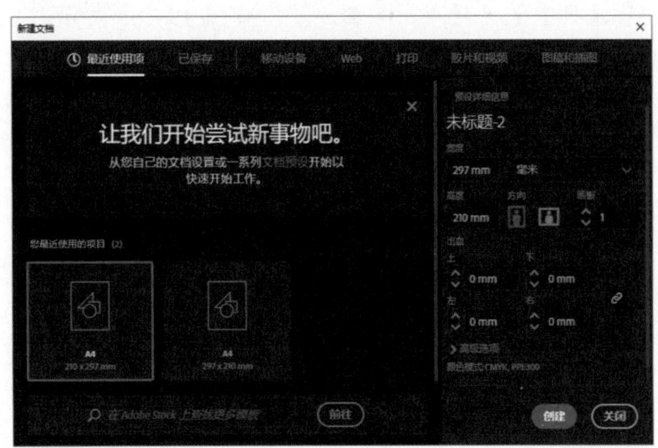

图 19-112

Step02 绘制矩形并填充颜色。使用【矩形工具】绘制一个与画板相同大小的对象，并填充颜色，如图 19-113 所示。按【Ctrl+2】快捷键锁定对象。

图 19-113

Step03 输入文字。使用【文字工具】输入文字，并设置字体系列、大小和颜色，如图 19-114 所示。

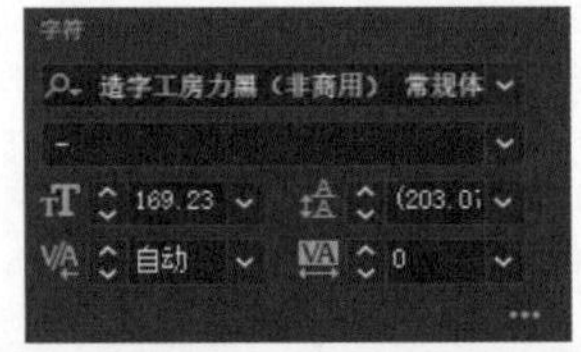

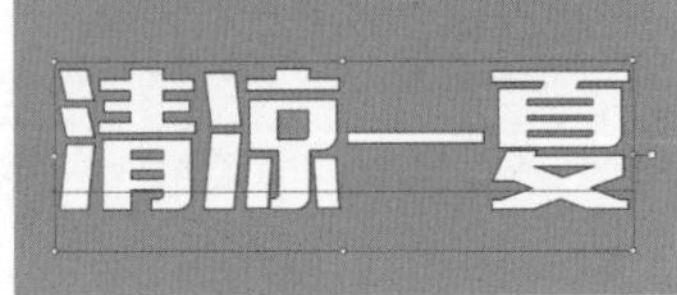

图 19-114

Step04 创建轮廓。选择文本对象并右击，在弹出的快捷菜单中选择【创建轮廓】命令，将文本对象转换为普通对象，如图 19-115 所示。

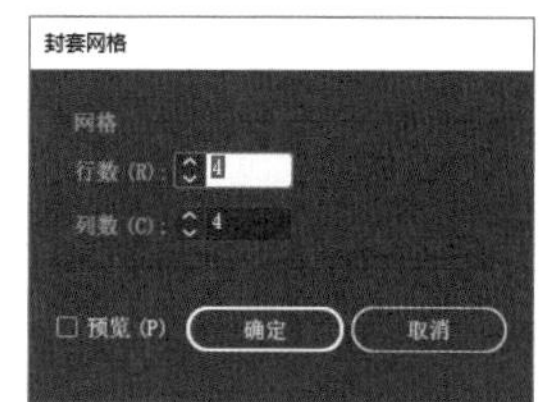

图 19-115

Step05 创建封套扭曲。选择文本对象，执行【对象】→【扭曲】→【用网格建立】命令，打开【封套网格】对话框，设置【行数】和【列数】均为4，如图 19-116 所示。单击【确定】按钮，创建网格，如图 19-117 所示。

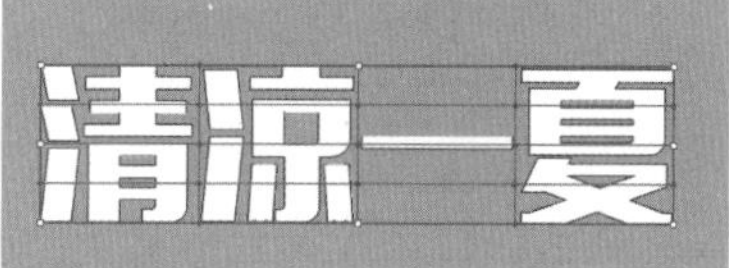

图 19-116

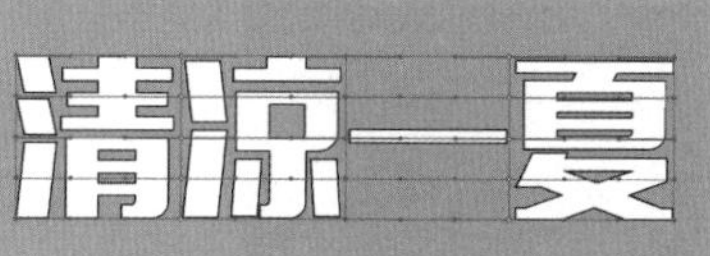

图 19-117

Step06 选择锚点。使用【直接选择工具】隔列选择锚点，如图 19-118 示。

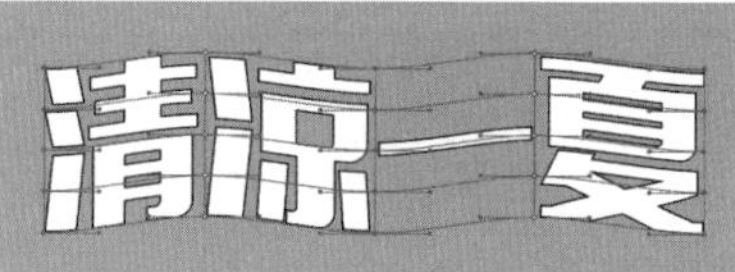

图 19-118

Step07 变形文字。按键盘上的【→】和【↓】方向键变形文字，如图 19-119 所示。

图 19-119

Step08 选择锚点。使用【直接选择工具】隔行选择锚点，如图 19-120 所示。

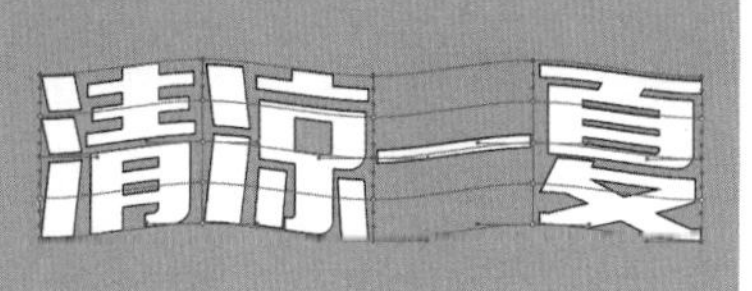

图 19-120

Step09 变形文字。按键盘上的【↑】和【←】方向键变形文字，如图 19-121 所示。

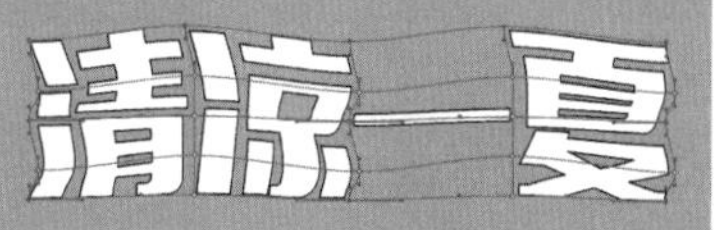

图 19-121

Step10 扩展对象。选择文本对象，执行【对象】→【扩展】命令，打开【扩展】对话框，单击【确定】按钮，扩展对象，结果如图 19-122 所示。

图 19-122

Step11 移动复制对象。使用【选择工具】选择文本对象后，按住【Alt】键移动复制 2 个文本对象，如图 19-123 所示。

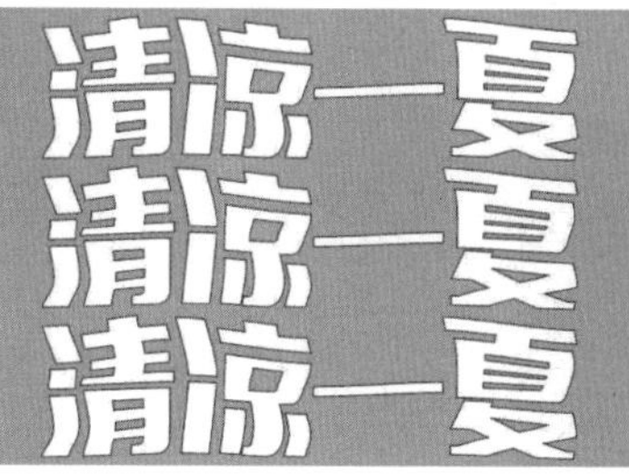

图 19-123

Step12 创建混合。选择所有的文本对象。执行【对象】→【混合】→【建立】命令，创建混合对象，如图 19-124 所示。

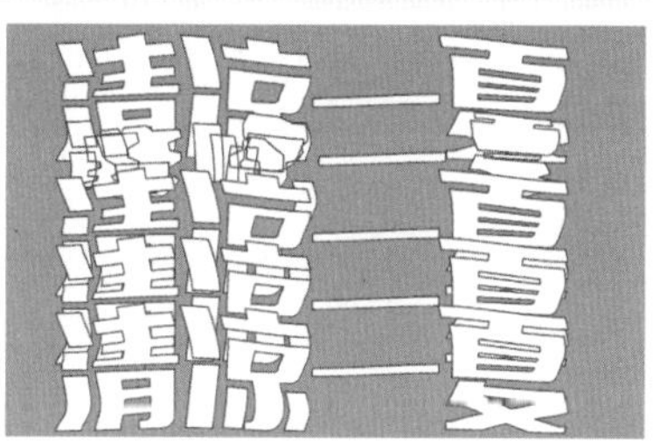

图 19-124

Step13 设置混合选项。选择混合对象。执行【对象】→【混合】→【混合选项】命令，打开【混合选项】对话框，选中【预览】复选框，设置【间距】为指定的步数，根据预览效果设置合适的步数，如图 19-125 所示。

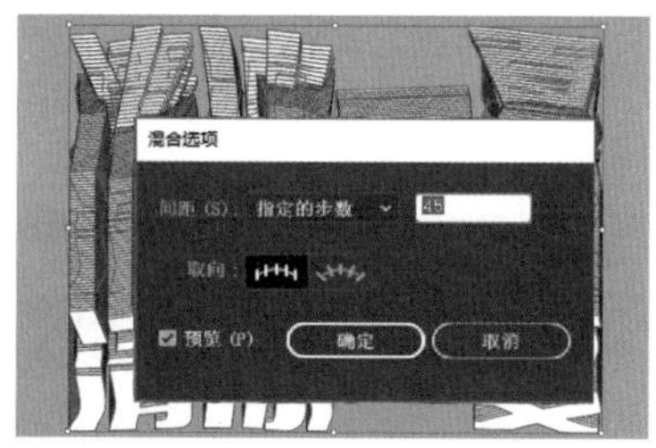

图 19-125

Step14 绘制路径。使用【钢笔工具】绘制路径，如图 19-126 所示。

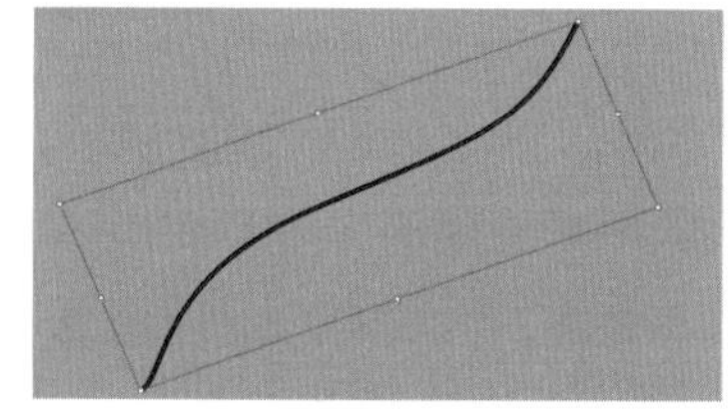

图 19-126

Step15 替换混合轴。选择混合对象和路径。执行【对象】→【混合】→【替换混合轴】命令，替换混合轴，如图 19-127 所示。

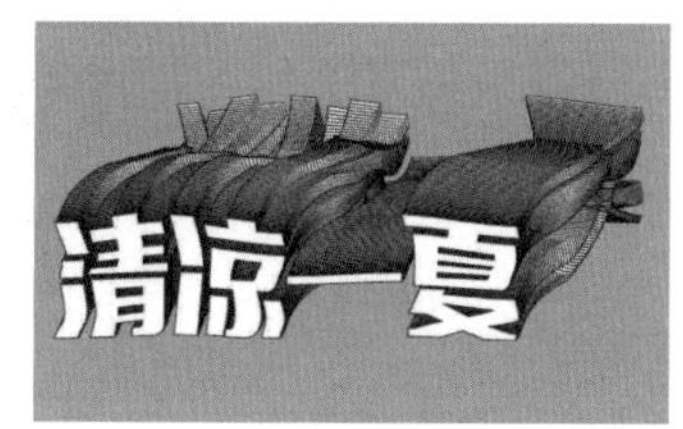

图 19-127

Step16 反向混合轴。选择混合对象，执行【对象】→【混合】→【反向混合轴】命令，反向混合轴，效果如图 19-128 所示。

Step17 调整文字扭曲效果。使用【直接选择工具】▶ 选择单独的文字，拖动鼠标调整文字的扭曲效果，如图 19-129 所示。

图 19-128

图 19-129

Step18 设置混合对象颜色。双击混合对象，进入隔离图层模式，选择第一个文本，设置填充和描边颜色为绿色，如图 19-130 所示。

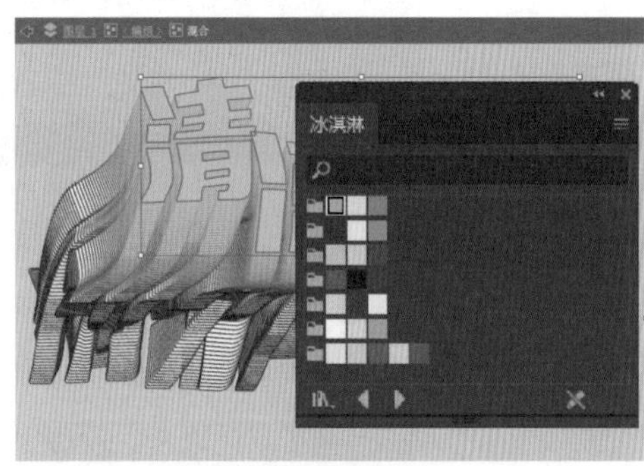

图 19-130

Step19 分别选择第 2 个文本和第 3 个文本，设置填充颜色。其中第 2 个文本填充颜色设置为黄色，如图 19-131 所示；第 3 个文本填充颜色设置为粉红色，如图 19-132 所示。

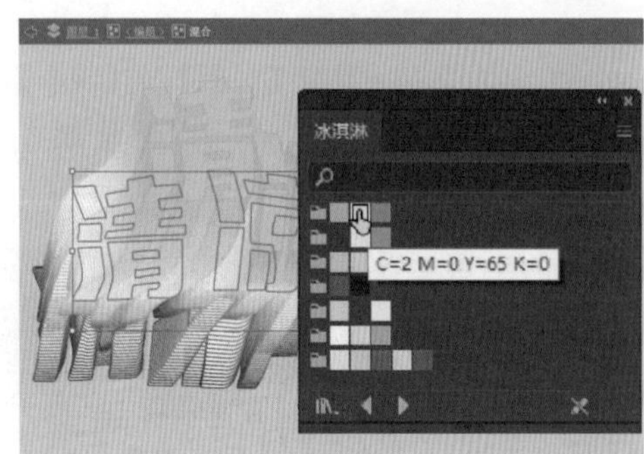

图 19-131

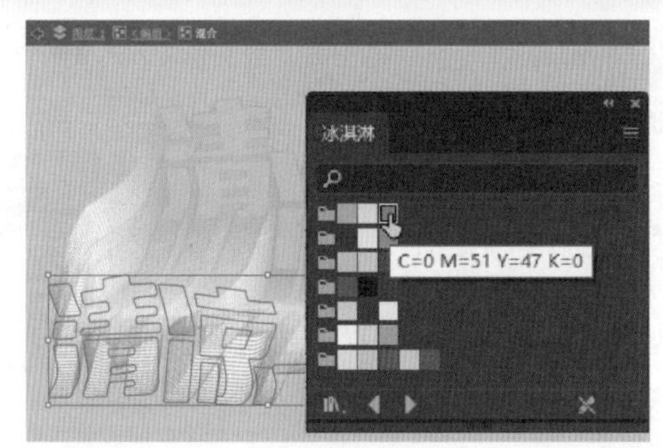

图 19-132

Step20 更改背景颜色。单击窗口顶部的【后退一级】按钮，退出隔离图层模式。执行【对象】→【解锁全部】命令，解锁底层的矩形对象并更改填充颜色，如图 19-133 所示。

图 19-133

Step21 修改混合选项。选择混合对象，执行【对象】→【混合】→【混合选项】命令，打开【混合选项】对话框，选中【预览】复选框，根据预览效果修改参数，如图 19-134 所示。单击【确定】按钮，完成扭曲炫酷的文字效果制作，如图 19-135 所示。

图 19-134

图 19-135

本章小结

本章主要介绍了 Illustrator CC 中文字效果的设计与制作方法。在本章中，只介绍了几种典型的使用 Illustrator CC 提供的功能制作文字效果的方法，包括毛绒文字效果、动感水滴文字效果、立体空间文字效果、创意阶梯文字效果和扭曲炫酷文字效果。除此之外，还可以直接利用路径功能设计新的字形。

第20章 插画绘制

- 绘制扁平风格插画
- 绘制 MBE 风格厨房插画
- 绘制渐变风格插画

本章将在 Illustrator CC 中绘制插画，包括扁平风格插画、MBE 风格插画和渐变风格插画。

20.1 绘制扁平风格插画

扁平化是近年来比较受欢迎的一种插画风格。因去除了复杂的事物结构、阴影特征和纹理等，用简单的线条或者色块概括外部轮廓，绘制出“平”的感觉，所以扁平化风格插画在视觉上呈现出简单、干净的特点。下面就绘制扁平风格的风景插画，最终效果如图 20-1 所示。

图 20-1

素材文件	无
结果文件	结果文件 \ 第 20 章 \ 扁平 .ai

Step01 新建文档。执行【文件】→【新建】命令，在【新建文档】对话框中设置【宽度】为 800px，【高度】为 600px，设置方向为横向，【颜色模式】为 RGB 颜色，【分辨率】为 72ppi，单击【创建】按钮，新建文档，如图 20-2 所示。

图 20-2

Step02 绘制矩形对象并填充渐变色。使用【矩形工具】绘制一个与画板相同大小的对象。单击工具栏底部的【渐变】按钮，打开【渐变】面板，设置【类型】为线性渐变，【角度】为 90°，渐变颜色分别为 #db3548、#ff9c68、#f8e19d、#4cb2eb，如图 20-3 所示。

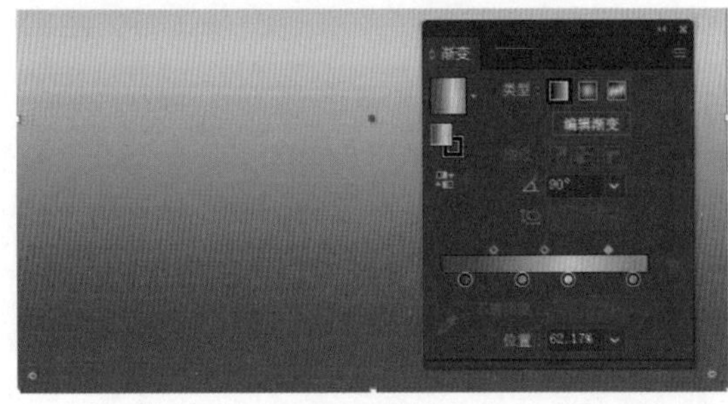

图 20-3

Step03 绘制路径。保持填充颜色不变，使用【钢笔工具】在画板上绘制路径，如图 20-4 所示。

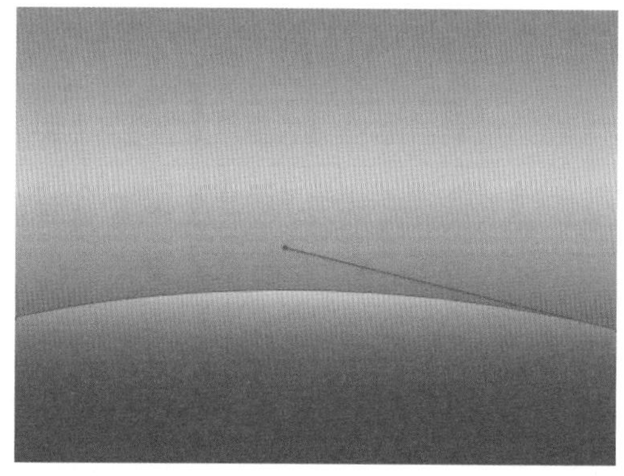

图 20-4

Step04 绘制山脉。保持填充颜色不变，使用【钢笔工具】绘制山脉，如图 20-5 所示。

图 20-5

Step05 调整填充颜色。选择山脉，打开【渐变】面板，设置【角度】为 135°，渐变颜色为 #0070cc 和 #5ec5d7，如图 20-6 所示。

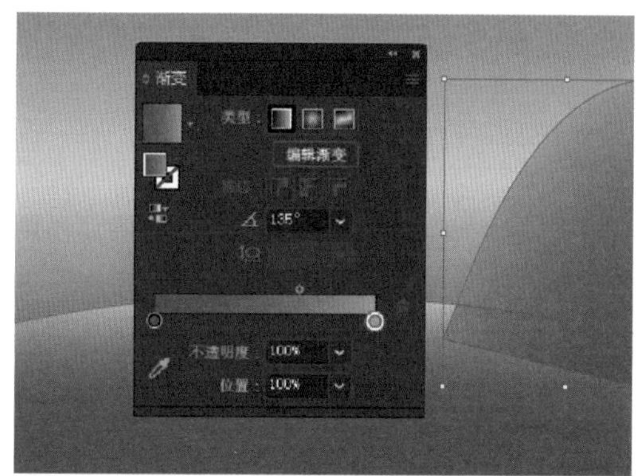

图 20-6

Step06 绘制山脉。继续使用【钢笔工具】绘制山脉，填充颜色与上一步中的填充颜色相同，如图 20-7 所示。

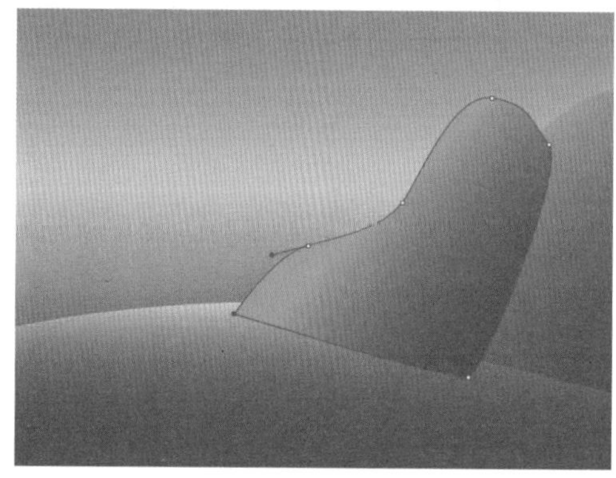

图 20-7

Step07 调整对象排列位置。执行【窗口】→【图层】命令，打开【图层】面板，选择山脉所在的图层，将其移至背景图层上方，如图 20-8 所示。

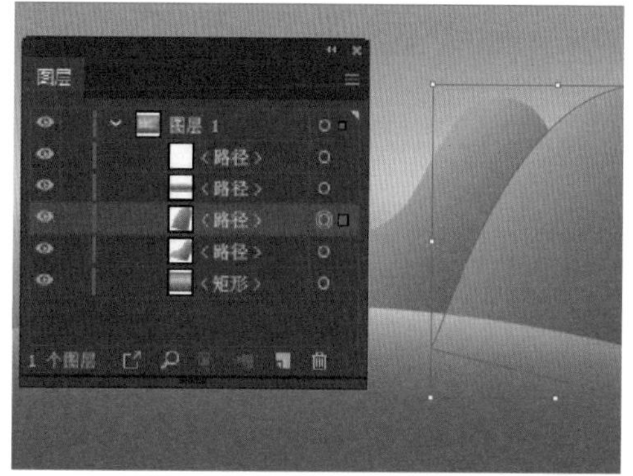

图 20-8

Step08 绘制正圆对象。使用【椭圆工具】，按住【Shift】键绘制正圆对象，效果如图 20-9 所示。

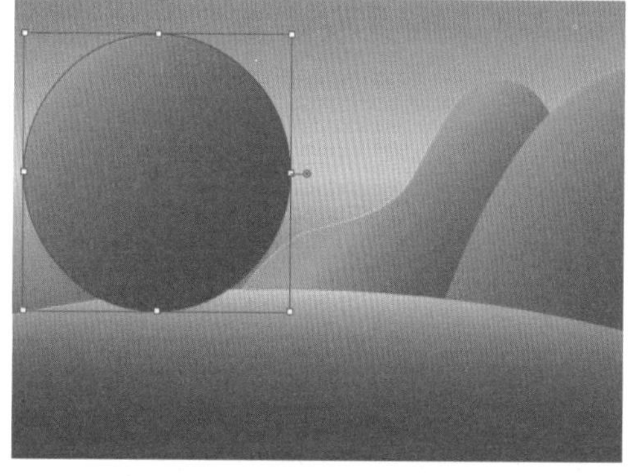

图 20-9

Step09 设置填充颜色。打开【季节】色板，为正圆填充【夏季红色】，绘制太阳，如图 20-10 所示。

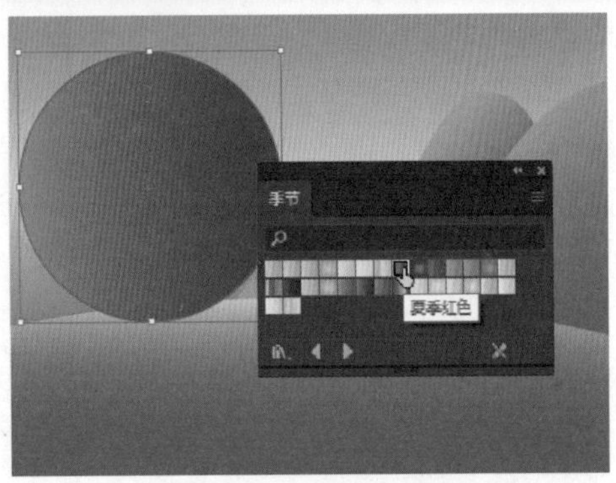

图 20-10

Step10 调整对象排列顺序。选择太阳并右击，在弹出的快捷菜单中选择【排列】→【置于底层】命令，将其置于底层；再次右击，在弹出的快捷菜单中选择【排列】→【前移一层】命令，将其置于背景图层上方，并移动其位置，如图 20-11 所示。

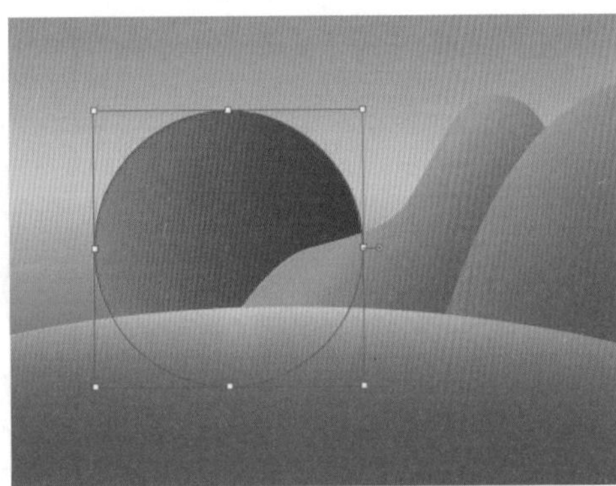

图 20-11

Step11 绘制三角形对象。使用【多边形工具】，拖动鼠标进行绘制，按住【↓】键将边数减少为 3 条，绘制三角形对象。打开【渐变】面板，设置【角度】为 90°，颜色为 #183043 和 #007c8f，如图 20-12 所示。

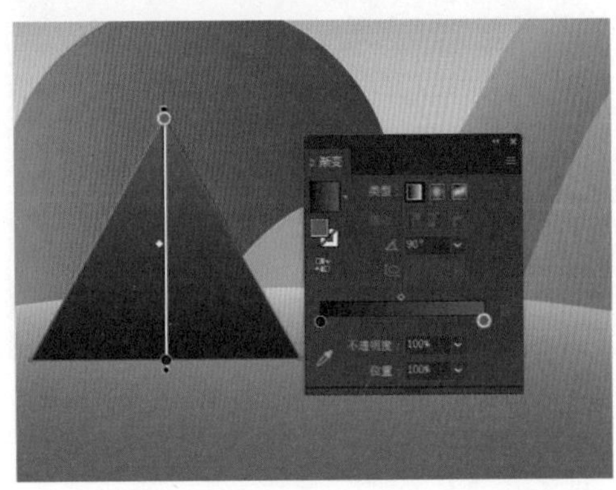

图 20-12

Step12 调整三角形对象形状，绘制树木。使用【直接选择工具】拖动边框线调整三角形，如图 20-13 所示；按住【Alt】键移动复制对象，适当移动位置，按【Ctrl+G】快捷键将其编组，如图 20-14 所示。

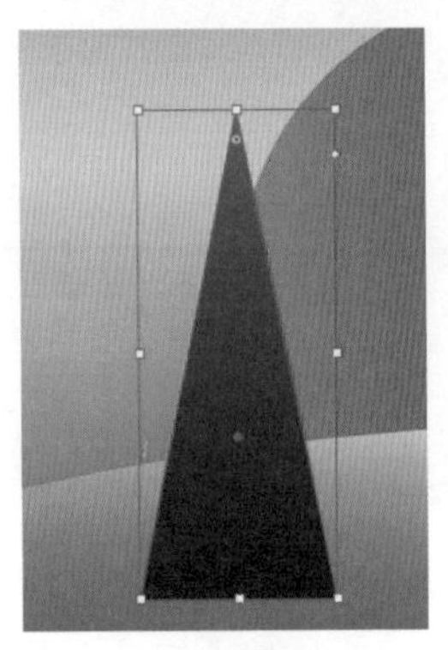

图 20-13

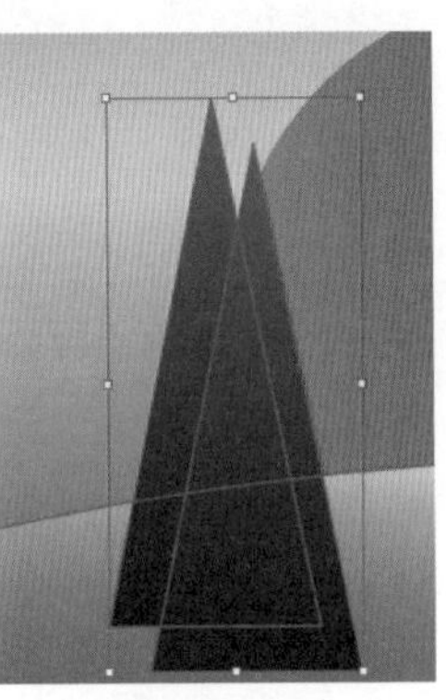

图 20-14

Step13 调整对象排列顺序。在【图层】面板中拖动树木编组图层到太阳对象图层的上方，如图 20-15 所示。

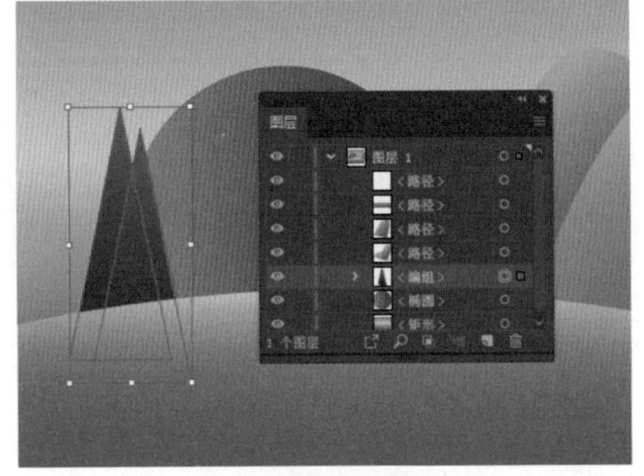

图 20-15

Step14 复制编组对象。选择编组对象，按【Alt】键移动复制对象到合适的位置，如图 20-16 所示。

图 20-16

Step15 绘制三角形对象。使用【多边形工具】绘制三角形对象，并调整其形状，将其放在画板左侧，效果如图 20-17 所示。

图 20-17

Step16 添加粗糙化效果。保持三角形对象的选中状态，执行【效果】→【扭曲和变换】→【粗糙化】命令，打开【粗糙化】对话框，设置参数来变形对象，如图 20-18 所示。

图 20-18

Step17 绘制路径。使用【钢笔工具】绘制路径，将其放在适当的位置，如图 20-19 所示。

图 20-19

Step18 设置填充颜色。保持路径的选中状态。打开【渐变】面板，设置颜色为 #2975d3 和 #001f54，如图 20-20 所示。

图 20-20

Step19 继续绘制路径。使用【钢笔工具】绘制 2 条路径，并填充蓝色渐变，如图 20-21 所示。

图 20-21

Step20 调整渐变效果。选择绘制的路径对象，单击工具栏中的【渐变工具】，调整渐变效果，如图 20-22 所示。

图 20-22

Step21 绘制椭圆对象。使用【椭圆工具】绘制椭圆，并在【渐变】面板中设置渐变颜色为 #001f3d 和 #005c8a，如图 20-23 所示。

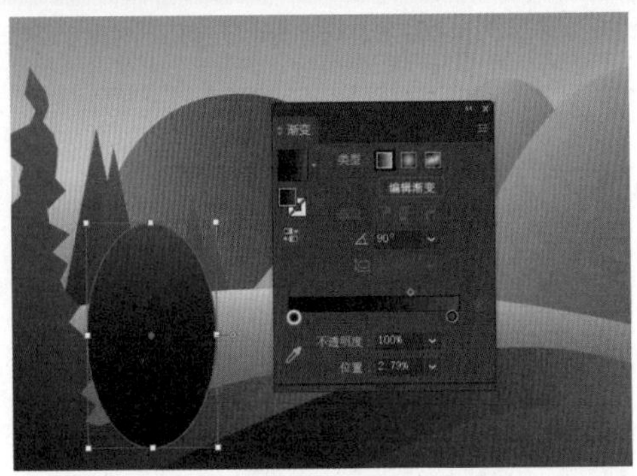
图 20-23

Step22 绘制直线段对象。使用【直线段工具】在椭圆对象上绘制直线段，并设置描边颜色为黑色，粗细为2pt。选择所有直线段对象和椭圆对象，按【Ctrl+G】快捷键编组对象，如图 20-24 所示。

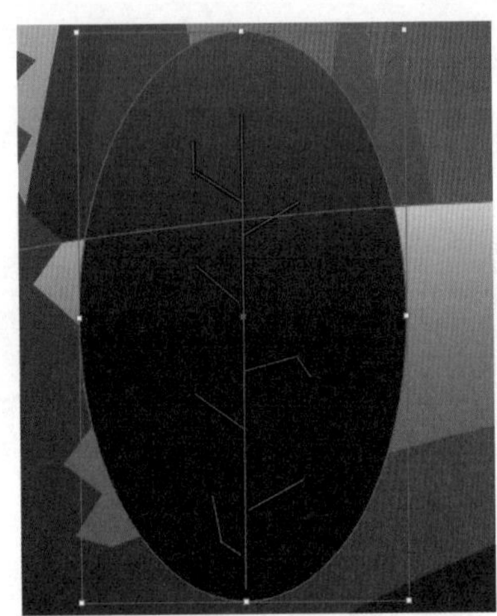
图 20-24

Step23 绘制椭圆对象。使用【椭圆工具】绘制 2 个椭圆对象，并在【渐变】面板中设置绿色渐变，如图 20-25 所示。

图 20-25

Step24 绘制正圆对象。使用【椭圆工具】按住【Shift】键绘制正圆对象，并填充橙黄色，如图 20-26 所示。

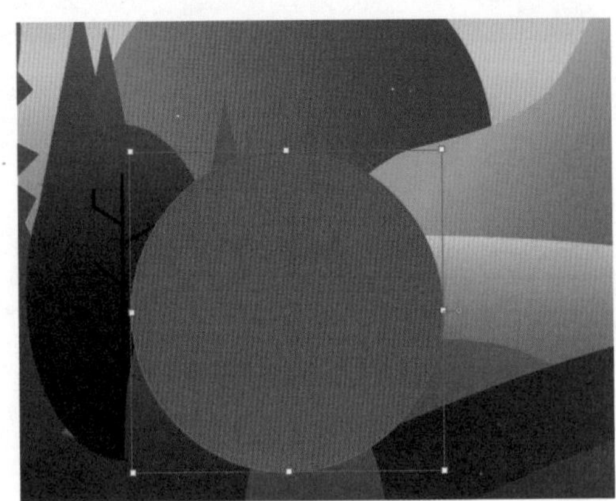
图 20-26

Step25 粗糙化对象。保持对象的选中状态，执行【效果】→【扭曲和变换】→【粗糙化】命令，打开【粗糙化】对话框，设置参数，如图 20-27 所示，粗糙化对象。

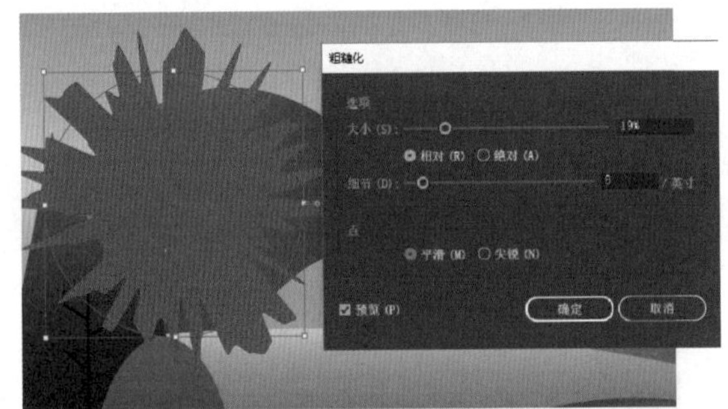
图 20-27

Step26 分割对象。使用【剪刀工具】在椭圆的中部单击，分割对象，如图 20-28 所示。

图 20-28

Step27 删除对象。选择椭圆下半部分对象，按【Delete】键删除，并将其放在画板左下角，如图 20-29 所示。

图 20-29

Step28 移动复制粗糙化对象。保持对象的选中状态。选择【选择工具】，按【Alt】键移动复制对象，调整大小、位置和颜色，如图 20-30 所示。

图 20-30

Step29 复制对象。选择绿色渐变椭圆对象，移动并复制对象到合适的位置，调整其大小，如图 20-31 所示。

图 20-31

Step30 绘制矩形对象。使用【矩形工具】绘制矩形对象，并填充浅灰色，如图 20-32 所示。

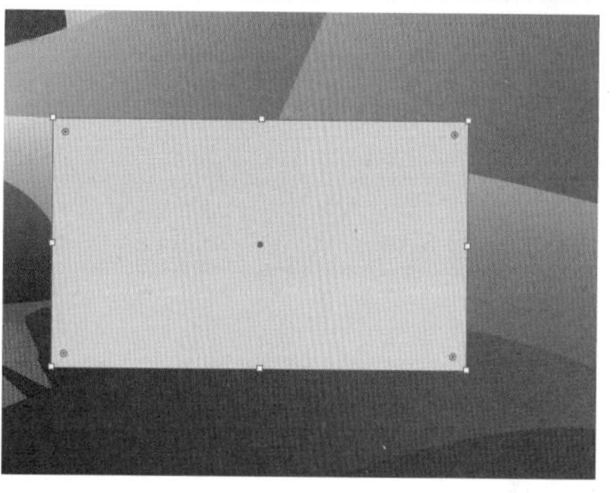

图 20-32

Step31 绘制橘红色矩形对象。使用【矩形工具】绘制矩形对象，并填充橘红色，如图 20-33 所示。

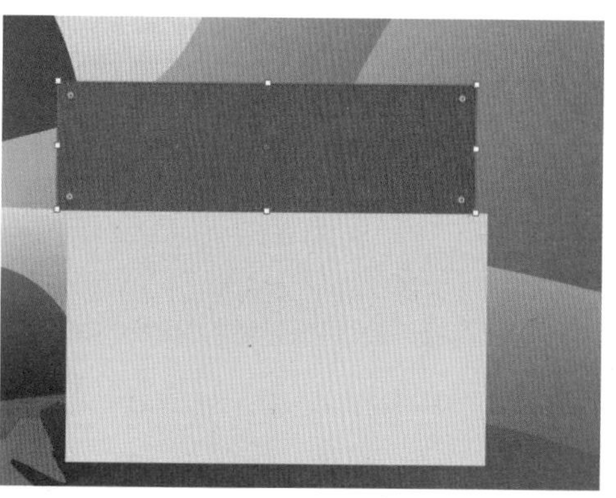

图 20-33

Step32 调整矩形形状。保持橘红色矩形对象的选中状态，选择【倾斜工具】，将控制点拖动到左下角，在矩形右上角拖动鼠标倾斜矩形，使其变形为平行四边形，如图 20-34 所示。

图 20-34

Step33 绘制直线段。使用【直线段工具】在平行四边形上绘制直线段，设置描边颜色为黑色，粗细为 1pt，如图 20-35 所示。

图 20-35

Step34 复制直线段。保持直线段的选中状态，按【Alt】键移动复制直线段，按【Ctrl+D】快捷键再次变换对象，如图 20-36 所示。

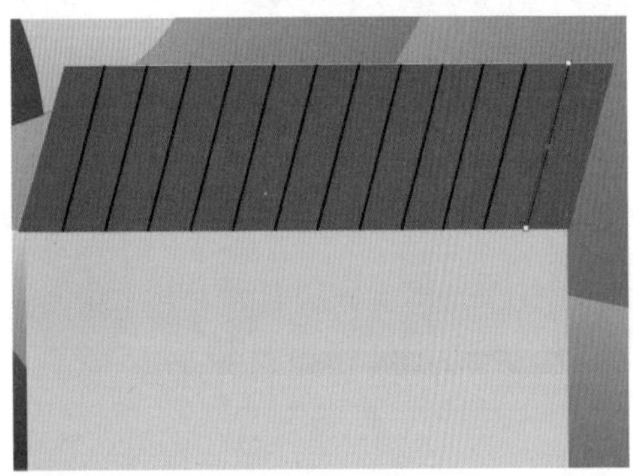

图 20-36

Step35 绘制矩形对象并对齐。使用【矩形工具】绘制矩形对象，并填充橘红色，将其与平行四边形对象对齐，如图 20-37 所示。

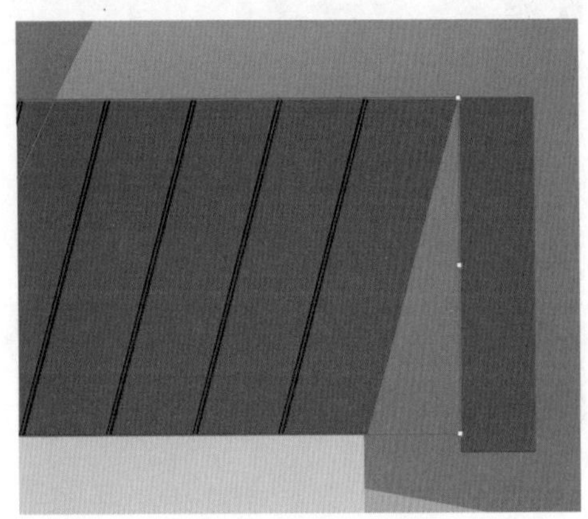

图 20-37

Step36 倾斜对象。选择【倾斜工具】，拖动控制点到左上角的位置，拖动鼠标倾斜对象，如图 20-38 所示。

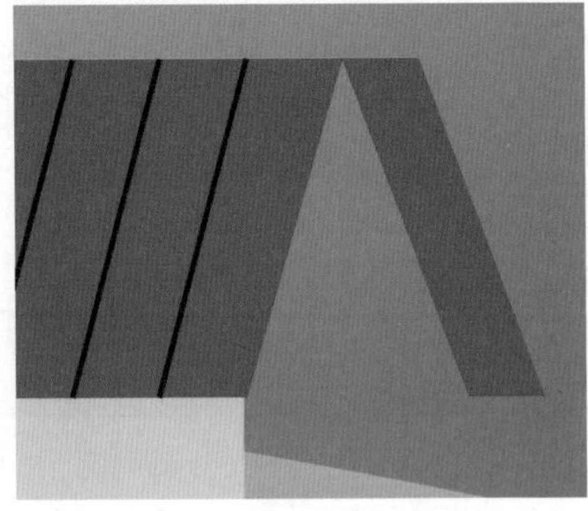

图 20-38

Step37 绘制三角形对象。使用【钢笔工具】绘制三角形对象，并填充蓝灰色，如图 20-39 所示。

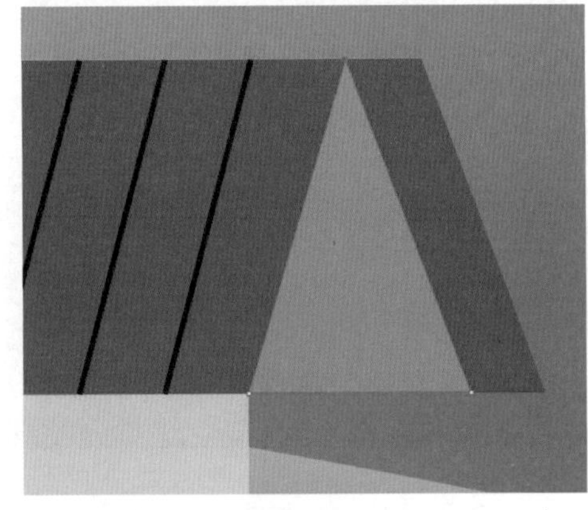

图 20-39

Step38 绘制矩形。使用【钢笔工具】绘制矩形，并填充蓝灰色，如图 20-40 所示。

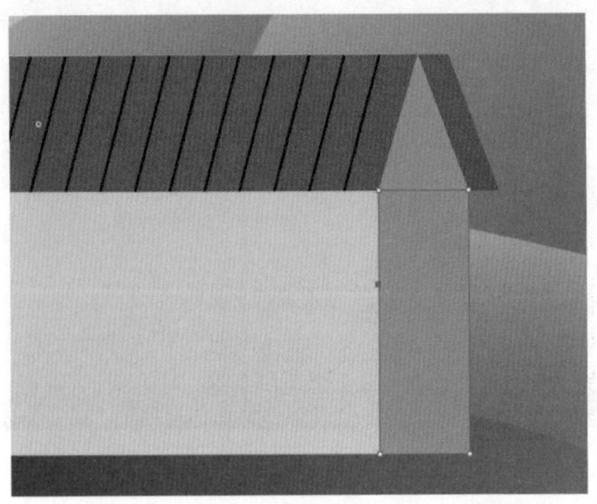

图 20-40

Step39 绘制门窗。使用【矩形工具】绘制黑色的门窗，如图 20-41 所示，完成房子的绘制。选中房子的所有元素，按【Ctrl+G】快捷键编组对象。

图 20-41

Step40 调整对象排列顺序。在【图层】面板中调整房子的排列顺序，如图 20-42 所示。

图 20-42

Step41 绘制树木。在房子右侧绘制不同类型的树木，如图 20-43 所示。

图 20-43

Step42 绘制叶子。使用【曲率工具】绘制形状，在【渐变】面板中设置渐变颜色为 #004641 和 #006d41，如图 20-44 所示。

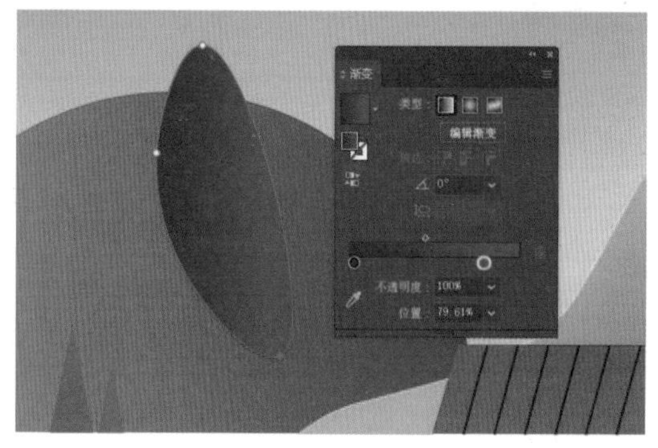

图 20-44

Step43 编组对象。保持对象的选中状态，复制对象，并调整对象角度。使用【钢笔工具】绘制路径，设置描边颜色为黑色，描边粗细为 1pt，再将对象编组，完成叶子的绘制，将其放在适当的位置，如图 20-45 所示。

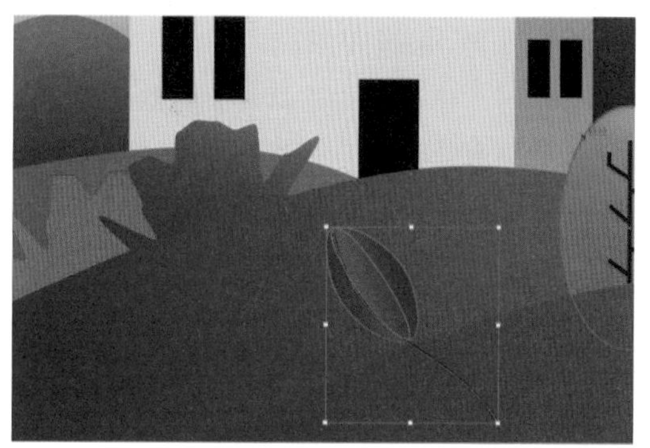

图 20-45

Step44 继续绘制叶子。使用【曲率工具】和【钢笔工具】继续绘制叶子对象，如图 20-46 所示。

图 20-46

Step45 绘制烟囱。使用【矩形工具】在房顶绘制白色烟囱，并调整对象的排列顺序，如图 20-47 所示。

图 20-47

Step46 绘制烟雾。选择【斑点画笔工具】，设置填充色为白色，绘制烟雾，并降低对象不透明度，完成烟雾效果的绘制，如图 20-48 所示。

Step47 绘制白云。使用【钢笔工具】绘制路径，设置填充色为白色，绘制白云，完成风景插画的绘制，效果如图 20-49 所示。

图 20-48

图 20-49

20.2 绘制 MBE 风格厨房插画

MBE 风格是以法国设计师 MBE 来命名的一种相对独特的插画风格。这种风格的插画最主要的特点就是扁平化图形、黑色粗线条和断线处理。一般会用 MBE 风格来创作图标或小型插画，看上去简洁、圆润、可爱。下面就绘制 MBE 风格厨房插画，最终效果如图 20-50 所示。

图 20-50

素材文件	无
结果文件	结果文件\第20章\MBE.ai

Step01 新建文档。执行【文件】→【新建】命令，打开【新建文档】对话框，设置【宽度】为4725px，【高度】为2656px，【颜色模式】为RGB颜色，【分辨率】为72ppi，设置方向为横向，如图20-51所示。单击【创建】按钮，新建文档。

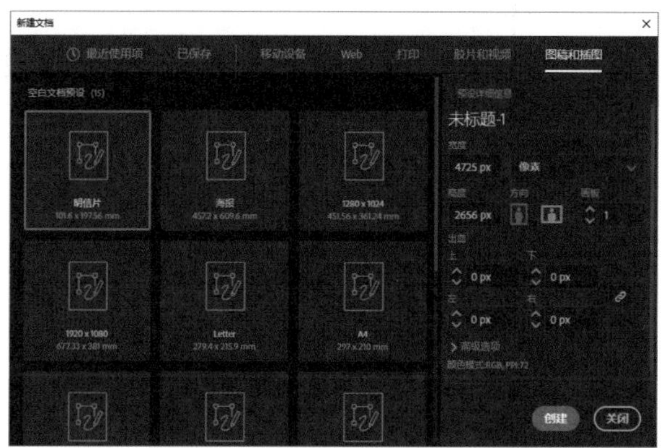

图 20-51

Step02 绘制矩形对象。使用【矩形工具】绘制一个与文档同等大小的矩形对象，填充浅灰色（#e8e8e8），按【Ctrl+2】快捷键锁定对象，如图20-52所示。

Step03 绘制白色矩形。使用【矩形工具】在画板左上角绘制白色矩形对象，如图20-53所示。

图 20-52

图 20-53

Step04 移动复制对象。选择白色矩形对象，按【Alt】键拖动鼠标移动复制矩形对象，如图20-54所示。选择所有的白色矩形对象，按【Ctrl+G】快捷键编组对象。

Step05 绘制黑色矩形。使用【矩形工具】在画板底部绘制一个黑色矩形，如图20-55所示。

图 20-54

图 20-55

Step06 绘制黄色矩形。使用【矩形工具】绘制矩形，设置填充为黄色（#f9cf58），描边颜色为黑色，描边粗细为16pt，如图20-56所示。

Step07 绘制小矩形。使用【矩形工具】在黄色矩形对象上方绘制一个小矩形，设置填充颜色为深一点的黄色（#eab839），描边颜色为黑色，描边粗细为10pt，如图20-57所示。

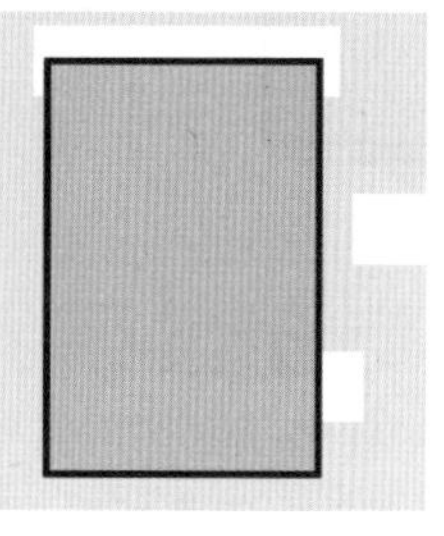

图 20-56

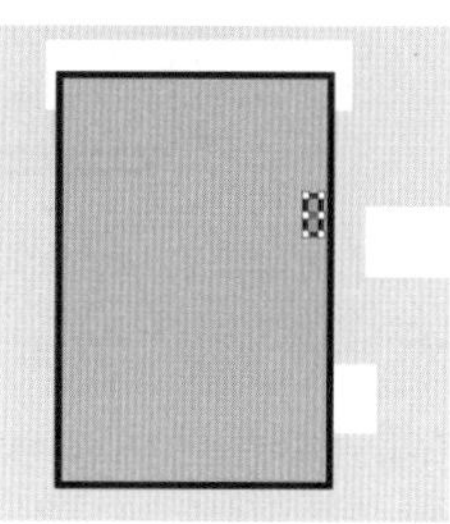

图 20-57

Step08 镜像复制对象。选择2个黄色矩形对象。选择【镜像工具】，按住【Alt】键单击矩形右边线，设置为参考点，同时打开【镜像】对话框，选中【垂直】单选按钮，单击【复制】按钮（见图20-58），镜像复制对象，效果如图20-59所示。

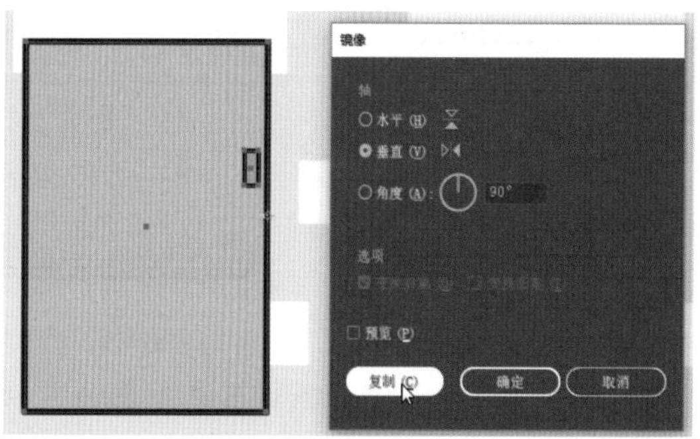

图 20-58

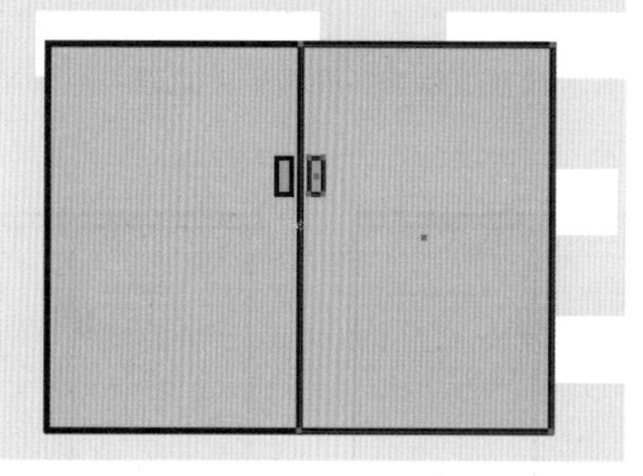

图 20-59

Step09 绘制柜子顶部和底部。使用【矩形工具】绘制柜子的顶部和底部。将顶部填充颜色设置为 #f2c444，底部填充颜色设置为 #f9d88f，描边颜色为黑色，粗细为 16pt，如图 20-60 所示。

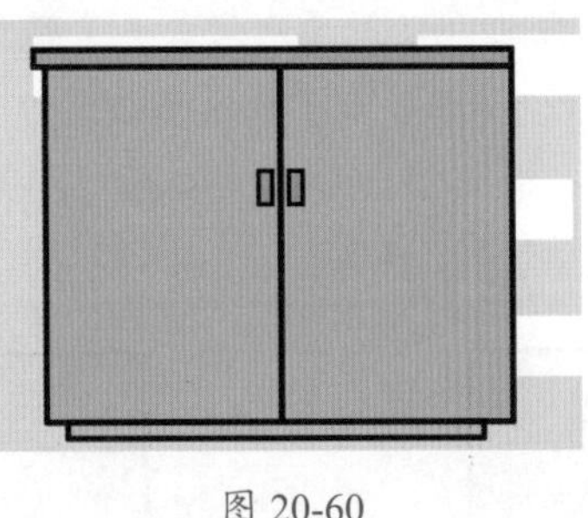

图 20-60

Step 10 绘制高光。使用【钢笔工具】绘制闭合路径，设置填充颜色为 #f9db8f，绘制高光对象，如图 20-61 所示。

Step 11 复制对象并调整排列顺序。选择黄色矩形对象，执行【对象】→【扩展】命令，扩展对象；保持对象的选中状态并右击，在弹出的快捷菜单中选择【取消编组】命令，取消编组。选择黄色填充对象，按【Ctrl+C】快捷键复制对象，按【Ctrl+F】快捷键粘贴对象。再右击，在弹出的快捷菜单中选择【排列】→【置于顶层】命令，将其置于顶层，如图 20-62 所示。

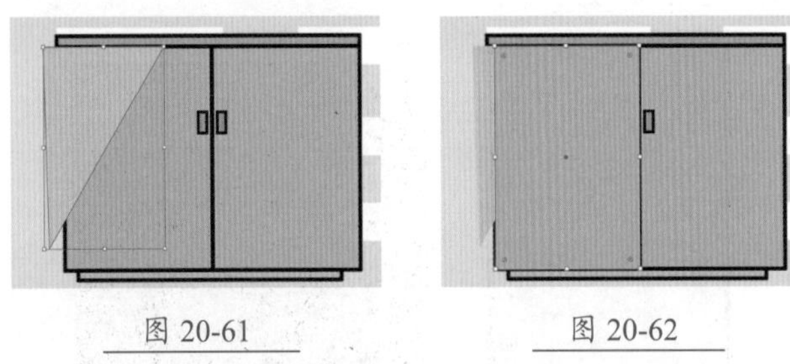

图 20-61　　图 20-62

Step 12 制作高光效果。选择顶层的填充对象和下方的高光对象并右击，在弹出的快捷菜单中选择【建立剪切蒙版】命令，创建剪切蒙版，如图 20-63 所示。选择下方的黑色描边对象并右击，在弹出的快捷菜单中选择【排列】→【置于顶层】命令，将其置于顶层，制作高光效果，如图 20-64 所示。

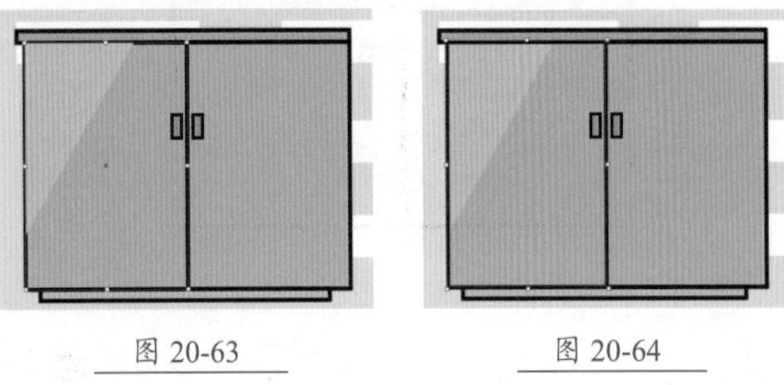

图 20-63　　图 20-64

Step 13 绘制高光。使用前面的方法继续绘制高光效果，如图 20-65 所示。

Step 14 绘制阴影。使用【矩形工具】在柜子顶部绘制矩形对象，并填充为 #e5cc7c，制作阴影效果，效果如图 20-66 所示。

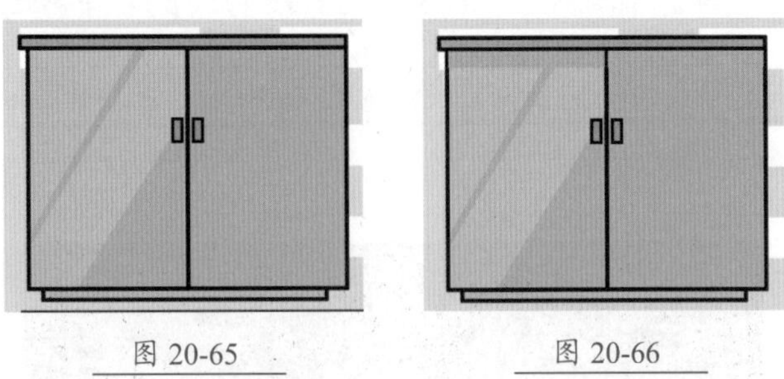

图 20-65　　图 20-66

Step 15 编组对象。选择柜子的所有元素，按【Ctrl+G】快捷键编组对象，并适当调整柜子的大小，如图 20-67 所示。

Step 16 绘制洗衣机外观。使用【矩形工具】绘制 2 个矩形对象，设置填充颜色为黄色（#f9cf58），描边颜色为黑色，粗细为 16pt，如图 20-68 所示。完成洗衣机外观的绘制。

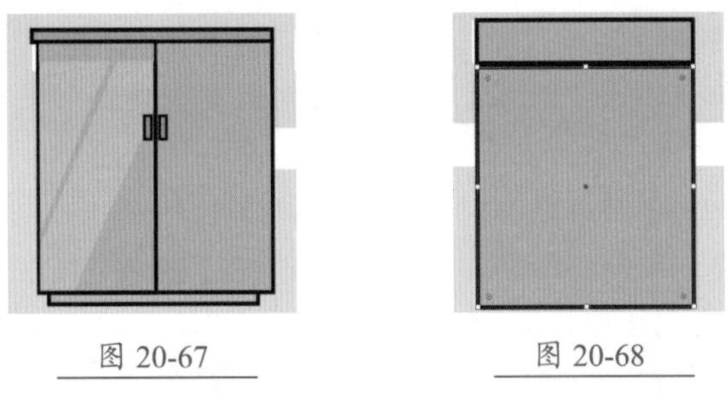

图 20-67　　图 20-68

Step 17 绘制圆角矩形。使用【圆角矩形工具】绘制圆角矩形，设置填充颜色为 #efe8f9，描边颜色为黑色，粗细为 16pt，如图 20-69 所示。

Step 18 居中对齐对象。选择圆角矩形对象和下方的矩形对象，单击矩形对象将其设置为关键对象，然后单击【属性】面板对齐组中的【居中对齐】按钮，将选中对象居中对齐，如图 20-70 所示。

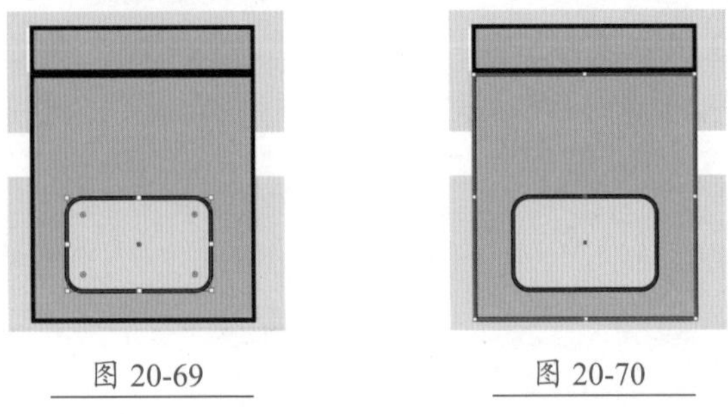

图 20-69　　图 20-70

Step19 绘制直线段。使用【直线段工具】在圆角矩形对象上绘制直线段，如图 20-71 所示。

Step20 绘制小元素。使用【椭圆工具】和【圆角矩形工具】绘制小元素，完成洗衣机的绘制，如图 20-72 所示。

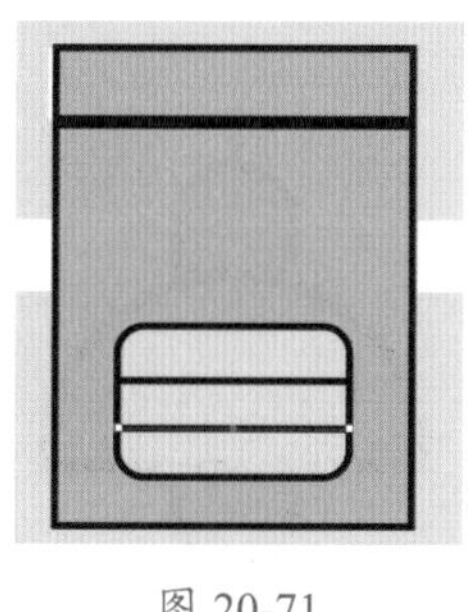
图 20-71

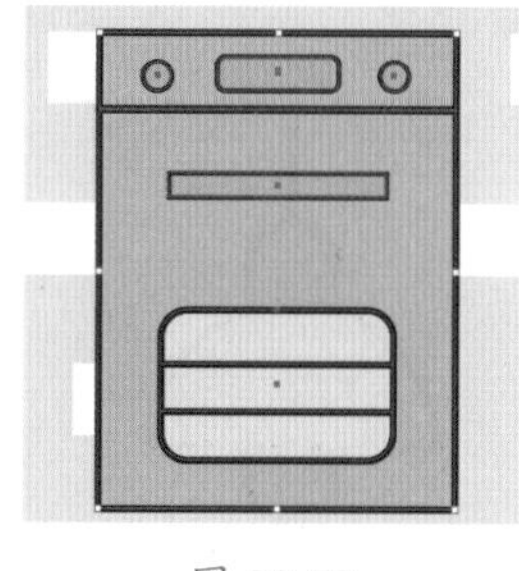
图 20-72

Step21 复制柜子。选择柜子，按【Alt】键拖动鼠标移动复制柜子，将其放在合适的位置，如图 20-73 所示。

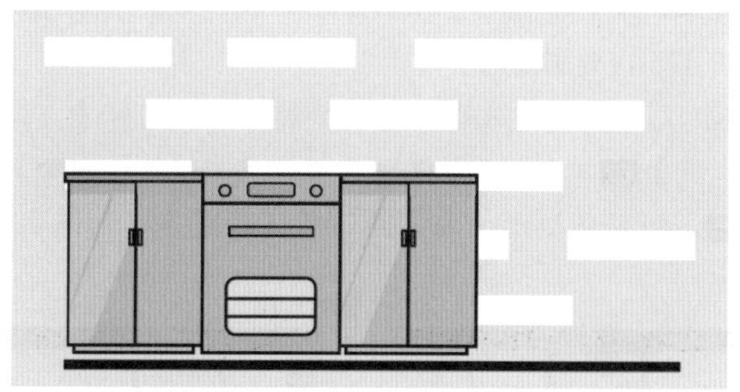
图 20-73

Step22 绘制冰箱外观。使用【矩形工具】绘制冰箱外观，设置填充颜色为紫色（#a498ee），描边颜色为黑色，粗细为 16pt，如图 20-74 所示。

Step23 绘制小元素。使用【矩形工具】绘制小元素，完成冰箱的绘制，如图 20-75 所示。

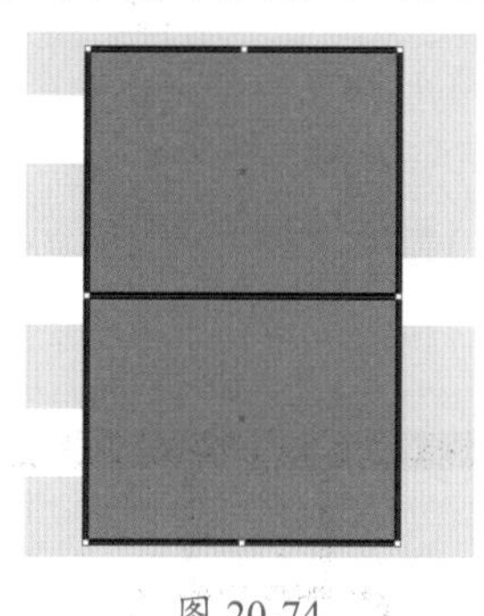
图 20-74

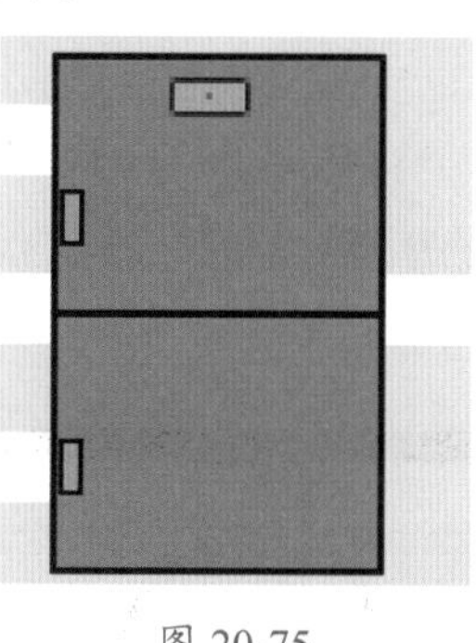
图 20-75

Step24 绘制高光。选择冰箱上方的矩形对象，执行【对象】→【扩展】命令扩展对象，并取消编组。再使用【钢笔工具】绘制高光效果，如图 20-76 所示。

Step25 绘制矩形。在冰箱上方绘制矩形，设置填充颜色为 #816eb7，描边颜色为黑色，粗细为 16pt，如图 20-77 所示。

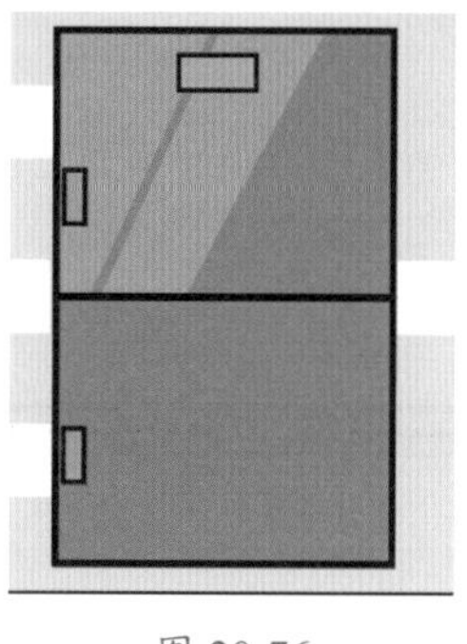
图 20-76

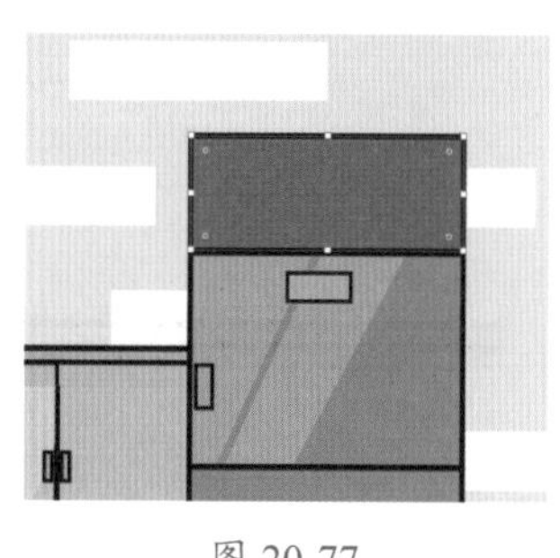
图 20-77

Step26 绘制柜门。使用【矩形工具】绘制矩形对象，设置填充颜色为 #a498ee，描边颜色为黑色，粗细为 16pt；使用【椭圆工具】绘制白色正圆，如图 20-78 所示。选择正圆和紫色矩形对象，按【Alt】键移动复制对象，并将其进行水平方向的对称变换，如图 20-79 所示。

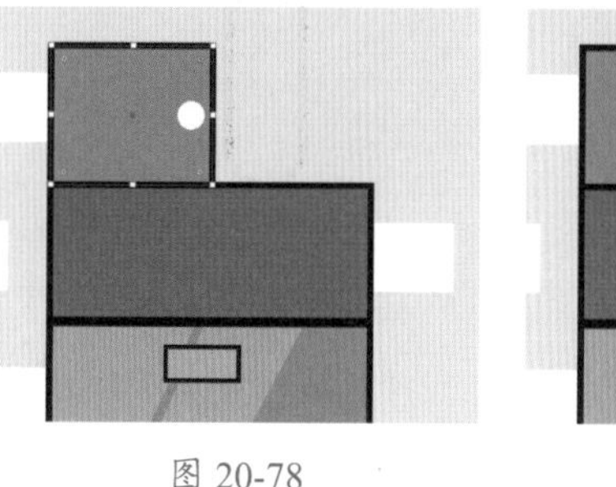
图 20-78

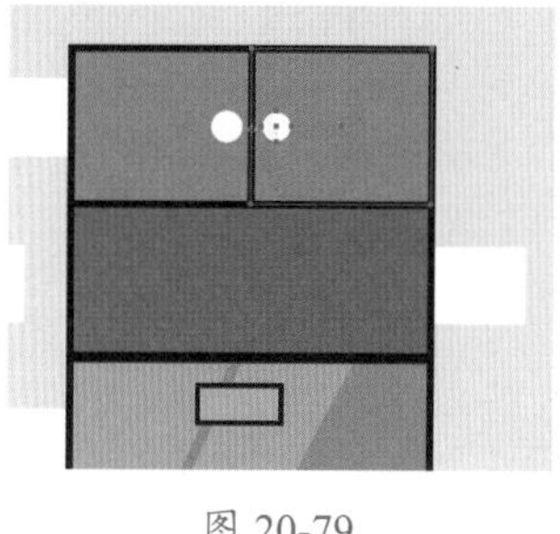
图 20-79

Step27 绘制黑色矩形。使用【矩形工具】在画板顶部绘制黑色矩形，如图 20-80 所示。

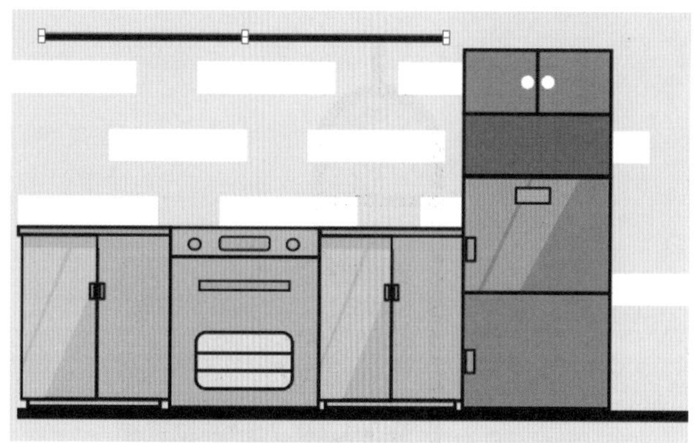
图 20-80

Step28 绘制直线段。使用【直线段工具】绘制直线段，设置描边颜色为黑色，粗细为 12pt，如图 20-81 所示。

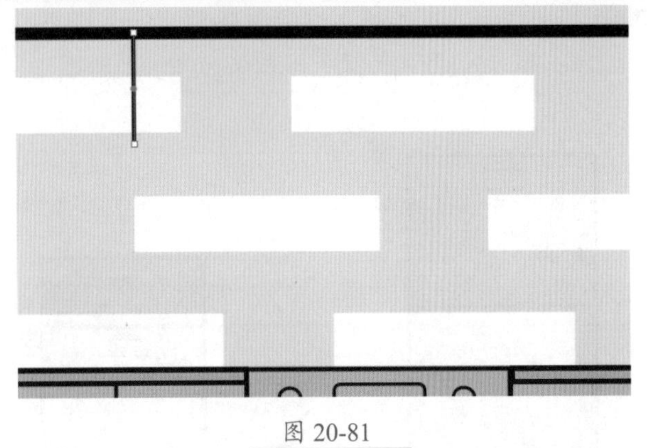

图 20-81

Step29 绘制圆角矩形。使用【圆角矩形工具】绘制圆角矩形，并与直线段对齐，如图 20-82 所示；使用【直线段工具】在圆角矩形对象上方三分之一处绘制直线段，如图 20-83 所示。

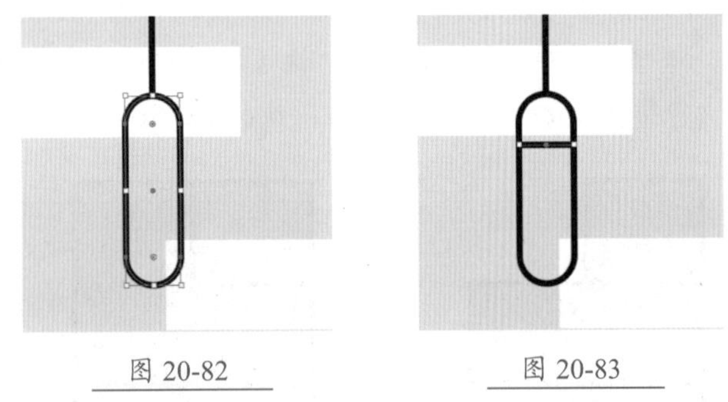

图 20-82　　图 20-83

Step30 分割对象并填充颜色。选择直线段和圆角矩形对象。执行【窗口】→【路径查找器】命令，打开【路径查找器】面板，单击【分割】按钮分割对象。为上部分对象填充颜色 #8175bc，下部分对象填充颜色 #ef9086，如图 20-84 所示。

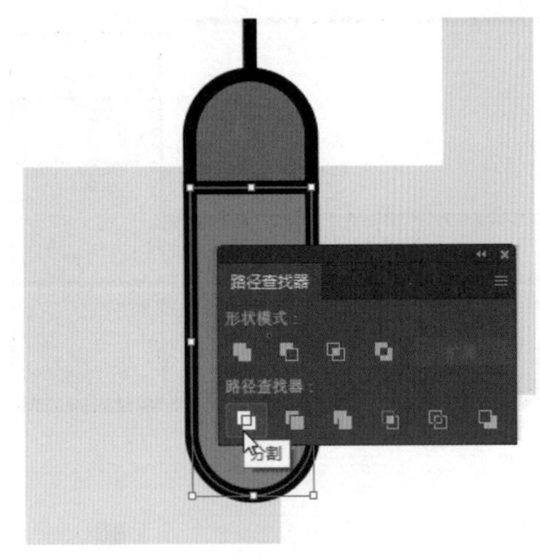

图 20-84

Step31 绘制半圆。使用【曲率工具】绘制半圆，设置填充颜色为 #f9cf58，描边颜色为黑色，粗细为 12pt，效果如图 20-85 所示。

Step32 绘制高光。使用【钢笔工具】在灯罩和灯泡上绘制高光，如图 20-86 所示。

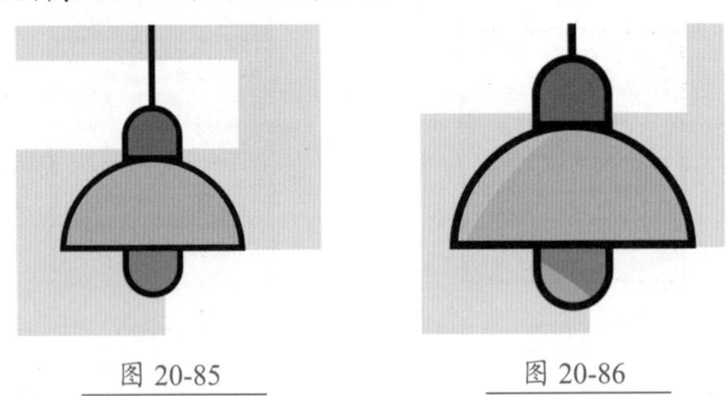

图 20-85　　图 20-86

Step33 绘制矩形对象。使用【矩形工具】绘制 2 个矩形对象，设置填充颜色为 #f9cf58，描边颜色为黑色，粗细为 12pt，如图 20-87 所示。

Step34 变形对象。选择下方的矩形对象。选择【自由变换工具】，在打开的浮动面板中单击【透视扭曲】按钮，拖动四边形的左上角透视变换对象，如图 20-88 所示。

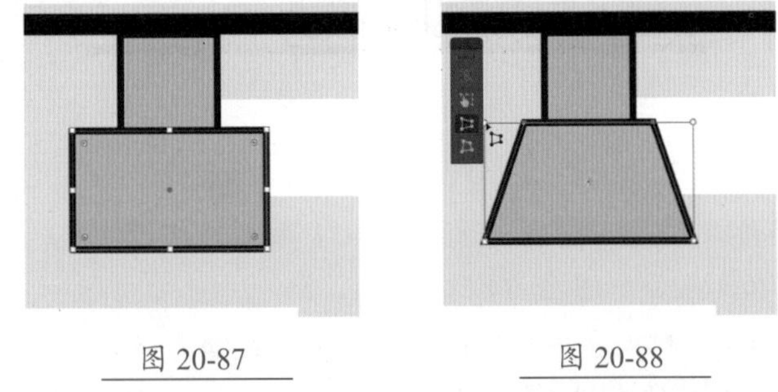

图 20-87　　图 20-88

Step35 调整圆角半径。选择【直接选择工具】，单击四边形显示出实时控件，调整圆角半径，并调整对象大小，如图 20-89 所示。

Step36 绘制高光。使用【钢笔工具】绘制高光，如图 20-90 所示。

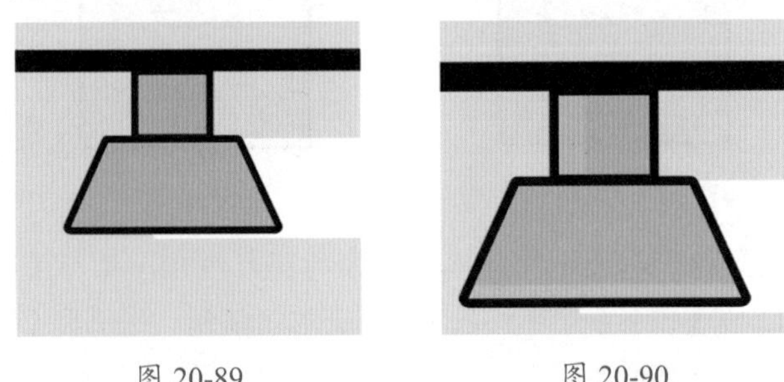

图 20-89　　图 20-90

Step37 复制并移动对象。选择左侧的“灯”对象，按【Alt】键复制并移动到右侧，如图 20-91 所示。

图 20-91

Step38 绘制杯子。使用【矩形工具】绘制矩形对象，设置填充颜色为 #f9cf58，描边颜色为黑色，粗细为 12pt，如图 20-92 所示；使用【自由变换工具】变换对象，如图 20-93 所示；使用【直线段工具】绘制直线段，如图 20-94 所示；打开【描边】面板，设置【端点】为圆头端点并调整直线段排列顺序，如图 20-95 所示，完成杯子的绘制。

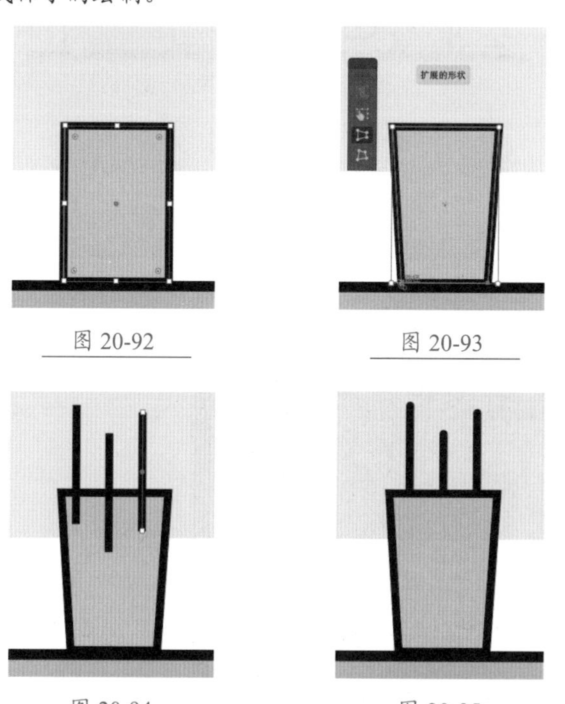

图 20-92　图 20-93

图 20-94　图 20-95

Step39 绘制碗。使用【曲率工具】绘制碗，设置填充颜色为 #8ca5dd，描边颜色为黑色，粗细为 12pt，如图 20-96 所示；使用【钢笔工具】绘制高光，如图 20-97 所示。

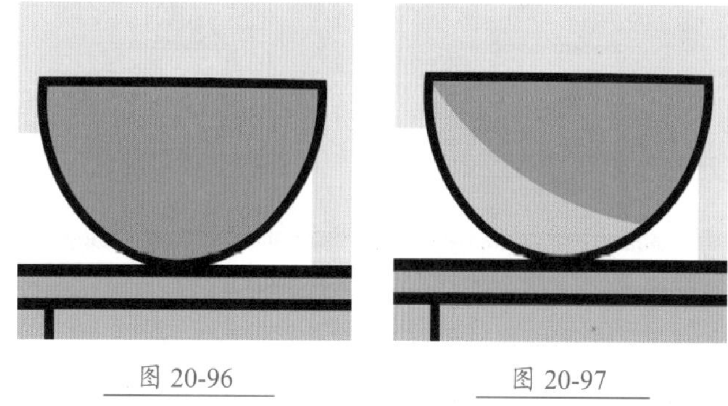

图 20-96　图 20-97

Step40 绘制叶子。使用【钢笔工具】绘制叶子，设置填充颜色为 #97c983，描边颜色为黑色，粗细为 6pt，如图 20-98 所示。

Step41 绘制瓶子。使用【矩形工具】绘制瓶子，如图 20-99 所示。

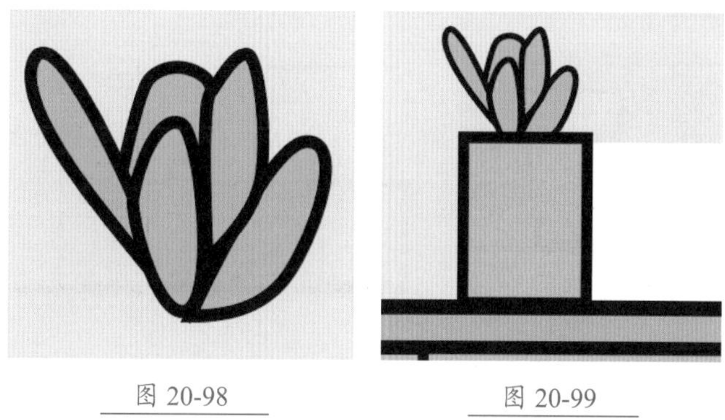

图 20-98　图 20-99

Step42 复制叶子。选择叶子对象，按【Alt】键复制并移动对象，修改填充颜色为 #e8ab5b，如图 20-100 所示。

Step43 绘制碗。使用【曲率工具】绘制碗，设置填充颜色为 #b1a6dd，如图 20-101 所示。

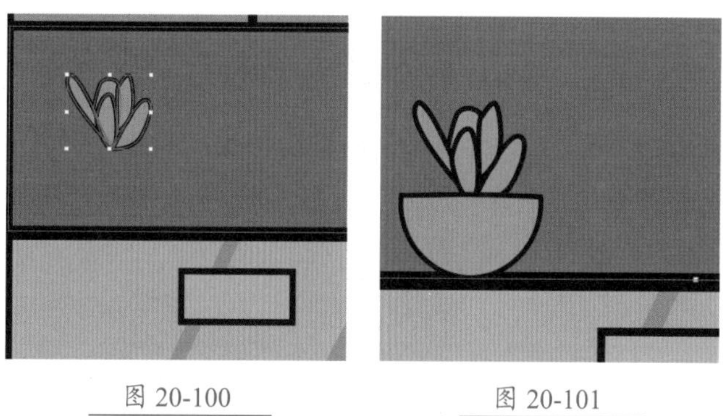

图 20-100　图 20-101

Step44 绘制杯子。使用【矩形工具】绘制矩形，设置填充颜色为 #b1aece，描边颜色为黑色，粗细为 12pt，如图 20-102 所示；使用【自由变换工具】变换矩形，如图 20-103 所示。

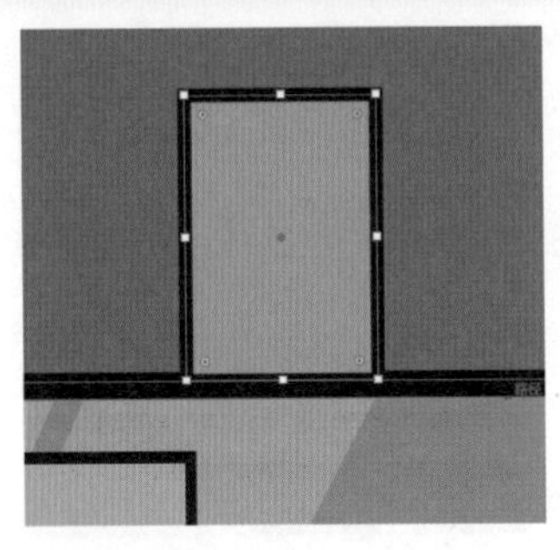
图 20-102

图 20-103

Step45 绘制高光。使用【钢笔工具】为杯子绘制高光，如图 20-104 所示。

Step46 绘制白色线条。设置填充为无，描边为白色。使用【钢笔工具】在合适的位置绘制白色线条，并打开【描边】面板，设置【端点】为圆头端点，粗细为 16pt，效果如图 20-105 所示。

图 20-104

图 20-105

Step47 切断线段。选择描边线段。使用【橡皮擦工具】擦除部分线段，如图 20-106 所示。

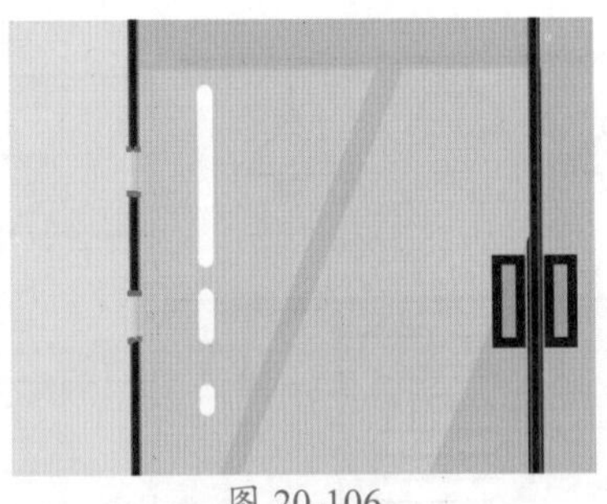
图 20-106

Step48 完成插画绘制。使用相同的方法擦除其他线段，完成厨房插画绘制，最终效果如图 20-107 所示。

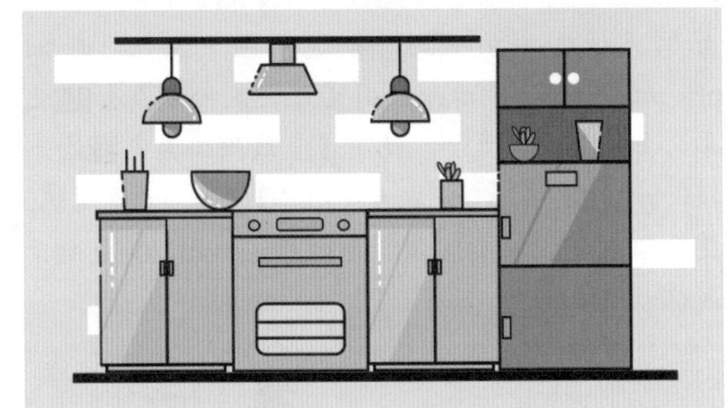
图 20-107

20.3 绘制渐变风格插画

渐变风格插画一般采用相近色，不会使用太多的颜色，因此光感较强，也被称为微光插画。这种风格的插画会给人唯美浪漫的感觉。下面就绘制渐变风格的太空场景插画，效果如图 20-108 所示。

图 20-108

素材文件	无
结果文件	结果文件\第20章\渐变.ai

Step01 新建文档。执行【文件】→【新建】命令，打开【新建文档】对话框，设置【宽度】为800mm，【高度】为450mm，【颜色模式】为CMYK，单击【创建】按钮，新建文档，如图20-109所示。

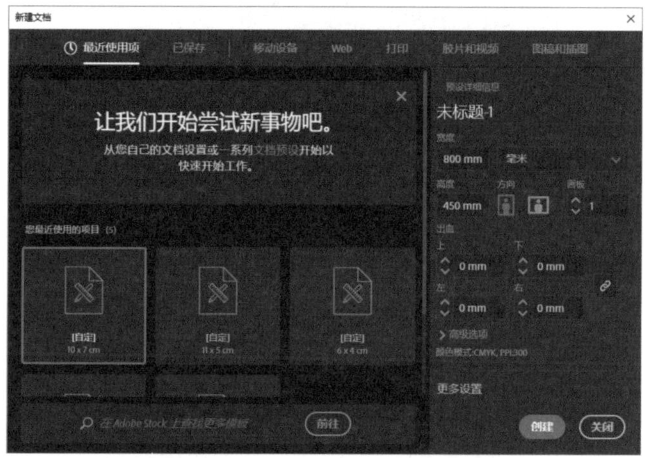

图 20-109

Step02 绘制矩形对象。使用【矩形工具】绘制一个与画板同等大小的矩形对象。单击工具栏底部的【渐变】按钮，打开【渐变】面板，如图20-110所示。

图 20-110

Step03 设置渐变颜色。单击【渐变】面板中的【线性渐变】按钮，设置渐变方式为线性渐变；设置【渐变角度】为90°；在渐变颜色条下方单击来添加色标；双击渐变滑块，打开色板，并单击右上角的扩展按钮，在弹出的扩展菜单中选择【CMYK】命令，如图20-111所示。从左至右依次设置色标颜色，分别为（76,83,50,14）、（68,72,7,0）、（100,87,6,80）；移动颜色中点的位置，调整渐变效果，如图20-112所示。

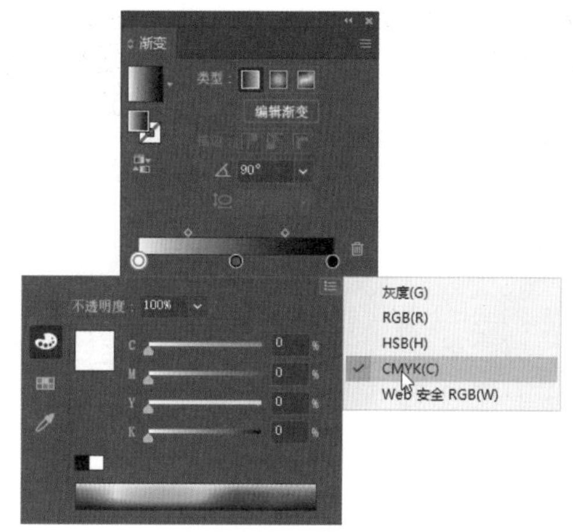

图 20-111

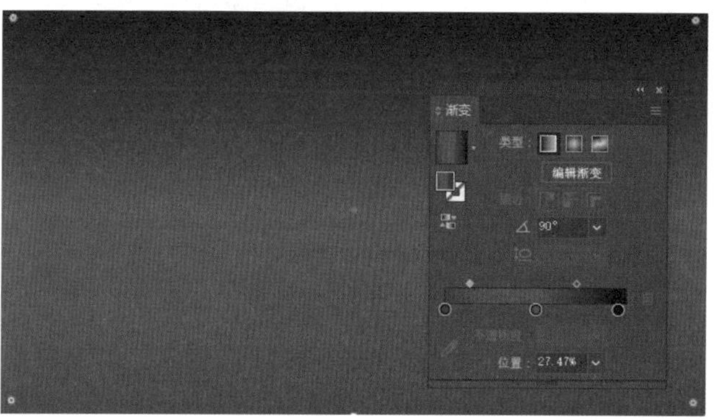

图 20-112

Step04 绘制正圆。按【Ctrl+2】快捷键锁定背景。选择【椭圆工具】，按住【Shift】键在画板左上角绘制正圆，如图20-113所示。

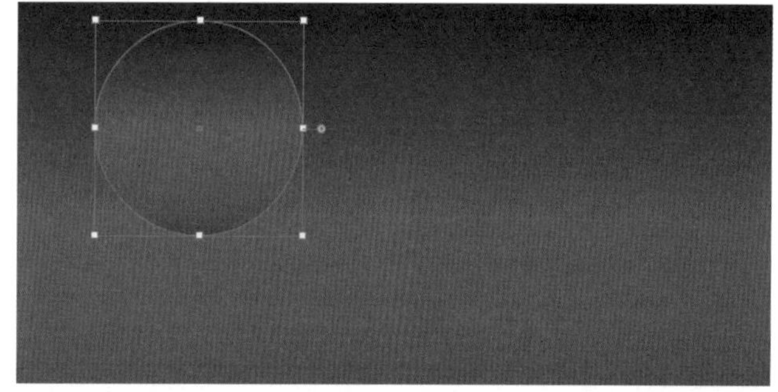

图 20-113

Step05 设置渐变颜色。在【渐变】面板中设置渐变角度为0°，渐变颜色分别为（99,85,8,25）、（52,62,7,0），如图20-114所示。将鼠标光标放在定界框右下角，当鼠标光标变换形状时，拖动鼠标旋转角度，再移动颜色中点位置，调整渐变效果，如图 20-115 所示。

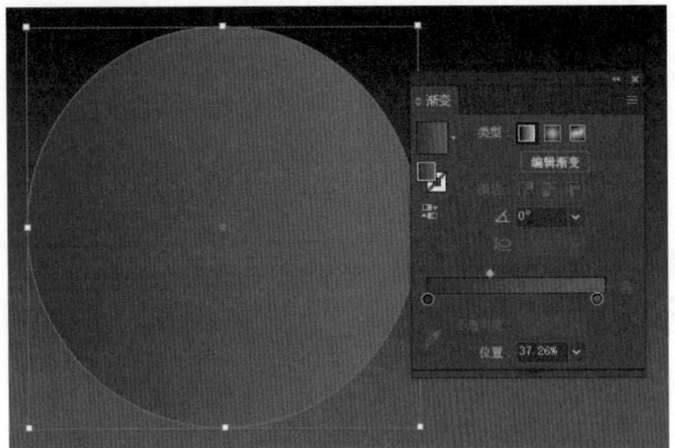

图 20-114

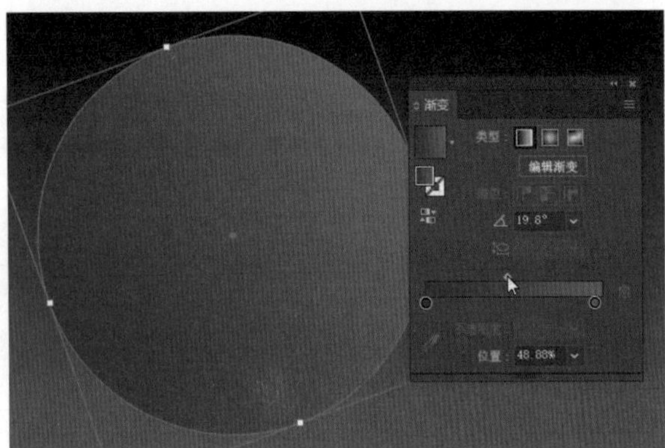

图 20-115

Step06 复制正圆对象。切换到【选择工具】，按住【Alt】键拖动正圆对象到画板外备用。再按住【Alt】键移动复制出 4 个正圆对象，设置【不透明度】为 50%，调整对象大小和位置，如图 20-116 所示。调整过程中注意根据明暗的不同调整每个正圆对象的渐变效果。

Step07 编组对象。选择所有的正圆对象，按【Ctrl+G】快捷键编组对象，如图 20-117 所示。

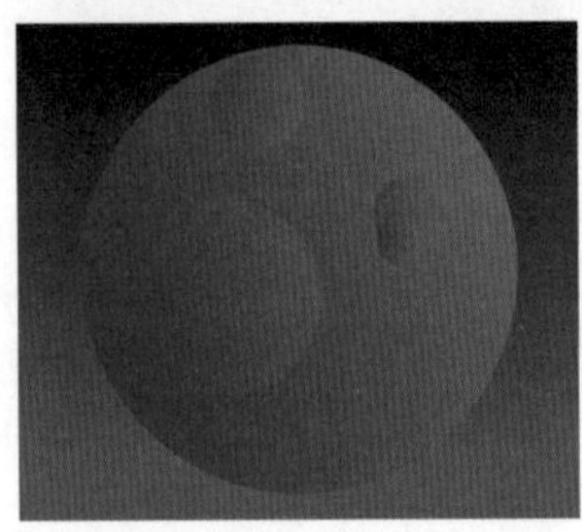

图 20-116

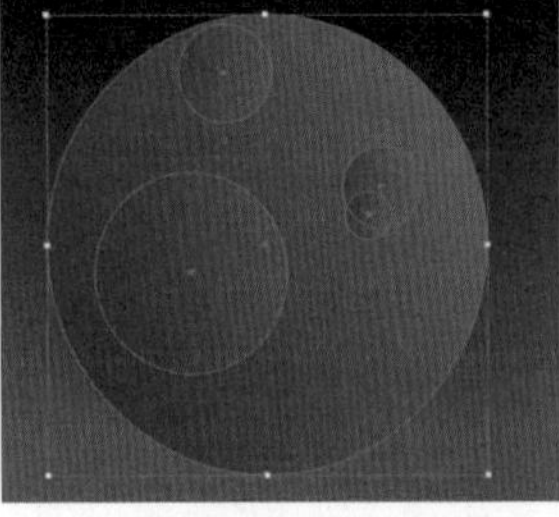

图 20-117

Step08 复制正圆对象。选择画板外的正圆对象，按【Alt】键将其移动复制到画板右下角，调整对象大小和渐变效果，如图 20-118 所示。

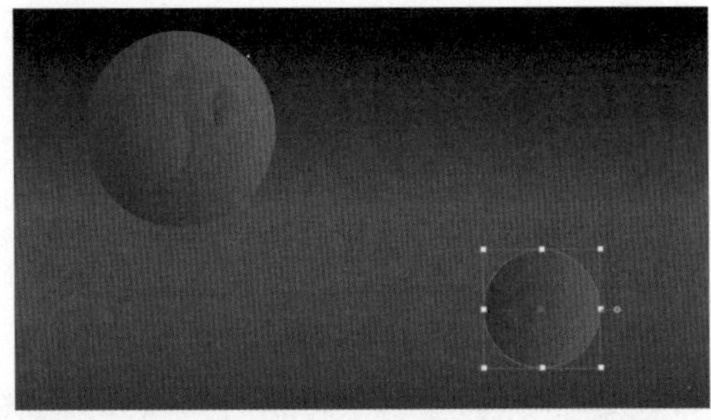

图 20-118

Step09 保存渐变颜色。按住【Alt】键拖动画板外的正圆对象到画板上。在【渐变】面板中单击【预设渐变】下拉按钮，在弹出的下拉列表中单击【添加到色板】按钮，将正圆的渐变颜色添加到色板，如图 20-119 所示。

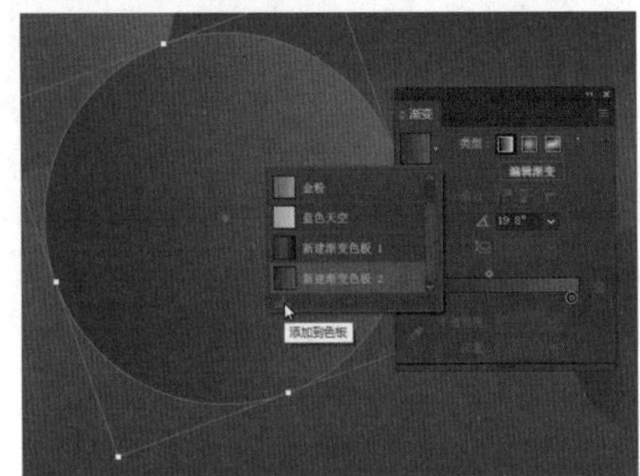

图 20-119

Step10 绘制椭圆。使用【椭圆工具】在正圆对象上方绘制椭圆，调整椭圆角度，如图 20-120 所示。

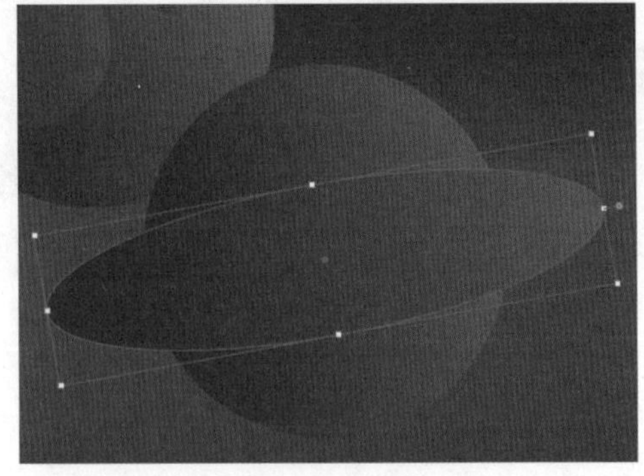

图 20-120

Step11 复制椭圆。按【Ctrl+C】快捷键复制椭圆对象，按【Ctrl+F】快捷键将其粘贴到前面，调整大小并填充白色，如图 20-121 所示。

图 20-121

Step 12 组合对象。选择所有椭圆对象。执行【窗口】→【路径查找器】命令，打开【路径查找器】面板，单击【减去顶层】按钮，减去顶层对象，再组合对象，如图 20-122 所示。

图 20-122

Step 13 设置填充色。选择空心椭圆对象。在【渐变】面板中设置渐变颜色为 Step 09 中保存的正圆渐变颜色，然后调整渐变角度和效果，如图 20-123 所示。

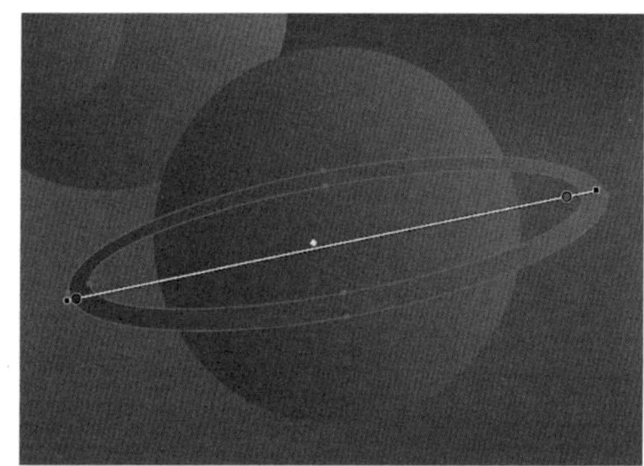

图 20-123

Step 14 分割对象。选择正圆和空心椭圆对象。单击【路径查找器】面板中的【分割】按钮，分割对象，如图 20-124 所示。

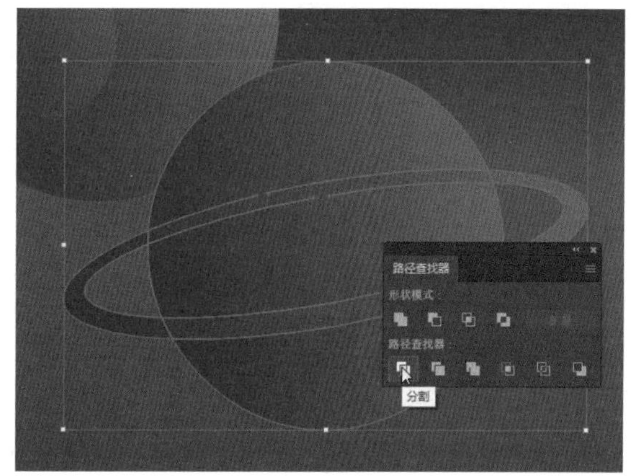

图 20-124

Step 15 删除多余对象。选择对象并右击，在弹出的快捷菜单中选择【取消编组】命令，取消编组。选择与正圆对象重叠的部分，如图 20-125 所示；按【Delete】键将其删除，再编组对象，如图 20-126 所示。

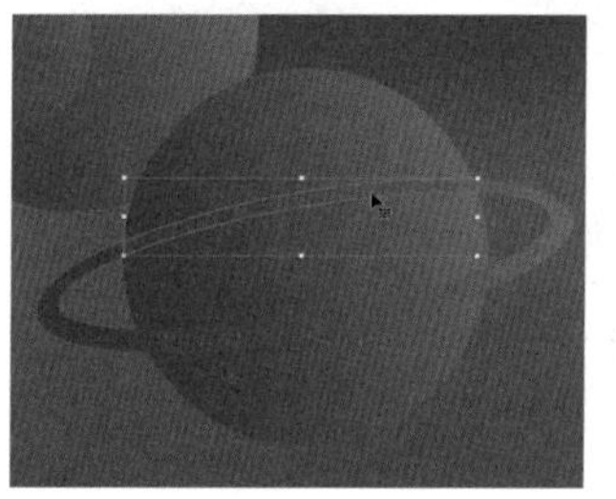

图 20-125

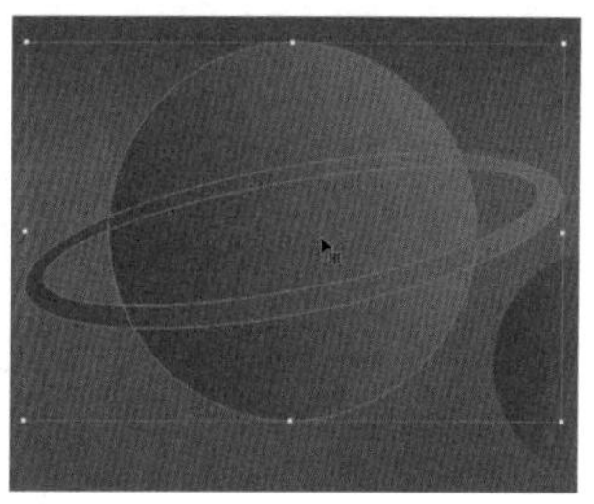

图 20-126

Step 16 调整对象大小和位置并复制对象。适当缩小对象，将其放在画板左下角并适当旋转角度；再复制对象，将其放在画板靠中部的位置，注意调整对象的角度，如图 20-127 所示。

图 20-127

Step 17 复制正圆对象。选择画板外的正圆对象，按【Alt】键将其拖动到画板上。设置【不透明度】为 50%，调整大小和位置，如图 20-128 所示。

图 20-128

Step18 绘制流星。使用【矩形工具】绘制矩形对象，填充白色，再旋转至合适的角度，如图 20-129 所示。打开【渐变】面板，设置颜色为白色和紫色（30,43,3,0）；再选择右侧的色标，设置【不透明度】为 0，如图 20-130 所示。

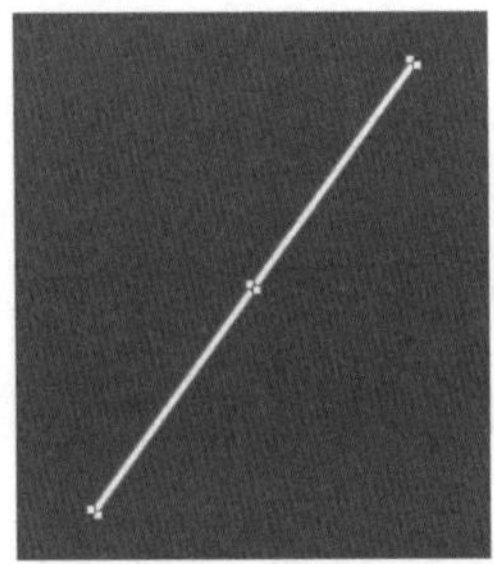

图 20-129

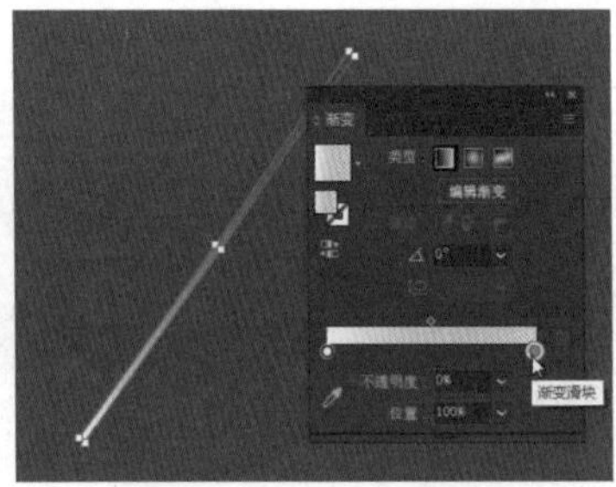

图 20-130

Step19 新建画笔。选择新绘制的流星对象，执行【窗口】→【画笔】命令，打开【画笔】面板，单击【新建画笔】按钮，打开【新建画笔】对话框，选中【书法画笔】单选按钮，如图 20-131 所示。单击【确定】按钮，打开【书法画笔选项】对话框，设置【名称】为流星，【大小】为随机，如图 20-132 所示。单击【确定】按钮，新建画笔。

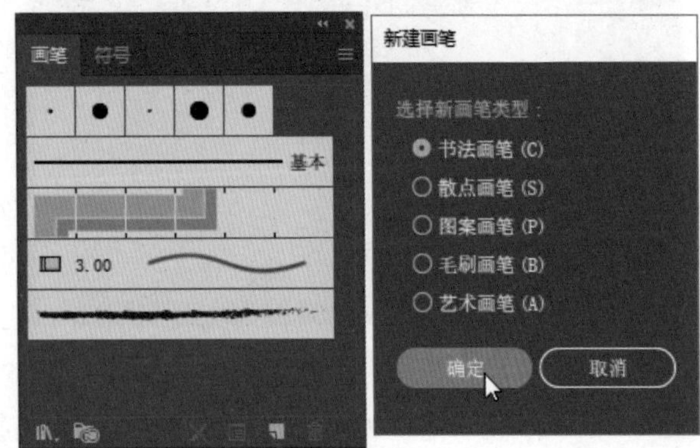

图 20-131

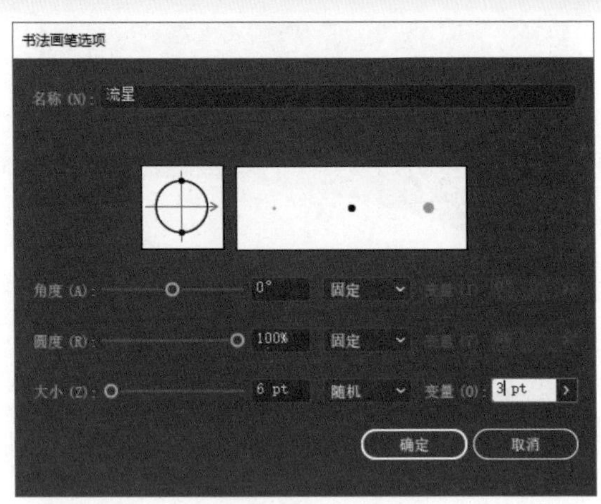

图 20-132

Step20 绘制大面积的流星。选择【画笔工具】，在【画笔】面板中选择新建的【流星】画笔。在画板上拖动鼠标光标绘制大面积的流星，效果如图 20-133 所示。

图 20-133

Step21 绘制星星。使用【星形工具】绘制星星并填充白色，如图 20-134 所示。在【渐变】面板中设置颜色为白色和紫色（30,43,3,0），移动颜色中点的位置，调整渐变效果，如图 20-135 所示。

图 20-134

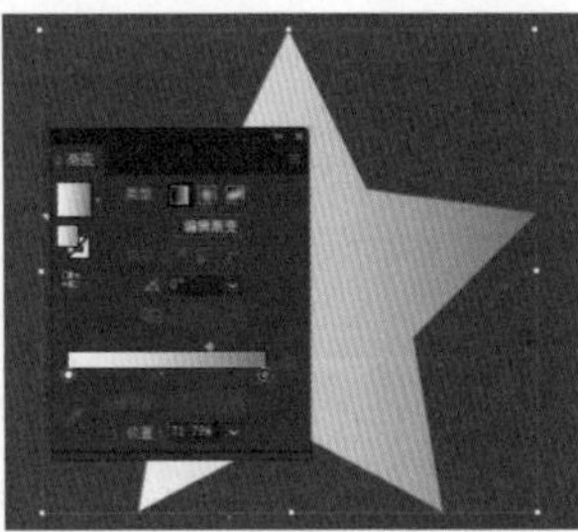

图 20-135

Step22 新建画笔。选择绘制的星星对象，将其调整到合适的大小。执行【对象】→【扩展】命令，扩展对象。单击【画笔】面板中的【新建画笔】按钮，打开【新建画笔】对话框，选中【散点画笔】单选按钮，如图 20-136 所示。

单击【确定】按钮，打开【散点画笔选项】对话框，设置【名称】为星星，再设置【大小】、【间距】和【分布】为随机，如图 20-137 所示。单击【确定】按钮，新建画笔。

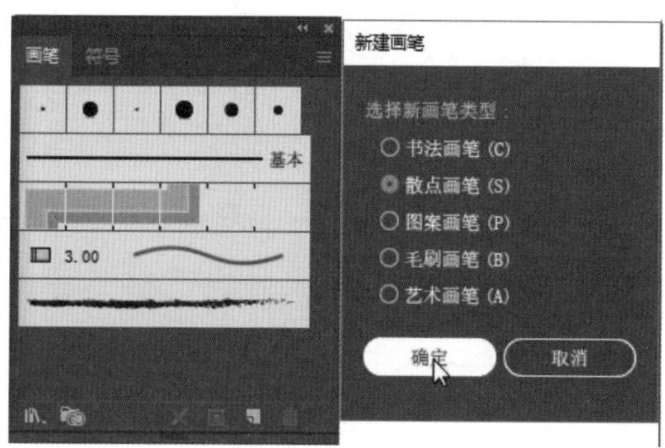

图 20-136

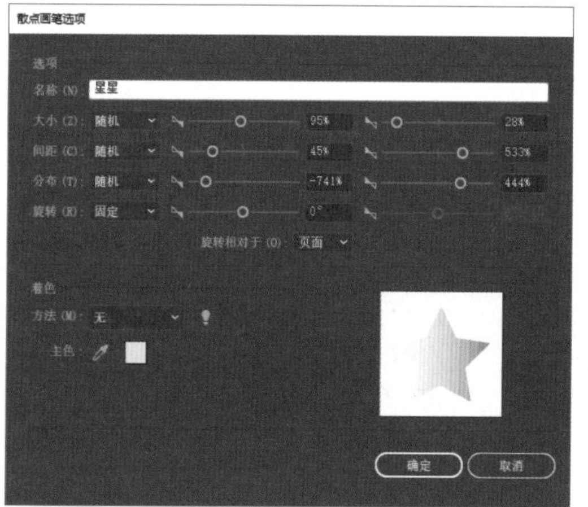

图 20-137

Step23 绘制星河。选择【画笔工具】，在【画笔】面板中选择新建的【星星】画笔，在画板上适当的位置拖动鼠标光标，绘制星河效果，如图 20-138 所示。

图 20-138

Step24 绘制云朵。使用【斑点画笔工具】绘制云朵，如图 20-139 所示。

图 20-139

Step25 设置填充颜色。选择云朵对象，在【渐变】面板中设置颜色为蓝色（58,36,0,0）和紫色（38,50,0,0）；选择右侧的色标，设置【不透明度】为 0%，如图 20-140 所示。

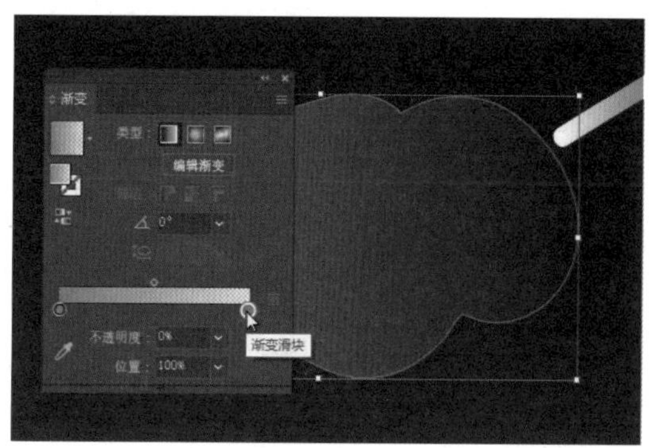

图 20-140

Step26 调整渐变效果。保持云朵对象为选中状态。单击工具栏中的【渐变工具】，显示渐变批注者。旋转渐变批注者调整渐变角度，将其放在适当的位置，再拖动色标和颜色中点调整渐变效果，如图 20-141 所示。

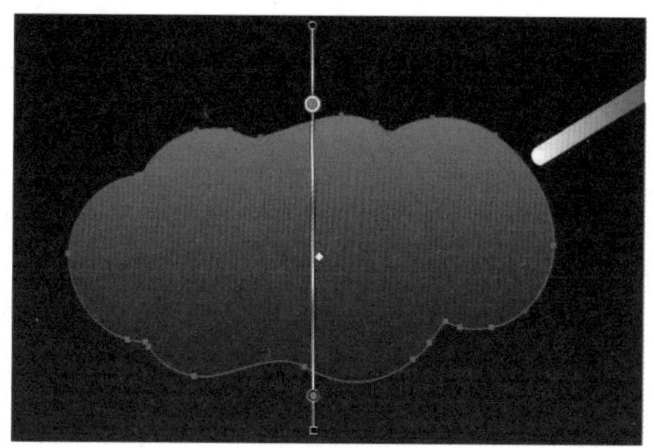

图 20-141

Step27 复制云朵对象。按住【Alt】键移动复制云朵对象，调整其位置和大小，如图 20-142 所示。

图 20-142

Step28 绘制路径。使用【钢笔工具】绘制路径，并设置填充色为白色，如图 20-143 所示。

图 20-143

Step29 设置渐变填充色。选择绘制的白色对象。打开【渐变】面板，分别设置渐变颜色为深紫色（100,88,0,86）、紫色（65,70,0,0）和浅青色（18,0,0,0），如图 20-144 所示。

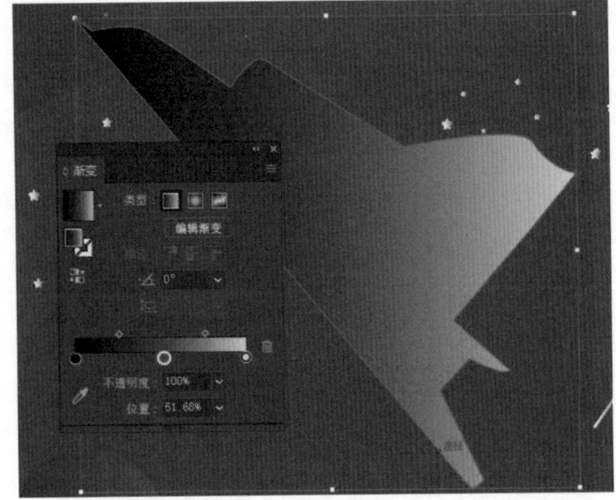

图 20-144

Step30 调整渐变效果。保持对象的选中状态，单击工具栏中的【渐变工具】，显示渐变批注者。旋转渐变批注者调整渐变角度，并拖动色标和颜色中点，调整渐变效果，如图 20-145 所示。

图 20-145

Step31 对称变换对象。选择绘制的对象并右击，在弹出的快捷菜单中选择【变换】→【对称】命令，打开【镜像】对话框，选中【水平】单选按钮，单击【复制】按钮，如图 20-146 所示。对称变换对象，效果如图 20-147 所示。

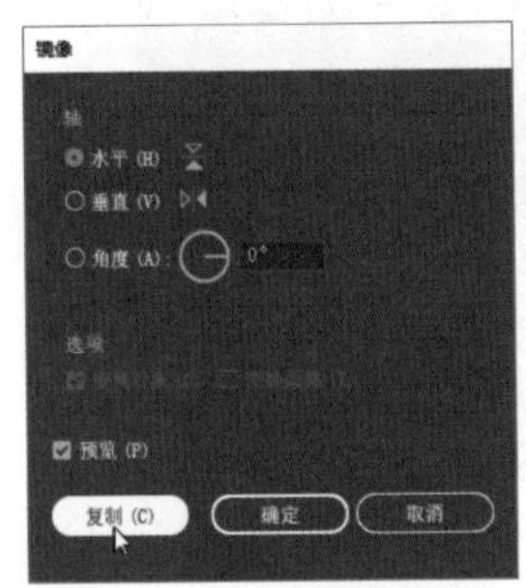

图 20-146

图 20-147

Step32 旋转对象并对齐。将鼠标光标移动到定界框附近，当鼠标光标变换形状时，拖动鼠标旋转对象，并移动对象使其对齐，如图 20-148 所示。

图 20-148

Step33 绘制路径。使用【钢笔工具】在火箭尾翼的地方绘制路径，并填充与火箭轮廓相同的渐变色，如图 20-149 所示。

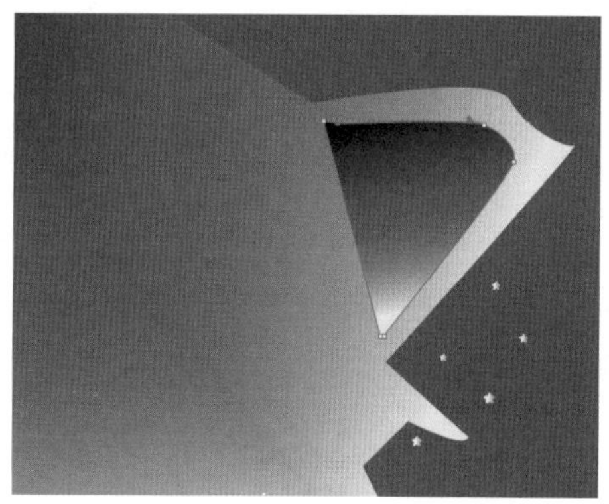

图 20-149

Step34 调整渐变效果。选择【渐变工具】，显示渐变批注者。旋转渐变批注者调整渐变角度，再拖动色标和颜色中点调整渐变效果，如图 20-150 所示。

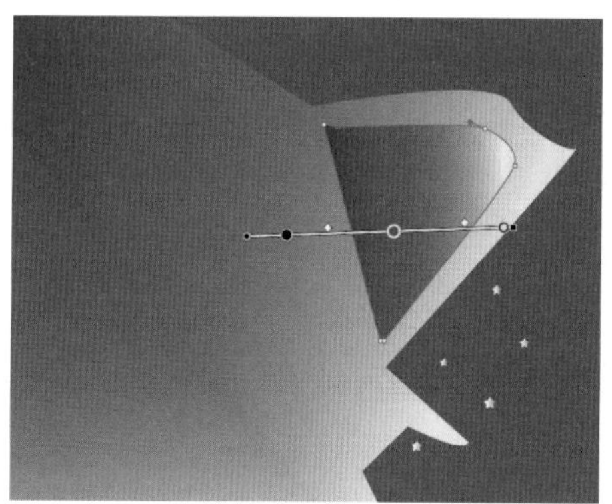

图 20-150

Step35 复制并旋转对象。保持对象的选中状态。按住【Alt】键移动复制对象到适当的位置，并调整为合适的角度，如图 20-151 所示。

图 20-151

Step36 绘制半圆。使用【曲率工具】绘制半圆，如图 20-152 所示。

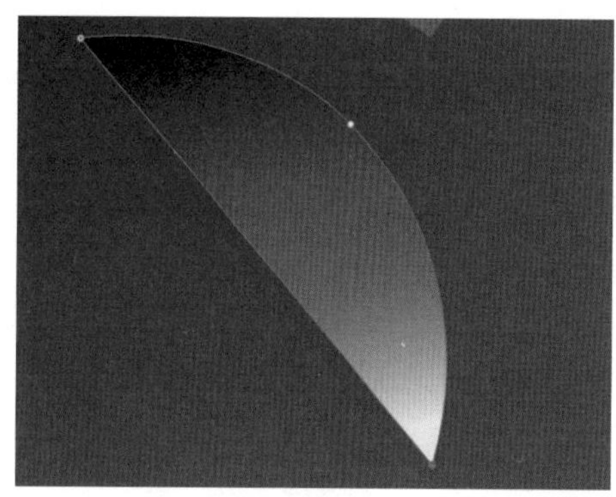

图 20-152

Step37 设置渐变颜色。在【渐变】面板中设置渐变颜色分别为（100,88,0,86）、（39,42,0,0）和（20,43,16,19），如图 20-153 所示。

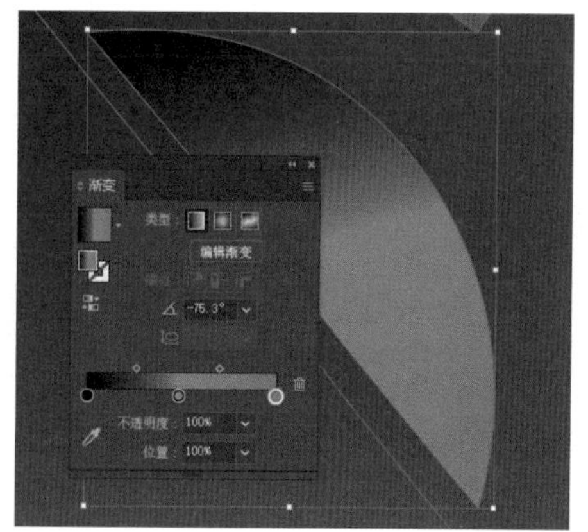

图 20-153

Step38 对称变换并复制对象。右击，在弹出的快捷菜单中选择【变换】→【对称】命令，打开【对称】对话框，设置【角度】为 135°，单击【复制】按钮，如图 20-154 所示。对称变换并复制对象，再移动对象位置，使其对齐，效果如图 20-155 所示。

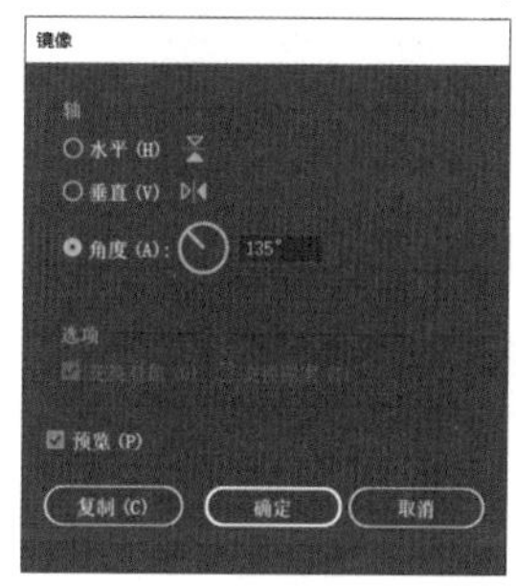

图 20-154

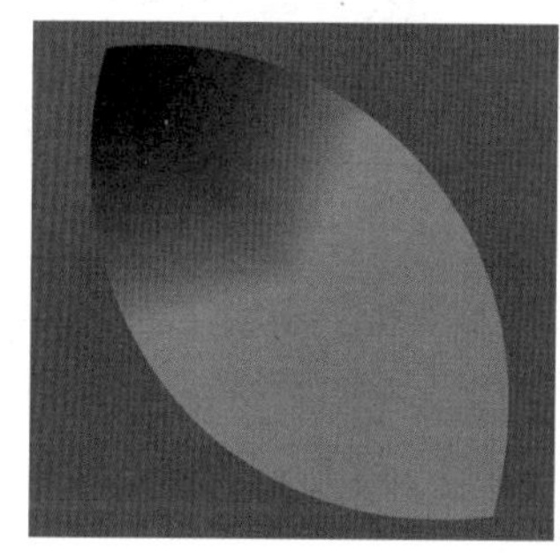

图 20-155

Step39 编组对象并移动到合适的位置。选中2个半圆对象，按【Ctrl+G】快捷键编组对象，将其放在火箭头部合适的位置，如图 20-156 所示。

图 20-156

Step40 绘制装饰元素。使用【圆角矩形工具】绘制细长的对象，并填充火箭轮廓的渐变色，如图 20-157 所示。使用【直接选择工具】拖动两端的锚点，改变对象形状，如图 20-158 所示。

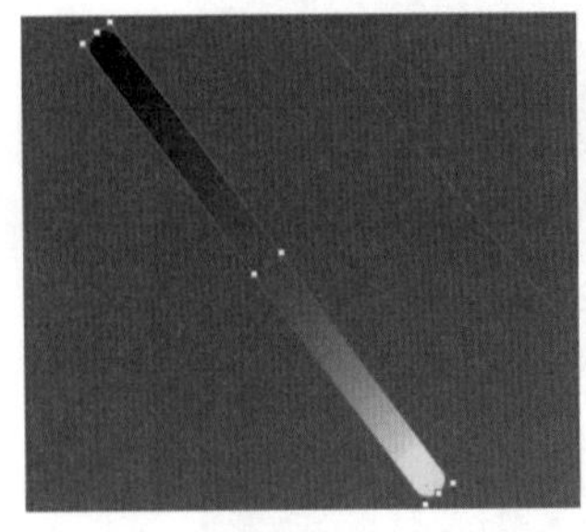

图 20-157

图 20-158

Step41 复制对象。切换到【选择工具】，按【Alt】键移动复制细长的装饰元素，并将其放在适当的位置，如图 20-159 所示。

图 20-159

Step42 复制正圆对象。选择画板外的正圆对象，按【Alt】键移动复制到画板上。然后右击，在弹出的快捷菜单中选择【排列】→【置于顶层】命令，将其置于顶层。再调整其大小，放在火箭头部位置，如图 20-160 所示；复制火箭头部的正圆对象，调整大小，将其放在火箭尾部，如图 20-161 所示。

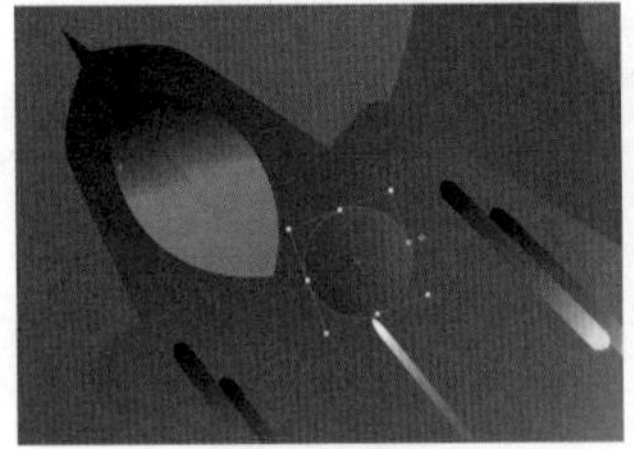

图 20-160

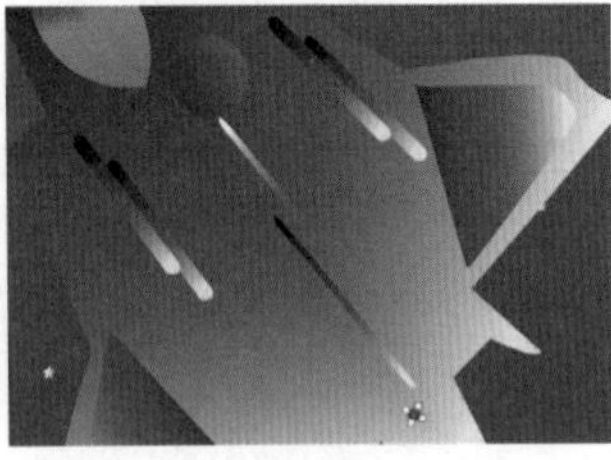

图 20-161

Step43 绘制矩形对象。使用【矩形工具】在火箭尾部绘制对象，如图 20-162 所示。

Step44 设置填充颜色。在【渐变】面板中设置填充色为紫色（38,50,0,0）和白色。选择左侧的色标，设置【不透明度】为 0%，如图 20-163 所示。

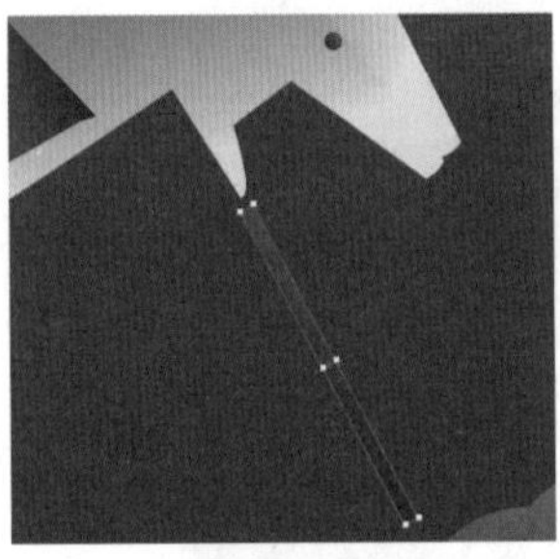

图 20-162

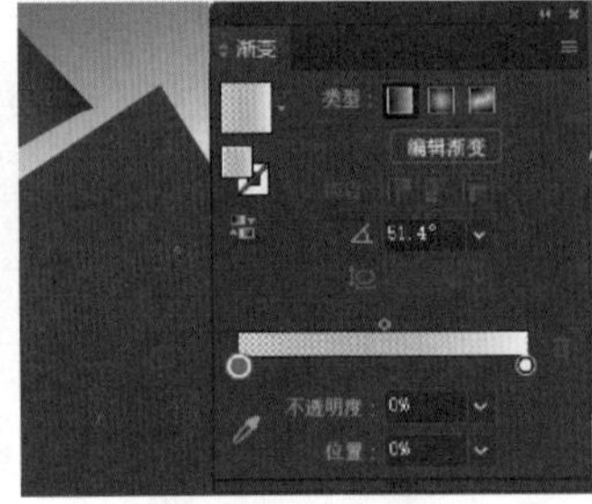

图 20-163

Step45 复制矩形对象。按住【Alt】键移动复制对象 2 次，放在火箭尾部合适的位置，如图 20-164 所示。

Step46 输入文字。使用【文字工具】输入“SPACE”，在【属性】面板中设置字体颜色为白色，大小为 150pt，字体样式为 Arial，如图 20-165 所示。

图 20-164

图 20-165

Step47 调整字符间距。选择文本，按【Alt+→】快捷键调整字符间距，如图 20-166 所示。

Step48 继续输入文字。使用【文字工具】T 输入“DAY”，在【属性】面板中设置字体颜色、字体大小及字体样式，如图 20-167 所示。

图 20-166

图 20-167

Step49 调整文字位置，完成插画绘制。使用【选择工具】▶将文字对象放于画板适当的位置，完成渐变风格太空场景插画的绘制，如图 20-168 所示。

图 20-168

本章小结

本章主要介绍了 Illustrator CC 中插画的绘制。Illustrator CC 作为一款矢量图形制作软件，常应用于插画绘制领域。本章主要介绍了近年来流行的 3 种插画风格及其绘制，分别是扁平风格插画、MBE 风格插画和渐变风格插画的绘制。

第21章 Logo 设计

- 网站 Logo 设计
- 商场 Logo 设计
- 水果店铺 Logo 设计

Logo 是企业经营理念的符号化体现，对建立、提高企业知名度，塑造企业形象，有着非常重要的作用。本章通过列举几个案例介绍 Logo 设计的方法与技巧。

21.1 网站 Logo 设计

本案例设计制作网站 Logo。先绘制熊猫的抽象图案，再绘制竹叶元素并将其抽象化为购物篮，表明 Logo 的寓意，最后添加文字，完成 Logo 的制作。最终效果如图 21-1 所示。

图 21-1

素材文件	无
结果文件	结果文件 \ 第 21 章 \ 网站 logo.ai

Step 01 新建文档。执行【文件】→【新建】命令，在【新建文档】对话框中设置【宽度】为 15 厘米，【高度】为 11 厘米，设置方向为横向，【颜色模式】为 CMYK，【分辨率】为 300ppi，单击【创建】按钮来新建文档，如图 21-2 所示。

Step 02 绘制左耳。使用【曲率工具】绘制半圆，设置填充为黑色，如图 21-3 所示。

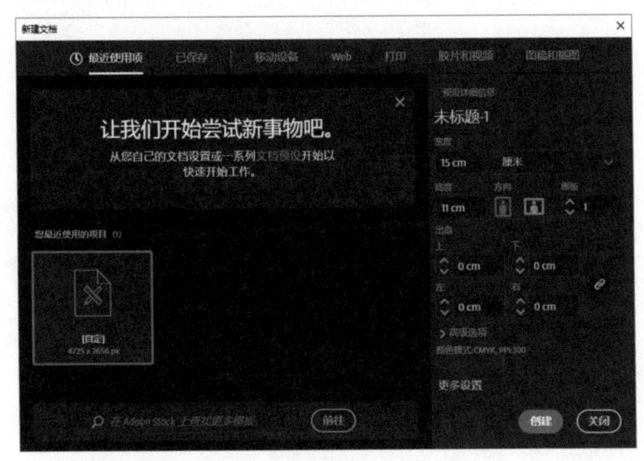

图 21-2

图 21-3

Step 03 绘制右耳。保持对象的选中状态，选择【选择工具】，按住【Alt】键拖动鼠标到右侧，完成右耳的绘制，如图 21-4 所示。

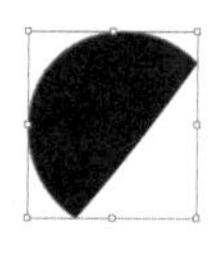

图 21-4

Step 04 镜像变换右耳。选择右耳对象并右击，在弹出的快捷菜单中选择【变换】→【对称】命令，打开【镜像】对话框，选中【垂直】单选按钮，单击【确定】按钮，垂直翻转对象，如图 21-5 所示。

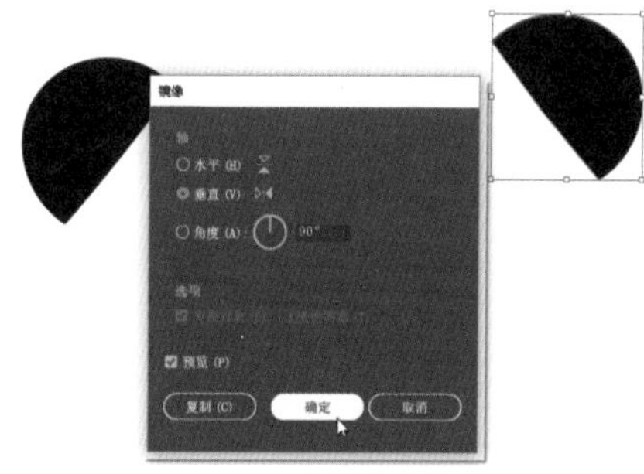

图 21-5

Step 05 绘制左眼。设置填充色为黑色，使用【椭圆工具】绘制椭圆，适当旋转椭圆角度，如图 21-6 所示。选择【椭圆工具】，按住【Shift】键绘制正圆，填充为白色，并调整其位置，完成左眼的绘制，如图 21-7 所示。

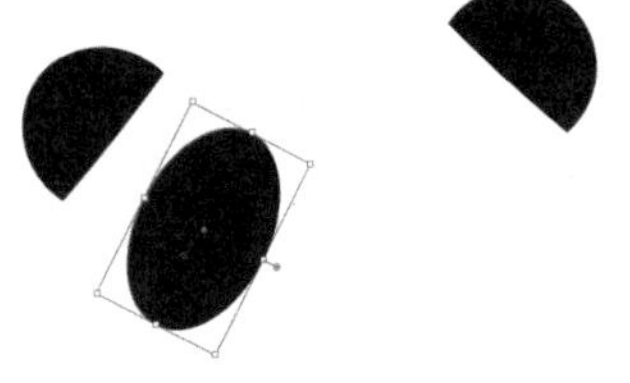

图 21-6

图 21-7

Step 06 绘制右眼。选择白色正圆和黑色椭圆对象，按【Ctrl+G】快捷键编组对象。切换到【选择工具】，按住【Alt】键拖动鼠标到右侧，如图 21-8 所示。

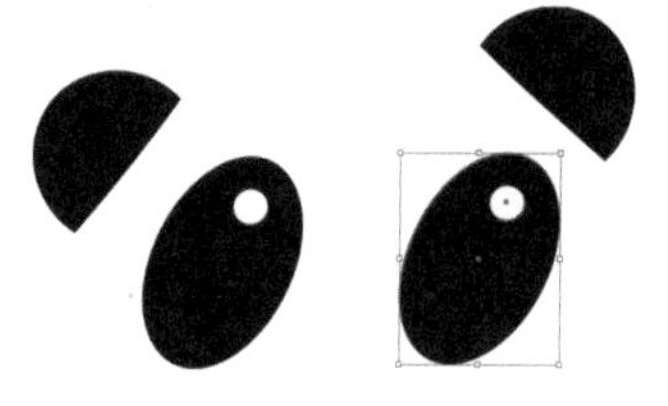

图 21-8

Step 07 镜像变换对象。选择右眼并右击，在弹出的快捷菜单中选择【变换】→【对称】命令，打开【镜像】对话框，选中【垂直】单选按钮，单击【确定】按钮，垂直翻转对象，效果如图 21-9 所示。

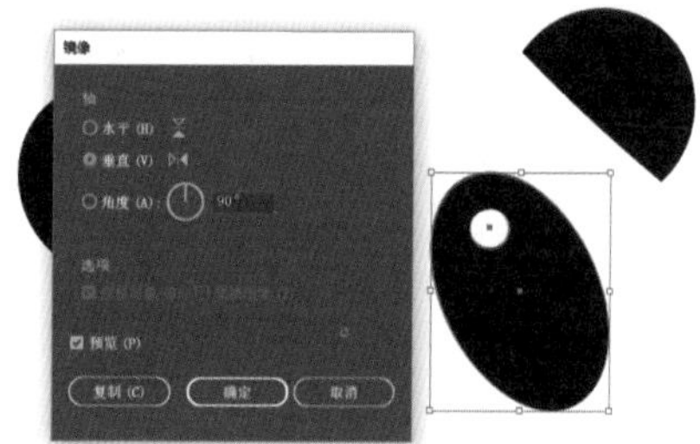

图 21-9

Step 08 调整各对象的位置。使用【选择工具】适当调整各对象的位置及旋转角度，如图 21-10 所示。

图 21-10

Step 09 绘制身体。使用【钢笔工具】绘制竹叶形闭合路径，设置填充色为黑色，如图 21-11 所示。

图 21-11

Step 10 绘制绿色椭圆。使用【椭圆工具】绘制椭圆，设置填充色为深绿色，如图 21-12 所示。

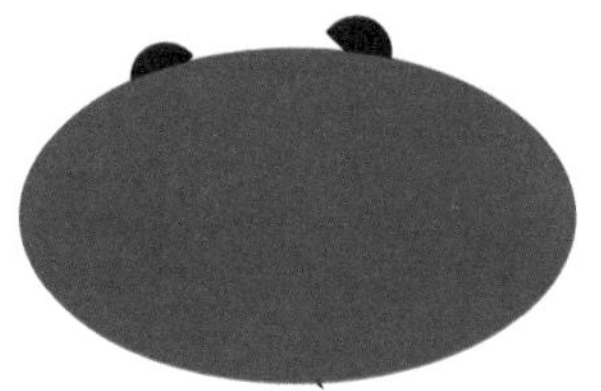

图 21-12

Step 11 复制椭圆。切换到【选择工具】，按住【Alt】键向上拖动鼠标，复制椭圆。设置填充色为白色，调整椭圆形状，如图 21-13 所示。

图 21-13

Step 12 合并形状。选择绿色和白色椭圆，执行【窗口】→【路径查找器】

命令，打开【路径查找器】面板，单击【减去顶层】按钮，如图 21-14 所示。

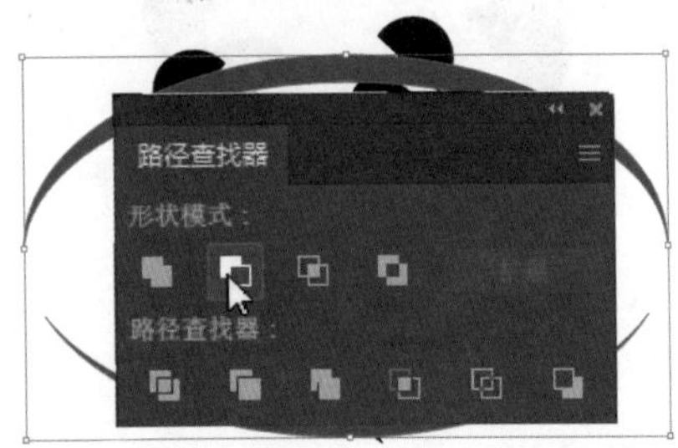

图 21-14

Step13 删除多余对象。右击，在弹出的快捷菜单中选择【取消编组】命令，取消编组。选择上方的绿色对象，按【Delete】键将其删除，如图 21-15 所示。

图 21-15

Step14 输入字母。使用【文字工具】T输入“PANDA SHOPPING”。在【属性】面板中设置【字体】为 Franklin Gothic Medium，字体大小为 19pt，如图 21-16 所示。

图 21-16

Step15 输入文字。使用【文字工具】T输入“熊猫易购”。在【属性】面板中设置【字体】为锐字逼格青春粗黑简体，字体大小为 72pt，更改“易购”文字的颜色为橙色，如图 21-17 所示。

图 21-17

Step16 调整排列顺序，完成制作。选择绿色对象并右击，在弹出的快捷菜单中选择【排列】→【置于底层】命令，完成网站 logo 制作，如图 21-18 所示。

图 21-18

21.2 商场 Logo 设计

本案例设计制作商场 Logo。先绘制抽象化的鸟图案，并利用鸟嘴引导视觉流向；再创建文字背景，然后添加文字，点明 Logo 的意义。添加文字时，将其分别摆放在背景的不同位置，避免形式的单调。最终效果如图 21-19 所示。

图 21-19

素材文件	无
结果文件	结果文件 \ 第 21 章 \ 商场 logo.ai

Step01 新建文档。执行【文件】→【新建】命令，打开【新建文档】对话框，设置【宽度】为6厘米，【高度】为4厘米，【颜色模式】为CMYK，【分辨率】为300ppi，设置方向为横向，如图21-20所示。单击【创建】按钮，新建文档。

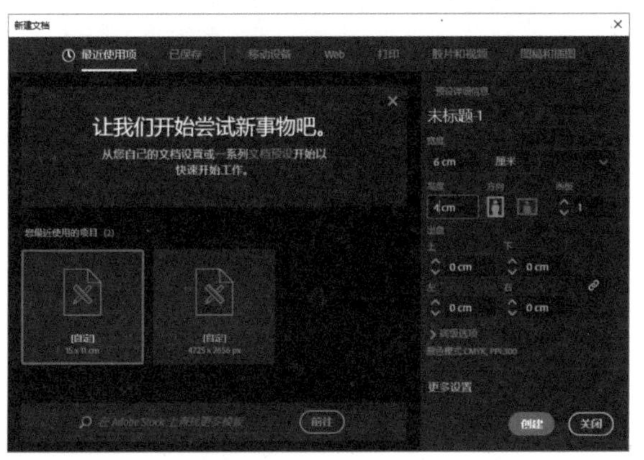

图21-20

Step02 绘制路径。使用【钢笔工具】绘制路径，在【属性】面板中设置填充色为绿色（#0b8c43），如图21-21所示。

Step03 绘制眼睛。使用【椭圆工具】绘制椭圆，设置填充色为黑色，将其放在绿色对象下方，如图21-22所示。

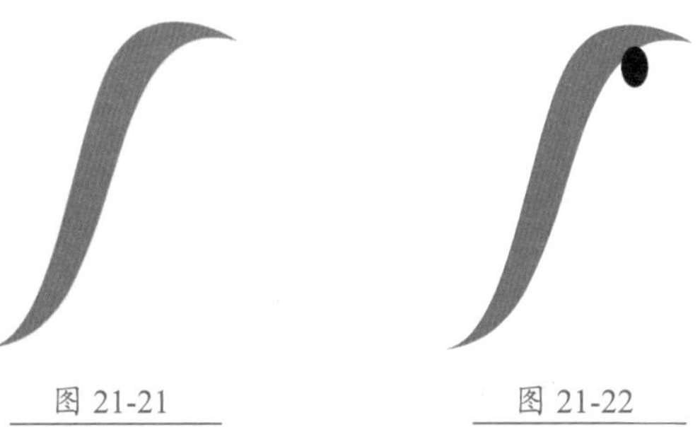

图21-21　图21-22

Step04 绘制眼白。使用【椭圆工具】在黑色椭圆对象上方绘制白色椭圆对象，如图21-23所示，完成眼睛的绘制。

Step05 绘制路径。使用【钢笔工具】绘制闭合路径，设置填充色为紫色（#8a2685），如图21-24所示。

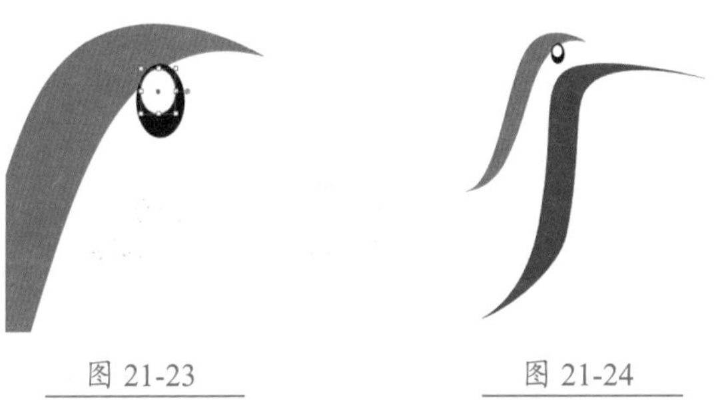

图21-23　图21-24

Step06 绘制路径。使用【钢笔工具】在左侧绘制闭合路径并填充深绿色（#006536），如图21-25所示。

Step07 绘制路径。使用【钢笔工具】绘制闭合路径，在【属性】面板中设置填充色为浅绿色（#d0d72f），并适当降低不透明度，如图21-26所示。

图21-25　图21-26

Step08 绘制路径。使用【钢笔工具】在浅绿色对象和紫色对象之前绘制闭合路径并填充绿色（#0b8c43），如图21-27所示。

Step09 调整排列顺序。选择上方的绿色对象并右击，在弹出的快捷菜单中选择【排列】→【置于底层】命令，将其置于底层，如图21-28所示。

图21-27　图21-28

Step10 绘制路径。使用【钢笔工具】在下方绘制闭合路径，并填充深绿色（#d0d72f），如图21-29所示。继续使用【钢笔工具】在左侧绘制两个闭合路径，设置填充色为浅绿色（#d0d72f），并适当降低不透明度，完成小鸟图像的绘制，如图21-30所示。

图21-29　图21-30

Step11 绘制圆角矩形。使用【圆角矩形工具】绘制圆角矩形对象，设置填充色为粉红色（#df9087），如图21-31所示。

图 21-31

Step 12 复制对象。切换到【选择工具】，按住【Alt】键向右侧拖动鼠标，复制两个圆角矩形对象，如图 21-32 所示。

图 21-32

Step 13 修改填充颜色。选择复制的圆角矩形对象，打开【拾色器】对话框，分别设置填充颜色为黄色（#e7a95f）和绿色（#6dba54），效果如图 21-33 所示。

图 21-33

Step 14 输入文字。使用【文字工具】在色块对象上分别输入文字“丰”和“巢”。设置【字体】为黑体，字体大小分别为 37pt 和 20pt，如图 21-34 所示。

Step 15 垂直缩放文字。选中“丰”字，执行【窗口】→【文字】→【字符】命令，打开【字符】面板，设置【垂直缩放】为 80%，使用相同的方法缩放“巢”字，效果如图 21-35 所示。

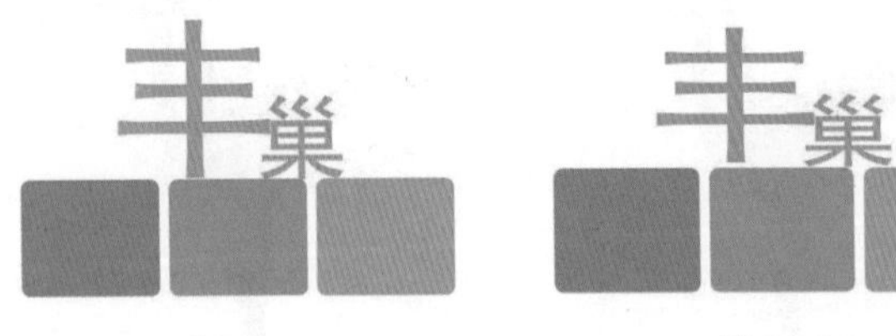

图 21-34　　图 21-35

Step 16 输入文字。使用【文字工具】在粉红色色块上输入“好”。设置字体颜色为黑色，【字体】为华文细黑，字体大小为 25pt，如图 21-36 所示。在【字符】面板中设置【垂直缩放】为 110%，如图 21-37 所示。

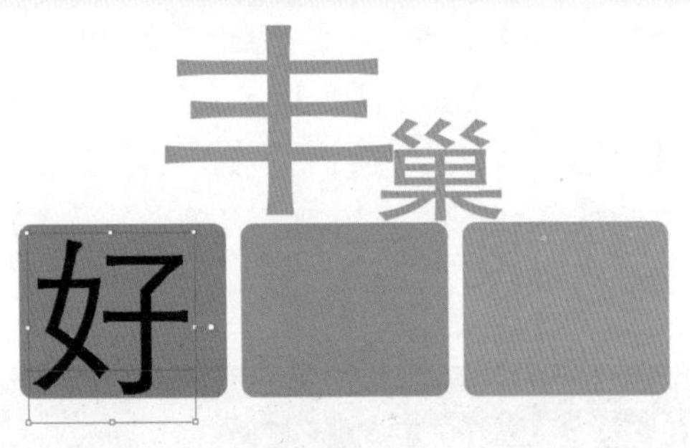

图 21-36

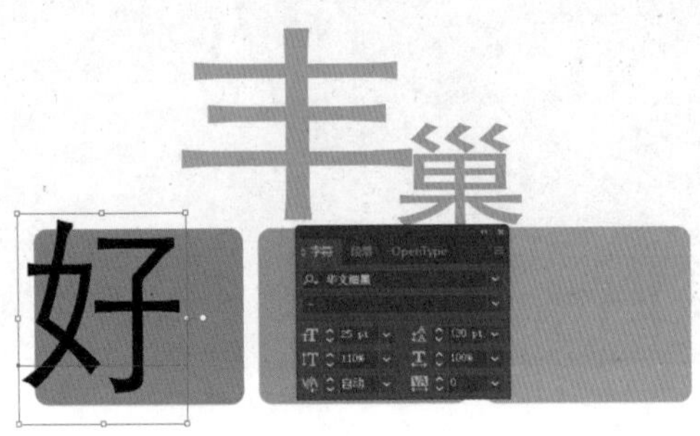

图 21-37

Step 17 创建蒙版。选择“好”和下方的粉红色色块。执行【窗口】→【透明度】命令，打开【透明度】面板，单击【制作蒙版】按钮，取消选中【剪切】复选框，创建蒙版效果，如图 21-38 所示。

图 21-38

Step 18 输入文字。继续输入文字“客”和“来”，并调整好文字位置，如图 21-39 所示。

图 21-39

Step19 创建蒙版。使用相同的方法创建蒙版，如图 21-40 所示。

图 21-40

Step20 输入字母。使用【文字工具】T 输入“VARIETY SHOP”，设置【字体】为 Segoe UI Symbol，字体大小为 10pt，字体颜色为灰色（#9a9a9a），如图 21-41 所示。

图 21-41

Step21 调整字间距。选中字母文字，按【Alt+ →】快捷键增加字距，如图 21-42 所示。

图 21-42

Step22 调整各对象的位置。将之前绘制好的小鸟对象放在文字左侧，完成商场 Logo 的制作，效果如图 21-43 所示。

图 21-43

21.3 水果店铺 Logo 设计

本案例设计制作水果店铺的 Logo。先绘制抽象的水果图案；再绘制樱桃和绿叶，作为装饰元素进行点缀；最后添加文字，完成制作。最终效果如图 21-44 所示。

图 21-44

素材文件	无
结果文件	结果文件 \ 第 21 章 \ 水果店 logo.ai

Step01 新建文档。执行【文件】→【新建】命令，打开【新建文档】对话框，设置【宽度】为 11 厘米，【高度】为 5 厘米，【颜色模式】为 CMYK，【分辨率】为 300ppi，设置方向为横向，如图 21-45 所示。单击【创建】按钮，新建文档。

图 21-45

Step02 绘制背景。使用【矩形工具】绘制一个与画板同等大小的矩形对象，并填充浅绿色（#d5ec80），按【Ctrl+2】快捷键锁定对象，如图 21-46 所示。

图 21-46

Step03 绘制正圆对象。选择【椭圆工具】，按住【Shift】键绘制正圆对象，如图 21-47 所示。

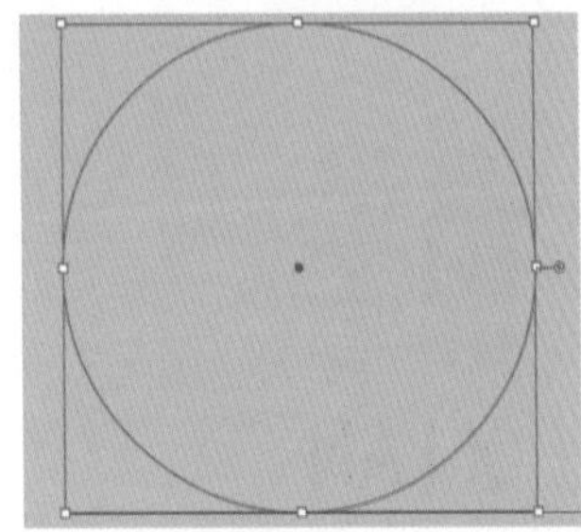

图 21-47

Step04 填充渐变色。单击工具栏底部的【渐变】按钮，打开【渐变】面板，单击【任意形状渐变】按钮，如图 21-48 所示；在正圆对象上单击添加两个颜色设置点，双击左上角的颜色设置点，在打开的面板中设置颜色为浅橙色（#ffc709），如图 21-49 所示；其余颜色设置点均设置为橙色（#f89a1c），调整各颜色设置点的位置，达到最好的渐变效果，如图 21-50 所示。

图 21-48

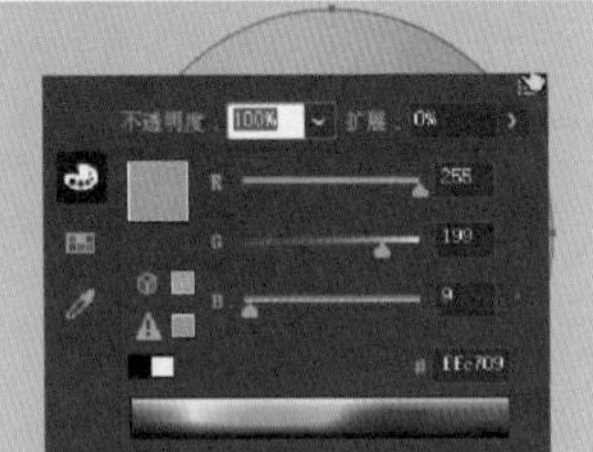

图 21-49

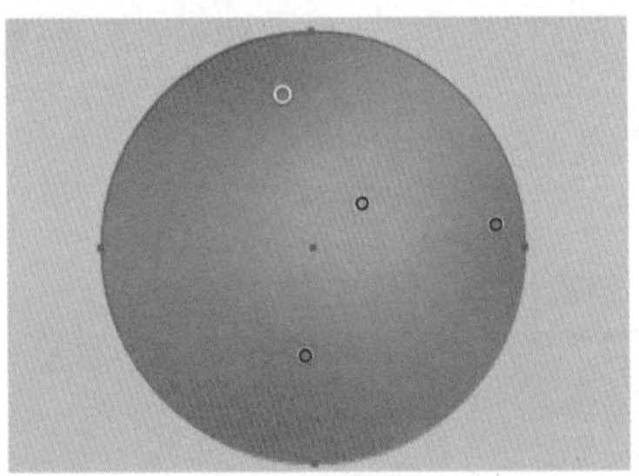

图 21-50

Step05 删除图像。使用【钢笔工具】在正圆对象上绘制路径并填充任意颜色，如图 21-51 所示；使用【选择工具】框选所有对象。执行【窗口】→【路径查找器】命令，打开【路径查找器】面板，单击【减去顶层】按钮，删除顶层的图像，如图 21-52 所示。

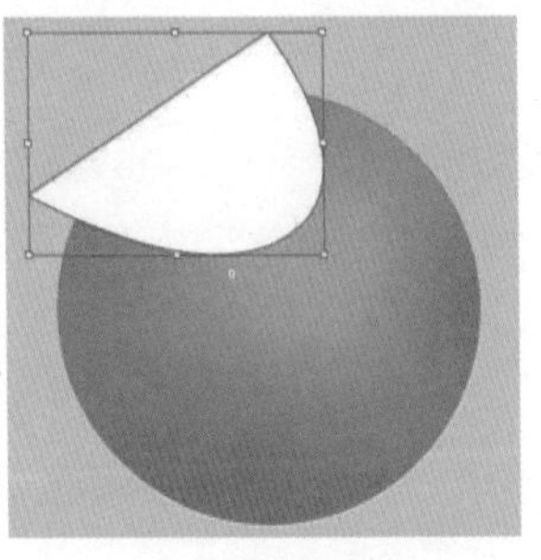

图 21-51

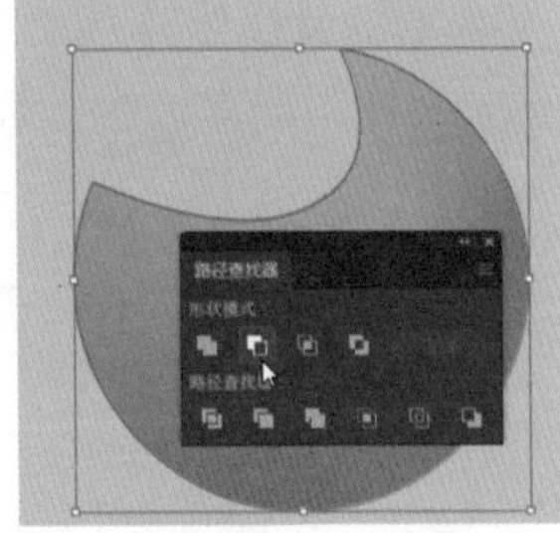

图 21-52

Step06 绘制高光。使用【椭圆工具】绘制两个椭圆对象并填充白色，将其放在右侧合适的位置，如图 21-53 所示。

Step07 绘制叶梗。使用【钢笔工具】绘制叶梗，并填充为绿色（#b0cd42），如图 21-54 所示。

图 21-53

图 21-54

Step08 绘制樱桃。使用【钢笔工具】绘制闭合路径，单击工具栏底部的【渐变】按钮，打开【渐变】面板，单击【任意形状渐变】按钮，并在对象上单击鼠标添加4个颜色设置点，如图 21-55 所示。双击中间的颜色设置点，在打开的面板中设置为红色（#be1e21），如图 21-56 所示；双击下方的颜色设置点，在打开的面板中设置颜色为红色（#bf4140），如图 21-57 所示；再设置其他颜色设置点为红色（#881d22），并调整各颜色设置点的位置，如图 21-58 所示。

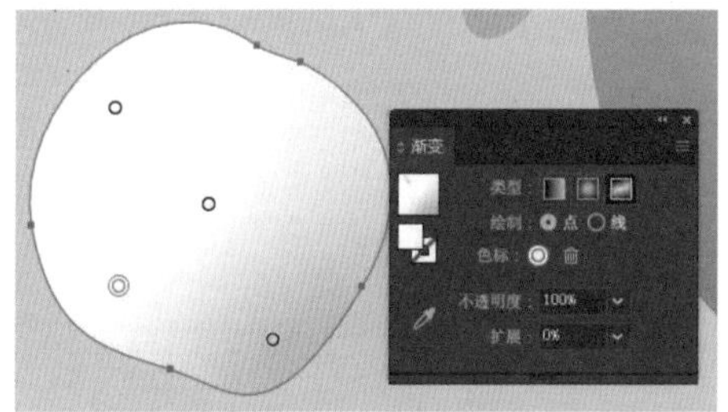

图 21-55

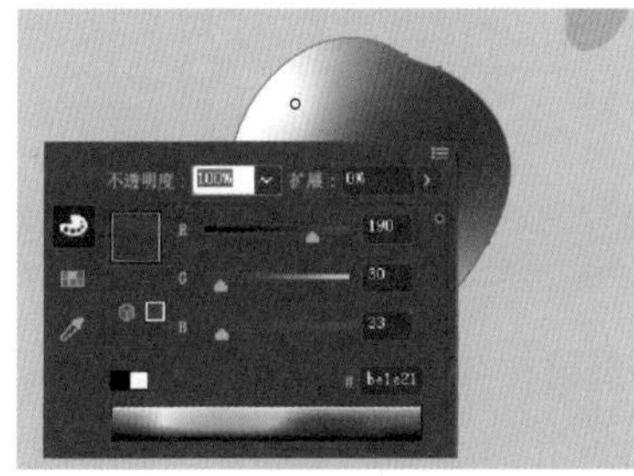

图 21-56

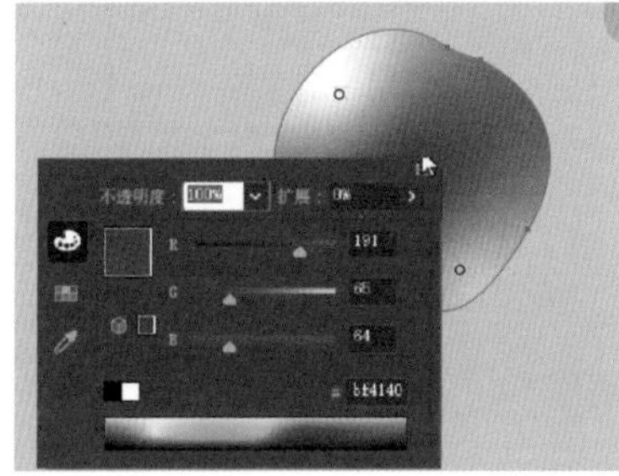

图 21-57

图 21-58

Step09 绘制高光。使用【椭圆工具】绘制椭圆对象，并填充粉红色（#f3cecd），如图 21-59 所示。

Step10 绘制叶梗。使用【钢笔工具】绘制闭合路径，并设置填充颜色为黄绿色（#bda12e），如图 21-60 所示。

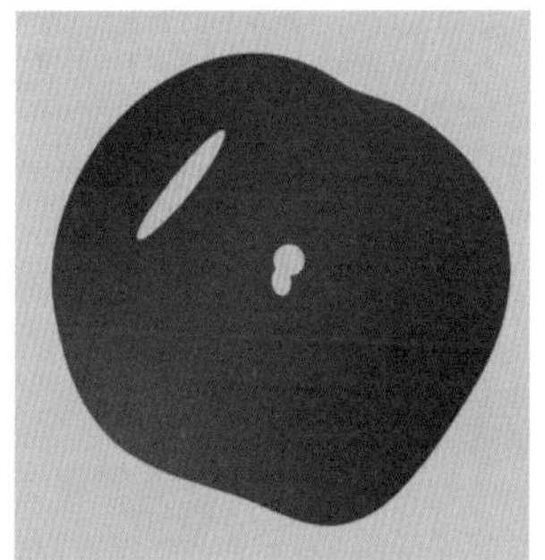

图 21-59

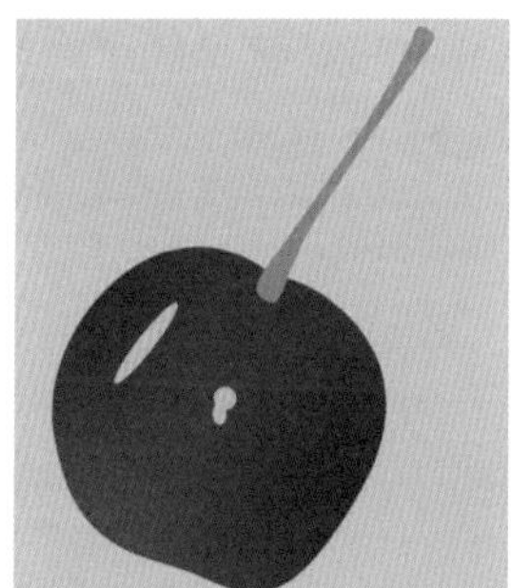

图 21-60

Step11 绘制路径并填充颜色。使用【钢笔工具】在叶梗上方绘制路径，并设置填充颜色为褐色（#c67a3a），如图 21-61 所示。

Step12 绘制阴影。使用【钢笔工具】在叶梗上绘制阴影，填充色为深褐色（#a85c24），如图 21-62 所示。

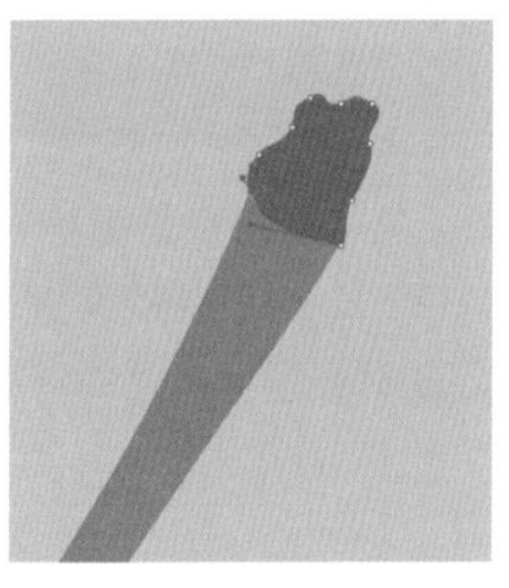

图 21-61

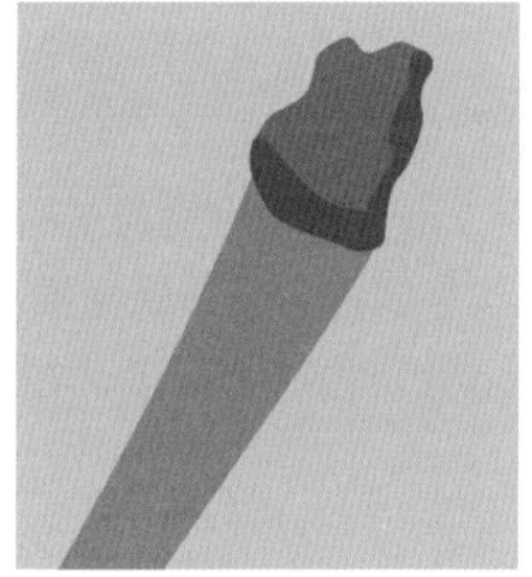

图 21-62

Step13 移动并复制对象。选择组成樱桃的所有对象，按【Ctrl+G】快捷键编组对象。按【Alt】键移动复制对象至右侧，并调整对象位置和角度，如图 21-63 所示。

Step14 绘制叶子。使用【钢笔工具】绘制叶子，设置填充色为绿色（#1e8840），如图 21-64 所示。

图 21-63

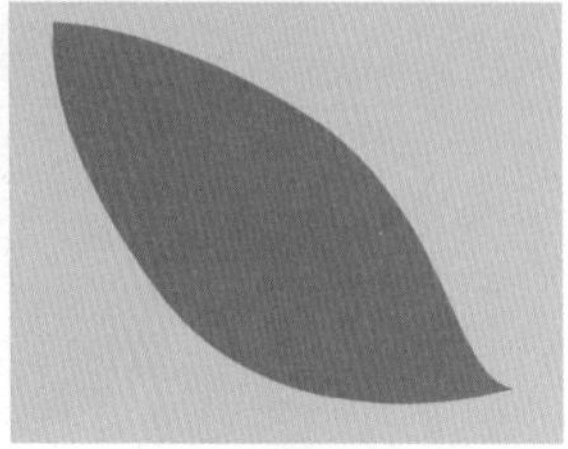

图 21-64

Step15 绘制叶梗。使用【钢笔工具】绘制叶梗，设置描边颜色为深绿色（#0b602d），描边粗细为 0.2pt。使用【直线段工具】继续绘制叶梗，完成叶子的绘制，如图 21-65 所示。

Step16 调整对象位置。选择组成叶子的所有元素，按【Ctrl+G】快捷键编组对象。将对象移动到合适的位置，如图 21-66 所示。

图 21-65

图 21-66

Step17 输入文字。使用【文字工具】输入“果然鲜”，在【属性】面板中设置【字体】为汉仪橄榄体繁，字体大小为 50pt，分别更改文字颜色为橙色（#faa419）、浅绿色（#9fc832）、深绿色（#187a3c），如图 21-67 所示。

图 21-67

Step18 输入字母。使用【文字工具】输入“GUO RAN XIAN”。在【属性】面板中设置【字体】为黑体，字体大小为 20pt，如图 21-68 所示。

Step19 完成 Logo 制作。调整各对象位置，完成水果店 Logo 制作，最终效果如图 21-69 所示。

图 21-68

图 21-69

本章小结

Logo 设计的精髓是简化图像。其主要特点是简练并能凸显主题，能运用在各种媒体上，颜色要鲜明醒目，并蕴含丰富的内容。本章主要列举了 3 个 Logo 设计的案例，即网站 Logo 设计、商场 Logo 设计和水果店铺 Logo 设计。Logo 设计的种类繁多，在制作 Logo 时要根据企业的特点进行设计。

第22章 商业广告设计

- 创意名片设计
- 苹果汁宣传单页设计
- 茶叶包装设计

本章介绍 Illustrator CC 在商业广告设计中的应用，列举了 3 个相关案例，包括名片设计、宣传单页设计和包装设计。

22.1 创意名片设计

名片设计重在突出人物在社交场合的重要信息。本案例制作创意名片，先使用【钢笔工具】绘制图形，再利用【分别变换】命令复制变换对象，然后添加投影效果，就可以制作出类似剪纸的效果，最后输入关键信息就可以完成制作。最终效果如图 22-1 所示。

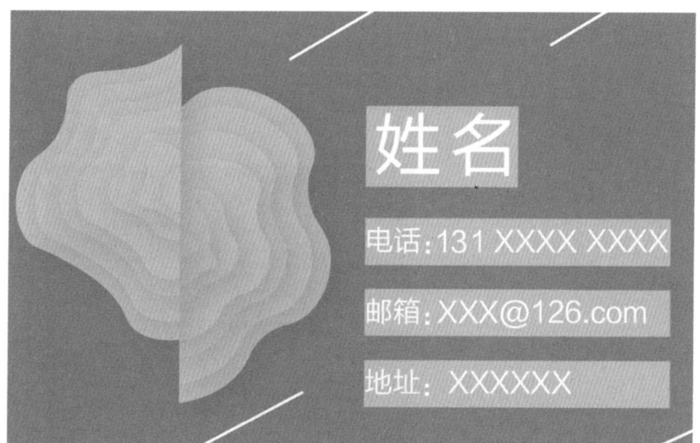

图 22-1

素材文件	无
结果文件	结果文件 \ 第 22 章 \ 名片 .ai

Step01 新建文档。执行【文件】→【新建】命令，在【新建文档】对话框中设置【宽度】为 9 厘米，【高度】为 5.5 厘米，设置方向为横向，【颜色模式】为 CMYK，【分辨率】为 300ppi，单击【创建】按钮来新建文档，如图 22-2 所示。

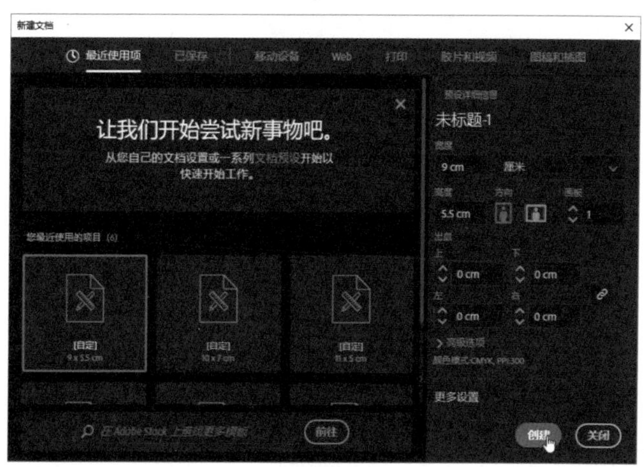

图 22-2

Step02 绘制矩形并填充颜色。使用【矩形工具】绘制一个大于画板的矩形对象，设置填充色为蓝色（#7790be），如图 22-3 所示。按【Ctrl+2】快捷键锁定对象。

图 22-3

Step03 绘制闭合路径。使用【曲率工具】绘制如图 22-4 所示的闭合路径，设置填充色为粉红色（#eacad5）。

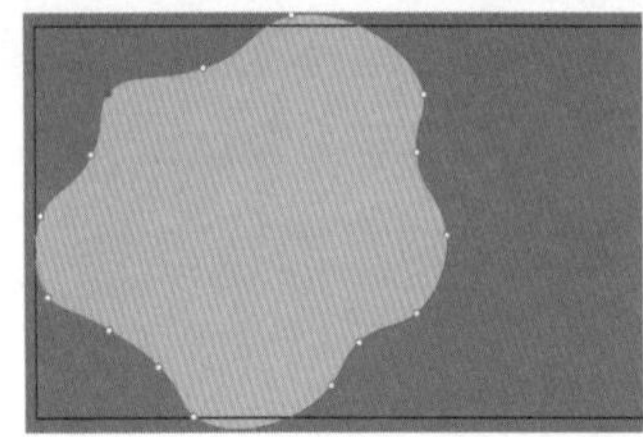

图 22-4

Step04 分别变换对象。执行【对象】→【变换】→【分别变换】命令，打开【分别变换】对话框，如图 22-5 所示，设置【水平】和【垂直】均为 80%，单击【复制】按钮，复制并变换对象，如图 22-6 所示。

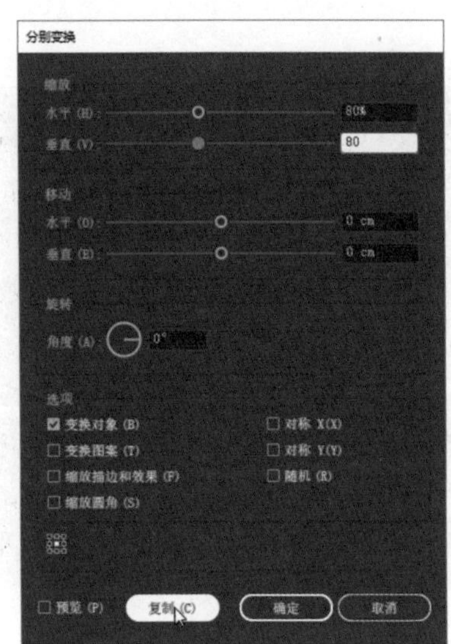

图 22-5

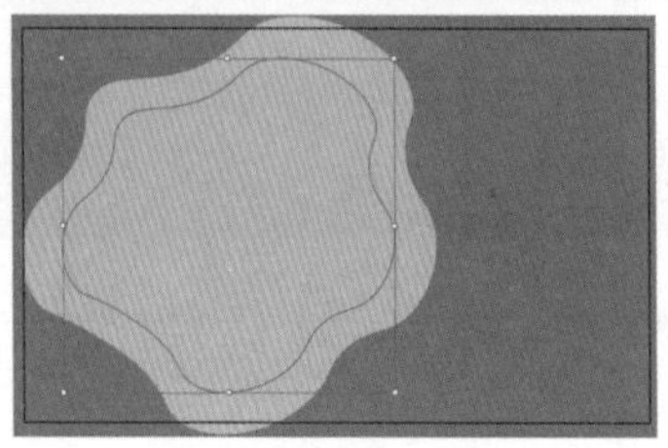

图 22-6

Step05 再次变换对象。按【Ctrl+D】快捷键 5 次，再次变换对象，如图 22-7 所示。

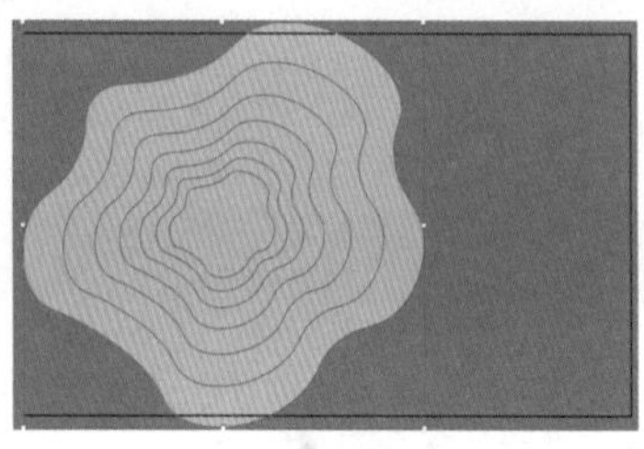

图 22-7

Step06 删除锚点。选择最顶层的对象。选择【删除锚点工具】删除对象多余的锚点，如图 22-8 所示。

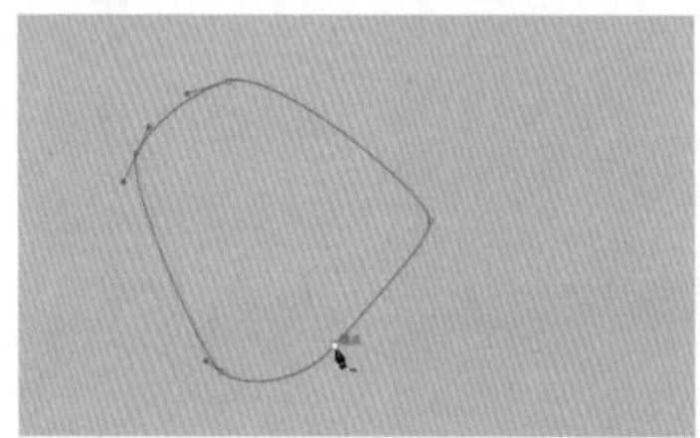

图 22-8

Step07 调整对象的形状。使用【曲率工具】拖动锚点，调整对象形状，如图 22-9 所示。

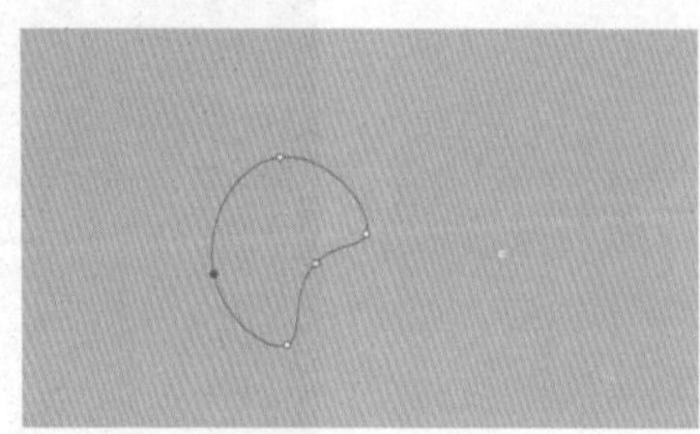

图 22-9

Step08 调整其他对象形状。使用相同的方法调整其他对象的形状并调整对象的大小。调整对象形状时可以先为对象添加描边效果，这样方便选择对象进行调整。调整完成后再取消描边效果即可，效果如图 22-10 所示。

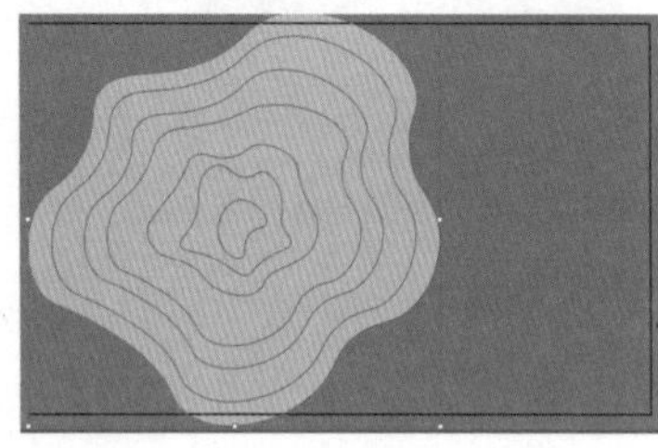

图 22-10

Step09 添加投影效果。选择所有的对象。执行【效果】→【风格化】→【投影】命令，打开【投影】对话框，如图 22-11 所示。设置【模式】为正片叠底，【不透明度】为 25%，【X 位移】为 −0.1cm，【Y 位移】为 0.1cm，【模糊】为 0.15cm，设置投影颜色为灰色（#a09d9e），单击【确定】按钮，添加投影效果，如图 22-12 所示。

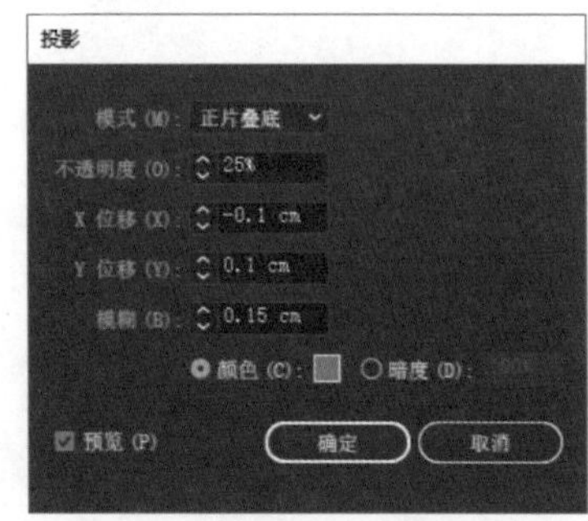

图 22-11

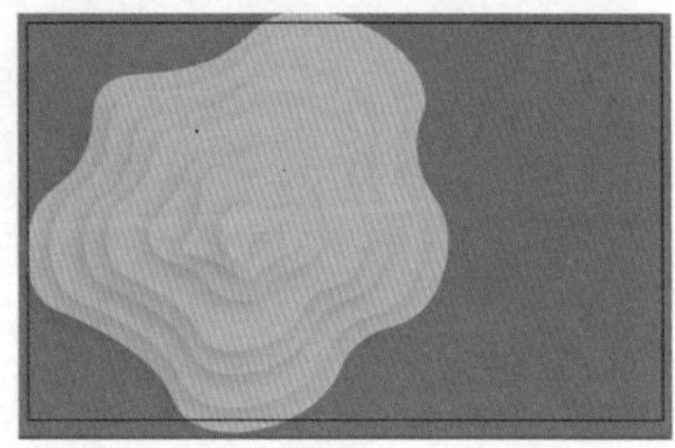

图 22-12

Step10 添加白色描边。选择最外侧的对象，如图 22-13 所示。按【Ctrl+C】快捷键复制对象，按【Ctrl+B】快捷键将其粘贴到下方。适当放大对象。在【属性】面板中设置填充为无，描边为白色，描边粗细为 0.2pt，如图 22-14 所示。

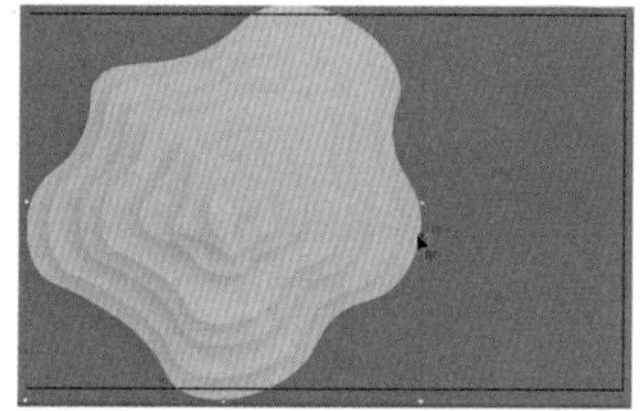
图 22-13

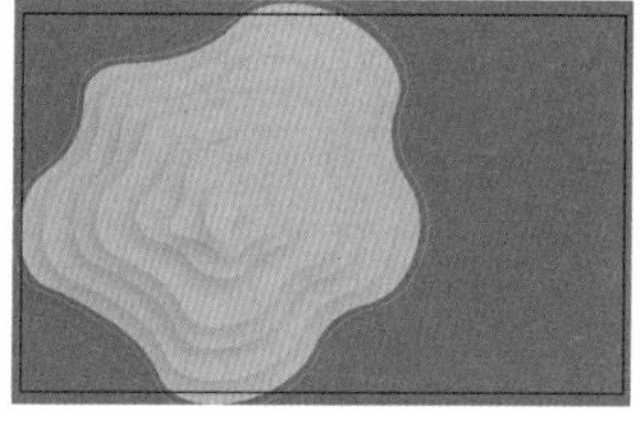
图 22-14

Step 11 编组对象。选择所有的对象，按【Ctrl+G】快捷键编组对象。调整编组对象的大小和位置，如图 22-15 所示。

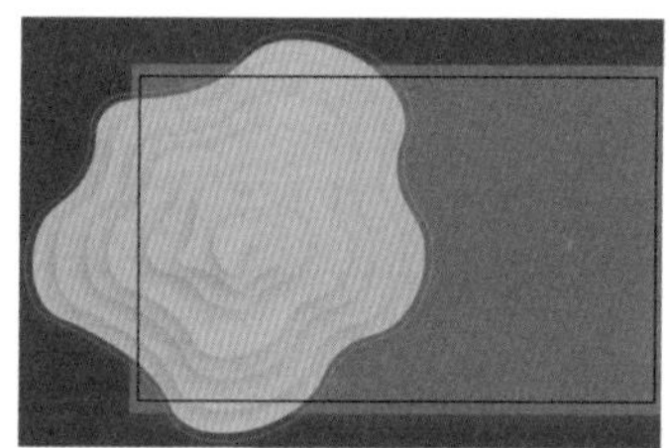
图 22-15

Step 12 继续绘制闭合路径对象。使用前面的方法继续绘制类似的闭合路径对象，将其编组后放在右下角，如图 22-16 所示。

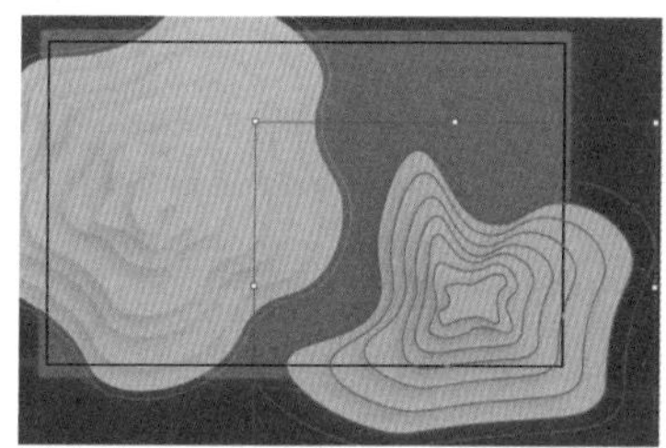
图 22-16

Step 13 继续绘制闭合路径。使用前面的方法继续绘制类似的闭合路径对象，将其编组后放在右上角，如图 22-17 所示。

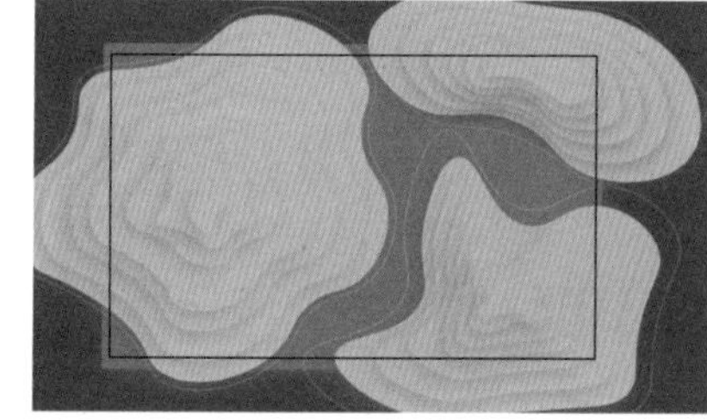
图 22-17

Step 14 创建剪切蒙版。使用【矩形工具】绘制一个比画板大一点的矩形对象并填充任意颜色，如图 22-18 所示。选择所有的对象并右击，在弹出的快捷菜单中选择【建立剪切蒙版】命令，创建剪切蒙版，隐藏超出画面部分的内容，如图 22-19 所示。

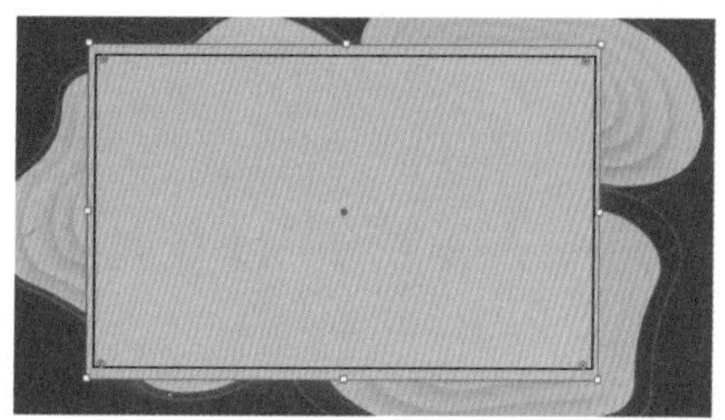
图 22-18

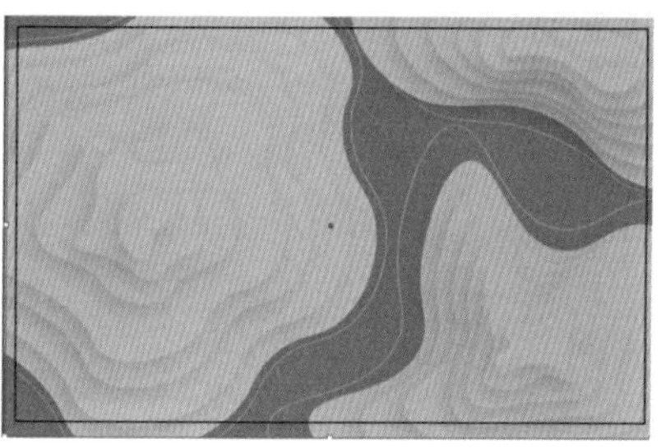
图 22-19

Step 15 输入文字。使用【文字工具】输入公司名称。在【属性】面板中设置【字体】为汉仪凌心体简，大小为 24pt，字体颜色为白色，如图 22-20 所示。

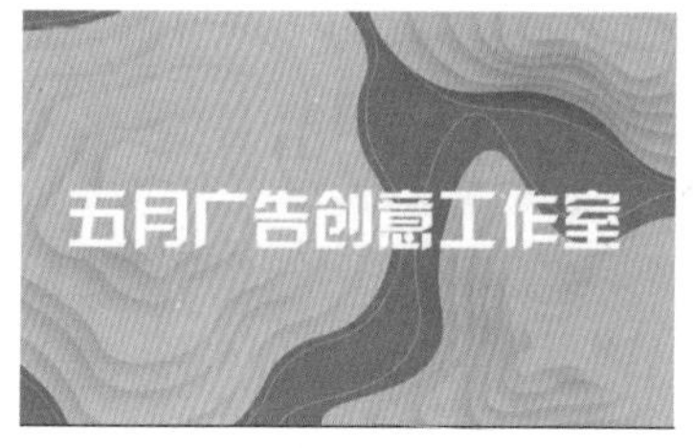

图 22-20

Step 16 复制画板。选择【画板工具】，按住【Alt】键向右侧拖动画板，移动并复制画板，如图 22-21 所示。

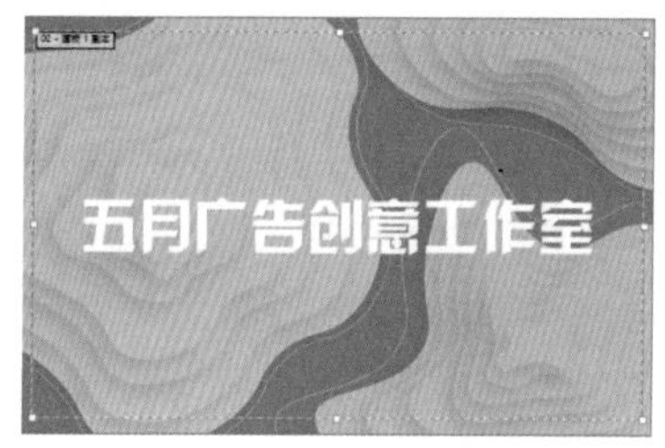

图 22-21

Step 17 删除不必要的元素。使用【选择工具】选择文字及其他不必要的对象，按【Delete】键将其删除，如图 22-22 所示。

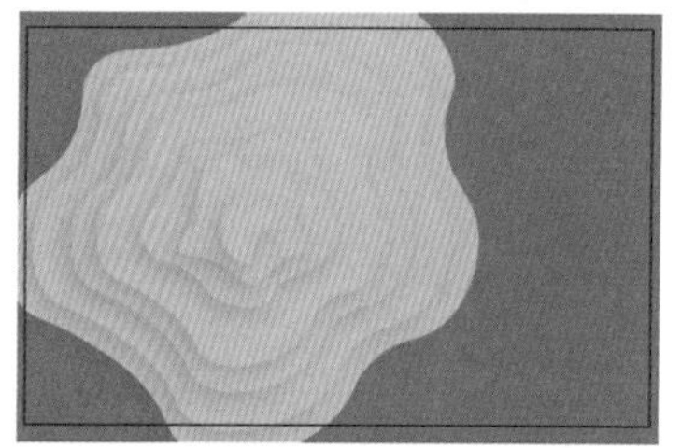
图 22-22

Step 18 绘制直线段。适当缩小粉红色编组对象。使用【直线段工具】在粉红色编组对象上绘制白色直线段，如图 22-23 所示。

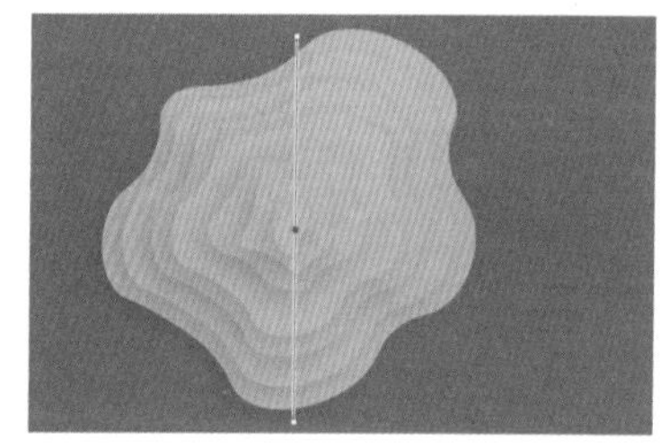
图 22-23

Step19 分割对象。选择直线段和编组对象。执行【窗口】→【路径查找器】命令，打开【路径查找器】面板，单击【分割】按钮分割对象，如图 22-24 所示。

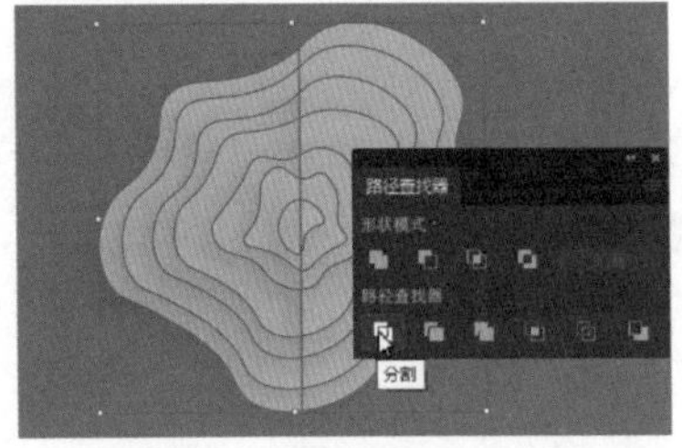
图 22-24

Step20 取消编组。右击，在弹出的快捷菜单中选择【取消编组】命令，取消编组，如图 22-25 所示。

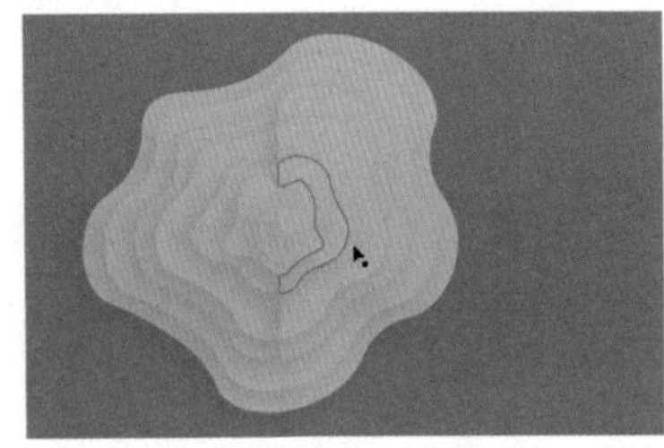
图 22-25

Step21 移动对象位置。分别选择左侧和右侧的对象并调整位置，如图 22-26 所示。

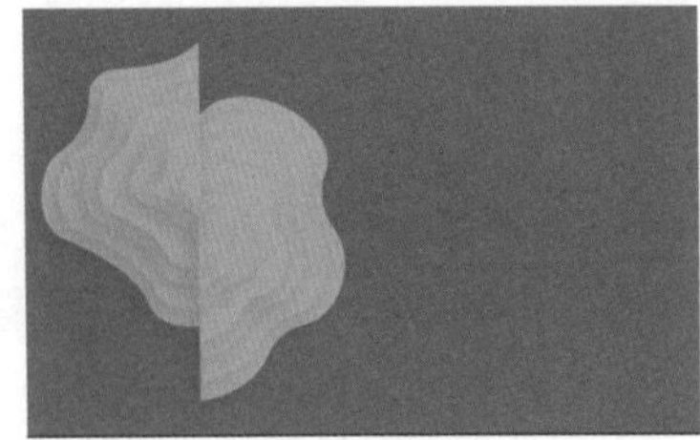
图 22-26

Step22 修改投影参数。选择左侧的对象，单击【属性】面板中的【投影】按钮，打开【投影】对话框，如图 22-27 所示，设置【模式】为正片叠底，【不透明度】为 25%，【X 位移】和【Y 位移】均为 0.1cm，投影颜色为灰色，修改投影效果。使用相同的方法，选择右侧的对象并修改投影效果，投影参数一样。效果如图 22-28 所示。

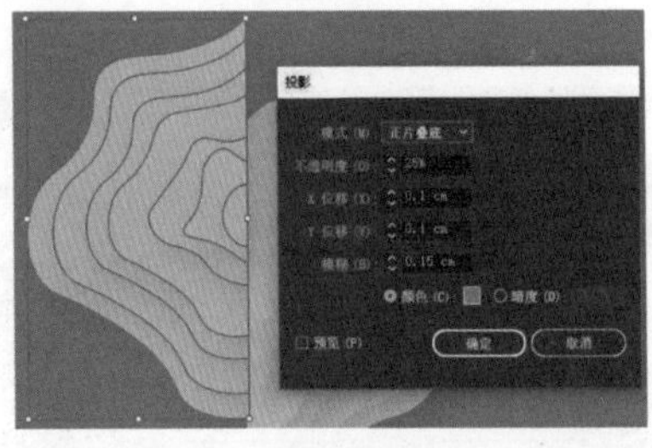
图 22-27

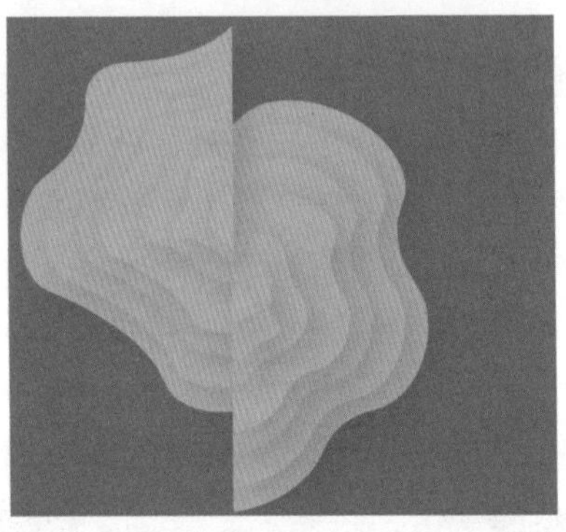
图 22-28

Step23 编组对象。分别选择左侧和右侧的对象，按【Ctrl+G】快捷键编组对象，如图 22-29 所示。

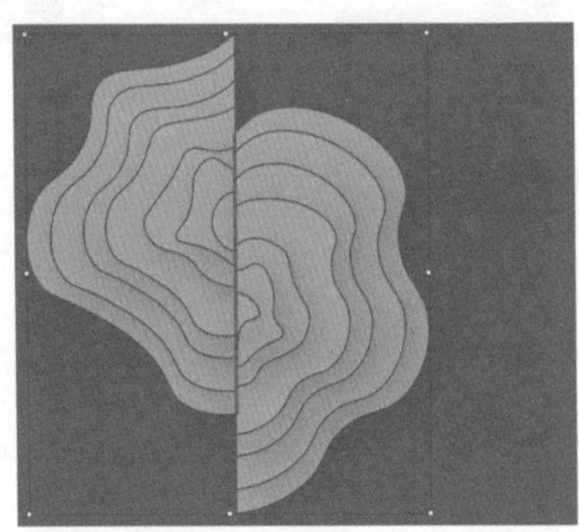
图 22-29

Step24 调整对象排列顺序。选择左侧的对象，如图 22-30 所示。右击，在弹出的快捷菜单中选择【排列】→【置于顶层】命令，调整排列顺序，如图 22-31 所示。

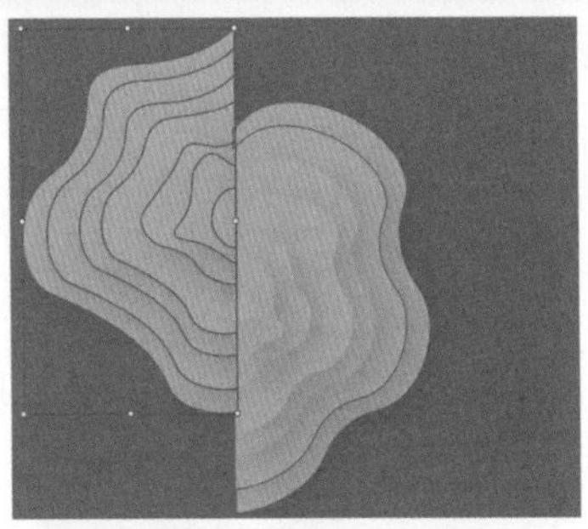
图 22-30

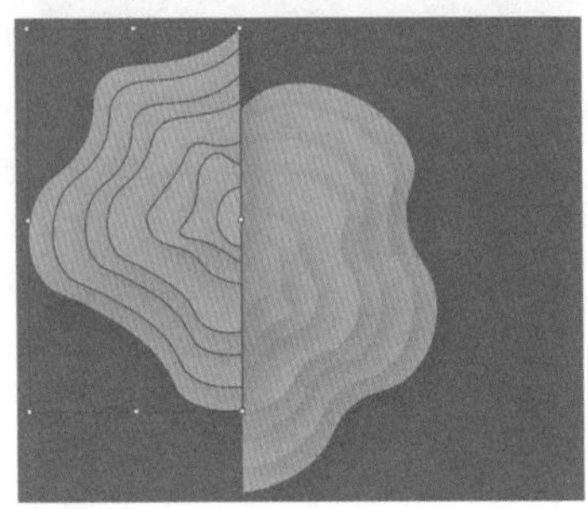
图 22-31

Step25 绘制矩形对象。使用【矩形工具】在画板右侧绘制矩形对象并填充粉红色，如图 22-32 所示。

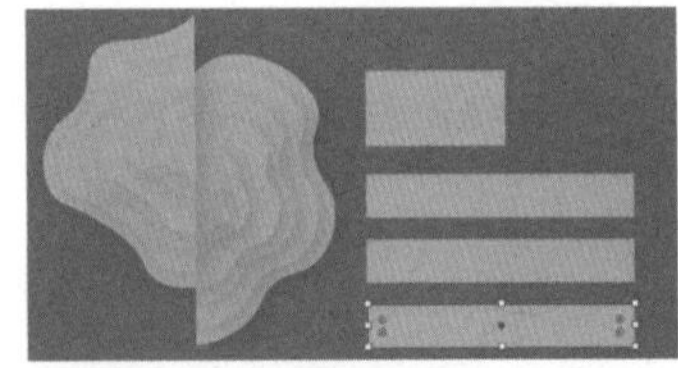
图 22-32

Step26 输入文字。使用【文字工具】在上一步绘制的矩形对象中输入姓名、电话、邮箱、地址等信息，如图 22-33 所示。

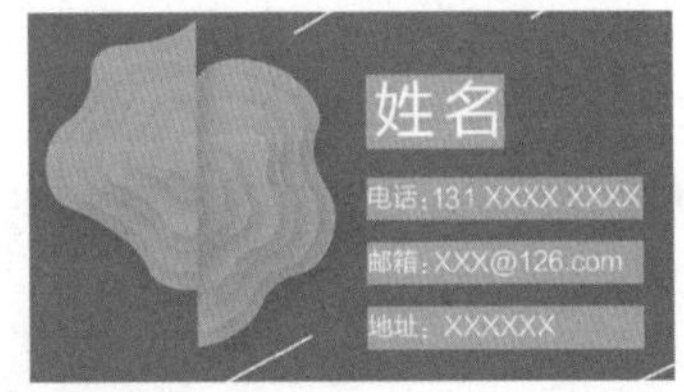

图 22-33

Step27 绘制装饰元素，完成名片制作。使用【直线段工具】绘制白色线段，并将其放在合适的位置，完成名片的制作。正面和背面效果分别如图 22-34 和图 22-35 所示。

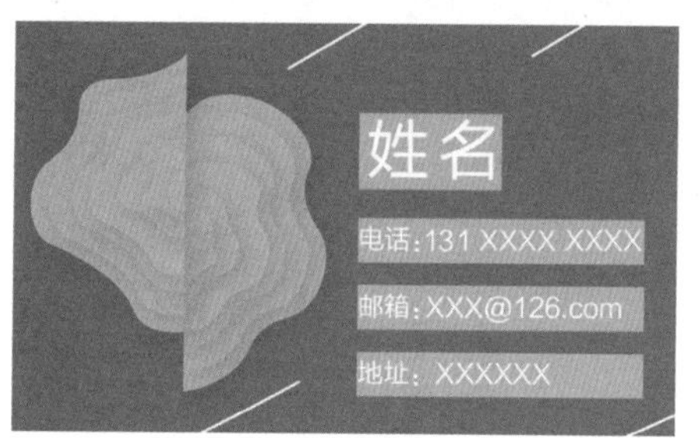

图 22-34

图 22-35

22.2 苹果汁宣传单页设计

宣传单能有效地提升企业形象，更好地展示企业产品和服务。本案例制作苹果汁宣传单页，先绘制背景，再添加叶子素材和苹果素材，然后输入文字信息，最后绘制装饰元素。最终效果如图 22-36 所示。

图 22-36

素材文件	素材文件 \ 第 22 章 \ 苹果 .png、植物素材 .ai
结果文件	结果文件 \ 第 22 章 \ 苹果汁宣传单页 .ai

Step01 新建文档。执行【文件】→【新建】命令，打开【新建文档】对话框，设置【宽度】为 20 厘米，【高度】为 28 厘米，【颜色模式】为 CMYK，【分辨率】为 300ppi，如图 22-37 所示。单击【创建】按钮，新建文档。

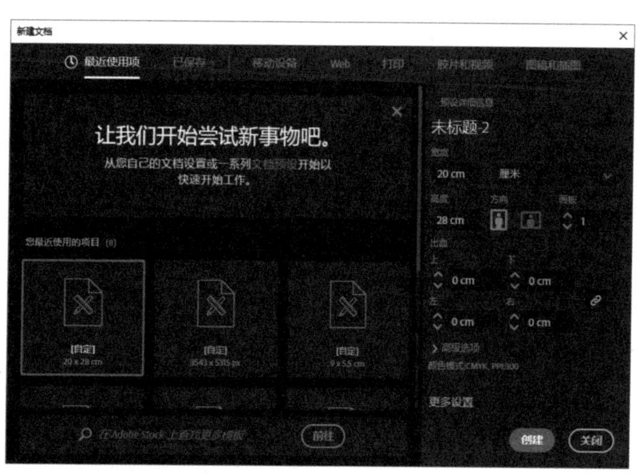

图 22-37

Step02 绘制路径。使用【钢笔工具】绘制路径，设置填充色为浅绿色（#95cc8b），如图 22-38 所示。

Step03 绘制矩形边框。使用【矩形工具】绘制矩形对象。在【属性】面板中设置填充为无，如图 22-39 所示。

图 22-38

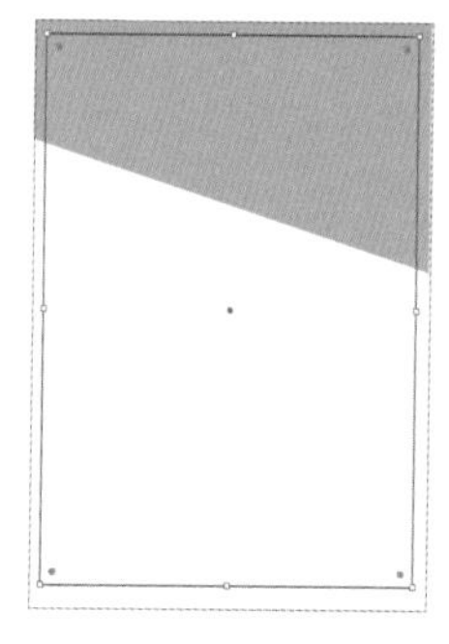

图 22-39

Step04 添加画笔库中的画笔样式到【画笔】面板。执行【窗口】→【画笔】命令，打开【画笔】面板。单击面板左下角的【画笔库菜单】按钮，在弹出的下拉菜单中选择【边框】→【边框_线条】命令，如图 22-40 所示；打开【边框_线条】面板，单击【边框_线条】面板中的【多线 1.3】画笔样式，将其添加到【画笔】面板中，如图 22-41 所示。

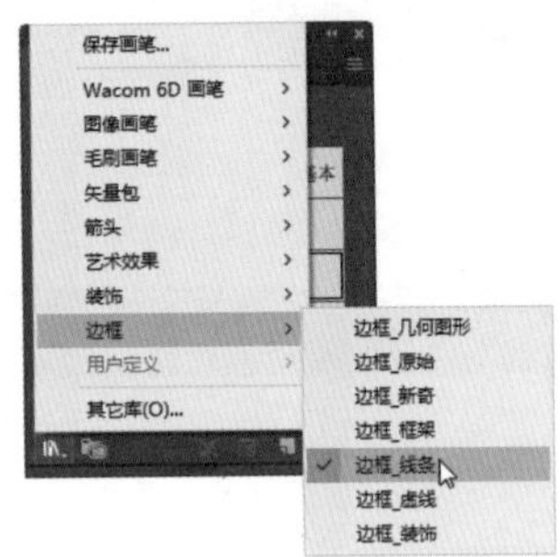

图 22-40

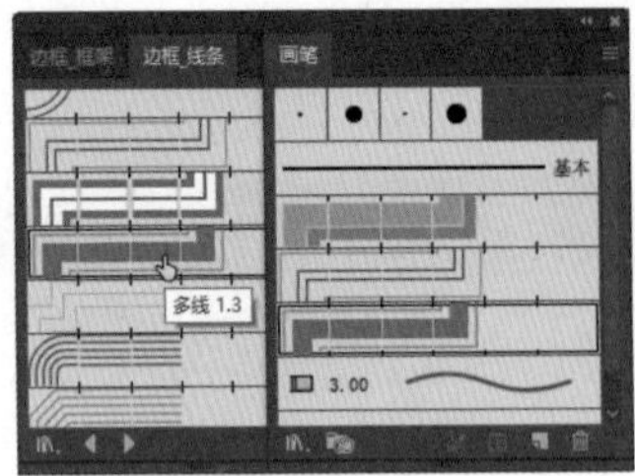

图 22-41

Step05 添加画笔描边效果。选择画板中的矩形边框，单击【画笔】面板中的【多线 1.3】画笔样式，将其应用于所选矩形对象，如图 22-42 所示。

Step06 修改描边粗细。在【属性】面板中设置描边粗细为 2pt，如图 22-43 所示。

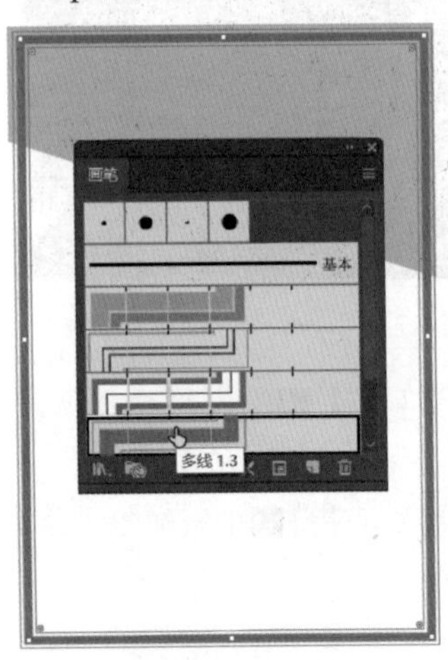

图 22-42

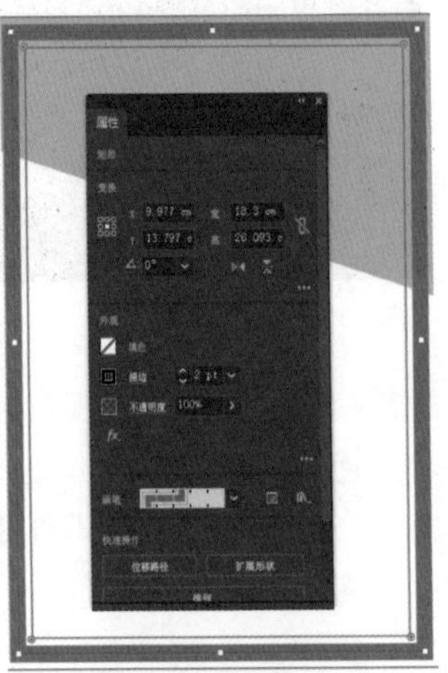

图 22-43

Step07 绘制三角形。设置填充色为黄绿（#d4dd7b）。使用【钢笔工具】在右下角绘制三角形，如图 22-44 所示。

Step08 置入素材文件。置入“素材文件 \ 第 22 章 \ 苹果 .png”文件，调整素材大小并将其放在左下角合适的位置，如图 22-45 所示。

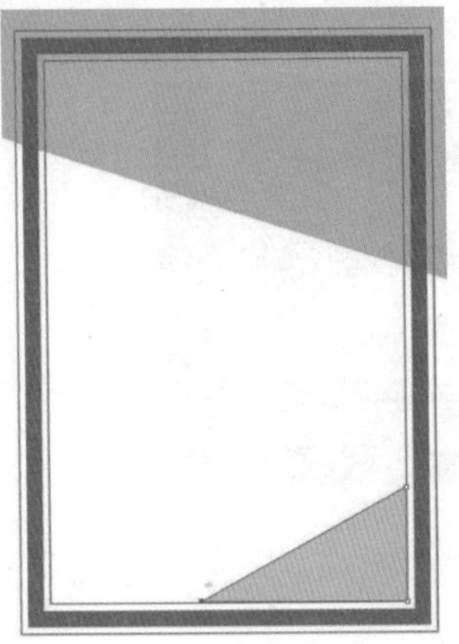

图 22-44

图 22-45

Step09 选择素材文件。打开“素材文件 \ 第 22 章 \ 植物素材 .ai”文件，选择如图 22-46 所示的叶子对象。

图 22-46

Step10 拖动对象。拖动叶子对象到“苹果汁宣传单页 .ai”文档中，如图 22-47 所示。

图 22-47

Step11 调整叶子对象的大小、位置和角度。旋转叶子对象并将其适当缩小，放在画板左上角合适的位置，如图 22-48 所示。

Step12 选择对象。切换到“植物素材 .ai”文档中，选择如图 22-49 所示的叶子对象。

图 22-48

图 22-49

Step13 拖动对象。拖动所选对象到“苹果汁宣传单页 .ai”文档中，调整对象角度、大小和位置。调整时可以多次复制对象，效果如图 22-50 所示。选择叶子对象将其编组。

图 22-50

Step14 调整图层顺序。执行【窗口】→【图层】命令，打开【图层】面板。找到叶子对象所在的图层，将其拖动到矩形边框的下方，如图 22-51 所示。

图 22-51

Step15 输入文字。使用【文字工具】T分别输入“盛夏”和“苹果汁”，在【属性】面板中设置【字体】为方正大标宋简，颜色为深绿色（#21391c），字体大小分别为 81pt 和 100pt，如图 22-52 所示。

图 22-52

Step16 绘制路径。使用【钢笔工具】在“苹”字上绘制路径，设置填充色为青绿色（#a0cb60），如图 22-53 所示。

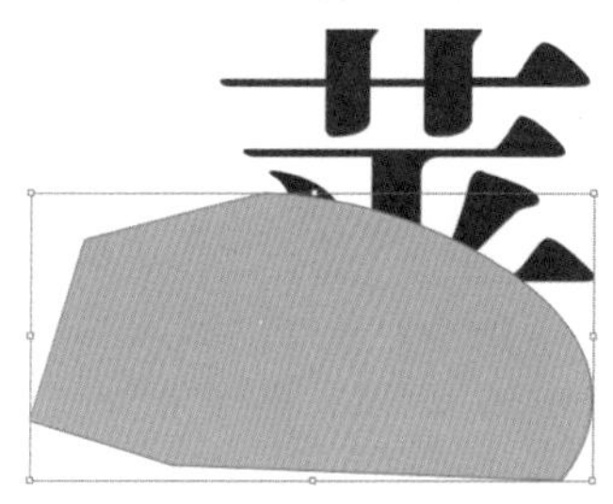

图 22-53

Step17 创建轮廓。选择“苹果汁”文本并右击，在弹出的快捷菜单中选择【创建轮廓】命令，创建轮廓；再右击，在弹出的快捷菜单中选择【取消编组】命令取消编组并选择“苹”字，如图 22-54 所示。

图 22-54

Step18 创建剪切蒙版。按【Ctrl+C】快捷键复制选择的文字，按【Ctrl+F】快捷键将其粘贴到前方。选择上方的文字并右击，在弹出的快捷菜单中选择【排列】→【置于顶层】命令，将文字置于顶层，并同时选择青绿色填充对象，如图 22-55 所示；右击，在弹出的快捷菜单中选择【建立剪切蒙版】命令，创建剪切蒙版，效果如图 22-56 所示。

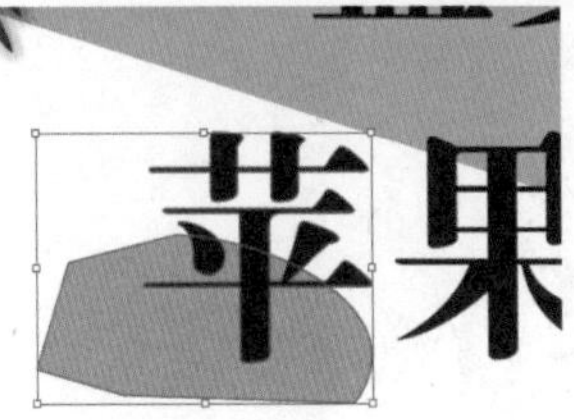

图 22-55

图 22-56

Step19 继续建立剪切蒙版。使用相同的方法为“果”和“汁”建立剪切蒙版，效果如图 22-57 所示。

图 22-57

Step20 绘制空心圆。使用【椭圆工具】，按住【Shift】键绘制正圆。在【属性】面板中设置填充为无，描边颜色为绿色（#9bc035），描边粗细为 5pt。将其放在合适的位置，如图 22-58 所示。

图 22-58

Step21 使用【文字工具】输入数字和文字，在【属性】面板中设置【字体】为方正大标宋简，字体颜色为深绿色（#21381c），再调整合适的大小，如图 22-59 所示。

图 22-59

Step22 输入文字。使用【直排文字工具】在画板左下角输入文字，设置字体为方正大标宋简，字体大小为 15pt，颜色为绿色（#93b647），如图 22-60 所示。使用【文字工具】输入字母，设置【字体】为方正大标宋简，大小为 15pt，字体颜色为绿色（#5e8134）。将文字顺时针旋转 90°，放在画板右上角的地方，如图 22-61 所示。

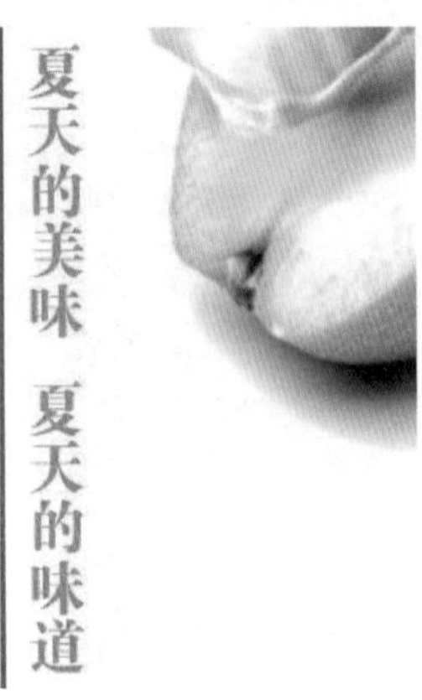

图 22-60

图 22-61

Step23 绘制装饰元素，完成苹果汁宣传单页制作。使用【椭圆工具】和【直线段工具】绘制空心圆和直线段作为装饰元素，并调整大小和位置，完成苹果汁宣传单页制作，最终效果如图 22-62 所示。

图 22-62

22.3 茶叶包装设计

包装设计效果的好坏，决定着商品带给人们的第一印象。在产品销售中，包装发挥着极其重要的作用。本案例制作茶叶包装，整体色调以绿色为主。先绘制茶碗，再添加一些叶子的元素，使画面呈现茶香四溢的感觉，然后绘制花朵元素，突出茉莉花茶的产品特性，最后输入产品名称并绘制一些装饰元素，完成茶叶包装的设计制作，最终效果如图 22-63 所示。

图 22-63

素材文件	无
结果文件	结果文件 \ 第 22 章 \ 茶叶包装设计 .ai、效果图 .psd

Step01 新建文档。执行【文件】→【新建】命令，打开【新建文档】对话框，设置【宽度】为 1620px，【高度】为 2152px，【颜色模式】为 CMYK，【分辨率】为 300ppi，如图 22-64 所示。单击【创建】按钮，新建文档。

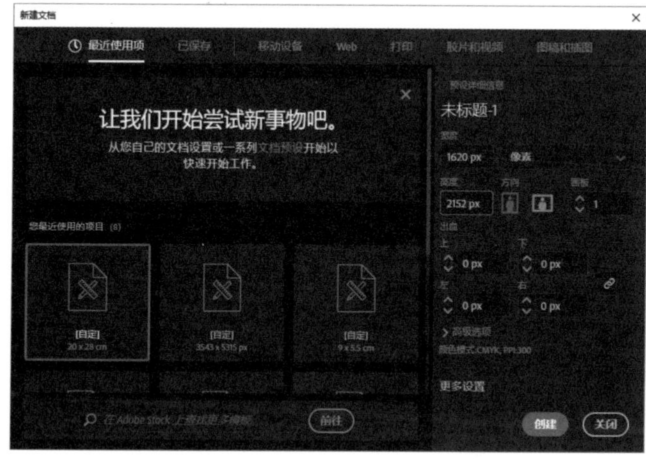

图 22-64

Step02 绘制背景。使用【矩形工具】绘制一个与画板同等大小的矩形对象，并填充浅绿色（#9fc46c），按【Ctrl+2】快捷键锁定对象，如图 22-65 所示。

Step03 绘制椭圆对象。使用【椭圆工具】绘制椭圆对象，设置填充色为绿色（#4fb889），并将其放在适当的位置，如图 22-66 所示。

图 22-65　　图 22-66

Step04 绘制椭圆对象。使用【椭圆工具】绘制两个椭圆对象，分别填充橙色和白色，并调整好位置，如图 22-67 所示。

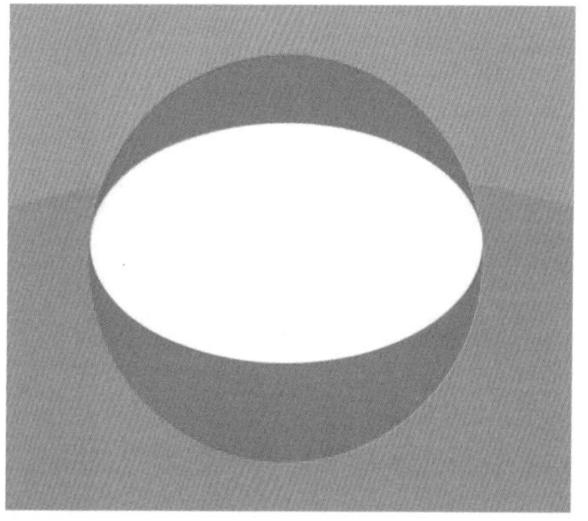

图 22-67

Step05 分割对象。选择两个椭圆对象，执行【窗口】→【路径查找器】命令，打开【路径查找器】面板，单击【分割】

按钮分割对象，如图 22-68 所示。

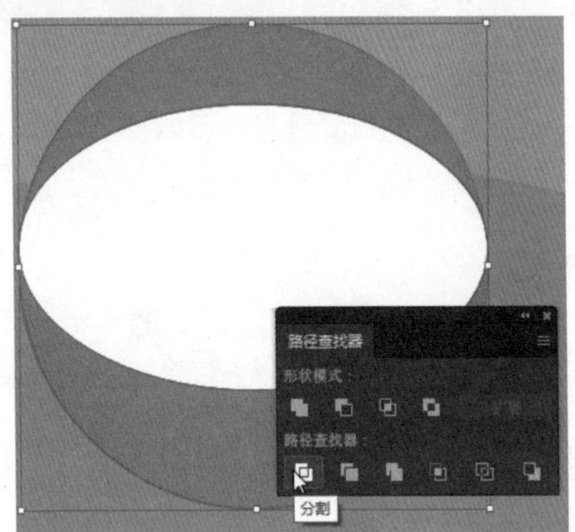

图 22-68

Step06 删除多余对象。右击，在弹出的快捷菜单中选择【取消编组】命令，取消编组。选择上方的对象，如图 22-69 所示；按【Delete】键删除多余对象，如图 22-70 所示。

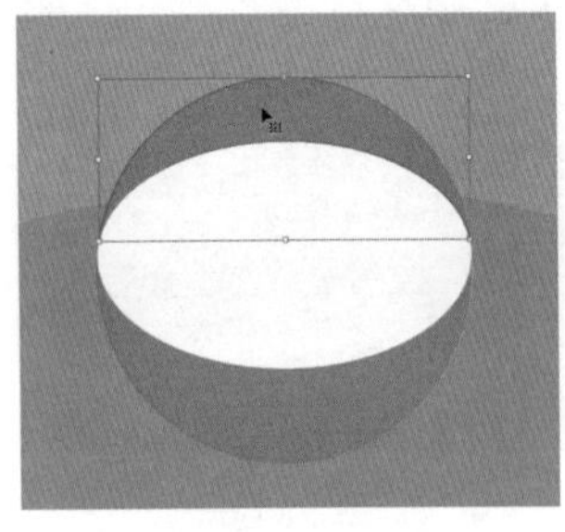
图 22-69

图 22-70

Step07 绘制路径。使用【钢笔工具】绘制路径，并设置任意一种填充色，如图 22-71 所示。

图 22-71

Step08 组合对象。选择对象，如图 22-72 所示；单击【路径查找器】面板中的【差集】按钮组合对象，如图 22-73 所示。

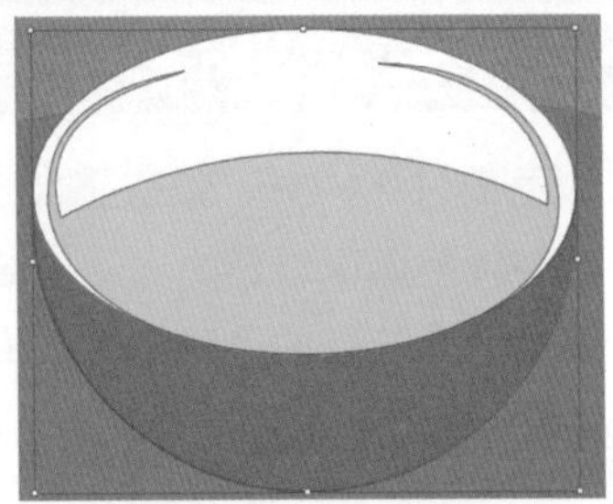
图 22-72

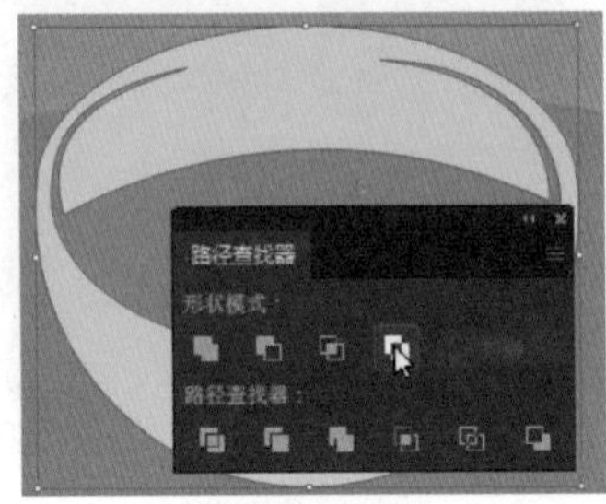

图 22-73

Step09 更改填充颜色。保持对象的选中状态，在【属性】面板中设置填充颜色为深绿色（#0f886c），如图 22-74 所示。

图 22-74

Step10 绘制花朵。使用【曲率工具】绘制花朵，设置填充色为白色，如图 22-75 所示。

Step11 绘制花蕊。使用【椭圆工具】在花朵上绘制椭圆对象，并填充黄色（#ebeb7b），如图 22-76 所示。再将花朵编组。

图 22-75

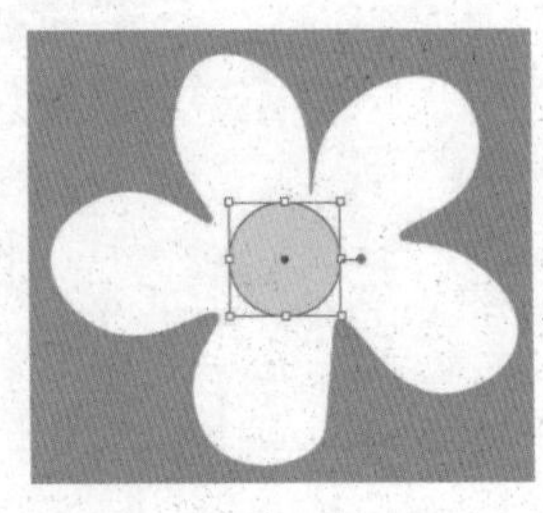
图 22-76

Step⑫ 绘制叶子。使用【钢笔工具】绘制叶子，设置填充色为绿色（#4fb889），如图 22-77 所示。

Step⑬ 调整排列顺序。调整叶子的大小，并将其放在花朵下方，如图 22-78 所示。

图 22-77

图 22-78

Step⑭ 绘制叶子。使用【钢笔工具】在花朵右侧绘制叶子，设置填充色为绿色（#4fb889），如图 22-79 所示。

图 22-79

Step⑮ 绘制叶梗。使用【钢笔工具】绘制叶梗，设置描边颜色为深绿色（#0f886c），描边粗细为 1pt，如图 22-80 所示。再调整叶子大小和排列顺序，如图 22-81 所示。

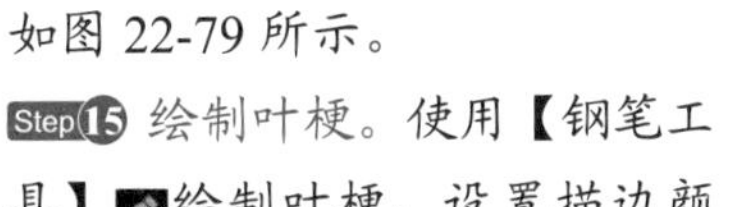

图 22-80

图 22-81

Step⑯ 复制花朵和叶子。复制花朵和叶子并调整大小，放在适当的位置，如图 22-82 所示。

Step⑰ 输入文字。使用【直排文字工具】输入“茉莉花茶”，在【属性】面板中设置【字体】为汉仪新蒂日记体，字体大小为 200pt，字体颜色为白色，如图 22-83 所示。

图 22-82

图 22-83

Step⑱ 输入字母。使用【文字工具】输入“JASMINE TEA”。在【属性】面板中设置【字体】为 Source Serif Variable，字体大小为 80pt，字体颜色为白色，如图 22-84 所示。再将右侧的叶子对象移动到字母文字之间，如图 22-85 所示。

图 22-84

图 22-85

Step⑲ 绘制线条元素。使用【钢笔工具】绘制线条，在【属性】面板中设置描边颜色为深绿色（#167f65），粗细为 14pt，并设置线段端点样式为圆头端点，如图 22-86 所示。

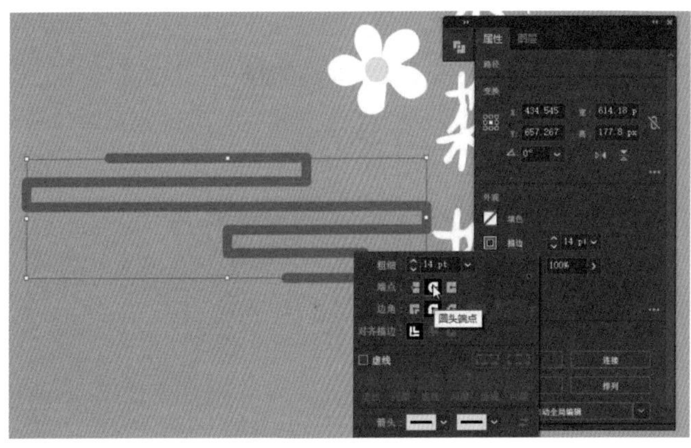
图 22-86

Step⑳ 修改线条样式。使用【直接选择工具】选中线段转折处的两个锚点，并拖动实时控件调整圆角半径，如图 22-87 所示。使用相同的方法将线段的其他直角改变为圆角，如图 22-88 所示。

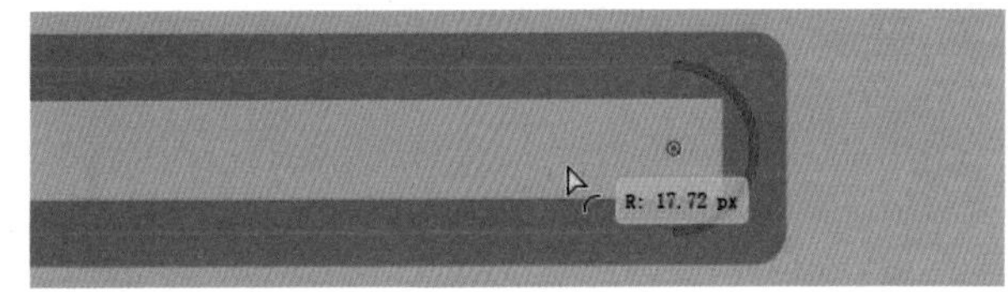

图 22-87

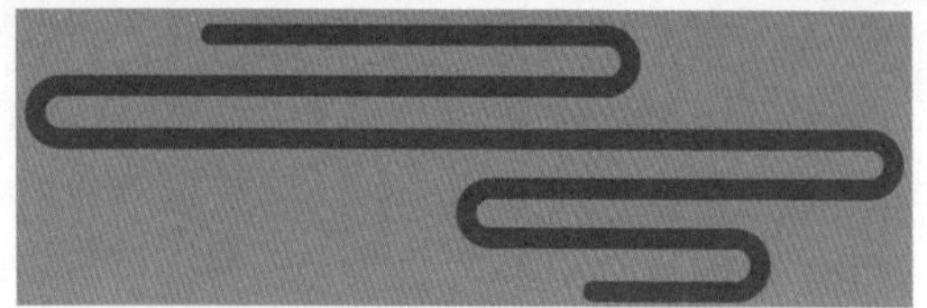

图 22-88

Step21 复制线条元素。复制线条元素并修改颜色，将其放在适当的位置，如图 22-89 所示。

图 22-89

Step22 输入文字。使用【文字工具】T输入文字【净含量：50 克】。在【属性】面板中设置【字体】为新蒂雪山体 Regular，字体大小为 80pt，字体颜色为黑色，如图 22-90 所示。

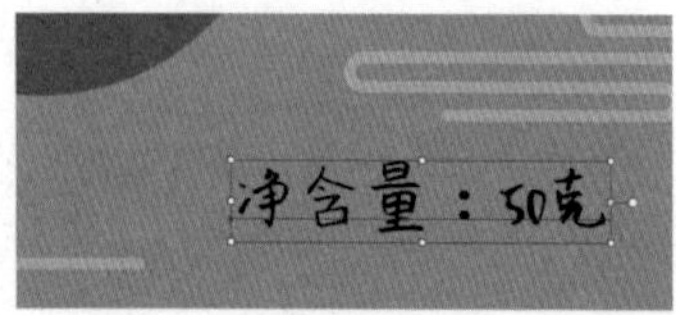

图 22-90

Step23 调整各对象的位置，完成茶叶包装制作。绘制一个与画板同等大小的矩形对象。选择所有的对象并右击，在弹出的快捷菜单中选择【建立剪切蒙版】命令，创建剪切蒙版，隐藏画板外的对象，如图 22-91 所示。

图 22-91

Step24 制作包装效果图。打开 Photoshop 程序，使用白色的画笔绘制高光，黑色的画笔绘制阴影，制作包装效果图，如图 22-92 所示。

图 22-92

本章小结

本章介绍了 Illustrator CC 在商业广告设计中的应用。由于篇幅限制，这里只给大家介绍了 3 个案例，分别是创意名片设计、苹果汁宣传单页制作和茶叶包装设计。这 3 个案例分别代表了 Illustrator CC 在商业广告中 3 个不同领域的应用。希望通过对本章内容的学习，大家能够对 Illustrator CC 有更深入的理解。

附录1 Illustrator CC 工具与快捷键索引

工具快捷键

工具名称	快捷键	工具名称	快捷键
选择工具	V	直接选择工具	A
编组选择工具	A	套索工具	Q
魔棒工具	Y	添加锚点工具	+
钢笔工具	P	曲率工具	Shift+ ～
删除锚点工具	-	文字工具	T
锚点工具	Shift+C	直线段工具	\
修饰文字工具	Shift+T	椭圆工具	L
矩形工具	M	铅笔工具	N
画笔工具	B	橡皮擦工具	Shift+E
斑点画笔工具	Shift+B	旋转工具	R
剪刀工具	C	比例缩放工具	S
镜像工具	O	变形工具	Shift+R
宽度工具	Shift+W	形状生成器工具	Shift+M
自由变换工具	E	实时上色选择工具	Shift+L
实时上色工具	K	透视选区工具	Shift+V
透视网格工具	Shift+P	渐变工具	G
网格工具	U	混合工具	W
吸管工具	I	柱形图工具	J
符号喷枪工具	Shift+S	切片工具	Shift+K
画板工具	Shift+O	缩放工具	Z
抓手工具	H	互换填色和描边	Shift+X

续表

工具名称	快捷键	工具名称	快捷键
默认填色和描边	D	Shaper 工具	Shift+N
颜色	<	正常绘图	Shift+D
无	T	内部绘图	Shift+D
背面绘图	Shift+D	更改屏幕模式	F
填充	>		

附录2 Illustrator CC 命令与快捷键索引

1.【文件】菜单快捷键

文件命令	快捷键	文件命令	快捷键
新建	Ctrl+N	从模板新建	Shift+Ctrl+N
打开	Ctrl+O	在 Bridge 中浏览	Alt+Ctrl+O
关闭	Ctrl+W	关闭全部	Alt+Ctrl+W
存储	Ctrl+S	存储为	Shift+Ctrl+S
存储副本	Alt+Ctrl+S	存储为 Web 所用格式	Alt+Shift+Ctrl+S
恢复	F12	置入	Shift+Ctrl+P
打包	Alt+Shift+Ctrl+P	文档设置	Alt+Ctrl+P
文件信息	Alt+Shift+Ctrl+I	打印	Ctrl+P
退出	Ctrl+Q		

2.【编辑】菜单快捷键

编辑命令	快捷键	编辑命令	快捷键
还原	Ctrl+Z	重做	Shift+Ctrl+Z
剪切	Ctrl+X 或 F2	复制	Ctrl+C
粘贴	Ctrl+V 或 F4	贴在前面	Ctrl+F
贴在后面	Ctrl+B	就地粘贴	Shift+Ctrl+V
在所有画板上粘贴	Alt+Shift+Ctrl+V	拼写检查	Ctrl+I
颜色设置	Shift+Ctrl+K	键盘快捷键	Alt+Shift+Ctrl+K
首选项	Ctrl+K		

3.【对象】菜单快捷键

图像命令	快捷键	图像命令	快捷键
再次变换	Ctrl+D	移动	Shift+Ctrl+M
分别变换	Alt+Shift+Ctrl+D	置于顶层	Shift+Ctrl+]
前移一层	Ctrl+]	后移一层	Ctrl+[
置于底层	Shift+Ctrl+[	编组	Ctrl+G
取消编组	Shift+Ctrl+B	锁定→所选对象	Ctrl+2
全部解锁	Alt+Ctrl+2	隐藏→所选对象	Ctrl+3
显示全部	Alt+Ctrl+3	路径→连接	Ctrl+J
路径→平均	Alt+Ctrl+J	编辑图案	Shift+Ctrl+F8
混合→建立	Alt+Ctrl+B	混合→释放	Alt+Shift+Ctrl+B
封套扭曲→用变形建立	Alt+Shift+Ctrl+W	封套扭曲→用网格建立	Alt+Ctrl+W
封套扭曲→用顶层对象建立	Alt+Ctrl+C	实时上色→建立	Alt+Ctrl+X
剪切蒙版→建立	Ctrl+7	剪切蒙版→释放	Alt+Ctrl+7
复合路径→建立	Ctrl+8	复合路径→释放	Alt+Shift+Ctrl+8

4.【文字】菜单快捷键

图层命令	快捷键	图层命令	快捷键
创建轮廓	Shift+Ctrl+O	显示隐藏字符	Alt+Ctrl+I

5.【选择】菜单快捷键

选择命令	快捷键	选择命令	快捷键
全部	Ctrl+A	现用画板上的全部对象	Alt+Ctrl+A
取消选择	Shift+Ctrl+A	重新选择	Ctrl+6
上方的下一个对象	Alt+Ctrl+]	下方的下一个对象	Alt+Ctrl+[

6.【效果】菜单快捷键

滤镜命令	快捷键	滤镜命令	快捷键
应用上一个效果	Shift+Ctrl+E	上一个效果	Alt+Shift+Ctrl+E

7.【视图】菜单快捷键

视图命令	快捷键	视图命令	快捷键
轮廓 / 预览	Ctrl+Y	叠印预览	Alt+Shift+Ctrl+Y
像素预览	Alt+Ctrl+Y	放大	Ctrl++
缩小	Ctrl+-	画板适合窗口大小	Ctrl+0
全部适合窗口大小	Alt+Ctrl+0	实际大小	Ctrl+1
隐藏边缘	Ctrl+H	隐藏画板	Shift+Ctrl+H
隐藏模版	Shift+Ctrl+W	显示标尺	Ctrl+R
更改为画板标尺	Alt+Ctrl+R	隐藏定界框	Shift+Ctrl+B
显示透明度网格	Shift+Ctrl+D	隐藏文本串接	Shift+Ctrl+Y
隐藏渐变批注者	Alt+Ctrl+G	隐藏参考线	Ctrl+;
锁定参考线	Alt+Ctrl+;	建立参考线	Ctrl+5
释放参考线	Alt+Ctrl+5	智能参考线	Ctrl+U
隐藏网格	Shift+Ctrl+I	显示网格	Ctrl+’
对齐网格	Shift+Ctrl+’	对齐点	Alt+Ctrl+’

8.【窗口】菜单快捷键

窗口命令	快捷键	窗口命令	快捷键
信息	Ctrl+F8	变换	Shift+F8
图层	F7	图形样式	Shift+F5
外观	Shift+F6	对齐	Shift+F7
属性	Ctrl+F11	描边	Ctrl+F10
OpenType	Alt+Shift+ctrl+T	制表符	Shift+Ctrl+T
字符	Ctrl+T	段落	Alt+Ctrl+T
渐变	Ctrl+F9	画笔	F5
符号	Shift+Ctrl+F11	路径查找器	Shift+Ctrl+F9
透明度	Shift+Ctrl+F10	颜色	F6
颜色参考	Shift+F3		

9.【帮助】菜单快捷键

帮助命令	快捷键		
Illustrator CC 帮助	F1